第17次中国近现代建筑史学术年会文集（2022）
The Collected Papers of the 17th Academic Biennial Conference of Chinese Modern Architectural History · 2022

第17次中国近现代建筑史学术年会 · 2022 · 呼和浩特

主办：
清华大学建筑学院
内蒙古工业大学建筑学院

承办：
内蒙古工业大学建筑学院

协办：
内蒙古工大建筑设计有限责任公司

中国近现代建筑研究与保护（十一）上

STUDY AND PRESERVATION OF CHINESE MODERN ARCHITECTURE

张复合 刘亦师 主编

天津出版传媒集团
天津人民出版社

图书在版编目(CIP)数据

中国近现代建筑研究与保护:上、下 / 张复合,刘亦师主编. -- 天津:天津人民出版社,2022.9
ISBN 978-7-201-18692-4

Ⅰ. ①中… Ⅱ. ①张… ②刘… Ⅲ. ①建筑—研究—中国—近现代 Ⅳ. ①TU-092.5

中国版本图书馆CIP数据核字(2022)第147663号

中国近现代建筑研究与保护(上、下)
ZHONGGUO JINXIANDAI JIANZHU YANJIU YÜ BAOHU (SHANG XIA)

出　　版　天津人民出版社
出 版 人　刘　庆
地　　址　天津市和平区西康路35号康岳大厦
邮政编码　300051
邮购电话　(022)23332469
电子信箱　reader@tjrmcbs.com

责任编辑　金晓芸
特约编辑　燕文青　康嘉瑄
装帧设计　汤　磊

印　　刷　天津海顺印业包装有限公司
经　　销　新华书店
开　　本　880毫米×1230毫米　1/16
印　　张　54
字　　数　1500千字
版次印次　2022年9月第1版　2022年9月第1次印刷
定　　价　298.00元

代序：走近“中国近现代建筑史研究时期”

清华大学建筑学院　张复合

为进一步推动中国近现代建筑史研究，清华大学建筑学院与内蒙古工业大学建筑学院联合主办第17次中国近现代建筑史学术年会，定于2022年9月在呼和浩特召开。

呼和浩特地处我国中西部地区，近现代建筑发展历程与沿海城市、内陆地区有较大差异，有自己显著的地域特色。随着21世纪的到来，在繁荣西部、缩小东西部地区差距、加强民族团结、维护国家稳定的政策推动下，中西部地区城市面临新的发展形势。特别是2013年9月和10月，中国提出的“一带一路”（“新丝绸之路经济带”和“21世纪海上丝绸之路”）合作倡议有三条线同中西部地区密切相关。在中国近现代建筑历史进程中，包括19个省份、面积占全国近九成、人口占全国2/3的中西部地区，其城市建筑形态的变化和演进，较东南地区更具普遍性。比较二者之间的异同，对于深化中国近现代建筑史研究是十分必要的，故而近现代建筑保存与再利用的研究成为一项重要课题。

此次年会以“我国中西部地区近现代建筑研究与保护再利用”为主题，这对于呼和浩特近现代建筑的研究与保护再利用，对于呼和浩特乃至内蒙古，甚至整个中西部地区的城市建设和社会发展定将起到推动作用。这对于中国近现代建筑史研究工作来说，不仅带来了机遇和挑战，而且带来了新的推动力。

第17次中国近现代建筑史学术年会的召开，及年会文集《中国近现代建筑研究与保护》的面世，标志着始自20世纪80年代中期的“第二时期”中国近代建筑史研究，在经过36年的发展之后，进入了一个新的时期——始自21世纪20年代初期的“中国近现代建筑史研究时期”。

*

在我国，中国近代建筑史的研究可分为两个时期：20世纪40至70年代为“第一时期”；“第二时期”始自20世纪80年代中期。

1985年8月，清华大学发起的中国近代建筑史研究座谈会（即“八月座谈会”）在北京举行，并向全国发出《关于立即开展对中国近代建筑保护工作的呼吁书》。可以说，八月座谈会是中国近代建筑史研究进入“第二时期”的序幕；同年11月，在东京大学召开的日本及东亚近代建筑史国际研究讨论会，则可看作是中国近代建筑史研究进入国际交流的开端。

1986年10月，中国近代建筑史研究讨论会在北京召开。这是继八月座谈会之后，中国举行的第一次全国性研究中国近代建筑史的学术会议，是“第二时期”中国近代建筑史研究正式起步的标志。

1986年10月至1992年10月的6年间，“第二时期”中国近代建筑史研究召开了4次全国性会议，提交论文179篇，出版论文集4部（收入论文92篇）。4次中国近代建筑史研究讨论会的召开，及中日合作进行中国近代建筑调查工作（1988年2月至1991年10月，对中国16个城市、地区的近代建筑进行调查，填制调查表2612份）的成功，说明“第二时期”中国近代建筑史研究已经顺利起步。

伴随着知识经济时代的到来，在中国的现代化城市建设中，中国近代建筑的保护工作日益受到重视，中国近代建筑史研究领域开始呈现出学术研究走进现实生活、对当前的现代化城市建设产生指导作用的新局面。1996年9月至2006年7月的10年间召开的6次研讨会，均对近代建筑的保护与利用问题予以注意。这6次研讨会共接收论文498篇，其中关于近代建筑保护与利用方面的论文145篇，占近1/3

(29%)。1998年10月在太原召开的中国近代建筑史国际研讨会以"中国东南部地区与中西部地区近代建筑比较"为主题，2008年7月在昆明召开的中国近代建筑史国际研讨会以"近代建筑的地域性与国际性"为主题，都关注到"近代建筑的地域性"问题。

1986年10月，中国近代建筑史研究在北京起步于清华大学，在其后的24年间有了长足的发展。继第一次研讨会之后，坚持两年召开一次，跨越11地，陆续在武汉、大连、重庆、庐山、太原、广州-澳门、宁波、开平、北海、昆明召开了10次中国近代建筑史研讨会。

1986年10月至2010年7月，中国近代建筑史研讨会已经成为公认的中国近代建筑史研究的学术年会。因此，从在北京召开的2010年中国近代建筑史国际研讨会开始，正式命名为中国近代建筑史学术年会，依序前推，1986年10月召开的中国近代建筑史学术年会为第一次。

第12次中国近代建筑史学术年会是"第二时期"中国近代建筑史研究的一次重要会议，可以说是中国近代建筑史研究的一个里程碑。

此后，2012年7月至2018年7月的6年间，"第二时期"中国近代建筑史研究如期召开了4次学术年会。2012年7月，第13次中国近代建筑史学术年会在厦门和金门两地召开，设华侨大学(厦门校区)和金门大学两个会场，跨海举行，是"第二时期"中国近代建筑史研究深化阶段的一次别具特色的年会。2014年7月，第14次中国近代建筑史学术年会在贵阳召开，是延续1998年10月太原、2008年7月昆明两次年会关注到"近代建筑的地域性"问题，在地处中国内陆地区的贵州召开。2016年7月，第15次中国近代建筑史学术年会在大连旅顺召开。2018年7月，第16次中国近代建筑史学术年会在西安召开，再次进入中西部地区，以"近代建筑史研究领域的扩展"为主题。

第16次中国近代建筑史学术年会收到论文71篇，选取66篇(占收到论文的92.9%)收入年会文集。此后由于多种原因，此次年会文集未能正式出版。

第17次中国近现代建筑史学术年会原计划由清华大学建筑学院与山东建筑大学建筑学院联合主办，于2020年7月在济南召开，2019年5月发出征集论文启事，收到论文82篇，选取79篇收入年会文集。但由于新冠疫情原因，此次年会被迫取消，论文全部退回。

2021年，新冠疫情有所缓和并趋于平稳，承内蒙古工业大学建筑学院大力支持、鼎力合作，使第17次中国近现代建筑史学术年会召开事宜再度启动并得以实施。同时，使我们得以第三次聚焦中西部地区，将关注点投向"我国中西部地区近现代建筑研究与保护再利用"。

*

同36年前相比，中国近代建筑史研究已成为一种具有广泛性的活动，不仅在学术研究领域，而且遍及社会生活的各个层面，深入人心。中国近代建筑，已经从无人问津，变成了人人关心。

在中国近代建筑史研究的"第一时期"，梁思成先生、徐敬直先生留下了开创性著述。在20世纪80年代中期以来的中国近代建筑史研究"第二时期"，学界取得丰硕成果：赵国文提出了"从中国三大阶梯的地理特点和近代西方建筑文化对中国的四次传播入手"，构筑中国近代建筑史的时空框架的新思路(赵国文：《中国近代建筑史的分期问题》，《华中建筑》1987年第2期)；刘亦师所著《中国近代建筑史概论》(商务印书馆，2019年)"采取的是不同以往按时序或按类型的方式来组织各章内容，甚至也不专在意某种建筑形式或风格流派，而是根据近代化的主线将近代建筑划归在三条路径中加以缕述"，可以说是做出了新的努力和探索；《中国建筑史料编研(1911—1949)》(全200册)(清华大学建筑学院编，天津人民出版社，2021年)的出版，则提供了中国近代建筑史的丰富资料，对于中国近代建筑史研究定会产生极大的推动作用。

面对中国近代建筑史研究"第二时期"的新形势、新变化，关于中国现代建筑史的研究日益受到关注。2014年5月，我在第14次中国近代建筑史学术年会文集《中国近代建筑研究与保护》(九)(清华大学出版社，2014年)"前言"中，曾讲到"关于中国现代建筑史研究"：

关于中国现代建筑史方面的研究，现在在全国范围内尚未展开。虽有《中国现代建筑史纲（1949—1985）》（龚德顺、邹德侬、窦以德编，天津科学技术出版社，1989年）、《中国现代建筑史》（邹德侬编，中国建筑工业出版社，2010年）出版，但以历史档案和正式发表的文献为主，基本是对建筑事件和建筑实例的介绍，未能对现代建筑做出切实的评价，没有理出中国现代建筑历史发展的基本走向和脉络，距史尚远……可喜的是，近年来随着中国现代建筑的保护和利用问题日益迫切，影响面广且大，中国现代建筑历史研究越来越受到关注，许多有志之士开始涉足，相关研究已有所开展，特别是研究生论文选题多有涉及。虽然形成局面尚待时日，但随着中国现代时期的前进脚步，中国现代建筑史研究也一定会取得长足发展。

现在8年过去了，与时俱进，对上述说法应当进行修正，那就是：近年来，中国现代建筑史研究受到广泛关注，在全国范围内全面展开，相关研究日益深入，已然形成局面，且将迎来长足发展。

在“第二时期”中国近代建筑史研究奋力前行的36年期间，同其衔接并互有搭接、互有渗透的中国现代建筑史日益显现出其影响力，成为深入认识中国近代建筑史的必须环节。中国近代建筑史研究中会看到现代建筑的早发，中国现代建筑史研究中会看到近代建筑的后延，中国近代建筑史研究与中国现代建筑史研究相辅相成，相互促进。

2014年7月在贵阳召开的第14次中国近代建筑史学术年会，共收到论文69篇，其中涉及现代建筑史研究的论文只有贵州省文物保护研究中心娄清的《直面“工业遗产”贵州如何应对——以中国第一航空发动机制造厂为例》。到了2016年7月在大连旅顺召开的第15次中国近代建筑史学术年会，在选取的63篇论文中，已经有涉及现代建筑史研究的论文6篇，占到全部论文的9.5%，包括：

《问题·路径·方法——中国本土性现代建筑的技术史研究为何必要、如何可能》（李海清）、《上海震旦大学的校园建筑（1903—1952）》（任轶）、《跨越1949年界限的中国近现代建筑史研究初论——以城市道路断面设计及其技术标准为例》（刘亦师）、《第一批全国重点文物保护单位中建、构筑物统计分析》（冯铁宏、李晓蕾、王潮）、《我国近现代重要史迹及代表性建筑文物资源分布的主要特点和对下一阶段调查和评估工作的建议》（杜凡丁、李欣宇）、《建筑之旅：1949年中国建筑师的移民》（王浩娱）。

从这几篇论文可以看出，建筑技术的发展、建筑活动的进行、市政建设、建筑群体的形成，往往是具有连续性的，能跨越社会的历史分期。

2018年7月在西安召开的第16次中国近代建筑史学术年会，选取的66篇论文中涉及现代建筑史研究的论文亦有6篇，占全部论文的9.1%，凸显出现代建筑史研究已然形成局面。

可以说，经过“第二时期”36年的努力，一个新的时期——“中国近现代建筑史研究时期”（21世纪20年代初期以来）开始了！

有鉴于此，2022年9月召开的第17次中国近代建筑史学术年会更名为第17次中国近现代建筑史学术年会，保持两年一次延续召开。同时，年会论文集《中国近代建筑研究与保护》，自2022年开始，更名为《中国近现代建筑研究与保护》，作为中国近现代建筑史学术年会文集延续出版。

*

第17次中国近现代建筑史学术年会征集论文启事自2021年10月发出后，得到国内外高等院校师生和有关方面研究人员的积极响应，来稿踊跃，提交论文118篇。经过认真筛选、评审，并同部分作者进行沟通，最终选取108篇（占收到论文的91.5%）收入此文集。

108篇论文出自156名研究者之手，涉及8个有关专题的研究：

“中西部地区近代建筑历史研究”19篇（17.6%）、“东部地区近代建筑历史研究”16篇（14.8%）、“东北地区近代建筑历史研究”8篇（9%）、“近代建筑调查及其类型与样式研究”18篇（16.7%）、“近代建筑史研究的新视角和新方法”9篇（8.3%）、“近代建筑师、建筑机构、建筑教育与新见史料”17篇（15.7%）、“中国现代建筑史研究领域之拓辟”10篇（9.3%）、“近现代建筑保护理论与实践”11篇（10.2%）。

1986年10月以来的16次中国近代建筑史学术年会中，共有887篇论文被收入年会文集正式出版。随着第17次中国近现代建筑史学术年会文集《中国近现代建筑研究与保护》的面世，36年来被收入中国近现代建筑史研究的17次学术年会共有995篇论文正式出版（接收论文1370篇）。

承各位作者积极配合，天津人民出版社大力支持，清华大学提供资助，第17次中国近现代建筑史学术年会文集得以在研讨会召开之前问世。文集反映了近两年关于中国近现代建筑史研究的最新成果，是一部具有学术代表性的重要文献，对中国近现代建筑史研究的开展一定会起到推动作用。

作为此次会议的主办单位之一和承办单位，为开好此次会议，内蒙古工业大学建筑学院做了大量深入细致的工作，进行了周密妥帖的安排，为第17次中国近现代建筑史学术年会在呼和浩特的顺利召开创造了条件。

在第17次中国近现代建筑史学术年会即将召开之际，谨对大力支持会议召开的清华大学建筑学院、内蒙古工业大学建筑学院各级领导，对合作多年并一直对中国近现代建筑史研究予以关注、支持的研究者，对为会议召开付出辛勤劳动的内蒙古工业大学建筑学院各位同人以及相关工作人员，对热情代为发布论文征稿启事、进行相关报道的建筑文化媒体，对积极支持此次研讨会、踊跃提交论文的研究者，对天津人民出版社，对关注、支持此次研讨会的有关人士、机构和组织，表示衷心的感谢！

总体来说，"第二时期"中国近代建筑史研究生而逢时，是大势所趋，"中国近现代建筑史研究时期"更是继往开来、与时俱进。但是，机遇和挑战并存——身处"中国近现代建筑史研究时期"的研究者必定是任重而道远！

我深信，身处"中国近现代建筑史研究时期"的研究者，一定会抓住机遇、面对挑战。中国近现代建筑史学术年会及其学术论丛"中国近现代建筑研究与保护"，一定会为促进国内外建筑史学界的学术交流、为中国近现代建筑史研究的发展，做出应有的贡献！

预祝第17次中国近现代建筑史学术年会顺利、圆满、成功！

让我们一起向未来！

2022年8月26日·北京学清苑

目 录

上 册

东北地区近代建筑历史研究

近代建筑调查及其类型与样式研究

下　册

近代建筑史研究的新视角和新方法

近代建筑师、建筑机构、建筑教育与新见史料

中国现代建筑史研究领域之拓辟

近现代建筑保护理论与实践

中西部地区近代建筑历史研究

“走西口”背景下呼和浩特地区晋传统民居空间特征调查研究

内蒙古工业大学　沈也乔　方旭艳

摘　要:内蒙古晋传统民居是在多元文化的交流与碰撞中形成的多样化空间形态,是通过“走西口”这一移民活动传入内蒙古的一种独具地域特色的民居类型。面对城镇化建设下新农村地域特色的失落,晋传统民居的研究与保护迫在眉睫。本文以呼和浩特地区晋传统民居作为研究对象,以田野调查所获取的资料为基础,运用类型分析法对晋传统民居建筑形式、院落空间、建筑内部空间进行深入剖析与论述,旨在明确呼和浩特地区晋传统民居空间特征,从而完善内蒙古地区民居建筑资料,为更深层次保护与传承该地区民居的建筑文化提供参考。

关键词:“走西口”;呼和浩特地区;晋传统民居;空间特征

一、背景

(一)呼和浩特地区“走西口”移民

据记载:“内蒙古南部早在秦、汉时代已有汉人屯垦,降至北魏及隋、唐时代,虽时断时续,但亦曾实行相当大规模的农垦。”[①]直到明末至民国时期,三百余年“走西口”大规模移民事件的持续展开,汉族移民的大量迁入与汉族移居区的大片形成,从根本上打破了蒙古游牧社会制度,使蒙古地域文化发生重构。

“走西口”移民路线可归纳为四条:①晋西北民众多出杀虎口,自土默特沿黄河西达鄂尔多斯地区,由于后期出口自由,可北上大同,出长城至丰镇、呼和浩特、包头等地;②陕北民众多沿乌兰木伦、榆林、哈柳等河流域进入伊克昭盟(今鄂尔多斯市)地区;③甘肃、宁夏民众多渡黄河进入河东岸一带;④河北民众多自张家口、独石口移民进入土默特地区,这一般被认为是“走东口”,但进入的地区却是普遍认为的内蒙古中西部地区。[②]

在上述四条移民路线中,由于晋北与内蒙古以长城、黄河分界,晋西北地区的移民往往选择出杀虎口或渡黄河进入内蒙古地区(呼和浩特地区),即第一条“走西口”移民路线。[③]

(二)呼和浩特地区自然环境特征

呼和浩特位于内蒙古中部,地处阴山山脉中段与母亲河——黄河之间。北有天然屏障大青山,可以阻挡寒流的侵扰,东南被蛮汉山山地所环抱,形成一个土壤肥沃、地势平坦、灌溉便利的冲积扇平原。

其中南部清水河境内是蛮汉山与黄土丘陵沟壑区,在风压气流与流水冲刷的作用下,构成黄土高原的特殊地貌,在此分布着大量的窑洞式民居;中部土默川平原背靠大青山,是黄河及其支流大黑河的冲积平原和山前洪积平原[④],完备的地形条件以及丰富的淡水资源,更适于农耕生产,因此该区域分布着大量的农业型聚落;北部地区则是以大青山为主脉的中低山、低山丘陵地带,坡地平缓,向北逐渐与牧区

① [日]田山茂:《清代蒙古社会制度》,潘世宪译,商务印书馆,1987年。

② 见王卫东:《融会与建构:1648—1937年绥远地区移民与社会变迁研究》,华东师范大学出版社,2007年。

③ 见张昕:《“走西口”移民影响下的晋、蒙两地汉族传统民居对比研究》,内蒙古科技大学2020年硕士学位论文。

④ 见满都呼主编:《内蒙古地理》,北京师范大学出版社,2016年。

相衔接[①]，生产方式也转变为农耕种植与畜牧养殖相结合的模式，这使得晋传统民居的建造形式也在悄然地发生改变。

二、呼和浩特地区晋传统民居类型

本文以呼和浩特地区因“走西口”移民背景而形成的晋传统聚落为考察对象，对其回民区、清水河县、托克托县、土默特左旗及武川县的31个聚落样本中的晋传统民居进行实地调研并分析得知：呼和浩特地区晋传统民居可分为阔院式与窑洞式两种类型。类型特征与民居所处的场地环境密切相关，由于可获取建筑材料的差异性，其民居的外在表现形式也会随之发生变化。而在建筑内部空间组织形式上，呼和浩特地区晋传统民居有着相对统一的范式，但因其生产、生活方式的不断转变，遂形成了诸多变体。

三、晋传统阔院式民居空间特征

（一）建筑形式

根据建筑材料的演变特征，正房建筑可分为五种类型，即土坯房、四角落地、里软外硬、全砖房及平顶房。（表1）如今，呼和浩特地区所呈现的晋传统聚落正是由这五种建筑类型以不同数量而共同组成的。

表1 呼和浩特地区不同类型晋传统阔院式民居比较分析

建筑类型	土坯房	四脚落地	里软外硬	全砖房	平顶房
调研现状					
建造年代	清朝时期	民国时期	20世纪60—70年代	20世纪80—90年代	2000年后
保存现状	整体破损严重	局部破损严重	整体保存完整 局部些许破损	整体保存较好	整体保存完好
平面形式	单一式平面 功能混合	单一式平面 厨房独立	穿套式平面 次卧独立	穿套式平面 客厅独立	复合式平面 功能清晰
建筑结构	土木结构	土木结构	土木结构	砖木结构	砖混结构
优、缺点	建筑材料可重复利用、墙体保温隔热性能好，但易受腐蚀、耐久性差	建筑稳定性增加，但并没有从根本上解决墙体易脱落、易腐蚀的问题	墙体保温隔热性能好，耐久性、稳定性增强，内部空间联系性增强	建筑稳定性较好，可创建较大建筑内部空间，但墙体保温隔热性能较差	整体性好，空间复杂多变，但已忽视传统地域文化特征，造价也相对较高

（二）院落空间

1. 院落空间构成

庭院空间：居民日常起居的房屋以及房前院落，其中一般不包含蓄养及生产性劳作行为。[②]其空间特点是：一般由南北两排房屋与院墙围合而成，部分庭院设有东西两侧厢房；形态规整，但难免会出现庭院空间随地形发生变化的现象；移至内蒙古地区后，虽礼制形制有所弱化，仍存在相对清晰的轴线关系。其中正房、南房、凉房、粮仓、种植区、庭院均是整个庭院空间的主要构成元素。（图1）

① 见齐卓彦、程思宁、王宗强：《移民背景下内蒙古晋语大包片传统民居形制特征与分异研究——以呼和浩特地区为例》，《建筑遗产》2021年第3期。

② 见郭佳：《内蒙古中西部院落民居空间特征研究》，大连理工大学2018年硕士学位论文。

a. 正房　b. 南房　c. 凉房

d. 粮仓　e. 种植区　f. 庭院

图1　晋传统阔院式民居庭院空间各要素构成

（1）蓄养空间：养殖部分及种植部分。（图2）养殖部分包括：羊圈、猪圈、鸡窝、草料区等。种植部分包括：农具库、菜园、水井、地窖等。此空间的总体布局更为自由、灵活。

（2）过渡空间：介于庭院空间与畜养空间之间的场地。该空间用于晾晒未加工的谷物和储存剩余的燃料副产品，如玉米芯。空间中通常包含人的行为与动物（牲畜、家禽）的行为，而经常发生的行为是居民对动物的饲养行为。（图3）

a. 养殖部分：羊圈

b. 养殖部分：草料区

c. 种植部分：菜园、农具库

图2　晋传统阔院式民居蓄养空间各要素构成

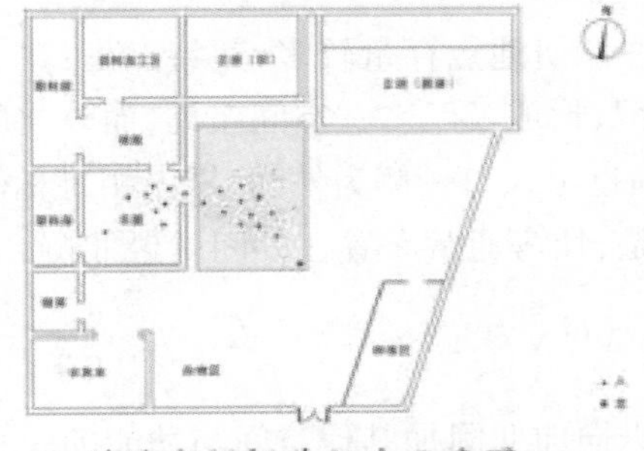

a. 过渡空间饲养行为示意图

b. 过渡空间示意图

图3　晋传统阔院式民居过渡空间及空间行为

2. 院落空间布局

呼和浩特托克托县、土默特左旗、武川县均分布着不同形式的晋传统阔院式民居。由于塞外地广人稀、土地资源往往没有晋北地区紧张，对于家庭人口增长所带来的居住问题，往往通过增加原有正房开间数量或另辟别院的方式解决，这也是在调研过程中发现部分院落空间不完整的原因。

晋传统阔院式民居院落空间布局包括“一”字型与合院型。“一”字型多出现在早期夯土院落中，仅有正房、无其他附属建筑。为抵御风沙和提升居住空间的私密性，部分家庭选用生土夯制院墙对四周进行简单遮挡。合院型又分为二合院、三合院、四合院，且完全具备晋北地区汉族民居院落风格：①较强的空间私密性；②正房坐北朝南，附属用房沿其余三边布置，无附属用房则用院墙围合，以保持院落的完整性；③晋传统阔院式民居仍可清晰呈现主从关系和规律性。

3. 院落空间组织模式

家庭经济来源为畜牧养殖或农耕与畜牧养殖相结合的，其院落空间排布方式通常以庭院空间作为核心单元，向北扩展出后院或向南扩展出前院或向东、西两侧扩展出偏院作为蓄养空间，此类院落空间常以纵向排布方式为主。(图4)而家庭经济来源为农耕种植或从事其他工作的，其院落空间排布方式虽也是以庭院空间作为核心单元，但不会形成独立于庭院空间之外的蓄养空间。(图4b)

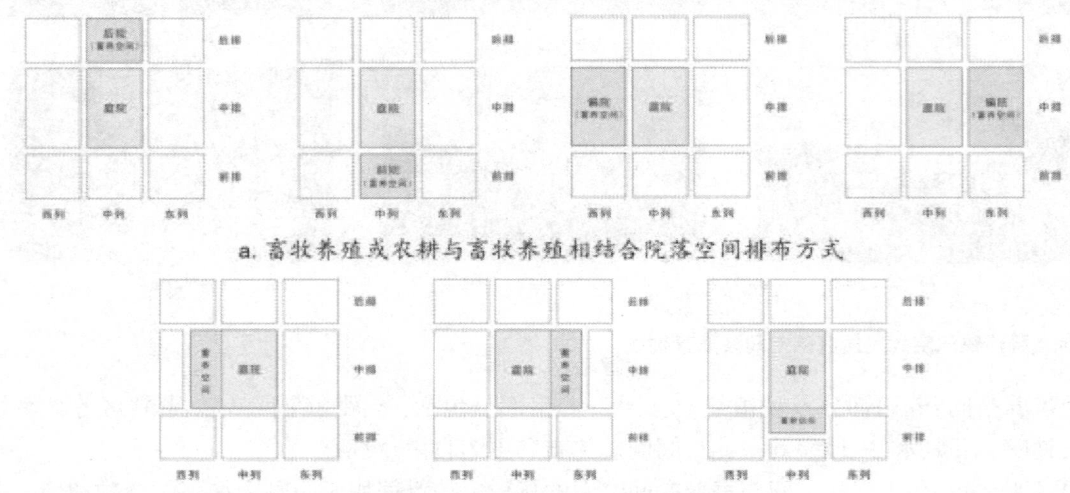

图4　晋传统阔院式民居院落空间排布方式

(三)建筑内部空间

通过对实地调研资料进行整理可知：晋传统阔院式建筑内部空间布局根据其建造模式可大致分为以下四类：

1. 一间型

“一间型”出现于清朝和民国时期，20世纪60—70年代的部分民居仍然采用这种方式。该平面类型根据火炕的不同位置又呈现两种不同的布局形式(即前炕式与后炕式)，但其内部空间特征大致相同：火炕面积较大，几乎占据一半甚至一半以上的空间比例，并与灶直接相连；内部空间无任何隔断。

2. 传统两间型

“传统两间型”出现于20世纪60—70年代。这类平面在调研地点存量较多，其特点是：在房间中间砌一土坯隔墙，将空间一分为二，隔墙上开设900毫米宽的门，形成“穿套式”空间布局，而外立面仍保持两开间的形式不变，仅改变民居内部空间的划分与使用。临近出入口一侧为外间，靠内相对私密的一侧称为里间，里间与外间的东西位置并不确定。可以肯定的是，灶房通常布置在外间的最北侧，火炕常布置在里间，也有部分晋传统阔院式民居里、外间均布置火炕。

3. 两间纵向附加型

“两间纵向附加型”是在“传统两间型”平面的基础上，纵向向北附加其他空间与功能的一种平面形式。附加的小跨度空间多为厨房空间，少部分为盥洗室或储藏室。即将原有外间的灶房移入里间向北延伸的空间中——这类平面中炕的位置整体向南移动，处于民居的中间位置，当地称这种民居中面积减小的炕为“棋盘炕”。①这种平面类型多出现于20世纪80—90年代后期。

4. 三间纵向附加型

“三间纵向附加型”是在“两间纵向附加型”平面的基础上，横向附加其他空间与功能形成“一明两暗”复合式空间布局。其中大跨度空间两侧作为卧室，中间作为客厅；而在附加的小跨度空间中，西侧即厨房空间，中间即餐厅空间，东侧即盥洗室和储藏室。

① 见郭佳：《内蒙古中西部院落民居空间特征研究》，大连理工大学2018年硕士学位论文。

四、晋传统窑洞式民居空间特征

（一）建筑形式

清水河县是窑洞式民居的核心区，并完全沿袭晋北传统窑洞的建造模式与居住形态。窑体按照建造材料可划分为石窑与土窑，石窑常砌筑在土质稀松地区（即单台子乡、窑沟乡全境，北堡乡、城关镇部分区域），土窑则砌筑在土质紧密地区（即北堡乡、城关镇部分区域）。按照营建方式可划分为靠崖式窑洞和独立式锢窑。靠崖式窑洞依赖于特定的地形地貌，一般随等高线布置延展，属早期的窑洞类型；独立式锢窑摆脱了地形限制，可平地起窑，所以选址相对灵活多变。

晋传统窑洞式民居形态演变可分为以下四个时期，即清朝时期（1644—1911）、民国时期（1911—1949）及20世纪60—70年代、20世纪80—90年代、2000年后。我们现在所看到清水河地区晋传统聚落正是由这四个时期的窑洞以不同数量而共同构成的。（表2）

（二）院落空间

1. 院落空间布局

（1）联排式窑洞

联排式窑洞是将窑眼串联并呈"一"字型排开[①]，每户人家会依据家庭结构、使用需求以及经济状况等因素综合确定窑眼空间单元的组合数量。联排式窑洞的形成多因入口一侧临近公共道路或休闲广场，为避免占用公共空间又加之南向景色宜人，综合而言不适宜修建封闭式院落空间，仅在道路临侧设置简易凉房、储藏室等附属空间。少数情况下，会在窑洞后侧形成狭小封闭式院落空间——后院。典型代表是清水河县单台子村。（图5）

表2　清水河地区不同时期晋传统窑洞式民居比较分析

建造年代	清朝时期	20世纪10—70年代	20世纪80—90年代	2000年后
调研现状				
保存现状	整体破损严重	局部破损严重	整体保存较好	整体保存完好
平面形式	独立式	附属式	联通式	联通附加式
优、缺点	结构稳定性差；窑脸表面未经处理，保温防潮性能差；空间联系性较弱	窑脸表面进行泥浆填缝处理，可遮风、防雨防潮；空间联系性加强	建筑稳定性较好；可创建较大建筑内部空间；空间联系整体性提高	结构整体性好；空间复杂多变，但已失去传统地域文化特征

图5　清水河县单台子村联排式窑洞民居院落空间布局

① 见徐允畅：《呼和浩特市清水河县传统合院式石窑村落营建模式研究》，内蒙古科技大学2019年硕士学位论文。

移民初期，依据山坡走势建联排通道式窑洞，各窑孔开间与进深相同，开间3.5米、进深6.5米。顾名思义，通道式窑洞一般南向为出入口，而联排式窑洞南侧紧邻公共空间，遂将主入口移至北侧，并在窑洞北侧设置窄而长的公共过道空间，过道空间通向各家各户。

后随着移民生活趋于稳定，空间局促的窑洞不足以满足居民生产、生活需求，便纵向（北向）拓展延伸形成后院，出于对各家各户隐私性的保护，将原有狭长的过道空间通过隔墙进行隔挡，形成我们现在所看到的独门独院联排式窑洞。改造之后，部分窑洞主入口设在南侧，而部分窑洞主入口保持不变仍设在北侧。

（2）合院式窑洞

合院式窑洞常以正房窑洞为中心和轴线，与厢房或墙体围合形成封闭式院落。[①]因坡地地形限制，院落空间纵向延伸受限，常沿等高线东西方向延展；因标高变化灵活，院落空间形态变化丰富；因顺应山势与周围环境，院落空间长宽比常随地形变化而变化。受上述等自然因素限制，合院式窑洞院落空间规模及平面类型呈现以下几种形式（图6）。

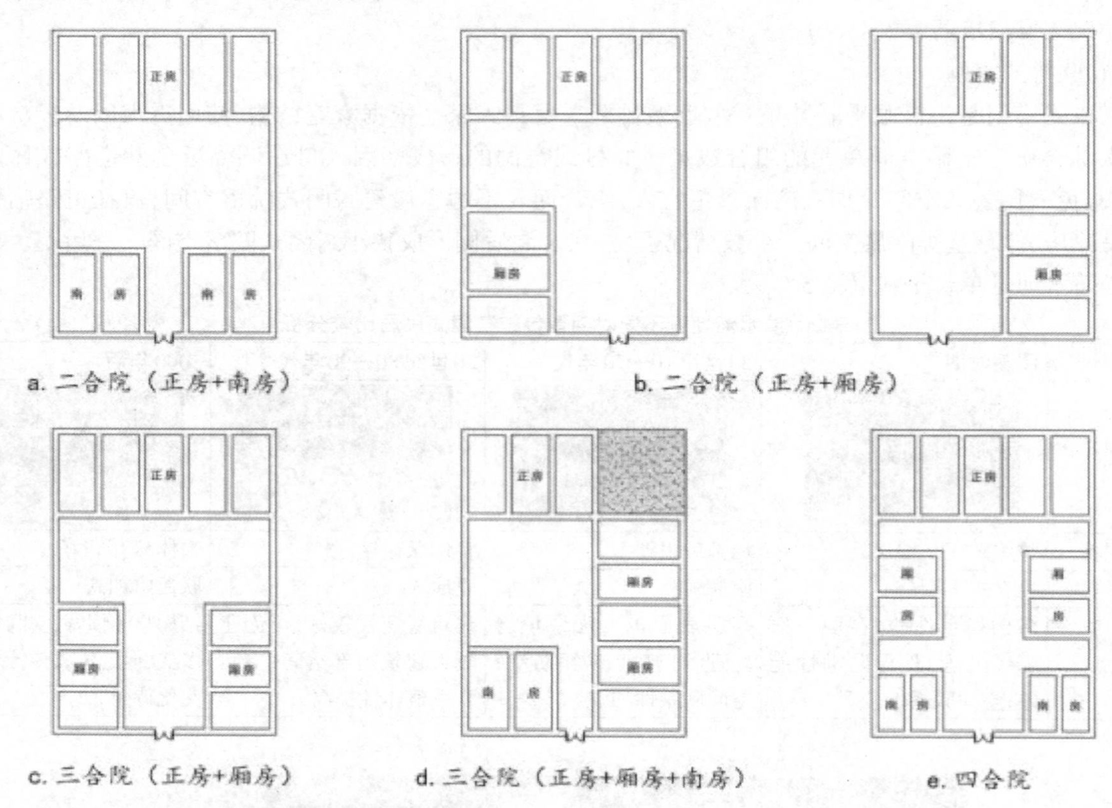

图6　晋传统合院式窑洞民居院落空间布局

①一字型

一字型院落是由北侧的一排主体窑洞与三面院墙围合而成。主体窑洞坐北朝南，通常为独立式窑洞的三间或五间。一字型院落多出现于定居早期，当时并没有固定形式的院落空间格局。

②二合院

随着生活条件改善，居民逐渐在正房两侧或南墙下修建辅助用房，并利用正房、厢房及院墙共同组成围合的院落空间。二合院有两种围合方式：一是由正房、南厢房围合而成；二是由正房、一侧厢房围合而成。院落空间略长，长宽比约为1.3∶1到1.4∶1之间。

③三合院

三合院同样存在两种围合方式：一是由正房与东、西两侧厢房围合而成；二是由正房、南房及一侧厢房围合而成。增设的附属空间用于晾晒谷物、囤放粮食、放置农具等。

① 见徐允畅：《呼和浩特市清水河县传统合院式石窑村落营建模式研究》，内蒙古科技大学2019年硕士学位论文。

④四合院

四合院四面都由窑体围合而成。在四合院空间布局中，为强调主体建筑，正房通常修建在500毫米厚台基上，并与东、西两侧厢房留有一段间距，建造遵循正房高度＞南厢房高度＞东西厢房高度，厢房完全不影响主体窑洞采光。

2. 院落空间组织模式

晋传统窑洞式民居院落空间组成仍分为庭院空间、蓄养空间及过渡空间。其各空间组织功能已在前文进行详细介绍，遂在此不做过多赘述。

家庭经济来源为畜牧养殖或农耕与畜牧养殖相结合的，其院落空间排布方式仍以庭院空间作为核心单元。由于高差原因限制，仅向南即高差较低的位置扩展出前院或向东、西两侧扩展出偏院作为蓄养空间，这类院落空间常以纵向排布方式为主。(图7a)而家庭经济来源为农耕种植或从事其他工作的，其院落空间排布方式与阔院式空间排布方式有所差别，既可向东、西两侧扩展，又可向窑口下层平台扩展形成独立于庭院空间的蓄养空间，以供日常种植蔬果或养殖牲畜。(图7b)

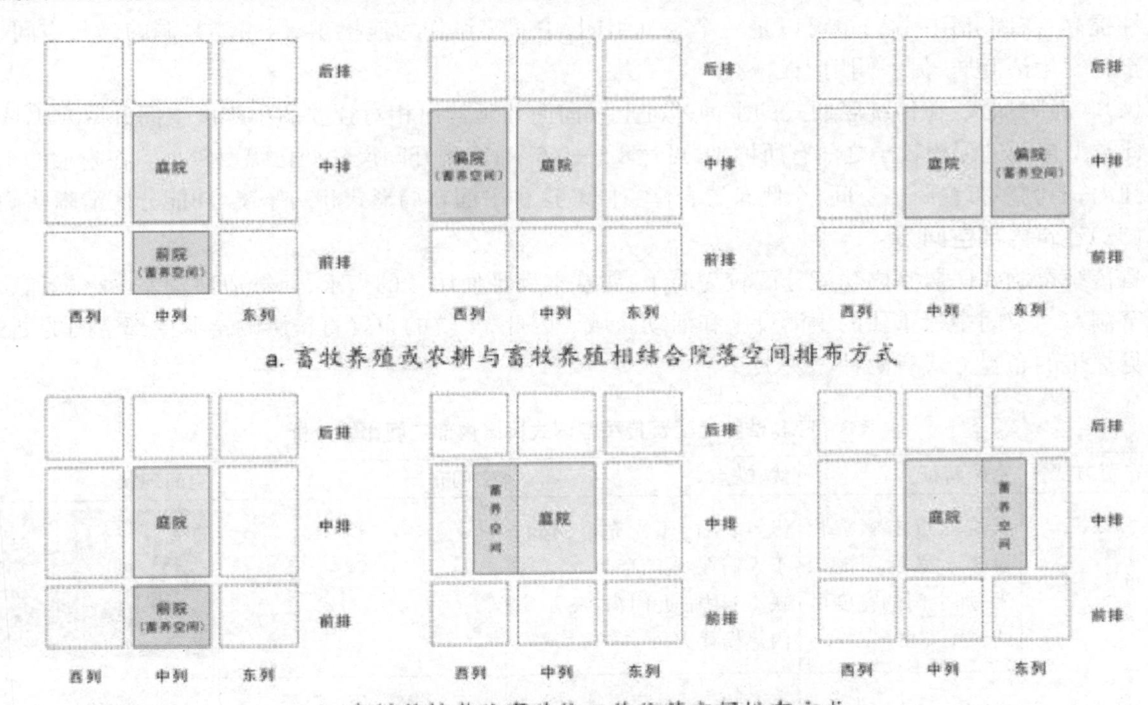

图7 晋传统窑洞式民居院落空间排布方式

3. 窑洞平面组合模式

清水河地区常分布一崖三窑或五窑，也有五窖以上的情况，甚至在较特殊的地段中存在十余孔的联排式窑洞。当地窑洞平面及流线布局较为灵活，可分为以下三种模式。(图8)

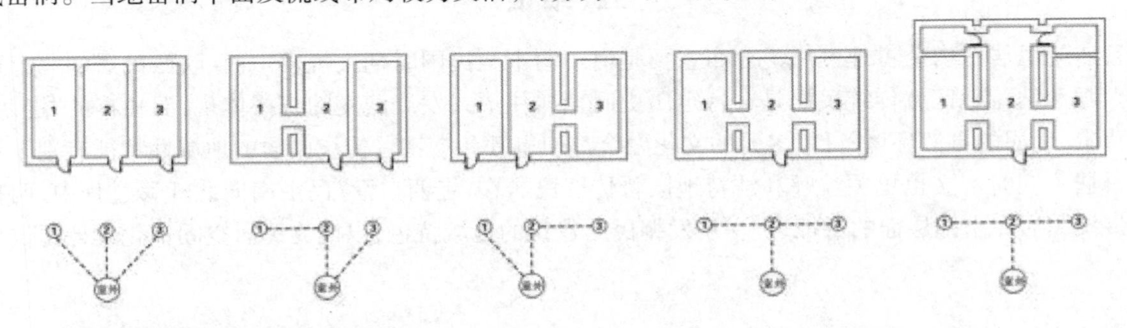

图8 晋传统窑洞式民居平面组合模式

(1)独立式：早期晋传统窑洞式民居建筑内部空间形式。每一孔窑洞均为独立的生活单元，居住单元之间采用串联的排列方式。此类窑洞往往是由两个或三个家庭组团居住使用，窑洞间整体联系性较弱，必须经过室外才能到达另一孔窑洞。

窑洞内部常设火炕与灶台，为获得较好的采光与通风，火炕常临门窗设置，宽大多为2米。灶台紧挨着火炕且沿窑洞进深方向搭建，灶台为1米见方。由此可见，火炕与灶台约占室内空间总面积的1/2，每个家庭组团的日常生活起居、会客等行为均在此空间内完成，室内空间略显拥挤与混乱。

（2）附属式：中间孔窑洞和其中一孔窑洞在中部进行串联，外立面仍保持两孔窑洞的形式不变，仅改变内部空间的使用——将洁污空间与生活起居空间进行有效划分。

在室内陈设方面，因各自家庭生活条件不同，家具布置也相差较大。总体来讲，由于电灯普及，窑洞不再受采光条件的限制，内间火炕可临窗布置也可靠后壁布置，沿墙边设红躺柜，供家庭成员居住与收纳，外间火炕均靠后壁布置，一是方便人们进出，二是便于储存粮食、放置生产工具。附属式空间布局的出现使居民有了相对独立的起居空间，同时也反映了当地居民思想观念的转变以及对个人隐私的保护。

（3）联通式：中间窑洞将东、西两侧窑洞串联起来，中间窑洞作为两个居住单元的交通联系空间，两侧窑洞作为生活起居空间。[①]这种平面布局形式基本是两个家庭组团，其联系无须经过室外空间，整体联系性提高，空间利用率高；也可以是一个家庭组团，中间窑洞作为连接东、西两侧窑洞的公共空间，一侧用于日常生活起居，另一侧用于贮藏。

（4）联通附加式：在传统联通式的平面基础上纵向向北延伸出相对独立的小跨度空间并紧靠檐墙设置。此类型窑洞进深相较于之前有所增加，可达8.5—9.5米；窑洞开间尺寸变化幅度较小。在附加的小跨度空间内，西侧多布置厨房空间，东侧布置仓储空间。这种平面布局形式相对紧凑，功能分区清晰明确。

（三）建筑内部空间

晋传统窑洞式民居室内功能分区较为简单，能基本满足使用者的需求，但舒适性较差。火炕和灶是构成窑洞室内空间中最重要的生活设施和活动区域。因此，火炕的布置直接影响窑洞内部空间的划分，而常见火炕的布置方式有两种（表3）：

表3　呼和浩特地区晋传统窑洞式民居内部空间比较分析

火炕布置方式	空间特征	优、缺点	空间布局	空间现状
临窗布置	火炕靠近南侧窑脸设置，宽度可达2米，加上门的宽度可达窑脸宽度	优点：室内阳光充裕，有利于人们在炕上活动 缺点：因临近门窗，冬季室内热损耗大		
靠后壁布置	火炕靠近北侧设置，其宽度即窑洞开间。火炕紧邻的横墙内设排烟道	优点：火炕靠后且隐蔽，炕前可形成较大的空间，冬季室内热损耗小 缺点：室内光线不充裕		

五、结语

晋传统民居在内蒙古地区广泛分布主要是由于明末至民国时期大规模山西、陕西民居的北上迁移所致。呼和浩特地区晋传统民居是在特定历史时期居住形式发展演变的直接体现，而独特的“走西口”移民背景、优渥的自然环境条件、多元的文化融合都使得呼和浩特晋传统民居的地域性特征有别于晋北传统民居。同时本文也更关注呼和浩特地区晋传统民居在“走西口”移民由南向北迁移过程中，两种类型晋传统民居在空间层面的特征，进一步发掘民居建筑的地域特色，以期为民居空间优化设计提供理论指导。

① 见徐允畅：《呼和浩特市清水河县传统合院式石窑村落营建模式研究》，内蒙古科技大学2019年硕士学位论文。

现代性视角下的绥远省近代建筑

内蒙古工业大学　宋雨晨　高旭

摘　要:文章通过阅读图像材料,以现代性的视角,从工业技术、近代战争、民族国家及建筑师自身职业背景的角度,考察位于近代中国边疆的绥远省近代建筑。探析该地区在特定时代背景下,建筑形式的流变及其复杂构成的内在动因。

关键词:现代性;绥远省;近代建筑;形式

近代绥远地区的兴起可追溯至明朝时期,蒙古土默特部阿勒坦汗以促进贸易、发展宗教为目的,兴建“库库和屯”(明朝廷命名为“归化城”),形成以大量藏传佛教召庙为主体的佛教中心城市,至清雍正年间因屯兵驻防的需要,在归化城东北部修建绥远城。[①]随着宗教体系、边疆军务对当地经济的带动,以及清中后期走西口和开放蒙禁带来的人口迁移,旅蒙晋商在中、蒙、俄间的商业沟通,使绥远地区逐渐成为重要的商路节点,并形成了以藏传佛教召庙、晋北样式民居为主体的城市风貌。

19世纪末至20世纪初,位于近代中国边疆的绥远省[②],涌现出了一批具有西式形式特征的建筑物。这种建筑形式的转变不能仅站在“西方中心”的视角,简单地以“西化”一词概括这一现象。若以“现代性”的视角审视这一历史现象——近代绥远省或主动或被动地加入现代化的全球背景中,而进入现代化轨道的这一事实,导致了绥远省近代建筑发生形式风格上的变化,并且最终形成构成复杂的局面。构成这一历史背景的要素是多重的,现代交通技术带来的商业、工业发展,现代政治与战争催生的民族主义、民族国家,以及建筑师受到现代知识背景的建筑教育,共同勾勒出近代绥远省城市建筑风貌的大致轮廓。

图1　呼和浩特旧城风貌[③]

图2　平绥铁路:陶卜旗开往旗下营的列车(摄于1939年)[④]

---

① 见王雪锋:《从归化城、绥远城的比较看呼和浩特发展的特点与轨迹》,内蒙古大学2010年硕士学位论文。

② 近代绥远省区划大致相当于今内蒙古巴彦淖尔市,鄂尔多斯市,乌海市渤海湾区、海南区,包头市,呼和浩特市及乌兰察布市大部。绥远单独设省的设想在清末提出,但未能成行,辛亥革命后国民政府于1914年1月成立绥远特别行政区,1928年改区设省,爱国将领傅作义于1931年起任绥远省主席。归绥市,民国时绥远省省会,日伪时期称厚和特别市,新中国成立后改称呼和浩特。

③ 来源:呼和浩特规划馆。

④ 图2—图4,图7—图11均见華北交通アーカイブ:http://codh.rois.ac.jp/north-china-railway/photograph/3705-026258-0.html。

学者汪民安认为，“现代”一词意味着现在和过去的断裂，在历史实践的过程中，包括政治、经济、技术、观念和社会组织层面上的逐步现代化，最终展现为疆域固定的民族-国家、机器化的工业主义、市场化的资本主义等。[①]鲍德里亚认为现代性是一种与传统相对立的特征性的文明模式，革新的愿望和对传统的叛逆会逐渐成为各种自主的机制。[②]现代性作为一个广阔的议题，其讨论多针对某个具体的话题或领域，本文关注近代绥远省走向现代化轨道的多个“现代性”时刻，以及这些现代性因素促使该地区建筑形式转变的内在动因。

一、铁路

近代交通技术，特别是铁路的改善对现代性变化意义深远。近代工业主义直接催生了机器和协作，而协作意味着使劳动者流动，进行规模化的聚集组合，铁路使这种流动的速度加快，规模扩大。[③]孙中山指出：“交通为实业之母，铁道又为交通之母。国家之贫富，可以铁道之多寡定之，地方之苦乐，可以铁道之远近计之。”[④]平绥铁路的建成通车，对绥远（地区）的现代化起到了至关重要的作用。

平绥铁路由京张铁路展修而成，京张（北京—张家口）铁路是我国自主修建的第一条铁路，由工程师詹天佑主持修建。1909年建成通车，张绥（张家口—绥远）铁路在其基础上展修，1923年1月通车至包头，称京绥铁路，后因国民政府迁都南京，易名为平绥铁路（图2）。[⑤]平绥铁路建成前，北京至绥远只能通过牛、马等牲畜交通，铁路开通后，两地交通仅需二十小时左右，其建成标志着西北地区以铁路为主体的现代交通网络体系的初步形成。[⑥]

铁路开通促成了以沿线站点为中心的商品集散地的形成和发展，归绥等大站即成为重要的货物转运中心，促进了沿线城镇的发展，创造了大量就业机会，也促进了商人的流动。铁路通车至绥远站后，商人在靠近火车站的归化城北大街的两旁租赁门面，修建楼房，多是“东路人”开设的饭铺、澡堂、鞋帽店、钟表铺、西药行、镶牙馆、照相馆等时兴行业。[⑦]同时围绕车站陆续出现了住宅、商业网点、大型公司及工厂，开通了火车站粮站西街至归化城北门的道路（今呼和浩特通道街），与新旧城大街（今呼和浩特中山路）相交的道路（今呼和浩特锡林郭勒北路），促成了归化城、绥远城、火车站形成“品”字形的城市结构。[⑧]

19世纪末20世纪初西方建筑传入，国人普遍有钦慕洋房的心理，认为洋房代表科学、先进和时尚，并对中国传统建筑进行“非科学性”的否定。“人民仿佛受一种刺激，官民一心，力事改良，官工如各处部院，皆拆除建新，私工如商铺之房有将大赤金门面拆去，改建洋式者。”[⑨]

平绥铁路开通为归绥带来了新的建筑形式，归化城商业街上开始流行西式风格的建筑立面，立面带有壁柱、线脚、涡卷等装饰元素，以横向线条进行多层划分。（图3）或因为时人对西式建筑的结构与功能并没有深刻的理解，或因受经济条件的制约，街市商铺多仅限于对立面的模仿，在原有坡屋顶建筑前加建一层“新皮”。（图4）这些新式建筑立面即是当时工业、商业发展的物质反映。

---

① 见汪民安：《现代性》，南京大学出版社，2020年。

② 见[比]希尔德·海嫩：《建筑与现代性》，商务印书馆，2015年。

③ 见汪民安：《现代性》，南京大学出版社，2020年。

④《孙中山在上海与〈民立报〉记者的谈话》，《孙中山全集》第二卷，中华书局，1982年，第383页。

⑤ 见段海龙：《京绥铁路研究（1905—1937）》，内蒙古师范大学2011年博士学位论文。

⑥ 见杨文生：《平绥铁路与商人的迁移及其社会影响》，《历史教学问题》2006年第3期。

⑦ 见杨文生：《平绥铁路与人口迁移及其职业变迁》，《河北大学学报（哲学社会科学版）》2006年第1期。

⑧ 见樊鹏：《新旧之间：近代呼和浩特城市建设与变迁研究（1840—1945）》，内蒙古大学2011年硕士学位论文。

⑨ 赖德霖：《“科学性与民族性——近代中国的建筑价值观（上）”》，《建筑师》1995年总第62卷。

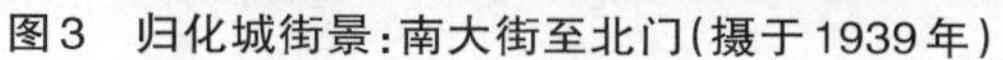

图3　归化城街景：南大街至北门(摄于1939年)

图4　归化城街景：从钟楼看大街(摄于1939年)

当地贵族宅邸也开始对新式风格的追求：现位于鄂尔多斯市的伊金霍洛旗(原郡王旗)郡王府，1928年该旗札萨克请来三十余名山西偏关匠人为其修建私邸，至1936年完工。①入口“西洋门”为三开间式，带有极强的西式装饰元素，如壁柱、装饰券面，开圆拱门，柱头、柱身装饰须弥座，壁面上装饰传统吉祥图案的砖刻浮雕，整个立面以壁柱作横向分割。(图5、图6)山西工匠显然未受过西方建筑教育，仅是对时兴风格的模仿，这种背离传统、中西杂糅的装饰风格，反映了时人出于自主的对一种时髦风格的追求。

图5　伊金霍洛旗郡王府入口西洋门

图6　伊金霍洛旗郡王府南立面

除对西式要素的写仿，现代工业建筑也在这一时期得到发展。20世纪20年代，全国“开发西北”的呼声愈高，傅作义主绥期间利用绥远地区盛产皮毛与铁路开通交通便利的有利条件，兴办“绥远毛织厂”，1934年6月动工兴建，1935年3月投入生产。②从影像资料来看，工厂已采用现代工业建筑大跨度钢桁架结构，采用现代柱网平面的空间形式(图7、图8)，是绥远地区早期的现代工业建筑。因此，绥远省近代城市风貌的形成与现代交通的发展密不可分，交通便利带来新的商业模式，并带动了现代工业的起步，建筑形式必然相应发生变化。

① 见张鹏举：《内蒙古古建筑》，中国建筑工业出版社，2015年。

② 见马寒梅：《傅作义对绥远的治理(1931—1937年)》，内蒙古大学2004年硕士学位论文。

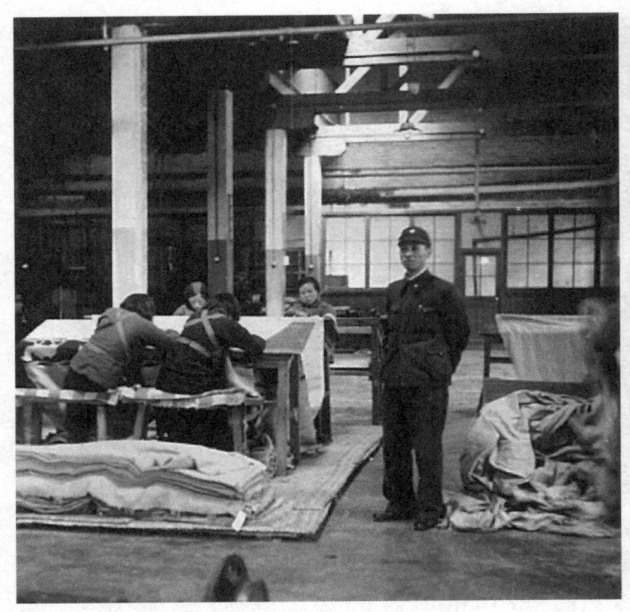

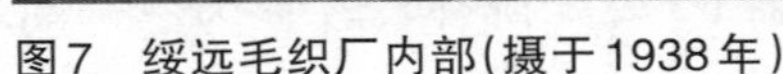

图7　绥远毛织厂内部（摄于1938年）

图8　绥远毛织厂内部（摄于1938年）

二、现代政治、战争与民族国家

本尼迪克特·安德森认为民族“是一种想象的政治共同体——并且，它是被想象为本质有上限的，同时也享有主权的共同体”[①]，而民族主义国家是一种近代的发明。19世纪欧洲民族主义的发展，最终以种族主义、帝国主义的形式散布到世界各地，“中华民族”这个概念也是在这个背景下被梁启超“发明”的。

进入20世纪，外国侵略不断加剧，国人开始追求建筑的“民族性”。从上海五卅惨案到九一八事变后东三省被侵占，空前的民族危机激起国民的忧患意识，民族主义成为拯救民族危亡的强心剂，而建筑物成为民族精神物化的纪念碑。沈麋鸣在《建筑师新论》一文中提出：“一个民族之不亡，全赖着一个民族固有艺术的不亡，所以我们要竭力把大中华的东方艺术来发扬，这，当今建筑师，应该负荷着这个使命。”[②]民族主义同时被用作专制统治的政治工具，1930年蒋介石提出“国家至上、民族至上、效能至上”，提出“民族精神高于一切”的口号。而在《首都计划》中，更将建筑形式应为“中国固有之形式”提高到国家规划的层面。

傅作义主绥时，面临蒙古王公德穆楚克栋鲁普妄图建立“大元帝国”的分裂势力以及日本侵略势力，提出“保卫国家，誓雪国耻”“宁做战死鬼，不做亡国奴”的口号，其指挥的长城抗战、绥远抗战将全国的抗日救亡斗争推向高潮。长城抗战结束后，傅作义将殉国官兵的遗骸护运回归绥，建抗日烈士公墓（日伪时期改称“烈士公园”，图9）、抗日阵亡将士纪念碑与纪念堂（日伪时期改称“长城战役阵亡将士纪念碑”，图10）、九一八纪念堂（日伪时期改称“公会堂”，图11）。[③]

---

① [美]本尼迪克特·安德森：《想象的共同体》，上海人民出版社，2016年，第5页。

② 沈麋鸣：《建筑师新论》，《时事新报》1932年11月23日。

③ 见马寒梅：《傅作义对绥远的治理（1931—1937年）》，内蒙古大学2004年硕士学位论文。

图9　抗日烈士公墓入口(摄于1938年)

图10　抗日阵亡将士纪念碑与纪念堂(摄于1938年)

图11　九一八纪念堂(现已不存)

公墓入口至纪念堂由轴线贯穿。抗日烈士公墓入口采用横向三段式构图,中间券洞放大,将歇山式屋顶、阑额与券柱式构图结合起来,构件雄大,显得气氛威严。纪念碑由台基、碑座、碑身、碑顶四段组成。台基四周用203块条石砌筑,寓意203位阵亡将士英灵。三角形平面,碑身向上收分,正面为傅作义书"华北军第五十九军抗日阵亡将士公墓",其余两面书写阵亡将士名录。碑身上有穿插的柱、枋元素,枋上有人字拱,柱头出丁头拱、雀替,碑顶为三角攒尖绿琉璃顶,纪念碑整体形式简洁、高拔。(图12)纪念堂为三开间歇山顶仿古建筑,上悬"气壮山河"匾额,[①]除正立面外,三面皆为砖砌石墙,壁柱柱头出雀替,枋上施一斗两升铺作,柱、门、额枋以白色和青绿色为主,整体形式简洁端庄。(图13)

整个建筑群将传统建筑元素从陵园入口贯穿至纪念堂,使观者的民族情绪在参观过程中不断被激发。

图12　抗日阵亡将士纪念碑现状

图13　抗日阵亡将士纪念堂现状

① 见张晓东、李世馨:《近现代建筑的价值定位——呼和浩特近现代建筑调查中的思考》,中国近代建筑史国际研讨会,1998年。

在这样的政治、民族情绪及心理认同的背景下，选择体现民族精神的“中国固有之形式”成为抗战纪念建筑形式的必然。与同时期的南京中山陵相比，虽然规模有差距，但同样可以代表这一时期政府倡导的“文化本位”观念，以“大屋顶”象征“中国固有之形式”，以“民族形式”象征国家、民族、政权。这两座纪念建筑不仅是历史事件的见证，也是大时代背景下各种现代性因素的物化。

三、建筑知识

从20世纪初美国建筑师墨菲来到中国探索“中国风”建筑，在其《中国建筑的文艺复兴》一文中提出“适应性中国建筑”的概念[①]，到20年代中国第一批留洋建筑师回国执业，开始探索“中国固有式”建筑，再到梁思成提出“文法”与“可译论”，其背后贯穿的线索是建筑师受到的“布扎”建筑教育。“布扎”作为一种专业知识体系，是一种现代的建构，它服务于建筑师面对现代职业身份、设计需求、教育方式、处理问题的普适方法以及应对城市不断发展的能力。在不同的社会背景下，如在法国、美国或中国，这个体系在不断调试，成为“国际化”的建筑实践。[②]

图14　内布拉斯加州议会大厦[③]

图15　苏维埃宫方案

图16　梁思成《想象中的建筑图》

“布扎”体系的核心为“构图”和“要素”的组合，要素即材料、材料的应用组合、墙体、拱券和立柱；构图即建筑形体、空间和构成要素的组合方式。而“要素”与“构图”的分离使不同风格的建筑要素可以在不同构图体系之间替换。[④]（图14—图16，不同语境下的不同要素，可以具有相似的构图）“中国固有式”

① MURPHY H K, *An Architectural Renaissance in China: the Utilisation in Modern Public Buildings of the Great Styles of the Past*, Asia, 1928, pp. 468-475.

② 见李华：《从“布扎”的知识结构看“新”而“中”的建筑实践》，载朱剑飞主编：《中国建筑60年历史理论研究》，中国建筑工业出版社，2009年。

③ 图14—图16均来源于李华：《从“布扎”的知识结构看“新”而“中”的建筑实践》，载朱剑飞主编：《中国建筑60年历史理论研究》，中国建筑工业出版社，2009年。

④ 见赖德霖：《构图与要素——学院派来源与梁思成“文法—词汇”表述及中国现代建筑》，《建筑师》2009年第6期。

建筑正是这一现代体系下的产物,抗日烈士公墓入口、抗日阵亡将士纪念碑将中西方的建筑要素进行构图组合,比例和谐均衡。九一八纪念堂采用古希腊神庙的体型,山花、柱式、实墙、壁柱等元素。正立面被实墙、柱廊划分为横向三段,中间柱廊为三开间构图,开圆拱门。侧立面以壁柱作横向划分。

观察以上三个纪念性建筑,各种文化体系下的建筑要素被均衡的构图所统一,显然是由受“布杂”体系影响的建筑师设计建造。同一时代背景下同样主题的纪念性建筑,却采用了全然不同的建筑要素:烈士公墓、烈士纪念碑的中国传统建筑要素,与九一八纪念堂的西方古典建筑要素,共同成为近代中国边疆地区反抗侵略纪念性建筑的构成要素,除地区政府的意志主导外,应是建筑师自身知识背景中对“庄严”“崇高”等纪念性意义的理解。作用于这些纪念性建筑实践背后的,是当时建筑师基于自身职业背景对社会政治的回应,是一种现代性的建筑知识实践。

四、结语

在近代中国的边疆地区,随着现代工业生产、经济模式与政治机器的介入,建筑与城市的形式发生着深刻的改变。在该地区或主动或被动地迈向现代化的过程中,我们接受和转译西方的思想,同时也是自我建构的过程,甚至很大程度上是服务于自己的需求。例如傅作义将军采用“中国固有式”的所建的抗日阵亡将士纪念碑,无疑是为振奋民族精神、激发民众抗日热情的选择,而同时期且相距不远的伊金霍洛旗郡王府,其西式元素与繁复砖雕的形式则是对封建贵族娱乐和趣味的迎合。从现代性的视角审视,近代绥远省建筑形式的演变是一个曲折的迈向现代化的过程,其背后是现代工业、政治、观念与专业知识背景的复杂建构。

“走西口”影响下归化城商肆建筑类型调查研究

内蒙古工业大学　张昭熙　方旭艳

摘　要：本文以呼和浩特旧城（归化城）尚存的部分商肆建筑为研究对象，在对西口文化进行阐释的基础上，分析了归化城商肆建筑独有的特色。

关键词：归化城；西口文化；商肆建筑

一、引言

走西口，是一场发生于18世纪初叶至20世纪前期、延续二百多年的声势浩大的移民运动。陕西移民则是走西口的主体，无论是对晋地地区的经济、社会发展，还是对内蒙古中西部的开发、建设，或是对黄河文明和草原文明的交融，蒙、汉两民族的团结，以至中华民族大家庭的形成和国家的统一，都产生了巨大而深远的影响，并由此而形成了内容丰富、底蕴深厚、特色独具的“西口文化”。

在西口文化的背景下，归绥地区商肆建筑的营建主要是依靠民间力量进行，与民间商贾们的经济实力和商贾原所在地传统建筑技术有很大的关系，并且西口文化发展带动和商肆建筑自身的发展又为其注入了归绥地区商贸活动涉及地域的文化气息，比如蒙古、俄罗斯，以及西欧等国家的异国文化随着商贸活动传入呼和浩特，这些国家的建筑形式也或多或少的体现在商肆建筑上。这些文化传入，与本地的游牧文化进行交融，在归绥地区的商肆建筑形式上留下很深的烙印，形成了独具特色的归绥地区商肆建筑。

作为西口文化的载体，呼和浩特旧城现存的商肆建筑和商业街，就是西口文化的重要表现形式。归化城商肆建筑的存在，不仅记载着归化城商业活动的发展历程，而且是归化城商业繁荣的真实写照。研究一个地区商肆建筑能更好地认清本地区商业活动发展趋势，对挖掘地区传统商业、振兴老字号、发展地区经济提供借鉴的作用。本文就是以归绥地区现存的部分传统商业建筑为研究对象来展开论述的。

二、归化城商肆建筑类型

归化城位于内蒙古自治区中南部，这里背山濒水，水草肥美，土地肥沃，地形平坦，灌溉便利，与中原汉族聚居区相毗邻，处于中原通往蒙古草原的道路要冲，是蒙汉通商要埠。近代，随着归化城人口的剧增，城市极剧扩展，一些晋、京、津等地的商人看准这一机遇，纷纷涌入归化城的大南街、大北街，形成了星罗棋布的商业街区，各行各业一应俱全。归化城既是蒙汉通商要埠，又是中外交易的沟通桥梁。随着归化城贸易型店铺的发展，典当业、娱乐业、医药业、手工业也在其辐射下得到了充分的发展。因此本文将归化城商肆建筑按类型分为七大类。

（一）服务型店铺

服务型店铺是以经营零售业为主，其货物的销售对象主要是一些零散客户，主要服务于人们日常生活的基本需要。归化城的服务型店铺包括：茶馆、饮食店、糕点铺、杂货店、绸布店、鞋帽店、眼镜店、肉食店、酱园店。

（二）贸易型店铺

贸易型店铺的主要经营方式是以批发为主，或期货交易。货物销售服务对象主要是一些大宗客户，经营特点是货物量大，但种类少且单一，买主与卖主交易往往是以商谈的方式在建筑内部完成。

（三）金融业店铺

1. 票号

票号也叫“汇票庄”或“汇兑庄”，是商业资本转化而来的旧式信用机构。归绥地区的票号创始于清代道光年间，到清代光绪年间，票号已有十余家。它们是山西票号的联号，分做平遥帮、祁县帮和太古帮。其中祁县帮设庄最多，业务最盛。这些票号多数在今玉泉区内。当时较著名的票号祁县帮有“存义公、大盛川、合盛元、大德通、大德恒……太古帮有锦生润，平遥帮有蔚丰厚”。

2. 钱庄、银号

钱庄、银号是以经营存放款为主要业务的银钱业店铺。

嘉庆年间与道光初年，是山西票号的开创时期，也是归化城商业的繁盛时期。这时所有平遥、太谷、祁县一带的封建资本集团，为了吸收塞外的财富，纷纷投资，在归化城等处，设立钱铺、票号、账庄，操纵口外金融。从那个时候起，至光绪末年止，归化城的银钱业店铺，就先后开设共四十余家，分别属祁太帮、忻州帮、代州帮、大同帮、榆次常家，其中祁太帮开设的钱铺最多，多达十八家。1949年绥远和平解放后，上述钱庄先后清理停业，结束了钱庄、银号二百多年的历史，也结束了本地的私营银钱业的历史。

（四）当铺

典当业是旧社会的一种特殊行业，经营抵押贷款，属于货币信用业务的范畴。今玉泉区地界内远在清初就有典当业，直到新中国成立后才取缔了这种融通资金的行业。其历史长达二百五十多年，是旧时代金融业的组成部分。

（五）娱乐业店铺

日进斗银的归化城成为繁华的商城，“南迎府里客，北接外藩财”，从大召广场到大南街、大北街，从归化城的商圈到绥远城的马桥。到处都是涌动的人，商业人口占十之八九。归化城商贸繁荣的同时也是一个娱乐业十分发达的所在，各种剧种的演出长年不断。

归化城有四家戏院，即坐落于小东街的大观剧场，位于大西街路南的同乐剧场，位于财神庙巷路的共和剧场，再就是坐落于大召山门前正南十米处的民众剧场。

（六）医药业店铺

据史料记载，早在清光绪年间归化城就有了中医“砂锅王”和“展包李”。民国年间中医诊所、药铺药店相继出现，计有中医诊所37处、药铺21家；此外，还有蒙医、藏医。

（七）手工业作坊

归化城的手工业作坊可溯到明嘉靖年间，阿拉坦汗驻牧土默川后，这里同中原地区的贸易，主要是通过“通贡”和“互市”进行的。但当时归化城的手工业整体不发达，规模小，技术相对落后，以个体作坊为主。

随着走西口进入兴盛时期，不少汉民携带家眷进入内蒙古地区，由雁行发展到定居。大量的汉族移民涌入归化城，使归化城的农业生产得到快速发展。和平稳定的环境和农业生产的发展，也促进了手工业生产的发展。至清末，归绥（今呼和浩特）地区的手工业作坊共有395户，从业人员1232人，有造纸、制香、油漆、料器、银器、铜器、铁器、柳编、制鞍、骨雕、洗染、木器等28个行业。

三、归化城商肆建筑个例研究

（一）服务型店铺实例——德兴源烧卖

1. 建筑背景

德兴源，最早叫“晋三元”，创办于晚清时期，原本是糕点铺，于1931年改为“德兴源茶馆”，在茶馆里经营烧卖和糕点，一直延续至今。它在整个内蒙古乃至中国西北地区，都具有极高的知名度，是具有代表性的百年老店。目前该店坐落于呼和浩特玉泉区阿拉坦汗广场大召寺西北角。（图1）

图1　德兴源烧卖

2. 建筑的文化内涵分析

德兴源烧卖除了本身所具有的性质，另外有人们赋予它的其他象征意义。德兴源烧卖是多元文化的融合，它的符号化过程正是生活在这里的人们所崇尚的“适应、多元、发展、包容”精神的体现。“文化是为人的，它是依靠被吸收在群体中的人们所共同接受才能在群体中维持下去。”德兴源烧卖除了满足人们的物质需求，还反映着人们的社会生活方式、社会发展以及对自我的认识。

(二)贸易型店铺实例——德厚堂议事厅

1. 建筑背景

德厚堂建于清光绪年间，是归化城回族驮运大商贾曹彦、曹廷旺父子创建的运输业。其议事厅是曹家建造的商贾议事、办公场所，现重建于呼和浩特市明清博览园内。(图2)该建筑为一层带廊式砖木混合的建筑，面阔七间，山墙的做法采用了南方的马头墙形式。(图3)墀头部位以“瑞”字砖雕装饰，如图4所示，象征吉祥、好兆头。

图2　德厚堂议事厅①

图3　德厚堂议事厅山墙的马头墙

① 图2—图5、图9、图12—14均为陶淑娟摄制。

图4　德厚堂议事厅墀头部位“瑞”字砖雕装饰

2. 建筑的文化内涵分析

该建筑体现了多元建筑文化的影响，并将各地区、各民族的建筑文化杂糅在一起，形成了一种新的建筑形式。如南方的马头墙与北方游牧民族的回字形雕刻，体现了南北建筑文化的交融。

(三)贸易型店铺实例——九间楼货栈

1. 建筑背景

九间楼货栈建于清代，重檐二层(图5)，前后开启门窗，大木卷棚硬山构制，其内部空间宽大，是聚众议事之理想场所。该建筑想象大胆，风格独特，造型别致，是呼和浩特地区商肆建筑之孤例。这一精美建筑原为一家货栈办公地址，后多次改作他用。

图5　九间楼货栈

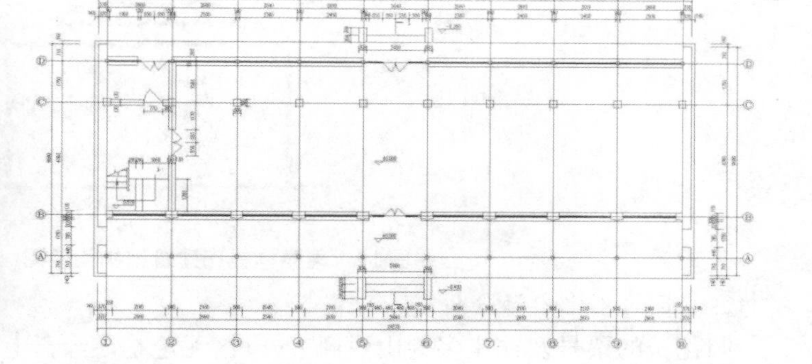

图6　九间楼货栈一层平面图[①]

2. 建筑的文化内涵分析

该建筑受到了我国传统文化的影响，蕴含了中国古代建筑中居中的思想。中国传统思想中，认为任何事都应是不偏不倚的，即所谓的中庸之道，主要体现于该建筑的布局上。该建筑面阔九间，共两层，一层二层均设有外廊，大门位于正中，体现了居中的思想，正所谓以中为贵(图6—图8)。此外九间楼货栈建筑细部图案和纹理也受到了传统文化的影响，建筑细部装饰体现了中国古代丰富的文化内涵和建筑寓意。

① 图6—图8，图10、图11来源于内蒙古师范大学明清园测绘组。

（四）金融业商号实例——義泰祥钱庄

1. 建筑背景

始建于清光绪二十三年（1897），与归化城北门外的清真大寺同时建成。原址在归化城北门外和合桥南岸牙行旁，现重建于呼和浩特市明清博物馆内。（图9）義泰祥钱庄面阔三间，有前廊，门厅居中，两旁的次间安置柜台。（图10）该建筑为砖木混合建筑，采用抬梁式结构构架形式，进深方向梁架为七架梁，外廊柱梁下雀替长三十厘米（图11），建筑外柱廊的雀替以及雕刻采用了吉祥样式的图案。

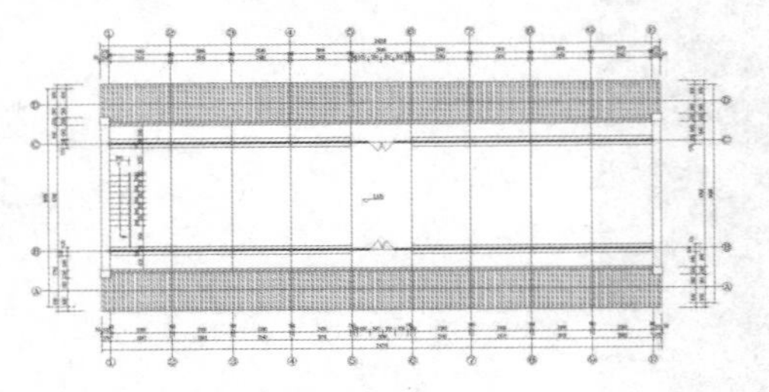

图7　九间楼货栈二层平面图

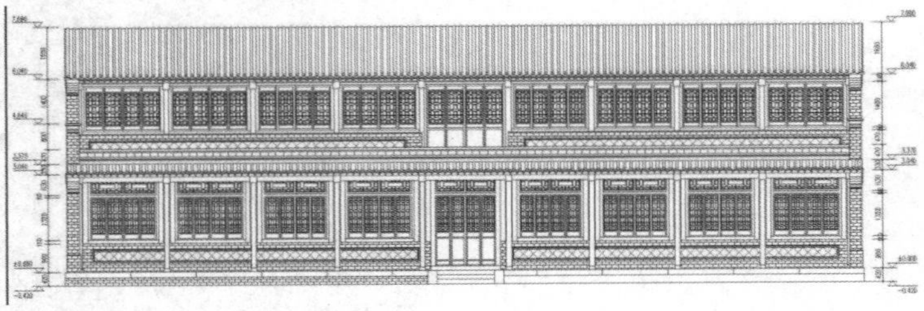

图8　九间楼货栈正立面图

图9　義泰祥钱庄

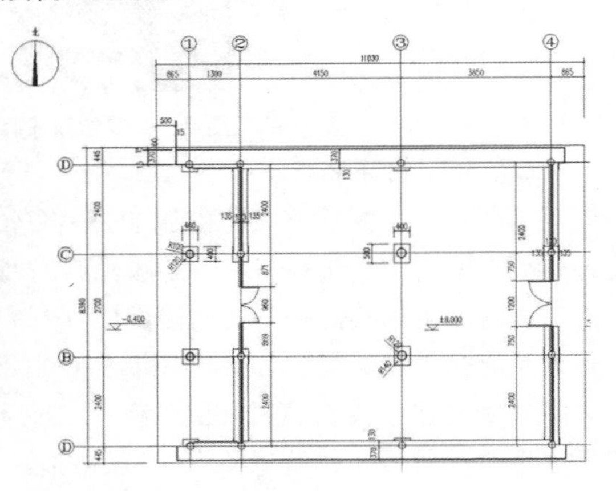

图10　義泰祥钱庄平面图

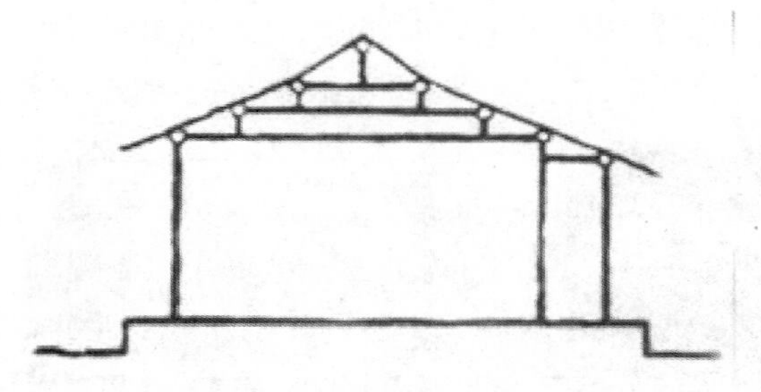

图11　義泰祥钱庄建筑结构构架图

2. 建筑的文化内涵分析

归化城的票号及钱庄多为山西商人开设，无论是在经营上的形式上，还是在建筑的表达上都受到了晋文化的影响，表现出晋文化的鲜明特色。此建筑的细部装饰也体现了晋文化中内涵丰富、寓意深远的建筑装饰文化。

（五）娱乐业店铺实例——三官庙戏台

1. 建筑背景

古时，戏台是酬神演戏的场所，多与庙宇合建。随着归化城商业的繁荣发展，戏台建筑也随之兴盛起来。三官庙古戏台位于三官庙院内南侧，始建于清代。

归化城三官庙戏台为砖木混合结构，结构体系采用木构架承重，建在高出地面的砖砌高台上，戏台坐南朝北，面向庙宇，三间歇山式前堂与五间硬山式主楼连为一体，通面阔14.5米，进深9.8米。台基平面与一般戏台方形基础不同，戏台正面为大木建筑结构前堂，檐柱高3米，角檐柱高3.08米，下有鼓形柱础。前堂四根檐柱平行，明间两柱外移，台口宽敞豁亮，后檐柱用减柱法与前堂角檐柱取齐，使得表演空间更为宽大。（图12）

图12　三官庙戏台背立面

2. 建筑的文化内涵分析

戏曲是戏台的主体，戏台是戏曲的载体，载体随着主体的生成而生成，发展而发展。从三官庙古戏台的格局来看，此建筑已是戏曲艺术发展到成熟时期的产物，无论是从复杂多变的屋顶形式、粗壮稳定的檩替、整齐排列的椽榧，还是粗壮的圆柱、宽厚的额枋、硕大的雀替和雄浑的云形柁头构成的拙朴简练形象，都可以看出三官庙戏台与那些随波逐流的戏台对比，更给人一种鹤立鸡群、冠领新潮的感受，这似乎正吻合了蒙古族强悍彪壮但内心细腻的性格特征。此外清朝山西许多汉民迁徙到归化城后，也将他们日常生活休闲娱乐的戏曲带入了归化城，因此该戏台也受到晋文化的影响。

（六）医药业店铺实例——德泰玉药店

1. 建筑背景

德泰玉药店位于旧城大召前街北端路东，是一家医药行业中的百年老字号，因为20世纪90年代大召广场改扩建，将该建筑迁移至呼和浩特明清博览园中（图13）。该药店是一座四开间的土木结构二层近代建筑，沿街立面装饰复杂。（图14）纵向分为三部分，一层、二层及屋脊；横向分为四部分，左边三开间为店铺，最右侧一层为通往院落的大门，二层为一个圆形的装饰壁，上面赋以彩绘。

图13　德泰玉药店

图14　德泰玉药店沿街立面图

2. 建筑的文化内涵分析

从德泰玉药店立面可以看出，该建筑受到了西方文化的影响。沿街立面的拱券式窗，砖质壁柱，高高的柱基、柱身的线脚都带有欧式风格。此建筑既蕴含了我国古代的砖雕艺术文化，又带有欧洲巴洛克风格，并将它们融合在一起提炼出了一种新的建筑形式，体现出中西文化的融合。

（七）手工业作坊实例——日兴盛蒙靴铺

蒙靴制作在归化城有着悠久的历史，最早可追溯到清康熙年间。至1935年，归化城有名气的靴业作坊是大盛永、日兴盛、泰和德、义盛泰、三盛永五家。这些字号中又以坐落在归化城北门外羊岗子街的日兴盛规模最大。

在20世纪50年代的社会主义改造中，日兴盛等多家蒙靴作坊的师傅们在政府的指导下，组织成立了呼和浩特蒙靴生产合作小组。随后该作坊又搬迁至新生街34号院，并改名为呼和浩特民族用品店。

四、总结

商肆建筑，是一个地区传统商业发展的历史实物见证。本文主要对归化城内商肆建筑进行分类，并对现存的商肆建筑进行个案研究。它们都产生于漠南地区的特殊文化背景下，其建筑特征各异，建筑风格与山西建筑大同小异，反映出其受到了西口文化的影响。但每一个商肆建筑在多元文化的渗透交融下，又形成独具一格的建筑风格。归化城的商肆建筑虽地处特定的环境之中，但它们背景不同，商业活动不同，建筑风格、形式不同，但它们都记载着归化城商业的发展，是归化城商业繁荣的见证者。

城市化进程中的近现代宗教建筑遗产保护研究

——以包头古城吕祖庙为例

内蒙古科技大学　萧大钧　孙丽平

摘　要:宗教建筑是城市重要的组成部分。近现代以来,在包头古城建立了大大小小无数寺庙,就连街道名称都以寺庙命名,如:吕祖庙十字巷、财神庙街、清真寺街等。随着城市的扩张与发展,有些寺庙因无人问津被遗弃,有些被摧毁,有些被改造成学校,只有少数遗留至今,吕祖庙即为其中一座。本文选取近现代建筑遗产吕祖庙作为研究对象,梳理其建设背景与建筑特色,分析总结其保护价值,并提出合理的保护途径,为城市化进程中其他宗教建筑遗产的保护提供参考。

关键词:近现代宗教建筑;遗产保护;包头古城;吕祖庙

一、引言

宗教是一种社会意识形态和文化现象。作为文化现象的宗教,其产生是历史的必然。[①]在包头古城[②],宗教文化促进了居民从游牧文化走向定居文化的转变。宗教建筑伴随宗教文化应运而生,其作为城市的一部分,是宗教观念、宗教情绪或宗教情感的物化形式,包含有佛寺、道观、民间庙宇、清真寺等。它以独特的魅力,不仅吸引了各地的汉人前来包头古城,也让许多牧民生活渐渐趋向稳定。从最早的汉传佛教文化抵达包头,到后来其他西方文化的融入,使得昔日的包头古城庙宇林立,几乎每街每巷都有庙宇。(表1)在当时,有一座庙宇的影响力如日中天,包头古城内的许多座庙宇都是由它派出的僧人进行主持,它就是吕祖庙(现称作妙法禅寺)。随着包头的城市化进程,城市扩建,包头古城墙拆除,昔日旧民居被现代住宅取代,大部分庙宇因无人管理而坍塌。2013年,包头古城经过大规模的北梁[③]棚户区改造后,似乎变得支离破碎。原本城内的宗教建筑形式因宗教文化的不同而不同,民居也呈现不同的样式,使得包头古城建筑五彩缤纷,独具特色。经过改造后,建筑的千城一面逐渐展现,处处都是模块化的住宅区,幸好还留存有一些像吕祖庙这样的宗教建筑以及个别古民居,承载着这座城市的文化与记忆。

表1　包头古城周边庙宇

宗教	庙宇名称	地址	年代	备注
佛教	福徵寺	东河召拐子街	1726	包头最早的寺庙
	龙泉寺	东河北梁转龙藏	1726	现为革命烈士陵园
	妙法禅寺(吕祖庙)	东河吕祖庙街	1853	现为内蒙古西部地区最大的禅宗寺院;国家AAA级景区
民间庙宇	南龙王庙	东河东门大街南侧	明朝明末阿勒坦汗时代	包头最早的佛教汉式庙宇
	关帝庙	东河关帝庙街	1746	
	马王庙	东河马王庙巷	1748	
	北龙王庙	东河瓦窑沟街	1779	
	西脑包龙王庙	东河西脑包井坪村	道光中期	
	火神庙	东河瓦窑沟街	1796	

① 见[罗]亚·泰纳谢:《文化与宗教》,中国社会科学出版社,1984年。

② 1870年,在一个名叫“包头村”的村子周围建起了城墙,形成了包头古城位于现包头市东河区,城墙后被拆除。

③ 北梁指包头古城北部地区,包头古城地势西北较高,适合建造居住区。

续表

宗教	庙宇名称	地址	年代	备注
	南海子禹王庙	东河南海子码头	1796	
	财神庙	东河财神庙街	1805	
	金龙王庙	东河南圪洞	1824	
	太平寺	东河南门外大街	1826	
	文昌庙	东河文昌庙十字巷	1837	现已无迹可寻
	壕赖沟关帝庙	东河壕赖沟	1867	
	大仙庙	东河大仙庙梁	1874	现已无迹可寻
	居士林	东河财神庙街	1934	中国最早的居士林之一
道教	真武庙	北梁真武庙巷	1822	
	三官庙	东河奥宇新城		现重建
	五道庙	东河五道巷		现已无迹可寻
伊斯兰教	清真大寺	包头清真寺巷	1743	现扩建
	清真北寺	东河瓦窑沟街	1913	现扩建
	清真西寺	东河内环路	1922	移址重建
	陈家寺	东河官井梁	1932	已拆除
	清真女寺	东河瓦窑沟街	1938	已拆除
	清真中寺	东河胜利路	1943	现重建
天主教	官井梁天主教堂	东河乔家金街	1934	现扩建
基督教	基督教西堂	东河乔家金街	1917	已拆除
	基督教东堂（彼得大教堂）	东河西门大街	1943	内蒙古西部地区最大的基督教堂

二、近现代建筑遗产吕祖庙建筑特色与保护价值

（一）吕祖庙概况

同治十二年（1873）季春所立《新建妙法寺碑记》记载道："妙法寺基系保郡（今山西保德）吉士王纯德号之善区也，自得此区，尝欲修建庙宇，妆塑古佛、韦陀、孚佑帝君，以妥神灵，以成盛地。"[①]即王纯德打算让出自己家的土地建庙，从五台山临济宗来的僧人续洲和尚满足了他这一愿望，建立了吕祖庙。

吕祖庙始建于清咸丰三年（1853），现为内蒙古西部地区最大的禅宗寺院，是近现代宗教建筑遗产的重要组成部分。吕祖庙的发展几经波折后，仅有吕祖殿一座清代建筑遗存下来，其他建筑皆为在原址上重建或者扩建。（表2）现如今吕祖庙基本建设完毕，还留有一部分尚未规划用地。

表2　包头吕祖庙建造历史

时间	吕祖庙建造历程
清咸丰三年（1853）	始建（吕祖殿及山门）
清同治五年（1866）	扩建（弥勒殿及三佛殿）
1940年	扩建（地藏殿、观音殿、祖师堂、功德殿等）
"文化大革命"期间	建筑毁坏严重（包括吕祖殿）
1991年	扩建、修复
1999年	新建五百罗汉堂
2008年	发生大火，吕祖殿完好，其他部分建筑毁坏

（二）吕祖庙周边环境现状

吕祖庙位于北梁，曾经被民居所环绕。现今周围建筑环境（表3）比较混乱，设计师在做北梁规划设计时只关注了吕祖庙本身，作为保护遗址而保留，并没有关注与其相适应的城市环境与城市肌理，使得它与周围环境格格不入，孤独地立在那里。

吕祖庙正对面为乔家金街，因乔家的票号旧址在此而打造了一条文化街区。但如今乔家金街内皆为大大小小的商铺，这似乎忽略了乔家文化本身的意义，过多了地注重了经济的发展。而吕祖庙却并未如此，即便身为AAA级景区，也并未收取一分门票。两者形成鲜明的对比。吕祖庙入口处南侧为游客中心，其本身南侧为一片空地，西侧大部分也为空地。这些空地已规划成遗址公园，但至今尚未建设。

①《新建妙法寺碑记》，载包头市图书馆、包头市档案馆编：《包头历史文献选编》，内蒙古大学出版社，2009年。

（三）吕祖庙建筑特色

从建筑形制来看，吕祖庙受到儒家文化的思想。吕祖庙的总体布局为中轴对称布局形制，在中轴线上布置山门、天王殿、吕祖殿、大雄宝殿、藏经阁。共三进院落，第二进采用“明堂式”构图。因建筑群需分清主次尊卑，便以中轴对称为布局，这种空间格局的布置展现了和谐的空间形式和外貌，凸显了中华文化的尊卑等级观念。

表3　包头吕祖庙与太原纯阳宫对比表

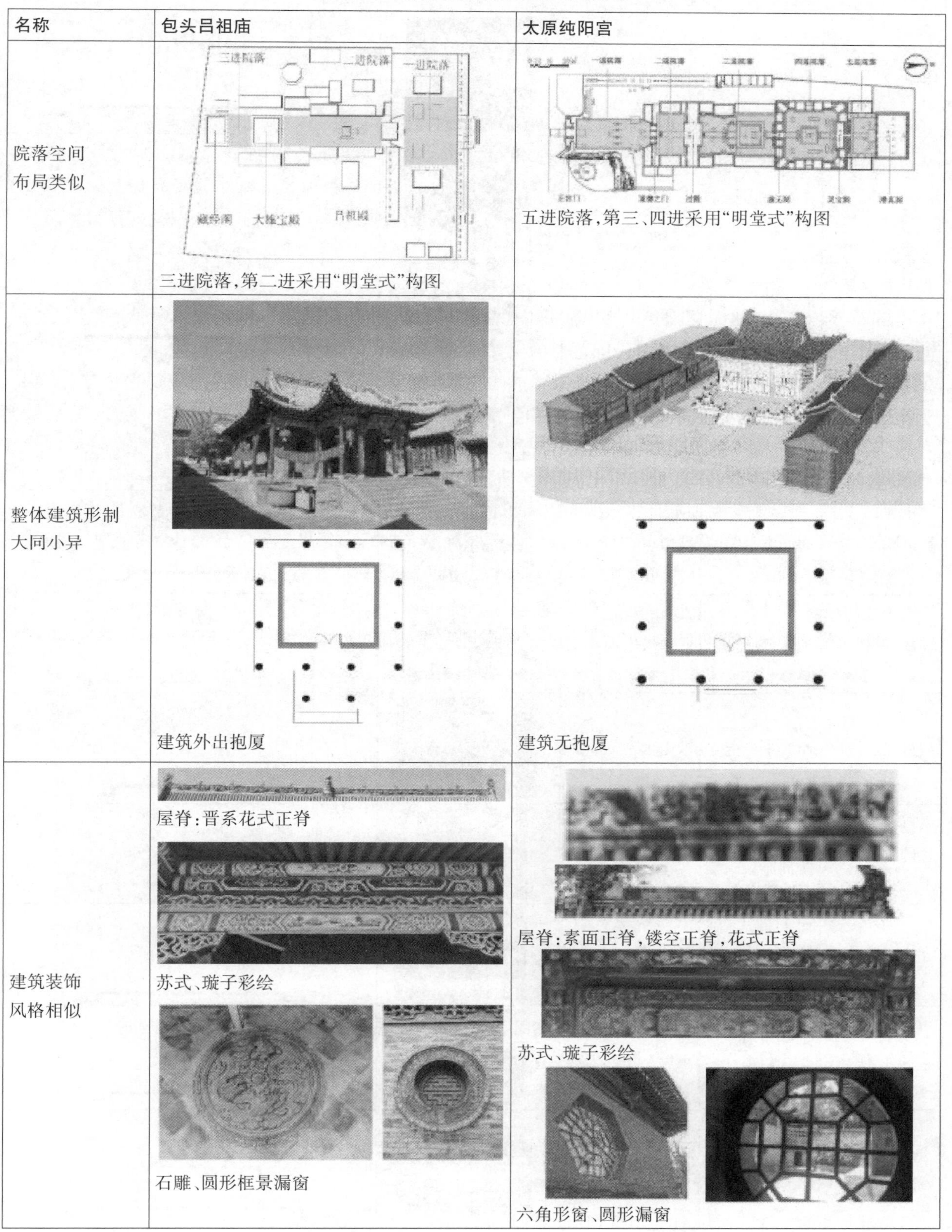

名称	包头吕祖庙	太原纯阳宫
院落空间布局类似	三进院落，第二进采用“明堂式”构图	五进院落，第三、四进采用“明堂式”构图
整体建筑形制大同小异	建筑外出抱厦	建筑无抱厦
建筑装饰风格相似	屋脊：晋系花式正脊 苏式、璇子彩绘 石雕、圆形框景漏窗	屋脊：素面正脊，镂空正脊，花式正脊 苏式、璇子彩绘 六角形窗、圆形漏窗

吕祖庙现有山门、太上老君殿、玉皇宝殿、天王殿、钟楼、鼓楼、吕祖殿、大雄宝殿、观音殿、般若堂、伽蓝殿、五叶堂、地藏殿、五百罗汉堂、念佛堂、方丈室、藏经楼等建筑。(表4)经过重修后,吕祖庙的建筑颜色极其鲜艳,只有吕祖殿是唯一遗存下来的清代建筑,约有一百六十年的历史,经过维护后,建筑现保存完好。其他像玉皇宝殿、太上老君阁等建筑的柱子、斗拱处出现裂缝,需要维护。

表4　吕祖庙各建筑组成

殿堂	平面形制	屋顶样式	图	立面图
山门	面五进四	歇山顶		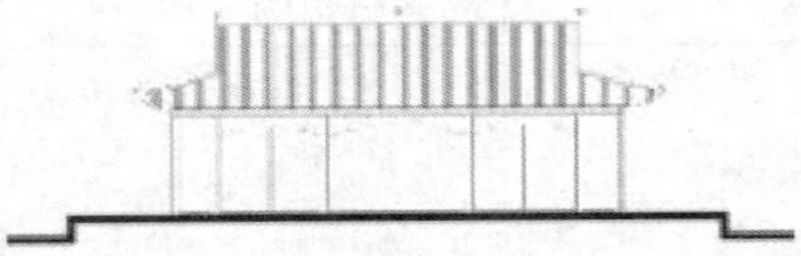
太上老君殿、玉皇宝殿、藏经阁	面七进六,副阶周匝	重檐歇山顶	 太上老君殿  玉皇宝殿  藏经阁	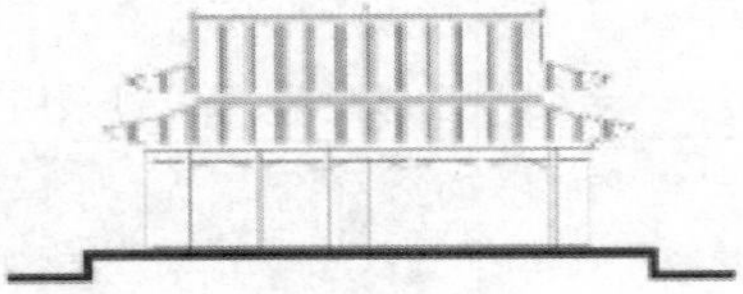
天王殿	面三进三	歇山顶		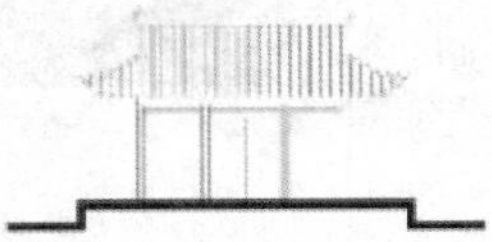
钟楼、鼓楼	平面方形	四角攒尖顶		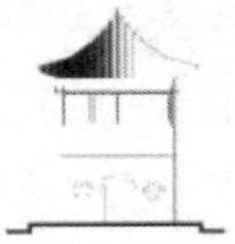
吕祖殿	面三进三,抱厦	歇山顶		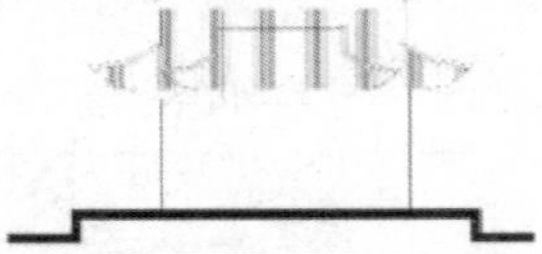
念佛堂	面七进六,副阶周匝	歇山顶		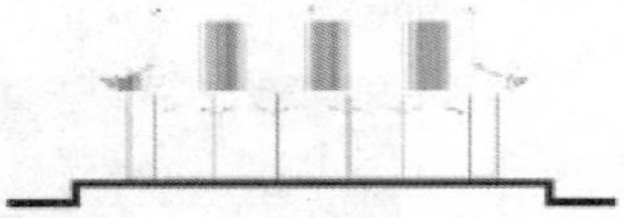
大雄宝殿	面七进八,副阶周匝,内部减柱	重檐歇山顶		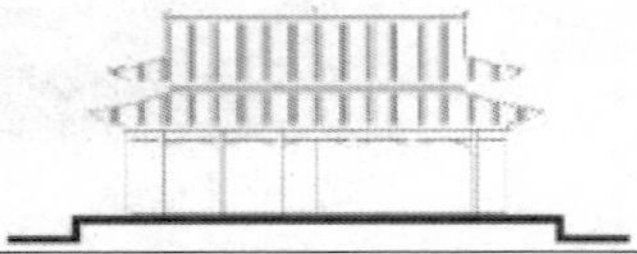
五百罗汉堂	平面八边形,副阶周匝	重檐八角攒尖顶		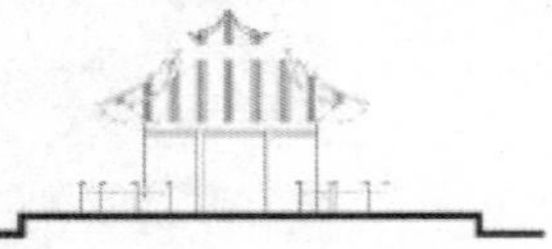
伽蓝殿、般若堂、观音殿、地藏殿、五叶堂、方丈室	平面方形	悬山顶		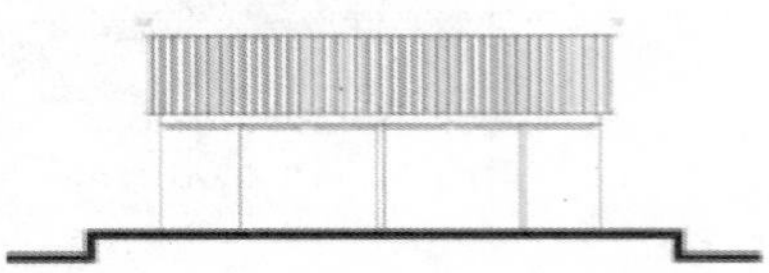

吕祖庙主要建筑多为歇山顶或重檐歇山顶,次要建筑为攒尖顶或悬山顶。吕祖庙内各殿采用斗拱(图1)支承屋顶,采用的是清代斗拱,其特征为:额枋上为着平板枋;平板上架着大斗(其作用为承托上部斗拱重量和传递到下部);大斗上的斗拱为十八斗,放置在进深方向构架上;斗拱上还有其他构件,如三才升、槽升子等。明清斗拱突出了梁、柱、檩的直接结合,减少了斗拱中间层次,简化结构,节省木材,达到了取得更大建筑空间的效果。[①]斗拱的装饰意味浓重,昂(图2)上有龙头、象头等等动物图案,包括在飞檐上采用象头昂。吕祖庙建筑内外檐部上绘制了色彩缤纷、构图端庄的彩绘图案。古建中清代彩绘一般分为三种:璇子彩画、和玺彩画、苏式彩画。经过比对,吕祖庙多采用璇子、苏式彩画。(表3装饰图)同时,吕祖庙内有许多砖雕艺术。"走西口"的山西移民带来了山西民居砖雕艺术,并在建设吕祖庙时应用到了庙宇中,是一次民间艺术与宗教文化融合的体现。在庙宇墙壁上,采用龙图案的砖雕艺术;在钟鼓楼窗上,采用吉祥云图案的砖雕艺术。还有在方丈庙墀头上,采用凤凰砖雕艺术。这些雕刻艺术都表明了庙宇的美好愿景。

图1　吕祖庙斗拱

图2　吕祖庙昂装饰

(四)吕祖庙建筑与山西吕祖庙建筑对比

吕祖庙受到西口文化的影响。建筑群在整体形制、风格及其营建方法上基本承袭了山西建筑的传统风格。这里将包头吕祖庙与山西吕祖庙建筑进行对比(表3),山西地区吕祖庙建筑以三大纯阳宫为代表,其中太原纯阳宫更具代表性。[②]在院落方面,包头古城吕祖庙为中轴对称布局,有三进院落,第二进采用"明堂式"构图,即主体建筑在院落中心。太原纯阳宫为中轴对称布局,有五进院落,第三、四进采用"明堂式"构图。在建筑方面,都为砖木建筑,建筑形制、风格、营建方式基本相同。包头吕祖殿建筑采用抱厦形式,虽然太原纯阳宫没有,但是在山西一些民居能见到抱厦。不同的是包头吕祖庙内拥有佛道两类建筑,体现了当时文化的包容性。在建筑装饰方面,也基本一致,都有晋系花式正脊屋脊装饰,屋瓦按级别由灰陶瓦过渡至琉璃瓦,山墙开圆形框景漏窗,梁枋多采用苏式、璇子彩绘以及精致的石雕,太原纯阳宫相对装饰更丰富些。

(五)吕祖庙的保护价值

在内蒙古地区,宗教文化的存在使得当地居民从游牧走向定居。吕祖庙作为当下内蒙古西部地区最大的禅宗寺院,功不可没。它见证了包头古城的前世今生,也构成了老包头人的记忆的一部分。此外,吕祖庙具有独特的佛道合一宗教文化以及西口文化。这对我们如今研究老包头文化,研究内蒙古地区区建筑,研究宗教文化等都具有很大的意义。

1.西口文化与包头文化的融合样本

在妙法禅寺可以找到与山西、陕西有关联的事物:第一代、第二代的住持是来自五台山的僧人,早期建筑多受山西窑洞式的影响,山门建筑是模仿山西河曲县海潮庵,宗教活动受山西寺庙影响尤深。新中国成立前香客多是"走西口"移民的后裔……[③]所以说吕祖庙是西口文化的遗存,这也是吕祖庙一大特色。

① 见潘谷西:《中国建筑史》,中国建筑工业出版社,2009年。

② 见王砚琪:《太原纯阳宫建筑群价值分析与特征研究》,太原理工大学2021年硕士学位论文。

③ 见姚旭:《包头妙法禅寺历史探讨》,《新西部(理论版)》2014年第12期。

在吕祖庙建筑中砖雕艺术与木构艺术的融合也同样展现了西口文化与包头文化的融合。吕祖庙建筑装饰是包头地区晋风建筑的代表，体现了包头地区晋风建筑的特色，反映了当时精湛的建筑装饰技艺水平，具有地域、社会、文化价值。

2.承载时代记忆与佛道宗教文化合一的建筑遗存

吕祖庙自建起后，香火不断，如日中天，其僧侣主持着包头古城内各个庙宇。这个寺庙有一个很独特的地方——佛道合一，寺庙里既供奉着吕祖、太上老君、玉皇大帝等道教人物，也供奉着菩萨、佛祖、罗汉等佛教人物。这样的一种模式使得整个寺庙佛道文化交融，在包头古城内独一无二。

(六)近现代建筑遗产的保护途径探索

吕祖庙于2010年被列入包头市文物保护单位，2014年9月被列入第五批内蒙古自治区文物保护单位。列入文保为吕祖庙贴上了一层保护符，使得其免于被拆除的命运。如今吕祖庙被确定为国家AAA级景区，受到的关注度逐渐变高。要使其继续留存，必须采取有效的保护措施延续建筑遗产的寿命，更重要的是通过再利用手段在当代社会中为建筑遗产寻求合理的地位和存在意义。[①]基于此，笔者提出以下几点建议：①吕祖庙目前只做到了狭义的保护，对整个宗教建筑环境的保护尚缺乏统一的认识。目前的北梁规划更多地注重商业区及小区的开发，对于庙宇的保护考虑得较少，建筑遗产的环境风光有待提升。吕祖庙与其周边环境并不协调，进而导致景观空间的恶化，需要进行风貌整治，将吕祖庙与周边环境看作一个整体，进行规划保护。②充分发掘吕祖庙宗教文化内涵。吕祖庙拥有独特的佛道合一宗教文化，应该结合民族文化、风俗习惯、节日庆典等，通过设施、出版物等进行宣传展示，使其长久的延续和发展下去。③合理利用吕祖庙宗教旅游资源。吕祖庙作为国家AAA级景区，应该合理利用好旅游资源，提高知名度，吸引游客观光，但是需要适度开发旅游资源。此外，还可以整合相关资源，开发宗教文化旅游产品。

三、总结

在城市的发展过程中，宗教建筑本身虽然得到保护，但其周边环境肌理却被破坏，这在全国是一个普遍存在的现象，我们为建筑本身感到震撼，为其所处的环境感到哀伤。本文选取吕祖庙为研究对象，挖掘其历史、文化、地域、社会、艺术价值，为的是让人们能够更多地关注到近现代宗教建筑遗产的保护，并提出合理的保护利用方式，为其他城市化进程中的宗教建筑遗产保护提供参考。

---

① 见李瑞华、吴聪、杨一帆：《近现代建筑遗产的保护与利用——以福绥境大楼为例》，《遗产与保护研究》2018年第3期。

旅游文化视域下草原社区公共建筑转译设计研究*

内蒙古工业大学　陈欣慈　胡嘉琦　白丽燕

摘　要：在巴荣鄂黑村旅游发展过程中，由于旅游建筑同质化以及村内居民交流活动场地的缺乏，导致巴荣颚黑村旅游以及蒙古文化的边缘化，为解决这一问题，运用建筑类型学方法分析蒙古游牧文化，将传统片段的原型进行抽取，在该村新场景中进行转换做出转译设计，寻找传统建筑文化在现代的发展途径，试图为当地社区建筑设计提供指导性建议。

关键词：草原旅游；公共建筑；建筑类型学；转译设计

一、引言

希拉穆仁草原是我国自1978年改革开放以来内蒙古地区最早开放的旅游景区之一，是呼和浩特周边接待人数最多的景区①，其所呈现的草原旅游经济模式在内蒙古地区极具代表性，是草原游牧社区旅游经济模式的缩影。巴荣颚黑村作为希拉穆仁镇所属村庄，其村庄生产模式已转变为以旅游经营为主。村庄与大型景点的关系呈离散型，大型景点的游客没有分散到巴荣颚黑村，导致该村游客稀少。村中经营旅游的模式为单元式，散落在村庄各处，相互独立，可接待人数有限。同时，村内旅游经营作为生产手段，缺少蒙古文化内涵的同质化经营模式导致游客体验较差。村内居民建筑间距较远，不利于沟通交流。以上原因导致蒙古村落正失去自身活力以及旅游模式下蒙古文化的边缘化。为使游客获得良好的旅游文化体验和居民活动交流，采用旅游社区活动中心的形式以激发村庄活力，在满足当地旅游需求以及居民对于社区环境的功能需求的同时，也满足其文化中的场所感、归属感、认同感等文化需求。

本文根据阿尔多罗西的建筑类型学理论对草原旅游建筑进行转译。类型学是一种从历史中认识民族文化形成的内在机制的认识论，也是通过理性对待传统历史，根据现代生活进行指导设计的方法论。②阿尔多罗西的建筑类型学在设计层次上表现为“元类型”和“赋形设计”，通过使用类型的方法，将建筑的原型进行分类划分以描述建筑，进而将建筑的原型赋予在新的建筑设计中。③

二、巴荣颚黑村旅游现状

巴荣颚黑村作为希拉穆仁草原旅游点内部的一个村庄，村庄与旅游景点的关系呈现出离散型的特征，导致旅游点对村庄的经济辐射仅在于村民为景点提供服务。这种经济关系间接地导致了村庄无法直接接触到旅游点所辐射的经济效益，处于生产分配中的最底层。同时，村庄又是与牧民生活最为密切的环境，间接导致了村民无法利用草原旅游经济的模式来实现自己生活水平的大幅提升，外来游客也无法真正体验到该村的游牧生活。（表1）

* 国家自然科学基金项目：文化人类学视域下内蒙古地域当代蒙古族牧民住居研究（51768049）。

① 见包头市达茂旗政府官网：http://www.dmlhq.gov.cn/。

② 见张子琪、裘知、王竹：《基于类型学方法的传统乡村聚落演进机制及更新策略探索》，《建筑学报》2017年增刊2。

③ 见汪丽君：《广义建筑类型学研究》，天津大学2003年博士学位论文。

表1 景点分析图

形态发展	古列延	阿寅勒	浩特	豁里牙
具象形态				
抽象形态	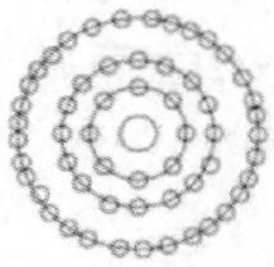	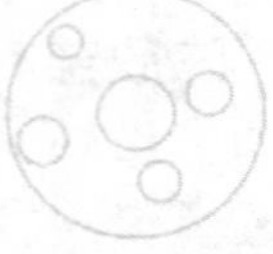	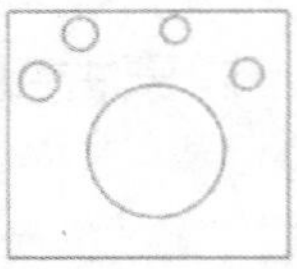	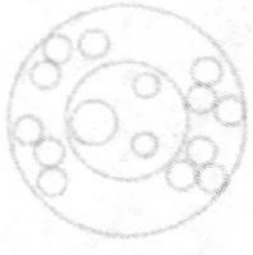
发散过程	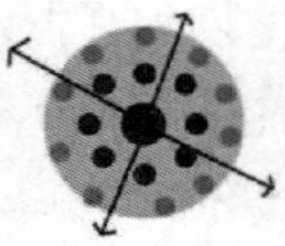	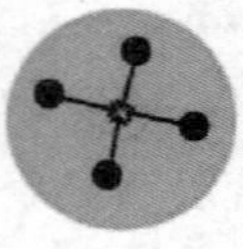		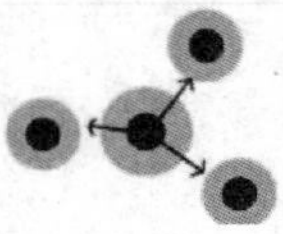

通过观察发现，村中进行旅游经营的居民在整体中占据一定比例。村内旅游经营的位置呈现离散状分布在村内，也就是说，形成了一种以户为单位进行生产经营的离散式的经济模式，这就导致村民每户可以接待的游客较少。(图1)

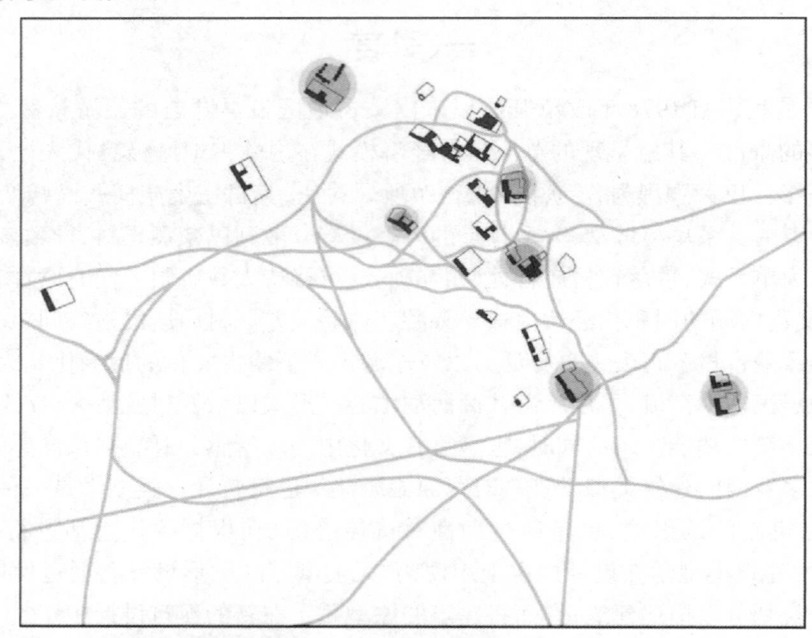

图1 村内旅游开包分布图

在巴荣颚黑村中，村民用于自家经营接待的蒙古包数量在三至五个之间，可接待游客人数至多不超过二十人，没有固定客源，较为依靠经由熟人介绍，导致旅游经济在草原地区的村庄内呈现不稳定的状态。牧民主要是依靠与旅游点拉马活动，开包的数量虽在村中占据一定比例，但比例不高，说明旅游活动在村内的开展有一定的局限性，但仍然有发展的趋势。

通过调查发现，村内经营旅游的居民家中存在自家居住与旅游接待两种蒙古包，自家居住的蒙古包被包含在村民院落内部，用于旅游经营的蒙古包被放置在村民院落外部。通过以上现象可以发现，游牧社区的游牧文化，逐渐与村民的生活方式分离，它正演变为村民生产生活的工具。这种情况对于牧民来说，是传统住居文化在其所属地区的一种存在模式，它既存在衔接又存在分离，这正是游牧文化逐渐流失的过程。(表2)

表2　旅游开包空间布局[1]

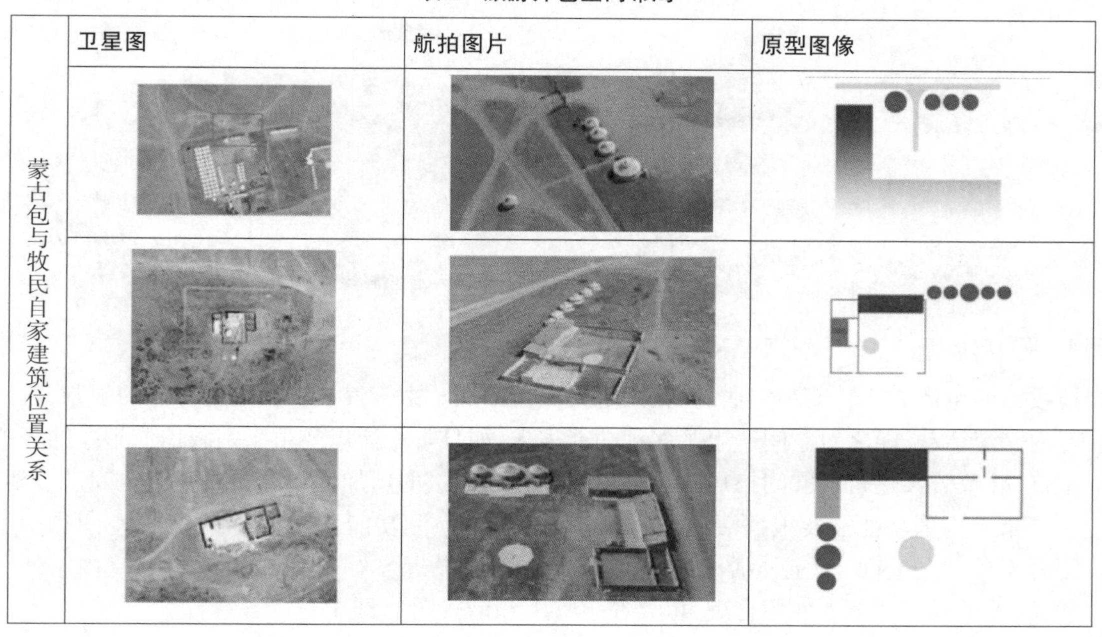

卫星图
航拍图片
原型图像
蒙古包与牧民自家建筑位置关系

三、近代旅游生活及建筑材料对公共建筑的影响

近代以来，蒙古族牧民的生活方式以及建筑材料的变化对当地公共建筑产生了影响。传统蒙古包使用的材料限定了空间的范围，导致建筑体量较小，并且空间内部缺少分隔，产生公共性。胶合木、沙袋以及高分子材料等现代材料的产生使构件尺寸逐渐增加，进而增加了蒙古社区公共建筑的体量，同时，现代建造方式的多样对公共建筑空间进行了优化，延续了传统蒙古包的结构逻辑并提升了其耐候度和舒适度，同时提供了更多空间灵活性。(图2—图4)

图2　蒙古包室内外及构件图[2]

图3　中国风格的蒙古包建筑(Chinoiserie)[3]

① 图片由张屹峰提供。

② 见集成汇，老外设计的蒙古包，.http://www.jIcheNghui.com/hal/2014-09-02/1088.html，2014年9月2日。

③ Ana Lisa. Chinoiserie: A Breezy Pop-Up Shelter Inspired by Mongolian Yurts, .inhabitat.https://inhabitat.com/chinoiserie-a-breezy-pop-up-shelter-inspired-bymongolian-yurts/.2013.1.

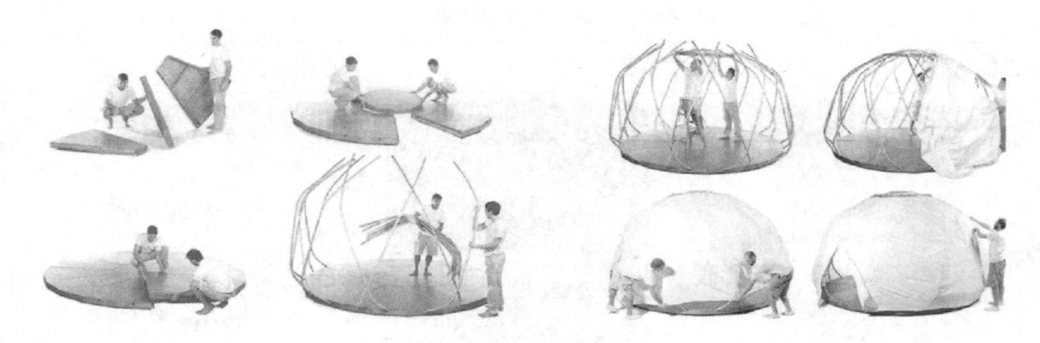

图4　夏日庇护所[①]

当地牧民的生活方式转变为定居后，牧民之间交流增加。由于气候以及地址原因的限制，牧民更倾向于在室内交流活动，随之对空间产生了多种功能需求，如日常交流以及由于宗教信仰举办的相关大型活动的举行，导致公共建筑的空间格局不再是单一整体。体量的增加使得开始对室内空间进行划分，空间功能更丰富。内部功能需要根据活动规模划分出不同的空间功能，转变为大型公共空间和小型交流空间。配合室外活动空间，为室外活动提供可能，引导人们贴近自然，回归自然。并且室内室外空间需要合理联通，不仅要在功能上使用合理，也要在感官上和谐。（图5、图6）

图5　蒙古族公共建筑现状[②]

图6　“内蒙古自治区成立70周年庆祝大会”主会场

四、旅游社区中心类型提取

阿尔多罗西的建筑类型学中的设计方法为“元类型”和“赋形设计”，体现为从历史中的生活行为与建筑形式中，抽取出能同时顺应基本生活需要与适应某种独特生活方式的建设形式。随后进行抽象和整理，形成具有典型特征的类型。最后根据类型的基本思想，对抽取出的原型结合发展的要求进行变化、组织与设计。阿尔多罗西的建筑类型学强调，原型既可以是一种抽象的形式，也可以是一种具体的表达。

本文从旅游社区中心原型提取的逻辑从历史中生成。首先将旅游社区中心确定为一种公共性空间，继而通过分析蒙古族历史，证实在牧民传统生活中，祭敖包、那达慕大会以及古列延都具有公共性，其类型都承担了民族信仰以及社会功能。

古列延是早期蒙古居民为抵御外界侵袭，在未产生私有制经济情况下形成的具象性空间。祭敖包、那达慕源于蒙古族部落生活过程中产生的精神文化信仰，通过群体性行为衍生出的蒙古族传统节日活动。所以本文选择对古列延和祭敖包、那达慕进行原型分析。

① Yuka Yoneda. PREFAB FRIDAY：EcoShack's Breezy Summer Shelter，.inhabitat（https://inhabitat.com/ecoshack-nomad-yurt/）2008.7.

② 图5、图6、表4—表6均见白丽燕：《基于扎根理论的蒙古包住居原型现代转译研究》，哈尔滨工业大学2019年博士学位论文。

(一)蒙古族传统聚落的仪式感精神

蒙古族聚落中,"腾格里"作为其民族的精神汇聚,空间的仪式性体现为向心性的环形,环形的向心性不仅存在于古列延和组成古列延的蒙古包中,也体现在祭敖包与那达慕大会的活动形式中。

古列延作为游牧民族早期公共生产形态,中心为精神汇聚的核心,世俗空间布置于精神核心周围。蒙古包内火塘作为精神核心,内部物品围绕其布置,在火塘周围形成空间内的仪式感,组织形式为中央空间、过渡空间、世俗空间。即使在古列延解体后,出现的衍生体"豁里牙""浩特""阿寅勒"以及"浩特艾勒"等规模渐次缩小的游牧屯营形式依旧延续这一秩序。(表1)

祭敖包、那达慕大会的仪式感同样体现在中心场地。现代祭敖包以及那达慕大会,通过在敖包下的赛马绕行祈福仪式和搏克选手以顺时针方向绕行于比赛场地展现蒙古民族文化中的环形向心性形态。在人类的文化历史中,其他民族的文化形式同样体现了向心性。彝族的火把节源于对火的崇拜,在清代《西昌县志》有记载:"火把者……于先一日夜半椎时每家出小火把一环围呼吼……"[①]火把节中,人群围绕火炬体现了其民族文化活动形态中的向心性。可以看出,人类对于精神信仰所呈现的仪式感空间是统一的(表3)。

表3　文化聚落形态[②]

形式	那达慕	祭敖包	火把节
向心性抽象表达	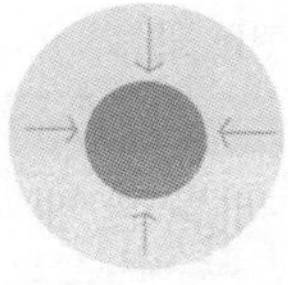	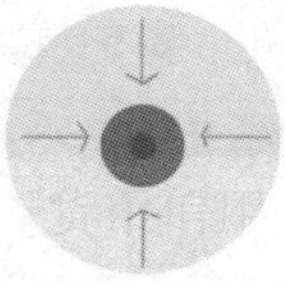	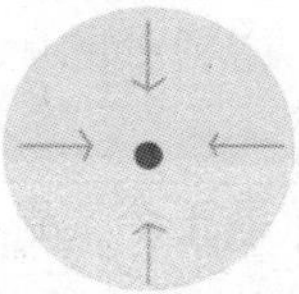
形态			

(二)仪式感精神空间转译

蒙古文化中以中心为核心,划分了部落内的仪式感空间,现代建筑功能改变导致蒙古文化中传统仪式感空间的变化。"腾格里"作为精神中心一直贯穿于蒙古建筑中,在现代建筑语境下,蒙古部落中的仪式感空间可以保留中心仪式化空间的前提下,通过室内外连接关系以及地平垂直关系形成的差异,将秩序空间通过剖面来表达对功能的划分,总结为图表:其中纵向分为室内开敞中厅式、室内封闭中厅式、室内半开敞中厅式、室外开敞中厅式、室外连廊中厅式五种;横向按中厅与周围空间标高的关系分为下沉、抬高、与私密空间一起抬高(席地生活)和与公共空间一起抬高(席地生活)四类,通过排列组合得到二十九种空间剖面形式,满足不同的文化心理需求转变为自由灵活的属性,仪式感空间可以根据不同功能的需要,灵活设置使之符合新的居民日常需求。(表4)

表4　仪式感空间剖面

中厅与周围分界关系 / 中厅与周围标高关系		中厅下沉式 	中厅抬高式 	中厅与私密空间抬高式 	中厅与公共空间抬高式 
室内开敞中厅式					
室内封闭中厅式	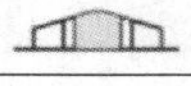	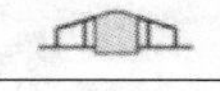	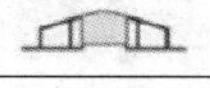	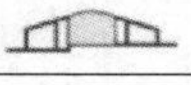	
室内半开敞中厅式	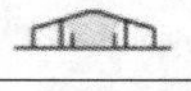		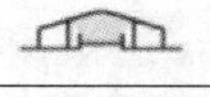	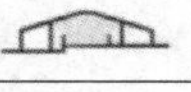	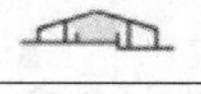
室外开敞式中厅式	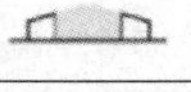	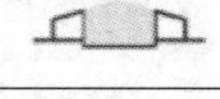	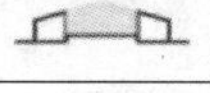		
室外连廊中厅式	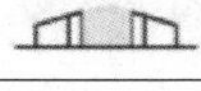		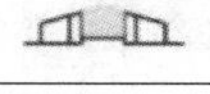	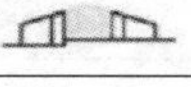	

① 甘代军:《彝族火把节的"文本"重构与文化表征》,《云南社会科学》2009年第4期。

② 见中华人民共和国住房和城乡建设部:《中国传统建筑解析与传承:内蒙古卷》,中国建筑工业出版社,2016年。

(三)蒙古族传统聚落的场所感精神解析

场所是建筑与周围所包含的一切,室内外的关系是建筑在场所中如何自然聚集所有元素的最重要的部分。在不同空间之中,蕴藏着不同的生活场景以及其对应的物质需求与空间需求,在蒙古文化中,场所感源于室内外空间不同位置的变化,通过蒙古包的组合以及围绕蒙古包周围发生的行为形成不同的场所感。就室内场所而言,蒙古包作为遮蔽物承载着牧民进食、休憩、会客等功能需求,蒙古包室外承载着牧民生产生活的需求,牧民围绕蒙古包布置各种生产用品。在古列延中,部落布置形态以酋长的毡帐为中心向外发展,环形的布置形态中在蒙古包形成的圆环中形成了间隔。在这些环境中,牧民内心形成了不同的空间感受。蒙古包外部空间的场所精神就是使用者对于外部空间的一种"氛围"体验,进而转化为对这个空间的认同感和归属感,形成集体记忆。

(四)场所感空间转译

蒙古牧民在建筑外部的生活全部围绕蒙古包展开,建筑单体与它外部其他建筑之间的附属空间构成了一个建筑微环境。由于蒙古族原始居住空间为穴居,通过穴居到平面以及在平面中位置的波动,以及在夏季蒙古包中使用的帐幕或冬季延伸至蒙古包外部以保暖的木制门廊,产生了丰富的空间变化,共计十二种组合关系。它们的共性就是经过高度概括提取出来的单体——附属空间——基地水平的组合形式,其中蕴含着独特的民族性元素,能够加强居民对于民族文化的心理认同。(表5)

表5　蒙古包室内外空间变化

	建筑处地平处	建筑下沉	建筑抬升
建筑外部无连接			
建筑外部斜上连接			
建筑外部斜下连接			
建筑外部水平连接			

(五)蒙古族传统聚落的象征精神解析

蒙古包作为蒙古族方案聚落中的单体,体现了游牧民族的宇宙观,蒙古包形似圆柱形,包顶为拱形,蒙古包内火撑是重要的空间坐标和精神凝聚核心。蒙古人认为"火撑"与神明、祖先相连,是最为神圣的空间,内部严格的空间划分在满足了蒙古包在古列延中的公共性以及生活需求的同时,也在空间内体现了蒙古族精神文明象征。"火撑"将蒙古包平面形态划分为东西南北四个区域,形成了"男—女""圣—俗"二元分区的空间秩序,同时"火撑"作为蒙古包内部空间象限的焦点,生活行为也均围绕其有序进行。蒙古族人认为,西或西北方向代表着神明,所以男性的物品位于西侧,西北侧供奉神龛,东侧代表女性,所以女性的物品以及生活器具都位于东侧,南侧为世俗区放置日常生活用品,北侧为神圣区,为长者的活动区,相对应的年幼者在南侧世俗区。①

表6　蒙古包内空间划分

社会秩序性	神性空间界定	男女区域划分	圣俗空间划分
空间形态			

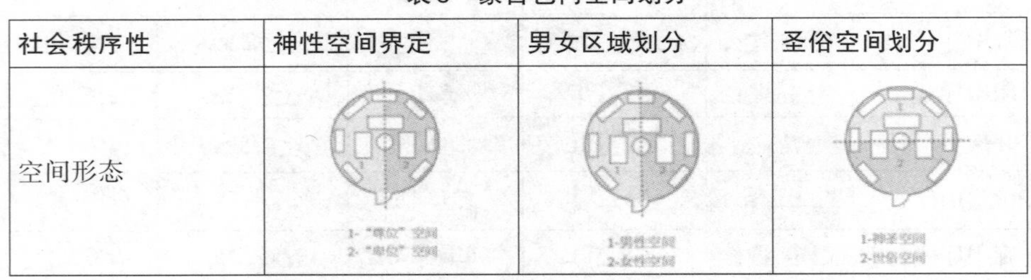

① 见白丽燕、刘星雨、卢亚娟:《基于文化框架的传统蒙古包住居功能现代转译》,《世界建筑》2021年第7期。

(六)象征精神转译

蒙古族传统住居体现了蒙古族人对于“腾格里”的信仰,但随着社会文明的进步,人类从原始的神明崇拜逐渐演化为人神共存的观念,空间尺度也随之从原始巨构的神本空间过渡到人本空间,从单一空旷的公共空间发展为复合型的综合性多功能空间,压缩对于“敬天”的建构,而充分满足物欲的需求。通过增加聚落中的空间功能,减少蒙古包内活动混杂的局限性,“敬天”建构的精神内核为现代建筑在生态环境方面的问题提供了解决思路,蒙古包灵活方便、搭接简易的特点一旦与现代建筑技术相结合,就可能碰撞出新形态的建筑。无论利用预制装配式构件来解析建筑单体,还是尽可能采取节能化的绿色建筑技术,履行建筑材料的本土化,都是对蒙古传统建构逻辑的延续,也是保证草原生态长盛不衰的根本。

五、转译设计

(一)方案一

1.基于仪式感的转译

以古列延为原型的转译设计:首先将蒙古族“敬天”的信仰和“天似穹庐”的“象天”建构,转译为以中央为核心的精神空间和“敬天”生态理念;其次,将古列延内部空间转译为具有公共和私密之分的空间,并根据旅游以及社区交流的活动需求,将公共空间与私密空间进行分隔;最后,将古列延环形之间的通道转译为现代建筑中交通空间。整体形态结合了古列延的精神内涵,并根据现代功能的转变,尊重牧民生产状态以及精神文明。

中心空间传承传统空间中的原型开放空间,直径30米的完整圆形被8级40厘米宽、20厘米高的台阶围绕用作休憩观赏。中央空间采用开敞的自然式庭院,其形态是对传统空间中圆形开放空间的复写,强调了向心的仪式感,同时功能按照传统空间的秩序排列功能,对照分区,将传统秩序再分化,强调出空间的仪式感。

功能布置上遵循传统蒙古族空间秩序性的转化。在非旅游季时,东侧可作为社区居民活动空间,东南位作为餐饮空间,配合社区活动功能,其他部分功能不做详细划分,留给社区居民充分自主性;旅游季时,正北方设置为展示空间,西北方设置行政办公空间。东南侧可以设置饭店对游客开放,另两个建筑可以作为女性活动空间。西南侧划分为男性活动空间,以及特色商品售卖空间。根据不同功能空间的需要选择适当的维度比例,形成大小高低不同的空间形态,并进行单体间的连接组合,最终形成围合形态。平面中预留外围空间,配合建筑中活动内容拓展至室外。

方案中通过中心空间以及建筑单体的围合呈现了强烈的向心性。在空间发散的过程中,单一空间逐渐丰富起来,化为复合空间,延续了“敬天”的建构逻辑,满足了现代需求,将传统的建构逻辑与现代蒙古族社区公共需求相协调。(图7、图8)

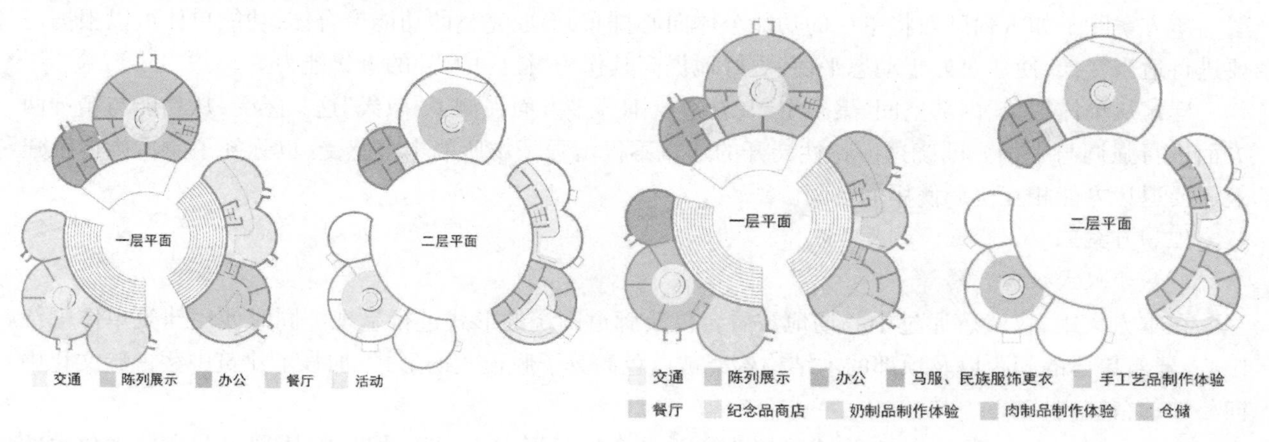

图7 非旅游季功能划分图

图8 旅游季功能划分图

2.基于场所感的转译

简洁的白色立面延续蒙古族传统，产生归属感。中央空间通过建筑围合形成聚合感受，场地的活动空间回应了传统蒙古族建筑周边环境的日常行为，设置的梯台可以更好地引导人们在此进行活动，让使用者更愿意驻留此地。中央空间的下沉和抬高以及与周边空间的基地变化关系会带来不同的内部空间感。纵轴是建筑与环境平接、斜上、斜下，横轴是外部基地不变、下沉、抬高，内部仪式化空间保持不变、下沉、抬高，通过排列组合的方式得到图示的多种结果（表7）。

表7　基地、遮挡变化组合排列①

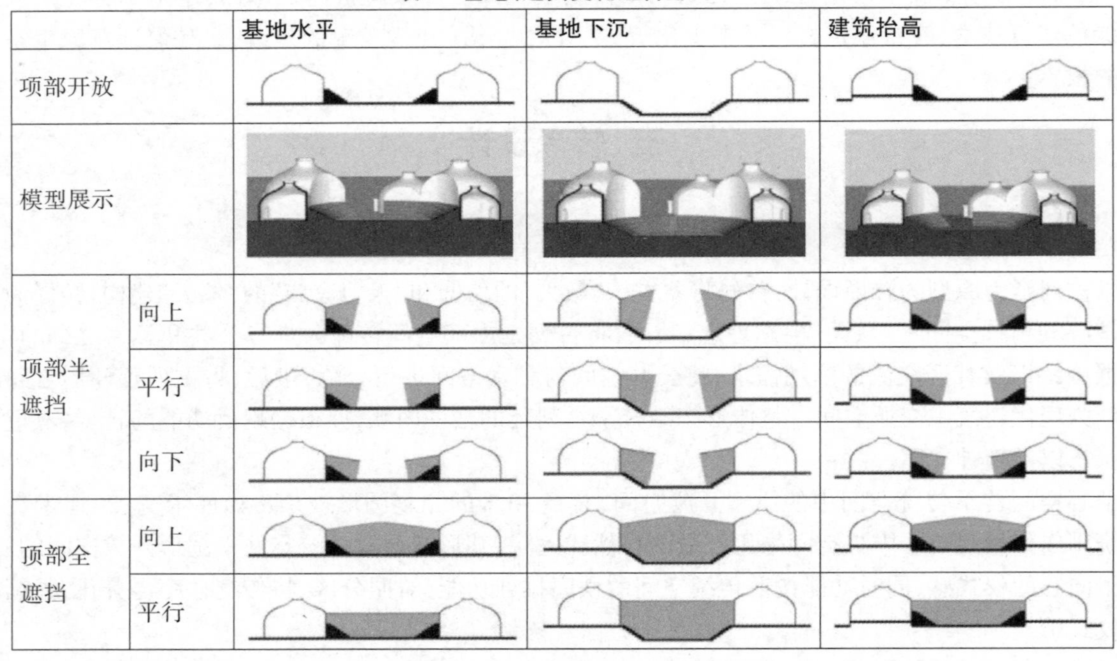

		基地水平	基地下沉	建筑抬高
顶部开放				
模型展示				
顶部半遮挡	向上			
	平行			
	向下			
顶部全遮挡	向上			
	平行			

3.基于象征性的转译

方案中使用“沙袋建筑”的建造技术，将沙袋内灌入填充料，叠合在一起作为墙体，具有建造简便、成本低廉、结实坚固等优点。填充材料为三种：①土方和砂石；②当地羊砖和石子；③当地煤渣以及矿渣。使用当地黏土、粉煤灰、石灰等作为凝胶材料，再加入水泥保证混合物的一体性。沙袋建造的技术要求不高，当地居民可以自行建设。这种生态环保的建筑理念契合了传统蒙古族的生态建造观，也是对“敬天”的现代回应。

在建筑整体中，直观地表达了“象天”空间的象征性。在空间发散的过程中，单一空间复合空间，延续了“敬天”的建构逻辑，满足了现代需求，将传统的建构逻辑与现代蒙古族社区公共需求相协调。

本方案除了如古列延般将单一的功能个体向心排布，形成完整的功能聚合体，功能单体可以根据需要进行适当变换，使建筑处于动态平衡，更好地提高其作为“社区中心”的聚集能力。

建筑从单体形象、内部空间、聚合组织、营造氛围等多方面强调了“敬天”这一感受，从功能与精神两方面进行强调与平衡。围绕这一特性展开的建筑不仅增强了场所的丰富感受，也弥补了蒙古族传统建筑需要退让方能相互协调使用的空间。

（二）方案二

1.基于仪式性现代转译

在本方案中，仪式感通过中心场地被看台以及廊道围绕的形式进行呈现。同时使用建筑单体围绕中心，建筑单体的间距以及顶部的木结构构架被白色高分子膜覆盖的形式，加强了建筑中蒙古族文化中向心性的精神内核。

祭敖包以及那达慕活动中，形成了以中心为核心的环形向心性活动形式，体现了蒙古族文化中的

① 表7、表8均见陈欣慈：《旅游文化下蒙古社区公共建筑预测设计研究》，内蒙古工业大学2020年硕士学位论文。

"敬天"精神。本方案借由在"敬天"逻辑中所形成的象征内涵通过现代方式进行表达，对于现代生活的活动需求进行进一步的对应。

蒙古族的敬天逻辑转译到现代公共建筑中形成中心空间、过渡空间与世俗空间的组织形式。中心空间为直径15米的圆形，用作室外活动和表演空间，7级60厘米宽、40厘米高的台阶围合中心场地，用作休憩观演空间。中心场地向外一圈的过渡空间为木架廊道，廊道又被三圈柱子软性分隔成两层空间，既可作为交通使用，也可以做短暂的停留，廊道提供交流空间。再向外是矩形的封闭空间，利用廊道做入户前过渡，统一向内开门。建筑中的表演空间成为核心，核心周围的台阶留有观看休憩功能。建筑与核心场地间通过廊道进行连接，与上一方案不同，通过廊道灰空间的形式，引导人群在廊道中的交通。私密空间与中心场地通过廊道进行过渡，保证私密性。(图9)

图9　建筑形态效果图

2.基于场所感现代转译

建筑通过匍匐的形态和延展的入口形成了向心性。入口处灰空间可以形成休憩空间回应传统蒙古族生活，双层廊道形成了良好的围合感，被遮蔽的廊道配合红色的架构，给身处于此的人一种心理认同感与归属感。中央空间、封闭空间以及与室外连接高低的变换，还能形成不同的空间感受。横轴是建筑整体与周边环境连接的方式，竖轴是建筑内基地的变化方式。通过这样不同的组合，形成的多种的空间形式，丰富了场所感受，也使得整体空间更具有归属感。(表8)

表8　基地变化空间组合表

		建筑与环境水平连接	建筑与环境抬升连接	建筑与环境下沉连接
盒体抬升	台阶上行			
	台阶下行			
盒体水平	台阶上行			
	台阶下行			

续表

		建筑与环境水平连接	建筑与环境抬升连接	建筑与环境下沉连接
盒体下沉	台阶上行	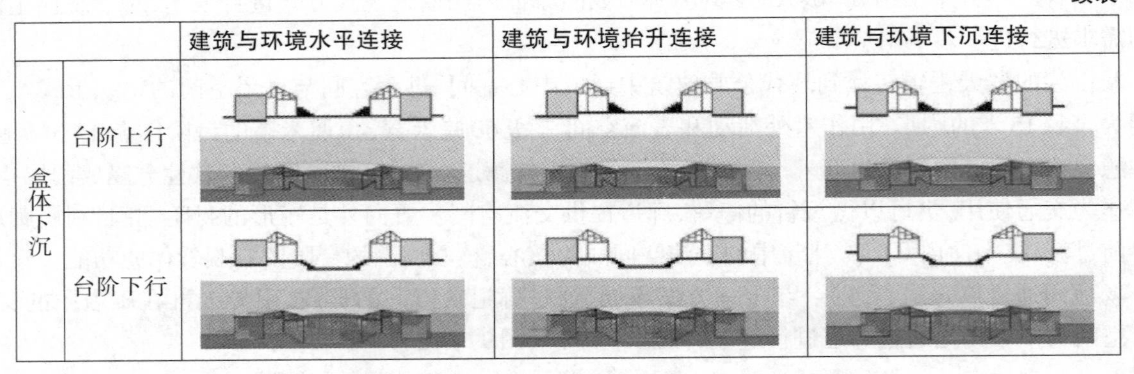		
	台阶下行			

建筑材料选择木材及高分子材料。建筑中整体采用隼接，廊道由较小的木构件组合而成。这种建造方式避免了对草原生态环境产生较大破坏，木质结构以及白色张拉膜是对“敬天”意识形态的现代实践。(图10)

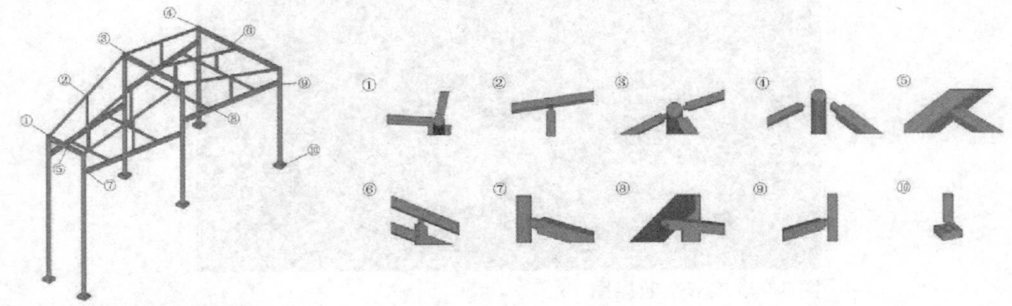

图10　建筑细部构造图

3.基于象征性转译

在本方案中，中心空间呈现表演与公共性的复合功能，符合蒙古族集体生活的认知，使人们从空间的感知维度回归本源。蒙古包本身具有的公共性契合了现代人文交流的属性，本方案借由中心空间、过渡空间与世俗空间的组织形式将“敬天”逻辑中所形成的象征内涵通过现代方式进行表达，对于现代生活的活动需求进行进一步的对应。“敬天”的建构逻辑在本方案得到了保留。在功能使用与空间划分上，可以通过木构架的装卸表达多种可能性，不仅使人对“敬天”建构中的聚合感有明确的感受，更丰富了场所感受，弥补了传统蒙古建筑活动混杂局限，是对象征性的现代表现。选择/采用方便运输的建造过程对草场影响较小，也是对传统“敬天”的建筑逻辑的现代传承，更是民族文化得以延续的重要条件。

六、结语

面对巴荣鄂黑村旅游的困境以及传统文化的流失，本文从建筑类型学出发，分析当地现状，从其背后的原因出发，探讨了影响当地居民旅游业发展和文化传承的原因。通过仪式感、场所感以及象征性对当地做出转译设计，希望通过此设计为当地旅游文化建设提供建议。

内蒙古中部地区汉藏结合式经殿建筑建构模式研究

——以“先汉后藏”交融模式的纵向三殿式为例

内蒙古工业大学　托亚

内蒙古建筑职业技术学院　尚大为

摘　要：内蒙古中部地区汉藏结合式经殿建筑具有独特的建构模式，因其重要的历史地位，具有一定的影响力，近年古建筑保护工程中重建、修复都以大召大雄宝殿为代表的纵向三殿式为范式。纵向三殿式是内蒙古地区独有格鲁派三段式的表现形式，“先汉后藏”的植入模式是其初期的特征。本文分析了四座经殿建筑的建构模式、两座近年建造的殿堂建筑，探讨其设计思路。研究表明，内蒙古地区的藏传佛教建筑熟练掌握了中国传统古建筑建构方式，在建造过程中并未墨守程式，而是打破原有的空间观念，创造性地重新组织空间区划，使之符合经殿建筑的功能需求。

关键词：汉藏结合式；建构模式；先汉后藏；纵向三殿式

一、引言

阿尔伯蒂认为古代建筑是历代智慧的积淀，同时他也为我们指出，研究古建筑应研究其建造范式。[①]纵向三殿式的经殿建筑是蒙藏文化交流鼎盛时期的重要遗存，是汉藏结合式的一个主要建筑类型，其典型的代表案例是大召大雄宝殿。借由大召的重要影响力，尤其是在近二十年的古建筑保护工程中，纵向三殿式成为经殿建筑重建的“范式”。

清康熙时期，格鲁派三段式传入内蒙古地区，能工巧匠在原有的萨迦派曼陀罗式的殿堂前加建了两座单体建筑，形成了纵向三殿式，从建筑文化交融的角度可总结为“先汉后藏”的交融模式。本文旨在研究经殿建筑的“建构与表现”、设计的“规则与理念”，目的是突破建筑表面形式和样式的研究，注重分析研究汉藏建筑语系交融的设计原则和设计方法，不仅保护建筑实体，更要注重保护汉藏融合的设计思路。

二、“先汉后藏”植入模式的经殿建筑

木构造框架结构是汉式建筑的首要特征，本节首先从结构理性的角度出发，研究经殿建筑的建造逻辑、按照建造顺序，先分析结构单体C，然后分析结构单体A、B（以乌素图召庆缘寺为例，图1）。因为藏传佛教建筑根据其教义有其独特的空间组织和空间形态，所以接下来从空间组织的角度出发，研究经殿建筑的使用逻辑。最后，分别从建造逻辑和使用逻辑的角度分析汉藏建筑文化的融合方式。

图1　结构单体A、B、C位置分析图

① 见王其亨、吴葱、白成军：《古建筑测绘》，中国建筑工业出版社，2006年。

据文献调研,“先汉后藏”的经殿建筑共有四座,[①]分别是美岱召、准格尔召、大召的大雄宝殿以及席力图召的古佛殿(表1)。

表1 经殿建筑的结构形式对比

	美岱召 大雄宝殿	准格尔召 大雄宝殿	大召 大雄宝殿	席力图召 古佛殿
结构单体数量	3	3	3	2
结构公式	A+[B]+[C]	A+[B]+[C]	A+[B]+[C]	a+B+[C]
表注: A代表第一个结构单体,a代表门廊,B代表第二个结构单体,C代表第三个结构单体,[]代表副阶廊。				

三、“先汉后藏”植入模式的建构与表现

(一)结构单体C的结构形式

美岱召结构单体C为抬梁式,墙体和梁架结构共同承重,外观三层高,室内一层通高,重檐歇山顶三滴水,平面呈正方形。一层七开间六进深,符合汉式建筑“开间为奇数进深为偶数”的习惯做法,内有二十四根柱子,最后一进深设置佛像,第四进深明间设置佛像,室内第一进深左右次间和稍间之间的两根柱子减掉,最后一进深明间、次间和稍间的四根柱子全部减掉,以设置佛像。副阶廊的柱网并没有与主体建筑的柱网对齐,采用移柱,七开间七进深。二层设置一圈缠腰柱,七开间七进深。整体空间特征,从外到内,逐层升高,是一座非常典型的立体曼陀罗式建筑,是内蒙古地区元代藏传佛教萨迦派经殿建筑的典型形制。

准格尔召结构单体C一层高,重檐歇山顶。七开间四进深,内有二十四根柱子,最后一进深设置佛像。副阶周匝七开间六进深。

大召大雄宝殿的结构单体C一层高,重檐歇山顶。五开间五进深,平面形式为金厢斗底槽,内有十二根柱子,最后一进深设置五方佛,两侧设置八大菩萨,第二进深中间三开间为礼佛空间。副阶周匝七开间七进深。

现有学术界认为大召大雄宝殿原是一座曼陀罗式建筑[②],笔者提出三点补充:

1.从承重结构分析。佛殿由墙体和梁架结构共同承重,正立面五间三启[③],两尽间的墙体是承重墙体。内蒙古地区“墙体和梁架结构共同承重”的特点是外围护墙体为承重墙体,室内墙体只起到分隔空间的作用,所以可推测佛殿墙体原为外墙。

2.从建筑形制分析。首先,与西藏经殿建筑形制的发展历程进行对比分析,阿勒坦汗建大召时格鲁派殿堂建筑形制并未成熟,三段式的布局形式在五世达赖时期才被定型和被推广[④],所以阿勒坦汗初建大召时,只有一座汉式佛殿。其次,整个修建过程得到了山西总督的大力支持,建造的匠人大多来自山西,佛殿建筑形制与山西经殿建筑十分相似,可见受地域的影响很大。

3.从政治角度分析,阿勒坦汗的政治目的是恢复“政教二道”,而西藏势力也并未单指“格鲁派”,实际上阿勒坦汗获得了大量明廷赠予的噶举派和萨迦派的高僧和经书。

席力图召古佛殿的结构单体C一层高,重檐歇山顶。三开间三进深,平面形式为双槽,内有四根柱子,最后一进深设置三世佛,两侧设置八大菩萨。前排金柱向前移动半个柱距,后排金柱向后移动半个柱距,在纵深方向上扩大第二进深空间,作为礼佛空间。副阶周匝五开间五进深。

---

① 根据文献考证,“先汉后藏”的类型有美岱召大雄宝殿和准格尔召的大雄宝殿。陈未提出大召的大雄宝殿并非同期建成,纵向三殿的形式是在后期完成的。根据对建筑形式的分析以及建筑形态的发展,笔者认为席力图召的古佛殿也属于此类型。

② 见陈未:《大召模式——关于土默特地区藏传佛教寺院钦措大殿模式成因的思考》,载吕舟主编:《2016年中国建筑史学会年会论文集》,武汉理工大学,2016年。

③ “五间三启”意为面阔五开间,其中三开间为可开启的门扇。

④ 见牛婷婷:《哲蚌寺建筑研究》,南京工业大学2008年硕士学位论文。

表2　结构单体C结构形式对比

结构单体A	美岱召	准格尔召	大召	席力图召
平面图				
剖面示意图				
主屋层高	外3内1	2	2	2
副阶廊	有	有	有	有
副阶廊层高	1	1	1	1
开间×进深	7×6	7×4	5×5	3×3
平面形式	金厢斗底槽(正方形)	长方形	金厢斗底槽(正方形)	双槽(正方形)
室内柱子数量	24	18	12	4
是否减柱	是	否	是	否

综上所述,据"先汉后藏"类型结构单体C结构形式的统计分析(表2),可总结此类型建筑的共同点与相异之处:

1."先汉后藏"类型的结构单体C都是外围护墙和梁架结构共同承重。室内的层高都比较高,营造高阔的神性空间。都是重檐歇山顶,有副阶廊。

2.本节分析的四座建筑中除了准格尔召大雄宝殿的结构单体C平面形式为长方形,其余三座平面形式都为正方形,推测受两方面的影响:一是建造匠人主要来自山西,受山西佛教殿堂建筑的形制影响;二是受元代萨迦派遗留经殿形制的影响。

3.美岱召和准格尔召结构单体C建造于明代,汉式建筑风格浓郁,结构框架奇数开间、偶数进深;大召大雄宝殿、席力图召古佛殿的结构单体C均为奇数开间奇数进深。

(二)结构单体A、B的结构形式

美岱召、大召、席力图召都是紧挨着原有佛殿进行加建,和原有佛殿形成一个整体。准格尔召佛殿与加建部分之间有一进院落,院内东西各有一个小配殿,一组建筑形成了一个完整的院落,周围有院墙围合。

美岱召、大召、准格尔召的结构单体A平面形式都为单槽。其中美岱召、大召结构单体A二层高,一层架空,歇山顶,三开间二进深;准格尔召结构单体A一层高,卷棚顶,五开间二进深,二层在梁上架柱,加建一座小殿,歇山顶,三开间一进深;席力图召古佛殿由两个结构单体组成,入口为藏式风格的门廊,三开间。

表3　美岱召、准格尔召结构单体A(a)结构形式对比

A/a	承重方式	层数	屋顶形式	开间×进深	建筑风格
美岱召大雄宝殿前殿	梁柱承重	2	歇山顶	3×2	汉
大召大雄宝殿前殿	梁柱承重	2	歇山顶	3×2	汉
准格尔召大雄宝殿前殿	砖墙、梁柱	2	一层卷棚顶	5×2	汉藏结合
			二层歇山顶	3×1	
席力图召古佛殿门廊	柱、托木	1		3×1	藏式

表4　结构单体A(a)对比

建筑	大召 大雄宝殿前殿	准格尔召 大雄宝殿前殿	席力图召 古佛殿门廊
照片/模型			

根据表3统计对比分析，美岱召、大召大雄宝殿的结构单体A建筑形制完全一致，将阁楼式建筑一层墙体推至金柱，第一进的空间全部开敞，作为入口空间，是从室外到室内、从俗世到净土的过渡空间。准格尔召大宝殿的结构单体A一层空间半开敞，全部作为门廊空间，为了形成纵向三殿的形式，在一层梁上架柱，加建一间小屋，三开间一进深，歇山顶。席力图召的门廊除了使用瓦当、滴水以外①，完全属于藏式，可见加建门廊时，藏式建筑技术已经传入蒙古高原。(表4)

表5　结构单体B对比

结构单体B	美岱召	准格尔召	大召	席力图召
平面示意图				
剖面示意图				
主屋层高	2	1	2	2
副阶廊	有	有	有	无
副阶廊层高	1	1	1	
开间/进深	5/3	5/5	5/5	3/2
室内柱子数量	4	16	8	6
是否减柱	是	否	是	是

美岱召大雄宝殿的结构单体B两层通高，歇山顶，五开间三进深，减掉四根内金柱，副阶周匝一层高，与常用尺度②相比宽度加宽③(表5)。大召大雄宝殿结构单体B两层通高，五开间五进深，金厢斗底槽，副阶周匝加宽，使得整体面宽与结构单体C相等，中间三开间三进深，二层通高，歇山顶。席力图召古佛殿结构单体B两层通高，五开间四进深，减掉两根内柱，中间三开间两层通高，歇山顶，无副阶周匝。准格尔召大雄宝殿结构单体B一层高，重檐歇山顶，五开间五进深，副阶周匝加宽与室内柱距相等，形成

① 内蒙古地区的藏传佛教建筑，在屋顶、墙头处多使用瓦、瓦当、滴水等构件代替阿嘎土，使建筑脱离"茅茨土阶"的状态。

② 见田永复：《中国古建筑知识手册》，中国建筑工业出版社，2013年。

③ 明清以前的殿堂建筑的面阔进深、檐高、屋顶坡度线虽没有完整的定制，但都遵守着一个历史传统的标准；清《工程做法则例》则专门制定了具体的规定。

七开间七进深的经堂空间，室内空间特征与藏式建筑相似，开间、进深的柱距全部相同，并无主次之分，也无减柱以强调空间的重要性。（表5）

通过以上对"先汉后藏"模式的经殿建筑的结构单体A、B、C的对比分析，美岱召、大召、席力图召均为黄金家族所建，相似性较多：

1. 美岱召、大召大雄宝殿结构单体B都是殿挟屋形式，将副阶廊空间围合在内，这是明清时期北方为了扩大室内空间的常用手法，砖墙与梁柱共同承重。

2. 改变廊柱位置，副阶廊空间变大。相较汉式建筑惯用的尺度比例，经堂副阶周匝的开间较大，往往与明间尺寸相近，一是为了获得更大的室内空间，二是为了使经堂面宽与佛殿整体等宽。席力图召古佛殿经堂无副阶廊，同样采用殿挟屋形式，将四周的空间围合入室内。

3. 为了突出空间重要性以及仪式需要，多采用减柱做法。

4. 为了营造都纲法式空间形式，结构主体部分二层通高，副阶周匝一层高，改变了原有主体结构与副阶周匝的尺度比例关系。

美岱召、大召大雄宝殿的结构单体A、B应该在相对较早时期加建，推测为明后期、清前期。准格尔召、席力图召的加建部分应该是在比较晚的时期，其中准格尔召具有突出的地域特色，表现为以下两点：

1. 屋顶形式更为丰富，加入了硬山（佛殿前的东西配殿，分别为弥勒殿和莲花生殿）、卷棚顶（结构单体A一层的屋顶形式）；

2. 经堂的屋顶形式为重檐歇山顶，屋顶的起翘、长宽高的比例并非常规尺度，而是根据平面尺寸直接拉伸。

（三）接合方式分析

"先汉后藏"类型共有四个案例，因并非同期建造，结构单体之间多留有一定的空间，只有大召结构单体之间采用共设柱的形式。（表6）

表6　先汉后藏经殿建筑的结构单体的结合方式

	结构单体A		结构单体B		结构单体C		结构单体A、B的连结方式	结构单体B、C的连结方式	结构公式
	开间×进深	副阶廊	开间×进深	副阶廊	开间×进深	副阶廊			
美岱召大雄宝殿	3×2	无	5×3	有	7×6	有	□	□	A□(B)□(C)
席力图召古佛殿	3×1	无	3×3	一半	3×3	有	□	□	a□B□(C)
准格尔召大雄宝殿	5×2	无	5×5	有	7×4	有	I	□	AI(B)□(C)
大召大雄宝殿	3×2	无	5×5	有	5×5	有	I	I	AI(B)I(C)
表注： A代表第一个结构单体，a代表门廊，B代表第二个结构单体，C代表第三个结构单体，()代表副阶廊。 □代表两个结构单体之间留有一定空间，I代表两个结构单体共设柱。									

通过以上统计分析，并用公式表达结构形式，四座经殿建筑的结构公式各不相同。最早建设的美岱召大雄宝殿，三个结构单体并非同期建设，所以两两之间均有空间，结构公式为"A□B□C"（图2-a），此结构公式为原型，从而衍生出其他结合方式。席力图召古佛殿由两个结构单体组合而成，结构公式是"a□B□C"（图2-b），结构单体B与门廊a、结构单体C之间都留有一定空间。准格尔召大雄宝殿的结构公式是"AIB□C"（图2-c），结构单体A、B同期建设，结构单体A的檐柱与结构单体B的廊柱共设，把两个结构单体连接成为一个整体，而与佛殿之间有一进院落，院内还设两座小殿。大召的结构公式为"AIBIC"（图2-d），四个经殿建筑中，唯有大召大雄宝殿的三个结构单体的两处连接都采用共设柱的形式，据以上论证，大召的整体确非一次建成，应该是在后期改造中完成，可见当时超凡的建造技艺。总结以上纵向三殿的结合方式，纵向三殿式经殿建筑的初期，因并非同时建设，所以结构单体之间有一定的空间。这种形式逐渐定型后，在纵向三殿式的形成期时，就采用了共设柱的形式（图3）。

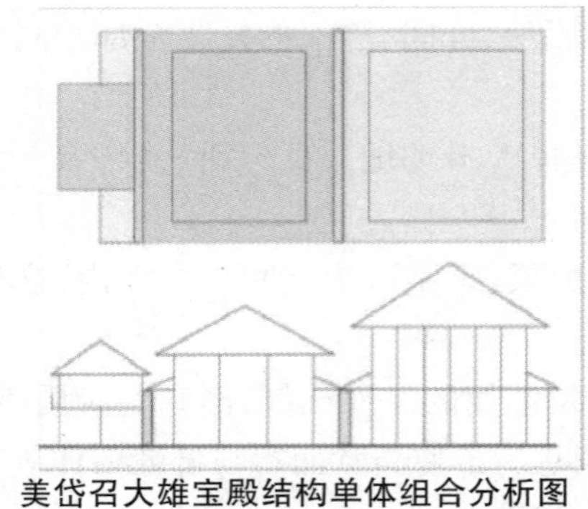

a　美岱召大雄宝殿结构单体组合分析图

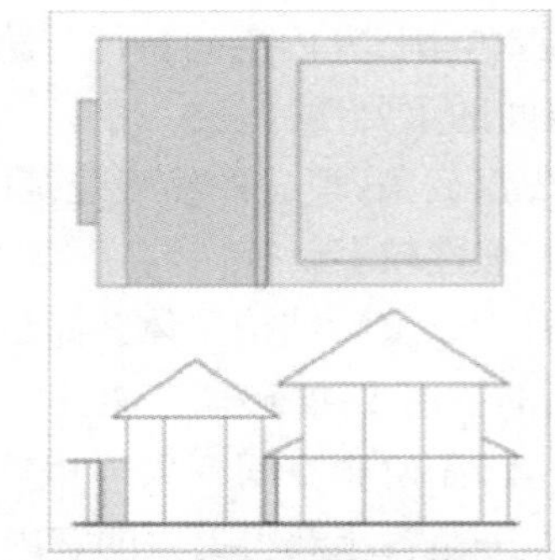

b　席力图召古佛殿结构单体组合分析图

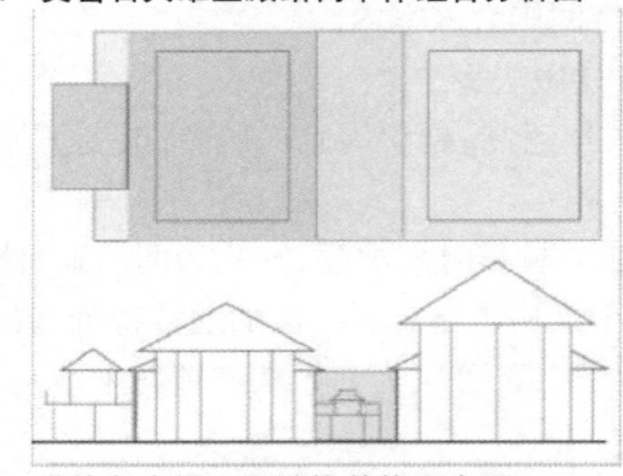

c　准格尔大雄宝殿结构单体组合图

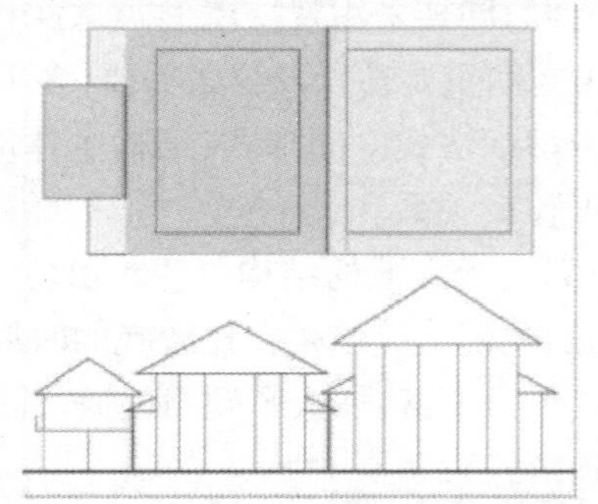

d　大召大雄宝殿结构单体组合分析图

图2　结构单体组合分析图

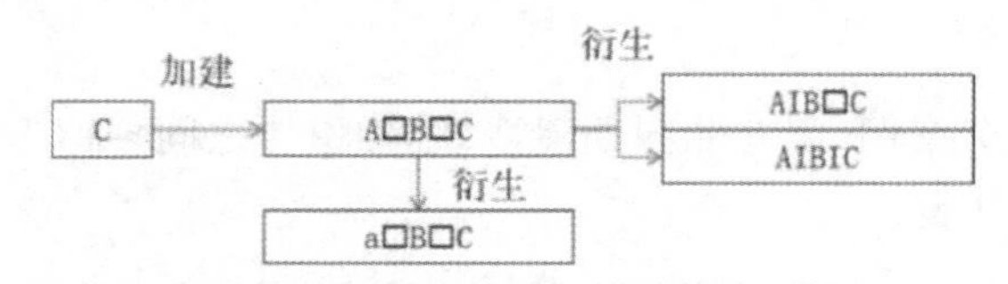

图3　“先汉后藏”的结合方式（分析结构单体组合方式时，为了聚焦研究问题，故省略副阶廊）

四、“先汉后藏”植入模式空间组织

汉式建筑与藏式建筑是两个独立的建造体系，建造逻辑与使用逻辑不一致是早期经殿建筑的特征。一是因为建造条件不足，二是因为当时格鲁派影响力较弱，经殿建筑的形制也并未定型，所以早期内蒙古地区所建造的格鲁派经殿建筑采用萨迦遗留式。第二次建寺高潮期，格鲁派作为北亚第一大宗教派系走上历史舞台，为了满足格鲁派的宗教需求，在中国传统古建筑的结构框架里，通过改变围护构件的位置，对原有空间进行重新组织。（表7）

美岱召大雄宝殿门廊只占有结构单体A的一进深，即A1，形成三开间一进深的入口空间；后半部分A2和两结构单体之间的空间□则划入经堂，除了结构单体B，经堂包含结构单体C副阶廊的前侧和两结构单体之间的空间□，形成七开间九进深的经堂空间；结构单体C的主屋部分是佛殿空间，副阶廊形成“U”字型的转经空间（图4-a），与经堂连通。

表7　“先汉后藏”空间组织分析

	空间再组织				开间×进深				
	门廊	经堂	佛殿	副阶廊	门廊	经堂		佛殿	副阶廊
美岱召大雄宝殿	A1	A2+[B]+[	C	有	3×1	([+5+])×(1+□+[+3+]+□+[)	7×9	7×6	3面
大召大雄宝殿	A1	A2+[B]+[	C	有	3×1	([+5+])×(1+[+3+]+[)	7×7	5×5	3面
席力图召古佛殿	a	B+[	C	有	3×1	5×(□+3+□)	5×5	3×3	3面
准格尔召大雄宝殿	A	[B]	C	有	5×2	([+5+])×([+5+])	7×7	7×4	4面

表注：

A代表第一个结构单体，a代表门廊，B代表第二个结构单体，C代表第三个结构单体。

[]代表副阶周匝。□代表结构单体之间的空间。

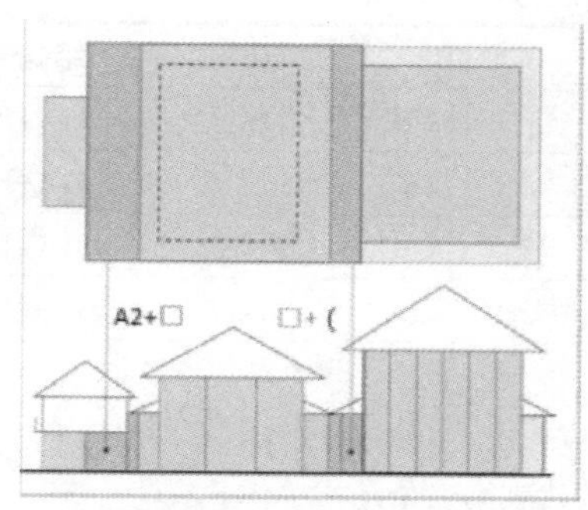

a 美岱召大雄宝殿中间组织分析图

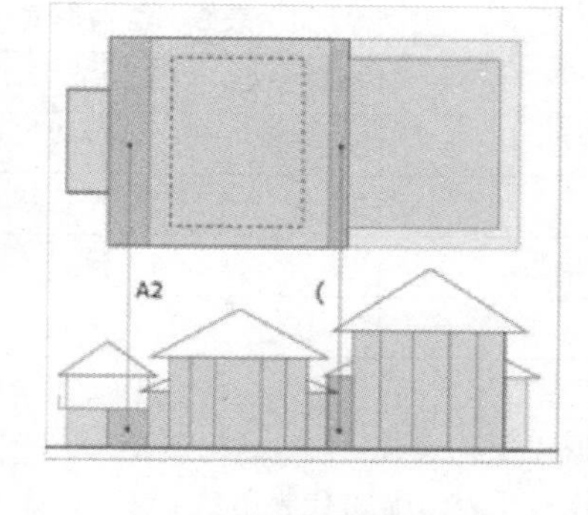

b 大召大雄宝殿空间组织分析

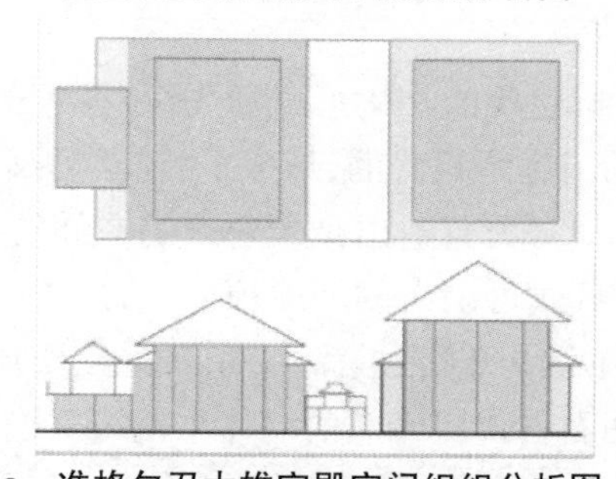

c 准格尔召大雄宝殿空间组织分析图

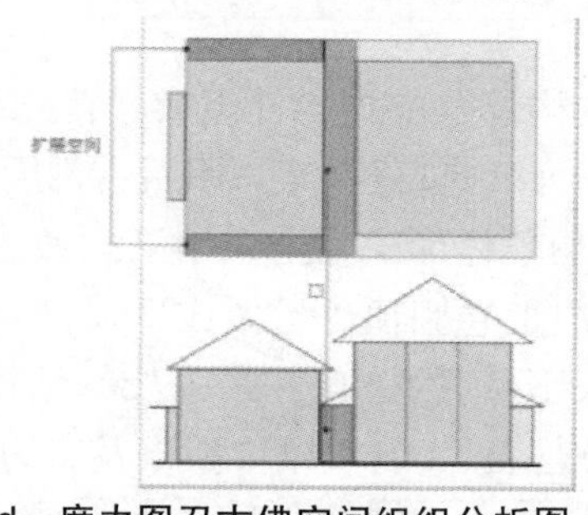

d 席力图召古佛空间组织分析图

图注：▒为门廊，▒为经堂，▒为佛殿，▒为转经殿，▒被重新划分的空间

图4 空间组织分析图

大召大雄宝殿空间组织和美岱召相同，门廊只占有结构单体A的一进深，即A1，形成三开间一进深的入口空间；后半部分A2则划入经堂，除了结构单体B，经堂包含结构单体C副阶廊的前侧，形成七开间七进深的经堂空间；佛殿部分与美岱召一致。(图4-b)

四座经殿建筑中，唯有准格尔召大雄宝殿遵从原结构框架形式，结构单体A、B、C分别对应前殿、经堂、佛殿。此外，准格尔召大雄宝殿的佛殿是单独设立，经堂与佛殿之间留有一座小院，院中还设有两座配殿，保留了明时四殿围合的空间组织形式。(图4-c)

席力图召古佛殿结构单体B三开间三进深。进深方向上，门廊与建筑主体结构之间空间□、结构单体B、C之间的空间纳入经堂之内；面宽方向上，为了佛殿副阶廊等齐，向左右两侧各扩展一间，最终形成三开间五进深的经堂空间；佛殿部分与美岱召大雄宝殿一致(图4-d)。

五、"先汉后藏"植入模式的规则与理念

建筑如同语言，都是人类思维的产物，只有符合逻辑法则的言语才能用于交流，才能被他人理解。建筑也是如此，限定建筑形式的法则不可能脱离历史上产生的建筑形式而存在，它只能存在于原先的建筑类型中。从语言学上来看，固定的要素就相当于用作工具的语言，即"元语言"(meta-language)，变化的要素就相当于被描述的语言，即"对象语言"(objective-language)。①因为两种语言之间存在着逻辑矛盾，所以不能放在同一层次研究，而需要分层研究，建筑类型学常借用这种"元逻辑"进行研究。汉藏建筑文化各成体系，是两个独立的建筑语言系统。研究汉藏结合的经殿建筑时，通过建筑类型学了解设计的"元范畴"(meta-Category-of-design)，进而在设计中区分出"元设计"与"对象设计"的层次，最后总结构成建筑要素的基本句法。

"先汉后藏"类型的经殿建筑中原有的汉式佛殿可以视为"元设计"，后期加建的部分逐层分析，将藏式风格的部分视为"对象设计"，以此为指导思路进行研究，分析此类型经殿建筑的汉藏组合方式。

汉藏建筑文化的融合发生在建造体系的各个层面，需要分别论述，才能梳理清楚汉藏融合的方式。本文分别从建造逻辑、使用逻辑两个角度进行分析，归纳总结汉藏融合的设计原则(表8)。

① 见刘先觉：《现代建筑理论》，中国建筑工业出版社，2008年。

表8　结构形式的汉藏风格分析

经殿建筑	结构单体	A/a	B	C	结构形式组合类型
美岱召大雄宝殿	3	汉式	汉式	汉式	HA+HB+HC
大召大雄宝殿	3	汉式	汉式	汉式	HA+HB+HC
准格尔召大雄宝殿	3	汉式	汉式	汉式	HA+HB+HC
席力图召古佛殿	2	藏式	汉式	汉式	Za+HB+HC
表注： H代表汉式建筑结构形式；Z代表藏式建筑结构形式。 A代表第一个结构单体，a代表门廊，B代表第二个结构单体，C代表第三个结构单体。					

（一）建造逻辑

建筑实体由结构构件及围护构件组成。首先分析建筑的结构形式。“先汉后藏”的类型中所有经殿建筑的结构单体全部为汉式；只有席力图召古佛殿的门廊是藏式的，形成了“前藏后汉”的融合方式。除此之外，准格尔召结构单体形式完全采用汉式做法，却努力营造出藏式建筑的空间特征，体现在两个方面：结构单体A的一层把卷棚顶尽量做成平顶，模仿藏式可上人的平屋顶样式，形成一层藏式二层汉式的结合方式，即“上汉下藏”的融合方式（图5）；结构单体B开间、进深一致，营造出均质的空间特征。其次分析围护构件。美岱召、大召大雄宝殿以及席力图召古佛殿经堂的墙体采用藏式檐墙的形式，并配以边玛墙、星星木等装饰手法，营造出藏式风格（图6），形成了“上汉下藏”的融合方式。

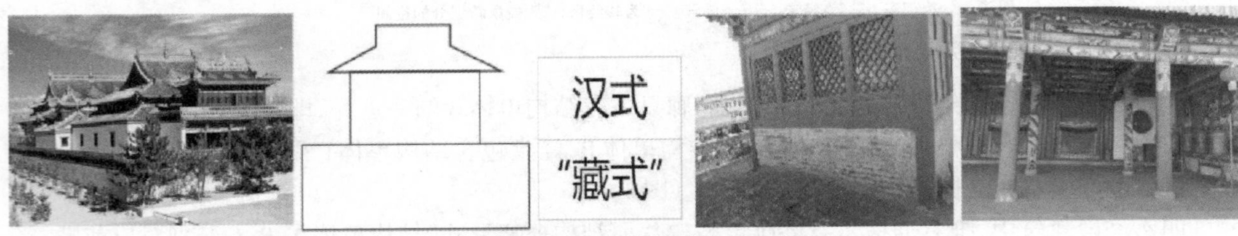

图5　准格尔召前殿汉藏结合的方式（一层外观看似平顶，内部屋顶形式实为卷棚顶）

a　美岱大雄宝殿召边玛墙

b　大召大雄宝殿边玛墙及星星木

c　席力图召古佛殿边玛墙及星星木

图6　汉藏结合风格的外围护墙体

（二）使用逻辑

从使用逻辑的角度分析，本节研究的三座经殿建筑都通过改变墙体的位置，对原有的空间进行了重新组织，形成典型的格鲁派三段式的平面形式——“门廊—经堂—佛殿”。只有准格尔召将明时四殿围合式和格鲁派三段式的布局方式相融合，形成“门廊—经堂—院落—佛殿”的布局方式（图7）。

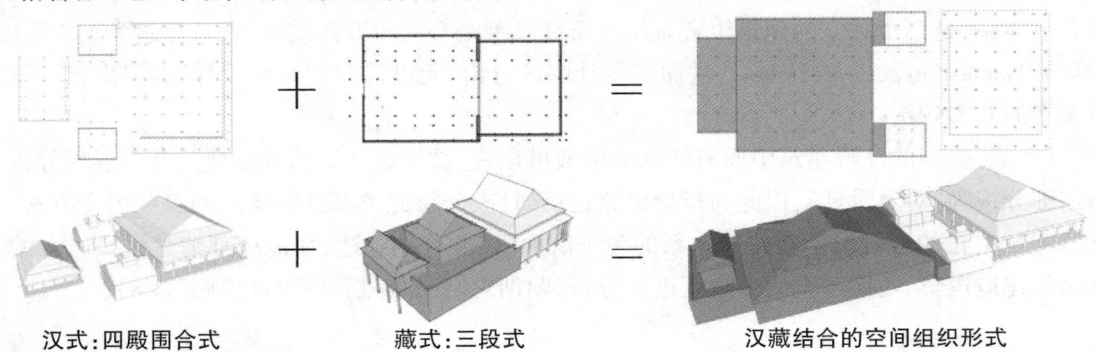
汉式：四殿围合式　　藏式：三段式　　汉藏结合的空间组织形式

图7　汉藏结合的空间组织

通过以上分析，汉藏结合的设计原则可总结为以下四点：

1. 早期汉藏结合的设计方法是一层围护墙体为藏式风格，二层遵从结构形式，仍为汉式，歇山顶，木槛墙，栅格窗，形成"上汉下藏"的交融模式；

2. 汉藏结合式的经殿建筑的结构元素逐渐出现藏式，最先出现的是藏式门廊，形成"上汉下藏"的交融模式；

3. 在空间组织上，基本遵循格鲁派三段式的建筑形制，偶有经堂与佛殿分设的案例，形成四殿围合与三段式的交融模式；

4. 后期汉藏融合的设计方法不只停留在装饰构件、建筑语汇层面，而是把藏式的空间特征融入前殿、经堂的建筑形制中，形成"融置"的交融模式，是能工巧匠的智慧结晶，也是藏传佛教建筑本土化的一大进步。

六、新建的汉藏结合式殿堂建筑

近年来，相较于其他召庙，大召得到了较好的保护，又因其自明末以来的重要地位以及影响力，纵向三殿式成为内蒙古地区召庙的官式建筑，在重建、新建中成为范式，本文以重建及新建案例分别说明。

五塔寺[①]位于呼和浩特玉泉区五塔寺前街，大召东侧。据文献记载，寺院原有三重院落，每个院子有三座佛殿，一座正殿及两座偏殿[②]，整体布局为院落式。据笔者多年实地调研，2007年之前只遗留一座塔，直到2010年恢复三进院落，但现院内殿堂建筑的布局与文献记载有较大出入，最后两进院落之间纵跨一座汉藏结合式的经殿建筑，笔者推测由于地理位置离大召近，重建时为突出大经堂的地位，采用了恢宏的纵向三殿式。（图8-a）

20世纪末，大召展开修缮工作。据笔者多年实地调研，2005年大召只遗留了中院、西院；2007年5月，拆掉了周围民居，形成一个完整的街区，接着重建了东路院落，包括山门、菩提殿、弥勒殿；2009年建成了公中仓、大乐殿、庇佑殿。据实地调查研究，原址并未有大乐殿和庇佑殿，这两座建筑是新建建筑。另一方面，内蒙古地区的藏传佛教召庙中一般只有主殿采用汉藏结合式，位于院落中心，其他建筑一般为中国传统建筑，多采用硬山顶。因此推断院落北边的庇佑殿、大乐殿是2009年的新建建筑，而为了规模、等级低于大雄宝殿，采用了纵向两殿的形式，是纵向三殿式的变型。（图8-b）

掌握了汉藏结合式的初期是"先汉后藏"的交融模式，就可以以此建造逻辑分析五塔寺大经堂以及大召大乐殿、庇佑殿。（表9）五塔寺结构公式为"a+[B]+[C]"，即门廊采用藏式；经堂是汉藏结合的做法，一层为藏式，都纲法式覆以歇山顶。从建筑形式可知，此时期已经熟练掌握汉藏结合的建造技法；佛殿采用重檐歇山顶。大乐殿和庇佑殿形制一模一样，由两座抬梁式建筑组合而成，结构公式为"B+C"，通过重新组织空间区域，在一层平面上营建了"门廊—经堂—佛殿"的空间序列。首先，将建筑外墙移至前金柱，利用二层底面与檐柱围合的空间，作为门廊；其次，外墙从前殿前金柱起至后殿前金柱，左右两侧把前殿副阶廊纳入大殿空间中，形成经堂空间；最后，佛堂自后殿金柱起，三开间两进深，一进为礼佛空间，一进为设置佛像的神性空间。

a　五塔寺大经堂　　　　b　大召中院大乐殿

图8　五塔寺大经堂、大召大乐殿

① 清雍正五年（1727）初建，五年后（1733）赐名"慈灯寺"，由小召喇嘛阳察尔济主持建造。

② 见迟利：《呼和浩特现存寺庙考》，远方出版社，2016年。

表9　五塔寺大经堂、大召大乐殿与庇佑殿的单体结构分析

<table>
<tr><th rowspan="2">召庙</th><th rowspan="2">经殿建筑</th><th colspan="2">结构单体A</th><th colspan="2">结构单体B</th><th colspan="2">结构单体C</th><th rowspan="2">类型</th></tr>
<tr><th>开间/进深</th><th>副阶廊</th><th>开间/进深</th><th>副阶廊</th><th>开间/进深</th><th>副阶廊</th></tr>
<tr><td>五塔寺</td><td>大经堂</td><td>1/1</td><td>无</td><td>1/1</td><td>有</td><td>3/3</td><td>有</td><td>a+[B]+[C]</td></tr>
<tr><td rowspan="2">大召</td><td>庇佑殿</td><td></td><td></td><td>3/2</td><td>半</td><td>3/3</td><td>无</td><td>B+C</td></tr>
<tr><td>大乐殿</td><td></td><td></td><td>3/2</td><td>半</td><td>3/3</td><td>无</td><td>B+C</td></tr>
</table>

七、结论

孙大章先生认为内蒙古藏传佛教汉藏结合式建筑的“建造逻辑”与“使用逻辑”不一致。因为“先汉后藏”交融模式的主要特点是在原来既有佛殿的基础上，在前面又加建了门廊与经堂。为了适应格鲁派三段式的功能需求，对纵向相连的三个单体建筑重新进行了空间区划，最终形成内蒙古地区独有的格鲁派三段式。

本文对美岱召、准格尔召、大召、席力图召的大雄宝殿从两个层次展开研究：第一个层次从“建构与表现”的角度出发，分析单体的结构形式、单体的组合方式、空间的组织形式；第二个层次研究汉藏建筑文化融合的设计原则与理念，“先汉后藏”交融模式的经殿建筑是以汉式建筑作为“元语言”，将藏式建筑作为“对象语言”，简言之就是用汉式建筑的建造方式去构建藏传佛教经殿建筑。在掌握了汉藏结合式的形成的基础上，本文分析了近年原址重建、新建的案例，可见纵向三殿式的建筑形制在内蒙古地区有着深远的影响力，直至今日。

多元文化视野下的生土民居区划探讨

内蒙古工业大学　李鹏涛　冯沛

摘　要：生土民居正在成为学术研究的热点，基于目前学术界对生土民居的研究主要集中在典型文化区，而对多元文化融合区研究不足的现状，本文从多元文化融合区生土民居入手，思考当代建筑语境下的生土民居及区划研究现状。运用类型学的方法，探讨多元文化与生土民居建筑之间的因应特征，提出以文化线路为线索进行多元文化融合区生土民居的区划，从而系统地把握生土民居的发展脉络，为生土民居的研究提供新的维度与方法。

关键词：多元文化融合区；生土民居；文化线路；区划

生土民居是人类居住史上最古老、使用最为广泛的民居类型，世界上大约有1/3以上的人口曾居住在多种形式的生土建筑中。[①]生土民居作为中国传统民居谱系中的重要一支，不但是中国乡土社会的空间记忆，也是组成中国传统建筑的重要文化基石。目前，我国正处于高速城镇化的发展阶段，而与之相矛盾的是乡土文化保护观念严重滞后。我国特有的城乡二元结构，又加剧了乡土文化遗产的破坏速度[②]，而在传统观念里象征着贫穷、落后的生土民居首当其冲面临着摧枯拉朽的破坏。要抢救这些生土民居和保护中国传统民居多样性，应该从宏观出发，见木见林，从源头厘清其在各地域的分布谱系和区划类型。目前国内学术界对于生土民居的研究方向着重放在了典型文化区，这也导致了对诸如“走西口”“河西走廊”等多元文化融合区域方面的研究较为薄弱，且单一局限的区划原则也容易限制研究视角。中国的生土民居不是各自独立的一盘散沙，而是以文化脉络为根基编织起来的一张结构清晰的“基因图谱”，只有建立起明确的区划概念，才能把握生土民居的研究重点和发展方向，才能更加清楚准确地认识和传承中国传统文化。

一、国内近现代生土民居形态区划研究现状

区划作为地理学上的一种分类方法，它的目的在于了解各种文化和自然现象区域组合背后的差异及其发展规律。生土民居区划是对一定范围内的生土民居进行谱系建立的过程，也是在差异中寻找共性的过程。生土民居形态区划研究是将生土民居演变的规律归纳出一个完整的体系，进而宏观地把握生土民居多样性形态背后的发展共性。它是进行生土民居研究的基础，不同的区划要素决定生土民居研究的不同维度和方向。目前，国内学术界对于生土民居的区划主要以“行政边界区划”的方式。

中国建筑学会于1980年在甘肃兰州成立“窑洞及生土建筑调研组”作为二级组织，后更名为“生土建筑分会”。首次以民居形态为线索、以行政边界为界线，提出了六大生土及窑洞片区的概念（陕西、甘肃、宁夏、山西、河南、河北），后续又加入了福建和新疆片区。此后的二十年间，学术界在这一行政区划的基础上，从空间维度对生土民居展开了大量的研究，并取得了丰硕的学术成果。1985年，国际生土建筑学术会议在北京举行，预示着国内的生土民居研究与国际接轨。[③]同年，荆其敏教授出版《中国生土建筑》一书，该书沿用行政边界的区划方式，分别对新疆、福建、陕西、山西等地的生土民居，从起源、分

① 见荆其敏：《生土建筑》，《建筑学报》1994年第5期。

② 见罗德胤：《中国传统村落谱系建立刍议》，《世界建筑》2014年第6期。

③ 见孟祥武、王军等：《国内外生土建筑研究历程于思考》，《新建筑》2018年第1期。

布、类型、空间、艺术、技术和材料等多个方面进行了论述,为后续的生土民居研究提供基础理论支撑。[①]但是由于受区划方式的局限,研究样本多为典型文化区独特的生土民居类型,例如陕西窑洞、福建土楼、新疆高台民居等生土民居,对其周边非典型文化区的生土民居未曾涉略,例如临近山西的河套地区板升,与福建接壤的广东围屋等生土民居类型与山西夯土民居和福建土楼都属同宗同源的建筑类型。由于行政边界与民居形态分布并不是完全重合的关系,这就导致以行政边界为界线的区划方式,在生土民居形态分布的研究上存在着样本割裂的问题。1999年,侯继尧和王军编著的《中国窑洞》一书出版,全书从理论论述和实例评析两个方面深入解读了中国窑洞的建筑类型特征、装饰风格、民俗文化。该书在横向空间维度对中国窑洞民居从类型分布到形态特征进行了系统而翔实的研究,至今仍是研究中国窑洞的首要读本,在区划方式上参照行政边界划分为陇东、晋中、陕西、宁夏、河北、豫西六大窑洞片区,抽取不同片区的窑洞样本进行横向空间对比研究。[②]由于这种纯粹的空间维度划分方式,在进行纵向形态对比研究或发展演变研究时不免在时间轴上陷入混乱。综上所述,这种以行政边界区划的方式,在研究过程中有如下几点特征:

第一,区划边界明显,横向覆盖不足。由于我国的行政区划有着清晰的地域边界,以行政边界作为区划要素,可以确保研究范围边界清晰;六大窑洞片区的划分主要覆盖了典型文化区内的生土窑洞类型,非典型文化区,如内蒙古等地区存在的生土窑洞,则不在研究范畴,这就导致在民居形态维度的研究信息缺失。

第二,研究对象单一,纵向对比欠缺。目前国内以行政边界区划为基础的研究成果,主要集中在典型文化区,不管是六大生土及窑洞片区的生土窑洞,还是福建土楼,生土民居研究对象都是单一生土民居形态。虽然控制研究对象的单一变量,便于研究工作的开展,但是生土民居作为一种不断发展演变、形态更替的民居类型,在空间维度上是不断蔓延的,在时间维度上是交替发展的。因此以行政边界区划方式研究某一特定形态的生土民居,在横向空间维度上与其他生土民居类型静态隔离,忽略了生土民居整体性与关联性,在纵向时间维度发展演变过程中迭代断裂。

我国对于生土民居的区划研究,尚处于起步阶段,目前采用的行政边界区划方法,研究对象主要集中在典型文化区,如窑洞文化盛行的黄土高原地区、土楼密集的闽南地区,皆属此类。然而,近两年来笔者在对内蒙古地区生土民居进行调研的过程中,发现按照学术界目前的生土民居谱系划分方式,对内蒙古地区的生土民居进行归类是一件相当困难的事情。其根本原因在于近代以来内蒙古地区本身属于一个多元文化融合区,横向跨度广、边界长,与数个省市接壤,自明朝中期至民国初年四百余年间,既有躲避自然灾害、另寻栖息之地的推动,也有受官方政策引导、民间贸易往来的拉动,以山西、陕西、河北等地人民为主体的群众通过“走西口”移民活动涌入内蒙古中西部地区,形成多元文化融合的局面,不同的移民迁出地文化在传入此地区的同时,也在长期传播中再次发生演化,随着民系迁徙、匠系的融合,逐渐形成了文化多样混合、生土民居多元交错的局面,最终呈现出了独具特色、分支繁茂的生土民居文化。但是目前在学术研究上并不具有典型性,仍处于学术边缘区。

不同的区划方式,决定着不同的研究维度和研究方向,目前学术界对生土民居的区划方式相对单一,这也是造成生土民居研究进展缓慢的原因之一。反观中国传统民居建筑研究现状,对于传统民居的宏观区划研究已经形成较为多元的理论方法,包括“文化-地理区划”“气候-地理区划”“方言-语族区划”等各种区划研究方法。针对不同研究范畴,选取不同的区划要素,厘清民居发展谱系。中国传统民居因地制宜的区划方法正是生土民居研究过程中值得借鉴的地方,但是针对多元文化融合区的生土民居,不仅融合了不同文化背景下的生土民居类型,而且在文化迁移的过程中受到不同气候、地理等环境的影响,这就导致传统民居的区划研究方法更不能对多元文化融合区的生土民居区划提供指导。因此本文从多元文化融合区的形成过程入手,以生土民居区划为研究对象,对多元文化融合区生土民居区划进行探讨。

---

① 见荆其敏:《中国生土建筑》,天津科学技术出版社,1985年。

② 见侯继尧、王军:《中国窑洞》,河南科学技术出版社,1999年。

二、多元文化与生土民居建筑形态间因应特征的探讨

中国由多民族、多文化、多地形组成，不同的自然环境和文化形态共同影响着生土民居的发展，自然环境影响生土民居的物质层面，社会文化环境决定着生土民居的精神层面，它包括历史文化、宗教信仰以及生活习俗，这是生土民居发展的"基因图谱"，决定生土民居的演变方式与发展方向。[①]各文化区之间由于战争、移民、经商等活动的发生，导致人口在空间区域的定向流动，这种长期的迁移和持续的交往活动中出现了文化线路，串联起不同的文化类型，最终在空间上形成多元文化融合区。[②]多元文化融合区内的生土民居由于受到多种文化的作用，建筑形态往往呈现出组合式与多样性的特点。因此，厘清多元文化融合区建筑表象背后多样混合的历史文脉关系，是对多元文化融合区生土民居系统研究的前提条件。[③]

以内蒙古中西部为例，它是沿着"走西口"移民路线逐渐形成的移民聚集地，移民源横跨冀、晋、陕、甘、宁五大内地省级行政区，形成以汉族为主导的农耕游牧交错区。生土民居也是在此时传入了内蒙古，随后发展成为内蒙古地区的主要民居类型之一。在"走西口"移民活动尚未开始前，还是游牧文明主导的内蒙古中西部地区，主要以架木、苫毡、绳带组成的蒙古包作为主要民居形式，便于建造和搬迁，适于牧业生产和游牧生活。在移民潮涌入后，农耕文明带来新的生产方式，对单一的游牧经济进行了补充，出于对定点耕种生产方式产生的依赖，由土坯砖建造的生土民居得以广泛普及，满足了经济性与实用性的双重需求。在靠近地缘交界处的区域，迁移而来的汉族群体占多数，民居风格上也延续了迁出地的民居文化，加之后续"旅蒙商"贸易活动的兴盛，建筑装饰精美，地域风格显著，呈现着典型的迁出地民居风格；而远离地缘交界处的游牧民族占主导的群体多向此地迁移，民居风格则更多的展现出了游牧民族文化，对于传统游牧文化民居的承袭，及新晋外来建筑形制、材料、结构的影响，以双重民居形态特征的结合最为突出。移民的涌入、文化的传播、匠系的融合，生土民居的发展进入了多元并存的发展局面，以达尔罕茂明安联合旗土圪旦为例，圆形的穹顶以叠涩的方式出现在方形的板升墙体之上，正是蒙汉文化融合的最好证明。(表1)蒙古包形制的民居形式用生土材料进行了重新演绎，是两种地域建筑文化的有机结合，既沿袭了游牧民族历史久远的民居形态，也满足了农耕经济环境下的实际需求。目前，内蒙古中西部仍保留的生土民居形态包括晋风民居、宁夏式民居、圆土房、土圪旦等，都是在多元文化背景下形成的形式多样的生土民居。[④]与典型文化区相比，它们通常形态更加多样，装饰更加杂糅，风格更加质朴，这都是不同的文化共同作用的结果。

表1　以"走西口"为线索的生土民居形态及特点

生土居民	板升	土坯蒙古包	土圪旦	圆土房	组合式	宁夏式民居
民居形态						
民居特点	居住形式简单，承载基本生活功能，缺少礼仪性	移民带来的生土技术与蒙古族建筑形式的融合	文化融合，建造技术与建筑形式双重融合的典型代表	生产生活方式的改变影响着建筑形态的发展	多种建筑样式开始杂糅，建筑风格多样并存	建筑形制逐渐完整，多种形态文化并存

再以河西走廊为例。河西走廊地处青藏高原与黄土高原的过渡地带，是中国内地通往西域的要道。作为我国历史上军事和经济的双重要塞，接连不断的军事与经济活动在该地区频繁发生，促使不同地域文化的碰撞与融合，同时带动了生土民居多样性的发展。河西走廊地区气候干旱，风多雨少，土壤类型丰富，以栗钙土为主，土壤颗粒性能稳定，黏结性强，为生土民居的发展提供了良好的物质基础。四季分明、昼夜温差大的气候特点，促使生土民居建筑多采用厚土实墙进行保温隔热；又由于长期属兵家必争

① 见王文卿：《中国传统民居的人文背景区划探讨》，《建筑学报》1994年第7期；王会昌：《中国文化地理》，华中师范大学出版社，2010年。

② 见王会昌：《中国文化地理》，华中师范大学出版社，2010年。

③ 见罗德胤：《中国传统村落谱系建立刍议》，《世界建筑》2014年第6期。

④ 见中华人民共和国住房和城乡建设部：《中国传统建筑解析与传承(内蒙古卷)》，中国建筑工业出版社，2016年。

之地，民居多采用高强院落进行自我防卫，逐步形成了形式随机、平面自由的原生地域性生土民居——夯土围墙合院。之后，丝绸之路的开辟，带动了河西走廊地区的经济与文化的发展，开始出现文化融合与技术更新。首先带来的是院落形制的变化。受陕西、山西合院布局的影响，自由式的院落布局逐渐发展成形制更加完整、布局更加方正的四合院，随后逐步衍生出多进院落。商旅移民带来文化的同时，也带动了经济的发展，生土民居由朴素的四合院发展成为繁华的堡寨，作为文化融合的集大成者，堡寨式建筑以当地军事建筑为原型，融合北京四合院的平面布局，采用山陕地区的夯土技术，应用山西地区的砖雕与江南地区的木雕进行装饰，形成了多元文化共生的建筑形态。其次，促使河西走廊地区的生土民居朝着多元化发展。多元文化对生土民居的影响不仅体现在改变了原生地域性生土民居形态，同时丝绸之路的繁荣为河西走廊地区带来了不同的地域文化与营造技巧，出现了多种多样的生土民居形态，有以关中民居地坑院为原型的堡子式崖窑、晋北民居宅院发展而来的陇中夯土围墙合院、河北官式建筑文化与陇中文化融合而成的庄堡式四合院等，促使河西走廊地区成了生土民居多样性的聚集地，目前依然保留夯土堡寨、夯土庄堡式合院、板屋、窑洞、高房子、秦陇土屋等各种文化烙印下的生土民居形态。[①]

从民居的建筑元素来看，多元文化融合区呈现出多样统一的形态美学特色。多元文化共生的局面是生土民居多样化的主导要素。多元文化融合区特定地域的自然生态环境是影响和制约建筑形态与材料的首要因素。在生土民居的建造过程中，不同匠系在面对原生地域环境时，采取不同的应对策略，民居文化融合大多是从装饰、技术、形态到布局、结构、形制的逐层演变。这就形成了一套民居建筑中有多种建筑元素相混合的建筑形态。如河西走廊地区的生土民居上常常会出现江浙地区的木雕工艺、山西地区的砖雕艺术、北京官式建筑的彩绘。（图1、图2）

图1　甘肃武威瑞安堡内院

图2　甘肃武威瑞安堡建筑细部

从多地域的空间形制来看：多元文化的生土民居形态以某一种文化形态下的民居为主要空间原型，融入其他一种或多种民居类型，逐渐发展演变，形成当下多元文化语境下的新的民居形态。例如宁夏式民居建筑就是以北京合院式布局为主要空间原型，结合宁夏式平顶房的建筑形态，同甘肃民居的回廊相结合，应用蒙古族马鞍形门楼，采用多民族装饰图案，形成了多元文化相互融合、相互重构的空间形制。[②]

从多样性的民居形态来看，多元文化融合区作为生土民居多样性的聚集地，是不同的生土民居形态、不同的地域文化与自然环境共同作用的结果。首先是因为移民而来的建筑原型本身就带有多样性的特征，同时又受到本地文化与移民文化二次融合的进一步影响，使得同一地域范围内同时涌现出不同的生土民居类型，如河套地区同时出现生土窑洞、土圪旦、车轱辘房等多种生土民居形态。

从民居的发展路线来看，以文化线路为发展路径体现了生土民居演变过程。多元文化融合区由于民系的迁徙、匠系工艺地域流动、不同文化之间的互动与交流，形成了多元文化聚合区生土民居多元化的特点。由此不难发现，文化线路不仅是人口、资源的流动通道，同时也是文化活动的走廊和纽带。若以文化线路为参照对生土民居进行区划研究，串联起生土民居发展过程中的各个文化节点，即生土民居发展过程中的各个影响要素，便可厘清多元文化融合区生土民居混乱的表象背后多样混合的历史文脉

① 见中华人民共和国住房和城乡建设部：《中国传统民居类型全集》，中国建筑工业出版社，2014年。

② 见中华人民共和国住房和城乡建设部：《中国传统建筑解析与传承（内蒙古卷）》，中国建筑工业出版社，2016年。

关系，对生土民居的研究也可以打开新的维度。

三、多元文化融合区、文化线路与生土民居区划

严格来说，区划不仅仅是一个空间地理概念，而是随着时间的流逝、社会的发展、历史的更替而不断发展变化的空间单位。[①]提出以文化线路为参照，对生土民居做出文化圈意义上的区划，对于把握生土民居的演变机制与发展脉络具有突破性的学术意义。这是对生土民居在地域分布上的规律总结，也是对生土民居发展脉络的梳理。不仅是在空间上的一种类型谱系划分，更是时间上的形态演变区划。中国作为一个多元文化共存，五十六个民族繁荣共生的国度，由于战争、商旅、农业等移民活动的发生，形成了多元文化交流融合、相互重构的发展特点。如商旅文化路线河西走廊，以黄土高原文化区为起点，途径陕、晋、甘、宁等多个文化圈，做出河西走廊文化线路区划；又如商旅路线茶马古道，串联巴蜀、荆湘、黄土高原、塞北、陇西等文化区，以茶马古道文化线路做出区划；又如移民线路闯关东，以齐鲁文化为起点，串联京、津、冀、蒙等文化节点，最终汇聚于内蒙古东部和东北三省交会的关东文化区，形成多元文化融合的局面。

以文化线路为参照的区划方式，不仅可以厘清多元文化融合区的生土民居谱系，而且对典型文化区生土民居的发展演变同样具有指导意义。以福建土楼为例，若以文化路线的区划方式进行谱系划分，其对应的是客家文化的迁徙路径。移民文化是客家文化的重要特质，客家人的先民为躲避战乱从中原地区出发，经豫、赣、粤等地不断吸收发展，最终在岭南地区形成今日的客家文化的雏形，后又经过多次民系迁徙至闽、台等地，形成今日的客家文化。福建土楼作为客家文化的典型建筑，是以赣南围屋为原型，逐步吸收闽南、潮汕等地的地域文化，发展演变成今日的土楼形态。由此可见，以文化线路的区划方式对福建土楼进行区划研究，不仅可以对生土民居的形态进行横向维度的空间形态对比，还可以在纵向维度对其发展演变进行追根溯源，可以更清晰地把握生土民居的发展脉络。

科学的划分不仅可以找出生土民居形态与社会文化之间的内在联系，而且以文化线路作为区划要素进行生土民居区划，可以清晰地把握文化发展脉络，厘清文化传承关系。这一研究思路可以概括为以下三个方面：

其一，不同于以往单纯以行政地理边界为划分，而是适当参照社会地理、历史文化、种族迁徙等人文因素。[②]打破传统行政地理空间边界，以文化传承为第一要素，以历史人文、匠系营造、文化地理关联为主要分类和样本采集数据。

其二，与以往针对生土民居的研究主要集中在生土材料性能和结构技术等建筑物理方面的研究不同，侧重文化地理要素与生土民居形态之间的因应特征，更加注重生土民居作为建筑本身的文化形态。

其三，不是整理某一地理边界内的生土民居系列大全，而是以一种更加宏观和开放的视角，以文化线路作为生土民居发展演变的时间轴，在纵向坐标上研究生土民居的发展脉络与形态更替，注重厘清生土民居发展的动态谱系。

四、结语

我国生土民居在当代快速城镇化的建设背景下，面临着前所未有的破坏。生土民居作为中国传统民居中的重要一环，对生土民居的谱系研究，是践行建筑本土化的重要基础。我国作为一个多元文化融合的共同体，各文化区之间由于战争、移民、经商等活动的发生，导致人口在空间区域的定向流动，这种长期的迁移和持续的交往活动中出现了多元文化线路和多元文化融合区。开展生土民居区划研究是为了改变目前国内生土民居一盘散沙的状态，以文化线路串联起一张民居发展演变的结构网络图。然而面对当下生土民居信息缺失、研究相对滞后的现状，仍然面临着巨大的问题和挑战，所要面对和尝试解决的问题可以总结为以下四个方面：第一，如何整合传统的和当代信息技术的调查分析方法，从地理分

---

① 见孟祥武、王军等：《多元文化交错区传统民居建筑研究思辨》，《建筑学报》2016年第2期。

② 见常青：《风土观与建筑本土化：风土建筑谱系研究纲要》，《时代建筑》2013年第3期。

布和文化变迁两大方面入手，更加客观理性地找出我国地域传统建筑的分类方法；第二，如何相对合理地确定样本采集和取舍的尺度标准，使提取出的生土民居样本能够充分体现不同地域文化特征；第三，如何解决多元文化线路融合区的民居形态梳理问题，厘清线路交错区的民居谱系；[①]第四，如何以生土民居谱系研究为基础，为生土民居的保护与发展提供切实可行的指导方案。这些都是需要进一步深思的方向，鉴于目前国内生土民居区划研究集中于典型文化区的现状，本文关注的焦点则是针对多元文化融合区中的生土民居，探讨一种新的生土民居区划的可能性，这是一项长期的系统性研究课题，也是生土民居发展与保护的关键问题。

① 见王文卿：《中国传统民居的人文背景区划探讨》，《建筑学报》1994年第7期。

内蒙古晋风生土民居历史发展与再利用保护

内蒙古工业大学　耿智颖　李鹏涛　于宏伟

摘　要：本文以明清以来内蒙古山西“走西口”移民活动路线为依据，以内蒙古中部晋风生土民居为研究对象，从晋风生土民居的历史和现状出发，通过实地考察、资料分析等方法，分析晋风生土民居保护不足的原因，并对居民新旧生活活动进行对比总结，探讨出晋风生土民居再利用的可能性，进而从建筑设计的角度研究晋风生土民居建筑空间改造和拓展的发展对策。

关键词：晋风；生土民居；功能更新；空间改造和拓展

一、引言

生土民居是游牧文明向农耕文明转化的物质载体，是内蒙古本土的、匿名的、自发的、民间的、传统的、乡村的历史文化。[①]16世纪，受“走西口”移民的影响，内蒙古中部地区形成了一种以晋风生土民居为主的地域特色。移民从晋地出发，越过长城关口，向内蒙古地区进行定向移民，最终汇聚内蒙古中部地区。[②]晋风生土民居在吸收蒙古族文化的同时又有着自己独特的发展历程，在交融与碰撞之中逐渐形成了鲜明的地域特征，积淀成为中国民居谱系里一种独有的历史文化遗产，极具保护和传承的价值。

然而随着城镇化进程，乡村空心化和人口老龄化等问题不仅导致乡村特色的消失，也导致乡村内生动力的丧失。并且，随着城乡经济的发展，乡村问题得到了全社会的广泛关注，越来越多的人参与到乡村振兴的建设中来，在取得了一定的建设和发展的同时，也出现了千村一面的乡村同质化现象，其建设过程中很大程度地忽略了对本土文化、传统文化的继承与保留。因此，如何改变传统民居的现状、保护民居的文脉、再利用民居的空间活力就显得尤为重要。

二、历史发展

明嘉靖年间，以山西为主体的移民开始向内地迁移，起初升板筑墙来建造房屋，本地人称此为“板升”，传统的农耕生活方式和习惯，使建成的“板升”以移民祖籍的民居为模板。“板升”施工方法简单方便，经济实用，坚固耐久，冬暖夏凉。主要是用木板将土夹在中间，用杵或锤子将土压实，然后筑高建成夯土墙。夯土墙密实度高，承重能力大，整体性好，取材方便。清朝初年，清廷实行禁蒙政策，这一时期的移民可以说是非法移民，他们大多不敢公然建房，根据当地条件，挖掘出简陋的窑洞居住。这些继承了板升的一些特点。

康熙年间，蒙禁政策的开放，受到传统乡土观念的影响，出现“雁行”移民在内地经商、务农。起初他们不常住，经济拮据，所以一切从简，建造经济适用的生土民居，主要是夯土房和土坯房。夯土房是明末“板升”的延续，而土坯房多用地域内的原土掺入草植、秸秆等材料晒干成模来筑墙，比夯土房砌筑技术更简单，但整体性较差。

光绪年间，蒙禁政策的取消以及移民开垦蒙古地区的新政实行，为此出现移民的高潮时期，考虑到

① 见李晓峰：《乡土建筑——跨学科研究理论与方法》，中国建筑工业出版社，2005年。

② 见韩巍：《清代“走西口”与内蒙古中西部地区社会发展》，内蒙古师范大学2007年硕士学位论文。

雁行的高额费用及风险等问题，多数移民逐渐转换为定居的生活状态，旅蒙晋商也由行商转化为坐商。晋风夯土房和土坯房也逐渐完善并分化为以生土为主的晋风“农宅”和以砖瓦为主的晋风“商宅”。此时晋风农宅由正房和厢房构成。正房用于居住，土木结构，室内有炕有灶；厢房用于放置粮食、杂物等。院内有水井及窖，可以圈养牲畜、放置农具和储存粮食。院墙采用土坯或夯土围合，多采用木栅栏门。晋风商宅正房一般是掌柜的办公和住宿用房；厢房为账房、伙计们的办公和住宅用房；南房为厨房和仓库。院落宽敞，院墙用砖砌成，防御性较强。

抗日战争的爆发使内蒙古地区晋风民居的发展陷入停滞，许多生土民居遭到破坏，损毁严重。但内蒙古晋风农宅没有受到太大的影响，他们根据自己的经济条件，借鉴其他院落的特点，适应时代和社会的变化，以自己的方式发展和演变。

今天，既有晋风生土民居把“间”作为居住单元，多间构成单栋民居，多栋构成院落式民居。生土民居中单栋民居以堂屋展开，院落式民居以庭院逐一展开。①单栋民居一般有二开间（图1）、三开间（图2）、五开间（图3），内部空间由里间、外间和灶房构成。里间是最重要的室内空间，居民的日常生活起居行为多在里间进行，如就餐、就寝、会客等，里间通常设置火炕，而这些行为绝大多数也是在炕上进行的，并且外间、灶房通常都与火炕相连；外间是进门后的第一个空间，火炕的热量可以给外间增加一定的温度；灶房通过烹调产生热量，经过火炕内部的烟道后，可以加热火炕。故而产生了一种环保、高效的取暖方式。（图4）院落式农宅有正房、倒座和厢房：正房面宽较大，坐北朝南，多为长辈房及客厅；厢房多为子女房或凉房，单坡屋顶，上附草秸泥抹平，无瓦，门窗等装饰比较质朴但极具山西特色（图5）。商宅多为富商雇用外地工匠所建造，有正房、厢房、倒座、大门等，与农宅相比更丰富、更精致，且院落布局更符合四合院的形制。正房是单双坡屋顶均有，上附盖筒或板瓦；其他房屋大多是单坡顶，建筑以“外熟内生”的砖包土坯为主，门窗等装饰更丰富精致。（表1）

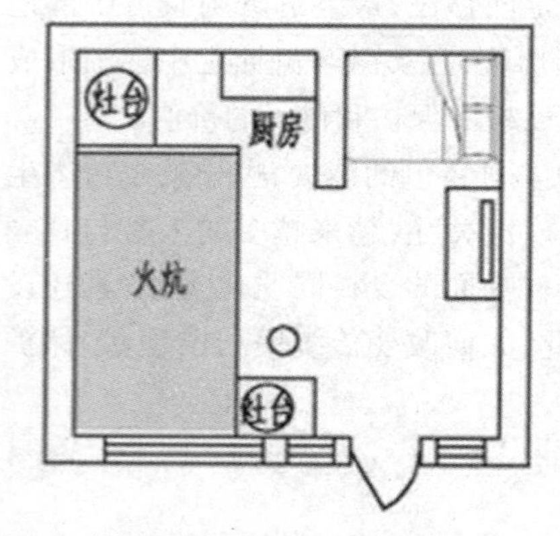

图1　单栋民居二开间平面图

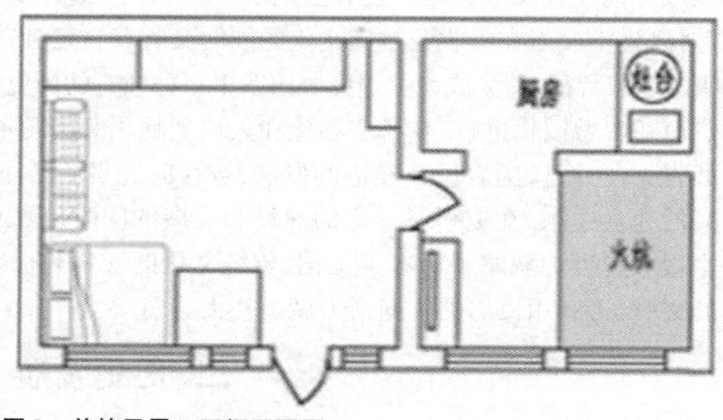

图2　单栋民居三开间平面图

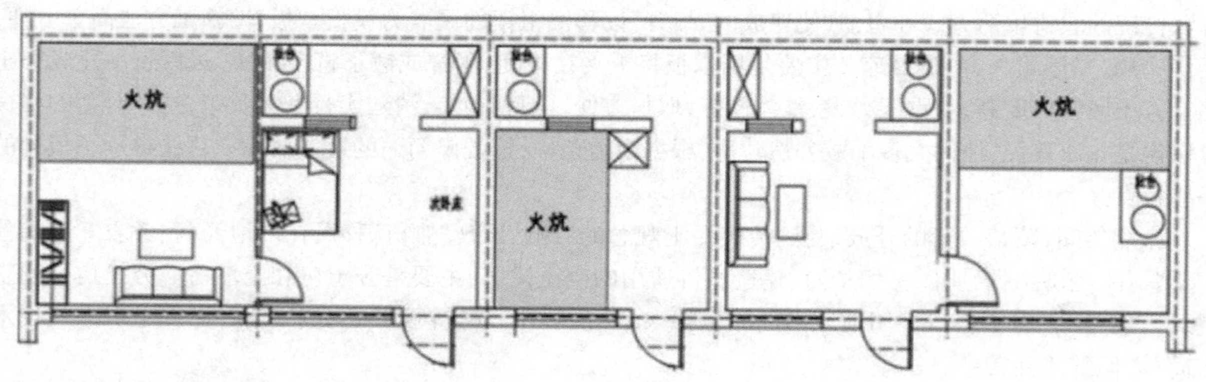

图3　单栋民居五开间平面图

① 见中华人民共和国住房和城乡建设部：《中国传统建筑解析与传承》，中国建筑工业出版社，2016年。

图4　灶房现状照片

图5　院落式农宅总平面图

表1　晋风生土民居历史演变样本特征

发展阶段	初创期	完善期	成长期	成熟期
民居类型	板升和窑洞	夯土房和土坯房	农宅和商宅	农宅和商宅
平面形式				
民居特征	居住形式简单，满足最基本的需求	一切从简，以实用为主，建筑高度不高，庭院宽敞	功能出现多样化，正房、凉房出现	院落空间形式更复杂，也融入一些艺术装饰

三、既有民居现状及问题

（一）既有民居现状

1. 民居发展可持续性低

近年来，随着城乡经济差距的拉大，农村居民纷纷选择离开农村，寻求更好的生活和工作环境。大量中青年夫妇选择在城市一起打工，把老人和孩子留在农村。现在，农村常住人口逐渐减少，导致农村住房发展的可持续性不高。传统村落的“空心化”现象严重，大量房屋闲置。由于长期缺乏管理和保护，传统民居将逐渐消失，传统民居亟待激活和利用。

2. 乡村基础设施差

农村基础设施影响经济发展。目前由于常住人口少，基础设施普遍不完善，农村活力不足。农村电网、电力系统和一系列有利于农村社会发展的基础设施相对薄弱。完善的基础设施可以与当地文化特色相结合，开展文化体验、养老等活动，促进产业发展、农村繁荣和文化传播。

3. 传统村落民居破败和自建房兴起

近年来，传统村落的房屋内外遭到严重破坏，出现了不同程度的腐朽和破坏，使村落中富有传统文化的特征逐渐消失，更不能满足新时代人们的生活需求。与此同时，部分村民对传统文化的传承认识不够，导致自建房逐渐增多，风格以现代砖房和小洋楼为主。虽然会增加一些地方特色，但文化氛围并不明显，使传统村落逐渐失去文化特色，“千村一面”现象愈演愈烈。

（二）民居现存问题

随着家庭结构和生活方式的改变，人们对生活环境的要求也在不断提高。现存院落中，大部分已破败。[①]根据实地的调研，晋风生土民居存在的主要问题分为以下几种情况：

1. 院落空间

首先，村民对自家庭院的管理不合理，缺乏日常维护，导致庭院环境脏乱、恶劣。其次，临时房屋及房屋构件随意搭建，功能分区混乱，影响了正常的传统院落空间。此外，由于生活方式的改变，现有院落空间功能无法满足居民的正常需求，如缺少“闲聊空间”。笔者通过调查发现，闲聊空间是调研中需求最高的空间，无论是城市老年人还是农村老年人，都喜欢在夏日午后相聚，或于阳光明媚的冬日在户外晒

① 见张延年、郑怡、汪青杰、张瑞琴：《生土建筑现场调查》，科学出版社，2014年。

太阳。然而，现有房屋中缺乏这样的功能空间。因为现在村里有很多老年人，他们生活的主要内容是休息，他们的对娱乐空间的需求更多，且在此空间停留的时间较长，在闲聊空间中他们可以晒太阳、下棋、打牌、喝茶、聊天等。

2.民居单体

农村常住人口的急剧下降导致了大量的空置房屋的出现，其中一些甚至被遗弃。此外，村民对传统民居的保护意识薄弱，闲置、废弃的民居得不到重视和维护。这种情况将不可避免地加剧建筑物的破坏程度。

(1)墙体

通过实地调查，墙体的损坏程度和现状各不相同。有的墙体整体性较好；有的墙体没有设置防护草泥并未及时修复，加之风雨侵蚀，墙体底部不同程度受损；有的墙体出现磨损，外表面土坯砖外露，内部出现裂缝，墙体的围护功能虽未丧失，但需要外部支撑才保持安全(图6)；也有墙体出现倒塌，墙体基本失去了围护功能。

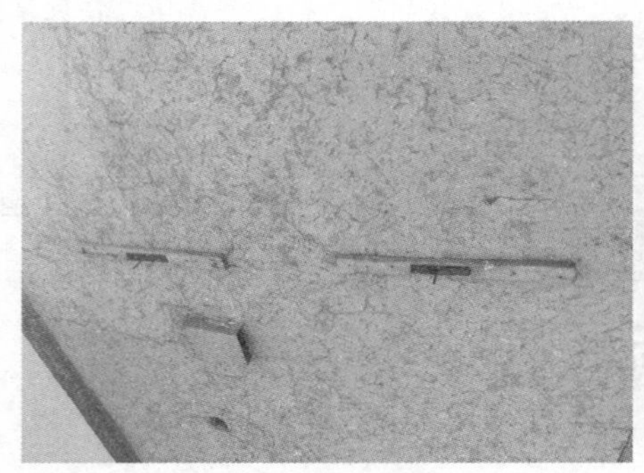

图6　外部墙体支撑现状照片

(2)屋顶

民居的屋顶由木屋架以及上铺的秸秆和枳芨草构成，再用草泥抹平，随着风雨的侵蚀与冲刷，有些屋面的草泥表面被雨水冲刷变薄，导致屋顶出现漏水等问题。

(3)结构

民居以木结构为骨架，大部分保留较好的民居其他结构虽比较坚固，但随着使用寿命的增加，房屋的主梁开始弯曲或开裂(图7)。从实地调研中发现，为解决此问题，有的居民使用铁丝网将房屋的南北向绑起来，有的居民使用木柱来支撑房屋内的主梁，以防止进一步开裂造成更大的安全隐患(图8)。

图7　结构弯曲现状照片

图8　木柱支撑结构现状照片

(4)窗户

通过调研发现，村中生土民居的门窗均为木质门窗，为了适应当地寒冷的气候，民居的合院对外不开窗或开窗面积较小，加之墙体较厚，因此室内光线较差。此外长期空置民居的门窗，由于其他围护结构的损坏，其门窗上的花纹、玻璃和门扇逐渐掉落，只留下门框和窗框。

3.室内空间

随着村民生活需求的提高，传统生活环境与现代生活方式的矛盾日益突出，导致人们的生活习惯和习俗发生变化。传统民居的空间形态已经不能满足现代人的需求。因此，笔者想拓展延续新的空间，以满足人们更好的需求。

（1）餐厨空间

在传统民居中，餐厨空间和卧室是同一个空间，无论是夏天还是冬天，村民们通常在炕桌上吃饭。这种普遍现象也是民居内部空间有限造成的。至于厨房空间，冬季，村民们在室内做饭，加热火炕的同时，热量会增加室内温度，但房间里也充满了油烟味，时间长了墙壁以及天花板也会受到污染。夏季，村民们会选择搭建简单的户外烹饪空间，以避免室内温度过高。

（2）洗漱空间

民居内部的洗漱区域非常小，只在屋内某个角落里放置一个洗脸架，没有淋浴间和卫生间，也没有宽敞的洗衣空间，给日生活带来极大不便。

四、再利用策略

（一）院落空间

晋风生土民居的院落空间功能复合性很强，它既是村民从事生产活动的场所，也是娱乐、休闲、接触大自然的场地，笔者对其再利用有以下两种策略：

一是对院内各个空间重新划分再利用。首先，根据调查和访问收集的结果，80%以上的居民需要养殖区和种植区。因此，鉴于该区域的重要性，其面积应尽可能扩大。其次，晾晒区应选择在院内平坦且光线充足的地方，以便秋季晾晒粮食谷物，除了晾晒谷物的区域，还有晒被褥和衣服的区域。最后，有部分宅院既有厢房，也有搭建的棚屋，故可以对搭建的棚子进行消减及功能转换，为其他功能空间留出更多的面积。可以根据功能要求直接更新或改造，创造更舒适的室外院落空间。（图9）

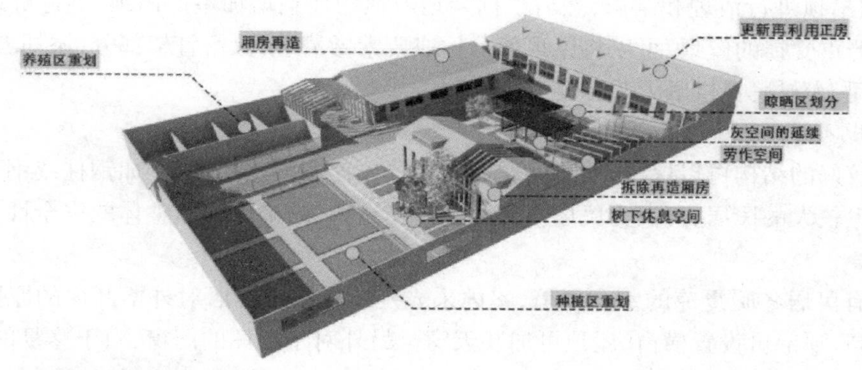

图9　院落再利用效果图

二是增设闲聊空间。可以用木头、轻钢等材料与有树木的房屋中的藤蔓配合，在树的四周加设亭台、长凳等设施，为邻里之间的老人提供相聚聊天的休息空间；可以在加大房屋挑檐后，在挑檐下创造闲聊空间，更可以利用此空间实现室内外的有效结合；也可以将原民居去除外表皮，保留木构架后加建玻璃屋顶，再利用为闲聊空间。（图10）

图10　闲聊空间效果图

(二)民居单体

民居单体是再利用的主要对象,再利用的主要目的是提高建筑的使用寿命和舒适度。当民居存在建筑质量下降(墙体、结构等破坏)、造型风格不符合传统地域文化特征等问题时,就需要对其进行再利用和保护。

1.墙体再利用

对于轻微破损的墙体,居民在日常生活中,发现这类墙体出现问题就会及时修缮,保存效果较好,墙体强度也较好,所以只对其进行饰面修复与装饰就可以,使建筑外墙更具有美观度;对于一般破损的墙面,由于建筑墙体的整体强度较好,只是墙体表面受到侵蚀,那么只需对其表面进行涂层和防水保护处理,必要时可以采用一些加固措施,使墙壁避免在未来的日子里继续受到自然和人为的破坏;对于破损严重的墙体,难以对其进行原貌修复,但可以对墙体坍塌部分做出清理与整理,既可采用传统的土坯砖砌体重建,完全还原传统墙体,也可采用现代夯打技术重建,还可以先用红砖砌成,再在其表面涂抹草泥,使建筑具有新的空间。

2.屋顶再利用

屋顶应考虑室外屋顶和室内吊顶两部分。对于室外屋面,根据屋面的完整性做有针对性的处理。首先检查屋面的完整性,检查屋面是否变形,是否有渗漏等问题,然后选择合适的屋面材料。由于屋顶的重要性,一些屋顶是经过修缮的,村民每隔几年就要对屋顶进行相应的维修,因此屋架结构保留得比较完善,风险较小,可以保留。再根据当地气候特点,延续现有的屋顶形式,为房屋的屋顶增加保温层,铺设卷材防水层等防水构造,提高屋顶的保温防水性能。屋顶分为两种类型:有吊顶和无吊顶。对于有吊顶屋顶,分析吊顶的现状,对吊顶屋顶进行修复和再利用;对于无吊顶的屋顶,只有少数屋顶存在这种情况,首先对室内吊顶进行清理和维修,然后根据当地习惯为住宅增加室内吊顶,创造舒适的室内生活空间。对于一些严重受损的屋顶,可以将屋顶部分构成要素做清理,保留骨架部分,添加玻璃屋顶,并将之再利用为灰空间,为村民提供晒太阳和聊天的空间。

3.结构再利用

对于安全性较好的结构可以保留;对有问题的结构可以使用替代结构(例如钢柱或钢梁)进行更新;对于结构安全隐患较大的民居,可以为民居内部内置一套结构,来确保房屋整体的安全性。

4.门窗再利用

为了保持原有民居冬暖夏凉的室内环境,室内采光延续了传统民居对外不开窗的原则。可以在正房起居室设置通高,顶部可设置横窗,屋顶可加装天窗。另外对于损坏的门窗,由于修复的可能性较低,可以对其进行更换,将木门窗换成塑钢门窗。选择木色仿古塑钢门窗,既延续了传统门窗的形式,又提高了门窗的保温隔热性能。

(三)室内空间

室内空间的改造主要是优化其功能和流线,即在保证传统建筑结构的稳定性和安全性的前提下,摒弃一些不符合现代生活理念的旧功能空间,引入新的功能空间。

1.加建餐厨空间

从调研中发现并结合以上分析,当代晋风生土民居餐厨空间正是解决既有民居与现代生活空间需求的矛盾点。建设独立餐厨的空间,是解决居住空间矛盾、提升空间品质的必备要素之一,不仅可以弥补夏季烹饪空间的不足,还可以提高正房里间作为居住空间的专属性,避免油烟对居住空间的污染。对于餐厨空间的位置设置,笔者有以下两种策略可供选择:一是选择正房闲置时间较长或面积较小的房间,通过功能再利用作为厨房,进行空间转换,并在室内安装整体装配式餐厨空间,既不浪费现有的居住空间,又不破坏或改变住宅建筑的风格;二是宅院内有部分厢房毁坏严重,没有再利用价值,可以将厢房拆卸和再布置,采用夯土技术或预制装配式整体加建餐厨空间,建筑的立面可以选择将建筑表皮做成假土坯墙,使得民居风格得以统一。(图11)

2.加建卫浴空间

对于卫浴空间的增设,笔者也有以下建设性策略可供选择:第一,将民居内部中面积较小的储藏空间采用功能转换手法改为卫浴空间，或者选择其中的一居室做功能置换，转化为卫浴空间。转换可以在其内部采用预制整体装配卫浴空间。（图12）其次，将卫浴空间与餐厨空间并排设置。既可以将民居原有功能空间进行置换，也可以与餐厨空间一同布置在厢房位置，使卫生间空间和餐饮厨房空间使用一套给排水系统和供暖系统，提高村民生活的便利性。（图13）

图11　加建餐厨空间效果图

图12　加建卫浴空间效果图

图13　餐厨卫浴一体效果图

五、结语

晋风生土民居是先人留给我们的宝贵财富，是“走西口”文化的物质载体和历史见证，对它的保护和传承刻不容缓。功能的延续与置换能让传统民居焕发新的活力，对既有建筑的合理再利用是实现功能延续与置换的重要途径。对于建筑功能改变不大的民居，重点对其围护结构和基础设施进行改造和添加，以满足日益增长的生产生活发展要求；对于建筑功能需要更新置换的民居，着力打造适合新功能需求的空间形态，通过新旧结合、建筑重组等方式拓展建筑空间；对于缺失对民居的完整性和本土性有重要意义的空间，可以谨慎地予以复建，但有必要提前向知情的老年居民调查其过去的情况，力求做到接近原物的复建设计。[①]随着建筑设计理念和技术的发展和进步，对晋风生土民居再利用方法的探索也将推陈出新，不断深化。

① 见陆元鼎、杨兴平：《乡土建筑遗产的研究与保护》，同济大学出版社，2008年。

基于扎根理论的蒙古包保护与传承原则探究*

内蒙古工业大学　刘星雨　白丽燕

摘　要：作为蒙古族传统住居原型的蒙古包在牧区生产生活方式转型的过程中，由于缺乏对其系统性的关注和对指导性原则的探讨，致使蒙古包在草原社区的发展中被逐渐边缘化，草原风貌遭到破坏。为解决这一问题，本文试图以具备完善体系的国际文化遗产保护文件为参照，通过"扎根理论(Grounded　Theory)"这一以资料为研究主体、自下而上构建理论的质性研究方法，来构建蒙古包保护与传承的指导性原则。通过逐级编码得到当下影响蒙古包保护与传承的四个主要范畴：群体参与、社区需求、文化尊重、情感认同。通过建立各范畴之间的内在关联来构建蒙古包保护与传承原则，以期为当下牧区人居环境的风貌重建提供指导性建议。

关键词：文化遗产；扎根理论；蒙古包；指导原则

一、研究问题的产生

本文的研究问题产生于课题组前期对"当代内蒙古牧民住居需求"和"蒙古包住居原型现代转译"的相关研究：曾经作为游牧民族传统住居原型的蒙古包在当下牧区生活中正逐渐被替代，这导致草原风貌遭到严重破坏。[①]作为草原地区的地方性居住建筑，蒙古包具备物质文化遗产的相关特性，但在保护与传承方面又远不及其他传统意义上的古建民居。由于缺乏相关的指导性原则，使得对蒙古包保护和传承的探讨多局限于建筑学、民俗学等相关领域，保护与传承工作的无法可循，研究成果的普及难、推广难，都间接加剧了蒙古包在牧区被不断边缘化、工具化的现状。针对这一社会问题，相较于将问题与现象用数量表示，并进行分析、考验、解释，从而获得意义的定量研究方法而言，以资料为基础，通过对社会现象不断对比分析来构建理论的质性研究方法更适用于本研究。因此本文以扎根理论为研究方法，以具备完整体系的国际文化遗产保护相关文件为研究资料，从文化遗产保护的角度来分析影响蒙古包保护与传承的相关因素，并通过数据编码的方式构建与"蒙古包保护传承"相关的指导性原则。

二、扎根理论简介

扎根理论由格拉斯(Barney Glaser)和施特劳斯(Anselm Strauss)提出，是一套以资料为研究主体，以归纳为研究方式的自下而上建立理论的研究方法，其主要宗旨是在系统收集资料的基础上寻找反映社会现象的核心概念，而后通过这些概念之间的联系进行相关社会理论的建构。[②]依据研究方式的不同，可将扎根理论划分为经典扎根理论、程序化扎根理论和建构型扎根理论。[③]本文选用经典扎根理论作

* 国家自然科学基金项目：文化人类学视域下内蒙古地域当代蒙古族牧民住居研究(51768049)；内蒙古自治区科技重大专项课题：基于文化传承的草原新型绿色建筑体系集成优化与工程示范(zdzx2018062)。

① 见白丽燕：《基于扎根理论的蒙古包住居原型现代转译研究》，哈尔滨工业大学2019年博士学位论文。

② 见陈向明：《扎根理论的思路和方法》，《教育研究与实验》1999年第4期；白丽燕、梅洪元、李云伟：《基于扎根理论的蒙古族牧民住居需求解析》，《新建筑》2019年第3期。

③ 见苏万庆：《创新和成长导向下的大学校园声环境及建设策略研究》，哈尔滨工业大学2013年博士学位论文。

为研究方法，通过理论抽样、数据收集、数据编码、理论饱和度验证和数据分析的研究流程，形成归纳性理论。

三、研究样本选取

本研究用于构建理论的数据主要源于国际古迹遗址理事会官方网站、联合国公约与宣言检索系统、《国际文化遗产保护文件选编》(2007)、《国际文化遗产保护文件选编》(2017)以及其他国内外相关文献。通过对与研究问题相关的社会现象的不断比较，初步筛选相关文件82篇，研读后选择其中35篇作为本研究主要原始数据进行编码。(表1)

表1 研究样本选取

时间	文件	组织
1931	《关于历史性纪念物修复的雅典宪章》	历史纪念物建筑师及技师国际会议
1933	《雅典宪章》	国际现代建筑协会
1962	《关于保护景观和遗址的风貌与特性的建议》	联合国教科文组织
1964	《关于古迹遗址保护与修复的国际宪章(威尼斯宪章)》	历史古迹建筑师及技师国际会议
1968	《关于保护受公共或私人工程危害的文化财产的建议》	联合国教科文组织
1972	《保护世界文化和自然遗产公约》	联合国教科文组织
1972	《关于在国家一级保护文化和自然遗产的建议》	联合国教科文组织
1975	《关于历史性小城镇保护的国际研讨会的决议》	国际古迹遗址理事会
1976	《关于历史地区的保护及其当代作用的建议(内罗毕建议)》	联合国教科文组织
1977	《马丘比丘宪章》	现代建筑国际会议
1982	《佛罗伦萨宪章》	国际古迹遗址理事会 国际历史园林委员会
1987	《保护历史城镇与城区宪章(华盛顿宪章)》	国际古迹遗址理事会
1989	《保护传统文化和民俗的建议》	联合国教科文组织
1994	《奈良真实性文件》	国际古迹遗址理事会 联合国教科文组织 国际文物与修复研究中心
1996	《新都市主义宪章》	新都市主义协会
1998	《保护和发展历史城市国际合作苏州宣言》	中国—欧洲历史城市市长会议
1999	《巴拉宪章》	国际古迹遗址理事会澳大利亚国家委员会
1999	《关于乡土建筑遗产的宪章》	国际古迹遗址理事会
1999	《国际文化旅游宪章》	国际古迹遗址理事会
1999	《北京宪章》	国际建筑师协会
1999	《木结构遗产保护准则》	国际古迹遗址理事会
2001	《世界文化多样性宣言》	联合国教科文组织
2002	《关于世界遗产的布达佩斯宣言》	联合国教科文组织
2003	《保护非物质文化遗产公约》	联合国教科文组织
2003	《建筑遗产分析、保护和结构修复原则》	国际古迹遗址理事会
2005	《实施(保护世界文化与自然遗产公约)的操作指南》	联合国教科文组织
2005	《会安草案——亚洲保护范例》	联合国教科文组织
2005	《西安宣言》	国际古迹遗址理事会
2006	《绍兴宣言》	文化遗产保护与可持续发展国际会议
2007	《北京文件》	东亚地区文物建筑保护理念与实践国际研讨会
2008	《文化线路宪章》	国际古迹遗址理事会
2008	《文化遗产阐释与展示宪章》	国际古迹遗址理事会
2008	《场所精神的保存(魁北克宣言)》	国际古迹遗址理事会
2012	《世界遗产无锡倡议“世界遗产:可持续发展”》	中国国家文物局
2015	《中国文物古迹保护准则》	国际古迹遗址理事会

四、数据编码

数据编码由实质性编码和理论性编码两部分构成。通过实质性编码将数据文本中的实质性事件抽象化，并依据范畴特征赋予其概念化意义，最终得到核心范畴；通过理论性编码将得到的核心范畴进行关系连接，形成概念化模型，从而构建出与研究问题相关的理论。

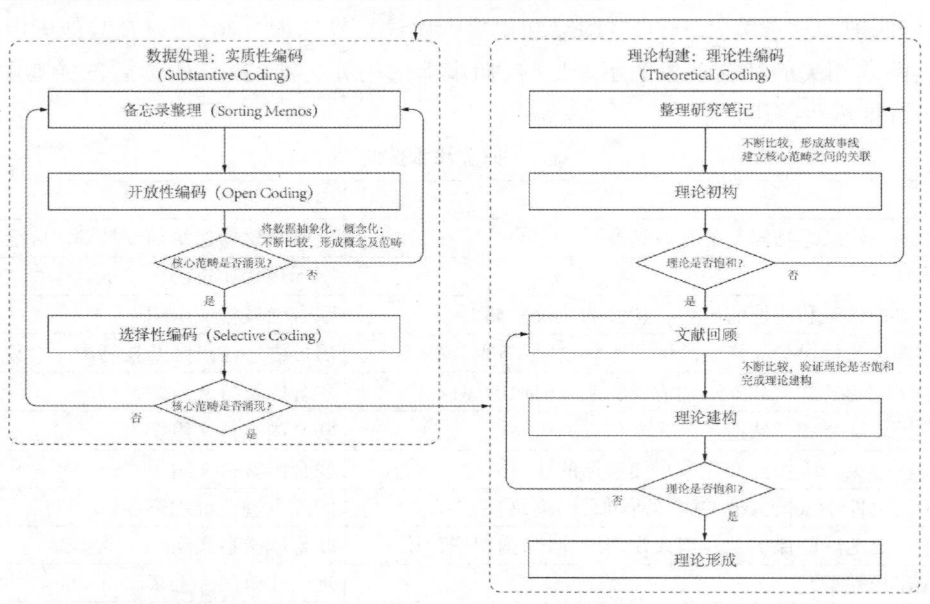

图1　数据编码流程①

（一）数据处理：实质性编码

实质性编码分为开放性编码和选择性编码两个步骤。（表2）

开放性编码：对原始数据逐句、逐词进行定义，得到标签化数据"（a_x）"，如"a_1.创立保护与修复方面运作和咨询的国际组织"等，最终得到472条标签化数据。而后将标签化数据中代表同一现象的定义进行归纳，形成初步的概念化数据"（aa_x）"，例如可将"a_{15}.保护纪念物和艺术品最可靠的保证是人民大众对它们的珍惜和爱惜"，"a_{21}.保存过去时代纪念物和作品最可靠的保证在于各民族自己对这些纪念物和作品的尊重与热爱之情感"和"a_{64}.保护文化财产的最可靠的保障在于人类本身对它们的尊重和感情"统一归类为"aa_{14}.对文化财产最可靠的保障在于各民族自己的珍惜、尊重与热爱之情"，最终得到235条概念化数据。

选择性编码：对已经形成的初步概念集中进行归类、抽象，逐次提炼出范畴化数据"（A_x）"，例如可将"aa_{14}.对文化财产最可靠的保障在于各民族自己的珍惜、尊重与热爱之情"，"aa_{21}.唤起和推动公众对于过去时代遗存（文化与自然遗产）的尊重和热爱，激励和培养国民对本国昔日文化遗产和其他传统的兴趣和尊重"和"aa_{96}.建筑遗产只有得到公众赏识尤其是年轻一代的赏识并理解了保护的必要性时，建筑遗产才能得以续存"归类为"A_{13}.保护应建立在本民族对于其自身文化遗产的尊重与热爱之上"，最终得到52条范畴化数据。相较于概念化数据，范畴化数据更具指向性、选择性和概念性，它将对庞大的资料数据研究转化为对范畴的考察，最后对范畴化数据进行系统的分析和归纳，得出"核心范畴"。核心范畴必须在比较后具有统领性，能够将大多数的研究结果囊括其中，起到"提纲挈领"的作用。②最终得到4个核心范畴：AA_1.群体参与、AA_2.社区需求、AA_3.文化尊重、AA_4.情感认同，最后通过对文献的多次回溯比较确定理论饱和。

（二）理论建构：理论性编码

理论性编码旨在探寻实质性编码中核心范畴间的相互关系，如并列、因果、递进等，并将核心范畴间

① 见贾旭东：《基于扎根理论的中国城市基层政府公共服务外包研究》，兰州大学2010年博士学位论文。

② 见苏万庆：《创新和成长导向下的大学校园声环境及建设策略研究》，哈尔滨工业大学2013年博士学位论文。

的相互关系形成概念，进而构建一个完整的理论。[①]通过对“群体参与”“社区需求”“文化尊重”和“情感认同”四个范畴的不断比较形成故事线：四个范畴互为并列关系，均是影响“蒙古包保护与传承”这一概念的核心范畴。其中“群体参与”为外部推动因素，“社区需求”为内部影响因素，二者分别直接作用于“蒙古包保护与传承”这一核心概念；“文化尊重”和“情感认同”则共同构成修正因素，与“蒙古包保护与传承”这一概念处于作用与反作用的关系中，并分别作用于外部推动因素和内部影响因素，以协调内外因素间的平衡。除此之外，“文化尊重”和“情感认同”两个范畴间也在相互作用、互相影响，即保持对文化的尊重有助于激发群体的情感认同，而当群体的情感认同被激发时也会反过来促进文化的传承。

1.群体参与

“群体参与”包括行政支持、专业支持和公众参与，分别代表政府相关部门、专业科研人员和普通民众，他们是行动的发起者、推动者和参与者，是重要的外部推动因素。政府相关部门作为三方中的权力核心，既肩负着政策制定、统领各方、协调多部门的职责，同时又要听取专业科研人员和普通民众的建议和诉求，进而做出有利于保护与传承工作的正确决策。专业科研人员作为保护与传承工作的技术保障，研究团体的组建应以多学科、跨领域合作为准则，以应对保护传承工作中所遇到的不同问题；同时还要充当政府相关部门与普通民众之间沟通的桥梁，以确保决策和意见的有效传达。普通民众则是保护与传承成果的直接受用者和参与工作的重要力量，但由于决策能力和专业能力的限制也使其成为最为薄弱的一环，因此在普通民众中普及保护的重要性理念以及加强传承意识，并鼓励其积极参与到保护与传承工作中是极为重要的。

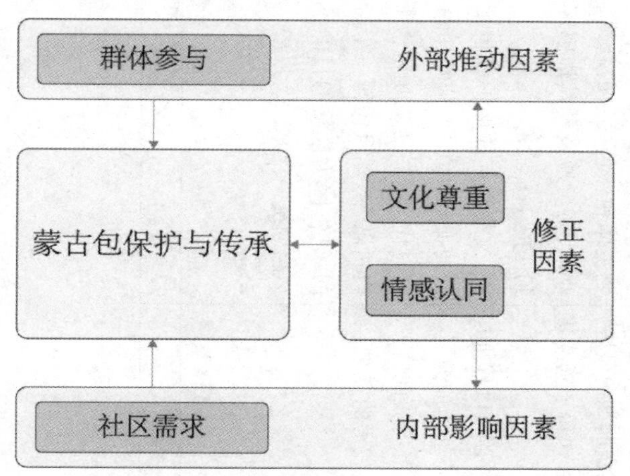

图2　理论建构：理论性编码

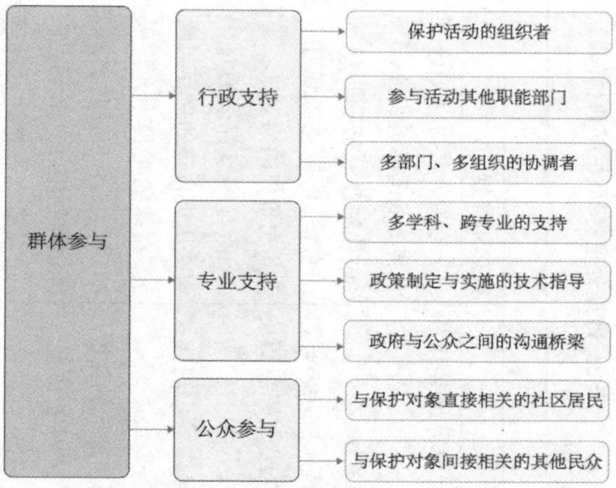

图3　“群体参与”范畴解析

2.社区需求

“社区需求”是保护与传承过程中必须重视的内在动因，决定着被保护对象是否可以重新融入当下的社区生活。蒙古包作为传统地方性居住建筑，其保护与传承在很大程度上取决于它与人们日常生活环境的整合，这主要体现在以下三个方面：其一，通过更新和改善原有空间来赋予传统空间新的活力，以满足当下社区的赋能需求；其二，提高舒适性，改善居住条件，以满足当下牧民的生活需求；其三，赋予蒙古包新的经济效能，将其重新融入牧民新的生产生活体系中，以满足不同群体和个体多元、多样的经济诉求。

3.文化尊重

“文化尊重”是蒙古包保护与传承工作的基础，并贯穿于“前期调研—策略制定—计划实施—后期反馈”的全工作流程中，是针对被保护对象而产生的重要的修正因素，其主要表现为以下三个方面：其一，尊重地区文化的多样性，以促进游牧地区不同时期、不同文化的多元发展，进而保护当地的文化生态圈；其二，尊重地区文化的完整性，建立从单体到群体、从场所到环境、从微观到宏观的完备的保护计划；其三，尊重地区文化的原真性，剖析蒙古包物质文化和精神文化的内核作为保护与传承研究的基本准则，

① Wanqing S., Tianyu Z., Zhichong Z., et al., “A grounded theory approach to the understanding of creativity in common spaces of universities”, *Interactive Learning Environments*, 2018, pp. 1-18.

表2　数据处理：实质性编码(样表)

备忘录整理	开放性编码		选择性编码		
原始数据	标签化数据	概念化数据	范畴化数据	核心范畴	子范畴
1931年《关于历史性纪念物修复的雅典宪章》 创立纪念物保护修复方面运作和咨询的国际组织；计划修复的项目应接受有见地的考评，以避免出现有损建筑特性和历史价值的错误；所有国家都要通过国家立法来解决历史古迹的保存问题；已发掘的遗址若不是立即修复的话应回填以利用于保护；在修复工程中允许采用现代技术和材料；考古遗址将实行严格的“监护式”保护；应注意对历史古迹周边地区的保护。 …… 1933年《雅典宪章》 城市与乡村彼此融会为一体而各为构成所谓区域单位的要素。城市都构成一个地理的、经济的、社会的、文化的和政治的区域单位的一部分，城市即依赖这些单位而发展。因此我们不能将城市离开它们所在的区域做单独的研究，因为区域构成了城市的天然界限和环境。 …… 1962年《关于保护景观和遗址的风貌与特性的建议》 为保护景观和遗址所进行的研究和采取的措施应适用于一国之全部领土范围，并不应局限于某些选定的景观和遗址；在选择将采取的措施时，应适当考虑有关景观与遗址的相关意义。 ……	a_1.创立保护与修复方面运作和咨询的国际组织。 a_2.接受有见地的考评。 a_3.避免损害建筑特性和历史价值。 a_4.国家要通过立法来解决历史古迹的保存问题。 a_5.修复工程中允许采用现代技术和材料。 a_6.对历史古迹周边地区的保护。 a_7.创立定期、持久的维护体系。 a_8.有计划地保护建筑。 a_9.摒弃整体重做的方法。 a_{10}.尊重过去的历史和艺术作品。 a_{11}.不排斥任何特定时期的风格。 a_{12}.建筑物的使用有利于延续建筑的寿命。 a_{13}.新的使用功能必须以尊重建筑的历史和艺术特征为前提。 a_{14}.尊重(古迹)的私有权问题。 a_{15}.认可某些公共权力的存在。 ……	aa_1.创立纪念物保护修复方面运作和咨询的国际组织。(a_1) aa_2.计划修复的项目应接受有见地的考评，以避免出现有损建筑特性和历史价值的错误。(a_2,a_8) aa_3.所有国家都要通过国家立法来解决历史古迹的保存问题。(a_3,a_7) aa_4.在修复工程中允许采用已掌握的现代技术与现代材料资源，但要谨慎地利用。(a_4,a_{12},a_{214}) aa_5.对历史古迹地区及其周边环境的保护，凡传统环境存在的地方必须予以保存，决不允许任何导致改变主体和颜色关系的新建、拆除或改动，历史地区及其周围环境应得到保护。(a_5,a_6,a_9,a_{48},a_{202}) aa_6.文化财产的保护应包括对该财产的保障和尊重，应尊重过去的各个时代为一古迹之建筑物所做的正当贡献，不排斥任何一个特定时期的风格，因为修复的目的不是追求风格的统一。(a_{10},a_{20},a_{52}) ……	A_1.跨专业的多方合作(aa_1，aa_2，aa_{22}，aa_{31}，aa_{44}，aa_{71}) A_2.加强立法措施(aa_3，aa_{88},aa_{101},aa_{140}) A_3.新技术与新材料的恰当应用(aa_4,aa_{12},aa_{125}) A_4.关注文化遗产与周边环境关联(aa_5,aa_{14},aa_{66}) A_5.历史的联系与延续(aa_6,aa_{70},aa_{78},aa_{132}) A_6.赋予建筑文化遗产新的使用功能(aa_7,aa_{47},aa_{98}，aa_{181}) A_7.完善公众参与(aa_8，aa_{38},aa_{64},aa_{117}) A_8.协调文化遗产的保护与社会经济的发展(aa_9，aa_{58},aa_{95},aa_{173}) A_9.文化遗产保护工作需具备预防性和矫正性(aa_{10},aa_{28},aa_{67},aa_{89}) ……	AA_1.群体参与 AA_2.社区需求 AA_3.文化尊重 AA_4.情感认同	AA_1.行政支持 专业支持 公众参与 AA_2.赋能需求 生活需求 经济需求 AA_3.尊重多样性 尊重完整性 尊重原真性 AA_4.明确方向感 建立认同感 延续归属感
原始资料	472条	235条	52条	4条	12条

以确保核心文化在材料、技艺、形态、功能等方面的真实延续。

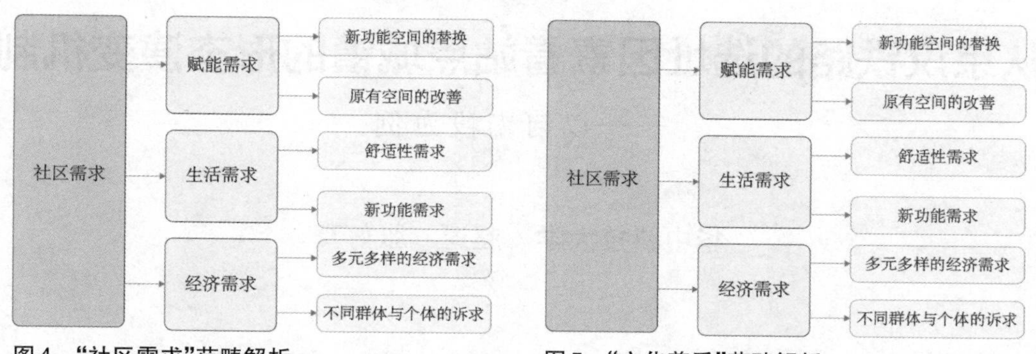

图4 “社区需求”范畴解析

图5 “文化尊重”范畴解析

4.情感认同

“情感认同”是以与被保护对象直接关联的群体为主体而涌现的相关范畴。对于文化遗产的保护最重要的是建立在本民族对于民族文化的热爱与尊重之上，即建立在本民族对于民族情感的认同之上，这是保护与延续文化遗产的重要基础。对于蒙古包而言，这种“情感认同”存在于居者和居所间的关系中，并表现为以下三个方面：通过明确个体与场所空间的关系来建立方向感；通过保持个体与环境特质的联系来建立认同感；通过延续个体与场所间的情感纽带来建立归属感。

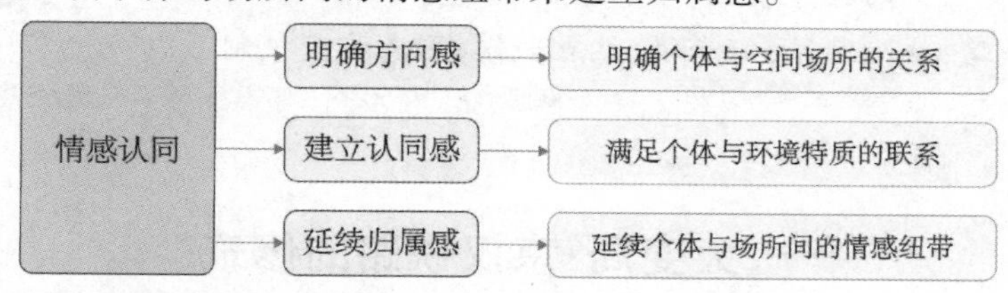

图6 “情感认同”范畴解析

五、结语

本文将蒙古包的保护与传承这一建筑学问题带回到问题产生的社会背景中，以扎根理论为研究方法对国际文化遗产保护文件进行编码分析，得到影响蒙古包保护与传承的四个核心范畴，而后通过梳理各范畴间的关系完成对“蒙古包保护与传承指导性原则”的构建，为保护与传承工作的前期调研、策略制定、计划实施和后续反馈提供了较为完备的阶段性指导建议。同时本研究也具备继续研究的可能，正如国际文化遗产保护的发展历程一样，新的社会问题往往会带来新的挑战，正因如此本题的研究成果也具有一定的阶段性，并随着国际文化遗产保护的不断发展而逐渐完善。

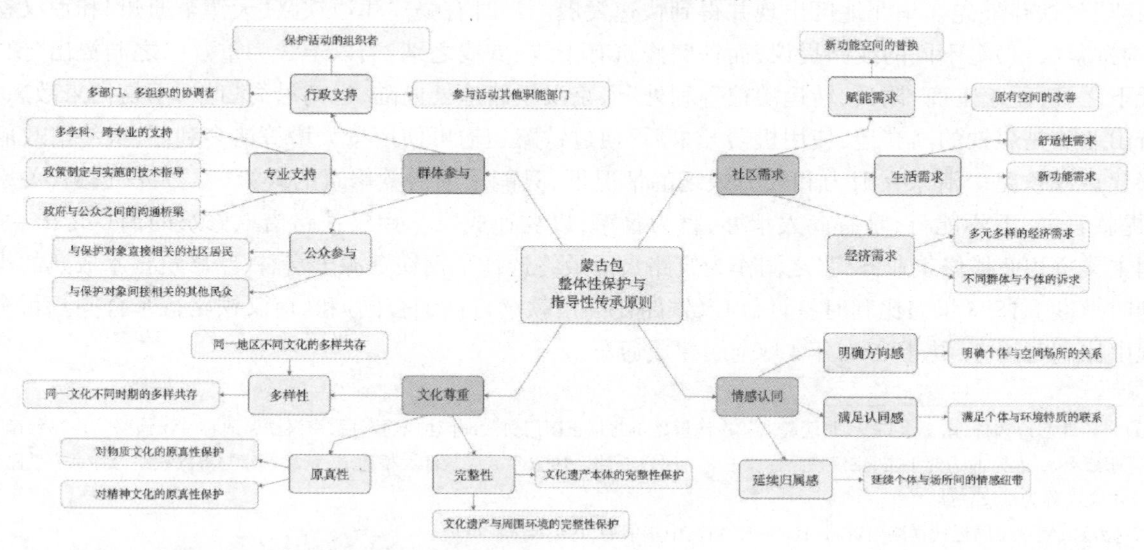

图7 关于“当代蒙古包保护与传承”的理论构建

从京汉铁路的选址因素看站点城镇的形态演变机制

——以河南段为例

华中科技大学　赵逵　张好真

摘　要：京汉铁路是清政府主动修建的第一条纵贯华北的南北铁路干线，这项伟大的工程带动了沿线城镇的建设和发展，也开启了与中国传统城镇截然不同的演变进程。京汉铁路在选址建设时不仅有自然地形地貌、施工难易、矿产资源等方面的因素，也有沿线城镇政治地位和经济水平等方面的考虑，在京汉铁路近半个世纪建设运营的影响下，站点城镇完成了早期的近代化实践探索，京汉铁路对不同站点城镇的形态演变产生了差异性的影响。通过对河南段沿线31个站点城镇的近代化演化进程归纳分析，总结其形态演变的动力机制和早期铁路城镇的聚居模式，对我国当代新型交通的规划布局有一定的指导意义。

关键词：京汉铁路；线路选址；河南段；站点城镇；形态演变机制

一、大变局：京汉铁路的修筑

京汉铁路[①]是清政府主动修建的第一条打通冀、豫、鄂三省的南北铁路干线，也是近代第一条打通冀、豫、鄂三省的铁路大动脉。近代中国铁路事业的发展可谓是困难重重，清政府最初坚决拒绝在中国修建铁路，到后期洋务派才开始试办铁路，最后发展到各界人士争相修筑铁路，中国的铁路事业在曲折中逐渐兴起。京汉铁路早期工程便是在清政府内忧外患、国家财力紧缺、国内工程技术水平低下的时代背景下，采用官款、商股、外债并用的办法修建起来的。

19世纪末，清政府羸弱，不仅缺乏修筑铁路的技术，筑路款项也难以筹集，筹议京汉铁路历经了数十年的时间，因各种原因而搁置。华北地区的铁路首当其冲，为保卫京师，大臣的筑路计划均以北京为中心，同时华北地区陆路运输一直占据重要的地位，“江淮以北，陆路为多，若非南方诸省，河渠贯注而百货通流”[②]，铁路最先在华北地区出现并得到快速发展。当时有修建津通铁路（天津至通州）和卢汉铁路（卢沟桥至汉口）等不同的线路提议，而铁路修筑有干线、支线之别，当以干线为重。张之洞提出“豫、鄂居天下之腹，便于工商、调兵、转运漕粮等利处”[③]，京汉铁路地处内陆，远离沿海口岸，不易招来敌患，且太行山北侧是煤铁的高产地，使用机器开采后，通过铁路运输可使产量大增等诸多利好，最终清政府决议兴建卢汉铁路。清末在财力和人力缺乏的情况下，只能采用借款修筑的政策，称“卢汉铁路，关系重要，提款官办，万不能行，唯有商人承办，官为督率，以冀速成”[④]。卢汉铁路借款修筑的消息传出后，各帝国主义争相兜揽修筑业务，张之洞作为筑路大臣最终选择了钢铁资源丰富、铁路修筑技术成熟的小国比利时承办。1898年与比利时签订《卢汉铁路比国借款续订详细合同》和《卢汉铁路行车合同》后，全路工程由比利时承办，并于1906年4月全线建成通车。

---

① 该路北起卢沟桥，南至汉口，后北端起点从卢沟桥延至北京正阳门，1906年建成通车后，卢汉铁路改称京汉铁路。1928年南京国民政府迁都南京，北京改为北平市，京汉铁路遂又改名为平汉铁路。1957年武汉长江大桥建成，京汉铁路与粤汉铁路合称京广铁路沿用至今。本文统称为京汉铁路。

② 宓汝成编：《中国近代铁路史资料：1863—1911》，中华书局，1963年，第89页。

③ 齐钟久主编，中国革命博物馆编：《近代中国报道：1839—1919》（插图本），首都师范大学出版社，2000年，第382页。

④ 杨勇刚编著：《中国近代铁路史》，上海书店出版社，1997年，第27页。

二、“沿驿路、跨河道”：京汉铁路的线路选址

京汉铁路便捷、高效的运输方式强力地冲击了中原地区传统的交通体系，几千年来以水路与驿路运输为主的交通方式开始弱化，铁路运输模式成为主导，沿线兴起了一批新型铁路城镇。光绪三十二年(1906)全线共设车站78个，其中河南境内31个，占全线车站数的40%[①]，河南段是京汉铁路在冀、豫、鄂三省中线路最长且设站最多的区间。京汉铁路在河南的选线大致是沿着旧有的驿道进行修建的，近代铁路交通在选线时体现出对自然地理环境的适应和对传统交通体系的继承。新兴的铁路运输方式强力地冲击着传统交通体系，使几千年来以自然力为导向的传统驿路、水运的运输方式开始转变为以机械动力为主导的近代铁路交通。铁路一方面冲击着传统驿路体系，一方面又对千百年来驿路体系下的地理、生态和人文环境进行继承。

(一)穿山架桥：京汉铁路河南段线路的拟定

京汉铁路最初的目标就是要修建一条从北京到汉口的中国内陆自有铁路。在进行线路勘测时，保定以南原有拟议的两条线路：一为由信阳越过武胜关至汉口，二为由襄阳沿汉水至汉口。“到清朝，由汲县至许州一段，除往东绕道开封外，还可经新乡渡黄河至荥泽(今广武)，继续南行经郑州、新郑到达许州。郾城至确山一段，除绕道汝宁外，还可南行经西平、遂平、驻马店达确山，这两段在清朝都是国道运输线。”[②]两条线路各有利弊，由信阳经武胜关至汉口，需要翻越由桐柏山脉与大别山脉交会处的丘陵地形，会面临高难度的技术问题，且建设成本较高；而由传统商路从河南至襄阳沿汉水达汉口的线路虽可以避开桐柏山的阻隔，但是这条线路的距离比起“信阳—武胜关—汉口”铁路多出了160千米路程，舍直求曲的线路选择非常不经济，曲线意味着更长的路程和更高的建设费用。“在先后经德国锡乐巴与美国李治两工程师勘测，均主张采用信阳至汉口之线，因取道襄阳有里程长、地势低、水患多的弱点”[③]，最终选择了从信阳越武胜关再到汉口的直线规划线路。线路选址经过了德、美、比三个国家前后进行勘测，以确定最合适的选址路线，这条南北向的干线铁路的最终线路是经过多个方面的对比而确定下来的。

(二)从驿路到铁路：京汉铁路对传统驿路的继承

铁路在选线时不仅有自然地形地貌、施工难易、矿产资源等方面的因素，也有沿线城镇政治地位和经济水平等方面的考虑。京汉铁路在河南的选线大致是沿着清末南北向的驿道进行修建的，在传统的驿路通道上几乎分布着清末所有的繁华的城镇。河南地处西部丘陵向东部大平原过渡的交界地带，西侧有众多山脉环绕，以西南部的河谷平原、南阳盆地和东部的黄淮海平原为主，河南的驿路交通网是在西高东低的地形地貌和水运主导的社会结构基础上形成的。“驿路系统的辟建是在利用自然村落或历史城镇的基础上，尊重自然格局，经不断“相地”“试耕”而成，是对自然环境和社会环境长期认知适应的结果”[④]，在原有驿道上密集的人口可以大幅提升铁路的运营收入，也可以便于行政事务的办理，促进商旅的沟通。

1.驿路继承

清朝时河南全省的驿路以开封为中心，主要有东路、西路、南路、北路、东北路、西南路和西北路等七条省道。其中南路“自武胜关入境(接湖北应山县)，沿山循涧北上，至信阳州驿，经明港驿、确山县驿、遂平县驿、郾城县驿、许州驿、洧川县驿、尉氏县驿至开封府大梁驿，全程353千米，西南各省公文驿递都沿这条路线北上，史称桂林官路”[⑤]。北路为“自郑州管城驿北行，经荥泽县广武驿过黄河，至获嘉县亢村驿，再经新乡县新中驿、汲县卫源驿、淇县淇门驿、汤阴县宜沟驿、安阳县邺城驿至丰乐镇出境(接河北磁县)，全程210千米”[⑥]。京汉铁路在河南线路选址完全是依循清末河南省的南北两条官路进行的，继承

---

① 见河南省地方史志编纂委员会编纂，邵文杰总纂：《河南省志·铁路交通志》，河南人民出版社，1991年，第14页。

② 河南省地方史志编纂委员会编纂，邵文杰总纂：《河南省志·铁路交通志》，河南人民出版社，1991年，第14页。

③ 杨克坚主编，河南省交通史志编纂委员会编：《河南公路运输史》，人民交通出版社，1991年，第85页。

④ 河南省地方史志编纂委员会编纂，邵文杰总纂：《河南省志·铁路交通志》，河南人民出版社，1991年，第14页。

⑤ 河南省地方史志编纂委员会编纂：《河南省志·公路交通志》，河南人民出版社，1991年，第20—21页。

⑥ 河南省地方史志编纂委员会编纂：《河南省志·公路交通志》，河南人民出版社，1991年，第21页。

了在自然地理、生态和人文环境下影响下形成的古驿路。

2.驿站继承

京汉铁路早期工程在河南省的31个站点聚落中,有19个站点为清末的驿站所在地。(表1)在列车运行初期,因技术条件的限制,燃气机车需定时补充水和燃料,在一定的里程内需要停靠以支撑机车的运行,驿站所在的村落或城镇多位于水源和河流处,能够向燃气机车提供一定的能源补给,还能够提供一定的生活物资。各铁路站点之间的距离约为15千米左右,清末河南省南北官道上驿站之间的间距在30—40千米,京汉铁路站点的密度大于驿站,所以在京汉铁路河南段有一定数量的铁路站点是在小型自然村落或者原野地区新建的,这些站点的规模较小,客货运输量也极少,几乎是为早期铁路的通行提供一定的补给而设置的。

表1 京汉铁路早期工程站点统计表①

站名	现站点名	驿站名称	设站时间	站名	现站点名	驿站名称	设站时间
丰乐镇	柏庄站	/	1958	和尚桥	长葛站	/	1904
彰德府	安阳站	邺城驿	1905	许州	许昌站	许州驿	1904
汤阴县	汤阴站	宜沟驿	1904	临颍县	临颍站	临颍驿	1904
浚县	鹤壁站	/	1904	郾城县	漯河站	郾城驿	1903
淇县	淇县站	淇门驿	1904	西平县	西平站	西平驿	1903
卫辉府	卫辉站	卫源驿	1904	遂平县	遂平站	遂平驿	1903
潞王坟	新乡北站	/	1905	驻马店	驻马店站	/	1903
新乡县	新乡站	新中驿	1905	确山县	确山站	确山驿	1903
亢村驿	亢村站	亢村驿	1905	新安县	新安店站	/	1903
詹店、武陟	焦作东站	武陟驿	1905	明港	明港站	明港驿	1903
黄河北岸	老田庵站	/	1905	长台关	长台关站	/	1903
黄河南岸	黄河南岸站	/	1905	信阳州	信阳站	信阳驿	1902
荥泽县	广武站	广武驿	1905	柳林	柳林站	/	1902
郑州	郑州站	管城驿	1904	李家寨	李家寨站	/	1902
谢庄	谢庄站	郭店驿	1904	新店	鸡公山站	/	1902
新郑县	新郑站	永新驿	1904				

三、“新”与“旧”:站点城镇形态演变机制

京汉铁路不仅影响了沿线站点城镇的形成与演变,对于城镇的外部形态和内部空间也有很大的影响。本节通过对河南段31个站点城镇的空间形态演变的分析,总结城镇形态的演变与铁路之间的互动关系。铁路沿线站点城镇的空间是由各种不同的元素共同构成的,京汉铁路沿线站点城镇的规模、政治地位、经济条件和区位特征在通车之前本身就存在很大的差异,在引入近代交通后又经过近半个世纪的发展,站点城镇中形成了更加复杂多样的物质环境。本节从空间结构、功能布局、街巷特征和建筑类型四个方面对站点城镇的形态特征进行分析,总结其形态演变的动力机制和早期铁路城镇的聚居模式。

(一)空间结构

因土地的权属问题难以处理,京汉铁路车站的选址一般设在城外,根据车站距离古城的远近可分为远郊型、近郊型和不依附古城三种。车站与古城之间距离的差异直接影响了站点城镇的空间结构,把31个不同的空间结构表现形式的站点城镇分为古城包裹型、双核心型和单中心集中式三种(表2)。

① 见杨克坚主编,河南省交通史志编纂委员会编:《河南公路运输史》,人民交通出版社,1991年。

表2　城镇空间结构

类型	距离古城(千米)	站点城镇	数量	空间结构特征图示
古城包裹型	0.5—1.5	彰德府(安阳站)、郑州、新乡、许州(许昌站)、信阳州(信阳站)	5	
双核心型	1.5—30	卫辉府(卫辉站)、汤阴县、浚县(鹤壁站)、淇县、荥泽县(广武站)、新郑县、和尚桥(长葛站)、临颍县、郾城县(漯河站)、西平县、遂平县、确山县、新安县	13	
单中心集中式	0—0.5	潞王坟(新乡北站)、丰乐镇、驻马店、亢村驿、谢庄、明港、长台关、黄河南岸、黄河北岸(老田庵站)、詹店(焦作东站)、新店(鸡公山站)、李家寨、柳林	13	

古城包裹型是铁路车站依附于原有的古城发展,对古城呈包围之势,新城包裹旧城成了一个新的整体,随着城镇的进一步发展,古城的边界消失。"安阳县车站距城约二里许,土地腴美,人民殷富"[①],彰德府车站(现安阳站)距离古城较近,城市建设开始从车站附近向古城蔓延,车站区域与古城形成新旧交织的单元体。双核心型的站点城镇车站距离原有城市相对较远,车站与老城独自发展,逐渐形成双中心的城市结构。郾城车站距离老城十里,过远的距离使车站新城区不能与老城连接,两个区域相互独立且边界分明,是典型的双核心的城市结构。单中心集中式的站点一般建在关隘驿站或者乡村,城镇主要围绕车站发展,以站房为中心向东西两侧拓展。驻马店在清末是古驿道上的一个驿站,京汉铁路通车后,旅客列车昼行夜停,驻马店车站成为京汉路南段的一个"宿站"[②],"自火车通行,争购地基,建筑房屋,街道棋布,商贾云集,陆陈盐厂,荟萃于此"[③],"1922年春,毅军统帅李鹏举督率八保民工,建成驻马店寨,墙高16.7米,宽2.7米,濠深5米,宽4.7米"[④],随着城镇规模的不断扩大开始了城市建制,并以车站为中心形成了单中心集中式的空间结构。

(二)功能布局

城镇结构是基本骨架,反映城镇总体功能布局[⑤],近代河南省站点城镇的结构主要分为传统方形城墙围合的棋盘式网格结构和新式交通下的功能主义结构,城墙与铁路线是分割城镇结构最重要的物质要素。铁路车站区最初规划的是站房、水塔、职工宿舍、维修办公场所等铁路服务性设施,站点自身的集聚性和周边资源进一步催生出工商业建筑类型,城镇功能进一步完善。京汉铁路通车后,"郑州一度成立商埠督办公署,负责老城以西商业区的市政建设"[⑥],1927年编制的郑州最早的城市设计图《郑埠设计图》,以火车站为中心,商埠区分成工业、商业、住宅、公房四个区,根据建筑功能规划了不同的分区。1929年出版的《郑州新市区建设计划草案》把新市区划分为行政、商业、工业、住宅、教育、司法等区,用地功能划分更加细化。虽然最终两个规划方案的大多内容并未实施,却对郑州后来的城市建设有一定的引导作用。新中国成立前,郑州的功能布局主要分为火车站周边的铁路职工生产生活区、铁路线两侧的工业区和仓储区、古城与车站之间的商业区,同时有医疗、文化、宗教类的功能散置其中,从一个传统的政治城市向近代商业性城市转化。

---

① 京汉铁路车务处编辑:《京汉旅行指南》,京汉铁路局,1913年,第174页。

② 由于条件所限,京汉铁路通车初期火车是不跑夜车的,车站也因此分为"过站"和"宿站"。火车经过"宿站"时,乘客要下车住上一夜,第二天再乘车继续行程,当时的彰德车站和驻马店车站就属于宿站。1915年,宿站被取消。

③ 确山县志编纂委员会编:《确山县志》,生活·读书·新知三联书店,1993年,第353页。

④ 河南省驻马店市地方史志编纂委员会编:《驻马店市志》,河南人民出版社,1989年,第9页。

⑤ 见刘大平、卞秉利:《中东铁路沿线近代城镇规划与建筑形态研究》,哈尔滨工业大学出版社,2018年。

⑥ 张义德编著:《郑州解放》,中国档案出版社,2009年,第34页。

(三)街巷特征

道路系统是城市空间的骨架和基础,站点城镇的道路系统从传统的中轴对称的方格网形式向以铁路线为主导的自组织的发展模式过渡。“在对应火车站的关键部位辐射出承担主轴线角色的主要街道,并由此形成统帅全局的街道和开放的空间系统”①,车站的集聚性和服务性功能使之成为城镇的发展中心。河南站点城镇大多位于平原,有相对平坦的地理条件,铁路的走向直接决定了车站附近的道路系统,一般与铁路线平行形成一条繁华的商业街,最初命名为车站路或站前路,进一步发展形成纵横交织的矩形网格,具有西方功能主义的道路特征。(图1)方格网的街巷形式更有利于城镇的开发建设,以矩形单元为单位可以灵活的复制扩张,街巷的内部形态清晰。车站区域的街道较为自由,没有统一的规划痕迹,车站区域的道路系统在与原有城区街道衔接时往往会形成不规则的三角形或多边形的地块,这些地块多位于两套街道系统的交汇处,保证了街道之间连接的顺畅整体。

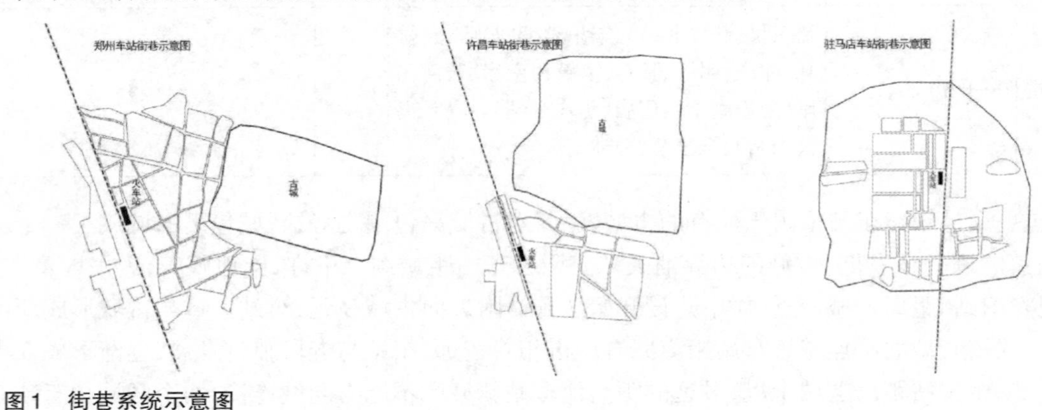

图1　街巷系统示意图

(四)建筑类型

新兴的铁路交通给站点城镇带来了运输业、转运业和繁华的商业街,同时带来了新的建筑类型、先进的建造技术、多元的建筑思潮。根据站点城镇近代建筑产权属性的不同可分为铁路建筑(铁路及其附属建筑)和非铁路建筑,非铁路建筑从功能类型上又分为公共建筑、居住建筑、工商业建筑三类(表3)。

现代工业文明崇尚纯粹的功能性和技术性,主导理念是以“标准化生产”赢得以往的技术手段难以获得的大空间和建造速度。②车站设立之初,站房及其附属建筑大多进行了标准化建造,有标准的平立面形式和模式化的建造体系,不仅节省了工程建造时间,也形成了具有时代特色的建筑风格。“在铁路建设的同时并修建了车站站房等建筑,计有1904年3月建成的京汉铁路郑州车站以及后来修建的车站,站房均为西欧式平房建筑”③。(图2—图4)

表3　站点城镇近代建筑类型

类型	分类	建筑	特点
铁路附属建筑	生产生活类	火车站房、修车厂、库房、住宅、铁路学校、铁路医院	高等级站点独立设计,低等级站点标准化建造
	工程设施类	铁轨、水塔、桥梁、涵洞、站台	
非铁路建筑	公共建筑	教堂、医院、学校、银行、邮局	造型新颖,多为外国传教士或者外省商人建造,拱券式外廊、双坡瓦屋顶、拱形门窗的西式建筑风格
	居住建筑	合院住宅、独栋别墅、公住房	
	工商业建筑	厂房、仓库、办公、商铺、宾馆、餐饮建筑	

居住建筑是数量最多、样式也最为丰富的建筑类型,除了铁路官员及职工的宿舍,还有车站附近的商业街前商后宅的合院住宅,以及一些官商阶级建设的独栋别墅(图5)。郑州还出现了河南最早的公住房,“民国17年,冯玉祥拨专款,市政筹备处督工,利用城墙旧砖,建成杜岭平民村房屋54间,阜民里平

① 曲蒙、刘大平:《中东铁路干线近代城镇规划特色解析》,《建筑史》2017年第2期。

② 见李国友、徐洪澎、刘大平:《文化线路视野下的中东铁路建筑文化传播解读》,《建筑学报》2014年增刊1。

③ 河南近代建筑史编辑委员会编著:《河南近代建筑史》,中国建筑工业出版社,1995年,第75—76页。

民村房屋54间”[①]，由政府出资建设的住宅新村，均为砖木结构的平房，为郑州商埠区的建设公住房。豫北地区是重要的棉花产地，在安阳、卫辉和郑州等地都建有规模宏大的纺织厂，厂房采用钢筋混凝土结构，办公建筑、员工宿舍和其他附属设施建筑大多为砖木混合结构，造型新颖，多为拱券式外廊、双坡瓦屋顶、拱形门窗的西式建筑风格(图6)，也是河南出现得最早的工业建筑类型之一。商业建筑多为城镇居民自行建设，商业街的建筑排列随意而紧凑，建筑平面多呈L形、山字形、凹字形，没有固定的形式。外国人在河南修建的教堂、医院和领事馆也构成了河南近代丰富多彩的建筑类型(图7—图9)。京汉铁路给河南沿线地区城镇播下了现代化的种子，不仅改变了人们的思想观念和生活方式，也带来了新的产业类型和建筑技术。可以说，河南省的近代化是从修建铁路开始的。

图2　新乡车站[③]

图3　郑州车站[④]

图4　民国高村桥车站

图5　信阳袁家大楼

图6　卫辉华新纱厂办公楼

图7　卫辉基督教住院楼

图8　卫辉天主教堂

图9　郑州日本领事馆

四、结语

铁路交通是推动近代站点城镇空间结构与形态演变的主导因素，这种自下而上的自组织发展机制，形成了以车站为中心的城镇空间聚集模式。车站新城区与不同物质基础和经济基础的原始城镇相结合形成各具特色的新型城镇，是中原地区城市建设史中重要的组成部分，对研究中原城镇近代规划建设思想理论有重大的实践意义，具有较高的学术价值和应用价值。

近代以来铁路不仅主导了河南省近代城镇体系的重组，也是铁路站点城镇早期近代化演进的核心动力，使得一大批新型铁路交通城市兴起并形成了具有典型特征的城市格局，为现代化的城市建设打下了一定的基础。京汉铁路河南段站点城镇在近代受到战乱和灾荒的影响，现代时期又经历了无序的城市开发建设，城镇肌理早已荡然无存，城镇与历史建筑的保护不容乐观。对站点城镇的相关研究，可以在历史的迭代中为城镇的现代保护性开发提供指引，有助于城市更新政策的实施，并提高公众对城市历史的保护意识。铁路交通至今或到将来仍然影响着城镇的发展，在“优化区域经济布局，促进区域协调发展”的政策背景下，近代铁路交通站点城镇的聚居模式对我国当代交通规划布局和促进中部地区的快速崛起具有重要指导意义。

① 刘晏普主编，弓以威等编写，王廷栋等摄：《当代郑州城市建设》，中国建筑工业出版社，1988年，第335页。

② 平汉铁路管理委员会编：《平汉年鉴》，1932年，第20页。

③ 京汉铁路管理委员会编：《京汉旅游指南》，1913年，第160页。

西安地区近现代大学校园建筑遗产研究(1902—1966)*

西安建筑科技大学　吴思睿　王军
中国建筑西北设计研究院有限公司　王元舜

摘　要:大学校园建筑遗产作为西安地区建筑遗产的重要组成部分,具有独特的价值和重要的意义。本文通过近年来对西安地区建成五十年以上大学校园遗产的普查和调研,追溯了西安地区大学校园建筑遗产的建设历程,结合典型实例对其类型、特征进行了分析。阐述了西安地区大学校园遗产作为物质载体,承载的不仅是西北地区高等教育的变迁,更是全国高等教育格局的整体性演进,具有自身独特的历史价值、文化价值、社会价值、科学价值、艺术价值、使用价值和环境价值。

关键词:大学校园建筑遗产;西安地区;建设历史;特征;价值

一、引言

大学凝聚民族精英、凝结知识精华,大学创造、传播和升华人类文明,是国家民族的希望所在。中国近现代意义上的大学发轫于1860年洋务运动之后。从清末洋务学堂的设立,到民国的大学区制改革及高校布局的重大调整,到抗战烽火中高校内迁重组与抗战胜利后艰苦卓绝地复校回迁调整,中国近现代大学在剧烈的社会变迁中艰难而顽强的向前迈进,中国高等教育的格局在历次变革中逐步调整,进而从局部区域走向全国性发展的成长轨迹。

陕西高等教育历史悠久,源远流长,从西周的辟雍、汉代的太学、唐代的分科大学和留学生教育到宋、元、明、清的书院,两千多年的古代高等教育,对东方文化产生了深远的影响,留下了丰富的历史文化遗产。陕西近现代高等教育的发展较为滞后,自民国时期随着国民政府全国大学格局的调整,才逐步以西安为中心,开启了新的篇章。[①]时至今日,那些记载着近代中国大学校园建设艰辛,记录着中国大学历代师生足迹,承载着莘莘学子每日学习科研活动的大学校园建筑,有些仍然伫立在校园内,有些已随着建设的步伐而消逝于历史的长河中。本研究将在笔者近年来的调研基础上,梳理西安地区近现代大学校园建筑遗产的建设历程、类型和价值特征。

二、西安地区近现代大学校园建筑遗产的范畴

(一)“校园遗产”的概念

校园遗产作为近现代建筑遗产的重要类型之一,欧美发达国家早自20世纪50年代起已展开了大量的理论与实践研究。1966年,美国颁布的《国家历史保护法》中提出:将一些五十年以上的校园建筑列入国家历史性建筑保护名单,斯坦福大学、哈佛大学、芝加哥大学等一批大学校园历史性建筑被很好地保护下来;1967年,英国的《城市美化条例》中要求政府将重要的历史校园列入保护范围;2002年5月,由俄勒冈大学的建筑学院与艺术学院联合盖蒂基金会主办,在芝加哥举行了校园遗产保护会议,将“校园

---

* 本研究受中建西北院科研科研基金(NB-2021-JZ-09)资助。

① 见杨汉名、魏天纬主编,陕西省教育委员会编:《陕西教育志资料续编》,三秦出版社,2000年。

遗产”(Campus Heritage)这一学术术语带入人们视野,提出“校园遗产”即“一种记录社会活动和学习模式的文化景观”,内容包括建筑、景观和无形资源的杰出遗产,其意义在于:①彰显美国高等教育的传统;②记录与高等教育有关的文化事件和情况(民主斗争)。[①]

我国对“校园遗产”的保护最早可追溯至20世纪60年代,北京大学红楼作为革命遗址及革命纪念建筑列入了第一批全国重点文物保护单位。20世纪80年代开始,又有云南陆军讲武堂旧址、黄埔军校旧址、清华大学早期建筑等陆续被纳入第三、四、五批全国重点文物保护单位。2006年国家公布的第六批全国重点文物保护单位中,有23处近现代校园遗产被纳入其中。2013年、2019年公布的第七、八批全国重点文物保护单位中又增加了38处近现代校园遗产。[②]进入21世纪以来,除文物保护法外,建设部门也相继发布了与近现代建筑遗产保护有关的法规。2008年7月1日起施行的《历史文化名城名镇名村保护条例》明确了历史建筑的定义[③],其覆盖了文物系统登录之外的建筑遗产,一部分校园遗产进而被纳入了名城保护框架下的历史建筑体系。

(二)西安地区的“大学校园建筑遗产”

西安高校的发展与西安近代城市的发展紧密相连,是西安城市历史文化的重要载体之一。目前,西安地区大学校园建筑遗产一部分已纳入省、市级文物保护单位,一部分已登录西安市历史建筑保护名录。[④](表1)

表1　西安地区已登录大学校园建筑遗产名录

序号	校园建筑遗产名称	建设年代	设计单位/设计人	现所属高校	保护状况	登录等级	备注
1	西北大学礼堂	1936年	郭毓麟、刘致平	西北大学 、	主体保存较好	省保	第五批(2008)
2	西安交通大学主楼群	1956—1958年	华东工业建筑设计院赵深、郑贤荣	西安交通大学	主体保存较好	省保	第六批(2014)
3	陕西师范大学图书馆	1956年	西安市建筑工程局设计公司	陕西师范大学	主体保存较好	市保	第四批(2016)
4	西安电子科技大学教学主楼	1958年	西安电子科技大学基建处	西安电子科技大学	主体保存较好	预保	2019年
5	西安交通大学钱学森图书馆	北楼1959年9月24日南楼1985年12月	华东工业建筑设计院赵深、郑贤荣	西安交通大学	主体保存较好	历史建筑	2021年
6	西安建筑科技大学历史建筑群	1955年12月	华东工业建筑设计院赵深、郑贤荣、魏志达	西安建筑科技大学	主体较好,局部有污损	历史建筑	2021年
7	西北政法大学礼堂	1953年	西北建筑设计公司董大西、杨家闻、包汉弟、张凤池、吴文耀、	西北政法大学	主体尚存,局部墙体有开裂、屋顶渗漏	历史建筑	2021年
8	西安体育学院教学楼	20世纪50年代	—	西安体育学院	主体保存较好	历史建筑	2021年
9	长安大学本部主教学楼	1959年	西北工业建筑设计院杨毅、黄克武、胡燕君	长安大学	主体保存较好	历史建筑	2021年
10	西安市卫生学校主楼	20世纪50年代	西安市建筑工程局设计公司	西安市卫生学校	主体较好,屋顶有残损、渗漏	历史建筑	2021年

从统计表中可看出,西安地区已登录各级文化遗产保护体系中的大学校园建筑遗产呈现出数量少、

① Lyon E, *Campus Heritage Preservation, Traditions, Prospects & Challenges*, Eugene: University of Oregon School of Architecture and Allied Arts, 2003, p.46.

② 见李亮、王鑫、林家阳:《中国大学历史校园保护因素评析》,《城市发展研究》2018年第2期。

③《历史文化名城名镇名村保护条例》第四十七条:历史建筑,是指经城市、县人民政府确定公布的具有一定保护价值,能够反映历史风貌和地方特色,未公布为文物保护单位,也未登记为不可移动文物的建筑物、构筑物。

④《西安历史文化名城保护规划规划(2018—2035)》于2019年10月1日公示,登录了136处西安历史建筑。

登录时间较晚的特点。此外,西安地区不少大学校园中仍有一部分建成时间超过五十年的建筑遗存,它们具有一定的建筑遗产价值但目前暂未进入以上法定保护体系。

本研究主要对西安地区建成五十年以上且校园格局现存的18所大学[①]校园进行了全面普查,这18所大学校园主要分布于明清西安城和隋唐长安城之间的西安主城区南部,并与西安主城区内的世界文化遗产,国家级、省级、市级文化遗产之间的区位关系极为密切。通过对这18所大学校园内建筑遗产的调研,笔者将以西安地区大学校园建筑遗产为载体,展开西安地区大学校园建设历程的追溯,并对西安地区大学校园建筑遗产的类型、价值等进行分析和探讨。

三、西安地区近现代大学校园建筑遗产的建设溯源

西安近现代意义上的高等教育肇始于20世纪初期。1902年至1966年可谓是西安高等教育的奠基期,其发展主要经历了以下四个阶段。[②]

(一)1949年之前:国民政府时期与抗战时期高校内迁下的校园建设

清光绪二十七年(1901),避逃八国联军攻京而驻陕的慈禧太后和光绪帝在西安发布《新政上谕》和《兴学诏》,规定"各省所有书院,于省城均设大学堂"。西安作为清廷临时所在地,对新政积极响应并请办陕西大学堂。光绪二十八年(1902),陕西大学堂在西安创办,西安近代高等教育由此发端。陕西大学堂作为中国西部省份成立最早的地方性新式高等学府,绝非凭空而设,它是由书院制度向学堂制度的转折,是在西安六海坊原省城咸长考院和西安崇化书院旧址(即今西安东厅门路北西安高级中学校址)上扩建而成。1912年,陕西都督张凤翙将其与关中法政大学(陕西法政学堂)、三秦公学(陕西农业学堂)、陕西实业学堂、陕西客籍学堂等合组为西北大学。[③]陕西大学堂的建立标志着西安地区以引入西方学制为标志的新的高等教育体制的形成,而从其建筑形制来看,主要采用的仍为关中地区明清时期官式建筑样式,目前该建筑已不存(图1)。

图1　1902年的陕西大学堂(来源:西北大学档案馆)

1937年七七事变后,我国两个最大的大学共同体:云南昆明的西南联合大学和陕西汉中的西北联合大学,不仅成为战时我国高等教育的两面旗帜,更是对中国高等教育格局的平衡产生了重要的影响。西北联大内迁前,西安地区高等教育极为薄弱,民国初期建成的西北大学已经变成了中学(陕西省立高级中学),西北联大主要以北平大学、北平师范大学、北洋工学院和北平研究院等院校为基础,形成了西北(尤其是西安地区)高等教育的框架体系,使西北地区在后期短短的八年时间内,具有了师范学院、工学院、农

① 本研究中的大学以陕西省高等教育局、西安市教育委员会在教育统计资料中所公布的高等学校名录为准。

② 见西安市教委教育志编纂办公室编:《西安市教育志》,陕西人民出版社,1995年。

③ 见姚远:《中国西部最早的高等学府——陕西大学堂》,《西安电子科技大学学报(社会科学版)》2000年第3期。

学院、医学院和综合大学，初步形成了完整的高等教育体系。由于正处抗战时期，内迁的大学主要分布于陕西汉中、城固等地区，西安地区的大学校园建设并未形成规模。[①]时至今日，西安地区现存的该时期大学校园建筑遗产仅为东北大学内迁时，由东北大学工学院毕业生郭毓麟主持设计的西北大学礼堂和老教室。这两个建筑遗产现存于西北大学太白校区，其形式已不再是关中地区传统建筑的延续，而是采用现代建筑的设计方式。(图2)其中，西北大学礼堂至今仍是校园轴线的中心点，是西北大学校园空间格局和历史环境的重要组成部分，于2008年纳入第五批陕西省文物保护单位。[②]

图2　西北大学礼堂及老教室

(二)1949—1956年：院系调整与高校西迁下的校园建设

抗战结束后，内迁的高校迅速复原，多数大学迁回了原地，一些大学留了部分在西部，独立设置。1949—1952年，在西安市军管会领导下，对西安地区的高等学校进行了整顿，至1952年底，西北联大的主体已经以西北大学、西北农学院、西北师范学院、西北工学院为名，在西北地区形成了文、理、工、农、医、师范等门类较为齐全的高等教育体系，为西北地区高等教育体系奠定了基础。与此同时，1952年发布的《西安都市计划》确立了西安城外南部的文教区地位，陕西自此拉开了以西安为中心、规模宏大的“文教区”建设。1952年至1956年，西安高教在“以培养工业建设人才和师资为重点，发展专门学院，整顿和加强综合性大学”的指导方针下，西安的大学由四所快速发展至十一所。这一时期，根据中央的统一部署，将沿海地区的一些大学迁来西安。与此同时，随着国家“支援大西北”政策的推行，以华东地区、东北地区等地为典型的设计力量、建设力量，对于推动西北地区大学校园的建设和发展起到了重要的作用。目前，西安地区的西安交通大学、西安建筑科技大学、陕西师范大学、西北政法大学等多所大学均于这一时期开展建设活动。其中，1952—1954年依托本地高教力量发展而起的大学，其校园规划与建筑设计任务主要由西北建筑设计公司(现中国建筑西北设计研究院有限公司)承担，1955年后多所西迁大学的校园规划与建筑设计任务则以建筑工程部华东工业建筑设计院为主。时至今日，这些校园内现存的建筑已成为西安大学校园建筑遗产的主要组成部分。其中，西北政法大学礼堂、教学楼与陕西师范大学教学楼建成于1953年，均由西北建筑设计公司第一任总建筑师董大酉先生主持设计[③]；西安建筑科技大学历史建筑群建成于1955年，由建筑工程部华东工业建筑设计院赵深、郑贤荣等设计；陕西师范大学图书馆建成于1956年，由西安市建筑工程局设计公司(今西安市建筑设计研究院有限公司)设计，2016年列入西安市第四批文物保护单位。(图3)

图3　1949—1956年西安地区校园建筑遗产

① 见西安市教委教育志编纂办公室编：《西安市教育志》，陕西人民出版社，1995年。

② 见何汪维：《西北大学太白校区的校园遗产保护与可持续发展探索》，西北大学2018年硕士学位论文。

③ 王元舜：《大行政区制度背景下董大酉在西北建筑设计公司建筑实践初探与思考》，《时代建筑》2018年第5期。

(三)1957—1960年:“大跃进”发展下的大学校园建设

随着1955年至1956年,交通大学、华东航空学院、东北工学院等一批高校的内迁及第一次全国高校院系调整的推动,1957—1960年成为西安高教的发展高峰期。然而,西安高教在“大跃进”期间,一度形成了盲目发展的态势,短短三年,西安高校数量从十一所增加至二十三所。这一时期建设活动最受瞩目的大学主要有西安交通大学、西北工业大学、长安大学本部(原西安公路学院)等。其中,1956—1958年建设的西安交通大学主楼群于2014年6月入选为第六批陕西省文物保护单位,其建筑群组规模宏大,空间序列严整,是这一历史时期中国大学校园建筑仿行苏联高等教育模式的典型实例。1958年同期开展建设的西安电子科技大学(原西北电讯工程学院)主楼,其建设图纸则是直接取自苏联列宁格勒红旗通信学院的建设图纸,完全按照军用标准修建。[①]西安公路学院主楼于1959年设计、1961年竣工,该建筑的设计及建设正值中苏关系交恶之际,因此,建筑从整体形态布局上一反苏联式布局的对称原则,采用了非对称的平面形态,且在建筑装饰上多以社会主义符号化的元素为主,该建筑于2021年已经列入西安市第一批历史建筑名录。(图4)

(a)西安交通大学规划鸟瞰图[②]

(b)西安电子科技大学1958年教学主楼[③]

(c)西安公路学院教学主楼

图4　1957—1960年西安地区校园建筑遗产

(四)1961—1966年:回归理性发展下的大学校园建设

1961年西安撤并了一批高校,直至1966年,经过调整以后的西安高等学校稳定在17所。这17所大学奠定了陕西地区乃至西北地区高等教育的坚实基础。这一时期的大学教学建筑受到当时社会经济条件的影响,走向更加简朴的实用风格,基本鲜有设计装饰。1961年建成的西北工业大学一号楼(公字楼)由学校组织技术力量自行设计,平面好似一架正待起飞的飞机,立面朴素、简约;西安建筑科技大学(原西安建筑工程学院)先后于1960年和1965年落成行政大楼和原图书馆,也均由当时的师生自己组织设计。这些建筑摒弃了“民族形式,社会主义内容”为导向的设计装饰,既降低了当时的建造成本,又反映了这一时期师生朴素实用的建筑观。(图5)而这一时期建成的校园建筑尚未有一例进入西安地区建筑遗产保护名录之列。

(a)西北工业大学1961年建成的一号楼(来源:西北工业大学校史馆)

(b)西安建筑科技大学1960年落成的原行政大楼(来源:西安建筑科技大学校史馆)

图5　1961—1966年西安地区校园建筑遗产

① 见郝跃主编:《西安电子科技大学校舍变迁图集》,西安电子科技大学出版社,2018年。

② 见西安交通大学1973年发行图册。

③ 见郝跃主编:《西安电子科技大学校舍变迁图集》,西安电子科技大学出版社,2018年。

四、西安地区近现代大学校园建筑遗产的类型

从西安地区近现代大学校园奠基时期的建筑演进可以看出，1952—1966年可谓是西安地区大学校园建设的高峰期。据西安市统计数据，这一时期西安总竣工建筑面积为2936.2万平方米，其中，住宅占比为35%，厂房占比21%，教育用房占比12%，共343.9万平方米。[①]（图6）在短短十五年的时间内，西安地区从只有4所大学发展至文、理、工、农、医、师范齐备的中国西部大学中心，可谓是中国高等教育发展史上的宏伟篇章。从大学校园中的建筑类型来看，建国初期西安地区大学校园主要以一层平房的教学建筑为主，后逐步发展为近现代大学所涵盖教学建筑、礼堂建筑、图书馆建筑、学生及教工公寓建筑等多建筑类型的大学校园。

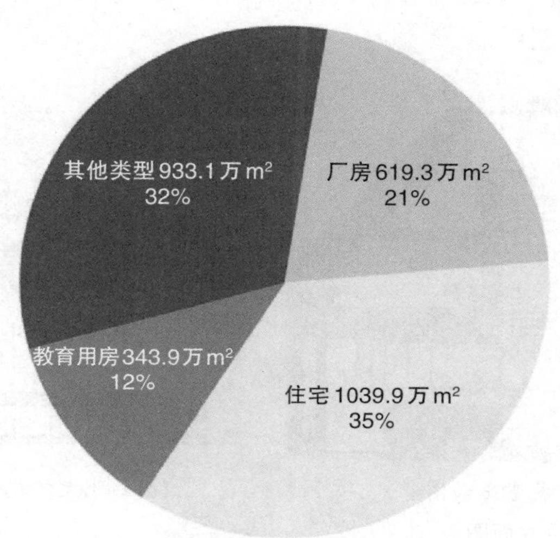

图6　1952—1966年西安建筑竣工面积比例图[②]

教学建筑是大学校园内传递知识最重要的空间场所，也是社会意识形态、历史文化变迁的真实记录者。西安20世纪五六十年代建成的教学建筑平面组合简单，多采用“一”字型、“ ┌┐ ”型、“工”字型布局。自1956年之后，大学校园建筑呈现出全面学苏的倾向，莫斯科大学主楼成为西安地区大学教学建筑的参考蓝本，西安交通大学中心大楼、西安电子科技大学主楼、西安建筑科技大学教学主楼等均以大体量、高层数（四层为主）成为校园中的重要标志性建筑。在“民族形式，社会主义内容”的设计思想指导下，教学建筑外立面多采用中国古典建筑的三段式构图，屋面多仿照中国传统的歇山、四坡等屋面形式；屋身立面水平也有比例划分，类似西方古典建筑的三段式、五段式划分，一般中间为主体，两侧为两个辅楼或搭配连接体。（图7）

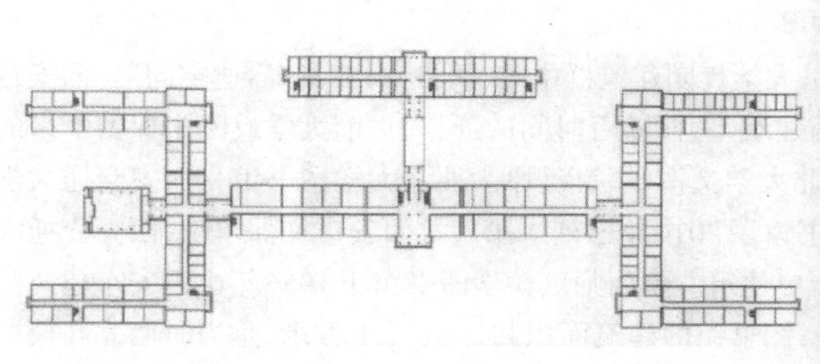

图7　西安交通大学中心大楼平面及鸟瞰图（来源：西安交通大学档案馆）

礼堂建筑是近代建筑的产物，西安地区最早的礼堂建筑是1936年东北大学内迁时由郭毓麟先生设计与督造的西北大学礼堂。礼堂占地1200平方米，由门廊、门厅、门房、廊房及飞厅、大厅及主席台、耳房几部分构成。建筑以南北向大厅为中轴线，在其东西两侧分布有对称的附属建筑物，立面采用“上下

① 见西安市教育委员会编：《西安市教育统计资料（1991）》，1992年。

② 见《陕西统计年鉴1986年》，1986年。

三段式、左右五段式”构图，是典型的西方古典建筑形式。[1]西北大学礼堂作为西安近现代建筑史上的第一座礼堂建筑，虽由于建于抗战之时，面临建筑材料匮乏，资金短缺的处境，但其整体比例协调、立面构图完整、虚实变化有序，为这一时期的建筑设计和建造起到了示范作用。（图8）1952年由西北建筑设计公司第一任总建筑师董大酉先生主持设计的西北人民革命大学（现西北政法大学）礼堂无疑是西安近现代建筑史上的又一佳作。该礼堂为50年代西安规模最大的礼堂建筑，礼堂平面呈“工”字型，入口前厅与后部舞台中间长度31.5米、跨度17米、层高7米，报告厅总面积535.5平方米。值得注意的是，该礼堂报告厅规模与茂飞设计的清华大学礼堂（报告厅为单一空间，中间跨度19.52米，长度28.86米，总面积563.35平方米）形式相仿。不同的是，清华大学礼堂大厅两侧设有两个4.73米的边跨，礼堂大厅最终成为正方形空间，顶部采用了西方古典的穹顶形式，而西北人民革命大学礼堂中间的长方形报告厅空间采用的是中国传统的双坡屋面。（图9）

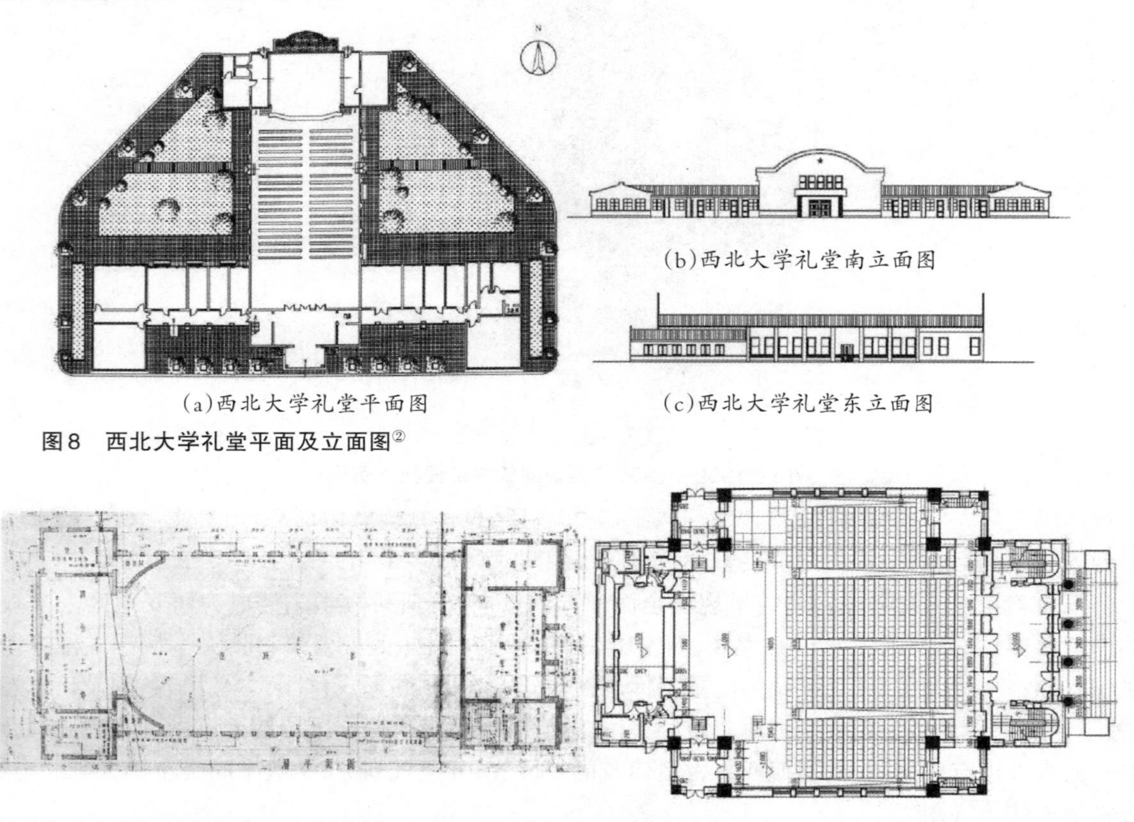

(a)西北大学礼堂平面图　(b)西北大学礼堂南立面图　(c)西北大学礼堂东立面图

图8　西北大学礼堂平面及立面图[2]

(a)西北人民革命大学礼堂平面图（来源：西北政法大学档案馆）　(b)清华大学礼堂平面图[3]

图9　西北人民革命大学礼堂与清华大学礼堂平面图

大学图书馆作为校园的代表性建筑，往往是大学校园建筑群中的“精神支柱”和“启迪空间”。西安自1902—1966年建设的大学校园内均设有图书馆建筑，然而随着时间的迁移，目前大学校园中保留下来的大学图书馆建筑仅有陕西师范大学图书馆、西北大学文博学院楼（原为西北大学图书馆）、西安交通大学钱学森图书馆这三座。其中，陕西师范大学图书馆于2016年已列入第四批西安市文保单位，西安交通大学钱学森图书馆于2021年列入西安市第一批历史建筑。陕西师范大学图书馆于1956年由西安市建筑工程局设计公司（今西安市建筑设计研究院）设计，图书馆的建筑面积共计8171平方米，是当时西北高校中最大的一个。图书馆主楼为四层，侧副楼为三层，屋顶形式采用了中国传统建筑的歇山式。其墙体则按照当时苏联建筑专家的指导，采用了下部厚上部薄的做法，后期由于中国开始了“反浪费运动”，采用大屋顶的“民族形式”的这个建筑曾一度受到了批评。[4]（图10）西安交通大学钱学森图书馆由北楼和南楼两部

① 见刘亦师编著：《清华大学近代校园规划与建筑》，清华大学出版社，2021年。

② 见赵强、吴农主编：《陕西近现代建筑》，陕西人民美术出版社，2018年。

③ 刘亦师编著：《清华大学近代校园规划与建筑》，清华大学出版社，2021年。

④ 见张建祥主编：《启夏之路：陕西师范大学图史（1944—2004）》，陕西师范大学出版社，2007年。

分组成，北楼建于1961年7月，是交大西迁之后首批建设的建筑之一。北楼平面呈T字形，布局呈中轴对称，北楼的苏联建筑风格比较浓郁，是校园主楼历史建筑群当中唯一一幢没有坡屋顶的建筑，整栋建筑简洁明快，低调内敛。图书馆南楼于1991年3月投入使用，南楼平面布局形式如同一架展翅的飞机，共十三层。南楼的造型延续了北楼简明的仿苏式风格，但做了新理念的尝试，打破了模仿苏联建筑的“横向三段式”“纵向三段（或五段）式”的立面造型，具有鲜明的改革开放初期的时代特色。2021年，西安交通大学钱学森图书馆由北楼和南楼作为整体建筑，列入西安市第一批历史建筑名录。（图11）

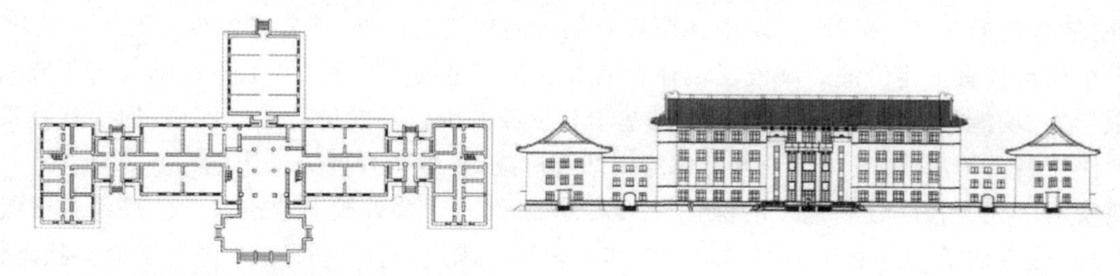

图10 陕西师范大学图书馆平面及立面图[①]

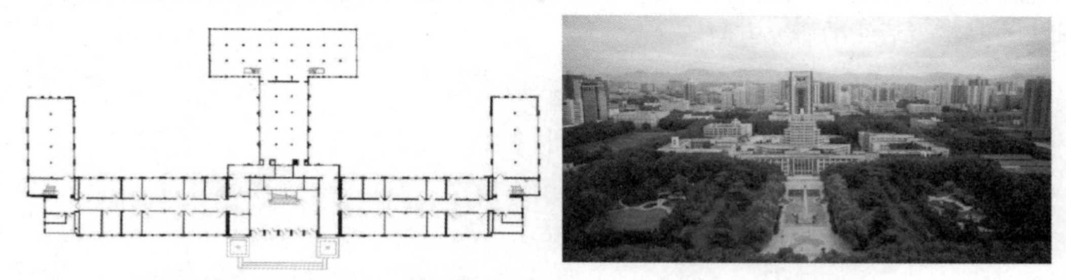

图11 西安交通大学钱学森图书馆北楼平面及鸟瞰图（来源：西安交通大学档案馆）

五、西安地区近现代大学校园建筑遗产的价值

从西安地区近现代大学校园建筑遗产的建设历程及建筑遗产的类型、特征中，不难看出，由于西安地区近代化进程较沿海、沿江、沿边等发达地区呈现出非典型性、滞后性和不平衡性的特征[②]，局限于地区的生产力水平、建造技术、经济发展等诸多因素，西安地区近现代大学校园建筑遗产从数量上、规模上、质量上并非是这一历史时期的顶峰之作。但是，作为内陆西北地区高等教育的发源之地，它们俨然已成了记录西北地区乃至中国高等教育变迁的史书，它们具有不可替代的唯一性和稀缺性，具有自身独特的历史价值、文化价值、社会价值、科学价值、艺术价值、使用价值和环境价值。

首先，西安地区大学校园建筑遗产作为西安历史、文化的载体，不仅能够反映出特定时期的社会面貌、建筑技术、艺术成就，还传达了一个时代的教育内涵和社会变迁。从民国时代的高等教育调整到新中国成立后国家对全国高等教育格局的战略部署，其对于中国教育、社会发展所产生的影响和意义是不可估量的，其所承载的是几代西迁师生、设计师、建设者的探索实践及对高等教育的期望。其次，西安地区大学校园建筑遗产作为国家培养人才的重要场所，曾经为全国各行各业培养了众多精英和栋梁，他们的精神财富散布在各个校园中，留存于各个高校建筑中，并已成为莘莘学子学习的楷模、精神的寄托。再次，西安高校近现代建筑在时间维度中穿行，部分建筑功能虽已悄然发生改变，但几乎所有的建筑在今天仍在持续的使用中，其使用价值不容小觑。此外，西安高校建筑和空间也是城市的重要的历史环境资源，在西安这座遍布历史文化遗产的土地上，大学校园遗产在进一步丰富城市文化空间的同时，也为人们提供了良好的城市公共活动空间，其环境价值不容忽视。最后，西安高校近现代建筑的形式及风格体现了时代美学，同样具有重要的艺术价值。

---

① 樊宏康：《西安建筑图说》，机械工业出版社，2006年，第47页。

② 见赵强、吴农主编：《陕西近现代建筑》，陕西人民美术出版社，2018年。

六、结论及展望

本文通过对西安地区大学校园建筑遗产的建设溯源及对西安地区大学校园遗产类型、特征和价值的分析，力求从整体上勾勒出西安地区大学校园建筑遗产的概貌，通过对典型实例的描述，展现出西安地区大学校园建筑遗产的特色与现状。对于这一时期西安地区大学校园遗产在规划、建筑设计思想方面的研究还有待进一步深入挖掘和探讨。

此外，笔者在近年来的调研中，除上述所提及的校园建筑遗产外，还普查发现有五十余处建于20世纪五六十年代且具有一定价值的高校建筑并未纳入近现代建筑遗产保护体系的范畴。对于五六十年代建成的数量大、功能类型多的高校建筑而言，基于其承载的价值要素进行全面评估，加快其登录近现代建筑遗产保护名录的步伐，避免遭到无意识的损坏和拆建，是亟待开展的工作之一。

从西安地区大学校园建筑遗产的保护现状来看，虽然有十余处校园建筑遗产已登录各层级保护名录，然而目前这些建筑的现实保护和利用工作却并未加以跟进，有些建筑现今仍处于废弃状态，随时面临坍塌的危险。因此，从制度建设、保护和利用实施等层面对西安地区现存的大学校园建筑遗产进行进一步的研究也是笔者后续的研究方向。

长沙市橘子洲中部近代建筑群再考

中南林业科技大学　缪百安

摘　要：在史学界一直都存在“第一历史”与“其他历史”之间真伪辨析的问题。今天，在自媒体已经普及且去中心化明显的时代背景下，本文通过对长沙市橘子洲中部近现代建筑群的再考证与深入分析研究，进而为我国历史建筑的研究与保护提供一个有益的参考案例。

关键词：橘子洲；英国领事馆；日本领事馆；近代建筑。

沉寂千年的名城长沙进入近现代后却成为中国转变历史命运的重要动力，究其缘由还是与人文思想的转变密不可分。现在我们可以明确的是，城市的开放度必然会对这个城市的人文思想产生重大且深远的影响。而检验一个近现代城市开放度的主要指标就是在这里的海关（税关）等级和领事馆的数量与质量。

据中国第一历史档案馆《晚清长沙开设租界档案》的记载：“长沙水陆交冲，商务四集，税司勘定界址，东起湘江西岸，西抵铁路界边，南至北门城河，北讫浏渭河沿，地势颇宽，以较岳州加增不止十倍，一切布置不便过形简陋。”此外刘泱泱在他的《湖南通史》（近代卷）中有这样记载：“经夏立士与湖南商务局官员实地查勘，认为‘长沙城外东门距河太远，南门人烟沓杂，且系丛葬之所，西门过于狭窄，均与商界不宜。唯北门地势平衍，西枕湘河，东傍铁路袤长六七里，宽方二三里不等’，作为通商租界较为合适……”根据这些史料我们找到了现存于台北近代史研究所档案馆的《长沙北门外商埠官业地图》，该图绘制于晚清长沙开埠初期。由图中我们发现便河以北的正码头处还标注着“平浪宫”三个字，码头之上正对着的是当时英国领事租住的花园宅邸。

因限于近代科技水平，水运是这一时期最主要的商贸长途运输手段。自1842年的《南京条约》伊始，至1902年的《续议通商行船条约》长沙继岳州之后开埠，而由于橘子洲地处江心且正对长沙主城区，使之成为整个长沙对外开放中最具影响力的核心。近现代长沙的橘子洲相对其他开埠城市而言由于独有的地理条件，成为外国机构和人员的主要集中地。下面我们将开埠之初以及近现代以来的长沙橘子洲重要历史事件进行简单介绍：1904年，长沙开埠；1906年，长沙关税务司在橘子洲建成；1911年，英国领事馆率先在洲上建房（1938年曾暂时关闭，1941年撤销，1993年拆除）；20世纪30年代，日本领事馆在橘子洲建成（1941年撤销，建筑于1960年代初拆除）；1960年，在橘子洲头修建橘子洲公园，占地14.2公顷并于次年对外开放；2004年，长沙市委、市政府决定对橘子洲进行为期四年的提质改造。

2019年，始建于1906年的长沙关税务司公馆在经过近五年的保护性修缮终于以“长沙关近代历史陈列馆”的新身份正式向社会公众免费开放。在对该馆的参观过程中发现，其中一些重要的历史信息不全、不详甚至有失偏颇。究其原因，一方面是这一百多年的历史变迁导致许多重要信息遗失；另一方面则暴露出现有的信息收集整理与分析存在问题，各种不严谨不规范的行为导致了误漏情况的发生。为此本文通过对各关键重要信息进行官方的溯源，力求所有重要的、关键的证明材料务必是官方的、毫无疑点的。并且我们在调研中重新收集整理具有可靠来源的信息资料，以弥补缺失和客观还原。有益于文化的有序传承和保护以及未来研究，总结经验教训提供参考。

由于历史原因，橘子洲上已拆除的重要建筑较多，相关信息暂且掌握不全甚至完全丢失，其中包括位置信息、建筑主体信息及相关历史文化信息等。在此我们首先需要依据当时留下的各方资料从其真实性、可靠性和是否能相互印证从而形成有效的证据链等方面着手来对问题进行逐一解决。

首先是解决重要建筑的位置信息问题。为此我们从双方当事政府的官方地图入手，结合有可信度的正式出版的地方史志等史料记录，再辅以“有效”(被可信度高的机构收集采纳并证实有效)的民间个人拍摄的当时当地的照片资料，来形成一个有官方政府机构、民间学术机构和个人在有效时间地点上的相互印证，从而最终证明该信息的真实性和可靠性。

通过三张不同时期地图的橘子洲中部放大对比分析图，我们可以由此判断海关公廨及英、日领事馆的大概位置，其中对于日本领事馆在图中的显示稍加说明如下：首先它是以“新领事馆”的名字并附带“太阳旗”的图例出现在1935年的扬子江案内长沙段地图中，因此我们判断该图例所示就是日本领事馆。同时我们在《长沙海关志》第七卷中又找到了如下记载：“1904年长沙正式开埠，设立长沙海关。1906年在湘江东岸大西门外军轮码头处建成长沙海关办公大楼一栋及附属建筑(税务司署)。同时，隔半江与水陆洲将军庙建成长沙海关税务司公馆，1907年公馆正式启用，门牌为水陆洲将军庙250号。税务司公馆建筑有西式二层楼房一栋……占地面积共计13.891亩，西濒湘江，东抵江边通道，北临日本领事馆，南接民房……”这段记载无疑再次相互佐证了地图中日本领事馆的具体位置信息。

带着对日本领事馆建筑的期待再次查阅地方史志。其中，在周秋光所著的《湖南教育史(二)》中我们找到如下记载：“1946年省主席王东原鉴于推行政令转移风气首当推行乐教，并电邀胡然返湘……音专筹备处成立之后，立即择定长沙水陆洲前日本领事馆(原为天主教产业)为校舍，但由于战事影响，该馆已损毁不堪，乃全部重新修建……”这段文献给予我们一条极为重要的信息就是，日本领事馆直至1941年被撤销前还有一个最后的旧址，经过反复比对我们确定它就是图示中的神职人员公寓。

今天的橘子洲历经百年变迁，中部原有重要建筑除海关公廨外其余早已拆除。我们目前能够找到的清晰可用的最早的也最准确的地图资料就是Google上2002年的卫星地图。我们在查阅之前的相关资料时发现，华南理工大学建筑学院的刘晖教授在《长沙近代优秀建筑的损毁、保护与再利用现状》一文中，明确记载了水陆洲上的原英国领事馆在1993年被拆除一事。虽然民国时期的地图资料提供了建筑的大致位置，但我们希望能有更准确更直接的信息来加强这一结论。于是我们找到了一张刊载于1987年《遥感信息》期刊上的《湘江橘子洲——彩红外航空像片》，这张图片早于英国领事馆拆除的20世纪90年代，所以可以从中获取英国领事馆的更多准确信息。

图1　湘江橘子洲　彩红外航空像片1987年①

① 见《遥感信息》1987年第1期。

图2　湘江橘子洲谷歌卫星地图2002年

关于位置信息方面，我们为了加强信息的可靠性，随后又找到一些80年代由地方新闻机构摄影部拍摄的照片加以印证。图3、图4就是长沙晚报摄影部在80年代为湘江大桥拍新闻片时留下的航拍资料。

图3　长沙湘江一桥1984年[①]

图4　长沙湘江一桥1986年[②]

图5　原英国领事馆拆除现场(1993)(罗斯旦摄)

将航拍照片与2002年的卫星地图进行合成与比对，我们幸运地发现了当年那栋原英国领事馆建筑。就在航拍照片的右上角，那个灰色屋顶所在的位置。

从上面两张航拍照片中我们可以非常清楚地看到大桥南边不远处正是还未拆除的原英国领事馆建筑。

由以上资料的收集整理与综合分析后，我们最终绘制标注出了橘子洲中部有关长沙关海关公廨、英国领事馆、日本领事馆建筑的具体的空间位置图。

基于以上对日、英领事馆地方志、期刊文章和地图的综合分析，我们可以大体还原日、英领事馆在长沙大致的变迁脉络。长沙开埠后，初建于湘江东岸长沙古城北门外平浪宫的日本领事馆于1930年毁于战火，之后出于安全等考虑搬迁至橘子洲中段，在此后不久又再次向南搬迁至紧靠长沙关南的天主教产业中直至1941年领事馆撤销。所幸这两处原日本领事馆旧址之后作为建筑又都被修复使用。20世纪60年代，第一次大型橘子洲公园建设中拆掉了中段的原址建筑。而原英国领事馆则于1993年消失于浩大的经济发展浪潮中(详见《长沙近代优秀建筑的损毁、保护与再利用现状》)。而长沙关南的最后一处日本领事馆旧址(原天主教产业)则在2006年前后的第二次大型橘子洲景区建设中被拆。

对于有关建筑本身更多的信息，我们查找了更多英国政府公布的相关资料，其中就包括一个叫"Room for Diplomacy"的网站，它是英国政府在海外拥有或长期租赁的用以公开1800—2000年之间有关海外英国大使馆和领事馆建筑物相关资料的网站。同时该网站的建筑信息还被汇编成书并在亚马逊网

---

① 见1984年《长沙》画册。

② 长沙晚报网:《第一期:橘子州大桥的46年光与影》,《长沙记忆》,2018年。

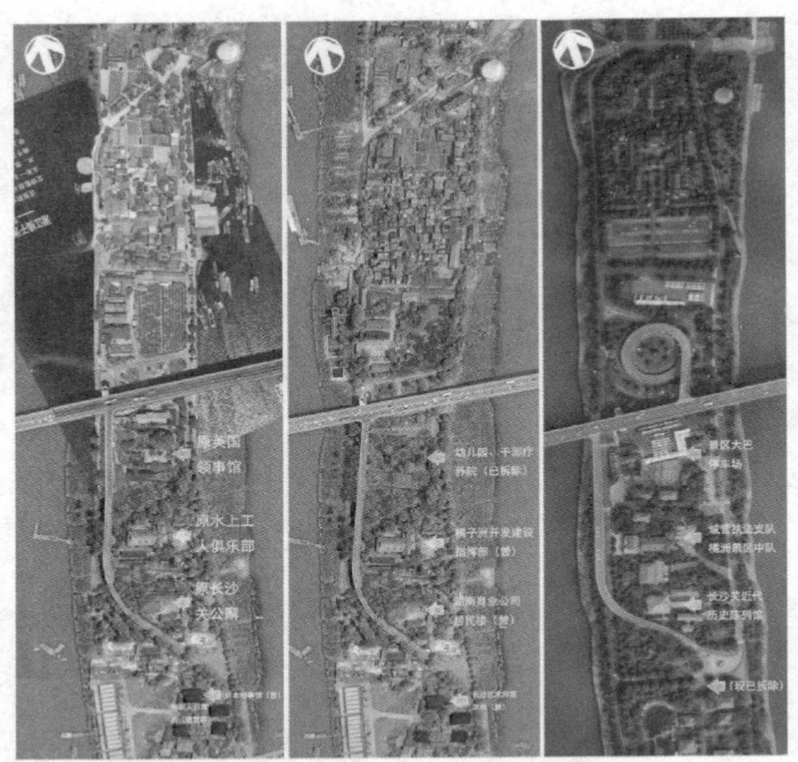

(左)1987彩红外航空像片与2002年谷歌卫星地图叠合图

(中)2002年谷歌卫星地图(右)2019年谷歌卫星地图

图6　近40年来各主要时期卫星地图对比照

站出售，而网站内相关建筑的资料主要按世界的八个地理区域划分：每个区域都指向一个列表，从中可以选择一个国家或城市页面。或者使用此页面底部的搜索框搜索任何国家、城市、邮递或个人，单击任何小插图都会在屏幕上放大。

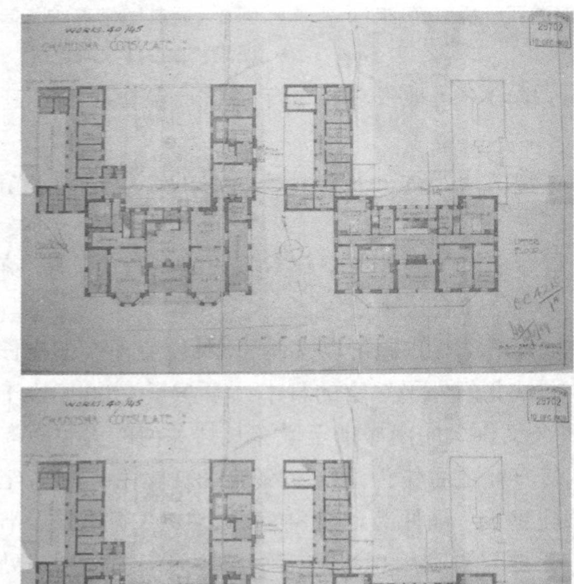

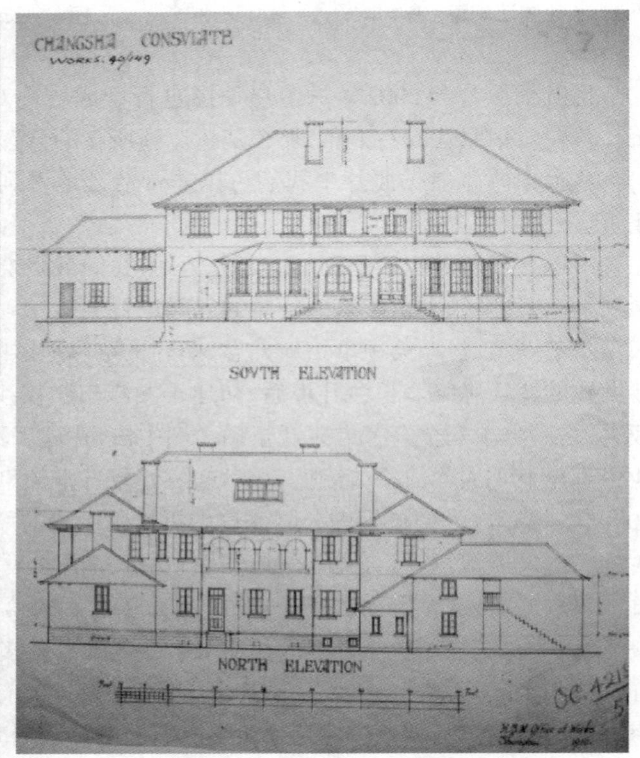

图7　英国驻长沙领事馆建筑原始设计图纸资料①

① Mark Bertram, *Room for Diplomacy*.

通过这些信息，我们查找到了当年橘子洲上英国领事馆建筑的相关的原始设计图纸与介绍文字资料：“长沙城区位于湘江右岸，1903年根据中日通商条约开放贸易。1905年开设领事馆。第一任领事先住在船屋，后来住在破房子里。1909年，在河中狭窄的岛上，永久租用了一块两英亩的领事馆，1911年又租用了另外的1.5英亩。两层高的领事馆和办公室于1912年竣工。在1952年给外交部的一封信函中，第二次世界大战和英国放弃了对该财产的所有权。”

图8　明信片：(长沙名所)英国领事馆，日商大石洋行发行(民国)

图9　Giles Family Albums(来源：澳大利亚国立大学图书馆)

图10　水陆洲上的英国领事馆(来源：名城长沙网)

通过对收集到的当年机构发行的影像资料和私人拍摄的照片进行对比，发现它们都指向同一建筑。

关于日本领事馆，谭仲池所著《长沙通史》(近代卷)中有如下记载：“长沙开埠后，列强各国开始在长沙设立领事机构。最早在长沙设立领事机构的是日本。1904年9月8日，日本政府决定在长沙设立领事机构，当时称为汉口分馆。1905年2月28日，日本驻汉口领事馆在长沙设立分署，并派日本驻汉副领事井原真澄负责日本驻长沙领事事务。井原真澄于1905年5月到任。同年9月23日，日本政府正式在长沙设立领事馆，馆址在北门通泰门外平浪宫。”

1905年，长沙北门外平浪宫附近的日本领事馆在上面两张不同时期的日本军用地图中均有显示，该馆于1941年撤销，建筑现已不存。我们通过之前的旧址新考发现日本在长沙的官方领事馆不止一处。为了能尽可能还原历史真相，我们在台湾“中研院”图书馆的一幅馆藏地图中找到重要线索。

这幅1935年的地图上的信息不仅与之前的旧址新考的信息相符，而且还注明了领事馆迁址的原因，那就是原北门外浪平宫的领事馆在1930年7月毁于战火，这致使其后出于安全考虑而在水陆洲中段的长沙关和英国领事馆之间又新建了自己的新领事馆。

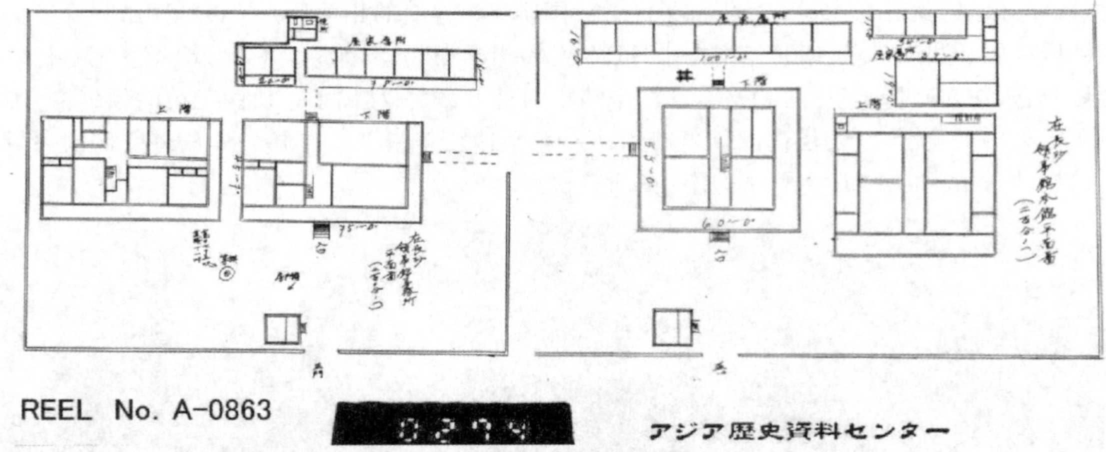

图11　昭和五年(1930)日本领事馆平面图,现已拆除(来源:亚洲历史资料中心)

图11所在的正是日本驻长沙领事馆所记录的有关昭和五年(1930)那次战火中,长沙城内日产受损状况的档案,这张图上标注了被焚毁的建于北门外平浪宫的日本领事馆的完整建筑图纸信息。

同时这份藏于日本国立图书馆的亚洲历史资料中心的档案资料也进一步证实了藏于台湾"中研院"图书馆的1935年地图在信息上的准确性。

图12为拍摄于20世纪10年代的私人旅行照片与20世纪80年代地图合成对比分析图,通过对比分析后我们也不难发现,20世纪10年代的水陆洲上还没有日本领事馆。这也从民间资料方面印证了前面信息的正确性与可靠性。

在对日本领事馆相关资料进行进一步收集整理和分析的过程中,我们还发现湖南师范大学历史系教授周秋光所著的《湖南教育史(二)》中对长沙原日本领事馆建筑有如下记载:"1946年省主席王东原鉴于推行政令转移风气首当推行乐教,并电邀胡然返湘……音专筹备处成立之后,立即择定长沙水陆洲前日本领事馆(原为天主教产业)为校舍,但由于战事影响,该馆已损毁不堪,乃全部重新修建……"这条重要线索让我们对曾在橘子洲有过办学经历的院校进行了一次梳理,结果从个人和机构都有找到完整对应的相关记录。

在湖湘名人录—新湖南上一篇题为《"远东第一男高音"胡然:他以歌声鼓舞抗战(二)》的文章中也提到湖南音专的学校选址在长沙水陆洲原天主教修道院学校旧址。

图12　橘子洲东面江景(G. Warren SWIRE拍摄于1911—1912年)

综合以上有关前日本领事馆建筑(原天主教产业)办学内容我们不难发现,找不到的旧的日本领事馆改成的校舍应该就是五栋神职人员公寓中唯一已经被拆除的这栋建筑。

在此,我们还可以参考日本驻苏州领事馆和驻湖北沙市领事馆建筑,从公共建筑所应有的风格方面推断出被拆除的建筑应该就是在长沙留存的最后一个前日本领事馆了。

图13 拆除中的神职人员公寓(来源:杨飞作品集www.999kg.com/)

最后,我们再看一下摄影爱好者杨飞于2007年左右在橘子洲景区大型建设期间拍摄的这张照片,在它发表网站上的完整信息中还有值得注意的一点,那就是该照片的下方特别注明一段说明文字:"长沙橘子洲头的老房子,据说是原英国领事馆。"

通过之前大量资料的收集整理与分析,我们在此已不难得出一个极可能的推断,那就是这栋所谓的"原英国领事馆"确实曾被用作领事馆,只是民间口口相传的英国领事馆其实是日本领事馆。

随着这栋神职人员公寓的消失,长沙近代西方列强留下的领事馆建筑无一留存。

基于动态采光评价的西安高桂滋公馆天然采光初探

宾夕法尼亚大学　郭超琼　杨洋

摘　要：本文首先对西安高桂滋公馆的历史沿革、建筑风格和地理位置进行阐述，为后文的研究提供参考。在建立西安高桂滋公馆建筑模型后，通过使用Climate Studio软件对其进行了有关动态采光指标sDA、UDI和DGP的模拟计算，并基于模拟结果对高桂滋公馆内天然采光情况做出分析。最后总结出高桂滋公馆内现存光照问题，并提出遮阳优化策略。本文的相关结果、模拟方法、分析方式以及参数，可为近代历史保护建筑的采光优化和初步光环境测评提供参考。

关键词：天然采光；动态评价指标；近代历史建筑保护

一、高桂滋公馆背景

(一)历史背景

高桂滋公馆位于西安市碑林区建国路83号，是见证了西安事变的珍贵历史建筑。1936年12月14日，西安事变爆发后，蒋介石曾被扣押在新城大楼，后被转押至此。随后于12月24日，周恩来至高桂滋公馆与蒋介石进行会面，在此期间商定达成的六项协议也成了后续和平解决西安事变的基石。

高桂滋公馆除了具有历史文化意义外，其建筑风格也具有很高的艺术价值。近代西安建筑的演变是一个从清末西安“洋风”模仿建筑的生发到民国西安“中西折中”建筑创新的过程。其中，中式折中建筑是指“承续型近代建筑，大多是中国传统的旧体系建筑的‘西洋化’”，西式折中建筑是指“影响型近代建筑，以西式建筑为主体，局部则采用中式建筑元素的建筑形式，或是将西方不同时期的建筑风格相混合的建筑形式”。其中高桂滋公馆于1936年建成，属于典型的西式折中建筑，它与其他西式折中建筑相似，如1933年建成的止园和1935年的张学良公馆等。这类建筑以西式建筑为主体，局部结合了中式建筑元素，初期均以住宅的形式出现。并且，它们大多采用西式住宅的平面布局方法，以庭园包围建筑，将居住功能进行集中布置。这类住宅的所有者大都为外国的传教士、国民党高官和资本家。建筑结构多为砖木混合结构，建筑体量往往是一层或多层。

从建筑风格来看，高桂滋公馆作为典型的西安西式折中建筑，它的立面也遵循了西式建筑构图的规则，正立面比例通过围绕四周的西式线脚划分为横向三段，其竖向比例则通过竖向长窗划分为三段。在半地下部位开了横向高窗。正中三间为爱奥尼式柱廊，采用传统建筑宽柱间距。此外，高桂滋公馆还延续了具有陕西地方特色的屋顶结构和设计，采用小青瓦屋面以及叠瓦而成的正脊，在屋顶正立面的正中处则开设了西式老虎窗。西立面的处理相对简单，四个简单的竖向长窗均等布置在方形壁柱之间，半地下室部分的高窗以与正立面相同方式开在东西立面上。洞口周围有装西式的窗套，雕砌出凹凸有致的窗洞，顶部是山花造型。整个立面的比例关系严谨，强调对称，讲究构图主从关系，轴线突出了西方古典式建筑构图手法。高桂滋公馆的开窗方式与法国洛可可时期小特里阿农宫相似，都是横向竖向的三段式，同时中间三开间都为柱廊，两侧则为实墙面。(图1)

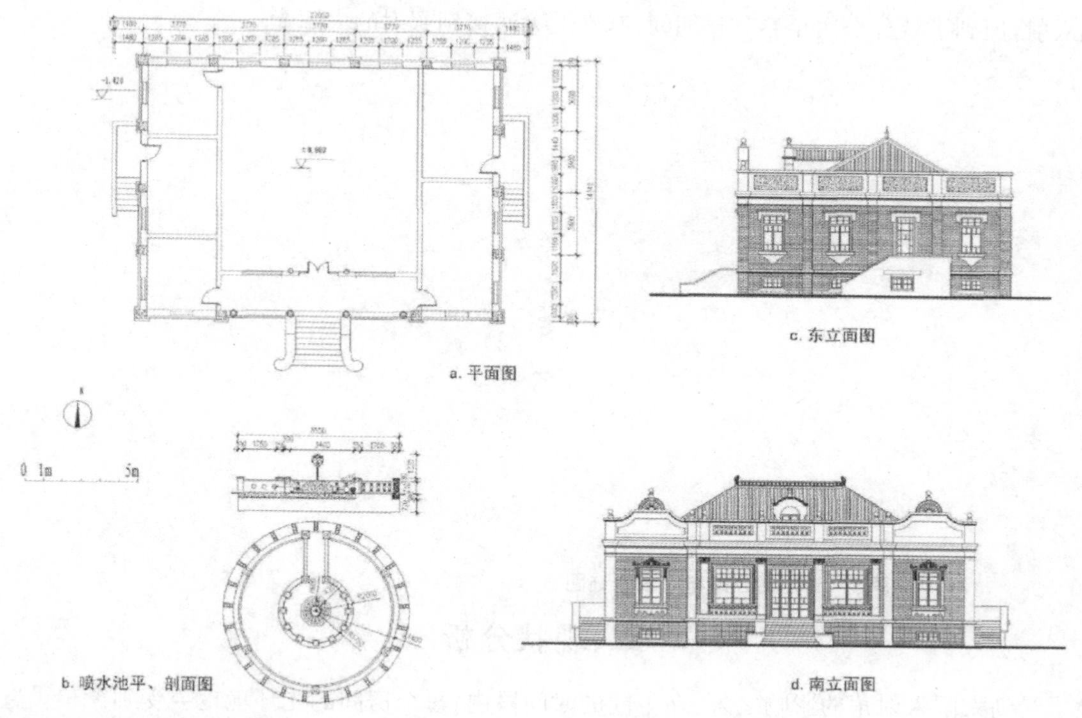

图1　高桂滋公馆平立面图①

经历过1999年由使用单位陕西省作家协会投资进行的地基加固处理，以及2002年由国家文物局拨款对主楼屋顶及墙体进行的修缮，现在的高桂滋公馆作为陕西省作家协会的办公室仍然被使用着。高桂滋公馆有着重要的历史价值、艺术价值以及使用价值，但作为历史保留下来的建筑，高桂滋公馆是否能够满足现代人对于生活工作的光照要求这一问题仍有待研究。同时，类似高桂滋公馆通过维修仍被使用至今的近代建筑不少，所以优化使用者的体验，满足现代人的使用需求，对于近代历史建筑的传承和保护十分关键。笔者认为，研究高桂滋公馆的天然采光情况也对西安这一类近代历史建筑的保护和使用环境的提高有普遍参考价值。

(二)地理位置

西安市位于中国陕西省，属于我国西部地区的重要城市。其地理位置在东经107.40度—109.49度和北纬33.42度—34.45度之间。如图2所示，对于此经纬度范围内的地区，太阳入射高度在不同的季节各不相同。在夏至日，太阳的垂直入射角为70度，水平入射角在±60度之间，日照时间为从4:37至19:02。在春分和秋分日，太阳的垂直入射角为53度，水平入射角为±91度之间，有太阳光照射的时间为从5:35至17:47。在冬至日，太阳的垂直入射角为30度，水平入射角在正负120度之间，且日照时间为6:49到16:42。(图2)

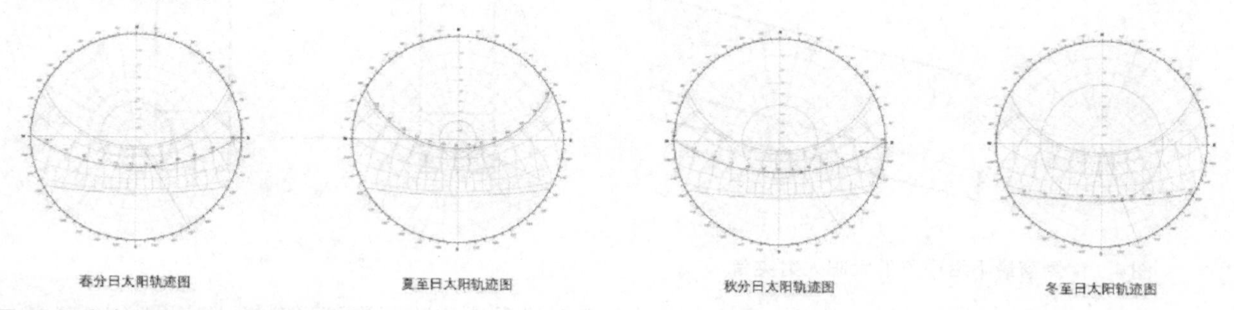

图2　西安市二分二至太阳轨迹图②

西安地区的建筑室内光照情况也会随着四季太阳光的变化而变化。(图3)冬至日时太阳的入射角最低，房间中获得光照的面积最大。夏至日则最少。朝北向的房间，在春分至秋分的时间段，每天都有

① 见符英：《西安近代建筑研究(1840-1949)》，西安建筑科技大学2010年博士学位论文。

② http://andrewmarsh.com/apps/releases/sunpath2d.html.

太阳光入射,但到了秋分至次年春分日期间,基本上无法接到照射的太阳光。

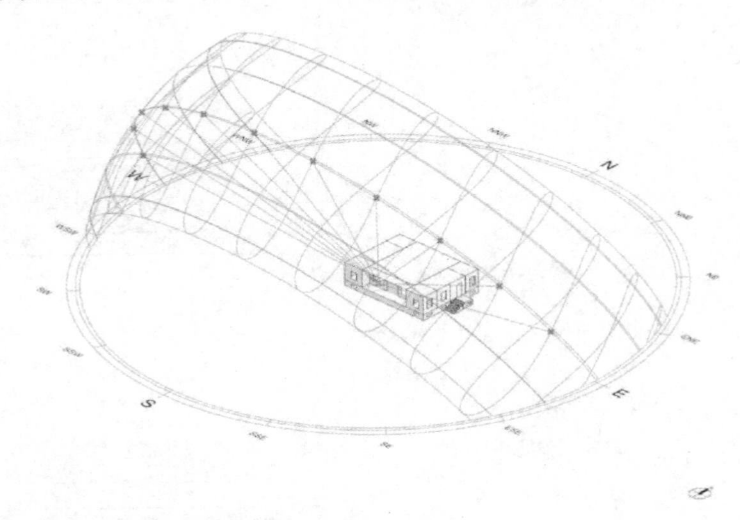

图3　高桂滋公馆与太阳轨迹图

二、现状分析

除了受到太阳入射角的影响之外,在不同的时间段内,每个房间的光环境也会受到窗户设置、遮阳设施、房间大小等情况的影响。高桂滋公馆一层有两种尺寸的窗户:长1200毫米、高1550毫米和长2400毫米、高1550毫米,窗户距离地面的高度为750毫米。这两种不同比例的窗户会带来不同的采光效果。笔者选取了四种房间类型进行主要研究分析,下文将分别进行光照情况的分析评估,提出可能存在的问题,并在后期的模拟运算中进一步验证阐述。

首先是入口门厅,其窗户尺寸和开窗面积最大,南向设有两扇窗,长2400毫米、高1550毫米,窗户距离地面750毫米。北向则并列有三个尺寸为长1200毫米、高1550毫米的窗户。这个空间在南侧门口有一个1850毫米宽门廊的设置,起到了遮阳的作用。参考图2与图4太阳入射角度进行分析,以南侧窗户最下沿中点为研究对象,门廊最外沿与之形成的垂直夹角为56.1度,而春秋分日太阳垂直入射角为53度,说明其一年中只有秋分日至次年春分日期间才能得到直接入射的太阳光照。(图4)这样的遮阳效果使得春分至秋分期间射入室内的太阳光线减少,有效遮阳的同时仍存在影响室内采光的可能性,关于此处门廊的设置是否能够满足门厅日照需求,笔者将通过模拟做进一步验证。

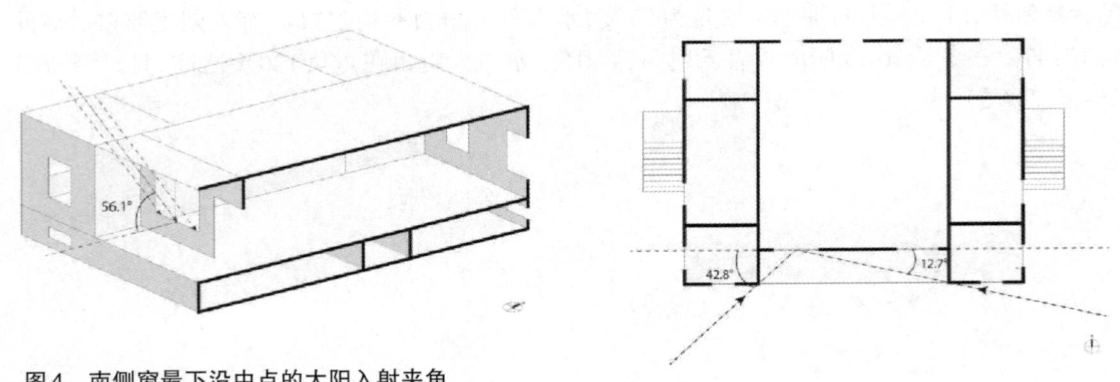

图4　南侧窗最下沿中点的太阳入射夹角

其次,门厅南向两侧有突出的建筑体量,这一平面布局手法与法国洛可可时期小特里阿农宫类似,形成客厅在中间,卧室在两边的排布方式。但这种布局手法相当于为门厅南侧窗在水平方向设置了遮阳措施。同样,综合图4、图5中太阳的轨迹图来看,以南侧窗户最下沿中点为例,因为其与左右两侧墙面形成的夹角分别为42.8度和12.7度,所以只有太阳水平入射角满足在+103度和-133度之间时,此处才可获得水平入射的太阳光。如:冬至日只有7:00到15:00有水平方向阳光入射,在春秋分日则减少为

7:30到14:00。这样的遮阳效果使太阳光照射强度降低，其是否合理可于后续模拟中验证得知。(图5)

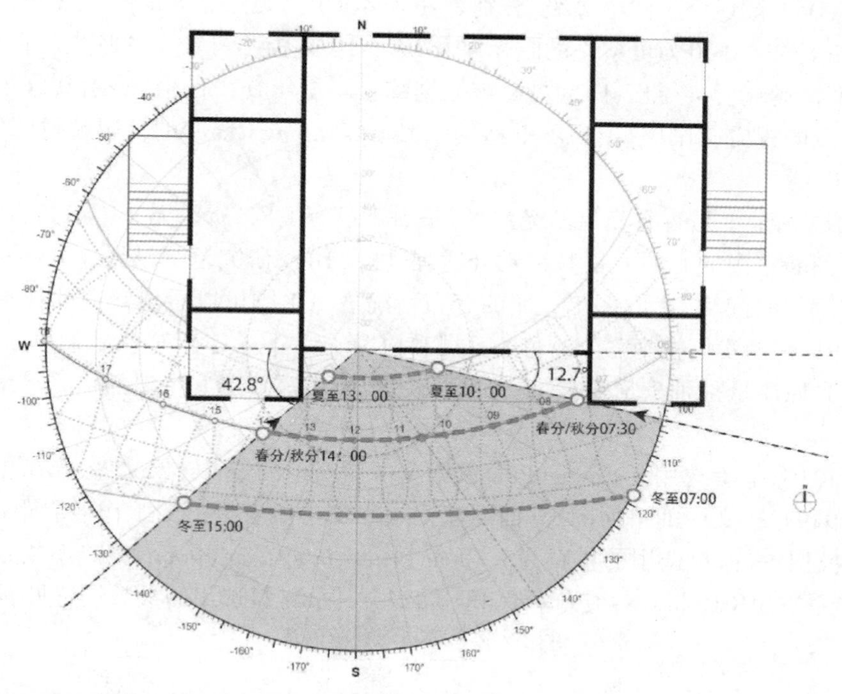

图5 南侧窗最下沿中点的太阳光线水平入射时间范围

非正立面的北侧竖向窗均匀按比例横向排列，窗套装饰简洁不多修饰。正如前文提到，在春分至秋分的时间，每日都有太阳光入射，但在秋分至次年春分日期间，参考图2可得知，太阳的水平入射角超过90度，北向的房间基本上无法接到直接照射的太阳光。

两侧朝南的房间的窗户与门厅的设计不同，他们的比例大小与门厅窗户形成明显的主次关系。南向和西侧有两个窗户，窗户的尺寸均为长1200毫米、高1550毫米，窗户距离地面750毫米。两扇窗户都暂无遮阳的措施。西侧的窗户每日下午也会有阳光射入，存在西晒隐患。

最后，朝西(东)的房间均为单侧开窗，窗户的尺寸为长1200毫米、高1550毫米，窗户距离地面750毫米。暂无遮阳措施，单侧开窗的设置存在导致光照不足的可能性，例如西侧的房间每天12:00之后才有阳光射入。

综上，结合西安地理条件，太阳入射角度以及高桂滋公馆建筑特点，笔者对各个房间的光照情况进行简要初步分析，得出每个房间都具有不同采光隐患。笔者将于后续进一步结合模拟运算结果对高桂滋公馆的自然采光情况进行验证以及评估。

三、Climate Studio模拟

(一)Climate Studio软件和相关参数

笔者在模拟中使用动态采光指标，它是伴随着Climate-Based-Daylight Modeling(CBDM)理论的发展，被逐步广泛使用的一种指标。本文将应用采光模拟软件Climate Studio对高桂滋公馆进行采光模拟，并计算动态采光指标sDA、UDI和DGP的值，分析评估高桂滋公馆的光照情况。

其中采光量DA(Daylight Autonomy)指的是一年内(取工作日8:00—18:00为测量时间范围)建筑室内某点的照度满足最低天然采光标准的概率。sDA则表示，最低照度为300lux时，在所测量工作面上，DA_300lux达到50%的空间范围占比。

有效照度UDI(Useful Daylight Illuminance)从另一个角度评估了室内的光照情况，UDI与DA的概念类似，也是测量全年内建筑室内某点满足特定照度要求的时间百分比。不同的是，这个特定的照度范围要求取值为100—3000lux。在此范围内，又将100—300lux分为UDI-supplementary，300-3000lux分为UDI-autonomous。

天然采光眩光率DGP(Daylight Glare Probability)为评价眩光问题的动态指标，是评价室内光环境舒适度的重要指标，DGP被划分为四个等级，分别是：0.45≤DGP为无法忍受的眩光、0.40≤DGP＜0.45为不舒适的眩光、0.35≤DGP＜0.40为可察觉的眩光以及DGP＜0.35为不可察觉的眩光。在Climate Studio这个软件中，DGP模拟运算后会得出sDG数据，该数据综合了全年DGP的值，表示其分布情况，即在所有空间的所有测量点的视野范围中，出现不舒适的眩光(Disturbing Glare)的情况超过特定时间百分比的视野范围所占的比例。

总的来说，sDA衡量了是否有充足的光照，但是由于没有上限，所以无法得出是否有过度光照的情况以及无法准确判断室内的光照质量和视觉舒适程度。UDI将研究范围设置在100—3000lux之间，可以较好地描述在工作时间内，室内一年光照的分布情况。DGP则可以看出室内的视觉舒适程度，是否存在眩光问题，并且帮助我们找到需要改善的区域和位置。综合这三个维度，我们可以分析总结出高桂滋公馆内现在的光照质量是否满足要求、是否需要改进、哪里需要哪些特定的措施等结论，给予其相应的现状评估。

在本文的模拟中，笔者选用了Energy Plus数据库中西安市的epw气象文件，模型根据《西安近代建筑研究(1840—1949)》一文中的平面图、立面图建立。本文中所有模拟的工作面取距地面1米，测量点距离为1米。在模型中，窗户选用的材料为1-Clear Float Glass Clear 6[mm]，传热系数U-Value[W/m2K]=5.82，太阳能得热系数SHGC=0.818，透光率TVIS=0.877。其余材料选用的参数设置见表1。

表1 材料选用的参数设置

	地板	墙	天花板	门
材质名称	concrete floor	white wall	white ceiling panels	door
反射率Reflectance	28.85%	83.40	84.90	7.87
高光反射Specular	0.65%	1.01	0.47	0.66
漫反射Diffuse	28.20%	82.39	84.43	7.21
R	0.300	0.833	0.854	0.083
G	0.280	0.824	0.845	0.069
B	0.231	0.789	0.793	0.064
粗糙度Roughness	0.200	0.200	0.300	0.200

(二)模拟结果

1. 从运行结果来看，一年中sDA的值是90.6%，即一年内90.6%区域中，光照强度大于300lux的时间占比都能够达到50%。可以初步判断出此建筑内部的光照比较充足。(图6)

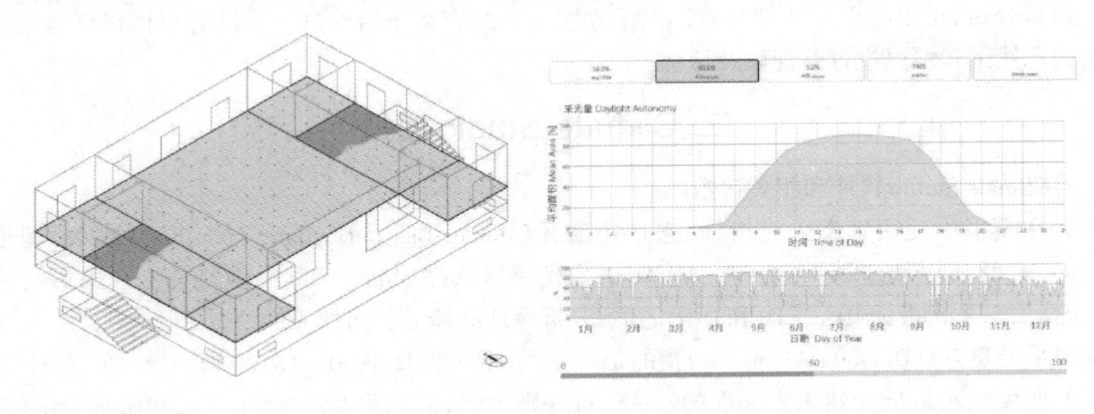

图6 sDA数据

2. 从图7中得出的数据来看，avg.UDIa为59.0%，表示工作面上各个测量点一年内获得300—3000lux之间的光照强度所占总体的比例为59.0%。(图7)

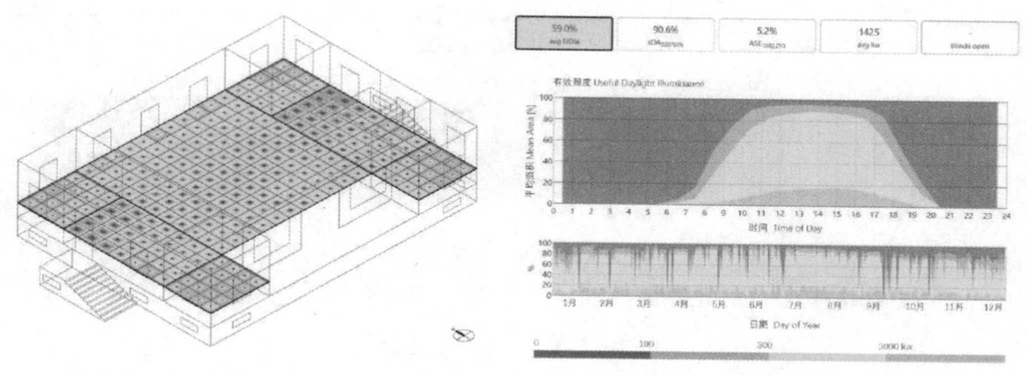

图7　UDI数据

3.从UDI数据的空间分布来看，角部的四个房间出现了较多光照强度超过3000lux的情况。相较位于四个角上的房间，中部门厅空间获得的光照属于在较为合理的范围内。

除了总体之外，笔者还分别对各个房间进行了光照的模拟运算。（图8—图14）笔者将这个建筑分为门厅区域、位于两侧的耳房区域和位于四个角落的小房间区域。表2整理了此次运行的所有数据。

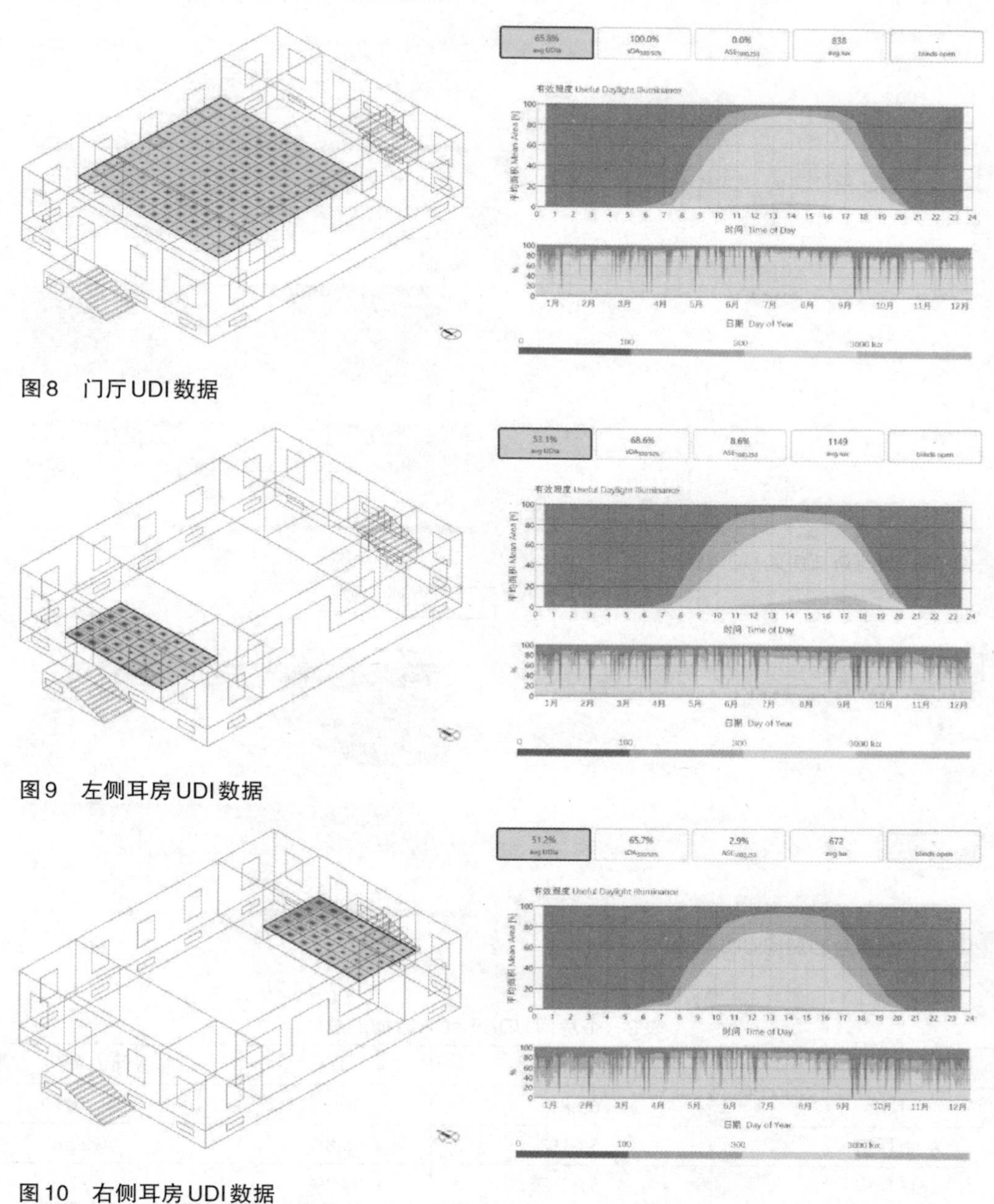

图8　门厅UDI数据

图9　左侧耳房UDI数据

图10　右侧耳房UDI数据

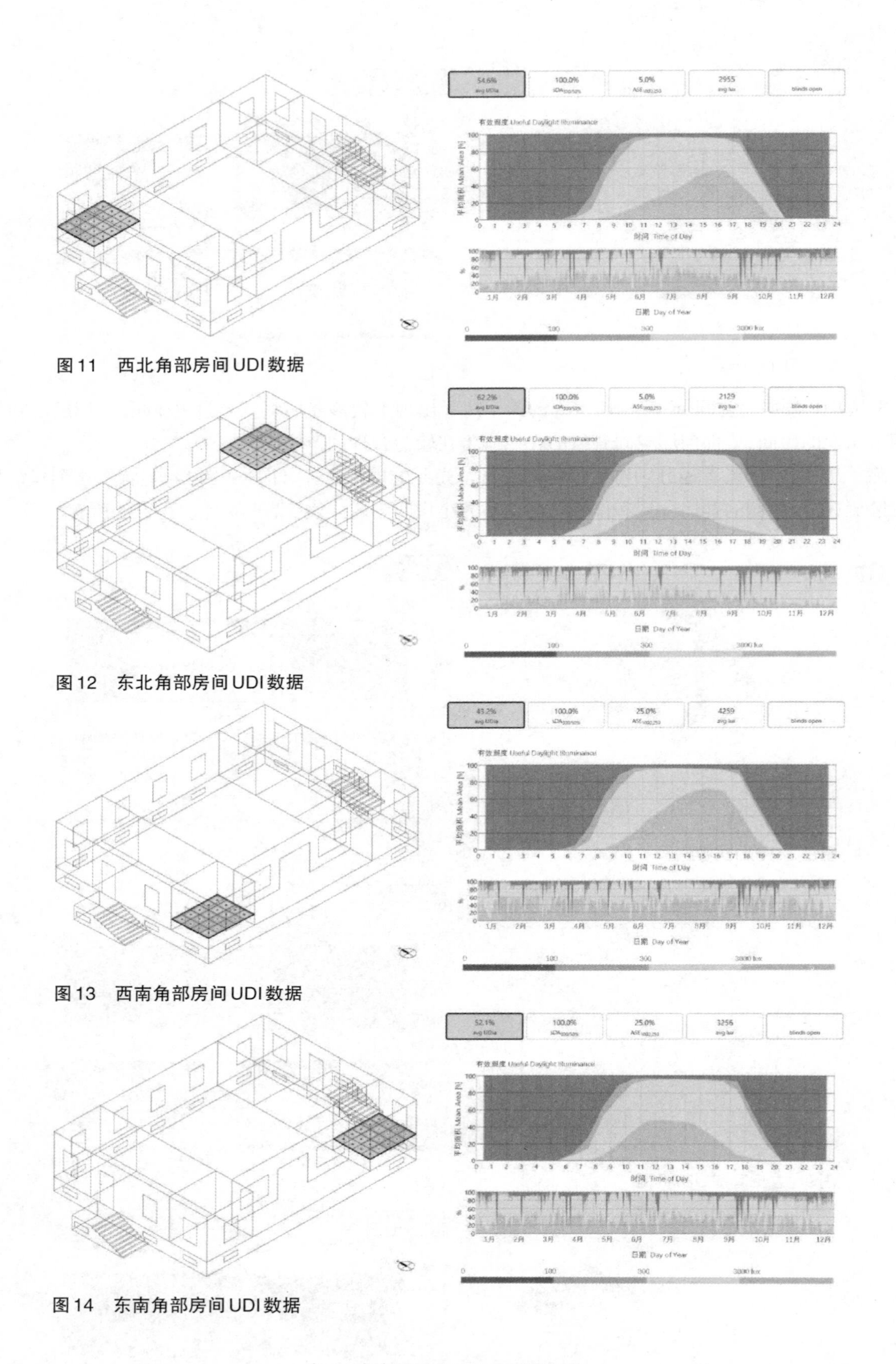

图11　西北角部房间UDI数据

图12　东北角部房间UDI数据

图13　西南角部房间UDI数据

图14　东南角部房间UDI数据

表2　个房间UDI及sDA数据汇总

房间名称	avg.UDI-a	sDA	房间面积/平方米
门厅	65.8%	100%	103
左侧耳房	53.1%	68.8%	27.6
右侧耳房	51.2%	65.7%	27.6

续表

房间名称	avg.UDI-a	sDA	房间面积/平方米
西北角部房间	54.6%	100%	12.8
东北角部房间	62.2%	100%	12.8
西南角部房间	43.2%	100%	13.0
东南角部房间	52.1%	100%	13.0

从数据中可以看出，左右两侧的耳房，sDA的值在60%，而其他房间的sDA都为100%，说明除了这两个侧边的房间，其余房间的采光条件都非常充足。门厅的UDI的值是最高的，说明门厅部分的光照环境更为合理。UDI最低的房间是西南角的房间，原因是光照强度过大，导致人们不适合在其中办公，如果想要提高办公环境，则需要进一步进行优化措施，比如增加内外遮阳措施等。同时，过度的光照会导致较差的室内光环境，导致室内受到入射光线影响，明暗对比强烈，进而产生眩光问题。

笔者进一步进行了DGP数据的模拟运算。图15中，每个测量点的DGP数据被可视化为一个被分割为八个扇形的圆。这些扇形分别表示这个测量点的八段视野范围。如图例所示，最深色的扇形表示这个扇形代表的视野范围的眩光可能性较大，色浅次之。从直观的图示来看，位于四个角的房间和南北两侧窗户边的空间深色的扇形分布较多，表示出现眩光的可能性越高，需要改善该区域的视觉舒适度和光照质量。

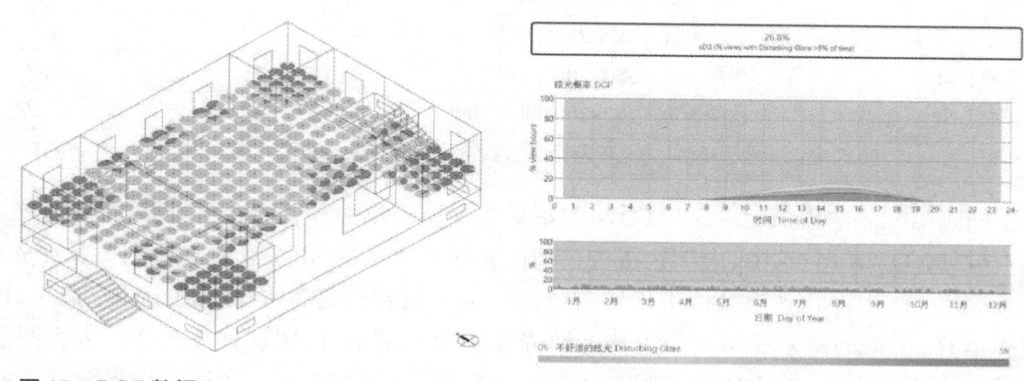

图15　DGP数据

综观运算所得数据，所有区域总体的sDG-5为26.8%，即一年内出现不舒适的眩光（Disturbing Glare）超过总体时间5%的视野范围，占所有视野范围的比例为26.8%。除此之外，笔者也进一步参考将所占时间的百分比设置在10%、20%和50%的情况下的数据，得出sDG-10为20.89%，sDG-20为13.19%，sDG-50为3.6%。说明该建筑内发生眩光的概率很大，导致室内不良光环境，不适宜人们使用。

在总体情况后，笔者进一步将各个房间的sDG分别做了运算，具体数据见表3。

表3　各房间sDG数据

房间名称	房间面积/㎡	sDG-5	sDG-10	sDG-20	sDG-50
门厅	103	10.54%	6.40%	3.93%	1.14%
左侧耳房	27.6	10.36%	6.43%	3.21%	1.43%
右侧耳房	27.6	6.07%	4.64%	3.57%	1.07%
西北角部房间	12.8	67.5%	48.12%	31.87%	7.50%
东北角部房间	12.8	41.25%	31.87%	23.75%	6.88%
西南角部房间	13.0	98.75%	92.50%	50.00%	10.63%
东南角部房间	13.0	63.13%	52.50%	37.50%	12.50%

从表3可以看出，DGP数值最不理想的区域在西南角部的房间，其sDG数值都是最高的，sDG-5高达到了98.75%，眩光问题严峻。次而严重的房间是东南角部的房间、西北角部的房间和东北角部的房间，sDG-5的值分别为63.13%、67.5%和41.25%。综合所有UDI的数据来看，眩光问题与入射光过多有着不可分割的紧密联系，角部的房间可能由于入射光线过多、光照强度过大，眩光问题非常严重。

综上,结合UDI和DGP的情况来看,位于角部的房间都存在光照过多的现象,并且伴随着眩光等问题。究其原因,角部的房间是外凸的体量,窗外并没有做遮阳措施,导致有过多的直射光照入房间。门厅由于南向的廊道设置和左右两侧建筑墙体的遮挡,反而起到了很好的遮阳作用,自然采光相对而言表现更好。

四、改善措施

通过前文的模拟运算得知,位于中间部位的门厅光照情况良好。但是角部的四个房间由于过多太阳光直接入射,导致眩光问题尤为严重。本文也将探讨改进的遮阳措施。通常的遮阳方式可以分为以下几种:遮阳板遮阳、内外百叶遮阳、挡板遮阳、挡板百叶遮阳以及内部卷帘遮阳。笔者分别建模并测试了这几种遮阳方式的有效性,具体数据如表4所示。

表4　不同遮阳方式DGP数据

遮阳方式	尺寸	sDG	与无遮阳方式的sDG差值
横向遮阳板	1200×500	58.4%	9.7%
竖向遮阳板	1550×500	60.5%	7.6%
组合遮阳板遮阳	1200×500,1550×500	46.1%	22.0%
横向百叶	1200×200,间隔200	39.7%	28.4%
竖向百叶	1550×200,间隔200	35.0%	33.1%
挡板遮阳	出挑500,1200×1550	13.6%	54.5%
挡板遮阳横向百叶	出挑500,1550×200,间隔200	47.5%	20.6%
挡板遮阳竖向百叶	出挑500,1200×200,间隔200	43.9%	24.2%
内部卷帘	1200X1550,反射率80.48%,高光反射1.29%,漫反射79.18%	0.0%	68.1%

根据不同遮阳方法的模拟运算,可以看出表现最为优秀的几种方法依次是内部透明的卷帘遮阳、挡板遮阳和百叶遮阳。(图16)其中,内部卷帘极大地改善了所有的眩光问题,sDG的数值从原先的68.1%降为了0.0%,表示使用后几乎不会产生任何的眩光问题。但若设定卷帘将窗户全部遮盖时,再次进行光照的模拟运算,得出的结果显示一年平均光照强度仅为198Lux,说明这种方式会带来光照强度不足等相关问题,且卷帘也会影响室内的视野。挡板遮阳虽然表现优秀,但是属于在外立面做新的遮阳构件,其对于整体建筑样貌的改变影响了原有建筑的设计风格,且多地关于历史保护建筑的规范也明确指出不得改变优秀历史建筑的主要外立面,因此可以采用外部遮阳方式的情况将极少见,对于高桂滋公馆来说,作为西式折中建筑的代表之一,其建筑外立面样貌特征是重要的保护对象,需要尊重和保护原有外立面整体样貌风格,外设挡板不是最佳的选择。最后百叶的遮阳效果也可以考虑,出于对外立面的保护,可设置位于建筑内部的百叶,根据太阳入射角度随时调整百叶的旋转角度,从而达到维护合适的光照强度,调节室内眩光问题的目标。

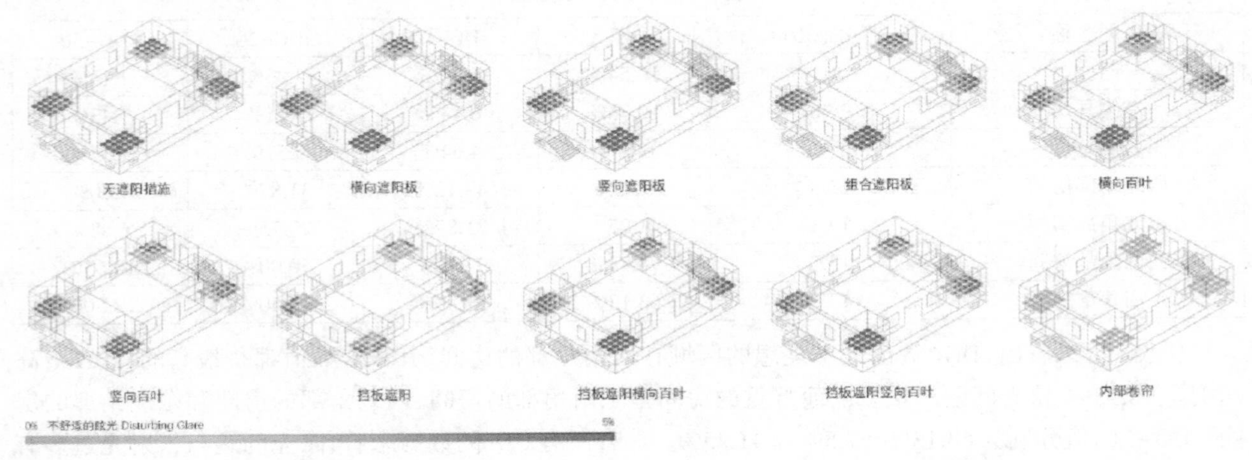

图16　不同遮阳方式DGP模拟

五、结语

本文基于西安高桂滋公馆的历史背景、建筑风格和地理位置，运用Climate Studio对其进行动态采光模拟和评价，结合sDA、UDI和DGP数据结果对西安高桂滋公馆室内天然光采光情况进行探讨，分析得出位于四个角部的房间存在较为严重的眩光问题，并结合历史建筑保护原则提出一系列遮阳优化策略。对于探索近代西安建筑采光的模拟方式、评价方法、优化策略具有重要的参考价值。

“洋风”祠堂
——贵州苗疆建筑近代化的民间实践与现代性意识塑造

华中科技大学　李敏芊　李晓峰

摘　要:边远民族地区具有混杂性特点的近代建筑往往是学术研究中的边缘地带,如若转换视角从边缘出发,则有机会厘清更多中西建筑文化交流的线索。贵州无论是在政治格局上还是文化区位上都被视作“内地边疆”,近代以来,“洋风”祠堂往往成为苗疆聚落唯一的西式风格建筑,反映了近代苗疆地区的社会与文化变迁。本文以田野调查和文献研究为基础,首先对中西建筑的“可互译性”进行探讨;之后结合西方文化传入苗疆地区的途径对祠堂“洋风”门脸的来源进行探讨,解读“洋风”祠堂形成的社会经济机制;最后,结合社会文化史解析“洋风”祠堂的形式与功能意义。尝试通过本文的叙述解析“中”与“西”在边远民族地区的具体交融过程与机制。

关键词:“洋风”祠堂;贵州苗疆

一、从边远民族地区再思考中国近代建筑史

中国近代史研究的重要主题是鸦片战争以来几代人为实现现代化所经过的历程。中国近代建筑的发展反映了现代化的复杂过程,主要有外力主导建设、中国政府主导建设与民间自发建设三条路径。[①]相较前两条,民间自发建设的现象往往存在于内陆地区与广大乡村,在目前的中国近代建筑史研究中较为缺乏,尤以处于边缘地带的民族地区最为缺少。事实上近代时期边疆地区并非封闭的孤岛,西方文化甚至早在鸦片战争之前就通过天主教传播等形式传至边远民族地区,在长时期的文化互动过程中,边远民族地区的近代建筑呈现出一种丰富的“混杂性”(hybridity)[②]特征。

在中国领土中,贵州虽无一寸边境线,却无论是在政治格局上还是文化区位上都被视作“内地边疆”。贵州地区建筑的近代化糅合在中国近代历史西风东渐、殖民主义、自救图强、阶级斗争等“由多股线条绞合而成的缆线”[③]中,反映了边疆社会与中央政权、外来文化互动的历史过程。黔东南清水江北侗地区自清代起修筑了大量祠堂,与南侗地区以鼓楼为中心的文化景观形成鲜明对照。近代以来,“洋风”祠堂往往成为北侗乡村唯一的西式风格建筑,反映了近代苗疆地区的社会与文化变迁。这种“洋风”祠堂作为文化的“混杂体”(hybridism),胶合在“中央-边疆”与“中-西”两对关系中,一方面承袭着本民族传统建筑文化,一方面不断与汉文化互动,同时自近代以来还不断吸收着西方文化。在这种多元的文化互动过程中,逐渐形成具有地方特色的近代化建筑形式。(图1)

然而一直以来,此类边远民族地区乡村的近代化建筑却受到极少关注。首先是在以往的中国近代研究中,边疆地区长期处于学术研究的边缘,未能构成核心话题。[④]关于边疆地区近代建筑史为数不多的研究也往往集中于中心城市,或关注特定的建筑类型——如教会建筑、工商业建筑或由建筑师直接设计的建筑。这类由无名工匠建成,在地方传统建造体系中产生的建筑类型被视为零星的建筑现象而未

---

① 见刘亦师:《中国近代建筑发展的主线与分期》,《建筑学报》2012年第10期。

② 何平、陈国贲:《全球化时代文化研究若干新概念简析——“文化杂交”和“杂交文化”概念的理论内涵》,《山东社会科学》2005年第10期。

③ 虞和平:《中国现代化历程(第一卷)》,江苏人民出版社,2001年。

④ 见刘亦师:《边疆·边缘·边界——中国近代建筑史研究之现势及走向》,《建筑学报》2015年第6期。

图1 南侗聚落与北侗聚落

得到足够重视。另外，在关于少数民族地区研究中，人们也往往倾向于关注最具民族特性的建筑，这一类多元文化交融下诞生的建筑也因不具有少数民族建筑的典型意义而被忽视。由此，边远民族地区具有混杂性特点的建筑近代化特征便也成为学术研究中的边缘地带，如若转换视角从边缘出发，则有机会厘清更多中西建筑文化交流的线索。

本文以田野调查和文献研究为基础，首先对中西建筑的可"互译性"进行探讨；之后结合西方文化传入苗疆地区的途径对祠堂"洋风"门脸的来源进行探讨，解读"洋风"祠堂形成的社会经济机制；最后，结合社会文化史解析"洋风"祠堂的形式与功能意义。尝试通过本文的叙述解析"中"与"西"在边远民族地区的具体交融过程与机制。

二、中西建筑的"互译性"与"洋风"门脸的民间实践

贵州远离沿海与中心城市，是近代未开埠的内陆省份之一，没有外国人集中聚居区，也没有外国人直接设计、建设的纯粹的西方风格建筑，贵州地区近代建筑多被称为中西合璧式建筑。20世纪50年代，梁思成先生曾针对中国风格建筑的设计提出了"建筑可译论"。他认为建筑有其"词汇"与"文法"，不同民族的建筑间具有"可译性"。他相信将西式建筑中的构图要素替换为相应的中式要素，就可以将建筑转变为中式风格。贵州近代所谓中西合璧式建筑实际上可被视作近代社会变迁与文化思潮下自发的中西建筑"互译"实践。这种实践是不同人群不谋而合的自发实践，有外国传教士主导、民间传统工匠建设，近代士绅阶层、商人群体或地方精英主导、民间工匠建设等不同性质。

贵州苗疆地区祠堂多为两进三开间、享寝合一的形制，呈现较为集约的空间组织与朴素的结构形式。在边远山区传统农耕社会有限的资源条件下，侗族传统建筑往往从实际需求出发营造建筑，很少出现形式溢出功能的现象。在这种情况下，北侗地区祠堂面向广场的正立面则呈现极强的装饰性，西洋风格便往往体现在这一立面上，在传统聚落中极为突出。"洋风"祠堂的建设源于苗疆木材贸易的资本积累，其设计与建造均由当地居民完成，属于对西方建筑文化的主动吸收。

（一）早期中西建筑的"互译"实践

"洋风"祠堂的立面形式应该放在西方建筑文化本土化与传统建筑延续发展的双重线索中看待。这种突出的主入口立面片墙使人联想到近代建筑史上更为著名的案例——澳门大三巴牌坊。由意大利耶稣会建成的澳门圣保禄大教堂（Cathedral of St. Paul）1835年火灾后仅剩正立面遗存，这一片孤立的巴洛克风格山墙以其三角形山花、古典柱式与拱窗带给人们西洋文化最直观的冲击，又因其中厅（nave）高、两侧边廊（aisle）低的形式类似中国牌楼的样式被本土人戏称为"牌坊"。16世纪初，由于明初的排外与海禁政策而中断二百年的天主教再次传入中国，最初的耶稣会传教士选择由澳门登陆，这种形式便最早出现在澳门。再向前追溯，澳门大三巴教堂的原型可追溯至意大利文艺复兴时期阿尔伯蒂设计的佛罗伦萨圣玛丽亚小教堂（Church of Santa Maria Novella），这一设计运用西方古典建筑语言，上部是神庙式三角形山花，下部是凯旋门式构图的古典柱式形成的框架，侧翼顺应落差的涡卷山墙形式。这一立面构图随后影响了作为天主教耶稣会母堂的罗马耶稣会教堂（Church of the Gesu）的设计，之后便成为耶稣会教堂的一个典型形制，并随传教士传入中国。

（二）传教士主导的实践与贵州牌楼式立面教堂

中西建筑"互译"的实践在贵州最为著名的一个案例便是建于1876年的贵阳北天主堂。鸦片战争

后，罗马教皇谕令设贵州为独立代牧区，成立贵阳教区，外国传教士以公开身份进入贵州传教。1861年爆发"贵阳教案"。1874年，法国传教士拆除原有贵阳北天主堂建设新堂。贵阳北天主堂平面采用巴西利卡式的矩形中厅，青瓦坡屋顶，西端圣坛上方建六角五重檐佛塔代替西方教堂的钟楼，东立面则在中国传统马头墙式七架三间牌楼造型的基础上，融入西式玻璃彩窗和尖券门洞，创造性地融合中式牌楼立面与西式教堂山门，形成贵州牌楼式立面教堂风格。在其影响下，之后建设的六冲关圣母堂、凯里天主堂、遵义天主堂、湄潭天主堂、黄平旧州天主堂、石阡天主堂、德江天主堂等，均采用此牌楼式立面。这类教堂诞生于教案频发、中国本土对于洋教产生严重排斥心理与敌对行为的背景中。西方传教士通过借用牌楼、佛塔等代表东方传统伦理价值观的建筑形式，迎合中国文化与民众心理，是在西方教堂形制之上融入东方文化符号的"西译中"案例。[①]天主教巴黎外方传教会在贵州一直以来选择走下层路线，把经济文化落后的少数民族乡村作为重点区域。贵阳教区之下又分为多个堂区，以州府为中心建有大教堂，堂区以下为会口。到新中国成立前，其会口几乎已遍布各县镇村，均有小教堂或礼拜堂，形成一张庞大的传教网络。[②]随着西方宗教的传播，不仅进一步消除了边远民族地区对于外来文化的敌对心理，同时，中西融合的牌楼式教堂建设也将"可互译性"传播至苗疆地区，为苗疆地区建筑的近代化提供了一种可能性。(图2)

a 贵阳北天主堂

b 黄平旧州天主堂

c 石阡天主堂

d 湄潭天主堂

图2 贵州"牌楼式"立面教堂

(三)近代地方社会文化变迁与民间主导的实践

贵州苗疆历史上是"顽苗盘踞"的"化外之地"，直至雍正改土归流之后才逐步纳入王朝国家体系。在族群分布上，有种类繁多的"生苗""熟苗""侗民"和汉人等在这个区域错居流动；在行政管理上，这里处在湖广贵州之间，经历了由湖广而贵州的变动；在王朝国家体制下，这里分别存在过州县里甲、卫所屯堡、土司系统以及脱离王朝管治之外的侗寨组织，这个地区进入王朝国家体系也经历过相当长的变迁过程。经过长期的交往融合、冲突与吸收，多元文化混杂已然成为这一区域的特征。近代以来，贵州虽为未开埠的内陆省份，苗疆更为远离中心文化的边缘地带，仍然受到西方文化千丝万缕的影响，且具有"边界"地带开放与保守并存的二元特征。"西风"吹至苗疆地区也几经迂回，经由大城市的辐射与本地有识之士的主动吸收。

苗疆祠堂的建设多为民间行为，关于宗祠的资料都存在于民间的族谱或宗祠修建祠堂的碑记之中。据民间资料记载，天柱域内最早建立的祠堂在康熙三十四年(1695)，而大量宗祠的修建则是乾隆以后，乾隆至道光的一百多年间，仅在天柱一县就建起四十六座祠堂。[③]苗疆祠堂的建设在历史上大致上经历了两个阶段：雍正"开辟"苗疆之后的集中建设阶段；咸同起义后大规模的重建阶段。

在祠堂为中心的聚落格局之前；传统侗寨一般以鼓楼为中心，鼓楼是侗族的血缘组织在建筑上的体现。基本于宋元时期，由于耕作技术的发展与环境资源的限制，侗族由游耕发展为定居稻作的生活模式。侗族聚落以自然寨为单位，一个自然寨可能居住着几个不同的宗族，侗语称为"斗"，每一斗都有一鼓楼。侗族还有款组织的地缘组织，是一种以寨为基本单位的区域联盟。各级款组织是调整侗族社会中人与人、村寨与村寨、款区与款区之间的交往关系、矛盾处理、纠纷解决的民间社会组织。组织成员之间不仅在经济上形成紧密的伙伴关系，同一款区的村寨也是他们社会交往的主要范围。人际交往圈、婚姻圈、歌场圈、祭祀圈、资源利用圈等，都被限制在款约能够得到有效实施的范围。这样的交往模式形成

① 见赖德霖：《梁思成"建筑可译论"之前的中国实践》，《建筑师》2009年第1期。

② 见侯实：《西南近代天主教堂建筑平面布局类型与演变》，《建筑学报》2016年第9期。

③ 见吴才茂、李斌、龙泽江：《祖荫的张力：清代以降清水江下游天柱苗侗地区祠堂的修建》，《原生态民族文化学刊》2011年第3期。

了以村寨为中心的一个一个内向的圈，模塑出内外有别的社会伦理。

贵州苗疆清水江为洞庭湖水系沅水之主源，流经区域土壤肥沃、气候温润，极适宜杉木、松木、楠木等木植生长，自古以来便是“丛林茂密，古木阴稠”的景象。早自明代中期开始，便有朝廷派工部大员督理贵州等地采办“皇木”的记载。而明清江南等地经济的发展促使一批商业市镇建设，大量木材的需求也使得各地商贾涌入贵州采买木植。雍正“开辟”苗疆以后，由官府组织大规模疏浚江路，“令兵役雇苗船百余，赴湖南市盐布粮货”，进一步打通了清水江上通黔中、下达湖广的经济通道，从而形成了“帆樯接踵”“估客云集”的繁荣景象。以木材为代表的商品沿清水江从苗疆腹地流出，通过沅水进入洞庭湖，进而入长江，将苗疆地区与长江流域乃至全国的商业网络连接起来。伴随着贸易往来，人口流动逐渐加剧，许多外来人口定居天柱，甚至有交银而“附籍”天柱的汉族民众。大量汉民的迁入而形成聚族而居的社会群落，是祠堂能够建立的首要条件。随着大规模的木材贸易，大量白银流入苗疆地区，成为建设祠堂的物质基础。最重要的是，人工营业林与木材贸易的发展，使得原本没有归属的山林田地有了明确产权与边界的需求，也需要借助宗祠制度规范男性继承制度、凝聚人心与规约行为。宗祠的建设便是苗疆社会组织变迁、宗族文化发展的结果。

这一时期建成的祠堂多为中国传统的牌楼式立面，入口有“一”字型和“八”字型，牌楼多为四柱三楼或五楼，纵向构图基本分为基座、墙身和屋顶的三段式。墙身整体为青砖空斗砌筑而成，整体白灰抹面，装饰复杂精致，大门横梁上方横匾阳刻宗祠名称，正上方竖匾阳刻宗族始祖名称或者郡望堂号，门两侧书有楹联，多为对本姓祖源的记录以及对子孙后辈的殷切希望，或者表达一种乡土情怀和悠然的意境。（图3）

图3　三门塘王氏宗祠：典型贵州苗疆牌楼式祠堂

太平天国起义后，1855年（咸丰五年），台拱苗族张秀眉与天柱侗族姜应芳接连起义，爆发清代最大规模的苗民起义，义军过清水江，包括天柱县三门塘村刘氏宗祠在内的诸多祠堂毁于战火，在大量家谱与碑记中有所记录，之后便进入了各处祠堂逐渐重建的阶段，这一阶段延续到1949年。这期间的历史交织在青岩教案，开州、遵义教案等激烈的反教会冲突，开办青溪铁厂、文通书局等近代资本主义工商业发展，创办新式教育等过程中。1937年后，东南沿海工厂与大学内迁至大后方的贵州，在一定程度上促进了贵州近代工商业与教育的发展，同时日寇入侵、民族团结的情绪也促进了修祠撰谱以凝聚人心的过程。

“洋风”祠堂的建设就出现在这一阶段。典型如1933年整修而成的三门塘刘氏宗祠，三门塘刘氏是凭借木业发达的当地望族。祠堂坐北朝南，面宽12米，进深14米，最高点12.5米，建筑面积320平方米。主立面为六柱五间，以三角山花、拱门窗、哥特式冲天柱等元素替换传统牌楼元素。拱门上正中为“刘氏宗祠”门额，再上阴刻竖书“昭勇将军”四字，是为纪念祖上明永乐八年诰封为“昭勇将军”的刘旺。立面饰有振翅雄鹰、时钟、英文字母等警醒世人的装饰。内部结构仍为侗族传统穿斗式木结构，外部立面可以明显看出基于传统牌楼立面进行西式建筑词汇替换的痕迹。刘氏宗祠的设计者王泽寰曾随北伐名将王天培南征北伐，据说曾到过南京、欧洲数城，见多识广。抗战后返黔常驻贵阳，转任贵州省卫护营第五营营长，公余以画像为戏，抗日期间曾给省长吴鼎昌画全家巨幅肖像，大受称赞。建造者由技艺超群的湖南靖州建筑师李应芳率队、施工,历时两年完成。这时的“洋风”祠堂建设已是由富商主导,士绅阶层设计,当地工匠共同完成的西风转译。(图4、图5)

图4 贵州苗疆“洋风”祠堂

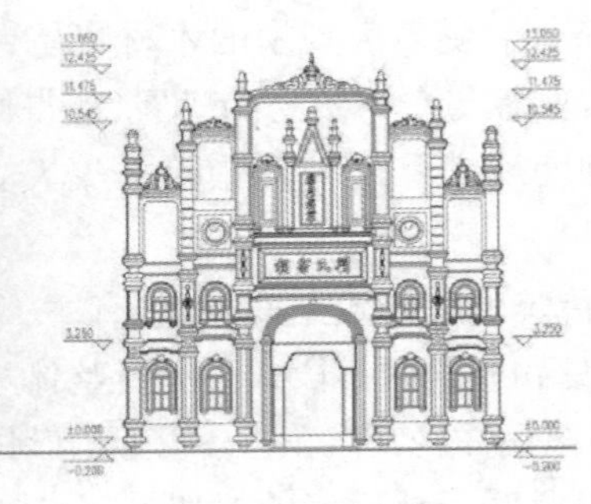
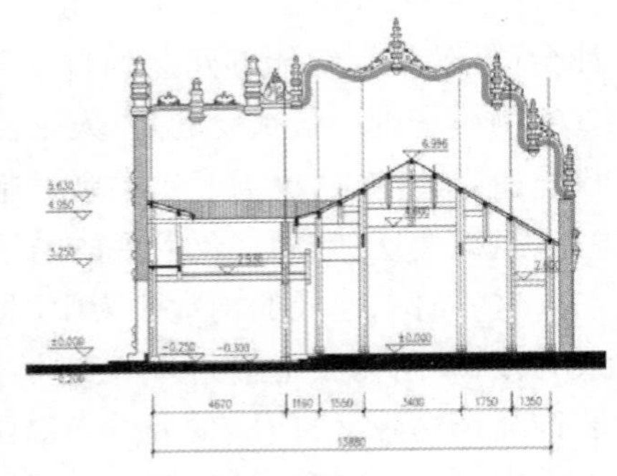

图5 三门塘刘氏宗祠

三、社会文化史视角下“洋风”祠堂的功能与意义

(一)祠堂建设与地方社会建构

贵州苗疆祠堂的建设是地方社会主动融入国家的历程。随着清水江木材贸易的发展,家族成了经营木材贸易与人工营业林的基本单元。这种情况下,家族便需要建立一套有效的组织运行机制,以明确划分林地,厘清家族势力范围,并确保家族财产的有序继承与效益最大化。“祠堂”文化自然成了当时人们的选择,通过修建祠堂来凝聚家族力量、强化家族认同,通过修撰家谱规范成员的行为、规定男性成员继承的制度,通过家族墓地的位置确立林场范围。在家族势力的运作下,积极投入力量在物质空间的营造中,各大家族均以祠堂、山场、码头,甚至道路、水井等划分家族空间领域。同时在面临共同的外敌时,家族之间也不断寻求合作,这种现象也体现在空间的建设上,如家族之间共同修建庙宇、桥等。

这一祠堂兴建的现象也是朝廷以祠堂为平台绥靖地方、治理边疆的需求所在。同时,在木材贸易逐步发展过程中,村寨之间、家族之间利益冲突不断,祠堂及其制度便成了家族借助国家“正统”文化建构身份并获得官府支持的途径。清水江下游祠堂文化的发展,正体现了边疆社会融入国家的历程。

(二)“洋风”祠堂与现代性意识萌发

同时,祠堂的存在也是聚落中划分空间的重要坐标,它的意义不仅在于单体建筑,“家族祠堂—住宅—林地”的空间划分规约了各个宗族势力的范围,也是苗疆地区人工营业林与木材贸易经营的客观需求。“洋风”祠堂的建设则是民间资本积累达到一个高峰的体现。据国民政府实业部《中国经济年鉴》统计,民国初年清水江流域杉木每年外销总值在六百万元。锦屏、靖州的木行、木栈全年佣金为十八万元,一般年景也不下十万,加上高利贷和向木商浮报开支及聚赌抽头等收入,全年不下二三十万元。三年一轮,每寨年收入近十万,对于一个人数不及一千人的村寨式集镇,真可谓财源涌进。又据瓮洞饷捐局计价员邓荣臣于民国八年(1919)的统计,是年过税木码总值高达三百万银圆。这一商贸网络上兴起洪江等一批商镇,更是将苗疆地区与武汉这个近代大都市,甚至全国商贸体系联结起来。

在地方社会建构与经济发展过程中,私有与公有的意识一步步萌发,也在主动融入国家,与主流文化的对话中产生具有现代性的公共性意识,祠堂建设的空间生产即为现代性意识产生的产物。同时,“洋风”祠堂不仅是当地宗族社会对外来文化的主动吸收,更是表现边疆地区向“公民社会”发展的意识,以及对民族国家的认同达到一个高度。

（三）“立面”逐渐被强化

在建筑史中，赵辰先生曾认为西方建筑设计注重“立面”（Facade），而中国传统建筑设计则由“侧样”推敲开始，其立面视图（Elevation）呈现的比例构图完全由整体结构体系决定，并没有一个可以独立于结构体系存在的主立面或外立面。[①]贵州苗疆地区传统建筑以穿斗式木构体系为特征，工匠的设计确由剖面而起，符合这一判断。

而明清以来南方地区民间兴建祠堂，并逐渐发展出牌楼式入口则将立面逐步强调出来。近代西方建筑文化传入中国，西方教堂最具表达性的主立面在中式传统牌楼这种具有入口性质逐级升高形式的构图中找到对应。强调立面的祠堂也与强调向心性的鼓楼全然不同，以面向祠堂或在祠堂内部面向牌位的仪式行为，替换了在鼓楼中向心而立的仪式模式。

---

① 见赵辰：《“立面”的误会》，《读书》2007年第2期。

近代昆明营造业变迁与建筑转型

重庆大学　王世礼

摘　要：在中国城市与建筑的近代转型过程中，营造业的近代化转变是事关全局的重要方面。近代中国城市如何构建现代营造业，又如何借此来实现城市与建筑的近代转型，成为一个重要的研究问题。以西南边疆省会昆明为研究对象，并以制度史研究为切入点，从管理机构、政策法规、设计施工、建筑教育四个方面对昆明营造业的近代变迁及其对建筑转型的影响进行考察。期望借由这一个案研究，以地方化的视角审视近代中国城市与建筑的发展，通过对中国近代城市与建筑史研究，在研究内容和范围上有一定的补充和拓展。

关键词：近代；城市；昆明；营造业；建筑；转型

在中国城市与建筑的近代转型过程中，营造业的近代化转变是事关全局的重要方面。①近代中国城市如何构建现代营造业，又如何借此来实现城市与建筑的近代转型，成为一个重要的研究问题。然而，以往对近代中国营造业的研究大多局限于工匠和营造厂本身，而忽视了营造业作为"社会生产"所涉及的监督管理、设计施工、建筑教育等方面的机构组织、法规条文以及人员构成等因素。这些居于宏观的社会变迁与具体的建造技术、物质形态之间的制度性要素，是推进营造业乃至城市与建筑近代转型的隐性动力，其形成过程、构成方式和作用机制都有待于深入研究整理。此外，近代中国并不是一个均质化的实体，既有中央与地方之分，也有沿海与内地之别。正如施坚雅所概括的，从帝国的都城到遥远的厅治，从苏州、广州、汉口等大商业城市到中心城镇，从长江中下游地区相对宽敞的城市到岭南拥挤不堪的城市，很难用一种理想的城市类型概括所有的中国城市。②因此，笔者认为，对于近代中国营造业的研究，既需要国家层面的整体鸟瞰，也需要地方视角的微观考察。目前，相关研究大多集中于沿海、沿江的通商大埠，而对内陆与边疆地区中小城市的研究十分薄弱。显然，上述研究内容与范围的局限并不利于完整把握近代中国营造业转变的过程、机制及其影响。本文以西南边疆省会昆明为研究对象，并以制度史研究为切入点，从管理机构、政策法规、设计施工、建筑教育四个方面对昆明营造业的近代变迁及其对建筑转型的影响进行考察。期望借由这一个案研究，以地方化的视角审视近代中国城市营造业的变迁，并对中国近代建筑史研究的内容和范围有一定的补充和拓展。

一、营造业管理机构的转变与发展

（一）机构沿革

有清一代，城市营建由各级衙门多重控制和管理。不过，州县作为基层行政单位，其长官负有城市建设管理的直接责任。州县的办事机构，称"房"或"科"，城市营修及营造业的管理职责主要由工房负责，但是这种职能更多的集中于起草、誊缮文稿，保存档案，而且仅限于城垣、衙署、仓监等官方工程。清代昆明城（云南府城）作为省、府、县三级衙署共治之地，同样如此。1901年，清政府推行新政，传统的城市建设管理体制随之开始改变。1904年（光绪三十年）云南效法直隶，创办警察，设警察总局于圆通寺

① 见李海清：《中国近代建筑史研究的新思维》，载《2000年中国近代建筑史国际研讨会论文集》，第59—60页。

② 见[美]施坚雅主编：《中华帝国晚期的城市》，叶光庭等译，中华书局，2000年。

内。[①]1908年又奉旨开设巡警道、劝业道。警察与巡警在维护治安的同时，也承担调查、公共工程维修等职责。清末警察机构从职能和组织构成来看，可以说是传统官府衙门向近代城市政府转变的一种过渡型管理机构。[②]除警察机构之外，清末出现了新式城市建设管理机构，还有属于官办性质的工务部门。1905年后，昆明在自行开埠的推动下，开始在商埠区尝试设立工务部门。1909年，李经羲接任云贵总督后，正式成立商埠总局，主办商埠区内所有事宜，下设工程局，负责修筑马路，建造公所行栈，开挖沟渠，疏通河道，并监督商埠内华洋各商租地、营造等建筑事宜。同时，制定《云南商埠规条》《云南省城南关外商埠章程》等条例，对房屋、道路营建做了详细规定。但是，这种城市建设组织机构的改革仅限于新建立的商埠新区并没有扩展至昆明老城，改革幅度也较为有限。

民国初年，废府存县[③]，省县二级的城市建设管理机构依然存在并继续发展。1911—1916年，云南省内的土木工程营造由民政司下属的木植局管理。1916年，云南都督府成立民政厅，下设四个科。其中，总务科第二股职掌关于土木工程测量及一切技术等事项，内务科第一股掌管关于水利及土木工程事项。1918年，木植局又分为建筑工程局、官木承销局、官木承运局三局。与此同时，1912年，警务机关几经改组，至1913年2月，改为省会警察厅。在1919年市政公所成立前，城市建设管理主要由警察厅承担，并受云南省属机构领导。但是，随着昆明城市的快速发展，营造业及城市建设管理由警察厅和其他省属机构分管的局面，越来越不能适应新的发展。1919年，主政云南的唐继尧"废督裁兵、实行民治"，于8月1日设云南市政公所于翠湖湖心亭。此后，市政公所成为营造业及城市建设管理的专门机构。

云南市政公所成立之初，"仿美之经理制，以主管者一人负责进行，此主管者由省长委任之督办"。此外，任命会办二人，下设总务、工程、公用、警务、卫生、劝业、教育和社会八课，其中工程课统管城市的规划、建设和管理。"课设置课长一人，下有课员、技士、技正等。八课之下，又分若干股。督办可以遴委六至十人为名誉参事，也可以聘任顾问。"[④]（图1–a）但是，云南市政公所成立后不久，因顾品珍回滇倒唐而被裁撤。1922年3月，唐继尧返滇重掌云南政权，于8月1日将市政公所恢复，并更名为昆明市政公所。唐继尧认为市政建设为当务之急，电召在日本留学的张维翰回滇，筹办昆明市政。同年7月，张维翰等人在考察广州、北京、武汉等地市政建设后，仿效1921年《广州市暂行条例》，颁行《昆明市政公所暂行条例》。市政公所的建立从行政管理体制上，为昆明营造业的近代化发展提供了基础。1926年，督办张维翰责令成立市制委员会，拟定《昆明市暂行条例》，市政机构改称市公署，课改为局，督办改称市长，但因政局动荡，此条例并未执行。

1928年4月，省政府设建设厅，厅长张邦翰，掌理的事务有：①关于公路铁路之建筑事项；②关于河工及其他水利工程事项；③关于建筑新市、新村事项；④关于各种土地之测量及其他土地建筑事项；⑤其他建设事项。1928—1949年，云南省建设厅均为管理全省营造业的最高行政机关。同年7月，昆明依照中央政府命令改组市政府，采用市长集权制，于市长下设建设局主管城市建设事项。嗣后遵照中央政府颁行《市组织法》改组，至1930年1月，改建设局为工务局，职务依照《市组织法》的规定设置。（图1–b）1932年后，工务局改为工务科，下设三股：第一股主管规划设计和建设管理；第二股主管供水、供电、车船交通营运；第三股主管测量和制图。1939年工务科复改为工务局，局内设三课，第一课设三股，分别负责工程测绘、工程设计、工程施工，进一步完善了省（建设厅）—市（工务局）二级行政管理体制。[⑤]

---

① 见云南省志编纂委员会办公室编：《续云南通志长编（中）》，云南省志编纂委员会办公室，1985年。

② 见何一民：《近代中国城市发展与社会变迁》，科学出版社，2004年。

③ 1913年1月，袁世凯政府颁布《划一现行地方各级行政官厅组织令》，废除旧有地方制度，改设省、道、县三级管理体制。1927年南京国民政府成立后，根据孙中山先生的建国大纲，在全国废除道级区划，实行省、县二级管理体制。

④《云南昆明市政公所暂行条例》，载张维翰、童振藻等纂：《1924年昆明市志》，台湾成文出版社，1967年，第179—183页。

⑤ 见昆明市地方志编纂委员会编：《昆明市志（第二分册）》，人民出版社，2002年。

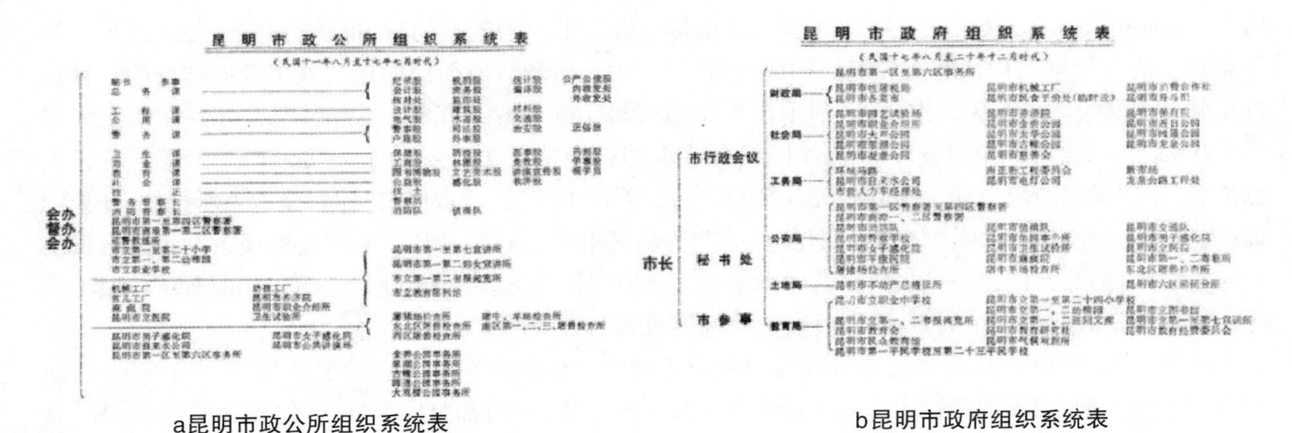

a昆明市政公所组织系统表　　　　b昆明市政府组织系统表

图1　昆明市政公所与昆明市政府组织系统表[①]

(二)人员构成

民国时期,“专家治市”逐渐成为一种共识,所谓“专家治市”即由具有专业市政知识的人才管理市政。[②]然而,传统中国历来“重乡治而轻市政”,传统知识结构不足以应对这种西方舶来的新事物,“行政方面,缺乏市政人才,局长科长,缺乏专门市政学识与经验;科长以下的职员,缺乏市政之补助训练;民众方面,缺乏是市政常识”[③]。因此,海外学成归来的留学生成为早期市政建设的核心力量。昆明“自从市政公所成立以来,便是绝对物色了,市政上各种专门学术技艺的学者们,来分担一切职务,集合了地质、测量、土木、建筑、教育、农林、商业、社会、经济、医药学、警察、消防、户籍、造园各方面的人士,齐就各种范围,分门随时讨论,综合主持,总要把这理想中的云南市,造成万年不朽,比肩东西洋先进文明的都市……”[④]市政公所各课人员八十余而专门人才居三十以上。先后出任昆明市政公所会办、督办六年之久的张维翰[⑤],1919—1922年曾入东京帝国大学选修宪法及市政等科,并在任职期间三度赴日本考察。又如1929—1930年出任昆明市长一职的虞恩锡,早年曾留学日本攻读园艺。正如袁观澜[⑥]在演讲中所总结的,在任用市政专门人才锐意改革市政方面,昆明和广州可以说具有相同之处,这也是两地市政改革活动能够取得成效,在国内卓有声誉的重要原因之一。[⑦]

二、现代建设法规的创立与完善

清代地方城市建设以中央政府的法规、政令为依据。这一法规体系以“礼法合一”为显著特征,是法律与礼制规范的结合体。此外,“清以例治天下,一岁汇所治事为条例,采条例而各部则例”。所谓“则例”就是将所要经办的各种事例加以归纳总结编订成册,并将其作为会典的实施细则。官方颁行的则例脱胎于官方制定的刑名,其本质依然是行政立法。其中,《工部则例》规定了清代官方工程营造勘查估修、组织施工、竣工验收等环节的组织机制。民间工匠出于实际建造需要,也参考部分官方匠作则例。但是,晚清民国时期,“则例”一词逐渐开始向章程、规范、执行标准等现代用语过渡,到了民国晚期,“则例”一词基本上成了历史名词。与工程则例逐渐衰落相对应的,则是现代营建法规体系的建立。

民国初期,昆明在执行中央各项建设立法的同时,也积极编制地方性建设法规。其代表性法规是1923年制定的《昆明市建筑条例》。当时,由于昆明市大兴土木,为了保证城市建设的顺利进行,于是制定了《昆明市建筑条例》。该法规明确规定,凡在市区建盖、改造、修理、拆卸公私建筑物,必须首先向市

---

① 云南省志编纂委员会编:《续云南省志长编》上册卷三十二,1986年,第1119页。

② 见董修甲:《市政问题讨论大纲》,青年协会书局,1929年。

③ 陈念中:《关于我国造就人才的方法》,载于董修甲《市政问题讨论大纲》,青年协会书局,1929年,第298页。

④《昆明的都市计划与市政》,载《昆明市声旬刊》。

⑤ 张维翰(1886—1979),字季勋,号莼沤,云南大关人。1922—1928年先后出任昆明市政公所会办、督办。

⑥ 袁观澜(1866—1930),名希涛,字观澜,又名鹤龄,江苏宝山城厢人,民国时期教育家。

⑦ 见《袁观澜演讲昆明市政(选载)》,载《浙江警察杂志》第86期。

政府工务局提出申请，同时附送该建筑的相关文件(包括建筑物的面积、使用目的、产权证明、建筑图纸、计算书等)，经过核准后，交费领照方能施工。此外，国民政府于1929年颁行《技师登记法》以及昆明市政府1933年制定《建筑条例》和《建筑工程承揽人登记暂行规则》(共七条)。上述建筑法规的陆续出台，以法律的强制力极大地推动了昆明营造业的近代化转变。

抗战时期的昆明，为保证城市建设的顺利进行，制定和完善了部分相关的建设法规。如1938年12月，国民政府立法院出台《建筑法》，对建筑许可、工程图样和说明书的绘制内容、建筑建设的界限范围、建筑的管理做出具体规定。(图2)1939年3月经济部颁布《管理营造业规则》，同年5月云南省政府训令昆明市政府施行。1942年制定了《昆明市建筑规划》《昆明市建筑细则》，明确规定了不论公私建筑，在建设时都要委托在本市登记注册的技师和营造厂承担设计和营造。在申请建筑执照时，要送地形图及建筑物的各型图。并在建筑施工时，还要将经过批准的建筑图悬挂于施工地点，以利于行政当局随时派人检查。施工完成以后，建设方必须报请政府当局派员“复勘”，经认可后建筑施工方的工作才能结束。后又于1945年4月，云南省建设厅根据内政部公布的《建筑师管理规则》，制定了《云南省建筑师开业登记办法》，进一步完善了昆明营造业行业技术管理法规体系。

图2　国民政府《建筑法草案》原始文件封面①

三、现代施工与设计制度的确立

(一)营造厂

晚清时期，受滇越铁路等建筑活动的影响，昆明本土的施工机构逐步从分散的、游弋的、行帮的组织向比较集中的、具有资本主义性质的企业和行业转化。这些施工机构是由剑川、玉溪等地来的木工和泥瓦匠开设商铺发展而来，被称为“建筑商号”。最早的一家商号是成立于清朝光绪十六年(1890)的“茂源泰”。清朝光绪和宣统年间，昆明进行登记的建筑商号有十二家。到1911年，发展到十四家(表1)民国初年，“商号”的经营方式逐渐转变，开始具有营造业厂商性质。至1920年，昆明的营造业厂商已有十四家。

表1　清末昆明建筑商号②

建筑商号	业主姓名	籍贯	所在地	资本金额(元)	成立时间
茂源泰	赵美	昆明	莲花池	9000	清光绪十六年
荣森祥	张开炳	昆明	东门城脚	15000	清光绪二十年
裕兴行	刘国庆	昆明	牛角坡	10000	清光绪二十四年
大成号	曾大成	四川	大东门外	3000	清光绪二十五年
凤鸣昌	陈凤鸣	四川	钱局街	7000	清光绪二十八年

① 见李海清:《中国建筑现代转型》，东南大学出版社，2004年，第291页。

② 根据云南省方志编纂委员会:《云南省志·城乡建设志表》，云南人民出版社，2003年，第89页表3-1:昆明注册建筑商号表整理。

续表

建筑商号	业主姓名	籍贯	所在地	资本金额(元)	成立时间
春发祥	李发春	曲靖	大兴街	8000	清光绪二十九年
文昌祥	吕文郎	昆明	东庄	5000	清光绪二十九年
炳兴祥	王炳清	昆明	财政厅街	6000	清光绪二十九年
瑞云生	瞿云章	玉溪	大西门外	9000	清光绪三十年
顺昌茂	丁国顺	昆明	东庄	3000	清光绪三十二年
嘉利行	布嘉宾	嵩明	南门外	6000	清光绪三十三年
裕昌隆	张济昌	昆明	白鹤桥	12000	清宣统三年

1928年后,中央政府陆续出台的建设法规进一步规范营造厂的发展。特别是1939年颁行的《管理营造业规则》对"营造业"给出了具体定义:特指经营建筑与土木工程之营造厂、建筑公司及其他同类厂商。同时要求各营造厂需登记在案,依法登记包括地址、经理人或厂主姓名、主任技师、资本数额及内部构成、业务范围等信息。此外,将营造厂分为甲、乙、丙、丁四个等级,各等级对应不同的申请条件和工程数额上限。其中甲等营造厂要求的资本数额和申请条件最高,其他等级的营造厂申请条件依次递减。同年7月14日,要求统一营造业登记申请书、登记证、登记表、保证书格式,由此在云南全省范围内实行营造业的统一管理。在《营造业登记簿》上除需要填写上述基本信息外,还需要对担保人资质以及证明文件严格审查。如变更组织者、资本数额、代表人等情况下,均应申请重新登记。但是,当时的物价上涨极快,原本《管理营造业规则》中对各等级的营造厂商的登记资本数额、承办工程数额,都因物价上涨而与市场有较大落差,于是内政部对此进行了修订,并在1944年1月颁布《修正管理营造业规则》。至1946年,经济部进一步出台了《营造业、建筑师条例及实施细则草案》。

此外,抗战爆发后,上海、南京等地的一些营造厂商内迁至昆明,开业承揽工程,带来了先进技术,也培养了一批新型的建筑技术工人,使昆明营造业取得很大发展。据估计,当时由沿海地区(主要是上海)迁来的建筑工人和技术人员当在二万以上。[①]包括陆根记、均记、公记、吴海记、安森记等营造厂,以及西南、大同、锦城等建筑工程公司,还有华青、中联、永安等安装公司在内,施工机构共计百余家。1940年至1943年,共有二百二十八家营造厂登记,其中只有四家登记为乙等营造厂,其余全为甲等。甲等营造厂中有著名的陆根记营造厂、朱森记营造厂、上海信昌营造厂、西南建筑公司等,其中影响力最大的是从上海迁来的陆根记营造厂。陆根记营造厂于1938年在昆明设立分厂,承揽多项重要工程。但是,抗战胜利以后,许多营造厂迁回内地,到1949年,登记在册的营造厂仅剩十九家。在内迁营造厂的影响下,云南本地营造厂得到了快速的发展,如当时著名的包工头赵培仁与基泰工程司的张以文合作,成立了新华造厂。又如成立于1943年的官办济仁营造厂是由"云南救济院"出资,所用之工多为救济院收容的人员,人数最多时达千余人,曾先后修筑了晓东街马路、省政府办公用房等工程。

(二)职业建筑师

晚清至民国初期,昆明并无职业建筑师,建筑设计及工程管理的职责主要由工匠或受过专业学习的官员承担。较为典型的是云南讲武堂主楼的设计者李守先以及东陆大学主楼会泽院的设计者张邦翰。[②]我国最早留学国外的一批建筑师,在1928年左右先后回国,主要集中于上海、天津等沿海大城市。此时的昆明,虽有个别出身于土木工程专业的工程师在建筑工程中履行建筑师的职责却称不上是职业建筑师。昆明最早的一家建筑师事务所是1933年在《民国日报》上登载广告的刘治熙建筑师事务所,既承担设计也包揽施工。1937年,基泰程师事务所的代表张以文工程师来昆明,指导由基泰工程司事务

---

① 见蒋高宸等主编:《中国近代建筑总览·昆明篇》,中国建筑工业出版社,1993年。

② 李守先(1878—),字继孟,汉族,云南泸西县人。1904年9月考取官费生,赴日本留学,先入经纬学堂学习日语,后入路矿学堂学基础课。1905年考入日本工业学校,攻读土木建筑工程专业,并入日本岩仓铁道学校,兼修铁道勘测设计,还曾在日本东京早稻田大学进修过法律和经济学。1907年毕业被电调回滇,参加云南建设,负责讲武堂的建筑设计和施工。1915年至1916年,护国战争胜利后,李守先在云南省政府实业司、民政司、政务厅等单位历任参事、技正及机械制造所所长等职。1919年至1922年,李守先被委任云南陆军讲武堂监修委员、护国战争胜利纪念建筑群护国门、护国桥、护国路的设计建筑专员。在此期间,李守先参与了多项建设项目,他被委派勘测修建铁路。

所设计的昆华戏院的施工，是第一个由外省来昆明的设计人员。

全面抗战爆发后，从上海等地陆续迁来昆明的设计人员增多。其中包括童寯、徐敬直、李惠伯、虞炳烈、赵深、夏昌世等著名建筑师，还有营造学社的成员。同时，从1938年起建筑师设计事务所纷纷成立，其中包括：兴业建筑师、华盖建筑设计事务所、公利工程司、基泰工程司、兴华工程司，以及个人开业的邹惠生、潘东来、李华、邬懋林、吴廷芳等建筑师设计事务所。1943年4月云南省建设厅根据内政部公布的《建筑师管理规则》于同年8月制订了《云南省建筑师开业登记办法》。法规中对建筑师职责进行规定：建筑师负责一切建筑上的事宜，例如预拟建筑方略，进行草图计划、投标图样、编造营造说明书和各种合同条例，供给大小详图，发给承包人领款凭单。至此，职业建筑师制度在云南得以完全落实。至1948年，在昆明登记开业的建筑师事务所已有十九家，其中以基泰工程司事务所、华盖建筑师事务所、兴业建筑师事务所最为知名。（表2、图3）

表2　抗战时期昆明主要建筑设计机构及其所设计的现代公共建筑[①]

建筑设计机构	公共建筑项目
兴业建筑师	五华山光复楼、光明大戏院、中央银行营业部、交通银行、西园别墅、云南人企公司办公楼等
华盖建筑设计事务所	南屏电影院、重庆银行、益华银行、劝业银行、昆明银行、聚兴诚银行、南菁中学、谊安大厦等
基泰工程司	昆华医院住院部及小礼堂、矿业银行、华汇银公司大楼、云南信托公司等
兴华工程司	金城银行，兴业银行、农民银行、农工银行、华汇大楼、祥云电影院、国庆大楼、圣光疗养院等
公利工程司	中国银行、上海银行等

图3　抗战时期昆明现代主义建筑[②]（图注：1.1944年昆明街景；2.大光明戏院；3.1940年代南坪影院室内；4.汇康百货大楼；5.南屏街口的昆明银行；6.南屏电影院）

四、现代建筑教育体系的创办

从清末到民初，“中国濒年多难，学务废弛。大学教育不发达，遂致人才缺乏，文化未兴。感此痛苦，西南各省为甚，而滇中为尤甚”[③]。护国运动后，为适应云南政治、经济、文化发展的需要，创办大学以培养建设人才成为云南的当务之急。事实上，早在1915年云南省政府就计划设立大学，但因时局影响未能实施。1918年滇川黔三省合议设立联合大学，因经费无着也未能办成。1920年云南省长唐继尧慨然

① 见杨秉德：《中国近代城市与建筑·昆明篇》，中国建筑工业出版社，1993年。

② 见龙东林编著：《昆明旧照：一座古城的图像记录》（上下册），云南人民出版社，2003年。

③ 和丽坤：《云南大学溯源》，《云南档案》1998年第6期。

创议捐资私建大学，又因政变而辍。1922年唐重主滇政，认为“民治政治，如实业、教育、交通及一切庶政，在需要专门人才，方克有济。此专门人才，更非由大学以造成不可”[①]。于是请王九龄、董泽负责筹备，由创办人及滇中各界人士捐助款项，择地前清贡院，面积七十五亩三方丈。1922年9月1日成立建筑事务所举建校舍，12月8日，以创办人唐继尧的别号“东大陆主人”为名，以“发展东亚文化，研究西欧学术，造就专才”为宗旨的私立东陆大学正式宣告成立。拟自1923年3月先招预科生四班，共计二百名，以后逐年添招，按级升进。分文、理、法、工、农、商、医七科。先开办文、工两科，文科分政治、经济、教育三系，工科分土木、采冶二系。云龙主政云南后，为谋本省教育之改进，经省政府议决于1930年将私立东陆大学改为省立东陆大学，1934年9月呈请省政府转咨教育部，遵照教育部令更改校名为“云南省立云南大学”。1938年，学校由省立云南大学改为国立云南大学。从私立东陆大学的建立到国立云南大学的完善，其间土木系为云南的建设、发展造就了大量的专门人才，据云南大学档案显示1928—1946年共毕业181人，对云南本土现代建筑教育和营造业发展起到了极大的推动作用。

五、结语

正如赖德霖先生所总结的：“在中国历史上，作为物的建筑从未具有近代时期那样的多样性，作为学科的建筑从未具有近代时期那样的科学性以及跨学科关联的广泛性，作为专业系统的建筑从未具有近代时期那样的重要性，作为公共话语的建筑也从未具有近代时期那样的社会性。这种种新旧的差异构成了近代建筑的‘近代性’。”[②]近代中国建筑的转型，不仅仅是建筑形式与功能的“西化”，而是上述各个方面所构成的建筑体系的整体变革。在此过程中，营造业的现代性制度建构成为营造业近代化转变乃至城市与建筑近代转型的关键因素。对于西南边疆省会城市昆明而言，营造业的现代性制度建构过程既包括中央政策自上而下的承接，也包括地方性的探索和实践。上述中央与地方的互动构成了昆明营造业近代化变迁的主要动力，并使昆明营造业的近代变迁与地方自治、现代民族国家的建设密切关联——既是社会近代转型的必然结果，又是实现社会近代转型的重要工具。

---

① 唐继尧：《东陆大学开学典礼的致训词》，1923年。

② 赖德霖：《中国近代建筑史研究》，《建筑史》2007年前言。

昆明地区抗战时期的建筑实践概况初探(1937—1945)*

昆明理工大学 唐莉

摘 要:抗日战争时期的建筑实践是在物质环境极其受限下的艰难探索。本文基于文献搜集、图档研判、实地踏勘以及对比研究等方法,关注昆明战时建筑实践的物质属性、社会属性与专业属性,试图挖掘战时后方城市建筑活动的整体图景,探讨活动主体在后方城市的建筑设计思维的转变,分析其建筑选材与结构之逻辑关系,以及本土传统建筑体系与现代建筑体系在结构合理、空间合用以及建筑易建三方面互补的可能性。对比战前建筑设计对传统模式“再现”的追求,战时建筑建造探索支持并影响了中国本土性现代建筑走向自立,对寻求“文化自信,自主创新之路”的今日,具有理论意义与现实意义。

关键词:昆明;抗日战争时期;战时建筑;设计策略;中国近现代建筑本土化

一、昆明战时建筑业的发展

昆明作为云南省的省会,地处滇越铁路与滇缅公路沿线的交叉点上,是我国西南地区最重要的城市之一。1937年之后,内地各行各业开始纷纷涌入昆明,使得昆明人口骤增,造成严重的房荒。于是就出现了前方在打仗,作为后方重镇的昆明却在大兴土木的现象。在物质技术条件及其艰苦的战争环境下,却掀起了一场昆明近代时期规模最大、服务对象最广、设计与施工水平最高、设计思路最新,且具有一定特色的建筑活动高潮。1945年抗日战争胜利,人口大量回迁,昆明本地的建造活动也逐渐“正常化”。

中国近代建筑史研究日渐昌盛,近十年呈现出繁荣多元的研究图景①,积累了比较丰富的理论和实践经验,取得了一定的成绩。在中国近代建筑历史研究起步较晚的大背景下,是非常难得的,尤其是部分代表人物在各自的研究领域内做了很多基础性工作。②在中国建筑市场进入存量时代的背景下,中国近代建筑史研究日渐繁荣,开始重视近现代建筑史研究的连续性、全景性。现有研究的时空谱系具有断裂性,主要集中在对抗日战争爆发前的中心城市(政治、商业中心城市等)的近代建筑遗产的关注,缺少对抗日战争时期后方城市建筑活动的系统探讨。③

仅仅在1937至1945年的8年间,昆明在金融建筑、旅馆建筑、工业建筑、教育科研建筑、文化娱乐建筑、会堂建筑以及居住建筑等建筑类型上留下了雄厚的战时建筑遗产。(现存实例43处50栋,见表1)同时本文已经从档案馆藏及私人收藏统计相关原始建筑图纸300余张,相关文档2000余份,为本文的研究提供了得天独厚的条件。

---

* 云南省教育厅科学研究基金项目(2022J0057);云南省基础研究专项-青年项目(202101AUO70146)。

① 见赖德霖、伍江、徐苏斌:《中国近代建筑史》(共5册),中国建筑工业出版社,2016年;清华大学建筑学院:《中国建筑史料编研(1911—1949)》(全200册),天津人民出版社,2021年。

② 见刘亦师:《从个案积累到领域拓展:中国近代建筑史研究深入的若干可能》,《建筑师》2020年第1期;William Logan, *Keir Reeves. Places Of Pain And Shame: Dealing With 'Difficult Heritage' (Key Issues In Cultural Heritage)*, [日]Routledge, 2009;藤森照信、张复合:《外廊样式——中国近代建筑的原点》,《建筑学报》1993年第5期;汪坦主编:《第三次中国近代建筑史研究讨论会论文集》,中国建筑工业出版社,1991年;汪坦、张复合主编:《第四次中国近代建筑史研究讨论会论文集》,中国建筑工业出版社,1993年。

③ 见蒋高宸等主编:《中国近代建筑总览·昆明篇》,中国建筑工业出版社,1993年。

表1　昆明现存战时建筑一览表

建筑类型		现存实例
工业建筑	无线电台	昆明国际无线电支台旧址(团山发信台旧址、红庙收信台旧址)
	广播电台	昆明广播电台发音室旧址
	电缆厂	中央电工器材厂一厂旧址
	钢厂	中国电力制钢厂旧址
	机器制造厂	茨坝中央机器制造厂旧址
	飞机制造厂	第一飞机制造厂装配车间旧址
	水泥厂	云南水泥厂立窑
公共建筑	科研建筑	凤凰山天文台近代建筑、一得测候所
	教育建筑	国立西南联合大学旧址
	纪念性建筑	抗战胜利纪念堂、酒杯楼东楼、酒杯楼西楼
	军事建筑	巫家坝机场旧址民国时期候机楼
	金融建筑	劝业银行(南屏街63—75号,南屏街66号除外) 飞虎队军人俱乐部(宝善街179号)
	办公建筑	军管会货运楼、五华区光华街56—64号 云南省核工业商务楼(东风西路176—182号)
	领事馆	崇仁街3号别墅(原抗战时期美国驻昆领事馆)
	商业建筑	温泉宾馆三号院一号建筑
	娱乐建筑	南屏电影院
居住建筑	名人旧居	闻一多、朱自清旧居 北平研究院物理研究所严济慈、蔡希陶旧居 震庄历史建筑群 温泉卢汉别墅、温泉杨氏别墅、温泉裴氏别墅、温泉孙氏别墅、温泉袁氏别墅、温泉严氏别墅 梁思成、林徽因旧居 北京路石房子 中国远征军将官住所旧址(紫园) 西园 巡津新村裴氏楼5号楼
	普通住宅	正义路四通巷3号、巡津街市委3号楼、宝善街171—173号、宝善街175—177号

二、前置条件——战时昆明地区建筑实践的物质属性

中国本土性现代建筑之所以具有某种“本土性”的根本动因就是所在地的客观环境因素,建筑被所在地的地形、气候、物产、交通、经济以及基于“性格地图”的建筑工艺水平等客观环境条件赋予并限定[①],在限定的条件下如何建造是影响设计主体决策的至关重要的设计思维,对建筑活动而言,所在地环境的物质性具有难以抗拒的前置性。[②]然而相较于建筑设计形式探索及理论搭建,关于孕育建筑的物质基础条件的研究是极其匮乏的。1940年昆明建筑材料的需求随着内迁人口的剧增也逐渐攀升,其中砖瓦窑数目从战前的80座扩充至220座、石灰窑发展至140座、木材产区5处(木料行93家)、石料产区3处(石料铺6家)。

抗战时期昆明砖瓦窑分布地点以靠近市场为原则,其中观音山一带的窑区因为可以通过水道(由昆明篆塘玉草海,经高砣)运输,成本最低,其余砖瓦生产区距离昆明约10千米,通过马驮人背运送至建筑工地。据统计,1940年昆明每月销砖650万块、瓦450万片。战时昆明的主要木材产地集中在周边县城的攻山、大青山、长松园、狮子山以及美女山等,以青松、沙松及冬瓜木为主,通过汽车、牛车或者马驮人背至昆

① 见李海清:《再探现代转型——中国本土性现代建筑的技术史研究》,中国建筑工业出版社,2020年。

② Haiqing Li, Denghu Jing. “Structural Design Innovation and Building Technology Progress Represented by a Hybrid Strategy: Case Study of the ‘Wartime II’”, *International Journal of Architectural Heritage*, 2020, 14 (5).

明。石灰的制造以青麻石为原料，昆明附近主要石灰产地为滇越铁路水塘车站的平凹口、西山龙王庙两处为主，其中水塘石灰通过人力挑到车站，由滇越铁路运至昆明。西山龙王庙所产石灰通过装船运至昆明。昆明建筑所用石料多取自西山、海口豹子山、呈贡石山，通过水路均可到昆。而建筑所需水泥、钢铁（如钢条、钢板、钉等）、玻璃等材料，一直靠外来法商洋行供应，至1947年时昆明钢铁及水泥厂数量仍屈指可数。对战时昆明地区的主要建筑产业进行调查，是研究战时建筑设计、技术、建造等的选择内在逻辑的基础。

战时后方城市建筑的发展，是现代建筑在建筑物质环境的“逼迫”下，采用地方性建造模式创造出具有现代使用功能的空间，所以对所在地物质环境的关注是研究战时建筑设计、技术、建造等选择的内在逻辑的基础，在理论研究上具有必要性。本课题聚焦抗日战争时期中国后方“战时建筑”设计实践与建造策略，基于文档调研、田野调查，通过描述战时建筑普遍采用的材料、结构、构造和施工技术等，明晰其建造模式的选择逻辑。

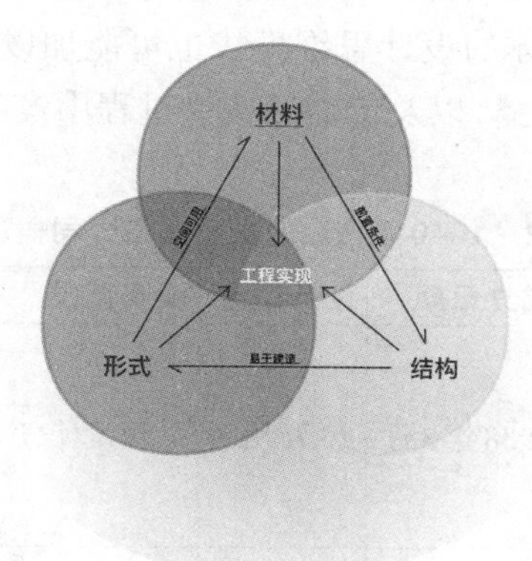

图1

由于特殊的地形、气候、工业生产、工业技术等总体情况的限制，那些在沿海城市率先使用的先进建筑材料如水泥、钢铁及玻璃等并不是战时昆明建造活动的首选。据课题组调查，昆明的水泥、钢铁（如钢条、钢板、钉等）、玻璃等材料，一直靠外来法商洋行供应，至1947年时昆明钢铁及水泥厂数量仍屈指可数。在昆销售的新建筑材料皆为法国在安南（现越南）生产，经过海防（越南北方最大港口）运入云南，价格昂贵，1939年后欧战爆发，滇越铁路运输紧张（滇缅公路线路过长），各钢材供应国生产受限，水泥及钢材价格亦暴增，且运输入滇更是十分困难，这与战时建筑要求的低成本快速建造是背道相驰的。

一旦有合适的外部条件时，完全不使用水泥和钢材的建造模式就会盛行，如传统的建造技术在战时建筑活动中常与西式结构体系混合使用。因为穿斗木架多柱落地难以形成较大的无柱空间，而三角桁架加斜撑的复合屋架则较少有落地的竖向构建，使室内空间合用及结构合理，如昆中北院新建课室、食堂。在墙体构造上，墙最下部分采用毛石垒砌及毛石大方脚，上承木柱及土砖墙，这种混合策略在战时昆明的建筑活动中常被使用。

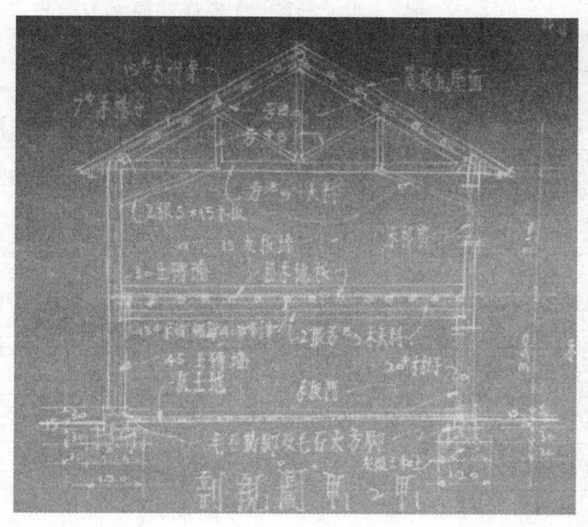

图2

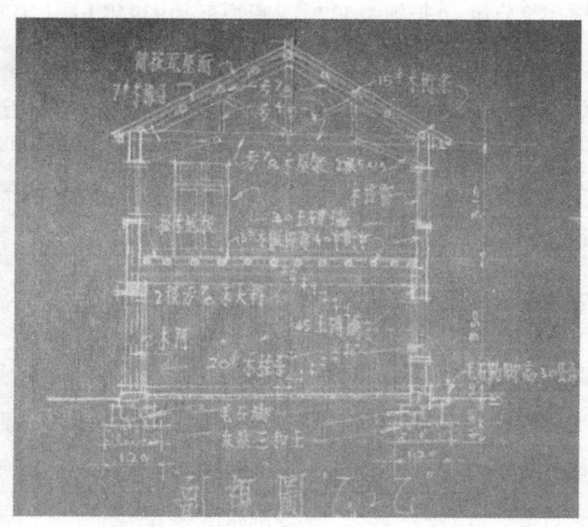

图3

三、活动主体——战时昆明地区建筑实践的社会属性

建筑是由人来研发、使用和改进的，其主体性的一面不应该被研究者所忽略。从建筑的物质生产属性看，建筑活动主体可以分为设计主体（designer）及生产主体（constructor/producer），其合作和博弈深刻影响建筑活动的目的。抗日战争爆发前的昆明市内兴建房屋较少，营造厂更是凤毛麟角。在抗日战争时期，大量人口内迁，为后方城市带来房荒的同时，也带来了先进的建筑思想。仅仅在1937—1945年的8年间，活跃在昆，登记在册的建筑师有42名，建筑事务所26所（表2）。其中自1940—1943年间，从上海、南京、天津、武汉及西安一带迁入昆明新设228家营造厂登记在册（甲等224家，乙等4家）（表3）。

战时的昆明已经成为中国近代建筑历史发展的前沿城市之一，在这一时期内产生的设计及建造思想是无可回避的重要研究对象。因为即使是同一设计/生产主体、相似建筑类型和业主，因气候、经济、工艺或其他外部客观条件不同，其具体的设计思维模式也可能加以区别对待。因此检视一种起源于西方建筑思想如何在中国"后发地区"传播，以及传播的接受过程中产生怎么样的调试、增减和有意无意的误解等，极富历史张力。

表2　1940年在昆的主要建筑公司概况

名称	地址	建筑师	成立日期	注册资金	业务范围	主要工程
基泰工程司	同仁街133号	关颂声 关颂坚 梁衍 杨宽麟	1938年3月	20万元	工程设计、建工	省立昆华医院、中央防疫处、中央银行底裤、云南监务管理局、中法大学校舍等
昆明营业公司	护国路	徐敬直 奚福泉		8万元	土木工程	新住宅区、纺纱厂、中国银行、交通银行、四川省银行、四川美丰银行、浙江兴业银行、新华银行、联合仓库、蚕丝厂、水泥厂、昆明大戏院、富滇新银行、中央研究院工业研究所与化学研究所
华益建筑师事务所	一扯田10号	赵深	1938年	5万元	工程设计及工程建筑	太和酒店、兴文银行、南屏大戏院、大观新村
温泉营业公司	温泉新村	沈星照	1939年2月	3万元	土木工程	温泉新村各建筑
中国银行建筑课	护国路中国银行	吴景奇	1939年	5万元	土木工程	中国银行各建筑工程
华启顾问工程师	正义路孝子坊巷4号	江可仁	1939年			
炳耀建筑公司	护国路322号	卢炳玉	1939年1月	20万元	卫生设备与电器工程	新住宅区、金碧别墅、中央研究院、昆明大戏院、监务管理局之卫生自来水设备
大华水电公司	同仁街115号	刘瑞棠	1939年1月	5万元	卫生设备与电器工程	新住宅区、金碧别墅、昆明大戏院、南屏大戏院、邮政局包裹房之电气工程

表3　1940年代在昆明设立营造厂概况

名称	负责人	资本	名称	负责人	资本
建业营造厂昆明分厂	江元仁 王坤生	10万元	炳耀建筑公司	卢炳玉	20万元
新金记营造厂	康金宝		弘毅建筑公司	黄春成	5万元
公记营造厂	张振声	10万元	西南建筑公司	夏公模	5万元
钧记营造厂	姚克钦		汇隆营造厂		
建安营造厂	蔡叔楷		周永记营造厂	周永久	5万元

续表

名称	负责人	资本	名称	负责人	资本
志康营造厂	蔡志康	5万元	万达营造厂	纳福祥	10万元
孟泰营造厂	陈树门	5万元	华屋建筑工程处	普东善	10万元
新合记营造厂	孙德辉	5万元	协泰营造厂		
鹤记营造厂	卢锡麟	5万元	信昌营造厂	李世昌	10万元
开泰营造厂	林文端	5万元	大亚建筑公司	邬懦	1万元
陆根记营造厂	陆根泉	20万元	华安建筑厂	张中柱 吴光汉	5万元
永泰营造厂	顾卓庭	10万元	上海协记建筑公司	叶为铭	5万元
朱森记营造厂	朱自亭	5万元	振业建筑厂		
利源营造厂	姚雨	5万元	上海建筑公司	舒智	5万元
利华营造厂	陈春华	2万元	复土营造厂		
扬子建筑公司	高鉴	5万元	新亚建筑公司	关松如	5万元
锦地建筑工程办事处	贺？第	20万元	景记建筑测绘工程事务所	朱宝鉴	5万元
魁记营造厂	祝魁纲	5万元	华屋营造厂	张家贵	5万元
唐金记营造厂	唐金麟	5万元	泰安建筑工程处	丁民安 刘应权	5万元
协丰营造厂	黄志成	5万元	宝盛祥		5万元
福华营造厂			中华营造厂		5万元
大昌建筑公司	施嘉干	20万元	大华营造厂	？翰西	1万元
光华营造厂	顾维新	5万元	厚生建筑公司		10万元
安森营造厂	施全福	3万元	永华工程处		5万元
建隆营造厂			建筑华屋工程处		5万元
中大建筑公司	赵协元	5万元	大陆建筑公司	周逸夫	5万元
新新建筑公司	吴顺槐	5万元	东华建筑公司	李石林	5万元
永安营造厂	王柱延	10万元	新兴记营造厂	卢云靖	10万元
顺记营造厂	孙慧春	5万元	益泰营造厂	陈树门	5万元
昆华建筑公司	马俊珊 徐名标	5万元	运隆营造厂	曹万鹤	10万元
新华营造厂		5万元	两仪营造厂	顾桢之	10万元
中华营造厂	周景唐	5万元	依业营造厂	朱景高	3万元
吴海记营造厂	陆鸿棠	5万元	兴安营造厂	孙玉生	5万元
汇陆营造厂	余泽生	5万元	南华营造厂		10万元

四、建造模式——战时昆明地区建筑实践的专业属性

在限定的条件下如何建造，是影响设计主体决策的至关重要的设计思维。昆明战时民间建筑在建造工序、建造周期，以及建造成本等方面的智慧，为建筑选材—结构方面与西式房屋结构结合的混合提供了可能性。昆明作为“后发主动受容型”城市，1938年时仅在城内正义路—金碧路一带的商业区及大西门外学校区有少量西式房屋外，其他均是中式房屋，以“三间两耳”式布局为主，采用穿斗木架，墙脚用毛石填充，墙体常采用青砖、土砖(泥土+草筋)、夯土、木板等一种或多种混合材质(如金包银的做法)，屋面有筒瓦屋面及山草屋面两种。昆明传统建筑建造策略具有成本低、建造快的特点，这为战时建筑提供了的可能性。

基于建筑社会的生产背景而言，与建筑实施过程及实际建成质量密切相关的两点是建筑设计与建造模式。在建筑活动中这两类模式往往是二元分离，各自独立，然而在具体的建筑生产活动中，设计主体为了工程实现必须综合考量建筑形式、选材、施工难度等内容的关系。在抗日战争时期的后方城市，建造模式内部各专业之间的张力特别显著。因为抗日战争时期，后方城市建筑材料供应不足，不得不就

地取材回应急迫现实需要的建筑基本问题，即均衡建筑空间是否可用、结构是否合理、工程是否容易建造。

五、总结

“中国近代建筑史”研究进入21世纪的第二个十年之后迎来了快速发展期，但是在研究对象的时空谱系上具有断裂性，主要集中在对抗日战争爆发前的建造活动的关注，相较之下战时中国后方城市建筑的系统研究则属于亟待开垦的荒芜之地。本研究以抗日战争时期的后方城市建筑活动为研究对象，以人物、材料、结构、工业化等为主要着眼点，构建战时建筑设计及建造策略模型，将战时建筑置于长时段的中国现代建筑发展脉络中加以考察，由此明晰战时建筑在中国本土性现代建筑的发展过程中的历史意义、理论价值与现实意义，将大大扩展中国近代建筑史研究的深度与广度，丰富中国现代建筑发展过程中的地区差异研究。

“富民阶层”的出现及其对区域历史文化聚落再生的触发

——基于云南省红河州近代社会变迁史的探讨*

厦门大学　杨华刚

烟台大学　刘馨蕖

厦门大学　王绍森

摘　要：历史文化聚落不纯粹是散落于大地空间的单元点，也是地区社会民众行为嵌入在特定时空环境中的一段生命史。研究认为伴随着政权统治力量在近代红河区域开发建设中主导权的旁落，富民阶层依托其资本贸易和传文兴教而逐步获得参与权，并成为区域聚落开发的动力层和主导层。富民阶层的介入和主导背后反映出来的是资本运作体系和区域市场机制已经深刻地参与到历史文化聚落再生成及其形态结构塑造中，并依托事件主体与时空要素融合、区域市场机制与价值链体系、自反性机制与地缘社会建构三种机制实现了近代红河地区历史文化聚落再生的触发。

关键词：云南红河州；富民阶层；历史文化聚落；社会变迁史；触发机制

目前“民”的研究更多属于人类学或社会学等范畴，而当代建筑学则对其关注较少，一方面跟建筑学更多聚焦于物质形态研究密不可分，也与建筑学跨学科研究边界亟待拓展有关。基于民众行为或社会变迁突破了聚落的地区局域、跨时空限定，实现了历史文化聚落研究视角的时空迂回与跨越叙事表达。

云南红河地区的历史发展进程经历了多次的民众迁徙，并彻底改变了区域民族主体构成和社会生产关系网络格局。在红河地区历史文化聚落生成与发展历程中，伴随着富民阶层的出现和介入，近代红河地区历史文化聚落再生呈现出一个持续寻求地域空间关系适宜性的能动行为配置过程态势。本文以“民”的演变来探索红河地区富民阶层的成长脉络以及近代社会发展变迁的历史主线，挖掘红河地区区域历史文化聚落的生成主线，通过梳理富民阶层介入情景下历史文化聚落的生成与发展，解构富民阶层对区域历史文化聚落再生的触发机制。

一、“民”的概念及其在云南红河地区的流变

（一）“民”的概念及其相关论述

在语言学词汇考据中，“民”有多重范围界定并具有不同内涵。从国家主体构成来看，“民”指的是以劳动群众为主体的社会基本成员，故说“民惟邦本”；从从事工种来看，“民”是职业身份的界定概念，《谷梁传·成元年》记载“古者四民：有士民，有商民，有农民，有工民”[①]；从居住形态来看，“民”指的是达成一定规模和稳定程度的“聚集群体”，《说文解字》曰“民，众萌也。言萌而无识也”[②]，《说文解字注》有“兴锄利萌”[③]的说法，认为“民”是众多懵懂无知、集聚在一起从事集体耕作的群体；从文化信仰来看，“民”指的是经长期发展在文化、语言、历史等方面形成的区别于其他人群的稳定共同体，如汉民、回民等。通过梳理不难发现，“民”作为一个相对概念，具有阶级属性和政治引申义，泛指无官制、无特权的普通民众；同时“民”作为一个人类学概念，指代以劳动群众为主体的社会基本成员及其集聚群体。

* 中国加拿大合作项目：Mitacs Globalink Research Award（IT14936）。

① （晋）范宁集解，（唐）杨士勋疏，夏先培整理：《春秋谷梁传注疏》，北京大学出版社，2000年。

② （东汉）许慎：《说文解字》，中华书局，1963年。

③ （清）段玉裁：《说文解字注》，上海古籍出版社，1981年。

(二)红河地区"民"的生成与"富民阶层"的出现

红河地区"民"最早可追溯至"藏彝走廊"南下的氐羌族群、"南岭走廊"西迁的百越族群和东南亚北上的百濮族群三大族群[①],是西南地区的首次跨地区族群交流,而今云南地区的彝族、白族、哈尼族、土家族等都与此族群迁徙具有某种程度的延续关系。《红河县志》记载:"2000多年前,少数民族先民就在境内土地上生息……唐(南诏)时期,官桂思陀部、铁容部等部落崛起。宋(大理)时期,被列入'三十七部夷'。明洪武年间,正式在境内建立世袭土司制……为云南边疆诸县土司较多的地区之一。"[②]随着蒙古征滇(1253)和明初沐英入滇(1381)等军事征伐和移民屯边开启了云南地区第二次跨地区族群交流,大批中原汉民不断迁入红河地区并最终彻底改变了当地族群结构,汉族逐步取代少数民族成为红河地区的主体民族。汉族移民聚落以军屯、商屯等形式,依托卫所、交通干线等向传统少数民族聚居区和边疆地区拓展推进,逐渐演变成新的汉族移民区。[③]历经千余年发展,红河地区"民"形成了多元民族大杂居、小聚居的并存局面,呈现出族群扩容、规模扩张、结构多元和边界交叠的发展特点。

富民阶层是指中唐至明清时期逐渐崛起并持续发展壮大的一个新的社会阶层,作为一个重要的财富力量崛起并不断壮大成长,成为主导社会的动力层、中间层和稳定层。[④]随着富民阶层的出现,打破了传统社会"民"的存在状态并使其分化和重组,红河地区富民阶层出现相较于中原地区较晚且存在时间也短。随着明清时期移民迁徙安居后民间私人资本积累,同时地方原始经济向商品经济转变、矿冶开采及其附属工业体系、茶马古道、殖民资本入侵等活跃地方社会经济形态,社会财富的分化和集中致使红河地区"民"的分化和富民阶层的产生,其主要出现时间约在清朝中晚期,民国后期随着这些"富室""大户""望族"的衰败,也标志着富民阶层的解体及其市民化的转变。

(三)红河地区"富民阶层"的成长脉络与发展特征

尽管红河地区富民阶层的发展历程较短,却与北方中原地区具有高度的一致性并镶嵌于地区发展而呈现出自我特色。从社会阶层看,红河地区富民阶层仍属于"民"的社会范畴,有财富而无政治权力并以"大户""富室""豪门"等形态存在;从社会经济看,富民阶层通过筑屋置地、工商贸易等成为社会经济的重要群体和参与者,并依托盈实财富和经济关系保持阶层独立和持续稳定;从基层治理看,富民阶层作为社会民间财富的主要拥有者也是国家赋税、徭役等主要承担者,依托其建立的经济生产和商贸体系是社会商品生产、贸易、流通的推动力量,作为民间乡绅、地主或望族等是社会基层治理的中坚力量。从基层文教看,富民阶层依托教育传家、传文兴教等文化方式向士绅群体转变以获得社会身份和话语权,是基层社会重要的精神文化支柱。总体而言,经济财富和文化教育是红河地区富民阶层生成、发展和成长的资源优势和属性特征,围绕富民阶层的演变为红河地区重构和社会变迁做出了很好诠释。

二、红河近代社会变迁的主线及其与区域历史文化聚落的关联

(一)红河地区近代社会发展变迁的几条历史主线

回看红河地区近代社会的发展变迁,虽与中原一脉相承但也因其地处边疆僻远而呈现出时空发生晚、社会演变间效短和相关要素叠合重的个性化表达。为此,探讨红河近代社会发展变迁需要脱离时限,立足边疆发展史、社会经济史和历史人类学等角度去回看其变迁历程,爬梳其中的攸关主体和关联要素去总结时空轴线和发展主线。就红河地区近代社会发展而言,基于其变迁史中涉及的主体来判定其主线,可以梳理出五个主体层面及其流变主线,具体为辖权主体、民众构成、经济转型、文化兴教和殖民入侵五个方面。

就辖权主体而言,红河地区近代社会在封建王朝大一统辖权背景下,边境地带土官、富民乡绅地主以及西方殖民等形成了混杂交织局面;在民众构成方面,随着富民阶层的出现并逐步获得社会身份和话语权后,富民阶层成为主导红河地区近代社会发展的动力层、中间层和稳定层,形成了"官—民"二元主

① 见谢本书、郭大烈、牛鸿宾:《云南民族政治制度史》,云南人民出版社,1996年。

② 云南省红河县志编纂委员会编纂:《红河县志》,云南人民出版社,1991年。

③ 见刘学:《云南历史文化名城(镇村街)保护体系规划研究》,中国建筑工业出版社,2012年。

④ 见林文勋、杨瑞璟:《宋元明清的"富民"阶层与社会结构》,《思想战线》2014年第6期。

导的“国家政治—社会经济”双重格局；在经济方面，随着明清汉族迁入促进了红河地区生成关系调整和生产力地域分布促进了农耕文明的形成，近代以来矿冶开采、工商贸易发展促使地区经济从传统农业经济形态向工商业经济形态转变；在文化兴教方面，富民阶层的出现激发了红河地区私学和书院（玉屏书院）的生成，并形成了官学（文庙）和私学并存的典型特色的渔樵耕读的地区人居形态；《中法越南条约》（1885）、《中法商务专条附章》（1895）和《中法会订滇越铁路章程》（1901）等的签订致使殖民势力在红河地区逾半个世纪的殖民资本输出和线路路权空间割裂。在这一过程中，富民阶层不仅主导了红河近代城市格局的变化，同时也成为地方文化、区域历史、区域格局三者积极作用的纽带。

（二）红河区域历史文化聚落的生成主线及其发展

民众阶层是历史文化聚落的创造者，以地区社会民众行为来透视地域特点时空环境生命史，尤其是基于社会民众行为发展与地区文明中心生成等角度来回看红河地区历史文化聚落的生成主线与时空迭代在缝合调适地区发展历史滞后性的同时也具有较强的自我表达主线及其话语边界。截至目前，红河地区各类历史文化聚落（历史文化名城、历史文化名镇民村和国家级传统聚落）共计134处、全省占比17.05%，形成了覆盖国家级和省级两个层次及其历史文化名城、历史文化街区、历史文化名镇名村和传统村落多种类型的历史文化聚落形态，层次全面、类型多元且全省占比靠前（图1），具有典型的样本代表性和区域研究价值。从历史文化聚落的时间生成来看，大量聚落发轫于明清时期，而现存的聚落基本为清朝时期所建，晚清时期奠定了区域聚落主体框架、民国持续完善扩散了其时空主线与生成特征。

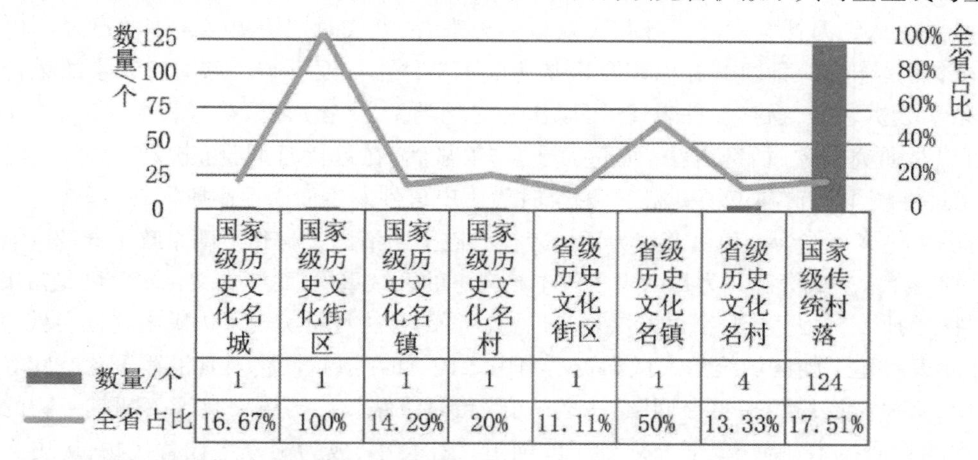

	国家级历史文化名城	国家级历史文化街区	国家级历史文化名镇	国家级历史文化名村	省级历史文化街区	省级历史文化名镇	省级历史文化名村	国家级传统村落
数量/个	1	1	1	1	1	1	4	124
全省占比	16.67%	100%	14.29%	20%	11.11%	50%	13.33%	17.51%

图1　红河地区历史文化聚落类型及其全省占比

从生成时间来看，红河地区历史文化聚落主要发轫于明和清初这三百余年。伴随着蒙古征滇和明初沐英平滇，大批军户随军入滇以及后续的屯民开边、商旅贸易等带动边地移民渊源不断地涌入云南地区，形成了目前红河地区民族大杂居、小聚居的分布格局和历史文化聚落形态迥异、类型各异的客观现实。这一时期的历史文化聚落从空间布点看，主要集中于卫所、交通干线及其湖泊平原地带等军政辐射范围之内并逐步向少数民族聚居区和边疆地区拓展；从聚落或建筑功能类型看，主要为防御卫所（如蒙自新安所、临安卫）、衙门驻地（如石屏古城、建水古城等）、文化祭祀（如石屏文庙、武庙等）以及民居住屋（如团山村、郑营村等）。作为红河区域历史文化聚落生产的核心阶段，此时期历史文化聚落呈现出一个区域建构、类型多元、功能单一、主体多元、边界扩容等特点，且主要服务于国家政治层面区域统治和民间大众层面的生产生活。

清朝中晚期随着红河富民阶层的出现，开始了区域历史文化聚落的新一轮建设高潮。近代社会工商业经济体系的建立、民间财富资本的垄断集中、社会民众阶层的分化、富民阶层社会角色的转变以及外来殖民资本势力介入等推动了区域历史文化聚落新的空间分异。此时期历史文化聚落主要服务于工商业经济贸易活动、富民阶层传文兴教和地区局部领主势力。从空间布点看，历史文化聚落呈现出沿交通线路、资源产地等分布，且在传统聚落区域出现扩大化民居住屋建设行为。从聚落或建筑功能类型来看，主要是工商贸易型（如茶马古道上的迤萨古城、会馆建筑）、交通线路型（滇越铁路上的碧色寨）、民居住屋型（如朱家花园、名人故居）、文化教育型（如玉屏书院、迤萨文星阁）和地区领主型（如纳楼长官司署等土司衙门)。从这一时期历史文化聚落的生成与发展主线看,统治政权在区域开发建设中主导权的旁落和消匿,使之不再成为区域开发行为主体,富民阶层依托其资本贸易和传文兴教而逐步获得参与权并成为区域开发建设的动力层和主导层。近代时期是红河社会发展变迁中最为重要的历史拐点,同时也作为历史基点拓展了红河近现代社会发展的步伐。

三、富民阶层对红河地区历史文化聚落再生的触发机制

为什么要讨论富民阶层,或者富民阶层对于红河地区历史文化聚落的再生究竟意味着什么呢?在红河地区历史文化聚落生成与发展历程中,可以清晰地看出以富民阶层为代表的社会民众在其中的重要角色定位与身份转变及其带来的显著历史效应。近代红河地区开发建设中,随着富民阶层的介入并逐渐成为主导,反映出来的不再纯粹只是社会民众的分化以及富民阶层的出现,民众活动背后折射出来的是资本运作体系下区域工商业市场的形成,以及市场机制已经深刻地参与到区域历史文化聚落新一轮的空间再生成及其形态结构塑造中。可以说,在区域经济和市场机制下,近代红河地区历史文化聚落的再生就是一个持续寻求地域空间关系适宜性的能动配置行为过程,其背后蕴藏着价值链体系下的区域空间再生产与分工优化,依托市场机制和文化资本含蓄地介入并完成区域历史文化聚落链条悄然的重构再生,而地缘结构、身份认同等自反性机制则一定程度上对市场机制做出了反击和挑战。

(一)事件主体发生与时空要素融合

以物为媒介。从红河社会发展变迁与民众行为史来看,近代时期历史文化聚落已经不再是民众的基本生存需求,而是作为一种“物”并以媒介机制达成了事件主体发生与区域时空要素的融合。人类学研究物的谱系学分析认为,物有多种表述,可以作为文化类型、事物形态、符号表征、交换媒介和市场交换之物,物可以是研究对象、研究方法、研究工具。①很显然,在近代时期,历史文化聚落已经超越民众基本生存需求并在资本逻辑和市场机制下,融合时代历史事件发生而向更高阶段转变。

首先,历史文化聚落作为一种民众权力话语表征打破了明清以来封建王朝军政主导的区域发展和空间建构,富民阶层介入并成为新兴力量激发了资本趋向下的区域重构,而历史文化聚落则是富民阶层权力话语表征以“物”的形式而去呈现,富民阶层逐步以“我者”的合法身份实现了边民之地社会秩序的重组。

同时,伴随着封建王朝区域统治式微和资本殖民入侵,如在滇越铁路及其沿线聚落空间等引发的国家主权丧失中,富民阶层纷纷捐资夺回“个—碧—石”路段筑路权。历史文化聚落超越了物的本身并以一种更高层次的物质技术、特殊象征介入到了红河近代社会中,成为国家主权替代物,历史文化聚落可被视为民众阶层对统一国家主权和自我阶层责任的“一个交代”。依托富民阶层的经济生产和工商贸易等社会活动加速了地区经济产业结构挑战,交通线路、矿产资源、集贸市场等生产力的空间布点调整了区域聚落的空间格局,形成了多种形态、功能各异的聚落形态和多中心的聚落结构,反映出来的是历史文化聚落以“物”的形式的区域生产力与生产关系空间布点。此外,富民阶层作为地方经济主体、治理主体和文化主体等衍生或附属的场镇贸易、公建设施和文教设施等都体现在了区域历史文化聚落的生成和发展历程中,反映出来的是一种集合派生物或附属物的“物的系统”。

(二)区域市场机制与价值链体系

以价值为杠杆。如果明清时期红河地区的历史文化聚落属于生存性的、孤立的、离散的场所点,那么富民阶层主导下的近代历史文化聚落,则是一种区域市场机制和价值链体系下的市场性和价值链的表达。从近代红河地区历史文化聚落的生成土壤与演变效应来看,是一个地域空间结构优化、产业形态调整和功能类型完善的动态过程,伴随着富民阶层的生产布局和贸易刺激,历史文化据聚落的再生可以说是一个持续寻求地域空间关系适宜性的能动性配置行为过程,反映出近代红河地区民众从基本生存需求向命运协同发展的转变。在区域市场机制下,富民阶层受制于交通通勤、矿产资源分布、劳动力成本等经济要素的非均衡布局,进而产生了经济行为的跨域和流动。滇越铁路沿线、个旧锡都、河口边境等地区的空间经济磁力场如同一种积聚力量,推动着生产要素和经济行为的空间格局优化,实现了地区

① 见吴兴帜:《滇越铁路与边民社会现代性》,《百色学院学报》2015年第1期。

个体化区位“生产空间”布点到区域性“空间生产”联动模式，逐步确立了社会空间生产、差异空间生产和象征空间生产的区域增长共识。①

这一时期，红河地区历史文化聚落表现出与区域经济生产网络在地区整体或局部的交互与耦合，经济行为的价值链体系也镶嵌在历史文化聚落的整合与重组中。伴随着经济价值的空间溢出，沿交通线路、商贸流线、资源产地、贸易集点、生产区域等形成了系列新型聚落形态或激发原有聚落再生，其典型形态有原始焕新型、新生嵌入型和商贸交通型。原始焕新型主要依托明清时期形成的原址固有聚落，如滇越铁路路线上的团山村、郑营村和新安所等。明清时期形成的传统村落借助铁路交通运输之利，快速融入区域经济生产与分工协同体系中，当下仍旧是红河地区历史文化聚落中风貌保存完整和经济发展水平最高的典型代表；新生嵌入型是依托资源禀赋而新生并嵌入到区域市场体系中，典型代表如滇越铁路线路上的碧色寨，随着铁路开通该地逐渐繁华并成为重要的中转站、贸易集市和进出口物资转换站，然而也伴随着滇越铁路交通线路及其商贸地位滑落而迅速衰败没落；商贸交通型主要位于交通要道、贸易集市或资源产地等，典型代表如茶马古道和滇越铁路线路上的新安所、建水古城、石屏古城、新房村等，但随着现代区域生产转移、时空要素布局等新房村、石屏等地相对衰败。

（三）自反性机制与地缘社会建构

以情感为寄托。“自反性机制”强调的不只是一种地区的自我修复或蛰居消匿，而是作为一种具有高度执行意义的地缘社会体系与情感认同框架。在传统社会“官—民”二元立体的阶级秩序和“国家政治—社会经济”双重格局下，富民阶层的意识总体倾向于收缩型和内向化，一方面既要捍卫其在乡土社会中的经济财富、诗书传家等地方身份与话语表达等内生性基础，同时还需要通过科举考试、捐纳赏爵等获得政治权利和声望地位，将其财富资本有效地转化为文化资本、政治资本和社会资本，推动了富民阶层的成长，也在这个过程中实现了富民士绅化。②在这一士绅化过程中，可以清楚地看出区域市场机制和价值链体系的效应较为薄弱，社会地位和身份话语等一定程度上超越了产业经济等财富动力，成为富民阶层在乡土社会聚落人居环境中的阶层意志和利益导向，是富民阶层扎根地方性和民间化的体现。同时乡土地缘本位超越经济资本本位也是一种自反性机制和地缘社会利益认同作用的结果。

在自反性机制和地缘社会利益共同导向下，富民阶层对近代红河地区历史文化聚落的再生触发主要集中在私人领域和公共领域两个层面。私人领域主要指代的是富民阶层宗族血缘的住屋模式与形态，在传统乡土社会中富民阶层家族经济共同体的一个物质形态反映就是住屋聚落共同体，如住屋民居、家祠宗庙等均是满足富民阶层私人或宗族生活为主的置田筑屋、分家置业等行为产物，承载着厚重的乡土情感、血缘凝集和宗法家规等成为富民阶层乡土社会的空间意象和身份象征，典型代表是朱家花园（茶叶、丝绸、矿冶开采等资本积累，在建水、石屏、团山等多地均有分布）、袁嘉谷故居（云南唯一状元）、李恒升故居（实业家）等。公共领域主要指的是富民阶层立足乡土社会的社会行为系统及其聚落形态，富民阶层通过公共事务领域广泛而深刻地参与到地方秩序和社会维续中，以一种协助、善举、公益的方式在诸多层面极大地弥补了政府职能的缺位与薄弱，由此获取一定的社会声望和群体认可，如修路（如乡绅集资修筑滇越铁路“个—碧—石”路段以抗击殖民资本入侵和捍卫国家主权）、筑桥（如双龙桥，又名十七孔桥，第六批全国重点文物保护单位）、传文兴教（如玉屏书院，乡绅捐资兴建，位于石屏古城区国家级历史文化街区内）等。

四、结语

近代红河地区历史文化聚落的生成历史与时空发生就是一部地区民众行走和生存的历史。这一历史进程中，富民阶层极大地改变了近代红河地区的社会结构与经济模式，加速了边民之地的社会变迁和文明进程。从富民阶层明清“个体生存”到近代“群落发展”的转变，也反映出了区域历史文化聚落从散落个体化到区域共同体的一个发展过程，同时也是一个“族群生存行为—资本经济机制—区域命运共同

① 见胡小武、王聪：《从“生产空间”到“空间生产”的城市群区域增长模式研究》，《南京社会科学》2018年第5期。

② 见林文勋、张锦鹏：《“市民社会”抑或“富民社会”——明清“市民社会”说再探讨》，《云南社会科学》2019年第1期。

体”的轴向发展脉络。

民众是历史文化聚落的创造者，依托民众迁徙、工商贸易、传文兴教等富民阶层行为实现了近代红河区域历史文化聚落的生成、发展乃至于生计方式的转型。尤其是在当前历史文化聚落连片成带消亡和主体性模糊消解的情景下，重新审视明清以降富民阶层所引发的红河地区社会经济和阶级关系变化，以“民”的演变来回望近代红河社会变迁主线及其与区域历史文化聚落的关联，一定程度上突破了历史文化聚落研究中的时空限定，也实现了聚落物质形态与社会生成土壤的时空迂回与跨境叙事表达。更为关键的是，回望富民阶层对区域历史文化聚落再生的触发机制，从中汲取地区范式和历史经验，回归当下地区历史文化聚落遗产保护体系中对民众参与的主体诠释和内在机制的社会思考，为未来地区历史文化聚落保护拓展了新思路、新内涵和新范式。

成都近代工业遗存调查研究*

西华大学　丁玎

中国重汽集团设计研究院有限公司　张洁

摘　要:成都的近代工业文明始于洋务运动,相较于东部地区,成都工业遗存保护与再利用的起步较晚。本研究通过文献分析及实地调研等方法,对成都市内的84处工业遗存进行了考查,并筛选出始建时间涉及近代的样本14处。按照空间分布,这些样本均位于成都平原,未越过西侧龙门山脉与东侧龙泉山脉;按照工业类别,制造业占比最高,其次为交通运输、仓储、邮政与通讯业;按照保护等级,所有近代工业遗存几乎都有保护等级。样本中有4处已进行了适应性再利用,再利用模式为展览或文创。

关键词:工业建筑;建筑遗产;适应性再利用;三线建设

一、引言

成都近代工业文明始于洋务运动,兴于新中国成立初期及“三线”建设期间。1861年,在洋务派的推动下,清政府先后创办了一批近现代军事工业和民用工业,开启了近现代工业发展的大门。时任四川总督的丁宝桢,秉承“师夷长技以制夷”的洋务理念,在成都兴办四川机器局,推动了成都地区近代化工业的发展。①但由于封建军阀割据,连年混战,成都工业的发展状况远落后于沿海城市。1937年沿海及中部众多工业城市沦陷,工厂内迁,成都工业迎来了高速发展的时期。抗战胜利以后,内迁工厂复员,由于通货膨胀、洋货泛滥和官营企业的压制,成都经济一落千丈。至1949年新中国成立前,成都工业总产值仅1.08亿元,其中手工业户1.4万户,占全市工业总户数的98.8%,机械化、半机械化生产的工业对经济社会发展贡献甚微。②

1998年版成都市城市总体规划认为成都的历史文化名城风貌已基本无存,将城市风貌确定为现代化城市,从客观上忽视了对不属于文物的工业遗存的保护工作。③1995—1999年,国家实施西部大开发战略,西部的城市化增速超过东部地区。④2005年底,按照建设部《关于加强城市优秀近现代建筑规划保护的指导意见》,《成都市优秀近现代建筑保护规划》正式出台。2021年,成都市《历史文化名城保护规划(2019—2035)》发布,强调要保护近现代工业发展留下的33处工业遗产。⑤所以,相较于我国东部

＊四川省国别与区域重点研究基地澳大利亚研究中心项目:中澳工业遗产适应性再利用对比研究(ADLY2021-006);四川省教育厅人文社会科学重点研究基地教育信息化应用与发展研究中心项目:VR赋能建筑设计通识教学变革研究(JYXX21-018)。

① 见徐恺阳、[日]小出治、李宇韬:《特色化视角下的工业遗产价值思辨——以四川机器局遗址为例》,《城市建筑》2019年总第16卷第324期。

② 见李沄璋、卢丽洋:《成都近现代工业建筑遗产的研究》,《工业建筑》2015年第11期。

③ 见刘伯英:《中国工业建筑遗产研究综述》,《新建筑》2012年第2期。

④ 见徐苏斌、[日]青木信夫:《工业遗产保护与适应性再利用规划设计研究》,中国城市出版社,2021年。

⑤ 成都市规划和自然资源局:《历史文化名城保护规划(2019—2035)》,http://mpnr.chengdu.gov.cn/ghhzrzyj/ztgh/2021-12/24/content_e0aa8a08025d482989c7f590fb59288f.shtml。

地区，成都的工业遗存保护与再利用起步较晚，但发展迅速。[①]

在此背景下，本文通过文献分析及实地调研等方法，对成都市的大量工业遗存进行了考查，并筛选出始建时间涉及近代的样本14处，对其空间分布、工业类型、保护等级等特征进行了分析，并对其中4处适应性再利用项目进行了阐述。

二、信息数据调研

成都近代工业遗存的研究范畴可从时间、空间和类型三个层面加以界定。在时间范畴上，成都近代工业建筑的发展与所处的历史阶段紧密相关，其遗存可划分为清末工业遗存（1840—1911）及民国工业遗存（1911—1949）。空间范畴包括成都市行政范围内的锦江区、青羊区、金牛区、武侯区、成华区、龙泉驿区、青白江区、新都区、温江区、双流区、郫都区、新津区等12个市辖区，都江堰市、彭州市、邛崃市、崇州市、简阳市等5个县级市以及金堂县、大邑县、浦江县等3个县域的范围。类型范畴根据调研结果主要涉及制造业，交通运输、仓储、邮政和通讯业，水利工程等3个大类及所包含的11个小类。[②]（表1）

表1　成都近代工业遗存的类型范畴

大类	小类
制造业	交通运输设备制造业
	纺织业
	医药制造业
	饮料制造业
	造纸及纸制品业
	生活日用品制造业
	通用设备制造业
交通运输、仓储、邮政与通讯业	铁路运输业
	航空运输业
	邮政与通讯业
水利工程	水利工程

在界定研究范畴的基础上，确定调研信息采集的内容和方法。制定调研计划，调研成都市近代工业遗存的属性信息和图形信息数据。其中，属性信息是对工业遗存全面系统的定性与定量描述，具体内容包括工业遗存原名、所在行政区域、具体地址、始建时间、保护等级、工业类型、现名等；对于进行了适应性改造的项目还需记录其改造时间、再利用模式、园区面积、建筑密度等；图形信息包括地形图、地图、卫星遥感图片、规划与建筑设计图、照片等。在广泛调研了成都市84处工业遗存[③]之后，按照始建时间筛选出近代遗存14个。（表2）

---

① CHEN J. JUDD B，HAWKEN S. “Adaptive reuse of industrial heritage for cultural purposes in three Chinese Megacities”，*Structural Survey*，2016，34(4/5)，pp. 331-350；梁晓丹、王丹：《中心城区工业建筑改造养老机构探索研究——上海毛巾二厂改造养老机构》，《工业建筑》2021年，网络首发。

② 见刘抚英、蒋亚静、陈易：《浙江省近现代工业遗产考察研究》，《建筑学报》2016年第2期。

③ 见徐苏斌、[日]青木信夫：《工业遗产保护与适应性再利用规划设计研究》，中国城市出版社，2021年；[日]青木信夫、徐苏斌、吴葱：《工业遗产信息采集与管理体系研究》，中国城市出版社，2021年；四川省人民政府：《四川省第八批省级文物保护单位》，http://www.sc.gov.cn/10462/10883/11066/2012/7/20/10218839.shtml；成都市规划和自然资源局：《市域历史建筑名录》，http://mpnr.chengdu.gov.cn/ghhzrzyj/ztgh/2021-12/24/content_e0aa8a08025d482989c7f590fb59288f.shtml；刘宝罡：《丁宝桢与晚清军事工业》，国防科技大学出版社，2009年；邓雪梅、陈硕：《小型建筑遗产保护利用研究——以四川机械局碉楼为例》，《城市建筑》2020年总第17卷第360期；成都市文物考古研究所、四川省文物考古研究所：《四川成都水井街酒坊遗址发掘简报》，《文物》2000年第3期。

表2　成都近现代工业遗存清单

始建时间	原名	区域	地址	保护等级	小类	现名	改造时间	再利用模式
秦—清	都江堰	都江堰	灌口镇	世界工业遗产、全国重点文物保护单位	水利工程	都江堰	未改造	无
明—民国（主体）	水井街酒坊遗址	锦江	水井街19—25号	世界文化遗产预备名单、全国重点文物保护单位、国家工业遗产、四川省工业遗产、成都市工业遗产	饮料制造业	水井坊酒坊遗址博物馆	2013年	展览
明—民国	芦沟造纸作坊遗址	邛崃	平乐镇芦沟竹海内	成都市文物保护单位	造纸及纸制品业	芦沟造纸作坊遗址	未改造	无
清	明月窑	浦江	甘溪镇明月村12组	成都市文物保护单位、成都市历史建筑	生活日用品制造业	明月窑	未改造	无
清	成都蜀锦织造工业遗产	青羊	草堂东路2号	四川省工业遗产、成都市工业遗产	纺织业	成都蜀锦织秀博物馆	2009年	展览
清—民国	崇阳酒窖遗址	崇州	梁景村16组86号	成都市文物保护单位	饮料制造业	崇阳酒窖遗址	未改造	无
1862—1875	同治龙窑	双流	永兴街道丹土村1、2组	成都市历史建筑	生活日用品制造业	同治龙窑	未改造	无
1877	四川机器局碉楼	锦江	三官堂31号附1号	成都市文物保护单位、成都市历史建筑、成都市工业遗产	通用设备制造业	四川机器局碉楼	未改造	已保护
1906	白药厂	武侯	高攀路26号	成都市文物保护单位、成都市历史建筑、成都市工业遗产	医药制造业	1906创意工厂	2017年	文创
1932	成都邮政转运大楼	锦江	梓潼桥正街56号	成都市历史建筑	邮政与通讯业	成都邮政转运大楼	未改造	无
1937	西川邮政管理局	青羊	暑袜北一街	四川省文物保护单位	邮政与通讯业	西川邮政管理局	未改造	无
1937—1945	太平寺军用机场厂房	双流	万福8组201号	无	航空运输业	蓝顶艺术中心	2003年	文创
1940—1949	空军制氧厂旧址	武侯	成双大道北段509号	成都市历史建筑、成都市工业遗产	交通运输设备制造业	成都晨源气体有限公司厂房	未改造	待保护
1946—1955	二仙桥沿线铁路	成华	二仙桥	成都市工业遗产	铁路运输业	二仙桥沿线铁路	未改造	待保护

三、样本特征分析

按照14个样本在成都市20个区、市、县的空间分布，锦江区有3处遗存，青羊区、武侯区、双流区各有2处遗存，成华区、都江堰市、邛崃市、崇州市、浦江县各有1处遗存。按圈层分布来说，远离市中心的各县、市的遗存数量占比约为29%，且基本为清末工业遗存；位于靠近市中心的各区遗存数量占比约为71%，且大多为民国工业遗存。这些遗存均分布于成都平原，未越过西侧龙门山脉与东侧龙泉山脉。

按照工业类别（表3），制造业占比达64%；其次为交通运输、仓储、邮政与通讯业，占29%；另还有一处都江堰为水利工程。①

① 见徐苏斌、[日]青木信夫：《工业遗产保护与适应性再利用规划设计研究》，中国城市出版社，2021年。

表3　成都近代工业遗存类别分布

	青羊	锦江	武侯	双流	成华	都江堰	邛崃	崇州	浦江
制造业	1	2	2	1	0	0	1	1	1
交通运输、仓储、邮政与通讯业	1	1	0	1	1	0	0	0	0
水利工程	0	0	0	0	0	1	0	0	0

按照保护等级，成都市14处近代工业遗存几乎都有保护等级，包括世界工业遗产1项、世界文化遗产预备名单1项、全国重点文物保护单位2项、国家工业遗产1项、四川省工业遗产2项、四川省文物保护单位1项、成都市工业遗产6项、成都市文物保护单位4项、成都市历史建筑6项。其中，都江堰保护等级最高，而水井街酒坊遗址保护等级最多。

四、工业遗存的适应性再利用

在成都近代工业遗产中，已有1处进行了保护，2处列入了待保护清单[①]；本节仅阐述4处进行了适应性再利用的项目情况（图1—图4）。从园区规模（图5）来看，清末工业遗存中的水井街酒坊遗址为12600平方米，成都蜀锦织造工业遗产为3400平方米；中华民国工业遗存中的白药厂为66700平方米，太平寺军用机场厂房为121900平方米——清末遗存规模明显小于民国遗存。从建筑密度来看，清末遗存（0.53、0.47）反而大于民国遗存（0.42、0.25）。

图1　水井坊酒坊遗址博物馆内景与模型

图2　成都蜀锦织绣博物馆保留织机

图3　1906创意工厂实景

图4　蓝顶艺术中心实景

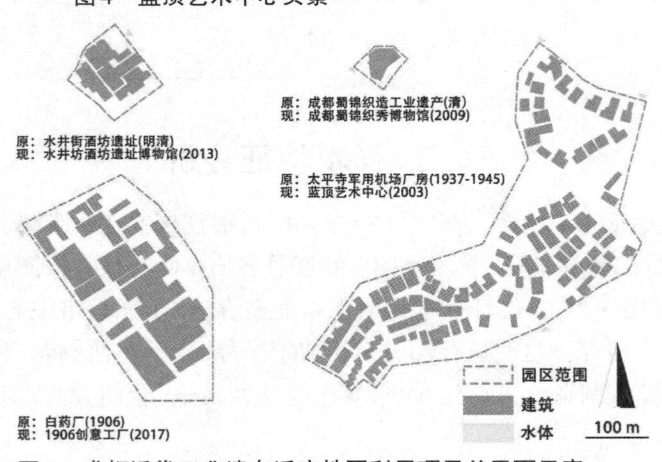

图5　成都近代工业遗存适应性再利用项目总平面示意

① 见成都市规划和自然资源局：《历史文化名城保护规划（2019—2035）》。

这些遗存的旧有工业类型包括多种制造业与航空运输业。对于清末遗存，其再利用方式均为展览，即形成博物馆建筑；对于民国遗存，则均改造为文创产业园。一方面，将工业建筑改建成博物馆加以保存，也是当今世界工业建筑遗产保护的重要方式之一。实践表明，城市的发展与博物馆的发展不是一种对抗性的关系，而是一种互补共进的关系：城市密集的人口与便利的交通，为博物馆传播知识提供了客观条件；博物馆为提高市民文化素质、普及科学知识、保护工业遗产做出了贡献。另一方面，将工业建筑遗产改建为文化创意产业园，既能将城市历史记忆以活标本形式保存，同时也有利于城市旧区的改造升级。2009年，成都市印发实施《成都市文化创意产业发展规划(2009—2012)》；2019年，制定《成都市建设世界文创名城三年行动计划(2018—2020)》。在这些文件的指导下，成都市代表性的文创园区中有多个是工业遗存的适应性再利用项目[①]。

五、结语

成都的近代工业文明始于洋务运动中时任四川总督丁宝桢兴办的四川机器局，2021年成都市《历史文化名城保护规划(2019—2035)》强调要保护近现代工业发展留下的工业遗产。本研究通过文献分析及实地调研等方法，对成都市内的84处工业遗存进行了考查，并筛选出始建时间涉及近代的样本14处。按照空间分布，这些样本均位于成都平原，未越过西侧龙门山脉与东侧龙泉山脉；按照工业类别，制造业占比最高，其次为交通运输、仓储、邮政与通讯业；按照保护等级，所有近代工业遗存几乎都有保护等级。样本中有4处已进行了适应性再利用，再利用模式为展览或文创。

本研究尚存在一些局限性。第一，研究所选取的案例主要基于作者的文献与实地调研，可能存在不够全面与不够翔实的问题。第二，研究主要着眼于近代工业遗存在成都地区的整体分布及再利用模式情况，对个案的研究尚不充分。第三，研究聚焦于成都本地，对于国外及国内其他地区的先进成果考虑不足。未来的研究方向可能包括近代、现代与当代工业遗存的调查与对比研究，基于GIS的实践案例数据库建立等。

---

① 见邓雪梅、陈硕：《小型建筑遗产保护研究——以四川机械局碉楼为例》，《城市建筑》2020年第17期。

南充近代天主教堂建筑的历史和现状研究

西华大学　曹伦

摘　要：四川近代建筑的研究已有一定的学术积累，但是天主教堂的个案研究涉及较少，缺乏必要的历史考证。本文以南充大北街天主堂建筑为案例，尝试从建筑形式演变的视角来剖析社会、历史、文化等方面对教堂建筑形式的具体影响，辨别教堂建筑的动态变化。通过搜集、整理文字资料和建筑测绘，尽力还原建筑早期形式，区分初建和改建之间风格和建造技术的不同，为今后天主教堂建筑的保护和修复提供可靠的历史依据。

关键词：天主教堂；历史考证；建筑形式

近代南充曾建有多处天主教堂建筑，但至今老城内保存完整仅大北街主教座堂一处。据历史资料记载和实地测绘考察确认：现存的天主教堂是在1936年在原有教堂建筑基础上改、扩建而成，解放后原有教堂建筑群变化较大，现仅余入口（图1、图2）、教堂和主教住宅。由于年代久远，图文资料保存的缺失，没有记载关于改建的具体内容。这样在保护和修复教堂建筑时，面临如何界定不同历史时期的建筑部分，针对不同建筑部分采用正确的传统建造技术进行历史建筑的修复。

一、历史背景

自1696年至1949年，西南地区包括云南、贵州、西藏由法国外方传教会掌控传教特权，而四川是巴黎外方传教会的最重要传教区域[①]，其传教时间长达两个半世纪。

清乾隆十一年（1746）天主教传入南充溪头坝，后法国传教士于上渡口乡租房设堂传教，有王姓教徒迁居城内，教徒逐步发展，教堂不能容纳，光绪三年（1877）迁往仪凤街吉庆巷。1875年至1888年教案（备注）期间，所建教堂两次被捣毁。1894年法国神父李若瑟用清政府教案赔银购买大北街谢家祠堂新建天主堂，这是大北街教堂早期原型。

1929年，从巴黎外方传教会所辖的成都、重庆、宜宾教区划出顺庆成立顺庆代牧区，任命王文成为南充第一任中国籍主教。[②]1933年王文成主教赴梵蒂冈朝见教皇庇护十一世，应比利时安德肋修院之邀祝圣，亲自主持大北街天主教堂的设计施工，将原教堂改建成主教座堂。（图3）

---

① 刘杰熙：《四川天主教》，四川人民出版社，2009年，第224—247页。清乾隆年间由法国神父李安德从安岳、广安、岳池、武胜等地传入南充境内的溪头乡（今高坪区），当时只有邓、何两家人信教，后邓、何通过本家族和亲友的互相传播，天主教开始在南充逐步发展。

② 政协四川省南充市委员会编：《南充市文史资料》第四辑，四川文史资料出版社，1995年，第128—129页。王文成（1888—1961），字彦聪、圣名保禄，四川省安岳县人。1930年祝圣为主教。1933年王文成赴梵蒂冈觐见教皇庇护十一世，受教皇委托，王文成赴比利时本笃修院祝圣陆征祥为神父。

图1

图2

图3

二、早期教堂形式的考证

为了探究教堂的早期形式，本文主要从传教历史背景、地方建筑形式这两方面剖析四川早期教堂建筑风格形成的影响因素。

(一)传教模式对建筑形式选择的影响

拥有四川传教权的巴黎外方传教会针对清中期漫长的禁教，调整在地方的传教模式，走“社会底层的传教路线”①，所以四川早期教堂大多数建在乡下和城市僻静之处。为遮人耳目，还会以当地人名义购置房产。修建教堂时采用合院形式，或教堂与厢房自成院落，或由附属用房围合几进院落，这样可以将一些信教家庭迁入神父住所，或在神父住所前建一些临街房屋，作为商铺出租，而教堂也要跟周围这些地方建筑形式融合，所以从外表上看跟一般民房并无差别，使得这一时期天主教堂建筑更多地呈现出地方传统建筑特点。

在前文的历史背景介绍中可以了解到，早期南充天主教并未在城内建堂，而是后来从位于城外北郊的上渡口迁入城内的仪凤街。为进一步印证文字记载的真实性，对比嘉庆十八年(1813)(图3)、1929年和1949年的南充县地图可见：嘉庆十八年县城地图中并无天主教堂标记。1929年天主教堂尚未扩建，建筑只是用十字标记，教堂后面划出其他建筑界定，而1949年地图清晰看到教堂规模扩建到之前的两倍，其中包括了1936年兴办的民德中学。由此证实南充天主教从早期城外租房设堂，到城内买地建堂，直至改扩建教堂，经历了三个阶段，这种迁移与巴黎外方传教会的四川传教模式不无关系。这样的社会历史环境，直接影响到教堂建筑形式的选择。

在天主教迁入城内之前即1877年，南充格局为城西南临嘉陵江，水路交通方便，西门附近为官衙、府学等行政建筑，城东北公共建筑多为祠堂、寺观。而北门附近公共建筑较少，仅有祠堂、会馆和火药局，相对偏僻。据清嘉庆《江安县志》载，其时“五方杂处，俗尚各从其乡”，四川的同乡会馆特别发达，川东地区早期天主教徒据记载来自陕西、湖广，当时南充县内陕西、广东和福建三大会馆之中有两馆在北门附近，僻静且外乡人聚居区对外来文化的包容成为教堂首选地，即使在这样环境下，建筑外形的隐蔽也是不可缺少。

(二)地方传统建筑对早期教堂风格的影响

南充地区早期的教堂建筑在风格上多取民居风格，四川民居常见的造型特色是运用悬山顶、小青瓦、穿斗架、夹泥墙、大出挑等手法。在1949年的南充大北街老照片(图4)中，街道两边的建筑格局为二进或三进的小四合院，进深较大，院内多有天井，天井之间多以通敞的过道、檐廊直接相连，形成畅通的纵横交通系统。建筑建造多为木结构穿斗、木柱檩梁、青瓦屋面，以二层居多，竹骨草泥粉白作墙身。从实地测绘平面来看，教堂、住宅沿轴线纵向排列，建筑格局为纵向多重院落，临街和院落横向或为其他教

① 郭丽娜：《清代中叶巴黎外方传教会在川活动研究》，学苑出版社，2012年，第229—278页。

会附属用房或为其他民居院落。

图4

大北街教堂建筑组群为三进院落，教堂在第二进院落，平面为长方形，后半部分半圆形祭坛，采用四柱三跨的抬梁式传统木结构划分中厅和侧廊(图5)，教堂入口设在山墙处，这是西方教堂建筑与中国传统建筑正立面入口的不同之处。从南充地区近代教堂调研结果来看，教堂在合院建筑群中是与中轴线同向的纵向布局，形成以山墙为主立面，通常采用牌坊式。现存立面为1933年加建的前廊和双塔楼，原立面在现场考察中无遗留痕迹，对此老教徒记忆中大南街教堂跟大北街教堂时间相近甚至更早，而大南街教堂只在历史资料中出现名字，没有任何介绍，在南充城南小学附近发现牌坊式青砖砌筑的教堂立面残壁，而这种样式在清末川北地区也同样出现，如崇州(图6、图7)、金堂、邛崃等地的教堂立面结合了地方牌坊样式。

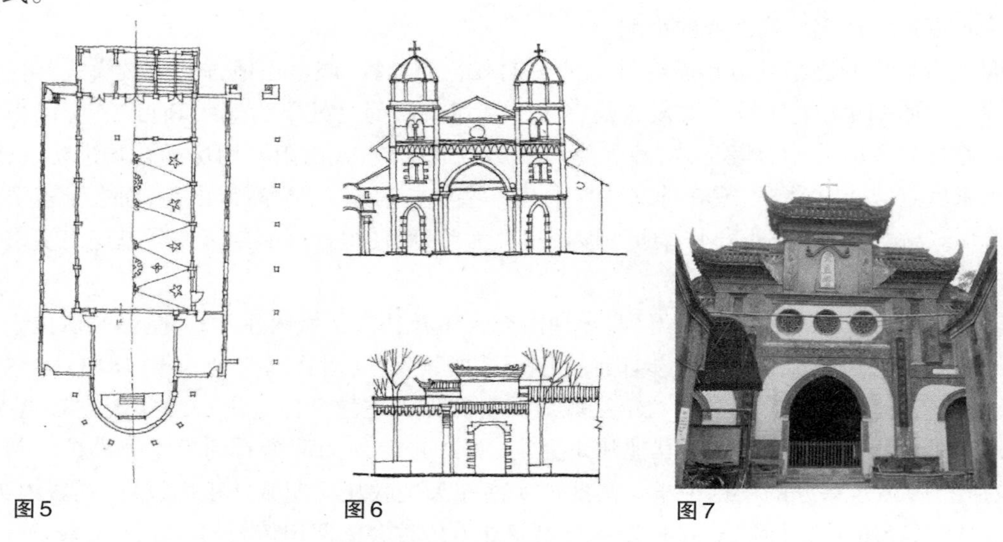

图5　图6　图7

三、扩建后的建筑风格

1929年成立顺庆代牧区，并在大北街天主堂设主教府，1930年中国籍王文成为第一任主教。《四川天主教》记载：“1936年王文成主教参照国外教堂模式，结合中国特点，将原有教堂改建成四面通风、光线充足、空气清新、环境宁静、小巧玲珑、庄严美观的主教座堂。”经过考证现存南充大北街教堂仍然保留此次改建的形式。

(一)改建主教堂

教堂主体结构没有变动，立面、平面、内部装修都做了改变，规模和具体形式出现不同于四川地区近代天主教堂的特征。(图8—图11)

1. 改建后立面增加圆拱门廊和向上收分的塔楼，形成教堂纵向三分，带形拱券、底层裸露青砖和红砂岩砌筑肌理将立面做水平三段划分。

2. 教堂平面形式在早期教堂矩形厅堂的两边增加拱券廊，并且屋顶自高侧窗下沿口覆盖拱券廊并向外延伸形成敞廊。设在半圆形内殿圣坛加高，用开放的围屏划分出来，为了突出重要性和庄严感，中间间用柱子环绕，上方穹顶或支撑华盖。

3. 四川教堂的天花处理以仿西式拱顶居多，大北街教堂的天花造型比较独特，不同于四川其他地方教堂。因为主持建设的王文成神父曾参加罗马当地教堂举行的宗教仪式活动，明显效仿罗马教堂的帆拱，承重柱的处理手法更接近西方柱式。

（二）扩建主教住宅

南充地区早期的神父住宅大部分跟利玛窦在信中描述的相似：“上层有四个房间中间为起居室，正面有阳台，左右各有一回廊；下层除房间外中间还有小圣堂”南充大北街的住宅规模稍大些，一楼一底用于居住、会议，局部地下储藏（一说酒窖），前后外檐廊的砖木结构，门窗为典型西式拱券窗。尽管教会历史文献没有提及此建筑，但从建筑形式和材料，属于改建时修建的建筑。（图12）

图8

图9

图10

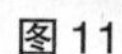

图11

图12

四、结论

本文通过理清南充大北街教堂的建筑历史资料，识别教堂建筑在历史上的叠加，更清晰地提炼近代天主教建筑早期中国化的特点，辨别长期融合的中西文化。

自18世纪起，近代天主教在四川传播几经波折，其间因中西文化冲突各地数次发生教案，作为其活动场所的天主教建筑也经历了自觉适应和调整过程，在院落布局、立面处理、屋顶形式等方面逐步形成地方天主教堂特有的建筑表达方式，而1936年大北街教堂的改建是1922年首任宗座驻华代表刚恒毅来华后，在天主教中国化的一系列举措之后新的中西对话方式，是中国籍主教对西方建筑文化的主动引入，是中西方转换交流角色的文化融合。

东部地区近代建筑历史研究

济南近代铁路建筑文化价值研究

北京建筑大学　倪博研　陈雳

摘　要：济南是我国近代重要的城市，其城市的形成和发展独具特色。胶济铁路、津浦铁路先后开通并交汇于济南，给济南带来了西方先进的建筑技术，不同类型和风格的铁路建筑的出现，打破了传统的建筑模式，丰富了济南的建筑类型和文化，见证了城市历史、文化的变迁，具有独特性和不可复制性，蕴涵了很高的文化遗产价值。这一时期，济南的社会背景、文化结构、文化心理发生了变化，中西文化逐渐由碰撞走向融合，在建筑风格、建筑细部、建筑空间等方面都开始逐步体现，形成了独特的文化内涵和文化价值特征。

关键词：济南近代铁路建筑；文化价值；价值特征

一、济南近代铁路建筑遗产概况

目前济南近代铁路建筑遗存包括车站站房、原职工宿舍和站长公寓、办公用房、配套公建以及水塔、机车转盘等构筑物。这些建筑遗存大多散落在铁路沿线，或者形成一个小型的建筑群。通过查阅文献和实地调研，本文对相对重要的济南近代铁路工业遗存做了调研统计，并做了相关遗存的概览表。（表1）

表1　济南近代铁路遗产遗存统计

类别	历史遗产名称	建造时期	现状用途	文物属性
车站	胶济铁路济南站	1914—1915年日占时期	胶济铁路博物馆	全国重点文物保护单位
车站	津浦铁路济南站	1912年德占时期	拆除	无
车站	黄台站旧址	德占时期	部分闲置、部分办公	山东省省级优秀建筑
车站	北关站旧址	日占时期	出租作为厂房	济南市文保单位
办公楼	济南机车厂道格米里办公楼	德占时期	改为厂史馆	中国工业遗产保护名录（第一批）
住宅	济南机车厂道格米里公寓	德占时期	用作办公	山东第四批省级文物保护单位
构筑物	济南机务段水塔	德占时期	闲置	中国工业遗产保护名录（第二批）
构筑物	济南机务段机车转盘旧址	德占时期	闲置	中国工业遗产保护名录（第二批）
公寓	津浦铁路济南站设计师故居	德占时期	山东省铁路护路协会办公楼	中国工业遗产保护名录（第二批）
公寓	津浦铁道公司高级职员府邸	德占时期	山东烟草专卖局	中国工业遗产保护名录（第二批）
公寓	胶济铁路高级职员公寓建筑群	1915—1920年	办公，计划引入画廊、啤酒吧等	全国重点文物保护单位
办公楼	胶济铁路站长室	1905年	办公用房	全国重点文物保护单位
办公楼	山东铁道公司办公用房旧址	德占时期	山东中铁传媒文化集团办公楼	全国重点文物保护单位

续表

类别	历史遗产名称	建造时期	现状用途	文物属性
公建(旅馆)	津浦铁路宾馆旧址	1909年德占时期	中医诊所	中国工业遗产保护名录(第二批)
桥梁	泺口黄河大桥	1912年	使用中	中国工业遗产保护名录(第一批)

二、济南近代铁路建筑文化价值的形成

(一)社会文化背景的发展

济南近代铁路建设分为胶济铁路和津浦铁路两个阶段。这两个阶段虽然时间相隔不远,但是济南所处的社会文化背景却产生了不同的变化。胶济铁路修建之前,济南地处山东内部,深受中国传统文化的影响,经济基础以农业、家庭手工业为主,是一座典型的内陆、封闭的封建城市。从主观因素来看,济南近代铁路建筑的风格是中西方文化激烈碰撞的结果。最初中德双方频繁的冲突让德国工程师开始思考如何简化这种矛盾,便对铁路建筑形式做出改变,建筑风格开始融入传统中国元素。(图1)德国人再重新建造胶济铁路济南站时,形式上选用了偏德国传统的古典复兴的建筑风格(图2),以便压制津浦济南站。

图1　高密车站历史照片

图2　两座济南站“对峙”

胶济铁路通车后,为打破德国势力范围,济南、周村、潍县自开为通商口岸,维新运动激发了国人的觉醒,收回利权和商办铁路运动蓬勃发展,在思想上更具主动性,由最初被动接受变为主动地接受西方先进技术和管理运营模式,在济南投资的中国商人开始主动学习西方的文化,在建造过程中开始使用西方的建筑语言。同时,义和团运动让德国政府意识到必须同山东地方当局和人民保持良好的关系,才能在山东更好地谋利,因此态度不再蛮横粗暴。在津浦铁路修建期间,外国设计师在设计过程中开始使用大量中国传统文化语言,促进了中西方建筑的交融,推动了济南的建筑发展,在社会文化层面形成开放的格局。

(二)社会文化结构的多元

德占时期,济南从封闭的内陆城市,通过自开商埠开始转变为一个开放城市;一战时期,又经历了一段日占时期,社会结构呈现多元化特点,使得铁路建筑风格更具多样化。最初,德国人修建胶济铁路时,由于中德文化的差异,爆发了多次冲突,德国的文化体系很难凌驾于中国文化之上,便尝试在建筑局部使用传统中国文化元素。同时,济南因自开商埠,主动对外开放,学习西方先进科学技术,接触西方文化,两者相互作用促进了文化发展,中西文化逐步由碰撞转变为融合。此后,津浦铁路的修建技术交流的过程中,产生了英德两种不同文化的对比和相互间的竞争,也间接推动了多元化的发展。

这种多元化的结构让济南这一时期的铁路建筑呈现多样特点。从胶济铁路看,除青岛站、大港站等在德国殖民地的车站为典型的西方建筑风格,其他的沿途各站开始在局部或屋顶采用中国装饰元素点缀,在济南一些站房,比如黄台车站变为德国传统形式搭配中国传统屋顶样式,细部的装饰有中国的传统纹样。济南开埠后,这种多元化更加明显,恰巧此时世界的建筑思潮推陈出新,修建津浦铁路时,中方

聘请大量国外技术人员,这些建筑师便以此作为舞台,展现自己的才能,比如津浦铁路宾馆出现了德国青年风格派的手法。这些设计师居住在中国,接触到中国文化,受此影响心态开始发生变化,比如菲舍尔在设计铁路大厂办公楼时,不再像津浦济南站一样,完全按照西方样式进行设计,而开始大量运用中国传统的建筑语言和思想(图3、图4)。

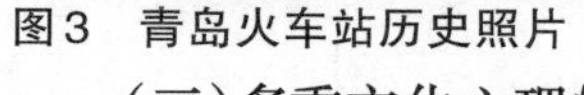

图3 青岛火车站历史照片

图4 郭店车站历史照片

(三)多重文化心理的交织

《胶澳租借条约》签订后,山东一部分土地隶属于德国的势力范围,并丢失部分采矿权和铁路的修筑权。1904年,胶济铁路全线通车。在济南,这一时期出现的近代建筑主要以为资本输出服务的建筑为主,比如火车站、银行及外籍技术员人配套的住宅。从殖民当局来说,他们希望和青岛一样推行本国建筑形式和风格,以改变原来的城市风貌,从而获得殖民扩张。这些西方建筑成为侵略者最显著的外在标志之一,但是济南和鲁中地区人民深受传统文化影响,对西方建筑产生排斥心理。

胶济铁路的建设推动了济南自开商埠,这一时期的心理发生了转变。一方面,庚子事变之后,清政府奉行“量中华之物力,结与国之欢心”的卖国政策,崇洋之风表现得很明显,此时国内大批官式建筑也开始模仿西洋风格。而济南的开埠,民族资本主义经济的发展,推动了济南这一时期建筑观念的转变。在修建津浦铁路过程中,受到收回利权运动的影响,虽然新建的津浦济南站和铁路大厂依旧为西洋风格,但掀起一股追求建筑科学的潮流,这些建筑风格最终也影响到一些在济南商埠区投资的商人,一些中国人投资的商铺开始模仿甚至直接照搬样式。铁路配套建设的外籍技术人的公寓,其中蕴涵的以人为本、以功能为主的新观念和生活方式开始被国人所接受。另一方面,德国转变了对华的政策,不再以暴力手段殖民,这些长期在华的技术人员,受到中国文化的影响,中国传统的建筑语言所用的比例不断加大。从整个世界建筑发展背景来看,此时各种建筑思潮如雨后春笋般涌现,这些西方的技术人员接受新的建筑思想洗礼后,也在济南进行试验,比如津浦铁路宾馆就是德国青年风格派的产物。

这种双方心态的转变,极大促进了济南近代建筑的发展,而津浦铁路济南站的成功,刺激了德国政府重新修建胶济铁路济南站,这种暗自较劲的心理也对济南近代建筑发挥了重大影响。在这一时期的建筑社会心理过程中,国内和西方殖民者都发生了巨大的转变,国内由排斥逐步转为接纳,但内心又想保留传统的矛盾,西方从一开始的文化输出逐步转变为中西结合,虽然没有改变中国半殖民地半封建的社会形态,但这种转变却给济南带来了丰富的近代建筑样式。

三、济南近代铁路建筑的文化价值内涵

(一)思想内涵

济南两条铁路修建时期,正处于社会环境和经济结构转变期。从社会环境来看,济南处于从封闭的内陆城市逐步向开放的近代城市过渡期,但由于铁路建设权在德国人手里,所以在起初修建胶济铁路时采用了西方本国的建筑风格。随着建设过程中冲突的爆发,德国当局开始迎合中国传统建筑文化,开始采用中西结合的方式,在济南最具代表性的就是黄台车站和郭店车站。

从整个建筑思潮来看，西方由于工业化的影响，各种建筑思潮随之出现，这些来自西方的设计师受到这些思潮的影响，在修建过程中大量采取最新的建筑风格，最具代表性的有青年风格派的津浦铁路宾馆、古典复兴风格的胶济铁路济南站等。19世纪末期德国工业建筑开始由古典向现代主义过渡，强调功能主义，最典型的就是铁路大厂。（图5）

图5　津浦铁路大厂历史照片组图

从思想的转变来看，修建胶济铁路时所引发的冲突，主要是源于民众对于铁路的无知。而长期生活在中国的德国设计师在建造过程中开始接受中国文化，部分车站形成中西合璧的特点。胶济铁路的运营和济南的开埠给济南带来的发展，也让国人的思想发生转变，开始主动学习和模仿西方建筑，在其他类型的建筑中采用西方建筑的语言，西方建筑所带来的文化也逐渐解放了当时人们的思想。（图6）

图6　瑞蚨祥历史照片

图7　黄台车站吻兽屋脊

从整体来看，虽然胶济铁路和津浦铁路所有权不同，甚至一战时期，日本人占领胶济铁路并接管胶济济南站建设，整个济南铁路建筑经过中、德、日三个国家在不同时期，不同线路上设计管理建造，虽然细节有所改变，但整体风格基本延续，形成以德式为主的中西结合的方式，使整个风貌环境协调有序。

（二）文化融合

短短十多年的时间，胶济津浦两条铁路相继建成，济南从一个封建的地方政治中心一跃成为交通枢纽。因满足铁路运输而建起的车站、工厂及配套建筑丰富了济南近代的建筑形式。当时中西双方文化的碰撞，心理的转变使得建筑文化出现融合的痕迹。

黄台车站是胶济铁路的一个站点，虽然车站由德国人设计建造，也是济南最早的铁路建筑之一，但它已经在屋顶上采用了济南传统民居样式的吻兽屋脊，建筑屋顶为传统的四坡屋顶，与德国青年风格派的建筑形式相结合。站台门廊上的小尖塔，又具有德国中世纪的特点，形成古典和现代的对比。（图7）

津浦铁道高级职员府邸是典型的日耳曼风格别墅，在屋顶正脊的下方装饰有中国传统装饰构件“悬鱼”。之后建成的山东铁道公司高级职员府邸，主体灰砖墙面的做法都是济南当地惯用手法，在建筑手法上开始注重与当地协调。胶济铁路高级职员公寓山墙，悬山屋面运用波浪状的博风板。（图8）

图8　高级职员公寓山墙面

图9　津浦铁路大厂“谷仓”水塔

图10　济南机务段德式水塔

铁路配套的构筑物中西融合的手法更为明显。铁路大厂的水塔顶部融入了中国谷仓的造型。（图9）津浦铁路机务段的水塔，最顶端把中国亭子的做法融入其中，三个大小不同的八角形帽子层层环套，呈宝葫芦形状。底层用四坡屋顶与水塔本体结合在一起，看上去像中国的房子长出一个德国的水塔但戴着一顶中国的帽子。水塔入口配有将中国传统斗拱进行了简化的装饰，可谓别具一格。（图10）

四、济南铁路建筑遗产文化价值特征

（一）中西建筑的文化包容

济南铁路建筑遗产是特定时期、特定区域、特定人群建造的具有一定艺术和技术，并带有特殊文化内涵的产物，多样的建筑种类，多元的建筑风格，复杂的建筑功能，所反映的是济南铁路建筑中西文化碰撞与兼收并蓄的典型特征。虽然中德《胶澳租借条约》的签订，山东铁路矿物和铁路修建权的丢失是中华民族近代的伤痛，但也给济南乃至整个山东半岛带来了新的建筑思潮与文化，丰富了当地的建筑风格，成为济南近代建筑的开端。济南铁路建筑经过短短十多年的建设，经历了不同的社会环境、心理状况而形成了自身独特的魅力，它综合了中西方建筑文化，融合了当时最新的建筑思潮，展现了建筑文化的融合。

济南近代铁路建筑遗产包含了多种类型及风格，包容性成了遗产的一个突出的特征。在当时的环境下，济南的铁路建筑几乎都是德式风格，部分建筑在此基础上融合其他风格特点，这种特点多以中国传统风格为主，比如黄台车站以德式风格的基础上融合了中国传统屋顶及装饰纹样；津浦铁路济南车站融合了哥特和巴洛克的语言；胶济铁路济南站虽然整体是古典复兴式，但细部也经过转型处理。日本侵占期间，还出现了日本近代传统风格的建筑，比如北关车站。除此之外，西方建筑思潮的进程也影响了整个济南铁路建筑，比如津浦铁路宾馆，融合了青年风格派的手法。在此期间，西方技术人员长期生活在中国，受到中国传统建筑文化的影响，两种文化从相互碰撞、到渗透和交融，形成了自己独特的一面。比如铁路配套的住宅，虽然从形式上看依旧是德式建筑，但出现了“悬鱼”“博风板”等中国传统装饰，铁路大厂的办公楼强调轴线对称，机务段水塔出现传统斗拱的样式等，这些风采各异的建筑构成了济南铁路建筑文化的多元包容性。（表2）

表2　济南铁路建筑文化包容

名称	黄台车站	胶济铁路济南站	津浦铁路济南站
图片示意			
名称	津浦铁路宾馆	铁路大厂道格拉斯办公楼	高级职员公寓
图片示意			

（二）建筑遗产的活态延续

济南铁路建筑遗产在建成后百余年里，使用功能不断完善调整，甚至随着时代的发展进行拓展，建筑物本身精致严谨的施工技艺，即便进行过维护整修，也能满足社会的物质需求，从而使建筑物的寿命延长。如今相当多的济南铁路建筑遗产依旧处于活态的使用，比如车站配套的公寓，虽然绝大部分不再发挥居住的作用，但改成办公用房后，整体内部结构没有发生较大的改变。胶济铁路济南站、铁路大厂办公楼现在被修复改造成了博物馆，以此来继续承载建筑物的价值。

济南铁路建筑遗产活态延续的特征，与当前对遗产价值传承的理念是吻合的，建筑物的建造质量和功能使它在历史的进程中能长期地满足城市和使用人群的需求，同时遗产本身能够融入生活，在得到必要维护和修缮的同时，能获得生命的持续性。而新的使用人群对建筑也会产生新的需求和情感，建筑本身以新的身份融入现代生活，两者相互的作用，让建筑遗产得以活态的延续，这其实也是保护建筑遗产的一种有效方式。（表3）

表3　铁路建筑的活态延续

名称	胶济铁路博物馆（原胶济铁路济南站）	铁路大厂厂史馆（原铁路大厂办公楼）	黄台车站派出所（原黄台站职员公寓）
图片示意			

（三）铁路遗产的类型多样

济南铁路建筑反映了近代转型时期的建筑特征，具有鲜明的时代性。在铁路修建之前，济南鲜有西方建筑，当德国把胶济铁路修到济南之后，首先为资本输出服务的建筑开始动工修建，铁路建筑就是其中之一。济南的铁路建筑主要分为：车站建筑、市政服务建筑、居住建筑、与铁路密切相关的工厂建筑、相关构筑物等。

车站建筑是铁路建筑最重要的部分，甚至会成为一个区域和城市的标志，因此建造者会投入很大心血去展现。津浦铁路济南站由于其精美的造型，被誉为“远东第一站”，但因城市发展的需要，如今只能存活在人们的记忆中，不远处的胶济铁路济南站体现出的是古典复兴之美，其他的车站还有黄台车站、北关车站、郭店车站，这些车站虽然小，但同样展现了不同的建筑风格。

胶济和津浦铁路的开通，济南成为铁路枢纽，同是济南的开埠刺激了经济贸易，带动人口激增和工业发展，于是出现一些铁路宾馆、铁路邮局等配套建筑。为满足铁路职工的居住要求，又建造了大量的住宅建筑，这些公寓建筑形式在满足外国建筑师生活习惯的同时又融合了当地的建筑文化。为了保证铁路的正常运输和机车维护，还配套建设了铁路工厂，水塔、转盘、铁路大桥等构筑物。这些多样的建筑类型不仅丰富了近代济南的建筑类型，也为近代建筑的发展提供借鉴思路。（表4）

表4　济南铁路建筑不同类型

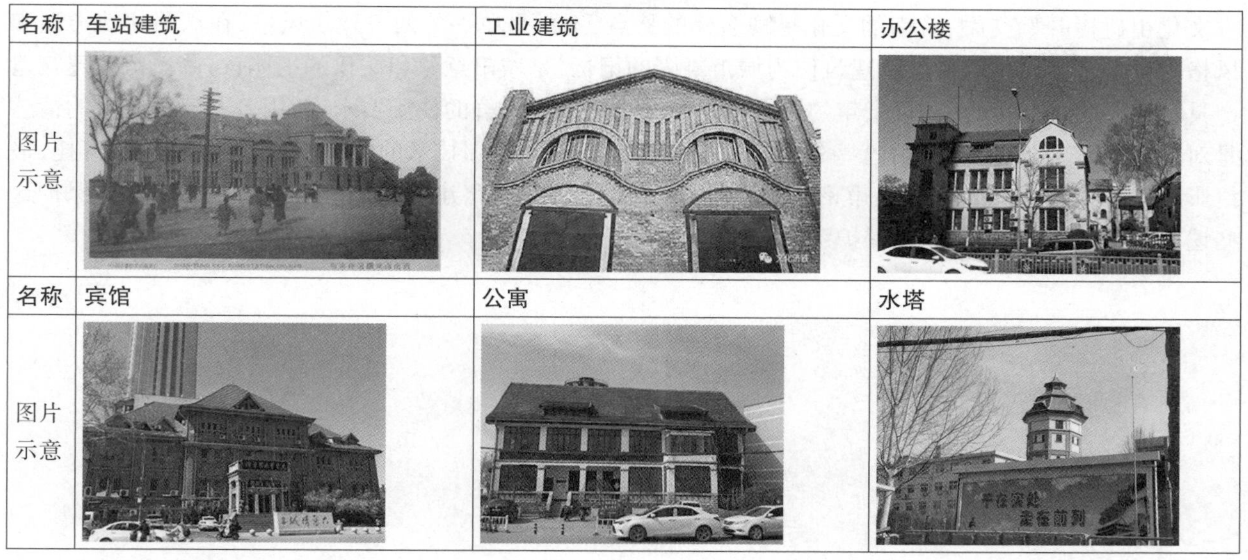

名称	车站建筑	工业建筑	办公楼
图片示意			
名称	宾馆	公寓	水塔
图片示意			

（四）建筑遗产的情感寄托

济南铁路的建设虽然反映了德国的侵略和文化的入侵，而呈现出这一历史时期屈辱和复杂的内心，但也能体现出当时民众自强不息，积极向西方学习先进技术的精神。这些留存下来的铁路建筑遗产具有独特的文化内涵，同时，经过百余年的使用，又是历史的见证者，建筑物的风格传递着时代的背景，而在使用过程中成为当地人群所熟知的生活场景，最终成为记忆的一部分，这种建筑与其相互影响的环境及使用人群的共同作用，从一定程度上超越形式和技术的范畴，变成一种情感的寄托。

这种情感不仅影响了当地人，甚至影响了外来的建筑技术人员，他们长期生活在中国，把对中国传统文化的理解，结合到西方建筑风格当中，很多建筑呈现中西结合的方式，在此期间中西方建筑文化发生碰撞和融合。（表5）

表5　济南铁路建筑中的文化交融

名称	黄台车站屋顶装饰	道格拉斯办公楼细部	高级职员住所“悬鱼”装饰
图片示意			
名称	郭店车站中式造型	胶济铁路高级职员公寓细部	中西结合的水塔
图片示意			

五、总结

济南铁路建筑的文化价值体现在文化的多样性和文化的内涵等方面，铁路的建设和济南自开商埠，促进了西方文化和科学技术传入，思想上进步的国人表现出对西方先进技术的向往，开始学习西方技术和文化。另一方面，西方的技术人员在济南工作生活，受到中国文化的影响，在这种双向的影响下，中西方文化由碰撞开始交融，济南的文化呈现多样的特点，不再是单一的西方建筑风格，在铁路建筑类型和风格上也呈现多样化的特点。建筑作为城市凝固的记忆，是城市意象和文化的主体，这些遗留的建筑遗产具有重要的文化价值，在百余年的历史进程中满足城市和人群的使用要求，使用者对建筑产生的情感是对文化传统的延续。同时，这些建筑在一定程度上超越形式和技术的范畴，变成一种情感的寄托，最终影响到近代建筑的发展和城市格局的变化，这些都是济南铁路建筑文化价值和内涵的所在。保护这些遗留的建筑遗产，也有利于保护济南的城市文化。

济南德华银行旧址与其建造者们
——建筑师、施工方、业主

北京故宫文化遗产保护有限公司　段睿君

摘　要：德华银行旧址是济南近代城市建设史和建筑史上标志性建筑之一。自1908年落成至今，该建筑走过百年，见证了我国近代银行金融业的变迁。由于目前近代建筑史研究在学科、语言及地域性等方面的局限，有关济南德华银行的建造与使用情况一直存在着误传及缺失。本文通过挖掘梳理中、日、德、英等国相关史料，对济南德华银行的设计方倍高洋行及其两位德籍建筑师的信息进行整理，初步勾勒出该建筑兴建过程中委托方、设计方、施工方等各方参与者的轮廓。本研究可为重新评估济南德华银行的遗产价值，进一步理解殖民政权交替地区的银行金融业建筑提供参考。

关键词：济南德华银行；倍高洋行；海因里希·贝克尔；卡尔·拜德克；F.H.施密特公司（广包公司）

一、济南德华银行概述

（一）基本信息补充

1.济南德华银行简介

济南纬二路近现代建筑群——德华银行旧址（或称：济南德华银行），位于山东省济南市经二路191号。始建于1907年，是由德国人设计、建造的砖木混合结构建筑。济南纬二路近现代建筑群，于1995年被济南市人民政府列为第二批市级文物保护单位。2006年被山东省人民政府列为第三批省级文物保护单位。2013年被国务院公布为第七批全国重点文物保护单位，公布编号为7-1780-5-173，公布类型为近现代重要史迹及代表性建筑。德华银行是该建筑群中的重要的建筑之一。

图1　德华银行西南面外观，1908年

图2　济南德华银行，济南博文堂发行，1910年左右

图3　济南府德华银行，玉井洋行发行，年代不详

图4　南立面照片，1992年

图5　南立面照片，2008年

图6　南立面照片，2018年

德华银行旧址与山东邮务管理局及其办公住宅楼旧址、德国领事馆旧址、德国诊所旧址等近现代建筑，是20世纪初济南自开商埠初期建设的一批政治、金融、邮政、医疗、文化等机构设施，每栋建筑都形式独一无二，各有特色。

2.建筑基本信息在传播中存在的问题

在现有主流资料中，从各大知名搜索引擎百科词条到期刊学位论文，再到全国重点文物保护单位申报材料[①]，关于济南德华银行的基本信息存在以下几个问题：

(1)济南德华银行的基本信息均误传为“德华银行旧址始建于1901年前后，最早是修建胶济铁路的德国总工程师办公处，1906年改为德华银行”。这一被广泛引用的信息最早可查出自《齐鲁文化大辞典》[②]，但其参考依据不详。

(2)对于济南德华银行的建造者们的信息也一度语焉不详。托斯坦.华纳[③]在《上海的德国建筑》(1993)一文中首先指出济南德华银行的建筑师是H.贝克尔。华纳的《德国建筑艺术在中国》(Ernst&Sohn,1994)[④]一书则是目前仅有的依据明确地指出了济南德华银行的建筑师、施工方、业主、建造期的已公开出版发表的文献资料作品。但囿于该书为境外出版社发行且印数不多，并未得到应有的重视。之后，《20世纪初在京活动的外国建筑师及其作品》(张复合，2000)一文中明确指出德华银行在北京、天

① 济南纬二路近现代建筑群：第七批全国重点文物保护单位申报材料。

② 见车吉心等主编：《齐鲁文化大辞典》，山东教育出版社，1989年。

③ 托斯坦.华纳(Torsten Warner)，1916年生于德国美因河畔法兰克福，先后在达姆施塔特工业大学、维也纳实用美术大学接受建筑学专业教育，1989年获硕士学位。同年，随维也纳建筑学生团体首次来华。1990年9月来到上海同济大学，在罗小未教授的指导下进行研究访问。(见张复合译《上海的德国建筑》译后记，载汪坦、张复合主编：《第四次中国近代建筑史研究讨论会论文集》，中国建筑工业出版社，1993年。)

④ Warner，Torsten(华纳)，*Deutsche Architektur in China：Architekturtransfer*，*Wiley-VCH*，1994.全书以德英中三语对照的形式出版，参考文献丰富，大量引用德语文献及档案，是研究德国建筑师在华活动的重要著作。

津、济南的分行建筑是倍高洋行的设计作品。①

(3)济南德华银行在日据时期的功能用途及历史沿革没有记录。笔者在国际日本文化研究中心数据库中查找到绘成于1939年的"济南明细地图"一幅,显示出济南德华银行在日军占领济南期间曾被用作日资朝鲜银行。

之后,在《特写写作》(彭家发,1986)中收录的一则新闻"在中国银行旧地,却树立起了朝鲜银行济南事务所"和金融史方面的文献资料②中得到多重印证,推断出济南德华银行旧址在1924年至1949年间的功能变化情况。

3.济南德华银行基本信息

现根据华纳的调查,将济南德华银行的基本信息整理,见下表:

表1　济南德华银行旧址基本信息③

现用途	中国人民银行济南分行
所在地	济南经二路191号,原二马路(纬二路口)
建筑师	倍高洋行
施工	F.H.施密特公司
业主	柏林德华银行
建造期	1907年5月至1908年
保存现状	建筑整体保存良好,立面表面有局部改动

(二)建筑形式及细节

1.建筑形态及风格

济南德华银行,是上海倍高洋行(Becker & Baedecker, Shanghai)的作品,主体二层,局部三层,二层以上为坡度陡峻高大的屋顶阁楼。总建筑面积为2071.82平方米。主体屋面顶部的小望楼和八角形塔楼均为双层变折式屋顶,因其位置、体量、高低的差异,形成丰富的建筑立面形象。

图7　航拍照片

图8　西立面照片

2.建筑细节

(1)表面米白色瓷砖贴面

瓷砖饰面的立面效果与H.贝克尔的华俄道胜银行如出一辙,体现了建筑师设计细节上的延续性。瓷砖烧制质量非常好,质地密实,响声清脆,表面触感细腻。转角处的瓷砖为圆角L型;从剖面可看出分层;背面有款识,但暂无查找到相关信息。

① 该文参考了华纳的《德国建筑艺术在中国》,但因地域限定为北京,并未对济南德华银行进行介绍。

② 见聂家华:《开埠与济南早期城市现代化(1904—1937)》,浙江大学2004年博士学位论文;济南市史志编纂委员会编,张福山主编:《济南市志》(第2册),中华书局,1997年;济南金融志编纂委员会编:《济南金融志(1840—1985)》,济南金融志编纂委员会,1989年。

③ 笔者根据Warner, Torsten, *Deutsche Architektur in China: Architekturtransfer*, Wiley-VCH, 1994及实地调研信息整理列示。

图9　东立面局部

图10　立面瓷砖贴面转角处

图11　脱落瓷砖剖面

图12　脱落瓷砖背面款识

（2）屋面红瓦

阁楼屋面内侧发现的红瓦，通过款识可以判断出是始建时的原始瓦件；另外两类款识的红瓦，推测是后期翻修中所使用的。

表2　屋面红瓦类型及说明[①]

类型A	类型B	类型C
零散瓦件内侧1	屋面瓦件内侧	零散瓦件内侧2
款识英文为T. S. WORKS，中文不明	款识英文为R. KAPPLER SOHN. TSINGTAU	无款识
是一家建筑与结构公司，推测这种瓦件是2008年翻修时使用的。下方的四个中文字迹推测为中方合作厂商	是成立于青岛的制砖公司，是青岛的第一批窑厂之一，是最早的青岛红瓦主要品牌。于日军攻占青岛前停产。因此推测这一批号的瓦件应为始建时留下来的原始瓦件，具有非常高的保留价值	没有印记，暂无法判断相关信息

① 笔者根据实际调研信息分析整理列示。

(三)历史溯源

1.历史沿革

德华银行时期——

1904年德华银行(德商)在济南设立办事处,是济南最早设立的外资银行。

1907年5月始建,设计方为上海倍高洋行,施工方为汉堡阿尔托纳区F.H.施密特公司青岛分公司。

1908年建成完工,用作德华银行济南分行。

1917年3月14日北洋政府与德国断交,于8月14日对德奥宣战。因此,同年德华银行济南分行停业撤离。

政权交替期——

1922年,中央银行山东分行(1908年更名为大清银行济南分行的原大清户部银行济南分行)迁入原德华银行大楼中。

1924年,改用作日本朝鲜银行济南出张所(办事处/事务所),并于1925年12月撤销。后于1938年复业。

1946年春,抗日战争胜利后由中央银行接收。

1948年9月,由解放军军管会金融部授权北海银行接收为济南分行。

新中国成立后——

1949年11月1日,改为中国人民银行山东省分行办公楼。

1980年,为济南市工商银行的办公用房。

同年,济南市纬二路扩宽,德华银行旧址部分附属建筑被拆除。

1995年12月20日,德华银行旧址被济南市政府公布为第二批文物保护单位。

1998年12月15日,为中国人民银行济南分行营业部管理部。

2006年12月7日,德华银行旧址被山东省政府公布为第三批文物保护单位。

2013年3月5日,被国务院公布为第七批全国重点文物保护单位。

2.维修记录

迄今,有据可查的维修记录有:

1963年进行局部装修。

1980年,拆除部分附属建筑。

2008年11月至12月,曾按照"修旧如旧"的原则,翻修屋面。

2012年,改造室外地面。

二、济南德华银行的建造者们

(一)建筑师

1.倍高洋行简介及其代表作品

倍高洋行(1898—1914),机构的英文名称根据不同时期曾见有Becker & Baedecker, Shanghai(本文采用此名)、Becker & Baedecker, Architects、Becker, H、Baedeker, C等,是旧上海一家著名的德商建筑事务所。其核心是Becker和Baedecker这两位有同窗情谊的德国建筑师,根据二人在华执业时间,可划分为三个时期:① 开拓创业期:H.Becker时期(1898—1904);② 合作巅峰期:Becker & Baedecker时期(1905—1911);③ 稳定收尾期:C.Baedecker时期(1912—1917),以上三个分期主要体现在人员变化上,在倍高洋行的英文名称变化上即可见一斑。Becker和Baedecker是德华银行的长聘建筑师,二人设计了该行在中国除青岛分行①外的其他所有分行。根据华纳的统计,倍高洋行在中国留有记录的作品至少有15项。现存仅7项,其中,济南德华银行是倍高洋行合作巅峰期设计作品中保存最完整、艺术价值最高的一处代表性建筑。

① 青岛德华银行,建筑师为Heinrich Hildebrand, Luis Weller,建造期为1899—1901年,建筑主体保存良好,内部有改建,现用途为住宅。

表3 倍高洋行在华作品[①]

城市	名称	建筑师	施工方	业主	建造期	现状	备注
北京	北京德华银行	B&B	F.H.S	德华银行	1906—1907	1992年拆除(1991年,计划将此建筑列为文物保护对象,但拆建公司抢先一步,走在文保工作之前)	德国文艺复兴样式
天津	天津德华银行	B&B	F.H.S		1907—1908	1976年地震时原高陡的复折四坡屋顶楼顶坍塌,现为平顶	意大利文艺复兴样式
上海	康科迪亚总会	HB建筑设计、CB室内设计		上海康科迪亚总会	1904—1907	1934年拆除	至1920年代一直是外滩最高的建筑物
	德国花园总会	HB		上海德国花园总会		20世纪20年代拆除	
	上海德国总领事馆	HB修缮改建		外交部	1907	1937年被拆除	
	新福音教堂和德国子弟学校	HB增建改建	上海道远洋行	上海德国基督教侨民组织	1900—1901	1932—1934年拆除	
	德国邮政局	HB	S&S,T	德国皇家邮政局	1902—1905	立面有较大改动	
	华俄道胜银行	HB&RS	江裕记营造厂	华俄道胜银行	1899—1902	保存完好	意大利文艺复兴式,上海最早使用釉面砖贴面、电梯和卫生设备的建筑
	上海德华银行	HB增建		德华银行	1902	20世纪30年代拆除	意大利文艺复兴式
	祥泰商行	B&B		祥泰木行	1907—1908	保存完好,增加了一层楼	
	准海中路住宅	可能B&B			1905—1911	楼体保存完好	建筑师在南京西路、延安西路还曾设计过至少三处别墅住宅
	德国技术工程学院(同济大学前身)	CB		在中国设立德国工业技术学校筹备会	1908—1916	保存完好有增建	
武汉	武汉德华银行	B&B	汉口宝利公司	德华银行	1908	已拆除	
	德华技术工程学院	CB		中国建造德国技术学校促进会	1913—1915	1992年被拆除	
济南	济南德华银行	B&B	F.H.S	德华银行	1907—1908	保存良好,立面表面有变化	

B&B——Becker & Baedeker;
HB——Heinrich Becker;
CB——Carl Baedeker;
RS——Richard Seel;
S&S,T——W. Wutzler,Selberg & Schlüter,Berlin,Tsingtau.

① 笔者根据Warner, Torsten, *Deutsche Architektur in China: Architekturtransfer*, Wiley-VCH, 1994整理列示。

倍高洋行的两位德籍建筑师离开中国后再也未曾返华，且均未婚，没有直系后代。在目前的中文出版资料中，两人的生卒年份、Becker返德后的经历、Baedeker来华前及离华后的经历均为空白。本文通过一些查找到的德文文献及数据库信息[①]，粗浅地对这些缺失的信息进行补填，为之后学者的研究些微线索。

2.海因里希·贝克尔（1868—1922，Heinrich Becker）生平

海因里希·贝克尔，1868年8月26日出生于什未林，1922年10月31日卒于什未林，全名海因里希·路易斯·弗里德里希·贝克尔（Heinrich Louis Friedrich Becker），是第一位来华执业的德国建筑师。他在慕尼黑大学学习建筑（与卡尔·拜德克是同学），之后在埃及开罗工作了五年，为此他获得了埃及政府的高度荣誉。于1898年至1911年间来到中国上海定居工作，是倍高洋行的创始建筑师，为旧上海早期建筑业界发展的世界主义氛围做出了贡献，并积极通过建筑设计活动对德国文化进行了传播。1911年3月4日，贝克尔在澳大利亚短暂休息后离开中国返回家乡什未林，在那里他继续设计了许多建筑作品，直至1922年10月31日去世为止。如今，在什未林大约仍有他留下的20余座新建筑物和翻新工程作品。

3.卡尔·拜德克（1864—1958，Carl Baedeker[②]）生平

他于1864年出生在科隆，在慕尼黑大学学习建筑学（与海因里希·贝克尔是同学），后来成为一名服务于科隆市的建筑师。他在科隆时期的作品囊括了重建、改建及修复等类型项目。略具浪漫色彩的一点是，他继承了他叔叔——一位著名的旅行指南出版商Karl Ludwig Johannes Baedeker（1801—1859）的名字，或许远行的渴望也这样延续在了他的血脉中。1905年，他来到上海。在四年内，他在中国及韩国创作了大量的大型建筑作品，并实现了环球旅行的梦想。之后返回亚洲（主要在上海工作定居，或许也曾在印度工作生活），直至第一次世界大战，中国对德宣战，德侨被视为敌对国难民遣送出国，他被罚没财产并驱逐出境。1925年，他与寡居的姐姐Clare Stryowski-Baedeker（1857—1939）定居于西里西亚地区的Rohrlach（现属波兰）的一座新哥特式庄园里，在那里他的创作兴趣转向为花卉和植物拍照并上色，形成了一个由大量明信片尺寸大小的精美图像组成的艺术品合集，现藏于捷克弗尔赫拉比的博物馆。1946年，他经历了与一战时相似的命运。他再次失去了财产，不得不离开自己的住所，在82岁的时候被波兰驱逐出境。此后，他与侄女Marianne Hauser一起生活在阿尔滕贝格，并于1958年5月11日结束了富有传奇色彩的一生，享年94岁。追悼会在科隆-博克吕明德的西弗里德霍夫进行，并安眠于此地。

图13　卡尔·拜德克在德国的建筑实践作品，Zeitgenossen in Köln，Rita Wagner[③]

① Heinrich Becker, https://deu.archinform.net/arch/63745.htm，德语信息，介绍了Heinrich Becker的简单生平信息；Rita Wagner, *Köln ungeschönt : Zeitgenossen in Köln*, Ausstellungskatalog / Kölnisches Stadtmuseum, 21.11.2015-24.04.2016, Köln，德语文献，提及Baedeker来华前在科隆的建筑实践作品；Cała prawda o Carlu Bädeker z Trzciska, https://rudawyjanowickie.pl/pl/ciekawostki-rudawy-janowickie/536-cala-prawda-o-carlu-baedeker-z-trzcinska-badeckery.html，德语和波兰语信息，提及Baedeker在Rohrlach的生活；德语信息，作者Heinz Kornemann（1949-）的母亲是与Baedeker同批被驱逐出Rohrlach的德国人。

② 德语原拼写应为：Carl Bädeker，德语中ae等同于ä，可在后者无法打出的情况下代替后者。

③ Rita Wagner, *Köln ungeschönt : Zeitgenossen in Köln*, Ausstellungskatalog / Kölnisches Stadtmuseum, Köln, 2016.

（二）施工方：F.H.施密特公司简介及其代表作品

F.H.施密特公司（全称：F.H.Schmidt，Altona，Hamburg，Tsingtau，中文名称：广包公司），该公司成立于1845年，汉堡阿尔托纳区。在公司成立伊始的二十年间，在汉堡易北河边建造过仓储、水利工程类项目。随着业务的扩展，公司承接了很多海港、桥梁类工程建设项目，遍布各国。伴随着德意志帝国在海外的殖民尝试，F.H.施密特公司陆续在世界范围内的各德属殖民地修建当地的大型建设项目，并致力于在外国文化环境下，将德国建筑建造和工艺技术发扬光大。以中国为例，青岛的总督府行政大楼、警察公寓、华人监狱、海泊河水厂、日耳曼尼亚啤酒厂（青岛啤酒厂前身），还有一些大型军事居住和医院项目等均为F.H.施密特公司承建。由于在青岛与政府合作的项目越来越多，公司还在青岛开设了分公司——汉堡阿尔托纳区F.H.施密特公司青岛分公司，是胶澳时期存在于青岛的最大的两家建筑建造公司之一，承接各类大型公共建筑的施工工程。其中，北京、天津、济南三处德华银行均为F.H.施密特公司施工建设。[①]

（三）业主：德华银行

德华银行（德语：Deutsch-Asiatische Bank，直译为“德意志亚洲银行”），是由德意志银行牵头，德资于1889年在华开办的银行。服务于德国与亚洲地区的贸易，经营存放款、外汇、发钞和投资业务，向中国政府的借款曾有上亿美元，在1914年前是在华影响力仅次于香港上海汇丰银行的外国银行。德华银行总行设于上海，其后又在天津、汉口、青岛、香港、济南、北京、广州等城市设立了分支机构。德华银行作为清政府筹款建造津蒲铁路的两家重要放款方之一，并承担北段的工程建设。济南德华银行附近即有泺口黄河铁路大桥，津蒲铁路济南站，另外交汇于该站的胶济铁路也为德资建设并且开工竣工时间相近。或许，这就是讹传济南德华银行建筑“原为胶济铁路总工程师别墅（一说为济南黄河铁路大桥德国工程师的住宅）”这种说法的重要因素。

三、重新审视后的价值评估

（一）历史价值

德华银行旧址是济南近代城市建设史和建筑史上标志性建筑之一，是济南纬二路近现代建筑群典型代表。该建筑的出现与当时德国侵略山东的社会背景紧密相关，是反映近代山东被西方殖民进行经济掠夺、文化渗透的历史见证。

海因里希·贝克尔是来中国执业的第一位德国建筑师，他与卡尔·拜德克合作达到顶峰的倍高洋行是中国近代建筑史上极具代表性的一家著名德籍建筑事务所。济南德华银行旧址是倍高洋行两位建筑师在中国现存的合作作品中保存最完整、艺术价值最高的金融类公共建筑。该建筑对于研究中国近代建筑史中在华活跃的外籍建筑师群体及其作品有重要价值。

该建筑自1908年落成至今的一百一十年中，除短暂的空档外，一直被用作银行金融建筑。先后被用作德华银行济南分行（德商）、中华民国中央银行济南分行（民国）、朝鲜银行济南事务所（日商）、中国工商银行济南分行（新中国）、中国人民银行济南分行（新中国），见证了我国近代银行金融业的发展。

（二）艺术价值

德华银行旧址，属德国文艺复兴式复古风格，建筑造型美观，采取非对称的自由布局，外墙的砌石嵌缝平整细直，瓷砖粘贴工整坚固，室内花砖色彩，做工精细、美观，罗马柱、拱券雕刻精美，室内天花板苇箔中西结合使用，红瓦与牛舌瓦的交替使用，三层木质旋转楼梯，大量运用几何元素而形成富有韵律统一感的室内木构装饰风格等，独具特色、形式特殊，整体的设计、工程建筑、雕刻等，具有较高的艺术价值。

（三）科学价值

德华银行旧址的施工方汉堡阿尔托纳区F.H.施密特公司青岛分公司，是胶澳时期存在于青岛的最大的两家建筑建造公司之一，承接各类大型公共建筑的施工工程。这些作品体现了德国当时的主流建筑建造技术在中国本土化的实践成果。济南德华银行旧址建筑营造采用的西方现代施工技术与中国传

---

① Staats- und Universitätsbibliothek Hamburg, *Historisch-biographische Blätter*, Band 7, Lieferung 7 by: Hamburg, 1906.

统建筑技术、材料的结合，以及现代建筑材料的利用，反映了济南地区乃至中国地区近代西式建筑的营造方式，是研究中国近代西式建筑做法的重要参考，具有较高的科学价值。

(四)社会价值及文化价值

德华银行旧址是济南市重要的文化资源，是展示济南近代历史乃至中国近代历史的重要窗口，具备社会史、城市规划建筑史、金融史、文化交流史等多方面的展示条件，有利于开展相关社会公众参与活动和青少年教育计划。

德华银行旧址承载着重要的历史信息，反映济南商埠区百年开埠历史及西方列强瓜分山东进行军事渗透、经济掠夺、金融文化侵略的历史，具有进行爱国主义教育的利用价值。

四、结论

济南德华银行基本信息在相当长的时间内存在严重的误传及缺失的情况，反映出已有出版物信息流通不畅，研究者缺乏跨学科多语言的视角，以及近代建筑史研究存在地域性壁垒等问题。以笔者对济南德华银行的文献研究为例，在对近代殖民主义色彩浓重的建筑进行研究之时，有以下几点心得体会：

(一)多领域包容的视野

济南德华银行的历史反映出建筑史、金融史、社会史、国际关系等多方面的信息，如局限在建筑学的领域中将无法重构一段建筑物较为全面的生命历程。对于济南德华银行在日据期间的用途变迁推断，几条重要的依据就来源于金融史及新闻写作方面；而如果对当时的社会史、国际关系有一定的了解，则对于理解判断济南德华银行初始功能的讹传有很大的帮助。另外，一定不能囿于地域限制，宜顺线索脉络探寻，追根溯源。

(二)利用外国开放数据库资源

本次研究参考引用了大量外国开放数据库资源中的信息，如(日本)国际日本文化研究中心数据库中的历史地图、(德国)地方刊物、(德国)建筑师友人晚辈回忆录、(德国)建筑师生平信息库等。由于济南德华银行的两位建筑师、施工方、业主均为德籍，期间又经历了多次重大的国际性社会变动，很多资料信息存在于中国以外或以其他语种存在。随着现今翻译工具的便捷普及，对于其他语种资料的搜集处理难度大大降低。

(三)多重交叉验证

本次研究中补充查找到的信息都做了多重交叉验证，如日据时期的用途变更经历史地图及多份金融史资料对比验证；(德)建筑师友人回忆录与(德)地方刊物及中文资料对比验证等。交叉验证的过程一方面可以进行信息可信度的判断，另一方面则有助于发现更多的研究线索。值得注意的是，一定要确定进行交叉对比验证的资料来源依据不完全相同。

(四)档案信息查证

参考同类外籍建筑师在华的建筑作品研究案例①，各地方、机构档案信息的查证是非常重要的研究资料获取手段。本次研究中未能查阅档案类信息进行查证，是比较大的遗憾。希望日后对济南德华银行及其建造者们的研究能够在此方面进行补充，如建筑师海关出入境记录、地契、建筑设计审批图纸及记录、建筑施工图纸及记录、建筑材料采购清单等。

---

① 见郑红彬：《国际建筑社区——近代上海外籍建筑师群体初探(1843—1941)》，《建筑师》2017年第5期；黄遐：《晚清寓华西洋建筑师述录》，载汪坦、张复合主编：《第五次中国近代建筑史研究讨论会论文集》，中国建筑工业出版社，1998年；刘珊珊、黄晓：《国立武汉大学校园建筑师开尔斯研究》，《建筑师》2014年第1期。

齐鲁大学考文楼中国式建筑特征研究

山东省乡土文化遗产保护工程有限公司　周宫庆
山东建筑大学　邓庆坦

摘　要:考文楼是原齐鲁大学主校园建筑的重要遗存,拥有西方古典主义三段式构图、举折式大屋顶和中国式装饰细部等特征,是齐鲁大学中国式建筑成熟期的典型作品。历经百年岁月,考文楼是齐鲁大学以及齐鲁医学院发展变迁的见证,有关考文楼的建筑研究,对齐鲁大学建筑历史研究以及济南乃至山东地区近代教会建筑的保护研究具有重要意义。本文在历史文献查阅及实地调研测绘的基础之上,对考文楼中国式建筑特征表现进行了深入剖析和解读,对其中国式建筑特征的成因进行了全面思考和分析。

关键词:齐鲁大学中国式建筑;考文楼;中国式建筑特征

一、前言

教会建筑中国化与教会大学中国式建筑是基督教在华本色化在建筑层面的具体表现,教会建筑在西式功能布局和技术基础上,模仿北方官式建筑或地域性民居的建筑屋顶形式,同时掺杂了西方传教士和中国工匠对于东西方建筑文化的认知和臆想,对之后中国民族形式建筑的探索发展起到了铺垫和促进作用。齐鲁大学是我国最早的教会大学之一,发源于1864年狄考文(Calvin Wilson Mateer,1836—1908)于登州创立的文会馆。从文会馆建立到1924年济南齐鲁大学主校园的基本建成,其中国式建筑的起源和发展可以归纳为初始期(1864—1901)、发展期(1902—1915)和成熟期(1916—1924)三个时期。1919年落成,位于济南齐鲁大学主校园内,以纪念齐鲁大学的创始人之一的狄考文而命名的考文楼(the Calvin Matter Hall),是齐鲁大学中国式建筑成熟期的典型代表作品,历经百年岁月,至今考文楼作为齐鲁医学院的教学五楼仍供这里的师生所使用,有关考文楼的建筑研究,对济南乃至整个山东地区近代教会建筑的保护研究具有重要意义。本文在历史文献查阅及实地调研测绘的基础之上,对考文楼中国式建筑特征进行了深入剖析和解读,对其中国式建筑特征的成因进行了全面思考和分析。

图1　原齐鲁大学考文楼现状照片①

① http://blog.sina.com.cn/s/blog_4a503a410102dyhv.html.

二、考文楼建筑历史沿革

齐鲁大学主校园的筹备建立源于近代山东地区基督教本色化和差会联合事业的推进。19世纪后半叶，基督教差会陆续抵达山东地区建立传教点，传教士积极投身于行医办学等事业中，美国北长老会在登州的文会馆、潍县的乐道院和济南的文璧医院；英国浸礼会在青州的葛罗神学院、广德书院、广德医院和博物堂等，都是这一时期差会事业的代表，其相应的教会建筑普遍规模较小，运用简单的西式平面、立面叠加中国式屋顶，是为齐鲁大学中国式建筑的初始期作品。进入20世纪，我国民族意识觉醒，反帝爱国情绪高涨；义和团运动的冲击，促使基督教在华本色化演变。地区分散，力量薄弱的众差会开始了联合，决定集中力量，将差会学堂、诊所集中到地域影响力强的城镇中发展，成立联合的山东基督教大学(Shantung Protestant University)。潍县广文学堂、济南广智院、医道学堂是这一时期的代表，其建筑初具规模，行列式布局，中国式屋顶初具举折、翼角起翘等特征，是为齐鲁大学中国式建筑的发展期。随着差会联合事业的推进，众差会意识到在交通便利、社会资源丰富、辐射力强的省会城市落户的重要性，开始谋求在济南建设联合大学的永久校园。1912年，联合差会决定在济南城南圩子墙外购地作为大学校址，并开始联系西方正规建筑师团队参与校园的规划设计。1915年，大学委员会批准了日后广为人知的"齐鲁大学"(Cheeloo University)校名。1916年底，校园的第一批建筑男生宿舍楼和教授寓所破土建设。1917年初，化学生物楼(柏根楼)落成，同年9月，分散在潍县、青州的教会学校搬入济南新校园，考文楼即齐鲁大学的物理实验楼也于1919年落成。1924年，齐鲁大学校园建筑基本建成，同年学校通过了加拿大教育部的注册立案。

图2　齐鲁大学校园广场历史照片[①]

图3　齐鲁大学考文楼历史照片[②]

在挑选建筑师团队的过程中，校方清醒认识到，设计建造独栋的教会学校尚可通过教会建筑师的协助，雇用中国工匠完成；而规划建设规模巨大、功能完善的大学校园，必须是正规专业培养，经验丰富的正规建筑师团队才能驾驭。为此经过多方面的考虑和筛选，校方最终委任了美国芝加哥的PFHA事务所(Perkins, Fellows & Hamilton Architects)[③]从事校园的总体规划和建筑设计。1914年，PFHA事务所负责人之一的法罗斯(William K. Fellows, 1870—1925)来到济南调研考察并制定了校园的相关规划建设方案。建成后的齐鲁大学校园采用开放式的布局模式，由校园中心广场组织串联起两侧校园建筑，与美国弗吉尼亚大学校园布局类似。为了突出教堂、行政办公楼特殊地位，体现教会大学特色，康穆礼拜堂和麦考密行政楼分别坐落在校园中心广场的中轴线的南北两端；其他教学楼、图书馆等东西对称布置在校园广场两侧。整体校园建筑风格以中国式建筑为主，西式建筑功能平面叠加中国式屋顶，建筑风格协调统一。考文楼就在校园中心广场东北侧，与西面的柏根楼相对。

---

① http://blog.sina.com.cn/s/blog_988b155f0101itpg.html.

② http://blog.sina.com.cn/s/blog_4a503a410102dyhv.html.

③ 1913年齐鲁大学校方同PFHA事务所签订协议，见于山东省档案馆藏Agreement, November 12, 1913, J109-04-107。

三、考文楼建筑特征概述

考文楼是原齐鲁大学主校园内主要遗存建筑之一，呈南北向布局，硬山灰瓦屋面，三层砖木结构，带有耳房和地下室。建筑形式、体量和规模与校园广场中与之相对的柏根楼相似。

考文楼建筑平面近似长方形，东西两端有单层耳房作为实验设备室。主入口位于建筑北面中央，向外凸出呈门斗样式，南侧中央部分房间也向外凸出；室内由中间东西向走廊串联南北向的房间，面积大小和长度比例适中。在中央大厅和走廊两端都有木质楼梯，其中大厅处的木质楼梯在一到二层为平行双合楼梯的形式，二到三层为三跑楼梯样式；走廊两端楼梯为木质折行双跑楼梯，并且西侧楼梯可以通往阁楼层，东侧楼梯可以通往地下室。地下室则位于整体建筑的东侧，为一层平面的一半大小。柏根楼的地下室的位置与之相对称在其建筑的西侧。

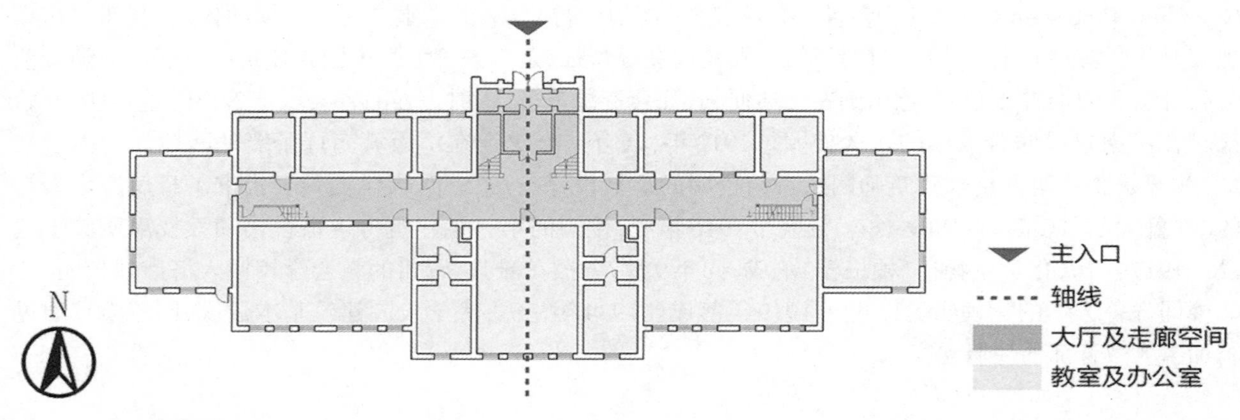

图4　考文楼平面布局

建筑外立面为蘑菇石墙基、青砖墙面，窗户均有条石窗台及过梁。檐墙处在二层窗槛墙及三层窗间墙部分有多种中式砖雕图案装饰，两侧盘头、戗檐为石材砌筑，檐口三层砖檐，为两层抽屉砖之间叠加盖板的样式。主体建筑及耳房山墙做铃铛排山脊、砖博缝、砖拔檐处理，山尖处开什锦通风窗，盘头侧面及砖博缝两端有精美花卉图案雕刻；在硬山灰瓦屋面之上，正脊、垂脊上段为花瓦脊，垂脊下段为素脊，两侧正吻为石砌花卉图案造型筑。整个考文楼建筑规模宏伟，庄严古朴，青砖灰瓦饱含岁月沧桑，是为齐鲁医学院内一景。

四、考文楼中国式建筑特征分析

（一）三段式构图

考文楼建筑立面继承了西方古典主义三段式构图特征，体量比例适宜，主次分明。从考文楼整体来看，两侧耳房为单层，建筑体量较小，中间主体部分为三层，体量稍大，由此两端耳房和主体建筑在主立面构图上形成了第一层次的三段式；而从考文楼主体部分来看，主体中央部分在南北侧均向外凸出，与主体建筑的两侧部分具有明显的区分，由此主体建筑的中央与两侧部分在主立面构图中又形成了第二个层次的三段式，两个层次的三段式组合，又形成“五段式”构图关系。在这其中，耳房与主体建筑的一侧以及中央部分在长度上的比值为1∶2∶2.4，高度上的比值为1∶2∶2；而从侧立面来看，耳房进深与考文楼通进深的比值为1∶2，可知考文楼在立面构图上体块之间具有明显比例倍数关系。

相比于齐鲁大学中国式建筑的初始期和发展期，初始期的中国式建筑体量较小，以外廊式平面为主，立面以开窗来作为主要设计要素；发展期出现了三段式、集中式的平面、立面，建筑体量开始扩大，功能布局不甚合理，比例尺度失调，说明前两个时期在没有正规的建筑师团队的参与的情况下，教会建筑在体量规模、平面布局、立面构图乃至营建技术上明显受限，手法处理轻率、稚拙。进入齐鲁大学中国式建筑成熟期，正规建筑师参与规划和设计下的齐鲁大学主校园建筑，以考文楼为代表的教学楼建筑明显具有西方古典主义的三段式特征，立面比例构图合理适当，手法运用老道而娴熟。

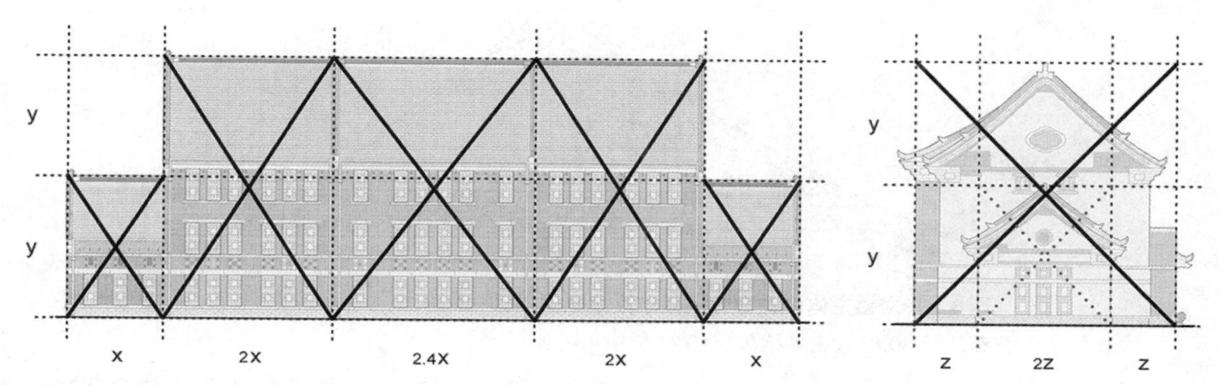

图5　考文楼主、侧立面比例分析图

(二)中国式屋顶

中国式屋顶是中国式建筑的典型特征,具体表现为运用中国式瓦料,结合建筑功能布局将北方官式建筑或地域民居的屋顶形式灵活组合。成熟期的中国式建筑屋顶内多为西式三角形木梁架,而屋面具有中国传统建筑的“举折”效果,因此勘察研究中国式屋顶的重点是探明内部梁架结构如何来表现“举折”效果。

传统中国官式建筑屋面的“举折”是通过抬梁式梁架改变脊檩、金檩和檐檩之间的高度,从而改变脑椽、花架椽、檐椽和飞檐椽的坡度来实现。通过勘测,考文楼的硬山灰瓦屋面之下为西式三角形梁架,其近似“举折”效果则是通过处理梁架中脊檩和两侧檐墙高度,改变脑椽、檐椽和飞檐椽的坡度来实现。具体来讲,首先是梁架中央竖梁向上伸出将脊檩抬高,改变了上方脑椽的坡度,使屋顶屋面变陡;其次是两侧檐墙适当抬高,使檐椽坡度变缓;最后是檐椽之上架设飞檐椽,使其上屋面的坡度进一步变缓。这样整个屋面屋顶处坡度陡峭,两边坡度缓和,进而呈现出近似“举折”效果。

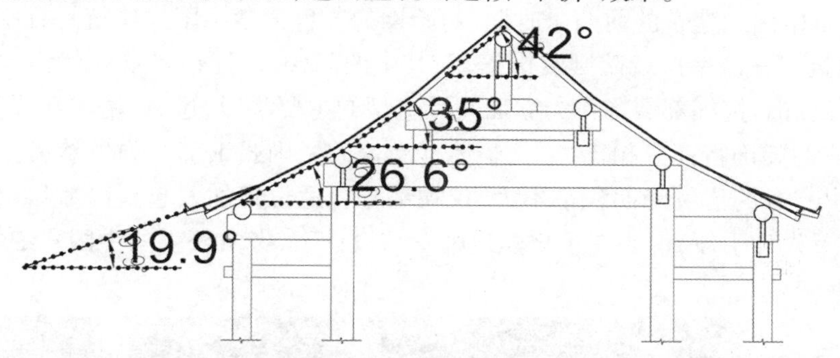

图6　官式七檩抬梁式梁架坡度示意图(飞檐椽19.9°、檐椽26.6°、花架椽35°、脑椽42°)

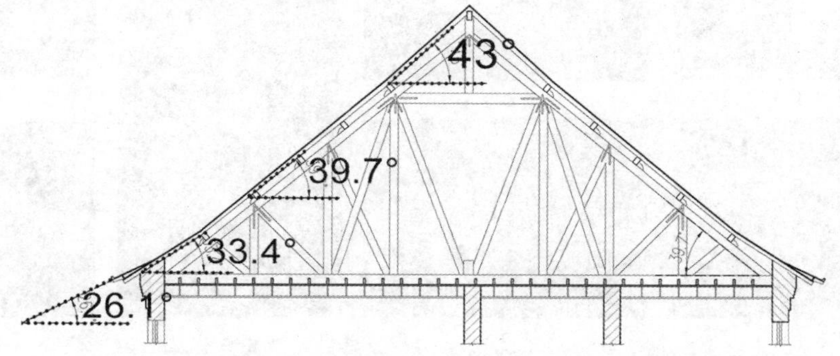

图7　考文楼主体两侧部分梁架坡度示意图(飞檐椽26.1°、檐椽33.4°、花架椽39.7°、主体梁架39.7°,脑椽43°)

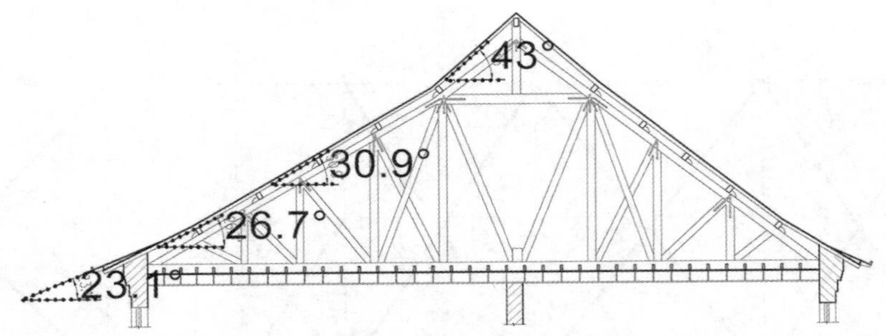

图8　考文楼主体中央部分梁架坡度示意图(飞檐椽23.1°、檐椽26.7°、花架椽30.9°、主体梁架30.9°、脑椽43°)

为了支撑考文楼主体建筑的庞大屋面,其内部的十品木质三角形梁架体量巨大,测量木梁整体高度为6.75米,纵向长度为15.4米,截面尺寸200*200毫米;而为使梁架稳固,内部加有诸多竖梁及斜杆支撑;同时中间四品梁架由于建筑南侧整体凸出而呈非对称造型,之间加有横向拉杆来增强相互之间的联系。

(三)中国式装饰细部

考文楼外立面的中国式装饰细部以砖雕、石雕、木雕为主,具体在于主入口门斗两侧抱鼓石、墙面砖雕;南北檐墙二层窗槛墙及三层窗间墙砖雕,二层窗楣石雕,两侧耳房等窗大小的龟背锦饰;东西山墙博缝两端砖雕、盘头侧面石雕;建筑屋顶之上的石砌花卉造型正吻以及室内中央木质楼梯望柱栏板的木雕装饰等。其中,檐墙砖雕图案以方形嵌套圆形图案的组合形式,外侧方形为300×300mm尺寸,内部圆形图案有盘长纹、寿字纹、万字纹、蝙蝠纹、桃纹、菊纹、四瓣花纹、八角星纹等,五个一组,四边的图案相同,中间的图案不同,装饰纹样组合富有变化,灵活多样。二层窗楣石过梁带有的雕刻装饰为抽象和提炼和玺彩画的构图要素而来,造型独特。墀头侧面及博缝两端的砖雕以祥云、仙鹤、莲花、牡丹、葫芦、藤蔓为题材,富有喜庆吉祥的寓意。

相较于齐鲁大学中国式建筑的前两个时期,初始期的齐鲁大学中国式建筑鲜有中式细部装饰;发展期的典型中国式建筑——济南广智院则装饰繁复,其中的门楼、展厅体量规模都不大,却在外墙布满各式砖雕、石雕和木雕装饰,把细部装饰作为立面设计造型的主要手段,过分"精雕细琢"而却使用失当,呈现"中华巴洛克"①式的装饰特征。相比之下,整体考文楼的中国式细部装饰虽然灵活多样,但是整体数量不多,在外立面中占有的比例和面积都不大,仅在部分合适位置加入起到修饰和点缀效果,而不是作为主要的立面构图及设计手段,说明在正规建筑师参与设计下,考文楼中的中国式细部装饰在运用上恰到好处,相得益彰。

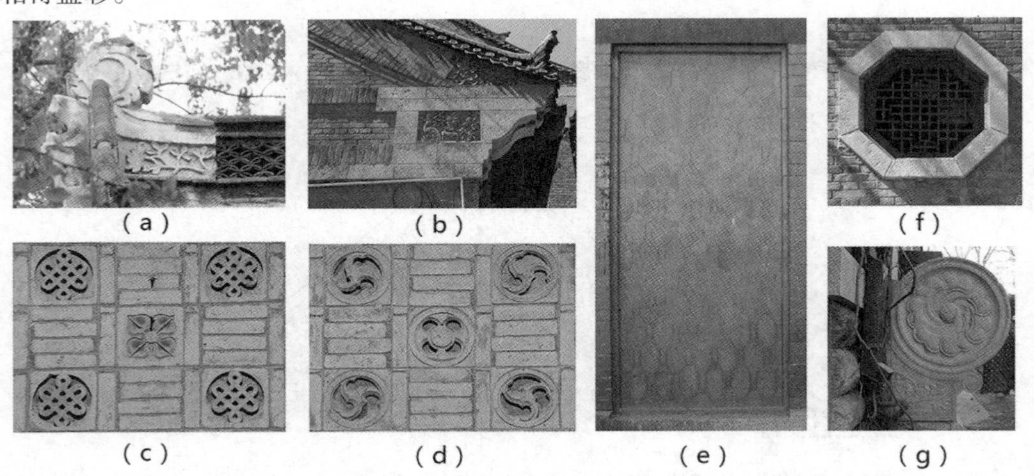

图9　齐鲁大学考文楼中国式装饰细部(图注:(a)屋脊正吻　(b)山墙博缝、墀头侧面砖雕　(c)(d)檐墙一层窗上砖雕　(e)耳房檐墙龟背锦饰　(f)山墙什锦窗　(g)门斗抱鼓石)

① "中华巴洛克"由日本学者西泽泰彦最早提出,是中国工匠基于对西方古典建筑式样的理解,体现西方17世纪巴洛克建筑的构思原则,追求建筑立面过度的装饰。

五、考文楼中国式建筑特征成因分析

（一）基督教传播层面：基督教在华本色化的演进

两次鸦片战争迫使清廷解除“教禁”，基督教差会纷纷入华传教，由此也开启了教会建筑“中国化”和中国式建筑的发展演进历程，基督教在华传播以义和团运动为界，在此之前，基督教差会中部分有识之士开始采取“合儒”的传教策略，儒服儒冠，积极同地方官吏、士绅接触，开展行医办学活动，教会建筑吸纳中国式元素，为基督教在华本色化的早期表现，但未受到教会上层的广泛关注和认可，这一阶段的本色化只是局部、片面的，教会建造的中国式建筑也是较为简易、拙朴的。义和团运动之后，教会上层认识到与中国传统文化结合的必要性与紧迫性，基督教在华差会开始了更为全面的本色化演进，也将教会主导下的中国式建筑的发展推向了顶峰，齐鲁大学中国式建筑进入成熟期，考文楼正是这一时期的代表作品。

（二）差会发展层面：差会联合运动的推动

近代基督教在华传播起初是由不同宗派、不同差会分散推进的，彼此之间不同于天主教具有明确的从属等级关系，差会实力取决于各自背后教会和国家势力，在华传教事业的成果也各不相同。基督教不同宗派、差会之间的分立与竞争，造成了其在华整体力量的削弱与分散。义和团运动使基督教在华差会受到沉痛打击，由此也成为基督教差会之间消除分歧、误解，开启跨宗派、多领域合作的历史契机，形成了20世纪初的教会联合运动的初潮。在山东地区，由美国北长老会和英国浸礼会最先发起、联合成立的山东基督教大学就是这一时期的成果，经过十余年的联合事业推进，逐渐发展为齐鲁大学，联合差会也逐步扩充到十三个，联合起来的教会大学在办学资本、师资力量方面与20世纪以前的分散独立的教会学校相比早已不可同日而语，教会大学在整体校园和建筑规模上更为宏大。如果没有20世纪初教会联合运动的推进，仅在基督教本色化演进下及其齐鲁大学考文楼也不可能出现在近代济南地区。

（三）建筑师层面：正规建筑师团队的具体实践

20世纪初齐鲁大学的诞生和齐鲁大学主校园的建成，除了基督教在华本色化演进和差会联合运动的推动两个间接原因外，西方正规建筑师团队的参与和具体实践则是直接原因。在齐鲁大学中国式建筑的前两个时期，初始期传教士们的“鸠工仿造”，发展期教会建筑师们的生搬硬套，这样的设计手段、方式尚可应对规模较小、平面功能简单的教会学校建筑，而面对涵盖领域众多、功能分区复杂的大学校园时，只有接受正规专业培训的正规建筑师团队才能应对。1913年，经齐鲁大学主要捐赠人之一的美国麦考密夫人（Nettie Fowler McCormick，1835—1923）推荐，由美国芝加哥PFHA事务所承担了齐鲁大学主体校园的总体规划与建筑设计[①]，PFHA事务所成立于1905年，由帕金斯（Dwight H. Perkins，1867—1941）、法罗斯（William K. Fellows，1870—1925）、汉密尔顿（John L. Hamilton，1878—1955）三位建筑师组建，在同一时期还承担了另一所著名教会大学——南京金陵大学的规划设计。[②]从两所教会大学校园规划和建筑设计中不难发现，PFHA事务所善于根据校址规模和地形采用开敞式的校园布局模式，通过校园中心广场组织串联校园建筑，校园建筑中，中国式屋顶灵活穿插组合，立面采用西方古典主义三段式的构图模式，中国式装饰细部更加简洁、符号化，齐鲁大学考文楼正是由PFHA事务所这样的正规设计师团队设计，得以继承前两个时期的中国式元素，成为齐鲁大学中国式建筑高潮和顶峰时期的代表作品。

六、结语

经教会本色化演进、差会联合事业推进、西方正规建筑师的具体实践而诞生的齐鲁大学考文楼，是齐鲁大学中国式建筑的成熟期的典型作品，其中国式建筑特征具体体现在三段式构图，中国式屋顶和中国式装饰细部中，风格特色鲜明，古朴宏伟庄重，历经百年风雨依然耸立，为人们继续讲述有关齐鲁大学的历史。

---

① 见于洪振：《从登州到济南：齐鲁大学校园空间变迁及其影响》，山东大学2018年硕士学位论文。

② 见傅朝卿：《中国古典式样新建筑——二十世纪中国新建筑官制化的历史研究》，南天书局有限公司，1993年。

青岛里院建筑研究

——德占时期的华人社区与住宅

青岛理工大学　徐飞鹏
山东科技大学　王雅坤

摘　要：本文从青岛德占时期(1897—1914)的社会、经济、区域环境为背景切入,深入分析华人社区、华人家庭的组织结构特征,比较华、欧城区规划布局形态,进而推导出在当时社会、经济、气候因素及外来文化与技术影响下形成的城市建筑特征,以及青岛华人里院建筑形成的根源与依据。

关键词:德占时期;华人社区;里院建筑

今天遗留下的青岛德占时期华人城区的建筑,俗称"里院"建筑,初建时为一至两层,20世纪30年代有些加建为三至四层。房屋沿地块周边布局,形成内部院落,临街一层多作为店铺用房,二层以上为住宅或客房,多数住宅没有厨房,厕所也多设在院落的角落处。(图1)建筑的布局形式类似欧洲旧城区传统街坊建筑,而建筑内部布局与院落的使用更多受到中国传统民居的影响。由此看来,里院是一种合院式集合住宅与商业混合的建筑类型。

图1　1913年广兴里

这种看似并不完善的集合住宅(作为单身客房更为合适)建筑,使我们更想弄清楚当时的华人社区的构成、华人的家庭状况以及华人的生活起居方式。

一、青岛德占时期的城市社会结构形态

(一)1897—1914年德占时期的社会阶层与阶级

社会结构形态,一般是指由社会分化产生的各主要的社会地位群体之间相互联系的基本状态。这类地位的群体主要有:阶级、阶层、种族、职业群体、宗教团体等。

1897年德国借"曹州教案"租借胶澳(青岛),筑码头修铁路,兴市建房渐成市街。青岛城市社会形成之初,呈现出人口种族、社会阶层构成的二元结构,是德占日据时期(1897—1922)[①]城市社会结构形

① 日本占据青岛时期为1914—1922年。

态的主要特征。

德占时期青岛城市的社会阶层构成包括外国人与中国人。

外国人，即外来的殖民政府官员、占领军军官、士兵、商人、技术人员等。

中国人包括青岛村及周边村落居民、外来移民、劳工与商人。

城市形成初期，外国人是城市社会中的上层群体。德占时期，青岛的外国人口占市区人口的5%左右。[①]1914—1922年日本占据时期，缺乏市区人口统计，日军将青岛向日本侨民开放，由于青岛与日本相隔不远，不难推测，外国人所占比例更高；1925年青岛回归，在一批外人迁出青岛的情况下，外国人仍占市区总人口的7.3%。[②]

城市形成初期，华人是城市社会中的下层群体，华商中产阶层正处于发育期。

青岛开埠最初十二年间，华人人口增长率高达52.36%，远比其他城市为高。（表1）而1910—1924年间，人口增长率降低（11.61%），日本占领时期（1914—1922），城市华人人口增长缓慢。

1924—1927年间，青岛远离战火，时局稳定，人口年增长率达193.67%，可视为青岛开埠以来的最高峰。

表1　德占青岛华人人口变迁表[③]

年代	人口	人口增长率	备注
1897	83000		
1910	161140	52.36%	不包括外侨
1924	189411	11.61%	同上
1927	322148	193.67%	同上

（二）青岛城市人口增长的主流是移民

1.移民人口与青岛城市化

在短短的二十几年中，青岛由一个偏僻的渔村发展成为拥有32万人口的通商巨埠。青岛替代了衰落的烟台，而烟台作为中国近代沿海通商口岸，其开埠历史早于青岛近四十年。[④]

青岛城市人口增长的主流是移民，主要来自山东地区，少部分来自其他省份。[⑤]城市人口迅速增长主要是由于城市以商贸为主、海军基地为辅的发展定位[⑥]，并随着1904年现代化港口和铁路建成使用，城市人口快速增长。1897年德占青岛之初，华人为83000人；到1910年，青岛区域华人人口增加到161140人。[⑦]青岛开埠最初十二年间，人口比1897年增长了94.15%，远比其他城市为高。

2.移民的性别年龄构成

城区华人中年龄25岁以下占80%以上，大量的年轻人移民来青岛，城市人口年轻化，据德殖民政府的人口统计，1902年青岛城区华人人口男女性别比为13:1，1903年城区华人人口男女性别比为15:1，1905年城区华人人口男女性别比为10:1，1907年城区华人人口男女性别比为8:1。[⑧]由此可见，德占时期的青岛是以年轻男性为主体的社会。外来的德国占领者也是以海军舰队年轻士兵为主，只有殖民政府中的少量官员带有家属。

---

① 据1913年的统计，青岛的外国人2411人。其中德国人1855人；日本316人，俄国人51人，美国40人，奥地利22人，法国15人，葡萄牙8人，瑞典3人，丹麦2人，印度11人，比利时、荷兰、意大利、希腊、挪威、西班牙各1人，南洋群岛、土耳其各3人。（见袁荣叟：《胶澳志》，（台湾）文海出版社成文本，1928年。）

②⑦ 见任银睦：《青岛早期城市现代化研究》，三联书店，2007年。

③ 见袁荣叟：《胶澳志》，（台湾）文海出版社成文本，1928年。

④ 1858年清政府被迫同英法签订《天津条约》，原定开埠口岸为登州（今蓬莱），后英首任领事毛里逊赴登州查勘，指出登州水浅湾小，远不如海运发达的烟台港，强行改为烟台。1862年烟台正式开埠，为山东最早的通商口岸。（见烟台政协文史资料研究委员会：《烟台市文史资料》第一辑，1982年。）

⑤ 见袁荣叟：《胶澳志》，（台湾）文海出版社成文本，1928年，第102—103页。据《胶澳志》记载，1925年以前在青岛已有二十二个同乡会组织。

⑥ 1898年10月《胶澳发展备忘录》："在不损害该地区作为舰队基地的重要军事作用前提下，对这一地区的未来具有决定意义的是：首先把它发展为一个商业殖民地，即发展成为德国商团在东亚开发广阔销售市场的重要基地。"

⑧ 见青岛市档案馆编：《青岛开埠十七年——胶澳发展备忘录全译本》，中国档案出版社，2007年。

二、青岛德占时期的住宅建筑类型特征

（一）住宅建筑类型特征

建筑的特征总是在一定的自然环境和社会条件的影响与支配下逐渐形成的。

德占时期的青岛城市住宅建筑，在区域气候环境、社会条件的影响与支配下，必然分化出两大类型——欧人居住使用的庭园住宅建筑与华人居住使用的里院住宅建筑。

城市社会的二元结构特征导致城市居住建筑的二元化发展。在华人城区出现了适于单身男性年轻人居住的里院住宅，在欧人区出现了庭院独栋住宅。

1.庭院式建筑

现存的欧人城区反映了欧洲同时代的建筑艺术与城市文化。具有较高的艺术价值和历史研究价值，体现青岛"红瓦绿树、碧海蓝天"区域特色。

整个欧人城区是别墅花园住区，房屋为庭院式独栋别墅并统一采用红瓦屋顶；建筑以南北向为主便于观赏海景，花园及别墅主要朝向于临海向阳的南侧便于通风、采光与庭院植物生长；建筑体量追求舒适小巧，平均建筑面积450平方米左右；道路宽度与建筑高度之比大于1，建筑与道路间又有花园庭院间隔，保持着宜人的空间尺度。

2.里院式建筑

里院是青岛老市区有重要历史与人文价值的老建筑。国内有的城市也有类似"里院"的建筑类型，但其数量远在青岛之下，就其形态讲也远未有青岛典型。

青岛的"里院"，是中国式四合院与欧式建筑相结合的产物，它是中西文化强烈对撞后形成的合院式商住建筑，是西式商住一体楼房和中国传统四合院围合式平房相结合的产物。高度多为一到三层。现状遗留里院大多数质量较差。

（二）华人城区与欧人城区的规划比较——城区与城郊的不同布局方法

这种社会结构组成特征，还反映在当时的城市规划上。1897年德国强租胶州湾之后，通过城市规划将欧人与华人居住分区设置。按照1899年10月公布的青岛城市规划图，欧人城区的北部原大鲍岛村区域，规划为中上层华人的商业与居住区。华人城区就沿用了原来村落的名字，称大鲍岛城区。大鲍岛城区是1898年以后新城建设中最早形成的城区。大鲍岛华人城区的建筑质量远远低于欧人城区，建筑样式上呈现出中西文化的交叉影响。

从1898年的初始规划方案到1899年正式公布的规划方案，德国占领者将原大鲍岛村偏北部区域辟为华人城区，在欧人区与华人区之间，设置了连接东侧观海山的200余米宽的隔离地段。在正式城市规划没有确定以前，大鲍岛华人城区1898年率先开始了房屋建设，由于华人区内的小港码头在1901建成使用，来往人口增多，促使"华人城区大鲍岛的建筑活动特别活跃，已经形成了一片建筑物鳞次栉比的城区"，殖民政府"为了进一步扩展的需要，不得不把青岛和大鲍岛之间的全部农田用于建房"①。1902年10月公布的青岛中心城区调整规划中，在欧人的青岛区与华人大鲍岛区之间的隔离地段新增了两条斜向的道路，为连接两区边界的道路（德县路）。然而斜向的道路所围合的带状大街坊，使得两区交通联系并不方便，更改的规划并未消除两区之间的隔离。

隔离地段的最终消除，原因是大鲍岛区域内巨大的土地需求。据1900—1901年《胶澳发展备忘录》记载，1901年青岛中心城区所建367栋房屋中，大鲍岛的商住两用房屋占234栋，华人城区的建筑活动在城市早期建设中占据了多数。

华欧两城区的街区规划，建筑、道路建设质量都有很大的差别。德国殖民当局对两个区域做出不同的建筑法规规定，如青岛区建筑限高18米，可建三层以下房屋；大鲍岛区只允许建两层以下的房屋。房屋沿街毗连式布局，街区密度大，环境质量差。在街区与道路规划布局上。青岛区的街坊宽度在100米至150米之间，街道宽度在18米至25米之间；大鲍岛区的街坊宽度大都在50米至75米之间，街道大多

① 青岛市档案馆编：《青岛开埠十七年——胶澳发展备忘录全译本》，中国档案出版社，2007年，第103页。

12米宽。当时社会的等级差别在城市物质形态上彰显出来。(图2)

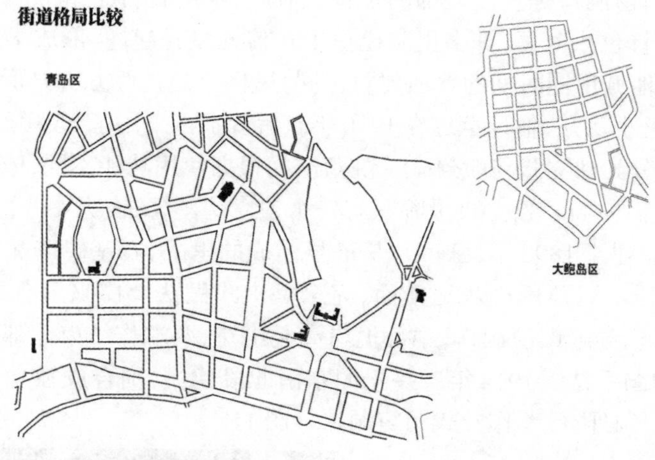

图2 华欧城区街道格局比较

三、华人的里院建筑

青岛里院建筑,是一种合院式集合住宅与商业混合建筑类型,始于1897年德占时期的华人城区。二至三层的房屋沿地块周边布局,形成内部院落,临街一层为商店用房,二层以上多为住宅或客房使用。里院建筑,呈现出地域传统的生活习惯、自然气候、营造方式与经济性以及外来文化的综合影响。

(一)里院建筑出现的直接影响因素

城市社会的二元结构特征导致城市居住建筑的二元化发展。

除社会阶层的影响外,里院建筑类型的出现还有以下三个具体的影响因素:

1.文化传统与生活习惯——封闭的院子

建筑的布局形式相似于欧洲城市传统街坊建筑,而建筑内部布局与院落的使用更多受到中国传统民居的影响。

院内以外廊联系各住户及客房间的交通,卫生间设在院落一角隐蔽处,内向型的院落与各个房间有着紧密的联系,成为里院住户公共交往和活动的露天客厅,这与中国传统四合院民居以院落为公共使用空间相仿。为防气味,厕所置于住房之外,布局方式同于中国的四合院。

2.大量性与经济性——单身宿舍集合住房

城区激增的人口,大量的青年移民(男性为主)对住宅需求的质量不高,不需厨房设施。作为城市中下层人群的住宅或出租住房,采用密集式的合院布局是唯一可选的经济型建筑形式。

大鲍岛城区的建筑的65%一层为商店,二层为出租(或店员)居室。原大鲍岛村的居民全部迁往台西、台东镇。

3.地区的地理环境——封闭的院子

大鲍岛城区西北临近胶州湾,当地冬季寒冷的西北海风对城区住房布局形式的选择,又成为一个主要因素,四面围合的院子可挡风御寒。[①]这也是自城市产生之初到20世纪40年代,沿内海胶州湾一带的城市西北区域仍然继续建造里院建筑形式的缘故。而在城市的南部的欧人住区,因有山体挡住冬季寒冷的西北风,出现了庭院式独栋住宅建筑。

由此可见,里院建筑是在特定社会背景下,受中西方文化、自然环境因素综合影响而出现的一种独特的建筑类型。

(二)里院建筑

大鲍岛城区是青岛最早形成的街区,在这里形成了青岛早期的商业街区,出现了最早的里院建筑。

---

① Cf. Reichsmarneamt(publ.), *Den Kschrift bererffend die Entwicklung von Kiautschou*, 1898, Berlin, 1899, p.12."面对胶州湾的地区(按:今红岛及以北地区),在冬季缺乏阻挡住东北和西北寒风的屏障,在夏季又缺少来自南面和东南面新鲜而又凉爽的海风,所以只能建些必不可少的设施,对于欧洲人来说,并非一个宜居之所在。"(作者译)

早期的里院建筑多为一至二层，采用当地的传统建筑材料，石墙基，清水砖墙，或砖砌壁柱、水平腰线装饰与白色墙面相间，门窗洞口是重点装饰的位置，墙面较少用石材。中部的檐口突起山花，以示对称和中心。屋面采用中式青色小灰瓦，许多里院模仿中式传统屋脊起翘，形成早期建筑的西式墙面，中式屋顶的样式。与中国其他城市同时期的普通建筑雷同，风格上乃是西方古典形式在中国早期流行的样式。(图3)屋面的中式青色小灰瓦，估计至迟在1910年以后就不再采用了，改用红色的陶土瓦。

在类型上里院可分为独立式与毗连式。院落空间根据使用功能不同，或作为住户公共使用的场所，或作为商铺公司的货物堆场。独立式里院只有一个独立院落，又有大中小之别。位于即墨路与易州路地块的小型独立里院(建于1898年，已拆)，是最早建成的里院，石基砖墙瓦顶一层建筑，沿易州路设三门，门窗洞口用砖发券。屋顶用小灰瓦覆面，完全是中式做法。广兴里分两次建成，博山路段始建于1901年，二层西式建筑，券式门窗洞口，中部檐口高起山花，两端作结束体部，中轴对称，水平腰线划分，采用公共建筑大式构图手法。1914年广兴里的东南北段建成，围合成独立式大型里院，建筑外形装饰已趋于简单，除院落门洞外，已不作券式门窗洞口。(图4)

图3　大鲍岛区沿山东路华人建筑①

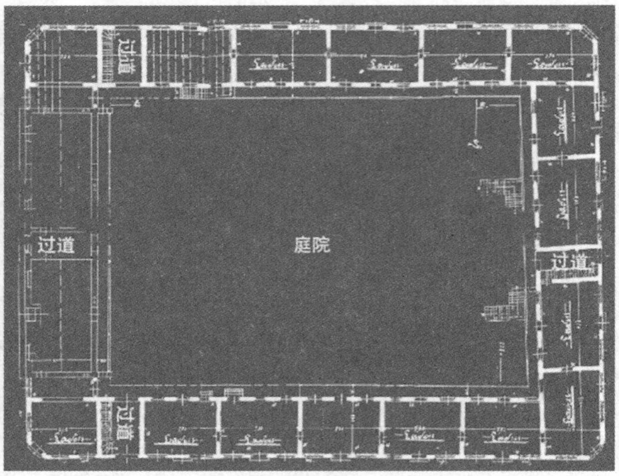

图4　广兴里一层平面图(建筑师不详，青岛，1914)

德国商人阿尔弗雷德·希姆森(Alfred Siemssen)，1900年在青岛成立了希姆森建筑公司，在中山路与大鲍岛周围开发了多处街坊，建成的房屋或出租或出卖给中国人使用。其中位于中山路、潍县路与四方路、海泊路之间的里院建筑是一个特别的案例。该建筑沿街布局，围合起方正的大院落，一层为店铺，二层为住宅，每户有独立的厨房、楼梯间和小院落。(图5)考虑到中国人传统四合院住宅的居住习惯，将卫生间布置在小院落中，是一种单元式沿街排列的商住功能建筑，这是当时大鲍岛城区里院建筑中标准最高的房屋，是为中层中国人设计的住宅。(图6)

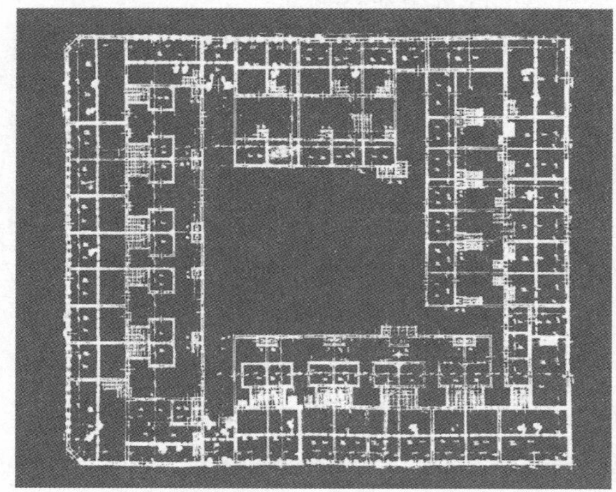

图5　四方路里院一层平面图(建筑师Alfred Siemssen，青岛，1900年)

图6　四方路里院历史照片(建筑师Alfred Siemssen，青岛，1900年)

① 图3—图7均为青岛市档案馆藏。

(三)德占时期华商中产阶层的住宅

德占时期，华商中产阶层正处于发育期，来青购地置房经营商号的大都是广东、江浙一带的商人。1910年以前，华商的住宅只能在华人区择地建房。辛亥革命前后，大批满清官僚逃来青岛购地建房，1910年德殖民政府就取消了欧华分区的规定。

德占时期华商的住宅大都为二层，可分为三种类型，一是纯中式的四合院，二是里院，三是西式的独栋小洋楼。华商在大鲍岛城区的住宅多是一家一院或一家多院，中式四合院、里院、独栋小洋楼在这都有出现。中式的四合院以孟鸿升家在海泊路上的住宅最为典型，中国传统四合院布局，坐北朝南二进院落，清水砖墙，灰瓦屋顶，镬耳封火山墙。(图7)位于胶州路上孟家的瑞蚨祥所在的街坊都是传统的二进院四合院。

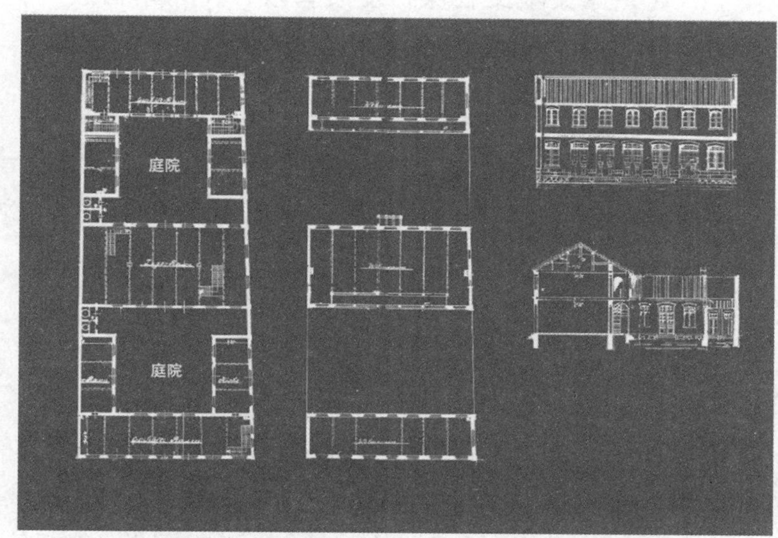

图7 孟鸿升住宅(建筑师不详，青岛，1904年)平、立剖面图

有些独家使用的里院住宅，大多为二层，明显能看出东西厢房的位置与南北房功能布局区分。在院中的东西厢房多设置为独立的厨房和辅助用房，卫生间设置在院落的角落处。建筑二层设置外廊，但室内房间多设门相联通。

西式的独栋小洋楼在大鲍岛城区有五六家，都位于华人区的边界处，比起欧人区的同类建筑，建筑质量要差得多，院落要小很多。

在德占时期形成的里院建筑，一直是城市西北区域的主要建筑类型。

1920年以后，大鲍岛城区的环境与里院建筑开始出现了变化，建筑的样式及建筑材料也发生了变化。钢筋混凝土楼板结构开始使用；建筑外墙装饰材料已不再采用清水砖墙，门窗洞口不再使用圆券做法，墙面多用灰浆粉刷。

20世纪30年代，伴随着经济环境的好转和建筑技术与材料的进步，大鲍岛城区再次迎来土地开发及房屋建设的热潮。德占时期的一层房屋和二层质量稍差的房屋，大多被翻建成三至四层。建筑样式也趋于简洁和简单，有新建筑思潮影响，也有西方古典和折中主义的表现。

现代城市、建筑发展背景中青岛德占时期城市建设理念与实践及其影响

北方工业大学　钱毅

北京国文琰文物保护发展有限公司　李松波

摘　要：本文从国际现代城市、建筑发展史的视角，分析19世纪末20世纪初德国城市规划、管理理念及建筑思想在德占青岛城市建设中系统的实践，以及其实践成果在中国乃至世界范围广泛的影响。

关键词：德占青岛；城市建设；理念与实践

一、问题的提出

19世纪末、20世纪初德占时期青岛的建设，尽管具有殖民性质，但其理念与实践，充分体现了当时德国在现代城市规划及建筑发展前沿的各种思想的有序综合实践。这为青岛后续城市现代化建设与发展，奠定了坚实的基础，并且在世界城市、建筑发展进程中产生了深刻的影响。

近年来随着青岛老城申请世界遗产话题的讨论，从全球城市、建筑发展的视角去审视德占时期青岛早期城市建设，分析其时代背景、思想源流，及其对国内外城市建设及建筑领域的影响，有助于更全面地理解青岛城市与建筑遗产的价值。

迄今，特别是20世纪末以来，中外学者对德治青岛规划、建筑，展开了多方面的研究，取得了丰硕的成果。其中代表性的如华纳（Torsten Warner）①、李东泉②、长谷川章③等分别对青岛德国城市规划及其体现的现代规划思想进行了探讨；马维立（Wilhlem Matzat）④等对单威廉（Wilhelm Schrameier）与青岛土地法有着深入的研究；蒋正良⑤关注了德制青岛规划在城市形态方面与西特等城市设计思想的联系；林德（Christoph Lind）⑥、陈雳⑦等对德占时期青岛的城市建筑有比较系统的研究。

本文在既往研究成果基础上，试图全面总结与分析在19世纪末、20世纪初，国际城市规划与建筑思潮发展非常活跃的初始期，德国城市、建筑最新思想在德占青岛的系统实践，以及其成果在中国国内和世界范围的影响。

---

① 见[德]托尔斯泰·华纳：《近代青岛的城市规划与建设》，青岛市档案馆编译，东南大学出版社，2011年。

② 见李东泉：《青岛城市规划与城市发展研究（1897—1937）——兼论现代城市规划在中国近代产生与发展》，中国建筑工业出版社，2012年。

③ 见[日]长谷川章：《都市風景論（その2）ドイツ植民地「青島」に表象された近代都市景観のイデオロギー》，《东京造形大学研究报》2009（10）。

④ 见[德]马维立：《单威廉与青岛土地法》，金山译，青岛出版社，2010年。

⑤ 见蒋正良：《青岛城市形态演变》，东南大学出版社，2015年。

⑥ Christoph Lind, *Die architektonische Gestaltung der kolonialstadt Tsingtau 1897-1914*, In augural - Dissertation zur Erlangung der Doktorgradwürde der Philosophieam Fachbereich Komm unikations - und Geschichtswissenschaften der Technischen Universität Berlin, 1998.

⑦ 见陈雳：《楔入与涵化：德占时期青岛城市建筑》，东南大学出版社，2015年。

二、威廉二世之“世界政策”与德占青岛的建设

(一)列强争霸背景中德国侵占胶澳

19世纪下半叶，欧洲列强、美国以及后来加入进来的日本，史无前例地展开殖民扩张的竞争，造成几乎整个非洲、太平洋地区和亚洲许多地区(也包括中国部分地区)的殖民化。[①]

在第二次工业革命中崛起的德国，威廉二世皇帝(Kaiser Wilhelm II，1888—1918在位)执政后，调整了之前主政的俾斯麦(Otto von Bismarck，1871—1890在任)首相以欧洲事务为重心的国家战略，推行全新的“世界政策”(Weltpolitik)。其政治目标是要参与所有具有世界意义的事件，积极加入与西方主要列强争夺殖民地的博弈中，以满足德意志帝国在经济、政治上的利益。德国通过持续的对外扩张，暂时缓解了其国内高速工业化进程中现代社会与传统政治秩序间的深刻矛盾，德意志帝国迎来1896年到1913年的高度繁荣时期。[②]

正是在这样的背景下，基于长期、深入的调查研究与处心积虑的计划[③]，1897年11月14日，德国海军占领胶澳，次年迫使清政府签订了《中德胶澳租借条约》，将胶澳沿海村落属地划入胶澳租界地。在帝国主义列强瓜分中国的高潮中，这一“不甘落后”的行动，作为后起帝国主义国家的德国争取和其他列强“平等的权利”，以及夺取“太阳旁一席之地”(Platz an der Sonne)的一系列具体举措之一。[④]德国也借此在远东地区帝国主义激烈的争霸过程中占据了从海路进入渤海湾及陆路进入中国腹地的重要门户。

(二)样板殖民地的建设

随着威廉二世“世界政策”的推行，1897年上任的海军大臣蒂尔皮兹(Alfred von Tirpitz)及其代表的德国海军派在德国政坛逐渐获得举足轻重的地位。蒂尔皮兹是德国占领胶澳的重要幕后推动者。德国占领并强租胶澳后，宣布此地为开放的自由港，其建设和管理实际由德国海军部控制。[⑤]这座港口被确定为德国海军在太平洋最重要的基地，不仅如此，德皇与海军大臣决心在这里建设一座“样板殖民地”，彰显德国在经营殖民地方面不逊色于其他任何列强的能力。1899年10月12日，德皇将“胶澳保护地的新市区”命名为青岛。

至1914年，日本攻占青岛，德国统治结束，德国人在青岛共进行了十数年的建设。建设青岛的资金作为当时德国振兴海军的重要部分，由海军部获得国家巨额拨款。1897年至1914年共投资1.74亿金马克(其中只有约3400万来自青岛自己的财政收入)，远远超过德国其他殖民地的建设投资。(表1)

表1　德国对各殖民地投资[⑥]

德国殖民地	青岛	喀麦隆	新几内亚	多哥	萨摩亚	德属西南非	德属东非
对其投资(金马克)	1.74亿	4800万	1900万	350万	150万	2.78亿	1.22亿

海军部派出大批技术和管理人员参与到青岛的建设中，无论是投入的人力还是建设资金并未区分用于军用设施或民用设施。从作为一个港口城市，其港口、街道、电力、给排水等基础设施，或是管理办

---

① 见[美]何伟亚：《英国的课业：19世纪中国的帝国主义教程》，刘天路、邓红风译，社会科学文献出版社，2007年。

② 见李工真：《德意志道路：现代化进程研究》，武汉大学出版社，2005年。

③ 包括早期对中国进行多次地理考察的李希霍芬(F. F. V. Richithofen)即建议在胶州湾建立一个不冻港及殖民城市，并建铁路与山东内陆的煤矿相连接。(见[德]汉斯-马丁·辛茨、克里斯托夫·林德：《德国殖民历史之中国篇(1897—1914)》，亨克尔、景岱灵译，青岛出版社，2011年。)以及1896年德国远东舰队司令蒂尔皮茨(A. Tirpitz)、任中国海关税务司的德国人德璀琳(G. Detring)对胶州湾战略意义及条件的调查；1897年海军工程顾问弗朗裘斯(G. Franzius)对胶州湾详细的技术性调查。(见李东泉：《青岛城市规划与城市发展研究(1897—1937)——兼论现代城市规划在中国近代产生与发展》，中国建筑工业出版社，2012年)。

④ 见[德]维尔纳·斯丁格尔(Werner Stingl)：《第一次世界大战战前(1902—1914)在德国政策中的远东》，法兰克福·美因茨河，1978年。转引自[德]汉斯-马丁·辛茨、[德]克里斯托夫·林德：《青岛：德国殖民历史之中国篇(1897—1914)》，亨克尔、景岱灵译，青岛出版社，2011年。

⑤ 当时德国其他海外殖民地隶属于外交部殖民司(1905年改后为殖民部)。数据来自[德]托尔斯泰·华纳：《近代青岛的城市规划与建设》，青岛市档案馆编译，东南大学出版社，2011年，第73—74页。

⑥ 德国在德属西南非及德属东非的投资大部分消耗于与当地人的长期战争。

公建筑、医院、教堂、学校，甚至住宅，既服务于海军基地，也是城市建设的一部分，哪怕是城市外围的林地建设，也是为了防御工事的隐蔽。

由于青岛与同时期俄占港口城市大连、旅顺的殖民建设形成明显的竞争，德国对青岛建设的投入更加不遗余力。①

三、现代城市建设思想在德占青岛的实践

19世纪末，一心要确立工业化强国地位的德国城市建设思想空前发展。德意志城市的自治从19世纪中叶起便得到立法保障，这奠定了城市从制定城市规划到实施管理的良好基础。同时，德国作为工业化国家的后起之秀，吸取其他国家工业化进程中社会矛盾激化的教训，更加关注城镇公共设施及社会福祉建设。此外，德国作为世界上最早、最全面发展起来的"有组织的资本主义"干预型国家，在城市建设中通过有力的政府干预、社会改造，有利于城市规划的有序实施，克服诸如法国巴洛克城市功能与需求的矛盾，以及工业城市中的贫民窟、污染、交通拥堵等弊端。并且，德国的城市设计与美学意识、土地利用规划、具有德意志传统的建筑风格完全结合起来。因此，德国19世纪后期以来的城市规划改革，成为欧洲和亚洲很多国家，甚至美国的榜样。②

青岛作为19世纪末20世纪初德国在远东投入巨资建设的城市，其规划与建设中充分反映了德国19世纪末城市与建筑思想的最新成就。

（一）单威廉的土地政策

现代城市规划作为政府干预城市发展的手段，用以解决现代城市发展过程中公私矛盾等各种问题。在德占青岛的十几年间，被赋予充分自治权的青岛殖民政府颁布一系列地方法令法规，确保青岛城市有序建设。其中土地政策的制定与实施至关重要。

1897年德国占领胶州湾伊始，占领军指挥者冯·迪德里希（v. Diederichs）即下令，对地产所有权任何变更，都需要得到德国政府的许可，德胶澳政府首先获得对土地的优先购买权。1889年至1894年间曾担任驻香港和驻广州领事馆翻译的单威廉1897年12月调任青岛，主持制定青岛土地制度。

单威廉此前在华任职过程中，注意到在香港、上海等城市所发生的严重的土地投机，在地价飞涨过程中只有不劳而获的地产商与投机者获利，而给城市发展及城市居民带来巨大的损害。针对此类问题，在当时的国际社会，美国人亨利·乔治（Henry George）③等提出土地国有基础上通过土地税征收促进社会平等的思想，具有广泛的影响。为青岛殖民政府制定土地政策的单威廉，在世界上首次将与之类似的土地思想在青岛付诸实践④，以杜绝土地投机的弊端。

1898年9月2日胶澳总督府公布《胶澳土地法令》，接下来又颁布《青岛地税章程》等一系列章程，确保单威廉土地政策的实施。这些法令、法规确保德胶澳政府有优先权从本地的原有土地所有者手中买下土地，先修建道路等基础设施，再划定地块，分块拍卖给土地买主；竞买到的土地必须按建设规划中用途在三年内完成建设，否则将逐年提高土地税；土地所有者变更或土地持有者持有土地达到二十五年时，必须按照土地增值部分的三分之一作为增值税交与政府；政府定期对土地合理价格进行估价。这种政府依法对开发商课以土地增值税为基础的土地制度在当时"为史无前例，全球所无"⑤。该法令有效地预防了土地投机和闲置，促进城市健康发展，确保了政府的规划思想可以通盘打算，逐步实施。

---

① 见[德]托尔斯泰·华纳：《近代青岛的城市规划与建设》，青岛市档案馆编译，东南大学出版社，2011年。

② Brian Ladd, *Urban Planning and Civic Order in Germany. 1860-1914*, Cambridge: Harvard University Press, 1990. 见李东泉：《青岛城市规划与城市发展研究（1897—1937）——兼论现代城市规划在中国近代产生与发展》，中国建筑工业出版社，2012年，第57页。

③ 亨利·乔治是美国19世纪末期知名社会活动家和经济学家。他认为土地占有是社会不平等的主要根源，主张土地国有，提倡征收单一地价税的主张，废除一切其他税收，使社会财富趋于平均。这一思想曾经在欧美一些国家盛行一时，颇有影响。孙中山的民生主义思想深受其影响。

④ 马维立在其《单威廉与青岛土地法》中提到单威廉否认了他的土地思想受到乔治等人影响，而是来自对香港、广州及上海土地投资的调查与研究，见[德]马维立：《单威廉与青岛土地法》，金山译，青岛出版社，2010年。

⑤ [德]汉斯-马丁·辛茨、[德]克里斯托夫·林德：《青岛：德国殖民历史之中国篇（1897—1914）》，亨克尔、景岱灵译，青岛出版社，2011年，第35页。

（二）花园城市构想与青岛城市规划建设

19世纪末致力于解决资本主义社会矛盾的社会改革思想不仅仅限于土地政策的改革，英国人霍华德（E.Howard）为代表的花园城市构想①也是影响极为广泛的城市规划思潮。值得注意的是，在1898年霍华德的《明天：一条通往真正改革的和平之路》出版之前，德国人奥多尔·弗里池（Theodor Fritsch）1896年便出版了《未来城市》（Die Stadt der Zukunft），构想与霍华德花园城市的许多核心思想不谋而合。霍华德的构想在德国广为传播后，弗里池本人也分别在其《未来城市》及《新共同体》（Die Neue Gemeinde）第2版补充了“花园城市”（Gartenstadt）副标题，以表明自己才是花园城市的精神之父。②

华纳认为，即使没有任何文件证明德国海军部的规划借鉴了弗里池的“未来城市”，青岛在城市管理、土地制度以及城市空间规划方面都与“未来城市”的花园城市构想有许多共同之处（图1、表2）。其建设也早于德国的海勒瑙（Hellerau）等欧洲花园城市实践。③

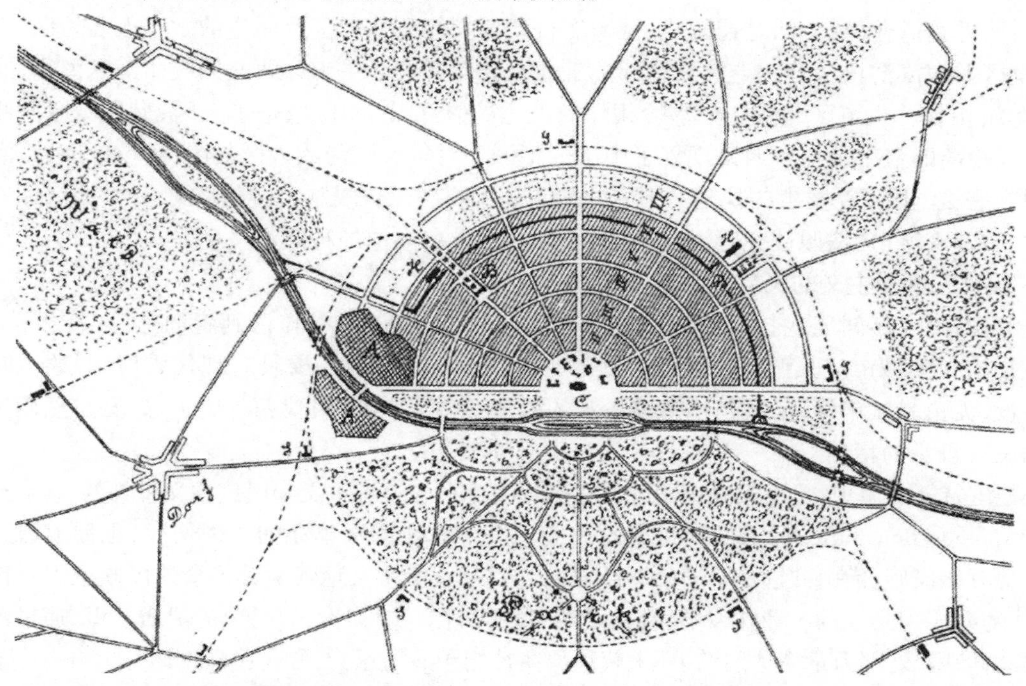

图1　“未来城市”连同周围地带模型（A：旧城　B：火车站　S：环城铁路车站）④（弗里池，1896）

表2　“未来城市”构想与德占青岛城市空间规划对比⑤

弗里池“未来城市”空间结构	弗里池“未来城市”相应功能	德占青岛空间上与之相对应功能
中央空地	中心广场（花园）	青岛湾海面
第1地带	宏伟的公共建筑	总督府大楼、市政厅、图书馆和法院
第2地带	雄伟气质的别墅	迪德里希路和霍恩洛厄路别墅建筑
第3地带	较好的住宅	阿尔伯特街和俾斯麦街南段的住宅
第4地带	住宅和商业建筑	威廉王子大街和海因里希大街建筑
第5地带	劳工住宅和小作坊	大鲍岛、台东镇、台西镇
第6地带	工厂、建筑材料堆场、堆栈	港口、船厂、火车站、屠宰场、发电厂
第7地带	苗圃、出租花园、夏季住房	森林公园、海水浴场
第8地带	农业企业	农业区和林区

① 霍华德1898年首次以《明天：一条通往真正改革的和平之路》（Tomorrow: A Peaceful Path to Real Reform）为题出版，1902年又以《明日的花园城市》（Garden Cities of Tomorrow）为题再版。

②③④⑤ 见[德]托尔斯泰·华纳：《近代青岛的城市规划与建设》，青岛市档案馆编译，东南大学出版社，2011年。

其实弗里池的这些构想也并非完全是全新的创造。19世纪以来德国新城镇、工人居住区及垦殖区的规划建设实践经验是它产生的背景。其后的德国花园城市运动，在受霍华德思想影响的同时，也继承了此前德国城市改造先驱们的思想，即力求通过有序规划推动社会改革，建立理想生活。这一点与霍华德的花园城市理念一致。而无论是弗里池的"未来城市"还是德国花园城市运动，与霍华德注重城市花园郊区的建设有所不同，德国人更注重通过大城市的花园化解决其社会问题。另外，德国的花园城市发展还带有浓厚的民族主义色彩，甚至融入了种族主义思想。①

在这样的背景下，青岛作为19世纪末20世纪初德国人主导建设的新城市，贯彻了德国特征的花园城市思想。其建立在土地公有基础上的土地政策，土地利用区域之间的分隔、城市中央的开敞空间、城市边缘的绿化带、低层住宅、城市外围的工业、基础设施，都体现着德国花园城市的特点。

具体来说，青岛主市区（欧洲人城区）——青岛区建设在面向海湾的向南山坡，其内部进行了区域功能的划分：西部是商业区；中间是花园化、低密度行政区及行政住宅区及周边的欧洲人居住区；其东面是兵营、别墅区及海滨浴场区等。港口及紧邻的工业及仓储区位于主市区西北的胶州湾东海岸，与胶济铁路②及其车站相邻。主市区北侧有分水岭相隔的大鲍岛（Tapautau）区域是华人区，另在城区西侧与东北侧相隔一段距离的台东镇与台西镇规划了中国劳工区。对华人区与欧人区的隔离，单威廉曾强调，应尽可能避免在香港、上海曾发生的伴随"中国人的增加"而带来的"限制和排挤欧洲人"的情况出现。③这与弗里池的"未来城市"按照社会等级划分空间的构想，具有类似的种族主义色彩。④

（三）德意志浪漫主义的民族主义与青岛城市建设

1901年至1911年间三次担任胶澳总督的沛文禄（Oskar Truppel）在谈到青岛这座"样板殖民地"的建设时也指出："新城市应强调德国民族性、强调与中国城市的差异，要具有现代风格。"⑤德占时期青岛城市的建设，无论是城市设计，还是建筑与景观的营造，既体现着对时代精神的追求，又自然而然地展现着德意志民族自身的特点。

这种德国特征的展现，是与当时德国现代化进程中德意志浪漫主义和民族主义思想的影响分不开的。拿破仑（Napoléon Bonaparte）的入侵使得德意志知识分子对法国大革命的憧憬幻灭，也促成原先没有共同国家的德意志民族，借由共同的语言、文化与历史传统，浪漫主义地唤醒其民众的民族意识。19世纪中期以后，伴随着德国高速的工业化发展，社会矛盾日益尖锐。实行"世界政策"的威廉二世，通过浪漫主义与民族主义，借用"外部力量渗透的结果"来解释那些社会矛盾与压力，并向民众许诺一个具有"光明未来"的现代政治乌托邦，构建对新兴德国的国家认同，借此化解德国通向现代化道路上的种种压力。⑥

这种浪漫主义与民族主义思想当时融入德国社会各个领域。在城市设计方面以西特学派的风格为代表，在建筑设计层面体现为德意志新罗曼风格（Die Neuromanik）为主旋律的"威廉风格"（Wihelminian），以及稍后的将现代精神融入德意志民族特质的青春风格（Jugendstil）。

1.西特风格城市设计在青岛建设中的实践

19世纪德意志的思想家们认为中世纪是德意志较少受外界影响，"最纯净"的时期。浪漫主义与民族主义借用德意志中世纪的精神，对抗代表法国启蒙运动以来理性思想的古典主义。在城市建设领域，德国人一方面致力对中世纪城市的核心区立法进行保护；另一方面，推崇将中世纪德意志传统城市文化精神及美学思想融入城市新的建设中，这方面最具代表性的就是同属德意志文化圈的奥地利人卡米诺·西特（Camillo Sitte）的城市设计思想。

---

① 见陈旸：《德国"田园城市"运动思想探析》，《中国福建省党校学报》2010年第4期。

② 德国人占领胶澳后，1899年即开工修建青岛到济南的铁路及其支线，被称为胶济铁路。通过胶济铁路，方便德国攫取山东内陆的矿产的物资，也方便使其势力深入中国腹地。通过铁路和港口形成"内地—青岛—世界"的联系纽带。

③ 见[德]托尔斯泰·华纳：《近代青岛的城市规划与建设》，青岛市档案馆编译，东南大学出版社，2011年，第99页。

④ 弗里池更为人们所熟知的是其著作《犹太问题手册》和编辑的反犹主义期刊《锤子》，杂志全称为《锤子——德意志灵魂之册》（*Hammer, die Blaett fuer deutschen Sinn*），参见Peter Hall：《明日之城：一部关于20世纪城市规划与设计的思想史》，童明译，同济大学出版社，2009年，第113页。

⑤ 见[德]华纳：《德国建筑艺术在中国》，香港：Ernst & Sohn of VCH Publishing Group，1994年，第12页。

⑥ 见李工真：《德意志道路：现代化进程研究》，武汉大学出版社，2005年。

西特1889年出版了《遵循艺术原则的城市设计》,他的城市设计思想逐渐在世界范围产生了广泛影响。当时包括德国在内,西方工业化国家的城市建设,深受古典主义的豪斯曼(Georges-Eugene Haussmann)巴黎城市改造影响,这种从功能、效率出发,以轴线为模式的巴洛克壮丽风格的改造,大刀阔斧地打破了传统城市结构,也破坏了传统城市空间的文脉及其蕴涵的艺术气息。西特的思想与之大相径庭,即向中世纪城市学习,在有机生长的城市空间里找到一条创造现代城市文化之路。他提出城市设计应借鉴中世纪城市,尊重现状土地权属、自然地形,空间传统文脉等。西特在设计中利用略微弯曲或转折的街道,进而形成变形的网格(图2),创造街巷的动态对景(图3)。另外通过在城市空间引入"第三维",即城市空间体量方面的造型,突破德国城市规划学者赖哈德·鲍迈斯特(Reinhard Baumeister)所提倡的更注重功能的"两维化"规划思想。[①]从而在现代城市设计体现浪漫主义思想,与源于英国影响的"如画"美学思想,以及花园城市运动遥相呼应。

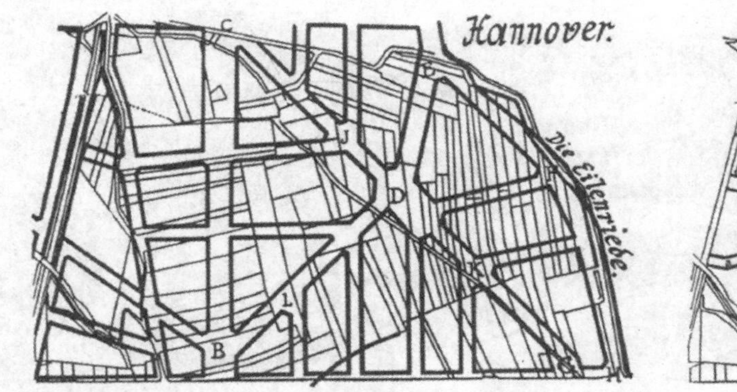

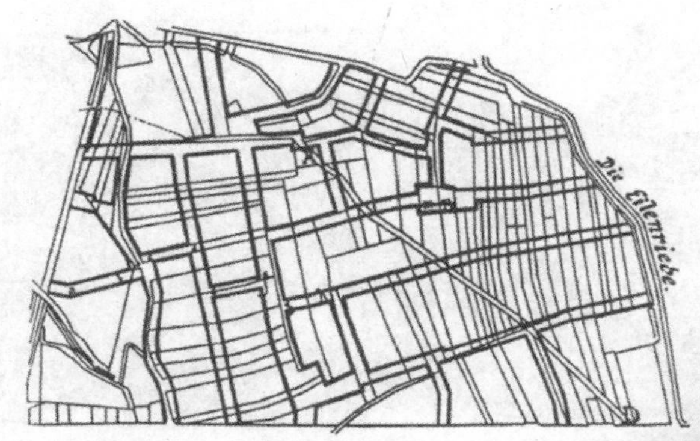

图2 西特约在1890年完成的图解,左图为法国城市美化运动式的放射线街道,右图为德国的街道,因尊重了既有土地权属而稍有变形的网格[②]

图3 西特约在1890年完成的图解,展示由弯曲的街道及其尽头的教堂尖塔而形成的动态对景(来源:青岛市档案馆)

德国海军部力推青岛规划、建设的时期,正是西特追求丰富变化的城市形态及地方性思想在德国乃至世界范围逐渐形成主流的时期。青岛的城市规划、建设成果中显现出浓厚的西特风格。蒋正良认为德占时期青岛的建设与受西特及花园城市思想影响的20世纪初德国著名规划师奥多尔·费希尔(Theodor Fischer)所做的斯图加特扩建规划很有可比性,在丘陵向平坦地段过渡的用地中,顺应地形的自由街道系统与网格街道并存。[③]

① 见蔡永洁:《遵循艺术原则的城市设计——卡米诺·西特对城市设计的影响》,《世界建筑》2002年第3期。

② 见[美]安德鲁斯·杜安伊等:《新城市艺术与城市规划元素》,隋荷、孙志刚译,大连理工大学出版社,2008年。

③ 见蒋正良:《青岛城市形态演变》,东南大学出版社,2015年。

青岛欧洲人城区——青岛区的规划设计并不拘泥于当时城市设计主流的方格网道路的限制，而是充分利用该区域的丘陵及其延伸的海边缓坡，设置弯折街道与格网结合的城市结构骨架。在城市景观营造方面，注重在城市丘陵基底的高地建设标志性建筑，塑造弯曲街道及其他空间视廊的动态对景；另外，自然要素，如"岩石山岭的天然美景"被有意识地纳入了城市景观与建设规划内，使"岩石山丘""有助于美化城市面貌"①。(图4)街区内建筑的布局，包括建筑密度、层数、高度，甚至包括建筑的体型、风格都得到1898年颁布的《城市设施建设临时管理条例》(又译为《建筑公安条例》)等的控制。自然的丘陵绵延至海滨的地形、因地制宜的网格街道、风格协调且错落有致的建筑，实现了在德国本土鲜有机会实践的滨海城市"如画"的意象，体现了德意志浪漫主义对唯美的追求。

图4　1914年的欧洲人城区以近景之基督教堂(Christuskirche)为控制点的城市景观②

正如西特风格的核心是尊重场地现状传统的城市设计，而并不局限于变形网格与动态对景等具体手法的僵硬使用。在青岛实施的规划设计中，在城市的不同区域也根据地形条件及功能的需求采用了不同的路网体系来形成城市的结构，其间有机地进行联系。环总督府山，利用地形，设置了曲线的街道及变形的路网，配合一座座花园别墅，形成动态多变的浪漫主义街道景观；总督府至前海采用中轴对称的45度放射形的街道系统，平面形态上与巴洛克风格的豪斯曼规划虽有相似之处，但较低的建筑密度和舒朗的城市景观更近似于英国首座花园城市莱奇沃思(Letchworth，1903)和德国首座花园城市马伽(Marga，1914)中心的放射形态街道；临近火车站的商业区是与山坡变形网格相衔接的功能主义的方格网街道，沿街是连续的多层商住建筑；中国劳工居住的大鲍岛、台东、台西街区，采用尺度更小的方格网，配合紧凑的"里院"式住宅，更加追求用地的效率。

2. 新罗曼与青春风格基调的城市建筑

1890年以后，德国的文化艺术的主旋律是德意志文化觉醒及向现代的转变，在城市空间尺度上体现为西特风格，在建筑方面，是以新罗曼风格为基调的威廉风格，随后是代表新精神的表现主义(Expressionism)及青年风格(即在德国兴起的新艺术运动，Art Nouveau)。

德占时期青岛城市建筑，充分体现了当时德国建筑的上述特征，并融合了地方的特色。欧人区的建筑大多由海军部、总督府招募的德国建筑师、工程师或来自德国本土的建筑师设计，在建筑风格、材料和施工方面基本沿袭德国国内的传统。建筑风格起初的主旋律是威廉风格，既有典型新罗曼风格的公共建筑，还包括融合了新罗曼风格和英式乡村风格的别墅建筑，少部分建筑带有新古典主义及德意志文艺复兴风格特征，另有建筑师还刻意地使用了中国元素。除此之外，青岛最初的建筑也借鉴了中国开埠城

---

① Maercker G, *Die Entwicklung des Kiautschougebiets*, Erster Teil (Abdruck aus der Deutschen Kolonialzeitung), 1902, S.23。见[德]托尔斯泰·华纳：《近代青岛的城市规划与建设》，青岛市档案馆编译，东南大学出版社，2011年。

② 见[日]长谷川章：《都市風景論(その2)ドイツ植民地「青島」に表象された近代都市景観のイデオロギー》，《东京造形大学研究报》2009年第10期。

市广泛采用的外廊式建筑(Veranda Colony Style),随后其影响逐渐式微。[①]随着具有现代精神的青年风格在德国兴起,其影响也逐渐传播至青岛,体现在建筑采用整体更简洁、洗练的形体,或局部以自然动植物、或东方神秘色彩艺术等为原型的现代感装饰、装修。

四、德占时期青岛城市建设成就的广泛影响

(一)德占时期城市规划框架及建筑风貌影响在青岛的延续

德占时期青岛城市建设中土地制度及规划管理对当时的城市建筑及城市整体风貌产生了巨大的影响,也对青岛城市与建筑后续的建设发展有着深刻的影响。

继德国之后两次占领青岛的日本殖民政府,以及北洋政府、南京国民政府,乃至中华人民共和国政府的城市管理者,都对此前德治时期的城市建设思路及成果基本持肯定态度。后续的城市建设,在德制青岛规划的基本架构基础上结合各自需求进行优化及拓展,并且在城市治理方面延续了德占时期城市管理法规的部分思想。

后续的建设中,德占时期形成的建筑风格长期得到延续,无论来自日本、中国还是其他国家的建筑师,都从德占时期的德意志新罗曼风格及青春风格中汲取营养。青岛德国建筑常见的毛石基础、拉毛的抹灰墙面、红色瓦屋顶,些许新罗曼风格,在20世纪上半叶逐渐成为青岛建筑的地方风格。而且,部分德籍建筑师后续仍在青岛进行着建筑实践,如毕楼哈(Bialucha)20世纪30年代仍活跃在青岛,并参与青岛代表性建筑圣弥爱尔天主教堂(St. Michaels Kathedrale)的设计工程。

中华人民共和国成立以后,对德占时期青岛的建设也在一定程度上持肯定态度,1958年建筑工程部在青岛召开城市规划工作座谈会,同时委托中国建筑学会对青岛的生活居住区规划和建筑进行调查研究,并召开相关专题学术讨论会,总结青岛的经验与教训,为青岛与全国未来的建设提供借鉴。[②]

(二)在国内外的广泛影响

1.青岛城市与建筑的榜样作用

青岛的城市及建筑建设成就,在清末新政时期得到清政府官方的认可。1900年,袁世凯出任山东巡抚,实行振兴工商业的新政。继任山东巡抚的周馥继续推进山东的新政,主张"惟有讲求工商诸务,通工易事兴之,相维相制而因以观摩受益",即一方面维持与德方的关系,又制约德国势力在山东的扩张、渗透,观摩学习德占青岛的先进成果使自身受益。1902年周馥访问青岛,为青岛快速的现代化建设所震撼。1904年胶澳铁路通车后,周馥上奏光绪皇帝,获准后在济南、潍县、周村靠近胶济铁路车站处开辟现代化商埠。1905年至1906年建设的济南自开商埠,借鉴了青岛"规划先行"的经验,请德国人绘制了商埠的规划图,按图建设;先后颁布《济南商埠开办章程》《济南商埠买地章程》《济南商埠租建章程》,也吸收了德占青岛土地法规,建设条例等的经验。[③]

在青岛登场的德国建筑师们也逐渐将其影响力扩展到中国各地。1910年,清末新政在北京最重要的建筑项目——咨政院建筑,聘请在青岛完成过许多建筑设计作品的德国建筑师库尔特·罗克格(Curt Rothkegel)担任设计师,德商泰来洋行(Telge & Schroeter)承接施工。罗克格以柏林国会大厦为范本,为北京未来的"国会"设计了更加宏伟的方案,建筑工程仅进行了基础部分的施工就因清政府的倒台而夭折。[④]

1912年孙中山在辞任中华民国第一任临时大总统后曾到青岛短暂考察。考察结束抵达上海后,孙中山接受采访时对青岛城建非常欣赏,"我对青岛的建设非常满意,青岛应该成为未来中国城市的典范。我们五百个县每县都能派十人前往青岛,考察那里的行政、城乡道路、船坞港口、大学、绿化、公共和官署建筑并加以学习,那么中国必将受惠无穷"[⑤]。

---

① 见钱毅、任璞:《青岛德国近代建筑中来自殖民地外廊风格的影响》,《华中建筑》2014年第10期。

② 见中国建筑学会、中国建筑学会青岛分会:《青岛》,中国建筑工程出版社,1958年。

③ 见李宗伟:《案卷里的青岛》,青岛出版社,2016年。

④ 见[德]华纳:《德国建筑艺术在中国》,香港:Ernst & Sohn of VCH Publishing Group,1994年。

⑤ Salzmann Evon, *Aus Jung-China: Reiseskizzen nach der Revolution*, August bis Oktober 1912, p.142.转引自[德]托尔斯泰·华纳:《近代青岛的城市规划与建设》,青岛市档案馆编译,东南大学出版社,2011年。

继德国人之后占领青岛的日本人，在这里直观地观摩了当时先锋的青年风格派建筑与现代德式的城市设计。1920年刚刚从东京帝国大学建筑系毕业的堀口舍己、山田守等人以摆脱历史主义为目标，效仿维也纳分离派组成了日本分离派，他们通过杂志学习，并赴中国内地对青岛的德国青年风格派等建筑作品进行观摩①，回国进行现代建筑设计创作与实践，成为日本现代主义建筑的开端，这段历史在日本现代建筑发展的历史中有着十分重要的意义。

1958年，受建筑工程部委托，中国建筑学会对青岛规划和建筑进行了调查，梁思成为该调查报告所做的序中写道，“的确，德国和后来趁火打劫而两度侵占青岛的日本帝国主义，把青岛建设得‘还不坏’，很能满足他们当时的要求，也相当美丽。其中有不少东西到今天还能在一定程度上符合解放了的中国人民的需要。所以我们说青岛很好”②。在这本报告中，编者团队对青岛既有的城市规划与建筑进行了详细的分析，其中包括对殖民性质规划与建筑的批判，也对青岛德占时期以来规划、城市设计、建筑设计多有褒奖。例如，提到“青岛道路的走向，一方面配合等高线的方向，另一方面也考虑到和山、海、建筑物相配合，使道路尽端和转折点上都有良好的对景”。“道路两侧房屋的高度和道路宽度的比例，有些道路是做得非常恰当。”以及提督府及两座教堂对山、海、城景观的控制作用。（图5）③

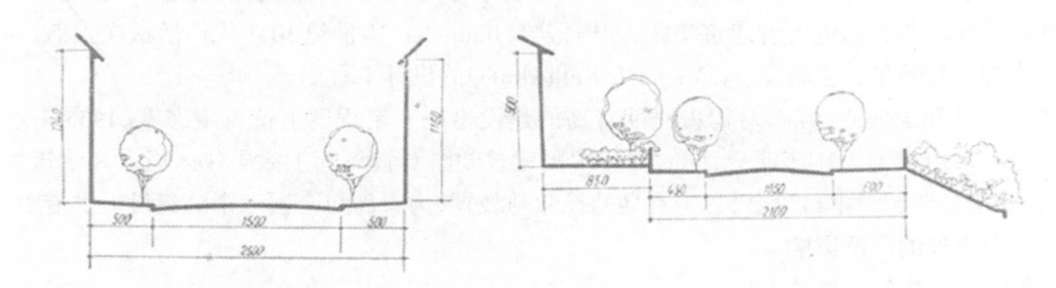

图5　报告中对青岛广西路、太平路街道、建筑断面尺度的分析④

2. 单威廉土地政策的影响

单威廉在青岛史无前例的土地政策实验，不仅仅对青岛日后的城市建设与发展意义重大。还在德国本土与中国，乃至世界范围产生了不小的影响，算得上是在现代城市规划乃至城市发展领域做出了贡献。

尽管单威廉本人否认青岛土地政策曾受19世纪后期欧美土地改革思潮及相关团体活动的影响，但正是由于单威廉的土地政策在青岛的实施并逐步取得成效，1998年成立的德国土地改革联盟⑤才由默默无闻地空谈理念，到借助胶澳土地政策成功案例的宣传，产生了更广泛的影响。⑥土地增值税得以在德国许多市镇应用，并在20世纪10年代被德国中央采用。青岛土地法还向德国其他海外殖民地推广，1914年议会通过决定在喀麦隆殖民首府杜阿拉（Douala）实施。

而在中国，孙中山早在辛亥革命前就深受亨利·乔治及约翰·米尔思想的影响，也非常欣赏胶澳土地制度，1905年在东京成立中国同盟会，提出“平均地权”的口号。

孙中山多次引用青岛的土地制度以证明将不劳而获的土地增值收归国有是可行的、符合实际需要的、成功的，而不仅仅是纸上谈兵。孙中山试图将青岛的土地制度引入到镇江、南京、浦口、武汉等长江中下游沿江城市，西南部铁路沿线城市，以及广州的进一步发展中。1923年孙中山委托朱和中将单威廉1914年出版的著作《胶州行政》译成中文出版。在1924年初，孙中山向单威廉发出电报邀请其来广州

---

① 见[日]藤森照信《日本近代建筑》，黄俊铭译，山东人民出版社，2010年。

②③④ 见中国建筑学会、中国建筑学会青岛分会：《青岛》，中国建筑工程出版社，1958年。

⑤ 德国土地改革联盟的成立受到19世纪后期欧美土地改革思潮影响，包括1870年英国人约翰·米尔（John Mill）领导的地权改革联盟，以及美国人亨利·乔治的主张。

⑥ 德国海军部力推的胶澳土地政策1898年在国会引起争议的过程中，土地改革者联盟及其领导人达玛施克就积极地与该法案的反对者斗争。1902年邀请单威廉在柏林向土地改革者联盟做了题为《胶澳土地制度是如何产生的》的报告，并吸纳单威廉加入土地改革者联盟。之后，达玛施克的著作《土地政策：认识和克服社会贫困的原则和历史观点》中也以胶澳土地制度为重要案例。

担任政府顾问一职。当时孙中山之子，广州市市长孙科任命单威廉为广州市制定土地税法。单威廉于1925年12月底提交了土地税法草案。十天后即1926年1月5日，因一次人力车意外事故，单威廉去世。孙中山于1925年3月12日在北京逝世。直到1930年，他与单威廉力图创建的土地制度由立法院通过，颁布了《土地法》。由于内战的爆发，该法律没有得到施行。

1931年至1937年国民政府在青岛的执政者沈鸿烈延续了单威廉青岛土地法中的一部分内容。

深受单威廉土地思想影响的萧铮，1933年成立中国土地协会，并出版《土地政策》月刊。1949年至1953年，他在台湾推动了土地改革，实现了孙中山“耕者有其田”的理想。1954年，台湾按孙中山“平均地权”思想推行了平衡城市土地所有权的法律，单威廉青岛土地法的许多方法在台湾延续至今，在其经济发展中发挥了积极的作用。[①]

五、结语

德占时期青岛的建设，是在德国与其他列强的竞争中，建设其东亚“样板殖民地”背景下展开的。同时期，与德占青岛展开殖民竞争的俄占大连，其建设以一系列巴洛克式放射形道路和巨大圆形广场构成壮丽的城市景观，被认为是俄国沙皇的纪念碑。与之相比，德国人在青岛的城市建设，一方面受当时德意志民族主义的影响，城市设计主要体现着西特风格的影响，而建筑以新罗曼风格为主；在另一方面，在德国浪漫主义的普世主义思想驱动下，青岛的建设也集中展现了德国在城市建设领域的前沿思想，包括城市土地改革、花园城市理念及新潮的青年风格建筑，在青岛都得到实践。这些实践中，有些走在当时世界的最前面。

青岛的城市建设实践，对中、德乃至世界范围的土地制度改革有着广泛的影响，其建设制度及成就，也对中国及日本的城市与建筑领域有着意义深远的影响。全面认识德占时期青岛城建思想及成就的价值，是理解与保护青岛老城城市、建筑遗产的前期基础，也是引领青岛老城在未来城市发展中展现其贵重价值及独特魅力的重要一环。

① 见[德]马维立：《单威廉与青岛土地法》，金山译，青岛出版社，2010年。

青岛近代营造厂发展进程初探

青岛市建筑工程质量监督站　段祥奂

摘　要：自1897年德国占领青岛后，拉开了青岛城市建设的序幕，在近半个世纪的时间里，许多优秀的近代建筑涌现出来，人们在欣赏和赞叹这些风格迥异、别具特色的建筑的同时，却对其建造者不甚了解。本文通过对青岛近代营造厂的考察、研究，分析其产生的背景及发展过程，收集并整理其主要代表作品，完善对青岛近代建筑发展史中有关建造技术及其衍生建筑体系的研究。

关键词：营造厂；城市建设

营造厂是近代中国在殖民文化下建立的建筑施工单位。[①]鸦片战争后，随着中国国门被迫打开，从西方引入的现代建筑业，促使中国传承了近千年的以工匠为核心、私人作坊为载体的建筑体系发生根本性的转变，因此营造厂也伴随着近代建筑的发展应运而生，并代替中国传统的私人手工作坊，建造了大量银行、工厂、学校、医院等具有现代功能的建筑，积累了宝贵的技术及管理经验，培养了从设计、施工到管理方面的行业人才，为中国近代建筑业的发展提供了人力保证和技术支持，也为中国现代建筑的产生打下了基础。

青岛作为早期被西方列强侵占的城市，随着德国人、日本人、北洋政府及国民政府对整个城市的不断开发和经营，青岛近代营造厂从无到有，获得了巨大的发展机遇。从学习西方先进的建筑行业体系到探索出一套具有本土化特色的建造行业模式，青岛近代营造厂逐渐成长为能够投标、设计、建造和管理全过程参与的成规模、成体系的具有现代商业模式的建筑公司。

一、青岛近代营造厂发展的社会背景

（一）青岛成为德国殖民地拉开城市建设大幕

1897年德国政府以“巨野教案”为借口侵占青岛后，为将其建成德国巩固的军事基地、进出口贸易港和殖民地行政经济中心三者并重的现代殖民城市[②]，德国人紧锣密鼓地对未来将用于城市建设的土地进行收购，进行了有计划的城市规划，随后与之相配套的现代化铁路、港口、住宅、军营、工厂等大量建筑工程纷纷开工建造，受到青岛落后的建造技术和模式的局限，大批来自德国的建筑师和建筑公司漂洋过海来到青岛，带来了各种先进的西方建造体系，这对于还依靠私人作坊手工建造房屋的青岛建造业来说无疑是打开了通往现代化建造的大门，也推动了青岛近代营造厂的产生。

（二）政权的多次更迭推动城市建设不断发展

青岛自1898年全面启动近代城市化进程，历经德占、日据、北洋政府、南京国民政府等多个历史发展阶段，无论是来自哪里的执政者，都对这座城市的发展寄予期望。在德国占领的十七年间，德国通过大规模的政府投入和对私人营造的规范引导倾力将青岛营造成一座模范城市。在1914年日军取代德国占领青岛后，日侨大量涌入，城市人口快速增长，促使市区扩张和建筑数量增加，而在此期间日本人对德国建设城市的方法和成就表现出极大的尊重，并在城市建设实践中积极地学习和延续。[③]接下来自

① 见徐齐帆：《武汉近代营造厂研究》，武汉理工大学2010硕士学位论文。

② 见徐飞鹏等主编：《中国近代建筑总览·青岛篇》，中国建筑工业出版社，1992年。

③ 见金山：《青岛近代城市建筑1922—1937》，同济大学出版社，2016年。

1922年中国收回青岛至1938年日本第二次侵占青岛期间，青岛地区远离战火，政局安定，外国资本大量涌入，民族资本和官僚资本得到了发展①，进一步加速了城市的发展与空间的扩张，城市建设一面继承和积累既有经验，一面通过接纳新观念、新技术不断得到更新，造就了青岛近代营造厂的成长、发展和繁荣。(表1)

表1 青岛市私营营造厂情况表(部分) (1919—1950)

营造厂名称	经理或业务主持人	地址	创设年月	组织性质	主营业务
新慎记营造业	马铭梁	西康路6号甲	1919.3	独资	营造
同丰营造厂	卢子丰	登州路4号临字	1925.2	独资	建筑
缙记营造厂	刘子绅	归化路3号	1928.3	独资	营造
王祥记营造厂	王庆尧	易洲路59号	1931	独资	建筑
振兴营造厂	程团丸	江苏路41号	1932	独资	营造
鸿兴祥	李洪遂	汶上路26号	1932	独资	土木建筑
盛利工厂	曲聚财	威海路193号	1932.3	独资	营造
创新营造业	黄余庆	河南路17号	1934.4	独资	营造
复盛兴营造厂	石子明	大连路6号	1934.5	独资	土木建筑
双聚合东记	苑维鉴	济宁路48号	1935	独资	土木建筑
建丰营造厂	盖经礼	热河路23号	1936.3	独资	修理房子
德胜泰	张青松	乐陵路48号	1936.4	独资	修理房子
永大营造厂	业仁浦	武定路23号	1936.9	独资	土木建筑
义顺成营造厂	宫哲民	锦州路81号	1937.6	独资	土木建筑
美华兴营造厂	高数歧	西江路7号	1938	独资	营造
正昌营造厂	詹保初	威海路10号	1939.3	独资	营造
顺和兴	李焕文	海泊路36号	1939	独资	木瓦工
怡生建筑行	陈更生	上海路4号	1941.9	独资	营造
孙新记建筑厂	孙筱林	河南路42号	1942.5	独资	营造
东兴信记营造厂	张文华	章丘路30号	1943	独资	土木建筑
振华号营造厂	钟兆礼	长兴路45号	1945.1	独资	营造
福聚兴营造厂	李志渭	莱芜一路40号	1945.4	独资	营造
中升记营造厂	傅华堂	广西路45号	1945.1	独资	营造
锦记营造厂	鲁寿臣	阳信路37号	1946.1	独资	建筑
正华营造厂	段仲民	苏州路12号甲	1946.1	合资	营造
盛业营造厂	于超群	中兴路4号	1946.2	合资	土木建筑
中兴建筑师事务所	朱良佐	安徽路23号	1946.2	独资	建筑设计绘图
福和祥营造厂	潘荆三	滋阳路7号	1946.2	独资	土木建筑
孚兴营造厂	李秦璋	长阳路2号	1946.3	独资	营造
福源营造厂	陈培封	泰山路31号	1946.3	合资	营造
永丰营造厂	丁泽元	中山路52号	1946.3	独资	土木建筑
振丰营造厂	邢汝有	广饶路46号	1946.4	独资	营造
森泰营造厂	于润翔	李村路45号	1946.8	独资	营造
大陆营造厂		威海路244号	1947.3	独资	营造
双兴成		昌邑路5号	1947.7	合资	木瓦工
明玉营造厂		馆陶路27号	1948.9	合资	营造
益和营造厂		威海路56号	1950.1	合资	营造
永生营造厂		聊城路8号	1950.1	合资	建筑
玉丰盛	王玉忠	郭口路15号	1950.2	合资	木瓦工
正大营造厂	卢美斋	无棣二路41号	1950.4	独资	土木建筑
义祥营造厂		桑梓路23号	1950.5	独资	设计绘图

① 见徐飞鹏等主编:《中国近代建筑总览·青岛篇》,中国建筑工业出版社,1992年。

续表

营造厂名称	经理或业务主持人	地址	创设年月	组织性质	主营业务
初希文	初希文	东阿路31号内	1950.5	独资	木瓦工
恒聚隆	胡乃省	博兴路76号	1950.5	独资	木瓦工
宝顺兴	李宝奎	云南路8号	1950.5	独资	包修水道
义记营造厂	王纯义	陵县路73号		合资	木瓦工
永记营造厂	李德昌	乐陵路63号		合资	营造

二、青岛近代营造厂的发展进程

(一)青岛近代营造厂孕育阶段(1897—1914)

1897年德国侵占青岛后,为满足殖民政府开展现代化建设的需求,青岛境内的建造活动大多由外国人经营的建筑公司来进行,其中官署建房多是由来自德国汉堡阿尔托纳区的F.H.施密特公司进行施工,包括建成于1901年的胶澳德意志帝国邮局(图1)、1904年的德国啤酒厂、1914年的胶澳帝国法院(图2)和胶澳海关等。而在住宅建造方面较为成熟的是德国人阿尔弗雷德·希姆森经营的祥福洋行,总督府不仅在1900年同祥福洋行签订了一项成立联合建筑公司的协议,帝国海军部备忘录更是把祥福洋行称之为“久经考验的德国公司”[①]。祥福洋行为欧洲人也为中国人建造了许多住房,其经营者更是结合自己曾在东南亚、厦门和上海等地生活工作的经历,将亚热带建筑形式结合青岛气候、风俗等进行改良创新形成“里院”这种青岛独有的建筑形式。(图3)而在此时期失去土地和房屋的部分中国居民成为建筑活动的廉价劳动力来源,虽然已有华人建筑商采用“招募制”组织工人参与施工,但因组织不固定,时聚时散且施工技术水平较低,只能作为外国建筑公司的分包商从事比较基础的建造工作。但是作为最先开始与西方建筑技术体系产生交流和碰撞的人,这部分工人逐渐成长为日后青岛营造厂的主力军。

图1 胶澳德意志帝国邮局　图2 胶澳帝国法院　图3 青岛里院建筑

(二)青岛近代营造厂发展阶段(1914—1922)

日本第一次侵占青岛时期,随着城市人口不断增长,城市规模不断扩张,青岛市区的建造活动变得十分活跃。而随着西方建筑技术越来越深入的渗透,中国传统的建筑体系受到冲击,迫使青岛的本土建造业经营者和工人通过学习和适应新技术,在建筑技术和经营模式等方面迅速完成了转变。[②]在此期间,青岛营造厂从无到有迅速发展到六十余家,创建于1919年的新慎记营造厂成为有档案可查的成立最早的青岛本土营造厂,而成立于1921年的美化营造厂的创建者王枚生不仅毕业于日本高等工业学校,还在日本从事过建筑施工相关工作,其营造厂承接的工程常常由他同时兼任设计者和建造者。(表2)与此同时,在日本当局等多方扶持下,十三家由日商经营的营造厂也在青岛开展业务,虽然他们承建的工程数量并不多,但拥有较为先进的营造设备和建筑技术及成体系的运营模式,也促使本土营造厂不断向其学习[③],不但对青岛本土营造厂的发展起到了助推作用,也提升了青岛营造业的整体水平。

① [德]托尔斯泰·华纳:《近代青岛的城市规划与建设》,青岛市档案馆编译,东南大学出版社,2011年,第195页。

② 见江琪:《民国时期南京建筑营造业初探》,东南大学2018年硕士学位论文。

③ 见王福云、雷祥云:《百年回望——青岛近代城市住宅建筑研究》,中国书籍出版社,2017年。

表2　美化营造厂历年承包合同一览表

日期(民国)	工程名称	原业主	造价
20年8月26日	国立山东大学改工厂房屋工程	国立山东大学	2,832,11
21年8月24日	贝宁永山路新建楼房工程	陈理梦	9,800,00
22年9月日	黄县路新建楼房工程	孙持正	18,500,00
22年9月14日	齐东路新建楼房工程	张俊卿	8,890,00
22年10月21日	莱阳路楼房改修工程	郭仲文	4,100.00
23年4月5日	何春江先生纪念碑	何少江	4,500,00
23年4月27日	太平路8号地新建楼房	郭砥颜	19.470.00
23年4月12日	增建平房工程	文德女子中学	1,300,00
23年10月6日	华山路建筑楼房工程	资敬堂	9,408 62
23年10月22日	信号山路建筑楼房工程	臧陆望	6,700,00
24年3月10日	大劳关新建楼房	李文耀	2,400,00
24年4月4日	建筑楼房工程	胡应持	15,498,27
24年5月12日	龙山路7号地新建楼房	关犹之	6,800,00
24年5月日	龙山路5号地新建楼房	葛沈彤	14,455,79
24年8月7日	信号山路9号地新建楼房	葛唐淑芳	15,975,15
25年3月	龙江路13号地新建楼房	徐贵卿	11,685,51
25年4月	齐东路9号地增建平房	陈彦安	2,450,00
25年4月27日	龙山路8号地新建楼房	李宝初	7,400,00
25年6月20日	龙山路2院地建筑院墙	金逢记	700,00
25年7月8日	龙山路9号地新建楼房	遭书奎	11,000,00
25年9月	宝塔工程	周明泰	12,800,00
25年9月22日	江苏路#32地增筑楼房	赵仲如	13,000,00
25年11月11日	居庸关路11院地建筑楼房	沈性静	25,416,79
25年10月31日	掖县路7院地建筑楼房	谢宅山	9,000,00
26年4月3日	大礼堂工程	中华信义会美国差会	8,800,00
26年4月9日	藏经楼工程	湛山寺	11,500,00
26年5月11日	工人宿舍楼房工程	华新纱厂	28,000,00

(三)青岛近代营造厂兴盛阶段(1922—1937)

北洋政府统治和南京国民政府第一次统治时期,随着社会经济的发展,进一步推动了城市空间的扩张和建造业的繁荣(图4),而这也可以通过1922年至1937年间青岛营造厂发展数量予以体现。据1933年《工务纪要统计》记载:"全市以营造厂、建筑公司水木作名义呈工务局批准登记者,凡一百六十家。"[①]1934年又有增加。是年《工务纪要统计》记载:"全市当年以营造厂、建筑公司水木作名义呈工务局核准登记者二十六家。"[②]这一时期,既有不断扩大规模的本土营造厂,还有新成立的本土营造厂,也有来自上海、北京等地的营造厂来此承建工程,而原有日商经营的营造公司也承建了大量日侨的住宅工程(图5),使得青岛营造业呈现多元化、多样性的发展态势。这其中,新慎记营造厂和1931年创建的公和兴营造厂成为其中的佼佼者,新慎记营造厂先后于1934年承建了金城银行大楼、大陆银行青岛分行(图6)、中国银行青岛分行等多个商业建筑;公和兴营造厂于1933至1940年承建了世界红卍字会[③]青岛分会山门、正殿、礼亭等建筑,其整个建筑群融合了中国传统建筑、罗马式建筑、伊斯兰式建筑三种不同的建筑风格,不仅在中国建筑史上是一特例,也是采用现代技术和材料建造中国传统形式建筑的优秀范例,体现出青岛本土营造厂在建造技艺上的日臻成熟。(图7、图8)来自上海的申泰营造厂在1929年承建了交通银行大楼(图9),1932年承建了山东大学科学馆等多个建筑。申泰营造厂的到来不仅带来了上海成熟的营造厂建造体系,更加剧了青岛建造业市场的竞争。1931年和1932年青岛市工务局分别出台了《青岛市暂行建筑规则》

①② 青岛市工务局:《工务纪要》,青岛,1933年。

③ 世界红卍字会是一个由道院创设的宗教慈善团体,是近代最重要的慈善团体之一。

(图10)《青岛市营造业管理规则》等多个规定，对建造条件、建筑案件处理、建筑经营注册等做出了相应规定，有效地规范了青岛建造业市场，保证建造活动有序开展，青岛近代营造厂发展迎来繁荣时期。(表3)

表3　青岛近代营造厂承建的建筑工程(1922—1937)

一、本地营造厂			
营造厂名称	**工程项目**	**建筑类型**	**设计与建造时间**
新慎记营造厂	广厦堂青岛中国银行宿舍	居住建筑	1932—1933.11
	金城银行大楼	商业建筑	1934.4—1935.7
	大陆银行青岛分行	商业建筑	1934
	中国银行青岛分行	商业建筑	1934
	金城银行经理住宅	居住建筑	1934.11—1935.6
	广合兴	居住建筑	1935.4—1935.12
	陆延撰住宅	居住建筑	1936.2—1936.5
华丰恒营造厂	三多里	居住建筑	1931.8—1932.1
	九如里	居住建筑	1931.9—1932.10
	王荷卿住宅	居住建筑	1931.3—1932.1
	芝罘路里弄	居住建筑	1933.1—1934.1
	青岛市体育场(大门)	市政建筑	1933.2—1933.7
	银行工会大楼	商业建筑	1933.7—1934.9
公和兴营造厂	瑞蚨祥	居住建筑	1930.6—1930.9
	红卍字会青岛分会山门	文化建筑	1933
	红卍字会青岛分会正殿、礼亭	文化建筑	1934
	上海储蓄银行大楼	商业建筑	1936
美化营造厂	慎德堂幼记住宅	居住建筑	1933.10—1933.12
	青岛市礼堂	市政建筑	1934—1935.7
	黄台路住宅	居住建筑	1934.5—1935.5
协顺兴营造厂	两湖会馆	文化建筑	1932
	青岛市国术馆	市政建筑	1934
福聚兴营造厂	山左银行大楼	商业建筑	1933.5—1934.5
	骏业里	居住建筑	1934.3—1934.6
振华营造厂	艾仁伯住宅	居住建筑	1932.7—1933.6
	太古洋行	商业建筑	1936.6—1936.12
顺和营造厂	红卍字会青岛分会	文化建筑	1933.1—1933.7
	泉祥茶庄	居住建筑	1934.10—1935.4
元兴诚营造厂	宫家寿男住宅	居住建筑	1930.10—1931.8
	海泊路商场	居住建筑	1934.9—1934.11
泰德涌营造厂	李在山住宅	居住建筑	1930.10—1931.9
德合兴营造厂	横濑守雄住宅	居住建筑	1930.11—1931.8
申泰兴记营造厂	中国实业银行大楼	商业建筑	1932.3—1934.2
义顺成营造厂	益都路商住建筑	居住建筑	1936.5—1936.10
王祥记营造厂	克立此克依住宅	居住建筑	1937.4—1937.6
鸿记义合工场	水族馆	文化建筑	1930—1932
二、外埠营造厂			
营造厂名称	**工程项目**	**建筑类型**	**设计与建造时间**
上海申泰营造厂	交通银行大楼	商业建筑	1929.3—1929.9
	山东大学科学馆	文化建筑	1932.3—1933.1
	韶关路公寓	居住建筑	1936.1—1936.10
上海陶馥记营造厂	青岛体育场(运动场看台和跑道工程)	体育建筑	1932—1933
北平恒信营造厂	湛山寺第一期、第二期工程	宗教建筑	1933—1945

续表

三、外商营造厂			
营造厂名称	工程项目	建筑类型	设计与建造时间
土肥商店	辽宁路商住建筑	居住建筑	1931.4—1931.9
	折居尉行住宅	居住建筑	1931.2—1931.11
江川组	陈川新隆住宅	居住建筑	1931.2—1931.9
	招远路商住建筑	居住建筑	1935.3—1935.12
高濑组	长泽十四郎住宅	居住建筑	1930.4—1930.12
	铃木美年住宅	居住建筑	1931.1—1931.6
三浦商会	陈湘南住宅	居住建筑	1930.6—1931.1
木舟组	青岛净土宗善道寺	文化建筑	1930
	黄台路住宅	居住建筑	1933.8—1933.11

青島市工務局核發各項執照統計表

十二年至二十一年

類別／年份	營造	使用	修理	雜項	掘路	拆卸	合計
12	136						136
13	216	183					399
14	119	100					219
15	155	81					236
16	186	110					296
17	344	161					505
18	567	484	6	30			1,087
19	898	446	292	198	361	15	2,210
20	879	720	422	315	467	30	2,833
21	621	688	327	354	380	17	2,387
總計	4,121	2,973	1,047	897	1,208	62	10,308

註：1. 單位：件

2. 自十八年七月以後始有修理雜項掘路拆卸執照故十八年以前該項執照數從闕

图4　1923—1932年青岛市工务局核发各项执照统计表

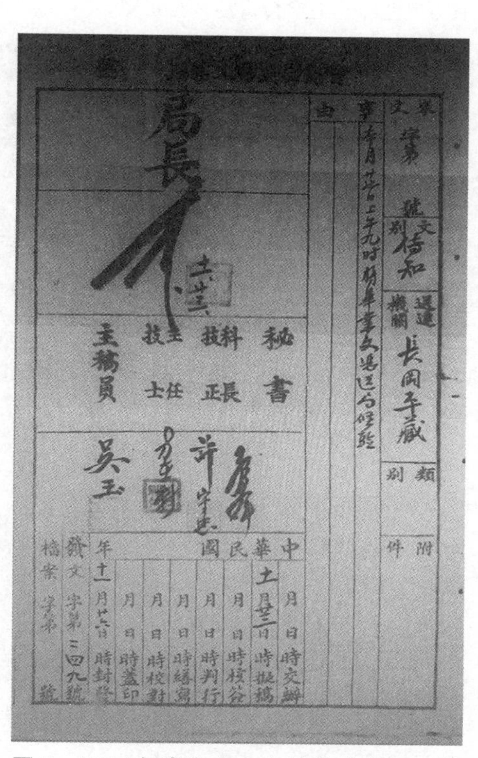

图5　1931年青岛市工务局批准长冈平藏从事建筑活动的文件

图6　大陆银行青岛分行

图7　世界红卍字会青岛分会南楼

图8 世界红卍字会青岛分会正殿

图9 交通银行大楼

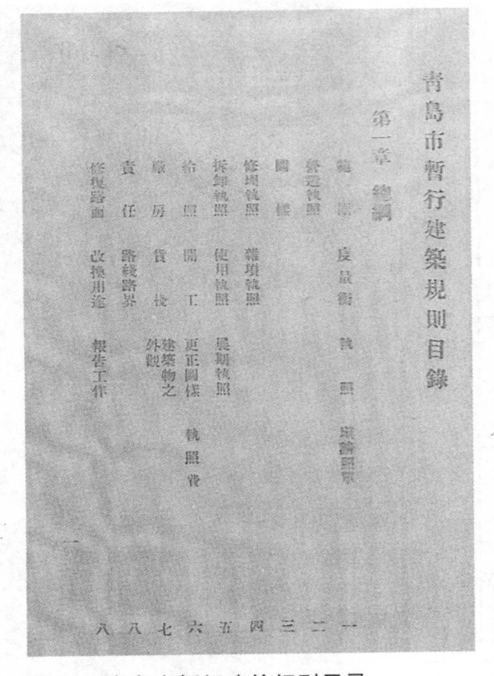

青島市暫行建築規則目錄

第一章 總綱

图10 青岛市暂行建筑规则目录

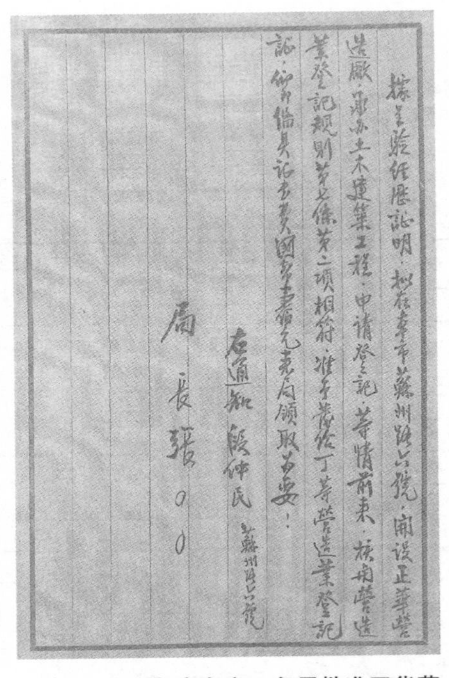

據呈驗經歷證明，擬在本市蘇州路六號，開設正華營造廠，承辦土木建築工程，申請登記，等情前來。核與營造業登記規則第七條第二項相符，准予發給丁等營造業登記證，仰即備具證書費國幣壹仟元來局領取為要！

右通知 殷仲民 蘇州路六號

局長 張〇〇

图11 1946年青岛市工务局批准正华营造厂营业登记文件

(四)青岛近代营造厂萎靡阶段(1937—1945)

日本第二次侵占青岛时期，忙于侵略的日伪当局，已无暇顾及青岛的城市建设。这一时期，并未建设新的大工业区、大居住区，只在已形成的街道两侧建了部分新房，包括一些小住宅和公寓式建筑。所以到1939年青岛地区建设房屋的营造厂已降至六十余家。其中，资本较大及用工最多者，有公和兴营造厂、协顺兴营造厂等以及以福昌公司为代表的十余家日本建造商。

(五)青岛近代营造厂复兴阶段(1945—1956)

1945年抗战胜利，南京国民政府统治时期，青岛营造厂数量呈明显回升趋势。青岛市工务局施政报告记载：1945—1946年，以营造厂、建筑公司水木作名义，呈请工务局登记，经审查合格者八十八家；1945年颁布的《青岛市营造厂商登记暂行补充规定》对全市七十二家营造厂、建筑公司进行资质评定分级，确定甲等四家，乙等五家，丙等二十一家，丁等四十二家。

青岛解放后，青岛市人民政府从实际需要和可能出发，开始了对城市的建设和改造、维修，加强了管理并着手对私营建筑队伍进行整顿。在1949年11月即颁布了《营造业管理暂行规则》等规定。1950年6月，经工商联审查统计，属于私营营造业者共计四十六家。其中，资本金不符合市建设局规定者约有二十七八家。1951年7月11日又颁布了《审核营造厂商级别标准》等规定。(表4)在第一个五年计划时期，对私营建筑企业进行了社会主义改造。1956年私营营造厂、建筑公司、独资合资经营者和闲散的泥、木、瓦工匠组织起来，从分散向集中过渡，有的成立公私合营建筑公司，有的合并到国营建筑施工企业。

表4　青岛市营造厂商级别标准情况表(1951)

等级项目	甲	乙	丙	丁	木瓦作
资本(元)	100亿	15亿	5亿	1亿	200万
参加工作之技术人员	50人以上，并需有登记核准之技师4人以上	15人以上，并需有登记核准之技师、技副各1人	6人以上，并需登记核准之技副1人	5人以上	5人以上技术工人组织
固定技术工人	500人以上	100人以上	40人以上	15人以上	——
承包工程限额(元)	无限	同时不得超过75亿	同时不得超过25亿	同时不得超过5亿	3000万以下之一般清工及修理工程

三、青岛近代营造厂发展存在的不足

虽然青岛近代营造厂随着城市的发展不断成熟、完善，但是受到地域、经济、文化的限制，仍存在一些不足。首先，起步较晚、数量较少，1880年上海第一家营造厂杨瑞泰营造厂便已宣告成立，1898武汉第一家本土华人营造厂明昌裕木厂成立，而青岛最早有史料记载的营造厂成立于1919年，比上海第一家营造厂成立晚近40年；在1935年，南京全市登记注册的营造厂达480家，到1937年已达925家①，而同时期青岛全市注册的营造厂约200家，无论在创立时间和企业数量上都与上海、南京等城市有较大差距。其次，固守本地、缺乏开拓精神，纵观青岛近代建造业，可以发现上海、北京等地的营造厂都曾在青岛开展建造活动，而青岛本土营造厂却鲜有去外埠承揽业务的，缺少了与先进地区的交流，其发展具有一定的局限性。

四、结语

青岛近代营造厂虽然与上海、北京、武汉等城市的近代营造厂相比有一定的差距，但因青岛城市发展进程的独特性，也具有其独有的发展模式。青岛近代营造厂不仅吸收了西方先进的建造体系，更将本土的地域性建筑技术传承发扬，同时结合青岛的自然、地理条件建造了一批优秀的建筑作品，为青岛近代建筑的发展做出了不可磨灭的贡献。

① 见江琪：《民国时期南京建筑营造业初探》，东南大学2018年硕士学位论文。

青岛八大关宁武关路10号格局变迁探源

北京国文琰文化遗产保护中心有限公司　孙闯

摘　要：青岛八大关建筑群主要建设于1930—1940年，最初多为私人别墅，经过历史上的多次改造和功能置换，很多建筑的面貌发生了变化。其中，宁武关路10号是改建变迁程度较大的一个案例，无论外观还是内部格局，均不再具有别墅原有的风格。但仔细勘察现状并辅以资料考证，却仍可管窥改建中的一些痕迹，本文据此梳理出其格局变迁的脉络，展现其应有的价值。

关键词：青岛八大关；宁武关路10号；改建变迁

青岛八大关近代建筑群为第五批全国重点文物保护单位，始建于20世纪三四十年代，建筑以外籍和国人的别墅为主，各街道虽也有整体规划，但建筑造型风格各异，犹如万国建筑博物馆。因各条街道均以中国内地古代关隘命名，故名“八大关”。实际上，广义的八大关地区还包括香港西路以南面向太平湾的八大关与太平角整个滨海别墅区。

宁武关路10号，青岛市八大关近代建筑之一。位于八大关地区南北向的宁武关路与东西向的嘉峪关路交叉口东南角，据资料显示，最初的门牌是嘉峪关路12号。按档案记载，该建筑设计并施工于1939—1940年间，方案设计者为俄人尤立甫，业主为俄商亚历山大罗夫。最初是为私人住所，新中国成立后收归军管，仍作为居所使用。该建筑在历史上改建较多，今天所见与初建时差异巨大，有可能是八大关地区增改最为严重的建筑之一。但现场所遗留的一些痕迹还是给了我们管窥原貌的机会，再辅以历史资料的梳理，其变迁过程仍可渐渐清晰起来，还建筑以本来面貌，重新审视其设计初衷与文物价值。

图1　西立面(2017)

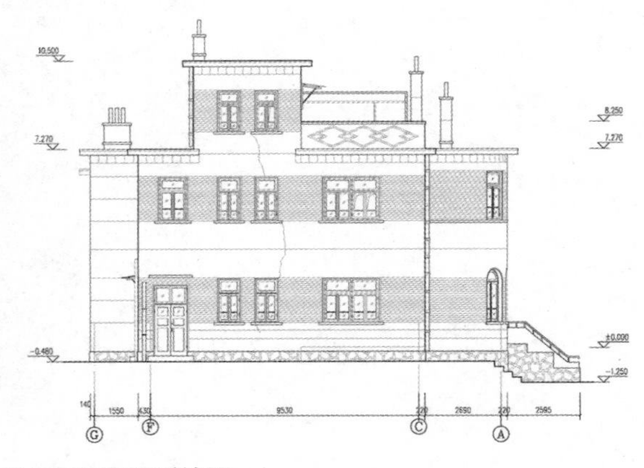

图2　西立面测绘图

图3　南立面（2017）

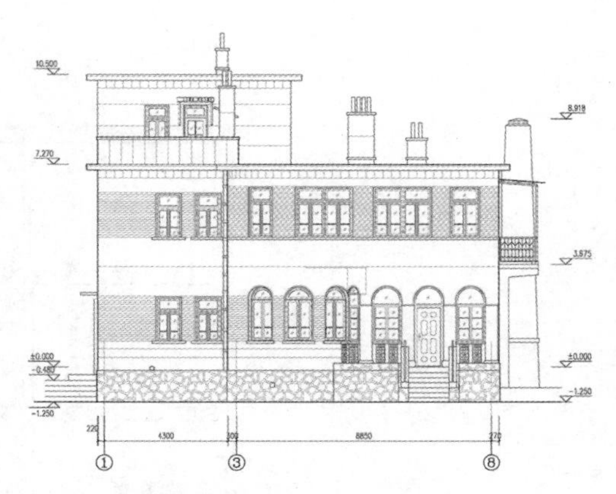

图4　南立面测绘图

初见宁武关路10号，很难想象它是一座文物建筑。虽然简洁的造型和不同色彩的水刷石墙面也体现了一定的朴素之美，但与八大关那些"班加庐"式外廊、"蒙萨"式屋顶、英国乡村风格或是哥特、都铎样式建筑比起来，宁武关路10号简直就是一座简易的旧式楼房。现主楼建筑面积436平方米，主体二层，局部三层，砖木建筑，局部使用钢筋混凝土楼板。毛石勒脚，水刷石外立面。平屋面油毡防水，檐口仍为水刷石装饰，门窗大量后期添配，内部格局及流线组织略显凌乱。整体看，现状造型和材料做法都较简陋，已完全没有初建时的别墅风范，仅在某些细部残留原始痕迹，如个别门窗合页、五金，以及铺地等，尚可窥之原物一二。现主楼已无人居住，院落内后期增建配房作为独立车库，初建时的配房位置已并入邻院，建筑无考。院落用地530余平方米，院内老树池两个，松树枝叶繁茂，随墙种有海棠、竹林，环境尚较幽静别致。

一、现状改建痕迹分析

通过现场的实地勘测，加上历史资料的辅助，大体可以看到该建筑很多隐藏的修改痕迹。为避免先入为主的影响，我们暂将历史图纸作为现场勘测的辅助依据放在后文，此处仅以现场情况加以梳理。而事实上，在未得到文献资料的帮助之前，如同探案一般在现场分析改建的各种可能性，才是勘察的难度和乐趣所在。

宁武关路10号院落比较狭小，院门设在西侧。主体二层，局部三层，现主入口朝南。首层南侧为几间居室，中部为卫生间和木楼梯，北侧为厨房，并设有一部混凝土楼梯从西面次入口直通二楼。二楼的布置与首层类似，中部的木楼梯继续折返通向三层，三层可出屋面，屋顶满铺沥青油毡，构造做法简陋。东侧设有局部地下室，曾一度作为锅炉间使用。

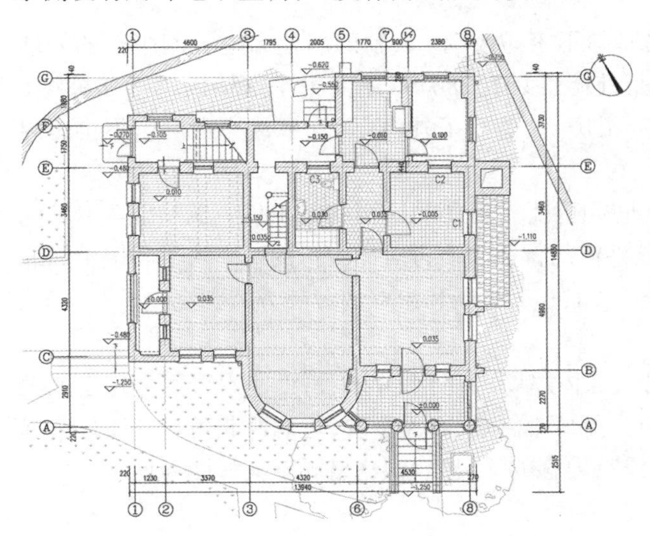

图5　首层平面图

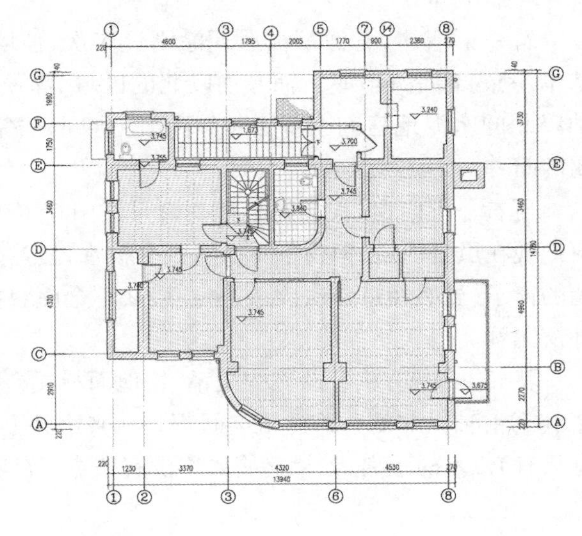

图6　二层平面图

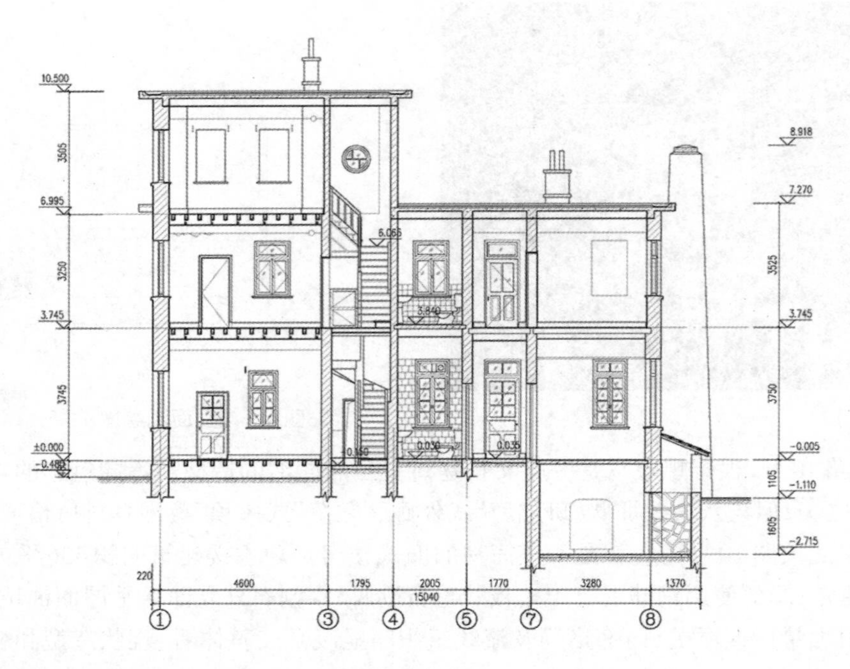

图7　剖面图

从平面关系上看，显然建筑的现状平面不是服务于一户人，至少楼上楼下是可以独立起居的，分别从南侧和西侧两个入口进入房间并上到二楼。但中部的木楼梯阴暗封闭，且将分开的两个流线又在二层加以穿通，给人以迷宫般的混乱感。而且，就使用效果来说，如套间般的穿透居室很多，让人很难分清起居室与寝室的区别。就这两点来说，就不能不让人怀疑它的平面是在不断做加法中演化成今天的样子的。

如果在现场关注下建筑不同房间的建造材质，则又会不断加深我们的怀疑。首先，一层靠南侧的居室都是木地板，从东侧地下室探查，都是木楞承重的砖木楼面体系，中部的折返楼梯也是木质，其造型特异，后文还会提到。而北侧的楼梯则是钢筋水泥浇筑，而且地面也都是水泥面层，经探查，就东北角一间而言，地板是架空的预制钢筋混凝土楼板。二层楼层的材质分区也大体与首层类似。不同的建筑材质用在同一建筑中并不罕见，但这种无意义的材料变换则暗示了不同时期建造工艺的可能。另外有一处较为特殊的铺地，就是卫生间和它东侧走道、居室，铺地同样都是用的小块红色方砖，为何一间普通的居室铺地没有用木地板而与卫生间相同呢？很有可能的一种解释，就是这间居室最初与卫生间功能类似——非卫即厨。

看一下墙体，看似都被后期涂刷过多次，但墙厚却不容易改动。E轴的墙体与建筑南半部的外墙基本一致，都是440厚。而E轴以北的区域，即便是外墙也只有280厚，还要薄于这堵内墙。如果将E轴以北的水泥地房间全部去掉，不单卫生间、居室（厨房）北侧有了外窗，而且木楼梯也可以不再是封闭的暗井。

再看一下门窗，我们暂且把视野只集中在卫生间和可能是厨房的这两间屋子里。厨房北侧E轴的窗户现在虽是内窗，但窗下冒头竟设有披水，显然是外窗的特征。而再对比厨房的两个窗子和卫生间北墙的窗子，虽然经过多次改造，已经残缺不全面貌各异，但其上亮子和窗框的分隔方式则完全一致，确系外窗无疑。

就如上几点，从平面流线关系、楼地面材质差异、墙体厚度、窗的细节来看，已基本可以肯定宁武关路10号E轴以北的一跨建筑空间都是后来增补上的。而且就总平面关系看，建筑西北角与院墙最窄处竟只有1.2米的距离，如果嘉峪关路没有拓宽，院墙没有内移的话，显然初建格局不会如此局促。

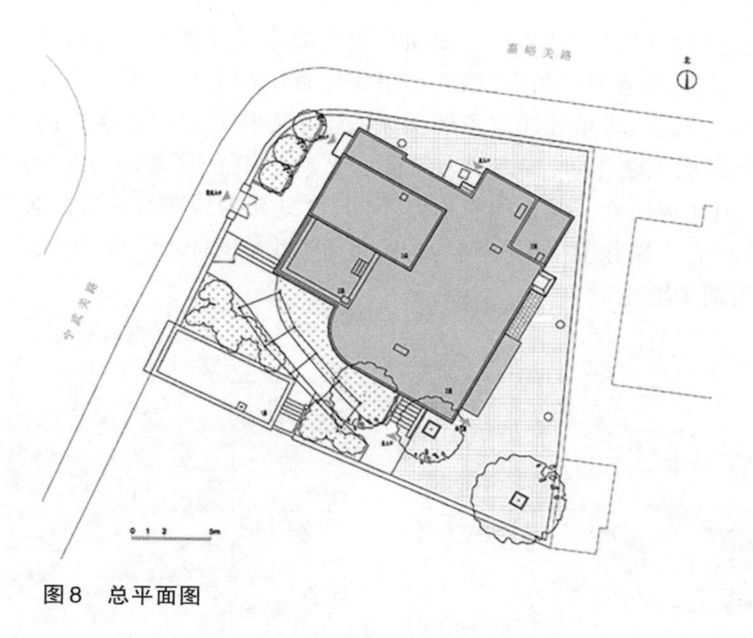

图8　总平面图

二、历史资料佐证

根据以上对现状的分析，宁武关路10号的外观和内部流线之变化可谓巨大。关于平面和立面的改造痕迹还有很多，如门廊封闭的痕迹、外窗不同做法所显示的增建或更换痕迹等等，限于篇幅不能一一指出，而且物有雷同，也没有重复罗列的必要。且宁武关路10号尚有历史图纸和部分资料留存，其初始设计构想便可一目了然了。

20世纪30年代，青岛市政府颁布了《青岛特别市暂行建筑规则》来规范青岛的建筑活动。[①]该规则总纲中即规定，新建、改造等工程需呈报工务局（建设局）申请，核发证照，呈送设计图审核、存档等事。其中，第九章又对"荣成路东特别规定建筑地（即八大关地区）"的建设进行指导，相当于针对这一区域的导则性规范。拜这些规章所赐，使我们得以见到八大关地区建筑的大量工程文件及设计图纸，宁武关路10号亦幸存其中。[②]

据文献资料显示，宁武关路10号大体设计和建造年代在1939—1940之间。资料中有一份文件还提到实际施工与最初呈报图纸有所变更，现图纸仅见一份，未详是第一稿还是变更稿。图中还是较详细地绘制了平、立、剖面图和局部详图，其原本的设计意图尚表达地较为明了。

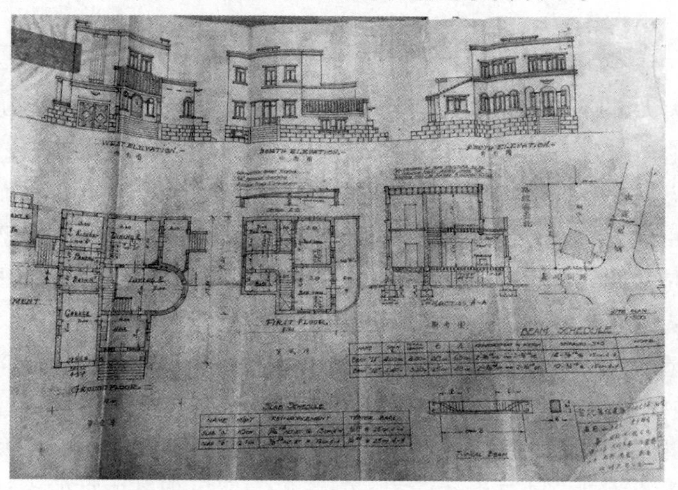

图9　历史图纸[③]

① 见钱毅：《青岛八大关与太平角近代建筑》，中央民族大学出版社，2014年。

② 有关宁武关路10号的历史公文及原设计图纸，来自青岛市档案馆。

③ 图9—图11均来源于青岛市档案馆，图10、图11根据实测图有改绘。

从这份图纸可见，原设计仅为两层，首层平面较现在缩小了北侧一跨的房间，与上文现场推测完全一致。二层面积更小，南侧后退形成阳台，西侧后退露出首层部分瓦屋面。主入口朝向西侧院门，有一较窄的门廊（现封闭成房间，但墙角处还可见到裸露的半个廊柱），进门依次是门厅、起居室、餐厅，餐厅南向开门，有较宽门廊朝向内院花园（现该门为建筑主要入口，但门廊封闭）；北侧西向设有车库，较为独特（现状为普通居室，但地板尺寸与其他原有居室不同，可见其为后期改造），向东依次是卫生间、走道、厨房（与上文推测一致）。二层除卫生间外则均为卧室，内部流线简洁清晰，平面布局成熟合理，对比现状杂乱的套间组合，可谓天壤之别。

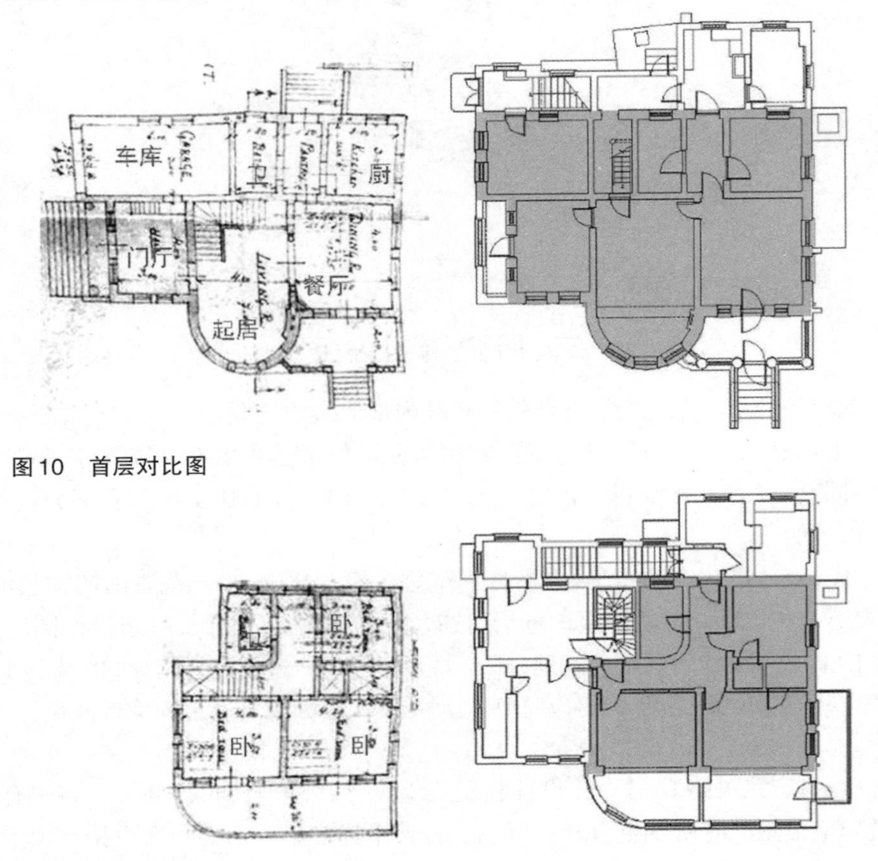

图10　首层对比图

图11　二层对比图

三、图纸与现场的差异

历史图纸的调阅，大大减轻了现场勘察的工作量。但资料尚不能代替所有历史信息，文献和实物的二重证据不能偏废，无论是初建时的方案变更还是历史上几十年内的多次改造，并不是一张图纸可以囊括的，现场留下的痕迹仍然是一把解读历史的钥匙，哪怕它只能指向一个疑点，而无法彻底解开谜团。

对比历史图纸，有一个无法对号的位置——楼梯。历史图纸上的楼梯是L型转向楼梯，设于起居室内，而现场的木楼梯则是双跑楼梯，占据了原车库的少半间位置。这部木楼梯开口应该还在起居室里，只是现状封堵了，需要从后部绕进去，内部阴暗黝黑，只有走上二楼才略见阳光，安设得十分别扭。

就这部楼梯自身来看，其做法也有特异之处。该楼梯虽然是折返的两跑，但并没有楼梯井和休息平台，转弯处做成旋转楼梯的样子。该楼梯结构的核心是一根自地面起的结构木柱，该柱既支撑下段的楼梯梁，又在转向处成为旋转楼梯的圆心，木柱上出头则又成了第二跑楼梯的第一根栏杆柱，这根木柱可谓一木多用，成为楼梯构造的关键。就其做法而言，不可谓不巧妙，但其木柱的设计大有节省空间的嫌疑，去掉楼梯井和休息平台，无疑是为了适应这个狭小的楼梯间而在构造上做出的权变。相比原历史图纸上位于起居室内的折返楼梯，现状实在是显得局促，面积过于俭省了。而且变原设计景观性的开敞楼梯为功能性的封闭楼梯，似乎也暗示着一次由西式设计到中式改造的转变。就这点疑惑而言，即便无法证实初建时为开敞楼梯，但现状楼梯也绝非初建时的面貌，应是取消车库以后改造而成，但就其构造匠心和具体装饰而言(木柱头雕成花苞状)应早于北侧增加混凝土房间那次改造。而且,该楼梯继续上三楼的部分在踏面线脚等做法上都与楼下的不同,即可推测三层的加建是在底层楼梯改造之后,并非一次完成。

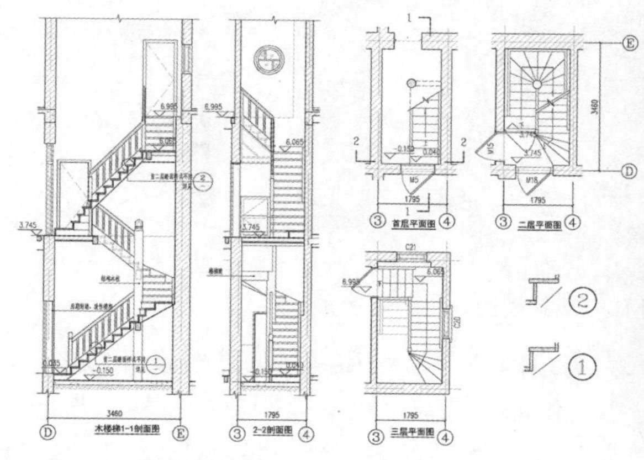

图12　木楼梯详图

图13　木楼梯二层标高处照片(2017)

如果在这些细节上继续纠察,还会挖出其他疑团,比如,现二层楼梯口D轴门3-轴居室轴的门均带有上亮子,且亮子下有披水,显然是外门或者外窗的特征。但如果对照历史图纸,该处并无可出室外的平台,是否实施设计有所变更?抑或二层和三层的增建又经历过几个阶段?其脉络尚不能尽知,自建成到今天的八十年中,它到底经历了多少次改造呢?

图14　内门亮子下的披水

四、设计原貌推想

关于改造过程的疑点和推想,或许随着继续清理现场痕迹,还有新的发现,或可将改造过程一一排出,最终上溯到初建的形貌。但限于资料梳理有限,现仅就原设计图纸复原其外观形象,可较为直观地看到建筑变迁之大。

图纸所示其造型为现代式设计,应是20世纪30年代到40年代流行的风格,可惜通过上述分析考证,其真实原貌尚不足以定论。不过大体可以确定,初建时的造型总是根据图纸实施的,所谓变更应是较小的调整,造型应不至于大变。根据图纸所示平立面搭建模型,就立面造型而论,西侧的入口做单坡瓦屋面,与主楼转角处交接较为偶然,其车库出屋面的挡墙更显乖张,整体设计似乎不够有机,但平面组织则较为成熟,流线和分区都较清晰合理。

今天所见到的外观是后期多次改造增筑的结果,以至于只有南门廊所在的首层南立面部分还保持着原建的格局。由于墙体整体重做过外饰面,原先的颜色也无从考证了,变迁如此巨大,实在让人瞠目。

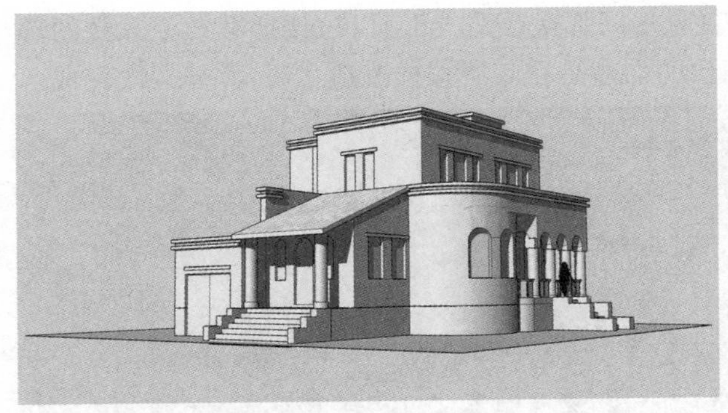

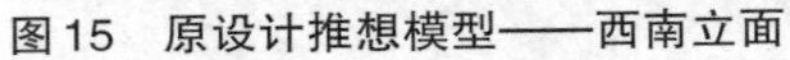

图15 原设计推想模型——西南立面

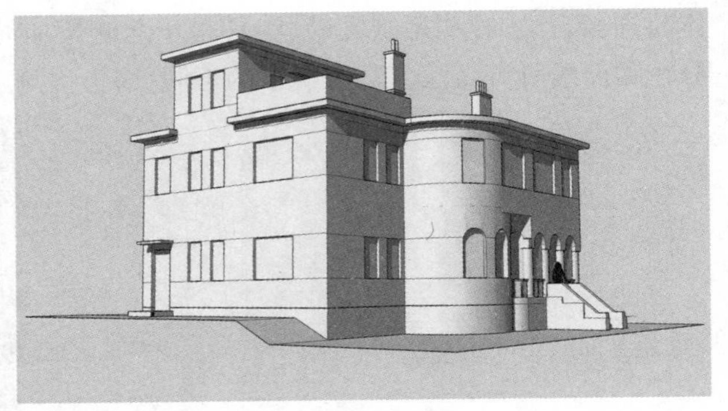

图16 现状模型——西南立面

宁武关路10号的建筑师尤立甫，俄国人，是青岛八大关地区最为活跃和高产的建筑设计师之一。其本人还有短期代理法国领事的经历，曾以工程师职务先后供职于双福工程事务所及青岛德记营业公司，与法国设计师白纳德、中国设计师张少闻、唐霭如均有合作。[①]粗略统计，尤立甫在八大关及太平角一带所主持和参与的建筑方案不下十几处，且风格各异，造型多变。在青岛档案馆所藏资料中，有一张尤立甫在德记公司的经验证明书，其中记有“自民国十七年十二月至现在(民国二十二年)，充任青岛德记营业公司工程师，担任设计大小住宅别墅铺面及铁筋洋灰等重要工程约有一百余座，合计经验年数八年”[②]。由此可知，尤立甫在当时应具有较好的实践经验和行业口碑。从我们推断的宁武关路10号原貌来看，其平面组织成熟简练，实是一位成熟建筑师的作品。然而，尤立甫的设计作品风格变化较多，似乎未形成自己固定的风格和特征，但其成熟的设计手法可能很好地迎合了当时社会的需求，故而留下了很多作品传世。宁武关路10号作为其作品谱系中一个案例，对研究当时的别墅建筑、结构做法工艺，以至建筑师群体的素养和社会审美倾向仍有重要价值。当案例足够多时，我们就有更多的机会解读历史中的空白。而理清建筑的前世今生则又是罗列案例的基础。

图17 宁武关路10号春景(2018)

回看宁武关路10号别墅，无论是推想的原貌，还是改建的现状，在八大关地区都谈不上出类拔萃，也不大引人关注。然而它所经历的历史变迁却并不寡然，这需要细心的勘察和梳理，如同解读谜团一样。或许这种解迷的过程并不复杂，然而实际勘察解读中却又往往容易让人忽略。尤其是在文物建筑的维修保养中，如果对其历史原貌存在疏忽甚至误读而维修，所造成的损失往往不可挽回。文物是不可再生资源，其价值就在于历史的真实性。讲最小干预原则，理由是什么呢？绝不因为它是一个既定的条文才要遵守，而是源于对文物的敬畏感。欲生敬畏，先要求知，有了更多的认识，才会从心里真的产生敬畏，真的接受和认可这个价值。

① 见钱毅:《青岛八大关与太平角近代建筑》,中央民族大学出版社,2014年。

② 钱毅:《青岛八大关与太平角近代建筑》,中央民族大学出版社,2014年,第56页。

英国浸礼会①建筑在山东与近代建筑演化的思想逻辑与现实考量

卡迪夫大学　耿霖

摘　要：浸礼传教会在1860年进入中国，1952年撤出中国。近一百年的传教过程中，浸礼会在中国建设了教堂、大学、博物馆等一系列建筑。同时，这一时期是向现代建筑转型的重要时期。工业革命之后，从19世纪上半叶起，新的技术创造了包括火车站、工厂等一系列的空间需求。除此之外，包括讲堂、住宅等早已存在的建筑形式也在这个时间逐渐转型。而在近代中国也有大量转型过程中的尝试。对教会在中国所遗留下的建筑营建过程的历史研究，既是一个对近代建筑如何从古代建筑向现代建筑转型的历史过程的研究，又是研究近代英国传教士视野中的中国的一个角度。本文通过挖掘历史资料，特别是浸礼传教会的档案文件，再现浸礼会在山东的营建过程中，由不断发生的中外历史碰撞造成的当时传教士的主观情感带动下的建筑演化的思想逻辑与现实考量。

关键词：浸礼会；基督教；中国；广智院；齐鲁大学

一、浸礼会的历史背景和早期在中国传教史

"我们绝对不是政治组织，但我们拥有基本的权力，文明国家给予的权利，只有这样才能确保和平与善意。"②浸礼会在1922年，再次对自己的身份做出申明，来回应1919年以来反帝运动带来的一系列误解和冲突。

英国浸礼会作为最早的进入中国的基督教会之一，1902年至1927年在山东建设了一系列建筑。这些建筑很多保存到了今天，这些保留至今的建筑主要包括了济南广智院，齐鲁大学建筑群，青州、周村、邹平基督教堂及附属建筑等。这些建筑的形式非常多样，也缺乏明确的形式定义。而这些建筑的产生过程，是近代传教士在传教过程中不断地被当地文化、历史事件与当时政治社会环境反复碰撞的主观感受与反馈的表现，进而展现19世纪末至20世纪初中国社会的一隅。

广义上的浸礼会（Baptists），是新教教会的一个分支教派。③同时，在这个大框架下还分有派系接近的阿民念主义（Arminianism）一般浸礼会（General Baptists）和更为近似的加尔文主义（Calvinism）的改革浸礼会（Reform Baptists）。在浸礼会系统中，两大分支都占有很大部分。由于广义上的浸礼会派系复杂，进入中国的这些传教会本身名称十分容易混淆，加上各个分支教会在翻译过程中的异化，结果使得各个组织的构成更加容易使人产生困惑。最早进入中国的是1936年 美国浸礼传教会（American Baptists Missionaries），随后，英国浸礼会（British Baptist Missions）在1945年进入中国。而本文关注的是1860年开始派遣传教士进入中国的浸礼传教会，与英国的浸礼会（Bapstits）关系十分密切。④浸礼会在英国的两大分支即英国浸礼会（British Baptist Missions）和英国的浸礼会（Bapstits）由于神学理念上的差异，导致英国浸礼会与英国国教会认同相对接近，与之相对，英国的浸礼会一直属于非国教运动中的派

① 浸礼传教会（Baptists Missonary Society），文中或简称浸礼会。

② H. R. Willianson, *British Baptists in China 1845—1952*, The carey kingsgate press lited, 1957, p.94.

③ Robert E. Johnson, *A Global Introduction to Baptist Churches*, Cambridge University Press, UK, 2010, p.11.

④ Robert E. Johnson, *A Global Introduction to Baptist Churches*, Cambridge University Press, UK, 2010, p.85.

系,因而在世俗事务中与英国国教会往往做出不同的选择。这些不同多种多样,在建筑方面,与国教会和其他与国教会色谱接近的教会在19世纪和20世纪初是哥特复兴的中坚力量不同,非国教教会更倾向使用偏向古典复兴风格的地中海风格。①同时,浸礼传教会与其他海外传教会在教会组织上的最大不同是他的结构更像是公司,具体决策由各级委员会制定。②总之,尽管浸礼会下各教会教义接近,但由于组织构成的原因,对建筑和社会的理解各有所异,对被传教国本土文化的态度亦有不同。

浸礼传教会在1860—1869年陆续派遣了十余位传教士到达中国。途经上海并在烟台芝罘建立了最早的传教站。这些牧师在这一段时间里相继因病去世或是离开中国。到李提摩太(Timothy Richard)到达中国的时候,只有一名传教士尚在这里,而这位李提摩太的同事在1870年去世。③在这期间,李提摩太主动结交以李鸿章为首的一系列清朝官员,同时主动参与中国北方接连不断的饥荒的救助工作。教会的主要活动区域是山东、山西以及陕西三个省份。④在中国传教期间,李提摩太结识了北美长老会的倪维思(John Livingstone Nevius),两人对在中国的传教活动进行了很多交流。⑤之后倪维思根据中国的传教经历,总结并指出依靠海外资金支持的传教活动是无法持续的,也是不应当的。⑥ 在他思想的基础上后来的学者将其总结成为倪思维计划(Nevius Plan)。计划最终目的是希望建设一个由本地人构成的教会。这份计划最终在朝鲜半岛成功进行,这也是今天中国的基督教三自教会的历史起源之一。李提摩太总体认可倪维思的想法。但具体方法上,李提摩太更重视科学和教学,并希望以此建立基督教在中国的社区。⑦在此之前,李提摩太已经提出了更为具体的传教思路:"首要基督徒应继续生活在自己的社区中并从事自己的职业,并依靠他们自力更生并为同事和邻居作见证成为浸礼会在中国活动的重要指导。"⑧

传教的模式变成了尝试建立一种由教徒组成的社区。这一过程一直持续到了1899年。随着义和团运动的爆发,传教活动收到重挫,大量的在山西的传教士和信徒在运动中遭到屠杀。这一挫折对浸礼会传教模式的发展产生了冲击,教会开始思考一个半独立,更接近新教传教传统的基督教社区能否成为浸礼会传教的根基。新的传教方法和基督教社区的建设方式成为浸礼会在中国继续传教首先考虑的问题。

二、邹平教堂到广智院,传教模式广和传教中心的再确认

1901年,山东局势逐渐缓和,卜道成(J.P.Bruce)在1901年向在伦敦的总部发出电报:"男(传教士)已经逐渐回到山东内陆……损失低于估计,建筑包括博物馆,医院没有被破坏。"⑨同年,教会开始评估损失并希望对外来的中国传教进行重新规划。这时,浸礼会在山东活动的主要城市依然是青州和邹城。在回到邹平之后,教会对他们在中国的建筑进行了第一次尝试。1901年,仲钧安(A.G.Jone)回到了邹平。教堂同年就建设完成。这一教堂的建设仅花费二百余镑。教堂完全依靠中国工匠,除了为了解决教堂采光问题设置了条状天窗外,整个教堂完全是一座中国本土建筑。这座建筑的资金后来被庚子赔款覆盖,这也是浸礼会在山东唯一一次用庚子赔款进行建设。

---

① Teresa Sladen, Andrew Saint, *Churches 1870-1914, Victorian Society*, London, 2011.

② Brian Stanley, *History of the Baptist Missionary Society, 1792-1992*, T.& T.Clark Ltd, 1992, p.43.

③ Brian Stanley, *History of the Baptist Missionary Society, 1792-1992*, T.& T.Clark Ltd, 1992, p.177.

④ Brian Stanley, *History of the Baptist Missionary Society, 1792-1992*, T.& T.Clark Ltd, 1992, p.176.

⑤ Brian Stanley, *History of the Baptist Missionary Society, 1792-1992*, T.& T.Clark Ltd, 1992, p.182.

⑥ John Nevius, *The Planting and Development of Missionary Churches*, Foreign mission Library, 1899.

⑦ Timothy Richard, *Forty-five Years*, Soothill, p.122.

⑧ Everett N. Hunt, "Jr,The Legacy of John Livingston Nevius", *International Bulletin of Missionary Research*, 1991.3, p.120.

⑨ H.R.Williamson, The Carey Kingsgate Press Limted, p.62;浸礼会中国分会会议纪要(第四本),第4页。.

图1 1908年传教士于邹平信众合影,后方为1901年完工的邹平教堂①

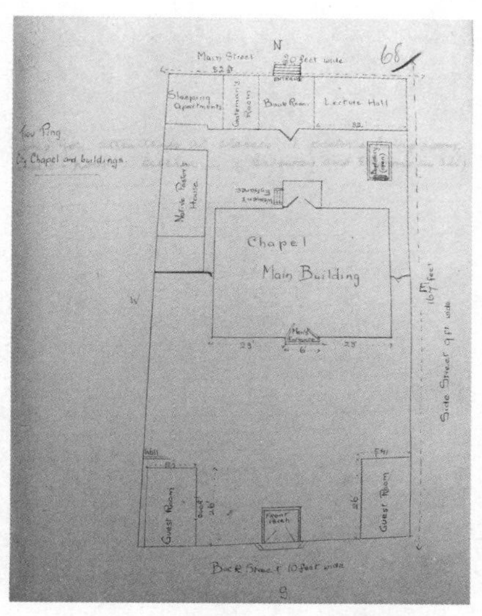

图2 1908年绘制的邹平以教堂为中心的传教站平面草图

然而1903年,随着胶济铁路完工在即,教会认为在尚没有新教进入的济南进行传教对于教会在山东的活动有战略性帮助。但是此时,教会对义和团运动带来的冲击依然心有余悸。在选择新的传教地点的时候,教会内部反复强调区域的安全性。②最终,购买了济南南城墙外侧今天广智院的区域。而那里附近还有"文学院"(arts college)和军校的学生居住,因而被视为一个绝佳的传教地点,这里还可以接触济南几乎所有的知识阶层。③面对安全性和与社会接触更多人的矛盾,此时的教会不论是总部还是分部都没有提出具体的解决方案。尽管如此,面对即将开埠的济南,教会还是紧急拨款并购买了土地。1904年,随着铁路的竣工,济南的物价飞速上涨,④教会由此不得不加快了建设速度,而建设工作就完全成了怀恩白(J. S. Whitewright)传教士的任务。与大多数传教士一样,怀恩白也没有建筑建设的经验,此外,对于义和团运动的爆发,他也有自己的看法。怀恩白认为,义和团运动的爆发是因为中国人对西方和世界缺乏最基本的了解,因而怀恩白强调教育在传教过程之中的重要性。⑤作为济南传教站的主要负责人,他对教会在济南的建设加入了自己的想法。随着资金的到位和教会总部的许可,济南的建设正式开始。为此,济南的浸礼会建筑,同时也是浸礼会在中国的一个重要的传教基点,成为一个以博物馆为核心的建筑群。

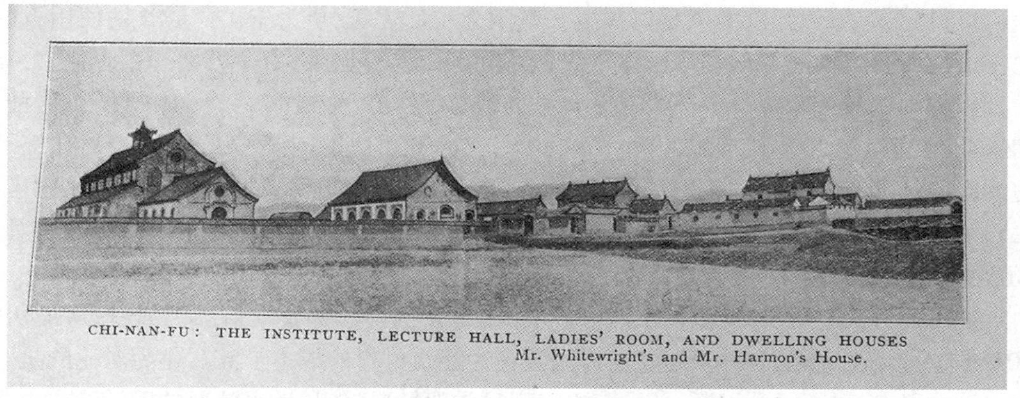

CHI-NAN-FU: THE INSTITUTE, LECTURE HALL, LADIES' ROOM, AND DWELLING HOUSES
Mr. Whitewright's and Mr. Harmon's House.

图3 1909年广智院,由左到右为博物馆主体,讲堂,女士休息室和女校教室,学校宿舍

① 图1—图4、图7—图11均来源于浸礼会档案。

② 见浸礼会中国分会会议纪要(第四本),第90页。

③ 见1905年浸礼会会议纪要,第90页。

④ 见浸礼会中国分会会议纪要(第四本),第63页。

⑤ 见浸礼会中国分会会议纪要(第四本),第27页。

图4　广智院南门,后方为广智院主题博物馆。博物馆中间采光井在浸礼会在中国的建筑特别是在山西的建筑中非常常见,山墙的圆形通风口和配合的装饰构建是佐治亚风格建筑常用的建筑构建和装饰手法

与教会之后建设的建筑不同,这一建筑群并不是由专业的西方建筑师参与,也没有得到总部的多次确认,完全由怀恩白全权负责。怀恩白完全是雇用了中国本地工人主持建设。怀恩白想把建筑建设成为一座比较宏伟的建筑,其计划包括以下功能:1.中央的祈祷室,直接为信徒服务;2.博物馆和讲堂,作为从参观者中吸引新的信徒的区域;3.图书馆和阅览室,希望保持对信徒的影响;4.一个私人房间,作为传教士与特定人的对话场所。[①]而宗教功能和房间,成为较为次要的任务。济南的教会所希望招揽的信徒,更偏向于清帝国末期的知识阶层。所有这一切的重要性可能不会立即显现出来,但是当人们对于某些具有某些外国风格的外国建筑倾向于排斥而使这些建筑不具有吸引力时,它就变得非常重要。在我看来,在这些事情以及所有其他事情上,我们应该尽可能地,和我们平常努力尝试并假定自己做到的,变成"中国的中国"。[②]怀恩白认为,建筑风格应采用中国本土式,一个西方建筑对中国人来说会产生厌恶,但中国的传统风格必须得到西方式的改进。这种要求的目的也是显而易见的,结构的限制导致大房间的照明很难得到满足,广智院本就是以展览和教学为主的建筑,作为中国民居长期使用者的怀恩白,也清楚地知道他所要建设建筑的和中国本土民居之间的矛盾。但是,由于教会一直想建立一个中国的教会和一直想中国化教会来减少中国人对基督教的敌意,建筑又必须强调其"中国性"。这种矛盾和需求为亨利墨菲在20世纪20年代提出的"中国式复兴"时希望解决的问题不谋而合。[③]对比邹平教堂,仅从构件的组成上对比,广智院的主体部分依旧有邹平教堂的影子。而这种建筑形式,在情感历史的研究方法可以归纳为当时的历史背景下,英国浸礼会神学和语言学背景为主的在中国的传教士对于中国建筑的直观感受,理解和表达。

这项工程由此开工并在1907年完工,在此期间工程多次向总部要求追加工程款,从最初的包括土地共1500磅预算上涨到最后的3500磅。而原因解释为建筑材料的成本上涨。作为对比的是,在教会之后的建筑建设过程中,尽管战乱不断,并没有再出现过类似情况,包括后来的新的医学院在内,造价往往在500—3000磅之间。[④]原因有可能是建筑体量较大而使得对木材需求过高,在一份1905年的报告中

---

① 见1905年浸礼会会议纪要,Minutes of Gengeral committee 1904, p.178.

② 见浸礼会中国分会会议纪要(第四本)。

③ Jeffrey W.Cody, *Building in China: Henry K. Murphy's Adaptive Architecture, 1914—1935*, The Chinese university & University of Washington Press 2001, pp.3-4.

④ Minutes of Gengeral committee 1905, 1906, 1907.

有提到教会不得不购买从东北产出的木材。[1]这也可能是教会在之后的建筑中彻底放弃这一中国本土建筑改良建设的原因。

尽管预算严重超支，但在中国的西方传教士看来，建筑最终结果依然是巨大成功。罗伯特·艾略特·斯佩尔[2]在齐鲁大学1917年在济南合校事评论道："在医学院旁边的博物馆……如果不在世界范围内，也是在亚洲范围内最有效果的部分。"[3]

三、佩里安与浸礼会在山东的教堂

1907年前后，教会在中国的传教逐渐进入扩张期。此时，随着胶济铁路的全面竣工。教会在竣工前就意识到铁路的通车会刺激地价快速上涨，于是，1905年前后，便在周村也购入土地。1907年之后，又先后从邹平和滨州购买土地，为新的基督教社区建筑进行储备。

图5　左侧为英国维多利亚时期窗户常见形式。右侧美国维多利亚建筑会采用更多木构件，装饰也更细腻，更加偏重洛可可风格[4]

图6　斯旺西地区的一座浸礼会教堂。作为居民区中的小教堂，简化了地中海风格的设计，没有使用大量立柱进行装饰，而是用飘窗等周边居住建筑常用的装饰[5]

然而相应的建筑工作却因为缺少专业人员一直未能有所进展。对此，教会开始在英国的信众中招募建筑相关人士。佩里安（G.H.Perrian）于1907年应聘并得到了山东建筑总监[6]的职位。由于语言学习等原因，耽搁到1909年才抵达中国。佩里安毕业于今天的伦敦大学伯贝克学院，他的父亲也是一名建筑师。在毕业后，他在伦敦的一家房地产开发公司工作。[7]

1909年英国正值广义的维多利亚末期。[8]此时的英国民居，特别是伦敦民居特征非常明显：普遍采用砖结构，倾向主体采用青灰色。门框窗框多采用条石构建。这些构建普遍在古典建筑或是巴洛克洛可可的经典构架的基础上，基于蒸汽加工设备，简化而来。[9]除此之外，这些构建通常包括柱子，建筑角部装饰，由拱窗简化而来的条形的中间有梯形调节石（keystone window）的窗饰。而这一时期的建筑，最为显著的就是由英国近代之前教堂和修道院建筑的窗户演化而来的飘窗（bay window）[10]，这种飘窗几乎成了这一时期建筑的一种标志，至今依然遍布英国的大街小巷。[11]佩里安供职的公司在英国从事居住建筑的地产建设销售，佩里安很有可能有这种建筑的建设经验，而这些建筑与他在中国的建筑设计中将

① Minutes of Gengeral committee 1905，p.177.

② 罗伯特·艾略特·斯佩尔 Robert Elliott Speer（1867—1947）原美国（美北长老会 American Presbyterian）长老会宗教领袖和传教权威。

③《中国科学艺术杂志》增刊，Supplement of *The China Journal of Science and Arts*，1923，一个浸礼会期刊。

④ 来源：Stephen Calloway，*The Elements of Style：An Encyclopedia of Domestic Architectural Detail*，Mitchell Beazley，London，2005.

⑤ Teresa Sladen 和 Andrew Saint，churches 1870—1914，Victorian Society，London，2011，p.51.

⑥⑦ 浸礼会档案馆 人事文件463 G.H.A. Perrriam .

⑧ Roger Dixon & Stefan Muthesius，*Victorian Architecture*，Thames and Hudson. 1995，p.2.

⑨ Roger Dixon & Stefan Muthesius，*Victorian Architecture*，Thames and Hudson. 1995，p.15.

⑩ Pablo Brinstein *Pseudo-Georgian London*，Koenig Books，London，2017，p.17.

⑪ Rosemany Hill and Michael Hall，*The 1840s The Victorian Society Studies in Victorian Architecture and Design Volume One*，2008 p.7.

这种建筑的风格充分保留。

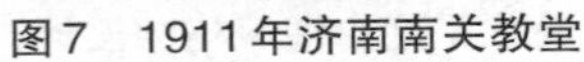
图7　1911年济南南关教堂

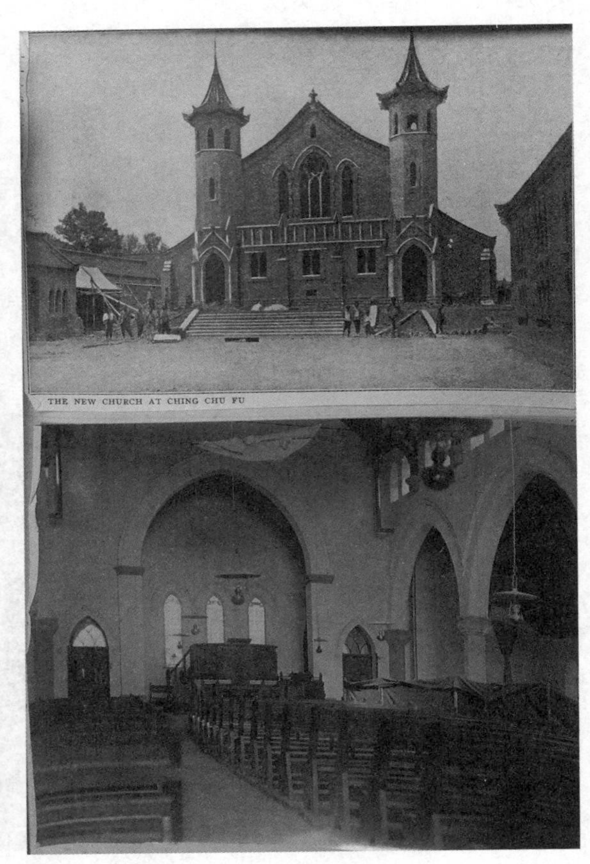

图8　1911年青州基督教堂

教会的组织结构在这一时期也有所调整。由于教会在海外的建筑预算和审批一直比较混乱，而教会在伦敦总部于1907年前后成立了专门的建筑委员会，负责审批审查建筑的设计和施工成本。在此之后，教会建筑建设的决议过程变为了海外分会购买土地后提交建设需求，建筑委员会审核建筑计划之后给出符合建筑专业的建筑设计任务书再交由海外分会的建筑师进行具体设计，而设计方案完成之后再次通过总部的建筑委员会核准之后进行拨款建设。

佩里安与1909年与负责山西陕西的建筑事务的菲尔博(Fireburn)一同到达中国。1910年清末立宪的初步执行，李提摩太很快意识到这一制度的巨大问题，“运动的力量不仅限于国民议会之中……这如同一场革命创造了二十个独立的王国”[①]，这种各省政府巨大的独立性被他认为这是一个建立中国基督教世界的机会。[②]而过去一直未能进行的教堂等建设在他的建议下加速建设。与此同时，佩里安在抵达中国之后，开始处理1905以来一直购买土地却没有动工的项目。由于成本评估过高，佩里安否决了卜道成之前准备的设计，转而重新按照建筑需求重新设计。1911年4月和6月，教会在济南和青州的教堂建设完成，由于秋季的革命导致建筑材料供应的拖延，周村教堂于1913年完工。

此时浸礼会对中国传教的信心空前高涨，1911年，教会办杂志年刊《传教先驱》用整本介绍中国的局势与浸礼会在中国的工作。同年完工的两座教堂，济南和青州教堂，第一次采用了西方的建筑模式设计建设，放弃了过去对中国建筑的改良的做法。教堂仍然保留了很多中国元素的装饰细节和屋顶曲线外，但建筑整体的风格，主要的建筑构造和内部空间，完全照搬了教会在英国常采用的“地中海”风格。建筑完成之后，传教士对其十分满意，并认为这些新完工教堂可以对比此时中国破败的道观和寺庙，象征基督教在中国的胜利。[③]

---

① Minutes of Gengeral committee 1909, p.90.

② Minutes of Gengeral committee 1909, p.91.

③ The Mission Herald 1912, p.78 浸礼会年刊。

四、齐鲁大学(齐鲁医院)中的浸礼会建设

浸礼会在山东传教过程中十分强调教育事业的重要作用,几乎所有在中国的传教站都设有男女小学和中学。而在义和团运动之后,山东境内的不同教会派系开始尝试加强高等教育教务合作。1902年在英国浸礼会和美国长老会的联席会议上,决定组建"山东新教大学"(Shandong Protestant University),将青州培真书院、登州文会馆、青州广德书院三所高校合并为规模较大的两所学院,并拟成立一所医学院。以大学董事会作为其管理机构。1904年,青州广德书院和登州文会馆合并,成立位于潍县东关乐道院的潍县文理学院(Wei Hsien Arts and Science College),其中文名取青州广德书院和登州文会馆的首字,称为广文学堂,而神学班合并于青州培真书院,称为青州共合神道学堂(Tsingchow Union Theological College)。1903年,在第一次大学董事会上,拟定新成立的医学院由青州医学堂与济南华美医院医校合并而成,设立青州、济南、邹平、沂州四个教学点,这所一校四处的医学院称为山东共合医道学堂(Shandung Union Medical College)。1909年,山东新教大学更名为山东基督教大学(Shantung Christian University),中文名称为山东基督教共和大学。此时尽管大学已经合并改名,但在山东各地的学院依旧没有实质变化,继续由原有教会管理。原先各地学院的建设计划依然按部就班地进行,医学院又在周村建立了新的医院,使校区再次增加。

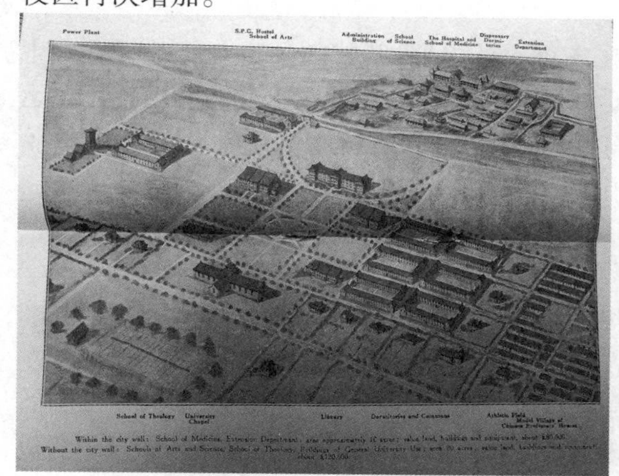

图9　齐鲁大学的早期规划,北侧为浸礼会原有医学院

图10　1916年的医学院。整座建筑像两座拼接到一起的教堂。英国这一时期的医院形式比较多变,有模仿城堡样式或是模仿庄园样式。建筑形式很大程度上取决于出资人的身份背景

1912年民国成立以后,在多所教会共同决议下,最终决定将山东的学院合并到一处。于1915年,经校务委员会批准,以"齐鲁大学"作为非正式用法的校名,意为"齐鲁地区的大学"。1917年9月,青州共和神道学堂和师范学校、潍县广文学堂相继迁往济南的新校址合并。学校此时设文、理、医、神四个学院和天文算学、生物学、社会教育等科系。①

1915年前后,根据校董事会议的决议,学校实质上依然根据原先学院的管理。由此,校区在完成规划之后,分为南北两个区域分开建设。浸礼会在济南的医学院在这个背景下急需扩张。1914年底,佩里安开始主持医院的设计。与之前的佩里安参与设计建筑不同,医院的专业性需求较高,因此教会总部下属的医疗委员会也参与到设计工作之中。②佩里安根据之前的设计经验,在满足医学院需求的基础上,借用了青州教堂的立面,糅以外廊式建筑的设计元素,完成了医学院的设计。此时,除了屋顶仿木式的元素之外,建筑几乎已经是一个海外建筑了。而即使是屋顶下沿的仿木装饰,在地中海风格的建筑中也非常常见。

① 浸礼会档案,D/AA。

② 1916年浸礼会会议纪要,*Minutes of Gengeral committee 1916*,第121页。

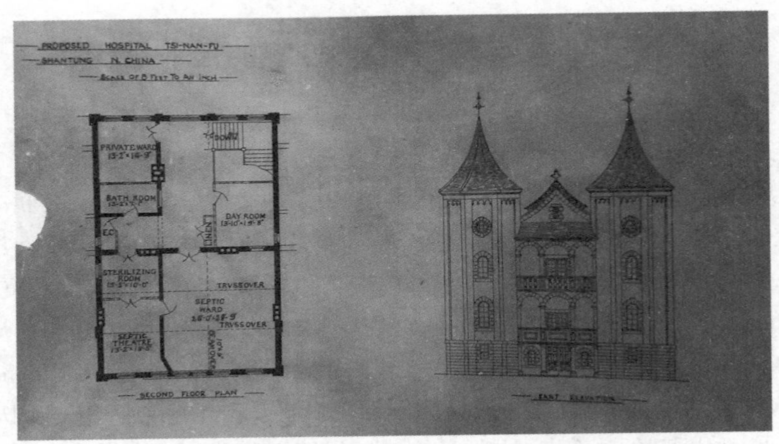

图11　医学院图纸照片。除了屋顶部分仅在图纸表现中已经几乎完全失去中国传统建筑的元素。屋顶十字架装饰再次强调学校的教会背景

1917年，随着一战进入白热化，在中国主持建筑工作的佩里安和菲尔博也被征召返回英国。[①]战争带来的人员和财政的紧张使得浸礼会在中国的扩张逐渐走向低潮期。而这座综合教学楼成为最后的浸礼会在山东主导的建筑。

1919年五四运动以后，中国知识界排外情绪高涨。在齐鲁大学内部，基督教师生和非基督教师生的矛盾日渐加剧。20世纪20年代，中国各地相继掀起反对外国人在中国办理教育事业的收回教育权运动。济南政府最终收到齐鲁大学的校长任命权等权利，同时学校不再按宗教信仰划分招生比例，并开始招收女学生，但教会依然保留了一些权利直到教会离开中国。[②]

五、英国浸礼会建筑在山东与近代建筑演化的思想逻辑与现实考量

从1860—1952年，浸礼会在中国传教的过程中，面对基督教中国化做了一系列尝试。教会在中国的根本目的是传教，不论何种形式的建设，其根本都是围绕传教和基督教社区建设而展开。同时，他们又在本身的知识基础上对中国的环境和局势以及所掌握的资源来判断。虽然由于历史的局限，他们对中国的未来几乎没有做出过正确的预测。但仅以浸礼会在中国的建设，就与基督教三自运动和文化传播带来的包括共产主义在内的近代思想的传播有联系。而在建筑方面，这一时期在西方本就是近代建筑向现代建筑转型的时期。对于浸礼会在中国的建设，在这转型时期，进行了一系列的尝试，即早期教会遇到了传统中国建筑无法解决的空间需求，在"中国的中国"思考下，建设了早期的中式建筑改良如邹平教堂和广智院博物馆。而随着传教成功后自信的不断增长，又有佩里安等主持建设的一系列基于英国建筑的"中西混合"的建筑，尝试直接用同时期英国的建筑模式解决空间问题，并用装饰性的空间元素回答本土化的需求。

六、结语

浸礼会在中国的建筑尝试既可以被视为殖民主义的历史影响，亦可以视作由外国人主导的新的中国本土建筑形式的探索。在后殖民主义的基督教相关研究之中，基督教本身是否是西方的一部分是一个难以直接回答的问题。仅以浸礼会在中国的建筑为例，与天主教会不同，其组织更加简单灵活，而组织本身在英国即非主流派系教会体系之内，其在英国的教堂建筑亦与同时期浪漫复兴的英国建筑有所区别。

从后殖民主义的角度描述，其建筑结果的呈现即混合型的表现。但如果将视角转换为中国本土建筑的发展，这一过程又是中国吸收转化外源性宗教并将之本土化的过程。抛开外来与本土这一话题，浸礼会这一较小规模的教会建筑在中国也在事实上成为中国社会本身变化的呈现。尽管其建筑建设的位置多不在近代以来的中国经济或政治的中心，其建筑也可反映近代中国社会变化对多文化混合的建筑风格与形式的影响。

---

① 1917年浸礼会会议纪要，*Minutes of Gengeral committee 1917*，第65页。

② 浸礼会档案，D/AA。

烟台地区近代建筑的异质文化多样性及其发展调查研究

内蒙古工业大学　高玮懋　方旭艳

摘　要：烟台自1860年开埠之后，兴建起了大量中西合璧风格的近代建筑，并且促进了烟台城市的现代化进程，时至今日，依然保留了大量近现代历史建筑遗存。通过对烟台地区近代建筑的剖析，可以了解到近代烟台地区中西文化交流的区域特性，以何种建筑活动影响近代社会，如此找到西方文化影响下烟台城市建筑风貌变迁的联结点，发现烟台近代建筑的异质文化多样性特征。

关键词：烟台地区；中西文化交流；近代建筑；中西合璧

一、引言

烟台，史称芝罘，发源于福山县芝罘山，在上古时期就有人类遗迹存在，自古经济文化发达。1398年，明朝设奇山海防卫所，并设立狼烟墩台，烟台之名自此而始。[①]烟台港口历史悠久，是我国沟通南北以及海外各国的海上重要航运要道。据相关史料记载，烟台在鸦片战争之前，就已是产品集散的商埠。1858年中英《天津条约》的签订，烟台被辟为通商口岸，在1861年正式对外开放，此后"商贾云集，贸易繁盛"，几年间就发展成为繁华的商业城市，成为当时中国北方地区最早的开埠城市之一。

二、烟台近代建筑的异质文化背景

烟台地处胶东半岛北部，依山傍海，自然环境条件得天独厚，十分适宜人类居住，是著名的滨海山城。特殊的自然地理环境和区位因素使得城市具有重要的军事意义，烟台扼守黄渤海入海口，美丽的海滨、宜人的气候吸引了外国人的目光，促成了近代城市的发展。（图1）

图1　20世纪30年代烟台滨海区域全景图[②]

① 见烟台市地方史志编纂委员会办公室：《烟台市志》，科学普及出版社，1994年。

② 芝罘历史文化研究会提供。

在开埠之前,除了一些零星的村落之外,只有两处具有城市萌芽性质的地方:一处是奇山守御千户所城,一处是天后行宫附近。[①]所城为明代海防聚落遗存,天后宫为祭祀海上妈祖所建,商业兴旺,后发展成为贸易中心。作为西方文明进入山东的窗口,烟台也是传教士和商人们进入北方的地点。外国商人和传教士来华数量多、分布广、影响广泛,他们从事的建筑活动极具代表性,充分说明西风东渐文化交流影响对中国近代建筑发展的促进作用。外国商人作为沟通中西文化交流的桥梁,传播了西方的近代文化。

烟台作为通商口岸对外开放这一百多年,建设了大量的近代历史风貌建筑,建筑类型涵盖金融商贸建筑、外国领事馆建筑、基督宗教建筑、医疗卫生建筑、学校建筑、居住建筑、文化娱乐建筑、领事馆建筑等等,现今遗存了大部分具有保护价值的历史建筑,可以说近代化影响了烟台城市建筑的方方面面。剖析烟台近代的社会变迁,分析其历史和文化的机制不可跳过,中西文化碰撞、互为影响的特征,是一种特殊的文化现象,中西文化交流融合的模式也推进了早期现代化的进程。

三、烟台近代城市的地域特征

随着烟台的开埠,形成以烟台山为中心的外国领事馆区,毓璜顶、东山一带的外国人居住区,学校、教堂、医院、洋行等各种西式建筑风格在烟台各地开始了大规模的建造。此后烟台逐渐演变成一个西洋文化与本土文化共存的沿海城市。(表1)西方宗教的传入,则改变了城市的建设模式,这一时期烟台城市职能开始由国内贸易为主,迅速转向以对外同时的港口贸易和工商业为主发展转变,是烟台商业贸易快速发展的时期。19世纪末期,城区建设以烟台山领事馆行政办公区为中心,沿着海岸线向东西两侧快速拓展。城市向东沿海发展,形成大马路商住区、东山别墅住宅区;向西发展民族工业及码头工程,近代化港口基本建成;西南的毓璜顶区域分布大量的教堂、教会学校、医院、慈善机构等公共建筑;南部形成以朝阳街—海岸街为主的商业街区,集中了洋行、商号、饭庄的各种商业设施。市区不断向外拓展,逐步与以大庙和奇山所城传统商业区域为中心的集镇连成整体。

表1　烟台近代建筑演变的特征比较

比较内容	烟台本土地域传统建筑	烟台近代建筑
建筑类型	官署、庙宇、商肆、书院、会馆等	恤养院、医院、学校、旅馆、影剧院、商业、邮政通信、金融等
建筑平面组织	内聚性、平面化、序列化;模式化组合	外向性、立体化、体量化;中西合璧的功能需求
建筑造型特征	三合院、四合院式院落式布局,以院落轴线组织	天井院落式布局,以天井回廊为中心集中性布置过厅及房间
建筑风格取向	儒家传统伦理、等级观、秩序观	西方教会建筑及商业建筑为主导,中西合璧式折中主义与外廊样式的建筑形式
建筑材料、结构、技术、功能等	建筑以木构架、砖石本色为主,主体色调以海洋文化的黑色、青灰色为主,石料为胶东半岛的本土石材,建筑防海潮,厚重朴实	建筑为砖木构架为主,屋顶为西洋式风格,开券、弧形的木质门窗,并有券柱式结构,底部石材为本土石料,并饰以当地传统装饰构件

四、烟台地区近代中西结合建筑实例的调查研究

根据前文,烟台近代建筑的历史背景概述和发展历程,近代烟台城市生产、生活变化巨大,建筑类型丰富,现就不同类型的烟台近代建筑进行分类调查研究。根据烟台地区近代建筑的功能特征,将调查研究分类分为如下:商业建筑、居住建筑、教堂建筑、学校教育及医疗卫生慈善救济建筑等。

(一)近代商业建筑

烟台近代商业建筑形式比较多样,以早期殖民地外廊式风格的建筑为主,也有地域主义风格、古典折中主义风格、早期现代主义风格。在建筑平面布局、建筑造型、细部处理和构造做法上都充分体现出西方古典建筑最基本的特征。[②]

① 见王建波:《烟台城市空间形态的演变》,同济大学2006年硕士学位论文。

② 见张润武等主编:《中国近代建筑总览·烟台篇》,中国建筑工业出版社,1996年。

现存的公共建筑类型丰富，其历史用途涉及金融、商业、文化、交通、娱乐、市政等多种功能，其中规模最大的就是商业建筑类型。至今还延续使用功能的公共建筑以商业建筑和文化建筑为主，比如大量西洋风格但内部为中式院落布局的洋行、银行旧址，以及华商等老字号建造的中西合璧风格的工商业建筑等。早期商业建筑一般沿用传统的建筑形式，西式风格传入后则以中西合璧的风格为主，大多是西式外廊与烟台本土的建筑材料、构造做法相结合，在建筑外观局部添加西式建筑的装饰特征，而建筑形体及内部则仍沿用本土传统建筑的院落布局形式，主要表现为以西式外廊、山花、壁柱、拱券、线脚等与中国传统建筑形态相结合而成的折中式建筑为主。

（二）近代民居建筑

烟台地区开埠较早，成为中国北方近代重要的沿海开埠城市，受到不同国家的文化影响，烟台地区的近代民居建筑呈现出完全不同的风格，同时由于近代化城市发展迅速，因此烟台近代居住建筑数量庞大且影响广泛，因而烟台近代居住建筑的类型也呈现出多元的趋势。

烟台开埠以后，各种西洋风格的住宅大量出现，开始是完全西洋风格的别墅住宅，后逐渐发展出中西合璧式样的风格特征。烟台最早的西式住宅是1862年前后出现在烟台山的英国领事官邸，这也是山东最早的西洋风格的别墅住宅。[①]后来随着城市的发展和中西文化的交流融合，逐渐形成中西合璧的住宅形式，最后在烟台出现了最典型的四合院组成的里弄住宅。（图2）近代中西合璧的合院建筑分布广泛，最早出现在烟台山下海岸街，沿海滨南北向的胡同如共和里、永安里、庆安里及大马路、二马路一带，后来烟台形成新的市区，烟台的近代民居广泛向三马路、四马路一带和市区的其他范围扩展。

图2　受西方影响的烟台近代合院建筑

（三）教堂建筑

据《福山县志稿》记载：清末期间，烟台境内有50条主要街道（不含小巷及奇山所、海阳各村道路）。就在仅有50条街道的“烟台街”上，自1855年（清咸丰五年）开始，天主教、基督教先后建起教堂26座，与教堂相关的建筑43座，合计69座。“烟台街”的26座教堂建筑中，天主教堂6座，基督教堂20座。[②]

教堂建筑自传入烟台地区开始，经历了从采用中国传统建筑形式到逐渐引入西方建筑符号，最后到采用西方教堂形式并辅以中国建造及装饰手法，体现出以教堂建筑为代表的西方建筑在烟台本土的建造及与本土传统建筑文化交流、碰撞、融合的过程。（表2、表3）

---

① 见姜波：《山东传统民居类型全集》，中国建筑工业出版社，2015年。

② 见许钟璐等：《山东省福山县志稿》，成文出版社，1968年。

表2　烟台地区已拆毁的教堂建筑[①]

<table>
<tr><td colspan="4">天主教堂</td></tr>
<tr><td colspan="2">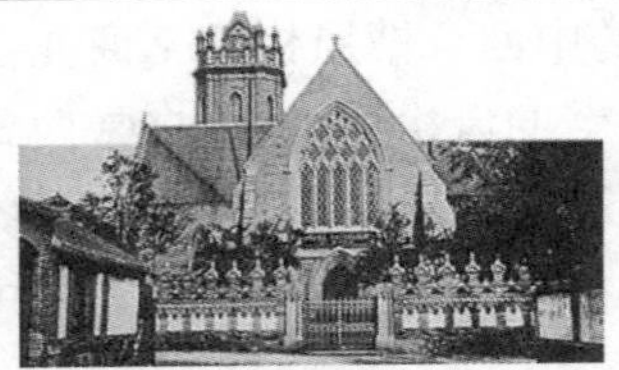</td><td colspan="2">圣母玛利亚天主教堂。始建于1886年，二层石木结构，哥特式尖顶建筑，平面呈拉丁十字形，建筑面积3800平方米。为当时烟台境内最早最大的天主教堂，被称为“天主教烟台主教府”，1959年被拆除。现存一附属建筑，位于烟台山下，面积320平方米，二层砖木结构</td></tr>
<tr><td colspan="2"></td><td colspan="2">天主教白衣修女初学院。始建于1886年，天主教罗马教会创建，二层石木结构，开放式外廊。位于芝罘俱乐部北侧，1981年为烟台山宾馆使用，后在宾馆扩建时拆除</td></tr>
<tr><td colspan="4">其他存在过的天主教堂：(1)芝罘区：葡萄山教会教堂、烟台山东路修女院、崇实街修女院、西山修女院、张家窑玛丽亚喜乐堂、大海阳河西岸23号安东尼修女院；(2)其他县市区：牟平区东关教堂、埠西头教堂；蓬莱区城里主堂等；栖霞市唐家泊主堂；龙口主堂、黄县若瑟小修院、丹岭村教堂等；莱阳市路南埠村教堂、城西门里教堂等；招远高家庄教堂、毕郭教堂等</td></tr>
<tr><td colspan="4">基督教堂</td></tr>
<tr><td>
登州南街浸信会</td><td>
黄县小栾家疃美南浸信会礼拜堂</td><td>
圣安德鲁教堂（安立甘堂）</td><td>
美南浸信会掖县堂</td></tr>
<tr><td colspan="4">其他存在过的基督教堂：1880年英圣公会圣彼得教堂；蓬莱北街礼拜堂、南街基督教圣公堂、基督教长老会耶稣堂等</td></tr>
</table>

表3　烟台现存的教堂建筑

 莱州西由天主教堂	 福山兜余天主教堂	 圣若望修道院	 雷斯修道院
 大马路浸信会礼拜堂	 莱州东关天主教堂	 蓬莱南街武霖基督教圣会堂	 毓璜顶美长老会礼拜堂
 奇山基督会礼拜堂	 烟台山联合教堂	 芝罘学校纪念堂	 中华基督教青年会

① 芝罘历史文化研究会提供。

(四)学校教育及医疗卫生慈善救济建筑

烟台开埠后，教会为了扩大影响，在传教的同时也大力兴办社会事业，创办学校和医院就是最具代表性的，不同教会都在烟台地区进行了多样的建设活动。(表4)中国几千年来的教育几乎都是传统的“私塾”，烟台也不例外，建筑形式多沿用传统的合院民宅式。新式教育是受西方教会文化的影响而产生。第一所西式教育的建筑是美国基督教长老会传教士在1855年创办的。据《芝罘区志》记载，烟台自开埠至太平洋战争爆发，芝罘区与教会相关的学校有近40座。西方教会学校的发展也刺激了烟台本土教育的发展，近代烟台中小学的兴办大多与教会有着密切的关系，成为烟台近代教育的先导。1866年，基督教美国长老会传教士郭显德设立烟台第一所新式学校——文先小学；狄考文兴办的教会大学——登州文会馆也开启了国内高等教育的先河。国内开明乡绅创办的教育机构机构也迅速发展起来，如烟台海军学堂、养正小学、东牟公学、省立八中和志孚中学等。

像中国大部分地区一样，西方医学传入烟台也得益于传教士，基督教、天主教先后在蓬莱、芝罘、黄县(今龙口)、掖县(今莱州)建立了多所医院。在医疗卫生事业方面，19 世纪 20 年代以前烟台的正规医院只有教会医院，主要有法国天主教开办的天主堂施医院、内地会开办的体仁医院、美国长老会开办的毓璜顶医院。A. G. Ahemed在他的《图说烟台》中写道：“从总体上来说，相对于人口总量，烟台所拥有的医院和医疗机构是比较丰富的。”

表4　各教会在烟台地区的建设活动

教会	建设团体	地点	建筑类型
天主教会	法国方济各会	掖县、福山、芝罘	教堂、教会医疗、慈幼、救济、学校等文化服务
基督教会	美南浸信会	登州、掖县、黄县、芝罘	教堂、学校、医院、慈善事业
	美北长老会	登州、芝罘	教堂、学校、医院、博物馆、其他社会公益事业
	英国内地会	芝罘	教堂、学校、医院、疗养院、商业
	英国浸礼会	登州	教堂

五、烟台地区近代建筑的特征分析

烟台地区的近代建筑大多具有近代开埠城市的特色，并且具有特殊的地域特征，是构成城市肌理的重要组成部分，反映出烟台近代城市的发展历程。近代建筑发展分期分为：“西风东渐”形成期(1861—1900)、“洋体中用”发展期(1901—1920)、“中西交流融合”兴盛期(1921—1938)、停滞期(1939—1949)。与近代建筑发展分期相对应，烟台的近代建筑主要有三种建筑形式。

第一是“西风东渐”的形成期，早期建筑具有典型的西方建筑特征，早期西方外廊式样广泛应用，后来运用西方的古典柱式、线脚、柱廊、屋顶等做法，总体呈现异域建筑的风采，是西方建筑符号的移植(图3、图4)。外廊是一种介于室内外之间起过度作用的“灰空间”，与烟台传统宅院建筑中的檐廊相同，由于二者相通的功能和形态，殖民地外廊和传统民居檐廊的细部装饰及做法便相互交融，从而形成西式元素装饰中式外廊或中式做法应用于西式建筑的外廊样式。烟台地区的西式外廊建筑始建于19世纪末期，这些建筑基本摆脱了早期殖民地外廊建筑集商务、政务办公与居住于一体的功能混杂现象，功能类型较为单一。比如盎司洋行、汇丰银行、英国领事馆、烟台一等邮局等。

图3　体现西方建筑符号移植的烟台近代建筑

图4　体现西方建筑符号移植的烟台近代建筑

第二是“中体西用”及“西体中用”，大量运用中国建筑的细部特征，与国外建筑风格相结合，呈现出中外结合外观，比如洋门脸式样、传统屋顶式样。洋门脸是建筑内部保持中国传统建筑的院落式天井布局，外立面处为西洋风格。此类建筑常常在传统建筑的沿街立面，即建筑的入口主立面直接移用西方古典建筑立面的构图特征和构成理念，形成西式门面，但除了这面西式门面山墙，其他的建筑实体或空间与传统建筑相差无几，因此，又可把其称为“立面化的西式建筑”。(图5、图6)洋门脸上多装饰大量的柱式、线脚、涡券等西方古典建筑元素，门脸山墙常常高于屋顶，突出屋顶部分设置假窗，以布景手段营造出建筑的高耸之感，洋门面的出现改变了传统建筑中把形制单一的门堂作为建筑主立面的营建方式，同时也使建筑入口的门面形象更为突出和醒目。(图7)屋顶历来是中国古典建筑立面构图的核心重点，是中国建筑之精神所在，屋顶文化也因此成为中国传统建筑文化最具代表的核心载体。传统屋顶样式则表现在商业建筑及教堂建筑上。(图8)墙体在与坡屋顶的外檐相接的地方的檐口线，不是采用西方建筑经典的排列有序的线脚，而是采用中国古代硬山式建筑的檐口构造方式——叠涩出挑，其外檐的滴水瓦当更是采用中国传统方式建造，多为筒瓦披檐。并且相对位置有错位的地方，采用中国式的挑檐，构造类似檐口线。

图5　立面化的烟台近代建筑

图6　立面化的烟台近代建筑

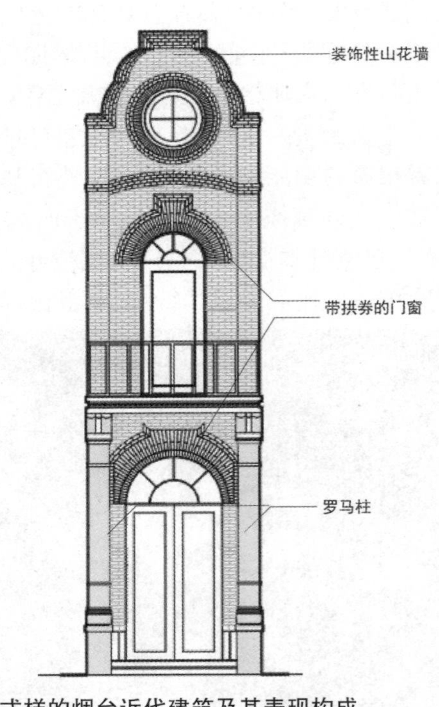

图7　洋门脸式样的烟台近代建筑及其表现构成

图8　传统中国屋顶的烟台近代建筑

第三是与西方20世纪20年代兴起的折中主义建筑运动同步发展，充分体现中西文化交流、碰撞融合在建筑上的反映，此时的建筑形式为中西合璧式样。这种向西方近代建筑仿效并逐步与之靠拢的中西合璧风格是西方建筑适应近代中国社会时代特征的形式变体，是近代建筑适应社会发展需求的物质体现。

六、异质文化背景下近代建筑的多样性

近代烟台的开埠使西方文化在烟台地区大量渗透，带动了中西文化的交流，也深刻影响了烟台近代建筑的发展，建筑风貌呈现中西合璧的特点。这一时期的西洋建筑规模和体量不大，但是它们的建筑形态多样化，分别带有西方多个国家的建筑风格，异质文化风格显著的西式建筑与本土传统的中式风格建筑表现出明显的差异。从1861年烟台开埠一直到1930年，这将近七十年的时间，是西洋建筑在烟台建造的主要时期。这些西洋建筑最开始带着浓厚的早期英国殖民式建筑形制，但烟台独特的地理气候因素使得传统的殖民建筑样式的许多部分并不能适应烟台的环境条件，所以仅仅是机械地把西方的建筑文化照搬到本地显然是行不通的，很多的殖民建筑在传入烟台的时候很多外国建筑师注意到了这一点，并将原有的西洋建筑根据烟台当地的地理人文气候条件进行了局部的修改，使之与本土的自然环境相适应。

西方的建筑形制与当地建筑材料和形式相结合，如朝阳街、海关街、顺泰街的一些商业建筑。在门面上，采用突出的山花墙及在门旁加设经过变形的西洋古典柱式，而内部仍采用中国的传统方式，内天井院式布局。这些中西合璧的建筑分布较为集中，大致集中在以下几个片区：一片是烟台山及其周边的朝阳街、滨海路一段，位于山地中的近代建筑受限于地形，建筑群呈点状分布，山脚地下的平缓地带则按照院落式平面沿街分布商业建筑等。这些多样性的建筑造型多样丰富，单体主要以集中式为主，建筑材料多为胶东地区特有的石材和砖木混合；建筑屋檐与门窗多有丰富的线条抹角装饰，细节丰富；屋顶多为红瓦四坡屋顶，屋顶上多开老虎窗；墙体表现手法独特，主要有青红砖清水墙、当地花岗岩石墙、水刷墙这三种样式；建筑主要立面一般有设有门廊、连廊、券廊、哥特式山花等。由于受西方殖民国家的影响，城市建筑风貌以中西兼容的规划理念和中西合璧的建筑风格为主，在大型公共建筑比如商业建筑上表现得尤为明显；传统居住建筑以中式的四合院式院落、胡同街巷式布局为主，新式居住区为洋房等中西合璧风格；在城市功能分布方面，都出现了明显的华洋分区及明显的功能分区。建筑类型由单一到多样发展，建筑平面形式也有内聚性向开放性转变。这些具有典型异域风格的西洋建筑在烟台与当地传统建筑并置，构成了烟台近代建筑异质文化多样性的特征。

七、结语

烟台近代建筑的发展有其独特的文化多样性特征：第一，从近代之前的烟台建筑可以看出，作为海防卫所城市，还有老城内商业繁荣的街道，集结了海防文化和海上丝绸之路的商埠文化；第二，作为较早

的通商口岸之一，集合了多国建筑的文化风格，各式传统建筑、折中主义建筑和现代主义建筑大量地在烟台地区建造，形成近代烟台地区丰富的中西结合的异质文化多样的建筑类型；第三，体现在由西方建筑师设计，使用本土工匠和地方材料打造出的并不纯粹的西式建筑，本土开明乡绅和政界人士存有对西方文化的追求心理，以打造带有西洋风格的西式建筑为风尚，在建造房屋时希望工匠将西方建筑元素融合到传统建式中，形成了特有的中西建筑文化融合现象。烟台近代建筑可以说是在承载了传统文化因子的基础上，融合了西方文化因素并受到现代化进程的推进，对多元异质文化兼收并蓄、融会贯通。

刘公岛北洋海军时期[①]建筑地域性特征解析

山东建筑大学　邓庆坦　周宫庆
山东意匠建筑设计有限公司　杨健鹏

摘　要:刘公岛北洋海军时期建筑不仅是晚清北洋海军、中日甲午战争和中国近代海防的重要历史见证,同时对于山东乃至中国近代建筑历史研究也具有重要的学术价值。本论文通过梳理刘公岛北洋海军时期兴建的北洋海军提督署、水师学堂、丁汝昌寓所三座建筑的历史沿革,对这一时期刘公岛建筑的地域性特征进行深入解析,分析其北方官式建筑,胶东乃至南方多重建筑特征的源流,同时为威海近代建筑遗产保护和历史风貌传承提供依据。

关键词:北洋海军;刘公岛;地域性

一、引言

威海卫是山东省威海市的前身,位于山东半岛最东端,北与辽东半岛遥遥相对,东与朝鲜半岛隔海相望,素有渤海锁钥、京畿屏藩之称。威海卫原属文登县,1398年(明洪武三十一年),为防倭寇袭扰,从文登县辛汪都[②]东北三里近海处设卫屯兵,寓"威镇海疆"之意,取名威海卫。威海湾呈半圆形,港阔水深,可供大型舰船停泊。刘公岛屏立威海湾湾口,东西长4.08千米,最宽15千米,面积3.15平方千米。(图1)

图1　刘公岛鸟瞰照片[③]

1881年,北洋海军在刘公岛设立机器厂和屯煤所,是为北洋海军威海卫基地建设之始。威海卫从一个蕞尔小城一跃成为中国第一支近代海军——北洋海军的主要驻泊地、指挥机关所在地,被李鸿章视为"北洋海军根本重地"。1895年1月,日军在荣成湾登陆,1895年3月,威海卫陷落,北洋舰队全军覆没。1895年,中日《马关条约》签订后,威海卫作为战争赔款抵押品被日本占领。1898年,英军从日军手

① 指1881—1894年。

② 明清时期文登县基层区划实行都里制,县下设都,以都领里,以里领村,据雍正《文登县志》载,文登县下辖温泉都、朝阳都、云光都、辛汪都、甘泉都、迎仙都和管山都。

③ 来源:https://image.baidu.com。

中接管威海卫，威海卫成为继德国租占胶澳（今青岛）、沙俄租占大连之后第三座帝国主义列强独占的租借地城市。1930年，中国国民政府正式收回威海卫租借地，英国续租刘公岛至1940年。1938年3月，日军在东码头登陆，第二次占领威海卫。1940年11月，英国海军撤离刘公岛。1945年5月，中共胶东军区部队进驻威海卫。威海卫北洋海军时期（1881—1895）建筑活动的重心在刘公岛，北洋海军时期的建筑遗存也集中在刘公岛，1988年，以"刘公岛甲午战争纪念地"为名公布为第三批全国重点文物保护单位，刘公岛甲午战争纪念地涵盖刘公岛和威海市区陆岸的二十八处文物点，建筑遗产丰富多样，包括北洋海军指挥机关——北洋海军提督署，军事教育建筑——威海水师学堂，庙宇建筑——龙王庙与戏楼，官邸建筑——丁汝昌寓所，北洋海军基地后勤保障设施——工程局、机器局、屯煤所、鱼雷修理厂、铁码头等，军事防御设施——黄岛炮台、公所后炮台、旗顶山炮台、东泓炮台等，这些北洋海军时期建筑遗产不仅是晚清北洋海军、中日甲午战争和中国近代海防的重要历史见证，同时对于山东乃至中国近代建筑历史研究也具有重要的学术价值。

二、建筑概况与历史沿革

刘公岛地势北高南低，北部地势陡峭、峰峦起伏，形成天然的防卫屏障，最高峰旗顶山布置主炮台——旗顶山炮台、日岛炮台、黄岛炮台、公所后炮台、东泓炮台与威海卫陆岸南北帮炮台、后路炮台相结合，形成以刘公岛为中心的北洋海军威海卫基地防御体系。刘公岛南坡平缓，南部偏西集中了北洋海军提督署、水师学堂、丁汝昌寓所、龙王庙等主要建筑和麻井子船坞、铁码头、机器局、屯煤仓、石码头等军事后勤设施。北洋海军作为晚清洋务运动的产物，秉承"中西为体、西学为用"的指导思想，以刘公岛为中心的北洋海军衙署、教育、官邸等类型建筑，采用中国传统木构建筑体系，融合了传统官式建筑与地域性建筑特征。机器局、工程局、鱼雷修理厂、码头等军事后勤设施以及炮台等军事防御设施，则延聘西方工程技术人员，引进先进的钢铁、水泥、混凝土材料和技术，采用西式建筑形式。本文拟以北洋海军提督署、威海水师学堂、丁汝昌寓所三座建筑，厘清不同历史时期的具体沿革，结合现状勘察与不同时期历史照片比对，解析建筑的官式与地域、南方与北方的交融特征，还原真实的历史风貌，为后续修缮保护提供较为确凿的依据。

（一）北洋海军提督署

北洋海军提督署位于威海刘公岛中部偏西，又称"水师衙门"，始建于1887年，1891年竣工。[①]提督署占地17000平方米，是北洋海军的指挥中枢和海军提督驻节地，是国内唯一保存完好的清代军事衙门。提督署大门上方高悬"海军公所"匾额，为李鸿章亲题。大门门扇绘有门神秦琼、尉迟敬德像。大门东西各置乐亭，歇山卷棚屋顶，为北洋海军举行庆典、迎送宾客时鸣金奏乐之所。乐亭两侧设东、西辕门。西乐亭前有望楼，可登高眺望港湾内外舰船活动。门前两旁设立旗杆两支，悬青龙牙旗。提督署中轴对称布局，三进院落，前为议事厅，中为宴会厅，后为祭祀厅，各厅厢由廊庑连接，浑然一体。提督署采用传统木梁架结构，除大门内一进院西南角的会客厅为歇山屋面，院内各厅厢均为硬山布瓦屋面。提督署院内东南原有演武厅，原为四坡顶上加悬山卷棚屋顶，1891年直隶总督兼北洋大臣李鸿章巡阅北洋海军，曾在此观礼并校阅舰队操演。（图2—图6）

① 见威海市地方志编纂委员会编：《威海市志》，山东人民出版社，1986年。

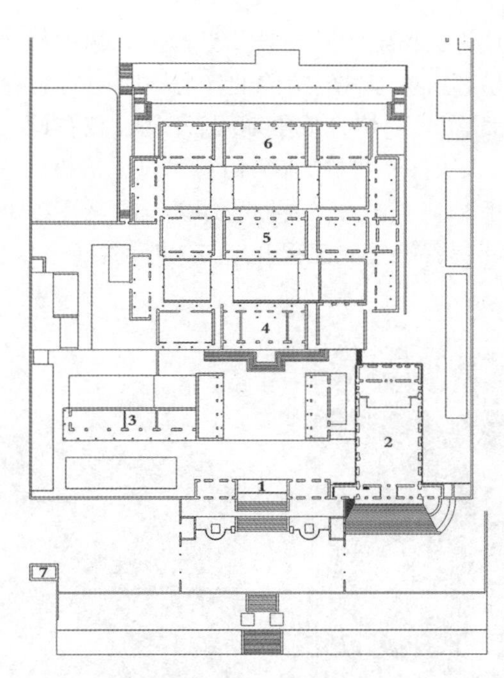

图2　北洋海军提督署平面图(图注:1.大门;2.原为北洋海军演武厅,现为英租时期兴建的皇家海军电影院;3.会客厅;4.礼仪厅;5.宴会厅;6.祭祀厅;7.望楼)

图3　北洋海军提督署大门及倒座,可见砖券窗洞痕迹

图4　东辕门和乐楼[①]

图5　大门门扇门神秦琼、尉迟敬德像[②]

图6　二进院内景

① 图4、图7、图8、图13、图14均见哲夫、张建国、赵敏:《威海旧影》,山东画报出版社,2008年。

② 刘公岛管委会提供。

中日甲午战争后，北洋海军提督署被日军占据。(图7)英国租占威海卫和续租刘公岛时期，提督署成为英国皇军海军远东舰队俱乐部，这一时期，拆除北洋海军时期的演武厅，兴建皇家海军电影院，常被被误认为是北洋海军时期演武厅。(图8)抗日战争期间，汪伪政权在此设立威海要港司令部、威海卫海军基地司令部。新中国成立后，人民海军进驻，部分门窗木过梁被拆除，改为砖券洞口，具体年代不详，复原后仍留有改造痕迹。1985年3月，经中央军委批准，提督署驻军移交地方政府管理。1992年，在此设立中日甲午战争博物馆。2010年提督署复原工程开工，2014年完工开放。

图7　历史照片，甲午战争日军占领刘公岛时期北洋海军提督署

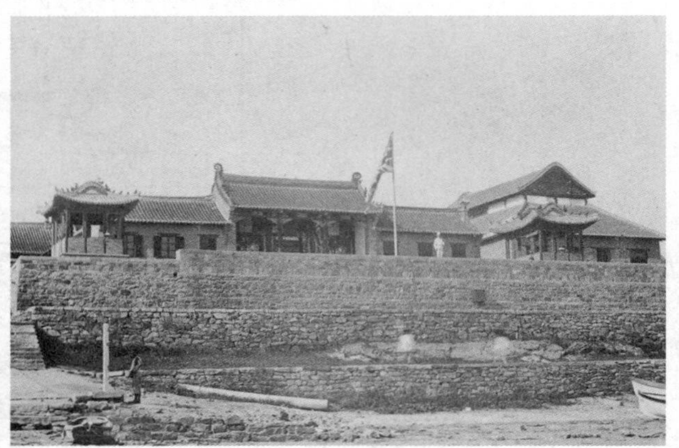
图8　历史照片，英国租占初期北洋海军提督署，右侧演武厅尚未被拆除

(二)威海水师学堂

威海水师学堂位于威海刘公岛西部，是继福州船政学堂、天津水师学堂、广东水陆师学堂之后清政府创办的第四所培训海军军官的学堂，也是我国唯一一处有迹可循的近代水师学堂。威海水师学堂1889年10月动工，1890年落成开学。甲午战争中，威海水师学堂大部毁于战火。英国租占时期，水师学堂遗址被海军陆战队营房、军官宿舍等英军建筑所占压，具体形制和历史风貌已不可考，仅据1889年李鸿章奏折可约略知其规模："学堂大小房屋六十三间，共用工料银九千五百二十八两有奇，购地银四百二十一两有奇，制备书籍、器具银九百十九两有奇，统由北洋海军经费项下动支。"[①]从现存的东西辕门、影壁、戏楼和堞墙等遗存，可以推断水师学堂布局：南半部为演武区，北半部为教学生活区，八字影壁标示出水师学堂中轴线。两区之间由东西向道路分隔，道路两端为东、西辕门，南北两区周围围以毛石砌筑的堞墙。(图9—图12)

图9　水师学堂东西辕门

图10　水师学堂影壁

① 转引自王记华：《晚清北洋海军威海卫基地要塞设防考略》，载戚俊杰、刘玉明主编：《北洋海军研究》(第3辑)，天津古籍出版社，2006年，第214页。

图11　水师学堂戏楼

图12　水师学堂堞墙

威海水师学堂东、西辕门毛石下碱，砖砌筑拱券门洞。据修缮前历史照片，东、西辕门为仰瓦灰梗屋面，不设盖瓦垄，只用灰泥抹出近似盖瓦垄的灰梗，东、西辕门现状筒瓦屋面与历史原貌不符。（图13）八字影壁正对学堂大门，硬山布瓦、花瓦脊，檐口为冰盘檐。影壁上身青砖砌筑，方砖心抹灰做素心，壁心四周有砖线脚，下碱毛石砌筑，未做须弥座。影壁简洁朴素，一反官式影壁的华丽。（图10）水师学堂戏楼位于学堂北门入口处，戏楼坐北朝南，前台后室布局，前部戏台单檐歇山顶，后部化妆室硬山顶，布瓦屋面，戏台、化妆室正脊、垂脊均为多层花瓦脊，正脊两端为卷尾望兽，与北洋海军提督署相仿。戏台面阔“明一暗三”，看似单开间，实为三开间[①]，减掉两棵檐柱，以免遮挡观众视线。据历史照片，化妆室有前廊，戏台柱子下部砌毛石柱墩，不做柱础，手法粗放。水师学堂戏楼是刘公岛两座戏楼之一，作为娱乐建筑，戏楼装饰丰富，梁枋苏式彩画，以花草景物为题。化妆室东、西山墙形式不同，东山墙有西式双拱券装饰，反映了刘公岛北洋海军时期西式元素的渗入；西山墙则为中式做法。（图14）1895年2月，水师学堂戏楼被日军击毁，后修复。现状为1998年再次修复，与历史风貌有较大出入。

图13　历史照片，水师学堂西辕门，仰瓦灰梗屋面

图14　水师学堂戏楼

（三）丁汝昌寓所

丁汝昌（1836—1895），安徽省庐江县人。早年参加太平军，后投湘军，不久改隶李鸿章组建的淮军，参与对太平军和捻军作战。1888年，任北洋海军提督。1895年，甲午战争威海卫之役北洋海军全军覆没，丁汝昌拒降，于北洋海军提督署二进院东厢房仰药自尽。

1888年10月，清政府颁布《北洋海军章程》，决定“设北洋海军提督一员，统领全军，在威海卫地方建公所，或建衙署，为办公之地”[②]。同年，建设丁汝昌的寓所。寓所位于北洋海军提督署西北约二百米。北洋海军成军后，丁汝昌携家眷进居刘公岛。前花园东西两侧各筑六角攒尖凉亭，后毁于战火，1989年原址复建。丁汝昌寓所为东西三跨院落，坐北朝南，采用传统木梁架结构，屋面为仰合瓦屋面，高瓦垄，正脊为花瓦脊，具有鲜明的地域民居特色。分为左、中、右三跨院落。中跨院有正厅、东西厢房和倒厅，为丁汝昌卧室、客厅和书房，为丁汝昌办公会客之处，院内有礼门，既是礼仪也是官员品阶的标志。东院为侍从住房，西院为家眷住房，均为前后两进。（图15、图16）院内西北角有丁汝昌亲手栽植的一株紫藤。

---

① 见钱建华等：《山东威海现存古戏台考》，《艺术学界》2010年第1期。

② 哲夫、张建国、赵敏：《威海旧影》，山东画报出版社，2008年，第16页。

英国租占威海卫时期，刘公岛成为皇家海军训练和疗养基地，丁汝昌寓所改为英国军官俱乐部，1997年，辟建丁汝昌纪念馆。

图15　丁汝昌寓所入口

图16　丁汝昌寓所礼门

三、地域性建筑特征解析

山东省历史文化悠久、地域广阔，造就了有别于与北方官式建筑的地域性特征；同时，全省各地地理位置、地形环境、气候条件和人文历史环境的不同，造就了更为丰富的地域乡土性建筑差异。威海地处山东东部的胶东半岛，刘公岛北洋海军时期建筑，大量运用地域材料、地域做法，融合了官式与山东、胶东地域、北方与南方等多重建筑元素与特色。

（一）官式建筑的制约影响

刘公岛北洋海军建筑中的衙署、学堂、官邸建筑，属于清政府拨款建造的官方建筑，不可避免地受到官方典章制度的制约。其中，北洋海军提督署采用典型的明清官厅建筑布局，由南向北前、中、后三进院落布局，门楼、正厅、厢房、倒座主次分明。官厅建筑布局与旗杆、辕门、礼门、影壁等传统建筑元素，共同建构出官方典仪空间。同时，刘公岛北洋海军建筑在平面布局、建筑尺度、屋顶形制和细部装饰等方面，体现出传统等级制度对建筑形制的约束。建筑以硬山布瓦屋面为主，建筑尺度和建筑装饰朴素而节制，不逾规制甚至大大低于规制。如丁汝昌在刘公岛的官邸，不作高起的门楼，建筑形制颇为低调。

（二）地域性建筑的显著特征

刘公岛北洋海军时期的北洋海军提督署、水师学堂影壁正脊为花瓦脊，提督署正脊使用卷尾兽，檐椽为方椽，飞掩檐椽头截面变小。水师学堂影壁的蝎子尾、东西辕门的仰瓦灰梗屋面，这些手法均为典型的地域民居做法，而非北方官式做法。刘公岛北洋海军时期建筑也具有鲜明的胶东地域民居特色，如北洋海军提督署高出屋面的烟囱覆以中式屋帽，与胶东栖霞的牟氏庄园做法相同，亦为相邻的英租时期修建的皇家海军电影院所效仿，后檐墙采用胶东民居常用的虎皮石做法。提督署屋面正脊、水师学堂影壁当沟的镂空处理，是胶东沿海地区的特有做法，有利于抵御暴风雨，与始建于明末的威海靖子村龙王庙的屋面做法异曲同工。（图17）

（三）南方建筑元素的融合

元明清以降，伴随着东南沿海海洋贸易的兴起，胶东半岛南北文化交流频繁，南北交融成为烟台、威海一带胶东地域建筑文化的重要特征。1875年5月，清政府做出建立北洋海军的决策，大批安徽、福建籍的北洋海军官员被调往威海卫驻防，如丁汝昌、邓世昌等，带来了南方的建筑文化，对北洋海军时期刘公岛建筑产生了重要影响。北洋海军提督署建筑木梁架的横梁采用曲梁做法，中部向上拱起，类似于江南民居的月梁，胶东栖霞的李氏庄园也有类似做法。（图18）据山东省文物科技保护中心的勘察调研，在建筑结构上，北洋海军提督署将北方常用的抬梁式木构架与南方常用的穿斗式木构架混用，结合了两者的优点，使得建筑不仅山面抗风能力强，用材少，且室内空间开阔，是研究中国南北建筑融合的宝贵素材。①

① 见山东省文物科技保护中心：《刘公岛甲午战争纪念地保护规划（2017—2035）规划文本》。

此外，提督署还使用高鼓蹬柱础，体现出南方建筑的特征。这种柱础常见于淮河以南，以防降雨较多对柱身造成的侵蚀，北方地区降水量较少，这种柱础较少使用。

图17　威海地域性建筑做法：屋面当沟的镂空处理，左上图为提督署屋面正脊，左下图为水师学堂影壁，右图为威海靖子村龙王庙

图18　南方建筑元素融入：左图栖霞李氏庄园曲梁做法，右图北洋海军提督署曲梁做法

四、结语

威海刘公岛北洋海军时期的衙署、学堂、宅邸等建筑，吸收了山东、胶东地域民居特征，同时在一定程度上反映了南北方建筑文化的交融。北洋海军时期形成的诸多地域性建筑手法，被英国租占时期威海卫城区、刘公岛的建筑所沿袭，具有较高建筑史学价值。由于缺乏相关建筑历史研究的支撑，在刘公岛北洋海军时期建筑的修缮保护工程中，不当维修造成了历史真实性信息的流失与破坏。本文梳理刘公岛北洋海军时期建筑历史脉络，归纳其地域性建筑特征，发现既有修复中的不当之处，为后续的修缮保护提供较为准确的依据，同时也为威海历史风貌保护与传承提供依据。

威海刘公岛北洋海军时期炮台初探

山东建筑大学　邓庆坦　王思雨

山东意匠建筑设计有限公司　杨健鹏

摘　要:晚清北洋海军时期的军事工程建设,推动了西方现代建筑材料和施工技术的引进,也带动了西方建筑形式的传播。威海卫的刘公岛是北洋海军主基地,北洋海军时期的军事工程引进欧洲军事工程师,吸收欧洲先进的军事工程理论与经验,突破了中国传统的海防工程规划、布局和施工技术。刘公岛北洋海军时期炮台遗址保存相对完整,对于中国近代建筑史具有重要的研究价值。当前北洋海军历史研究取得丰硕的成果,但是关于北洋海军军事工程的专题研究尚显不足。本文以汉纳根主持设计建造的四座刘公岛炮台为典型案例,通过勘察调研,理清各个时期的历史沿革,对北洋舰队炮台设计的布局、构造和结构特征进行初步探讨。

关键词:北洋海军;刘公岛;炮台

一、引言

19世纪60年代,经历了两次鸦片战争失败和太平天国起义,内外交困的清王朝以“师夷之长技以制夷”为口号,开始了自上而下的器物层近代化运动——洋务运动。面对西方列强的海上入侵和日本的军事威胁,统治集团深感海防空虚无着,痛下决心着手海防和海军建设,清政府建立了颇具规模的北洋海军,并大力进行海军基地建设,到1894年中日甲午战争爆发前,清政府在北方海区建成以大沽、旅顺、威海卫军港为核心的北洋海军基地群。

1881年,清政府决定在威海设鱼雷营。1883年,由候补道刘含芳主持,在威海金线顶建鱼雷营。1887年,直隶总督、北洋海军衙门会办李鸿章派绥军、巩军各四个营驻扎威海卫陆岸。1888年,调派护军两营进驻刘公岛,总兵张立宣为统领。1888年10月,清政府颁布《北洋海军章程》,决定“设北洋海军提督一员,统领全军,在威海卫地方建公所,或建衙署,为办公之地”[①]。1888年12月,北洋海军在威海卫正式成军。威海卫海防工程宏大,又是北洋海军军事指挥机关所在地,因此被李鸿章视为“北洋海军根本重地”。(图1、图2)

① 哲夫、张建国、赵敏:《威海旧影》,山东画报出版社,2008年,第16页。

图1　北帮祭祀台炮台，历史照片①

图2　北帮北山嘴炮台，历史照片②

图3　德国军事专家康斯坦丁·冯·汉纳根③

相较旅顺基地，北洋海军威海卫基地营建较晚，德国军事专家康斯坦丁·冯·汉纳根（Constantin Von Hanneken，1855—1925）（图3）主持了威海卫北洋海军基地的建设。1879年，汉纳根从德国陆军退役，由驻柏林公使李凤苞聘请来华，深得李鸿章赏识，并被聘为北洋海军军事顾问。汉纳根主持了旅顺口、大连湾海防炮台的规划设计和施工，吸收了当时欧洲最先进的海防要塞建设经验，旅顺口的"黄金山、老虎尾炮垒最得地势"，能够形成交叉火力，有效地防堵港湾口门，且各炮台内部结构均"仿照德国新式创建，尤为曲折精坚"④，代表了中国近代海防建设的最高水平。

威海湾南北两岸、刘公岛、日岛的十三座新式海防炮台亦为汉纳根规划设计，它们包括威海湾北岸的北帮炮台——北山嘴、黄泥沟、祭祀台炮台，南岸的南帮炮台——皂埠嘴、鹿角嘴、龙庙嘴炮台，刘公岛的东泓、迎门洞、旗顶山、南嘴、黄岛、公所后六座炮台和海上的日岛炮台。刘公岛炮台与威海卫陆岸炮台之间隔海呼应，北帮后路设有合庆滩、老母顶两座陆路炮台。南帮后路设有所城北、杨枫岭两座陆路炮台，南北两岸各建水雷营一处，形成以刘公岛为中心、覆盖整个威海湾的立体防御体系。威海卫北洋海军时期的炮台在甲午战争威海卫之战中损毁严重。甲午战争结束后，刘公岛作为英国皇家海军训练基地被英国租占，新中国成立后，由于刘公岛长期为部队管理使用，北洋海军时期的炮台遗址得以较为完整的保存至今。公所后炮台、东泓炮台、黄岛炮台、旗顶山炮台、迎门洞炮台和南嘴炮台遗址作为"刘公岛甲午战争纪念地"的一部分，被公布为第三批全国重点文物保护单位。本文以公所后炮台、东泓炮

①② [日]小川一真编：《日清战争写真图》。

③ 图片来源：https://baike.baidu.com/item/%E6%B1%89%E7%BA%B3%E6%A0%B9/8689567?fr=aladdin。

④ 肖季文、侯飞：《北洋海军基地建设之评价》，《军事历史》2012年第2期。

台、黄岛炮台、旗顶山炮台四座炮台为例，对威海卫北洋海军时期的炮台的历史沿革、建筑布局、构造特征建筑进行分析。

二、刘公岛炮台历史沿革、建筑布局

汉纳根在刘公岛海防炮台规划设计中，借鉴了当时欧洲先进炮台设计理念：炮台选址要隐蔽；炮台背后不宜靠山，以免敌弹反弹。关于炮台、炮位布局，扼要之处必须将主要建筑互成犄角布局，连台炮位布置作犬牙形，形成十字交叉火力。炮台炮位不宜宽敞，以防炸弹坠落。[①]刘公岛炮台依山势高、中、低分层进行布置，形成水平及垂直双重方向的交叉火力网。沿海东泓、黄岛等炮台设置于刘公岛沿海的不同方向，横向能够相互照应，纵向又能与公所后炮台及旗顶山炮台产生联系，对威海湾北口、南口海面进行封锁。[②]

(一)公所后炮台

公所后炮台位于刘公岛西端岬角处，西与黄岛炮台相望，北隔威海湾与北帮炮台相对峙，南与刘公岛水师学堂相接，毗邻麻井子船坞，因位于北洋海军提督署即海军公所后部而得名。

炮台建于1889年—1891年。1895年日军占领刘公岛，炸毁公所后炮台炮位并将大炮拆走。新中国成立后，公所后炮台由海军北海舰队某部使用，作为战略物资储备仓库。

公所后炮台整体布局为东西对称，由炮位、兵舍、坑道、弹药库、观察哨五部分组成。兵舍的东二间和西四间连接通向炮台及弹药库的1号和2号主坑道，两坑道有券洞通向两侧兵舍。坑道北端两侧分别为通向东、西炮位的楼梯，两炮位之间有四间弹药库，弹药库南北两侧有门洞可以进入3号、4号坑道，弹药库内有券洞相通，东西两侧通过券洞及楼梯通向炮位。观察哨修建于兵舍对面的山体上。炮台、兵舍、坑道内均设计了通向地上的竖井式通风口；地面均设有排水沟和排水槽，并与室外的排水系统相连接。紧依炮台南面，辟山而建半地下式兵舍，每间兵舍皆可直达炮台，坑道内设通气孔及排水设施。兵舍为赭红色花岗岩砌筑，拱券门窗洞口呈现欧式建筑风格。(图4—图6)

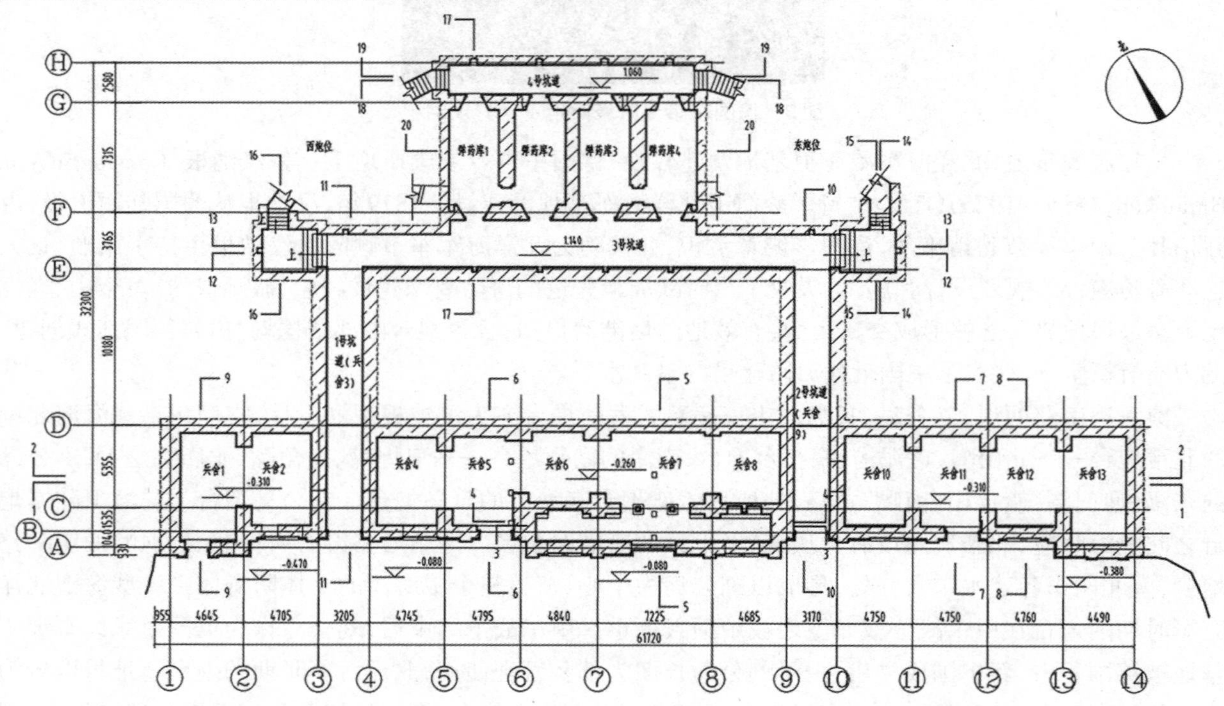

图4　公所后炮台现状平面图[③]

① 见王记华：《晚清北洋海军威海卫基地要塞设防考略》，载戚俊杰、刘玉明主编：《北洋海军研究》(第3辑)，天津古籍出版社，2006年，第203—205页。

② 见周强：《晚清江苏海防炮台与威海卫炮台比较研究》，载《大连近代史研究》(第15卷)，辽宁人民出版社，2018年。

③ 图4、图11、图12均由威海市博物馆提供。

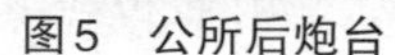
图5　公所后炮台

图6　公所后炮台兵舍

图7　公所后炮台地阱炮

在火炮配置上，刘公岛海岸炮台配置了大批从国外购置的先进火炮，尤以公所后炮台最为先进，以暗台形式修筑，大大加强了炮台自身的防护力。地阱炮台“藏炮地中，敌人无从窥，炮弹不能及。其炮以水机升降，见敌至则升炮击之，可以圆转自如，四面环击，燃放之后炮身即借弹药坐力推压水汽，徐徐而降，复还阱中”①。公所后炮台设有24厘米口径英国阿姆斯特朗地阱炮两门。地阱炮炮位蛰伏地下，利用炮弹发射的后坐力产生的水压使炮身升降自如，并可360度旋转，施放灵活。（图7）

（二）东泓炮台

东泓炮台位于刘公岛的最东端大泓的西侧，东临威海湾南北出口交汇处，南接威海湾南口航路，南口中央有日岛炮台，隔海与南岸的皂埠嘴炮台遥相呼应。

东泓炮台于1889年设计，1890年建成。1895年2月，甲午战争中东泓炮台被日军占领的南帮鹿角嘴炮台击毁，两门24厘米口径克虏伯大炮被毁。同年2月16日，东泓炮台被日军占领并拆毁。新中国成立后，海军北海舰队某部海岸炮连进驻东泓炮台，1950年代增建兵舍东、西厢房和碉堡、瞭望暗堡、炮位等设施。

东泓炮台南侧依山势掘崖而建兵舍11间，通长约58米，中间位置开放主要大门，两侧分别开三门两窗，门窗均为拱券样式。正面每间之间设有通高的柱垛，腰线和上檐向外凸起。兵舍内部为拱券顶，立墙高约4米，顶高5米有余，宽约3.2米，进深约8米，每间之间用条石砌筑墙体以进行分隔，隔墙南端为互相贯通的拱券门，呈现西式特征。通过中央大门两侧的两间兵舍，分别直接向内进入坑道，向前行进约10米再相向转折，汇合到主坑道，此处再向前行进10米，进入坑道中间大厅。中间大厅东西长约18米，南北宽约10米，大厅北侧建有两间弹药库，中间有通道分隔，每间东西长约7米，南北宽约4米，均为青砖砌筑，南面墙上每间各设有照明用的灯龛两个，东西两端均有输送弹药的出口。弹药库东侧有分支坑道，长约20米，大厅东南角有用于输送弹药的斜井。（图8、图9）

图8　东泓炮台外观

图9　东泓炮台坑道入口

从弹药库西侧经过阶梯坑道，上升约5米，进入上层东西向坑道，此处向东行进30米，到达东侧炮位；向西行进30米，再转向西南行进约100米，到达坑道的西侧出入口。上层坑道及地上炮位，被英军和解放后刘公岛上的驻军改造，用混凝土浇筑出平顶坑道，坑道宽约1.5米，高约1.9米，坑道内设发电机

① 夏东元编：《郑观应集》（上册），上海人民出版社，1982年，第836页。

房、通风机房、盥洗室等，并增建了若干暗堡、竖井。

（三）黄岛炮台

黄岛炮台坐落于刘公岛最西端的黄岛，向西隔海与威海卫老城区相望，东与麻井子船坞相接，与刘公岛水师学堂相距约200米，距离北洋海军提督署约700米。黄岛与刘公岛西部相连，原为一处落潮时可涉海而至的孤立小岛，因岛上岩石呈暗黄色，故名黄岛。1888年北洋海军进驻刘公岛，填海筑路、修筑炮台。1895年甲午战争中，黄岛炮台大门城楼、堞墙等毁于炮火，日军占领时期，将黄岛炮台大炮拆走，炮位炸毁，仅兵舍、地下坑道等得以保留。1898年英国强租威海卫，英军在黄岛举行占领升旗仪式。新中国成立后，中国海军北海舰队某部海岸炮连进驻黄岛炮台。

黄岛炮台有前后三栋砖石结构的兵舍建筑，高度约4米。南侧兵舍东西长约48米，面阔16间，进深约6米，为硬山建筑；中兵舍与南侧兵舍相背而建，为平屋顶，东西长约有51米，面阔17间，进深约6米，朝北开门窗；北侧兵舍也是平屋顶，东西长约33米，面阔11间，进深约6米，朝南开门窗。中兵舍与北侧兵舍之间，有10米宽的天井，西端有通往炮位的阶梯，东端有水井一眼。

黄岛炮台院落分为前院、东院、后院三部分，前院落位于南侧兵舍以南，向前便是威海湾，东院位于前院东侧，黄岛兵器馆北侧，后院落位于中兵舍与兵舍之间。前院院落东西长55.6米，南北长19.2—33.4米，平面呈倒梯形。东院院落东西长70米，南北长12米。后院院落东西长53.2米，南北长8.1米，面积共计2690平方米。黄岛炮台的炮位、兵舍与弹药库之间以地下坑道相互连通，上部炮位海拔约12米。兵舍劈崖而建，兵舍与坑道均为条石砌筑，拱券顶。坑道高约2.5米，宽2米，总长度约200余米，分为东西两段。除主干坑道外，还有若干分支坑道，通往弹药库等储藏区域。炮台地下兵舍与东段坑道的东出入口位于北侧兵舍以东的位置。沿坑道向北前行20米，进入连接各炮位的东西向主坑道，向东行进20米，即可到达第一个东侧炮位；向西行进30米，则可到达第二个东侧炮位；从第二个东侧炮位向西行进25米，再沿坑道向南行进20米，即可到达东段坑道的西出入口。西段坑道的东侧出入口与东段坑道的西侧出入口相接，相距不足1米，朝东向，高度约1.5米，入口内侧有4层向上的台阶，坑道券顶随台阶逐步升高。沿坑道向西行进35米，可到达第二个西侧炮位，再向西行进25米，坑道转向西南后继续前行15米，到达第一个西侧炮位和西段坑道的西侧出入口。（图10—图12）

图10　黄岛炮台兵舍

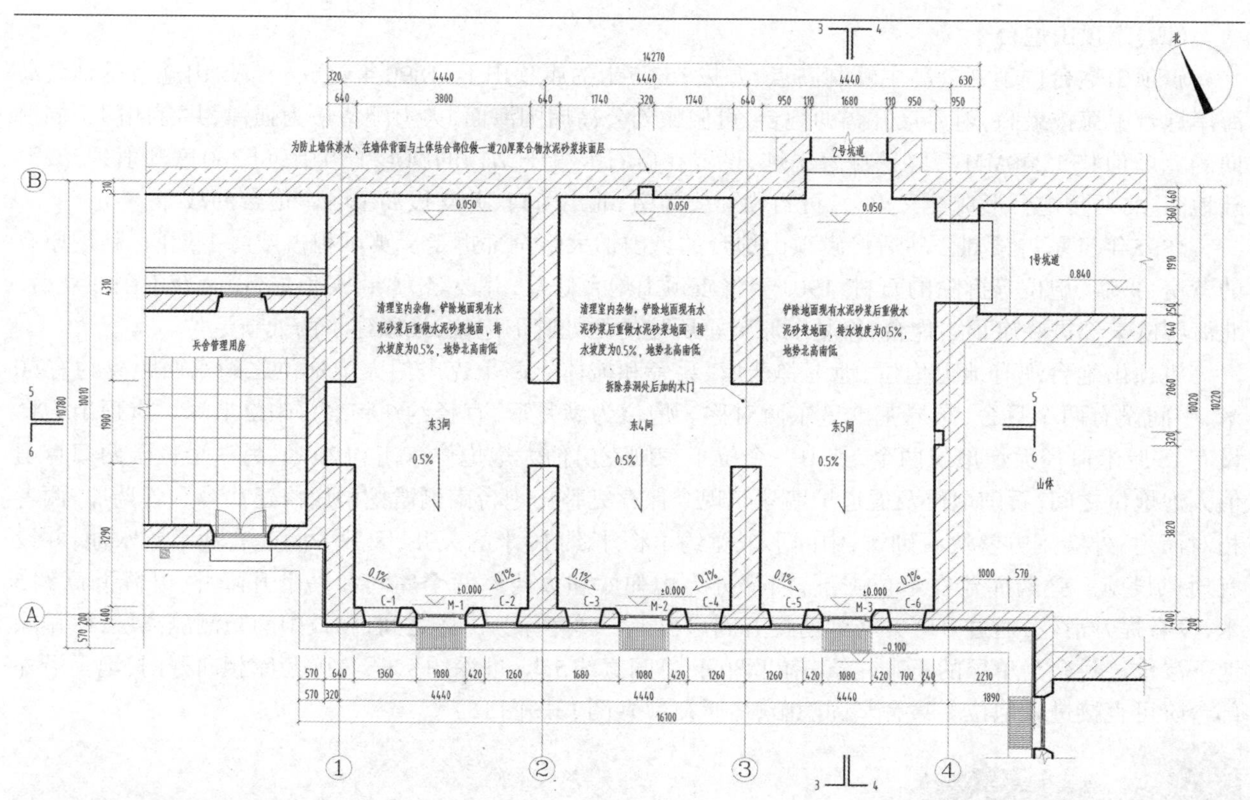

图11　黄岛炮台兵舍平面图

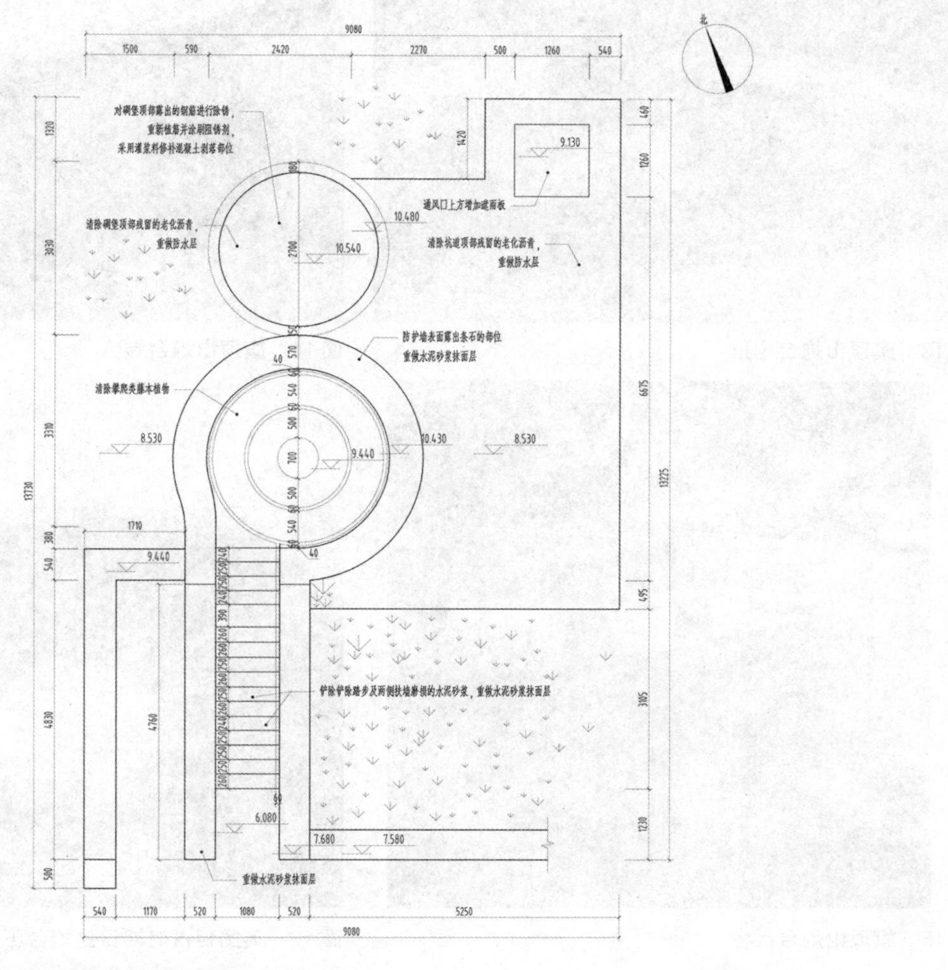

图12　黄岛炮台炮位平面图

(四)旗顶山炮台

旗顶山炮台位于刘公岛主峰制高点、海拔153.5米的旗顶山上,1890年建成。旗顶山炮台是刘公岛海岸炮台中海拔最高,射界最开阔的炮台,可俯瞰刘公岛周围海面,火力配备最为强悍,共有四门不同射向的克虏伯L35 240MM后膛钢箍海岸炮,设置在砖石混凝土结构的圆形工事中,可360度环射,与威海陆地南、北两帮炮台形成交叉火力,可封锁刘公岛南、北出海口,并支援岛上各个炮台的战斗。

1895年日军占领刘公岛后将旗顶山炮台的克虏伯大炮全部拆走。英国租占威海卫期间,利用原有的营房、护墙、炮位等拆除的石材,1901年将旗顶山炮台修复,并改名为"百夫长炮台"。新中国成立后,北海舰队某部进驻旗顶山炮台,修复了原英军所建的两处圆形炮位,又添建了两处新炮位。

旗顶山炮台现有地上炮位、地下弹药库、兵舍和掩体。两个克虏伯大炮炮位之间东西距离约有60米,中间设有两个兵舍,布局基本呈东西对称。炮位为满月形,直径约6米,约有1.2米深。旗顶山炮台设有15厘米口径大炮炮位两个,其中一个位于东侧克虏伯大炮炮位东南约20米,另一个位于两门克虏伯大炮炮位之间,石砌炮位及通道护墙建筑现今保存完整。炮台南侧凿挖山崖修建兵舍和弹药库,两者相对而建,外墙用方整块石砌筑,中间形成宽约4米、长约10米的天井,天井中间建有地下蓄水池,并设有通风设施。弹药库建在炮位之下,内部分为炮弹库和火药库两个库间和一个升降井,升降井高约5米,设有提升滑轮,通过升降井将弹药提升到炮位上。弹药库与山体之间,砌筑中间防潮隔离层,以排除地下渗水。兵舍为单层的石砌建筑,南北两间,每间宽约5米,进深约8米,与弹药库相向开门,炮手沿外部台阶可直接进入炮位。兵舍坚固隐蔽,冬暖夏凉。(图13—图15)

图13 旗顶山炮台炮位

图14 旗顶山炮台炮位

图15 旗顶山炮台兵舍

图16 英国租占时期日岛炮台历史照片[①]

① 见哲夫、张建国、赵敏:《威海旧影》,山东画报出版社,2008年。

三、北洋海军时期刘公岛炮台设计特点

威海卫刘公岛是北洋海军主基地所在，北洋海军时期军事工程引进欧洲国家军事工程师，吸收欧洲先进的军事工程理论与经验，突破了中国传统的海防工程规划、布局和施工技术，刘公岛北海海军时期炮台遗存保存相对完整，对于中国近代建筑史具有重要的研究价值。

（一）刘公岛海岸炮台因地制宜地将炮位、兵舍、弹药库融为一体，院落中布局均以炮位在前，将兵舍与弹药库设置在炮位之后。炮位内设有炮兵掩体和临时储弹处，通过地下坑道与兵舍及弹药库相连接，战斗中可从兵舍通过地下坑道前往弹药库获取弹药补给，并从地下坑道直接抵达炮位进行守备。

（二）炮台兵舍、坑道内均设计通向地上的竖井，坑道内设排水暗沟和集水坑，可以及时将坑道内的积水排出坑道，尽量减少积水对坑道顶部及墙体的腐蚀伤害。坑道每间隔一定距离设置灯龛，供放置马灯进行照明。

（三）中国传统的旧式炮台多用三合土夯筑，三合土即黏土、石灰、细砂按一定配比组成。[①]稍早于旅顺口和威海卫的北洋海军的大沽炮台和北塘、山海关、营口各炮台，均“用三合土堆造而成，工料尚属坚厚”[②]。刘公岛海防炮台摒弃了传统的三合土，采用石材、水泥砌筑，所用花岗岩采自距威海卫60千米的石岛，当地称之为“石岛红”。炮台入口、兵舍、弹药库等门窗洞口均用花岗岩石拱券砌筑，输送炮弹、兵员的坑道也用拱券砌筑，炮台外观则带有圆券、拱心石、壁柱等西式建筑特征。(图16)水泥是从英国、德国进口，当时的中文译为“塞们德土”。除了水泥，据史料记载和研究，在汉纳根的指导下刘公岛北洋海军时期炮台施工大量使用了混凝土技术[③]，推动了我国近代海防炮台修筑技术的进步。

---

① 李乃胜等：《天津大沽炮台海字炮台和威字炮台“三合土”研究》，《文物保护与考古科学》2008年第2期。

② 转引自王记华：《晚清北洋海军威海卫基地要塞设防考略》，载戚俊杰、刘玉明主编：《北洋海军研究》（第3辑），天津古籍出版社，2006年，第208页。

③ 见小钟：《大清洋帅汉纳根》，凤凰出版传媒集团，2011年。

民国上海市政新屋设计竞赛刍议

同济大学　张天　谭峥

摘　要：回溯民国上海市政新屋竞图的历史，借此总结上海市政新屋建设中“中国固有式”“现代性”“纪念性”的表达与关系，并讨论新政权与新建筑形式之间的关系。

关键词：上海市政新屋；中国固有式；民族性；建制性

1933年10月10日，于上海而言，是“国庆日”，也是 市政新屋落成日。当日市政新屋前竖起彩牌坊，各国领事前来参会，阅兵仪式中汽车一字排开，飞机环绕全市表演……（图1）此前两日，《新闻报》发布《市府新屋落成：典礼秩序均已决定》一文，通告全市典礼过程，定十至十三日为新市府开放日，供“聚众参观”①。国民政府希望向两方面展现这一新建筑：一是由各国领事代表的外国；二是上海民众。以此昭示“我中国民族固有创造文化能力之复兴”②。

图1　市政新屋落成典礼③

民国政府定都南京后，在上海之前，南京和广州两座城市已经进行了一些市政建设与规划。与两座城市不同的是，租界为上海市新区的规划提供了某种参照。民国政府草创初立，如何在十里洋场之外，设计一个新的市区呢？又何以用建筑表达一个新国家呢？

本文试图分析市政新屋设计竞赛，讨论在通往一个现代国家道路上，市政新屋满足了何种对于新政权的想象，兼讨论一个新的民族国家如何塑造属于自身的新建筑。

---

①《市府新屋落成：典礼秩序均已决定》，《新闻报》1933年10月8日。

② 吴铁城：《上海市中心建设之起点与意义》，《新闻报》1933年10月10日。原文为：“而近日市府新屋之落成，小言之，为市中心区域建设之起点，大上海计划实施之初步；然自其大者远者而言，实亦我中国民族固有创造文化能力之复兴。”

③ 冠真摄，《摄影画报》1933年第9卷第36期。

一、“市政”与市政新屋

市政新屋的谋划与建设是与上海市政的发展相关联的。20世纪初至1927年民国上海市政府成立之间，“市政”建设处在杂糅模糊的阶段。此时管理“市政”的地方自治机构主要由士绅、商人组成。[①]“市政”自治机构与地方官府仍存在权力重叠。且市政机构负责人较缺乏城市管理经验与知识。几方面与动荡的时局一同，制约了市政建设的发展。20世纪二三十年代，留学欧美的市政、建设人才渐次归国[②]，发表了诸如《市政工程学》[③]《市政新论》[④]等专著，介绍了直接来自欧美的市政建设经验。此外，曾经被国内市政机构所效仿的租界，状况越来越落后于欧美都市。就上海而言，有学者认为“如上海公共租界，在各租界当中，它的市政成绩比较中算是好的了。不过它的缺憾和它不能效仿的地方也很多”[⑤]。又恰逢彼时国内反帝运动高潮，租界遭遇“统治危机”[⑥]。这一在目标和管理方面都十分混乱的市政建设局面随着民国上海市政府的成立逐渐结束。

上海第一任市长黄郛即表达了以上海市政建设表征“中华民族建设之精神与能力”的愿望[⑦]。第二任市长张定璠[⑧]则提议“编订建设大上海全都计划案”，“由各局分别编订，仅1928年1月30日以前编就送府汇总以便于二月间刊布”[⑨]。同年11月11日，成立“市政设计委员会”，周雍能为委员会主席[⑩]，市政府各部门负责人作为该委员会各组主任。[⑪]该委员会所议决的《市政设计大纲》[⑫]有十七个部分。[⑬]其中市区部分又分七项[⑭]，内含的“规定区划制”包含了商业、工业、住宅、行政、教育五个分区。此时“市政府房屋建筑计划”一项被放置在“特别建筑”一章当中，建设新市区一事尚未进入讨论。

至1928年10月，上海市政府进行了统一治权和明晰地权两项工作。[⑮]之后，“市政设计委员会”制定了“分区计划案”[⑯]。此前，9月14日，时任秘书长周雍能、公用局局长黄伯樵向市府建议“筹建本市政府及各局办事机关”[⑰]，“将市府现有之秘书处及各局合为一处办公，以资便利，而省经费”[⑱]，提出三点解决办法：一、将原有机关房屋地基悉数出售，得价充建筑费，不足则更标卖其他公屋补充之；二、别就相当

---

① 见唐方：《都市建筑控制》，同济大学2006年博士学位论文。其中较为有代表性的管理市政工程的机关有城乡内外总工程局(1905)，上海城自治公所(1910)，上海市公所(1924)等。

② 见赵可：《市政改革与城市发展》，中国大百科全书出版社，2004年，第75—76页。

③ 凌鸿勋：《市政工程学》，1922年。凌鸿勋(1894—1981)，1915年毕业于交通部上海工业专门学校(交通大学前身)土木科，随即被交通部派往美国桥梁公司实习。1918年回国。

④ 董修甲：《市政新论》，1924年。董修甲，1891年生，1918年北京清华学校毕业，1920年获密歇根大学经济学学士学位，1921年获加州大学洛杉矶分校市政管理硕士学位，同年回国，1927年组织成立“中华市政学会”。

⑤ 丹林：《市政杂谈》，《道路月刊》1930年第31卷第1期。所谓不能学习之处，其中包含了缺乏功能分区和道路规划、犯罪率上升、缺乏管理及管理人才等方面。

⑥ 郑祖安：《百年上海城》，学林出版社，1999年，第176—183页。

⑦《黄市长就职演说词》，《上海特别市市政府市政公报》1927年第1期。

⑧ 此时上海已历两任市长，分别是1927年7月7日—1927年8月14日在任的黄郛(称病请辞)和1927年8月15日—1929年9月16日以市秘书长身份代任上海市市长的吴震修。

⑨《十六年十月二十八日第二十七次市政会议议决录》，《上海特别市市政府市政公报》1927年第4期，第182—184页。

⑩ 见《市政设计委员会昨日成立》，《新闻报》，1927年11月12日。

⑪ 其中王和为财政组主任，沈怡为工务组主任，戴石浮为公安组主任，保君建为教育组主任，黄伯樵为公用组主任，胡鸿基为卫生组主任，朱炎为土地组主任，潘公展为农工商组主任。

⑫ 该大纲见于陆丹林编：《市政计划大纲》，《市政全书》，1931年。

⑬ 其中有市历史、市行政、市区、交通系统、沟渠工程、公园公共娱乐场及公墓设计、桥梁、特别建筑、市财政、公共事业、农工商业、公安、教育、卫生、法规、土地、统计十七个部分。

⑭ “都市设计区域”“规定区划制”“全市区及分区图”“改正旧市区”“市中心及各区中心之制定”“市区及临接村之规定”及“田园区之筹备”七项。

⑮ 见郑祖安：《百年上海城》，学林出版社，1994年。南市市公所接收事宜可见沈怡：《沈怡自述》，中华书局，2016，第139页。

⑯ 可通过《上海特别市市政府市政公报》刊发的1928年10月2日的训令《上海特别市政府训令第二二四六号》得知该计划案的存在。

⑰《十七年九月十四日第八十七次市政会议议决录》，《上海特别市市政府市政公报》1928年第15期，第189—190页。

⑱《市政府将建新舍》，《新闻报》，1928年9月18日。具体提案内容在《市政会议决定建筑新市府》一报道中刊登，载于《新闻报》，1928年11月29日。

地点，觅取公地或圈购民地，作为市政府地址；三、先组织一规划委员会。提案中提及，“此市政府之建筑，形式上必略求恢弘壮丽”[①]。这一提议通过后，随即成立“建筑市政府筹备委员会”。委员会任务有六，分别为相度地点、拟议内部布置、征求及选定建筑图样并估测工料费用、筹划经费、招标、其他有关系事项[②]，会议拟定“十八年一月一日至三月三十一日征求及选定建筑图样”。这是市政新屋建设事宜首次被单列出来讨论，尽管要求“恢弘壮丽”，但可以看出此时该建筑偏向于实用，似未有以之与“租界之高大建筑相媲美”[③]的宏愿，且这一计划尚未与建设新市中心结合。

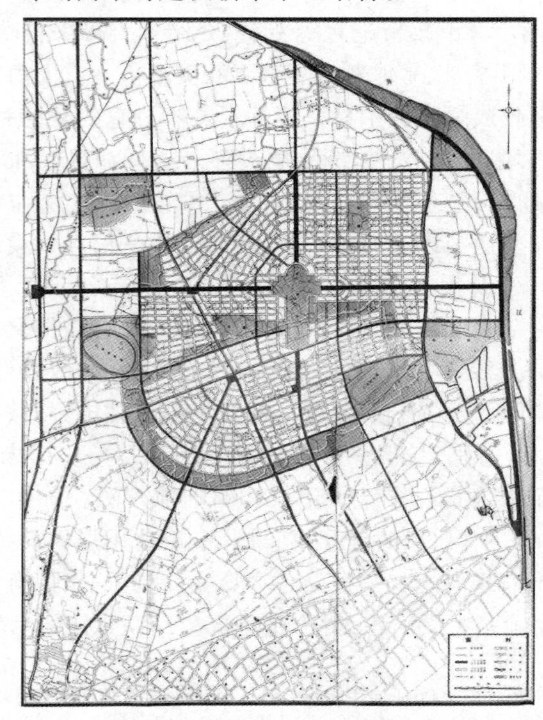

图2　上海特别市市中心区域计划图[④]

1929年3月末，张群继任市长，提出“本市建设事业应具立整个的计划案”。5月，市政会议通过“上海特别市政府征求建设计划缘起及规则暨建设讨论委员会规则案”[⑤]，这一委员会着眼于“本市建设事业之具体化实际化”[⑥]。发布了《本府征求建设计划》[⑦]一文，以期达到建设计划能够“斟酌财政之状况及社会之需要，具立整个方案，逐步实行”[⑧]的效果。七月，《上海特别市市中心区域建设委员会章程》发布，除却划定新市区以外，该委员会亦负有“市政府建筑图样之征求及选定事项”[⑨]之责任。8月，《上海特别市市中心区域计划概要》发布，其中含有关于“行政区”建设的描述：“将来江湾一带既为本市中心则行政机关银行博物院及其他公共建筑等均将集中于此故拟定为行政区”[⑩]。此时，设计新政府建筑终于成为“上海特别市市中心区域计划”（图2）中“行政区”建设的一部分。9月，此前由周雍能等人领导的“建筑市政府筹备委员会”被训令取消[⑪]，代之以“市中心区域建设委员会”，负责市中心规划建设的全盘事宜。

以此为标志，上海市政建设进入了以建设新市区为主的阶段。市政新屋则是这一工作的“初步”与

①②《市政会议决定建筑新市府》，《新闻报》1928年11月29日。

③《大上海实现有期》，《新闻报》1933年9月22日。

④ 图2、图4—图23均见《上海文献汇编·建筑卷1》，天津古籍出版社，2014年。

⑤《十八年五月十七日第一百十七次市政会议议决录》，《上海特别市市政府市政公报》1929年第23期。

⑥《上海特别市市政府建设讨论委员会规则》，《上海特别市市政周刊》1929年5月20日。

⑦⑧《本府征求建设计划》，《上海特别市市政周刊》1929年5月20日。

⑨《上海特别市市中心区域建设委员会章程》，《上海特别市市政府市政公报》1929年7月12日。

⑩《上海特别市市中心区域计划概要》，《上海特别市市政府市政公报》1929年8月30日。

⑪《上海特别市政府训令第一七一四号：令建筑市政府委员会为令饬将该会撤销由》，《上海特别市市政府市政公报》1929年9月12日。文中记述取消原因为：“本特别市市中心区域建设委员会现已成立，建筑市政府当然为其职权范围以内之事，该委员会自无继续存在之必要。”并要求“将所有案卷等移交市中心区域建设委员会接收”。

"繁荣之先声"①。其从最开始"以资便利"的"办事机关",逐步穿上了"一国精神之所寄"②的外衣。

二、竞图:对"中国固有建筑之形式"的想象③

1929年10月1日,此时已经聘任建筑师董大酉(图3)的"市中心区域建设委员会"(以下简称委员会)开始方案征集。征求办法中提出明确的要求,"建筑须实用与美观并重,将各处局联络一处,成一庄严伟大之府第。其外观须保存中国固有建筑之形式,参以现代需要,使不失为新中国建筑物之代表"。另有严格要求:"因时间与经济之关系,拟将是项工程分作两期进行。应征者除将市政府全部布置加以计划外,并须将先造之一半,在图中用浓线画出之。"实用与美观并重、中国固有之形式、考虑分期建设三点似乎也是委员会评判方案的重点。征集截至1930年2月15日,共收到19份方案(图4)。委员会将全部评选过程集合为《上海市政新屋奠基纪念特刊》(以下简称《特刊》)出版。

《特刊》中记述,主导评判方案的有叶恭绰、亨利·墨菲(原文作茂菲)、柏韵士④、董大酉,以及时任工务局局长、"市中心区域建设委员会"主任沈怡。评选标准为"全部设计占百分之五十,建筑外观占百分之三十,内部布置及需要面积各占百分之十"。委员会给出了进入决选的5份方案的打分表(图5)。

图3 董大酉像⑤

	評判顧問 / 圖案號數	葉	柏	茂	董	總分	名次	應得獎金
初選	六號	四分	四分	五分	四分	十七分	一	
	九號	三分	五分	一分	一分	十分	四	
	十二號	五分	三分	三分	三分	十四分	二	
	十三號	一分	二分	二分	二分	七分	五	
	十四號	二分	一分	四分	五分	十二分	三	
覆選	六號	四分	五分	五分	五分	十九分	一	三千元
	九號	三分	四分	一分	一分	九分	四	
	十二號	五分	三分	三分	三分	十四分	二	一千五百元
	十三號	一分	二分	二分	二分	七分	五	
	十四號	二分	一分	四分	四分	十一分	三	七百五十元

图5 竞图打分表

姓名	通訊處
和興公司	三馬路十號
黃元吉	北蘇州路三十號
范文照	四川路二十九號
俞子明	法界東蒲石路天惠坊北弄二號
李錦沛	四川路二十九號
錦名洋行建築部	四川路四十八號
張登義	法界敏體尼蔭路三五三號
沈理源	天津英租界實華里二號
徐襄	靜安寺路三一六
鴻寶建築公司	博物院路二一
沈棠元	虬江路九如里六十九號
莊俊	江西路二十二號
費力伯	九江路二號蘇生洋行
郎逵克	外灘正金銀行樓上四十號
嚴晦菴	浦東楊家渡震修路晦廬
通利洋行	博物院路二十號
岡野建築事務所	狄思威路四六五號
莊人青	南京路五十號普益地產公司打樣間
蘇馨	法國領事署
姚祖範	南京國立中央大學
翁文濤	寧波市工務局
林逵	法界古拔路四十七號
施長剛	新閘路一〇五八號
新瑞和	愛多亞路四號
巫振英	四川路五號
葉槃廷	西門肇嘉路泰瑞里三號
龔朱	福建路福和里四二四號
李甯敖	蘇州富仁坊五十八號
鮑德陰	中法工商銀行
D.G. Mirams	靜安寺路二八六號
漢墨德	天津
陳均沛	江西路六十二號廣昌公司
T. C. Kuo	膠濟鐵路管理局
顧樹屏	老西門中華路一三四五號
湖北省立職業學校教務處	湖北武昌省立職業學校
蘇爾洋行繪圖建築工程師	北京路九十六號
公和洋行	廣東路一號保安房子四層樓
周贊育	廈門漳廈海軍警備司令部堤工處
沈若毅	遼寧瀋陽商埠九緯路東口
鄧仲和	英租界寧波路S三七八號
公和打樣行	廣東路乙號
許瑞芳	仁記路二十五號錦興地產公司
朱葆初	南京中山門外中山陵園
周蓮法	仁記路二十八號業廣地產公司
楊錫鏐	寧波路七號

图4 接收方案名单图

委员会内部存在一定的分歧。叶恭绰认为巫振英方案(图6—图8)"全部极为团结,且于团结之中,仍能留出充分空地,与伟大之广场,主要部分屋顶之起伏甚为美观";其他三位也赞同了叶恭绰的观点,但在总评中批评巫方案"全部平面图及鸟瞰图草率异常,以致计划上之优点无从表现"。仅从图面表达

①《建筑上海市政府新屋纪实》,《工程周刊》1934年第3卷第22期。

②《筹建上海市政府新屋经过》,《新闻报》1931年7月7日。

③《筹建上海市政府新屋经过》,《新闻报·上海市政新屋奠基纪念特刊》1931年7月7日。本章中关于市政新屋竞赛过程的引用皆来源自此处,限于篇幅不再单独引注。

④柏韵士即H.Barents,挪威人,土木工程师,1904年来华。见http://mhdb.mh.sinica.edu.tw/mhpeople/result.php?peopleId=ulozmxxozrjkmxx#0。

⑤《展望杂志》1939年第1期。

来看，巫方案似乎确实较为缺乏表现力。另三人推举赵深、赵孙明熙的方案为头名(图9—图11)，认为方案之特长“在合乎分期建筑，盖公共建筑，均须随时扩充……在每一建筑时期中，均足以显其匀称与整个之状，而建筑物之集合，能使各方视线咸集，尤为生色，且外表上使人无正背之感，皆为其他方案所无”“市政府兀立中央，各局环拱四周，尤足以显其关系之密切……无其他图案外观庞杂之弊”，以及“用纯粹中国固有式样，毋需西洋建筑之辅助，而仍能达到经济与适用之目的”。

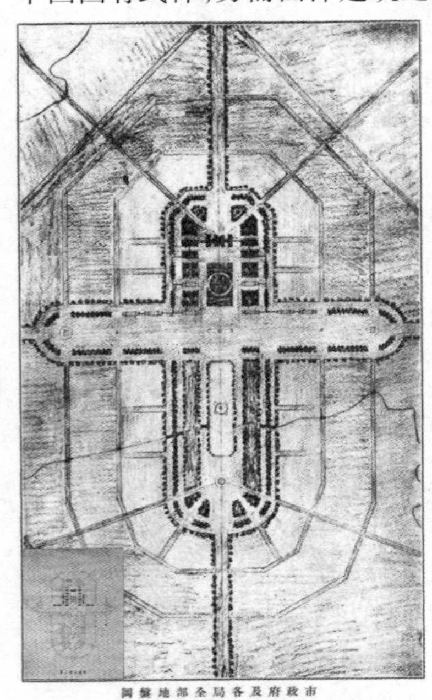

图6　二奖方案图1

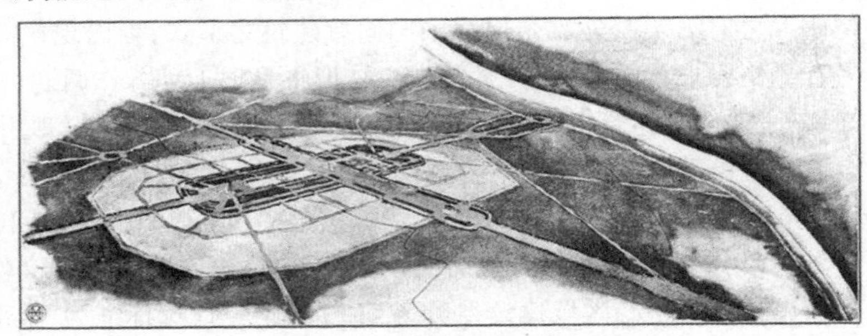

图7　二奖方案图2

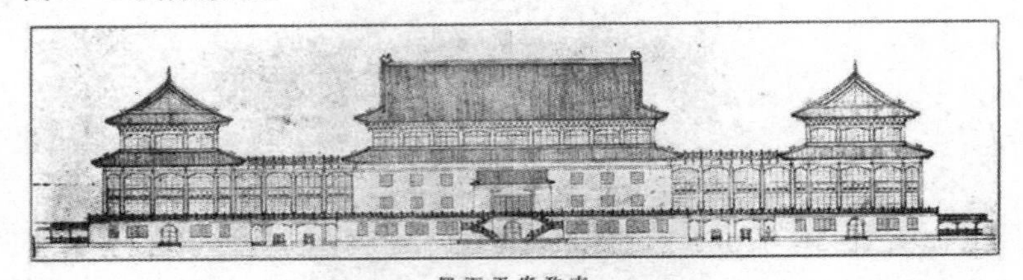

图8　二奖方案图3

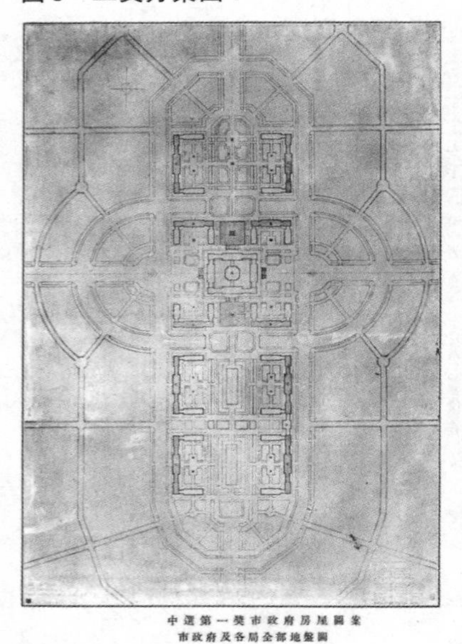

中選第一獎市政府房屋圖案
市政府及各局全部地盤圖

图10　首奖方案图2

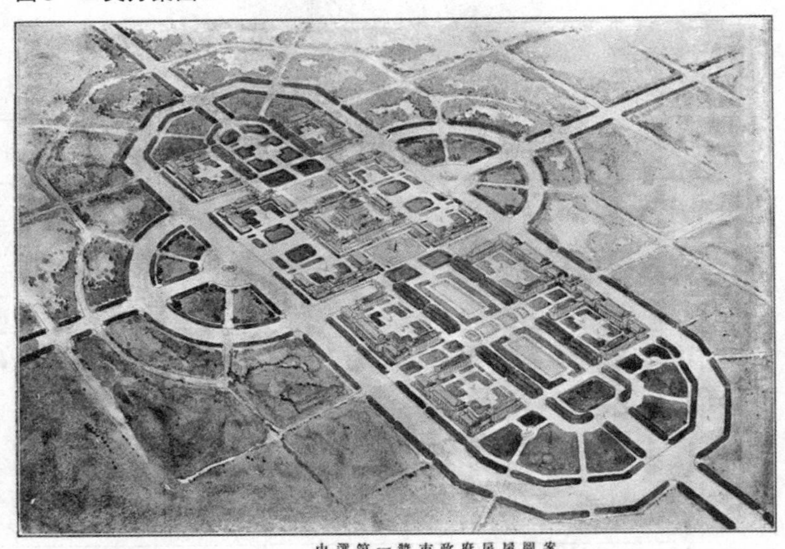

中選第一獎市政府房屋圖案
市政府及各局全部鳥瞰圖

图9　首奖方案图1

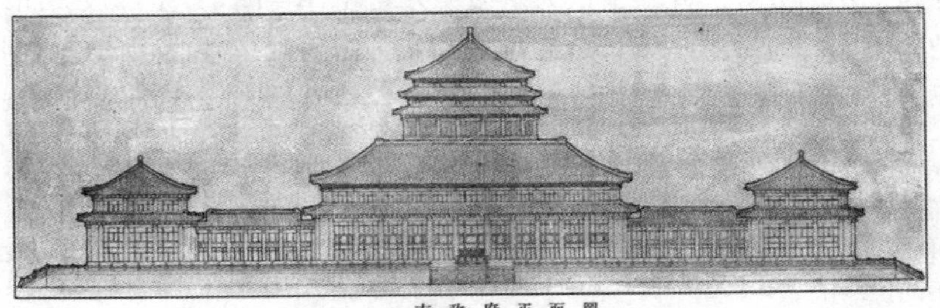

市政府正面圖
中選第一獎市政府房屋圖案

图11　首奖方案图3

头奖和第二名之外，委员会另评选出三等奖一名，附奖两名。相比于头二名，第三名费力伯之方案由三个院落构成（图12—图14），委员会评判其“牺牲建筑上必要之展拓……市政房屋之外观，至为壮丽，惟屋檐突出太少”，以及“点缀市政府房屋正立面时，则将全部墙面，悉供左右巨梯之用，其结果使全部一百六十尺之门面，仅有两窗可开……徒重美观不顾实用”，与“避免顶端缩进之靡费”的重视实用“自相矛盾”。这一似乎由中式合院衍生出的方案被列第三名。

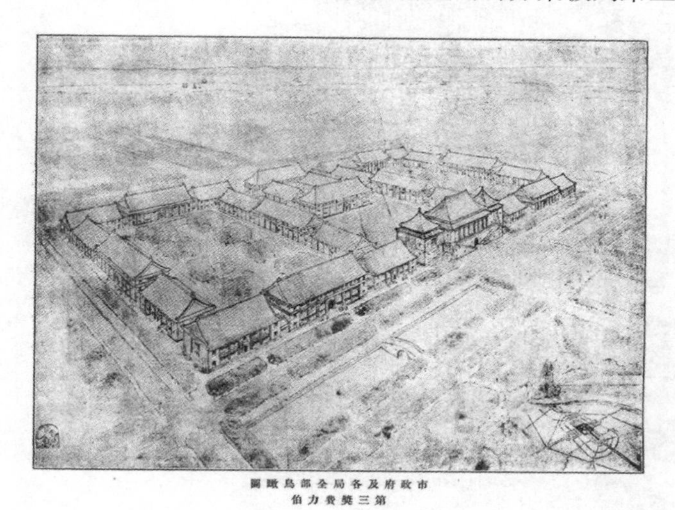

图12　三等奖方案图1

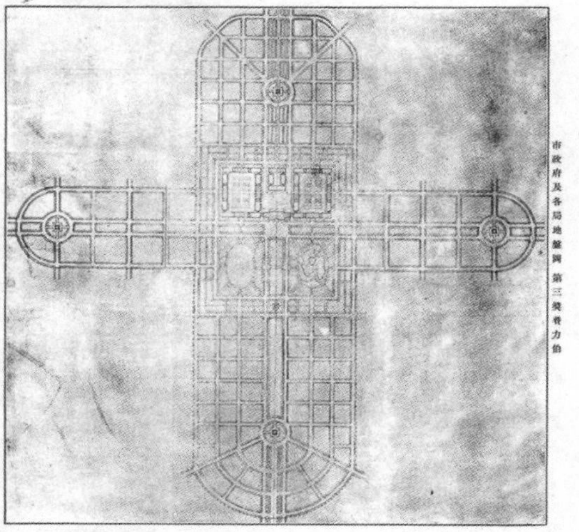

图13　三等奖方案图2

图14　三等奖方案图3

附奖中徐鑫堂、施长刚的方案（图15—图17）亦引起了较大的争论。叶恭绰认为，其“设计之新颖，与构造之经济，均属可取，但此种设计，用以建筑大医院，似较宜于建筑市政府”；但另有委员认为，该方案最符合“外观保存中国固有建筑之形式，参以现代需要”的要求。但又认为，该方案“不中不西，未免不合。当此中国建筑方在黎明时期，本图案难以为后来者之模范”。另外一份附奖由李锦沛获得（图18—图20）。评选委员认为李的方案“中央之房屋，偏成四十五度，既不美观，又不合中国式样”。

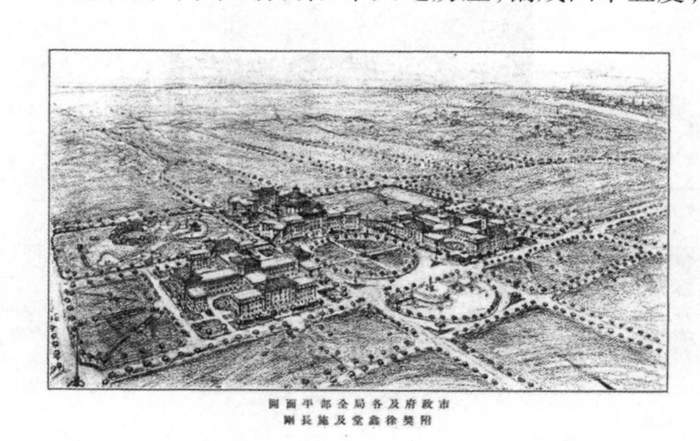

图15　徐鑫堂、施长刚方案图1

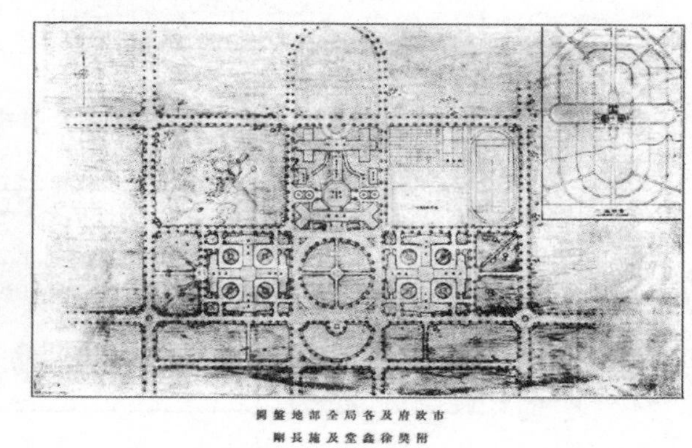

图16　徐鑫堂、施长刚方案图2

市政府正面圖

附獎徐鑫堂及施長剛

图17　徐鑫堂、施长刚方案图3

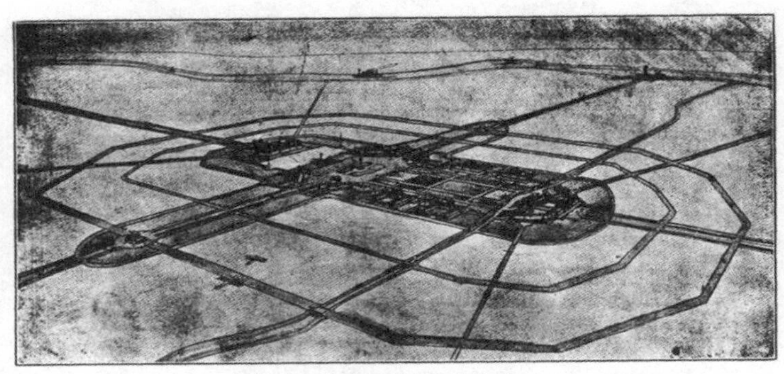

市政府及各局全部鳥瞰圖

附獎李錦沛

图18　李锦沛方案图1

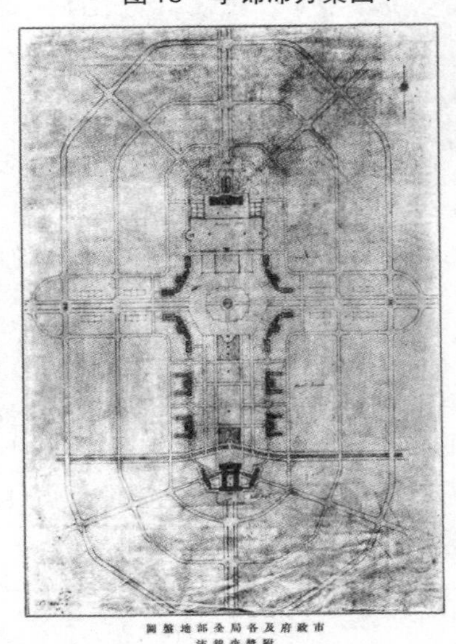

市政府及各局全部地盤圖

附獎李錦沛

图19　李锦沛方案图2

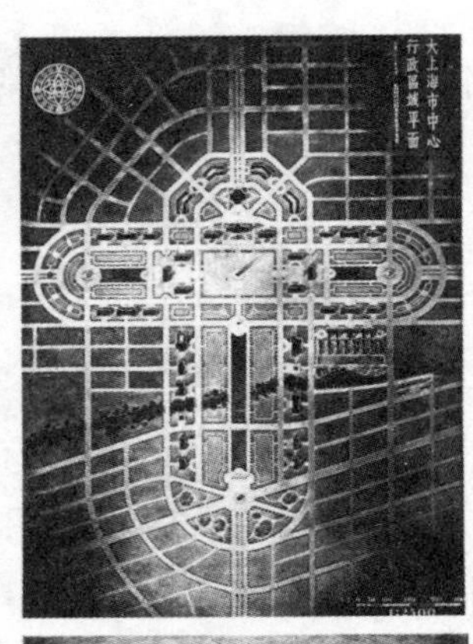

图21　董大酉方案图1

市政府正面圖

附獎李錦沛

图20　李锦沛方案图3

在评判报告最后“结论”一章中，提出了应征图案“同具之最大缺点，厥为计划太散漫，不能收集中管理之效”；第二缺点为“未能充分运用中国固有建筑式样，使之适合现代之需要”；第三缺点为“应征者对于伟大计划之布置，大率有不知所措之概”。选评结束之后，委员会发布了中英文双语的评选结果，印刷出版。

回看整个竞图及评选过程，除却“便于集中管理”等实用与经济要求之外，委员会最为着重的，似乎是如何表征“伟大计划”以及如何表达“中国固有建筑式样”两个方面。获附奖的两方案，以当下的眼光来看，似乎与所谓“中国固有建筑式样”关系不密；相比于其他方案在立面造型与总平面布置上的“折中”考量，三等奖方案似乎与传统中国院落式布局更为亲近，但其布置过于集中，难以显示应以建筑序列构成“伟大计划”的主旨。

头奖与二奖的选择则似乎更加表明了委员会的在中西之间的犹疑与矛盾。头奖方案与其他方案在处理南北两侧斜向道路上有一显著不同，其余方案斜向道路大多直接交叉，汇于塔、碑或者建筑物，头奖方案的斜向道路则被两草坪截断，草坪面对斜向道路一边垂直，北侧则平行于正南北向建筑物。这样的处理似乎完成了西方式道路系统，与“择中立宫”思想的中式布局方式的融合。

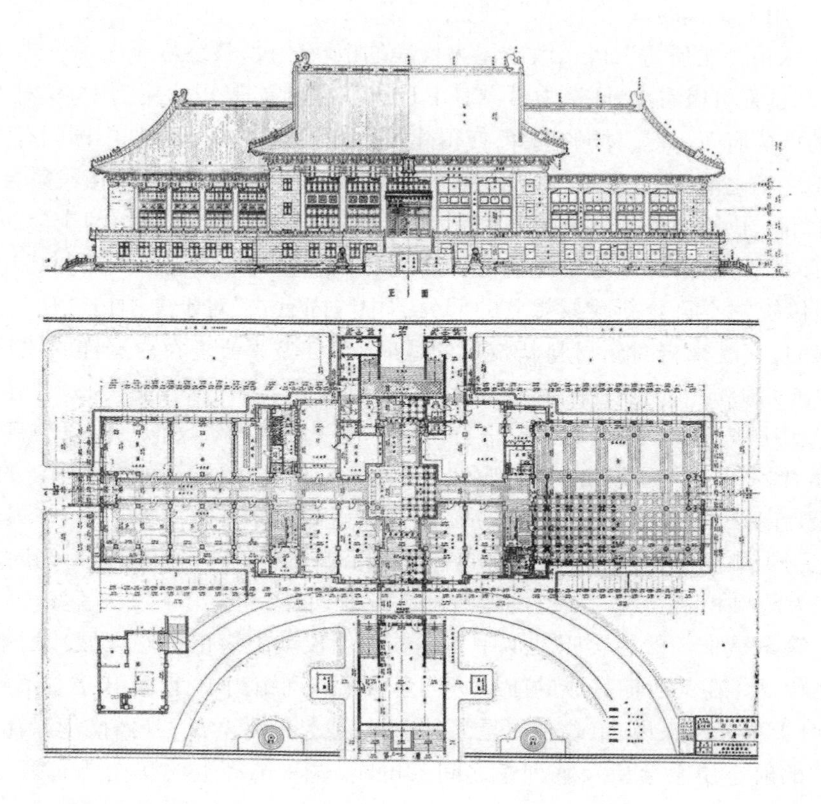

图22　董大西方案图2

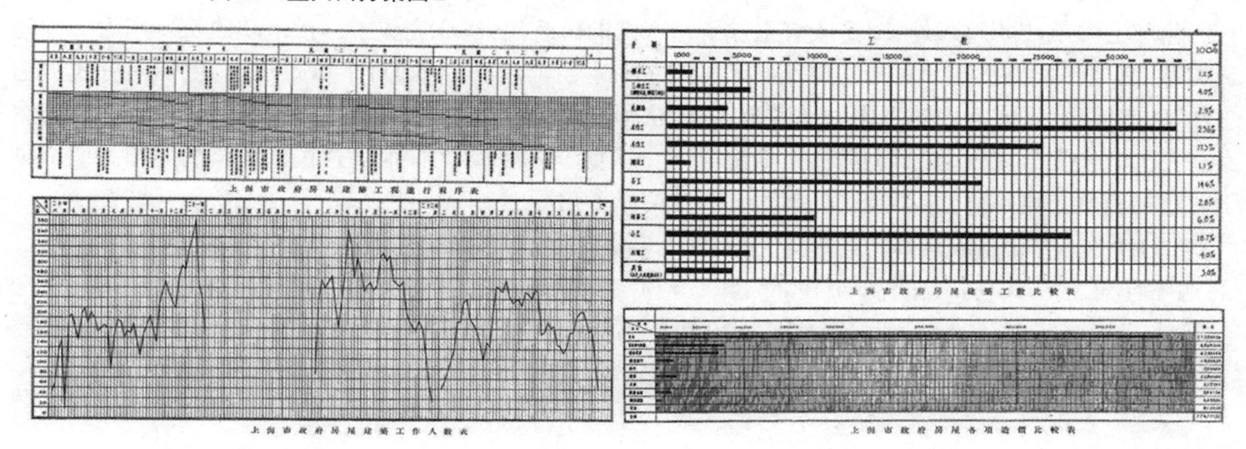

图23　建设管理图表

但头奖方案似乎不是委员会最期待的结果。竞图后，董大酉又拟定一方案，作为建设方案（图21、图22），且在原有功能上添加了中山纪念堂。[①]董大酉方案与二奖方案有所类似。相似点一是均在广场最北方设置市政新屋的主体建筑，以中间道路作轴线，依托主体建筑两侧的附属建筑衬托主体，其布置方式似乎是西方的。相似点二是以何物为构图中心，董大酉与巫振英方案皆是以广场为中心，广场中心再放置一标志物，与“择中立宫”的头奖和三等奖方案显著不同，又不似几乎完全抛弃了中式建筑构图原则（一为十字，一为折线）的两附奖方案。

1930年7月，“市中心区域建设委员会建筑师办事处”成立，董大酉任主任建筑师，主持设计市政新屋设计[②]图。市政新屋的建设过程经过了细致的策划，依照董大酉的方案，出具了建筑计划[③]，工程进行程序表，各项造价比较表等图表（图23）。1931年7月7日，市政新屋正式奠基，1932年1月因“一二八事件”停工，同年8月10日复工；1933年10月10日，上海市政新屋正式落成。[④]

三、讨论：纪念性与民族性

从最开始的实用主义式的“以资便利”，到竞图方案结论中的“改良中国建筑”，再到一切尘埃落定之后总结文章中的“一国精神之所寄”，以市政新屋为代表的市政建设，最终依靠展示仪式，成为向中外展示自信的标志。从评判过程可以看出，评选委员会对市政建筑的想象，是以广场为中心、对外开放的，而非私密围合、神秘森严的传统府衙。对广场的选择，使得建筑具有了公共性。而对“中国固有式”的追求，则将“中国”这一概念置于广场之前，向人展示，供人观瞻。正是这一广场，构成了开篇市民集会的可能。使这一建筑能够作为一纪念碑，供给西方与国人同时观看，以达成“民族性”与“纪念性”的融合，成为新政权的标志。

对“中国固有式”的想象并非是单纯的对于建筑的想象。一方面它需要取材自中国的传统，另一方面又要去除中国传统中不符合新政权想象的部分。“中国固有式”对于中国传统建筑止于外立面的模仿似乎并不是偶然的，它既来自对新材料新技术的适应，来自墨菲与董大酉这样的建筑师之间的传承，或者布扎体系对中国的影响，却也来自一个新政权试图将传统与现代结合的决心。回溯竞图过程，方案中不断出现的对于“中国固有式”建筑的想象来自何处？这一问题的答案似乎难以与亨利·墨菲脱开关系。墨菲与他的合作者提出了中国建筑的“适应性”[⑤]概念，希望将中国建筑样式与新的材料与技术结合。这一思想在其评判南京“首都中央政治区应征图案”一竞赛中亦有所体现。亨利·墨菲在上海市政新屋竞图中虽然只充当了顾问的角色，但董大酉亦有在墨菲事务所工作的经历。对当时面临着如何将建筑与国家民族的宏大叙事相结合这一问题的建筑师来说，墨菲似乎给出了一个答案。

墨菲给出的答案是唯一的答案吗？似乎不然。即便仅就上海市中心区域计划来说，董大酉的风格亦在后期逐渐地转变。在其后期完成的航空协会会所及陈列馆当中，已经几乎看不到有明显的“中国固有式”了。似乎对于董大酉来说，市政新屋是一种选择，或是一种尝试，其摇摆于绿瓦顶的“中国固有式”建筑和相对简约的航空协会会所及陈列馆之间。可能，这一选择也摇摆在墨菲第一次看见紫禁城“震惊”的瞬间，与上海外滩的“十里洋场”之间。

除却上海市政新屋以外，国民政府主导了一系列的市政建设，亦完成了一批市政建筑。作为一种建筑类型，其似乎能够形成一种历史脉络，表达不同时间段内当时建筑师对于市政建筑“中国固有式”“纪念性”的不同思考，亦能表达不同的地方政府、建筑师对于地方与民族的期许。现今，上海市政新屋仍然矗立在上海体育学院内，我们也仍然面临着与“中国固有式”相似的、如何表达民族风格的问题。期待对于过往的梳理与再解读，能够给这一问题一个新的思考角度。

---

① 见《函上海特别市执行委员会第一四九八号：为中山纪念堂经本府第一五八次市政会议议决由市中心建委会列入第一期建设计划中规划进行由》，《上海特别市政府公报》1930年第56期。

② 见《上海特别市政府指令第六〇一〇号：令市中心区域建设委员会：为呈请核委董大酉兼任建筑师主持市政府图案等情指令照准由》，《上海市政府公报》1930年第59期。

③ 见《建设市中心区域第一期工作计划大纲》，收入《上海文献汇编·建筑卷1·上海市中心区域建设委员会业务报告（十八年八月至十九年六月）》。

④ 见《本会大事记》，收入《上海文献汇编·建筑卷1·上海市中心区域建设委员会业务报告（十九年七月至二十年十二月）》。

⑤ 见刘亦师：《墨菲研究补阙：以雅礼、铭贤二校为例》，《建筑学报》2017年第7期。

上海金城大戏院建筑形象研究

牛津大学　李宇童

摘　要：本文将结合金城大戏院的建筑设计和大众媒体对影院建成开业的报道，讨论金城大戏院建筑形象的特点。本文首先简要介绍了金城大戏院的建筑概况和建造背景，接着以西方影院建筑的发展为参照分析了其建筑特征，然后对金城大戏院的建筑形象进行讨论。本文认为，金城大戏院的建筑设计、建造，以及报刊中对这一过程的呈现，需要从两个维度理解。一方面，金城大戏院的建筑设计及媒体对建筑的再现，成为有关现代都会的一整套想象的一部分，是西方现代性带来的都市奇观。另一方面，金城大戏院的设计和建造过程以及相关媒体报道参与塑造了该影院"国片大本营"的民族主义形象，使影院成为民族主义的消费空间，与当时此起彼伏的"国货运动"叙事相合。

关键词：金城大戏院；影院建筑；近代化；西方现代性；民族主义

一、金城大戏院概况

（一）建筑概况和建造背景

金城大戏院即今黄浦剧场（图1—图3），位于上海市黄浦区北京东路和贵州路路口（今北京东路780号），是由柳中亮、柳中浩兄弟投资兴建的电影院。建筑由华盖建筑师事务所设计，1933年建成，1934年2月正式开业。金城大戏院的经营以提倡国产片为特色，获得了联华、明星等多家国产电影公司所制电影的首轮放映权，在旧上海的众多影院中独具特色。

戏院建筑西南两面临街，在转角处设主入口，墙面呈弧形，上开竖向大玻璃窗。内有圆形旋转楼梯，通向观众厅。据薛林平、丁圆圆现场调查，戏院基地呈长方形，两侧面宽分别为36.6米和29.7米，占地面积约1000平方米，建筑面积约3600平方米，西侧配楼为五层，南侧配楼为四层。[①]两侧立面采用不对称设计，高度不同，都比转角处墙面略矮。立面为简洁的光滑墙面，仅在开窗的水平方向上有水泥线条装饰。

图1　金城大戏院沿街透视图[②]

图2　金城大戏院内部楼梯

① 见薛林平、丁园园：《上海金城大戏院（现黄浦剧场）建筑研究》，《华中建筑》2013年第4期。

② 图1—图3见薛林平、丁圆圆：《上海金城大戏院（现黄浦剧场）建筑研究》，《华中建筑》2013年第4期。

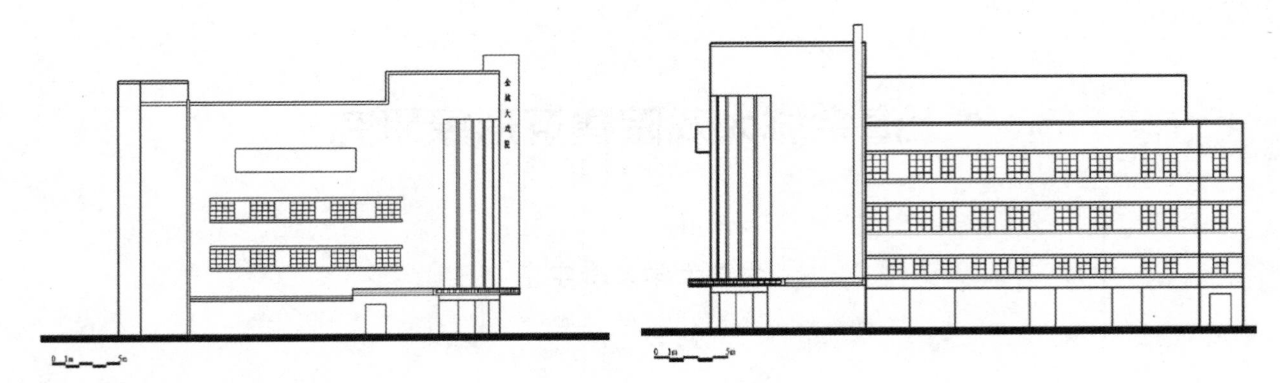

图3　金城大戏院西、南立面图

电影院由柳中亮、柳中浩兄弟自筹资金建造。柳氏兄弟二人是中国早期电影业企业家，在20世纪二三十年代先后创办了南京世界大戏院、上海金城大戏院、上海金都大戏院等。1938年成立了国华影片公司。太平洋战争爆发后，国华、金城、金都均停办。抗战胜利后，兄弟二人又创办了国泰影业公司，1952年公私合营，合入上海联合电影制片厂①。

金城大戏院建筑是华盖建筑事务所(Allied Architects)的设计作品。华盖建筑是我国近代著名建筑事务所之一，主持人为赵深、陈植与童寯。三人都毕业于北京清华学校，后均赴美国宾夕法尼亚大学学习建筑，是前后期同学关系。1931年赵深、陈植在上海成立"赵深陈植建筑师事务所(Chao & Chen Architects)"，1933年童隽加入后改名为"华盖建筑事务所"，寓意为"中华盖楼"而努力。事务所早年在上海共同执业，后将业务拓展到南京、苏州等地。金城大戏院便是事务所在上海共同执业期间设计的作品，由赵深主持设计，新恒泰营造厂承造。抗战期间，赵深、童隽分别于1938、1939年赴昆明、贵阳设立华盖分所。1951—1952年事务所合入上海联合顾问建筑师工程师事务所。②

赵深、陈植和童隽在美国都受到了布扎(Beaux-art)风格的学院派训练，同时在导师的鼓励下积极创新，涉足装饰艺术、欧洲现代主义等其他建筑思潮。黄元炤指出，虽然事务所也承接过"中华风格""中式折中"的项目，但"华盖建筑"在早年上海的实践似乎选择回避"大屋顶"的"中华风格"，也较少出现折中主义元素，企图在设计中"反映一种面向世界或国际的新(现代)建筑的时代观，或者说想寻求建筑实践上的突破点……贴近现代建筑语言的操作"。1936年，童隽在中国建筑展览会期间代表事务所发表题为"现代建筑"的演讲，"这是'华盖建筑'除了作品实践外，第一次向外界表明其事务所基本的设计思路与追求——倾向于'现代建筑'，因此，他们被建筑界誉为'求新派'"③。金城大戏院便可以看作是华盖对"现代建筑"的尝试之一。影剧院建筑是华盖建筑的重要业务内容，除金城大戏院(图4)外，还有大上海大戏院(图5)、昆明南屏大戏院(图6)等其他作品。这些影剧院项目的建筑风貌一脉相承，体现了华盖建筑在影剧院设计中的统一取向。

---

① 见徐友春:《民国人物大辞典(增订本)》，河北人民出版社，2007年。

② 见赖德霖:《近代哲匠录——中国近代重要建筑师、建筑事务所名录》，中国水利水电出版社、知识产权出版社，2006年；黄元炤:《华盖建筑(上):从共同"任教"到"创建""执业"的初期阶段(1928—1933)》，《世界建筑导报》2014年第3期。

③ 黄元炤:《华盖建筑(下):"稳定拓展""战时"与"战后"阶段(1935—1951)，"联合顾问"(1951—1952)及"分路"后(1952—)》，《世界建筑导报》2014年第4期。

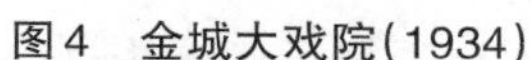

图4　金城大戏院(1934)

图5　大上海大戏院(1934)①

图6　南屏大戏院，三座影院建筑作品中均可以看到垂直标志的设计②

(二)作为影院建筑的金城大戏院：以美国影院建筑发展为参照

作为一种具有特定功能的建筑类型，影院建筑有独特的设计原则和样式。对金城大戏院建筑进行考察，需要将其置于全球影院建筑类型整体的发展史中，也要和当时的西方电影院建筑做参照。在《电影从人行道开始：一部电影院的建筑史》(*The Show Starts on the Sidewalk: An Architectural History of the Movie Theatre*)一书中，Maggie Valentine提出"电影院(motion picture theatre)是一种美国现象"③。她指出，从历史上看，美国的电影院上座率持续高于其他国家，而美国城市中人均电影院数量也高于其他国家；从美国开始的影院设计风潮往往被其他国家所复制。另外，华盖建筑的三位主持人都在美国接受建筑教育，有在美国建筑师事务所实习、工作的经验。因此，美国影院建筑发展情况，尤其是20世纪30年代的影院设计状况，可以作为分析金城大戏院建筑的参照之一。

兰俊在《美国影院发展史研究》中将美国影院建筑按时间分为"前影院"时期的若干类型；"二战"以前的大型、标志性影院等若干类型；"二战"期间的几种特殊类型；"战后"至今以郊区为中心的室内和室外(后)现代影院的几种类型。其中，从1913年开始，电影宫殿建筑主导了美国影院建筑界，主要以新古典、折中式为风格，模仿古代宫殿、神庙等，风格奢侈豪华。直到1934年经济危机结束前后，影院建筑都延续了电影宫殿的"大型化、地标性"的特点，但随着建筑设计思潮的演进和经济情况的恶化，"影院风格

① 见《金城大戏院面样》，《中国建筑》1934年第2卷第3期。

② 黄元炤：《华盖建筑(下)："稳定拓展""战时"与"战后"阶段(1935—1951)，"联合顾问"(1951—1952)及"分路"后(1952—)》，《世界建筑导报》2014年第4期。

③ Maggie Valentine, *The Show Starts on the Sidewalk: An Architectural History of the Movie Theatre*, New Haven: Yale University Press, 1996, p.5.

逐渐转向以'装饰艺术'派为基础的流线型、直线型等准现代主义"[1]。

金城大戏院的外部样式主要可以和美国装饰艺术风格电影宫殿(即1934年前后)相参照。一方面,兰俊指出,电影宫殿时期的美国影院逐步形成了三组影院建筑约定俗成的外部空间要素:立面和垂直标志、入口雨棚、票房。垂直标志指在垂直于影院外立面的方向,架设竖长的标有影院标志的霓虹灯,这些霓虹标志往往成为影院意象的最显著要素。在金城大戏院的外立面中,便包括标有影院中英名称的垂直标志。垂直标志同时也出现在华盖建筑设计的其他影院建筑中,体现出和西方影院建筑统一的设计原则。金城大戏院的设计中也包括向外延展的雨棚和票房等空间要素,虽然在规格和"装饰"程度上与同时期西方影院有所区别(体现出华盖建筑设计过程中因地制宜和对建筑语言的创新),但保持了类似的形制和相互关系。

另一方面,在美国电影宫殿发展的后期,影院建筑受到装饰艺术风格和流线型运动的影响,在建筑语言上发生了变化。装饰运动在建筑上强调"反对烦琐的装饰、采用新材料新技术的观念",在这一风格的影响下影院设计逐渐去古典化。1932年开业的纽约电讯城音乐厅(图7)是装饰艺术电影宫殿的标志性作品之一,其外立面舍弃了传统电影宫殿的装饰性巴洛克、洛可可元素,用竖向开窗强调竖向线条,体现出装饰艺术风格的特点。与美国影院建筑发展状况类似,在华盖建筑设计的大上海大戏院、金城大戏院中同样可见到类似的强调竖直线条的手法,体现出装饰艺术风格的影响。另外,兰俊指出,与装饰艺术运动同步,在美国工业设计界流行的流线型风格同样影响了影院设计,用"连续线性、对水平延展的强调和光滑的饰面创造出'现代主义'的意象"[2]。金城大戏院立面中水平延展的水泥分割勾缝、光滑的圆弧形墙面(尤其是主入口上方墙面与窗户交界的内收圆弧)都体现出流线型风格的显著影响。

图7　纽约电讯城音乐厅(2021)[3]

不难看出,金城大戏院的设计与同时期的西方影院设计原则和样式基本保持统一,华盖建筑在设计中体现的去除多余装饰、简化建筑形式的精神,参与了影院建筑的现代主义转型。金城大戏院和西方接轨的建筑风格,成为其作为为西化都市奇观的形象基础。

---

①② 兰俊:《美国影院发展史研究》,清华大学2012博士学位论文。

③ Wiki media commons:https://commons.m.wikimedia.org/wiki/File:Radio_City_Music_Hall_(51395756913).jpg#mw-jump-to-license.

二、金城大戏院建筑形象的两个维度

（一）西化都市奇观

关于电影和现代性的共生关系，学界已有大量讨论。早期电影和大众文化的研究者一般认为，电影这种“集大众叙述和感官体验之大成的媒介”是“现代性（及其未竟事业——后现代性）的绝佳载体”；电影综合性地体现了人们被都市的现代工业化改变了的感知方式，而电影观众成为一种关键性的现代都市主体。[①]对于20世纪30年代的上海市民，电影体验“和其他的摩登愉悦——诸如阅读（特别是随着白话印刷物和电影发行的日渐增多）、饮食、跳舞以及约会——密切交织在一起”，“深深地融入整体的大都市体验之中”[②]。值得注意的是，看电影是一种公共体验，它建立在一个建筑空间的基础之上。影院建筑的物质形式和人们对建筑的认知和体验是观影体验中不可分割的一部分：

> 曲折的墙面，徽灯闪烁着，争加多少游人的情绪！
> 隔音的纸板，音机呐喊着，争加多少声音的效率！
> 舒适的座位，影片放映着，提高多少观众的神思！
> 吁！虽属消耗，不无补益。[③]

在这首《中国建筑》编者为上海大戏院的照片所配的小诗中，看电影的体验不仅仅在于“影片放映”的内容，而是从游人目睹电影院建筑的外立面细节（“曲折的墙面”“徽灯闪烁”）便开始，并囊括对影院的内部物质设施和技术水平的感受（“隔音的纸板”“音机”“舒适的座位”）。不难看出，在30年代的上海电影观众的认知中，电影院的物质形式本身是一种具有现代性的都市奇观，西方现代性的一些基本特征——对效率的追求（“争加声音的效率”）、消费主义的兴起（“虽属消耗，不无补益”）可以从电影院的物质条件中体现出来。因此，对于早期电影文化和上海都市生活的考察离不开对于电影院物质形式的考察。

从这一视角考察金城电影院的建筑设计及报刊对这一建筑的报道，我们不难看出“金城大戏院”这一建筑形象是如何融入人们对西化现代都会的一整套想象中。讨论西方文明在物质上对上海城市生活的影响时，李欧梵提到，电影院等建筑不仅在地理上标记了城市，也具体象征了西方物质文明和中西接触带来的社会变迁。[④]如前文所述，金城大戏院的建筑设计风格本身就带有强烈的现代特征，设计原则和样式都和西方接轨。在同时期的建筑评论中，也突出强调了金城大戏院建筑风格“新”的特点——《中国建筑》评论金城大戏院设计“采用最新式……不尚雕饰，为申江别开生面之作”[⑤]。因此，金城大戏院的建筑设计本身在风格上就体现出强烈的“摩登”、西化特色，与西方建筑风格的最新发展接轨，符合人们对于现代性的想象。

除了对金城大戏院的建筑设计本身进行考察之外，分析大众传媒对金城大戏院建筑及设施的报道也十分重要。一方面，大众传媒对于影院建筑的报道部分反映了大众对于建筑的主观体验，有助于我们分辨建筑物质形式的哪些方面在有关都市生活的感受中占有更重要的位置；另一方面，大众传媒对于电影院的报道和描述，参与塑造了影院的公众形象，作为“观影空间相关的文化符号生产”参与了中国早期

---

① 见张真：《银幕艳史：都市文化与上海电影1896—1937》，沙丹、赵晓兰、高丹译，上海书店出版社，2012年。有关电影与现代生活的关系的文献综述，详见该书第7—16页。

② 张真：《银幕艳史：都市文化与上海电影1896—1937》，沙丹、赵晓兰、高丹译，上海书店出版社，2012年，第23页。

③《大上海大戏院设计经过》，《中国建筑》1934年第2卷第3期。大上海大戏院是华盖建筑师事务所设计，1932年开始施工的另一座影院建筑。

④ 见李欧梵：《上海摩登——一种新都市文化在中国，1930—1945》，毛尖译，北京大学出版社，2002年。

⑤《金城大戏院面样》，《中国建筑》1934年第2卷第3期。

的观影空间生产。[①]通过分析《申报》和其他报刊对金城大戏院建筑、设施和建造过程的报道，我们可以看出，“金城大戏院”这一建筑形象很大程度上被构建为一种现代都市奇观。首先，尽管金城大戏院实际上建筑装饰相对简洁，《申报》报道和广告中对金城大戏院的建筑描述仍然集中强调其华丽、宏伟的特点：“闻该院之外观内部、巍峨富丽、莫与为哀”[②]，“全屋采立体式，高轰云表，门表有巨柱四座，宏伟瑰丽、益增雄姿、入晚光芒千丈，与金色霓虹灯之中英文字招，相映成丽，串堂之扶梯，亦饰以霓虹灯，内外辉映、蔚为巨观”[③]。这些报道将金城大戏院塑造成了奇观性的筑梦场所，强调建筑本身（正如建筑内放映的电影一样）给人强烈而新奇的感官刺激。第二，众多报道对于金城大戏院内部放映设备和电气设施的先进和现代化尤其强调。有关金城电影院建成开幕的《申报》报道和广告，常强调其所用音响为“最新德国出品之实音巨型机”，放映机也“为德国安纳门第五号一种，按安纳门放映机、早已风行全球，但五号一种，为去年三月间最新出品”[④]，体现了其放映设备与西方接轨，达到了国际最高水平。同时得到多次强调的影院设施还有其装配的最新式冷热气机设备：影院空调设施不仅在建成之初被广为宣传，在影院多年的运营过程中也得到报纸讨论[⑤]，始终作为影院卖点——金城大戏院在申报上刊登的夏季电影广告往往用冰雪花纹装饰影院名牌，以示装有冷气设施，还在一些广告中强调“映国产片而有冷气设备者全国仅此一家”[⑥]。（图8）总之，在《申报》的报道和广告中，“金城大戏院”这一建筑形象集中体现了西式科学和现代化带来的新奇和感官享受，是都市摩登“新”生活的构成部分，正所谓“精致舒适集新科学化之大成，庄严宏丽极现代建筑之能事”[⑦]。

（二）民族主义消费空间

从上面的视角出发，我们似乎很难在金城大戏院的建筑设计和大众传媒对金城大戏院建筑形象的塑造中发现民族特色——这似乎和金城大戏院作为“专映国片”[⑧]的特殊影院暗含的民族主义意识形态不符。实际上，金城大戏院的民族性并非只来自该影院放映电影的性质，而同样体现在建筑本身的设计和建造过程中。当我们进一步分析金城大戏院建筑设计和有关其建造过程媒体报道的细节，结合当时的社会历史环境，就不难看出金城大戏院建筑形象中的民族主义色彩。

首先，就建筑设计本身而言，尽管金城大戏院整体形制上具有明确的现代派特征，在细部装饰上却体现出不少民族特色。影院主入口弧形墙面上竖向开窗的装饰采取了交替排列的古建筑窗格元素（图9）；这一中国传统建筑元素虽然只是立面的细部装饰，但由于位于建筑最为显眼的主入口处，能够显著有效地营造建筑的民族特色。这种民族化的立面装饰并未见于同为华盖设计、前一年完工的上海大戏院立面，或可推测是考虑到金城大戏院的经营性质而特别进行的设计。在内部装饰上，金城大戏院也采用不少中国传统的符号，如楼梯的扶手也采取了和窗格类似的图案设计等。这些内部装饰中的中国传统符号，虽然无法动摇其建筑总体的现代主义特色，但可以有效地在直观上给置身其中的观影者留下民族传统的印象。因此，从金城大戏院的细部设计看，影院的设计本身已经有意识地融入了民族色彩，使影院在物质细节上达到了一定程度的民族化。然而，这些民族化的建筑细节似乎在传媒的报道中并没有获得一席之地：在《申报》对于金城大戏院建筑落成的报道和广告中，没有一篇提到了影院正门上方竖

---

① 在《建筑、形式与想象：中国早期观影空间生产的三个层面》一文中，张一玮引用亨利·列斐伏尔的“空间生产”理论，将中国早期观影空间的生产划分为三个层面：观影建筑空间的生产（包括建筑的建造、使用、改建和拆毁等）；观影空间形式的生产（特定时代由规划者和管理者设计和掌控的观影建筑计划、空间结构、模型或管理规范等）；与观影空间相关的文化符号的生产（个体或群体有关观影空间的记忆与想象）。从这一角度来说，《申报》对金城大戏院的呈现，是与观影空间相关的文化符号生产的一部分，因此可以认为是中国早期观影空间生产的重要一环。见张一玮：《建筑、形式与想象：中国早期观影空间生产的三个层面》，《唐山师范学院学报》2011年第33卷第4期。

②《昼夜赶工之金城大戏院》，《申报》1933年11月22日。

③④《金城大戏院行将开幕》，《申报》1933年12月31日。

⑤ 见《金城也得装冷气设备》，《申报》1935年6月18日。

⑥《电影〈黑影〉广告》，《申报》1935年8月3日。

⑦《金城大戏院不日开幕》，《申报》1934年1月25日。

⑧ 这一说法是不准确的。实际上，金城大戏院也有选择地放映一些外国电影，如在1936年5月就曾开映《摩登时代》。然而在大众媒体的报道中，金城似乎常以“专映头轮国片的影院”为人所知，在上海独一无二：“沪上第一轮电影院，大都放映外国片，开映国产片者，现在虽有金城、新光两家：但新光有时仍映外国片，所以再说得严格点，实在只有金城是专映国片的戏院，因此金城影戏院，遂成为国片影迷的唯一消闲地”。见《金城也得装冷气设备》，《申报》1935年6月18日；《谈上海电影的座价》，《申报》1941年5月21日。

向开窗的古建筑窗格装饰，也没有提到其扶手、门框、地毯上的中国传统元素。

图8　金城大戏院放映电影《黑影》广告[①]

图9　金城大戏院西南立面窗图案[②]

虽然缺乏对建筑细部民族特色的报道，大众媒体对金城大戏院的建造、开业过程的报道还是从另一个维度塑造了其民族主义的形象，这可以通过结合当时社会中如火如荼的“国货运动”叙事予以理解。在分析19世纪末和20世纪前期中国“国货运动”中民族主义消费文化的兴起时，葛凯发现，国货运动教会了消费者辨认商品的“民族性”并将此当作商品的高贵品质；然而，能决定产品的民族性的是产品的生产环境，而不是货物的风格或类型的来源，高尔夫球棒可能比旗袍带有更多的民族性，因为旗袍可能是用日本丝制造的。[③]在国货运动的发展中，“国货”和“洋货”的二元分类系统被不断强化，“国货”的标准被确定下来并加以标准化，其中的里程碑性事件是1928年国民政府“中国国货暂定标准”的发布。国货运动提出了产品的四项基本要素：资金、管理者、原材料、劳动力。当四要素全都来自中国时便为最纯正的国货。因此，若我们使用国货运动推行的民族主义消费标准审视金城大戏院，那么它的现代主义设计和西化技术的应用不一定代表着民族性的丧失；相反，应该审查的是它建成使用的资金、管理者、劳动力等要素是否来自中国。

在《申报》对金城大戏院筹备、建造过程的报道中，不难发现与“国货运动”的意识形态共鸣的叙述。金城戏院开业前夕，在《申报》电影专刊一则名为《金城影戏院主人访问记》的报道中，作者造访了金城大戏院临时办事处，询问了戏院经理柳氏兄弟。在这次访问中，作者率先询问的便是影院的资本和管理问题：

> 我先问柳先生：金城大戏院是不是公司性质；有没有外国人的股本；资本大约多少。柳先生告诉我他们的公司，是他和他的兄弟中浩二人，拿出资本来建筑的，此外并无外股，更谈不到外国人的股本了。至于资本一层，他们预算是五十万。……中浩先生含笑回答我说：……因为看见上海的大电影院，有许多都是外国人的资本办创的。利权外溢，实在令人寒心。因此和家兄发了宏愿，要在上海创一座大众化的戏院。[④]

① 见《申报》1935年8月3日。

② 见薛林平、丁圆圆：《上海金城大戏院（现黄浦剧场）建筑研究》，《华中建筑》2013年第4期。

③ 见[美]葛凯：《制造中国：消费文化与民族国家的创建》，黄振萍译，北京大学出版社，2007年。

④ 云严：《电影专刊：金城影戏院主人访问记》，《申报》1933年12月22日。

访问者对“有没有外国人的股本”的关切，和金城主人柳中浩对“利权外溢”的痛心，正反映出国货运动中对西方资本、商品入侵中国的担忧。[①]报道中对于金城大戏院资金来源的说明和对柳氏兄弟“主人”身份的强调，实际上可以看作对金城大戏院的民族性在资金、管理人这一层面上的检验。此外，在对金城大戏院开业的报道中，对戏院建筑设施的描述常常和招聘消息同时出现：一则消息除了赞美“该院外表富丽瑰伟、内部精致剔透、美化俱臻、华贵是从”，还在文末特意提道：“闻该院将聘用女子及十六七岁之男子为招待员，凡愿意就聘者，可径向北京路祥生公司楼上该院办事处接洽。”[②]在中文报纸上刊登招聘信息，表明金城将使用本国劳动力，实际上可看作对其劳动力维度上国货资格的确认。因此，通过报刊对于金城大戏院筹备、建造和开业的报道，金城大戏院在公众形象上确认了自己的民族性。去金城大戏院看电影成为一种民族主义的消费行为，不仅仅是因为观看的电影是国片，也因为金城大戏院这一消费场所本身有了民族主义的特征。

在对20世纪30年代初“国片复兴”运动的考察中，杜宜浩发现“影院作为电影消费活动的空间以及电影消费的客体，也展示出鲜明的民族化特征，在本土影院观看国片作为一种仪式化的社会活动被赋予了广泛的民族意义”[③]。电影观众通过对这一民族化空间的共享和对国片的观摩，强化国家身份认同，实现了对民族共同体的集体想象。通过对金城大戏院这一实际案例的考察，我们得以探索影院“民族化特征”的实际构建机制——既包括在建筑设计上添加民族化视觉符号，也包括在大众媒体对影院形象的建构中迎合“国货运动”的民族主义叙事，鼓励一种民族主义的消费行为。

三、结语

金城大戏院在20世纪30年代上海众多影院中具有一定特殊性，成为研究中国近代化过程的一个有趣的建筑案例：它不仅仅如李欧梵所言是“西方物质文明”、都市消费主义的象征，更体现了中国社会面对西方现代性入侵的民族主义反应，具象化地反映出消费主义和民族主义这两股近代化力量在中国的联系和互动。本文对金城大戏院的建筑形象进行的分析，将金城大戏院放入西方影院发展的坐标中，以全球化的视野考察我国近代建筑，更把对建筑设计和大众媒体的分析相结合，探索了我国近代观影空间生产中相互交融的多种维度。

---

① 实际上，在金城大戏院的经营中，戏院往往有意识地将自己和国货运动联系起来。例如，1935年一则广告显示，凭金城大戏院影票可以在入场时领取“各国货工厂参加赠送名贵出品”。见《电影〈新女性〉广告》，《申报》1935年2月2日。

②《金城大戏院启幕在即》，《申报》1933年12月09日。

③ 杜宜浩：《消费空间、民族话语与民族主义消费文化——“国片复兴”运动再认识》，《当代电影》2017年第8期。

浙江奉化中正图书馆研究

清华大学　琚经纬

摘　要：本文考察奉化中正图书馆这一以蒋介石的字为名的建筑，探讨其空间布局、建筑形制、历史文本背后蒋氏地位的变化。在此基础上进而放眼全国中正图书馆建设，认为奉化中正图书馆是空间"中正化"推行蒋介石个人崇拜的早期实践，与蒋氏六十寿辰之际的"献校献馆运动"存在差异，具有重要的研究价值。

关键词：奉化；中山公园；中正图书馆；蒋介石；中国近代建筑

民国年间，将道路、公园、学校、图书馆等公共设施冠以人名是一种较为常见的现象。[①]以孙中山为例，据统计，自1925年孙中山逝世至1949年止，全国范围内出现548条中山路、309处中山公园。[②]相比于数量巨大的以"中山"为名的公共设施，以"中正"为名的公共设施相对较少[③]，现有研究也集中于前者，而对后者缺乏关注。两者虽同为政治运动的产物，但因历史时期和发动主体不同而存在异质性[④]，有待进一步挖掘。本文对位于蒋介石故乡浙江奉化的"中正图书馆"进行深入的个案研究，综合运用建筑学、历史学、社会学的研究方法，探讨该建筑的空间要素与历史文本背后人物的浮沉，以及在全国中正图书馆建设中奉化中正图书馆的先声意义。

一、历史沿革

奉化中正图书馆位于浙江省宁波市奉化区城区西部的奉化中山公园，地处锦屏山南坡山腰。(图1)奉化中山公园始建于1915年，原名宋家坪公园。1925年3月12日，孙中山先生在北京逝世。同年，宋家坪公园改称中山公园[⑤]，奉化士绅朱孔阳等集资在中山公园内筹建奉化县立图书馆，1928年馆舍落成，后于1929年和中山公园一同"重新建筑"，并改名中正图书馆。[⑥]工程于1930年底至1931年初完竣[⑦]，并在1933年5月1日举行开馆仪式。[⑧](图2)

---

① 见郑爽：《〈申报〉视野下以个人名字命名的图书馆史料钩沉》，《河南科技学院学报》2014年第5期。

② 见陈蕴茜：《崇拜与记忆：孙中山符号的建构与传播》，南京大学出版社，2009年，第414—416、424—426页。

③ 据陈蕴茜研究，民国年间，至少17座城市有中正路，至少36座城市有中正公园。陈蕴茜：《崇拜与记忆：孙中山符号的建构与传播》南京大学出版社，2009年，第495—496页。

④ 见陈蕴茜：《崇拜与记忆：孙中山符号的建构与传播》，南京大学出版社，2009年，第496页。

⑤ 奉化中正图书馆旧址陈列馆展览信息。

⑥ 见《宁波：蒋主席返奉先声》，《申报》1930年10月9日。

⑦⑧ 见《国内：中正图书馆之筹备》，《中华图书馆协会会报》1931年第6卷第5期。

图1　奉化中正图书馆及中山公园区位

图2　1933年5月1日中正图书馆开馆纪念留影[1]

抗战期间，中正图书馆“毁于事变……仅存躯壳”[2]。建筑修理工程由公利工程司奚福泉建筑师设计，成图于1947年4月2日。（图3、图4）同年4月12日，俞飞鹏召集奉化地方士绅，拟成立中正图书馆修建委员会，并再次募集图书。[3]9月15日，《时事公报》发布《奉化县中山纪念堂 中正图书馆 淡游山庄修建委员会为工程招标公告》。[4]同年11月，工程动工，经费由奉化“士绅暨旅外诸同乡集资”[5]，浙江省政府、杭州市政府亦各捐募一千万元。[6]1948年工程完工后，于同年10月11日举行重建典礼[7]。

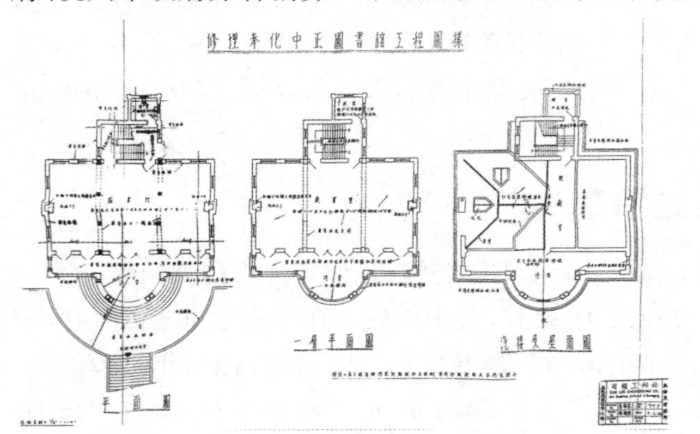

图3　《修理奉化中正图书馆工程图样（立剖面图）》[8]

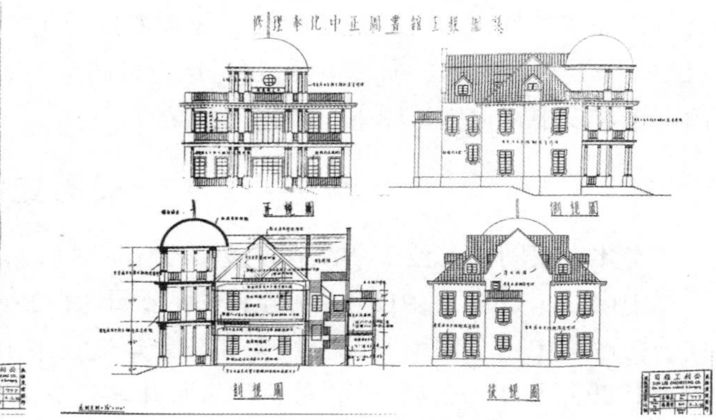

图4　《修理奉化中正图书馆工程图样（平面图）》

新中国成立后奉化中正图书馆更名为“奉化县人民图书馆”，1950年改为“奉化县人民文化馆”[9]。1984年中正图书馆划拨文物管理部门用作为办公室和藏品库房。2003年文物保护管理所迁址，数年后，中正图书馆旧址大修，并于2010年作为陈列馆开放。2011年，中正图书馆旧址被公布为第六批浙江省级文物保护单位。[10]

① 奉化中正图书馆旧址陈列馆展览。

②《浙东观感（五）：奉化概况》，《申报》1945年6月21日。

③ 见《俞飞鹏氏筹建中正图书馆》，《奉化日报》1947年4月12日。

④ 见《奉化县中山纪念堂 中正图书馆 淡游山庄修建委员会为工程招标公告》，《宁波时事公报》1947年9月15日。

⑤ 见《俞飞鹏昨会赴奉察勘中正图书馆》，《宁波时事公报》1948年10月5日。

⑥ 见《主席故乡建筑物 浙省府募款重修》，《申报》1947年7月11日。

⑦⑩ 见《奉中正图书馆明举行重建典礼》，《宁波时事公报》1948年10月10日。

⑧ 图3、图4、图9均来源于奉化文保所。

⑨ 浙江省图书馆志编纂委员会编：《浙江省图书馆志》，中国书籍出版社，1994年，第107页。

二、设计分析

（一）建筑概况

中正图书馆占地680平方米，立于大台阶之上，主体建筑为三开间假三层坡顶洋式廊屋（bungalow）。[①]建筑平面呈十字形，主体部分东西向，一层为图书馆，二层为藏书室，假三层为阁楼及贮藏室；附属部分在平面上于南北两侧各凸出一块，南侧为阳台，北侧为楼梯间及附室。南立面为建筑主立面，设外廊，明间设三层罗马式穹顶，一层二层与外廊相连，三层钟楼与屋顶平台相连，钟楼上书“中正图书馆”，穹顶上立有旗杆。东西北三侧屋顶共设六个气窗及两个烟囱。北立面封以山墙。该建筑采用钢筋混凝土结构，屋顶为木桁架。整幢建筑布局合理、结构庄重、装饰俏丽。（图5、图6）主楼西北侧原有平房，20世纪80年代改建为二层小楼。

图5　中正图书馆

图6　中正图书馆航拍图

（二）细部设计

中正图书馆细部设计考究，南北侧的落水管以水刷石包裹，消隐在立面中。细部装饰与建筑协调，采用爱奥尼柱式、宝瓶栏杆，主要空间花砖铺地、次要空间磨石子铺地、室外空间水门汀铺地，天花板线脚繁复，室内东西两侧各设壁炉一座。（图7）

唯一的例外位于楼梯，栏杆与扶手简约，立柱为西方古典纹样装饰，但立柱下端于楼板下出头，设中西合璧的垂莲柱。（图8）

图7　中正图书馆细部

图8　中正图书馆楼梯细部

（三）建筑师奚福泉

负责中正图书馆修整设计的建筑师奚福泉是中国第一代建筑师的代表之一。奚福泉1902年生于上海，1922年赴德留学，1929年柏林工业大学建筑系工学博士毕业后即回国，先在上海公和洋行从事建筑设计，1931年加入启明建筑公司，1935年脱离启明，创办公利工程司，任建筑师和经理。1947年4

① 见刘亦师：《中国近代“外廊式建筑”的类型及其分布》，《南方建筑》2011年第2期。

月，奚福泉于南京工务局登记建筑师开业申请。[①]其代表作有上海虹桥疗养院、南京国民大会堂等。《修理奉化中正图书馆工程图样》(下简称《图样》)的绘图员杨锡祺曾与其在启明建筑公司时期共事。[②](图9)

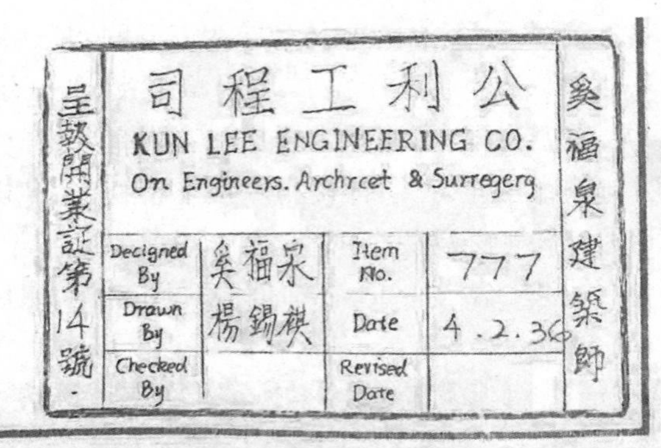

图9 《修理奉化中正图书馆工程图样》图签

《图样》中以小字标注于技术图纸旁，详细说明了对建筑各处的整修计划。考察现状发现除部分地面及墙面铺装未按照原计划整修外[③]，其余设想基本均得到实施。此外，由《图样》上的标注推断[④]，尽管中正图书馆在抗战期间受损严重，但主体结构仍然保留，修理工程也基本遵照抗战前原初的设计，建筑师的个人意志较难得到发挥。因此，尽管奚福泉热衷现代主义建筑的设计实践，但重修后的奉化中正图书馆与战前基本相仿，仍体现出古典主义的装饰特征。

三、中正、中山、淡游：三处民国建筑空间要素与历史文本比较

除中正图书馆外，中山公园中还有两处民国年间的重要建筑遗存，为总理纪念堂(及锦屏小筑)与淡游山庄(即墓庄，近周淡游墓、纪念塔)，三处建筑分别纪念蒋中正、孙中山、周淡游。[⑤]中正图书馆建于1931年，总理纪念堂建于1928年，淡游山庄建于1933年，基本为同一时期建筑，具有一定可比性(图10—图14)。

福柯曾说："空间是任何权力运作的基础。"[⑥]建筑被冠以人名后，空间要素与其所纪念人物的权力地位即发生关联，通过比对空间要素和历史文本，可以一窥三人地位的浮沉。

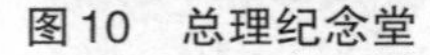
图10 总理纪念堂

图11 锦屏小筑

图12 淡游山庄

①② 见赖德霖：《近代哲匠录：中国近代重要建筑师、建筑事务所名录》，中国水利水电出版社，2006年。

③ 如一层室内未按照图纸"原有水泥花砖地面整去改做嵌铜条颜色磨石子"，而是保留了花砖地面。

④ 如剖视图中"水泥屋面刷新""原有房架整理加固""红瓦屋面修理漆瓦""原有水泥大料""原有汰石子柱子栏杆清洗修理"等。

⑤ 周淡游(1882—1919)，原名声德，字淡游，以字行，浙江奉化人，中国近代民主革命家。1906年加入同盟会，先后参与光复浙江、二次革命、肇和舰起义，历任沪军都督府军需官、浙江都督府顾问、金华县长。1919年病逝成都，孙中山致电吊唁。墓地在奉化锦屏山麓，初甚简朴，1933年由政府出资重修，并在墓周配建纪念塔和山庄。

⑥ [法]福柯、[法]保罗·雷比诺：《空间、知识、权力——福柯访谈录》，载包亚明主编：《后现代性与地理学的政治》，上海教育出版社，2001年，第13—14页。

图13　周淡游墓

图14　周淡游纪念塔

(一)空间布局对比分析

航拍图中,中正图书馆则因地势及建筑本身较高而突显于树林中,“富丽堂皇,高耸云表”①;总理纪念堂因周边有开敞空间而同样突显,所谓“崇构翼翼拔地出于山腋者”②;相比之下,淡游山庄则消隐于茂密的树林。(图15)总平面图中,中正图书馆和总理纪念堂位于公园内主要流线上,而淡游山庄则位于次要流线上。(图16)游览体验层面,游人在经过总理纪念堂后面对一条宽而直的通道,穿过通道并走上四十九级台阶后才能到达中正图书馆所在的平台。由此可见中正图书馆—总理纪念堂—淡游山庄在空间布局上呈重要性递减的层级关系。尽管空间布局一定程度上与三者的功能有关,但无疑同样体现了背后的“人”。

图15　奉化中山公园无人机航拍图

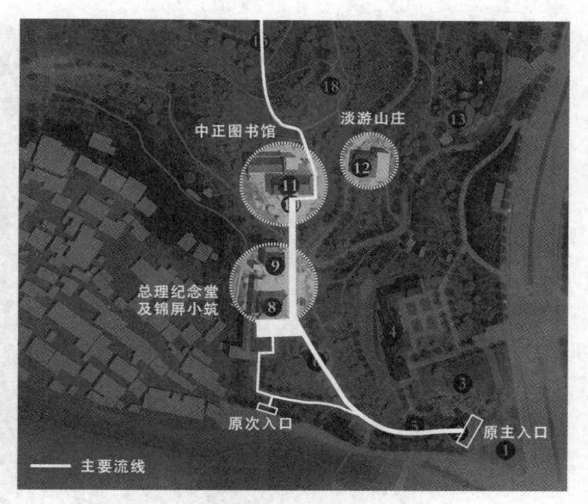

图16　奉化中山公园总平面图③

(二)建筑形制对比分析

中正图书馆为三开间假三层坡顶洋式廊屋,明间设三层罗马式穹顶,一层有大台阶。总理纪念堂为三开间两层单檐歇山顶建筑,其后院的锦屏小筑为三开间单檐歇山顶木结构廊屋别墅,供瞻仰总理者小憩。淡游山庄为三开间单檐攒尖顶,前有平台。从建筑形制与规模上看,淡游山庄最低,总理纪念堂次之,中正图书馆最高。(表1)

①《蒋院长故里:奉化速写》,《大公报(上海版)》1936年6月30日。

② 陈训正《奉化中山公园记》,1934年,详见后文。

③ 作者自绘,底图为奉化中山公园导览图。

表1 奉化中山公园主要民国建筑形制对比

	朝向	开间	层数	屋顶	台基	结构	风格	功能
中正图书馆	南	3	假3层	坡顶洋式廊屋	有	钢混	西式	图书馆
总理纪念堂	南	3	2层	单檐歇山顶	无	钢混	中式	纪念堂
(锦屏小筑)	南	3	1层	单檐歇山顶	无	砖木	西式	休憩
淡游山庄	南	3	1层	单檐攒尖顶	无	砖木	中式	墓庄

建筑风格方面，总理纪念堂和淡游山庄都采取了中国固有之形式，尤其是总理纪念堂，在屋脊、额枋、门额、浮雕、铺地等细部装饰上独具匠心(图17)，而位于总理纪念堂后院的锦屏小筑则呈现出典型的洋式廊屋特征。中正图书馆同为洋式廊屋，更为宏伟。考虑到孙中山与周淡游在总理纪念堂与淡游山庄兴建时都已故去，对他们的纪念承载着民族情感，故采用民族样式。而中正图书馆与锦屏小筑更多体现了时人对现代性的想象。

图17 总理纪念堂细部与铺地的传统图案

(三)碑记文本对比分析

奉化中山公园内现存有两篇关于中山公园的碑记，分别是陈训正[①]作于1934年的《奉化中山公园记》和俞飞鹏[②]作于1948年的《重修奉化中山公园记》。(图18、图19)两碑虽仅相隔十四年，但其中的叙事逻辑与用词已发生了巨大的变化。

图18 《奉化中山公园记》

图19 《重修奉化中山公园记》

《奉化中山公园记》中如是写道："园曰中山者，示先贤之德不可忘，且以识所宗也。园以内有崇构翼翼拔地出于山腋者，曰中山堂，先后陪而拱者曰淡游山庄、曰中正图书馆。"根据文中的描述，中山堂(即总理纪念堂)是全园的主体，园以堂名，淡游山庄和中正图书馆先后陪拱中山堂。文本中描述的空间秩序与前文的空间布局及建筑形制分析结果存在差异。碑文又书："邑有骏良，山川生色，所以名也。且二公者畴学于先贤，在党伦为魁纪，家尸户诵，胥于四海，况其在生长之乡而憖无述乎。循是故也，是园之建不惟为齐民共优游，且兼为证向圣彦地也。"

① 陈训正(1872—1943)，字屺怀，慈溪官桥(今余姚三七市镇)人。陈布雷堂兄，同盟会元老、文化名人、报业家、教育家。

② 俞飞鹏(1884—1966)，字樵峰，浙江奉化人。早年随蒋介石参加革命，1947年授陆军上将，任行政院政务委员、粮食部部长。同年回乡，倡修奉化中山公园和中正图书馆。

其中“二公”即为蒋介石、周淡游，将图书馆和山庄冠以人名的原因是二者为邑之“骏良”，让“山川生色”。这表明中山公园内诸建筑的营建与命名，在为市民提供优游之地外，更有纪念乡贤、鼓舞后生的意图。而《重修奉化中山公园记》中则如是写道：“公园以中山名景慕总理，示不忘也。其在中山、奉化者，人尤重之。中山为总理故乡，遗迹往往而□□□[①]低回不能去，成总理未竟之志者，总裁也。总裁生于奉化，国人向往总裁，一如总理故重之，与中山并也。”这段文字把孙中山故乡中山与蒋介石故乡奉化并重，将蒋介石描述为“成总理未竟之志者”，且“国人向往总裁”，可见蒋介石的地位相比于前碑记载有显著提升。碑文又书：“有堂曰中山，可容千人；有馆岿然，内实图书，名以总裁之名；有山庄曰淡游，淡游者先烈周氏佐总理、总裁致力革命者也。……登总理之堂，入总裁之馆，揽先烈之山庄，慨然想见其□。”文中，总理纪念堂以“可容千人”的体量，中正图书馆以其“岿然”的高度突显，而淡游山庄则消隐，相比于前碑，这一描述与空间现状更为接近。而周淡游在这一文本中成为孙中山和蒋介石的辅佐者，地位相对降低。

两碑中蒋地位之升、周地位之降，一定程度上与作者的“笔法”有关。陈训正年长蒋介石十五岁，辈分较高，虽为宁波同乡，但曾辞蒋介石的机要秘书之聘不就，推荐年轻的堂弟陈布雷。[②]而俞飞鹏是与蒋更亲近的奉化同乡，早年便跟随蒋参加革命，一路青云直上，撰写碑文时已授陆军上将。[③]两人的心理立场便有所不同，“笔法”也因此有别。

但更重要的原因是从1934年到1948年间蒋介石地位的上升。二次北伐战争后，又经数次军阀混战，蒋介石逐步巩固了自己在中国的统治地位，成为国民党的实际领导人并于1931年就任国民政府主席，但尚未取得在国民党内领袖的法定地位。1938年3月，在武昌召开的国民党临时全国代表大会上，国民党内各派在民族危机面前抛弃分歧，决定在党内设立“总裁”，以代行党章规定的“总理”权力，并推举蒋介石任总裁，正式确定了蒋介石在国民党内的法定领袖地位。1938年9月，中央党部举行孙中山首次起义纪念仪式，主持会议的副总裁汪精卫称“继总理而起负国民革命之责任的是总裁”，“我们在总理指导下，追随总裁之后”。[④]这些表述已与俞飞鹏的碑记极为相似。而在抗战胜利后，蒋介石的个人威望到达顶点，全国上下以六十寿辰祝寿为由开展一系列推行蒋的个人崇拜运动[⑤]，全国的中正图书馆建设正是其中之一。

四、全国中正图书馆建设

笔者以“中正图书馆”为关键词检索中国近代报刊数据库(《申报》《中央日报》)、全国报刊索引数据库、《大公报》数据库，整理报刊刊载的各地中正图书馆筹建、落成等新闻，得到下表。[⑥]

表2　民国报刊中各地中正图书馆信息汇总

地点	时间	主体	原因	方式
奉化	1929年重新建筑 1933年5月开馆 1948年10月重建开幕	乡绅		改建
南城	1935年改		纪念功绩	改建
上虞	1937年1月计划建设		五十寿辰	筹建
成都	1946年10月筹建，1948年4月落成	省府主席	六十寿辰	改建
迪化	1946年10月筹建	教厅与党部	六十寿辰	筹建
浙江	1946—1947年下半年前，各县市准备筹设计中正图书馆三所	教厅	六十寿辰	筹建

① 碑文中不可辨别的字以□标明。

② 见沈松平：《陈训正评传》，浙江大学出版社，2015年。

③ 见王舜祁：《蒋介石幕下的奉化人》，《民国春秋》1995年第5期。

④ 见《汪副总裁在总理首次起义纪念会报告》，《中央周刊》第7期，转引自陈蕴茜：《崇拜与记忆 孙中山符号的建构与传播》，南京大学出版社，2009年。

⑤ 见盛雷：《1946年庆祝蒋介石六秩寿辰献校运动》，《兰台世界》2011年第29期。

⑥ 参考报刊有《申报》《中央日报》《大公报》《江西地方教育》《新闻报》《图书展望》《中华图书馆协会会报》《粤汉半月刊》《社会画报》《东南大观》。

续表

地点	时间	主体	原因	方式
衡阳	1946年筹建，1948年建成	粤汉铁路局	六十寿辰	新建
昆明	1946年10月发起	省府主席卢汉	六十寿辰	筹建
南京	1946年11月筹建，1948年9月开幕	南京市党部	六十寿辰	新建
南岳	1932年南岳图书馆建馆 1946年10月筹建中正图书馆	省府主席王东	六十寿辰	改建
遂宁九县	1946年10月筹建		六十寿辰	筹建
汕头	1946年10月改名，1947年3月开放			改建
蚌埠	不晚于1947年10月开放			已建
南昌	1930年8月馆舍落成 1930年11月被占为蒋介石行营 1947年重建并更名中正图书馆			改建
酒泉	1948年12月开放			已建

总体而言，民国年间全国范围内建成或筹建的中正图书馆数量有限，但仍然具有明显的特征。除奉化、南城、上虞三处外，其余中正图书馆在建设时间、主体、原因等层面呈现出高度的一致性。新闻集中于1946年10月前后，恰逢抗战胜利与蒋介石六十寿辰，各地政府部门，甚至包括四川、云南、湖南三省主席，纷纷"献馆"为蒋介石祝寿。建设方式层面，部分中正图书馆在新闻中处于筹建或已建成状态，未知具体建设方式；已知建成的图书馆中新建者较少，大多由原有建筑改建，如奉化、成都、南岳改建自原有图书馆，南城、南昌改建自蒋介石行营。改建较新建多体现出这一时期中正图书馆建设的运动化倾向明显，以遂宁九县为例："蒋主席寿庆将届，第十二行政区所属九县正展开'献建中正图书馆运动'。"遂宁、安岳、三台、中江、蓬溪、射洪、乐至、潼南、盐亭共九县均在同一时间募集款项献建中正图书馆。①诚然，仅以报刊作为资料来源具有一定局限性，但仍能够折射出"献建中正图书馆运动"的风潮。

相比之下，奉化中正图书馆兴建时间最早，倡议的主体为当地士绅而非政府，且目的不为祝寿，呈现出与各地中正图书馆相异的特征。其根本原因在于奉化作为蒋介石故乡，当地乡绅与蒋本人有着密切的联系。《奉化中山公园记》中写道："园之役经始于民国四年，董之者日戴君乾、周君钧棠、周君骏彦、俞君飞鹏、俞君啸霞、凌君景棠、丁君祖康、周君从圣、方君济川、汪君从龙，而朱君孔阳输独多，所手呼而集者亦称是。"其中俞飞鹏、朱孔阳、周骏彦先后受蒋提拔担任国民政府军政部军需署长。②1930年10月，蒋介石在中原大战中获胜，"讨逆"军事结束。此时奉化"中山公园及中正图书馆，于去年重新建筑以来，因工程浩大，故尚未完竣"，公园经董俞啸霞"接首都总司令部经理处长朱守梅来函，略谓前方战事胜利……总座于下月回京，有返奉一行之息，请将中山公园工程从速完成云云"③。可见奉化中正图书馆的建设进程受蒋影响较大，赶工的行为一定程度上也折射出"献礼"的实质。

如果说"献建中正图书馆运动"作为蒋六十寿辰之际全国"献校献馆运动"的一部分，通过广泛而快速的空间"中正化"推行蒋介石个人崇拜，那么奉化中正图书馆的建设与命名就是这一行动的先声，具有重要的研究价值。

五、结语

奉化中正图书馆作为冠以人名的公共设施，与同在中山公园内的总理纪念堂、淡游山庄存在明确的空间秩序与不同时期差异化的文本表述，从中可见蒋介石在国民党内地位变化产生的影响。从全国的视角看，奉化中正图书馆作为1946年10月前后全国"献校献馆运动"的先声，体现了空间"中正化"的早期实践，具有重要的意义。而无论是位于蒋介石故乡的建设地点，还是与蒋介石关联密切的乡绅群体作为倡议与出资的主体，相比于后来者，均具有一定的特殊性。

①《遂宁集资三千万 献建中正图书馆 公教人员拿出五天薪津》，《大公报（重庆版）》1946年10月20日。

② 见王舜祁：《蒋介石幕下的奉化人》，《民国春秋》1995年第5期。

③《宁波：蒋主席返奉先声》，《申报》1930年10月9日。

当前关于民国年间冠公共设施以人名的研究集中于孙中山个人,对其他人物缺乏关注。本文研究的奉化中正图书馆即是中山之外较有代表性的中正之一例。而将散落各地的公共设施以命名这一线索串联,恰能更整体地理解权力运作与物质空间的相互转换过程。

基督教"本土化"策略影响下的南京近代教会中学建筑研究

——以道胜中学为例

湖北工业大学　王荷池

东南大学　周琦

摘　要:教会学校作为中国近代存在的一种特殊办学形式,自开办初期便受到国人的排斥。从庚子教难、五四运动至收回教育权运动等,中国近代动荡的社会背景迫使教会学校做出相应的改革,20世纪20年代后,基督教会极力倡导本色化运动。此后,南京的教会中学呈现出明显的复古主义倾向,建筑形式以中国传统宫殿形式为主,设计手法趋于程式化、标准化。其中,由美国著名的传教士约翰·马吉①创办的南京道胜中学是受基督教本土化策略影响的代表作,是南京近代教会中学建筑从"全面移植西方建筑"至"中西合璧"的转折点,在南京教育建筑史上具有重要的历史里程碑意义。

本文依托于大量的文献档案史料和现场测绘图纸,从道胜中学的规划设计与单体建筑等方面展开,全面、深入地剖析了道胜中学的历史建筑,并进一步揭示出隐藏于其背后的教育发展意义及社会意义。

关键词:基督教本色化;中西合璧;南京;近代;道胜中学

一、校史沿革

道胜中学最初为美国基督教会在南京下关创办的道胜堂,教会在教堂内开办小学,规模扩大后为中学。

学校旧址位于南京市鼓楼区中山北路408号,紧邻绣球公园,现为南京市第十二中学。该堂建于1915年,是基督教圣公会所建,取"以道胜世"之意,名为道胜堂。初由美国传教士约翰·马吉(图1)创办,租赁下关凤仪里楼房三幢作堂所,楼上为寓所,楼下为礼拜聚会之用。1917年,约翰·马吉创设益智会,开办益智小学,校舍、住宅、教员室、礼拜堂皆在一处。1919年改名为道胜小学,由于小学人数不断增加,约翰·马吉在下关海陵门(今挹江门)外购地,正式建造"道胜堂",兴建五幢中国传统形式的建筑。1923年11月18日,道胜堂正式落成,道胜小学也随之迁入,第一任校长为沈子高(图2),约翰·马吉负责校务。后来小学内添设幼稚园。1925年校名定为"南京下关中华圣公会私立道胜小学"。1937年日军入侵南京后,学校停办。1942年增设初中,更名为"私立道胜中学",1951年与"私立惠民中学"合并为"下关中学",1952年7月由南京市人民政府改为公办中学,命名为"南京市第十二中学"并延续至今。

---

① 约翰·马吉(John Magee,1884—1953),美国人。1912年至1940年5月在南京下关挹江门外的道胜堂教堂传教。南京大屠杀期间,马吉牧师担任国际红十字会南京委员会主席以及南京安全区国际委员会委员,参与救助中国难民,并拍摄了日本军人屠杀中国人的纪录片。1946年,马吉牧师曾经在日本东京设立的远东国际军事法庭上为日军南京大屠杀作证。

图1　约翰·马吉[①]

图2　道胜小学首任华人校长沈子高及其夫人[②]

二、学校选址与规划

道胜中学建筑群始建于1915年。选址考究，注重建筑与环境的整体关系，位于南京城明城墙边、挹江门外，紧邻狮子山、绣球湖，地理位置得天独厚、依山傍水，环境清幽，非常适合读书治学。

校园规划移植北美校园的"中心花园"模式，为集中式院落形式，主要建筑物围合中心绿地设置，校园功能分区明确。从1929年南京城的航拍图中可见：校园基地大致呈长方形，校门位于现中山北路，一条街道自中山北路入口，沿着南楼、北楼后面地段，拐弯至热河路出口，将学校分割成东、西两部分。校园东部为教学区，面积较大，主要建筑物集中于此；校园西部为学校生活区，面积较小，设有食堂、教职工宿舍、学生宿舍、临时教室等。[③]校园空间组织因地制宜，顺应南北向的长方形基地，主教学楼南楼与北楼、办公楼尊道楼、校长住宅益智楼，其他教师住宅等主要建筑围合草坪和操场布置，精心修剪的大草坪给师生提供了一个露天交流的场所。路网结构采用西方校园几何方正的道路网架，在校园东区大草坪中，方正的路网交叉于中心圆盘，在圆盘中央建立一座中式风格的亭子，校园的建筑风格也采用中国传统建筑形式，校园整体建设呈现出中西合璧的设计思想。

三、单体建筑

该校目前遗存五幢历史建筑，因新中国成立后校方将其中的两幢建筑（现图书馆南楼、北楼）连为一幢，所以校内现为四幢历史建筑[④]，分别为道胜楼、图书馆南楼与北楼[⑤]、尊道楼、益智楼，建筑形态皆为中国传统宫殿形式，采用歇山式屋顶和攒尖顶两种，筒瓦屋面，檐下施以彩画。[⑥]

表1　道胜中学历史建筑一览表[⑦]

建筑名称		建造	结构	建筑式样		建筑规模	
原名	现名	时间	形式	建筑外墙	屋面形态	建筑层数	建筑面积/平方米
	道胜楼	1929年后	砖木	青砖砌筑	歇山	2	252
南楼、北楼	约翰·马吉图书馆	1916年	砖木	青砖砌筑	歇山	2	602
办公楼	尊道楼	1916年	砖木		攒尖		
马吉住所	益智楼	1916年	砖木	青砖砌筑	攒尖		3640

① 耶鲁大学图书馆藏。

② 南京市第十二中学校史馆藏。

③ 校园布局是根据南京市第十二中学校史办提供的资料和老校长对新中国成立前校园布置的回忆，并结合南京城1929年道胜堂的航拍图综合分析得出。

④ 南京市第十二中学校史馆藏校舍文字档案记录，无档案号。

⑤ 目前的约翰·马吉图书馆新中国成立前是两栋建筑，新中国成立后校方用边廊将其连成一栋，并加盖正立面中间的歇山顶牌楼。

⑥ 见卢海鸣、杨新华：《南京民国建筑》，南京大学出版社，2001年，第180页。

⑦ 笔者根据南京市第十二中学校史馆提供的史料和笔者测绘的图纸绘制。

(一)道胜楼(原为礼拜堂和教师住宅)

图4 道胜楼外观现状

图5 道胜楼内部现状

道胜楼位于校门入口处,校园最南端,面临中山北路。对比1929年与1949年南京城航拍图推测,该楼建于1929年之后、1949年前。

建筑物坐北朝南,地上二层,另有阁楼一层,最初有一层地下室,后被填平。建筑平面呈"H"形,开间约24米,进深约13米,建筑高度约12.2米,建筑占地面积约367平方米。墙体为砖砌,除一层地面为水泥地面外,二层、阁楼楼面均为木质。

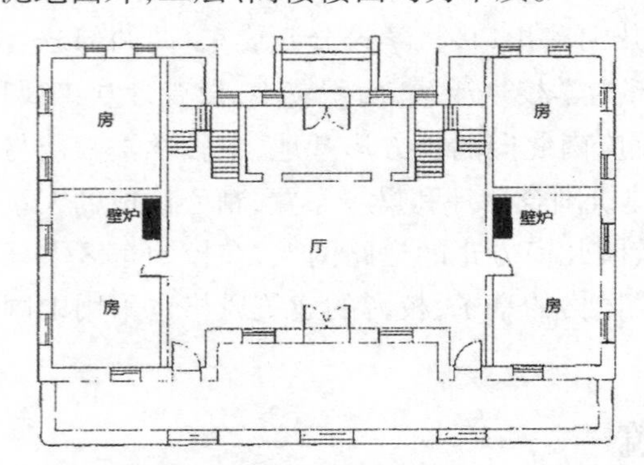

图6 道胜楼一层平面图[①]

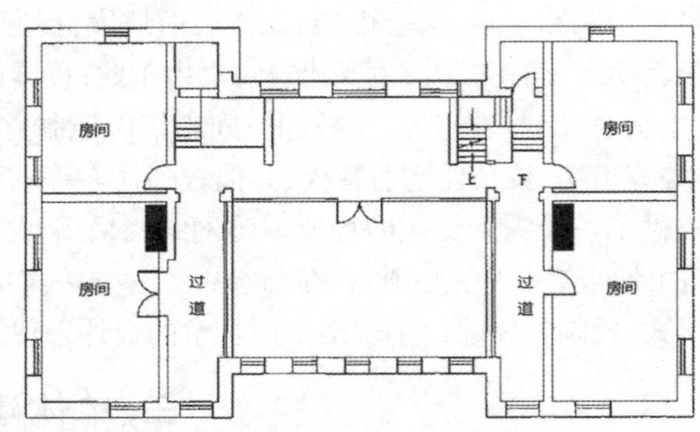

图7 道胜楼二层平面图

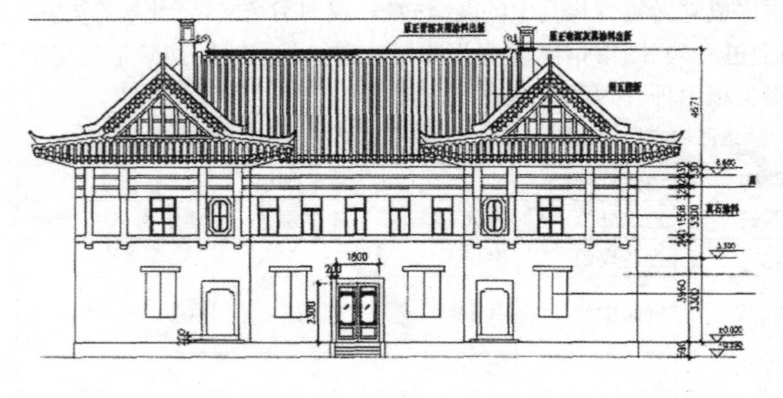
图8 道胜楼南立面图

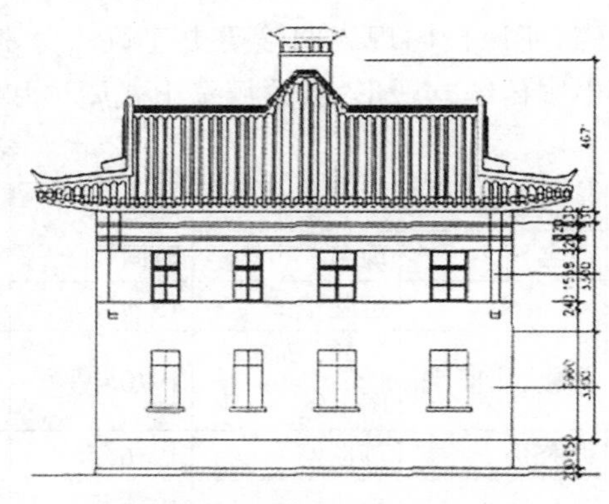
图9 道胜楼西立面图

据茅于渊[②]老校长回忆:道胜楼一层原为礼拜堂,用于小规模的传教布道,二层是居住空间,笔者结合建筑立面的窗户、门、壁炉的位置,推测出道胜堂基本符合这样的空间结构。道胜楼一层层高为3.30米,东西各设一部楼梯,用墙体将建筑内部划分为纵向三块,中部面积最大者为小型礼拜堂,东西两侧为附属空间,根据壁炉的位置,附属空间共有四个房间。二层为教师与家属住宅,层高3.30米。根据开窗

① 图6—9、图12、图13、图16均见严正:《南京道胜堂建筑空间研究》,南京艺术学院2007年硕士学位论文。

② 茅于渊,1924年生,江苏镇江人。1942年开始执教于南京市第十二中学,历任教研组长、教导主任、副校长等职,系著名桥梁专家茅以升的堂侄。

和壁炉的位置，推测出二层布局与一层大致相似。阁楼充分利用歇山屋顶下面的空间设置为储藏空间。阁楼内部最高点达3米。虽然整栋建筑的外观为纵向三段式，但屋顶下的阁楼空间是联通的。但由于受到屋顶结构和高度的限制，阁楼只能作为储藏空间使用。建筑屋顶采用钢木组合屋架，在受力和耐久性方面较之木屋架更有优势。

建筑风格采用中国传统建筑形式，歇山式大屋顶直接扣在西式墙身上，中间不设斗栱作为过渡，而是在檐口及二层外墙立面上，设水泥粉刷带以装饰。建筑立面为中间入口与两侧对称式的构图，从外观看整个建筑物似三幢歇山顶建筑呈两纵一横排列，实则为一个整体，利用歇山屋顶的下部空间做成阁楼，并开窗采光通风。外墙采用青砖砌筑，居中为主入口大门，采用较宽的门套强调主入口的特殊性，入口有台阶。建筑中部主体部分采用矩形窗户，东西两端的山墙面上各开一扇矩形倒角门窗，设有门窗套以打破立面的单调。其他窗户仍采用矩形窗。屋面上铺中式筒瓦，有两个壁炉伸出屋顶。

建筑物为砖木混合结构，中国古建筑的承重体系是梁柱木构体系，墙体并不承重，只起围护结构的作用。但是道胜堂采用的是砖墙承重体系，钢木组合屋架，内部空间最大跨度达8.80米，建筑物外墙厚度达500毫米。

屋顶结构从外观上看是一纵两横三个歇山顶组合成一个整体，内部结构采用三角形钢木桁架，在典型的三角形木屋架中加入钢筋作为辅助结构，节点交接处采用钢板，用螺栓固定在木屋架上，在三角形木屋架的中点处用一根直径50毫米的粗钢筋顶住屋顶的重量。（图12、图13）这种结构使屋顶的荷载承能力大大增加。建筑物的门窗、地板、楼梯等均为木制。

（二）约翰·马吉图书馆（原为教学主楼，三楼设学生宿舍）

约翰·马吉图书馆位于校园东区西侧，临近操场，当时作为学校的主教学楼。新中国成立前为南楼、北楼两幢建筑物，新中国成立后用连廊将两栋建筑物连起来，围合成院落，并在建筑物中心部位加盖中式歇山顶牌楼。该楼在2000年8月2日命名为约翰·马吉图书馆，以表达对约翰·马吉的崇敬和纪念。

两幢建筑物均坐北朝南，地上二层，另有阁楼一层。建筑平面均呈矩形。北楼开间约18米，进深约10米，建筑占地面积为180平方米。南楼开间约18米，进深约12米，建筑占地面积为216平方米。在南北两栋楼之间设有一处中式庭院，种植花草树木，获得较好的景观环境。庭院长为18米，宽7米，占地面积为126平方米。北楼的一层空间曾作为礼拜堂，面积较大，二层为教室。南楼为教学楼，阁楼曾经做过宿舍。图书馆则设在南、北楼小天井里的平房内。室内空间曾做过多次改动，目前是图书馆。

建筑风格采用中国传统建筑形式，歇山式大屋顶直接扣在西式墙身上，不设斗栱作为过渡，建筑中并没有使用复杂的木作结构，而仅仅采用挑出的木质檐口以及较简单的举折来演绎对传统建筑的传承，屋架采用钢木组合屋架。为解决中式歇山屋顶与西式墙身的生硬过渡，在檐下设有华丽的彩画和精致的浮雕图案。设计者为了表达中西兼学的教育观念，分别选取源自《中庸》的“天命之谓性，率性之谓道，修道之谓教”、源自《圣经·旧约》的“教稚以道，耄老罔背”字句铭刻在建筑物的墙壁上。实际上，这种中西融合的教育观念直接反映在建筑物的中西合璧形式上，中式的大屋顶和西式的内部使用功能及中西结合的建筑结构与材料，均反映了中西建筑文化的交汇与融合。

建筑立面采用红色柱子分割墙面，但柱子并不承重，与檐下华丽的彩画和歇山式大屋顶一并构成地道的中国传统建筑风格，这种做法与墨菲设计的金陵女子大学建筑外观处理手法颇为相似。建筑物外墙采用青砖砌筑，一律矩形窗户，阁楼利用歇山式大屋顶开有窗户，中式筒瓦屋面，屋脊上有吻兽。

建筑物为砖木混合结构，采用砖墙承重体系，钢木组合屋架，结构体系与道胜楼一致。其门窗、地板、楼梯等均为木制。

图10　图书馆外观现状

图11　图书馆阁楼结构大梁

图12　图书馆屋顶内部照片

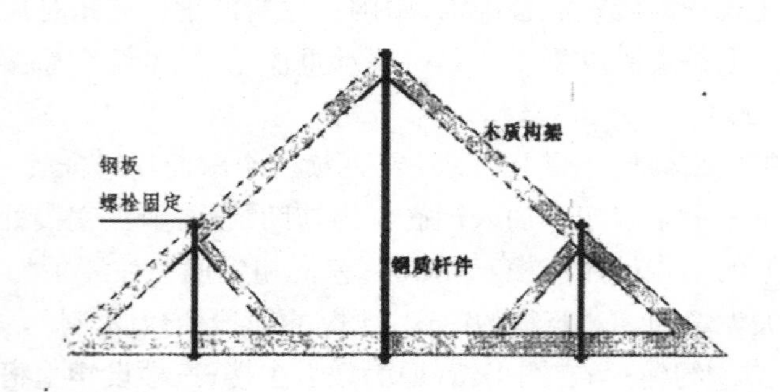

图13　图书馆屋顶结构示意图

（三）尊道楼（办公楼）

尊道楼位于校园东面，临近湖边，顺应基地的坡度，该建筑物位于基地标高最高坡上，楼前是精心修剪的大草坪。该楼始建于1916年，是当年学校的办公楼，为弘扬学校“尊道益智”的办学理念，取名尊道楼，“尊道”富尊崇道德规范、崇尚科学规律之内涵。[①]

建筑物坐东朝西，主体建筑为二层，北侧的附属建筑为一层。建筑平面均呈矩形。主楼开间、进深均为9米，建筑占地面积为180平方米。在建筑平面的中心布置楼梯，两侧为房间。

建筑风格采用中国传统建筑形式，攒尖屋顶，西式墙身，檐下不设斗栱，在檐口和二楼的墙身上采用水泥粉刷条作为装饰，与道胜楼墙面装饰条风格一致。建筑立面为中间入口与两侧对称式的构图，外墙采用青砖砌筑，居中为主入口大门，采用较宽的门套强调主入口的特殊性，不设门廊，入口有台阶，进入室内即是楼梯通往二层。外墙一律开设矩形窗户，中式筒瓦屋面。

建筑物为砖木混合结构，采用砖墙承重体系，钢木组合屋架，结构体系与道胜楼一致。其门窗、地板、楼梯等均为木制。

图14　尊道楼外观现状

图15　尊道楼外观细部

① 尊道楼的落成时间来源于该楼前石牌所标注的时间，石牌由南京市人民政府所立。

（四）益智楼（马吉住所）

益智楼位于校园东北角，建筑物两面临湖，风景极佳。该楼始建于1916年，时为教会学校创办人约翰·马吉先生的住所[①]，为纪念本校之前身“益智小学”，并弘扬本校尊道益智的办学理念，故现名为益智楼。

建筑物坐北朝南，主体建筑为二层，东侧为露台厅，原来为全落地大玻璃窗，光线充足，景观视野良好。建筑物平面大致呈矩形。建筑物开间为15米，进深为13米，在建筑平面的中心布置楼梯，两侧是房间。

建筑风格采用中国传统建筑形式。屋顶并没有如同中式攒尖顶集中为一点，而是四条垂脊交于一个平屋面，并在平屋面的四周设有栏杆。西式墙身，在檐口和二楼的墙身上采用水泥粉刷条作为装饰，与道胜楼、尊道楼墙面装饰风格一致。建筑立面为中间入口与两侧对称式构图，外墙采用青砖砌筑，居中为主入口大门，采用较宽的门套强调主入口的特殊性，不设门廊，不设台阶，楼前有石栏杆围合成花坛。外墙一律开设矩形窗户，中式筒瓦屋面，有壁炉升出屋顶。

建筑为砖木混合结构，采用砖墙承重体系，钢木组合屋架，结构体系与道胜楼、尊道楼一致。其门窗、地板、楼梯等均为木制。

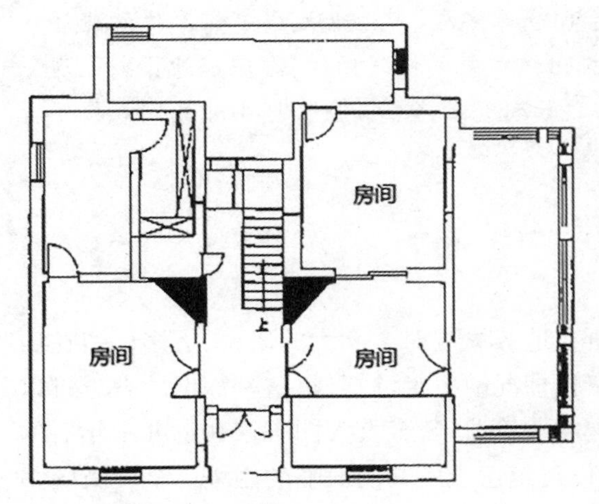

图16　益智楼一层平面图

图17　益智楼外观现状

四、结论

道胜中学旧址建筑群是基督教“本土化”策略的有形产物，是南京近代教会中学建筑从“全面移植西方建筑”至“中西合璧”的转折点，是南京近代教会中学中西合璧式建筑目前保存最好的历史建筑群，揭示了隐藏于建筑背后的教育发展意义及社会意义，记载了西方教会从移植至本色化的办学历程，折射了南京近代教育的曲折变迁。

① 约翰·马吉之子大卫·马吉夫妇在2002年来南京访问，为南京市第十二中学“约翰·马吉图书馆”正式命名揭牌的时候，也确认了目前的益智楼曾是他童年时的起居之地。

近现代校园建筑遗产的本体变化与使用困境

——以金陵女子大学图书馆为例

东南大学　陈业文

摘　要：金陵女子大学①(Gingling　College，或简称金女大)图书馆作为全国重点文物保护单位、较早一批具有北方官式风格的钢筋混凝土结构建筑和20世纪30年代象征先进建造水平的校园建筑，在近九十年的沧桑历史中，建筑空间随使用环境的改变而发生了变化，并逐渐落入落后于时代需求的窘境。这不仅是图书馆的困境，更是众多优秀近现代建筑遗产所共同面临的局面。这篇论文将借助现场调研、历史文献研究、口述史分析和问卷调查等方式，对金女大图书馆本体的变迁和使用情况的改变做一个轮廓渐清的描绘，并进一步挖掘出该建筑的使用困境，希望以此投射近现代建筑遗产面临的共同挑战，并找到一条发展出路，也为之后研究或修缮金女大图书馆的同人提供一个可供批判的参考。

关键词：金陵女子大学图书馆；本体变迁；使用困境

南京师范大学随园校区在历史上是金陵女子大学的所在地。纵观对金女大的研究，大多停留在历史梳理和规划分析的层面，而对建筑本体，尤其是使用和变化情况缺少足够探讨，这种深度的缺乏难以满足当今建筑遗产保护和利用的时代需求。作为一幢优秀的建筑遗产，金女大图书馆在近九十年后的今天陷入落后于使用需求的窘境，这其实是众多优秀近现代建筑遗产所共同面临的困境。金女大图书馆有着怎样的价值？随着历史发展，建筑本体出现了怎样的变化？又是什么原因造成了如今的局面？若能探寻到这些具体原因，便能有所针对，找到避免衰落方法。

为筹办2022年的120周年校庆，南京师范大学申请经费对其随园校区的建筑遗产展开修缮，之后笔者便参与了该校图书馆等遗产修缮的调研工作，并有幸掌握了一批珍贵的一手资料。本文现以该校图书馆为研究对象，从现场调研、历史文献研究、口述史分析和问卷调查等方面展开递进式分析，抽丝剥茧找出图书馆在建成后至修缮前的使用情况与变化过程，并以此为例，梳理出建筑遗产在使用变迁中的变化与困境。

一、价值初判——金陵女子大学及图书馆

金陵女子大学是中国历史上第一所现代意义的女子大学，其是近代13所②基督教大学之一，也是南京第二所教会大学，由当时著名的亨利·茂飞建筑事务所(Henry Killam Murphy Architect)进行规划和单体设计。校园建筑为北方官式风格，除了大屋顶外，墙身也具有中式建筑的装饰特征，为当时少有的整体中式风格的大学建筑范例；建筑通过连廊连接，并设有花园水池，校园兼具中国庭院和园林的形象特

① 金陵女子大学的名称变化：在1913年的*Tentative Constitution For The Proposed Women's College*(拟定女子学院暂定章程，本条注释中括号内为笔者译)中，该大学尚被称为"Yangtse Valley Women's College"(长江流域女子学院)；至1914年11月16—17日的*Minutes, Board Of Control*(管理委员会会议记录)中，学校名由投票变更为"Ginling College"，中文名为"Gin Ling Nu Dzi Da Hsioh"(金陵女子大学)，始现该称谓，后于1915年的5月27日的管委会会议记录中再次确认。

② 根据耶鲁大学神学院图书馆中所记载联合董事会的大学列表，共有13所基督教大学，分别为Fukien Christian University，Ginling College，Hangchow Christian University，Huachung Christian University，Hwa Nan College，Lingnan University，University of Nanking，University of Shanghai，Shantung Christian University，St. John's University，Soochow University，West China Union University，Yenching University。

征。[①]图书馆是该校二期建设的建筑，建成于1933年，位于校园东侧，是金女大中心庭院的7幢主体建筑之一，也是从主入口进入时最先见到的首批教学建筑，在金女大校园里具有重要地位。在2006年5月，包括图书馆在内的十几幢建筑被国务院评为第六批全国重点文物保护单位。(图1)

作为金陵女子大学校园中的核心建筑，该图书馆本身具有特殊的历史价值。金女大图书馆的外部造型和空间格局最早可在雅礼大学图书馆中窥见端倪，后者因历史原因并未建成[②]；金女大图书馆的结构得到了很大发展，与事务所更早设计的建筑在结构应对屋顶时的生疏相比，理性合适许多；除此外，建筑的建造质量和内部设施的先进程度在当时均属上乘。[③]金女大图书馆是茂飞"适应性建筑"理论[④]成熟的象征，与同时期的中国大屋顶校园建筑相比较，也堪称典范。(图2)

图1　金陵女子大学鸟瞰效果图(1921)[⑤]

图2　建成之初的图书馆外观[⑥]

二、现场调研——建筑基本空间形态

在笔者初次展开调研时，该图书馆尚处于使用状态，物品繁多杂乱。随着室内物件被陆续挪出，建筑"外观二层、内部四层"的基本格局逐渐显现出来。

建筑外观呈现北方官式建筑形象。歇山屋顶，正立面为台基、屋身、屋顶的三段式组成，约呈2:2:3的竖向比例关系，侧边高宽比近似1:1的正方形比例；墙面红柱林立，屋顶脊兽分布，横梁饰以彩绘，铁艺门窗模拟传统门窗，体现出庄重典雅的气质。建筑的屋顶相比传统建筑较高，推测是为墙身变高时保证屋顶的视觉效果，而二层外观则是为了考虑中式传统建筑的观感习惯。[⑦](图3)

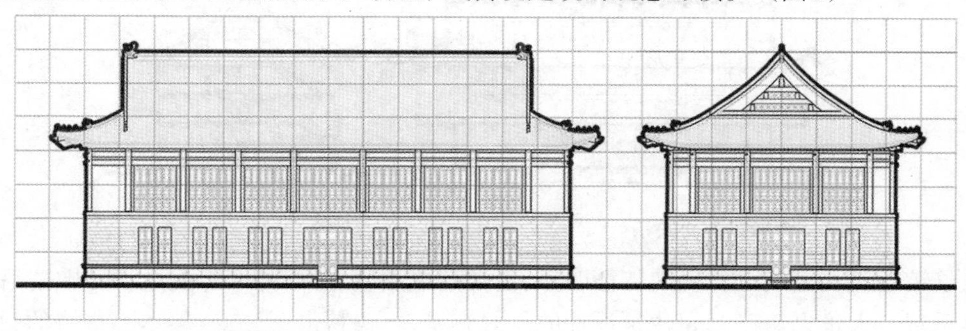
图3　图书馆立面比例关系

① 经过对1930年代以前中国新建大学校园及其建筑的风格之比较，燕京大学和金陵女子大学这两所大学是相对较完整具有北方官式(明代)建筑风格的范例，均出自茂飞事务所的设计。

② 刘亦师教授在《墨菲研究补阙：以雅礼、铭贤二校为例》一文中，曾给出相关论证。

③ 从图书馆施工过程的历史照片可见，当时建筑屋顶采用混凝土浇筑，一体成型，后来调研该建筑时剥离粉刷层，进一步确定了此情况；建筑中预装了电灯、插座和先进的升降梯，并有疑似暖气设施的相关构件预埋在东西墙面和楼板中，这在建成当时属于很高的设施配置。

④ "适应性建筑"理论作为茂飞重要的理论遗产，从雅礼大学开始探索，至金陵女子大学二期建筑时成熟。其体现为内外造型从早期对传统的模仿发展为一种兼具现代性的范式，空间格局熟练适应造型和功能，结构水平显著进步，建造控制逐渐成熟，并作为基础特征确定下来。

⑤ Jeffery W. Cody, *Building in China, Henry K. Murphy's "Adaptive Architecture", 1914—1935.*

⑥ 图2、图7均为耶鲁大学神学院图书馆藏。

⑦ 茂飞事务所在设计之初曾与校管委会书信沟通，其中提到了建筑"二层外观"的想法。

图书馆内部呈现中西杂糅的空间格局。首层为十字内廊式的布局，两侧分布房间，目前作为办公室、网络机房、储藏室等功能存在；二层以工字型通高中庭串联起东西四个房间，是目前的阅览区、书库及检索处；三层与二层共用中庭，格局差异不大，四个房间承载书库功能；四层为一整层单间，布满了书架和书籍，几无多余空间。建筑内部多层布局，体现西方当时建筑传统的影响，但内部装饰也透出中式特色，二、三层空间以井字梁布置楼板①，共用中庭饰以圆柱、雀替和彩绘，以模仿官式建筑的室内感受，铁艺栏杆的设置也增添了空间的艺术特征。（图4）

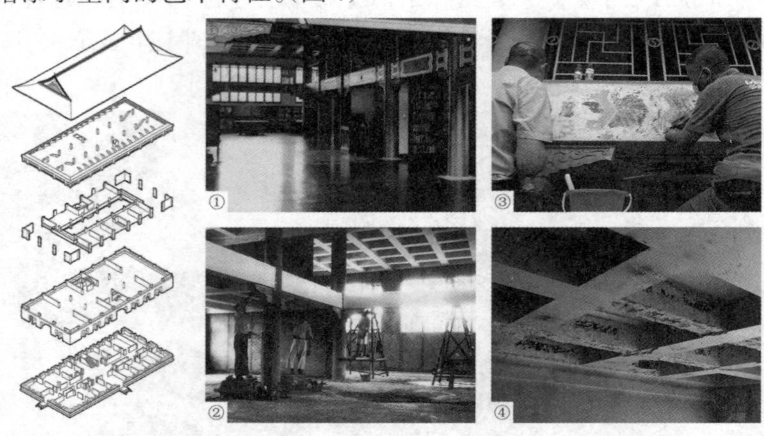

图4　图书馆内部空间特征②

图书馆本身具有较高的结构水平和设计品质。建筑以钢筋混凝土框架体系为主体，首层柱网沿长边9跨，沿短边3跨，二、三层柱网沿长边7跨，沿短边3跨，四层又回归了9跨乘3跨的格局，这种柱网变化是为了保证二层南北两侧的大空间，所以采用了减柱的做法，体现出建筑方案对功能和形象的优先考虑。四层屋顶为了模拟歇山外形，南北端部两排柱通过三角支撑转变结构，以保证外观的收分，但为确保内部空间可用，三角屋架结构在中部抬升至一人高以上，使屋顶恰巧成为图书馆的书库，得以发挥中式大屋顶的功用。这种对建筑形象和功能的细致考虑，使图书馆成为当时社会先进校舍的象征，尤其对屋顶功能安排的巧思，使该馆避免了陷入中式大屋顶建筑“屋顶成本高昂而内部空间无用”的局面。（图5）

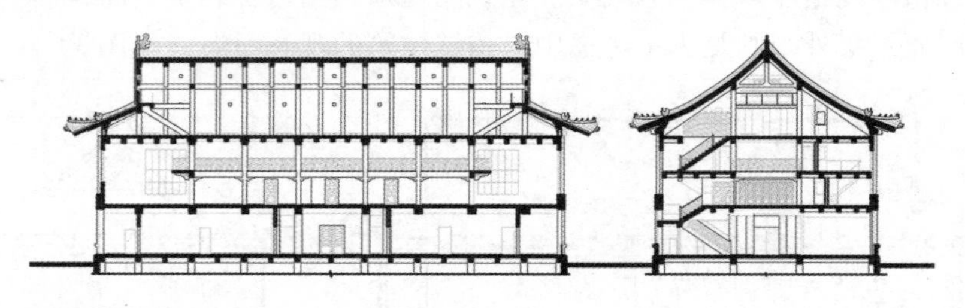

图5　图书馆剖面关系

纵使图书馆建筑在建成之初风貌特征明显，设计建造品质上乘，如今却变成了破败落后的模样，建筑状况不容乐观。大量书籍已远超建筑设计的承载容量，不仅挤占了二、三层本不富裕的阅览空间，过大的荷载也使建筑不堪重负；缺乏规划的使用导致建筑首层空间出现空置，使内部活力降低；建筑北侧增建平房，对建筑形象产生了严重破坏，建筑四周空调机箱的走管需要也导致了建筑立面的开洞破损。各种自行增建改建的设施和布局，导致建筑本体破坏严重。

三、史料挖掘——空间格局梳理比对

为理清图书馆的历史格局，笔者及所在团队通过各式途径，掌握了一批历史图纸和资料，并结合现状调研进一步摸清了建筑原本的用途。

---

① 在对图书馆展开检测期间，曾发现二层东西阅览室部分铁丝网外包石灰的“假梁”，这说明井字梁的布局不全因结构所致，而是为了造型考虑。

② 图中①为建成时的二层室内格局，可见中式装饰和纹样；②为建造中的二层照片，可见井字梁结构；③为现场剥离墙皮时发现的历史彩绘；④为现场检测出起造型作用的假梁。来源：轴测图为笔者自绘，①、②自耶鲁大学神学院图书馆，③、④为笔者自摄。

笔者获得最早的图纸是1931年茂飞事务所于上海绘制的二期建筑图①，在这批图纸中，可以看到最初对图书馆这幢建筑的格局考虑。通过比对，现状建筑空间与这份图纸格局总体相差不大。首层房间一开始便是作为管理用房（Administration）使用，各管理用房互相贯通的格局已显；建筑二、三层均为阅览空间，二层是主要的图书阅览区（Main Library），三层为夹层阅览区（Mezzanine Alcoves），均是沿墙布置一些书柜，而不像现今完全成为书籍存放仓库；在二层楼梯间对面设有书籍借还处和咨询台，并附一部升降梯，这在1930年代初期的建筑中属于很高标准的配置。（图6）

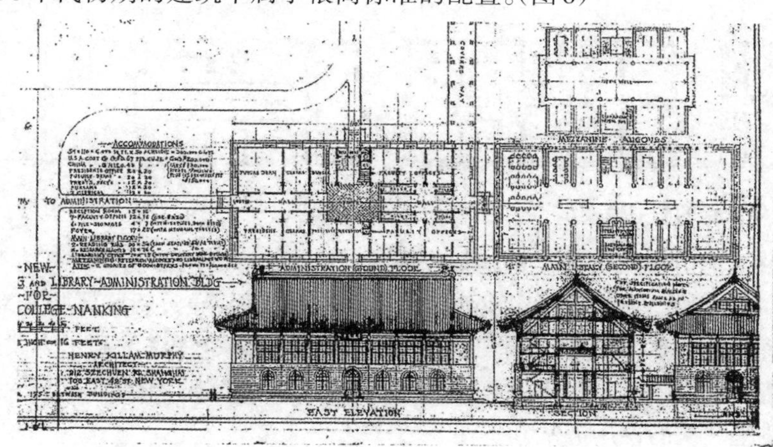

图6　1931年茂飞事务所的图书馆设计图纸

笔者还获得了一套由国人誊抄的图纸，这套图纸保存在南师大档案馆中，具体年代不详，据校方管理人员所说，为建国初期绘制。在这套图纸中能看到，当时的首层空间依然作为各系馆的办公室使用，二层划出了一半的空间用作书库，说明当时的图书已经超过了原有容量，三、四层平面未画出，但推测也应当增加了书籍库存。（图7）

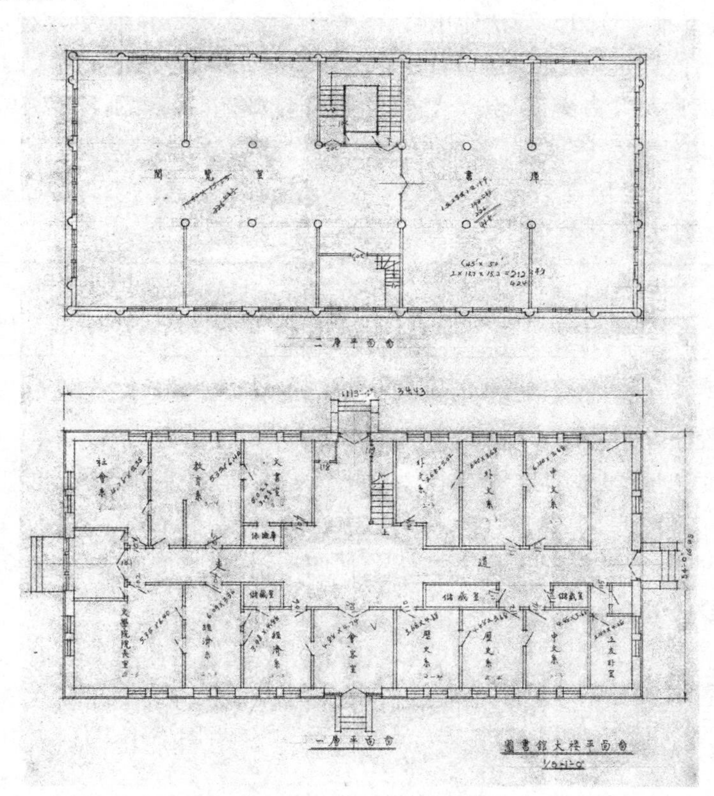

图7　推测为新中国成立后的图书馆平面誊抄图纸

① 该图纸来自耶鲁大学神学院图书馆。根据图纸上的文字记录，当时图书馆建筑的英文名称为“Library-Administration BLDG”，表示这幢复合功能的建筑之主要用途为“图书馆与行政大楼”。首层房间的英文名称显示为院长办公室、各专业办公室和教员办公室等，意味着该建筑首层功能应是面向全校教职员工及管理人员。

2018到2019年期间东南大学建筑设计研究院组织了一次图书馆的测绘[①]，根据现状测绘图，可以发现其与历史图纸之间的一些改变。图书馆的下部两层建筑格局与新中国成立初期的图纸格局间具有空间上的延续性，一层西南角的原有房间被一分为二，西北角与外界联系的原有走道也被隔成了强弱电间，除此以外，建筑首层还设有一间馆长办公室、若干讨论室、自习室和学校机房，其余房间要么空置，要么作为储藏室；二层的南北两侧和东侧阅览室被隔成四间书库，阅览空间已经被压缩至中庭空间和西侧两间阅览室。（图8）

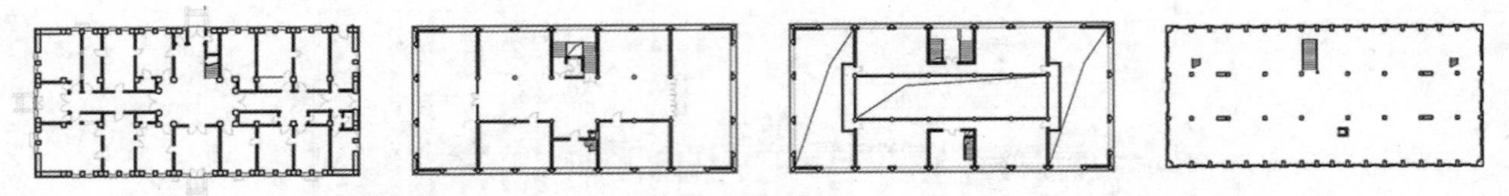

图8　2018年由东南大学测绘的图书馆图纸[②]

在对所掌握的图书馆历年图纸的空间格局比较中，可以挖掘出两点信息。一是图书馆的书越来越多，不断侵占原本图书馆阅览空间，最终形成如今紧张的室内格局，导致阅览体验越来越差；二是原本作为办公室的首层空间随着各系馆的迁出，也逐渐出现了空置，而缺乏考虑的利用方式也使得首层空间被当作各种杂物间对待，成为了整个校园的"配套用房"。[③]归根到底，使用环境的不断改变和图书馆的被动调整导致了如今整座建筑的使用混乱和不便。

四、口述旁证——使用历程阶段研究

在前期分析的基础上，笔者又联系了南师大的图书馆主任[④]，并由其介绍久居校园的老教师，通过对部分亲历者的访谈，获得了口述方面的旁证，了解到图书馆从建成之后所经历的使用变迁，并梳理成不同阶段，其中1949年后的信息相对全面。

在民国时期，图书馆兼做校园办公楼使用，功能变化并不太大。自1933年建成之后，校园的图书阅览和办公的功能转移到该栋建筑之中，建筑首层最南端入口的房间曾是金女大的首任国人校长——吴贻芳的办公室。1937年日军攻占南京，金女大的学校功能被迫中断，直到日本战败后，于1946年图书馆才重新恢复了使用，但书籍遗失巨多，直到1949年前，都在陆续补充书籍。

1949年后，建筑的使用经历逐渐丰富了起来。根据对口述信息的整理和甄别，将图书馆从当时至今的使用历程分阶段梳理如下。（图9）

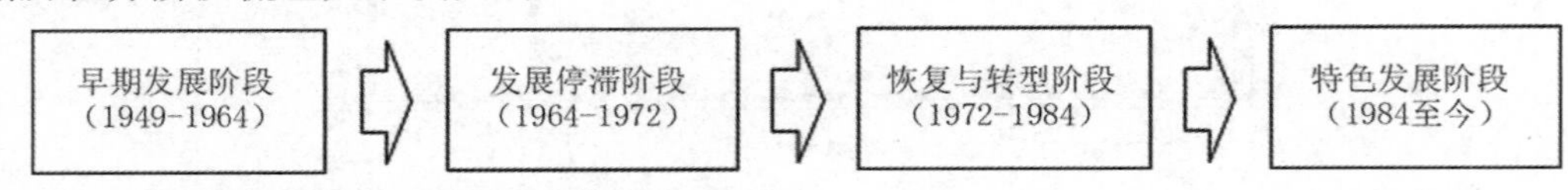

图9　新中国成立后图书馆的使用发展阶段

（一）早期发展阶段（1949—1964）

图书馆的管理制度初步形成，建筑格局未发生明显改变。当时一层为报刊阅览室、线装书室和图书馆的业务部门，二层为大自修室兼存书功能，三、四层（部分区域）为书库。书库在这一时期对学生开放，因为课程安排，存在学期初大量集体借书，学期末集体归还情况，管理比较混乱，常找不到书。

（二）发展停滞阶段（1964—1972）

图书馆功能和格局更新停滞，书籍不断扩充。1964年时任馆长赵之远病逝，之后近十年里，馆长之位空缺，加之紧随其后的"文革"，学校运行整体停滞，图书馆也处于关闭状态。虽然功能中断，但1970年与江苏省教育学院的合并给南师大带来了大量的图书，一年后图书馆主任封佑民创建样本书库，此后

---

① 绘制现状图期间，笔者曾参与其中部分区域的绘制和校对工作。

② 东南大学建筑设计研究院有限公司提供。

③ 在调研期间发现，图书馆首层房间功能复杂，除了一间主任办公室，一间休息室，还有两间学校机房，几间自习室、会议室，以及教材室等。大部分房间在平时处于关闭状态，开学分发教材时，相对热闹，但总体使用率不高。

④ 时任南师大图书馆主任为胡滨。

书籍不断扩充,并保留至今。

(三)恢复与转型阶段(1972—1984)

图书馆恢复使用,开始面临存书压力,书库闭架。1972年全国大部分高校恢复招生,同年2月教职员工逐步回到学校。1977年恢复高考后学生数量急剧增加,图书馆的现有图书已无法满足需求,时任馆长一方面积极争取经费添置新书,另一方面着手整理库藏,为适应教学和科研的需求,图书馆存书开始向现代化转型。在此期间,建筑室内布局大致保持前状,但书籍大大增多,书库已不再开架。

(四)特色发展阶段(1984至今)

图书馆走上特色化道路,开始较多格局改动。为满足图书馆使用需求,1984年校园新建成一座西山图书馆,四十多万册图书被搬入新馆,原图书馆被改为“教学参考部”,藏有样本书、工具书、线装古籍等特藏书;1988年学校与华夏教育基金会合作成立华夏教育图书馆,作为面向全国基础教育、师范教育的专业图书馆和全国教育学、心理学研究的文献情报中心,选用此图书馆作为场地,并起名“华夏图书馆”。1990年代,因为网络的发展和现代设施的需求,学校对该图书馆线路和立面格局进行多次改造。

通过口述内容可以发现,图书馆主要经历了“阅读需求增加—书籍不断扩充—阅览空间减小—新建大图书馆—原馆维护乏力—功能条件变差”的发展过程。该建筑在新中国成立前后均曾有一次功能中断的经历,且之后均出现了较大的变动。从建成至今,最大的一次改变还是1984年西山馆建成,老馆的功能不再在校园中具有唯一性,而相对落后的设施条件,也对图书馆的使用带来了消极影响,1990年后图书馆的格局开始产生较大变化。“功能弱化、设施老旧、维护资金缩减”的相互影响使图书馆坠入了恶性发展的漩涡。

五、问卷评价——建筑使用状况反馈

为更清楚地掌握图书馆的使用现状,笔者制作了一份调研问卷,针对在校师生对图书馆的使用状况展开了调研,并最终收集到375份有效样本[①],其中本科生261名,硕士生95名,博士生4名,毕业学生3名,老师和工作人员等职工12名。

通过对使用人群的分析,笔者发现图书馆的使用者大部分是文学院的师生。共有超过70%的文学院师生每个月都会前来使用,并且超过30%的师生每月使用的频率大于5次,而其他学院的师生使用图书馆频率相对较低。这说明图书馆的使用者具有较强的范围性,通过与图书馆主任的沟通了解到,图书馆的藏书目前主要是样本书和文学学术书籍,其受众主要是文学院师生,这一方面证明图书馆作为文学院研究书库的定位明确,另一方面也体现出图书馆受限于定位的发展困难。(表1)

表1　图书馆使用频率与使用者所属学院分布

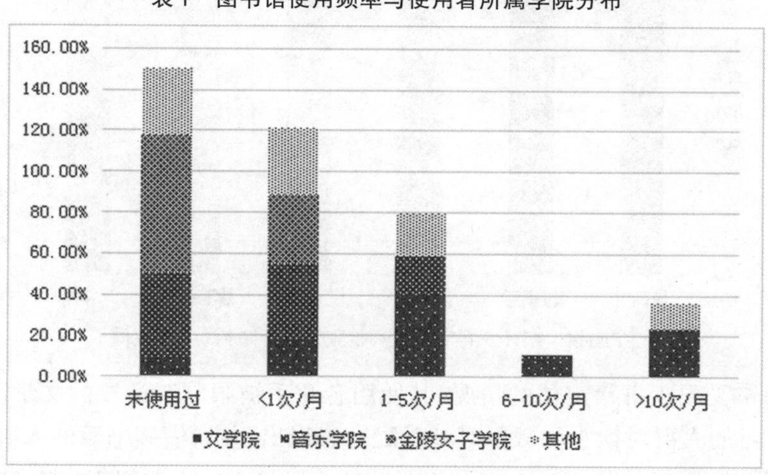

① 这套样本是在图书馆尚未修缮前展开调研所得,有不少学生曾使用过该建筑,样本应当具有参考性。在本次调研前曾做过一次预调研,结果显示文学院学生对图书馆的问题填写相对完整,而大量非本院学生在该馆有关的问题上均未有效填写,预示该图书馆有特定使用人群的特点,后续调研证实了这点。

在针对文学院师生的使用功能分析中，文学院的师生使用图书馆的功能优先级排序从高到低为“查阅资料>自习>休闲阅读>其他事务”。其中除了自习的使用次数多在每个月5次以上外，其他功能的使用次数多在每月5次以下。这说明从重要性上来说，现有师生对图书馆的使用以查阅资料和自习为主，但查阅资料并非经常前往，自习的人群反倒会频繁前往图书馆。通过进一步对使用者的访谈，笔者发现，自习的人群不仅对图书馆的使用较频繁，更会在建筑内停留一段时间，所以对图书馆的内部环境有所要求；而查阅资料的人群虽然也经常来往图书馆，但大多在借完书后便会离开，只做短暂停留，所以对建筑的使用要求相对较少。（表2）

表2　文学院师生使用图书馆功能优先级排序

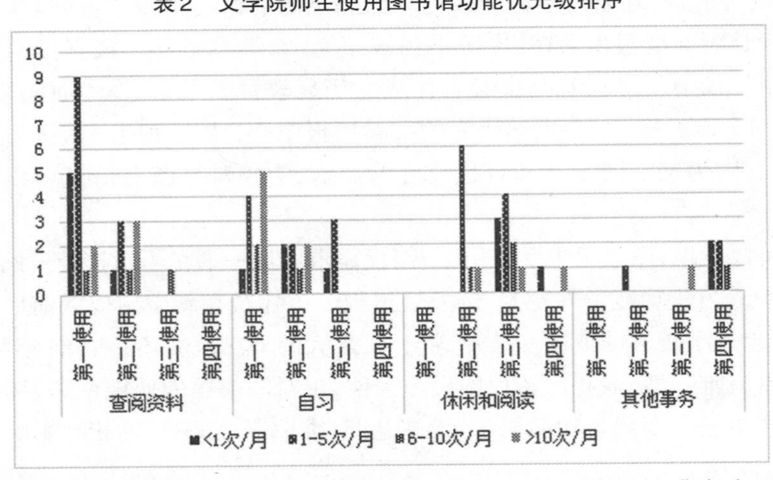

而在对图书馆功能条件的满意度评价中，笔者发现对图书馆相关指标满意度反馈强烈的文学院师生主要体现在每月使用华夏图书馆1—5次和大于10次的人群中，而这类人的主要使用方式为查阅资料和自习，部分休闲与阅读的使用者也被涵盖其中。在这批使用人群中，能明显发现其对指标满意度的排序为：室内环境>书刊资料丰富度>检索方式>饮水间>卫生间，由人数分布数量来看，室内环境、书刊资料丰富度、饮水间与卫生间这四个指标较被重视，并且意味着人们对建筑室内环境、书刊资料丰富度的满意度相对较高，对饮水间、卫生间等硬件配套的满意度较低，这与图书馆内缺乏饮水设施和卫生间的情况相对应；而检索方式评价居中，或许现状的闭架书库人工检索效率尚能勉强满足师生使用。（表3）

表3　文学院师生对图书馆功能的满意度排序

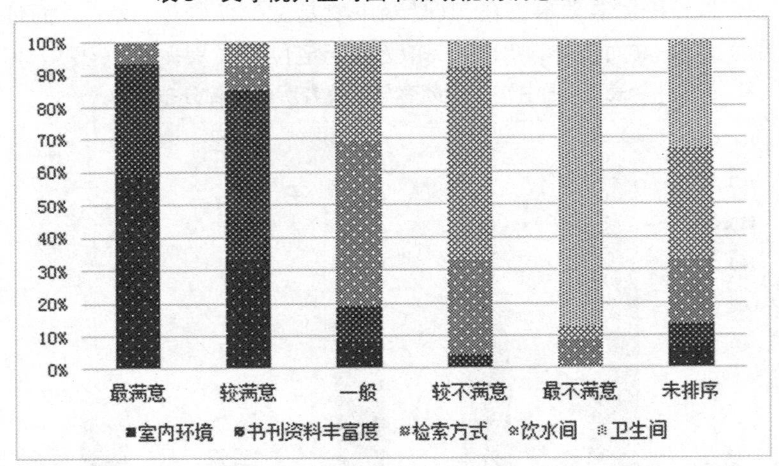

由此可见，图书馆受限于书籍定位的情况，其使用者几乎被限制于学校的文学院师生之中，且由于硬件条件的不佳，自习的人群对饮水和厕所等基础配套表现出不满，借阅书籍的人群或干脆不在建筑中停留。硬件条件的问题，直接反映在了人们对建筑的使用态度上，而定位的问题，则更大范围地影响了图书馆的使用者群体。

六、小结反思——遗产的困境与发展

总体上看，金女大图书馆建筑艺术和历史价值明显。其形象在对官式特征继承的基础上适当发展，兼具一定的现代性；其空间则在西式的内部格局中加入了中国元素，并采用假梁模拟井字梁形象，二、三层空间表现出宫殿建筑室内格局的特征；结构的合理和设备的先进也使建筑成为典范。该图书馆是呈现茂飞事务所“适应性建筑”理论不断发展并最终成熟的节点式范例。

通过分析，金女大图书馆的本体变化情况已逐渐清晰。书籍不断增多到超出负荷，以及办公、阅览功能被双重弱化，导致了图书馆结构的破坏和活力的降低，在面积更大、设施更完备的西山馆面前，旧馆不得不面对落寞下场的结局。纵使如此，图书馆的建筑环境依然是使用者们最满意的地方，证明其艺术价值不减。与后建的西山馆相比较，该馆自然存在规模小、设施落后、建筑老旧等不足，但也同样具有自身艺术、社会价值凸显的优势。后续与校方的沟通中，曾提出将南师大在民国研究上的优势与图书馆气质相匹配，对该馆定位为以民国历史文化展示和交流为方向的思路，打造集民国资料存储和阅览、特色文化展示、沙龙会议交流活动等于一身的场所，来更好地发挥金女大图书馆的文化艺术魅力。

由此可见，建筑的使用需求处在不断变化之中，而建筑遗产破败的背后有着人们对遗产价值认识和定位不清的原因。在这种变化下，功能弱化、设施老旧和维护资金短缺成了建筑遗产逐渐落后的三个重要因素，其中功能落后于需求是建筑活力丧失之始。与此同时，建筑遗产有着特色化潜力，如能针对环境的改变提出适合建筑特征的功能策略，扬长避短，建筑遗产的保护和活化才可以持续而有特色地发展。

东北地区近代建筑历史研究

传承与演变:哈工大土木楼与主楼群组的对比分析

哈尔滨工业大学　房晨璇　王岩

摘　要:在20世纪50年代的哈尔滨工业大学中,诞生了目前学校里最具代表性的几座建筑,其中包括本文研究的建成于1953年的土木楼和1965年的主楼群组。两座建筑虽然建成时间比较接近,但整体建筑风格与细部装饰呈现出"和而不同"的特征,体现出建筑背后的时代与个体思想理念的演绎。本文从"古典""民族""时代"三个方面对两座建筑的特征进行对比分析,力求揭示二者之间传承与演变的关系,并借此挖掘哈尔滨工业大学不同时期教育理念的演化。

关键词:哈尔滨工业大学;主楼;土木楼;传承;演变

一、引言

1920年,哈尔滨工业大学的前身哈尔滨中俄工业学校成立,学校根据当时的城市建设和中东铁路的发展需求,设置了铁路建筑科,在20世纪50年代更名为"土木建筑系",1959年全国高校调整,土木建筑系独立建校成为哈尔滨建筑工程学院,并在2000年又与哈尔滨工业大学合并,成为现在哈工大的建筑学院。

建筑学院的教学楼——土木楼(图1)建于1953年,砖混结构,设计师为时任建筑系教授的俄国人斯维利道夫,建筑外貌呈现仿古典复兴风格。其"土木楼"之称,主要是由于专业教学关系,是相对1954年和1955年建成的机械楼、电机楼而得名的。

而哈工大主楼群组(图2)于1954年开始建造,并于1965年最终建成,框架结构,作为行政兼教学楼使用。主楼群组方案,由当时哈工大教师团队在苏联专家普里霍基克的指导下完成设计施工图。[①]主楼群组采用苏联"社会主义现实主义"[②](又称"社会主义民族建筑风格")形式,外观形式上层层上升,突出中央塔楼。

图1　土木楼[③]

① 陈雨波:《忆帮助哈工大发展的苏联专家们》,哈尔滨工业大学新闻网,2016,http://news.hit.edu.cn/2016/1124/c424a167943/page.htm。

② 邹德侬、张向炜、戴路:《中国现代建筑史》,机械工业出版社,2003年。

③ 图1、图2、图12由哈尔滨工业大学建筑学院衣霄翔老师提供。

图2 主楼群组

这两组同时期设计建造的建筑群组，展现出的建筑风格与特色却有着显著的不同，其中既有对西方古典设计理念的继承，也包含本土民族特色，以及特定时期下向苏联学习的成果，在很大程度上诠释了哈工大的建筑思想与文化的传承与演化。

二、古典建筑理念的传承

哈工大的建筑教育由俄国人奠基，从建校之初的中俄铁路技术学校起，源自法国的学院派建筑思想就成了其后的学校建筑教育的主导，并且一直渗透到建国初期，也成为哈工大建筑的一大特色。作为建筑教育基地的土木楼以及哈工大的主楼群组中，古典建筑的设计理念均有不同程度的体现，包括建筑的平面布局、立面构图元素与秩序、比例控制以及细部等。

(一)平面布局

古典建筑设计理念中，平面布局大多呈现明显的秩序性，如主入口引导的中厅主要空间相对于其他从属空间的主导地位、中轴线秩序控制下的对称序列，都体现出典型的古典平面构图法度。土木楼的平面呈"E"字形排布，主立面面向西大直街，建筑整体平面因为受场地原有建筑的约束而呈现出端部不对称的布局，但主要功能的组织仍然能清晰地表现出典型的古典主义建筑理念。由四根罗马多立克柱式构成的入口门廊凸出于主立面正中央，与门厅空间共同构成主轴线的核心，门厅中央向后方向正对的一座壮观的双分式主楼梯进一步强化了这一空间的主导地位，门厅两侧直至端部对称设置宽敞的走廊作为从属部分。

而哈工大主楼群组的总平面(图3)整体呈现出的是更为复杂的"E"字形的组合，位于正中央的主楼平面呈"丄"形，两个侧翼由轮廓完全对称的"E"字形的机械楼和电机楼组成，与主楼之间依靠二至四层的连廊相连接，三栋楼共同构成一个更大的"E"字形。整个群组目前整体平面大体对称，依据原有历史图纸，内部走廊、门厅与楼梯的分布均为对称布置。主楼、机械楼、电机楼分别拥有各自独立的主入口与门厅，虽然朝向不同、具体平面布置不同，但都在"E"字形的三个交点处，即轴线相交或转折处设置楼梯，既对称均衡又进一步强化了中心。

土木楼与主楼组群的平面布局中，还体现了对于特殊空间相同的安置手法，即将大空间放置在主门厅空间轴线的后部，既是中轴线尽端的一个有力的节点，又获得了特殊空间结构设计的相对自由。土木楼中最主要的大空间：二层通高的室内篮球场、局部二层通高的礼堂均放置在中轴线上，进一步突出中心的同时也强化了对于两翼普通空间的统帅地位；主楼群组中，位于主楼中轴的尽端的，三、四层被做成礼堂大空间，并改变了局部梁结构；同样体现了古典主义平面构图的特征。

总结两座建筑在平面上的部分功能与形式组织，尽管土木楼与主楼群组的外部造型呈现出不同的风格特征，但平面空间的布局依然体现出清晰的布扎构图特征，即古典主义所延承的法式，从中可见古典主义建筑设计的原则与思想渊源。

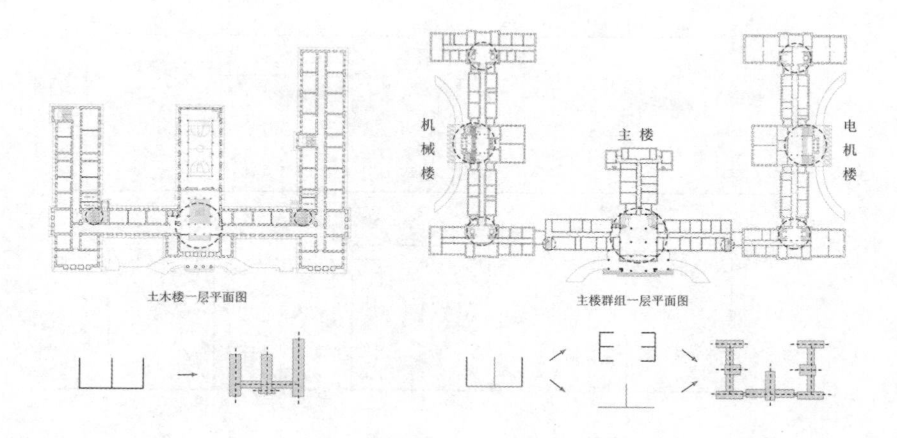

图3　土木楼与主楼群组一层平面图

(二)立面构图

1.构图元素与秩序

土木楼的主立面(图4)构图,呈现典型的欧洲古典建筑的特色,造型线条刚劲有力,典雅中蕴藏着阳刚,具体表现为立面中央入口部分与两翼尽端向前突出,"横五纵三"的构图与法国古典主义经典作品卢浮宫东立面的程式十分相似,主入口立面被重点强化设计,上部屋顶也做特殊处理以突出中轴线,呈现出鲜明的对称感和明确的主从秩序。

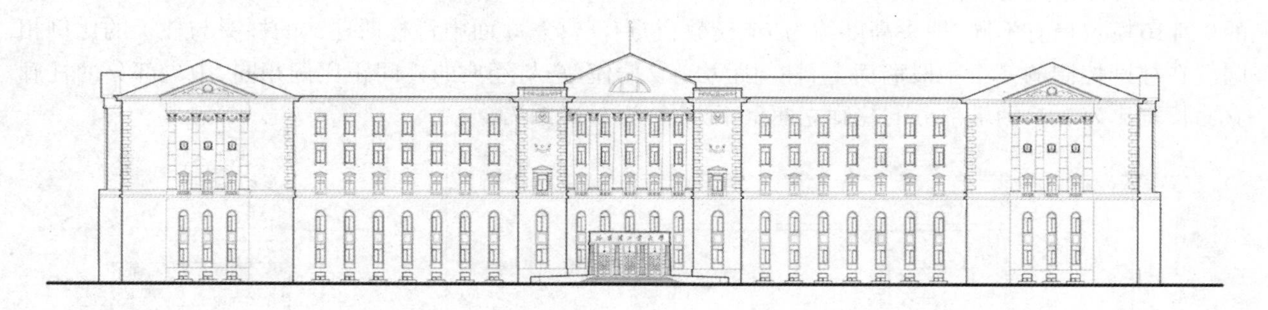

图4　土木楼主立面图①

土木楼的立面最直接地运用了西方古典建筑典型的柱式、山花元素,横向五段中凸出的三段都使用了柱式与三角形山花构图,中轴线上的屋顶则以三角形山花搭配拱形窗的形式来突出轴线的主导作用。古典柱式也进一步出现在土木楼内部如走廊和礼堂的方柱和壁柱上,只是已经高度简化处理。

主楼组群虽与土木楼风格不同,但古典的构图秩序依然是清晰可见的。整个群组的立面在横向上由三座楼组成,也呈现中央对称构图,中央主楼宽度更长,两座配楼长度更短,体现主从关系。主楼、机械楼、电机楼,每栋都分为纵向三段,两侧翼宽于中央塔楼,同样起到衬托中央的作用。

2.比例控制

比例在建筑中的应用源远流长,前人提出的最完美的比例,如正方形,以及黄金比矩形长宽比1∶1.618,稍逊一点的是1∶1.5,至少也要1∶1.4。

土木楼的立面设计中,从整体到局部都体现出建筑师对于比例的严格控制。主立面(图5)纵向三段从上至下比例约为1∶2.5∶2,与卢浮宫东立面的1∶3∶2较为相似,可以看到古典主义经典的比例控制。最下一段是基座,高约11米,包含地上两层与地下一层的局部立面,约占总高的1/3。立面横向的五段,其宽度之比约为3∶4∶4∶4∶3,中央部分的三角形屋顶上部伸出一根桿,统帅全局,明显的对比设计使得主轴非常清晰。整个立面造型简洁清晰、层次丰富、雄伟庄严。

① 哈尔滨工业大学建筑学院15级测绘作业。

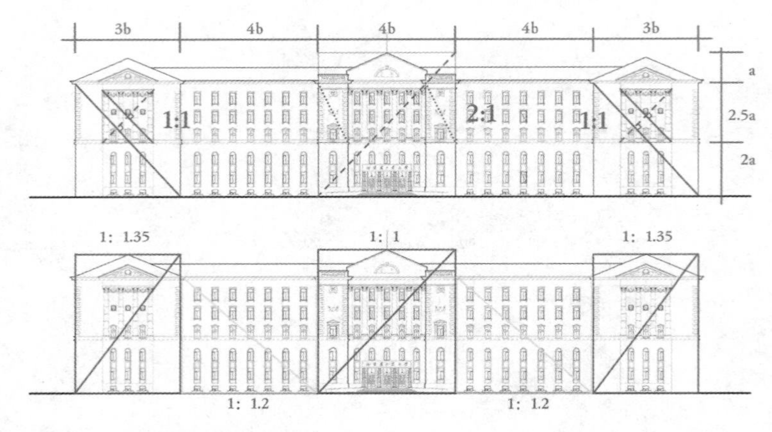

图5　土木楼立面比例分析

从柱式比例上看，土木楼入口门廊（图6）做多立克柱式的四柱廊，依据柱间距与柱高比例，与传统的柱间距为柱底径的1.2到1.5倍不相似，属于离柱式柱廊。柱子外观为带柱础的罗马多立克样式，但比例上更接近希腊多立克，只是柱身的细长比接近约1∶7，较古典时期的1∶5.5—5.75略显细长；两柱之间的门廊空间长宽比接近1∶0.6，十分接近黄金比例，整体门廊空间的长宽比为1∶2，在黄金比例图形中也是非常常见的比例。

在立面的横向五段中，中央部分与两端部分向前凸出，并且都在横向中段墙身部分运用了科林斯柱式的壁柱与窗相间的组合，立面外貌一致。以柱底直径的模数，柱身约为8.5模数，较经典的科林斯柱式的9到10模数稍有不同，柱头高度约为7/6模数，与卢浮宫东立面中科林斯柱式的柱头与柱径的比例相同。在柱廊控制的三个中段墙面上，柱间距均为2倍模数，与经典的柱间距比例相同，中央部分的柱廊立面长宽比为2∶3，两端部分的柱廊立面呈正方形，为1∶1（图7）。

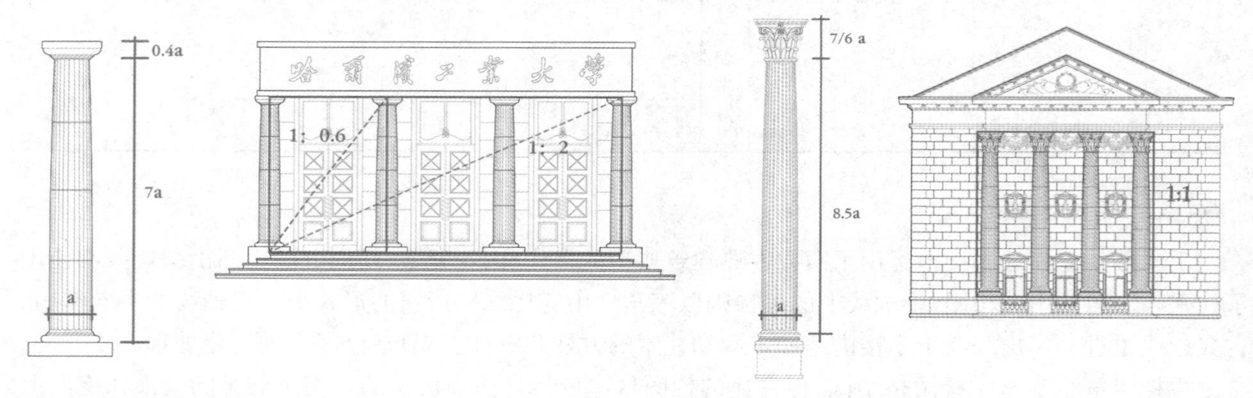

图6　土木楼门廊柱式

图7　土木楼墙面柱式

出现在20世纪50年代初的这座建筑，这样经典的古典设计理念，这样精准的比例控制，应该说与建筑师本人息息相关。土木楼的建筑师彼得·谢尔盖耶维奇·斯维利道夫（Петр Сергеевич Свиридов），1889年出生，1915年毕业于圣彼得堡民用工程师学院，1920年被派往哈尔滨，担任过铁路部门建筑师和铁路管理局工程师，1924年开始在哈尔滨工业大学任教，1946—1952年担任哈尔滨工业大学建筑工程系的系主任。沙俄时期的高等教育受法国模式影响最大，圣彼得堡民用工程师学院（即今圣彼得堡国立建筑及建筑工程大学）在当时采用法国教科书和教学法，开展古典主义教育，强调艺术史、建筑设计和施工技术等内容。因此，斯维利道夫的教育背景是他从事建筑设计以及从教的重要基础，也为土木楼的设计带来了布扎体系教育下培养的古典建筑理念，土木楼以纯正的古典构图的外貌诞生便非常合理。在当时特殊的政策背景下，这栋建筑的成功建造更显得十分珍贵与罕见，想必与斯维利道夫个人的想法与意志密不可分，这也体现出当时的哈工大校园内包容的思想形态。

另一方面，外形更现代的哈工大的主楼群组在比例的控制与处理上同样别具匠心。主立面大体呈现两个1∶1.6的矩形（图8），近似黄金比例，主立面底边两侧边缘与塔尖夹角呈为32度，美观均衡。整个群组的立面在横向上由三座楼组成，每座楼又进一步划分为横向三段，每段宽度呈现出非常整齐的比例关系。由此我们可以看到，主楼呈层叠的塔状垂直向上，最上部细长的杆直刺苍穹，两侧翼宽于中央塔楼水平伸展，起到衬托中央的作用，两座配楼宽度更短比例更平均，体现从属和陪衬关系，更加突出了中央的主楼。古典主义的构图法则在这里通过比例的控制进一步得到了体现。

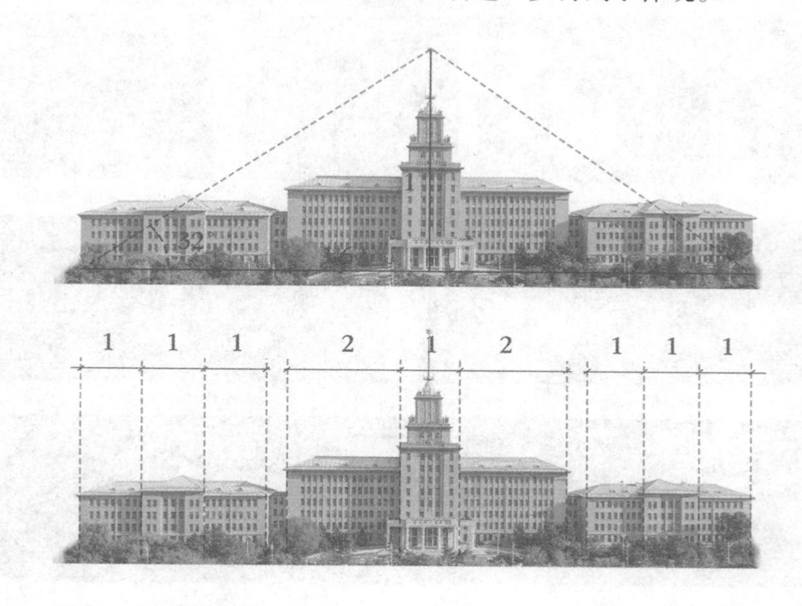

图8　主楼立面比例

由此可见，主楼组群虽然外观已尽显现代，但平面和立面的构图设计依然遵循着古典设计理念，依然可以看出建筑师带来的影响。主楼组群是当时哈工大建筑系师生在苏联专家指导下完成设计，当时的哈工大建筑系沿用的是“俄式教学”体系，参考圣彼得堡民用工程师学院的教学大纲设置①，而俄式教学的源头即法国布扎体系，因此建筑系师生实际上受到很多法国古典设计理念的影响，已深深渗透到他们的设计思想当中，最终在主楼群组设计中得到体现，因此，主楼群组与土木楼建筑设计中所蕴含的古典建筑传统有着相同的源头。

三、民族化探索

20世纪50年代初设计建造的哈工大主楼组群，既是新的教学区，也是新中国高等教育的载体，本土化民族化的探索成为义不容辞的责任。在主楼群组内，以细部表现为主，包括融合的柱式、门厅藻井、构件、墙面的纹饰、彩画装饰等，都明显地表现出中国传统建筑元素的特征。

(一)构件

中国古代建筑中既有圆柱也有多边形断面的棱柱，而西方建筑中的柱子大多是圆形断面。在主楼的主入口门廊处，矗立着14根柱子，细长比以及从柱头到柱础的组成都十分类似西方的柱式(图9a)，但是仔细看，其断面呈八角形，柱础基座的圆盘线脚、带饰与柱头部的凸弧线脚、圈带等也变形成八角形的外接线脚，更像是中国传统的棱柱，不妨看作是对中西方柱式进行融合的一种探索。

主楼群组中，在电机楼与机械楼的主门厅处，更是充分运用了中国传统建筑元素。门厅上部的天花板做出藻井形式并绘满色彩，柱与柱之间的主、次梁也绘制成古代木构架建筑中的梁枋彩画，并在交界处增加雀替构件。天花原本主要用来遮挡屋顶的架梁，辅之以吸音、保暖、装饰的作用，而在框架结构建筑的一楼做出此构件，便显然失去了功能性，表现出建筑师将中式建筑元素融入其中的刻意为之，同样还有雀替构件，在此处失去了缩短净跨度增加梁枋荷载力的功能，更像是一个体现中式古代传统建筑元素的标识。

① 见陈颖、刘德明:《哈尔滨工业大学早期建筑教育》，中国建筑工业出版社，2010年。

（二）纹饰

电机楼与机械楼的墙面上饰有凸出的纹样（图9b），特征和花纹走势与中国传统的代表吉祥寓意的回形纹十分相似，推测该纹样由回形纹以及传统花窗的纹饰变形而来。两栋楼的入口门廊处，也装饰着大量中式元素，柱与梁上打造出清式彩画结构与纹样的金属纹饰，交界处还有雀替纹样（图9c）。

a）主楼门廊柱式　b）主楼墙身纹饰

c）电机楼/机械楼入口门廊檐下装饰　d）电机楼、机械楼门厅内的一层天花

e）电机楼门厅内的梁、柱彩画

图9　民族化探索图示合集

（三）彩画

电机楼与机械楼门厅上部都做了藻井，枝条部分绘以清式典型的燕尾图案，天花板部分也绘制了清式典型的圆光，只是机械楼的圆光内并无任何图案，四处也没有岔角，呈现出简化版的天花，而电机楼的天花圆光内绘有图案（图9d）。

门厅处的主、次梁上，代替传统梁枋绘制了类似清式旋子彩画图案，长一点的梁上也大体分为箍头、藻头和枋心三部分，短一点的仅有箍头和枋心两部分。箍头的盒子中，绘有简化的花纹；枋心部分简化为纯色填充，没有图案；藻头部分可以看出简化版的一整二破图案（图9e）。

雀替部分的轮廓与花纹走向可以看出由旋子彩画简化而来，雀替下方承接的斗与拱，也抽象表达成为图案的一部分，与花纹融为一体。值得注意的是，在雀替的花纹中部也见缝插针地出现了红色五角星图案，再一次强调了时代性在设计思想中的重要地位。

融合的柱式、纹饰、藻井、雀替、彩画的运用，将中式建筑元素融入现代形式的建筑中，体现出建筑师对于本土传统文化的坚持与肯定。当时的本校师生虽然接受“俄式”建筑教育与苏联专家指导，但却努力将民族建筑文化融于现代设计当中，体现出可贵的探索精神。

四、时代风貌的凸显

一个建筑的风貌往往体现出当时最典型的时代特点，与背景、政策、思潮甚至国际关系都密切相关，土木楼与主楼群组中的表达便生动地描述了20世纪50年代国内外的时代性对建筑的影响。

（一）立面形态

哈工大主楼造型可以说是最具时代特色的。它以莫斯科大学主楼为蓝本，中央高塔为构图中心，两侧对称式布局，塔楼层层收缩，中央塔尖高耸，立面划分强调竖向线条，营造高耸感，整体形象高大而庄严。

两侧配楼烘托中央塔楼的构图方式与土木楼不相同，土木楼的立面强调的是节奏感，以天际线轮廓来看可看作“山花—平顶—山花—平顶—山花”的组合，而主楼的轮廓则是极致的以烘托中央塔楼为目的，从两边配楼、侧翼到层层收进的塔楼，都在一步步地拔高耸立，具有强烈的时代性。从横向上看，将立面上主要的轮廓——门厅、配楼、侧翼、塔楼的高度由低到高进行对比，可以发现呈现的比例关系，下部较为缓和，而上部收尾处较为陡峭，而对比最初的设计图发现，建成的主楼顶尖的杆比设计图中更为细长，更能说明建筑刻意营造视觉上向上的趋势，突出高耸感。（图10）

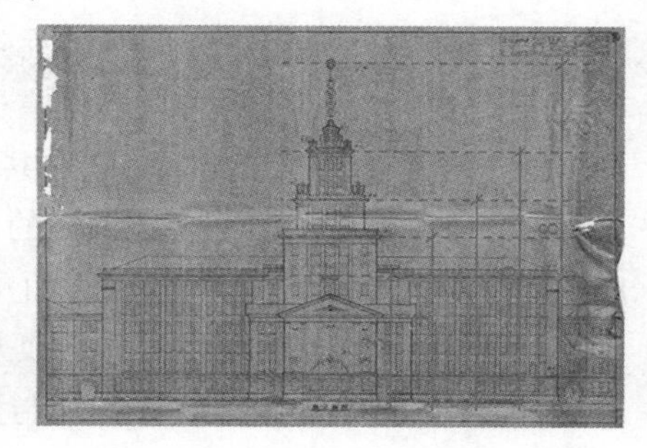

图10　现主楼立面横向比例与主楼历史设计图纸①

这种典型的层层退进拔高的形体，源头可追溯到苏联斯大林时期，这种风格的传入又得因于当时中俄密切的外交关系。20世纪30年代，斯大林提出了“社会主义内容、民族形式”口号，实际上是把建筑创作从理论上引向重视思想意识的道路，在具体创作中选用俄罗斯古典主义建筑艺术的成就作为主要建筑手段，苏联官方推崇“社会主义现实主义”②，建筑风格转到了古典主义、烦琐装饰和追求虚假壮丽的纪念性。该时期建筑又称“斯大林主义”建筑，代表作品为昵称为“七姐妹”的一组摩天大楼，它们统一的特征是对称构图，屋顶层层收缩，中央突出尖塔，上面都以尖顶红星（图11）结束。

图11　莫斯科大学主楼及尖顶③

追溯这种现象的历史背景，可以发现与当时国内政策、教学、建筑师等影响息息相关。1952年后，中国高等教育学习苏联“一五”计划时期的院系调整，中国高校进入“全面苏化阶段”。当时中国教育部的口号已经从“借助苏联经验，建设新民主主义教育”转变为“一边倒地学习苏联”④，因而在文化艺术领域“社会主义内容，民族形式”这一口号成了我们建筑设计中的指导原则。1950年，哈工大管理权交还给中国政府，中央下达哈工大的办学任务是：“仿效苏联高等工业大学的办法办学，并及时总结推广其学习苏联的先进经验，推动我国高等教育的改革。”⑤自1950年起至1960年止，哈工大先后聘请了74位苏联专家，专家们将苏联高等学校的教育制度、教学进程、教学方法，系统地介绍到中国来，“帮助学校制定了《哈尔滨工业大学五年发展计划》，草拟了哈工大第一份发展规划蓝图，这些对哈工大后来改建、扩建和发展起了一定的导向作用”⑥。依据资料记载，“主楼组群方案是哈工大师生在苏联专家的指导下于1953年完成设计方案”，此时的哈工大正处于全面学苏阶段，按照苏联模式制定相应的教学计划和教学大纲，因此主楼的构图、布局、装饰、细部等特征，与当时1953年刚建成的莫斯科大学非常相似，凯旋的气氛、宏大的追求、高高拔起的锥尖顶，都是国家意志和总体战略在建筑文化上的体现。

① 作者自绘与哈工大建筑设计院提供。

② 邹德侬、张向炜、戴路：《中国现代建筑史》，机械工业出版社，2003年。

③ http://33h.co/k4kd6.

④ 刘军：《苏联建筑由古典主义到现代主义的转变（1950年代—1970年代）》，天津大学2004年硕士学位论文。

⑤ 陈雨波：《忆帮助哈工大发展的苏联专家们》，哈尔滨工业大学新闻网，2016年，http://news.hit.edu.cn/2016/1124/c424a167943/page.htm。

⑥ 陈雨波：《忆帮助哈工大发展的苏联专家们》，哈尔滨工业大学新闻网，2016年，http://news.hit.edu.cn/2016/1124/c424a167943/page.htm。

(二)细部元素

1.红旗、五角星、镰刀等

这些体现新时代特色的细部元素在主楼设计中应用最为明显。主楼两翼为六层,中部高耸的塔楼分三段收进,共十三层楼,在塔楼收进的第一段,八楼的正中间楼顶上,饰有光芒四射的五角星,也是整个主楼中最大最恢宏的红星,左右共八面红旗簇拥,二段与三段塔楼四角为四面红旗交叉簇拥的五角星(图12a),塔顶尖杆上为弯月烘托的五角星,与莫斯科大学的塔尖一致,形成了浓郁的红色文化巍峨宏伟的建筑风格。背立面在四层墙面中央,装饰山花墙,中间为飘带纹饰。

即使在土木楼鲜明的西方古典外衣下,也有一些那个年代特有的红色装饰图案。如柱廊檐部的麦穗和五角星,山花内的红旗、花环与五角星,墙面上的镰刀斧头、麦穗、五角星与火炬等(图12b)。这种特有的红色文化与西洋文化融合的现象,表现出了那个时代的深刻烙印以及建筑师的创造精神,这些红色文化元素是对当时社会背景的写照,是一个时代的缩影。

a)主楼细部

b)土木楼细部

图12 主楼、土木楼细部

2.民族元素中的时代性

主楼群组中,机械楼与电机楼主入口,檐口处由两种纹样重复组成,一种纹样是典型时代特征的五角星,另一种图形与齿轮非常相似(图13a),结合机械、电机的学科特征,似乎可以把齿轮看作代表学科的标识,也可以推测建筑师在设计时将传统、时代与学科的特征融入建筑立面纹饰中,使得整体建筑语言内涵丰富,元素和谐。电机楼的天花圆光内绘有被简化如意纹图案环绕的五角星,四周岔角也分别布置四个五角星,融入中式元素的同时也加入了时代性标识。电机楼、机械楼的梁部绘有旋子彩画图案,两端的箍头花纹中央还绘制了一枚五角星,并绘以红色,在黄绿配色的彩画中凸显出来;旋子中绘以一个对称的锥形图形,虽然无法明确图形的象征意义是什么,但笔者推测其中央高耸、两边退进的轮廓与主楼造型十分相似,将体现时代性的主楼轮廓作为标识绘制在中式彩画中,在整体设计手法看来也不无道理。(图13b)哈尔滨工业大学主楼当之无愧地成为苏联"社会主义现实主义"建筑风格在哈尔滨最经典的代表之作。

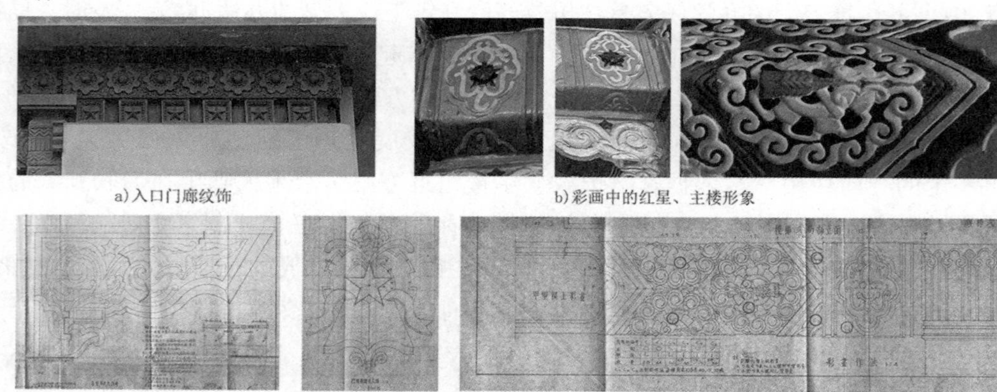

a)入口门廊纹饰

b)彩画中的红星、主楼形象

c)历史设计图纸中的细部

图13 民族元素中的时代性图示①

① 作者自摄与哈尔滨工业大学建筑设计院提供。

五、结语

于同一时期设计并先后建造完成的哈工大土木楼与主楼组群，呈现出不同的风格特征，既有深厚的学院派传统、鲜明的时代特色，又有与民族传统文化的融合，展示了50年代初哈工大的高校建筑以及建筑设计思想的特征，也成为那个时代国内高校建筑中极具特色的代表。其背后蕴含着建筑教育理念的传承和演变，其形态和内涵都被打上了深刻的时代烙印。通过两者的对比分析，不难发掘出20世纪50年我国高校建筑发展中的一些显著特质。

哈尔滨西大直街近代建筑形式分析

——基于对体现俄国影响的典型建筑的实地调研

清华大学　徐寒

摘　要：本文从建筑学科视角出发，结合西大直街的历史渊源，基于西大直街1—86号及周边建筑实地调研与群像分析，并重点对哈尔滨铁路局(现为中铁哈局集团有限公司)进行分析，试图寻找建筑背后的形式关联和文化内涵，并更为深刻地理解哈尔滨的底蕴。

关键词：哈尔滨；西大直街；俄国；近代建筑；实地调研

一、引言

19世纪中叶至20世纪中叶，在外力入侵的作用下，中国城市发生巨变。在此期间，俄国侵略东亚，并利用哈尔滨优越的地理优势修建中东铁路，客观上促进了这座城市的现代化。①20世纪初，围绕着圣尼古拉教堂、哈尔滨火车站、铁路局等重要建筑，俄国侨民开展发达的工商业活动，且在区域内大批修建宅邸、商场、办公署等建筑。这些建筑部分留存至今，成为宝贵的“城市活化石”。

图1　哈尔滨历史建筑官方铭牌

百年风雨，这些建筑早已对哈尔滨的城市肌理、形式语言、文化特色产生潜移默化的、巨大的影响，同时也深深地镌刻在了每一位哈尔滨市民的记忆之中。笔者自2006年起便生活在哈尔滨南岗区松花江街道区域，至今已逾十五年。坐落在西大直街旁的、被笼统概括为“俄式风格”的建筑，为笔者提供了生活、学习、游玩的场所。笔者初中四年曾在哈尔滨工业大学附属中学(原为中东铁路哈尔滨男子、女子商务学校)度过：砖混结构的房屋、黄白相间的面饰、深绿卷曲的铁艺构件、校园中的俄语课读书声和老师对黑龙江这片土地历史的动人讲述，无不是笔者心中深刻的乡土回忆。

这些房屋是俄国侵略我国东北的铁证，但也是哈尔滨从名不见经传的“阿勒锦”渔村逐步发展为大都市的证据。本文从建筑学科视角出发，结合西大直街的历史渊源，基于西大直街1—86号及周边建筑实地调研与群像分析，并重点对哈尔滨铁路局(现为中铁哈局集团有限公司，本文下称铁路局)进行分析，试图寻找建筑背后的形式关联和文化内涵，并更为深刻地理解哈尔滨的底蕴。

---

① 见刘玉芬：《近代哈尔滨社会变迁对城市空间结构演变的影响》，东北师范大学2007年硕士学位论文。

二、区域起源与发展

(一)大直街的历史渊源

哈尔滨在修建中东铁路前,其聚落主要散布于如今的郊区位置。作为一个中等的村屯,哈尔滨毫无城市规划可言。铁路动工后,中东铁路局于1898年开始对铁路属地内的秦家岗(今南岗区)进行全面规划。1899年,随着哈尔滨站、松花江站等一系列火车站的建设,大直街完成建设。结合铁路走向与城市地貌,哈尔滨形成了"码头""新城""哈尔滨街"三镇分立的格局。在连接三镇的干道中心(今大直街与红军街交口)建设一座圣尼古拉教堂(图2左)。其中,大直街隶属于"新城"范围内,该区域主要规划建设铁路管理局、督办、会办公署、公馆、官员宅邸等,这些建筑部分遗存至今,是笔者着重调研的对象。

图2　圣尼古拉教堂原址的变化①

(二)片区的现代发展

如今,西大直街已成为南岗区市民的生活中心。依傍铁路局设置的售票厅、招待所、银行、邮局等办公单位为市民提供便利。

1997年,红博购物中心建于圣尼古拉教堂原址地下,位处商圈中心。其主要定位为中档服装专营市场,成为哈尔滨市民日常购物的集中选择。自此,圣尼古拉教堂原址附近逐渐发展为旧城商圈,松雷广场、万达影院、家乐福超市、国贸城等娱乐购物中心先后入驻其中,风头一时无二。

西大直街也是教育产业聚集的区域。团结小学、复华小学、哈工大附中、萧红中学、一五六中学、省实验高中、哈工大、省委党校等教育机构均集中于附近。区域内与教育资源配套的文教店、书店、餐饮商业同样较为繁荣。

近年来,政府对城市文化宣传建设的力度逐渐增大。2016年,詹天佑广场落成于西大直街和工程师街交叉口,迈出了城市铁路文化宣传的一步。展陈设施方面,在著名的黑龙江省博物馆(原莫斯科商场)的基础上,政府也积极利用区域内原有的数座近代建筑增设哈尔滨铁路博物馆、哈工大博物馆等,红博中央地下阳光大厅内也有对圣尼古拉教堂的详细介绍。西大直街的百年建筑历史根植在每一位市民的文化记忆中。

三、建筑调研与分析

哈尔滨南岗区的主要近代建筑主要围绕圣尼古拉教堂旧址,沿西大直街、东大直街、红军街分布。三条街上各有一座最为重要的建筑与尼古拉教堂共同分别形成沿街轴线,分别是铁路局、极乐寺和哈尔滨火车站。笔者着重对西大直街1—86号及周边部分建筑进行了调研。

(一)哈尔滨铁路局(中铁哈局集团有限公司)

1. 平面布局

建筑原为中东铁路管理局,由中东铁路技师德尼索夫设计,是中东铁路系统中规模最大的行政办公类建筑,被列为哈尔滨I级保护建筑。建筑始建于1902年5月12日,1904年2月竣工后大火,1906年重建。建筑目前位于西大直街51号,采用砖混结构,拥有3层地上层(主楼)、2层地上层(配楼)和1层地下层。

① 左、中图见常怀生编著:《哈尔滨建筑艺术》,黑龙江科学技术出版社,1990年。

建筑平面呈现双中心、双轴线的布局。体量分为主楼、侧楼、前楼、后楼等若干组，其中主楼与前广场共同组成面向西大直街的对称外部形象。楼座分组设置，功能分区明确：如目前在主楼内安排财务、计统、人事等功能，在前楼、侧楼内分别布置劳卫、房产、审计等部门等。功能的高度分区符合铁路局的运作模式。楼座由七个过街门洞连接，使得若干分区成为一个整体。

建筑平面组团围合出两个对称内院，院子中种有高大乔木。围合布局有效组织起多个楼座，保证每间办公室的采光，并防止冬天西北寒风侵入。庭院绿化也在一定程度上阻隔了各个楼座的视线互通，保证了办公环境的私密性。也有一说为：建筑平面设计意取俄文“铁路”一词的首字母“Ж”[①]，无可靠资料来源，暂且不表。

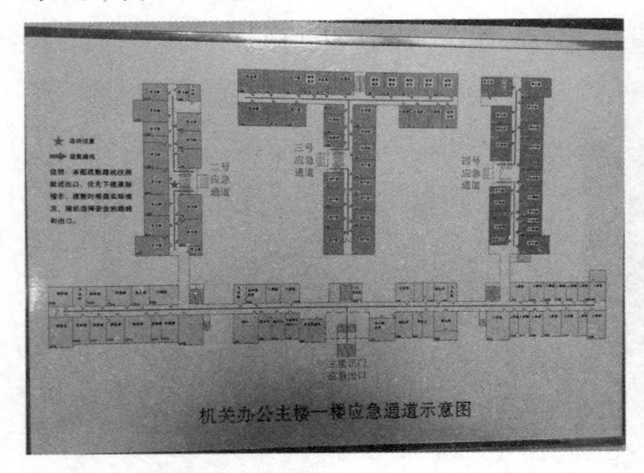

图3　铁路局内部平面

图4　过街门洞与内院

2. 形式与立面语言

建筑为典型的新艺术运动风格（Art Nouveau）。不同于西欧地区多用于商店、住宅等，哈尔滨的新艺术运动风格建筑多为官方办公建筑、火车站等，为本地近代建筑的特色之一。[②]

由于地理原因，哈尔滨石材产量有限，价格较高。城市在新艺术运动中主要使用针叶木进行建造，而使用石材作为基础或饰面的建筑屈指可数。因此，大量采用石材工艺的铁路局大楼在建筑群中显得格外突出，也得到了“大石头”房子的称谓。[③]

建筑正立面呈现三段式：底部入口突出，采用整块花岗岩交替砌筑，砌缝整齐，敦实厚重。建筑基座也采用相同材料，转折处抹角，形成厚重的室外基座形式。入口由三级台阶引导，黑漆木门上的椭圆纹样与凹凸雕刻调剂了入口庄严的气氛。二、三层立面饰以不规则孔雀石板，且随着层数增高，开窗数量增多、面宽减小，建筑女儿墙部分以刻痕石块、涡卷、铁艺栏杆、铁艺挑檐装饰，从下到上愈发活泼。形体转折处使用隅石交代，增强了立面的稳定性。建筑正门前方立有一毛泽东塑像，为哈尔滨市不可移动文物。该像于1968年12月26日建立，并于1996年、2013年的7月1日完成多次修缮。

图5　铁路局正立面图

图6　立面局部：花岗岩、孔雀石板、涡卷刻饰

楼座间分设的七个过街门洞也是建筑的重要标志之一。这些门洞形式不尽相同，有并联成组的，有较为矮宽的，有较为窄高的。拱廊大体呈三段式，材质与楼座略有不同，自下到上分别为花岗岩基座、不规则孔雀石板饰面和粉色花岗岩。材质交界处以抹角、突出线脚交代，顶端以新艺术运动风格典型的深绿漆铁艺檐口压顶。所有门洞均在不规则孔雀石饰面上开洞，两侧以花岗岩基座在视觉上形成承托效

① 张宾雁、汪磊：《图说历史上的哈尔滨铁路建筑风格》，《公共艺术》2016年第6期。

② 侯幼彬、张复合、[日]村松伸、[日]西泽泰彦主编：《中国近代建筑总览·哈尔滨篇》，中国建筑工业出版社，1992年。

③ [日]王明非、陶媛媛：《哈尔滨“新艺术”建筑装饰材料与工艺手法的研究》，《艺术科技》2017年第30卷第3期。

果，拱边缘以面砖贴合并向心环绕，顶部插入券心石。

洞口约4.5米高，占据了整层的高度，阻断了一层的室内联通。部分洞口额外架设木质廊桥，两侧用玻璃封闭，对洞口进行二次划分。额外架设的廊桥将洞口可通行高度压低至3.1米（矮宽洞口）或3.3米（窄高洞口）。室内人员若想通过这些廊桥，需先走上数级水泥台阶，而后下行数级，台阶较陡，体验不适。笔者推测：洞口额外设廊的手法是一种折中、妥协的处理，或并非设计者的起初考虑，而是后人增设的。

内院的形式语言仍忠于新艺术运动风格，但更为活泼。立面仍以花岗岩和不规则孔雀石板综合装饰，但形体更为多样和丰富，出现了八边形、抹角、山墙等语汇：如图8左的后勤入口做法与图9中的锅炉房烟囱。图9右节点处，排水管蜿蜒弯折，末端轻轻地搭在石制围挡上——粗犷的基调下仍然存在着优美的节点设计。

图7　过街门洞

图8　庭院内部的形式语言

与正立面的整齐统一不同，内院界面的石材颜色呈现出偏粉、偏黄、灰色等不同的色彩倾向。木制构件与大部分铁制构件被涂为翠绿色，窗户外设的铁艺栅栏被涂为黑色，如游丝般自然卷曲。内院铺地主要为沥青和花纹铺砖，做法现代，无法推测原有的铺地设计。

建筑群中有部分楼座为现代建筑，笔者认为其未能领会旧建筑的风采，与环境协调欠佳，水平普遍不高。图9左的加建部分石材用色过于花哨、整体感弱，且"Z"形掏挖四扇窗户的做法过于现代，与面饰有些冲撞；图9右为职工食堂，虽尝试模仿拱券语汇，但面饰表面抛光过度，反而显得廉价。

图9　三处新建部分

3. 内部空间

建筑内部举架高（目测净高4米左右）。其空间组织形式主要为串联式，由连廊串起均好性的房间。高举架与长连廊共同营造出了肃穆的、机要性质的办公氛围。侧楼中央通高处的大楼梯采用古典形式，卷曲的栏杆呼应建筑的整体风格，连拱天花的做法也为建筑增添了古典气质。

内部整体较为老旧，地面以水磨石铺地为主——为哈尔滨的新艺术运动风格建筑的室内典型特征；中央大楼梯的休息平台则以红白斜格面砖铺地。办公室的檀色木门比例窄高，形式严肃。墙地交界处以朱色线脚勾勒，墙面下方刷黄绿油漆，漆面上方勾深绿线。其余部分为白色，现状较为脏污。墙面普遍开裂，掉漆、墙体与天花板交界处的外设管线、水泥楼梯与出口的"怪异"关系……建筑内部存在着较多不尽如人意处，似乎在暗示着建筑的内部设计未能全部完成，且缺乏及时维护。

图10　铁路局室内

4. 小结

作为哈尔滨最为古老的近代建筑之一，铁路局在空间组织、材料工艺、艺术处理等方面都是新艺术运动本土化方面当之无愧的标杆。在这之后的几十年里，哈尔滨陆续建成的近代建筑均深受其影响，并在此基础上结合时代进行了不同程度的创新。

有些遗憾的是，铁路局大楼内部的现状并不理想：除近十年修建的高铁调度室及扩建的部分外，旧楼室内仍停留在20世纪末至21世纪初的装修维护水平。供电、供暖方式已经更新换代，但旧有设施仍未拆除，使得室内破旧杂乱。

(二)西大直街建筑群像

哈尔滨的保护建筑外墙上均有黑色大理石制官方铭牌，内容包括建成年代、结构类型、建筑风格等，部分建筑标明原用途和详细介绍。这些标识是实地调研的重要文字信息来源之一。

除铁路局外，西大直街附近存有其余少数新艺术运动的建筑。坐落在圣尼古拉教堂原址附近的黑龙江省博物馆（原莫斯科商场）建于1906年，砖混结构（铭牌标注，一说为砖木结构①）。建筑采用流畅曲线的墙墩、窗洞和隆起的方底扁形穹顶，在造型上通过屋面上的五座穹顶创造出极具特色的轮廓线。穹顶和女儿墙饰以卷曲的铁艺构件，立面以半圆窗洞和壁柱装饰，富有韵律。②

图11　黑龙江省博物馆

注意到，与铁路局不同的是，黑龙江省博物馆外立面并未暴露出建材本身的材质，而是根据构图和装饰关系刷黄、白漆。这种做法被用于哈尔滨大多数近代建筑中，且被确定为城市建筑的主色调。③也曾有学者考究过哈尔滨不同建筑外刷米黄漆的颜色细微差别，并将其分为起司黄、那坡里黄、浅柠檬黄等。④此外，建筑穹顶被漆为暗红色，而非更为典型的绿色，原因暂无法考证，笔者推测为避免和圣尼古拉教堂的绿色尖顶冲撞，同时彰显建筑的非宗教性。

哈尔滨工业大学附属中学教学楼（原为中东铁路哈尔滨男子、女子商务学校）于1906年竣工，也是新艺术运动风格的建筑，不过除立面饰有较小的植物雕刻外，其余部分较为平直，且有山花等元素出现，

① 见常怀生编著：《哈尔滨建筑艺术》，黑龙江科学技术出版社，1990年。

② 参考官方铭牌说明。

③ 见裴闯、曹霁阳：《哈尔滨确定米黄色和白色为城市建筑主色调》，http://news.sina.com.cn/c/20020902/1051702112.html。

④ 见王子雄：《温莎牛顿的那坡里黄——浅析哈尔滨历史建筑的主色调（一）》，https://www.imharbin.com/post/16806。

存在部分折中主义手法。笔者在建筑开门处以及室内拱洞处观察到：该建筑的墙厚约为800毫米，推测为结构和抵御严寒的需要。厚重的外墙体现出北方建筑的沉重和大气。

图12　哈尔滨工业大学附属中学教学楼

哈尔滨工业大学博物馆（原为哈尔滨铁路技术学校，建于1906年，砖混结构）外表面粉刷整齐，卷曲元素尺度较大，与建筑融合较好，装饰性较弱。某咖啡馆（原为中东铁路高级官员住宅，1908年竣工，砖木结构）为典型哈尔滨新艺术运动风格，饰以繁复木构件的外挑绿棚是旧时官员宅邸的典型形式特色。

图13　其余新艺术运动风格建筑

新艺术运动告一段落后，一大批俄罗斯风格和折中主义的建筑雨后春笋般建起。哈尔滨的俄罗斯风格砖构建筑早期建造数量较多的是成片的铁路职工住宅，多以厚砖墙承重、人字木屋架的单层两坡顶（或平顶），清水墙上的隅石凸出明显，窗券额[①]，外刷米黄、浅蓝、白色漆，整体质朴且略显笨拙。这些建筑主要分布在背离西大直街的次要街道上，呈鲜明的成片布局，周边环境清幽静谧。目前部分建筑主要用作个体商业（小药店，小卖部等），部分则废弃不用。

图14　俄罗斯风格的低矮建筑

折中主义建筑在哈尔滨近代公共建筑中占据很大比重。西大直街附近的折中主义建筑主要建于1910年前后，如铁路博物馆（原为中东铁路俱乐部，设计者德尼索夫，1911年12月建成）、某咖啡厅（约建于20世纪初）、哈铁国旅社（原为东省铁路督办公署，建于1910年）等。哈尔滨折中主义建筑的建设时期发生在西方折中主义活动的晚期，因此建筑手法普遍成熟，建筑比例匀称、构图和谐。

---

① 见侯幼彬、张复合、[日]村松伸、[日]西泽泰彦主编：《中国近代建筑总览·哈尔滨篇》，中国建筑工业出版社，1992年。

图15　折中主义建筑

哈尔滨工业大学建筑馆原为土木系教学楼，建成于1955年，同样隶属于折中主义风格。建筑坐落在西大直街旁，体量较大，与铁路局隔街对角呼应。建筑外立面综合使用了多立克柱式、科林斯壁柱、山花、隅石等形式语言，为新中国成立后的西大直街片区建筑建设起到了承上启下的作用。

图16　哈尔滨工业大学建筑馆

(三)建筑语言提取

哈尔滨的近代建筑存在有趣的“矛盾点”。一方面，严寒的外部气候使得建筑多以围合形制布置，厚砖建造，呈砖混或砖木结构，立面开窗数量少、面积小，与外界的视线交互微弱，立面形式严肃、抽象；另一方面，新艺术运动、折中主义等思潮又使得建筑大量使用自然植物纹样、立面贴饰、雕刻线脚、几何语汇等较为生动的外部装饰。这些装饰与内部空间结构与功能组织的关系不大，但确实丰富了建筑沿街的“表情”，使得城市面貌生动活泼了起来。这种矛盾性透露出一种后现代的错综繁复，也流露出了遥远北方的浪漫情调。

建筑颜色大致可归纳为米黄、白色两种主色调，用于区分立面的基础墙面和贴面装饰。局部木柱、窗棂、铸铁杆件、挑檐、穹顶等特殊构件以暗红色或深绿色涂刷强调。

总而言之，相比于南方建筑中“人”的参与、沿街界面的跳跃与公共空间的高度活跃，哈尔滨的近代建筑高度更关注如何遵从构成与比例的形制与范式，并保证建筑能够抵御风寒、长久经用。街上行人对于城市面貌的认知也更偏重于对立面形式语汇的阅读(尤其是比例、色彩和装饰)，而非空间中人的活动模式。

四、城市面貌塑造

(一)形式风格

哈尔滨的现代建筑传承了百年前苏俄/沙俄建筑的典型形式语言。其中特征最为鲜明的是地铁站(2013年投入运营)、哈尔滨西站(2012年投入运营)与哈尔滨站(2018年重建完成)。

地铁站很大程度上受到了新艺术运动风格的影响。建筑通体为刷灰漆或深绿漆的金属构架，弧形山花、竖向方柱等构成外在形式，构件上饰以多重线脚，构件交接处多做植物纹样装饰。玻璃和穿孔板的选择性应用使得建筑轻盈通透，精致典雅。

图17　哈尔滨地铁站：铁路局站、博物馆站

笔者曾于2017年乘坐地铁遍历1号线的所有站点，观察每个站点的内饰情况。除博物馆、哈尔滨西站等少数站点墙面使用较昂贵的干挂大理石做法外，其余站点的墙面几乎均用分格的金属板铺陈，并喷上哑光的白、黄、朱红或者深绿漆，干净整洁。站点内部也有使用多重线脚、拱形铁艺构件的情况，由内而外地从属于整体风貌。

哈尔滨火车站原建于1903年，于1959年拆除。目前改造后的新站房跨越历史，与原火车站的风格保持一致。建筑集仿了孟莎顶、多重檐口线脚、东欧传统窗棂划分、老火车站壁柱、老火车站主站房蘑菇窗等特色形制，站台采用深绿色铁艺构件上覆玻璃的形制。[①]而平天窗、大开间等做法又在彰显建筑的现代性。

相比而言，哈尔滨西站作为高速铁路的主要停靠站，设计更为现代，弧线直接勾勒出体块形式而非表面装饰，力量感强。朱色竖向线条与玻璃交错排列，削弱体量的方向性，线条表面无过多线脚装饰。暖色表面意在降低游客对寒冷的感受，同时与城市主色调呼应。

图18　原哈尔滨火车站[②]

（二）肌理塑造

铁路管理局在20世纪初制订的哈尔滨城市规划已经对城市做出了明确的功能分区。“开商通埠”政策使得作为商业、行政、教育中心的南岗区、道里区和道外区持续、稳定地发展。其中南岗区和道里区是最为主要的商业区和文化行政区。

新中国成立后，太平区和香坊区快速扩大，同时增设平房区和动力区。这四个行政分区分布在城市外缘，处于老城区的东南方向，主要为工业用地。南岗区的中心地带设立省人民政府、省委、工人文化宫、北方剧场、哈尔滨少年宫等，行政文化职能愈发集中。在西大直街西南末端（即学府路片区）安排体育城、黑龙江大学、哈师大、哈师大附中等中高等院校，成为教育的所在地。住宅、工业、仓库逐步外迁，中心城原则上不再建设住宅，而是做好文物保护的工作。[③]

① 见刘洁新：《哈尔滨火车站改造项目回顾》，https://www.sohu.com/a/190378632_350855。

② 见常怀生编著：《哈尔滨建筑艺术》，黑龙江科学技术出版社，1990年。

③ 张祥洲：《哈尔滨城市空间演化研究》，东北师范大学2002年硕士学位论文。

(三)文化内涵

铁路与建筑带来了俄罗斯文化的广泛传播。异域文化与本土文化的持续交流和碰撞塑造了如今哈尔滨的独特风情。有学者将俄罗斯文化对哈尔滨的影响归结为五方面:建筑文化、饮食文化、音乐文化、语言文化和其他文化。[①]

哈尔滨的建筑文化艺术绝不止于西大直街片区。松花江畔的江畔餐厅和哈铁江上俱乐部是俄罗斯木结构建筑的典型代表,形制与石砖砌筑的建筑迥异,充满惬意的生活氛围。连通市中心与松花江南岸的中央大街——防洪纪念塔序列片区也是俄式建筑的集中所在,这些建筑较西大直街片区的建筑而言,普遍更为精致。

因此,哈尔滨有着"东方莫斯科""东方小巴黎"的美誉。其复杂的历史背景塑造了独特的建筑和文化形态。

五、结语

以西大直街片区俄式建筑为代表的哈尔滨近代建筑浓缩了这座城市的百年历史。这些建筑沿街静静伫立,凝望着国家从积贫积弱、任人宰割奋起反抗、革命、发展,直到如今的繁荣昌盛。这些建筑背后的意义是矛盾和复杂的,其在中华大地的成片出现是异族侵略的罪证,但其中的精华部分也是19世纪末、20世纪初新艺术运动、装饰艺术运动、折中主义思潮的瑰宝。

"他乡营建",这些建筑曾经为哈尔滨带来伤痛,却也塑造了如今的哈尔滨。新时代的语境下,中国能够和俄罗斯在外交上平等对话,哈尔滨的土地上散布的俄式建筑也具有了新的意义:它们为整座城市带来了对异域文化的包容、对新鲜事物的兼收并蓄和对美好艺术氛围的不倦追求。

西大直街的一砖一瓦啊!你们将永远镌刻在中国近现代建筑史的丰碑上,也将永远占据每位哈尔滨人心中那最为独特、最为深沉的位置。

---

① 张帆:《哈尔滨文化中的俄罗斯元素》,《边疆经济与文化》2020年第4期。

中东铁路兴安岭隧道与展线技术遗产解析

哈尔滨工业大学　徐见卓　王岩

摘　要：以展线和桥隧为代表的铁路交通工程设施遗产不仅是铁路遗产的重要组成部分，还可充分反映铁路在设计、建造与施工方面的技术水准。中东铁路干线曾为逾越大兴安岭主峰在兴安岭至博克图两站区间建设有数量众多且类型丰富的工程设施，其中尤以兴安岭隧道和螺旋展线闻名于世。本文基于历史文献分析与田野调查方法，进一步揭示该处遗产的设计方法与建造特点，力求完善中东铁路在以往研究中被忽略的技术遗产内容，丰富中国铁路工业遗产研究的内涵。

关键词：中东铁路；展线；隧道；遗产；技术

一、引言

建于19—20世纪之交的中东铁路是西伯利亚大铁路建设初期在中国境内的路段，干线西起满洲里东至绥芬河，两端均与俄铁相接，以哈尔滨为分界点称为西部线和东部线。作为西伯利亚大铁路最东部线路走向的第三个方案①，中东铁路比起其他二者具有修建里程短，收益周期短，建设成本低和区域影响大等优势。虽优势显著，但也面临着如何穿越线路制高点——大兴安岭中段主峰（以下简称"主峰"），才能实现兼顾建设投入和经济产出的棘手问题。为尽早实现线路贯通，俄方于1897年起对东北地区进行了地理环境、资源禀赋与城镇分布等情况进行调查，随后草拟干线走向，并于1898年3月完成全部勘测工作。②西部线自西向东线路高程呈现出先快速降低，后缓慢爬升，越主峰后持续降低的特点。（图1）。由于主峰东西两侧高程变化幅度剧烈，给设计与施工带来诸多不便，为此工程设计人员采取了只设展线③的盘山便线方案（以下简称"便线"）和隧道与展线相结合的正线方案（以下简称"正线"，如图2）。

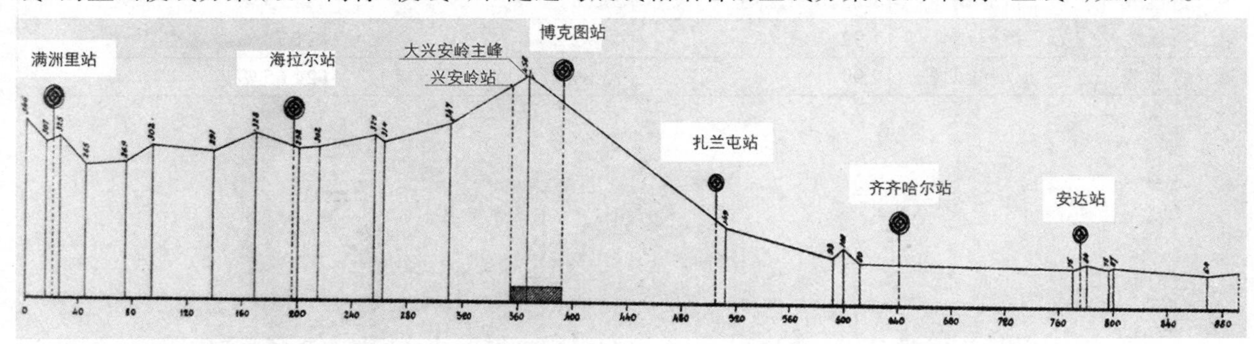

图1　中东铁路干线西部线线路高程变化示意图④

① 此段线路选线初期共有三种线路走向备选，方案一是沿阿穆尔河（黑龙江）北岸至符拉迪沃斯托克，方案二是由乌德乌兰向南经恰克图过中国张家口直达北京，方案三为由赤塔入境中国穿越东北后由今绥芬河出境至符拉迪沃斯托克，即现今中东铁路干线走向。

② 根据《海拉尔铁路分局志（1896—1996）》记载，1898年2月14日中东铁路干线勘测方案草拟完成，3月便完成全部勘测任务。

③ 展线是一种广泛应用于近现代铁路翻越大型山区的路线爬升方式，线路大多沿山体等高线敷设，多采用折返式爬升或曲线式爬升（包含螺旋形，"S"形和"U"形等形状），实现线路在相对较短的直线距离可以爬升较大高度。同时由于山区地形条件复杂多变，展线往往是由一系列包含桥梁，隧道和涵洞等铁路交通工程设施以及车站等组构而成的大型设施遗产群，同时兼具景观属性。近年来，随着经济发展和工程技术水平的提升，展线正逐渐为长大隧道所取代，中东铁路干线中除与俄远东地区相连的望龙山展线仍正常使用外，其余已全部废线。

④ 作者自绘，底图来源自《中东铁路标准化施工图集（1897—1903）》。

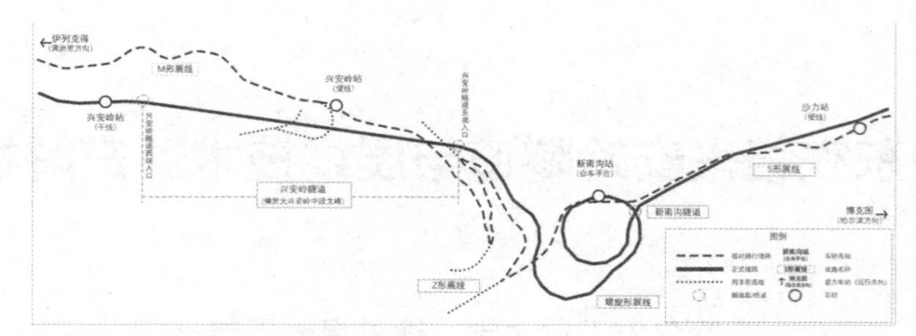

图2　中东铁路兴安岭展线示意图

二、中东铁路兴安岭便线方案解析

中东铁路于1898年6月起开始正式施工，干线从东西两端分别向哈尔滨进行对向施工。沿线设有多处物资开采与加工基地向工程提供所需木材与石材等物资，而桥梁工程所需的钢构件则采取“水铁联运”的方式，由俄国内运抵哈尔滨后，再经已通车路段输送至各工区。然而受制于控制性工程——兴安岭隧道的竣工时间遥遥无期。为不延误工程整体进度，需要找到一种临时性替代方案，以实现人员往来和物料运输，便线就此诞生。隧道开通前，便线担负着沟通主峰两侧的运输重任，受通过能力的制约，干线采取分段运行的方式，本路段每天往返运行三个班次，每次列车的编组均为两台机车与五节车厢。

（一）方案概况

根据《中东铁路标准化施工图集（1897—1903）》记载与推算，便线位于伊列克得至博克图的两站区间内，线路由伊列克得站向东引出7.79千米后与干线[①]分开，进入全长19.21千米的便线。路段主要由三段展线构成，内含兴安岭和沙力两车站[②]，十五座梁式桥，铁涵管十二处，钢板梁桥两座。第一段展线为位于海拔1055.26米的兴安岭站以西，长度约为2.13千米的“M”展线，该路段共计提升线路高度51.60米，尽管展线的设置使得线路可以较平缓地接入兴安岭站，但使平均坡度增至24.22‰。线路东出兴安岭站后便进入第二段展线，该处采用“Z”形折返式展线，分别在海拔1002.87米、972.76米和928.70米三处设置双线折返线，展线仅用9.56千米路段便提升了近200米的高程，四段爬升路段坡度均大于21‰。（表1）第三段展线位于沙力站西侧，利用长度约1.07千米的“S”形线路提升高程约21.72米，平均坡度为20.35‰。（图3）。

表1　“Z”形折返式展线各路段距离、平均坡度与最大坡度值

路段	路段长度（单位：千米）	提升高度（单位：米）	平均坡度
兴安岭站——第一折返线	2.13	52.39	24.60 ‰
第一折返线——第二折返线	1.23	27.98	22.75 ‰
第二折返线——第三折返线	1.92	41.72	21.73 ‰
第三者返线——“S”形展线西段	2.99	73.69	24.65 ‰

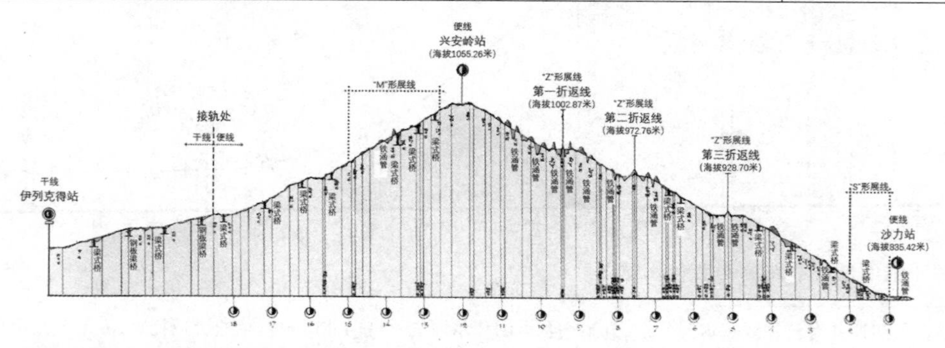

图3　临时翻山方案工程设计图[③]

① 干线继续向东敷设，直至隧道西端后，进入正线方案路段。

② 该处兴安岭站和沙力站指的是兴安岭隧道建成前，为临时便线而设的两座临时车站。隧道建成通车后，便线则被废弃，兴安岭站迁至隧道西口外侧新址，沙力站则被取消。

③ 作者自绘，底图来源自《中东铁路标准化施工图集（1897—1903）》。

（二）"Z"形越岭展线技术解析

线路坡度是铁路设计的主要技术指标之一，不但决定线路上的各类交通工程设施的数量，从而影响建设经费，限制线路走向，影响运营收益，而且在一定的牵引动力与机车类型的影响下，可进一步影响线路的输送能力和运营成本，因而在如中东铁路这般需要途经大片山岳区的线路中，线路坡度值的设计是极其重要的一环。中东铁路时期的牵引机车多为比利时、英国、美国制造的欧式蒸汽机车，牵引能力相对较小。故而在山区路段为保证机车的运行效率，机车无法牵引过多车厢，需在山区路段的起止点处设置大型车站及机车库，用于储备与检修机车，以便在需要途径翻山路段的列车前部或尾部加挂补充机车，采用前拉后推的"推挽"模式或双机牵引模式来弥补动力不足的状况（图4a），故需将线路坡度控制在一定范围内。

此外，折返线的纵断面为尽端高入口低（图4b），这样的设计可使列车在折返后借助折返线的高差所带来的势能和惯性加速驶向下一路段，达到了节能降耗与控制成本的目的，优于同时期内其他铁路的零坡度折返线。该展线的平均坡度值均远超《铁路设计技术规范（1961）》中对国铁Ⅰ级铁路困难路段12‰的最大坡度限定值，两者相距六十年，俄方在线路设计方面的能力可见一斑。

便线采取了多种手段来缩短工期。如以铁涵管、梁式桥和钢板梁桥[①]代替砌筑石涵洞、石拱桥等设施，大大缩短建设周期。铁涵管、钢板梁桥和梁式桥的构件均为预制成品（图4c和图4d），可在现场进行组装，具有建成速度快和操作过程简便等特点。同时，通过控制列车编组长度，折返线的长度也得以缩短，减轻了土方开挖量。以上措施的应用，使便线开工后仅历时九月便建成投用。

a）两列车采取推挽方式运行在"Z"形折返线上

b）折返线

c）钢板梁桥

d）梁式桥

图4 "Z"形展线运行场景与工程设施[②]

三、中东铁路兴安岭正线方案解析

（一）方案概况

博克图与兴安岭两站分列主峰东西两侧，高程相差285.23米，由于水平距离较短且山峰横亘，故无法直接联通。工程人员将正线设计为长大隧道与螺旋展线相结合的方式，即在主峰下挖掘长大隧道，并与螺旋展线相衔接的方式来降低线路高程，以便在博克图站与先期完成的线路进行接轨。正线始于新兴安岭站，穿越主峰下的3079.04米的长隧道后，即接入6625米长的螺旋展线，待列车盘旋行驶至干线401.35千米处的上下层展线交会处——新南沟隧道东端出口时便到达正线终点。沿线共设有会车平台一处（新南沟），两座隧道（兴安岭隧道和新南沟隧道），十八座桥梁（含钢桁架桥两座，钢板梁桥七座和石拱桥九座）以及四座涵洞，日俄战争期间俄方在两隧道的端口外侧均添设了军事防御设施。（图5）

---

① 钢板梁桥是主梁用钢板制成的钢结构桥梁，与桁架桥相比具有构造简单、建造省时的优势，当桥跨长度较小时可以采用整孔运输和安装的方式。从1850年英国修建了世界上第一座钢板梁桥——跨度为141.73米的不列坦尼亚开始，直至20世纪50年代此种结构形式桥梁一直常应用于铁路桥梁之中。

② 见《中东铁路大画册（1897—1903）》。

a) 兴安岭螺旋展线与设施分布

b) 兴安岭隧道西端入口与碉堡　c) 新南沟隧道东端入口　d) 新南沟隧道东侧碉堡

e) 新南沟会车平台站房　f) 379俄里钢板梁桥桥墩遗址　g) 373俄里处双跨涵洞

图5　兴安岭螺旋展线现状与设施分布

(二)兴安岭隧道设计与建造特点

1.隧道施工与建造方式

兴安岭隧道是中国第一条长度为三千米的长隧道，既是中东铁路线性文化遗产的重要一员，亦是一座铭刻文化交融的丰碑。隧道由俄方设计，并由第四工区负责人鲍洽洛夫工程师监督建造①，由于俄方在以往的铁路交通工程设施的建造技术积累中并未砌筑过如兴安岭隧道这般施工难度极大且地质条件复杂的工程，缺乏相关技术人员、富有经验的石匠和大量劳工，故俄方从意大利聘请了约五百名石匠，并招募了大量中国劳工参与建造。(图6a)

兴安岭隧道是中国第一座采用竖井施工法的长隧道。隧道纵剖面呈现西高东低的特点，纵向坡度为12.6‰，两侧高差达38.80米。(图6b)由于主峰西坡更为平缓，距离隧道顶面较近，为加快施工进程，施工人员在此设置若干竖井，工人可由此进入隧道中部，进行相向作业。在20世纪初期，尚不具备如今的定位系统，故在开凿隧道时采取分段作业相向施工的办法，一是可加快施工进度，二是将长大隧道化整为零，有助于提高施工精度，与其他地面路段所采取的相向施工作业法异曲同工。工人在到达相应的隧道拱顶面后，首先利用与地面蒸汽制备机相连的凿岩机向下对山体进行破碎，扩大工作面，碎石则由设置在地面的畜力绞盘(后期改为电力卷扬机)提升至地面后倾倒。待井下具有足够操作空间后，利用原木进行支护作业形成保护框架，防止坍塌。(图6a)

此外，由于隧道地处主峰附近的高寒高海拔区域，为将低温与雨雪等不利条件对施工的影响降到最低，隧道在东西端口外侧搭设有暖棚用于保暖，各竖井上方则是设置了井干式建筑用以覆盖井口与容纳卷扬机与蒸汽制备机等工程设施，以保证全年各季均可施工。纵使采用了诸多较为先进的工程技术，投入了大量的建设人员，隧道从1901年开始建设，直到1903年中东铁路全线贯通时仍未完工，及至日俄战争爆发时，俄军列车仅能在仍未完工的隧道内通行，直至1904年5月末隧道才宣告完全竣工。这诸多的史实无不在表明兴安岭隧道施工过程之艰辛、建设难度之巨大、建设成本之高企，时至今日兴安岭隧道仍为东北地区重要的交通咽喉，其高超的设计水平与坚固的工程质量令人叹服。

① 见《海拉尔铁路分局志(1896—1996)》。

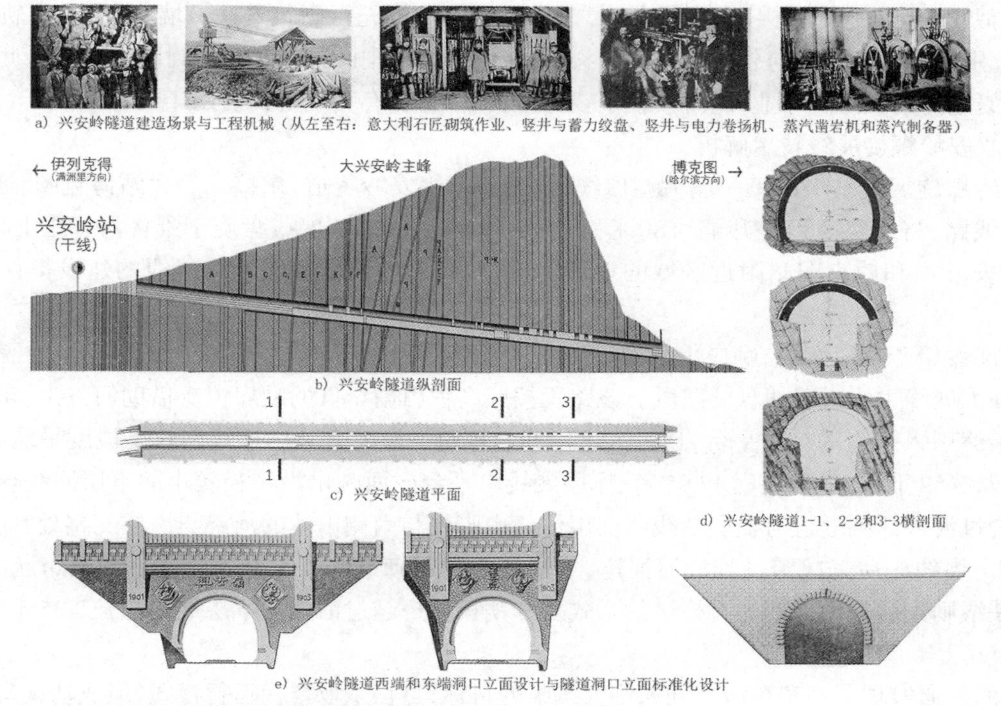

a）兴安岭隧道建造场景与工程机械（从左至右：意大利石匠砌筑作业、竖井与蓄力绞盘、竖井与电力卷扬机、蒸汽凿岩机和蒸汽制备器）

b）兴安岭隧道纵剖面

c）兴安岭隧道平面

d）兴安岭隧道1-1、2-2和3-3横剖面

e）兴安岭隧道西端和东端洞口立面设计与隧道洞口立面标准化设计

图6　兴安岭隧道建造时期历史图片与设计图纸①

2.平面与横剖面设计

隧道平面除西端入口位于曲线外，其余部分均为直线。主峰海拔近千米，历年最冷月平均气温为-21.3℃。由于隧道正位于主峰正下方，受孔隙潜水和裂隙潜水②影响，洞内水量较为丰沛，尤以中段为甚，故而隧道内的排水沟除需为由西端口流入的少量自然降水提供排水通路外，还需考虑洞内中部雨水的宣泄方式。此外，与洞外路基的排水方式相衔接亦是设计时需要考量的重要因素。基于以上因素，设计人员因地制宜的设置了两种排水沟布置方式，近西端口路段排水沟置于侧壁，可减缓由隧道平面高程最高点流入的大气雨水，中段及至东端出口向内约50米处均为路中深埋式，此举可以有效地缓解受高程差异带来的汇水量大、流速过快等问题，同时可快速将中段雨水排至洞外。为便于与东端洞外排水沟相衔接，避免冲蚀路基，故而仅在接近出口处才由中心布置式改为侧壁布置式（图6c）。

根据侧壁与拱顶有无完整衬砌与排水布置方式可将隧道断面划分为完整衬砌、拱顶衬砌与无衬砌的路中深埋式（图6d）和完整衬砌的侧壁布置式。后者仅位于两端洞口附近，其余三种则仅分布在隧道中段。是否可完整衬砌主要取决于断面所处位置的岩石材质影响，兴安岭隧道内完整衬砌的断面占比远高于中东铁路干线其他隧道。

3.端口立面设计

隧道两端洞口立面为全线唯一采用新艺术运动风格精心设计的隧道，与其他隧道的标准化立面设计显著不同，足见俄方对隧道的重视程度。（图5e）在砌筑材料选择上，兴安岭隧道洞口不同于其他标准立面所采用的块石砌筑，而采用精制多边形角石作为装饰基底，于横向装饰带上方再加以小型块石做填充砌筑。在装饰细节上，标准立面除用楔形块石将洞口中上部砌筑以示强调和简要装饰外，再无其他装饰元素，而兴安岭端面洞口处采用新艺术运动典型的曲线语汇将洞口轮廓设计成具有透视效果的拱券形式，并在上方两侧设立壁柱用以凸显洞口范围，壁柱上刻隧道开竣工年份以及新艺术运动在哈尔滨地区流行的标志性符号——带有三条垂带的两个同心圆。在壁柱与洞口拱券围合出的扇形区域内，中间刻有隧道名称“兴安岭”，两侧则为中东铁路的路徽。在洞口最上方则砌筑带有小壁柱的装饰石带，将在众多竖向元素串联在一起，具有重要的构图作用。洞口上部的装饰性构件并非直接紧贴山体表面，而是

①《中东铁路标准化施工图集（1897—1903）》。

②孔隙潜水主要赋存于松散沉积物颗粒间孔隙中的地下水，为大气降雨补给，兴安岭隧道中段所对应的地表为天然低洼积水的湿地，补给条件较好。裂隙潜水是存在于岩石裂隙中的地下水，主要受大气降水影响，受季节变化影响较大。

采用了类似于今天"干挂石材饰面"的办法，在靠近山体一侧先行砌筑基底石墙，而后将铁轨作为连接件，两端分别埋入基底石墙与外立面装饰材料中，在两层墙体中间构成了相对封闭的空腔。此种方法不仅减轻了繁重的砌筑工程作业，同时减轻了装饰材料的自重，有利于延长使用年限。

（二）兴安岭螺旋展线技术解析

兴安岭螺旋展线是中国第一座大型展线，线路西衔兴安岭隧道，东接二等大站博克图，通过仅6千米左右的线路，将线路高程提升了约80米，将坡度降至11.80‰。展线盘旋于雅鲁河谷之上，此地地势开阔与兴安岭站和博克图站附近区域的地形迥异，四周山体坡度平缓亦为展线的建设提供了足够的空间。

上层展线始于隧道东端，顺应山势敷设线路，沿纵向切割等高线，线路于396.28千米处脱离隧道所在山体，驶入展线主体区域的盘旋路段。该路段按照高程由高至低的顺序依次借助河谷南、东和北侧三面山趾，最终引入新南沟会车平台，通过人工削峰与填筑沟壑的方式为展线构筑了坡度平缓的路基，上层展线全长3.52千米，降低高程47.95米；下层展线由平台向西驶出沿半径较小的下层展线继续盘旋而下，依次驶过河谷西侧隧道与上层展线所在山体的山脚处与南侧山体的河谷与山体交接处，向东驶向新南沟隧道。展线先后三次跨过雅鲁河河道，上层展线利用砌筑的人工夯土路基下的双跨涵洞跨越（图7），下层展线则先后采用下部为石桥墩的梁式桥和钢板梁桥越过河面。本层展线总长2.35千米，共降低高度30.24米。

展线的开通实现了列车单向行驶并增大编组的目标，虽仍采取推挽运行模式，但成功规避了便线所带来的中途停机折返与列车编组短小等影响线路运行效率与运输能力的问题。

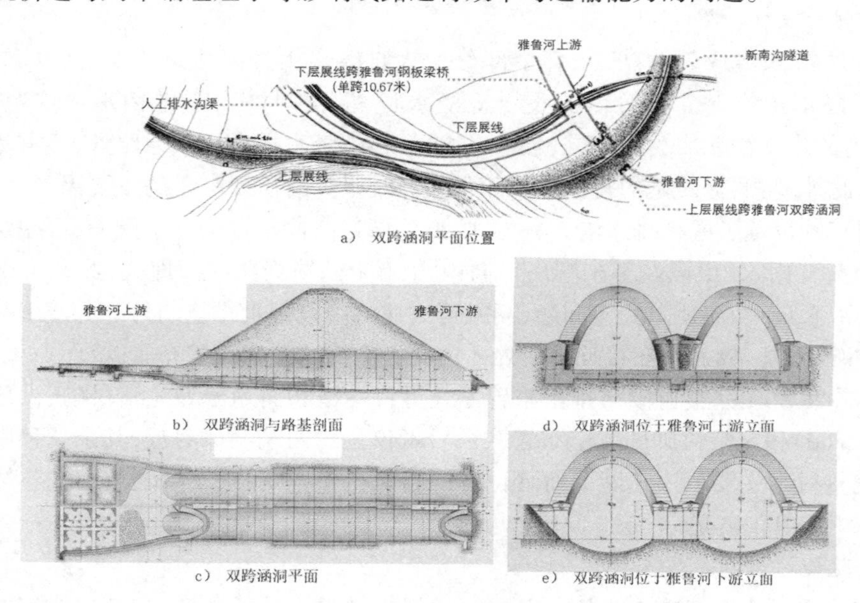

a） 双跨涵洞平面位置

b） 双跨涵洞与路基剖面

c） 双跨涵洞平面

d） 双跨涵洞位于雅鲁河上游立面

e） 双跨涵洞位于雅鲁河下游立面

图7 上层展线跨越雅鲁河所用双跨涵洞设计图①

四、中东铁路兴安岭路段两种翻山线路方案比较

（一）相同点

1.构件预制化

主峰附近区域沟壑纵横，溪流密布，难以运送大型桥梁构件。故而无论是在建设便线还是正线时，均采用重量较轻、运输便捷和组装简单的钢板梁桥和梁式桥用于跨越小型河流与山谷，由于便线具有临时性，更是大范围的采用铁涵管用于排水。俄国人凭借着构件设计标准化的优势，采用在俄国内工厂完成钢板梁桥和钢桁架桥的构件生产后，经海路运输预制构件至符拉迪沃斯托克的Egersheld码头，在现场完成桥梁拼装之后，经南乌苏里铁路向北转运中俄交界处，再经黑龙江、松花江逆流而上经水路运至

①《中东铁路标准化施工图集（1897—1903）》。

哈尔滨，后向各个施工工区转运构件。构件预制化能在展线区段得以大面积推广正是基于钢结构构件具有便于运输、安装灵活、易于修复的特点，使工人可以在现场完成构件拼装与连接工作，同时减轻劳动强度并缩短工期。

2.设计标准化

设计标准化不仅体现在便线的梁式桥跨度单元和折返线长度中，也体现在正线中的钢桁架桥、钢板梁桥、石拱桥与石涵洞之中。无论何种桥梁和涵洞均是以标准长度单元为基础，根据需要跨越的河流宽度，然后进行桥跨单元的叠加或桥跨单元的组合与叠加设计。以梁式桥为例，其跨度单元可分为2.1米、4.2米和6.3米三种，便线15座梁式桥中，除第一种跨度广泛应用外，其余两种跨度分别应用于2座和3座桥梁中。展线折返线长度在设计之初均为统一标准值，此种设计方法不仅加快了桥梁工程设计与施工的进度，更能体现出俄国在工程设计方面的先进理念与水平。

3.技术先进性

两种线路方案中随处可见技术先进性的例证。便线中“Z”展线的成功运用，不仅为中东铁路建设工程源源不断地输送了大量物资，加快了施工进度，而且使得主峰两侧因地理屏障联通不变的阻碍被打破。兴安岭隧道设计中，俄方设计人员对隧道途经的山体岩石状况进行了详细的调查，并根据不同材质采用不同的作业方式。在隧道建设过程中电力卷扬机与蒸汽凿岩机的使用标志着中东铁路建设工程已成功实现施工方式现代化与工程机械现代化，相较同时期中国境内大部分仍在采用的传统建设方式而言已是极为先进。螺旋展线的设计与建设需要前期充分的地质勘探工作与后期强大的数学与物理等自然科学以及工程科学的支撑，这些工程设施的成功建成无不标志着中东铁路极为领先的工程技术水平。

(二)不同点

1.建设目的不同

设计之初，两条线路定位极为清晰，便线仅为隧道开通前的代行线路，具有极强的临时性，而以隧道和螺旋展线构成的正线则是作永久使用之用。基于以上原因，线路在建造方式、材料选择以及建设成本等方面呈现出较大的差异性。便线以追求建设周期短和建设用材省为目标，故而较多地采用铁涵管和梁式桥代替正式线路中的石拱桥和钢板梁桥，大幅度减少了石材砌筑和组装构件的工程量。而正线的建设用材多需经过精挑细选后方可使用，对工程质量和艺术设计有着较高的追求，如兴安岭隧道两侧端口立面的独特设计。便线更追求实用性与能用性，正线则需将列车运营速度、使用年限、装饰美观以及景观塑造等方面统筹考虑，也增大了两者的差异性。

2.构成的景观不同

虽然前后两种方案均具有展线，但所呈现的动态景观特性完全不同。“Z”形展线中列车运行时尽管在高度上有所变化，但如若将线路平面投影到水平地面上，则可将列车的折返往复运动视为仍在单一平面内变化，旅客所观赏到的景观大多朝着视域为180°的同一景域范围。螺旋展线则完全不同，列车在盘旋运行时，旅客视域随着列车扫视，可构成360°环状景域。相较前者，后者的景观动态效果更好，可实现车移景异的效果，对于旅客具有较大的吸引力。

五、结语

兴安岭展线群曾拥有类型丰富、数量众多的遗产，但自21世纪以来铁路新线与复线陆续建成，盘山便线遗产大多已湮灭于大自然中，而螺旋展线遗产群自废线后虽历经几番修缮，但总体保存状况仍不甚理想。坐拥多项“中国第一”的中东铁路兴安岭展线遗产群，在设计理念、建造技术以及景观塑造等方面呈现出极强的独特性和先进性，俨然已是20世纪初期我国境内的铁路交通工程设施的杰出代表。近年来，有关中东铁路文化遗产的研究日益增多，但对于兴安岭展线遗产群的研究大多仅针对螺旋展线沿线的现存遗产个体，鲜少关注该区段线路的历史变迁、线路设计以及建造施工等方面所蕴含的技术遗产。全面客观地梳理兴安岭展线遗产的内容，揭示不同类型展线与隧道的技术水准，对于更加完整地认识这份铁路工业遗产的历史地位以及更好地保护这份珍贵的遗产显得尤为重要。

黑龙江地区文庙的行仪空间解读

哈尔滨工业大学 谭志成 董健菲

摘 要:文庙作为儒家文化思想传播及帝王宣教礼化的载体和古代学子受教育的重要场所,与古代人民生活息息相关。因为各个朝代对于文王的尊崇和谒拜,文庙祭典等级甚至升为国之大祀,对于文庙的记述浩繁如烟,散见于地方志书、碑文石刻以及其他历史文献中。黑龙江地区处于文化边缘区,所以文庙的建造数量有限,从黑龙江省现存的阿城文庙、呼兰文庙、哈尔滨文庙等来看,建筑多为清末、民国时期的建筑,除了建筑的规模等级、庙学空间具有特殊的时代性,礼仪活动及空间使用规律等也具有独特的时代特殊性。本研究将通过挖掘大量的地方志等史料,挖掘黑龙江地区近代文庙建筑的礼制功能及与礼仪空间使用的独特性。

关键词:庙学关系;礼仪活动;阿城文庙;哈尔滨文庙;呼兰文庙

一、研究背景

黑龙江省目前现存阿城、哈尔滨、呼兰文庙。阿城文庙始建于清同治元年,属于县学文庙[①],是黑龙江地区建筑规制最为完善的文庙[②],建筑建制符合礼制。经过了漫长岁月的洗礼,受到了诸如导弹轰炸以及其他种种原因的破坏,目前阿城文庙建筑群仅剩大成殿、东西两庑和大成门。哈尔滨文庙始建于1926年,建成于1929年,属于府学文庙[③],清光绪三十二年祭孔大典升为大祀,修建时由于东省政府要求哈尔滨文庙建筑要高大、高规格、高等级,所以哈尔滨文庙修建时也是按照大祀规格修建的,按照礼制规定,文庙应该使用黄色琉璃瓦,大成殿应该九楹三阶五陛[④],殿前三层围栏,台阶应三层台阶,每层九级踏步。然而哈尔滨文庙大成殿十一开间,大成殿前一层围栏,台阶一层,十级踏步。同时祭祀等级因行政等级的不同而有所区别。比如释奠礼,若国学释奠为大祀,则州县释奠为中祀;若国学释奠为中祀,则州县释奠为小祀。[⑤]参考北京文庙和曲阜孔庙的建筑制度,北京文庙为皇室成员祭祀孔子的地方,哈尔滨文庙建筑规格和北京文庙规格基本一致,甚至哈尔滨文庙大成殿的开间数等规格都超越了北京孔庙和曲阜孔庙。由此可见哈尔滨文庙既是光绪增制后唯一的地方文庙集大成者,又是全国唯一的地方越级文庙。呼兰文庙始建于1927年,建成于1938年,同属县学文庙,是黑龙江地区建制不完善的文庙,主要建筑包括大成殿、大成门、东西两庑和崇圣祠。表1对哈尔滨文庙、阿城文庙和呼兰文庙建筑群进行对比统计,可以看出在结构类型、装饰等级等方面的差异。

---

①③④ 见孔祥林:《世界孔子庙研究》,中央编译出版社,2011年。

② 见阿城县志编纂委员会办公室:《阿城县志》,黑龙江人民出版社,1988年。

⑤ 见董喜宁:《孔庙祭祀研究》,湖南大学2011年博士学位论文。

表1　黑龙江地区文庙建筑现状①

结构类型		梁架柱网			斗拱形式			彩画形式		
建筑类型	单体建筑	呼兰文庙	阿城文庙	哈尔滨文庙	呼兰文庙	阿城文庙	哈尔滨文庙	呼兰文庙	阿城文庙	哈尔滨文庙
入口建筑	万仞宫墙	混凝土砖墙	混凝土砖墙	混凝土砖墙，花岗岩须弥座	无	水泥砖墙	无	灰砖墙	灰砖墙	仿清式旋子彩画
	礼门义路	水泥砖墙	水泥砖墙	三间四柱三楼	水泥砖墙	水泥砖墙	四重昂九踩，次间三重昂七踩	灰砖墙	灰砖墙	仿清式金龙和玺
前导建筑	棂星门	三间四柱三楼	三间四柱三楼	三间四柱三楼	单翘重昂七踩	补间辅作五跳八辅作记心转角八辅作双抄三下昂	四重昂九踩，次间三重昂七踩	仿清式金龙和玺	仿清式金龙和玺	仿清式金龙和玺
祭祀建筑	大成殿	面阔五间	面阔五间进深三间	庙阔十一间，进深六间九架前檐廊	单翘重昂七踩	单翘重昂七踩斗拱	上檐单翘重昂七踩 下檐重昂五踩斗拱	仿清式金龙和玺	仿清式旋子彩画	仿清式金龙和玺
	大成门	面阔五间进深二间	面阔五间进深二间	进深二间七架 面阔五开间	无	无	外檐平板枋之上安重昂五踩斗拱，内檐梁枋间槅架斗拱，一斗三升上托替下安驼峰	仿清式苏式彩画	仿清式旋子彩画	仿清式旋子彩画
	东西庑	面阔五间进深	面阔五间进深	进深三间七架面阔九间	无	无	无	仿清式苏式彩画	仿清式旋子彩画	墨线小点金旋子彩画
	崇圣祠	面阔五间进深	无	面阔七间进深五间九架前檐廊		无	重昂五踩斗拱	仿清式苏式彩画	无	金线大点金龙锦枋心旋子彩画
	乡贤祠	无	无	面阔三间进深四间七架前檐廊	无	无	无	无	无	仿清式旋子彩画
	名宦祠	无	无	面阔三间进深四间七架前檐廊	无	无	无	无	无	仿清式旋子彩画
	西官厅	无	无	面阔七间，进深四间七架前檐廊	无	无	无	无	无	金线大点金旋子彩画
	东官厅	无	无	面阔七间，进深4间七架前檐廊	无	无	无	无	无	旋子彩画

① 表格内容经过实地调研及对阿城、哈尔滨、呼兰县志中记载进行统计得出。

二、行使近代礼仪的祭祀空间

自汉武帝独尊儒术开始，我国古代皇帝每年都会祭祀孔子。自汉代以后，祭孔活动不断延续，规模逐步提升，形式逐渐丰富，在明清时期达到顶峰，清光绪三十二年更是将祭孔升为国家祭祀中的大祀，祭孔仪式的内容和流程有了明确的规定，并被称为“国之大典”。文庙作为礼制建筑，承载的祭礼功能有严格的等级制度，按照京师、府、县的等级，对应不同的祭祀形式，为承载不同祭祀活动空间使用也有特殊要求和设计。由于黑龙江地区的三座文庙中的哈尔滨文庙和呼兰文庙成立于民国时期，这两座文庙象征性较强；阿城文庙等级较低，所以在祭祀方面并没有严格地符合标准，更多地向着学署空间发展，但由于时间流逝、政治活动及战争摧残而遭到损毁，现存的阿城文庙为1997年开始在原址上重建的。通过史料记载可知，三座文庙中哈尔滨文庙举行过大量的礼仪活动；阿城文庙在清代举行过礼仪活动，在现代已经不再举行礼仪活动。呼兰文庙仅在修建之初举办过祭孔大典，现在已经不再举行礼仪活动了。(详见表2)由于其他礼仪空间使用情况具有单一性，因此本文中以文庙释奠礼为主。

表2　黑龙江地区文庙礼仪活动统计

礼仪活动	哈尔滨文庙	阿城文庙	呼兰文庙
祭孔大典	修建之初举行过祭孔大典，后停止活动。于2006年开始每年举办一次	现在已经不再举行祭孔活动	于修建之初举行过祭孔大典，现代无祭孔大典记录
民俗礼仪	登龙门、开蒙礼	无记录	无记录
近现代礼仪	毕业礼、百日誓师大会	无记录	无记录
其他礼仪	成人礼	无记录	无记录

(一)释奠仪

释奠仪是我国古代祭祀文庙最隆重的礼仪，同时也是文庙最重要的活动节日。自晋朝至唐开元，政府官立学校每年进行四次释奠礼，唐开元之后政府官立学校每年举行两次释奠礼，分别在二月和八月的最后一个丁日，又称春秋丁祭。但春秋丁祭并非是一成不变的，有时由皇帝或皇太子祭祀时，会改在中丁日，行三献礼。三献礼的主祭官员由于时间不同、文庙等级不同也会有所改变，但一般为地方最高行政长官。

1.祭祀流线

曲英杰在《孔庙史话》中记载了古代文庙的祭祀流程，至唐玄宗时期文庙释奠礼已趋于完备，后期因适应时代需求略有调整，但基本程序不变。孔祥林在《世界孔子庙研究》中也给出了文庙释奠礼的祭祀级别的变化，同时介绍了祭品的变化过程。

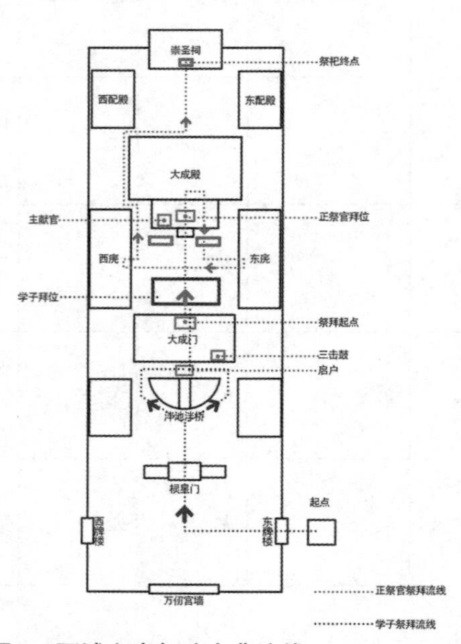

图1　阿城文庙祭孔大典流线

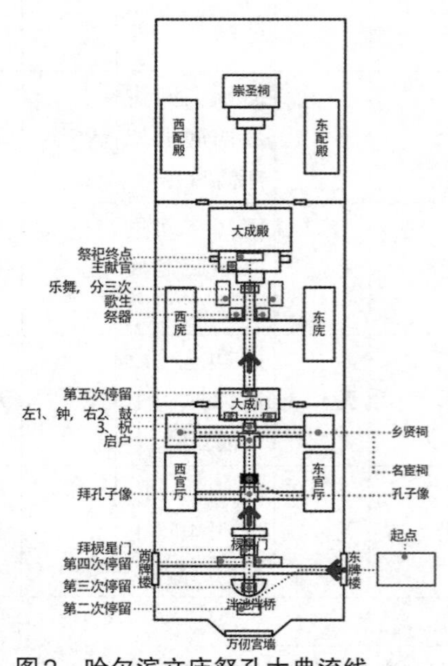

图2　哈尔滨文庙祭孔大典流线

黑龙江省域内的文庙仅阿城文庙在清代进行过释奠礼活动(图1),释奠礼从凌晨太阳升起时开始,释奠礼从乐舞开始,正祭官在大成殿拜位向北立拜两回,然后在东阶进入大成殿内,北向跪拜孔子神位两回,同时进行献币(现代改为献花);结束后再北向跪拜颜渊神位两回,同时进行献币。再由东阶下回到拜位。等待献上祭牲(太牢),乐舞第二次开始,正祭官再一次从东阶进入大成殿内,在孔子神位前献酒,献酒后跪拜;起立后,由献官跪读祝文;读完,正祭官再跪拜。在颜渊神位前献酒,献酒后跪拜;起立后,由典仪跪读祝文;读完,正祭官再跪拜。拜完,退到大成殿东侧,向左右参祭者分赐胙肉,结束后下东阶回到大成殿拜位。而后,乐舞第三次开始,辅官县丞亚献;主簿、县尉终献,进入大成殿内献酒、跪拜。三献礼毕,主献官喊:“赐胙。”正祭官及参祭者皆再拜。后正祭官至瘗位埋币,释奠礼结束。其他参祭者得到胙肉后亦离去。

哈尔滨文庙现代祭孔大典略做调整(图2),哈尔滨文庙祭孔大典是经东牌楼起点后,过泮桥称独占鳌头,过泮桥后赞引官引参拜者拜棂星门,同时进行鞠躬行礼;再拜孔子行教像,鞠躬行礼;同时于大成门前进行启户,启户由鸣赞唱“启户”,礼生于大成门前先击钟,再击鼓,最后击柷,礼生将殿庑各门打开,点燃庭燎,执事生到各神坛前焚香点烛,一跪三叩后退出殿外。启户后正祭官站于大成门北侧,面向大成殿;主献官读献文,读毕;乐舞生开始表演,正献官向大成殿敬献花篮,敬礼,礼毕,乐舞生退场;主献官读献文,读毕;乐舞生再次表演,亚献官向大成殿敬献花篮,敬礼,礼毕,乐舞生退场;主献官读献文,读毕;乐舞生最后一次表演,终献官向大成殿敬献花篮,敬礼,礼毕。祭孔大典结束。

2.祭祀准备

清代行释奠礼之前参祭者如学官、学子等要在斋房清斋一晚,正祭官等要斋祭三天。在文庙大成门东、西、南三方设置鼓钟柷等乐器,大成门北侧设置初献、亚献、终献之位,在文庙庙堂内供案上置放祭器、祭品等。行祭之日,天未明前十五刻,宰烹祭牲。未明前二刻,置放各种祭品于祭器内。正祭官率众官于未明前一刻到达。赞引官引领正祭官及参祭者于东牌楼前各就其位。由于哈尔滨文庙没有正门,所以围观者也在东牌楼前自成行列。未明前半刻,正祭官自庙东门入内,在正祭官拜位处站好。下图为清代县学文庙释奠礼祭器、祭品摆放位置。

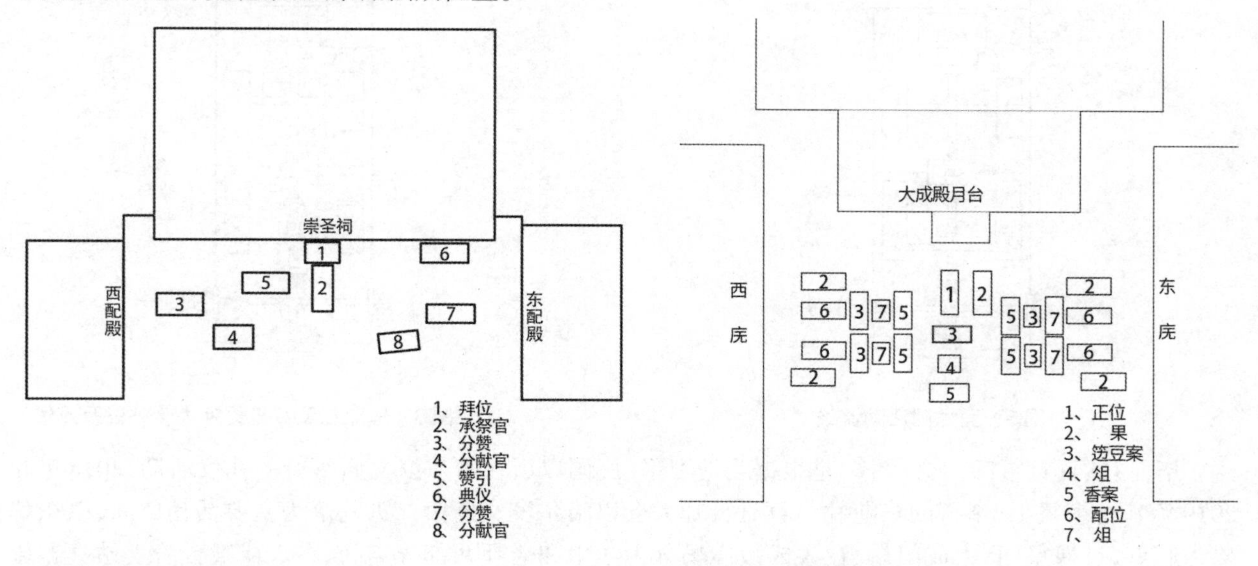

图3　崇圣祠广场站位图　　图4　大成殿广场站位

(二)其他礼仪

除主要祭祀礼仪“释奠礼”之外,清代按文庙等级分为国子监、府学、县学。由于等级不同,祭祀的名目也有所区别。(表3)

1.古代礼仪

《礼仪志》中记载如京师国子监会有将士出征打仗、皇帝登基大庆、皇太后大寿、祈求丰年等的祭告礼。曲阜家庙会有时享、祫祭、荐新等礼仪。献功礼是清代首创的礼仪,它是平定叛乱之后,皇帝遣官到文庙进行庆祝的一种礼仪。由于哈尔滨文庙和呼兰文庙建于民国时期,当时的祭孔典礼有了很多简化和变化。呼兰文庙还有进行祭孔大典的记载,而哈尔滨文庙则仅有举行现代礼仪活动的记载,如登龙门、毕业礼、百日誓师大会等礼仪。本文中仅记载登龙门、百日誓师大会及毕业礼,由于其他礼仪现代已不再举行,所以本文不进行详细论述。

表3　各级文庙礼仪活动

	家庙	国子监	府学	县学
古代礼仪	春秋丁祭、释菜礼、月朔进士释褐释菜,月望行香、祭告、献功、时享、祫祭、荐新	春秋丁祭、释菜礼、月朔进士释褐释菜,月望行香、祭告、献功、告克	春秋丁祭、养三老五更礼、行乡饮酒礼、释菜礼、释奠礼、行香礼	春秋丁祭、养三老五更礼、行乡饮酒礼、释菜礼、释奠礼、行香礼、开蒙礼
近现代礼仪	游学、国学宣传、成人礼	国学文化节、展览	登龙门、毕业礼、百日誓师大会、	无

2. 近现代礼仪

登龙门(图5)是哈尔滨文庙举行的现代民俗礼仪,“点灯祈福·登龙门”源自我国古代文人在文庙举行的礼仪活动。在古代,科举考试考中进士者被称为“登龙门”,考中状元者才有资格从文庙泮桥上走过。在一些地方,士子在考中举人后,也会把灯笼挂在泮桥之上,以“灯笼门”取“登龙门”之谐音,企盼考试顺利。

登龙门活动主要集中在哈尔滨文庙第一进院落,以东牌楼为起点,以泮池泮桥与万仞宫墙之间的场地为主要活动场地,在此举行登龙门活动后,登上泮桥,寓意独占鳌头。至此登龙门活动结束,参与活动人员可自主参观、祭拜。

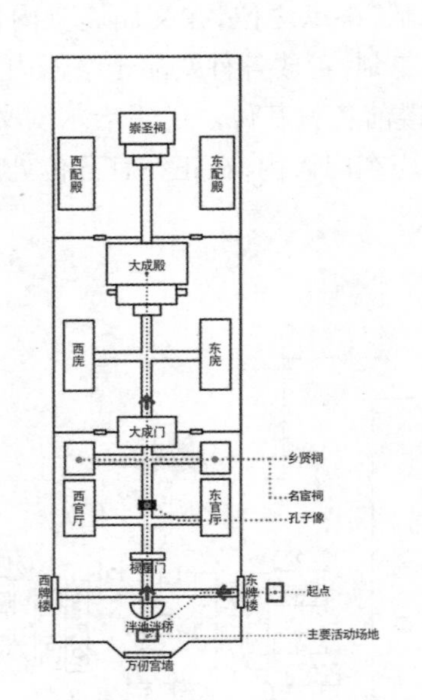

图5　登龙门活动流线

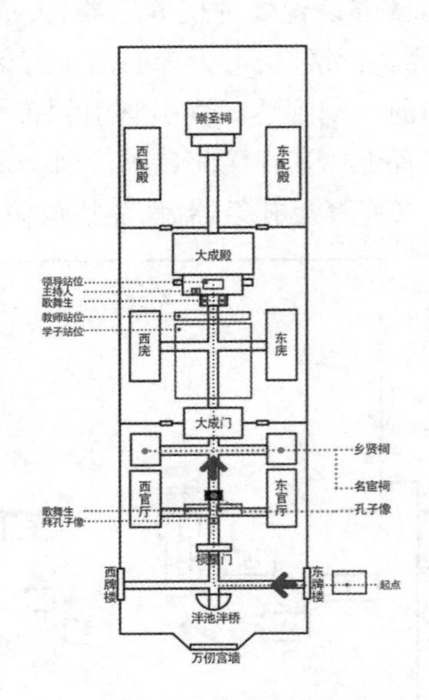

图6　毕业礼及百日誓师大会站位及流线

毕业礼、百日誓师大会(图6)是根据当地习俗,民国以后在哈尔滨文庙举行的礼仪活动,2018年和2019年基本恢复了,举行的毕业礼与百日誓师大会以哈尔滨文庙第二进院落为主要活动空间,以东牌楼为起点,过棂星门、大成门后,在大成殿广场分为学生和老师两部分空间,在大成殿台阶上站立歌舞生,演奏鼓舞学子志气的表演,在月台空间站领导与主持人。就位后,由主持人读祝词,领导颁发证书,学子自东阶上,西阶下。颁发证书后仪式结束。

三、学署空间模糊的庙学空间

自唐以来,政府官办学校由两大功能组成,分别为祭祀功能和教学功能,所以地方孔庙是庙学合一的规制。[①]中国古代学校和祭祀场所合而为一,有人说文庙是因庙设学,也有人说文庙是因学设庙,无

① 见沈旸:《东方儒光——中国古代城市孔庙研究》,东南大学出版社,2019年。

论是因庙设学还是因学设庙，都表明中国古代文庙是庙学合一的场所。1905年科举制取消，此后文庙的教学功能逐渐取消，辛亥革命之后直到1976年，全国文庙也遭到了严重破坏，同时祭祀功能也逐步削弱。但文庙从来都是传播儒家文化重要的媒介。

（一）未具学署空间哈尔滨文庙

据黑龙江省《南岗区志》①记载，哈尔滨文庙第三进院崇圣祠曾改为书厅院，哈尔滨文庙完全符合我国地方文庙庙学合一的建筑规制。按照孔祥林先生的四种分类方式，哈尔滨文庙属于前庙后学，南京的夫子庙也是这种布局方式。由于哈尔滨文庙建于科举制取消之后，其设计之初并没有设计学署空间的位置，后期为满足学庙的要求将崇圣祠改为书厅院，但也仅是为了满足学庙的要求，并没有实际作为文庙学署空间来使用。

（二）添设汉义学的阿城文庙

阿城文庙最初建造时也是不具备学署功能的，而从阿城县志中记载来看它的教育功能曾通过汉义学来实现。据记载光绪二十二年修建八旗官义学房舍，转年在文庙内添设汉义学。八旗义学房舍在今哈尔滨科学技术职业学院内，位于阿城文庙西北处，距阿城文庙2.7千米。文庙内添设汉义学的学习位置不详，在文庙中学习位置有四种可能：一、东西庑祭祀空间改为学习空间（图5）；二、崇圣祠的东西厢房祭祀空间（或原为学习）改为学习空间（图6）；三、在棂星门与万仞宫墙之间设立学习空间（图7）；四、另建学习空间，这种学习空间在后世使用过程中被毁坏。第四种庙学形式可能性极小，原因有两点。一、地理位置原因，在阿城文庙西侧为将军府，北侧和东侧为马路，仅南侧有另建学习空间的位置。但沈旸先生在《东方儒光——中国古代城市孔庙研究》中表示在元代以后的地方孔庙建造过程中已经绝少见到有庙无学或有学无庙、庙学混处或庙学分离的情况了。②在阿城县志中记载阿城文庙为建制完全的文庙③，因此不太可能在文庙外另建学习空间，且如有另建时，县志中也应有相关记载。二、在孔祥林先生的《世界孔子庙研究》中表示中国庙学布局方式有四种④，分别是左庙右学、右庙左学、前庙后学、庙学分离，而我国目前并未发现“前学后庙”这种形式。

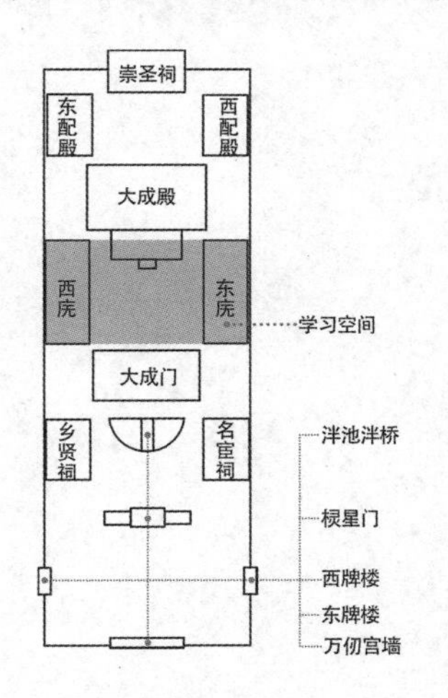

图7　东西庑改学习空间

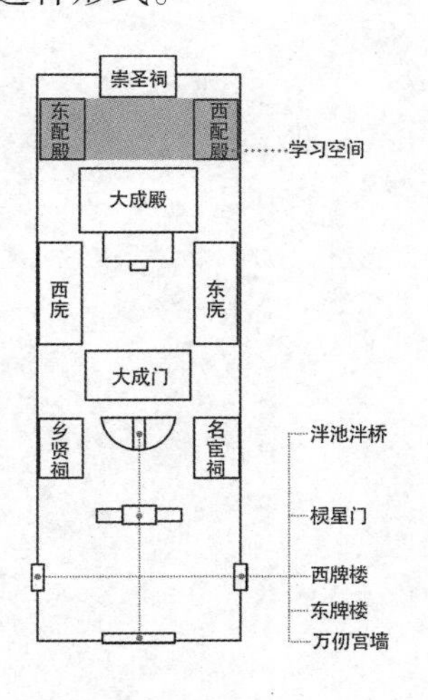

图8　崇圣祠配殿改学习空间

图9　棂星门空间另建学习空间

根据上面三种改用可以看出，阿城文庙庙学关系可能为“前庙后学或前学后庙”。而前文分析提到，在我国并未发现“前学后庙”这种庙学关系，故图7描绘的该种庙学关系存在的可能性是极小的。黑龙江省《汤原县志》⑤中明确记载有图5所描绘的庙学关系，是东西庑改为学习空间的范例。与汤原文庙不同，阿城文庙为建筑建制完全的县学文庙，而汤原文庙仅有大成殿三间及东西庑各三间，具有体量较小、

① 见哈尔滨市南岗区地方志编纂委员会：《南岗区志》，哈尔滨出版社，1994年。

② 见沈旸：《东方儒光——中国古代城市孔庙研究》，东南大学出版社，2019年。

③ 见阿城县志编纂委员会办公室：《阿城县志》，黑龙江人民出版社，1988年。

④ 见孔祥林：《世界孔子庙研究》，中央编译出版社，2011年。

⑤ 见汤原县地方志编纂委员会：《汤原县志》，黑龙江人民出版社，1992年。

建筑建制不完全的特点，所以汤原文庙的这种改制方式被阿城文庙复制的可能性也是比较低的。综上所述，作者推断阿城文庙的庙学关系为“前庙后学”。

（三）不具有学署功能的呼兰文庙

我国古代地方官学的设立均为“庙学合一”的形式，而呼兰文庙在后期使用过程中也没有发现有学署功能的存在，所以呼兰文庙是地方文庙中较为特殊的一座文庙，属于“有庙无学”的庙学关系。可能的原因是该文庙修建于科举制废除的民国时期，各种新式学校、私立学堂已经成为学生学习的主要场所，因而不需要文庙来继续负担同样的空间功能。

四、结语

文庙祭祀空间经过历朝历代的逐渐提升，在清光绪三十二年达到顶峰，哈尔滨文庙与呼兰文庙为之后修建，哈尔滨文庙建筑是按照大祀规格修建的，大成殿规格符合大祀要求，甚至有所超越，但大成殿月台规格却低于大祀规格。同时哈尔滨文庙修建时并未考虑学署空间，后期将崇圣祠改为书院厅仅为满足学庙要求。阿城文庙修建于清同治元年，建筑建制规格符合县学文庙，祭祀空间满足县学要求。庙学关系推断为前庙后学的形式。同时释奠礼的主要祭祀空间由最初阿城文庙的崇圣祠空间转变为哈尔滨文庙的大成殿空间，崇圣祠祭祀空间逐步取消使用。由释奠礼空间可以看出，文庙祭祀流线逐渐变得简单，空间使用逐渐简化，空间利用逐渐降低。呼兰文庙修建于1927年，地方官学要求文庙应该是庙学合一。但呼兰文庙修建时却没有修建学署空间。呼兰文庙为仅有祭祀性质的地方文庙。从以上特点不难看出，庙学空间也由最开始的阿城文庙的具有学署空间、哈尔滨文庙被动添加学署空间，到最后呼兰文庙取消学署空间，哈尔滨地区文庙的祭祀功能与学署功能逐渐形式化，最终形成了带有民国和近代发展趋势的独特形式。

奉天司督阁西医传教事业建筑之变迁

——从租购破旧东北民居到建造低调英式建筑

浙江盘博历史文化研究所　武志华

摘　要：在苏格兰长老会传教士司督阁(Dugold　christie，1854—1936)来到奉天城医学传教的三十年间，从1883年成立西医诊所，到1885年、1892年分别成立盛京施医院与盛京女施医院，都只能租购破旧东北民居。即使于1896年建成全新盛京女施医院，但是其门房和住宅仍是中国风格的。这些建筑被义和团摧毁后，盛京女施医院与盛京男施医院分别于1903年与1907年重建，而奉天医科大学校园也于1911年建成，都是全新但是低调的英国风格。司督阁事业如此“家变”具有深刻复杂的个人、社会、历史与环境原因。

关键词：司督阁；盛京施医院；奉天医科大学；麦克卢尔·安德森；东北民居；英国风格

爱尔兰长老会与苏格兰长老会从19世纪中期开始各自派遣传教士来东北。司督阁在早年成长中深受基督教特别是医学传教士影响，决心成为一名医学传教士，入学爱丁堡大学医学院。1883年，苏格兰长老会邀请他去中国东北工作。[①]于是司督阁远赴中国东北工作，长达四十年，先后创立盛京施医院和奉天医科大学。

目前国内外学界只有马小童指出盛京施医院建筑发展过程从传统住宅到近代医院在空间布局、功能与材料的发展，分析盛京施医院与奉天医科大学建筑及其设施发展。[②]本文主要研究1883年到1912年司督阁创立盛京施医院与奉天医科大学从租购陈旧中式民居到建造全新西式建筑的过程及其根源与背景。

一、从创办西医诊所到盛京施医院(1883—1896)

(一)创办西医诊所(1883—1885)[③]

1882年11月，司督阁及其朋友魏雅各(Webster)两对夫妇到达营口。司督阁首先和已经在奉天城六年的传教士罗约翰(John Ross)一起到达盛京，然而没有找到房子，不久就返回营口。次年5月，司督阁夫妇到达奉天城，住到罗约翰购买的中国传统住宅里。这座建筑位于奉天城东南部著名风景区小河沿。这里是奉天城最早新教传教士社区。6月，司督阁在罗约翰住宅成立免费诊所。候诊室、诊疗室和药房同在一室，而且必须自己做所有事情，一些人还极力散布谣言。恰逢4—9月霍乱爆发，他成功地治

①本文将近代沈阳各种称号统称为奉天城。Dugald Christie中文原名是司督阁，杜格尔德·克里斯蒂是后来张士尊两本译著音译名称。本文除了直接引用他的音译名称一律使用司督阁。见[英]伊泽·英格利斯：《东北西医的传播者——杜格尔德·克里斯蒂》，张士尊译，沈阳：辽海出版社，2005年；[英]杜格尔德·克里斯蒂、[英]伊泽·英格利斯：《奉天三十年(1883—1913)：杜格尔德·克里斯蒂的经历与回忆》，张士尊译，湖北人民出版社，2007年。

② 见马小童：《沈阳近代医疗建筑研究》，沈阳建筑大学2013年；硕士学位论文；马小童：《沈阳近代医疗建筑特征———以满洲医科大学和盛京医院为例》，《城市建设理论研究》2016年第11期；陈伯超、刘思铎、沈欣荣、哈静：《沈阳近代建筑史》，中国建筑工业出版社，2016年。

③ 见[英]伊泽·英格利斯：《东北西医的传播者——杜格尔德·克里斯蒂》；[英]杜格尔德·克里斯蒂、[英]伊泽·英格利斯：《奉天三十年(1883—1913)》；Dugald Christie，*The Chinese Record*，February，1937，p.109。

疗许多病人，远近闻名，也招致某些人嫉恨。某天他与罗约翰在狐庙游玩遭到袭击。

但是他仍然决心留下来，不久购下附近一座凶宅，因为两任房主长子连续死在这里。这座宅院是典型的中国风格，面朝南方小河沿，还有一个延伸到河中的平台。四周围绕着坚固的砖墙，有个宽大的大门，院中修建相对矮的隔墙，通过第二道门分成外院与里院，外院安置仆人住处与马舍，而通过花园直抵位于里院中央的主人住宅。9月，司督阁从此定居于此，而诊所随之迁至其门房，包括两间房子，内外分别做休息室、门诊室，并且雇用药剂师、门房、宣教师。1884年，在奉天城内城开办第二家较大诊所，但是没有住院病房，每周只能开放两天，他住宅门房诊所则是天天开放。

图1　奉天城著名风景区小河沿，远景即奉天医科大学①

图2　住宅诊所②

(二)盛京施医院的乔迁(1885—1896)③

1885年春季，司督阁购买了住宅后一座破旧的中国平顶民居，只有两个房间，安置十二张病床。5月，盛京施医院在此正式开业，盛京施医院因此诞生。当年夏天大雨使其一面墙坍塌，其他三面墙也不再牢靠，因此到了冬季不得不关闭医院两个月。次年夏天大雨使之彻底坍塌，只能租下住宅东邻院子作为医院，这里正是未来奉天医科大学校址。因此寻找新地方建立医院势在必行，苏格兰长老会传教委员会下属的"儿童后援会"与营口、奉天城等地区的中外朋友大力捐款。正好一位友好的官员外调，就于1887年6月把其位于小河沿三道沟东面高台官邸卖给司督阁，距离司督阁住宅东不到九十米。这座官邸包括两进院子，前院包括一座五间的正房与两座三间的厢房。9月，司督阁关闭临时医院，把官邸改造成为一座全新的医院，包括一个能容纳一百五十人的候诊大厅，其后宽敞的院子包括厨房、手术室、戒烟室，三面都是病房，能够收治一百五十名病人，还在和其他房间隔开地方有一间可以容纳十五张床位的妇女病房，这是中国东北地区第一间妇女病房。司督阁还特别设计与新建一座中国风格门诊部。10月10日，新医院正式开业，盛京兵部侍郎等中国官员和东北传教士出席，但是新医院建筑直到11月才完全建成。

1892年，司督阁再次关闭医院，大修六个月。建造一座全新的专用手术室，可以从屋顶与墙壁的窗户采光，以后不再在会议室做手术了。由于土炕破旧漏烟对眼病患者有害，就把眼科病房取暖与床具兼用的土炕拆除，代之以铁床与铁炉。这种改造的方法推广到其他两座病房。司督阁把原来妇女病房空间并入原来官邸医院，另外临时租用一座小院子作为独立的妇女医院。妇女病房发展成独立专门治疗女患者的医院，这标志着盛京女施医院的诞生，由此盛京施医院开始正式分为盛京女施医院与盛京男施医院。1930年，两院合并，名之为盛京施医院。

① 见[英]杜格尔德·克里斯蒂、[英]伊泽·英格利斯:《奉天三十年(1883—1913)》。

② 见[英]伊泽·英格利斯:《东北西医的传播者——杜格尔德·克里斯蒂》。

③ 见[英]伊泽·英格利斯:《东北西医的传播者——杜格尔德·克里斯蒂》;[英]杜格尔德·克里斯蒂、[英]伊泽·英格利斯:《奉天三十年(1883—1913)》。Dugald Christie , Thirty years in Moukden, 1883-1913, New York: Mcbride, Nast & Company, 1914, p.293; James Webster, *The Opening Days New Hospital at Moukden*, *The Chinese Record*, May, 1907, p.290;《各公会医药事业之发展·奉天小河沿盛京施医院沿革》,《满洲基督教年鉴》,满洲基督教联合会出版,1938年。

(三)司督阁事业的"老家"

司督阁从未打算一直在中国风格的房子里工作,但是如果建起一座西式房屋肯定会带来麻烦,两层楼房更意味着一场暴乱。19世纪末的奉天城内城根本没有两层以上建筑,除了寺庙之外,因为神可以,但人则不能。因此,他开始只想购买一处适合做永久医院和诊所的房产,即使如此也并非易事,因为当时中国人一般不愿意卖给外国人房产,因此他不得不选择其住宅附近环境适宜的地方。早期医院是土地面,房间低矮,还漏雨,砖炕陈旧漏烟弥漫房间。因为当时还不允许外国人购地建房。[①]

西方基督教会在中国逐渐获得房地产权利。1860年,在中法《北京条约》中文版非法添加外国教会在内地置产第六款;1865年,中法《柏尔德密协议》正式合法,但是中国政府对其虚与委蛇。英美两国在承认传教士既得利益的基础上分别采取了努力限制和积极保护的不同态度,因此司督阁难以获得本国政府支持,直到1895年《施阿兰协议》签订才正式获得在中国内地自由购地建房权利。[②]

但是无论是司督阁的普通民居还是官邸都是住宅,作为医院使用都需要改造,比如拆除土炕代之以铁床与铁炉。开始他住宅门房诊室与最初临时医院空间有限,即使是后来两进院落官邸医院空间宽裕,也存在以院落组织空间的分散式医疗建筑,候诊室、诊室与药房在外院,手术室与病房在内院,因此必须通过室外才可以到达各功能房间,诊室与药房仍然共处一室,难以完全适应近代医院建筑的要求。比如以功能区域设计与安排建筑空间,建筑开始突破单层空间,可以增加更多空间,同时在空间上叠加许多功能。再比如条件齐备的手术室,但是官邸医院限于原来房间条件无法改造而不得不建造一座全新的手术室。[③]

正是这些建筑功能因素促使司督阁竭力选择建造全新医院建筑,但是囿于种种限制,他首先改变的只是建筑内部功能,而非建筑外观。

二、盛京施医院建筑从"旧"到"新"(1896—1907)

甲午中日战争影响了司督阁的正常工作,但是并没有影响战后建造全新但是外观传统的盛京女施医院。当义和团运动则使之化为废墟后,他很快重建西式盛京女施医院。盛京女施医院地址未变,但是风格大异。盛京男施医院数年后也步其后尘。

(一)盛京女施医院两个"新家"

甲午中日战争爆发,司督阁先后在奉天城特别是营口领导建立红十字会,收治中国士兵与平民,因此受到清政府嘉奖。这次战争促使中国东北地区接受基督教,普通民众开始挤满教堂,孩子涌入教会学校。中国东北基督教会在1896年有教徒5788人,另有6300个申请者,同时许多中国教徒也积极资助教会。在甲午中日战争前司督阁在小河沿三道沟西购买了地皮,1896年,盛京女施医院在此落成,新来的Starmer和Horner两名女医学传教士负责。虽然目前无法判断其建筑整体风格,但是次年盛京女施医院门房与女传教士住宅(Zenana House)完全是中国风格的。[④]

① 见[英]伊泽·英格利斯:《东北西医的传播者——杜格尔德·克里斯蒂》;[英]杜格尔德·克里斯蒂、[英]伊泽·英格利斯:《奉天三十年(1883—1913)》。

② 见许俊琳:《中法<北京条约>第六款"悬案"再研究》,《东岳论丛》2016年第1期;王中茂:《晚清天主教会在内地的置产权述论》,《清史研究》2007年3月;李育民:《基督教在近代中国的传教特权》,《文史》第45辑,中华书局,1998年;李传斌:《基督教与近代中国的不平等条约》,湖南人民出版社,2011年。

③ 见陈伯超、刘思铎、沈欣荣、哈静:《沈阳近代建筑史》。

④ 1897年,盛京女施医院及其门诊成立。见[英]伊泽·英格利斯:《东北西医的传播者——杜格尔德·克里斯蒂》,第90—101页;[英]杜格尔德·克里斯蒂、[英]伊泽·英格利斯:《奉天三十年(1883—1913)》;《为补给英国医士司督阁宝星执照事》,辽宁省档案馆微缩资料,军督部堂全宗号:JB14,案卷号:1916;沈阳市政府地方志办公室:《辽宁旧方志·沈阳卷》,辽海出版社,2010年;刘仲明:《盛京施医院创立纪实》,《文史资料选辑第1辑》,1962;Dugald Christie,*The Chinese Record*,February,1937,p.109。

图3 新医院[①]

图4 1897年盛京女施医院女传教士住宅[②]

根据地图女传教士住宅与韦伯斯特、罗约翰和司督阁住宅自西而东分别并排列于小河沿，司督阁正好居住在三道沟西管理对面即小河沿三道沟东盛京男施医院。

司督阁继续选择中国风格并非偶然。1896年9月，他的朋友魏雅各视察奉天城附近铁岭在新建教堂。他向具体主持建设教堂执事与长老表达了关于教堂建筑的总思想。鉴于中国佛寺建筑不能满足基督教堂公共礼拜需要，外国风格会冒犯中国观念，他希望建筑风格中西合璧，成为中国东北模范教堂。教堂两边墙壁各有八个窗户，北边三角山墙两个窗户，都是哥特风格的。在教堂讲坛正上方有面八边形窗户。教堂大厅中部横贯一面隔墙，把进入礼拜的男女教徒分开。[③]显然这考虑到当时中国观念。1896年12月，吉林男施医院正式建成投入使用，依然是中国风格：纸糊窗户、传统砖炕与炭盆取暖。[④]

他们的谨慎完全是必要的。1900年6月，义和团运动从中国华北传到奉天城。司督阁逃到营口，但是他的医院与住宅化为废墟。11月，他回到奉天城，中国批发商协会没有要求任何担保就借款给他。到1903年末，盛京女施医院建成，由安德森（MacPherson或者McClure Anderson）设计。医院入口大门挂一面匾额，写着"以医荣主"四个汉字。建筑外廊、屋顶与窗户，均具有西方风格。[⑤]

图5 1903年盛京女施医院大门合影与全景[⑥]

这种外廊式建筑并非来自欧洲本土，而是西方在亚洲热带殖民地抵御炎热气候而创造的殖民主义建筑。新政时期清政府建筑就有不少借鉴这种建筑，比如吉林省延吉道尹公署。延吉道尹公署由爱国将领

---

① 见[英]伊泽·英格利斯：《东北西医的传播者——杜格尔德·克里斯蒂》。

② *Missionary Record of The United Presbyterian Church*, May. 2, 1898, p.157.

③ Church Building in Tieling, *Missionary Record of the United Presbyterian Church*, December, 1, 1896, p.367.

④ 1891年，爱尔兰长老会传教士高积善（Greig）入吉林城施医和传教。1893年，当地士绅宋存礼赠其东关电灯厂处房基地（今吉林市邮电大楼北侧）。1896年高积善正式建成吉林施医院。1929年英国的黄美丽女医士创办吉林女施医院。1936年男女施医院合并，名高大夫医院。见戴约坦：《外国传教士在吉林市建立的"施医院"——高大夫医院》，《福音时报》2016年9月30日；"Opening of the Kirin Hospital." *Missionary Record of the United Presbyterian Church*, July, 1, 1897, pp.241—242.

⑤ 见[英]伊泽·英格利斯：《东北西医的传播者——杜格尔德·克里斯蒂》，第131、137页。*The Missionary Record of The United Presbyterian Church of Scotland*, Nov.1904, pp.514-515. James Webster, "The Opening Days New Hospital at Moukden." *The Chinese Record*, May, 1907, pp. 290-292. Dugald Christie, *Thirty years in Moukden, 1883-1913*, New York: Mcbride, Nast & Company, 1914, p.203.

⑥ *The Missionary Record of the Church of Scotland*, Nov.1904, pp.514—515.

吴大澂于1905年建造，其外廊为木材建造，并附带了雀替、栏杆、望板等传统建筑构件，但主体建筑为青红砖间隔砌成的厚重外墙，颇类似于英国传统砖工艺，并且外墙的开口处多为拱券，受西方建筑的影响。①

1889年，苏格兰长老会牧师罗约翰在奉天城大东门外建成东关基督教堂，融汇中西。②东关基督教堂外廊与1903年盛京女施医院建筑外廊类似，都很像中国传统坡顶外廊。

图6　延吉道尹公署③

图7　东关基督教堂④

(二)盛京男施医院从寄居旧庙到建成“新家”

不久日俄战争爆发，期间司督阁救助中日俄三国军民，被三国政府授予红十字勋章。盛京男施医院被推迟重建而安排在小河沿岸三义庙里，这里由一个吸食鸦片的道士管理，门诊与药房共用一室，地面潮湿，患者躺在神像下漏烟的土炕上，夏季在院子里搭帐篷住，一边是基督徒在唱圣歌和讲述福音故事，一边响起道士敲击的锣声。盛京男施医院新建筑投入使用后，政府利用三义庙旧址建成奉天工业学校，而其中神像被扔到河里。⑤

日俄战争以日本胜利结束，刺激清政府正在推进的新政高涨。1905年5月，赵尔巽取代增祺为盛京将军，全力推进新政。风气丕变，西学特别是基督教对奉天城社会各界吸引力明显增强。⑥赵尔巽追求进步与效率，非常关注教育与医学。赵尔巽建立卫生部门，还首次颁布城市卫生法律，在司督阁指导下开设一座公立医院。盛京男施医院也于1906年春天开始重建，同样由时任英国皇家陆军医疗队上校安德森负责指导医院建筑规划。日本军队大山岩元帅从营口运来购自美国俄勒冈的松木，清朝铁路公司总办免费把所需全部砖瓦与波特兰水泥由唐山运到新民屯，赵尔巽还捐助四千两白银。1907年3月5日，在被义和团摧毁的盛京施医院旧址上重建的盛京男施医院举行隆重开业典礼，奉天城各国领事、以盛京将军赵尔巽为首的奉天城官员和大喇嘛等一百二十多人莅临。中国国旗与红十字旗帜在旗杆上高高飘扬。在候诊室与门诊室分别挂起各种灯笼、彩带和基督教长老会关东老会赠送的两座钟表。两面白色木制牌匾挂在候诊室内墙上，记录捐款名单。赵尔巽再次捐助一千美元(一百英镑)。大约一百五十名奉天商会商人也捐助约七百英镑，还连续三晚施放焰火，作为庆祝。1907年11月，盛京男施医院全部竣工，容纳一百一十张病床。⑦

这座新医院建筑先进适用，大门口拱顶石匾写着“盛京施医院”五个汉字。两层门诊楼屋顶突起，东入口通向一座唐山瓷片地板候诊室，长宽分别是44与28英尺⑧，带有长短轴分别是15与12.5英尺的椭

① 见刘亦师：《中国近代“外廊式建筑”的类型及其分布》，《南方建筑》2011年第2期。

② 见陈伯超、刘思铎、沈欣荣、哈静：《沈阳近代建筑史》，中国建筑工业出版社，2016年。

③ 见刘亦师：《中国近代“外廊式建筑”的类型及其分布》，《南方建筑》2011年第2期。

④ 见University of Southern California USC Digital Library International Mission Photography Archive (IMPA).

⑤ 见J. W. Inglis, “Notes on the Situation in Manchuria”, *The Chinese Record*, May, 1906, pp.253, 254; [英]杜格尔德·克里斯蒂、[英]伊泽·英格利斯：《奉天三十年(1883—1913)》，第159、171—173页。

⑥ 见《沈阳历史大事年表》，辽宁人民出版社，2002年。James Webster, “Sidelights from Manchuria”, *The Chinese Record*, September, 1906, p.255.

⑦ 见[英] 杜格尔德·克里斯蒂、[英]伊泽·英格利斯：《奉天三十年(1883—1913)》。

⑧ 英尺，英制长度单位，合0.3048米。

圆形拱形凹槽，其屋顶由木材与石膏板对半建成的四联拱顶构成。从候诊室开门进去的就是与暗房毗邻的问诊室。通过一间长宽分别是26与18英尺的更衣室进入门诊楼。门诊楼一层是门诊部，包括医生私人房间及其相邻的教室、实验室，还有门房，作为入口的引导，发挥门厅作用；二层包括一间大教室、药品和布艺储藏室和三间学生宿舍。整个大楼内空间，包括候诊室，是由低压蒸汽厂供热的。门诊楼通过22英尺长的走廊连接住院部。走廊右边是两间宽敞的病房，每个病房都有二十张床，左边还有可以容纳五十张床的两个病房。走廊尽头东西走向与门诊楼平行的是以资助人命名的“芒罗纪念病房”（Munro Memorial Ward）[①]，包括一间公共病房和三间私人病房，可提供十四张床。病房建有美丽外廊与山形墙房顶，正好南临著名小河沿风景区。医院走廊和病房都是通过俄罗斯火炉供热。手术室三面墙都是玻璃窗，用白色瓷砖装饰地面与墙面，明亮通风宽敞，配备近代医疗设备。[②]

图8　盛京男施医院开业典礼[③]

图9　盛京施医院，左下即芒罗纪念病房，右面是两层的门诊楼；前景为司督阁宅院[④]

新医院建筑整体风格没有采取华丽的欧洲古典主义或者巴洛克风格，而是英国风格。建筑立面简洁朴素，特别是连续悬山坡屋顶构成三角山墙主立面，更接近中国传统建筑风格与造型，在奉天城中也不突兀。整个医院除了太平间、锅炉房等附属用房外，利用封闭的连廊可以到达医院的任何一个地方。这种考虑到东北城市气候环境而采取的创造性设计满足近代医院需要，使新医院彻底摆脱了中国传统院落组织方式与轴线对称的布局。[⑤]相比之下1913年规划的成都华西医大与1917年建立的北京协和医院及医科大学，其规划理念都是以网格状道路系统分割出规划用地，强调中轴线对称。[⑥]不过这主要因为盛京男女施医院购地并非一次性确定，只能因地制宜。

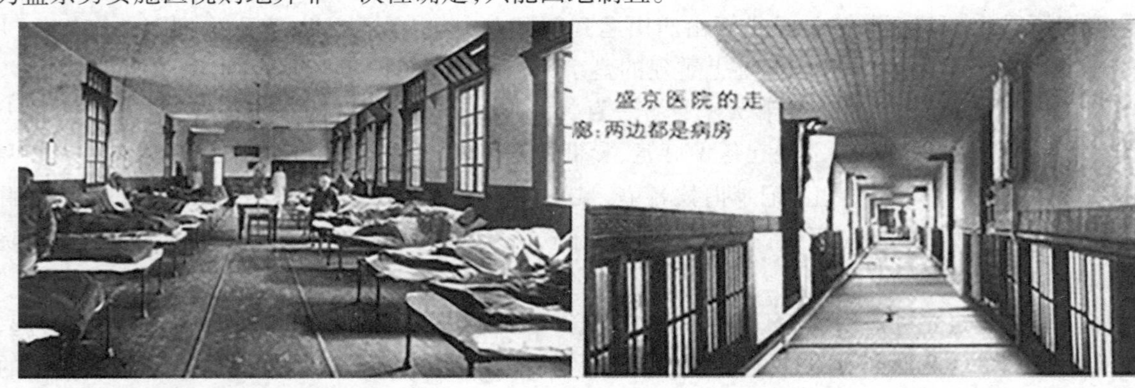

图10　年盛京男施医院病房与走廊[⑦]

① 司督阁利用在日俄战争前收到的芒罗遗产建设。

② 见James Webster："The Opening Days New Hospital at Moukden"，*The Chinese Record*，May，1907，pp.290-292；[英]杜格尔德·克里斯蒂、[英]伊泽·英格利斯：《奉天三十年（1883—1913）》。

③ 见University of Southern California USC Digital Library IMPA.

④ 见*The Chinese Record*，May，1907，pp.264-265.

⑤ 见陈伯超、刘思铎、沈欣荣、哈静：《沈阳近代建筑史》。

⑥ 见马小童：《沈阳近代医疗建筑特征———以满洲医科大学和盛京医院为例》，《城市建设理论研究》2016年第11期。

⑦ 见[英]杜格尔德·克里斯蒂、伊泽·英格利斯：《奉天三十年（1883—1913）》。

三、建设全新的奉天医科大学校园(1907—1912)

司督阁从来到奉天城就一直梦想着把西医和基督教传播给中国人,同时认为这最终依靠必须是中国人自己,而非一些外国人。他坚信一个医学传教士最好要把自己的知识和技术传授给中国人,因此到1908年初完成盛京施医院重建,马上重启建立医学院计划。[①]

(一)奉天医科大学校园的筹建[②]

日俄战争后中国东北奋兴运动兴起,随之基督教会大兴土木,特别是在奉天城。两座西方风格基督教堂落成。1910年,奉天文会书院新校园落成;1911年,奉天基督教女子师范学校(后来改称奉天坤光女子师范学校)建立。

但是基督教长老会关东大会没有大力支持司督阁的医学教育计划,而是寄希望于北京协和医学院,幸运的是新任的东三省总督徐世昌大力支持。他收回医院隔壁所售出的地皮,然后于1908年7月赠送给司督阁用于建设医学院。先后参观盛京施医院后,一位苏格兰贵族承诺至少在五年之内每年捐助100英镑,而徐世昌向盛京施医院捐赠3100两白银(440英镑)。盛京施医院与奉天医科大学免费安装电话,还享受半价电费优惠。

为了筹建医学院需要资金、设备以及教授,司督阁于1909年春天回国求助。结果苏格兰长老会外国传教委员会只资助4000英镑费用。次年9月,他通过向社会各界散发五千份呼吁信募集4889英镑捐款,大部分来自苏格兰人,同时莫乐尔(Mole)及其朋友亚瑟·嘉克森(Arthur Jackson)应邀接受教职。医学院建筑师也提出削减其报酬作为捐助。1910年秋天,基督教长老会关东大会和丹麦路德会组建校务委员会,制定和公布招生简章,计划在次年早春开工。但是冬季中国东北爆发空前鼠疫,司督阁接受东三省总督锡良聘请担任政府首席医疗顾问,还带领医院师生进行防疫工作。应邀担任医学院教师的亚瑟·嘉克森因此殉职。锡良分别补偿他母亲与司督阁10000美元(约900英镑)与5000美元,他母亲将其全部捐给了医学院,于是锡良再次捐助医学院4000美元。

(二)奉天医科大学校园的落成[③]

1911年春天,被耽误的医学院教学楼终于开工,当年年底建成。1912年3月,医学院举行开学典礼,当时被称为奉天医科大学。

大学教学楼坚固紧凑,由坡屋顶和四角攒尖顶组合而成,具有英国风格。1919年,教学楼震撼了初来乍到的苏格兰耳鼻喉科医生Thacker-Neville,让他恍如看到在都柏林伊丽莎白一世女王时代落成的母校。建筑主立面位于山墙处,立面由三部分组成,中部向后缩进一部分,右部做了向外凸出的半边六边形凸窗。墙身以砖砌筑,外观呈青砖清水墙,主入口为拱形大门,门窗为简洁的矩形,屋檐下有向外悬挑的绿色装饰构件。开始成U字形,两翼等长,东翼、西翼分别纪念旅行家毕晓普夫人与亚瑟·嘉克森,前者曾经在盛京施医院接受治疗还为筹建大学资助1000英镑。

---

① 见[英]伊泽·英格利斯:《东北西医的传播者——杜格尔德·克里斯蒂》;[英]杜格尔德·克里斯蒂、伊泽·英格利斯:《奉天三十年(1883—1913)》。

② 见[英] 杜格尔德·克里斯蒂、伊泽·英格利斯:《奉天三十年(1883—1913)》;[英]英格利斯:《东北西医的传播者——杜格尔德·克里斯蒂》;Austin Fulton, *Through Earthquake, Wind and Fire : Church and Mission in Manchuria*, 1867-1950, Edinburgh: Saint Andrew Press, 1967, pp.245-246, 253. F.W.S.O' Nrill. The Outlook in Manchuria, *The Chinese Record*, August, 1912, p.451; Life at Moukden Medical College, *Missionary Record of the United Presbyterian Church of Scotland, January, 1913*, p.142;刘仲明主编:《奉天医科大学(辽宁医学院)简史》,中国医科大学,1992年;Dugald Christie, *The Chinese Record*, August, 1937, p.109。

③ 见陈伯超、刘思铎、沈欣荣、哈静:《沈阳近代建筑史》;[英]伊泽·英格利斯:《东北西医的传播者——杜格尔德·克里斯蒂》;[英]杜格尔德·克里斯蒂、[英]伊泽·英格利斯:《奉天三十年(1883—1913)》;Report, 1919, p.11f. Austin Fulton. *Through Earthquake, Wind and Fire*, p.247。

图11　盛京男施医院与奉天医科大学[①]

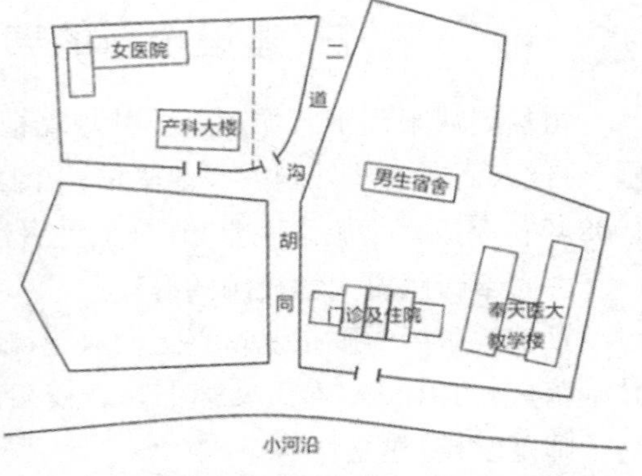

图12　奉天医科大学与盛京施医院总平面图[②]

整座建筑地下一层，地上三层，加上屋顶层，看起来好像有五层楼。地下层通风采光良好，布置物理实验室、化验室、解剖室和标本室。一层以教学为主辅以标本室、展厅等。二、三层用于教学和办公，四层起初用作学生宿舍，后来搬到专门的宿舍楼。建筑内部装修简洁明快，楼梯、门窗等构件大都为木质材料。楼顶建有巨大水塔与水箱，向学校、医院及其职工住宅供水，这是奉天城最早的自来水设备。

司督阁早期医院利用东北大院木屋架，覆以青瓦，利用青砖砌成承重与隔断墙，外墙很厚，坚固保暖。作为东北主要建筑材料，青砖直到20世纪20年代末才被红砖材取代。但是盛京男施医院门诊楼和奉天医科大学教学楼分别在1907年与1911年就采用钢筋混凝土结构。

(三)奉天医科大学教学楼的建筑师

目前没有发现明确史料说明是哪位建筑师最早规划与设计建造奉天医科大学校园，初步推断可能是盛京男女施医院建筑师安德森。这里可以从他本人经历、早期建筑设计特点与信仰找到根据，当然还不充分，有待搜集更明确有力的史料。

安德森全名亨利·麦克卢尔·安德森(Henry McClure Anderson，1877—1942)，中文名字在历史上还曾有“安得生”。他出生于苏格兰爱丁堡，1942年在天津去世，是当时中国北方著名建筑师。在爱丁堡1901年某家建筑事务所担任绘图员，1902年取得建筑师资格后来到中国，为中国东北苏格兰和爱尔兰传教团体建造工作服务。他的早期建筑作品风格以英国自由风格或折中式样为主，特别是为中国东北苏格兰和爱尔兰传教团体设计的学校、医院、教堂和住宅等建筑，如1908年奉天省辽阳怀利纪念教堂(Wylie Memorial Church)。[③]

图13　奉天医科大学教学楼立面图[④]

图14　天津十一位杰出专业人士之安德森与库克(10、11)[⑤]

① 见[英]杜格尔德·克里斯蒂、[英]伊泽·英格利斯:《奉天三十年(1883—1913)》。

②④ 见陈伯超、刘思铎、沈欣荣、哈静:《沈阳近代建筑史》。

③ 见安德森1909年任天津先农公司建筑师，1913年与库克(Samuel Edwin Cook)合伙接办永固工程公司(Cook & Shaw)，该公司改称永固工程司(Cook & Anderson)。此后安德森两度出任英租界工部局代理工程师，完成英租界墙外推广界规划，两度参与制订英租界建筑法规。天津永固工程公司(Adams，Knowles & Tuckey最初由美国土木工程师学会会员与北洋大学堂土木工程教习亚当斯(E.G.Adams)与诺尔斯(G.S.Knowles)、塔基(W.R.T.Tuckey)合办，承接建筑设计和土木工程，之后合伙人几经变更。见陈国栋:《近代天津的英国建筑师安德森与天津五大道的规划建设》，《中国建筑教育》2015年第9期；黄光域编:《外国在华工商企业辞典》，四川人民出版社，1995年；郑红彬:《近代天津外籍建筑师述录(1860—1940)》，《建筑史》2016年(第37辑)；庄建平主编:《近代史资料文库》第9卷，上海书店出版社，2009年。

⑤ Walter Feldwick, *Present Day impressions of the Far East and Prominent and Progressive Chinese at Home and Abroad*, London: The Globe Encyclopaedia Co., 1917, p.259.

怀利纪念教堂是中西合璧的优秀案例。教堂平面呈十字形，可舒适地容纳六百五十人，根据中国传统礼制设计为男人坐在教堂的中心，女人则坐在侧翼。西式的山墙、壁柱等元素与中式的坡屋顶（斜直）、亭子、檐下很好地融合在一起。①

图15　怀利纪念教堂②

他稍早所设计的盛京男施医院门诊楼和奉天医科大学教学楼都是英国风格，建筑轮廓则错落有致、高低起伏，屋面造型尤其丰富，接近中国传统建筑风格。

最后他信奉苏格兰长老会。③如前所述设计建造奉天医科大学校园建筑师曾提出削减其报酬作为捐助，司督阁及其医院、学校项目与苏格兰长老会存在直接关系。

四、结论

三十年间，司督阁首先租购陈旧东北民居建立西医诊所乃至医院，然后两次建造不同风格的盛京女施医院，最后建造英国本土风格的盛京施医院与奉天医科大学建筑。盛京施医院地址没有变化，但是其他方面却焕然一新。奉天司督阁西医传教事业建筑变迁的不仅有建筑风格与功能，还有建筑材料与工艺、基础公共设施，其渊源具有深刻复杂的个人、社会、历史与环境原因：

首先是中国政府和社会对基督教与西医的认可和需要。从医院发展到医学校正逢中国近代思想转型时期，中国传统宗教和正统思想儒学逐渐崩溃，基督教日益兴盛。司督阁在1913年指出：过去两年里最引人注目的变化莫过于中国政府与公众对基督教态度的完全改变，基督教徒政治地位明显提高。这年3月，美国基督教领袖约翰R.穆德（John R.Mott）来到奉天城演讲，奉天城公立学校五千名在读与毕业学生出席。这次演讲就在司督阁与罗约翰三十年前遭受民众石头袭击和十三年前义和团屠杀教徒的狐庙前。④1896年，在当地传教的苏格兰长老会传教士詹姆斯W.英雅各布（James W. Inglis）指出："盛京城有六十座庙，但是除了狐庙其他似乎朝拜者甚少。"⑤三十年间在狐庙发生的这三件事说明：狐庙在当地民间地位一直非同小可，但是基督教已经今非昔比；中国精英在接受西医、西医教育与基督教。

其次是盛京施医院发展与奉天医科大学创办需要。无论建筑如何变化，司督阁首先考虑的始终是建筑材料、基本设施与功能因素。盛京施医院迁入官邸前就必须改造，迁入后还要改造采暖方式，但是传统住宅建筑采光差难以改善，因此干脆完全新建一座手术室。盛京施医院迅速发展，建立奉天医科大学，需要与之配套的符合其功能的建筑，而作为住宅的东北民居显然无法更好满足近代西医医院特别是

① Missionary News: Wylie Memorial Church, Liaoyang , *The Chinese Recorder and Missionary Journal*, May, 1908, pp.285-286.

② *The Chinese Recorder and Missionary Journal*, May, 1908, pp.284-285.

③ Incoming Passenger Lists, 1878-1960. Canada Ocean Arrivals (Form30A) 1919-1924 For Henry McClure Anderson. [2013-09-01]. Original data: Board of Trade: Commercial and Statistical Department and successors: Inwards Passenger Lists. Kew, Surrey, England: The National Archives of the UK (TNA). Series BT26, 1, 472 pieces.

④ 这里的"真理"特指基督教义。见[英]伊泽·英格利斯:《东北西医的传播者——杜格尔德·克里斯蒂》;[英]杜格尔德·克里斯蒂、[英]伊泽·英格利斯:《奉天三十年(1883—1913)》。John Ross, Mission Methods in Manchuria: Missionary of the United Free Church of Scotch Moukden, Manchuria. Edinburgh and London :Oliphant Anderson & Ferrier, 1903, p.284。

⑤ James W. Inglis. The Work in Moukden.The Record of the United Free Church of Scotland, Dec, 1, 1896, p.368.

大学功能，最终建造全新的近代医院与大学建筑势在必行。19世纪末第二次工业革命促进建筑材料与基本设施迅速发展。奉天医科大学与盛京男施医院超前地以钢筋混凝土取代当时流行的中国传统青砖，还在奉天城最早使用近代供电、供暖、通讯与自来水设施。

最后，司督阁与安德森个人因素。由于当地排外环境与保守观念，开始辟女病房隔离，然后盛京男女施医院不得不分区创立与运营，进而影响医院整体布局与规划；而且虽然他长期在中国风格建筑里工作，但是作为英国人，他肯定深受本国建筑趣味影响。但是即使新政之后风气大开，他在奉天医科大学与盛京男施医院新建建筑中谨慎地采用简洁低调的英国风格，使之更接近中国传统建筑风格与造型，还以中国传统的月亮门连通奉天医科大学与盛京男施医院。①当然在这些用心良苦的风格转型中，安德森作为专业建筑师发挥了关键作用，也形成他早期作品代表风格。

今天盛京施医院与奉天医科大学不复存在，但是早已成为中国医科大学不可忽略的一部分，而且至少还遗留三座建筑。至少还有两座继续发挥作用：一座盛京施医院普通老建筑被异地重建到沈阳建筑大学浑南校区作为学校医院使用；一座奉天医科大学旧址建筑则是辽宁省肿瘤医院办公楼，还是沈阳市文物保护单位。在今天沈阳大东区堂子街7-2号还有一栋相关的二层青砖建筑，于2016、2019年被分别确定为沈阳市历史建筑与有待抢修历史建筑，最终具体用途有待确定。

① Austin Fulton, *Through Earthquake, Wind and Fire*, pp.250, 251.

“凝固音乐”的变奏
——奉天基督教青年会会所的诞生,1910—1926[①]

浙江盘博历史文化研究所　武志华

摘要:在丹麦青年会、北美协会、奉天省教育部门等各方支持下,奉会于1914年3月创立于奉天城[②]大南门里一座中国民居。在奉会总干事普莱德的努力下,1916年张作霖划拨景佑宫和1919年奉会购买友德店院作为建设会所用地。奉会项目建设资金包括北美协会拨款37000鹰元、奉会本地募款100000鹰元、丹麦青年会设计费8866.18鹰元。奉会捐款金额远超北美协会,又获得丹麦青年会支持,北美协会聘用哈里·何士(Harry Hussey,1881—?)负责设计会所草图与立面图,奉会聘用艾术华基于哈里·何士草图制作施工图,并担任建设监理,取代了纽约北美协会建筑部与其下属机构上海全国协会建筑办事处分工惯例。奉会会所最终于1925年5月开工,次年9月落成。在奉会支持下,受中国传统建筑和当时中国基督教本色化运动,可能还有丹麦木结构建筑影响,艾术华采用许多鲜明中国传统建筑元素,甚至不惜违背北美协会批准的草图,因此这个项目成为中国近代青年会建筑中少数突破西方典型风格的代表作,在艾术华建筑设计生涯中也具有承前启后的地位。

关键词:奉天基督教青年会;基督教青年会北美协会;丹麦青年会;青年会会所;普莱德;景佑宫;张作霖;张学良;何士;艾术华

一、绪论

1844年,青年会创立于英国伦敦,旨在通过德智群三育传播基督教,应对工业革命中所面临的城市社会问题。青年会开始临时租借酒店里屋。伦敦青年会在1851年伦敦第一届国际博览会还展示一座三层样板会所。[③]当年青年会通过博览会传入美国。纽约青年会1869年建成纽约27号大街会所,这是第一座体现德智体群四育宗旨的青年会会所,成为后来世界青年会会所的典范。一战以前,美国各大城市落成近200座现代青年会所,均是砖石建造的长方形乔治亚式或文艺复兴式风格。[④]

---

① 本文正文与注释中间接引用的“基督教青年会”“奉天基督教青年会”“中华基督教青年会全国协会”“基督教青年会北美协会”分别简称“青年会”“奉会”“全国协会”“北美协会”。在此致谢清华大学建筑学院刘亦师老师、香港中文大学《二十一世纪》杂志张志伟编辑、南京大学建筑与城市规划学院院冷天老师、汕头大学文学院王志希老师、上海大学博士生杨恩路提供资料与指导。

② 1634年,沈阳称莫克敦(Mukden或者Moukden),汉译天眷盛京。1645年,清政府定盛京为陪都。1657年,盛京设置奉天府,取“奉天承运”之意,从此又称奉天。1907年,增设奉天巡抚,始为奉天省城。1912年,撤盛京陪都地位,仍为奉天省城。1923年,奉天市政公所成立,开始正式称为奉天市。1929年,奉天市改称沈阳市。1931年九一八事变后恢复旧称奉天市。1945年,奉天市改称沈阳市至今。除直接引文外,在本文中沈阳市名称使用限于1929年之后,之前统一称为奉天城。

③ J.E. Hodder Williams, *The life of George Williams : Founder of the Young Men's Christian Association*, New York: Association Press, 1906, pp.106、117、125、129、157; Paula Lupkin, *Manhood Factories: YMCA Architecture and the Making of Modern Urban Culture*, Minneapolis, University of Minnesota Press, 2010, pp.2-4.

④ Paula Lupkin, "'Manhood Factories': Architecture, Business, and the Evolving Role of the YMCA, 1869 - 1915." In *Men and Woman Adri: the YMCA and the YWCA in the City*, edited by Nina Mjagkij and Margaret Spratt, 40 - 64, New York: New York University Press, 1997, pp.40-45, 49-51.

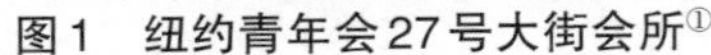

图1 纽约青年会27号大街会所①

图2 天津青年会东马路会所②

19世纪末，青年会传入中国。1920年，中国一共建成14家城市青年会（简称“市会”）会所，其中12家由北美协会资助。③到1929年，北美协会资助建成中国市会会所总数达36座。近代中国青年会建筑大部分是典型西方风格，尤以天津青年会会所为代表。天津青年会于1913年今天天津市东马路104号建成砖木结构会所，三层，另有地下室一层，由北美协会建筑师何士（Harry H. Hussey）设计。④不过后来有所突破，出现少数具有鲜明中国传统建筑元素案例，比如奉会会所。

“建筑是凝固的音乐”，而奉会会所的诞生可谓是中国青年会建筑的变奏。本文将从中国历史背景中以奉会会所筹建与设计过程中分析产生这次变奏各种因素。

二、最初的酝酿

北美协会资助经费源于北美资本家捐款。1910年10月20日，美国总统塔夫脱支持下，北美协会在白宫就青年会世界扩张计划举行会议，旨在募款建设海外青年会建筑，最终募捐200万美元，其中50万美元将用于奉会等中国市会会所。1910年秋，英国、挪威和丹麦三国青年会通过派遣干事在中国工作的方式与北美协会进行合作，丹麦青年会派遣华茂山（Johannes Rasmussen）筹备中国奉会。1911年，北美协会派遣来自美国的耶鲁敦（Elmer Yelton）担任奉会首任总干事。1913年3—4月，奉会借穆德租赁一座两进合院的中国民房（two rented compounds）作为会所，具体位置就是奉天城大南门（德盛门）里顺城街向东至第一条胡同即书院胡同路北上至第三大门。1914年3月，奉会创立于此。后来警察局又移交他们一座毗邻的空监狱。⑤

1914年5月，耶鲁敦推荐六名奉会建筑工程委员会成员：奉天医科大学校长司督阁（苏格兰长老会）、奉天医科大学教师安乐克（丹麦路德会）、奉天电灯厂工程师Popper（德裔美国人），再从爱尔兰长老会、北美协会分别选派一名代表，另外选择一位中国著名商人。北美协会中国区代表郝瑞满（R. S. Hall）希望奉会会所参照天津青年会设计，并且由美国建筑师提供方案与说明，认为在当年秋天奠基次年春天落成可能是一个好计划，但是这么短时间不可能完成方案设计与取得地基。⑥

①② University of Minnesota Libraries，Kautz Family YMCA Archives.

③ 见中华续行委办会调查特委会编：《中华归主》，中国社会科学出版社，1987年，第782页。

④ Paula Lupkin，*Manhood Factories：YMCA Architecture and the Making of Modern Urban Culture*，pp. 149-152；傅若愚、侯感恩：《青年会事业简要调查（续第111期）》，《同工》第115期（1932年10月），第66—68页。转引自张志伟：《基督化与世俗化的挣扎：上海基督教青年会研究（1900—1922年）》，台北“国立台湾大学出版中心”，2010年，第302—304页。

⑤ 见马泰士：《穆德传》，张仕章译，青年协会书局，1935年；Platt to friends，October 28，1922（Y.USA.9-2-4，Box75），p1.Rev. C. L. BOYXTON，B.A，“Young Men's Christian Association in China，” in D. McGillivray（eds.），*The China Mission Year Book*，1911.（Second YEAR OF ISSUE）Shanghai：Christian Literature Society for China（广学会），1911，pp.412-414；朱文祥：《青年会所落成志盛（奉天）》，《通问报》1926年第1223期，第7页；阎乐山：《奉天青年会之历史》，《青年进步》1921年2月，第82页。《奉天中国基督教青年会二次通告书》，《盛京时报》1914年2月27日；武志华：《奉天基督教青年会和革命、新文化运动关系研究（1911—1925年）》，辽宁大学2014年硕士学位论文。

⑥ Report of Investigation Concerning Building in Mukden by R.S. Hall，May 28-29，1914，pp.5-7.（Y.USA.9-2-4，Box75）

三、地基的获得

1914年6月，耶鲁敦离开奉天城。①他早期努力一无所获，但是不久后担任奉会总干事的普莱德分别通过张作霖划拨景佑宫和奉会购买友德店院获得两块地基，并且获得本地大量捐款与北美协会拨款，奠定奉会会所建设基础。

（一）景佑宫

1914年8月底，普莱德（J. E. Platt）到达奉天城，并且担任奉会代理干事。②时为奉天省社会教育科科长的谢荫昌于1914年向镇安上将军兼奉天巡按使张锡銮③建议免费把景佑宫拨为奉会用地，但是当时"保守分子和无知者反对拆除景佑宫道观及其神像等然后将其地转让给外国组织使用"，甚至道教徒计划在此建设一座道观。多年后谢荫昌也回忆道："政界中人咸不知青年会在教育上之价值，误以为予外人传播宗教之地，攻余甚厉。"④

1916年4月，张作霖取代段芝贵为盛武将军，兼奉天巡按使。⑤1916年5月16日，张作霖签署文件："兹将坐落奉天省城大南门里景佑宫旧址房地一处，东至有德店旧址，西至铺商房屋，南至景佑宫胡同，北至华春栈半截胡同，东西宽129英尺，南北长220英尺，另绘详图拨交。贵会永为建筑会所之用。"同时由全国协会在该文件上签名。⑥

景佑宫通过书院胡同连接奉会最初会所，交通便利，特别是临近奉天省法政专科学校和奉天两级师范学校、奉天教育总会等教育机构与中国银行、邮局，这是最佳会所地址，这是当初作此决定的本地和全国协会青年会干事和关心奉会事业的传教士的共识。⑦

（二）友德店院

1919年5月31日，奉会购置景佑宫东邻友德店院旧房四十余间，以备他日修建会所之用。景佑宫与友德店院两块地大约11亩，具体是68500平方英尺。⑧11月1—3日，奉会在旧会所办聚会、放电影、做报告、宣传宗旨，邀请宾客参观，特请各界捐款一万元，半作来年经费，半作购买地基备建会所，助捐者甚为踊跃。⑨

---

① Biographical Data on Elmer Yelton. University of Minnesota, Elmer L. Andersen Library, Kautz Family YMCA Archives. J. E. Platt, General Secretary, YMCA, Moukden, Manchuria. Report for the year ending Sept. 30, 1915. p3(Y.USA.9-1-1, Box75).《美国明尼苏达大学档案馆藏北美基督教男青年会在华档案》第1册，第104页。

② 约瑟夫·普赖德（Joseph Eyre Platt，1886—1980）生于宾夕法尼亚州，1910年毕业于美国宾夕法尼亚州州立大学，担任利哈伊大学学青年会总干事，于1913年10月到达中国北京学习汉语10个月。1921年，回国和艾蒂丝（Edith）结婚后，继续奉会工作。1925年辞职回国。见J. E. Platt, Acting Secretary, Moukden, Manchuria. Annual Report for the year ending Sept. 30, 1914. p.1；"ANNOUNCEMENTS", *Quaker Thought and Life Today*, Vol. 26, No. 13(September 1/15, 1980), p.23；王福时：《张学良恳求普赖德调停直奉战争》，《炎黄春秋》1996年3月；王连捷：《张学良与奉天基督教青年会》，《兰台世界》2010年4月（上），第27页；《美国明尼苏达大学档案馆藏北美基督教男青年会在华档案》第1册，第103页。

③ 见《奉天省军政长官更迭表》，园田一龟：《东三省の政治と外交》，奉天新闻社，1926年，第76页；J. E. Platt, General Secretary, *Young Men's Christian Association*, Moukden, Manchuria. Report for the year ending Sept. 30, 1915 (Y.USA.9-1-1), p.1.

④ Report of Investigation Concerning Building in Mukden by R. S. Hall, May 28-29, 1914, p2; Platt to friends, October 28, 1922, p.1(Y.USA.9-2-4, Box75)；谢荫昌：《演苍年史》，北京图书馆编：《北京图书馆藏珍本年谱丛刊》第198册，第62页。

⑤ 见《奉天省军政长官更迭表》，园田一龟：《东三省の政治と外交》；沈阳市文史研究馆编《沈阳历史大事年表》，沈阳出版社，2008年。

⑥ 见辽宁省档案馆奉天省长公署档案Jc10，案卷号12641。有德店或作"友德店"，见辽宁省档案馆奉天省长公署JC10，案卷号20727。

⑦ 见张泊：《服务仍须为苦儿》，《阎宝航纪念文集》，第45页。*Report of investigation concerning building in Mukden*, May 28-29, 1914, p1(Y.USA.9-2-4, Box75)。

⑧ 见阎乐山：《奉天青年会之历史》，《青年进步》1921年2月，第40册。《为奉天基督教青年会捐款事》，辽宁省档案馆档案，奉天省长公署JC10，案卷号20727。Chas. W. Harvey to John Stewart, July 22, 1924 (Y.USA.9-2-4, Box75).

⑨ 见《青年会开会募捐》，《盛京时报》1919年11月2日。

四、建设资金

全国协会干事鲍乃德在1935年报告说：北美协会过去若干年在捐助中国青年会建造会所建设资金（不含购地资金）时，与当地青年会各占一半，其中奉会会所就是如此。[①]其实奉会会所建设资金来自奉会本地、北美协会与丹麦（设计费），其中奉会本地捐款远超一半。

（一）本地募款

1920年，普莱德认为建造会所时间到了。奉会已经有阎宝航、阎乐山两名得力的中国正式干事，开始而且已经征集33位正式会员和12位赞助会员。[②]因此普莱德提交需要建设奉会会所申请。[③]他1921年返回美国结婚，并且向北美协会申请拨款。1922年1月，从美国休假回来，但是没有从北美协会争取到足够的拨款，只好求助于张学良。[④]1916年，奉会在景佑宫建成排球场和网球场。因此普莱德结识打网球的张学良，并担任其英语教师。[⑤]

1922年3月上旬，张学良主持发起募捐活动，担任募捐委员长，委办包括奉天省教育厅长谢荫昌[⑥]、张惠霖、王少源、韦梦龄、白佩珩等22人，"拟劝募奉小洋二十二万元（内有二万元为来年经费），用筑本会正式会所之用"[⑦]。3月下旬，首先张作霖捐洋5万元，张作相师长、吉林督军孙烈忱、黑龙江省督军吴兴权使署各处长及各厅长各厂长各局长捐助千百元不等。直至1923年4月实际收到捐款大约10万墨西哥银元。[⑧]

（二）北美协会资助

1923年1月18日，北美协会通知奉会资助可能达4万美元，但是奉会马上获得的只能有2万美元。[⑨]6月，北美协会中国区代理高级干事骆威廉（W. W. Lockwood）访问奉天，得知奉会在当地已经募得10万墨西哥银元，设计出草图。他重申北美协会资助条件，但是普莱德更发愁的是寻求北美协会尽可能大支持。1923年7月，奉会通过全国协会向北美协会再申请拨款2万美元，但是这笔钱已经让巴乐满划拨给厦门青年会。[⑩]这意味着北美协会只能提供2万美元拨款。其实这还是加拿大商人亨利·伯克斯（HenryBirks）在1910年美国白宫会议答应为奉会所捐款2万美元。[⑪]

根据1928年最后财务报表与总表显示，奉会会所投资总额为155638.31鹰元，其中奉会本地募款10万鹰元，丹麦青年会、北美协会分别提供8866.18鹰元、37000鹰元。[⑫]北美协会捐助金额的减少对奉会会所设计与建造模式变化产生重大影响。

---

① 见[美]鲍乃德：《青年会与国际合作》，《中华基督教青年会五十周年纪念册（1885—1935）》。

② 见《青年会干事得人》，《盛京时报》1920年1月21日。*Annual Report of J. E. Platt for Moukden*, Nov. 19, 1920 (Y.USA.9-1-1), pp.1, 5.

③ Platt, Statement of need for central building, Moukden, Manchuria, 1924 (Y.USA.9-2-4, Box 75).

④ Annual Administration Report-1922-J. E. Platt, Moukden, Feb.6, 1923, p.1.

⑤ 见王益知：《张学良外纪》，大风编《张学良的东北岁月——少帅传奇生涯纪实》，光明日报出版社，1991年；《奉天青年会之通告一束》，《盛京时报》1916年6月18日。J. E. Platt, Secretary, International Committee, *Young Men's Christian Association*, Moukden, Manchuria. Annual Report for the year ending Sept. 30, 1916 (Y.USA.9-1-1), p.4. Y.USA.9-2-4: Platt to friends, October 28, 1922, p.1; Extract from J.E. Platt's report on need for building at Moukden, Aug. 7, 1916.

⑥ 见谢荫昌：《演苍年史》，北京图书馆编《北京图书馆藏珍本年谱丛刊（第198册）》，北京图书馆出版社，1999年。

⑦ 辽宁省档案馆，奉天省长公署JC10，案卷号20727。

⑧ 见《青年会着手建筑》，《盛京时报》1923年4月10日。辽宁省档案馆奉天省公署档案卷宗号29657。《青年会会所落成》，《东三省公报》1926年9月12日，第6版。上海市档案馆档案U120-0-2《中华基督教青年会年报》。也有认为北美协会拨款60000美元，丹麦青年会资助奉会体育馆建设费用日金一万元，根据档案决算书北美协会这个数字是错误的，而丹麦青年会资助应该是会所设计费。朱文祥：《青年会所落成志盛（奉天）》，《通问报》1926年第1223期（10月）。

⑨ Review of foreign building funds, Jan. 18, 1923 (Y.USA.9-2-4, Box 75).

⑩ W. W. Lockwood to E.C.Jenkins, July 30, 1923; John Y. Lee to W.W.Lockwood, July 28, 1923. (Y.USA.9-2-4, Box 75)

⑪ Y.USA.9-2-4, Box 75, Report of Investigation Concerning Building in Mukden by R.S.Hall, May 28-29, 1914, p.1; R.S.Hall, Synopsis of the administrative aspects of the Mukden YMCA building, May 19, 1928, p.1.

⑫ R. S. Hall, Final financial statement of the Mukden YMCA building (Project No.460), May 19, 1928, pp.1, 5-6; R.S.Hall, Summary statement to controller of appropriations receipts and disbursements for the Mukden YMCA building (Project No.460), June 4, 1928. (Y.USA.9-2-4, Box 75)

五、关于拨款条件的博弈

为了管理世界青年会建筑事务，北美协会在1915年纽约成立建筑部，在上海成立全国协会建筑办事处作为建筑部下属机构。[①]鄢盾生（A. Q. Adamson）1912—1928年担任办事处主任，负责中国青年会建筑事务，因此见证"这些项目过程中在文化协作方面的困难与通常粗俗的幽默"。他于1881年美国爱荷华州出生。1907年毕业于艾奥瓦州立学院土木工程专业，获理学学士学位。1910—1912年任福州青年会干事。[②]

截止到1927年，在中国全国协会、长沙、保定、南京、宁波、南昌、成都、厦门、上海、上海西侨的青年会会所、住宅、福州青年会体育馆与庐山牯岭建筑项目的设计方案都是首先由纽约北美协会建筑部完成草图，然后由上海全国协会建筑办事处提供施工图，但是奉会与厦门青年会除外。[③]奉会会所项目方案乃是奉会与北美协会博弈的结果。

（一）奉会重估北美协会拨款条件

奉会在本地募款10万鹰元，还通过其资深的丹麦干事华茂山获得哥本哈根青年会6000日元金票（gold yen）支付建筑师艾术华（Johannes Prip Møller）作为会所设计和督建费用，而北美协会拨款仅有2万美元（4万鹰元）。1923年8月，奉会总干事普莱德虽然想获得北美协会拨款，但是坚决反对北美协会派遣建筑师设计方案与监督建设。因为他想让艾术华负责这项工作。华茂山也不希望北美协会提供设计方案，因为当时艾术华基本完成设计草图。奉会想要足够资金以便完成整套方案，想建成一座坚固美观的会所建筑类似天津青年会会所。为获得北美协会资助原来计划延期建设的体育馆，奉会做出一些改动，但是不愿做出重大的改动。首先因为变化意味着延期。当地一些中国人认为筹措好这笔钱已经很久了，急于马上开始建设会所。其次奉会认为：艾术华是位优秀建筑师，曾经研究过纽约、丹麦和中国青年会会所，而纽约北美协会建筑部更倾向标准会所样式，却忽略本地情况、问题和因素。骆威廉代表北美协会开始坚持关于北美协会拨款条件，不久他与鄢盾生同意艾术华监督奉会会所建设，只是没有同意由艾术华提供奉会会所设计与建设规范。[④]

然而，詹金斯1923年10月18日致函贺嘉立重申北美协会拨款条件，并且解释说北美协会具有更丰富经验，也会与各地青年会讨论与沟通，因此与其拨款在建设资金比重相比，北美协会在发展标准青年会会所发挥作用更大，同样奉会会所建设也会受益。[⑤]显然北美协会拒绝奉会要求，因此贺嘉立于12月27日建议普莱德通过全国协会与北美协会沟通，并于次日致函李耀邦重申詹金斯关于北美协会资助条件及其原因。[⑥]1924年1月，北美协会资助条件包括如下三项内容：1.地基面积与位置符合要求，取得不存在债务，所有权被授予全国协会，由其与北美协会法律顾问批准；2.北美协会建筑部批准总体设计、结构形式等方案与建设监督人员；3.北美协会批准成立建筑工程委员会，负责建设资金，制定预算与决算，制定财务报表，保证项目完工不会负债。不过奉会与北美协会分歧其实只在于第二项。考虑到奉会项目紧急，贺嘉立建议北美协会授权他可以批准方案与建筑工程委员会，并致函詹金斯援引保定青年会案例认为这么做实际可行。[⑦]

1924年2月，贺嘉立与普莱德、鄢盾生、郝瑞满在上海一起研究了艾术华最初的奉会会所方案，认为

---

① Paula Lupkin, *Manhood Factories: YMCA Architecture and the Making of Modern Urban Culture*, p.153, 156.

② 鄢盾生又译作爱腾生。见张志伟：《基督化与世俗化的挣扎：上海基督教青年会研究（1900—1922年）》。[美]陈肃、[美]达格玛·盖茨：《美国明尼苏达大学档案馆藏北美基督教男青年会在华档案》第一册，广西师范大学出版社，2012年。

③ A Brief Summary of YMCA Building Bureau 1926/27. Building Records. Local Associations: Nanjing (Nanking), 1905, 1912-1947(Y.USA.9-2-4, Box 75), P.41.

④ Platt to T.Z. Koo（顾子仁）, August 8, 1923; W.W .Lockwood to E.C. Jenkins, August 21, 1923; Platt to Mott, October 17, 1923.（Y.USA.9-2-4, Box 75）

⑤ E.C.Jenkins to Charles. W. Harvey, October 18, 1923.（Y.USA.9-2-4, Box 75）

⑥ C.W.Harvey to Platt, December 27, 1923; C.W.Harvey to Dr. John Y. Lee, December 28, 1923

⑦ Chas.W.Harvey to E.C. Jenkins, February 13, 1924; Chas.W.Harvey to E.C. Jenkins, January 19, 1924.（Y.USA.9-2-4, Box 75）

严重超出预算，建成后难于管理，而且运营与维护的费用昂贵，还有其他缺点，建议奉会接受北美协会资助会所建设条件。[①]

（二）北美协会拨款条件的变化

1924年3月，贺嘉立访问奉天城，就奉会会所建设与奉会董事会磋商三件事：1.会所建设计划。奉会与北美协会均不接受艾术华最初的奉会会所方案，但是任命哈里·何士为顾问建筑师负责设计奉会会所草案与立面图，并且由艾术华负责此外一切工作包括监理。贺嘉立答应哈里·何士的服务费和产生的一切相关费用由上海建筑办事处在北美协会2万美元中拨款扣除。贺嘉立愿意提供艾术华因为改动方案而产生的费用，但是奉会董事会保证承担其所有费用。艾术华去北京与哈里·何士见面协商草图，最终为奉会董事会与北美协会代表贺嘉立接受与批准。2.贺嘉立代表北美协会批准奉会任命的建筑工程委员会目前成员，包括奉会干事邱树基和奉会会计韦梦龄两位联合会计。3.奉会建设地基获得地契，有待全国协会与北美协会法律顾问梅华铨确认有效。[②]

1924年4月底，贺嘉立与哈里·何士、艾术华协商决定同时聘任艾术华、哈里·何士担任建筑师，北美协会纽约建筑部和鄢盾生在签订承包协议与专业咨询提供服务。[③]6月，北美协会批准花费1000鹰元聘任哈里·何士作为顾问建筑师负责草图与正立面图，而由奉会负责艾术华额外服务费用。巴乐满认为贺嘉立这个方法拯救了奉会会所建设项目。[④]6月2日，收到哈里·何士与艾术华、鄢盾生磋商准备的奉会会所草图，贺嘉立、巴乐满与全国协会副总干事李耀邦（John Y. Lee）审核后表示满意。贺嘉立认为如果奉会董事会批准这套方案，他将代表北美协会准备接受并且批准符合拨款。贺嘉立让奉会尽快就奉会建设方案与用地地契情况通知全国协会并且达成协议，同时建议普莱德与奉会董事会确定建筑工程委员会名单。[⑤]6月10日，奉会干事邱树基致函贺嘉立通知对会所建筑设计和两块地地契问题达成协议，并且代表奉会同意贺嘉立任命建筑工程委员会成员名单。[⑥]

1924年7月，北美协会与奉会达成提供拨款条件如下：首先是地基地契问题。北美协会法律顾问梅华铨也确认地基地契有效，全国协会副总干事李耀邦表示对地基面积与位置、安全控制很满意，因此致函贺嘉立通知符合北美协会拨款条件。其次是建筑方案问题。贺嘉立代表北美协会批准艾术华担任建筑师负责准备施工图、规范和建设监理，委任加拿大人哈里·何士担任顾问建筑师准备设计草图。哈里·何士担任顾问建筑师与艾术华、鄢盾生一起重做一份草图。最后是北美协会成立新的奉会建筑工程委员会。贺嘉立批准纳入奉会1923年曾经成立建筑工程委员会所有五位成员，并且与奉会董事会协商增加四人，其中鄢盾生协助奉会建筑工程委员会招标、制作预算、签订合同、保障项目满足北美协会拨款条件。[⑦]

1924年7月底，奉会董事会与北美协会成立新的奉会建筑工程委员会，这就是奉会联合建筑工程委员会（简称"奉联会"），包括奉天城执业医生与奉会副会长刘玉堂、银行家与奉会董事会会计韦锡九（或称韦梦龄）、奉会高级干事张永龄（或称张松筠）、奉会总干事普莱德、奉会苏格兰籍干事与"奉联会"会计邱树基（John Stewart）、盛京施医院医生高文瀚、奉天省政府矿务督办与奉会会长王正黼（C. F. Wang）、盛京施医院院长雍维邻（William R. Young）、奉天文会书院科学教师与丹麦路德会传教士惠德本（Johannes Witt）、鄢盾生十人，中外人士各占一半。相比之下耶鲁敦2014年推荐奉会建筑工程委员会六人成员中仅有一名中国商人。北美协会安排哈里·何士负责设计会所草图与立面图，艾术华基于哈里·何士设计草图制作施工图，并担任建设监理，但是北美协会收到并且批准艾术华制作的施工图后，才可以拨款给

① C.W.Harvey to Dr. John Y. Lee, February 12, 1924, pp.1-3.（Y.USA.9-2-4, Box 75）

② C. W. Harvey to Dr. John Y. Lee, May 15, 1924（Y.USA.9-2-4, Box 75）; Annual Adminsitration Report, J. E. Platt, for year 1923, Moukden, Manchuria, p.1.（Y.USA.9-1-1）

③ Chas. W. Harvey to Fletcher Brockman, April 28, 1924.Chas. W. Harvey to Fletcher Brockman, April 29, 1924.（Y.USA.9-2-4, Box 75）

④ Fletcher Brockman to Charlie(Chas. W. Harvey), May 22, 1924; Chas. W. Harvey to Fletcher Brockman, June 7, 1924.（Y.USA.9-2-4, Box 75）

⑤ Chas. W. Harvey to J. E, Platt, June 2, 1924.（Y.USA.9-2-4, Box 75）

⑥ John Stewart to Chas.W.Harvey, June 19, 1924.（Y.USA.9-2-4, Box 75）

⑦ Y.USA.9-2-4, Box 75: John Y. Lee to C.W. Harvey, July 14, 1924; H.C.Mei to R.S. Hall, July 17, 1924; Chas. W. Harvey to John Stewart, July 22, 1924; Chas. W. Harvey to E.C. Jenkins, July 22, 1924.

奉会。①

总之，奉会会所项目设计与建造是通过北美协会与奉会分别聘用哈里·何士、艾术华合作完成的，正好分别取代纽约北美协会建筑部与其下属机构上海全国协会建筑办事处建筑师分工，而纽约北美协会建筑部与其下属机构上海全国协会建筑办事处建筑师不是设计方案而是审核与监督哈里·何士、艾术华的方案，这种设计与建造模式属于极少数代表案例。

六、戏剧性的设计合作伙伴

奉会会所项目编号为460，在其设计中丹麦建筑师艾术华与两位顾问建筑师哈里·何士、鄢盾生发挥不同作用。②正如前述情况鄢盾生虽然参与这个项目早期设计并且担任重要职务，但是其他两位建筑师发挥更大作用。他们虽然对中国传统建筑有同样的兴趣，堪称“本土化教堂运动”代表性建筑师，但是却在奉会会所建筑中国化方面发挥完全相反的作用。

（一）艾术华

艾术华出生于丹麦鲁兹克宾（Rudkøbing）一个基督教氛围浓厚的家族。从少年时期就立志要当一名建筑师。1907年，就读一所技校。1911—1920年，就学于丹麦美术学院（the Danish Academy of Fine Arts）。因为他的爱人打算到中国传教，他决定作为建筑师服务于中国的差会。艾术华1920年留学美国哥伦比亚大学建筑学专业，不久遇到艾香德（Karl Ludvig Reichelt）。艾香德致力于向中国佛教徒传播福音，为此还到欧美巡讲。艾术华后来在其出版的《中原佛寺图考》（Chinese Buddhist Monasteries）中写道：“他使我第一次接触并爱上了中国佛教寺院环境。在同情地理解与无偏见地接触这个与世隔绝的世界的道路上，我所能获得的一切领悟与所能具化的一切表达，都首先来自他的鼓舞与榜样。”1921年春天，获得了哥伦比亚大学理学硕士学位。4月，经潘恩思（Elise Bahnson）的推荐被派往中国设计奉天砻目重明女校一座建筑，这是奉会丹麦干事华茂山妻子与丹麦路德会传教士路鉴光（Ellen Plum）申请的项目。潘恩思在1921年6月底于丹麦奥尔胡斯（Aarhus）成立丹麦建筑师社团建筑师圈子（Circle of Architect），计划在技术与美术上帮助丹麦路德会在中国建设沟通中西的建筑。8月2日，他们动身去北京学习半年汉语，还于11月受托设计出一座奉天省岫岩（Siu yen）镇教堂草图，但是委托方认为其设计类似中国寺庙，因此于1922年另请他人设计建成类似丹麦乡村风格的教堂。当时传教士和中国基督教徒都喜欢欧洲风格的教堂。1922年3月，他抵达奉天城，不久住在一座中国传统民宅。因此，艾术华在中国东北留下许多作品。哈尔滨大教堂1922—1924年设计建成，具有独特巴洛克风格，没有任何中国风格。他本来想采用中国色彩装饰室内，却因教众反对而作罢。1925年，安东（今丹东）辟才沟路德会三育中学（Pitsikou Gospel School）一座低层校舍，长长侧厅的屋顶设计成斜截头的屋脊，受中国传统建筑风格轻微影响。③

1923年（具体可能在4月），奉会实现成功募款后，奉会建筑工程委员会成立，包括刘玉堂、韦梦龄、张永龄（或称张松筠）、普莱德、邱树基（John Stewart）五位成员，雇佣艾术华设计方案。④他最初设计整套方案，包括事务部、成人部、童子部、青年部、英文夜校与售书部六部。⑤虽然这套方案最终否定，最终还是在奉会会所主体建筑中采用顶棚彩绘、重檐等中国传统建筑元素。

---

① Y.USA.9-2-4，Box 75：Chas. W. Harvey to E.C.Jenkins，July 22，1924；C. W. Harvey to John Y. Lee，July 23，1924；R. S. Hall，Synopsis of the administrative aspects of the Mukden YMCA building，May 19，1928，p1；王鸿宾等主编《东北人物大辞典》第二卷，辽宁古籍出版社，1996，第111、1438页。《民国四年和五年青年会成绩之报告》：董事干事题名录之奉会董事均为：王少源、刘玉堂、马羲文、景乐天、陈荫普、毕甘霖，见上海市档案馆U120-0-1-1。

② R.S. Hall，Financial report on the Mukden Association building rendered to the controller，Int. Com. YMCA，June 4，1928.

③艾术华丹麦文名字1932年前是Johannes Prip Møller，Prip Møller之间没有用连字符号。Tobias Faber，*Johannes Prip-Møller：A Danish Architect In China*，pp.3-24、37.

④ Chas.W.Harvey to John Stewart，July 22，1924；R.S.Hall，Synopsis of the administrative aspects of the Mukden YMCA building，May 19，1928（Y.USA.9-2-4，Box 75）；《青年会着手建筑》，《盛京时报》1923年4月10日。

⑤ 见《青年会建筑计划》，《盛京时报》1923年6月14日。

图3　丹麦建筑师艾术华①

图4　艾术华在奉天城的住宅②

他于1937年出版《中原佛寺图考》的前言中说道："1921至1926年，在奉天城作顾问建筑师的五年中，我为中国建筑之美与蕴含其中的学问深深打动。"③

（二）哈里·何士

何士是加拿大建筑师，美国芝加哥建筑师事务所沙何公司（Shattuck & Hussey）合伙人。他早在1911年受雇于北美协会到达奉天城为奉会会所考察6天，当时奉会才开始筹备，东北大鼠疫好转，城市还没有恢复生机，虽然一无所获，但是留下深刻印象。从此直到1916年间负责设计中国青年会会所，包括天津青年会会所，在1916年至1919年设计北京协和医学校（今北京协和医学院）校园，此后基本离开建筑业而活跃于中国外交界。在华期间曾经认真考察故宫等建筑，还结识中国传统建筑研究权威朱启钤等人，研究与学习中国传统建筑知识，对中国传统建筑应用颇多，北京协和医学校校园更成为"启示中国文化复兴"的典范，何士在其中门诊楼采用艾术华在奉会会所中的改进型重檐，最终取代最初建筑师柯立芝所希望的西方风格方案。虽然何士这种设计造型已经被柯立芝批评造价高，而且难以满足防火要求。关于一座建筑采用中西方风格成本差额，当时两位经验丰富的美国建筑师柏嘉敏（J. Vn Wie Bergamini）、亨利·茂飞（Henry Killam Murphy）估算分别是3%—7%、8%—10%。④十年后，艾术华以同样设计、批评与结果改变何士的西方风格奉会会所草图。

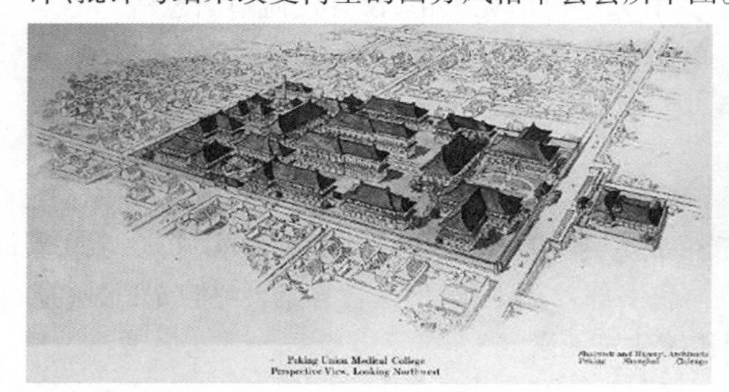

图5　何士绘制北京协和医学校鸟瞰渲染图⑤

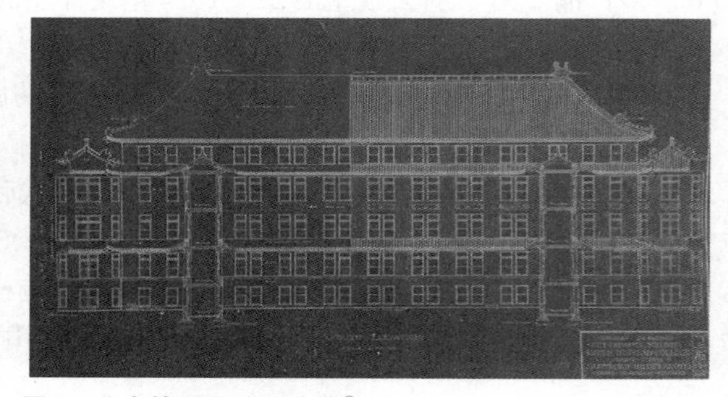

图6　北京协和医院门诊楼⑥

① Tobias Faber, *Johannes Prip-Møller: A Danish Architect In China*, Hong Kong: Tao Fong Shan Christian Cente, 1994, p.4.

② Tobias Faber, *Johannes Prip-Møller: A Danish Architect In China*, 1994, p.11.

③ J. Prip Moeller, *Chinese Buddhist Monasteries: Their Plan and Its Function as a Setting for Buddhist Monastic Life*, Hong Kong: Hong Kong University Press, 1991.

④ Harry Hussey, *My Pleasures and Palaces: An Informal Memoir of Forty Years in Modern China*, Garden City, New York: Doubled & Company, Inc., 1968, pp.89, 94-5, 238；刘亦师：《美国进步主义思想之滥觞与北京协和医学校规划及建设新探》，《建筑学报》2020年第九期；郭伟杰：《筑业中国：1914—1935亨利·茂飞在华二十年》，卢伟、冷天译，文化发展出版社，2022年，第82—85、197页。

⑤⑥ Rockefeller Archive Center.

民国时期中国基督教差会日益有意识地在与教会相关建筑尽力采用中国风格,特别是在1920年代掀起"本土化教堂运动",以便从中国过去得到启示,指明了未来发展方向,因此出现美国亨利·茂飞、加拿大哈里·何士、丹麦艾术华等具有代表性风格的西方建筑师。[①]但是北美协会1924年重新聘任哈里·何士担任顾问建筑师准备奉会会所草图与立面图,首先因为他具有丰富的中国青年会会所设计与建造经验,正是他设计建造天津青年会会所,这也是郝瑞满与奉会一致认可的会所,但是二者所感兴趣地方显然不同。

哈里·何士固然在设计北京协和医学院建筑采用中国传统建筑元素闻名,但是其更具有代表意义的天津青年会会所却是典型西方风格。奉会与天津青年会的会所在设计上联系有待研究,但是在奉会会所中最终留下的鲜明的中国传统建筑元素却不是他想采用,而是他的合作伙伴艾术华坚持成功争取的。

七、关于设计方案的变化

哈里·何士与艾术华开始合作设计制作的奉会会所草图显然是西方风格,因此被北美协会批准,而艾术华根据草图制作的施工图违背草图,至少体现在三方面,虽然北美协会开始反对,但是最终批准其中采用改进型中国传统屋顶的设计,因为当时中国青年会内部乃至中国社会已经发生巨变。

(一)艾术华对抗北美协会[②]

1924年6—7月,"奉联会"与北美协会代表郝瑞满先后批准何士与艾术华设计的草图。8月,贺嘉立发现艾术华的施工图中主体建筑与体育馆的屋顶设计、主体建筑一层的休息室与办公室的布置违背哈里·何士草图,认为这会影响北美协会向奉会拨款。北美协会反对体育馆与主体建筑的屋顶设计,反对在童子部与成人部的会客室布置柜台,要求体育馆屋顶的圆顶设计改为钢筋混凝土平顶,把办公室安排到主体建筑的一楼(main floor)。

鄢盾生因病无法访问奉天,郝瑞满代替了他访问奉天,除了与"奉联会"成员、艾术华及其助理建筑师Haukstad协商,还参加两次"奉联会"会议。9月29日,"奉联会"举行第一次会议,选举刘玉堂为"奉联会"委员长,邱树基为"奉联会"联合会计与奉会英国干事。郝瑞满发现艾术华在北美协会批准方案与立面施工图前完成所有结构施工图与详图,而且奉会已经为艾术华第一套几乎完全放弃的方案支付6000美元。郝瑞满首次看到的图纸中主体建筑的重檐,上层部分下面一排窗户,因此在顶层拥有一个70×24(英尺)的空间,即第三层。"奉联会"全体人员很想要这个空间,特别是其中的中国人都认为美观而且增加建筑空间,而北美协会中国代表郝瑞满不太喜欢这个屋顶,因为担心增加建筑费用,艾术华则在现场向"奉联会"坚决保证这种屋顶实际上不会比其他任何风格成本高。"奉联会"热情支持郝瑞满关于体育馆改建成为混凝土平顶的要求,却认为比评判郝瑞满与艾术华关于主体建筑一层的休息室与办公室的布置方案优劣更重要的问题是尽快完成奉会建设。艾术华及其助理建筑师Haukstad认为被不公正与不专业地对待,因此向"奉联会"发出通牒:如果采用北美协会的方案,他们将完全断绝与这个项目的联系。

10月1日,艾术华没有出席第二次会议,可能他助理建筑师Haugsted(应该是Haukstad)在场。郝瑞满代表北美协会中国区高级干事贺嘉立与"奉联会"会商做出部分妥协,达成八项决定,其中包括:把办公室安排到主体建筑的一楼,体育馆采用钢筋混凝土平顶,但是接受艾术华关于主体建筑会客室与双层屋顶的设计,同时希望屋顶设计得更简单经济;艾术华继续负责会所建设工作,北美协会同意向其拨款2万美元。

(二)艾术华成功的因素

北美协会批准关于主体建筑双层屋顶的设计是对艾术华改进中国传统重檐的无奈认可,这既有艾术华个人与奉会的因素,还源于中国社会变化。

---

① 笔者按语:亨利·茂飞原文译作亨利·墨菲,他虽然设计建造许多教会相关建筑,但是并非教会建筑师。郭伟杰:《谱写一首和谐的乐章——外国传教士和"中国风格"的建筑,1911—1949年》,《中国学术》2003年第1期。

② Y.USA.9-2-4, Box 75; Chas.W.Harvey to John Stewart, August 13, 1924; Minutes of Mukden YMCA building committee Sep.29, 1924; Minutes of Mukden YMCA building committee Oct.1, 1924; Hall to Philip Cheng, Qct. 9, 1924; Hall to Harvey, Qct. 9, 1924; Hall to Stewart, Qct. 11, 1924; Final report of The Mukden Association building, Nov. 1, 1927.

当时丹麦青年会与艾术华同属丹麦路德会背景，为其提供设计服务费用，是北美协会在中国东北多年的合作伙伴，因此如果无视艾术华的立场，就会影响双方合作，包括北美协会建筑部项目。另外，鄢盾生因病住院无法访问奉天，如果郝瑞满在奉天搞砸了肯定会给鄢盾生带来麻烦。①

詹金斯向穆德解说其中原因。奉会会所建设用地包括两块，面积达68500平方英尺，北美协会法律顾问9月8日确认产权有效；奉会建造会所大约花费10万鹰元，其中6万鹰元由奉会在本地自筹，4万鹰元来自伯克斯1910年捐款。奉会现在影响已经远远大于立项的时候，以至于劝说当地人们捐助在这个项目一大笔资金，这个项目却长期拖延，一直无法建成使用。现在北美协会同意拨款4万鹰元可以使这个项目另外获得更多的6万鹰元。②

其实中国青年会一直都考虑在中国建设青年会会所应该是西式还是中式，但是最终一般是选择前者，因为采用中国风格意味着更多费用支出，虽然从建筑艺术来说是可取的。许多中国青年会领袖更关注财务问题。巴乐满曾说过传教团体应该像大型私人企业一样非常精确地来花每一分钱。贺嘉立也认同巴乐满的观点。1922年，麦克米兰(Neil McMillan, Jr.)在调查在亚洲青年会建筑之后，认为即使改良的中国式建筑也是不合适的，因为这将意味着购买更多地基，而且由于屋顶过于重，增加设施损耗，还浪费空间。③虽然艾术华改进中国重檐有效利用坡顶下空间，但是相同成本下也无法与天津青年会会所平顶屋顶相比，因此他的设计低成本保证没有有力根据。不过这个成本因素在当时不再重要了。

1922年4月，北京召开世界基督教学生同盟第十一次会议，非基督教运动爆发。上海等大中城市响应，形成全国性运动，中国青年会首当其冲。为了应对这场运动，中国基督教本色化运动兴起，进而促进中国基督教建筑中国化。④1920年4月，中华青年会第八次全国大会建议各地青年会建造中国风格的会所。⑤1923年2月28日，在筹备中华青年会第九次全国大会时就提出："吾国现有会所均为西式，价值甚昂，至少亦三万四千元(苏州)，多则达十八万元(上海)。市会得此巨构外观，固甚添色，而实际上觉与一般人民程度相差甚远，会所中有许多不使用处，非特不足副该会利用之方，反重增该会担之累。故现今颇有明觉之士主张不建西式之会所而采取适于中国民族思想，并与现社会生活程度相当之建筑，既轻物质上之负担，复合实际上之应用。"⑥1925年五卅运动爆发前，全国协会总干事余日章提出："现在各地青年会会所，都是受了美国的影响，而趋向于高大华美的建筑，但我以为这不是我们所当钦羡模仿的，我们若是造会所，必须审察一番，当使与中国现在人民生计程度相合方可。"他还特别指出：这事在上海或不致有什么影响，但在内地却须注意的。⑦

1924年5月，中国共产党通过奉会干事苏子元在奉会散发《反对不平等条约》《反对基督教文化侵略》等小册子。⑧同年4月，近代中国基督教最著名杂志《教务杂志》登载一篇短文，介绍浙江宁波木匠建造的安徽宿州基督教福音堂采用中国传统建筑形式；10月发表柏嘉敏、查尔斯·A.贡恩(C.A. Gunn)、沃尔特·A.泰勒(Walter A. Taylor)三篇中国教会建筑的文章，都倾向在当时新建筑采用中国传统建筑形式。⑨

---

① Hall to Harvey, Qct. 9, 1924, pp. 2-3.(Y.USA.9-2-4, Box 75)

② E.C. Jenkins to Mott, September 8, 1924. (Y.USA.9-2-4, Box 75)

③ 关于莫勒，见 Tobias Faber, *Johannes Prip-Møller: A Danish Architect In China*. Translated by Mgargit Bruun and Frits Fogh-Hansen, Hong Kong: Tao Fong Shan Christian Center, 1994, pp.14-5, 21-2；关于李，见 Who's Who in China 1931, p.230. 转引自郭伟杰：《谱写一首和谐的乐章——外国传教士和"中国风格"的建筑，1911—1949年》，《中国学术》2003年第1期。

④ 见陶飞亚：《共产国际代表与中国非基督教运动》，《近代史研究》2003年第5期。杨天宏：《中国非基督教运动(1922—1927)》，《历史研究》1993年第6期；Xing Jun, *Baptized in the Fire of Revolution: The American Social Gospel and the YMCA in China, 1919-1937*, Dissertation, University of Minnesota, 1993, pp.81-86。

⑤ 见《中华基督教青年会全国协会报告第八次全国大会书》，上海市档案馆档案，档案号U120-0-1-375，第49页。

⑥ 见《筹备中华基督教青年会第九次全国大会意见书》，上海市档案馆档案，档案号U120-0-4。

⑦ 见星如记：《今日之中国青年会》，《同工》，1925年2月。

⑧ 见苏子元：《回忆韩乐然同志》，载盛成等编著：《缅怀韩乐然》，民族出版社，1998年，第27页；《八十年浮生琐忆》，齐齐哈尔史政协文史办公室编《齐齐哈尔文史资料》第18辑，1988年，第23页。

⑨ The Chinese Record, April, 1924, p.270.The Chinese Record, October, 1924, pp.642-661.

八、落成

奉会会所经过十多年筹备和数年建设终于完成,这对于中国青年会建筑与建筑师艾术华都具有重要意义。

(一)建造过程

1924年12月,北美协会批准艾术华的施工图,然后完成奉会3.7万鹰元拨款转账。1925年1月1日,奉会会所主要合同签订。[①]1925年3月,"奉联会"更减为九人,高文瀚接替韦锡九(或称韦梦龄)担任联合会计,而兰恩天(Austin Oliver Long)于1924年12月接替普莱德。[②]兰恩天来奉前担任天津青年会干事,1926年担任奉会总干事直到1929年,具体统筹奉会日常建设工作。[③]

1925年5月20日下午,奉会会长王正黼主持主持举行奉会会所安放屋角石仪式或曰奠基仪式,东关教会王正翱牧师、奉天教育会会长冯子安与"奉联会"委员长刘玉堂等人出席。[④]奉会现存旧址东南角房角石雕刻"奉天基督教青年会中华民国十四年五月二十日"正是奉会举行此仪式时间。也许很多人将其误作落成时间。[⑤]

图7 奉会现存旧址东南角房角石题字

图8 刚竣工的奉会会所主建筑[⑥]

1926年3月7日,奉会完成会所建设,唯四合院内尚未完毕;23日,交出所租三进宅院旧址,迁移至所建成会所办公。[⑦]1926年6月,奉会会所完工,主要包括主体建筑与体育馆。[⑧]1926年9月26日午后1时,奉会会所落成典礼准时在体育馆举行。[⑨]

---

① R.S. Hall to E.C. Jenkins, December 8, 1924; Hall to John Stewart, Dec. 29, 1924; Mukden Association building, June, 1, 1926. (Y.USA.9-2-4, Box 75)

② Hall to A.O. Long, Dec. 12, 1924; Hall to P.R. Tomlinson, March 4, 1925. (Y.USA.9-2-4, Box 75)

③ 兰恩天出生于纽约州布法罗城,曾经担任美国里奇韦市青年会总干事和布法罗城青年会德育主任。[美]陈肃、[美]盖茨:《美国明尼苏达大学档案馆藏北美基督教男青年会在华档案》第1册,第85页。

④ 见《青年会行奠基礼》,《盛京时报》1925年5月20日。Final report of The Mukden Association building, Nov. 1, 1927.(Y.USA.9-2-4, Box 75)

⑤ 见齐守成:《沈阳(奉天)男女青年会概略》,《沈阳文史资料(第九辑)》,政协沈阳市委员会文史资料研究委员会编及其办公室出版,1985年;沈阳市文物管理办公室编纂:《沈阳市文物志》,沈阳出版社,1993年;辽宁省地方志编纂委员会主编:《辽宁省志·宗教志》,辽宁人民出版社,2002年;陈伯超、张复合、[日]村松伸、[日]西泽泰彦主编:《中国近代建筑总览·沈阳篇》,中国建筑工业出版社,1995年;王连捷:《阎宝航》,黑龙江人民出版社,2002年。

⑥ Tobias Faber, *Johannes Prip-Møller: A Danish Architect In China*, p.14.

⑦ 见《青年会将迁会所》,《东三省民报》1926年3月9日第6版。《青年会筹落成式》,《东三省民报》1926年3月28日第6版。Final report of The Mukden Association building, Nov. 1, 1927.(Y.USA.9-2-4, Box 75).

⑧ 1924-1925 program, YMCA Buildings in China, 1924-1925(Y.USA.9-2-4, Box 66, Folder 3).

⑨ Charles A. Herschleb to Mott, September 24, 1926(Y.USA.9-2-4, Box 75).

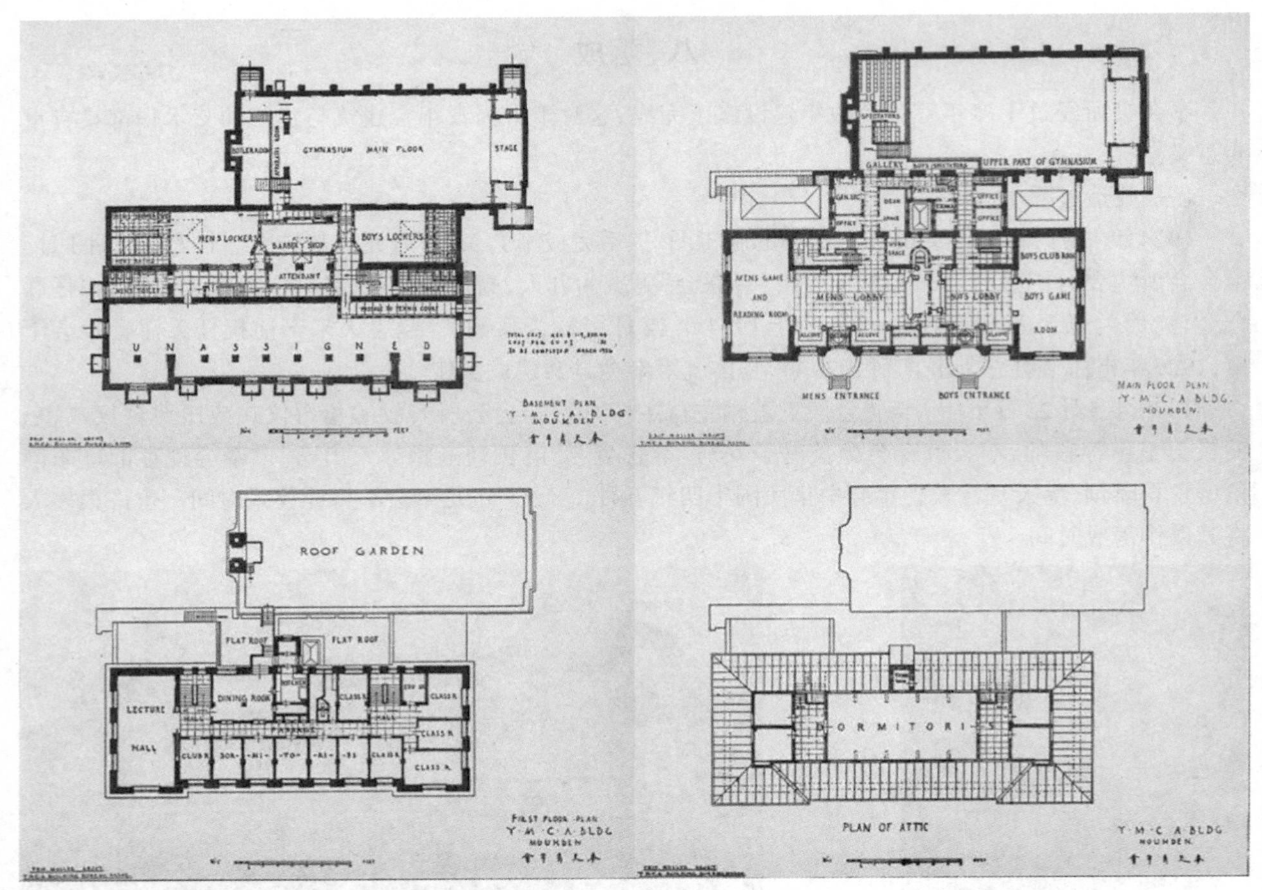

图9　奉会会所主建筑平面图，上下分别是地下室、第1—3层[①]

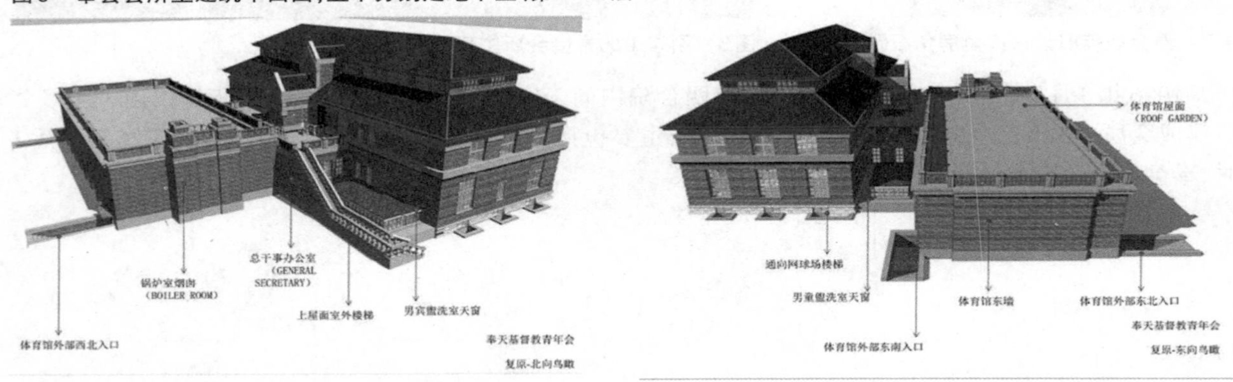

图10　奉会会所（主体建筑与体育馆）复原图[②]

截至1928年1月3日，奉会会所已建成院墙，西北角留有一道小门，南墙是铁栅栏，建有两座役工住宿与值班的屋门，其他三面均是砖墙，还在院中后部两边分别建成一座网球场与排球场，在主体建筑东边与之相邻建成一排六套一层旅馆，对外营业。[③]张韵冷回忆新会所内有大厅、礼堂、教室、会议室、办公室、食堂、宿舍、沐浴室、理发室、健身房、盥漱室等全部卫生设备，外有平台、网球场等。其中食堂备有西餐厅、健身房有北欧式运动器械设备，特别是折椅折叠自如，移携方便，其后奉天有新建筑、新设备时，多来采用折椅制法，称之为"青年会式"。[④]奉会会所现在仅存部分就是奉会会所主体建筑，被称作奉会旧址，属于辽宁省文物保护单位。

---

① Y.USA.9-2-4，Box75.

② 沈阳建筑大学建筑设计研究院建筑遗产保护研究所王鹤团队2016年制作。

③ Description of the plant of the Mukden YMCA building，January 3，1928（Y.USA.9-2-4，Box 75）.Bio Files on Austin Oliver Long，pp.15-6：Austin O. Long，from Bureau of Information National Council of YMCA，347 Madison Avenue，New York City，1929.

④ 见张韵冷：《沈阳基督教青年会记略》，载《文史资料存稿选编》25。

图11　2016年修复后的奉会旧址[①]

（二）建筑风格

奉会会所主体建筑地上三层，地下一层。一、二两层立面具有现代简洁风格，与哈里·何士设计的天津青年会会所风格相近，楼层相同，因此有认为这座建筑属于外国风格。[②]二、三层之间东西两处复合三角形装饰构件（其中倒三角正好是青年会会徽），但是1940年1月遭遇火灾被毁。[③]第一层会客室顶棚采用中国彩绘。2016年重修时三角形造型与彩绘都没有恢复。特别是仿建重檐庑殿顶，这是传统中国建筑等级最高的屋顶，但是进行改进，在两重屋檐之间增加一层，即第三层，因此增加使用空间，提高实用价值。三层楼上横额开始是“奉天青年会”，这个地方根据艾术华透视图本来计划安装一面大时钟的。考虑到中国人习惯，他在室内外分别为西方人与中国人设计厕所与水室。奉会会所建筑材料主要是中国传统青砖。[④]1926年底，奉会在会所东胡同口树立一座中国传统牌楼用作标志。[⑤]

显然，奉会会所具有鲜明中国传统建筑元素，打破中国基督教青年会会所流行的西方典型建筑风格的垄断，成为近代中国少数中西合璧的青年会建筑的代表作之一。另外，奉会会所在艾术华建筑设计生涯中具有承前启后的地位。

艾术华1929年开始在中国调查和研究中国佛教寺庙建筑，于1937年出版其专著《中原佛寺图考》。[⑥]特别是1933—1938年与艾向德合作设计建成香港道风山基督教丛林，尽可能地模仿中国佛寺风格，门、窗以及承重梁均用柄木制成，还有莲花池及鱼塘，特别是圣殿教堂（当初称景尊宝殿）为八角形建筑，共有四十根红柱，屋顶更有琉璃瓦、飞檐与斗拱。[⑦]

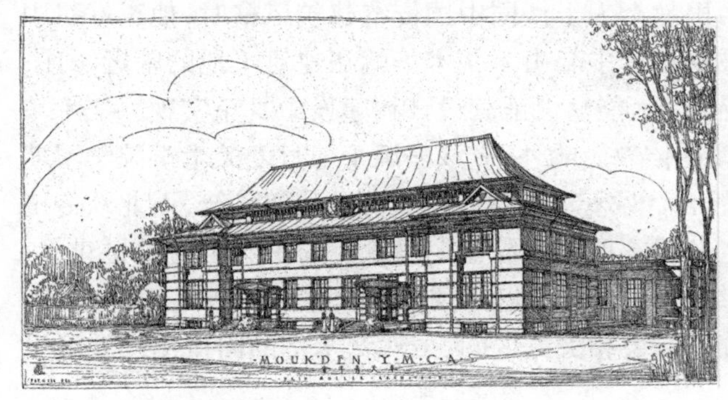

图12　奉会会所透视图[⑧]

图13　奉会会所主建筑会客室[⑨]

① 刘亦师拍摄。

② Subject Files. Mass Education World Youth Fund，1946-1949（Y.USA.9-2-4，Box 96，Folder 1）.

③ Dwight W. Edwards to Mr. Frank V. Slack，January 15，1940（Y.USA.9-2-4，Box 76，p29）.

④ Tobias Faber，*Johannes Prip-Møller：A Danish Architect In China*，P.22.

⑤ 见沈阳市档案馆奉天市政公所档案全宗号L65目录号1案卷号1555。

⑥ Tobias Faber，*Johannes Prip-Møller：A Danish Architect In China*，p. 3、9、21、28

⑦ 见顾卫民：《中国基督宗教艺术的历史》，《世界宗教研究》2008年1期。

⑧ Y.USA.9-2-4，Box75.

⑨ Tobias Faber，*Johannes Prip-Møller：A Danish Architect In China*，p.15.

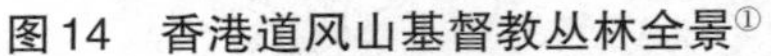

图14　香港道风山基督教丛林全景[①]　　图15　香港道风山基督教丛林圣殿[②]

比较其先后设计的岫岩镇教堂(1921)、辟才沟路德教会三育中学(1925)、香港道风山基督教丛林，从其造型、装饰等元素可以逐渐明显地看到中国传统建筑元素包括风格影响日益加强，从奉会会所开始明显加强，至香港道风山圣殿占据主导地位。

九、结论

奉会在苏格兰长老会、北美协会和丹麦青年会合作下成立与发展，并且在上海全国协会批准注册，当向在美国纽约的基督教青年会北美协会申请会所建设资助时，奉会会所建设就成为处于奉会、全国协会、北美协会和其他相关方之间错综复杂关系中的具有全球视野的事件。因此奉会会所作为一座具有明显中国传统建筑元素的近代建筑的落成，固然有部分偶然因素，但是还有一些牵扯中西方政治、文化等复杂关系的因素。

北美协会影响甚至决定青年会会所建设事务的根源在于提供建设资金，还有部分对奉会发展的责任与对会所建设的自信。但是，由于北美协会挪用奉会捐款，奉会自主募款金额比重提高，同时北美协会在中国的事业需要丹麦青年会合作，而且丹麦青年会提供资助就必须考虑他们意见。北美协会在中国扩张得助于美国，成为中国社会有权势的力量，同时奉会四育活动适应中国社会发展需要，得到政商文化各界支援，因此奉会成功获得景佑宫和巨额募款，同时提高中国职员在会所建设事务特别是选择建筑师与设计方案上的发言权。另外，非基督教运动在中国兴起，促进中国基督教本色化运动，进而影响到奉会中国领导层建筑兴趣和建筑师环境。奉会中国领导层需要通过建造具有鲜明中国传统建筑元素的会所表明自己对中国文化的认同，特别是对国家的忠诚。

当然还有丹麦建筑师艾术华的个人因素。当中国教会人士认同中国传统建筑风格时，他正好对中国传统建筑颇有偏好，还与丹麦青年会有关，由此被奉会选中。由于艾术华就在建筑工地的附近居住，就可以每天监督和指导，同时由于中国工人工作令人钦佩，能够保证其设计在建设中真正实现。艾术华接收、坚持中国传统建筑除了受到艾香德向中国佛教徒传教影响外，应该还源于他丹麦美术学院学习期间完成一些辅助设计任务，颇受丹麦古典建筑传统影响。丹麦古典建筑属于北欧建筑传统，而北欧传统建筑遗产多为木结构建筑。他在中国东北的旅行也发现本地茅草覆盖泥墙遮掩的民居半为木材建成，与丹麦传统建筑基本相同。也就是说东西方两大木结构建筑传统具有天然亲和性。[③]1925年10—12月，奉浙战争爆发，郭松龄兵变，金融动荡。兰恩天周旋于建设相关方之间，虽然艾术华的固执使之处境更为困难，却因此保证了奉会会所品质。[④]

最后必须考虑本地建筑工艺、技术与材料情况。奉天城作为曾经的清代首都与陪都，需要大量烧制青砖，使得工匠们精通青砖营造技术。红砖与青砖原料同为黏土，但是分别为蒸汽自动设备与人工制造，前者比后者生产效率高，但是抗风化效果差，而且产量低，价格贵。因此虽然在奉天城于1917年开始生产红砖，但是直到20年代末还是以青砖为主。[⑤]

① Tobias Faber, Johannes Prip-Møller: *A Danish Architect In China*, p.3.

② Tobias Faber, *Johannes Prip-Møller: A Danish Architect In China*, p.55.

③ Tobias Faber, *Johannes Prip-Møller: A Danish Architect In China*, pp4、17、22;[英]威尔·普赖斯:《木构建筑的历史》，浙江人民美术出版社，2016，第70页。

④ Annual Administrative Report For 1925, A. O. Long, Moukden, Manchuria, March 7, 1926 (Y.USA.9-1-1), pp.2-3.

⑤ 见陈伯超、刘思铎、沈欣荣、哈静:《沈阳近代建筑史》，中国建筑工业出版社，2016年。

中国东北近代日本领事馆建筑与风格溯源

——以奉天总领事馆为例*

沈阳建筑大学　韩猛　李晔

摘　要:近代以来,日本帝国长期占领我国东北地区,日本领事馆建筑也随之产生。在世界文化交流日趋频繁的年代,日本人也紧跟随西方之形式,把西方建筑类型引入中国东北。本文就以奉天日本总领事馆建筑为例,从国际角度对它的风格形成追本溯源,探究不同传播环节的地域性发展变化,印证近代沈阳城市建筑风貌多元化特征形成的历史因素,引导正视近代建筑的保护价值和存在意义,并试图从中探索适合东北地区地域性和历史性的建筑发展之路。

关键词:领事馆建筑;风格溯源;西方建筑

一、引言

19世纪初伴随着殖民扩张,日本在我国东北地区开设了十余所领事馆。1910年代以后,日本相继建设了新的领事馆建筑,建筑师们把西式建筑风格转化运用到领事馆建筑设计当中。日本领事馆建筑的西式风格是从西方传播到日本,再从日本进入中国的改造后的建筑风格,具有多重的建筑文化特征,形成了一条异于西方的建筑文化传播道路,也在中国东北造就了不同于西方建筑的有日本特征的西式建筑风格。从今天来看,这些具有多元特征的建筑风格构成了东北地区各异的城市风貌,是研究近代中国西式建筑不可忽略的重要部分。

二、东北地区近代日本领事馆建筑概况

(一)领事馆建筑建设背景及分布

1904年,日本和俄国为争夺朝鲜半岛和中国东北地区而发动日俄战争,使东北人民在战争中遭遇了空前的浩劫。1905年日俄战争结束,双方无视中国的领土主权,签订《朴次茅斯和约》,日本人获取了更多在东北的特权,经济活动也愈发频繁。为了保护日本人在华"权益",除1875年开设牛庄领事馆外,从日俄战争结束直到1911年辛亥革命爆发,日本在中国东北共开设十余所领事馆,其中包括奉天、间岛、吉林和哈尔滨四所总领事馆。

虽然此时日本人在东北地区的建筑活动日趋活跃,但其领事馆建筑都是购买或租赁民宅使用,久而久之,民宅变为办公场所的不便越发凸显,不断上涨的房租也成为一大笔支出。如1906年日本驻奉天总领事馆租用民宅(图1)开张,而之后其余诸国纷纷建了新的领事馆建筑,这让日本人感到不安。因此,新的领事馆建筑接续建设起来。

* 辽宁省社会科学规划基金项目(L19BKG003)。

图1　租用民宅的奉天总领事馆①

（二）针对东北领事馆建筑国内外研究现状以及本研究的创新点和突破点

目前针对在中国东北的近代日本建筑的研究，外国主要以日本为主，日本学者如藤森照信、西泽泰彦等，日本组织机构如建筑学会、南满洲铁道株式会社庶务部调查课等。关于东北近代领事馆建筑的研究，有西泽泰彦之《关于旧奉天日本领事馆》、田中重光之《大日本帝国的领事馆建筑：中国·满洲24领事馆和建筑师》、李明之《关于旧间岛日本总领事馆建筑的调查研究》等。

国内众多学者关于东北近代日本领事馆建筑也有不同层次的研究，如陈伯超教授主编的《沈阳城市建筑图说》涉及对奉天日本领事馆的研究，以及赖德霖先生等主编《中国近代建筑史》、荆绍福先生主编《满铁奉天附属地影像》以及东北地区高校学者、研究生论文等文献资料。虽然文献众多，但现在较少地能见到对东北日本近代领事馆建筑的专门研究，多数只是对其建筑形象的概况介绍，没有针对风格特征的形成过程和地域性因素影响进行进一步分析。

本文主要以比较分析和文献研究的方法，在确定建筑风格传播环节的基础上，以奉天日本总领事馆这个个案为研究主体，对各个环节的代表性建筑风格和类型与其进行纵向比较，对同一时期同一类型的建筑进行横向对比，通过文献查阅，总结其建筑风格特点的呈现和地域性影响，并以此为起点，展开未来更多对东北地区近代领事馆建筑的系统性专门性研究。

三、奉天总领事馆的基本概况

（一）奉天总领事馆建筑的地位和代表性

日本领事馆建筑中，有一些不同于近代多数日本建筑师在东北的作品，如1910年落成的吉林总领事馆，1912年牛庄领事馆、长春领事馆和奉天总领事馆，1915年铁岭领事馆以及后来的安东领事馆改造等均出自在东京执业的日本建筑师三桥四郎之手。

日本驻奉天总领事馆建筑即今沈阳迎宾馆（图2），位于沈阳市和平区三经街9号。作为总领事馆之一，其建筑形象受到多方重视。1909年奉天总领事小池张造向外务省申请建筑新馆，1911年外务省委托三桥四郎来设计，1912年8月30日，工程提前两个月竣工。奉天总领事馆作为今天辽宁省唯一的日本总领事馆建筑，充分体现了当时日本的建筑设计水平和建筑技术成就，具有突出的代表性。

（二）奉天总领事馆建筑特征

原领事馆建筑由一栋本馆和四栋别墅式平房组成。本馆共二层，是领事官员的府邸，一层设置餐厅和接待室，二层则是官员的私人用房。主入口朝西北方向，正对着整个领事馆的正门入口，其他建筑设置在本馆周围。领事馆区域内设有车库、官舍、监狱和用人宿舍等，厅舍和办公室与本馆并列，连接在一起。

建筑整体外墙由红砖砌筑并饰以白色线脚，上覆绿色四坡铁瓦屋顶，屋顶前后均开天窗。主馆主入口设在正中偏右，门前设红砖和白色花岗岩组合的门廊，砌拱形洞口（图3），其色彩组合华丽，神似日本海军军旗。据1911年5月三桥四郎向日本外务省提交的“关于奉天总领事馆新建工程设计的意见”，三桥认为此门廊显示着“大日本帝国”的地位和威严。门廊上方设置了一处三角山花，高度明显较大，两底

① 见沈阳市政府地方志办：《沈阳图志（上）》，沈阳出版社，2012年。

角被涡旋状装饰代替，顶角也被折断代之以装饰，中部有一形似满铁铁路标志的装饰。据“意见”所说，当时的大藏省临时建筑部要求对领事馆建筑外观进行改动，在原门廊左侧加大型山花。而在三桥的坚持下，最终在门廊上方加山花，门廊同山花相比规模较小，这是双方最后妥协的结果。①

图2 沈阳迎宾馆

图3 合照中可见奉天领事馆局部

首层正立面的矩形平拱窗上方有红白相间的简洁装饰窗楣，二层窗子上部由横向白色带状石条联系在一起。背面首层窗子较大，上端起拱，二层矩形窗上有简洁装饰的窗楣。建筑附有圆形塔楼，圆锥形塔顶高高耸起，同样上覆绿色铁瓦。

在三桥原本的设计方案中，考虑到沈阳冬季气候寒冷，故而大面积的大厅设计使人冬季能在室内方便活动，同时北侧不设走廊，以保证室内的采光。但临时建筑部坚持在大厅北侧增加走廊，使“特别的在举办大型宴会的场合，难免摩肩接踵，拥挤嘈杂”，甚至白天也需要灯光照明。

四、风格溯源

近代以来，西方国家给中国带来了异于中国本土建筑的新形式，日本对中国侵略的同时，也把西式建筑风格带到了中国。若要探究奉天总领事馆建筑风格呈现形式，还要从其风格形式的传播环节和特征一一溯源。

（一）建筑师的师承关系

1. 日本建筑师：从三桥四郎到辰野金吾

奉天日本领事馆的建筑师三桥四郎1893年毕业于帝国大学建筑学科。（图4）三桥在东京开设事务所执业，并未亲身前往中国活动。因当时在中国的日本建筑师工作紧张，并没有合适的设计人选，于是外务省委托了在东京的三桥四郎。1911年2月，南满洲铁道株式会社代理、日本外务省会计课长清水清三郎（甲方）和三桥（乙方）签订契约，“乙方依甲方所嘱，完成驻奉天总领事馆及长春领事馆本馆、附属房屋及其他新建筑设计图和工程作法说明、用料清单，并担任工程监理”。

三桥毕业时，日本第一代建筑师之一的辰野金吾（图5）正在校任教，三桥的建筑风格深受其代表的“英国派”影响，继承了辰野金吾之“辰野式”建筑的设计风格。“辰野式”是在西式建筑风格的基础上，考虑日本的自然、人文条件融合形成的建筑样式。它使用红砖和白色带状石条作为基本特征，折中了多种装饰元素，装饰均衡明快。建筑体量敦实厚重，又具有极强的纪念性。

① 关于奉天领事馆的建造过程，本文参考了西泽泰彦《关于旧奉天日本领事馆》引用的日本外务省外交史料馆所存档案《在奉天长春领事馆新筑一件》（分类编号：8.4.8.26）。

2.1表　工部大学校および帝国大学の造家学科時代の卒業生

回数	卒業生氏名		
	第1等及第	第2等及第	第3等修業
第1回（明治12年11月）	辰野金吾・片山東熊	曾禰達蔵・佐立七次郎	
2回（13年5月）	藤本寿吉	渡辺　譲	
3回（14年5月）	坂本復経	久留正道・小原益知	
4回（15年5月）		宮原石松・新家孝正 鳥居菊助・河合浩蔵 中村達太郎	
5回（16年5月）		船越欽哉・滝　大吉 森川範一・吉井茂則	
6回（17年5月）			吉沢友太郎
7回（18年5月）		渡辺五郎	
以上，工部大学校造家学科時代，以下は帝国大学工科大学造家学科時代			
明治19年	田中豊輔		
20	（ナシ）		
21	中浜西次郎		
22	（ナシ）		
23	岡本銈太郎・葛西万司・宗　兵蔵・横河民輔		
24	石井敬吉・神谷邦淑・清水釘吉・茂庄五郎・山崎定信		
25	伊東忠太・河合幾次・田島穧造・真水英夫・山下啓次郎		
26	大倉喜三郎・塚本　靖・長野宇平治・三橋四郎		
27	遠藤於菟・大沢三之助・野口孫市・矢橋賢吉		
28	関野　貞・野村一郎		
29	池田賢太郎・鈴木禎次・橋本平蔵・福岡常治郎・堀池好之助		
30	片岡安・武田五一・中栄徹郎・中川鉄弥・松室重光・森山松之助・山口孝吉		
31	中條精一郎・星野男三郎		

* 工部大学校時代の分は，同史料編纂会編：旧工部大学校史料，昭和6，7より，帝国大学時代の分は，木葉会名簿より

图4　工部大学校、帝国大学毕业学生名单①

图5　辰野金吾②

辰野金吾1879年毕业于工部大学校造家学科，当时教授课程的是英国旅日建筑师约舒亚·孔德（Josiah Conder）。孔德曾跟随英国建筑师托马斯·罗杰·史密斯（Thomas Roger Smith）学习，并在英国哥特复兴建筑师威廉·伯吉斯（William Burges）那里工作。孔德到工部大学校后，教授了日本此前未有过的建筑样式、装饰技法等科目，日本近代建筑设计教育体系逐渐完整。孔德在日本早期的作品风格分为古典系统和哥特系统两类，但更偏重他的师承——英国维多利亚时期的哥特复兴式风格，并折中了来自东方的建筑装饰。

虽然孔德的建筑生涯后来又经历了转变③，但辰野在其实践初期就已经远渡重洋到了英国，见识了更为本土的西方建筑形式，也决定了他的建筑风格的形成。辰野1880年抵达英国，在伦敦大学跟随史密斯学习，同样也进入了伯吉斯的事务所工作。但辰野到事务所工作的第二年伯吉斯便逝世了，这也决定了辰野将走上不同于孔德的设计道路。结束求学生涯后，在欧洲最后一年的辰野考察了法国和意大利，更原本地接受了西方建筑的洗礼，这一切都为"辰野式"建筑的诞生奠定了基础。

2.来自英国的建筑风格

在19世纪中后期维多利亚女王的统治时期，英国国内工业、政治、科学等快速发展，其迅速扩张也使它开始跻身世界强国之列。在这种时代背景下，英国的建筑风格也体现出多元的特征。其中对辰野金吾影响最深的，应属他旅英期间、19世纪末的英国建筑风格。

19世纪70年代后，英国建筑呈现出一种英国古典样式与哥特样式甚至其他各种建筑样式的折中风格——安妮女王复兴。④英国建筑历史学家马克·吉鲁阿尔对安妮女王复兴描述说：

> 它是18世纪70年代到本世纪初一种非常流行的建筑风格，与安妮女王没什么关系。红砖砌筑的墙体和白色的推拉窗、带有弧形的山墙和精致的向日葵砖嵌板、垂直的装饰和小天使装

---

①《日本近代建筑技术史》。

②《工学博士辰野金吾传》。

③ 孔德的建筑风格经历了三个阶段。1877—1886年被称为"初期孔德"，其作品风格分别归为古典系统和哥特系统，以哥特为主。1887—1901年属于中期阶段，此时哥特色彩淡化，建筑风格走向折中主义，并往古典靠拢。其后的晚期阶段孔德的作品几乎限于住宅，成为专业的住宅建筑师。

④ 安妮女王复兴（Queen Anne Revival）与安妮女王风格（Queen Anne style）尚有争议：一种说法认为安妮女王风格指安妮女王在位时期（1702—1414）的建筑风格，19世纪末由诺曼·肖创造的称为安妮女王复兴；另一说法认为诺曼·肖的风格称为安妮女王风格，20世纪其他地方对它的模仿和发展为安妮女王复兴。本文选用第一种说法。

饰、窗上的小窗格和陡峭的屋顶、弯曲的凸窗、木制阳台以及不经意间就能瞥到的精致小窗共同组成了这种样式。这是一杯用建筑混合的鸡尾酒,这里面有些真正的安妮女王建筑,一些荷兰风,一些佛兰德,一点罗伯特·亚当的味道,些许雷恩的风格,还有些弗朗西斯一世。

它把这些元素和其他各种元素混合在一起,形成一种具有自身强烈特点的大杂烩。①

英国建筑师理查德·诺曼·肖(Richard Norman Shaw,图6)和约翰·詹姆斯·史蒂芬森(John James Stevenson)和威廉·伊登·奈斯菲尔德(William Eden Nesfield)等人继承了当时英国的国内复兴风格,并追求舒适、朴素的建筑形式。他们的作品忠于哥特复兴精神的同时,也让人想起了17世纪晚期的英国古典主义风格。他们广泛地汲取灵感,形成了一种具有独特面貌而又难以划定边界的建筑风格,继哥特复兴后又在英国风靡二十年之久。它不仅可以用于乡村、住宅,甚至办公楼、市政厅等建筑同样可以呈现这种面貌。这些建筑把人们的视线带回了安妮女王的时代,而17世纪就在荷兰流行起来的山墙在此时的英国甚至更流行。除此之外,安妮女王复兴还可能会有不规则的平面、塔楼以及古典主义、哥特或巴洛克式的装饰等。这种折中的建筑风格体现了维多利亚时代建筑的碎片化特征。

辰野金吾注意到当时正在英国兴起的安妮女王复兴,这对他形成自己的设计手法具有深刻的影响。早期他的主要作品是具有国家性质的建筑,并不适合安妮女王复兴这种轻快、自由的建筑风格,所以在这期间他多以严肃的英国古典主义为蓝本。(图7)1902年从帝国大学辞职后的辰野把工作重心放到了事务所,设计的建筑类型也丰富了起来,此时安妮女王复兴也更风靡日本了。辰野十分重视建筑给街道的感觉,纪念性的塔楼以及穹顶被他融入日本的安妮女王复兴样式中。

图6　理查德·诺曼·肖②

图7　辰野金吾:日本银行本店③

(二)建筑装饰特征对比

1.在东北的日本建筑特征对比

对比奉天、牛庄等地由三桥设计的领事馆建筑,它们几乎拥有着共同的建筑语言,如不对称的建筑形体、金属板的四坡屋顶和老虎窗、红砖砌筑的外立面和白色带状石条的组合、中断的山花、转角处的塔楼等,具有典型的"辰野式"风格特征。吉林、牛庄、铁岭等领事馆建筑用了圆形山花,辽阳领事馆山花呈三角形,但两条腰线呈弧形。这些建筑的转角处基本都附有塔楼,形式略有不同:长春领事馆塔楼方形,攒尖顶脊线带有圆弧;奉天领事馆塔楼为圆形,屋顶轮廓为直线。

而在奉天领事馆不远处南满铁路上的重要枢纽奉天驿(今沈阳站,图8)也是在东北的具有代表性的"辰野式"建筑。奉天驿由满铁建筑课技师太田毅和吉田宗太郎设计,建筑左右对称,两旁各一白色塔楼。整体呈现红砖表皮,在檐部、线脚、贴面等处用白色作为装饰,绿色铁皮坡屋顶中央采用了穹顶。正立面上同样饰有断裂式的三角山花与挑檐相连。奉天驿和奉天领事馆在屋顶、墙面、门窗等部位的处理

① 摘自英国建筑学者Mark Girouard的*Sweetness and Light: The Queen Anne Movement*,笔者译。

② http://www.bedfordpark.org/rnormanshaw.php.

③ https://ja.jinzhao.wiki/wiki/日本银行本店。

如出一辙，因为太田毅和吉田宗太郎都毕业于帝国大学①，和三桥一样，深受辰野金吾影响。

图8　建成初期的奉天驿②

2.奉天领事馆、"辰野式"建筑和安妮女王复兴建筑

作为一脉相承的建筑风格，三种类型的建筑呈现出相似的特征，同时也存在着一定的差异。

墙面：墙面是这种建筑风格传承中最具标志性的特征之一，通常采用红色砖墙和白色带状装饰。这在日本领事馆建筑、辰野金吾的东京火灾海上保险和诺曼·肖的诺曼·肖大楼(Norman Shaw Buildings)等均有体现。其中，奉天领事馆的门廊处理成红白相间的形式，除门窗部分和檐部等细部外，建筑主体墙面上少有白色装饰。牛庄领事馆是典型的主体墙面上横向白色带状石条。

山花：19世纪末的建筑流行的山墙设计也被辰野引入了日本。诺曼·肖的劳瑟庄园(Lowther Lodge)设置了若干个三角山花，配以向日葵的雕饰。主入口上部的山花底部折断，两侧还装饰巴洛克特征的涡卷。而在圣詹姆斯1号(1 St. James's Street)的山墙上，涡卷的装饰更为夸张，边缘由若干个涡卷组成，腰线靠近底角与墙体连接的一段也处理成弧线，显示出一种动态升腾的趋势。辰野金吾之东京驿主入口上把山花变成圆弧的形式，这在一些领事馆建筑当中也有体现。

门窗：窗户基本体现为矩形窗和白色的窗套，对墙面起到了装饰作用。在传播过程中，门窗洞口相对于墙面的比例呈现出一种缩小的趋势，奉天领事馆的建筑形象相对圣詹姆斯1号来说更为敦实封闭，能较好地适应沈阳冬季寒冷的气候。

建筑形体：建筑形式传播的三个环节中，对建筑平面的设计较少使用对称的手法，因此建筑形体具有较为丰富的体块组合，上覆陡峭的坡屋顶并开天窗。在诺曼·肖的设计中，屋顶上往往还有高耸的烟囱。建筑角落的塔楼也是这种建筑风格的特征之一，不同的是诺曼·肖的塔楼相对建筑体量较小，而辰野把塔楼增大，整个的形体组合呈现出自由活跃的建筑形象。(表1)

表1　三种代表建筑细部

建筑师	三桥四郎		辰野金吾		理查德·诺曼·肖		
名称 / 部位	奉天领事馆	牛庄领事馆	东京火灾海上保险	东京驿	劳瑟庄园	诺曼·肖大楼	圣詹姆斯1号
墙面							
山花							
门窗							
建筑形体							

① 此帝国大学即今东京大学，其建筑学科始于工部大学校造家学科，1886年并入帝国大学。

② http://blog.sina.com.cn/s/blog_4b61b3900102vcin.html.

(三)建筑材料技术的引进

伴随着日本明治维新和对中国的侵略,日本人把具有日本本土特色的西方现代化建筑技术、建筑材料、建筑设备等引入中国东北,大量日本建筑师、工程师也随之涌入,他们利用专业知识和经验快速形成适合东北的技术特点。

领事馆建筑多为红砖砌筑,红砖本身就是近代新兴建筑材料之一。早期日本学习西方先进技术,引入红砖建设西式建筑。日本占领中国东北后,为彰显"大日本帝国"的现代化水平,把红砖引入东北且修建砖窑,修建了一系列红砖建筑。在沈阳建设的奉天总领事馆就采用本地生产的红砖建造,取材方便,大大降低了建设成本。

日本在东北的建筑工程基本是自给自足的模式,如奉天总领事馆和牛庄领事馆等,都由三桥四郎担任设计、加藤洋行承担施工,这就保证了日本在东北的建筑具有西方现代化技术特征,并通过参与施工的中国工匠传播开来,同时促进了本土工匠的技术创新。

五、日本领事馆的地域特征原因分析

以英国本土建筑风格为底板,折中了欧洲各类建筑形式而产生的安妮女王复兴在日本又经过辰野金吾的改造,形成了日本特色的"辰野式"建筑,又由三桥四郎等人引入到中国东北产生的一系列变化,这种从英国到中国传播过程中的地域性改变的原因笔者认为主要有如下两点:

其一是人文社会因素。明治维新后的日本急于与西方接轨,通过人才引进和派遣留学生把西方先进的科学、文化等引入到本国,以西方为先进代表,建筑活动上也迎合了西方形式,根据日本人的生活方式进行改造,这是一个主动输入的过程。日本占领东北后,把经过改造的西式建筑形式和材料技术带到东北,以建造一个适合日本人生活的殖民地,这对于东北地区来说是一个被动入侵的过程,其建筑形式自然也遵从日本本土形式。

其二是自然环境因素。自然环境对建筑的产生和发展有至关重要的影响。如日本是一个地震频发的国家,辰野金吾创造出所谓"红砖和花岗岩堆砌"的"辰野式"建筑,这一"堆砌"做法正是基于抗震的考虑。日本东北地区地理气候等方面有明显的差别,日本建筑师为了快速适应东北地区的自然条件也采取了相应的措施,如设立"满洲建筑特种实情调查机关",分析东北的气候特征和传统建筑形式,三桥在设计领事馆建筑时也考虑到了东北地区冬季寒冷的因素。

六、总结

日本建筑师在中国建成的西式建筑是原始文化在第三地域的体现。它一方面保留了建筑风格原型的特征,又根据其传递过程的各个环节和接受地的自然、人文特点发生了地域性改变。近代东北地区建筑成分复杂,日本人带来的西式建筑融合了原型和当地的地域文化,阐述了近代东北城市的文化特征;通过第二地域建筑的输入,沈阳近代西式建筑不仅仅打破了"欧洲中心论",各种途径输入的建筑形式组成沈阳的城市面貌,体现了近代建筑的多元文化价值;建筑风格传播途中的地域性再创造,对当前地域性建筑设计也起到了参考作用。

百年前日本人建造的领事馆建筑如今仍遗留在中国的土地上。从历史的角度来说,它们的存在是日本侵华的铁证,也是西方文化扩张的缩影;从建筑的角度来说,它们的建设在一定程度上影响了城市格局,促进了东北地区建筑水平的提高和中国建筑的现代化转型。

城市建设与规划角度下的沈阳中山广场周边建筑*

沈阳建筑大学　黄子襟　王春鑫

摘　要:在日本取得1905年日俄战争胜利之后,在东北建立满铁附属地,其中沈阳附属地作为较为重要的附属地之一,日本人在沈阳修建了第一大广场——中山广场,广场周边的建筑群在一定程度上反映了沈阳附属地的建设和发展过程,同时也是近代建筑在沈阳的发展缩影。本文将通过对文献、历史期刊和沈阳规划地图的研究,从城市规划与设计的角度研究沈阳市中山广场周边建筑群的相关情况,并分析其广场周边建筑之间的联系,以及各种风格建筑如何达到统一。

关键词:沈阳;中山广场;满铁附属地;近代建筑;城市规划

一、前言

(一)研究背景及目的

沈阳附属地是近代沈阳城市模块中发展最快、建设水平最高的一个板块,而沈阳中山广场作为近代日本在满铁附属地内修建的第一大广场,周边汇聚了不同风格和流派的建筑,由于这些建筑建造时间前后相差二十年之久,所以对于中山广场周边建筑群的研究有利于我们理解沈阳近代建筑的发展史。

目前,国内对于中山广场周边的建筑群大多是从附属地的城市发展和建筑特征入手,如陈伯超教授主编的《沈阳近代建筑史》和《沈阳城市建筑图说》、荆绍福先生主编的《满铁奉天附属地影像》等文献资料,包括各高校的硕博研究生毕业论文,都比较缺少从城市规划的角度对其进行探讨和研究。为此,本文将从城市建设与规划的角度对中山广场周边的建筑进行分析。

(二)本文的创新点

本文将从城市建设与规划的角度对中山广场周边的建筑进行分析。先对建筑群进行拆分,对独栋建筑进行同时期的横向分析,再对各时期的代表建筑进行纵向分析,最后将其进行整合,进行建筑群的整体分析。

二、历史背景与功能定位

(一)历史背景

鸦片战争之后,帝国主义的入侵使得中国开始沦为半殖民地半封建社会。1896年沙俄通过《中俄密约》攫取在中国东北修筑铁路的权利,修筑了中东铁路,与此同时,西方文化便随着铁路源源不断地输入中国。在1905年日俄战争日本取得战争胜利后,依据《朴次茅斯合约》的规定,日本从俄国手里获得了长春至旅顺的南满支线的铁路经营权,以及铁侧的铁路附属地,之后又继续通过各种手段在东北南部铁路建设类似的附属地租界形式。

日本初期对沈阳的城市规划理念源自欧洲巴洛克形式主义与功能主义为规划的基本范型——以广场为核心点,以放射式道路加棋盘式街区为格局的城市空间体系。(图1)在满铁附属地的规划中,日本人按照西方的功能分区手法,将附属地分为住宅区、商业区、工业区、公共设施区和公园绿地区。而现在

* 辽宁省社会科学规划基金项目(L19BKG003)。

的太原街一带便是当时具有“沈阳银座”之称的主要商业区，公共设施区又多设置在主要干道两侧的街区周边，而中山广场毗邻太原街商业区同时又是浪速通（今中山路）、北四条通（今北四马路）、富士町（今南京南街）和加茂町（今南京北街）的重要交会点。

附属地的城市建设过程是由南向北发展的，由于原先俄国人所建的火车站谋克敦站处于今西塔一带，日本人接手之后便将城市中心南移，建立了现在的奉天驿，之后再进行附属地的向南发展，在向南发展的过程中，主要分为两个阶段，第一阶段是从站前区域开始发展，第二阶段集中在沈阳大街以南区域及其他南北走向道路周边的发展。

第一阶段时日本人已经在今胜利街以北建立了住宅区，后随着周边城市道路的建设，这一块区域发展为主要的住宅区，并建立了满铁职员的社宅，此时住宅区主要分布在浪速通以北区域，毗邻中山广场，城市建设也由浪速通以北区域向南发展。

第二阶段时以三条主要放射道路为骨架的各个城市街区相继建成，附属地空间中的三个重要广场节点及周边各个功能区的建筑都相继完成，至此，附属地空间也已经形成。

由于中山广场毗邻太原街商业区同时又是三条放射主干道的重要交汇点，且毗邻附属地内的重要住宅区，因此中山广场属于公共设施区，为了更好地服务和方便住宅区和商业区居民的生活，广场周边的建筑主要有行政办公类建筑和金融类建筑。（表1）所以当时的中山广场便成了日本近代建筑师大肆发挥自己设计能力和尝试建筑设计的地方，虽然为中国注入了新鲜的建筑血液，但这些建筑也是日本军国主义不断扩大侵略战争的缩影。

表1　中山广场周边建筑分类

金融类建筑	东拓支行	朝鲜银行	横滨银行	三井洋行
商业建筑	大和旅馆			
行政办公建筑	警察署			

图1　沈阳满铁附属地规划图（1935年）①

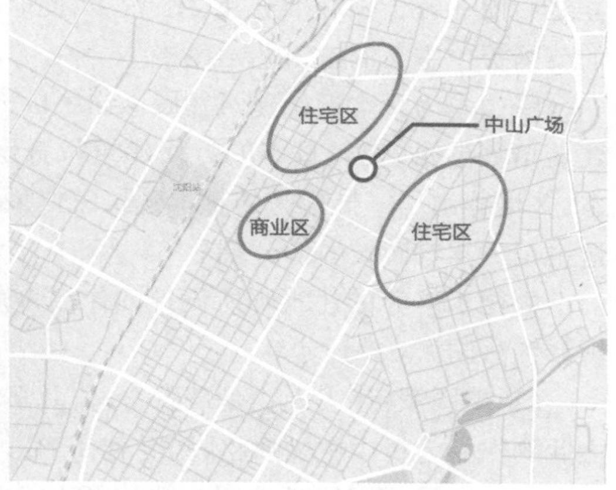

图2　中山广场与周边功能分区关系

（二）中山广场周边建筑群简介

中山广场始建于1913年，位于辽宁省沈阳市中山路、南京街、北四马路三条道路交叉处，是完全由国外建筑师规划设计形成的建筑群，广场周围原有七栋著名的历史建筑，以公共建筑和金融类建筑为主。从南起顺时针依次为：①满铁奉天医院（建于1908年，1914年发生大火，2000年拆除重建）；②大和旅馆（建于1927年）；③横滨正金银行奉天支店（建于1925年）；④伪奉天警察署（建于1929年）；⑤日资三井大厦（建于1937年）；⑥日本朝鲜银行奉天支店（建于1920年）；⑦东洋拓殖株式会社奉天支社（建于1917年）（图5）。

① https://mp.weixin.qq.com/s/G40Bk6g8Bu4nir1kicQZEw.

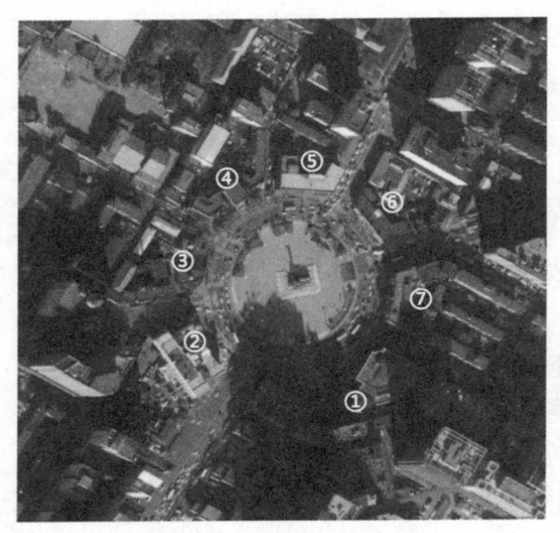

图3　中山广场周边建筑群分布(卫星图)

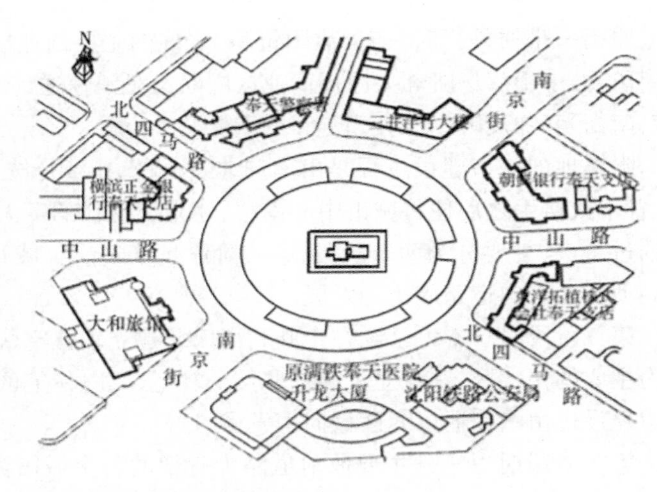

图4　中山广场周边建筑群分布

三、建筑群的风格类型及特点

(一)三次洋风的影响

近代沈阳附属地的建筑受到“三次洋风”的影响十分明显。第一次洋风影响是在附属地建立初期，建筑设计主要受到来自日本国内建筑师的影响;第二次洋风影响是沈阳附属地建筑风格形成的重要时期,此时建筑设计开始脱离古典样式,向简洁的方向发展;第三次洋风影响使得附属地的建筑向现代主义转变。

1.第一次洋风影响下的中山广场建筑群发展

附属地的建筑师受到日本第一代建筑师的教育,思想也深受第一代建筑师的影响,日本明治政府成立之后便在各个领域推进“欧化”政策,此时欧洲建筑师康德尔来到了日本,为日本带来了他认为最完美的英国折中主义的建筑艺术风格。

康德尔为日本近代建筑发展做出了巨大贡献。首先,他将西方建筑艺术带入了日本,提出了具体的建筑培养要求,使得日本的近代建筑教育走上正轨。其次,他最早把西欧建筑学教育体制移植到了日本,并培养出了一批优秀的日本建筑家。最后,他将砖石技术带到了日本,使得日本建筑技术有了改变,这也是日本红砖技术的开端。

康德尔培养的建筑师所设计的作品多表现出各种西洋古典复兴的特点,分为三种流派:英国派、德国派和法国派。

(1)英国派:代表人物是辰野金吾,其早期建筑作品主要表现为维多利亚哥特和帕拉迪奥风格,中期之后的作品为折中主义风格,因受到荷兰影响,建筑立面多采用红砖清水墙加白色线条的处理手法。

(2)德国派:以留学德国的建筑师妻木赖黄为代表,他设计的建筑多采用德国巴洛克风格和德国文艺复兴风格以及巴洛克的中间样式为设计手段。巴洛克样式的代表作品是横滨正金银行。

(3)法国派:代表建筑师是山口半六和片山东雄。片山东雄是日本宫廷建筑师,为追求法国路易十四时期巴洛克风格的壮丽,其创作的源泉来自法国路易十四时期的法国巴洛克宫廷建筑家勒沃的建筑作品。

从风格上看,沈阳附属地初期是以辰野金吾所代表的“辰野式”为主的设计。辰野金吾的学生太田毅将“辰野式”引入到附属地并设计了奉天驿(今沈阳火车站),同时也在奉天驿广场周边设计了一系列“辰野式”建筑,与奉天驿共同形成了红砖建筑群。中山广场的建筑群在奉天驿红砖建筑群之后建设,为与周边已建成的建筑相协调,广场周边的建筑在立面材料上多采用与红砖颜色相接近的材料,例如横滨正金银行和警察署立面都采用红色竖条纹饰面砖,三井洋行大厦采用红色贴面砖,并在局部使用白色线条的处理手法,或增加白色装饰肌理,达到与“辰野式”相似的颜色特点。广场周边建筑虽不能在风格上与已建成的红砖建筑群统一,但在颜色上做到了协调,因此就算两区域建筑建设不是同一时期同一风格建筑师所设计,但还是达到了最大程度的统一。

2.第二次洋风影响下的中山广场建筑群发展

第二次洋风是对附属地建筑风格形成影响最大的时期，与第一次洋风影响不同的是此次影响，更多的是直接来源于西方建筑思想，不再是间接影响。在发展过程中，部分日本建筑师出国深造，形成了自己对于西式古典建筑的理解，并将其思想带回到附属地，在建筑设计上不仅带有独特的自我理解，更表现出西洋与东洋的结合，同时使得该时期的建筑不再是西式建筑的生搬硬套。

此时的附属地有其独特的发展，是相对于日本独立发展的阶段，这个阶段有了重要的银行类型建筑，这类建筑与同期银行建筑相比不同的是古典主义的形式被简化，变得更加灵活。第二次洋风影响使得中山广场周边建筑具有脱离古典主义样式、古典样式运用灵活、建筑装饰简洁化的特征。

脱离古典主义样式，古典样式运用灵活。在这一阶段，广场建筑受分离派影响较大，建筑逐渐开始摆脱古典样式，向简洁方向发展，注重功能的合理性，并引入东洋元素，将西洋与东洋相结合，更能突显出建筑的地域性。中山广场建筑群中分离派的代表作品是横滨正金银行奉天支行，该建筑于1924年由宗象建筑事务所于设计，建筑主体运用壁柱突出并转化材质的手法进行划分，在壁柱顶端依旧采用装饰处理手法，中间段墙体高出屋面，并采用白色水泥材质与褐色面砖使墙面层次分明，同时建筑也表现出东洋元素与西洋形体的融合。

建筑装饰简洁化，抽象古典符号，局部点缀。此时设计符号常运用于一般商业建筑，最常见的手法便是部分墙体高出女儿墙并将这部分墙体加以山花装饰以获得西洋形式，同时古典柱式不再作为建筑最重要的组成部分，而是对建筑本身加以装饰达到设计目的。在这一时期（20世纪20年代），广场建筑的共同特点则是在入口处理上加以一定装饰，以及转交屋顶加以处理，突出入口的同时形成自身特点。

3.第三次洋风影响下的中山广场建筑群的发展

第三次洋风是指西方在现代主义建筑形成发展阶段对日本近代建筑产生的影响，在这种影响之下形成了“无冠的帝冠式”。

20世纪20年代，世界爆发了空前的经济危机，日本在这次危机中遭受重创，同时附属地移民数量的激增产生了对建筑的大量需求，而现代主义的发展正顺应了这一时期对建筑的需求：以解决功能与经济为核心，并采用工业化技术来视线，所以建筑样式进一步简化，装饰极少出现，例如中山广场建筑群中的三井洋行。

虽然现代主义的发展解决了功能与经济的问题，但是建筑所需要传达的独特设计形态却被牺牲，因而在向现代主义发展的过程中出现了极具代表性的“帝冠式”日本近代建筑，即在建筑中间构图的一部分加上日本的传统屋顶形式，以达到现代与传统相结合的目的，凸显建筑的自身特点。

在沈阳中山广场的建筑中也产生了这种形式的建筑，此类建筑以合适的建筑比例表现传统风格，用较为简洁的现代建筑体量组合，并没有加上夸张的大屋顶，因此与周边建筑相协调，不显突兀，例如中山广场建筑群中的奉天警察署。

随着对西方建筑的认识和探索不断加深，以及对西方技术的掌握和运用，再加上现代主义思想的不断传播，日本建筑师也意识到了大屋顶与现代结构之间的矛盾。同时由于日本的建设中心向长春转移，沈阳附属地所受的影响相对比较弱，因此沈阳并没有建设很多大屋顶形式的建筑，这也给建筑师提供了更多设计空间。

沈阳附属地的官厅建筑在形体组合及立面划分上与帝冠式相似，一般特点是“凹”型平面，入口设在建筑中间部分，形体突出，入口有门廊且是主体体量的一部分，建筑开窗简洁，装饰较少。沈阳的官厅建筑与无冠的帝冠式建筑有许多相似之处，例如形体组合、空间布局等，所以，沈阳无冠的帝冠式建筑是第三次洋风影响中形成的最具特点的建筑类型。

（二）建筑群的风格分类及细部特点

1.建筑群的风格分类

广场周边的建筑群可分为三大类别，一是带有欧美古典样式的折中主义建筑，包括东拓支社、朝鲜银行、正金银行和大和旅馆。这几栋建筑均由不同的日本建筑师所设计，是对欧洲复古建筑的模仿，但是随着建筑思想的发展，建筑立面逐渐趋向简洁，复杂的线脚和装饰被简化，曲线造型也被简单的直线所取代，完成了从过渡装饰到简洁明了的转变。二是日本近代“官厅式”建筑，代表建筑是警察署，建筑成中轴对称，强调行政办公建筑的特殊性和庄严性。三是现代主义风格建筑，代表建筑是三井洋行大厦，立面非常简洁，没有任何装饰，彰显出较为成熟的现代主义建筑水平。

这一批建筑中最早建设的是东拓支行，因此带有强烈的复古主义特点，装饰性较强且复杂，主入口采用独立突出的手法获得亲人的小尺度空间，立面有三角形山花和巴洛克式的圆窗。之后建设的朝鲜银行、正金银行和大和旅馆的装饰性逐渐减弱，其中大和旅馆是四栋建筑中最为简洁的，立面没有过多的繁杂装饰，开窗形式统一，均为规则的方形窗和少量拱形窗与一层券柱廊相呼应。

2. 整体风格

上述六栋建筑中的三栋金融类建筑，东拓支社、朝鲜银行和正金银行受政治因素影响强烈，因此在形式上均采用西方古典柱式与一些装饰元素和新的建筑材料。但大和旅馆属于商业建筑，受政治因素影响较小，建筑形式便相对灵活，并不拘泥于建筑样式的统一，因此该建筑只是在开窗形式、建筑装饰等手法上与前三栋建筑相统一，而建筑立面却采用了与其他建筑截然不同颜色的白色贴面砖。

3. 构图

西方古典主义所提倡的“横三纵五”是指在横向上将建筑分为三段，分别是台基、柱式和檐部，而在纵向上由中间向两边依次分为中部、标准段和端部共五段。我国的传统建筑采用“三段式”，将建筑分为台基、屋身和屋顶，强调建筑主立面，弱化建筑山墙面的表现，一般屋身较为平淡，主要通过屋顶的形式形成不同的建筑风格。（图5、图6、表2）

表2　中山广场周边建筑立面构图及特点汇总

建筑名称	立面构图	立面特点
东拓支行		建筑采用欧式法国古典主义混合风格设计，强调外部装饰，罗马的柱式和山花，巴洛克式的圆窗等整体采用横向三段式，纵向五段式的传统布局，通过不同的材质进行区分，白色的贴面砖和灰色的水刷石形成灰白对比
朝鲜银行		建筑采用西方复古主义风格，简化了装饰线脚，强调立面上的虚实结合，在建筑材料上采用白色贴面砖和砂浆形成粗细对比
正金银行		与东拓支社相对，占地面积小，是广场建筑群中最小的建筑，采用几何形体，摒弃了复杂的装饰元素
大和旅馆		与朝鲜银行相对，建筑将古堡式造型与券柱式外廊相结合，立面造型丰富，两个八角形的角楼被设计成楼梯间，建筑在主立面上层层内收，增加了立面的层次感，且整体颜色与风格同周围建筑有明显区别，因此成为广场建筑群的焦点
警察署		强调对称式布局，立面采用标准的三段式构图，具有强烈的日本官厅式建筑风格的特点

续表

建筑名称	立面构图	立面特点
三井洋行		立面无特殊构图方式，与警察署同属北四马路与南京南街相夹的地块，建筑立面干净简洁，开窗有序，具有强烈的现代主义建筑的特点

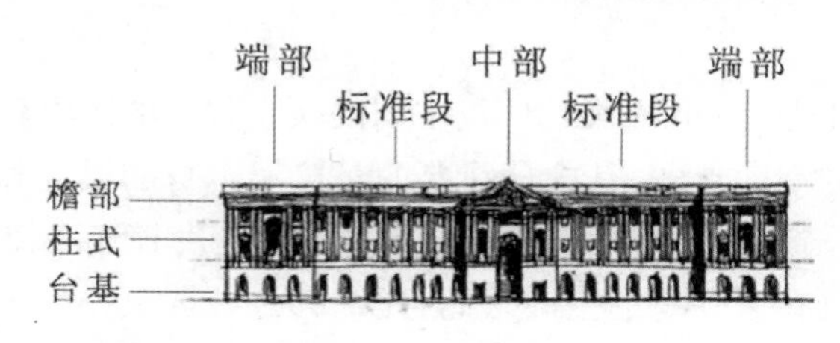

图5　欧洲建筑横三纵五式构图

图6　中国传统建筑的三段式构图

4.屋顶女儿墙

第二次洋风影响之下，日本建筑师将东方的“三段式”与西方的“横三纵五”相结合，因此这个时期的建筑通常在建筑的屋顶处理上都采用了一定的夸张手法。建筑立面的女儿墙通常以不同的高度凸起，拉长屋顶比例，而这些凸起有的呈三角山花形，有的凸起呈圆弧形。

5.屋身

中山广场建筑群呈现出逐渐简洁，摆脱装饰的过程，建筑立面趋向朴素，最后走向早起现代主义建筑的无装饰主义。(表4)

东拓支行，外立面采用灰色水刷石、白色贴面砖和假斩石，保留了传统的立面构图特点，二三层采用柯林斯式的壁柱进行装饰，一层入口空间采用爱奥尼柱式形成门廊空间，开窗形式为方形窗和带有巴洛克风格的圆窗，周边还附有不少装饰。

朝鲜银行，外立面采用白色贴面砖和灰色砂浆，是传统的“横三纵五”构图，中间部分采用爱奥尼柱式，开窗均为简单规则的方形窗。

正金银行，外立面采用红色竖纹饰面砖和假斩石，建筑进一步得到简化，立面仅采用普通方柱作为壁柱，开窗也均是方形窗，没有任何多余的装饰，仅在入口部分采用了多立克柱式进行强调。

大和旅馆，外立面采用白色贴面砖和灰色水刷石，立面没有多余的装饰，也没有壁柱，只有简洁的方形窗和少量拱形窗，一层采用连券廊丰富建筑。

警察署，外立面采用红色竖条纹饰面砖，另加灰色假斩石做装饰。建筑形式上与正金银行相比更为简洁，但两者开窗均为规则方形窗。

三井洋行，外立面采用红色贴面砖和灰色石材贴面，同样采用与周边两栋建筑一样的方形窗，立面更为简洁，没有任何多余的装饰。

表3　中山广场周边建筑立面立面材料及颜色

建筑名称	立面材料	颜色比例
东拓支行	灰色水刷石、白色贴面砖和假斩石	白色:灰色=1:2
朝鲜银行	白色贴面砖、灰色砂浆	白色:灰色=5:1
正金银行	红色竖纹饰面砖、假斩石	红色:灰色=4:1
大和旅馆	白色贴面砖、灰色水刷石	白色:灰色=5:1
警察署	红色竖条纹饰面砖、灰色假斩石	红色:灰色=3:1
三井洋行	红色贴面砖、灰色石材贴面	红色

6.入口和台基

东北地区的建筑入口一般设有凸出的外廊空间，不仅是室内外的过渡空间，更能保证室内的温度。四栋建筑的入口可分为两种，一是凸出主入口，二是入口内凹。东拓支行、朝鲜银行、正金银行和警察署都采用前者，在入口处设立古典样式的柱式，使入口形成亲人的小尺度空间，达到突出主入口的目的。大和旅馆的主入口采用后者的处理手法，将入口设置在柱廊内，在门廊的烘托下显得尺寸更大，使建筑获得宏伟的形象，三井洋行则只是采用简单的内凹式入口。

部分建筑设有地下空间，为了保证空间的合理性和舒适性，一般将一层空间抬高，这时室内外的高差一般在门廊处解决，设有大台阶或坡道，同时大台阶可以增加建筑的仪式感。

四、中山广场周边建筑的空间尺度和平面

（一）空间尺度

由于场地的特殊性，所以建筑围绕广场建设形成向心性空间，而影响广场空间的围合程度的因素较多，例如周围建筑屋顶的轮廓、建筑高度以及广场本身的空间形状，其中最重要的是广场本身的尺度和周围建筑的高度。中山广场的直径为130米，广场中心与周边建筑距离90米，周边建筑高度控制在20米左右，多为二至三层空间，因此使得人在广场中看建筑有了一定的空间距离，建筑的公共性也得到了加强。

广场的尺度受到周围建筑高度及基面进深关系（H/D）的不同会产生不同的空间感受。①H/D=1，视角=45度，此时观察者只能看到广场周围的一部分，倾向于看建筑细节，广场封闭性良好；②H/D=1∶2，视角=27度，观察者可以看到建筑整体，建筑轮廓围合成边界，围合性较好；③H/D=1∶3，视角=18度，观察者不仅能看到整个建筑还能看到部分天空，此时广场不再封闭，这也是最佳观察距离；④H/D=1∶4，视角=9度，此时观察者看到广场与天空的范围正好相互颠倒，广场变得开放。若视距不断变大，视角小于9度时，广场的围和感便会消失。沈阳中山广场的视角为10度到11度，且D/H＜1∶4，广场封闭感虽弱，但仍具有围合感。

（二）平面组织方式

由于场地的特殊，建筑围绕广场建设，因此中山广场周边建筑往往形成U型或L型的平面布局，而不同类型的建筑通常会呈现出不同的平面形态，例如军政类大多采用对称式布局，强调其特殊性及重要性，而金融类建筑和商业类相对来说约束较少，平面形式不一定强调对称，呈现出多样化的发展哪几种，不同的功能需求决定了建筑采用不同的平面形制。广场周边的建筑不将朝向摆在首位，而是以广场整体的围合性和建筑的向心性为重点来设计建筑平面，大多建筑都处于两条街形成的夹角处，因此大多采用U型或L型的平面布局来保证建筑的向心性，以此达到平面上的统一和广场的统一。

五、结语

由以上论述可知，中山广场的地理位置特殊，在日本侵占时期，毗邻商业街和住宅区，且是几条主要干道的交汇点，因此被视为重要的公共设施区，日本人便在此建设了许多金融类建筑、行政办公类建筑及商业建筑，为周边的居民提供更好的服务。首先，广场周边建筑虽然由不同设计师设计，且跨越时间有二十年之久，但是各建筑在建筑风格上保持了一定的统一，虽然折中主义建筑和现代主义建筑有很大不同，可是这些建筑是呈现出由折中主义向现代主义过渡的过程，是循序渐进的变化，不是突然的改变，所以尽管建筑风格不同，但并不显突兀。其次，各建筑在构图比例上将西方的“横三纵五”与中国传统的三段式构图原则进行了融合，各取所长，通过台基、屋身和屋顶的不同混合搭配，控制建筑高度，形成了广场特殊的建筑风格。之后，保证各建筑在一些细部构造和装饰上具有一定的联系和借鉴，建筑立面大多采用凸出门廊、较厚墙体、规则的小开窗、西方古典柱式、欧式线脚等处理手法，包括女儿墙的升高手法，都使得各建筑之间相互联系、相互统一。最后，建筑色彩主要为红色（红砖）、白色（贴面砖）、黄褐色（贴面砖），虽有些许不同，但总体来说广场建筑之间配色协调且相似，并且与原先已建立的奉天驿周边的红砖建筑群颜色相似，因此不仅广场建筑之间相协调，更与周边环境也相协调，达到了相容共生，构建了和谐的城市样貌。

近代建筑调查及其类型与样式研究

近代北京城商业区的发展与变迁

北京建筑大学　于亿　杨一帆　王子鑫

摘　要:作为一个消费型政治中心,五朝古都北京城的商业区一直以来都是学界研究的重点。虽然关于北京商业区有丰富的史学研究和城市、建筑等物质空间研究基础,但是二者往往较为独立。因此本研究试图在城市物质空间的基础上,将北京城商业区的相关史料与图像化的物质空间结合起来,阐述北京城商业区的历史发展、经营模式和演变原因,从而为北京城目前的城市保护和未来的商业发展做出参考。

关键词:城市空间;近代;北京;商业区

一、引言

北京城位于中原与内蒙古高原和东北平原的交界,这使其成为以汉族为代表的农耕民族和北方游牧民族之间的交通枢纽,以及经济上的物资文化交流中心。早期的北京地区,因其自然条件较为适宜农业发展而聚集了较多人口,为金代之后北京能一直作为全国性的中心城市打好了基础。

作为政治中心的北京城,集中了庞大的中央政府机构和军队,区域内的农业远不足以维持城内人口的生计。由于人口的密集,工商业的需求也日益增长,城市的商业、建筑、社会服务及城市管理等相较于其他地区得到了更充分的发展,进一步刺激了城市和区域人口的急剧膨胀。

从自然条件、人口构成、城市功能和历史因素等多角度看,北京的所在地自辽南京以来,一直都是一个消费性城市,因此商业与北京城的关系一直以来都十分密切。

二、北京城商业区的历史分布

表1　北京历史上的商业区分布及其影响因素

时代	城市规划及格局	商业分布	影响商业分布的原因
元	左祖右社,面朝后市	1.最重要的商业区位于积水潭北岸到钟鼓楼一带 2.店铺沿街分布,而非在指定区域内	传统城市规划思想、漕运
明	1.修建南城,缩减北城 2.打破传统的"左祖右社,面朝后市"格局 3.政府出资,大量兴建房屋	1.商业中心南移 2.最重要的商业区位于棋盘街至正阳门外,其次是东安门外和西四牌楼附近	城市规划,漕运、招商政策,移民增加
清	1.南城人口密度增加 2.东交民巷使馆区的兴建	1.最重要的商业区位于外城正阳门外及大栅栏区域 2.清中期以后东单、西单、东四、西四,新街口及钟鼓楼区域都有商业区 3.清末的王府井区域	清初期满汉分居政策,清中期人口政策放开,商业法的确立
民国	城市加强市政交通建设	商业区进一步扩展	战争和兵变;政府的经济危机;工商业迁入人口增加;西方商业模式引入;社会风气的开放

(一)北京城商业区的历史发展

元代漕运发达,货物能通过船只到达城内,这是商业繁荣的重要保障。元代政府是鼓励经商的,最直接的表现是减免税收的政策。因此商业极为发达。

元大都城内已经有了较为明确的商业区,并且这种分区突破了唐以来的单独设市,而采用沿街分布的形式。元大都在当时已经是远近闻名的商业都会。商业主要集中在大都城皇城以北的钟鼓楼和积水潭一带。体量较大又集中的商业区主要有三个:有以生活百货为主的钟楼市和斜街市,有位于皇城西侧以售卖牲畜为主的羊角市,还有位于枢密院附近的角市。

明代北京南城修建完毕。整个城市中心南移,致使商业中心南移。明代大运河的终点是南城的正阳门外,因此这里也是商品的集散场所。在整体城市布局中,正阳门是北京南北城的中心位置,这一重要区位特点使传统的"前朝后市"布局特点被改变,商业迅速汇集。另外,与元代政府一样,明政府也为商业提供了利好政策,主要表现在建造房屋增加移民和招商上。

明代最重要的商业区位于棋盘街至正阳门外。其次是东安门外的灯市区域和西四牌楼的西市区。店铺行业丰富,数量庞大且较为集中。并且随着商业的发展,商业区中出现了初具规模的市场。

清初,北京实行满汉"分城而居"的政策,大量汉族人口南迁。致使内城鼓楼东四等商业中心衰落,而外城的商业日趋发达。

清代前、中期的商业中心位于前三门,特别是正阳门两侧。清中期以后,内城西四、东四牌楼,西单、东单牌楼及地安门外大街的商业区逐步恢复。

(二)北京城商业区的继承与变动

在商业区形成的早期阶段,金中都和辽南京都沿袭了里坊制和集中市制,不同的是,金代在扩建的部分里,市场分布主要是沿街的街市形制。

元大都的城市规划总体上是街巷制,城市呈方格网式布局,商业区店铺市场已主要沿街分布,彻底突破了里坊制和集中市制。使元代商业产生最大突破的是发达的航运,商业贸易依托漕运发展,由于南部商船可以通过通惠河进城,并于积水潭停泊,邻近的钟鼓楼斜街市成为主要商业中心。

明代,南城城墙的修筑加强了对南城商业区的保护,商船不能进内城,使商业区产生最大变化的仍是漕运,南城的经济因此开始发展。然而北城的商业区并没有消失,原来斜街市、角市,羊角市商业区仍然存在,经营商品的种类更加丰富。

清中早期,由于政府的满汉分居政策,在元代商业虽已经形成,但并不发达的前三门商业区逐渐成为北京最繁华的商业区。从整体的商业区分布上来看,清代继承并发展了明代的主要商业区。在清代末期,由于满汉分居政策逐渐废弛,西方列强在内城东交民巷的建设愈加完善,前门地区虽仍然存在商业区,但其地位却逐渐被王府井区域所取代。内城商业逐步复苏。

表2　北京城商业区的继承与变动

时代	商业区发展与延续	商业区变动与突破
辽南京到金中都	沿袭了里坊制和集中市制	金代市场采用了分散敞开的街市形制
金中都到元	传统"左祖右社,面朝后市"的城市规划思想	元突破了辽金里坊制和集中市制,水上商业运输便利
元到明	北城斜街市、西市、角市的发展	明代城市突破了传统城市规划思想,商业中心南移
明到清	清代南城人口的迁入致使前门商业区发展为最繁华的传统商业区	不同商业区的行业分工更加明晰
近代以后	城内外的传统商业区进一步发展,出现以王府井为代表的新兴商业区	陆路交通逐渐代替水路交通,出现受西方商业模式和建筑风格影响的商业区

(三)近代北京商业区分布总结

通过将历代北京城的商业区进行对比可知,北京城的商业自元代起,经历了重心从皇城以北,南移至南城,最终又移回内城的过程。但无论重心如何移动,北京城商业区的发展都是连贯且延续前一个时代的。在此基础上,商业区的发展不断由于交通、政策和国际政治而不断突破原有的限制和格局。最终,北京城的商业区分布在近代形成了中轴对称,且多位于重要的十字路口的总体特点,初步形成"一轴一环”的格局。

三、近代北京城商业区的延续与变革

（一）近代北京城商业区的发展情况

按照北京历史上商业区的发展趋势，商业区的分布本应沿着一轴和一线，更加均匀的发展，但是近代北京的商业格局发展却并不均衡。

北京的市场分布较为均匀，受到传统商业区的影响更大。但近代的北京商业区在两个地点出现了集中式的增长，一个是大栅栏区域，另一个是则是王府井区域，而其他区域的商业区发展并不明显。

大栅栏区域的商业，在明代开始聚集，在清中早期已经较为发达，是对历史商业区的延续。而王府井区域则是在近代新兴的商业区，临近元明的东四商业区。这两者在近代能发展兴盛的原因是不同的，总体而言，大栅栏的商业发展主要基于特殊区位所带来的交通便利，是市场决定的。而王府井商业区主要是在清晚期，受到西方影响，在东交民巷使馆区影响下形成的，更多是政治因素。

（二）大栅栏——近代北京城商业区的延续

大栅栏商业区位于北京城外城，相较于内城的严格管理，这里的商业发展更加自由，也更加有延续性。大栅栏商业的发展受到多方因素的影响，但是它的持续繁荣，与它是交通枢纽的区位因素有直接关系。

从区位上看，大栅栏首先是内城和外城的枢纽区域，在明代北京城建成后，前三门区域成为官员往来，人、物流通的要道。同时，自明代起，漕运不再进入内城，正阳门前成为北京城的水、陆交汇枢纽，南方的货物走水路大都停靠于此，商业区自此形成，并不断延伸发展。发达的交通体系成了政府鼓励工商业，发展建设招商引资的首选。

在近代，水路运输逐渐没落后，正阳门又因其重要的交通节点位置而成为铁路运输的枢纽。1896年，正阳门修建京奉铁路站。1924年，北京开始修建有轨电车道，正阳门为第一路有轨电车站。1935年，北平市政府组建公共汽车管理处，开辟了五条运营线路，正阳门前也设有站点。位于多处交通节点附近的大栅栏商业区在近代仍然维持着它的繁荣。

大栅栏区域商业的繁荣于交通的发达起着相辅相成的作用。得益于自古以来便利的交通，前门大栅栏的商业得以发展，由于其商业的发达，又进一步促进了区域市政交通的建设，从而更进一步地推进了商业区的拓展。

（三）王府井——近代北京城商业区的变革

王府井商业区由于区位过于靠近皇城，因此在清中早期封建统治的鼎盛时期是被抑制发展的，从用地角度看，当时的王府井也并非商业用地。随着近代《北京条约》《辛丑条约》签订，位于王府井南侧的东交民巷使馆区开始建设。使馆区的建立使大量外国人在使馆区北侧附近聚居，因此形成了不同于北京城老百姓的商业需求。

除了因政治而形成的新的市场需求，市政政策也直接影响了商业区的发展。清政府在1903年下令整修东安门大街。虽然修路的动机是整顿治安并防止西方势力在内城扩张，但这也是商业区繁荣的其中一个重要条件。1905年，清政府成立“东安市场”，这是北京最初的常设市场，奠定了王府井区域作为商业区的主要基调。此后，政府多次下令整修王府井商业区周边道路及公共服务设施，为之后的交通发展打下铺垫。在政府的鼓励下，大量民族工商业得以聚集于此，最终，王府井商业街得以超越大栅栏区域，成为近代北京城最繁荣的商业区。

王府井商业区位于内城，自产生至发展都在政府的严密管控之下，受到政治和政策的直接影响。王府井商业区的产生和发展，体现了近代中国政府对城市商业发展的极大影响力。王府井商业区则是在西方影响下中国近代商业区发展的一个缩影。

四、北京商业区模式的演化

（一）北京城商业区的演化过程

从商业区分布上来看，随着历史发展，晚清民国的商业区较为均匀地分布在北京城建筑密集的区域，并形成一环。环以皇城为中心，环上主要的商业区在中轴线两侧基本对称分布。这样的分布模式使得城内各处的居民到达临近的市场所用的时间较为平均，方便了居民的生活消费。

近代北京的商业，体现了传统商业和新兴商业的并存，商业区的分布更加集中而不再均衡。近代北京商业区的发展从散点式的商业点，如店铺和市场，到聚集起商业区，然后分化为专营市场和综合性市场，最后变成专门的商业街。庙市的发展则是由定时的商业活动逐渐发展成为固定的商业区，最后变成商业街，呈现出规模不断增大，种类不断增多，集聚性逐渐增强，效率逐渐提升，不同区域定位逐步准确，特色化逐步提高的特点。

（二）影响北京城商业区发展的因素

根据北京城的历史发展，在基于北京城自然区位条件的前提下，可见影响北京城商业区发展的主要因素有两个，交通及政治。

1.交通因素

交通是影响商业区分布的首要因素。元大都的商业发展有赖于其精心布置的漕运体系，明代南城前门地区商业的汇集扩张依旧是由于其在交通上的中心枢纽地位。

近代北京公共交通的主要线路是迎合传统城市空间所建的，通过对比商业区和交通线在北京的分布可以看出，北京城的"一环一轴"主要商业区域位置上都分布了铁路、电车和公交线路。近代时期的前门大栅栏商业区发展和天桥商业区的兴起与正阳门火车站的建立有直接关系。特别是正阳门区域，从明代的水利枢纽，到近代的铁路道路交通枢纽。交通迎合城市繁华区域而建，从而进一步促进了商业区的繁荣。

通过自元代以来各个朝代的商业区分布亦可发现，商业会汇集在主要道路的十字路口区域，及内外城联通的必经要道。可见通达性为北京商业选址的最直接因素。

2.政治因素

如果说交通对于商业区的发展布局起了直接影响。北京城作为都城，政治因素就是其商业发展演化最大的内在因素。从政策上讲，自元代起，国家政策多是鼓励商业发展的，因为商业税收非常可观。明代政府也曾出台政策，建立商业区。清代订立了商业法规，从一定程度上树立了行业规范，优化了营商环境。在近代，从外部影响上看，西方列强的商品输出对自然经济本就不算发达的消费型都城北京造成极大的影响。从内部影响上看，政府的政策往往也能先应用于政治中心北京。从以劝业场为例的北京官办建筑来看，在政府层面，无论是主动还是被迫，北京都在极力适应并建设一个适应近代商业发展的环境。

与此同时，作为都城，北京城本身就是一个有很大潜力并且质量很高的市场，这是由它的政治定位决定的。官员贵族人口众多，消费能力强，决定了北京城初步的功能定位。作为消费型城市，北京城需要大量的从事工商服务业的人口，人口的不断迁入又进一步扩大了市场需求，形成了较为良性的循环，这是推动北京城商业区不断发展扩大的内在因素。

五、结语

现如今北京的老城区作为古都的见证，已经制定了详细保护规划方案。它作为政治中心和历史博物馆的价值正在逐步加强，对它的保护力度也在不断加大。因此现在的北京城，特别是老城区的一些商业区正在遭遇如地价高、场地受限、特色不突出、与本地居民居住功能发生冲突等问题。

本研究以历史为基础，北京城的城市空间为底图，阐述北京老城商业区的发展演变和不同商业区的商业特色。依据历史发展的规律，在保证老城基本格局的基础上找到历史上北京发达的商业区（即以皇城为中心的一环）和发展演化方式，即基于一点（或是交通十字路口，或是寺庙建筑群，或是一个市场）向四周街道延伸的模式，并根据史料研究不同区域商业区运营模式的特色定位。希望北京城在保护历史格局的基础上，能有历史依据地发展更丰富的商业类型，形成更具有历史特色的商业空间，并且满足游览者、原住民等不同消费者的消费需求。

北京民国初期小型建筑的风格与营造
——以1901小洋楼与中原证券交易所旧址为例*

北京建筑大学　齐莹　胡萍
昆明理工大学　杜建军

摘　要：晚清民国期间北京地区涌现了大量由国人营造厂设计施工的中小型建筑，呈现出了东西方建筑艺术交融的独特趣味，在建筑工艺、建筑美学、历史文化层面具有多层次的价值。但是对此类建筑的研究工作展开一直较迟缓。笔者及研究团队基于北京历史城市保护更新的背景，对几处典型民国建筑进行了数字化三维扫描及测绘，并通过访谈及调研等形式关注其在今天的存续。今以北京西安门大街1901小洋楼①及西河沿胡同196号中原证券交易所旧址的两栋建筑为例，进行调研及残损分析，并展开其价值分析，探讨其后续活化再利用途径的多种可能性。

关键词：民国建筑；洋风建筑；中式材料；装饰；保护与再利用

一、引言

晚清以降，北京地区涌现了大量受西方建筑文化影响的作品，不仅表现为新的功能、艺术造型，也采取了新的结构和构造工艺，被称之为洋式建筑或洋风建筑。其中，由国人营造厂设计施工的中小型建筑，更是呈现出了东西方建筑艺术交融的独特趣味，在建筑工艺、建筑美学、历史文化层面具有多层次的价值。但是在近几十年的变迁中，由于北京内城产权更迭复杂、遗产文物众多，导致很多此类建筑一直没能得到深入研究和相应的保护措施。有限的关于民国建筑的研究，也多集中在由著名建筑师（外国设计师或庚款归国建筑师）设计的作品上，对我国本土诸多民间兴造的洋式建筑则涉及较少。今年我国颁布了第八批全国重点文物保护单位，其中近现代史迹及代表建筑共234处，占据了相当大的比例，体现出近现代建筑作为城乡建成环境中重要一类，其价值日益得到重视。笔者基于北京历史皇城课题，也关注北京城市建设在动荡时期的尝试与变化，组织团队对几处典型民国建筑进行了数字化三维扫描及测绘，并通过访谈及调研等形式关注其在今天的存续。今以北京西安门大街及西河沿胡同的两栋建筑为例，进行调研及残损分析，由此展开其价值分析并探讨其后续活化再利用途径的多种可能性。

二、工作方法与技术路线

对于北京民国时期的洋式建筑调研测绘，以往的成果侧重的是样式测绘，目的是记录建筑物与传统北京民居迥异的风格特色，而较少关注构造层次、施工工艺、破损沉降及时代变迁的痕迹等问题。关注建筑物的艺术信息甚于无规律的社会生活信息，这种测量方式及理解方式对于以形式价值突出的“经典建筑”或许已经满足，但是对于保护身份未定，并处在城市中与社区发展及生产生活密切相关的近代建筑，尚不能全面揭示本体价值和特征。本次在对此类建筑的测绘调研中，更多的借用科学的工程测量学

* 本论文受北京未来城市高精尖中心支持课题（UDC2018020511）、北京建筑大学校设科研基金人文社科项目（ZF15049）资助。

① 1901之称源于近年来业主取名，通过访谈及踏勘观察笔者认为其建造时间或许更晚。其地处西安门内，1917年西安门火灾后清理后的材料很多被就近居民挪用，此建筑窗洞间可见大砖填补处理，故其始建必早于1917年。苦于无更多文献证据且此名广为人知，暂沿用此名。

的方式，关注从历史信息到现状信息，从几何尺寸到结构和材料的破损，从整体信息到各局部的工艺。根据信息来源的不同，调研组织可以分为以下几类：

（1）现场采集信息，以建筑本体为信息源获取第一手的测绘资料。现场信息采集使用三维激光扫描与手工实测相结合的方式；结合观察法进行材料和破损的现场检测；通过走访进行口述史的收集整理。

（2）建筑物理层面的检测。采取了红外温度检测、空气质量检测等设施，收集空间环境质量的信息，了解其在现状使用状态下的舒适度及适宜度。

（3）文献调研。与建筑相关的文献信息为调研的前提内容，包括图纸档案、维修记录、报纸新闻等文件信息。

三、西安门1901小楼概况

（一）背景情况

图1　1901建筑侧墙

1901小洋楼位于今西安门大街北侧，紧邻全国重点文物保护单位西什库教堂。这是一栋三层砖木结构的洋式建筑，立面风格呈现出明显的巴洛克风格。关于其建造始末一直未能查找到明确的文献证明，通过访谈街道、住户及周边居民了解此建筑的背景渊源，此建筑在百年来主要有多次易主：此位置在皇城西安门内，明代为司钥库，清代为养病院类的慈善机构。私人营造厂（一说木器厂）主人张文荣作为工匠参与过在光绪十四年（1888）的西什库教堂建设并皈依天主教。十年后在西安门内、西什库南口至西安门城楼中间购地一块，建成此楼。早年曾有人租赁此楼开设医院，后因经营不善遂关闭。遂将此楼以三位中国负责人的名义，联名捐献给西什库天主堂，供公教进行会使用；新中国成立后收归国有，由房管部门转交做军产，用以安置退伍军人；20世纪70年代末政策落实，一二层归还为教堂产；现三楼的部分区域仍为居民居住，而一二楼全部出租作为商业用途，分割出咖啡厅和服装店（图1）。

（二）测绘图纸及现状残损

由现场踏勘可以初步确认，1901小洋楼是一座外墙为青砖砌筑、采用砖柱与砖券相结合构造形式的建筑。内部楼板以木柱支撑，墙体和框架柱中以纵横木梁联系，屋顶为简易型三角屋架。整体结构保持较好，主要破坏集中问题及原因体现在（图2、图3）：

（1）地形变动：周边道路提高导致现建筑所处地形低洼，地下水造成的砖墙及石灰层起皮粉化。

（2）人工变动：当代人工改造包括封堵门窗、私搭乱建、新增隔墙，改变空间信息，并损伤部分构件。

（3）功能变动：暴露在外的电路电信管线安装伤害本体，并形成隐患。

（4）气候影响：日常雨水无组织排水及疏于管理导致的屋顶及侧墙植物生长，根系破坏墙体等。

（三）装饰特色要素

在北京的诸多民国洋式建筑中，1901小洋楼虽然地理位置靠近西堂，但风格上更接近南堂，是一座少见的以巴洛克风格进行整体立面处理的建筑。其装饰处理手法多样、内容丰富，现将其装饰整理如下表：

南立面破损分析图：

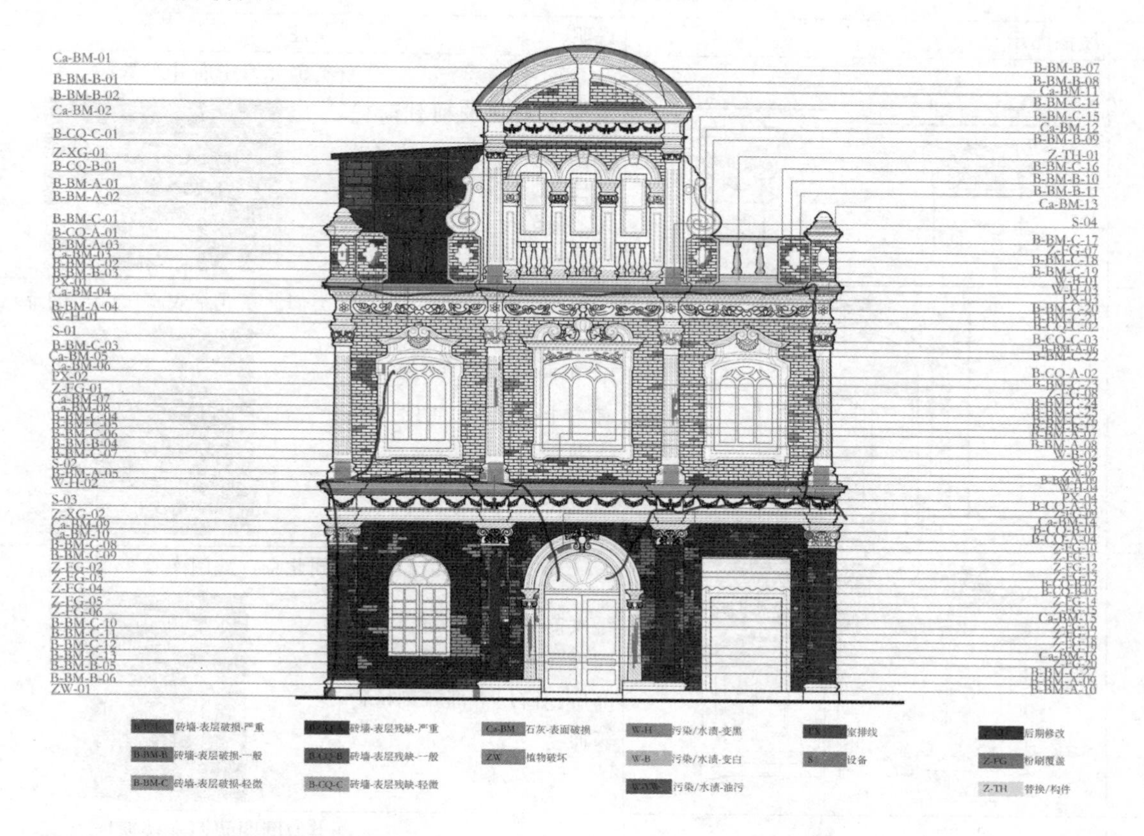

图2　1901主立面残损问题分析

西立面破损分析图：

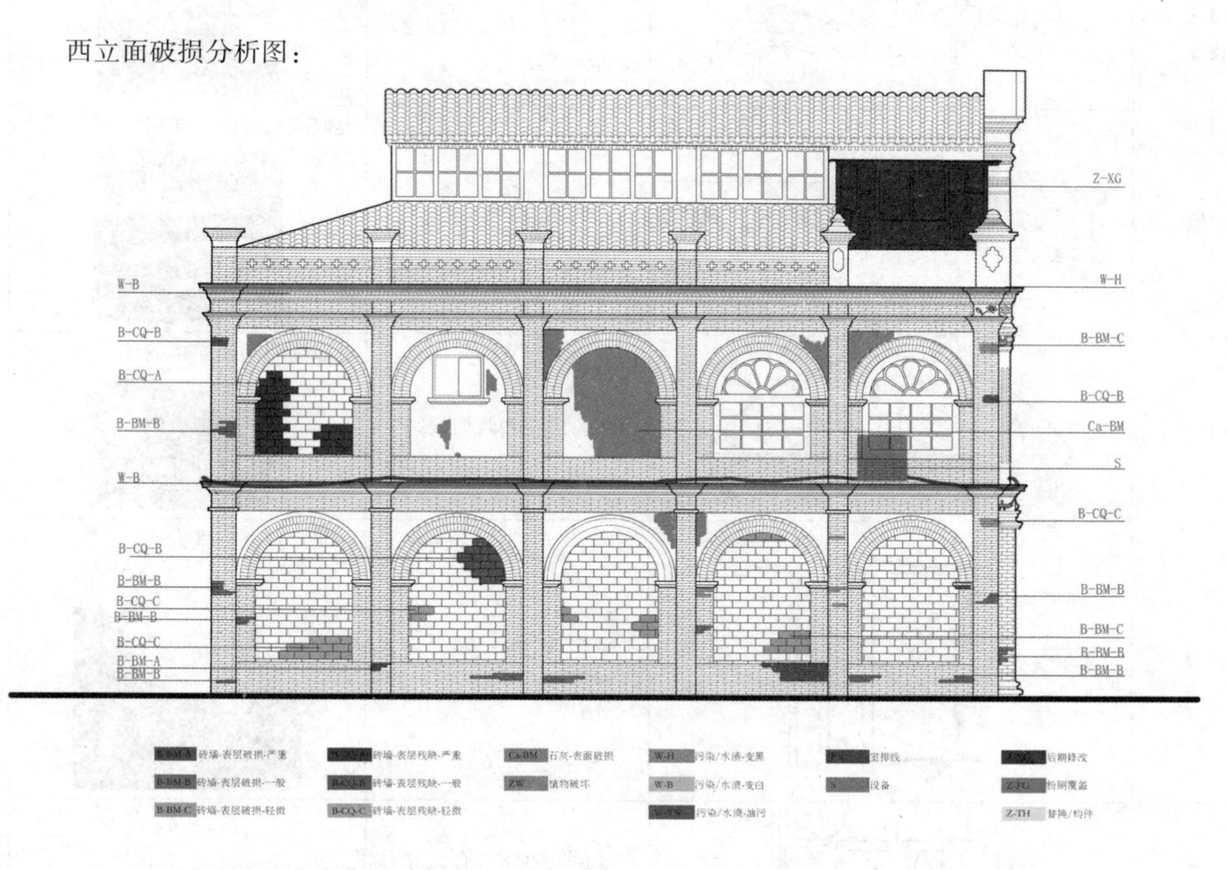

图3　1901侧立面残损问题分析

表1　建筑立面装饰分类与信息

位置	线稿图示	说明	备注
壁柱柱头		左侧为简化的柯林斯柱头，右侧为本土化的爱奥尼柱头，保留了涡卷并加入了葡萄纹	类似北京王府井东堂 
正门		半圆拱门，券柱式，拱心石有本土化装饰，使用大量线脚	类似北京北京农事试验场旧址 
立面窗		缓拱窗，券顶做涡卷装饰。四周线脚丰富并强调拐角部位。窗户下部雕刻植物纹饰	同北京宣武门南堂 
门窗装饰		左侧为折山花纹加葡萄纹，右侧为珍珠纹加卷草纹加树叶纹	类似圆明园西洋楼遗址 
腰檐	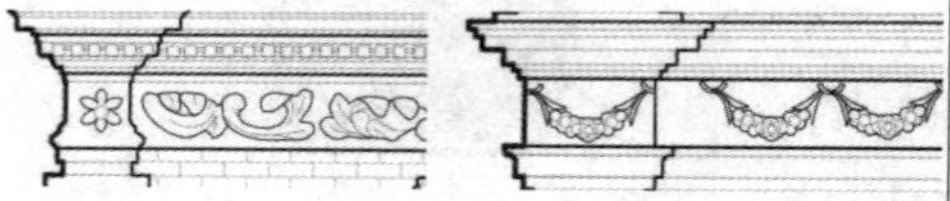	左部为卷草纹； 右部为葡萄纹	类似圆明园西洋楼遗址 
山花	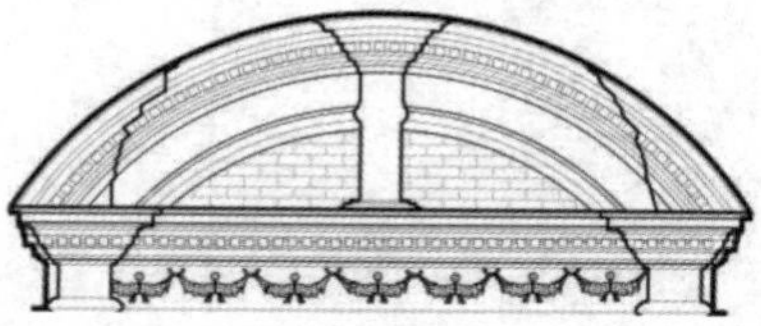	折断的山花和几何线脚	类似圆明园西洋楼遗址 
涡卷		方形构图的涡卷，有大量线脚装饰	同北京宣武门南堂 
护栏		木质圆形护栏，有大量线脚装饰	同外廊式普遍做法

作为一座华人营造的私人住宅，1901小洋楼在外观上比较精准地使用了多种西式建筑的装饰要素，特别是巴洛克风格的要素。同时木质护栏、内部木质框架又体现了比较熟练的传统营造痕迹，纹样细节中加入了葡萄、卷草等中国元素，整体呈现出折中主义（eclecticism architecture）的风格。

四、中原证券交易所概况

（一）背景情况

中原证券交易所，位于西河沿街的196号。是一座坐北朝南的两层砖木结构建筑。这也是我国自行开办的第一家证券交易所。证券作为舶来品最早出现于外国在华银行和企业中，民间早期通过钱庄进行小额交易。1914年12月，在担任农商部长的著名实业家张謇的大力推动下，我国第一部证券交易所法出台，继而开始了专门场所的建设，1917年北平证券交易所正式落成并于次年开业。这栋两层建筑占地东西16米，南北33米。平面呈长方形，南北两端头五开间格局的楼房，二层内部周圈为走马廊，中间有带高窗的天井贯穿两层，形成开阔明亮的交易大堂空间。民国初年，建筑所在的道路沿线开设有多家银行①，形成浓郁的金融交易氛围，证券交易所非常活跃，但随后受政府南迁及抗日战争的影响，日渐萧条。新中国成立后这里又曾作为证券交易所有短暂地振兴，再次停业后，改成了中科院职工宿舍。作为居住建筑沿用至今（图4）。

图4　中原证券交易所旧址内部现状

（二）测绘图纸及现状残损

1996年清华大学对此建筑进行过实测。这次调研反映出建筑内外搭建又有增减，并核准了以前测绘的一些问题，对使用现状、空间艺术做了进一步地深入考察。

从组合关系看，虽然整体呈现为内合院，但从实际结构关系看为由北向南的三栋建筑组合：北楼两层临街，南楼与北楼对称，均为青砖外墙承重，内平搁木檩，双坡硬山。东西两侧二层建筑为木柱与砖墙两种支撑体系构成，中庭的双坡顶高窗系统更是由悬挑出来的立柱支撑构成，一层无直接立柱落地，受力关系复杂，展示出设计师优秀的结构组织能力。双坡屋顶内部由粗大的三角形桁架支撑，整体空间高大轩敞，原镶有黄、蓝两色彩色玻璃，流光溢彩，体现了金融建筑特有的公共性。

但五六十年来缺少公共维护的居住使用也使得建筑有重重隐患。建筑内部严重的私搭乱建不仅改变了平面关系，同时造成复杂线路的火灾隐患，新增荷载也导致了二楼跑马廊的明显变形，以及三栋建筑之间的沉降裂缝。为满足现代生活需求，各家增设了燃气罐并在中庭安装空调外机，直接造成室内温度不均匀升高，夏日内部超过42°，进一步恶化了安全现状（图5）。

建筑主立面整体保持较好，除山花上的石灰花塑破坏明显以外青砖墙面整体完好。原始设计中的铁艺排水管有效地减少了雨水对建筑的破坏。主要问题集中体现在现代门窗的替换及部分外接线路（图6）。

① 交通银行（1915）、盐业银行（1915）设有河北银钱局、中国银行南城办事处、上海银行南城办事处、金城银行南城支行。

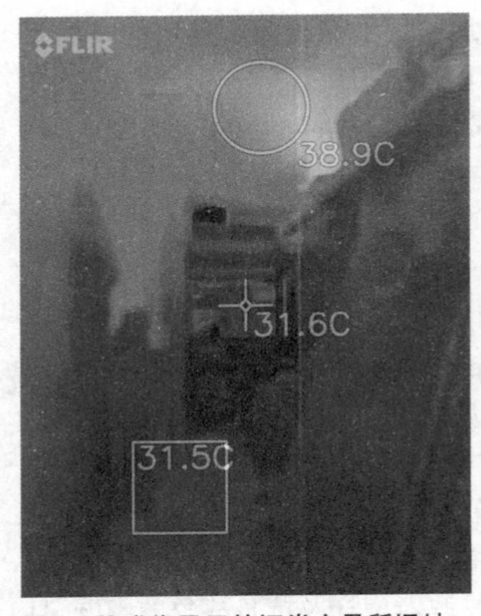

图5　热成像显示的证券交易所旧址内部温度分布

图6　中原证券交易所旧址外部残损

除一些地面铺装的变化外，没有资料和现场痕迹显示这栋建筑在一百年内又有加固和翻建，今天看到的正是百年来日常使用造成的种种问题的积累。主要原因来自缺少统一组织的日常变更，特别是现代空调水电的影响。

（三）装饰特色要素

表2　建筑立面装饰分类与信息

	位置	线稿图示	说明
外部	女儿墙枋芯		女儿墙枋芯灰塑花草，破损较严重，可观察出湖石和自然花草形态，与传统苏式彩画构图相似
	中部门头枋芯		灰塑花草，破损较严重
	透气孔		中式金钱纹与万字纹
内部	护栏		侧面呈“S形”弯曲的铁艺栏杆，纹样模仿植物茎叶枝干的自然形态，并与几何线条相结合
	楣子		盘长如意纹倒挂楣子，几何形态的传统纹样。当心间是整，左右为破。与传统彩画中整破盒子交错手法相似

续表

	牙子		云纹蝙蝠抱桃花镂空雕刻，寓意福寿好运
	挂檐板	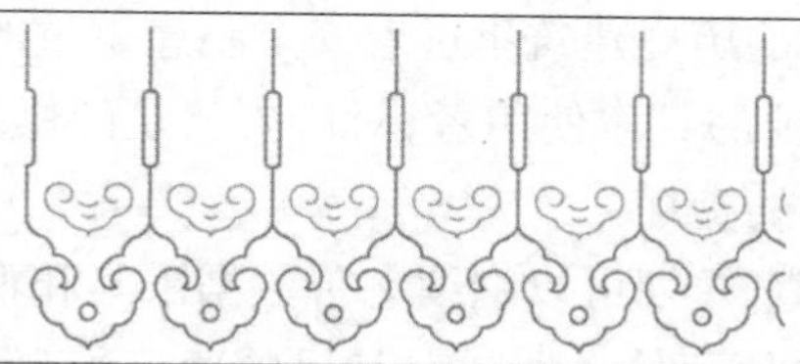	如意云纹，与传统四合院中做法相似

除这些装饰细部以外，主次墙面采用了不同的传统青砖墙工艺：入口外墙砌筑方法为丝缝，其他部分为趟白。内墙部分做青色或白色粉刷，其抹灰类型为靠骨灰，即在墙面上直接抹麻刀灰。可以说，中原证券交易所在装饰层面完全采用了中式要素。

五、特征总结与分析

结合实测与调研的合理推测，我们对建筑原貌进行了复原研究，其中各部分建筑特征整理如下。当然这两栋建筑并不存在比较的必要性，梳理下表仅为能更直观地展示在技术做法层面的特点和差异。

表3　建筑特征整理

	1901小洋楼	中原证券交易所旧址
承重结构组成	外部砖墙承重与内部木柱框架承重结合的形式	外部砖墙承重与内部木柱框架承重结合的形式； 四周跑马廊木结构悬挑
屋架结构	三角形屋架（剖面），局部硬山搁檩	三角形屋架（剖面）
台基	房山青石台基，高度与做法与民宅相同	有意识抬高，米色花岗岩，带中式风格万字石雕透气孔
排水系统	无组织排水，女儿墙开排水孔	有组织排水，铸铁灯笼型落水管
外立面装饰	巴洛克风格的山花、柱头、腰檐，砖雕及灰塑； 中式木护栏	少量砖线脚，顶层灰塑花草图案
门窗洞	券柱式，圆拱，keystone重点设计	直线平拱
墙面处理	主立面为类似青砖趟白，留欧式元宝缝，次立面为传统糙砌	主立面青砖为传统中式丝缝做法，其他立面为趟白
内部装饰	石膏天花线脚	方胜纹木挂落、鹊上眉梢木雀替、木质护栏、铸铁护栏板、木质挂檐板
内部划分	不可考	中式隔扇门与板门、圆形券洞门
地面铺装	一层不可考； 二三层木地板	一层花岗岩与麻面打点混凝土地面； 二层木地板

总体看来，中原证券交易所呈现出更系统、更成熟的建筑设计意识，设计师在建筑结构、建筑物理方面处理老练，建造工艺细节精美而不滥用，展示出设计师对东西方建筑工艺丰富的经验和清醒的取舍：即西式结构和中式装饰相结合。甚至可以说，作品表达为更多地对中式文化的回归，这与中原证券交易所的成立背景即民族金融的振兴也不无联系。

而在1901小洋楼中，虽然外部使用了大量西式巴洛克的元素，并且与北京宣武门南堂教堂外立面有很多相似之处，但内部结构简单平直，工艺手法单一，也进一步证实了其源于中式匠人向西方学习下独立营造的可能。

六、保护及活化再利用的策略思考

由中国营造厂自主建造的近现代建筑是中国社会现代转型的见证，体现国民拥抱西学东渐的态度，反映了西方文明进入中国的文化适应方式（acculturation），也展现了工匠对西方工艺与美学的理解及再创造。与通常意义上的中国传统木构优秀历史建筑不同,它们本也是城市化进程的一部分。无法也不应该被荒废或孤立化地保存。《阿姆斯特丹宣言》(*The Declare of Amsterdam*)提出:“保护工作不仅要针对建筑的文化价值,而且要针对其使用价值,只有同时考虑这两种价值才能正确地阐述整体性保护的社会问题。”①后续的利用和活化正是对其最初建造意图的响应。无论是1901顶楼的住户,还是中原证券交易所内的公租房住户们,都在地价昂贵的历史建筑里过着安全隐患重重的生活:电路隐患、火灾隐患、结构隐患明显。但显然我们无法苛责在地的日常使用者,对历史建筑的修缮和提升产权居民生活的生活质量,正是管理者和设计者应该担负起的责任。

针对历史建筑本体和它们的多重价值,短期可以继续完善数据采集和整理工作,在调查的基础上形成完整的数据库,进行进一步的分析与价值评估。通过对其民国建筑景观的研究,形成修复方案,避免日常使用中历史信息的进一步流失。同时,通过数字方式复原其历史空间及使用场景,在产权无法变更的前提下提升社会对此类民国建筑价值的认识。(图7)

针对建筑本体及其使用者,短期内可以实施拆除产权以外的私搭乱建,整理内部公共空间和设备管线,对结构性隐患进行加固。增设消防设施,针对居民加强防火及遗产保护信息的教育。

结合北京历史城市及西河沿胡同的整体振兴与改造提升,在产权调整的前提下,远期可以从业态提升层面推动此类民国洋式建筑的保护及活化。结合北京坊及西河沿历史,中原证券交易所旧址可以恢复其历史形象,作为展示中国早期金融证券活动的场所。在内部重现历史交易所内开设的四股、七处办事处。对建筑进行结构整体加固及传统材料修缮,同时考虑未来功能改造的纳入,引入电力、照明、电信及供暖、供水,将设备管线作为隐蔽工程更好地与传统艺术及空间特色相结合。(图8)

图7　1901复原设计轴测图

图8　中原证券交易所复原设计轴测图

① 张松编:《城市文化遗产保护国际宪章与国内法规选编》,同济大学出版社,2007年,第61—65页。

北京美国侨民学校发展建设述要

北京市东城区文物局 徐子枫

摘 要：北京美国侨民学校是创立于民国早期的外办私立通识教育机构，实行从幼儿保育到中等教育“一贯制”，推行美式教育体制及形式。其初衷是为以美国为核心、来华发展的各国侨民家庭子女提供尽可能优质的大学前教育，以便他们随时来京就学、归国时顺利衔接升学，同时兼收华人生源。其发展建设历三十余年、分为四个阶段：1910年代立校初创、1920—1930年代建设完善、“太平洋战争”临时开课、战后复办。本文在综合史料基础上，考述其线性沿革、校舍规制、办学概况，揭露其辖涵的建筑在服务背景、建设升级、功能特色上，与美式教育在华融植需求的休戚与共，并浅析研究对象的社会价值和影响。

关键词：北京美国学校；近代教育化；侨民活动；设计施工

北京美国侨民学校史称“北京美国学校（Peking American School）”（以下简称“P. A. S”），为外办私立通识教育机构。该校采取初、中等教育“十二年一贯制”、男女混合授课，兼顾幼儿保育。生源以美籍为主，并面向欧、亚多国外侨招生，也鼓励具有留洋经历、从事涉外专务的华人家庭子女入读。该校就办学定位、运营特色、设计建造等方面，都是在京外侨教育机构屈指可数的经典案例。而当前，学界对其倾注的研究可谓寥寥，甚于对相应建筑身份的界定尚存讹误。本文尝试结合专项档案，稽考其线性沿革、校舍规制、办学概况，梳理其核心建筑的兴工背景和设计特色，力求恢复其史实面貌。

一、P.A.S创办背景及初期运营

（一）办校经始

P. A. S的发起组织，是以清末民初在京旅居的美国女性侨民为核心，带有公益互助性质的社会团体“北京母亲俱乐部（Peking Mother’s Club）”。1915年，为改善侨民关注的西式教育机构短缺问题，该组织专门创建了一所服务美国侨童的五年制小学部；为一体化实现学龄前幼儿的保育，同时添置了附属幼稚园班①。该校草创时初名“母亲俱乐部附校（Mother’s Club School）”②，首届招生人数约有四十名，但已能应对相关受益群体的不时之需③。

（二）甘雨胡同校部

据校史，P. A. S最初的校址设在甘雨（Kan Yu）胡同南侧④，坐内城繁华地段、周边传统民居集聚。随学员连年增长，小学高年级出现晋升接口压力，旧舍很快不敷使用，“遂在校地以北扩充规模，租赁中式屋舍，减缓七、八年级就学压力”⑤。“包含胡同对侧的三栋屋舍和一处空场，被一起纳入办学。”⑥即校部早先划分南、北两区，南区系机构发源地，北区系顺应学级壮大而扩充的周转场所。

耶鲁大学神学院图书馆保藏的P. A. S专项档案，录有一幅1929届学员K.Rowe手绘的甘雨胡同老校示意图（图1）。结合图注：一是，能直观反映该胡同与其以东的哈达门（崇文门）大街（今东四南大街）

---

①④⑥ *P. A. S Yearbook: The Dragon Vol.1, 1923*, Yale Divinity School Library, RG 209, Series 3, Box 29:10.

②⑤ *F.H. Kim Krenz, Miss Moore: a memoir*, Peterborough (Ontario): The Vincent Press Ltd, 1997, p.6.

③ *P. A. S Yearbook: The Dragon Vol.22, 1948*, Yale Divinity School Library, RG 209, Series 3, Box 31:52.

在横、纵肌理上形成“丁”字状的交叉关系，并注明这片街区“位于灯市口以南”“基督教青年会用地之北（青年会旧址在煤渣胡同东口）”，由此足以排除“Kan Yu”或对应谐音字、易产生胡同界定讹误的问题；二是，较为具象地呈现南、北校区坐落关系，揭露主要建筑的分布及使用功能，特别北区在用建筑的数量、入院的空场完全吻合记载。然而，图面信息局限在主观、笼统的示意，不能解明两处院落的具体位置、四至范围、完整的规模和布局。

1913年北洋政府公布《划一现行京师警察厅组织令》，将清末北京内外城巡警总厅改组为京师警察厅，随后为百街千巷安装制式统一的院落门牌，作为完善户籍管控的一项重要举措。参考1917年“京师警察厅经费支出表”含有“户籍门牌费4569元”的临时列支[①]，证明装牌任务量巨大、是时仍在铺展作业面。P. A. S创立恰在这段年限，使考证校址的“靶向”精准至院落层级成为可能。得益1925年面世的《商务证信所编辑中国商务名录》，其辑录部头庞大、信息带有滞后性，循其登记，P. A. S甘雨胡同南区门牌为28号。[②]

比照民国晚期该胡同中段实测图（图2），旧28号（含28号车门）及其对门的旧17号（含17乙号、丙号）——两处的大致格局，即图1与图2的①—⑥建筑彼此基本吻合；两图关于⑦的空间位置也有对应关系可循，但建筑形制已随年代发展而翻改，似由传统平房更新为平面不甚规则的近代建筑（图2叉线区域，推测即图1的⑦之旧基）。

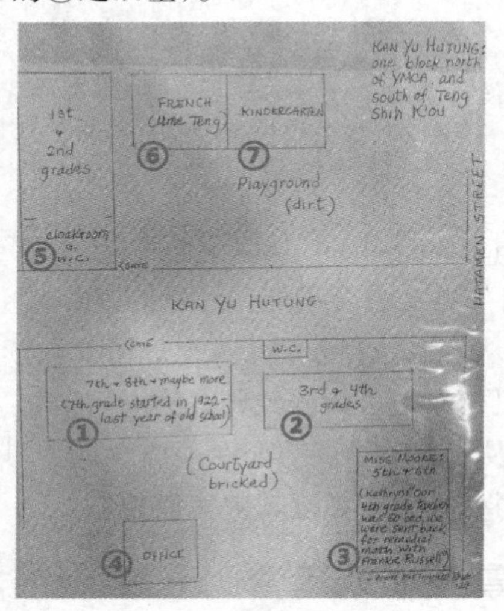

图1　P. A. S甘雨胡同校区示意图[③]

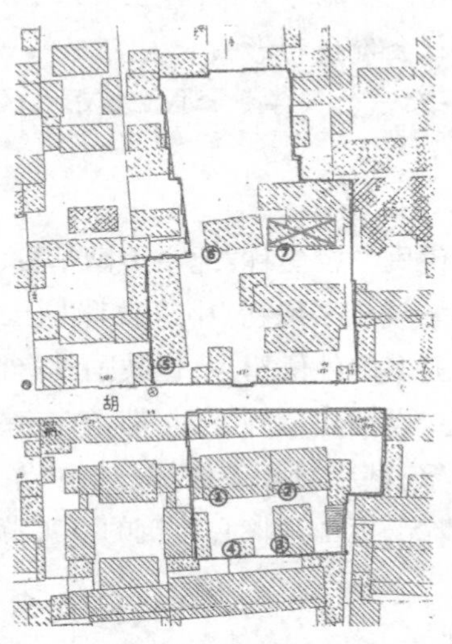

图2　甘雨胡同中段实测图（1947年始测，1951年完善修编）[④]

南、北校区分别依托昔日28号、17号院（局部）办学（对应今甘雨胡同小区、甘柏小区部分用地），是为避免自行建设费资耗功，故租用布局不甚规整的中式砖木结构民居，以应“近水解近渴”之需。从规划用途来看（图1）：南区主要以主轴第二进院的正房（①）及其东顺山房（②）、东配房（③）作为教室，分别安置七年级以上，三四年级和五六年级。以蛮子式街门的跨度来权衡（图2、图3），体量最大的单体平房应仅在三开间规模；正房以南似有单间棚房（④）偏置一隅，充当教员办公室；此外，沿街倒座房等散布者，似不做教学用途，充作公厕或可能配给校工休憩、医务、储物等；院内也不具备操场规模的课余活动空间，办学条件凸显紧张。北区拥有一片相对明显的操场，地面以黄土垫就；院西一排东向的房舍（⑤），初衷是为周转扩增的高年级就学，不时调整给一二年级占用；操场北面，水平排布两栋南向讲室，西一栋用于法语教学（⑥）、东一栋用于幼儿保育（⑦）。

① 见丁芮：《管理北京：北洋政府时期京师警察厅研究》，山西人民出版社，2013年。

② Commercial & Credit Information Bureau, *The Comacrib directory of China: combined Chinese-foreign commercial and classified directory of China and Hongkong, including a "Who's who" of residents and general information*, Shanghai: Kelly & Walsh Ltd, 1925, p.34.

③ *Collected P. A. S photographs and memorabilia from the 1920s*, Yale Divinity School Library, RG 209, Series 3, Box 22, Folder 27.

④ 见北京市人民政府房地产管理局测量队：《北京市街巷地形实测图》，北京市勘察设计研究院藏，1947—1951。

两校区整体空间逼仄，房舍低矮简陋，操场占地狭隘、不见文娱活动器械；建筑不仅没有条件安装电、暖等现代化设备，更因中式传统木构耐火能力薄弱，又地处同性质房屋密集区，安全隐患突出。特别就本意是当作规模升级而来的北区，平房仍以木构开间为单元，屋面改为平顶、覆瓦单薄，檐椽只作一层，前檐装修系平民寓所常见的槛墙支摘、夹门窗形制，做工以迁就基本生活为基准（图4），卫生间都是落后的旱厕，很难迎合改善办学的预期。这些基建层面的"短板"，着实限制了相对开化的美式教育发展。此后，前驻华外交官顾临（Roger S.Greene）在为该校发展措资时，直截考察至此并评价："侨民学校目前是困守在一组不适合办学的中式房舍内勉强运营的，采光、供暖和卫生保健等条件，全部非常低劣……"[①]

图3　P.A.S甘雨胡同南区蛮子式校门（墀头悬英文校牌）[③]

图4　P.A.S甘雨胡同北区风貌[②]

（三）初期办学情况

此阶段校务管理、教学机制尚不完备，特别是1918年前，校部运营由母亲俱乐部独立掌控。组织先是在1915年任命露丝·约翰逊（Miss Ruth Johnson）为校长，次年改由斯图尔特（Miss Stuart）接任[④]。就机构配置、师资力量、课程设置、经费收支等情况，在现存档案中鲜有涉及。所能强调的办学特色表述粗略，如"本校原为北京居留美侨子弟而设，故一切课程及游戏皆以英语为主"[⑤]，尚难看出与教会教学、外办专业培训的区别。

二、P.A.S发展建设的"黄金期"

（一）校董会成立

深度调动社会力量参与、监督学校行政和运营，是西方发达国家在近代所强调的办学策略。美国尤其提倡校董会持掌下的校领导负责制。1918年，母亲俱乐部将学校交托新组建的校董会接管；董事集团主要由美国驻京的政、军界官员及财团代表，资深教育工作者、学者，社会服务或实业组织的主事者组成。基督教青年会干事、华北协和华语学校（North China Union Language School）校长裴德士（William B. Pettus）当选首届主席。[⑥]

P. A. S各年刊多次提及校董会，指其"在我校体制中扮演着举足轻重的角色，直接承担招募师资、筹措资金等要务，且必须妥善处理校务行政管理方面遇到的繁冗难题。"[⑦]

"董事会由十五人组织之，其中过半数须由美侨充任之"，"须于九月、十一月、一月、三月及五月等之末一星期二，举行例会"；又附设含校长在任的执委会，"根据董事会政策负责校内行政事宜，每次例

① *The letter from Roger S.Greene to Mrs.Willard Straight*, 1921-12-21; *letters about the school (1920-1924)*, Yale Divinity School Library, RG 209, Series 4, Box 37, Folder 9.

② *CollectedP. A. S photographs and memorabilia from the 1920s*, 1920s, Yale Divinity School Library, RG 209, Series 3, Box 22, Folder 27.

③ *P. A. S Yearbook: The Dragon Vol.1*, 1923: 8, Yale Divinity School Library, RG 209, Series 3, Box 29.

④⑥ *P. A. S Yearbook: The Dragon Vol.1*, 1923, Yale Divinity School Library, RG 209, Series 3, Box 29: 10.

⑤《北京美国学校董事会关于该校开学日期、校董会章程、招收编级生等问题请审核给北京特别市教育局的呈及教育局训令》，北京市档案馆藏，1942年，J004-002-01080。

⑦ *P. A. S Yearbook: The Dragon Vol.22, 1948*, Yale Divinity School Library, RG 209, Series 3, Box 31: 12.

会时，须向董事报告校务”[①]。董事任期为三年，遇个人因故离职或届满，可循每年度议事契机，更选成员编制的三分之一，或循章程予以续聘。[②]按照系统有序的模式，P. A. S兼顾监管层面的结构稳定与弹性，明确了上令下行的行政体系，既保证高层策应教务、夯实政绩的空间，又实现因事置宜、量能授权的灵活。

校董的具体贡献不胜枚举。以历届主席为例，如华语教育学家、国际汉文化研究的先行者裴德士（图5），在他接管P. A. S时，已在自身执教的协和华语学校推行种种改革：如祛除西方传教士创办华语培训机构时，教学内容易偏向宗教化的问题，强调课程设置和形式须规范化，内容旨在靠拢普通行业和生活应用；提示加强校属师资培训、自主教学研发；倡导华语教育要从“语音习得法（强调听说自如）”过渡到阅读和写作，并应向研学汉文化去转化[③]——促成P. A. S一是长期聘用中国华语教员独立研发、兼顾听说读写的内部教材，并使内容亲近西方儿童生活情态；二是将华语普及为外侨就学常设课，特别在高年级选修传授汉文化和中国史地学。他推行学分制与学历证明挂钩，也在P. A. S教学上得以体现[④]；而主张在华教育机构应破除单纯由创始机构支撑办学，建议取法美国本土、以多边体系构成董事会自全方位援持校务[⑤]，这一点同P. A. S坚持的校董会多边结构“不谋而合”。自他与P. A. S结缘伊始，便援引两校管理层深厚敦谊，时至1948年，接替其校长职位的芳亨利（Henry C.Fenn）仍在P. A. S校董会占有一席。[⑥]再及，协和医学院（P. U. M. C）公共卫生系主任兰安生（John B.Grant）（图6）、协和医院眼科创始人哈维·霍华德（Harvey J.Howard）[⑦]（图7），作为P. A. S建设资助方洛克菲勒基金会代表，为新建、维护干面胡同校部尽心陈力，在筹措经费和物资艰困的年代，两人也是连接基金会驻华代表顾临加以援持的纽带[⑧]；复及，北京育英中学副校长邵作德（Ernest T.Shaw）（图8），时常为P. A. S疏通基督教各校的师资充任义务教员，又带动外办私立院校联谊，丰富P. A. S的教学内容与课外活动，并在“二战”日美对峙时，为蒙受沉重打压的校方出面解决战时复课问题。[⑨]

图5　校董会主席裴德士[⑩]

图6　校董会主席兰安生[⑪]

图7　校董会主席哈维·霍华德[⑫]

图8　校董会主席邵作德[⑬]

---

①《北京美国学校董事会关于该校开学日期、校董会章程、招收编级生等问题请审核给北京特别市教育局的呈及教育局训令》，北京市档案馆藏，1942年，J004-002-01080。

② 见《北京美国学校董事会关于该校开学日期、校董会章程、招收编级生等问题请审核给北京特别市教育局的呈及教育局训令》，北京市档案馆藏，1942年，J004-002-01080。

③④⑤ 见徐书墨：《华文学院研究》，人民出版社，2012年。

⑥ *P. A. S Yearbook: The Dragon Vol.22*，1948，Yale Divinity School Library，RG 209，Series 3，Box 31，p.12；见徐书墨：《华文学院研究》，人民出版社，2012年。

⑦ RAMSAY A，*The Peking Who 's Who (1922)*，Tientsin Press Limited，1922，p.17.

⑧ F.H. Kim Krenz，*Miss Moore: a memoir*，Peterborough（Ontario）：The Vincent Press Ltd，1997，p.8.

⑨ 见《北京美国学校董事会关于该校开学日期、校董会章程、招收编级生等问题请审核给北京特别市教育局的呈及教育局训令》，北京市档案馆藏，1942年，J004-002-01080。

⑩ *Anti-Defense Advocates Challenged by general*，Los Angeles Times，1935-12-19.

⑪ Rockefeller Archive Center，*Rockefeller Foundation records*，*photographs*，series 100 box 7 folder 176.

⑫ 见陈有信、张梦雨：《奉献协和·成就伟业：记北京协和医院眼科创始人Harvey J.Howard博士》，《协和医学杂志》2013年第4卷第2期。

⑬ 见北京市第二十五中学校史编委会：《育英史鉴（1864—2004）》，2004年。

依靠校董会的作为，P. A. S得以完善人事架构、治理校务、募资建设、排除战乱和民族仇恶等负面影响，让发展建设步入良性轨道。也正因过渡时期奠定了校董这一“根基”，牵动社会层面深广的襄助，为20年代成就一所规模、设施完备的新校部，打下关键性前瞻。就此P. A. S陆续赢得声誉和获益，为实现远期发展构建了广阔舞台。

（二）新建校区

P. A. S创办四年后尚无房产。随其教育体系演进，初中草创之规模渐成。校董会成立即决策：“组建高中部已是势在必行，交由吉尔（Mr. Gill）接掌校务”，“就学人数因此（指高中招生）一度激增”，筹建一所建设完备的新校区被视作当务之急。[①]然而，项目自1919年酝酿，几经筹谋未果。1921年，洛克菲勒基金会指派兰安生出任P. U. M. C教授[②]，随后他又受邀加盟P. A. S校董会，统筹全校卫生保健工作，不久就成为该会主席[③]。那段时期，同兰安生一起，为驰援P. U. M. C建设的美国同胞大量来京就职，能否有效接纳各年龄段的随行亲眷入学，特别是建造一所现代化、西式的校舍作为自有不动产，用以衔接幼教至中等教育，成为牵动P. A. S与基金会达成利益共识的要因——依托兰安生在内的董事们斡旋，P. A. S就此募得一笔建设专款，工程预算约合10.5万墨西哥银圆（当时中国市场流通的外币之一），其中40%由洛克菲勒基金会独资；另30%来自原美国驻奉天总领事司戴德（Willard D. Straight）的遗产[④]，此即最大一笔私人捐助；剩余部分又经基督教青年会、美以美会等组织，以及本市外商、使团代表共筹。[⑤]董事会议定购置干面胡同路北27号（今57号）起建新校[⑥]，这里位于旧校正东方向500米外，邻近P. U. M. C别墅北区和Y. M. C. A用地。新校区自1922年10月16日兴工（图9），次年秋季落成[⑦]（图10）——念及私人贡献之重，有人提出应冠名“司戴德纪念学校”以示谢忱，但最终决定沿用原名“Peking American School”，对应汉字“北京美国学校（后改北平美国学校）”[⑧]。

图9　干面胡同校区施工现场[⑨]

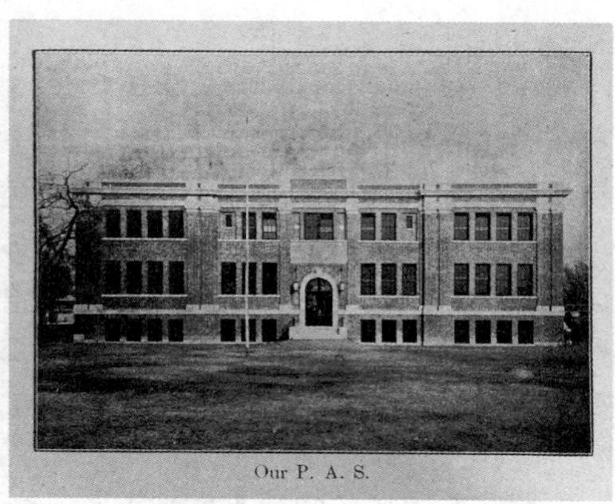

Our P. A. S.

图10　干面胡同校区教学楼落成[⑩]

①⑦ *P. A. S Yearbook: The Dragon Vol.1*, 1923, Yale Divinity School Library, RG 209, Series 3, Box 29: 10.

② [美]索尔本尼森访问整理，张大庆译：《兰安生自传》，《中国科技史杂志》2014年第34卷第4期。

③ *P. A. S Yearbook: The Dragon Vol.1*, 1923, Yale Divinity School Library, RG 209, Series 3, Box 29: 14.

④ *The letter from Roger S. Greene to Mrs. Willard Straight*, 1921—12—21; *letter about the school (1920—1924)*, Yale Divinity School Library, RG 209, Series 4, Box 37, Folder 9.

⑤ *A notarised statement of miss Moore 's work in china*, 1968-11-10. *Collected PAS photographs and memorabilia from the 1920s*, Yale Divinity School Library, RG 209, Series 3, Box 22, Folder 27; 见丁光训、金鲁贤：《基督教大辞典》，上海辞书出版社，2010。

⑥ Alice Moore, *A letter from the P. A. S*, 1938-07-23, Yale Divinity School Library, RG 209, Series 3, Box 35 Folder 5.

⑧ *F.H. Kim Krenz, Miss Moore: a memoir*, Peterborough (Ontario): The Vincent Press Ltd, 1997, p.8.

⑨⑩ *P. A. S Yearbook: The Dragon Vol.1*, 1923, p.11. Yale Divinity School Library, RG 209, Series 3, Box 29.

（三）干面胡同校部

1. 建筑师安那

康拉德·安那（Conrad W.Anner，1889—1960）[①]，是美国"洛氏驻华医社（China Medical Board）"聘用的德裔美籍建筑师（图11），毕业于东德萨克森州开姆尼茨工商学院建筑系[②]。他就职于查尔斯·柯立芝（Charles A. Coolidge）经营的波士顿建筑设计公司（Boston architectural firm of Shepley，Rutan & Coolidge），1919年来京，成为P. U. M. C一期建设制图员；后又主持二期设计和院区设备安装；对协和医学堂时期的"哲公楼"实施改扩建，保留旧建筑北偏的局部体量，再以搭接互通的手法围建新格局，使不同时期结构的功能密切联动，打造出沿革至今的协和医院护士楼。[③]1922年，经洛克菲勒基金会引荐，他主持完成了P. A. S干面胡同校区的建筑设计，后又加盟校董会协办设备装配，长期为校方提供基建服务。[④]此外，他应中国政府之邀，在上海、南京分别设计了国立中央研究院物理研究所、气象研究所，以顾问身份主持国立北平图书馆（文津街）面向国际的设计方案征募，并在项目落地时出任监理工程师；回国后，代表美国政府参与弗吉尼亚州威廉斯堡殖民地建设，协助由美国圣公会创办的日本东京圣路加国际医院（St. Luke's International Hospital）进行灾后重建，并在"二战"后返华、负责东交民巷美国使馆修缮。[⑤]

图11　建筑师安那[⑥]

2. 建筑述要

（1）设计背景及定位

新校筹建时正值美国爆发1921年经济危机，货币紧缩、节俭开支的大环境抑制着社会投资与生产，更左右了安那的创作基调。全盘资金当时约合5万美元[⑦]，若将置地、拆建、设备等花销核算进去，额度显然并不松裕。安那遂将设计侧重放在强化结构稳定、优化楼内空间布局，最大程度实现校方冀求的各项功能配置上；同时必须大幅弱化西式体量非必要的装饰，优先立足"廉俭务实""经济耐用"，次而顾及风貌美观。而就在此前，洛克菲勒基金会也正总结P. U. M. C一期未能节制前一位建筑师的操作尺度、造成经费巨额超概的教训，同样要求安那接手二期，必须将注意力转换到"经济实用"原则，两个项目有待处理的问题可谓"异曲同工"，而他同在P. A. S建设上也递出合格"答卷"[⑧]。

（2）校区布局及建筑规模

校区大体基于5000平方米矩形地块，东南、西界被散布民居侵压，局部不规则。建筑要素竭尽实现"避繁就简"：主体建筑仅为一座西式楼房，力求将教学功能高度统纳在单体之中；教学楼一前一后，辟出空阔操场；按四至轮廓环以低矮隔墙，周界密施绿植渲染宜人环境。入口临街，作东西两段弧形月墙、分列一对粗重的方门柱，背后依附值房，余外不再营造附属建筑。

---

① RAMSAY A，*The Peking Who's Who (1922)*，Tientsin Press Limited，1922，p.2.

② Régine Thiriez，*Barbarian Lens : Western Photographers of the Qianlong Emperor's European Palaces*，Gordon and Breach Publishers，1998pp.108-109.

③ 见刘亦师：《美国进步主义思想之滥觞于北京协和医学校校园规划及建设新探》，《建筑学报》2020年第9期；张复合：《北京近代建筑史》，清华大学出版社，2004年。

④ F.H. Kim Krenz，*Miss Moore：a memoir*，Peterborough（Ontario）：The Vincent Press Ltd，1997，p.8；*P. A. S Yearbook：The Dragon Vol.1*，1923，Yale Divinity School Library，RG 209，Series 3，Box 29：14.

⑤ 见张书美：《民国时期国立北平图书馆的建筑革新》，《图书馆界》2010年第6期；*The Papers of Conrad W. Anner*，1919-1934. Rockefeller Archive Center，IV2A-25，Box 1；Régine Thiriez，*Barbarian Lens : Western Photographers of the Qianlong Emperor's European Palaces*，Gordon and Breach Publishers，1998，p.109.

⑥⑧ 刘亦师：《美国进步主义思想之滥觞于北京协和医学校校园规划及建设新探》，《建筑学报》2020年第9期。

⑦ *F.H. Kim Krenz, Miss Moore：a memoir*，Peterborough（Ontario）：The Vincent Press Ltd，1997，p.6.

(3)核心建筑

教学楼坐北朝南，矩形平面，砖混结构。屋面为平顶，冰盘式檐口以水泥包覆，四周以清水砖围合女儿墙、水泥线脚勒边。楼体跨度约34米，进深约19米，地平以上檐高约11米，使用面积1847平方米。其横向以探出墙面的一双方砖壁柱划分为三段式，中央段又可按入口与两侧拆分为三个次级段式，靠外的两翼轻微朝前凸出。基底设计为半地下室，通窗高出地平近1.6米，处理上充分牵顾采光和通风，其上方添盖文化课教学的两层楼面，形成纵向高阔的三个层次。建筑风貌大体契合近代欧美流行的"新文艺复兴式"，但就装饰元素做出很大程度的削减——通身混合砂浆清水墙，采用具耐火性能的铅丹色过烧砖（俗称结硫砖）砌造，面层主要施以法兰德斯排砌法，在同一皮采用顺砖及丁砖交替平铺，上下皮间的顺砖竖缝相互错开四分之一砖长，同时每隔一皮的丁砖在垂直方向上是对齐的，形成连续规则的"十字花"。这种做法的优势是以砖块的横向接缝连通，纵向则考虑受力传递而将接缝错开，从而增加整体结构强度；若去掉内层砌体后，可与内侧其他浆体材料形成良好的互锁效果，也适于内层变换砌法，既往在西方广受推崇。西南角下方嵌入奠基石一块，阴刻"1922"（图12）。除主入口石券拱顶、女儿墙额心两端饰以古典涡卷母题的构件，以及在二层居中的窗套两侧凹槽内贴嵌菱形白石，几乎看不到其他古典装饰元素。拱券形态仅施用在一层中央入口，纵跨地下室与一层交界，细部作向内收进的叠涩券层。门额位置垒砌三排方整的石材，表面以英文阴刻校名（图13）。半地下室、一层和二层、檐口三部分，又以青条石构成水平贯通线脚来相互区隔。逐层立面均辟出尺度基本一致的、高大的平券直窗。主入口前，逐级延伸厚重的大理岩台阶，两端为同材质陈设墩、上方竖铸铁艺栏杆。择全楼东立面又单独接建二段阶梯，分别自南、北攀登和迈下，用以连通教学层和地下室。

整体来看，建筑的段式、结构、元素，在布局上严格遵循古典主义常见的对称原则。其轮廓硬朗、棱角端正。细部看似缺乏修饰，实际以外露的砖块、加工素简的石材为表征，最大限度呈现建材的"本色"感观，彰显"至拙至美"之姿。而每一砖块结烧的色差，凸出墙面、呈不规则瘤块状的黑色熔融结焦，都于细微之处彰显差别；设计师又特地在局部处理手法上求取变化，如菱形白石所在砖槽采用"人"字砌合；壁柱面层改用一皮顺砖、一皮丁砖交替叠覆的英式砌合，又在柱头、柱础施以古典形韵的抽象石材，达到丰富元素、兼顾美化的目的（图14）。而通过耐火建材、西式结构、建筑工艺的颠覆性提升，结合与比邻民房注意相互区隔的规划，大幅提升校部的安全风险防控能力。

图12　安装奠基石纪念照[1]

图13　教学楼门额[2]

图14　原教学楼现状风貌（来源2022年2月作者自摄）

内观其空间组织，先按建筑平面的纵、横中轴，安排门厅、楼梯间与横向通道交汇。再考量各层功能配置，自下而上布设从采暖系统所在的设备间、理化实验室、伙房、库区；过渡到礼堂、图书馆、办公与教学区，以及通层分布的卫生间。这些房间无论格局大小、坐落方位，都严格遵循了沿承重结构作规范的矩形空间划分，与全楼"方正端庄"的外观形成统一协调，就使用面积，没有任何意图"标新立异"造成的空间浪费。具体功能划分及落实使用情况为[3]：

① *Collected P. A. S.photographs and Memorabilia from the 1920s*, 1922, Yale Divinity School Library, RG 209, Series 3, Box 22, Folder 27.

② *P. A. S Yearbook: The Dragon Vol.18*, 1940: Side Paper, Yale Divinity School Library, RG 209, Series 3, Box 31.

③ Conrad Anner, *Architectural plan of building for the Peking American School*, 1922, Yale Divinity School Library, (RG 209, Series 3, Box 22, Folder 27; *Plan of teaching-building for the Peking American School in 1947*, *Collected P.A.S documents and photographs from post-warera*, Yale Divinity School Library, RG 209, Series 3, Box 35 Folder 6.

半地下室(图15):①手工练习室(实际使用时,自中间设置壁橱作隔断,西半空间做手工练习,东半空间用于幼儿看护);②库房(储物、藏书);③库房(实际使用时,作自然科学教室);④理化与生物课讲室(兼实验室);⑤家政学室(兼健身室);⑥厨房("二战"后改为女淋浴室);⑦公共浴室("二战"后改为男淋浴室);⑧校工休息室(锅炉操作间);⑨锅炉房。

地上一层(图17):①礼堂(北侧搭建舞台);②后台服务室(演出时更衣、宴会时做食品储藏,西南隔出值房);③教员办公室(西南隔出医务室);④男卫生间;⑤女卫生间;⑥图书馆(也作会议室);⑦教室("二战"后改为温习室,战前用途不明);⑧教室(小学三、四年级);⑨教室(小学一、二年级)。

地上二层(图17):①教室(初中七、八年级);②教室(高中九、十年级);③教室(小学五、六年级);④教室(高中十一、十二年级);⑤温习室(包教员的华语教室);⑥温习室(法语教室);⑦温习室(李教员的华语教室);⑧校长室(南半隔出会客室);⑨男卫生间;⑩女卫生间。

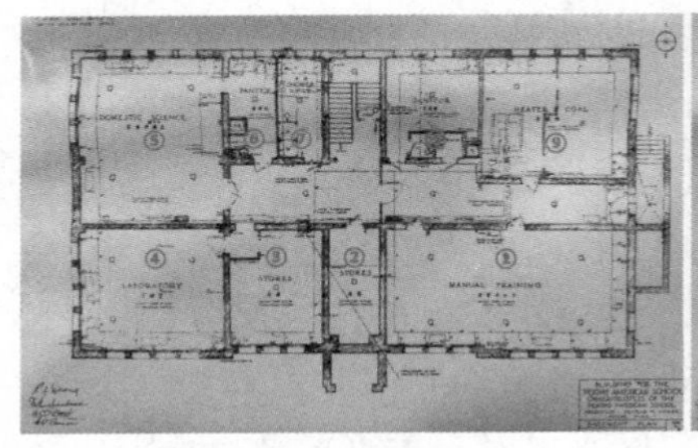

图15　教学楼地下室平面设计

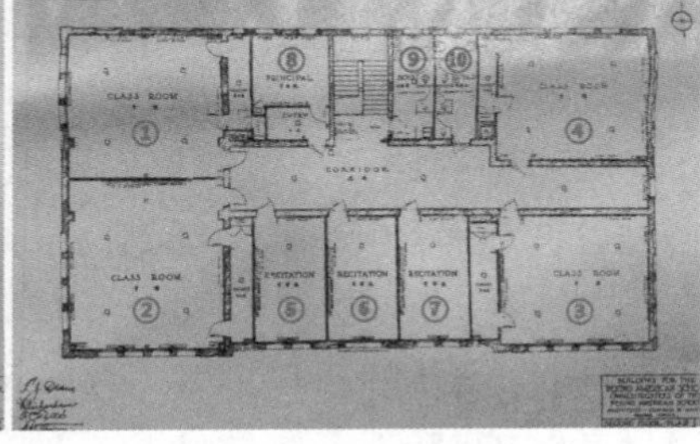

图16　教学楼一层平面设计

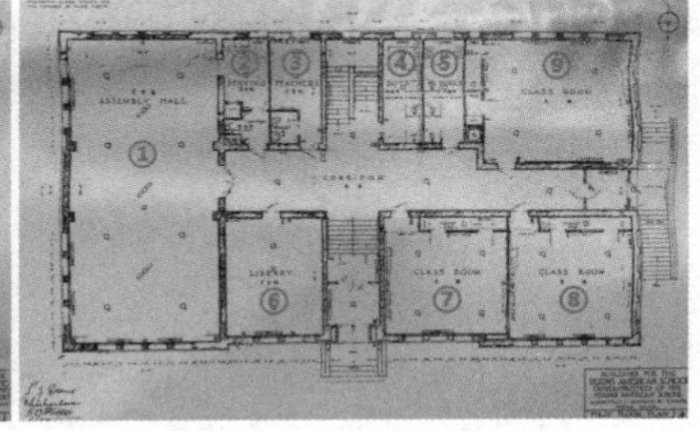

图17　教学楼二层平面设计

(4)新校建设促成办学跨越式发展

建设升级激发了办学服务水平跃进,实现P. A. S接轨"现代化"的一步式跨越:坐拥"采光充足的大型地下层,确保内部空间舒适宽畅,完全适合开办幼稚园班";冷热交换设备解决取暖难题;城市生活必备的独立卫浴得以落实;在通风良好的课室与教员室改善规模的同时,向往已久的"自然科学实验室、手工技能培训室,美国本土推崇的家政管理课室兼配套厨房,都一体打造在大楼内";附属图书馆每周开放三次,保藏约2000册英文名著、各类课业参考书以及幼儿读物,足以支持至高中学业(图18);每组操场至少满足"三个篮球场"的运行面积,装配大量美式的活动器械,学员可以"自由地荡单人秋千、坐滑梯、吊飞环,集体参与旋转秋千","不论适合男生的棒球、篮球、网球、曲棍球、足球,或是适合女生的球类运动与团体游戏都有编排"[①](图19、图20)。由于学校没有寄宿设施、校外胡同又狭窄,规划两组操场有利于外来车辆驶入停靠,当一侧被占位、可将空间需求周全至对侧,系为解决城市肌理特征与设施使用矛盾所做的设计考量。

图18　教学楼图书馆[②]

图19　1936年在后操场东北角展开的篮球赛(P.A.S对汇文中学)[④]

图20　前操场安装的旋转秋千等器械[③]

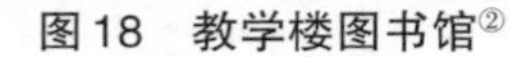

① *A notarised statement of miss Moore 's work in China*, 1968-11-10. *Collected PAS photographs and memorabilia from the 1920s*, Yale Divinity School Library, RG 209, Series 3, Box 22, Folder 27; *Peking American School Catalogue for 1939-1940*, 1939, Yale Divinity School Library, RG 209), Series 3, Box 22, Folder 26:4、18.

② *P. A. S Yearbook: The Dragon Vol.22*, 1948, p.51, Yale Divinity School Library, RG 209, Series 3 , Box 31.

③ *Collected P.A.S photographs and memorabilia from the 1930s*, Yale Divinity School Library, RG 209, Series 3, Box 22 , Folder 28.

④ F.H. Kim Krenz, *Miss Moore: a memoir* , Peterborough(Ontario):The Vincent Press Ltd, 1997年, p.19.

而立足国际视野，1930年前后，国民政府教育部代表团赴美考察，研学了数家全国示范校的建设概况，其中纽约哥伦比亚大学附校是一处典型，“有幼稚园、小学校、男子中学校、女子中学校等科。此校为私立学校之代表……本校儿童，于六岁入学，修了六年之教科课程，直接联络于中等教育……得行比较的理想之设施，此校之教育方法及教授材料，以实验美利坚之最高理想为目的……校舍容中学生及小学生，可九百人……建筑凡六层，一二层为小学校，三四层为女子中学校，地层及五层为食堂、书库、书室、实验室、手工室、社交室之辅助机关……其最可注意者，即为儿童之健康。体育之机会，较他校为多……”① 由此相比，办学性质相同、升级于20年代前办的P. A. S，不论是在学制、办学侧重、课内外教学内容，甚至连教学楼的层面功能和现代化程度，都与其祖国推行的主流并驾齐驱。总之，干面胡同校部的基建顺应了与时俱进的发展规律，既推动P. A. S的文化课程向多元化拓展，又丰富生活实践与文体活动，同是能与美式教育最高理想相符的模范。

（四）能人治校

爱丽丝·穆尔（Alice F.Moore，1885—1972），美国侨民教育事业先驱。她的到来结束了P. A. S校长频繁更替的现象，苦心营画校务二十余年，实为该校教育机制的奠基者、管理运维的护航者。她出身缅因州萨默塞特的县治斯科希甘，其父是社会基层伐木工，因投资木材失利致使家境落困。为讨生计，穆尔一家迁居波士顿郊区，她为尽快谋职自立，考到当地知名的波士顿师范学校（Boston Normal School）就读②——该校是由慈善家内森·毕夏普（Nathan Bishop）倡建的公益扶助机构，自1852年开始按女子师范高中这种新兴的院校类型招生，以专门培养素质优异的女性教员为己任。③甫一毕业，穆尔就服从分配去往南波士顿地区，在艰苦、冷僻的爱尔兰裔聚居地支教。不久，与她同校毕业的姐姐嫁给年轻有为的建筑师罗伯特·肯德尔（Robert R. Kendall），这一境遇实际也影响了穆尔的一生。肯德尔和安那是同事关系，都在实力雄厚的波士顿建筑设计公司供职，婚后即被公派伊斯坦布尔，负责在博斯普鲁斯海峡兴建由美国人资助的私立校“罗伯特学院（American Robert College）”。因姐姐表示难以割舍亲眷，穆尔遂长年追随姐夫一家立足海外创业。1910年，她开始为罗伯特学院的教职工子弟授课，他们大多属于当地就业的美侨家庭。1914年，土耳其卷入“一战”兵燹，肯德尔提请调赴希腊援建，穆尔随行并在雅典创办了一所小规模英语学校，日后惠及的学员包括希腊及丹麦郡主玛丽娜（Princess Marina，Duchess of Kent）、西班牙王后索菲亚（Sofia Margarita Victoria Federica）。④至此，穆尔在青年时的阅历，结合自身专业优势，助使她容易适应异邦生活，能平等看待不同国籍、地位的施教对象。1918年春，得益于肯德尔协助P. U. M. C一期建设，关于P. A. S新校的筹策也正酝酿，两个项目将洛克菲勒基金会、建筑设计师与母亲俱乐部紧密联系起来；穆尔一起抵京后便在P. A. S小学部谋职，不久荣升甘雨胡同校区副校长，1924年成为干面胡同校区代理校长，复于两年后正式接任⑤（section of peking directory）。经她精心编排，P. A. S小学至高中部按“六二四”一贯制稳健运营，同步保留幼稚园班。直至1947年退休，除“太平洋战争”导致该校关停，她始终在岗治校，既是旧校过渡时期的元老，也是主持新校建设、战时学课申办、原址复办的领军人物；是历代校长中任期最持久者，也是长年恪守一线执教，为不同年级教授英语、历史、地理、家政等科的资深教员。1950—1956年，她又被聘回伊斯坦布尔，努力振兴当地侨民办学事业⑥。如今，斯坦福大学已专门设立“爱丽丝·穆尔纪念奖学金”，定向帮扶中国学生留美求学⑦。

---

① 胡叔异：《英美德日四国儿童教育》，中华书局，1931年，第72—73页。

② *P. A. S Yearbook：The Dragon Vol.1*，1923，Yale Divinity School Library，RG 209，Series 3，Box 29：2.

③ The Finance Commission of the city of Boston，*Report on the Boston School System City of Boston Printing Department*，1911，pp.193-195.

④ F.H. Kim Krenz，*Miss Moore：a memoir*，Peterborough（Ontario）：The Vincent Press Ltd，1997，pp.2-3.

⑤ F.H. Kim Krenz，*Miss Moore：a memoir*，Peterborough（Ontario）：The Vincent Press Ltd，1997，pp.5-6、10；Commercial & Credit Information Bureau；*The Comacrib directory of China：combined Chinese-foreign commercial and classified directory of China and Hongkong，including a "Who's who" of residents and general information*，Shanghai：Kelly & Walsh Ltd ，1925，p.34.

⑥ Alice Moore，Ex-Principal Of Peking American School，The New York Times，1972-3-20.

⑦ *Regarding Alice F.Moore and Alice F.Moore Fellowship*，1965-2011. Yale Divinity School Library，RG 209，Series 3，Box 24，Folder 6.

（五）成熟期办学情况

1. 学制划定及生源结构

美国学校系统按旧制，盛行初等、中等教育“八四”制，为帮助学员适应分科教学、减缓攀升的课业压力，自1900年后筹划并很快普及初级中学——“在美利坚国，行所谓六三三制，小学校之年限为六年，初级中学为七、八、九之三学年，高级中学为十、十一、十二之三学年。”①又因美国崇尚“自由、平等和自治”，准许州县守法地保留地方教育行政多样化，以培养穆尔执教的波士顿地区为例，初中学级按“七十二学区中，有十九学区，施行七八九三个学年之教育。另有三十个学校，则依七八两学年而教育。”②P. A. S实行“六二四”制，既紧跟本土主流趋势，又借鉴地方自治实例，插班只需通过学力考评，确保美国子弟随时就学、归国顺利衔接本土教育系统③；同时挂钩幼儿保育，实现大学前教育（pre-college education）的全环服务链（十四年以上），有效分担在华工作家长的生活负担，使生长在异邦环境的侨童接受美式社会启蒙。P. A. S教育机制值此成型，摆脱了初期因陋就简、临时拼凑“学班”的状态，跃变为一所与建筑新式风采相匹配的大校。随知名度攀增，其就学规模由首年招募一百七十一名学员，壮大至“二战”前些年的三百多名。④

该校“旨在通过办学构建国际友好关系的理想平台”，“向其他国家儿童提供同样的（美式）教育设施和机制”⑤，生源结构日渐多元，曾有十四个国家、不同民族的学员同期在校，涵盖美、英、俄、法、德、意、中、日、希腊、瑞典、丹麦、泰国（暹罗）、土耳其和匈牙利⑥，时有来自挪威、印度的生源加盟。该校展现的开放性，使当时家境优渥、冀望留洋的中国子弟得以接触国际化的基础教育，获得良好的社交和语言环境（等同出国预备校）。据文物鉴定专家王世襄回忆：“我父亲（北洋政府外交官王继增）曾出使墨西哥，回国后考虑到可能再派出国，所以把我送进美国学校，以便将来带我出国，可与外国学校接轨。这是一所专为英美侨民子女开办的中小学校……我在此从小学三年级上到高中毕业。”⑦再如北京燕山出版社原总编赵珩谈及：“北京还有一些特殊的学校，比如说干面胡同的美国学校。这个美国学校是美国人办的，就叫‘北京美国学校’，不少人都念过这个学校，好像杨宪益（成都光华大学英文教授、《红楼梦》英文全本译者）也念过，王世襄是念完了十年，我父亲（中华书局原副总编赵守俨）也是美国学校出来的。”⑧

2. 美式教育内核结合华语教学

据1939年招生简章，“在过去十三年里（1926—1938），北京美国学校一直是面向美国高考入学应试委员会输送人才的一所核心平台，夺榜毕业生目前纷赴哈佛大学、耶鲁大学、曼荷莲女子文理学院、麻省理工学院、达特茅斯学院、加州大学等欧美知名高校就读，且均表现出色。”⑨——其着眼普通文化科学知识的基础培育，以面向高等教育升学为首要目标，出发点源于欧美提倡的通识教育（General Education）或称博雅教育（Liberal Arts Education），追求个体基础素质全面均衡，要求知识脉络融会贯通，并在生活态度、道德、情感、智能各方面和谐发展。⑩即使在高中也呈现对具体科目的兴趣钻研，但不做任何就业功利目的的职业证明培训。而且，“这所学校没有教会办学背景，更不用质疑它的世俗性。在这方面，校长（穆尔）个人因素占主导，她不信奉任何正式的宗教，也不提倡植入宗教仪式和内容的教学”⑪。其授课内容和教学手段追求丰富、新颖、多维度，秉持美式风格：低年级文化课主要修读英语、数学、音乐、美术、历史、地理、卫生健康教育；随向高年级过渡，英语课进阶为美国语文，兼授拉丁语、法语、华语，

① 胡叔异：《英美德日四国儿童教育》，中华书局，1931年，第49、17、77、94页。

② 胡叔异：《英美德日四国儿童教育》，中华书局，1931年，第96页。

③ *Peking American School Catalogue for 1939-1940*，1939，Yale Divinity School Library，RG 209，Series 3，Box 22，Folder 26，pp.5-16.

④ F.H. Kim Krenz，*Miss Moore：a memoir*，Peterborough（Ontario）：The Vincent Press Ltd，1997，p.15.

⑤ *Peking American School Catalogue for 1939-1940*，1939，Yale Divinity School Library，RG 209，Series 3，Box 22，Folder 26，p.3.

⑥ *P. A. S Yearbook：The Dragon Vol.22*，1948，Yale Divinity School Library，RG 209，Series 3，Box 31：122-123.

⑦ 窦忠如：《奇士王世襄》，北京出版社，2014年。

⑧ 赵珩、李昶伟：《百年旧痕：赵珩谈北京》，生活·读书·新知三联书店，2016年，第189—190页。

⑨ *Peking American School Catalogue for 1939-1940*，1939，Yale Divinity School Library，RG 209，Series 3，Box 22，Folder 26，p.4.

⑩ 见黄联英：《浅议通识教育课程的特点》，《学理论》2011第23期。

⑪ F.H. Kim Krenz，*Miss Moore：a memoir*，Peterborough（Ontario）：The Vincent Press Ltd，1997，p.19.

并陆续添设美国史、世界古代史、美国地理、生物学与理化科学等；为加大自然科学体验，不仅在主楼辟出单独试验室，也为落实烹饪、手工、织补等家政修养，甚至课余室内健身、童子军户外营储备，规划了各类专属空间和设施。①

为促进侨童掌握华语、融入环境，衔接欧美是时推广的现代语科目（Modern Language Department），P. A. S提出“华语现正被众多美国高校采纳，用以满足现代语教学之需，其地位不亚于德语、法语”②，并委托本校华人讲师李清濂研发一套中文读本（图21），以改良自身的华语常设课教学。该读本应势参考了“平民教育运动”（Mass Education Movement）发起人晏阳初（James Yen）为帮助工农、士兵和贫苦市民识字扫盲，与陶行知合作改良的《平民千字课》（中华平民教育促进会自1923年后普及此教材），收录了参考对象由数千常用字精选而出、通用频次最高的约1300个汉字，并完全借鉴后者的编排特点，先以这些单字构成课文，句型以三四言短句起步、逐渐过渡为长句，篇幅和表达难度按册数递增，各篇目统一归纳待学的生字。③晏阳初曾为调动不同从业者的学习热情，强调《平民千字课》要区别适用对应群体的生产和生活，且须贯彻实用性第一原则。④P. A. S读本也发扬类似宗旨，内容“本着紧密结合欧美学生的心理发展和生活需求”⑤，更偏向本校小学、初中的知习程度和当前校情来定位，就课文叙事搭配连环画辅助理解，从中体现跨文化的生活交际面；就实用性编排是循序渐进的，如“第一、二册涵盖词组、术语、短句和会话”，“第六、七册涵盖应用性表达、故事、事象描写、书信、演讲、散文和诗歌”，“第十、十一册以专题文章，系统讲述在读生活，教导学员明确学习目标、了解校部设施，梳理学校组织的活动及旨趣，解读科目及教育意义”⑥。校方计划“在学员熟练掌握这些汉字的含义、书写，直至形成语言运用能力后，即在高中阶段开设中国的文学、历史、地理课程”⑦。这些事象都彰显P. A. S加深华语教育的站位，饰演了有效传播汉文化、提倡民族平等意识的角色位路。

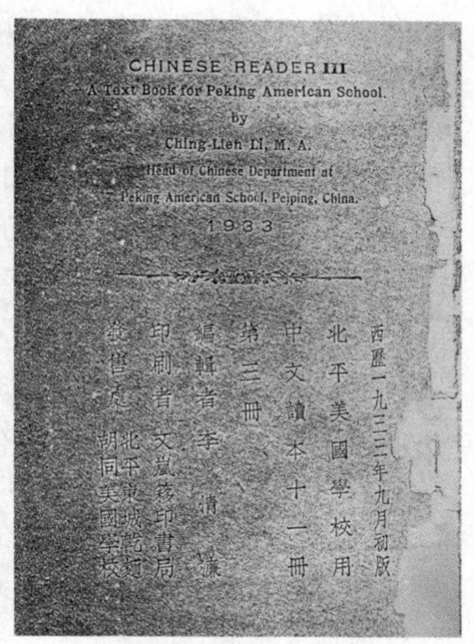

CHINESE READER III
A Text Book for Peking American School.
by
Ching-Lien Li, M. A.
Head of Chinese Department at
Peking American School, Peiping, China.
1933

西歷一九三三年九月初版
北平美國學校用
中文讀本十一冊
第三冊
編輯者　李清濂
印刷者　文嵐簃印書局
發售處　北平東城乾麵胡同美國學校

图21　P.A.S研发中文教材⑧

三、P. A. S发展的滞困期

（一）校部关停及组办临时学课

近代复杂的国际形势风云莫测。“二战”爆发，外国相继收紧公民来华政策，动荡则加剧侨民群体归国。“太平洋战争”接踵而至，日本以敌对关系将干面胡同校部强制征用，改办北京特别市日本第三国民学校⑨。“日本人强行入校那天，穆尔急忙将学期成绩单分发给高中各班……此后，教学不得不转入“地下”运营，择个别学员进行家庭辅导，确保其能顺利结业。”⑩

① Conrad Anner, *Architectural plan of building for the Peking American School*, 1922, Yale Divinity School Library,（RG 209, Series 3, Box 22, Folder 27; *Peking American School Catalogue for 1939-1940*, 1939, Yale Divinity School Library, RG 209）, Series 3, Box 22, Folder 26: 6-16.

② *Peking American School Catalogue for 1939-1940*, 1939, Yale Divinity School Library, RG 209）, Series 3, Box 22, Folder 26: 14.

③ 见李清濂：《北平美国学校用中文读本》（第三册），文岚簃印书局，1933年，Yale Divinity School Library, RG 209, Series 3 , Box 22, Folder 25；刘学英：《浅析晏阳初平民千字课》，《课外语文》2016年第10期。

④ 见刘学英：《浅析晏阳初平民千字课》，《课外语文》2016年第10期。

⑤ 见李清濂：《北平美国学校用中文读本》（第三册）；文岚簃印书局，1933年，Yale Divinity School Library, RG 209, Series 3 , Box 22, Folder 25。

⑥ 李清濂：《北平美国学校用中文读本》（第三册）；文岚簃印书局，1933年，Yale Divinity School Library, RG 209, Series 3 , Box 22, Folder 25。

⑦ *Peking American School Catalogue for 1939-1940*, 1939, Yale Divinity School Library, RG 209, Series 3, Box 22, Folder 26: 14.

⑧ 李清濂：《北平美国学校用中文读本》（第三册），文岚簃印书局，1933年；Yale Divinity School Library, RG 209, Series 3, Box 22, Folder 25。

⑨ 见《北平美国学校昨日秋季开学》，《大公报（天津版）》1947年9月16日。

⑩ F.H. Kim Krenz, *Miss Moore: a memoir*, Peterborough（Ontario）: The Vincent Press Ltd, 1997, p.21.

经谈判，侨民学校特就租办临时战期学课一事，争得陆军特务机关长松崎直人批准。校董会主席邵作德和司库吴智（Harry Woods）在呈报日伪市公署、教育局的公函上陈述："北京美国学校董事会从一九二二年在干面胡同所办学校，在一九四一年十二月八日经日军当局指令停课。后于一九四二年八月十七日复经日军特务机关长颁发许可证书，准许校董事会转请贵局特准在皇城根十四号组办临时战期学课，以便为在北京美籍居民之子弟，并为日本认为敌国人之子弟能得特务机关长许可、入课学读本学课。在日美战期中，由日军特务机关监督指导之。"[①]最终，P. A. S被准予9月1日复课。[②]

租借地系远东宣教会（Oriental Missionary Society）固有房产，由牧师吴智协调提供。该教会是由美国人高满（Charles E. Cowman）、吉宝仑（Ernest A.Kilbourne）创立的基督新教组织，自1925年来华，至此时共创办华南（广州）、华东（上海）、华北（北平）三个教区；全会统称"远东宣教会"，各地分设组织则称"远东宣教会中华圣洁教会"；每区圣洁会的总会均在福音堂附设圣经研究班，自称"圣书学院"，专为该会培养习经布道人才。[③]"远东宣教会中华圣洁教会在地安门外东皇城根十四号"[④]，原址占地宏阔，部分格局演变为今地安门东大街89号院[⑤]。"1932年初，远东宣教会以7万元的价格买下地安门内东黄（皇）城根14号的大宅院，作为北平远东宣教会的会所（即华北地区圣洁会总会）。北平圣书学院的课堂与宿舍、《暗中之光》杂志社、出版部以及宣教会教牧人员的住宅等都设在此，另外还有一所礼拜堂。宅院原是清镇国公载泽任度支部尚书时的住所，称作泽公府，分为东院、中院和西院，房屋共300余间……"[⑥]

战时，日本为实现新东亚统御，必须以祛除欧美化的基督教意识形态，贯以其改造的宗教为要义，遂将"同盟国"体系的基督教会，及相关学校、医院和机构团体悉数查封。[⑦]这处教产同遭侵占，日军驻平使团、日伪农业合作社及大量日侨涌入，甚至日本陆军特务机关就设在此。[⑧]后经兴亚院强迫教会按日本模式接受改造，日方遂于1942年3月14日将部分房舍交还原主，相应占地面积仅3681.25平方米、列房屋百余间，应系原格局西偏、吴智等教牧人员栖身的住宅区。[⑨]P. A. S师生甫一迁入即委身于敌对势力、处境倍受威胁。

（二）战期学课校舍规模

关于退还的教产，建筑始建年代大致划分两个时期。据该教会发行1936年7月杂志称："在六月五日的夜里，约在十二点前后……听见院内东部有人拍掌狂喊'失火了''失火了'（系电线走火）……到了翌日（六日）的清晨五时许火势消煞，无有再烧之虞，我们就从大车路上回到院内未烧之处暂住。未烧者有吴牧师（吴智）住宅与办公处，临街南排房，饭堂，周牧师（周维同）住宅尚余一部分，暗中之光月刊社与出版部，其他一切建筑已成一片焦土。"[⑩]灾后，"宣教会用保险金及差会津贴，并得到信徒及教会人士的资助，经过中外教牧的努力，同年9月开始重新设计、建造新会所。"[⑪]其礼拜堂、圣书学院校舍、教牧住宅等，多数采用新工艺及形制重建，次年1月前后落成——部分成员家庭借此住上新式楼房，而自火灾幸

---

①《北京美国学校董事会关于该校开学日期、校董会章程、招收编级生等问题请审核给北京特别市教育局的呈及教育局训令》，北京市档案馆藏，1942年，J004-002-01080。

② 见《北京美国学校董事会关于该校开学日期、校董会章程、招收编级生等问题请审核给北京特别市教育局的呈及教育局训令》，北京市档案馆藏，1942年，J004-002-01080。

③ 见远东宣教会《暗中之光》月刊社：《暗中之光》第六卷第十二期，协和印书局，1935年；杜玉梅：《民国时期北平的远东宣教会》，北京市档案馆，北京档案史料（2012年第1期），新华出版社，2012年。

④ 吴廷燮：《北京市志稿·宗教志·名迹志》，燕山出版社，1998年，第388页。

⑤ 见杜玉梅：《民国时期北平的远东宣教会》，北京市档案馆，北京档案史料（2012年第1期），新华出版社，2012年。

⑥ 杜玉梅：《民国时期北平的远东宣教会》，北京市档案馆，北京档案史料（2012年第1期），新华出版社，2012年，第256页。

⑦ 见刘朝晖：《论三四十年代日本对华宗教政策》，《中国历史教学参考》1997年第12期。

⑧ 见《北京美国学校董事会关于该校开学日期、校董会章程、招收编级生等问题请审核给北京特别市教育局的呈及教育局训令》，北京市档案馆藏，1942年，J004-002-01080。

⑨ 见杜玉梅：《民国时期北平的远东宣教会》，北京市档案馆，北京档案史料（2012年第1期），新华出版社，2012年；F.H. Kim Krenz, *Miss Moore: a memoir*, Peterborough (Ontario): The Vincent Press Ltd, 1997, p.22。

⑩ 远东宣教会《暗中之光》月刊社：《暗中之光》，协和印书局，1936年第7卷第7期。

⑪ 杜玉梅：《民国时期北平的远东宣教会》，北京市档案馆、北京档案史料（2012年第1期）、新华出版社，2012年，第257页。

存下来的西路格局、沿街大门及两侧倒座，则按中式传统旧貌维护使用。[①]

参考P. A. S战期学址界划按设计，它们均为地上二层的折中风格洋楼，房间南北通透，主入口设在西立面；均以砖混结构为主，外层面墙通用北京窑烧制的青砖、内层砌体使用（耐火）红砖；内部楼道、中间过道均用铁筋洋灰地板；屋面要素取法中国硬山合瓦过垄等"固有形式"，以木构桁架支撑；楼体局部加接外廊形成附属构筑，构造和装饰同样参考中式元素风格，以求与传统宅院风貌相匹配。[②]

（三）"低谷期"的办学情况

参考图示比例套算，战期办学所用楼房，建筑面积相差无几，均约140平方米；两栋平房的加合远小于前者。相比干面胡同校部，硬件规模大幅缩减。

但此时办学同样萎缩的P. A. S，也只剩时龄五十七岁的穆尔校长，及两位同样面临退休的美籍女性教员在岗；校董会不得不向育英、慕贞等校求援，借集十位义务教员，不定时帮扶理化、法语、文体等课程；学校资产尚存桌椅、书格、橱箱、厨具等，总值30309元联银券；收入以"美国学生十五名学费六〇〇圆（每名每月四〇圆）"，支出以"二位专任教师薪金五〇〇圆（每位二五〇圆）、煤水及电灯费一六〇圆、教员车马费二〇〇圆、工役薪金五〇圆、杂费一〇〇圆"，核算"每月亏额四一〇圆"[③]，何况伪政权滥发货币不断贬值，另有房租需要支付。为解决亏空，邵作德在开学半月后，再次向日方呈请增编，陈述"希腊儿童一人、挪威儿童一人，及英国儿童五名，系以前北京美国学校学生。其他年长之英国儿童（十四名）系以前天津英国小学校学生，因北京无适宜于彼等之学校，故彼等双亲希望与美国儿童同为特别准许入学。"获批后，实现战时课三十六名四国学员之编制。[④]

困境当下，宣教会竭尽所能、体恤周全，流露出神职人员作为校董所能给予师生的顾爱：平房满足周转设备、物资。楼房以西式作法为主，均已改善保暖，如室内是有装设壁炉的（屋面建有烟囱体），"第一二层临外之墙面保热法，应于砌墙时放抹臭油（沥青漆，防腐作用）之木砖，木砖上打一寸二寸木条……木条上打苇薄，其上再抹灰"[⑤]。户型功能齐备，除卧室、客厅利于规划办公、组织授课，部分层面原本就有辅助圣书学院使用的教室和自习室，而符合美式居家标准的厨房、洗浴和卫生间一应俱全。P. A. S由此缓解"低谷期"人员、物资的进一步流失，维系了在异邦开拓事业的乐观主义精神。直至日本报复美国限制其侨民在北美洲活动，于1943年2月下旬，改将在华滞留的众多欧美侨民，强制押送山东潍县乐道院集中营拘留，P. A. S维学的历程再度中断。

四、P. A. S战后复办及落幕

1945年"二战"结束，穆尔在潍县集中营获救，9月立即返平收回校产，并筹划自次年1月着手原址复办。[⑥]"校舍虽经敌方占用，但原规制的整体保存状态尚可，且仍由可信的老校工赵恩霖负责看顾"[⑦]——得益于干面胡同校区建设完备，主楼设计合理且坚固耐用，日占时期基本维持原状、免遭破改（图22）。此阶段，唯一较明显的变化，是在前操场东部、后操场东北隅临墙垣处，分别添盖各一栋单层附属用房是否是日伪时期所为，暂缺资料解明，但这些许规模的资产增扩，无疑将为复校运营带来实惠。

① 杜玉梅：《民国时期北平的远东宣教会》，北京市档案馆、北京档案史料（2012年第1期），新华出版社，2012年，第256—258页。

②《远东宣教会建筑楼房说明书和图纸》，北京市档案馆藏，1936年，J017-001-01099。

③《北京美国学校董事会关于该校开学日期、校董会章程、招收编级生等问题请审核给北京特别市教育局的呈及教育局训令》，北京市档案馆藏，1942年，J004-002-01080。

④ 见《北京美国学校董事会关于该校开学日期、校董会章程、招收编级生等问题请审核给北京特别市教育局的呈及教育局训令》，北京市档案馆藏，1942年，J004-002-01080。

⑤《远东宣教会建筑楼房说明书和图纸》，北京市档案馆藏，1936年，J017-001-01099。

⑥ *P. A. S Yearbook: The Dragon Vol.22*，1948，Yale Divinity School Library，RG 209，Series 3，Box 31：54；见《北平美国学校接收后定元旦开学》，《大公报（重庆版）》1945年12月17日。

⑦ F.H. Kim Krenz，*Miss Moore: a memoir*，Peterborough（Ontario）：The Vincent Press Ltd，1997，p.29.

图22　1946年干面胡同校区面貌①

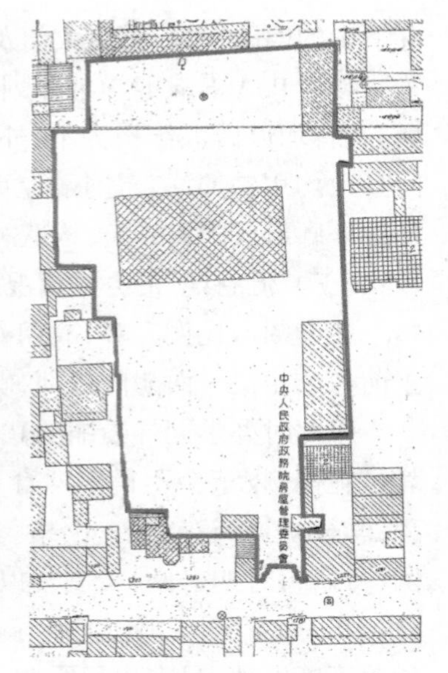

图23　干面胡同中段实测图②

开放之初，“前来报名的欧美学员极少，战前曾动员子嗣入学的中国家庭借机形成合力，再度输送嫡裔援持复校”，“不久，该校陆续迎来新注册的五十名美国儿童，系跟随乔治·马歇尔（George C. Marshall）陆军上将访华（中国内战军事调处）的军官随行子女”③。随状况改善，“穆尔于1947年夏退休回国，并推举她的同事兼密友康露德（Ruth H.Kunkel）继任”，同年校刊也提及校部在新、老班组成员耕耘下基本恢复既往良态④，“本届毕业生投考燕大、辅仁等大学者，多取录云”⑤。即是对其办学质量与绩效回升的最佳力证。

P. A. S就学规模再度壮大、生源结构日臻多元。仍以1947年9月开学时看，“本学期新旧学生共计一百三十八名，内美籍四十九名，华籍七十七名，其余为英、法、德、日、丹、土等籍侨民子弟”⑥。战后外国势力在华特权削弱，国人生存状态改善、思维开化进步，凭借本地优势主动大幅入学，是呈现是时阶段的特征，就此洗脱了校区初办时仅有二十一名的尴尬。⑦至1948年后半，全校二百零二名在读生中⑧，国人占比近半，多达八十九名之众。⑨该校过去因顾及“保留英语作为主流教学语言，致使以非英语作官方或主要语言的受众求学受限”⑩，这种传统格局也就此打破，反而促成广大国际学员掌获东西文化交融纽带。

1949年1月北平实现和平解放。人民政府即刻对北平市辖各类私立中学实行调查和接管。文教局随后在3月14日制定《关于私立中学工作与辅导工作任务决定》，提出教育主权收归国有，办学必须遵循新民主主义教育方针。⑪该校因带有外办色彩，就国家阵营、阶级立场等因素也不符合当时国情，遂于是年6月正式关停⑫，留在干面胡同的校产收回国有，由中央人民政府政务院房屋管理委员会接管，后又划拨尼泊尔驻华大使馆周转办公，复及外交部直属机关沿用。

① *Collected P. A. S documents and photographs from post-war era*, Yale Divinity School Library, RG 209, Series 3 , Box 35 , Folder 6.

② 见北京市人民政府房地产管理局测量队：《北京市街巷地形实测图》，北京市勘察设计研究院藏，1947—1951年。

③ F.H. Kim Krenz, *Miss Moore: a memoir*, Peterborough(Ontario): The Vincent Press Ltd, 1997, pp.29-30.

④ F.H. Kim Krenz, *Miss Moore: a memoir*, Peterborough(Ontario): The Vincent Press Ltd, 1997, p.31.

⑤⑥《北平美国学校昨日秋季开学》，《大公报（天津版）》1947年9月16日。

⑦ F.H. Kim Krenz, *Miss Moore: a memoir*, Peterborough(Ontario): The Vincent Press Ltd, 1997, p.15.

⑧ 见《北平美国学校昨日秋季开学》，《大公报（天津版）》1947年9月16日。

⑨ *P. A. S Yearbook: The Dragon Vol.22*, 1948, Yale Divinity School Library, RG 209, Series 3, Box 31: 123.

⑩ *Peking American School Catalogue for 1939-1940*, 1939. Yale Divinity School Library, RG 209), Series 3, Box 22, Folder 26: 3.

⑪ 见黄煦明：《解放初期政府对北京私立中学的整顿与初步改造》，《首都师范大学学报（社会科学版）》2010年（增刊）。

⑫ F.H. Kim Krenz, *Miss Moore: a memoir*, Peterborough(Ontario): The Vincent Press Ltd, 1997, p.33.

五、结语

P. A. S在华发展起伏兴衰，历经三十五年。它克服了国外民办学校的"短板"，逐步实现对执业资历、教学特色的构建，到校务管理、硬件建设的健全，具备当今"国际学校"办学模式的雏形。就近代北京城区，论及学址固定、学制全面、办学规模和政策皆占优势的外侨学校，同时又留存原创建筑的案例，暂以P. A. S独树一帜。它有效改善了近代前期外国侨民在京教育机构各行其是、学员分散就学的流散局面，可谓集中运用多元社会力量打造的行业示范校。

置于大环境来看，该校始终贯彻美式教育体制，推行异国的办学理念和方针；教学以欧美的语言表达、知识技能、传统文化为核心；作为旧中国半殖民地社会背景下植入的"外来事物"，民族立场、意识形态、生活方式有别，不是国人大众追捧的目标。同时，其性质又不同于教会学校，也不具备类似华语学校的专业定向优势，故又具"小众取向"、知名低微的特征。时移世易、印象疏逝，一些史志研究误将P. A. S干面胡同校区，与北洋政府交通部要员关赓麟等人创办的"畿辅大学"混淆[①]，后者系为培养国人铁路建设与管理人才特设的私立高等院校，两者存有本质差异，除1925年后，偶合性坐落在同一胡同[②]，后者择址东口路南旧92号运营（今东城区行政学院用地）[③]，实则没有点位上的地缘瓜葛。

总之，当前对该案例关注寡淡、身份判定讹误，很大程度系因史料散佚。本文所述流于一孔之见，若进一步加强对海外档案挖掘积累，无论就该校与洛克菲勒财团建构远东公益进步事业结成关联，或与天津租界的侨民学校、青岛胶澳总督府学堂做横向比较，还是侧重美式教育在华融植需求与新式校园建设呼应密合，都将打开更为深广的研究空间。

---

① 见陈平、王世仁：《东华图志——北京东城史迹录》，天津古籍出版社，2005年；东城区建国门街道办事处：《建国门地区史话》，北京出版社，2013年。

② 见《私立铁路学院十周纪念专刊》，和平门内大北印书局，1934年。

③ 见《铁路学院月刊（民国二十三年四月刊）》，和平门内大北印书局，1934年。

贝满女中的历史信息
——近代中国交织的建筑与社会变迁

清华同衡遗产中心　李宇琳

摘要：贝满女中由先锋女性教育家贝满夫人(Eliza Jane Bridgman)所建，是北平第一所西式学校和第一所女子学校，后发展为全国第一所实行女子高等教育的学校。贝满女中于1901年重建于原址，即现北京市第二十五中学处，现存邵氏楼、贝氏楼、贝满中斋三座近代建筑及一些校园景观和设施。本文对贝满女中的历史发展脉络和校舍变迁进行了考证和梳理，并将历史建筑样貌和当时的校园规划与社会变迁的背景综合分析，以展现其背后女性解放、西方文化深入中国、社会发展等诸多历史意义。

关键词：贝满女中；女性解放；教育近代化；近代校园建筑

始建于1864年的贝满女中作为北平的第一所西式学校和第一所女子学校，见证了中国逐步近代化的历程，以及这个过程中的女性解放和教育改革。贝满女中的建筑也经历了义和团运动的焚毁和重建，并随着教育体系的完善和学生规模的扩大而进行扩建，展现了美国教育家和建筑设计师在传播美国文化和教育理念的同时与中国文化和社会现状的折中和融合。本文将从对贝满女中历史沿革的梳理开始，结合中国近代的社会文化背景对贝满女中的校园规划、建筑形式和细节设计进行分析，并与同时代的中国洋风建筑和美国校园规划和建筑形式进行对比，以获得贝满女中建筑特点背后的历史、社会、文化信息。

一、历史沿革和一些历史信息误传

贝满女中的前身是始建于1864年的贝满女塾(Bridgman Girls' College)，由贝满夫人(Eliza Jane Bridgman)为纪念其亡夫公理会传教士贝满(E. G. Bridgman)，出资在灯市口大鹁鸪胡同14号购买房产，并新建房屋，建成此女子小学。由于封建传统对女性教育的限制，学校规模很小，教员多由传教士兼任，讲授《圣经》、英语、西学等课程，也聘有少量中国老师教授中文，学生主要是穷人家和街头乞讨的女童。贝满夫人主持校务直至1868年退休，由美国公理会接手经办，博教士(M. H. Porter)接任负责人，当时学生规模增至十七人。1870年该校曾一度停办，1872年恢复。此后，学校经历了多次校长更替和教学规模的扩大。1895年，在谢女士(M. E. Sheffield)担任校长时，正式开设四年制女子中学，定名为"禅治文中学"(Bridgman Secondary School)，招收七十二名女中学生，第一届学生1899年毕业。义和团运动时，校舍被全部焚毁，三分之一的学生被杀害，其余学生逃入英国驻华公使馆，后又集中到一处临时房舍上课多月。1901年，博教士返回北京，筹备重建该校。1902年，校舍向南扩建，校门设在灯市口大街北侧的美国公理会大院内(今北京市第二十五中学校园)，建成一座曲尺形教学楼及辅助设施，直通往灯市口大街。学校在1903年竣工，按照中国传统，小学称"蒙学"，中学称"中斋"，大学称"书院"，所以新校舍的大门上题写"贝满中学校"，教学楼入口处题写"贝满中斋"，此时小学改称"培元蒙学"。1903年，传教士李白沙(Bertha P. Reed)、麦美德(Luella Miner)分别自保定、通州来到北京，负责筹备华北协和女子大学。麦美德1903年获聘为贝满女校第三任校长，此后该校开始开设一些大学课程。1904年该校学生毕业时已学习一年的大学课程，是为中国女子高等教育的开端。这时，华北教育联盟(The North China Educational Union)决定将裨治文中学(Bridgman的另一译法)发展为一所四年制女子大学,作为该联盟的组成部分。1905年,华北协和女子书院成立,麦美德同时担任贝满女校和华北协和女子书院的校长。直到1913年,中学、小学另有校长,麦美德才开始专门担任华北协和女子书院的校长。为扩大校园,麦美德再度从美国筹款,在原校址东侧约300米处购置佟府[①]小院一处(即今北京市第一六六中学校园),占地面积十多亩。院内中式建筑被改为教室、实验室、图书馆、教师住宅等,后来还加建学生食堂、宿舍等。1916年,华北协和女子书院迁入佟府,更名为“华北协和女子大学”。灯市口的校舍则留给中学、小学使用。1920年,华北协和女子大学并入燕京大学,成为燕京大学女校。此后,燕京大学女校继续留在佟府,直到1926年才和燕京大学男校(校址在北京崇文门内灰甲厂)迁往海淀(今为北京大学校园),1928年女校和男校完全合并,称燕京大学。[②]

作为教育机构的“贝满女中”等相关称谓在不断地迁址过程中被移植至了不同的校舍和地址上,而作为具有建筑史考察价值的原贝满中斋和培元蒙学教学楼却并没有被予以足够重视或对其建筑历史加以保护和考证。在今天,原贝满女中校址上借鉴女中格局重建和扩建的校园建筑遗迹——贝满中斋和培元蒙学的教学楼建筑——现位于北京市第二十五中学中,而其校门处则挂有在此处办学年代较近的男校育英中学的匾额,校内立有“育英”二字的石刻,但并未在校园或校门处设立任何对其之前属于“贝满”和“女校”两个关键词的历史和建筑遗迹进行解说宣传的标牌;而扩建至佟府的华北协和女子书院为现北京市第一六六中学,并无历史建筑遗存,但在学校大门处悬挂有“原贝满女校”解说标牌。但据其历史,华北协和女子书院并非贝满女中的扩展,而是由贝满女中时任校长成立的又一独立的女子大学教育系统,而从未是“贝满”系列的大学教育。因此,将其处贴有贝满女校的标牌,从建筑意义和历史意义上来说都是不准确的。或许由于20世纪后贝满女校的进步意义更多地体现在女子高等教育的建立,加之现存中学的标注和考究不详,网络上和历史资料里对贝满中学、贝满女校等词汇大多指向扩建后的佟府校址。而在建筑价值上,最初的贝满女塾校舍所存资料很少,而扩建至佟府的校舍则主要采用了对佟府建筑的内部改造利用,现多被重建为多层教学楼,而义和团运动后在贝满女塾旧址基础上扩建起来的贝满中斋和培元蒙学则从校园规划、建筑样式的多方面都具有较高的历史文化价值。笔者认为,最初的贝满女塾及在其校址上发生的女校发展变迁的历史和建设历程,是近代社会中女性开化和争取权利的历史过程的重要印证;而作为育英和贝满两所京城历史名校共同经历过的校舍和仅存的历史建筑,应当对现北京市第二十五中学校址及历史建筑中所存留的历史信息加以更多发掘、保护和传播,而不是仅在近代女校和男校迁移的数个校址上任择其一进行挂牌标注。基于此,后文中对建筑和规划的分析也主要集中于对贝满中斋和培元蒙学校园和建筑的分析。

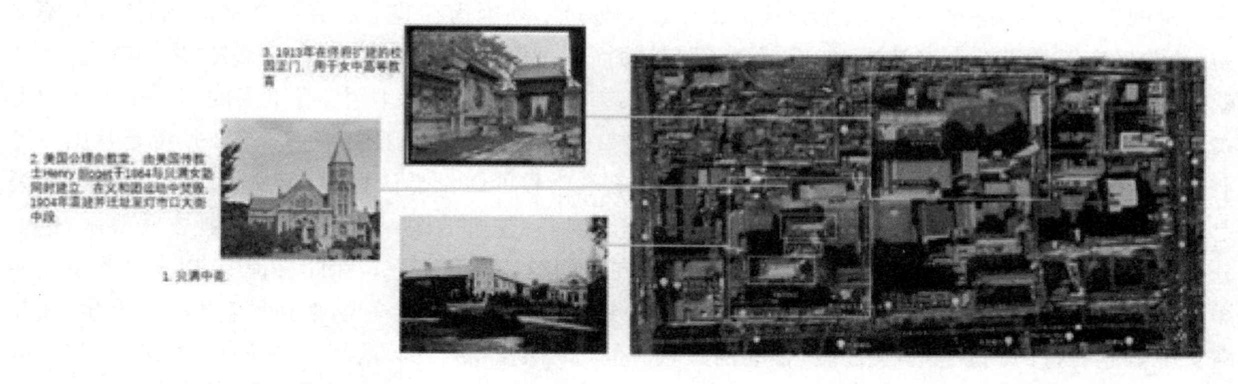

图1　贝满女中旧址(贝满中斋和培元蒙学历史建筑现址,现北京市第二十五中学)、美国公理会教堂旧址(已焚毁,北京市第二十五中学教学楼现址)、华北协和女子书院旧址(时佟府,现北京市一六六中学)位置关系。(来源:图例由作者制作,基础图片来源于网络及谷歌地图。)

---

① 该院始建于嘉靖年间,原是严世藩的府邸,清初被赐给顺治帝佟妃(康熙帝之母)的家人使用,所以称“佟府”。

② 见张姗:《中国第一所女子大学概览——记华北协和女子大学》,《山东女子学院学报》2011年第5期;育英 贝满 http://www.sohu.com/a/300324228_278194. Beijing's Forgotten Missionary Schools. Li Ying. Global Times. Published: 2014-9-8 http://www.globaltimes.cn/content/880417.shtml。

二、贝满女校历史沿革中的社会文化信息

贝满女中在其历史脉络中所经历的一系列名称、规模、选址、学制等的变迁，反映了女性开化和社会参与度和权力逐步解放和增加的过程，也体现了在半殖民地半封建的中国大地上中国人和美国（及其他殖民国家）的文化侵略者对“自我”和“他者”的身份认同的改变。

始建贝满女塾的贝满夫人，其本人就是女性解放的推动者和经历者。据哈佛大学出版的系列书籍《传记辑：值得铭记的美国女性1607—1950》（*Notable American Women, 1607—1950: A Biographical Dictional*）对贝满夫人的记载，在美国的女性教育尚未发展完善之时，贝满夫人即在十六岁完成了其寄宿中学的教育，并在其学校任职。随后，在当时教会抵触接收未婚女性的情况下，当时独身的贝满夫人成为三位前往在中国建立的教会分会的未婚女性传教士之一。贝满夫人在香港结识贝满先生（Dr Rev. Elijah Coleman Bridgman），与之成婚并转入贝满先生所在的公理教会（Congregational Church），随后在广东开展传教活动。[①]在广东期间，贝满夫妇收养了两位女孩，随后移居上海，在上海建立了第一所新教女子学校。[②]1862年，在贝满先生去世后，贝满夫人由于身体原因（曾被雪橇碾过）而被迫回到美国，并在1864年回到中国北京，成立了贝满女中，主要教授西学，兼授中文经典。作为现代教育在中国兴起和传播的先驱教育家，贝满夫人成立的女校为中国教育事业的发展和女性思维解放、女性的学识、能力、社会参与度、权力等的提高都做出了重要的贡献。

贝满女校的中文命名和规模扩展也可佐证社会对女性形象的认识和女性权利的接纳程度逐步转变的历程。在1864年贝满夫人建立贝满女塾时，“女塾”的命名是对应封建教育体系中的小规模男子学校“私塾”，尽管女塾中进行西式教育，“女塾”的名字可以见得是为了贴近尚未开放地接纳外来文化的中国社会。同时，作为北平的第一所西式学校，北满女中的教育对象选择了在封建体系中边缘化的穷人家、无家可归的女生作为教育传播的起点，既可以反映在18世纪的西方兴起的女权运动使得女性权利获得了普遍的推广和认同，也可窥得在1864年的中国社会，尽管经历了数次侵略战争和洋务的兴起，民间的封建等级、观念和习惯仍旧顽固，有社会地位的大户人家并不接纳西化、开放、公共课堂的女性教育。随后，随着西方文化进入民间和政府领导的西学风尚，民间对西方文化的接纳也在贝满女校的招生中体现：前来学习的人数更多，在19世纪末的贝满女中校刊中，学生来自除北平外的全国各地，也有一些学生从各地的教会小学被推荐来（图2）。据冰心在《我入了贝满中斋》中回忆：“我的父母并不反对我入教会学校，因为我的二伯父谢葆仁（穆如）先生，就在福州仓前山的英华书院教中文，那也是一所教会学校，二伯父的儿子，我的堂兄谢为枢，就在那里读书。仿佛除了教学和上学之外，并没有勉强他们入教。英华书院的男女教师，都是传教士，也到我们福州家里来过。还因为在我上面有两个哥哥，都是接生婆接的，她的接生器具没有经过消毒，他们都得了脐带疯而夭折了。于是在我和三个弟弟出生的时候，父亲就去请教会医院的女医生来接生。我还记得给我弟弟们接生的美国女医生，身上穿的都是中国式的上衣和裙子，不过头上戴着帽子，脚下穿着皮鞋。在弟弟们满月以前，她们还自动来看望过，都是从山下走上来的。因此父母亲对她们的印象很好。父亲说：教会学校的教学是认真的，英文的口语也纯正，你去上学也好。”可以见得，至冰心先生入学的1914年，教会拥有先进的医疗技术、对待百姓友善尊敬，也十分注意在衣着和行为上贴近中国习俗，从而获得了在民间的认可和尊重。在此过程中，以女性为主的西洋医生也获得了社会的尊重。冰心在其文中同样提到，当时从各地教会小学来到贝满中学的女生，在北满女中毕业后将回到教会小学任教，推动西式教育的进一步普及。[③]而据其校刊所载，到1934年时，贝满女中的毕业生绝大多数都流向了高等教育（图2）。女性接受高等教育，使得中国社会的女性从创作者、社会革命者等社会工作的参与者和表达者，发展成为具有更高的影响力的学术、社会工作者、领导

---

① James, Edward T.; James, Janet Wilson, Boyer, Paul S, Jan 1, 1971, *Notable American Women, 1607-1950: A Biographical Dictional, Volume 1*, Harvard University Press, p.239.

② Bridgman, Eliza Jane [Gillett] (1805-1871) Pioneer educational missionary in China, Boston University School of Theology History of Missiology.

③ 冰心：《我入了贝满中斋》，《收获》1984年第4期。

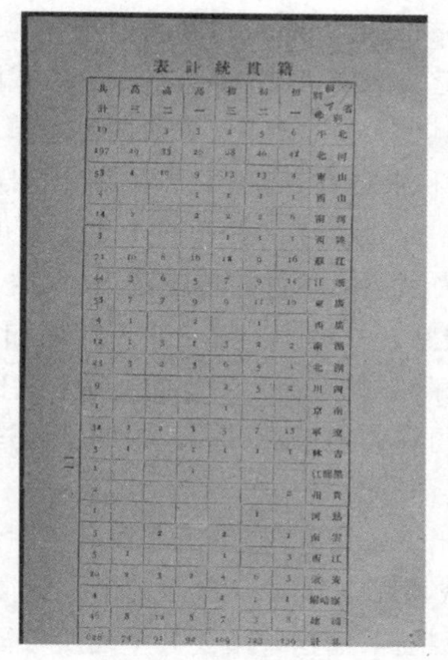

籍貫統計表

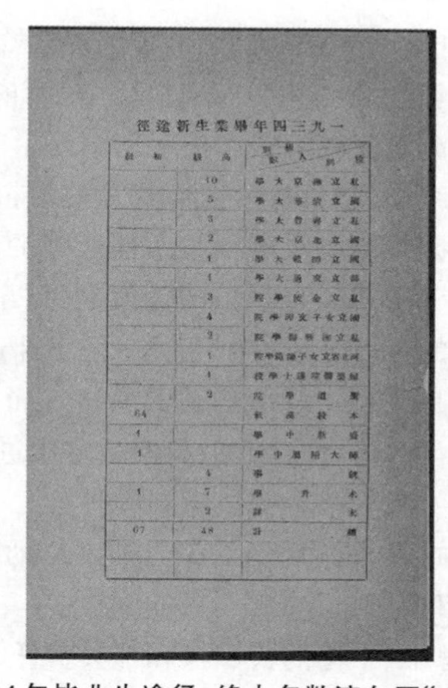

一九三四年畢業生新途徑

校別 人數 別	高級	初級
私立燕京大學	10	
國立清華大學	5	
私立齊魯大學	3	
國立北京大學	2	
國立師範大學	1	
[illegible]	1	
[illegible]	3	
[illegible]	4	
[illegible]	2	
[illegible]	1	
[illegible]	1	
聖道學院	2	
本校高級		64
[illegible]		4
[illegible]		1
就事	4	
未升學	7	1
未詳	2	
總計	48	67

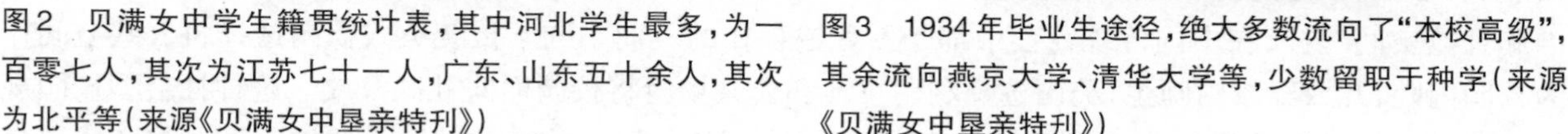

图2 贝满女中学生籍贯统计表,其中河北学生最多,为一百零七人,其次为江苏七十一人,广东、山东五十余人,其次为北平等(来源《贝满女中垦亲特刊》)

图3 1934年毕业生途径,绝大多数流向了"本校高级",其余流向燕京大学、清华大学等,少数留职于种学(来源《贝满女中垦亲特刊》)

者,也使得贝满女中产生了在各个学术方向上的杰出人才①,进一步提高了女性的社会地位。

美国文化在中国的接受程度更加明显地体现在学校名称的改变上。贝满女塾初建时,将Bridgman译为"贝满"二字,在满足音译需要之外选择了清朝代表正统的"满"字和象征地位的"贝"字,以期贴近清末社会的普遍观念,获得更多的接纳和认同。1896年贝满女中正式成立后的贝满校刊封面上,明确地印制了英文校名,并将翻译改为了脱离中文传统语境意义、直接意译Bridgman的英文由来的"桥人中学"②,这与甲午战后美国获得在中国的更多政治经济权益也是相符合的。20世纪初,教会开办的男校女校进入发展成熟期,开始由宽泛的四年中学教育分化成更加完整的小学教育和中学教育,并开始计划建设大学教育。而在义和团运动后中国的民族复兴运动和抵制西方文化运动此起彼伏,进一步分化成中学和小学教育的桥人中学则恢复了传统的中式命名:贝满中斋和培元蒙学。但具有进步意义的是,中斋和蒙学二词则是在近代化过程中形成的与传统观念具有传承意义的中国自己对小学中学教育的命名方式,说明中国的本土教育也产生了系统化教育的观念。然而在这一阶段所设立的大学教育却仍然沿用"女校"等称呼,显示男女之别,在教育内容上也有不同侧重。随后在1920年,华北协和女子书院和北平的其他女校合并称为北京大学女子学院,实现男女同校不同址(当时虽名称合并,书院仍在原址单独教学)。在1928年,燕京大学正式合并,迁址至现北京大学处,开始了男女同校的高等教育时代。这与自1837年起在美国逐步实现的男女大学同校几乎是同步完成的。

因此,我们可以看到在贝满女中的历史变迁中所反映的社会现象:中国的女性逐步从封建社会中解放出来并获得教育和参与社会生活的权益,西方文明在社会生活的潜移默化中被中国民众所接纳,而中国国民和西方殖民者也在互相的碰撞中逐渐寻找着根深蒂固的本土文化与外来文化之间的融合和平衡。这与贝满女中的校园规划和校舍设计中所体现的教学理念和文化立场也是相一致的。

三、校园规划和其反映的美国教会教学理念

在贝满女校中,保存最好、所存史料最多,也最能系统地反映历史信息的校园是1902年建造的贝满中斋和培元蒙学的校园(二者共用同一校园)。校园整体接近正方形,北门开在美国公理会院落内部,紧邻公理会教堂,为贝满中斋入口。南门面向灯市口大街,是一座传统北京四合院门楼,为培元蒙学入口。从南门进入后,有三座坐北朝南横向排列的教学主楼:邵氏楼(Building of Sheffield),用以纪念正式建校

① 如中国第一位"南丁格尔奖章:获得者王琇瑛,著名物理学家,中科院学部委员王承书,眼科专家金秀英,作曲家邓团子,原中国叉车公司副董事长、北京叉车总厂厂长王文华,北京朝阳外国语学校创始人及校长郝又明等。

② 1896年贝满女中校刊,存于北京市档案馆。

者谢女士(M. E. Sheffield),为培元蒙学教学楼;贝氏楼(Building of Bridgman)和贝满中斋。[①]其东西两侧由散落的教学设施和房屋连接,在校园内部形成一个两进合院的格局,其中南部有一个中式园林景观,通过小桥流水将教学楼连接起来。这个内院的北侧是教堂和其他公理会建筑,东西两侧是草坪和操场,南侧是传统中式合院的立面,简言之,外院的北部是西式建筑和景观,南侧是中式立面。这样中西风格结合的校园规划与贝满女校东西兼修的办学理念也是相符的。据冰心在《我入了贝满女中》中回忆,入学考试是一道中文老师出的论说题目"学然后知不足",是过去家塾中做过的传统题目。学校的老师是中西兼修的传教士或中国老师。历史课选用的教材是《资治通鉴》中摘编的"鉴史辑要",而如数学、地理等其他科目则用中译版的美国教材。而学校本身也为西方教育方式提供了理想的场地:学生们在草坪和操场上学习体育,在大型讲座教室中进行辩论和演讲练习,每日修习圣经,周日参加礼拜,这些都是中国传统私塾教育中不曾接触到的。

追溯这种校园规划更深处的文化动因,草坪和操场作为开放公共空间,是西方校园中一脉相承的、也是与中国传统教育截然不同的特点。开放空间自希腊的城邦民主起就在西方文化中象征着言论自由、批判思维、平等的公民权和社会责任,以及逻辑严谨的辩论精神,而这些由公共空间所象征的价值标准和开放空间一样,在中国传统社会中都是不普遍存在的。而不同于传统英式校园选择将公共空间作为校园内院,开放给校内师生,美国选择利用草地和公共场所将校园面向社区开放。这种社会型校园规划方式自杰佛孙总统设计弗吉尼亚大学校园起开始在美国流行,并将这种开放的校园形式演变成了自由、民主、平等的国家精神的符号(social signifier)。[②]由此可见,贝满女校的正方形校园既是为了适应北平合院构成的方形网格状街区格局和传统的规划习惯,同时,设计者将校园边界换作了面向社区的开放场地,以一种开放的姿态将美国的自由平等的精神传播给学生和社区中的百姓。

简言之,贝满女校的校园规划融合了中国传统的规划思想和美国的校园设计理念。更重要的是,除了课堂中教授具体的知识和技能,校园环境也成为对学生和整个社区有利的影响因子,通过增加公共的开放空地来影响人们社会生活的习惯和方式,从而影响民众的观念和社会行为。而贝满女中的学生也确实获得了更高的社会责任感,并进入了各种领域取得了很高的成就:贝满女中的学生参与了北平的众多学生运动,产生了许多各界知名校友如中国第一位南丁格尔奖章获得者王琇瑛、原卫生部部长李德全、原复旦大学校长谢希德、物理学家王承书、化学家蒋丽金、戏剧家孙维世、表演艺术家张筠英、钢琴演奏家鲍蕙乔、著名作家冰心等。贝满女中总平面图参见北京市档案馆资料。

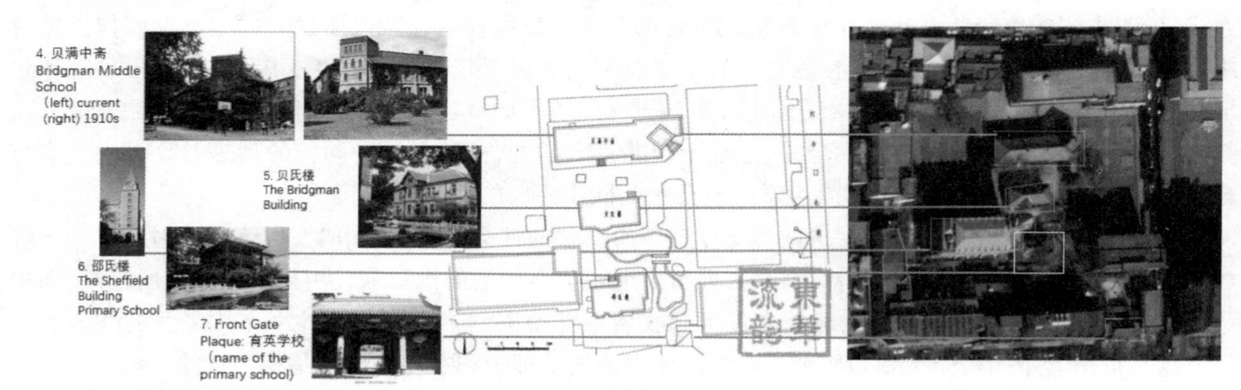

图4　结合现北京市第二十五中学航拍图及历史平面图对贝满女中历史格局进行还原

四、贝满女中的建筑形式和比较分析

贝满女中建设和发展所处的19世纪末20世纪初也是美国教育大发展的时代,其间形成了现代大学校园广泛沿用的规划设计形式。不仅美国的校园设计广泛影响了中国的校园设计,当时由外国设计师所引领形成的洋风建筑风格也影响了中国的设计师和民众的审美习惯和生活习惯。洋风建筑拥有

① 见北京市档案馆中校刊及建国后北京市第二十五中学校史资料。

② 见刘亦师:《茂旦洋行与美国康州卢弥斯学校规划即建筑设计》,《建筑师》2017年第3期。

典型的西式立面，大多使用西式格局和功能分布，同时也依据当时中国的社会情况和传统中国建筑的形式进行了调整和适应。因此，将贝满女中建筑形式与同时期美国和中国的校园建筑进行比较分析，或有助于理解当时西方建筑师严重的中国建筑和文化形象，以及理解他们如何将两种不同的文化进行融合。

作为入侵者的文化需要在“他者”的土地上定义和强调自己的身份和文化，通常需要诉诸历史和经典，来申明自己文化的正统和正确。美国公理会教堂选用的哥特复兴式建筑风格则是被美国视为表示“正统”的建筑风格（图5、图6）。尽管在欧洲，“哥特”一词最初是为讽刺作为蛮族入侵的哥特民族及随之而来的黑暗中世纪的奢华风格，但近代英国将哥特建筑进行提炼和重新表达形成哥特复兴式建筑，作为园林中的点缀。因而美国则将哥特复兴式建筑视作“纯正英国血统”的象征，并融入了其建筑风格中。弗吉尼亚大学建筑历史系教授 Richard Guy Wilson 表示，虽然美国在政治上是独立国家，但是在文化和艺术方面，“我们是英格兰和法兰西的继承者，我们的文化艺术大部分都是舶来品”[①]。由此也可猜测美国公理会选择使用哥特复兴式来建设这座在北平的教堂的原因：强调其文化的正统性和文化自信。

贝氏楼也是典型的美国风格洋风建筑，融合了哥特复兴式的尖屋顶和三角墙以及美国的田园风格。这类建筑在美国的住宅和校园建筑中广泛存在。（图7）右图为Richard Henry Dana于1923年在弗吉尼亚建设的某座图书馆。

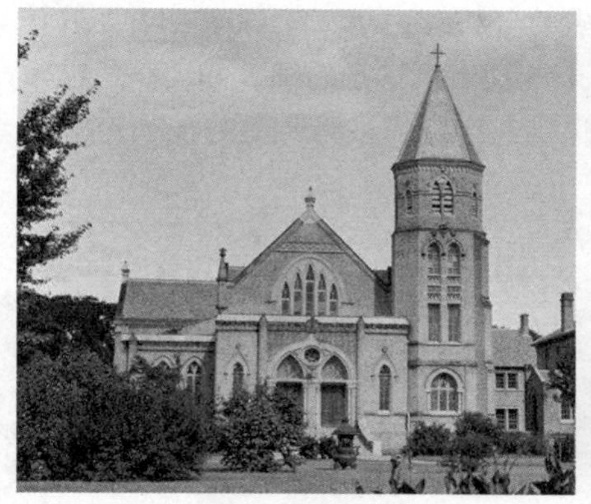

图5　灯市口公理会教堂旧貌（来源：环球时报）

图6　法国圣丹尼教堂（来源：法国国家古迹中心）

图7　Richard Henry Dana于1923年在佛吉尼亚建设的图书馆（来源：刘亦师）

贝满中斋的立面是西方的古典复兴样式，其简洁和几何形式象征着古典建筑和文化的理性和和谐。教学楼的平面呈“L”形，与之后所见的清华学堂十分相似。或许是由于清华学堂最初服务于留美预备教育，建筑整体呈现更为统一的古典复兴式特征；而建立于抵制美货运动正旺时的贝满中斋则拥有中式的屋顶和窗户、走廊、立面的细部。当时位于贝满中斋正门前的草坪现改造为篮球场，有趣的是，草坪是美国从欧洲风格中继承并改造成为美国文化的元素，而如今随着美国文化的繁荣，作为更加独立的美国本土文化的篮球也成为校园开放场所的热门选择（图8）。

尽管贝满中斋的宿舍已经无存，校刊上的照片仍旧可以反映中国现代学校中宿舍设计的起点。图10为宿舍一端的公共厕所的立面，与20世纪初清华建立的女生宿舍（图11）形式十分相似。这些建筑也采用西式结构和中式屋顶和细部装饰。此外，贝满中学的宿舍将走廊放置在立面上形成半开放空间，而20世纪中叶建成的清华女生宿舍则将走廊内置于建筑中。如今这两种宿舍的形式都在中国普遍存在，受气候影响，温暖潮湿的南方更多选用室外走廊，而冬季寒冷的北方更多为室内走廊。

① Zillow：《哥特复兴式建筑：浪漫中散发着奇异的风格》，https://mp.weixin.qq.com/s/cUFeKXgU8vzNrXrX4RBieQ。

图8　贝满中斋及校内草坪（来源：北京市档案馆）

图9　贝满中学宿舍公厕（来源：贝满中学校刊，可循于北京市档案馆）

图10　贝满中学学生宿舍（来源：贝满中学校刊，可循于北京市档案馆及网络）

图11　清华大学女生宿舍

贝满女中起源于1864年，见证并参与了中国近代化的整个历程。贝满女中的时代是女性逐步解放的时代，是中国现代教育起始和发展的时代，也是美国现代教育发展和世界化的时代，也是美国文化在近代化的中国寻找其文化的存在和传播方式的时代。因此，贝满女中的建筑不仅见证了这段意义非凡的历史，也对于我们理解当时美国传教士的意图与成果、中国教育体系和社会生活的逐步发展变化，以及当时社会对于美国文化与中国文化的认同感的逐步变化。

本文尝试对有限可循的历史资料进行综合分析，包括对校刊中有限的照片、统计表，及校友回忆录等进行历史信息的提取和分析，并结合现存的历史建筑进行建筑史的分析。由于二十五中并不开放访问，本文只能通过已有照片及资料对历史建筑进行初步分析，而并未涉及建筑本身的细节和现状所能蕴含的更多历史信息。基于贝满女中独特的历史意义，其所存留的建筑遗产应当被得到更好的研究和历史信息的发掘，以获得更好的保护和历史还原。

宗教传播与租界扩张背景下的天津西开教堂①建筑群研究

天津大学　白慧　张颖娟　杨菁

摘　要:天津西开教堂建于第一次世界大战前后,是20世纪初天津面临的教会与租界双重扩展困局下复杂的社会形势的缩影。西开教堂建成后,其规模为华北地区前列,并配有府邸、学校、医院等众多附属建筑,不少保留至今,仍然在城市生活中发挥着作用。遗憾的是,由于城市化进程以及产权归属等原因,西开教堂更多以独立的教堂建筑身份存在,其庞大且完善的教会建筑群至今鲜被认识,更无相应研究问世。本文在系统测绘、档案发掘整理、图像对比的基础上,结合口述史访谈,初步厘清了西开教堂建筑群的构成、规模和历史演变,得出其从道路规划、轨交与地下工程、建筑风格等方面,对周边地区乃至整个近代天津的城市规划及繁荣产生的巨大影响。

关键词:天津法租界;西开教堂;西开教堂建筑群;遣使会

一、引言

天津是天主教在中国传播的重要发生地,也是近代殖民者在华活动的主要城市之一。西开教堂甫一建成,东亚地区少见的建筑形式、华北地区位居前列的建筑规模、天津城市中醒目的地标位置,都促其成为天津乃至华北地区近现代建筑研究不可绕过的重要个案。并且除西开教堂外周围还配备了包含神职人员办公居住、学校及医疗建筑等,其规模及完备程度是研究教会建筑群不可多得的范本。由西开教堂建筑群建设而引发的"老西开事件"是法租界向其西南方向非法扩张的导火索;虽在此扩张过程中,天津市民及相关教会人员的反抗均以失败告终,但其抗争为天主教本土化进程做出了重要贡献。而西开教堂建筑群的实施为法租界进一步控制及开发老西开地区提供了跳板,逐步形成了以西开教堂建筑群为中心向西南方向辐射的城市规划格局。因此,对西开教堂建筑群的研究是深入了解法租界变迁过程及天主教本土化进程的重要一环。

目前,国内外学者对于天津近代建筑及法租界的研究相对完备,国内如高仲林[②]、路红、夏青[③]、吴延龙[④]等学者对天津近代建筑的综述性研究;天津大学李天、葛盛娅的学位论文[⑤]及宋昆教授团队的相关专著[⑥]对法租界从不同角度展开了研究。国外学者Fleur Chabaille(王钰花)对西开教堂建筑群的建设背景进行了较为全面的分析[⑦],诸多法国学者对天津城市发展史,天主教在津发展史,法国在津殖民过程进行了较为系统的研究。[⑧]

① 天津西开教堂是圣若瑟主教座堂(英语:St. Joseph Cathedral;法语:Cathédrale Saint—Joseph)的俗称,该教堂位于天津市和平区滨江道地区,于1912年至1916年由法国遣使会会士、直隶海滨代牧区首任宗座代牧杜保禄(Paul—Marie Dumond,1864—1944)主持修建。

② 高仲林:《天津近代建筑》,天津科学技术出版社,1990年。

③ 路红、夏青:《天津历史风貌建筑——总览》,中国建筑工业出版社,2007年。

④ 吴延龙:《天津历史风貌建筑·公共建筑卷一》,天津大学出版社,2010年。

⑤ 李天:《天津法租界城市发展研究(1861—1943)》,天津大学2015年博士学位论文。

⑥ 宋昆、冯琳、胡子楠:《地图中的近代天津城市》,天津大学出版社,2018年。

⑦ Fleur CHABAILLE, *Tianjin au temps des concession étrangères: entre dépaysements et cohabitations*, *Croisements4*, 09/2013, pp. 40-69.

⑧ Corentin FRANÇOIS, La France à Tianjin (1937-1945); Rennes; Université Rennes 2 de Haute-Bretagne, 2016-2017.

综上,有关天津近代建筑的研究较为完备,但对西开教堂建筑群这一重要节点研究不足,现存的信息较为缺乏。本文采用历史档案、历史照片与相关口述史结合的研究方法对西开教堂建筑群的兴建背景与变迁历程进行了梳理。

二、天主教与遣使会在津发展历程简述

第二次鸦片战争后,随着各国《天津条约》和《北京条约》的相继签订,天津被增设为通商口岸,教士得入内地自由传教,天主教也得以在天津较为广泛地传播。

天津教区起初属于直隶北境代牧区(Tche-li North),1912年分设直隶滨海代牧区(Tche-li Coastal),主教府设在望海楼教堂,后被西开教堂取代。第一位直隶滨海代牧区代牧为法国遣使会士杜保禄(Paul Dumond,1864—1944),其继任者为文贵宾(Jean de Vienne de Hautefeuille,1877 —1957)。此外,雷鸣远、文致和、谢文彬等数十名遣使会神父亦曾在天津进行传教工作。对天津新闻事业的发展[①]及中国天主教本地化改革的推进做出过巨大贡献。

遣使会[②]为最早进入天津传教的天主教修会,咸丰十一年(1861)传入天津。法国神父卫儒梅、谢福音、杜保禄等先后建立了望海楼教堂(Église Notre-Dame des Victoires,又称圣母得胜堂,图1)、紫竹林教堂(Église Saint Louis,图2)、西开教堂(Cathédrale Saint-Joseph de Tianjin,又称法国教堂、圣味增爵堂)及诸多教会附属建筑。[③]此后,西开教堂及其周边地区逐渐成为天主教徒的聚集、活动及居住的区域。

图1　望海楼教堂[④]

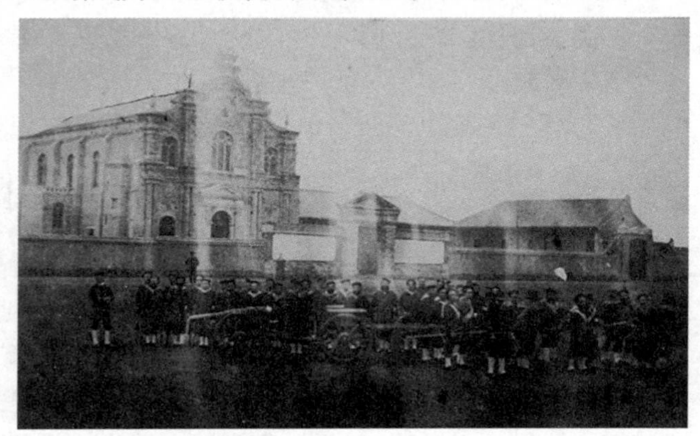

图2　紫竹林教堂[⑤]

三、双重扩张背景下的老西开事件

(一)天津法租界的确立与变迁

《天津条约》与《北京条约》相继签订后,英法两国共同勘定将其租界确定在海河西岸的紫竹林一带,因此又称"紫竹林租界"。其中的法租界东、北临海河,南接英租界信远道(今营口道),西界北端为海河与大法国道(今解放北路)交口,南端为海大道(今大沽路)。除划定租界范围外,《中法北京条约》还强调了教会在华的传教自由及购买土地进行建设的权力[⑥]。这一要求为后续天主教会在华活动中"占有土地"提供了便利,而天主教会的地产经营权对天津法租界的发展具有十分重要的作用。

① J. van den Brandt,*The Lazarists in China1697-1935*,Pei-P'ingLazarist Press,1936.

② 入华天主教四大修会包括:耶稣会、方济各会、多明我会及遣使会。其中遣使会(Congrégation de la Mission)又称拉匝禄会(Lazarites / Lazarists / Lazarians)或味增爵会,1625年由味增爵(Saint Vincent de Paul,1581—1660)创建于法国巴黎,1699年起派遣神父来到中国,并于1783年起接管此前由耶稣会负责的在华传教事务。

③ J. van den Brandt,*The Lazarists in China1697-1935*,Pei-P'ingLazarist Press,1936.

④ https://asialyst.com/fr/2017/10/26/chine-memoire-ambigue-massacre-tianjin-1870/.

⑤ https://www.hpcbristol.net/visual/pk01-37.

⑥ 李天:《天津法租界城市发展研究(1861—1943)》,天津大学2015年博士学位论文。

1870年6月天津民众自发地发起了反抗帝国主义压迫的“天津教案”①，这场大规模的斗争使法国天主教会遭到重创，望海楼教堂和仁慈堂被烧毁。同年，法国在普法战争中失败，国力不振。因此，法租界在建设初期发展缓慢，建筑与景观建设无法与英租界及意租界抗衡。1887年法属印度支那成立，越南、老挝、柬埔寨三国沦为法国殖民地，法租界迎来了第一个发展高潮。然而租界内的主要土地所有者天主教会并不积极开展城市建设，致使居民数量持续增长的法租界不能满足生活需要，越界筑路情况时有发生。②且法租界东北沿海河，东南临英租界，只能向西南方向发展。经过1900年、1916年及1931年三次扩张后，西界延至今新兴路、西康路一带，北界以锦州道与日租界划分。

彼时，租界的扩大已不仅是为了保障法国侨民的日常生活，更是与相邻租界的较量与比试。当时的宗教发展问题也十分突出，望海楼教堂因远离法租界，在每次宗教事件中都会受到毁灭性打击；而紫竹林教堂虽处于法租界核心地带，安全性较好，但却规模甚小，不宜扩张和吸引中国教民。在宗教传播与租界扩张的双重需求下，新建筑群的产生势在必行。

(二)老西开事件

经1900年扩张后，法租界西南边界墙子河(今南京路)对岸是一片开阔且人烟荒芜的洼地，俗称“老西开”。1902年，法国驻津领事罗图阁(H.Leduc)向天津海关道唐绍仪提出扩大租界的要求，范围包括墙子河至八里台之间约4000亩土地。此无理要求因未得到清政府的答复而暂时作罢，但法方一直在暗中谋划，甚至绘制完成了整个西开地区的规划图纸设计。

直隶滨海代牧区设立后，原有两座教堂的位置及规模均不适宜推动宗教发展，首任宗座代牧杜保禄认为老西开地区紧邻法租界且地价低廉，与时任法国驻津领事布儒瓦(Henri Séraphin Bourgeois)商议后，力排众议以教会名义购买老西开地区土地并交由法租界工部局进行规划。

1913年西开教堂动工，法租界工部局以防止动乱为由派巡捕在老西开一带巡査，引起了天津市民的强烈不满；1915年法方强迫老西开居民纳税，进一步加剧了双方的冲突；③1916年西开教堂竣工，法租界工部局强行将教堂门前的路更名为“法国公道”，派安南(越南)兵把守，在老西开地区强行插法国国旗④，直接导致了群起抗议的“老西开事件”⑤；然而10月17日，中法政府发布了联合通告，通告附图中老西开被强行划为“法国推广租界”(图3)。

此次事件后，法租界经由天主教会在老西开地区兴建教堂以逐步控制并强占此地的目的得以实现，也成为西开教堂建筑群兴建的现实基础。

四、西开教堂建筑群的兴建

(一)教会建筑群

在西方，教会建筑群常以主教座教堂为中心，其周围设置一系列配套建筑及设施，以便教会团体能够开展除宗教活动外的其他基础活动。教堂、学校、医院常成三位一体而建设存在。教会建筑群不单服务于宗教活动及教众，亦面向群众开放，因其具备系统的公共服务型基础设施，吸引了大量的当地居民。

---

① 天津教案：1870年，津城屡发丢失儿童事，引起天津人民的警觉。据拐卖儿童罪犯武兰珍、张栓供认，其行径受望海楼教堂教民王三指使。舆论哗然，群情义愤，天津街巷遍见反洋教揭帖。是年6月21日，天津知府张光藻、知县刘杰押解武兰珍等到教堂与王三指证，众多群众齐集教堂向法籍神父谢福音抗议。法国领事丰大业带其秘书西蒙到通商衙门，持枪威逼清政府官员镇压群众。返途遇刘杰，又向刘杰开枪，群众怒不可遏，殴毙丰大业、西蒙和谢福音，烧毁教堂和法国领事馆，复将隔河仁慈堂及附近多处英、美讲书堂焚毁，打死传教士、洋人二十人，此即震惊中外的天津教案。——摘自天津教案遗址碑文。

②③ 李天：《天津法租界城市发展研究(1861—1943)》，天津大学2015年博士学位论文。

④ 文中口述史内容涉及两次采访：2019年1月18日采访西开教堂高景云修士，采访者张颖娟；2020年4月5日采访西开教堂马豹主任，采访者杨菁。

⑤ 老西开事件：是指法租界工部局在西开教堂前三角地带安插法国国旗，设置界牌，派安南(越南)兵把守，拘禁中国警察等行为引起的天津市民大规模抗议活动。天津市民陆续举行了千人示威，赴直隶省公署、交涉署和省议会请愿，抵制法国银行所发行的纸币，抵制法国货，要求撤换法国驻华公使，与法国断绝贸易，中国货不售与法国等活动。此外，法租界内法商义品公司等工厂的工人、职员群起罢工，罢工总人数达到一千四百人，罢工时间持续四个月，致使法租界陷于瘫痪，电灯厂停电，道路、垃圾无人清扫。同时，居住在法租界内的中国居民、商人也掀起迁居华界的运动。——摘自维基百科。

这对于天主教的继续传播起到了积极的作用,产生了居民向教会建筑群周围聚集的虹吸效应。

西开教堂作为直隶滨海代牧区的主座教堂,其周边建筑群规划设计符合以上特征。彼时教会与法国当局互相渗透,逐步实现了租界对老西开地区的管控,故教堂周边地区后由法比合资的义品公司进行开发。西开教堂建筑群相比此前存在的两座天主教堂建设区域宽阔,设施更加完备,有效提升了建筑群周围区域的活力,增加了居民中教徒的比例。

(二)老西开地区

天津地势低洼、水系发达,以开埠前的老城厢为参照,其四周洼地通过“方位词”被命名为“南开”“北开”“西广开”等。老西开地区是指墙子河以南、海光寺以东、佟楼以北的区域。其位置并不处于老城厢以西,据相关学者推测,“西开”地区随着租界推移,逐渐退至墙子河之外,形成了图中的西开地区。[①]因此老西开地区实际是指随着租界向西南扩张而到达的、原始的开洼地带。此地区多为大小不一的水洼,零星散布一些房屋和木材厂,一望无际,景象荒芜(图4)。

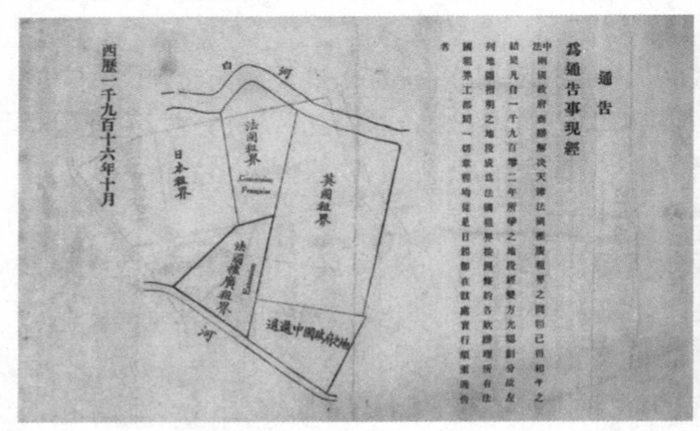

图3　中法政府联合通告(来源:《天津租界档案》)

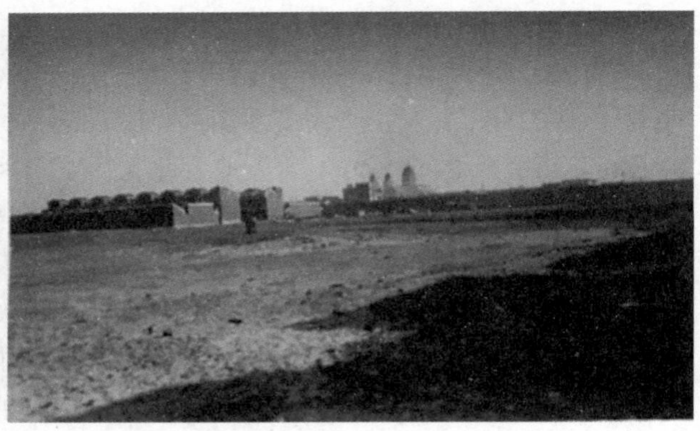

图4　老西开地区照片[②]

西开教堂的建设地位于老西开地区的东北角,1913年起,随着西开教堂的动工,其周边地区陆续完成了主教府、修道院、修女院、法汉学校、西开学校、若瑟小学、医院等主要公共建筑的建设[③]。此外,还包括商业、办公、住宅等功能的建筑。原本荒凉的老西开地区在教堂建筑群的带动下活跃起来,吸引了诸多商贸活动的到来,促进了该地区的持续发展,逐步走向繁荣。直至20世纪八九十年代,西开教堂建筑群仍保持着较完整的格局。

(三)西开教堂及周边教会建筑群

1. 西开教堂

西开教堂建设于1913年8月至1916年6月,历时三年,现西开教堂北侧入口镶嵌石碑记载“一九一七年建一九八〇年重修”,据推测这是由于西开教堂是在1917年老西开事件平息后才开放的。据高景云修士回忆,西开教堂的设计师为比利时籍传道士,应宗座代牧杜保禄之邀参与西开教堂的设计。[④]教堂风格的选择与欧洲同期风格相似,拉丁十字的平面布局与连拱廊的立面元素均带有罗曼式教堂的风格,而穹顶的设计则受拜占庭风格的影响,故西开教堂为兼具罗曼式与拜占庭式的罗曼-拜占庭复兴风格(图5)。其整体建筑形象与马赛大教堂极为相似,后者也被认为是此次设计原型(图6)。

---

① 见张诚:《天津的“西开”到底在哪里?》。https://new.qq.com/omn/20200609/20200609A0NWDN00.html,2020-06-10.

② 见徐凤文、陈启宙:《西开教堂的劫难与记忆》。

③④ 文中口述史内容涉及两次采访:2019年1月18日采访西开教堂高景云修士,采访者张颖娟;2020年4月5日采访西开教堂马豹主任,采访者杨菁。

图5　西开教堂①

图6　马赛大教堂②

教堂长约64.32米，宽约30.2米，建筑面积约1891.9平方米，沿西南东北方向呈轴对称。立面有三座带穹顶的塔楼，均在40米以上，主塔楼高达43.64米。外观雄伟厚重，统领周围建筑群。1991年被列为“天津文物保护单位”，并被国家建设部、国家文物局联合命名为“国家级优秀近代工程”；2018年入选“第三批中国20世纪建筑遗产”。

2. 教会建筑

除西开教堂外，其周围还建设了主教府、修道院及修女院几座供神职人员使用的建筑。主教府为教堂东侧一座“工”字形建筑，建于1914年，因其为培养神父的神学院，故又称神父楼。主教府位于教堂前大街（今西宁道），为天津市历史风貌建筑（重点保护）。建筑共三层，地上两层，地下一层，为砖混结构。建筑立面呈法国新古典主义风格，五段式立面，主入口设神庙式三角山花，坡屋顶，暗红色瓦，上设14个烟囱以供取暖排气（图7）。现今主教府仍承担神职人员办公功能，一层为办公区，二层部分供神职人员住宿。建筑主体保存良好，多处装饰仍保持最初的特征。

修道院由代牧杜保禄创建于1914年，起初位于望海楼教堂，同年他在西开教堂东侧、营口道与西宁道转角建设了一座二层楼房，1915年将修道院迁至此。修道院为天主教培养年轻神职人员的学校，根据其等级和教授内容的不同分为大、小修道院。1958年在“大跃进”的影响下，天津教区大、小修道院宣告解散。

若瑟修女院创立于1914年，而建筑建于1928年左右，紧邻教堂东南侧，供若瑟修女会的修女们居住，被称为“若瑟楼”（图8）。建筑共两层，平面呈“L”形，砖混结构，南侧立面上设有典型巴洛克式山花。此楼现仍服务于教会活动，用于开办西开教堂教义班。③

图7　主教府图

图8　若瑟修女院

① CADN，Fond de Tianjin，691PO 1 398，Cathédrale Saint Joseph.

② https://library.columbia.edu/.

③ 文中口述史内容涉及两次采访：2019年1月18日采访西开教堂高景云修士，采访者张颖娟；2020年4月5日采访西开教堂马豹主任，采访者杨菁。

3. 学校建筑

西开教堂动工后，遣使会又在老西开地区先后建立数所学校，其中法汉学校、西开学校和若瑟小学毗邻教堂。教堂周围的一系列学校建筑极大地吸引了当地居民的到来，为教会宣传宗教思想，培养本土会士，促进文化融合起到了重要作用。

法汉学校（Ecole Municipale Francaise）校舍建于1916年，位于教堂前大街，学校前身为1895年创立的法国学堂（Ecole Nationale Francaise），1923年搬迁至此后更名为法汉学校。[1]建筑共三层，砖混结构，呈法国官邸式建筑风格（图9）。建筑平面呈“T”形，房间均由封闭走廊连接。西侧院落设主入口院门，与教堂大街呈45°角，并向内收敛，此举有助于退让出入口广场从而缓解教堂及学校入口的人流压力，两侧对称的道路布局亦烘托出教堂的中心地位。1952年法汉学校改为公立学校并更名为天津市二十一中学，2012迁往新校址。原址后为天津市和平区中心小学，又因地基沉降、修建国际商场等缘故向东迁移，平面变更为“L”形，高度增至四层，但建筑整体风貌未曾改变。

西开小学建于1913年[2]，前身为1908年设于紫竹林地区的“培德小学”；西开中学创于1916年，两所学校共用教堂西侧校舍。建筑共两层，砖混结构。平面为“L”形，由三个主要的体块构成；立面整体由青砖砌筑，灰瓦坡屋顶；主入口上方设巴洛克式弧形山花，是紫竹林教堂风格的延续。

若瑟小学由若瑟修女院创办，位于教堂西南侧的宝鸡道，1935年被批准立案，后迁至宝鸡道文善里，更名为“文善里小学”，原址作“房管局技校”使用。[3]

4. 医疗建筑

西开天主教医院又称法国医院，建于1914年，位于圣路易路，占地20余亩。其前身为仁爱会修女于1874年在紫竹林法租界开办的若瑟医院，1942年开设西开天主教堂会育婴医院，新中国成立后的1952年改为天津中心妇产科医院（图10）。

医院位于教堂东南侧，为一组小型建筑群，主体建筑地上两层，平面为矩形，辅助用房与其相接，呈折线形。院内单设小教堂，位于圣路易路与教堂大街交口。天主教孤儿院及私立仁爱高级护士学校亦位于天主教医院内，孤儿院在门诊部东南侧（图11）[4]。

图9　法汉学校[5]

图10　法国医院（来源：马豹主任提供未出版册子《西开百年》）

图11　法国医院内小教堂（来源：马豹主任提供未出版册子《西开百年》）

五、西开教堂建筑群与城市建设

老西开地区的逐步开发，是伴随着法租界当局与教会和企业不断渗透而完成的。租界扩张过程中，借由大型企业购买土地从而实现对地区的规划与开发这一手段实际上是源于奥斯曼的城市规划理论，这种发展模式在巴黎的城市改造中也被广泛采用。[6]此外，拆除旧建筑，规定新建筑及街道的尺度，选择建

① 见天津地方志编修委员会办公室、天津图书馆编：《〈益世报〉天津资料点校汇编（一）》，天津社会科学院出版社，1999年。

② 见《天津市私立老西开学校立案用表之（十四）》，天津市档案馆，档号：401206800-J0110-1-000018-021。

③ 文中口述史内容涉及两次采访：2019年1月18日采访西开教堂高景云修士，采访者张颖娟；2020年4月5日采访西开教堂马豹主任，采访者杨菁。

④ 文中口述史内容涉及两次采访：2019年1月18日采访西开教堂高景云修士，采访者：张颖娟；2020年4月5日采访西开教堂马豹主任，采访者杨菁。

⑤ CADN，Fond de Tianjin，691PO 1 398，École municipale française.

⑥ 见李天：《天津法租界城市发展研究（1861—1943）》，天津大学2015年博士学位论文。

筑风格，控制重要节点建筑等方面都模仿了奥斯曼对巴黎进行改造时的策略，渗透了西方城市规划思想。

（一）道路规划

老西开地区开始建设时，法租界旧域已基本完成规划及建设，加之墙子河的分隔作用，故其规划一直与原租借地相对独立进行。

1916年西开教堂建设期间，法租界工部局仅对教堂及其附属建筑周围的道路进行了建设。此次规划中，道路仍以方格路网为主，紧邻墙子河的地块延续1900年扩展界的道路走向，与东西方向道路形成平行四边形地块，随后道路进行了转向，南北与东西方向道路形成规则的矩形地块。20世纪20年代，法国工部局通过义品公司等法国公司收购老西开地区的土地，并采取同样的规划方式扩张方格网状道路。1925年法租界工部局提出了更为细致的道路划分方式，且将临近墙子河的道路垂直布置，减少了平行四边形地块，方格路网更加规整。1931年，老西开地区的道路规划基本完成，与1925年相比稍做简化，但整体走向并未改变。①此次改造的道路结构基本延续至今。

除道路外，墙子河桥梁的建设也对法租界的扩张和发展起到了重要作用，租界周围自东向西为张庄大桥（又称营口道桥）、教堂桥、锦州道桥、哈密道桥、鞍山道桥。其中教堂桥正对西开教堂，为法租界前往教堂的必经路径。

（二）轨交与地下工程

天津的有轨电车由比商天津电车电灯公司建设，1906年，中国第一条公交线路上的“白牌”电车正式通车，此后又陆续修建了“红牌”“黄牌”“蓝牌”“绿牌”“花牌”“紫牌”电车。其中“黄牌”与“蓝牌”电车穿越法租界，并在法租界内劝业场站停靠；“绿牌”电车为1921年开通的沟通西开教堂与天津火车站的轨道交通，与其他线路于劝业场站联通，对法租界及西开地区的繁荣起到了重要作用。

老西开一带由于缺少自来水，居民日常生活十分不便，于是法租界工部局于1935年在老西开教堂附近开凿地下水井。得益于有利的地形条件，此井能依靠地层自身压力自流，是史料记载中“天津市唯一自流井”。据英国专家欧达雷介绍此井在当时“打破全中国淡水井深度之纪录”“在中国为最深之淡水井”（图12）。②

（三）建筑风格

法租界当局对其旧域的建筑风格有严格的要求，只有少部分中式花园小品可以保留，其余建筑均需拆除并重盖欧式建筑。但其对后续开发的老西开地区政策则较为宽松，此地区有较多中国人居住，故除大型公共建筑采用欧式风格外，住宅设计上常与中国传统合院式建筑相结合，合院周围墙壁较高，略显封闭，临近道路一面常设商铺。③受欧式风格影响，建筑在立面上采用水泥砂浆抹灰装饰，与中国传统建筑的外立面明显不同（图13）。

图12　西开自流井喷水摄影（来源：《天津早期照片集锦》）

图13　老西开邮局照片④

---

①③ 见李天：《天津法租界城市发展研究（1861—1943）》，天津大学2015年博士学位论文。

② 见侯福志：《黎桑与老西开地热井》，《今晚报》副刊“天津人物”栏，2013年12月29日。

④ CADN，Fond de Tianjin，691PO 171，Photographies de la concession française lors des inondations d'août1939，1939.

六、结语

西开教会建筑群的实施为法租界进一步控制及开发老西开地区提供了跳板，逐步形成了以西开教堂建筑群为中心向西南方向辐射的城市规划格局，并在很大程度上促进了老西开地区的城市发展，时至今日，西开教堂建筑群对天津的发展仍起着至关重要的作用——西开教堂位于天津核心商业圈滨江道，周围的大型商场及正对的滨江道商业街是城市的商业和经济中心；身处闹市的教堂建筑是城市重要的地标建筑，业已成为天津形象的"名片"之一，吸引了大量本地居民和外地游客；以教会建筑为前身的各类学校及医院基本保留原有功能，极大地促进了天津教育及卫生事业的发展；老西开地区及法租界规划的道路肌理一直延续至今，为天津部分区域的城市规划奠定了良好的基础。西开教会建筑群对其周边地区的城市规划及繁荣发展亦产生了巨大影响，是研究西方城市规划思想在我国近代城市规划中具体反映的鲜活案例，为继续研究教会建筑对我国近代租界规划的作用与影响提供了方向。

北戴河东经路宾馆内五幢老别墅比较研究

清华大学　朱珍妮

摘　要：北戴河与庐山、莫干山、鸡公山并称为中国四大避暑地，是历史上首批由中央政府规定允许中外杂居的避暑城市，近代以来修建了许多别墅建筑。北戴河老别墅是中国近代建筑的重要组成部分，其历史发展和建筑特点具有一定的研究价值，体现了中西方建筑文化的融合，形成了北戴河海滨地区独特的别墅文化。本文选取北戴河东经路宾馆内五幢老别墅进行比较研究，总结北戴河别墅的共性和不同文化背景下各自的特点。

关键词：北戴河；老别墅；近代建筑；建筑历史

一、北戴河老别墅的历史渊源

北戴河老别墅是秦皇岛近代建筑的重要组成部分，其历史悠久，始于19世纪末北戴河开发之初。早在1893年，修筑津榆铁路的英国工程师金达（Claude William Kinder C. M. G.，1852—1936）勘测路线时来到北戴河金沙嘴，称此地沙软潮平，是绝佳的海水浴场，所以19世纪末英美的传教士相继来到此地。相传最早修建别墅楼的是英国传教士史德华彼和甘林，这是西人居住在北戴河海滨的开始。[①]

1898年，清政府将北戴河海滨西起戴河口东至鸽子窝的地界划分为"各国人士避暑地"，沿海向陆地延伸3华里[②]。同年，"北戴河石岭会"这一西人的自治机构成立，并在《石岭会会章》中规定西人拥有建房、筑路、传教等事宜的自治权力。此后，各国传教士及中国的官员、商人纷纷来此地租地建屋。至1900年，中海滩一带已建成别墅约50幢，并配建相应的配套设施。1901年《辛丑条约》签订后，中国完全沦为半殖民地半封建社会，这使得更多西人赴海滨避暑。至1912年北戴河已有别墅130余幢，逐渐成为西人夏季的聚居、集会之地。

第一次世界大战结束后，原本西山一带多为德国人居住，但由于德侨遣返纷纷出售房屋离开，这里迅速成为中国人的聚居地。[③]1919年，爱国人士朱启钤[④]联合当时在此避暑的社会名流，成立了北戴河海滨公益会，由中国人独立行使行政职权，从而限制了石岭会等教会势力向西山一带的扩张。自1917年北戴河修建了中国第一条旅游铁路支线后，海滨别墅群进入了中西共同建设的繁荣时期。[⑤]

---

① 见管洛声：《北戴河海滨志略》，北戴河海滨风景管理局，1925年、1938年。

② 1华里=500米。

③ 见管洛声：《北戴河海滨志略》，北戴河海滨风景管理局，1925年、1938年。

④ 朱启钤（1872—1964），字桂辛、桂莘，号蠖公、蠖园，祖籍贵州开州（贵州开阳）。任中国北洋政府官员，同时也是政治家、实业家、古建筑学家、工艺美术家。1918年开始号召在北戴河避暑的中国上层人士，创办地方自治公益会，朱任会长。对中国古建筑艺术也颇有研究，1925年开始筹办中国营造学社，从事古典建筑文献的研究和整理，1930年营造学社正式成立，朱任社长。

⑤ 至1924年共有中外别墅楼526幢，包括七年间增建的273幢和此前三十多年建成的253幢，在1924年至北戴河解放前的二十四年间有新建别墅近200幢。见刘博佳、黄健、冯柯：《北戴河近代建筑群的保护研究》，《中国科技信息》2009年第5期。

至据北戴河区人民政府于1949年的一次统计，截至1948年北戴河解放，共建有中外别墅719幢[①]，总面积29万多平方米，其数量仅次于庐山，位居中国第二大避暑别墅区。新中国成立后，北戴河作为红色“夏都”，成了中央直属机关夏季办公地和劳模休疗养地，分布在各处的老别墅归各疗养单位使用，后文重点分析的5幢老别墅就是划归到东经路宾馆内。

图1　魏迪锡的别墅设计图[②]

北戴河别墅的设计者多为外国人，而建造者都是中国人。设计者中以德国人魏迪锡和盖林最为有名，二人在天津开办建筑事务所，专门负责北戴河别墅的设计，英国阿温太太别墅便是魏迪锡和盖林共同设计的。至于建造者，以北戴河当地草场村的阚向舞最为出名，他与魏迪锡合作承包了当时的许多工程。[②]

二、北戴河老别墅的共同特征

北戴河别墅形式多样、风格各异，具有鲜明的特点，这是不同国家的不同宗教和文化背景所导致的。虽然别墅多为外国人所设计，但由于北戴河海滨独特的地域性特点，在不同之中又呈现出某些共同的特点。

（一）建筑总体特征

《北戴河海滨志略》中记载：“吾国建筑不事形式之美观，在海滨则非所宜，既乐其风景之美，而卜居处必使建筑物足以为风景之点缀。”[④]可以看出北戴河老别墅非常注重与周边自然环境的协调和融合，大多根据地形选择地势好且能俯瞰大海的地方。这些别墅建筑体量较小，形式多样，有的分层筑台，有的依坡就势，采取“错层”“悬挑”的手法，形成丰富的层次变化。整体布局较为疏松，各个别墅互不相连，而是以庭院分隔，种植绿地花木，建筑与景观互相渗透。有的别墅还有独立于主体之外的、供冬季看楼人居住的屋子。我们无法将北戴河的别墅归为一种或多种西方建筑流派，这些特点鲜明的别墅显示出一种舒适、享受、与自然和谐相处的生活主张，很好地反映了当时北戴河海滨地区的社会风貌。

（二）外廊的使用

“屋必有廊，廊必深邃，用蔽骄阳，用便起居。游息入夜，每多卧于廊际，以呼吸新鲜空气。”[⑤]由此可以看出外廊是北戴河别墅的一大特色，这是由于夏季日照强烈、气候较为潮湿，以围廊环绕别墅是平面布局上适应气候特征的手段之一。虽“屋必有廊”，廊的结构形式却可分为多种类型。[⑥]根据廊的开面可分为一面廊、二面廊、三面廊、四面廊，其中四面回廊为最佳，有时东北面可不设外廊而用平台代替。根据廊的开敞或封闭可分为全敞开式、全封闭式和部分封闭式。

廊的面积也有大小之分，有时外廊的面积等于甚至大于住室面积。廊柱则有材料、制作、形式上的不同，根据材料可分为石质、木质和砖质，以木柱和石柱最为常见，木柱外廊多为梁柱式，体型轻盈，而石柱外廊多为拱券式，体量较大。[⑦]廊柱根据制作可分为毛料和雕料，根据形式则有单柱双柱、方柱圆柱之分。大进深的外廊不仅起到遮阳的作用，使得居住其中的人们在冬夏时节也能于此休息、乘凉，有的老别墅还配有凉亭作为装饰陪衬，这些都丰富了别墅的空间层次。

① 其中外国人别墅483幢，涉及美、英、法、德等二十个国家，中国人别墅236幢，二者数量之比约为2∶1。见孙志升：《到北戴河看老别墅》，湖北美术出版社，2002年。

② 见李春光：《北戴河老别墅》，河北美术出版社，2011。

③⑥ 见孙志升：《到北戴河看老别墅》，湖北美术出版社，2002年。

④ 管洛声：《北戴河海滨志略》，北戴河海滨风景管理局，1925年、1938年。

⑤ 林伯铸：《北戴河海滨风景区志略》，北戴河海滨风景管理局，1938年。

⑦ 见张善波：《北戴河历史风貌建筑的保护与利用》，《中国环境管理干部学院学报》2011年第21卷第2期。

图2　白兰士别墅的外廊　　图3　班地聂别墅的外廊　　图4　查克松别墅的外廊

（三）高台的设置

北戴河别墅的另一大特点是高台。因为靠海的建筑有防潮、通风的需求，一般将别墅的基座处理为高台，将顶部处理为阁楼，即所谓的“下空”和“上空”①。高台一般是带有空间的地下室，在当地被称为“地窨子”。老别墅层高一般为一到三层，有的高台的地面高度可以达到一层楼高。地下室的平面有矩形、圆形、多边形等，其平面形态依建筑形态而定。立面上有的有门有窗，可供工人居住或用作厨房，有的则只有排气孔，一般作为储藏间来使用，例如夏季存储冰块起到降温作用。别墅顶部都有一个高高的顶，内部中空为阁楼，主要起隔热作用。高台的设置使得北戴河别墅能够很好地适应海边潮湿的天气。

（四）材料与构造

北戴河别墅的结构形式主要有木结构、石木结构和砖木结构，以砖木结构为主，从一些建筑的屋顶内部便可看到木结构体系。这是由于近代中国的建筑材料仍以木材为主，在设计中提取了这一元素并与西方融合，形成了北戴河别墅独特的结构体系。别墅屋顶有单尖顶、双尖顶、单坡顶、双坡顶、歇山顶、混合顶等，顶砖也有灰砖瓦、红砖瓦、铁皮瓦、牛舌瓦、彩石瓦等，其中以红砖瓦和红铁皮瓦最为常见，故北戴河老别墅也常被称为“红房子”。别墅墙体多取材于本地丰产的联峰山花岗岩，以粗毛石砌筑。石料采取不同的加工方法以形成不同的墙体，如剁斧石墙体、乱石插花墙体、自然断面墙体等。②

三、五幢老别墅的对比

本文以五幢保存较好、现均位于北戴河东经路宾馆内的老别墅为例，对比分析共同特征下不同的设计和建造特点，五幢别墅的基本信息均列于下表（表1）中。

表1　别墅基本信息

别墅名称	国家	建造时间	建筑面积
白兰士别墅	奥地利	20世纪初	483.95平方米
阿温太太别墅	英国	20世纪初	400.38平方米
班地聂别墅	英国	20世纪初	535.26平方米
查克松别墅	英国	20世纪初	485.38平方米
卡其别墅	意大利	20世纪初	521.59平方米

（一）白兰士别墅

白兰士别墅为全国重点文物保护单位，新中国成立后接待过许多中外友好人士。该建筑由奥地利人白兰士设计，新中国成立后由于马海德③医生长期在此居住，也被称为马海德别墅。白兰士别墅是北戴河近代早期典型的殖民地外廊样式，具有北戴河老别墅典型的高台、环廊、红屋顶的特征，其中四面环廊是其区分于其他四幢别墅的重要特征，从平面图中可以看出别墅西北面的外廊较窄，而其余三面的外廊较宽，现状照片显示西北面的环廊已被封闭。

① 李春光：《北戴河老别墅》，河北美术出版社，2011年，第159页。

② 见张善波：《北戴河历史风貌建筑的保护与利用》，《中国环境管理干部学院学报》2011年第21卷第2期。

③ 马海德（Shafick George Hatem，1910—1988），原名沙菲克·乔治·海德姆，祖籍黎巴嫩，阿拉伯裔中国人。1910年出生于美国，1933年取得日内瓦医科大学医学博士学位，同年来到上海研究中国正在流行的东方热带病。此后马海德加入中国共产党，在抗战时期做出了突出的贡献。1950年马海德正式加入中国国籍，协助组建中央皮肤性病研究所，致力于性病和麻风病的研究，并取得世界范围内的成果。

白兰士别墅同样建于高台之上，局部二层，入口处有大台阶，显得豪华气派。地下室仅设排气孔，推测用作防潮或储藏。建筑主体为砖木结构，廊柱为木质，被刷成红色，朝外的表面有精美的雕饰，梁架外露，被刷成绿色，与门窗和阑额的颜色统一。建筑的外墙局部刷有一种由贝壳和海砂等粉碎后的颗粒状砂浆，学者推测这种饰面材料可以减少海风中的潮气和盐分对墙面的腐蚀作用。①

图5　白兰士别墅侧面　图6　白兰士别墅立面测绘图②

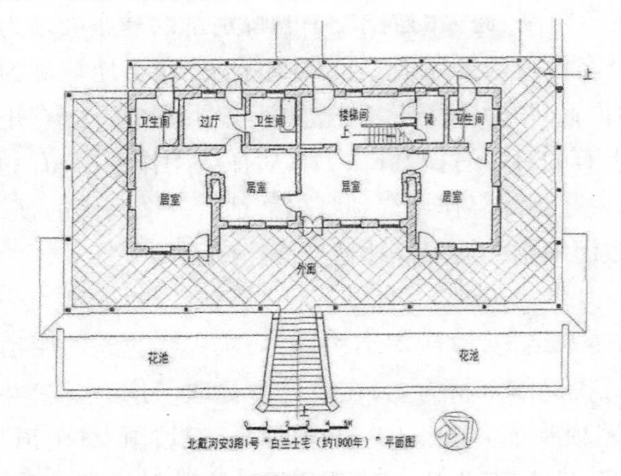

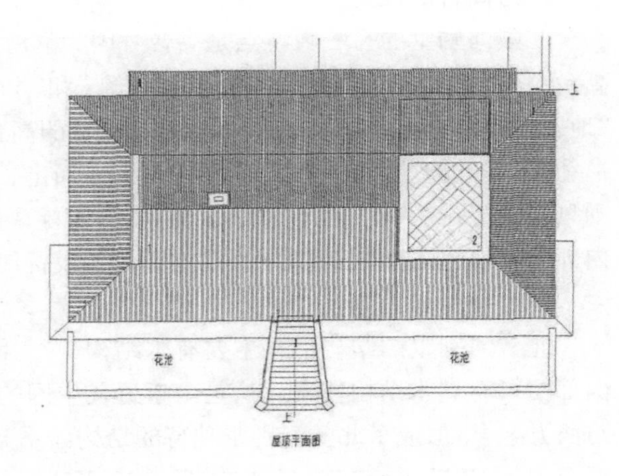

图7　白兰士别墅平面测绘图③

（二）阿温太太别墅

英国阿温太太别墅为秦皇岛市文物保护单位，该建筑由建筑师盖林和魏迪锡共同设计，具有典型的德国设计风格，使人仿佛置身南德意志山中。④罗尔夫·盖林（Rolf Geyling，1884—1952）是一名出生于奥地利维也纳的德国建筑师，1920年来到北戴河。此时的北戴河由于多年战乱，建筑损毁严重，急需大规模建设和发展。盖林受北洋政府委托被任命为北戴河开发设计的建筑师，与当时也在北戴河工作的魏迪锡合作完成了许多建筑设计作品，例如北戴河海滨大酒店、章家大楼别墅以及阿温太太别墅等。

别墅最具特色的是结合场地所设计的明廊，疏朗开阔且变化丰富。廊为半封闭式，由三面廊组成，左侧环廊较宽，且为多边形，配有木制桌椅作为休息区域；右侧环廊较窄，变化较少，用作通行的廊道。方形的木质廊柱和上方的梁架体现出中国建筑的风格。该建筑建于高台之上，地下室设排气孔，外表取材于花岗岩，由灰色砖石构筑。另一个特色之处是别墅的屋顶，为坡屋顶和单尖顶的混合式屋顶。⑤

图8　阿温太太别墅正面

图9　阿温太太别墅明廊

图10　阿温太太别墅的木雕装饰

---

① 见冯柯、齐麟：《北戴河近代别墅建筑现状的调研分析》，《建筑知识》2015年第35卷第6期。

②③ 李南：《中国近代避暑地的形成与发展及其建筑活动研究》，浙江大学2011年博士学位论文。

④ 见孙志升：《到北戴河看老别墅》，湖北美术出版社，2002年。

⑤ 见解丹、陈怡如：《建筑设计师罗尔夫·盖苓的北戴河别墅建筑艺术风格探析》，《艺术与设计》2020年第2卷第4期。

（三）班地聂别墅

英国班地聂别墅为河北省文物保护单位，如今被作为班地聂酒庄使用。该建筑具备高台、环廊、单层、红顶等北戴河老别墅的典型特色。与其他四幢别墅相对对称的平面布局相区别的是，班地聂别墅的平面顺应具体场地呈现出自由式的特点。正立面的大台阶不再位于轴线上，而是从侧面延伸上去，使得原本台阶的位置形成了六角形的宽大门廊，供人休憩、聚餐。

与上文提到的白兰士别墅和阿温太太别墅的木质廊柱不同，班地聂别墅的廊柱为石质方柱，但砌筑方式较为简单，没有采用拱券式。该建筑主体结构为石木结构，但局部会用砖块来砌筑，例如门窗与墙体的交接部分，砌筑方式变化丰富，从而形成了别具一格的装饰效果。班地聂别墅的高台外表取材于花岗岩，采用乱石插花墙体做法及白水泥勾缝，设有排气孔，推测是用于酿酒、储藏。

图11　班地聂别墅明廊　　图12　班地聂别墅独特的门窗　　图13　班地聂别墅的地下室排气孔

（四）查克松别墅

英国查克松别墅为秦皇岛市文物保护单位，是典型的欧式风格建筑。上文提到的班地聂别墅仅廊柱采用石质廊柱，建筑主体墙面也刷涂料，而查克松别墅采用毛石墙、毛石廊柱的做法，显得古朴典雅，整面毛石墙尽显欧洲乡村风情。该建筑的平面布局也很有意思，主体部分以山面正对街道，台阶先沿轴线向上延伸，后分向两边，来到左右的外廊。查克松别墅的明廊露天部分有顶，为半开放式，明廊侧面有月亮门，是以西方的拱券式砌筑成中式的圆形门洞，体现了中西建筑元素的融合。虽然查克松别墅整体给人一种朴素之感，但许多细部的处理也很精彩，例如地下室透气孔的雕花处理，还有明廊里造型别致的吊灯等。

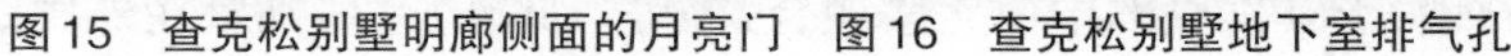

图14　查克松别墅正面　　图15　查克松别墅明廊侧面的月亮门　　图16　查克松别墅地下室排气孔

（五）卡其别墅

卡其别墅为河北省文物保护单位，是由意大利的卡其先生设计建造的，新中国成立后接待过许多名人，如国际友人西哈努克亲王。卡其别墅与其他四幢别墅相比最大的特点是该建筑在欧式风格的基础上增添了许多中国元素，二者非常协调。例如别墅外曲径通幽的石板路，就像中式园林中曲折蜿蜒的小径。明廊采用刷红漆的木质方柱，木柱下有柱础，这也是取自中国古代传统建筑的典型做法。卡其别墅的平面布局呈不对称式，左右两边都有附属的小屋，可能是供用人居住。该建筑仅两面廊，正立面左侧明廊较宽，且曲折变化，设桌椅供人们休憩，右侧明廊较窄，变化不大，仅作为通道使用，这一点与阿温太太别墅较为相似。

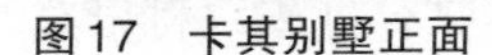

图17　卡其别墅正面

图18　卡其别墅廊柱的柱础

图19　卡其别墅明廊

四、老别墅的价值及保护

北戴河老别墅是中国近代建筑的重要组成部分，其历史与中国近代建筑的发展密切相关，对其进行研究和保护具有重要的意义。北戴河老别墅是极其宝贵的历史文化遗产，从建筑的造型、选材到风格都体现了西方建筑形式与北戴河地域特色的有机融合，是城市历史发展的重要见证者。对老别墅进行保护也有利于彰显北戴河城市特色，提升城市文化内涵，从而促进旅游业等相关产业的发展。

时至今日，北戴河老别墅仅剩下110余栋。一方面是自然灾害如风雨侵蚀、损毁、地震所导致，另一方面是因为改革开放初期，旅游业迅速发展，来到北戴河的游客数量剧增，老别墅因为占地面积大、使用面积小、客房数量少等原因遭到一些疗养单位的拆除，在原址上新建了一批体量较大的疗养建筑。①

2000年以后，政府陆续出台了一系列法规将老别墅纳入文物保护单位，为老别墅的保护提供了政策保障。在保护和利用的探索中，有学者提出分级保护、重点保护核心地段、统一规划分期实施等原则。②对于近代建筑的保护，除了专业的博物馆式保存，近年来还提出了社会化保存，即通过一定的社会群体、组织进行各类灵活性的保存。③社会化保存在北戴河地区有诸多实践，例如黑龙江老干部疗养院内的何香凝别墅原本常年闲置、破败失修，后经天洋公司斥资对别墅室内外进行了恢复性修建，并设专人维护，现在何香凝别墅同时承担着弘扬老别墅文化和天洋企业文化的双重使命。北京工人疗养院内的五凤楼是国家重点文物保护单位，政府对五凤楼的基础设施进行改造，目前已经有5家文创企业签约入驻。上文提到的班地聂别墅如今作为班地聂酒庄，经过修缮、改造，可供游客在此休憩、就餐，也是社会化保存的一种形式。由此可见，社会化保存不失为一种合理有效的保护和利用途径。

五、结语

本文在对北戴河近代别墅建筑进行广泛调研的基础上，选取北戴河东经路宾馆内五幢具有代表性且保存现状较为完善的老别墅为实例，从别墅总体特征、外廊的使用、高台的设置、材料与构造等几个方面分析了北戴河近代别墅建筑的共同特点，并通过比较研究总结出五幢别墅的不同与特色，例如白兰士别墅的四面环廊，阿温太太别墅的德国设计风格，班地聂别墅正面的六角形宽大门廊，查克松别墅的整面毛石墙，卡其别墅的中西元素融合，等等。此外，这些别墅在外廊的形式、平面布局、材料选择等方面均有所不同。北戴河老别墅的差异反映出别墅主人在文化背景和财富地位上的不同，而其共性特征则体现了北戴河海滨地区独特的建筑艺术风格。北戴河老别墅是中国近代建筑的重要组成部分，体现了西方建筑形式和北戴河地域特色的有机融合。

① 见陈怡如：《北戴河老别墅历史建筑群的景观廊道构建》，河北工业大学2020年硕士学位论文。

② 见张善波：《北戴河历史风貌建筑的保护与利用》，《中国环境管理干部学院学报》2011年第21卷第2期。

③ 见赵琳：《近代建筑社会化保存的实践——北戴河老别墅》，《中国科技信息》2010年第4期。

芜湖医院新楼

——一个现代医院建筑的创建

华南理工大学　成玲萱　彭长歆

摘　要:中国近代教会医院建筑的产生与医疗传教的背景密不可分,在宗教影响下的教会医院呈现出对医治疾病与福音传播并重的特征。芜湖医院是由美以美会传教士创办、麦金-米德-怀特事务所设计的安徽首座西医院,今为弋矶山医院。本文通过分析其初创时的原始图纸,从而追溯其建筑设计中医治疾病空间与福音传播场所的特点,以及承载医疗慈善的纪念性特征,以期为中国近代教会医院建筑的研究与现代医院建筑的设计提供一定参考。

关键词:中国近代教会医院;芜湖医院;弋矶山医院;美以美会;麦金-米德-怀特事务所

一、引言

作为一种新的建筑类型,中国现代医院的创建肇始于近代西方医学的传入,尤以西方基督教主导的医学传教运动最为显著①。医学传教运动不仅促进了西医的在华发展,也催生了大量教会医院。这些教会医院用作医疗空间的同时,也成为医学传教士开展宗教活动的场所,并将身体疾病医治与基督福音传播关联在一起,教会医院因此起到了教堂无法替代的作用。

作为中国近代教会医院的早期典型,芜湖医院(The Wuhu General Hospital,简写为W.G.H.,今弋矶山医院)是安徽首座西医院,为当地医疗事业做出了重要贡献,也见证了中国近现代西医学的发展。如今作为国家三甲医院的弋矶山医院仍饮誉皖南,民间称"北有协和,南有弋矶山"②。芜湖医院主楼历经两次修建,至今仍作为弋矶山医院住院楼使用,但在现有研究中因缺乏关于其建筑设计的原始史料,往往更关注其历史沿革。通过分析芜湖医院新楼初创时的原始图纸从而追溯其建筑设计,不难发现其中对医治身体与福音传播的并重,这既为该院百年蓬勃发展奠定了物质空间基础,也为研究以此为代表的中国近代教会医院建筑提供了新的切入点。

二、历尽艰难:芜湖医院的创立背景

(一)社会背景

芜湖位于安徽省东南,是长江中下游重要水陆交通枢纽,素有"皖南门户"之称。1876年,根据中英《烟台条约》,芜湖被辟为通商口岸。1877年开埠后,芜湖沿江滩地被划定为租界,此后租界不断扩大,

① 见梁碧莹:《"医学传教"与近代广州西医业的兴起》,《中山大学学报(社会科学版)》1999年第5期。自1835年有中国内陆"西医院鼻祖"之称的广州眼科医局作为创办以来,传教士逐渐意识到医疗传教这一特色方法的重要性,还创办了"中华医学传道会"(The Medical Missionary Society in China)等将医学与传教结合的组织。

② 杨珊珊、张晓丽:《近代安徽教会医院对西医传播的作用分析——以芜湖弋矶山医院为例》,《辽宁医学院学报(社会科学版)》2016年第14卷第1期。

至1904年,公共租界区"在陶家沟北,弋矶山南,计地七百十九亩四分四厘八毫一丝四忽"[①]。芜湖租界作为长江黄金水道的重要中转站,吸引了各国轮船公司,芜湖也因此成为资本主义工业品倾销市场。这一时期,无论是粮食市场"米市"、商业街区"长街"等传统产业,还是工业、运输、地产投资等新型产业,都在此得到迅速发展,芜湖社会达到空前繁荣。

优越的地理位置、便利的交通运输、繁荣的经济发展、迅速的人口增长等条件也让芜湖成为基督教团体在安徽传教的最佳选择,各国传教士开始在芜湖租界开办教堂、学校和医院。第二次鸦片战争后,传教士在安徽创办多家医院诊所,其中芜湖医院为始创最早、规模最大、影响最广 的教会医院。坐落于老城西郊俯瞰长江的弋矶山,因其优美自然风景和优质水资源等条件被美国传教士斯图尔特(George Arthur Stuart,1859—1911)[②]选中来建设芜湖医院。

(二)资助来源

芜湖医院新楼(图1)从建设到完工历经十余年,在多方努力下克服重重困难,主要有以下三方面的资助来源:

第一,教会团体是资助的主要来源。芜湖医院从创办到主楼重建,都离不开美国基督教美以美会(The Methodist Episcopal Church)的支持。1887年,美以美会派斯图尔特到芜湖开办医院。[③]1923年,医院原主楼失火焚毁后,第三任院长包让(Robert E. Brown,医学博士、公共卫生学硕士)曾向美以美会筹款以建设新病房楼,即后来的芜湖医院新楼。[④]美以美会是由1784年成立的美国卫理公会(Methodist Episcopal Church)于1844年分裂而来的北方卫理公会宗派,后于1939年与南方卫理公会宗派监理会(The Methodist Episcopal Church South)重新联合为卫理公会(The United Methodist Church)。[⑤]美以美会自1847年开始进入在中国传教以来,对中国社会的宗教、医疗、慈善等方面都产生了重要影响。

第二,更为专业的医学协会和基金会也是资助的重要力量。1916年,包让提出建设新病房楼的设想,中华医学传教士协会(The China Medical Missionary Association,中文简称"博医会")帮助提供了设计图[⑥],但由于一战爆发造成资金冻结等原因未能得以实施。博医会是1886年传教士医生在上海成立的专业医学协会,其在1887年出版发行的《博医会报》(China Medical Missionary Journal)是当时影响最大的医学刊物。[⑦]在新主楼建设中,美国洛克菲勒基金会中华医学委员会(China Medical Board of the Rockefeller Foundation)也提供了资金援助。[⑧]该委员会始创于1914年,是洛克菲勒基金会第二大项目,专门资助中国和亚洲其他发展中国家医学教育和卫生事业,后在1928年改组为独立基金会——美国中华医学基金会(China Medical Board,简称CMB)[⑨]。

第三,民间力量和当地政府也为建设提供了支持。1923年原主楼失火后,医院损失惨重。在救火时外国社区、英国水手和当地消防部门都提供了大量帮助。[⑩]而在新主楼建设中,院长包让除了向美以美会筹款外,也向芜湖当地的海关、官员、士绅、商会和教友发起募捐,共筹得款项14万美元[⑪],在新楼建设中发挥了重要作用。

---

① 葛立三:《长江沿岸的中等城市芜湖》,载杨秉德主编;《中国近代城市与建筑》编著组编著:《中国近代城市与建筑(1840—1949)》,中国建筑工业出版社,1993年。转引自1919年《芜湖县志》。"外商纷至,轮舶云集,内外转输沪、汉之间,此为巨擘,新机日辟,文化遂兴,郁郁彬彬,人才蔚起。"(民国《芜湖县志》查钟泰序。)"芜湖自光绪初元,立约通商,华洋糅杂,趋利者不惜扫庐舍刓邱垄以填外人之壑,荒江断岸,森列楼台。"(民国《芜湖县志》余谊密序。)

② 见董黎、徐好好:《中国近代教会学校建筑概况》,载赖德霖、伍江、徐苏斌主编:《中国近代建筑史(第1卷)门户开放——中国城市和建筑的西化与现代化》,中国建筑工业出版社,2016。

③ 见李群:《教会医院与近代安徽地方社会——以芜湖弋矶山医院为例(1887—1937)》,《宗教学研究》2020年第2期。

④ 见唐世超、朱光祖、夏晨:《弋矶山医院解放前的历史沿革》,《皖南医学院学报》1986年第4期。

⑤ 见黄妙婉:《卫理公会与台湾社会变迁(1953—2008年)》,苏州大学2009年博士学位论文。

⑥ 见唐世超,朱光祖,夏晨:《弋矶山医院解放前的历史沿革》,《皖南医学院学报》1986年第4期。

⑦ 见田涛:《清末民初在华基督教医疗卫生事业及其专业化》,《近代史研究》1995年第5期。

⑧ Brown R. E., *The Wuhu General Hospital*, China Medical Journal, 1928, 42(2), p.97.

⑨ 见蒋育红:《美国中华医学基金会的成立及对中国的早期资助》,《中华医史杂志》2011年第2期。

⑩ *Wuhu General Hospital. Report for 1922-23*, China Medical Journal, 1924, 38(2), p.138.

⑪ 见唐世超、朱光祖、夏晨:《弋矶山医院解放前的历史沿革》,《皖南医学院学报》1986年第4期。

图1　1938年芜湖医院①

图2　1920年代芜湖医院

（三）建造过程

1888年芜湖医院创建时，因良好的通风和取排水的便利选址于紧邻长江的弋矶山。但医院初创时条件十分艰苦，主楼为一座殖民地外廊式风格的砖木结构二层小楼（图2），郊外自然环境使得医疗环境更为艰辛。1928年的芜湖医院报告写道："往时至病院也，夏日则蚊虫满室，冬日则冷气袭人，割症病人当以经过露天而得肺炎，前以煤炉作为消毒用者。"②尽管如此，芜湖医院原主楼的设计在当时的医院建筑中已属于先进，矩形平面的建筑高效集约，被柱廊围绕形成的灰空间也有利于医院建筑的自然通风。

1923年8月17日，医院原主楼因失火被完全焚毁，新主楼的建设迫在眉睫。1927年，芜湖医院在弋矶山顶顺应地形，建成了一座南面为三层、北面为六层的新主楼（图3）。在建设中，嵌入山体的新楼需要大量的挖方工作，而由于弋矶山本身的地质条件，挖方时又需要移动许多石块，使得建设过程愈发艰难。出于节约成本的目的，这些石块并未被直接丢弃，而是被用作建造复合外墙。③但由于资金紧张，当时建筑东翼未完成（图4）。1935年，医院开始补建新楼东翼，至1937年全部建成（图5）。

图3　芜湖医院南立面旧照④

图4　芜湖医院西翼透视（来源：自藏明信片）

图5　完工后的芜湖医院⑤

① International Mission Photography Archive, ca.1860–ca.1960 (collection), Yale Divinity School Library (subcollection), YDS/RG126/036/0465/0017(file).

② 唐世超、朱光祖、夏晨：《弋矶山医院解放前的历史沿革》，《皖南医学院学报》1986年第4期。

③ *Wuhu General Hospital. Report for 1922–23*, China Medical Journal, 1924, 38(2), p.138.

④ Brown R. E, *The Wuhu General Hospital*, China medical journal, 1928, 42(2), pp. 97–107.

⑤ International Mission Photography Archive, ca.1860–ca.1960 (collection), Yale Divinity School Library (subcollection), YDS/RG126/035/0459/0003 (file).

三、多方合作:芜湖医院新楼的建筑师

芜湖医院新楼的建设采取了美国本土设计与上海本地开业的西方建筑师深化设计的合作方式。美国麦金-米德-怀特事务所很早就进入中华医学基金会的考察中,因其在美国本土医院项目的出色表现而进入此前在中国的教会医院项目的推荐名单中。但美以美会在吸取以往教会医院建设的深刻教训后,显然意识到原在美国本土的设计无法适应中国的建造[①],设计的在地调适不可缺少。在上海执业的西方建筑师事务所被选择来进行深化设计与工程监理工作,使得芜湖医院新楼的建设呈现出多方合作的状态。

(一)风格沿用——在华初实践的美国事务所

美国麦金-米德-怀特事务所(McKim, Mead & White, Architects)是19世纪末20世纪初美国最著名的建筑设计机构之一,由麦金(Charles Follen McKim,1847—1909)、米德(William Rutherford Mead,1846—1928)和怀特(Stanford White,1853—1906)三人1879年联合在纽约创办,早期从事自由平面的木瓦住宅设计,后转向公共建筑,1956年解体。[②]他们在其公共建筑设计中,杰弗逊式风格得到充分体现,他们试图创造一种非同寻常的古典主义风格城市环境,逐渐形成了新的美国特色的古典主义风格。该事务所当时承担着世界规模最大的建筑业务,仅在1880—1920年就收到近千项建筑任务,有波士顿公共图书馆(1887—1895)、罗得岛州议会大厦(1891—1903)、宾夕法尼亚火车站(1902—1911)等设计作品。[③]

芜湖医院新楼是麦金-米德-怀特事务所在中国首个也是唯一的设计实践。在确定上海医学院项目建筑师人选时,该事务所就曾因其设计的贝尔维尤医院(Bellevue Hospital,图6)等项目被《建筑实录》(*The Architectural Record*)列入向中华医学基金会推荐的名单。在芜湖医院新楼设计中,麦金-米德-怀特事务所沿用了其在美惯用的杰弗逊风格,即中心对称构图、入口山花装饰、主层高于地面、使用红砖材料、设计使用八角形、中国式栏杆等特征,使用古典主义语汇并完整移植了美国医院布局模式。

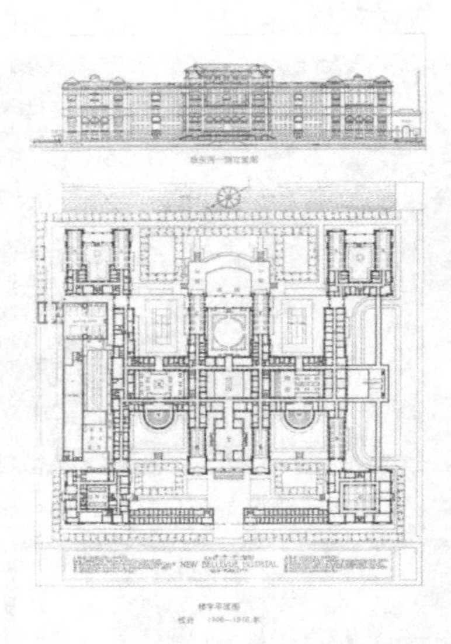

图6 贝尔维尤医院[④]

(二)在地调适——美国建筑师的在华事务所

博惠公司(Black, Wilson & Co. Architects and Engineers, Shanghai-China)是美国建筑师布莱克(Joel H. Black)与威尔逊(James M. Wilson)1924年在上海合作成立的建筑事务所,1927年解散,曾设计上海美国学校、芜湖医院等作品。其中,作为美国土木工程师学会副会员的布莱克于1914年来华,曾任上海基督教青年会主席(1922)、上海布道团建筑师事务所主持建筑师(1925)等职,兼任美国长老会建筑师事务所负责人(1923—1927),曾参与湖州福音医院新院、宁波华美医院新院、上海西门妇孺医院等医疗建筑设计。

---

① 见彭长歆:《北京亚斯立堂——W. H. 海耶斯在中国的设计》,《华南理工大学学报(社会科学版)》2016年第18卷第4期。

②④ 见[美]麦金、米德-怀特事务所:《美国建筑设计的领跑者:麦金、米德与怀特事务所专辑》,吴家琦译,华中科技大学出版社,2018年。

③ 见[英]大卫·沃特金(David Watkin):《西方建筑史》,傅景川等译,吉林人民出版社,2004年。

博惠公司在麦金-米德-怀特事务所对芜湖医院新楼的设计基础上进行修订，同时负责现场监理工作。从布莱克在华实践经历可以看出其与上海美侨社会的联系紧密，并得到了教会等美资机构的信任，这为其在华业务开展创造了有利条件。且布莱克本人也曾参与设计过华东多所医院的设计，有丰富的医疗建筑设计经验，因此无论是其医院设计的专业性还是对华东地区的熟悉度，都使其成为芜湖医院项目绝佳的本地合作者，来完成对该项目的设计调适。

四、医治疾病与传播福音：芜湖医院新楼的建筑设计分析

(一)医院作为医治疾病的空间

芜湖医院新楼坐北朝南，总体呈中间臂反转的字母“E”的形状，平面为内廊式与尽端广厅式结合，以包含小礼拜堂在内的北翼为中心对称布置，是典型的分离式布局医院大楼，作为医治身体的空间有着清晰明确的功能分区、高效集约的医疗组团、先进实用的设施设备、亲近自然的场所营造和贴近生活的室内装饰(图7)。

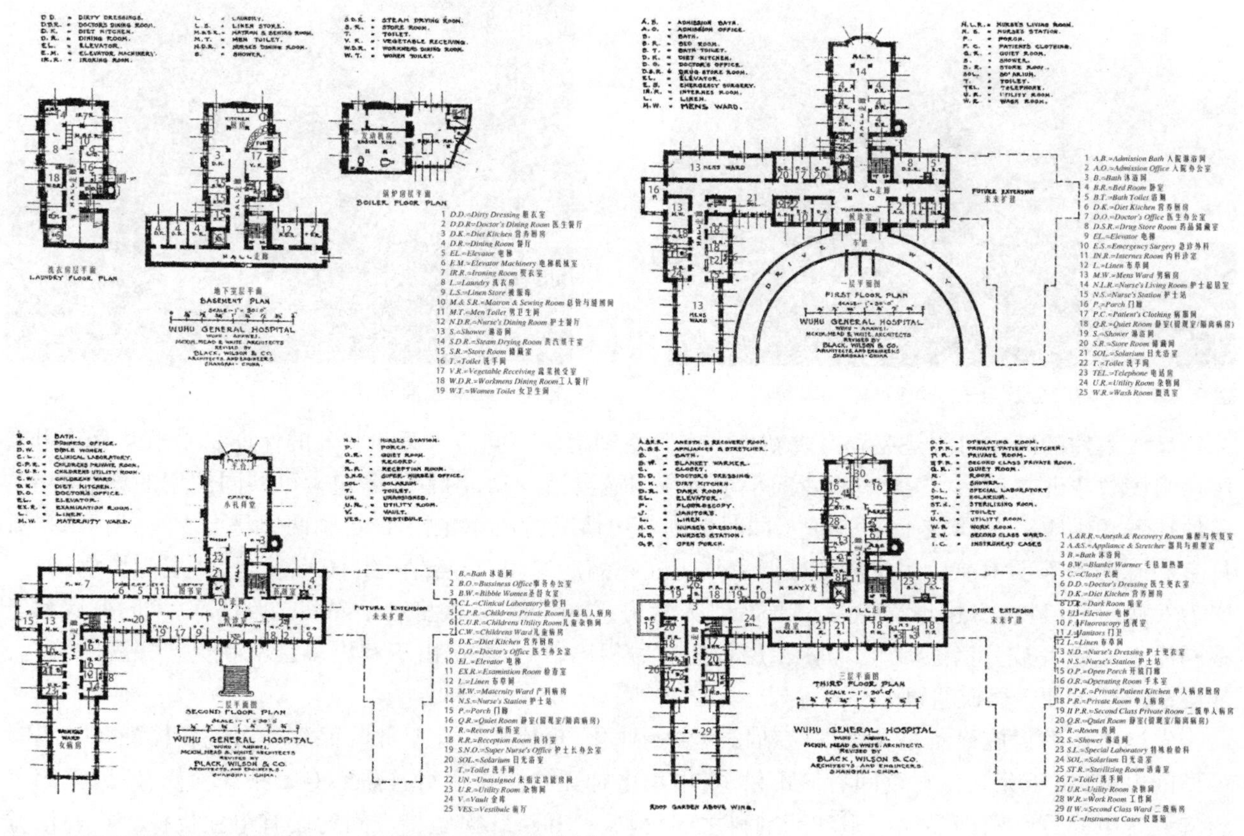

图7　地下平面图、一层平面图、二层平面图、三层平面图①

清晰明确的功能分区是芜湖医院新楼作为医疗建筑最基本却最重要的特征。新楼核心医疗区集中在地上三层(图8)。其中，建筑中心部分主要承担门诊、急诊和入院登记等功能：救护车可由南侧半环形车道直通一层候诊接待大厅(图9)，大厅北侧是楼梯与电梯，东侧是入院办公室和内科诊室，西侧是内部相通的医生办公室、急诊外科和入院淋浴室，以及患者入院淋浴后更衣的储藏室和病服间；通过主入口室外台阶可进入二层候诊大厅，左右分布医疗配套用房；三层主要为X光室等医技部门和少量私人病房。建筑北翼部分(图10)则主要分布光照需求不高的空间，一层为护士宿舍与起居室，二层为小礼拜堂及附属空间，三层为手术室及准备空间，地下一层为厨房与餐厅，地下二层为洗衣房，地下三层为锅炉房。

① Brown R. E., *The Wuhu General Hospital*, China medical journal, 1928, 42(2), pp.97-107.

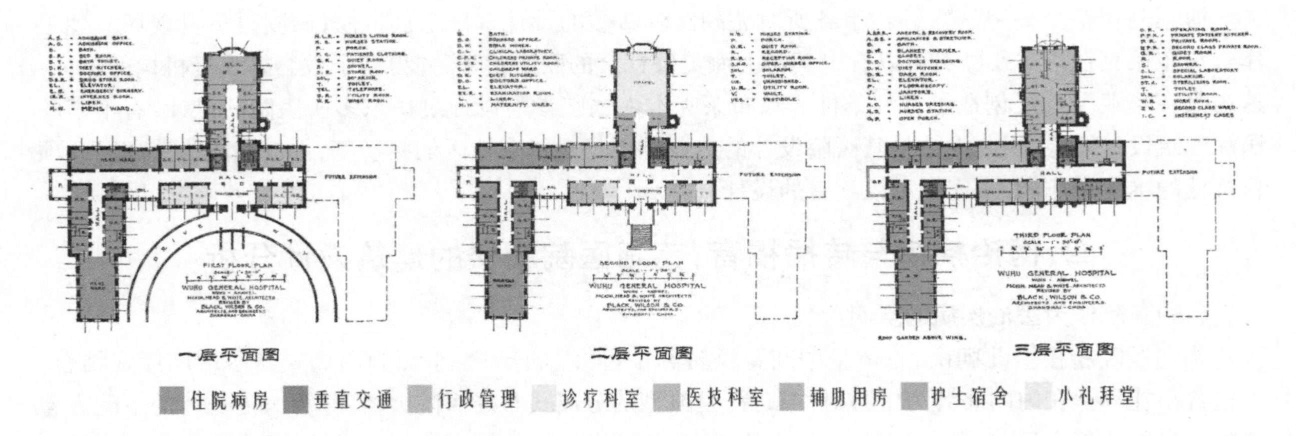

图8 主要平面功能分区①

图9 二层主入口台阶与一层入口

图10 建筑北翼现状

高效集约的医疗组团是芜湖医院新楼在有限空间提供不同需求医疗服务的保证。手术室及其附属用房组团位于北翼三层，一大一小两间手术室可因需灵活变动，两者隔墙包含可共同使用的仪器柜、毛毯加热器和供应柜，玻璃柜门可让护士同时看到两边情况；组团南侧入口走廊两边是更衣室、消毒室、器具室和麻醉室等手术前后用房。新楼西翼均为住院病房组团，可容纳七十五名患者，一层为男病房，二层为女病房、产科病房和儿童病房，三层为私人病房，分单间一等病房和小隔间二等病房，不同病房利于不同需求的患者被分室护理。②与一二层普通病房相比，私人病房由于有更多隐私和更久探视等特权，都设在三层可便于医院管理。

先进实用的设施设备是芜湖医院新楼提供专业化、现代化医疗服务的保障。医院新楼配备了当时罕见的电梯，由于芜湖仅在夜间有城市供电，电力电梯无法昼夜运行且需要专家频繁检修，所以采用了蒸汽液压电梯；此外，药品储藏室和药剂科之间、检验科和特殊检验科之间均设有单独货梯。在通信方面，新楼设置了十五部电话并在一层设电话房，而护士呼叫系统开关设在病床侧，被拉动后从房门到走廊再到护士站和大厅的信号灯会被点亮，同时报警器响起，以便护士及时救治。在动力方面，采用锅炉供应的蒸汽系统，产生的冷热无菌水被送到手术室刷手槽，蒸汽与冷水送到地下二层的洗衣房用于洗涤或煮沸衣物，比使用热水更为经济，蒸汽管道内废蒸汽同时也为整个建筑供暖和用于给水加热器，使得冬季每天额外仅需不到一吨煤为建筑供暖。

亲近自然的场所营造是芜湖医院新楼在调节患者心情所做出的努力。在人造自然方面，西翼病房组团在每层西侧和南侧都设有开放门廊和日光浴室，以保证患者得到良好的通风与采光；而东西两翼的屋顶花园和南侧草坪的人工植物也可以通过园艺疗法辅助治疗。在天然自然方面，坐落在长江沿岸、弋矶山巅（图14）的医院新楼拥有得天独厚的自然环境优势，在西翼的屋顶花园和大部分病房可以眺望长

① Brown R. E., *The Wuhu General Hospital*, China medical journal, 1928, 42(2), pp.97-107.

② 见周晓娟：《美国建筑师在近代中国的医院建筑设计研究》，华南理工大学2019年硕士学位论文。

江景色(图12),有利于调节患者心情。

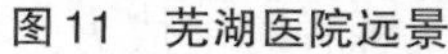

图11 芜湖医院远景

图12 西翼屋顶平台现状

贴近生活的室内装饰是芜湖医院新楼为缓解患者紧张情绪所采取的有效措施。除了私人病房贴近生活的装修风格,二层候诊接待大厅在室内装饰中也尽可能消除传统医院外观的痕迹,使其看起来更像是家或者酒店,从而消除患者的紧张不安(图13—图15)。病房的高宽比也在设计中得到关注,建筑师在走访多家医院后,最终选择了21—22英尺(折合6400.8—6705.6毫米)宽、10.5英尺(折合3200.4毫米)高的尺度,视觉层面的谨慎设计为患者提供了舒适的空间体验。

图13 二层大厅旧照[1]

图14 二层大厅现状

图15 普通病房旧照[2]

(二)医院作为传播福音的场所

"本院医士体基督爱人如己之本旨,医病时非特留心病者肉体之痛苦,亦且注意其心灵之拯救,务使病者身灵齐爽,成体魄健全之国民。"[3]

在医学传教背景下,西医在某种程度上成为基督教的传播工具,西医院也因此成为承载传教活动的场所。由于中西方文化差异,西医的治疗方式等难以被中国大众接受,因此教会医院在华初创时困难重重。[4]福音传播在承载医学传教使命的同时,也通过医疗慈善活动获得当地社会尊重,使西医治疗变得更容易接受。

芜湖医院的小礼拜堂位于新楼二层主入口大厅对面,其旁有传教士办公室和会议室,通过正对主入口的内廊进入,最北边为多边形的祭坛空间,南面布置祷告座席;小礼拜堂处于整个建筑平面的构图中心,既突出了其重要地位,也具有良好的可达性,使得医护人员、患者和访客都可以方便到达。芜湖医院认为西式风格的医院建筑体现着现代医学的发展,因此在其初创时就采用殖民地外廊式风格。而自开办以来,芜湖医院一直积极从事慈善医疗救济活动。医院设有专门的"救济贫苦病费",对贫穷病人免费救治;芜湖位于长江沿岸,频发水灾,而水灾后往往流行瘟疫,因此每次灾后医院都会为难民提供医疗救治和疫苗接种。此外,医院经常为当地孤儿院等慈善机构提供健康卫生指导,在动荡的近代社会提供战时红十字救助。[5]医院多年来的良好声望以西式建筑形象呈现在公众面前,因此后来1924年的新楼重

①② Brown R. E., *The Wuhu General Hospital*, China medical journal, 1928, 42(2), pp.97-107.

③ 李群:《教会医院与近代安徽地方社会——以芜湖弋矶山医院为例(1887—1937)》,《宗教学研究》2020年第2期。

④ 见杨珊珊、张晓丽:《近代安徽教会医院对西医传播的作用分析——以芜湖弋矶山医院为例》,《辽宁医学院学报(社会科学版)》2016年第14卷第1期。

⑤ 见李群:《教会医院与近代安徽地方社会——以芜湖弋矶山医院为例(1887—1937)》,《宗教学研究》2020年第2期。

建中建筑师继续使用西式风格来维持这一空间意象的象征性与纪念性。

出于多种原因,我们选择了西式建筑而非中式建筑。据观察,现代中国政府和商业建筑正采用西式风格。即使在中国内陆新建的银行、通信和其他公共建筑也未采用中式风格。中国建筑开发者这种倾向表明,他们认为现代风格更适合此类建筑。对医院建筑的研究也印证了我的观点,把中式屋顶放在西式建筑上会有折中的混合效果,这既不美观也不适用。①

芜湖医院新楼使用杰弗逊风格,外立面使用红砖,主立面采用横三纵五的典型西式建筑对称构图,主入口上方希腊式山花装饰位于整个立面构图中心(图16),中心部分的坡屋顶在相同层数东西两翼平屋顶的衬托下突出了其在建筑整体中的主导地位。杰弗逊风格以希腊古典复兴风格为基础,是由美国第三任总统杰弗逊倡导、麦金-米德-怀特事务所等发扬光大、广泛应用于美国政府建筑与教育建筑等的建筑样式,典型代表有怀特主持设计的弗吉尼亚大学的卡贝尔堂(Old Cabell Hall)等。纪念性风格的建筑承载着乐善好施的医疗慈善活动,促进了芜湖当地社会慈善事业的发展,医院因此在某种程度上成为医疗慈善的纪念,其产生的社会影响力同时也不断吸引更多教徒加入,也使得医疗传教事业顺利开展。

图16　南立面现状

五、结语

教会医院作为医学传教的重要产物,既体现着西方医学理念也渗透着医学传教目的。早期中国教会医院的设计大多由非专业的传教士建设,后来逐渐转变为建筑师乃至专业的医院建筑师,芜湖医院就是由专业的医院建筑师设计的教会医院典型代表。在教会背景与专业建筑师的设计之下,芜湖医院既体现出西医医院作为医治疾病的空间所具有的科学性,也体现出教会医院作为福音传播的场所而做出的努力,此外还有医院作为医疗慈善的承载体而体现出的纪念性特征。如同当初的医学传教士所希望的那样,芜湖医院在完成其传教使命后,至今赓续其医疗使命,为芜湖乃至整个皖南地区的医疗与慈善事业发展做出了重要贡献。

① Brown R. E, *The Wuhu General Hospital*, China medical journal, 1928, 42(2), p.102: A western type of architecture was chosen rather than Chinese for several reasons. It had been observed that modern Chinese government and business buildings were adopting foreign architecture. Even in interior places new Chinese bank, telephone and other public buildings were not following the Chinese type of architecture. This tendency on the part of Chinese builders indicated that they considered a modern type of architecture more suitable for such buildings. It also confirmed the writer's views after a study of hospital architecture. To place a Chinese roof on a foreign building produces a compromise mixture which is neither pleasing nor practical.

广东地区近代医疗建筑初探*

深圳大学　罗薇　朱文健

摘　要:近代广东地区是中国现代医疗事业的发端,其建筑主要受英、美两国的影响,教会的活动范围从城市向乡村渗透,最先进入的是口岸城市。广东省以广州为主,设立医院、诊所,然后逐步向其他地区扩散,后发展为以广佛地区和潮汕地区最为集中。从近代建筑历史角度审视教会医疗事业设立之进程及其与中国地方社会的关联性,可为认识中国近代建筑历史提供新的视角。

关键词:医疗建筑;社会转型;广东地区

2020年"新冠"疫情开始后,公众更加关注公共医疗问题,广州地区的医疗水平在中国名列前三,尤其是面对重大疫情危机之时,充分发挥了它的前沿作用,探索出一些处置紧急情况的有效措施。2021年广州地区人均寿命八十二岁,位列全国第二位,医疗卫生事业的发展为人民健康保驾护航,高水平的医院及医学院建设带动了广东全省的医疗卫生事业发展。然而,今天百姓享受到的高水平医疗体系并不是一蹴而就的,它是近一百多年来不断尝试、失败、冲突、改革和传承,累积而成。一些重要的改变是在时局压力之下,提高人民未来健康的过程中实现的。其中有不少是为了应对流行病、社会或政治危机,在没有详细规划之下仓促形成或建成的。

近代广东地区尤其是广州的医疗建筑及医学院的建设,是中国近代医疗事业的发端,其建筑主要受西方的影响,虽然近代时期西方国家在北京、上海、天津等城市皆有大量建筑活动,但是现代医疗卫生事业的发起首属广东。本文所研究的医院是现代医院的概念,不包括中国传统的中医院及中医诊所,是以西方医学为基础建立的医院,最早是伴随西方传教士来华所兴起的西式医院。以往对于近代医疗事业的研究多从两个方面展开,即关注西方教会在基督教传播上的辅助性效应和医疗技术上示范性影响,这些都是教会医疗事业的工具性意义。以近代教会医疗建筑为切入点,探讨中国医疗建筑的开端与后期发展,对于近代建筑历史及中国西医发展史都具有非常重要的价值,从近代建筑历史的角度上审视教会医疗事业设立之进程及其与中国地方社会的关联性,可为认识中国近代建筑历史提供新的视角。

晚清时期,教会创办的医院机构规模一般都很小,通常是附设在教堂里的诊疗所,即使是正式医院,收容能力也极为有限。而后随着资金充裕,现有就医需求的不断增加,教会开始兴办医院及医学院。在进入20世纪之后,国人有感于教会对于西医的垄断,也先后创办了一些西医医院,如广东公医学堂创办的广东公医院,医师谢爱琼创办的妇孺医院,著名革命家澎湃在海丰成立平民医院等。近代广东的医疗建筑多以英、美两国医院建筑为建设的范本,亦有几栋医疗建筑由日本建筑师设计建造。进入20世纪之后,广东医疗建筑在借鉴西方医院建筑基础上,进一步结合岭南地区气候、地理环境等特点而自行发展演变,本文旨在初步整理近代广东地区医疗建筑的基本进展情况。

一、近代广东地区教会医疗情况

鸦片战争之后,不平等条约的签署,使外国人的在华传教和医疗活动得到官方保障。中美望厦条约(1844)签订时,美方成员中就包括一位传教医生伯驾(Peter Parker,1804—1888)。望厦条约规定了传教

* 2021广东省基础与应用基础研究基金自然科学基金面上项目(2021A1515012414)。

士除了可以在五个通商口岸传教外还可以建立教堂、医馆。《天津条约》中明确规定了各国可以在各通商口岸购地设立医院。[①]教会的活动范围从城市向乡村渗透，最先进入的是口岸城市，广东省以广州为主，设立医院、诊所，然后逐步向其他地区扩散，位置偏远的地区还设立流动医院，由1—2位医生看病并传教。

早期开设的教会医院一般不收费，目的是皈依更多的教友，大部分依靠捐款维持。进入20世纪后，一般的教会医院都收费，甚至比别的医院收费更为昂贵，只对少数贫病者施医给药，但必须以信教为条件。因此，医疗被西方教会认为是传教的一个非常好的媒介，于是就逐渐发展成为医务传道（medical mission）。为了使医药传教活动在中国长期进行下去，并使来华的基督教医生有一个统一的组织，1838年2月，郭雷枢（Colledge TR.）和伯驾等传教士在广州发起成立教会医事组织——中国医学传教会（The Medical Missionary Society in China），1886年后由博医会取代。中国医学传教会是中国第一个医学传教的组织，在当时主导了中国的医学传教，该组织有以下几点活动内容：

①旨在鼓励在中国人中传播医学，并提供机会进行基督教的慈善活动和社会服务；

②旨在将"西方的科学、病人调查及新的发现"所带来益处在中国人当中传播开来；

③旨在建立信任和友谊；从而将基督福音传给中国人；

④旨在为解除人类的痛苦做贡献，治愈疾患；

⑤旨在教育和培训西医学中国青年人才。[②]

1835—1949年间，西方教会在广东共建立教会医院57所，其中基督新教教会创办45所，天主教教会创办12所，居全国前列。不仅仅是第一座西医医院出现在广州，在其他专科医院方面，广东也都十分先进，1878年建设汕头福音医院时建设的附属麻风病院是中国最早的西医治疗麻风病的专科医院，1898年创立于芳村的惠爱医院是全国第一座精神病院，1899年建设的柔济女医院也是全国较早的女子专科医院之一。20世纪之前，在广东创办的西式医院，几乎都是基督新教教会所创立的。到了20世纪初，西式医院的创办出现了多种主体，不仅有基督新教也有天主教团体，更有国人创办西式医疗机构，打破教会对西式医院的垄断，也体现了国人医疗观念的转变。就全国范围来看，1880—1920年间是教会医疗建筑建设最活跃的时期，而后速度逐渐下降。1900年后的10年，一些著名的教会医院利用部分庚子赔款重建为条件更优的现代医院。与此同时，教会开始在中国发展西医教育，培养华人医务人员。

天主教团体比基督新教来华要早，但是医疗事业上基督新教远远超过了天主教教会，至20世纪20年代罗马教会机构意识到其中之差异，而后开始筹办公教医院，如广州中法韬美医院（广州医科大学附属第一院前身）、上海圣心医院（上海第一康复医院前身）、呼和浩特公教医院等等。广东的近代医疗卫生事业与西方尤其是美国的传教活动密切相关，传教方式与天主教十分不同。以19世纪初为上限，曾经光顾过广东的西方差会共38个，最终在广州立足的24个，并且一半以上来自美国，大批传教士经广州再转往全国各地，广州成为基督新教开展在华传教事业的重要基地。从教会团体上看以美北长老会、美北浸信会、美南浸信会和英国长老会所办医院最多；从国别上看，主要以美国和英国所办医院为主。天主教教会医院数量不多，以法国巴黎外方会为主。近代广东基督新教医院几乎覆盖广东全省，尤以广佛和潮汕地区最为集中，因为地理位置优越，珠江及韩江流域河网发达，交通便利。并且这两个地区近代开埠早，是广东重要的商业中心和商业集散地。[③]

二、近代广州教会医院

1847年第一位美国长老会传教士来到广州，一改以往直接传教的方式，转而大量兴办医院和学校来辅助传教，为广东地区近代西方医学的发展和现代教育奠定了基础。基督新教对中国现代医疗做出

① 中美望厦条约第十七款：合众国民人在五港口贸易，或久居，或暂住，均准其租赁民房，或租地自行建楼，并设立医馆、礼拜堂及殡葬之处。《中美天津条约》第十二款规定："大合众国民人在通商各港口贸易，或久居，或暂住，均准其租赁民房，或租地自行建楼，并设立医馆、礼拜堂及殡葬之处。"《中英天津条约》第十二款规定："英国民人，在各口并各地方意欲租地盖屋，设立栈房、礼拜堂、医院、坟茔，均按民价照给，公平定议，不得互相勒掯。"《中法天津条约》第十款规定："大法国人亦一体可以建造礼拜堂、医人院、周济院、学房、坟地各项。"

② 见何小莲：《晚清新教"医学传教"的空间透析》，《中国历史地理论丛》2003年第2期。

③ 见薛熙明、朱竑、陈晓亮：《19世纪以来基督教新教在广东的空间扩散模式》，《地理研究》2010年第29卷第2期。

了卓越的贡献,美国北长老会在粤的医疗卫生事业发展尤为突出。广州作为长老会在华南地区总堂所在地,医疗事业发展迅速。1834年1月,医学传教士伯驾(Peter Parker)受美国公理会派遣来到广州,并于1835年8月在广州十三行新豆栏街开办眼科医局(又称新豆栏医局,Ophthalmic Hospital at Canton),此为中国最早的眼科医院。该医院共3层,设有候诊室、手术室、药房、病房等,首层为地窖,二层为候诊、诊室及药房,三层为手术室及可供2—3位病人使用的留医师,是中国第一家西医院,为中山大学孙逸仙纪念医院的前身(中山大学附属第二医院),是中国西医学和西医教育的发源地,孙中山先生曾就读于此。1836年春,伯驾继续租借丰泰行7号扩建,候诊室可以容纳200多人,病房可以容纳40多人。1842年伯驾从美国回来后在旧址重新开业,1855年后由嘉约翰(John G. Kerr)接管医院。由于早期并没有西方建筑师参与医疗建筑的修建,而仅为租用,故早期的医疗机构较为简陋。①

第二次鸦片战争期间,十三行遭遇大伙,医院被焚毁,被迫停办。1859年,嘉约翰在广州增沙街(现南关)再次租房重开医院,并命名为博济医院(Canton Hospital,图1)是华南最大的教会医院。此时的医院有两层楼,共7间病房,其中2间为女病房,共有60张床位。医院建筑在中国思想观念影响下的本土化,对男女空间进行了更为彻底的分隔,采用远距离或者男女分栋的方式,如广州著名的柔济女医院(图2)(广州医科大学附属第三医院的前身),因当时的女性受封建意识影响不肯到医院接受男医生诊治,女医生富玛丽为救治中国女性而创办的女医院。

图1　1903年博济医院②

图2　柔济医院等③

1865年嘉约翰花费6400美元购买了在仁济大街(现址)的一块土地。翌年10月,新的医院大楼落成,耗资3500美元,有80英尺(约24.3米)长,45英尺(约13.7米)宽。大楼并没有过多的装饰,虽没有欧美医院的气派,但是可以保障医疗活动的进行,满足通风和干燥等卫生要求。此时的医院仅有两栋建筑,其中面朝珠江的二层小楼,一楼的两端是病房,中间是礼拜堂,嘉约翰一家住在医院二楼。1867年建成了博济医院附属礼拜堂(哥利支堂)和配药室,耗资1200美元,两间特护病房,耗资250美元。1869年,建成医生宿舍和厨房。1873年,加建两个新病房。此时医院已经初具规模,成为一个永久性的医疗机构扎根广州,床位升至120床。此后,嘉约翰继续扩充医院,到他去世时博济医院已经有5栋病房楼。

1892年,嘉约翰出资在芳村购买了一块4英亩的土地用以建设精神病院。该土地的地理位置优越,在白鹅潭码头附近,城区外围,在十分适合病人疗养。同年,嘉约翰回到美国访问参观精神病医院,搜集了建设精神病医院的相关资料。经过嘉约翰多年的努力,1898年,因远东的传教士捐款,嘉约翰建成2栋两层的医院建筑。两栋建筑有24间房间,可以入住50位病人,现为广州市惠爱医院(广州医科大学附属脑科医院,图3)。在嘉约翰之前的医院,多是租借房屋使用。从他开始了购地自建医院。虽然在晚清的历史状况下,大部分的教会医院都是由传教士自行设计,并不十分专业,但是相比于租借条件简陋的民宅,自建医院推进了医疗建筑的发展。

① 见孙冰:《广东省医院建筑发展研究(1835年至今)》,华南理工大学博士学位论文。

② Archives of the Trustees of Lingnan University, RG 14, Box 57, Folder 635.

③ *General Assembly of the Presbyterian Church in the U.S.A. Reports*, 1910, p.58.

近代教会医学教育机构以1866年建立的广州博济医学堂最为著名，影响最大，后并入岭南大学，成立岭南大学医学院，随后又吸纳了美国长老会创办的私立夏葛医学院（Hackett Medical College，图4）。1953年岭南大学医学院与中山大学医学院合并成立华南医学院，其教学及医疗水平一直处于国内领先地位。美国北长老会在开展医疗卫生和教育事业的同时，在积极探索适应中国传统文化。根据早期传教士活动的记载，传教士以在美国就读的学校为范本，规划和建设在粤的教会学校，并且教会建设的医院往往与学校位于同一片区，一体规划建设，例如美国的长老会医学院。传教士医生以在美国的从医经验为范本不断完善医疗设施，满足患者需求，扩大医院规模。因此，传教士接触过的美国医疗建筑，很可能成为广东地区尤其是广州的现代医疗建筑设计的重要参考。

THE JOHN G. KERR REFUGE FOR INSANE, CANTON, CHINA.

图3　惠爱医院①

图4　私立夏葛医学院②

三、近代潮汕地区教会医院

潮汕地区也是近代教会医疗发展比较成熟的地区，尤其是汕头的福音医院规模较大。1863年，英国传教士吴威凛博士（Dr. William Gauld）受英格兰长老会委派到达汕头，在汕头埠�莛租用民房开设西医诊所。1866年，开始筹办建设医院。1867年，新医院落成，新楼是一座两层高的建筑，可容纳70—80名病人留医。一楼设置病人会议室（定期进行宗教传播的场所），二楼有药房和传教士住宿。1877年，潮州府总道台张铣帮助医院获得了一块滨海的平地（现汕头市第二人民医院现址），用以重建新的医院。1878年医院正式启用，命名为福音医院（Gospel Healing Hall，图5）。新的医院建三栋双层朝南主楼。前面的一栋楼一层是小教堂，可容纳200人。后面两栋住院楼，共有8间病房，每个房间有10张床。新医院建成后，同时留医的人数就达到了195人。

吴威凛在创建医院之始，设置了12个麻风病床位，到1878建设新院区时，也建设了麻风病院，这是近代中国第一所麻风病医院。麻风病医院和周边的居民楼都有一段距离，与总院联系方便。麻风病楼可以容纳20位病人，离总院最后面的住院楼也只有几分钟的步行距离。1880年吴威凛返回英国，由莱爱力（Dr. Alexander Lyall）接替他主持工作。他同样也关注扩大医院规模，改善病人就医环境。1903年福音医院附属女医院落成。此时医院的规模已经达男医院200张病床，女医院100张病床。

四、近代医疗建筑情况

早期的西医医院建筑规模较小，多是租借房屋作为医舍，较少有自建的院区。直到第二次鸦片战争之后，以博济医院为代表的医院，才有了固定的院址，并逐步分期建设。晚清时期的医院建筑多采用分散式布局方式。教会医院在早期都是依靠传教士的募捐获得医院建设的资金。募集资金的来源一部分是教会的资助，一部分是中外热心人士的自愿捐助。资金的不足，使得医院的建设只能逐步进行，先建设必需的房舍用以开展诊疗工作，再逐年不断地筹资建设新房舍来逐步缓解医疗用房的不足。这种条件下建成的医院与欧洲的近代医院差距迥异，一些19世纪建成的欧洲医院多以理性主义建筑布局为主，通过主楼来联系不同功能的平行的侧翼，这些与主楼垂直的侧翼通常是对称、一模一样的，也有小一

① *The China Medical Journal*，Shanghai，Vol.22，1908，p.83.

② RG No. 82.，Box No. 44，Presbyterian Church in the U.S.A. Board of Foreign Missions，Presbyterian Historical Society.

些的医院只有主楼和单边侧翼，然而建筑风格则从Durand的新古典主义到折中主义，再到历史风格包括哥特复兴式，选择非常多样，如比利时布鲁日Minnewater诊所(图6)。

图5　汕头福音医院[①]

图6　Minnewater诊所鸟瞰[②]

对教会医院而言，圣堂始终是其重要的组成部分。由嘉约翰筹建的博济医院，1865年开始建设，1867年建成了博济医院附属礼拜堂(哥利支堂)。1869年，建了医生宿舍和厨房。1873年，加建两个新病房，到1901年嘉约翰去世时博济医院已经有5栋病房楼。长达35年的逐步扩建，形成了博济医院广州第一的规模。1881年博济医院的布局图(图7)，清晰地显示了博济医院的布局，并且在主入口处强调了圣堂的重要地位。

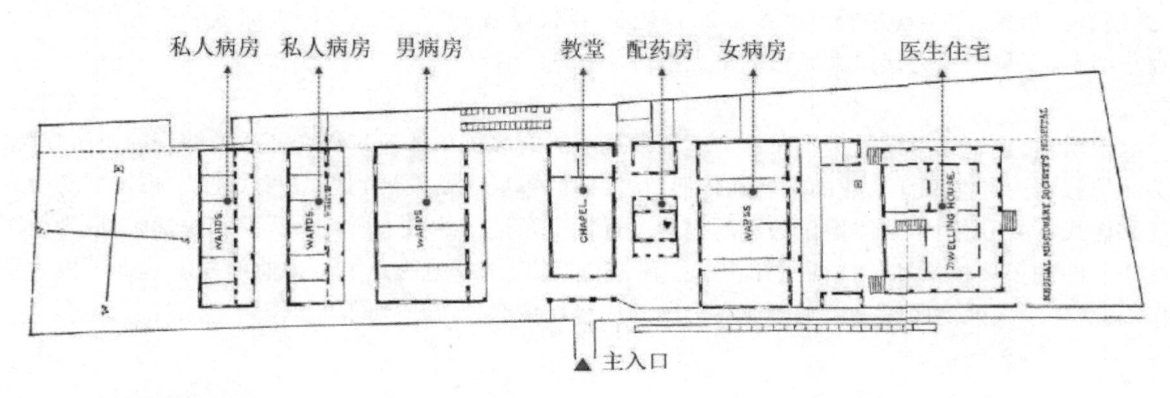

图7　1881年博济医院平面图[③]

由于晚清时期没有专业的建筑设计人员来对医疗建筑进行系统的规划设计，医院的设计规划都是由传教士医生一手操办，而他们大多是非专业的设计师。因此，在医院的设计上更多的是简单地根据当前的医疗需求来规划建筑布局，缺乏远期和系统的分区规划。

晚清以传教士主导建设的教会医院，较多采用外廊式布局，多来自近代殖民者对于南亚等地区的长期建设经验。由于此类地区夏季炎热，外廊式建筑可以很好地起到遮阳的作用，适应岭南地区湿热气候。外廊在诊室或病房外侧，不仅有交通的作用，更是病患休息放松的空间。广州沙面的大量近代建筑也采用外廊式，并设有内庭院，将珠江上凉爽的空气引入室内。

一方面，20世纪之后的医院建设多由专业建筑师来主导设计的，这时期西方建筑师在广东的活动更为频繁，不仅是医疗建筑，还有其他大量的公共建筑和私人住宅等；另一方面，留学归国的建筑师成为岭南建筑设计市场的主体，承担本地的建筑设计任务。专业建筑师的介入，使医疗建筑及院区的设计规划更加理性、科学、高效，设计水准提高的同时在建筑设计风格上出现了新的形式，如柔济医院的林护堂(图8)，1937年落成，由民国外交部部长王宠惠题写奠基石，孙中山之子孙科题匾，建筑共4层，顶部采用带有中国传统建筑特色的琉璃瓦屋顶。此阶段不仅有教会医院建设，更有大量国民政府的公医建筑大

① https://digitallibrary.usc.edu/CS.aspx?VP3=CMS3&VF=Home.

② Google截图，2012年。

③ 见周晓娟：《美国建筑师在近代中国的医院建筑设计研究》，华南理工大学2019年硕士学位论文。

量兴建，正值中国传统复兴式建筑席卷中华之时，从北到南的新建筑冠以中式大屋顶，如广州陆军总医院、广州市立医院、北京协和医院(图9)、上海中山医院等(图10)。

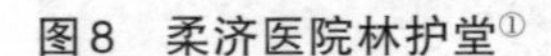

图8 柔济医院林护堂[①]

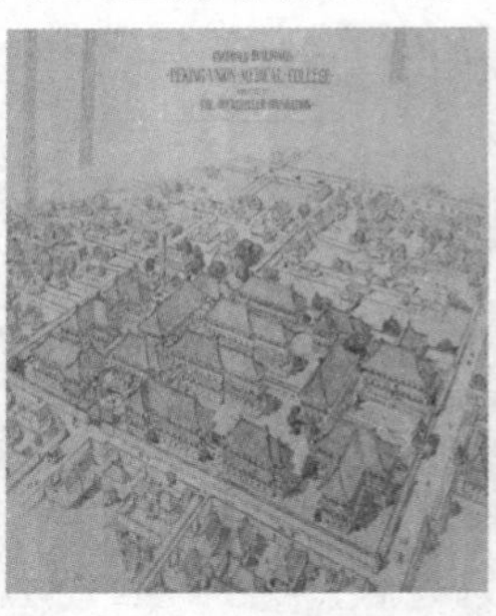

图9 北京协和医院[②]

图10 上海中山医院[③]

五、教会医院建设的衰落

教会医院在民国的前十年教会发展较快，1920年之后教会医院逐渐被公医超越。1925年省港大罢工，以及广州沙面的六·二三惨案，使广东地区的民族运动迅速蓬勃发展，反抗矛头指向外国势力。教会创办的医院、学校都受到冲击，医院关门，医生护士撤离。而后教会医院逐渐本土化，移交管理责权。逐渐改变以前以医院为传教工具的态度和做法，而把医疗工作的质量和效果放在诸项工作之首。教会医院发展，不仅仅受中国国内变化的影响，也受国际形势的影响。1914年，第一次世界大战爆发，交战数年，致使经济萧条，差会在华补贴减少。20世纪30年代以后，世界性经济危机加重了这种趋势，教会缩减在华经费，仅集中精力建设大城市的重点医院。

综上所述，建筑从早期的圣堂兼诊室逐渐发展成为有多栋单体建筑组合而成的综合门类医疗院区，从关注传教转为专注医疗事业的发展和传播，从简陋的单层建筑发展到大型西式建筑，再发展到中式传统复兴样式，体现出中华主体地位的不断提升。近代广东地区的数十所教会医院和医学院，成为西医医疗在华实践的重要场所和传播西医知识的主体，对推动广东本地医疗卫生事业的发展起到了极为重要的作用，对于今天该地区医疗卫生事业在全国的优势地位起到了重要的奠基作用。

---

① https://www.gy3y.com/aboutus/yyjs/.

② Rockefeller Foundation records, Peking Union Medical College , Plan of Campus_Box F 70 Folder 1.

③ Blog.sina.com.cn/gaocan88888.

武汉大学早期建筑老斋舍的历史演变及营造技术研究

武汉大学　童乔慧　蔡森竑
武汉城建集团建设管理有限公司　胡宇

摘　要：本文以武汉大学早期建筑老斋舍为研究对象，以历史文档和原始图纸的考据、分析为基础，分析了老斋舍从规划布局、建筑设计到施工建造的演变过程，其营造技术体现了中西融合的文化观、因地建构的生态性、技术制度的现代化等特色，在建筑材料、施工管理、基础工程及结构性能等方面对武汉地区乃至全国的传统建造模式的现代化转型，对建筑功能的活跃性和可持续性具有重要的启示与借鉴意义。

关键词：武汉大学早期建筑；老斋舍；历史演变；营造技术

一、引言

老斋舍是武汉大学早期建筑的重要组成部分，体量最大、造价最高。（表1）老斋舍体现了在特殊时代背景下中西融合的文化观、在独特地形环境中因地建构的生态性、在近代营造技术上技术制度的现代化，具有重要的价值。老斋舍形式上对于"中国固有之形式"进行了思考与回应，是武汉大学早期建筑中依山就势建造的典型代表，反映了中国近代建筑的时代特色，其建造历史不仅对武汉大学而言弥足珍贵，对整个近代中国建筑史也是值得珍藏的记忆。

表1　老斋舍建造信息

建筑名称	老斋舍	建筑功能	宿舍
建筑师	开尔斯、李锦沛	开工时间	1930年3月
结构师	石格司	竣工时间	1931年9月
监理	缪恩钊	建筑层数	1—4层
承造厂商	汉协盛营造厂	建筑面积	13773平方米
建筑结构	砖墙钢筋混凝土混合结构	合同造价	27万银圆
文保等级	第五批全国重点文物保护单位	实际造价	55.09万银圆

老斋舍从落成至今，一直作为学生宿舍使用，同其紧邻的樱花大道成为武汉大学重要的历史景观（图1）。本文通过详细阅读老斋舍的原始图纸档案，结合相关历史文献，进一步还原真实建造过程，挖掘其历史价值，为今后老斋舍的保护与修缮提供科学、合理的参考依据和理论支持。

二、老斋舍的历史演变

武汉大学早期建筑老斋舍位于武汉大学狮子山南坡，现为"武汉大学樱园宿舍"，其名称历经多次改变。原为"学生寄宿舍"，又称"男生寄宿舍"，欧版图纸中命名为"DORMITORY"，1983年沈中清绘制图纸中以"老斋舍"命名（表2），便一直被广泛沿用至今。

图1　老斋舍现状

表2 武汉大学早期建筑老斋舍命名汇总

名称	原始图纸上“老斋舍”的名称	图纸年代	绘图人	说明
“学生寄宿舍” “DORMITORY”	DORMITORY	1929.11	开尔斯、李锦沛	这些图纸中将“老斋舍”称之为“DORMITORY”，中文为“寄宿舍”或者“学生寄宿舍”
	學生寄宿舍 舍宿寄學大漢武	1930.12	开尔斯、石格司	
“男生寄宿舍”	男生寄宿舍	图纸中未标明（据推测1929—1932）	图纸中未标明	图纸为男生寄宿舍北面铁门样，将“老斋舍”命名为“男生寄宿舍”。建成后“老斋舍”主要作为男生宿舍，故又称为“男生寄宿舍”
“老斋舍”	武汉大学老斋舍	1983.7	沈中清	图纸为武汉大学老斋舍铁栅门忆溯录样

通过梳理与老斋舍相关的图纸，可以了解老斋舍的设计演变，以及设计师对地形的理解过程。从校园最初的规划到最终落成，老斋舍经历了数次调整，从严整的轴线布局到最后依山就势，老斋舍不仅体现了因地制宜、师法自然的设计理念，同时也从宏观、中观、微观三个角度契合了武汉大学早期建筑的校园规划、狮子山建筑群整体的布局理念，以及老斋舍建筑本身的功能需求。宏观上，老斋舍的布局遵循武汉大学早期建筑校园规划对称与轴线、组团与中心的基本原则；中观上，老斋舍的布局体现出狮子山建筑群主从与序列、开敞与封闭的位置关系；微观上，老斋舍因建于山脚“量其广狭”，故在布局及平面布置上“随曲合方”。设计最大限度满足学校对老斋舍学生居住容量的要求，同时满足学生在宿舍居住的功能性与舒适性。

在历史演变中，老斋舍的建筑从地形出发，结合建筑功能，既延续了书院斋舍空间、传统建筑文化理念，又体现了对于自然环境的理解。老斋舍的四大栋通过三座券拱门连为一体，如宫殿的城墙从狮子山脚拔地而起，烘托出宏伟的气势。“山上男生宿舍为四层楼房，分四单元，每两单元交接处，就有一座四层楼高的大门，门上有阙。因为阙在楼上，离地即为五层，加上飞檐绿瓦，自下仰视，在当时真可谓天上宫阙……既高入云间，又门、窗百千，游人竟有比之为布达拉宫者。珞珈山也就成了武汉的一个风景区，来武汉者无不以一睹为快。”[①]

三、老斋舍的营造技术

在狮子山的山地地形下，老斋舍巧妙地通过各层空间变化将各个斋舍集中错落，层层叠叠，合零为整，组合成一个整体，气势恢宏。同时各斋舍化整为零，共分为十六字斋舍，以千字文中的“天、地、玄、黄、宇、宙、洪、荒、日、月、盈、昃、辰、宿、列、张”[②]进行命名。建成后，“1932年1月23日，全校师生按照校方公布的迁移办法迁往新校舍住宿学习。”[③]“单身教职工住‘天字斋’，女生住‘地字斋’，其余为男生宿舍。”[④]

老斋舍的具体做法是将建筑布置于缓坡地段上，做成“天平地不平”的形式。“天平”指建筑处于同一屋顶下，“地不平”指建筑地坪标高处理不同。老斋舍能够历经多年仍巍然屹立，和建造施工过程中先进的营造技术细节密不可分，使狮子山复杂山地环境下的老斋舍成了武汉大学早期建筑中体量最大的建筑。

① 杨鸿年：《珞珈锁忆》，《珞珈》1995年第124卷。

② 老斋舍的十六字斋舍采用千字文编号法进行命名，千字文编号法始于宋代整理档案即以年月先后，以千字文为序登录、编排。

③《本校布告》，《国立武汉大学周刊》1932年2月25日。

④《宿舍自治代表选出》，《国立武汉大学周刊》1932年10月17日。

(一)采用先进的建筑材料

开尔斯团队采用当时最为先进的混凝土、钢材、玻璃等新型建筑材料①,老斋舍的主要结构为钢筋混凝土,钢筋混凝土工程是老斋舍建设过程中的重要部分,钢筋混凝土的三个重要因素分别是专业的监工、可靠的工人和良好的建材——如果不能提供完全值得信任的监工,钢筋混凝土工程是不可能顺利进行的;在捆扎钢筋、搅拌和浇筑混凝土方面经过恰当培训的工人同样重要。②在施工建设过程中由缪恩钊担任监工、汉协盛营造厂进行建设、建筑材料大部分为国外进口,三方面因素共同确保老斋舍钢筋混凝土工程的顺利完成。

建筑材料中,"水泥有象牌、马牌、泰山牌等国产货,还有从日本、英国、美国进口货……钢筋自直径3/8英寸以上的全是竹节钢,从英、美、德、日等国进口"。石料来自狮子山上开采的石头,"狮子山是石头山……狮子山开出来的土石方五万余立方米。砌筑挡土墙,制作混凝土所用石料,都是从这里就地取材"。另外,"绿色琉璃筒瓦是从湖南采运……一般门窗装修、企口楼板、楼阁橱、混凝土模板等,均用洋松料,俗称花旗松,从美国进口。少数用国产松杉木……脚手架采用衫条,主要来源是湖南……五金材料、钢窗由上海钢窗厂制作,原料从外国进口。圆钉铁丝及门窗小五金等,一部分是上海货,一部分是外国货。"亭楼歇山屋顶为"预制钢筋混凝土构件,用人工抬上安装"③。

老斋舍的建筑材料(表3)中,大部分须从国外进口,价格受市场环境波动较大。在武汉大学新校舍一期工程合同签订后不久,金价大涨,导致许多建筑材料价格上涨,而1931年洪涝灾害增加了建筑材料的运输成本,造成老斋舍实际建成造价花费远超承建标价。

表3　老斋舍主要建筑材料表

主要材料	来源	使用
钢筋	英、美、德、日进口	基础、梁、板、柱、预制构件
混凝土	象牌、马牌、泰山牌等国产货; 日本、英国、美国进口	基础、挡土墙、梁、板、柱、预制构件
石料	狮子山开采	挡土墙
砖	自行烧制	墙体
筒瓦	湖南	屋顶
木材	美国进口;湖南等国内提供	门窗框架、模板、脚手架
五金材料、钢窗	原料外国进口,上海制作	门窗

(二)"三元"模式的施工管理

老斋舍采取了先进的建设模式,现场施工组织的管理已经从传统的业主与营造厂的"二元"模式转型为业主、设计师、营造厂的"三元"模式,设计师的深度参与使得老斋舍的设计理念得以更好诠释,建造施工也更加科学合理。

1929年10月武汉大学建筑设备委员会决议通过与F.H.Kales(开尔斯)的建筑合同,开尔斯被正式聘为国立武汉大学新校舍总工程师,他完成了包括老斋舍在内的校园规划图纸。随后美籍华裔助理建筑师李锦沛参与到老斋舍的设计工作,1929年11月他和开尔斯一起在上海完成了老斋舍的初步设计图纸,这些图纸落款有"F.H.KALES. ARCHITECT,POY G.LEE ASSO.ARCHT. SHANGHAI"。后来德籍建筑师石格司(R.Sachse)参与到老斋舍的设计中,1930年12月他和开尔斯在汉口完成了老斋舍的详细设计图纸,这些图纸落款有"F.H.KALES ARCHITECT,R.SACHSE. ASS.ARCHITECT. HANKOW"(图2、图3)。老斋舍在建设初经费预算11万元,其中建设费用9万元、设备费用2万元,施工建造由汉协盛营造厂中标承建,承建标价总计27万元④,建成后实际造价为55.09万元。

---

① 见童乔慧、唐莉、黎启国:《交互与新生——武汉大学早期校园规划思想解读》,《建筑师》2019年第5期。

② 见郑红彬、武勇、彭鹏:《近代上海钢筋混凝土建筑技术的发展(1896—1916)》,《工业建筑》2019年第49卷第6期。

③ 沈中清:《工作报告——参与国立武汉大学新校舍建设的回忆(国立武大新校舍建筑简史)》,武汉大学档案馆馆藏档案,1982年。

④《国立武汉大学民国二十三年度房屋建筑栋数及价值报部填表》,国立武汉大学档案馆,6-L7-1934-XZ018。

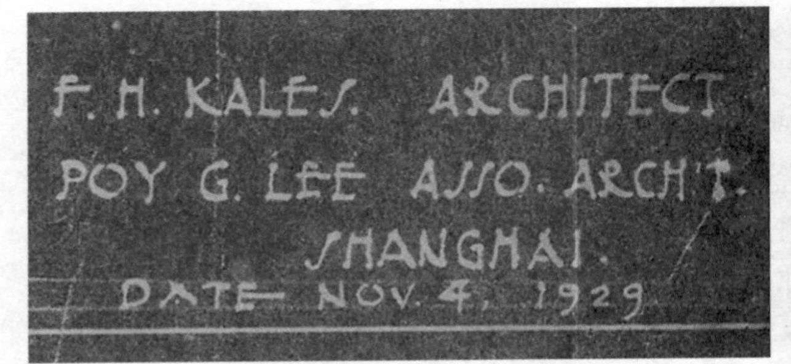

图2　老斋舍图纸落款1(来源:武汉大学档案馆)

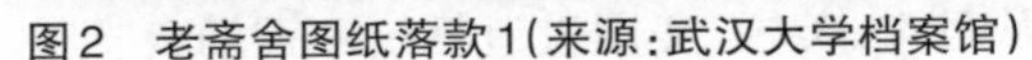

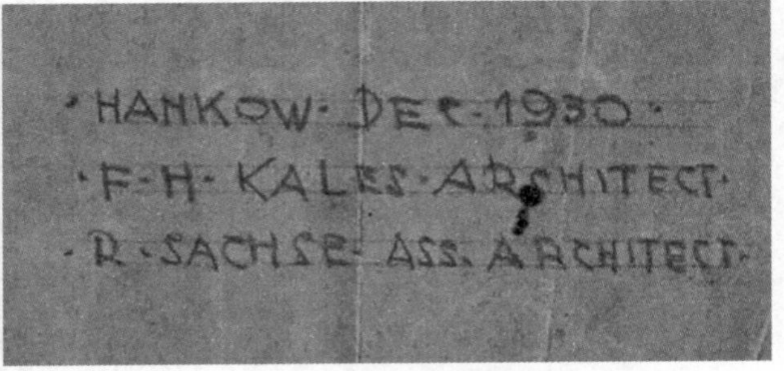

图3　老斋舍图纸落款2(来源:武汉大学档案馆)

1930年3月“开始兴工建筑”①,为确保老斋舍建设施工的质量与设计意图的表达,国立武汉大学建筑设备委员会成立了工程处,聘请了经验丰富的监工员缪恩钊,在现场检查和督促工程质量与建筑活动。开尔斯主要负责设计方案、提供图纸,由于开尔斯不在武汉,难以实时解决现场问题,为使设计方更好地参与现场建造,开尔斯全权委托石格司对现场设计图纸中的问题答疑。

在老斋舍的施工建造中代表校方的缪恩钊、代表设计方的开尔斯、石格司以及承建方汉协盛营造厂在老斋舍的建筑活动中共同形成了“三元”模式。业主团队的高目标追求;设计团队的精心规划设计;建设团队的不计成本施工,三方共同参与的科学建设管理模式,是对全新建筑活动模式的尝试,也加速了传统建筑模式的现代化转型,使得老斋舍规模之大、施工难度之复杂却能顺利建设营造并成为近代大学校园建筑的经典。

在老斋舍采取“三元”管理模式的过程中也出现了些许问题,“文学院、学生饭厅、学生宿舍亭子楼的屋角却做成南方式,是没有照图施工,F.H.Kales很有意见,但已建成,脚手架也拆下了,也就算了。当时图书馆正在施工,做的屋角也是南方式,但尚未盖绿瓦,F.H.Kales坚决要求返工,因为图纸设计的是北方式屋角,打这以后,法学院、体育馆、工学院等都是做的北方式屋角”②(表4)。

表4　老斋舍亭楼设计图纸与实际建成对比

老斋舍亭楼设计图纸	老斋舍亭楼实际建成

老斋舍的建设过程体现了中国近代建筑活动模式的转型,其中亭楼在建设过程中所出现的实际与图纸不符的情况体现了三方管理模式在当时的建设活动中还处于初期探索阶段,还需不断完善,也正是在建筑活动中业主、设计师、营造厂三方的参与,特别是设计师在建造活动中的参与,使得对建筑设计中的理解偏差得到及时纠正,促进了我国近代建筑管理模式的现代化。

(三)牢固稳定的基础工程

基础工程为隐蔽工程,在建筑营造完成后对其进行检查、修补都极为困难,而老斋舍位于狮子山间,对基础工程的建设更是提出巨大的挑战,营造技术的好坏至关重要。“下脚,此项工程浩大,基址须特别坚实,现照工程师规定,就本山开出之石子。合以灰沙,砌下深二尺五寸宽五尺之墙脚。”③老斋舍体量大并且依山而建,因此基础工程是在不同标高的施工面进行。

基础工程主要包括地基、基础和挡土墙三部分。地基主要是为了支承基础,采用的主要材料是碎石,利用狮子山上的石材,就地取材,在不同标高上利用碎石夯实地基。基础主要包括柱基础(图4)和墙基础(图5),柱基础用来承载柱子,与柱子整体进行浇筑,采用钢筋、混凝土等材料。墙基础用来承载

①《王校长纪念周演说词》,《国立武汉大学周刊》1932年3月20日。

② 沈中清:《工作报告——参与国立武汉大学新校舍建设的回忆(国立武大新校舍建筑简史)》,武汉大学档案馆馆藏档案,1982年。

③《珞珈山新校舍工程近况》,《国立武汉大学周刊》1930年6月21日。

墙体，主要由碎石、石灰、水泥混凝土等材料组合浇筑而成，墙体在墙基础上砌筑。

挡土墙（图6）是为了保证施工质量以及基础的稳定性，在靠近山的一侧设置。挡土墙的结构分为两部分，底部采用1:3:6的水泥混凝土作为基底，上部采用狮子山上的石头，用砂浆砌筑成石墙，石墙中间设置有泄水孔。挡土墙稳定了山体的开挖面，在结构上将老斋舍与狮子山体分离开，避免建筑在开挖面受到山体挤压而影响建筑稳定性。

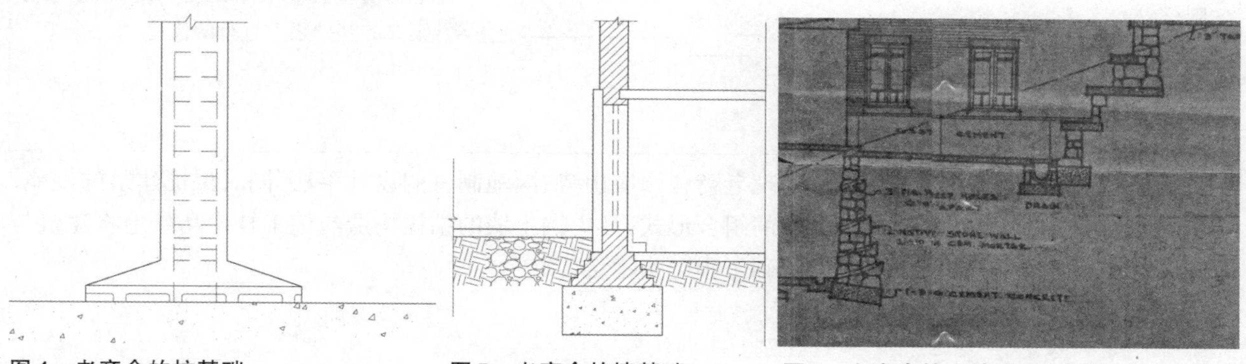

图4　老斋舍的柱基础　　图5　老斋舍的墙基础　　图6　老斋舍挡土墙详图（来源：武汉大学档案馆）

挡土墙的施工工艺与技术水平使得老斋舍“地不平天平”的空间建构在狭小的狮子山坡上得以实现，在设计过程中也进行了优化（表5）。老斋舍整体地基有四个标高平面，挡土墙依次设置在这四个不同标高平面地基与山体交接的垂直面上，作用是稳定垂直面的狮子山山体。为确保挡土墙结构的稳定性，采取了以下处理方法：方案一，采用良好力学性能与具有较高强度的水泥混凝土块作为挡土墙结构最底部的基层，确保其牢固稳定；方案二，利用狮子山开采的石块作为主要材料，挡土墙主体部分采用水泥砌筑卵石，在满足结构稳定的基本情况之下充分利用现有资源，节省了施工的成本、加快了施工的进度；方案三，在挡土墙中适当设置用于排水的管道，有利于平衡山体与老斋舍之间水土压力，提升挡土墙以及老斋舍的结构耐久性。[①]

表5　老斋舍地基处理方案

设计	图示	说明
方案一		方案一中老斋舍的“地不平天平”的建构方式是顺应狮子山的山势，整体呈折线型，在狮子山南坡形成三个可以进行建设的场地，采用放坡的形式来处理三个平台间的高差
方案二		方案二中老斋舍的“地不平天平”的建构方式是从山脚至山顶呈阶梯状形成三个可用于建设的平台，用挡土墙稳固三个平台间因高差产生的垂直山体，增加了建设场地的面积

① 见童乔慧、胡宇：《珞樱中的天上宫阙——武汉大学早期建筑老斋舍研究》，《华中建筑》2020年第38卷第1期。

续表

设计	图示	说明
实际落成	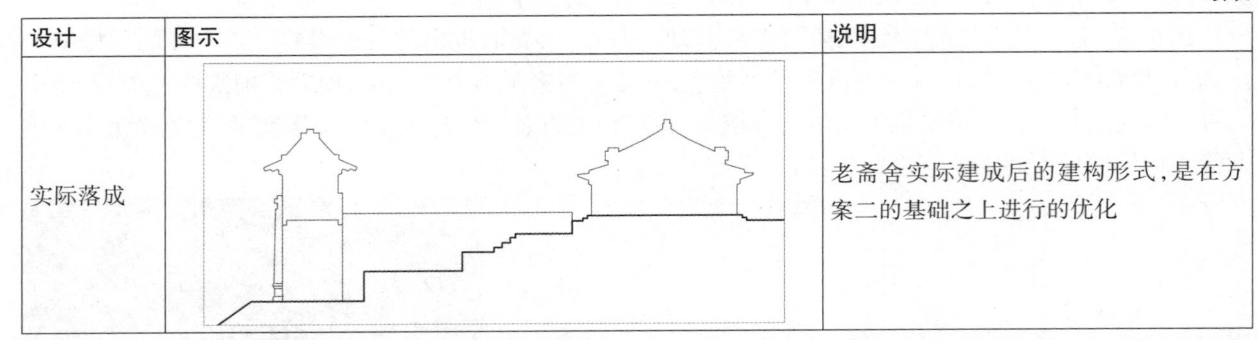	老斋舍实际建成后的建构形式，是在方案二的基础之上进行的优化

在基础工程的营造技术上，为了实现老斋舍顺应山势、因地制宜的设计手法，同时保证建筑的性能、结构不受影响，采取地基、基础、挡土墙的组合形式，其中挡土墙的结构构造与施工技术巧妙地将建筑与山体进行结构上的分离，使老斋舍的基础工程坚实稳定(图7)。

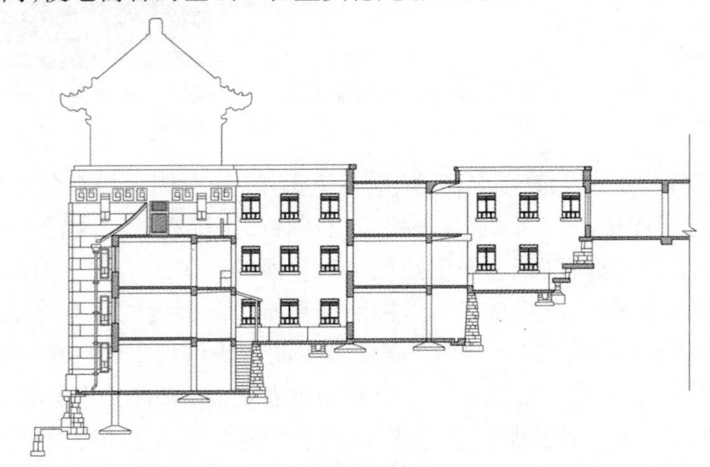

图7　老斋舍剖面基础、挡土墙详图

(四)增强建筑的结构性能

老斋舍的主体结构采取的是钢筋混凝土框架和砖石墙，梁、板、柱采用钢筋混凝土施工技术，墙体采用砖石砌筑施工技术(图8)。老斋舍地面部分为四层，有一层地下室为锅炉用房。地下室层高7英尺(约2133.6毫米)，其余各层层高10英尺(约3048毫米)。老斋舍各栋中部南北朝向空间柱网较规则，柱网尺寸开间约为10英尺3英寸，进深约为13英尺11英寸(即约为3124.2毫米×4241.8毫米的柱网)，模数化的设计最大化地利用了空间，同时便于宿舍功能房间的布置。各栋两端东西朝向空间仅在空间中部设置立柱，柱子间距不规则，最大跨度约为27英尺10英寸(约8483.6毫米)，最小跨度约为14英尺(约4267.2毫米)。考虑到处理高差的合理性而设置柱网间距，两端的空间柱网未采用模数化设计，同时采用砖墙与柱子结合进行承重。

在老斋舍钢筋混凝土施工技术中，钢筋的排布均有科学、合理的设计。在梁、板、柱配筋特别之处进行了标注说明：所有的柱使用直径为0.25英寸(约6.35毫米)的箍筋进行加强，箍筋间距为6英寸(约152.4毫米)。柱子在距离地板横梁1英尺(约304.8毫米)以内的地方缩小到箍筋加密，箍筋间距为3英寸(约76.2毫米)。在三层楼底的H形柱上有直径为6/16英寸(约9.5毫米)的箍筋。所有楼板应铺设3英寸(约76.2毫米)厚的混凝土，然后在表面铺上1至2英寸(约25—50毫米)厚的细粒石质水泥和0.75英寸(约19毫米)厚的沙子，或在业主要求的位置进行地砖的铺设。增加所有屋顶梁和主梁深度的四分之一，例如使12英寸(约305毫米)深度的梁调整为15英寸(约381毫米)。同时，屋顶板的厚度增加到4英寸(约101毫米)厚。

老斋舍的主体工程对细部也进行了科学考虑，在各栋斋舍北面采用面向庭院天井的外廊，地面表面向外找坡0.5英寸(约12.7毫米)，既便于斋舍学生交通行走，同时增加了采光与半开放空间，便于学生晾晒衣物(图9)。

图8 老斋舍主体结构施工现场①

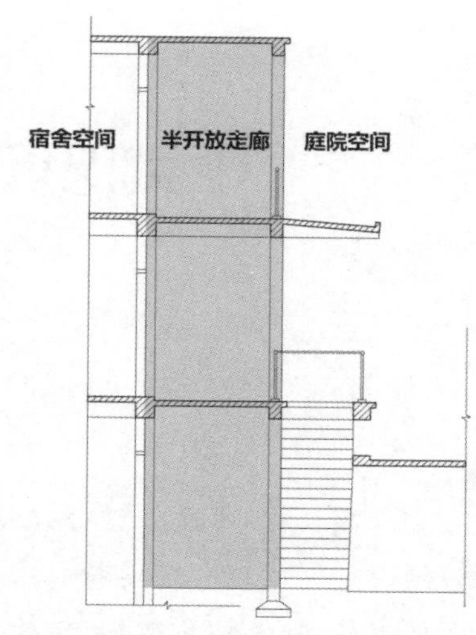

图9 老斋舍北面外廊剖面

老斋舍的主体结构中通过歇山顶亭楼(图10、图11)展现了古制遗存和西方技术相结合、形式与功能相统一的特点,使用钢筋混凝土施工工艺去建造歇山式屋顶,在结构上对传统的歇山顶结构进行了简化,营造技术上采用预制混凝土。

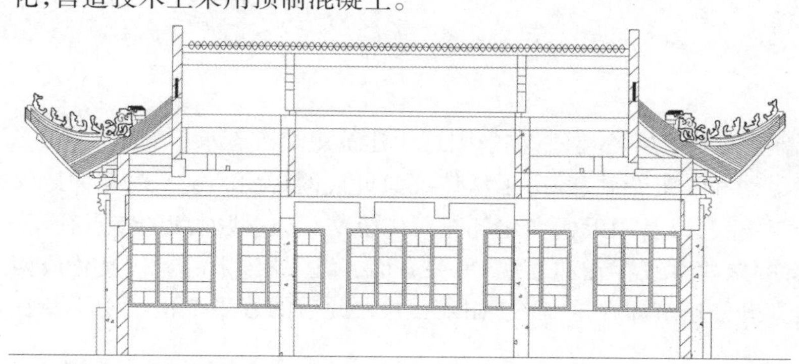

图10 歇山顶亭楼剖面图1

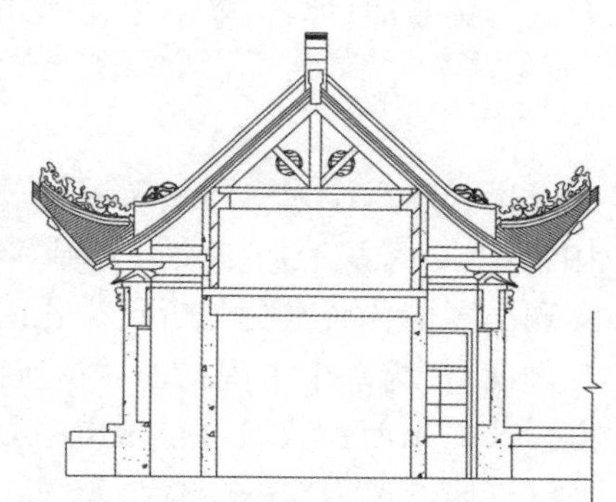

图11 歇山顶亭楼剖面图2

四、总结

老斋舍的设计建造旨在为学生提供舒适的生活学习空间,在建筑设计中通过庭院天井的设计增加了老斋舍进深方向前中后三排宿舍的南向采光,为老斋舍提供了最大化的日照与采光。除了科学合理利用自然环境,老斋舍在营造技术方面也具有一定的先进性,建筑在结构体系上采用了钢筋混凝土结构,实现了平屋顶的活动空间和亭楼歇山顶的构件预制,解决了上人屋面的支承问题、传统屋顶的复杂做法,使老斋舍在结构上具有良好的安全性,在空间上满足功能的使用性。

老斋舍是西方施工技术在山地建筑中的一次重要实践,因地制宜,从规划布局、建筑设计到施工建设的营造技术,体现了中西融合的文化观、因地建构的生态性、技术制度的现代化等特色,在建筑材料、施工管理、基础工程及结构性能等方面对传统建造模式的现代化转型对武汉地区乃至全国范围具有积极的促进作用。

武汉大学早期建筑老斋舍从建成至今,其建筑功能一直活跃,没有发生改变,功能空间上仍旧可以基本满足学生的需求,建筑功能的活跃性体现了建筑本身的可持续性。老斋舍用建筑本身回答了如何使用先进的技术和理念去组织和设计建筑,使建筑本身的形式、功能契合时代的要求、使用者的需要并实现可持续性设计。

①《良友》,良友印刷有限公司,1931。

武汉近代里分建筑空间形态演变研究

青岛城市学院　张念伟

摘　要：本文以里分建筑为研究的焦点，引入空间形态理论，研究武汉近代里分建筑空间形态演变研究的过程及其特征。首先对武汉里分建筑的近代化表现进行论述，主要在规划、法规、制度的发展，以及建筑结构、材料、技术的发展。其次，着眼于里分建筑与城市之间的关系的三个空间形态的演变，即以发展时序和分布规律的时间空间演变、物理空间演变、日常生活空间演变。最后，指出武汉近代里分建筑空间形态演变的过程是传统居住文化和西方居住文化交汇碰撞的过程，反映出的是中国近代居住文化结构的混合性、转型性和包容性。

关键词：近代；里分建筑；空间形态；演变

里分建筑作为中国武汉近代一种新型的城市居住类型，在中国近代建筑史上有着承上启下的作用。19世纪末，武汉经历了被迫开埠、洋务运动和清末新政，经历了从传统向近代的转型。这一时期的武汉体现出了旧传统文化与近代文化的并存发展，以及用近代文化补充旧传统文化，这段时期的特点在于：一方面，作为一个中国封建城市所固有的东西继续存在和发展；另一方面，从国外传来的近代文化或西方样式的东西在武汉这个城市中崛起。里分建筑即在这一时期出现，并在此后的近半个世纪中不断在武汉这座城市中发展、融合、演变。

一、“空间形态”理论引入

“空间形态”概念强调空间语境下事物形态在特定时空环境中整体有机特性的展现，以便阐释出形态在主客观空间中生成的原因、组成、关系、发展及趋向，易于运用中把握形态设计发展的本质。①本文也是从里分建筑产生原因、组织关系、组成关系、发展趋势等方面着手进行分析总结，以时间轴线上空间形态的变迁为主要研究线索，揭示出里分建筑在空间形态的特征，以及产生这种现象背后的内涵与原因。

列斐伏尔指出，在空间认识历史演变过程中，空间范畴具有了两重含义：物理空间和精神空间。②通过引入空间生产的视角，以武汉近代里分建筑的物理空间的演变、时空空间的演变、日常生活空间的演变，探究出里分建筑在空间生产过程中存在的问题以及里分建筑在各个阶段如何逐步发展、各个阶段的特征、各个阶段的演变形式等方面进行研究。

二、里分建筑近的代化表现

（一）里分建筑规划、规则、制度的发展

1. 里分建筑的规划

里分建筑的规划发展是在整个城市发展的规划下进行，在1929年的《汉口特别市分区计划图》，对用地功能划分了住宅区；1933年的《汉口市分区计划图》对用地继续进行功能细分。随后1938年全国颁布《建筑法》，随后又颁布《都市计划法》，政府希望通过制定全国性的法规来统一、规范各地方城市规划与建筑建设。

---

① 见管元：《特色乡村院落景观设计模式研究——以山西省太谷县为例》，山西农业大学2015年硕士学位论文。

② 见孙全胜：《列斐伏尔“空间生产”的理论形态研究》，东南大学2015年博士学位论文。

1929年《武汉特别市暂行建筑规则》针对这类建筑巷道，制定了专门的建筑规划准则。之后，新的《建筑规则》结合各种理念与技术进行规范与改良。在1929年《建筑规则》之后订立的类似规则中，都延续了前者的分类方式，只是根据市民要求与城市发展等情况，对巷道宽度进行过数次调整。[①]到1938年，汉口各项城市用地的功能区已经基本完善，住宅区的位置已经统一。各项分区计划、建筑法、建筑规则等颁发对里分建筑的建设的影响是巨大的，里分建筑也在城市的规划下成为成片的住宅区。

2. 里分建筑的规则

在里分建筑模范区建设时期，民间的建筑规则就已经形成并实施。随着《武汉特别市暂行建筑规则》颁布，里分建筑的建设正式进入了范式化、整体化时期。但是，即使是在规则的指导下也出现了不切实际的地方，如巷道的宽度标准都在上海里弄巷道的宽度标准下增加，使里分建筑的建设制度无法实施。1930年《改正建筑规则》提出整改措施，12月《汉口特别市建筑暂行规则》再次做了详细规定。此后，经过多次修改规则才使里分建筑的建设规则逐步合理、规范、严格。两个政策在不断制定、修订、完善中得出并实施。为了使里分建筑的规划在整个城市发展规则当中，政府部门通过调研、试用、考证等措施把里分建筑的建造尽可能的市民化，同时这时的里分建筑的建造是西方住宅文化适应武汉本土的住宅文化的过程。

3. 里分建筑的制度

与中国传统民居地方化不同，里分建筑没有经过上千百年的传承而形成居住的风格，在近代时期就已经成为规模，成为武汉当时的一种独特的居住风格。之所以在较短的时间内形成自己的居住风格，其主要的因素在于政府部门对于其制度的制定、执行与推广。制度地方化也会因近代城市经济发展的状况、政府部分的具体实施、各地传统居住文化的保留等多方面的因素影响，导致武汉的里分建筑与上海、青岛等地的里式住宅的不同性等。可见，在制度的规划下，里分建筑并不是单独存在的，而是和城市的道路交通、商业用地、文化交流结合在一起的，里分建筑的建设统归于城市整体规划当中，武汉的里分建筑也在制度的规范下实现了本土的地域化。

（二）里分建筑建筑结构、材料、技术的发展

1. 建筑结构

里分建筑的结构类型，大致可分为砖木结构和混合结构二类、砖木结构中砖的部位有承重墙、分隔墙、围护墙等；用木材的部位有梁架、格栅、楼梯、桁条、椽子、阳台、裙板以及穿枋、斜撑等。[②]根据结构等级主要分为普通、中等、高等三个等级（表1）。

表1　里分建筑的结构等级分类表

等级	里分	结构特征
普通	三德里 昌年里	样式陈旧、设施简陋、屋外空隙地狭窄，由普通砖木、瓦料建造，内墙多为水柱架嵌五寸砖墙，木楼梯，木群版，木大梁
中等	智民里 同丰里	样式新颖，装修讲究，多为混合及甲种砖木结构，用料施工及内部装修较差，开始装设水电设施，或兼有院墙
高等	上海村 江汉村	新式住宅，装修精致，设备齐全，用料施工讲究，多为部分钢筋水泥结构，机制红砖，水泥缝或假麻石面外墙，平瓦或钢筋混凝土屋顶，内部装修精细，有基础设施

2. 建筑材料

以“自强”和“求富”为口号的洋务运动开始引入西方工业建筑与新技术，新结构与新材料从西方的引入和在国内的大量使用，人们很快发现了新建材依赖进口的缺点。有志之士开始在武汉建立起一批建材生产企业，包括砖瓦、水泥、玻璃、钢铁等新材料，新材料的大量使用，使里分建筑内出现了砖混结构。以新材料砖为例，当时的机制砖在砖瓦厂生产下，在里分建筑的墙体上大量运用，砖的使用以红砖居绝大多数。墙砖在武汉里分建筑的建造中得到巨大的利用，墙砖的形式也随着里分建筑建造的整体风格在发生着变化。

① 见喻婷：《近代武汉城市规划制度研究》，武汉理工大学2011年硕士学位论文。

② 见宋日升：《基于材料技术演进的武汉近代砖建筑发展研究》，华中科技大学2013年硕士学位论文。

3.建筑技术

随着西方近代化的开始，工业革命改变了西方国家的各个行业，尤其是在近代机器工业方面，西方各国都开始对生产技术进行重大的变革。但是随着城市的发展和近代里分建筑建设的高峰期来临，传统的木作坊和砖瓦厂远远不能满足当时大规模、高质量的里分建筑建设。在这种情况下，武汉传统的水木作坊开始向近代营造厂转型，一是为了为生产新的建筑材料、提供建筑技术等，二是为了能够在近代建筑市场中占有一席之地不被社会所淘汰。而这些近代营造厂在实质上推动了建筑材料的机械化生产，为武汉建筑业的快速大量建造提供了基础保障(图1、图2)。

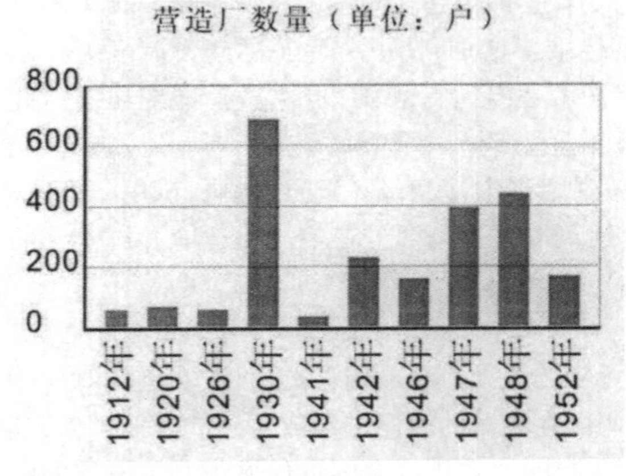

图1 武汉营造厂发展数量分析表[①]

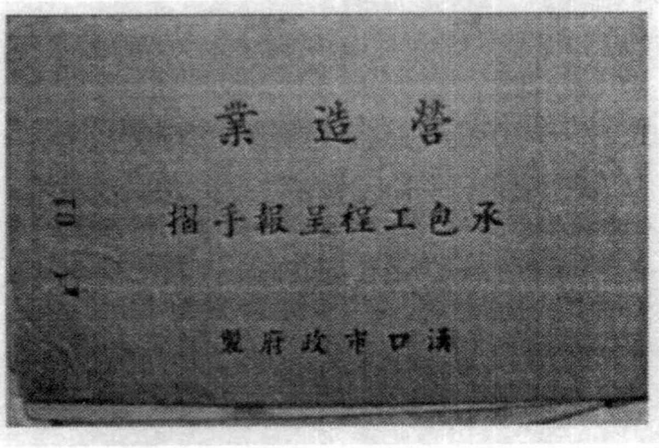

图2 营造业承包工程手册[②]

三、里分建筑的空间形态演变

(一)时间空间演变

1.发展时序

里分建筑的建设于19世纪末起步，在20世纪初发展最为迅速，停止于20世纪40年代末期，先后发展了近一个世纪。里分建筑的分布以武汉三镇中的汉口最为集中，其建筑成就与艺术价值也最高。随着社会发展、经济水平提高、科学技术升级，武汉近代里分建筑的建设过程中，住宅的建筑的建造形式发生了很大的变化，逐步发展成为具有现代居住住宅雏形的里分建筑。(图3、图4)

图3 1902年建成的长清里(来源:王汉吾提供)

图4 1905年建成的宝善里(来源:王汉吾提供)

①② 见徐齐帆:《武汉近代营造厂研究》,武汉理工大学2010年硕士学位论文。

根据里分建筑的形成背景和发展过程，可将其发展历程划分为初期、中期、后期三个时间段：初期是里分建筑的产生阶段，时间范围在1861—1910年；中期是里分建筑的兴盛阶段，时间范围在1911—1937年；后期是里分建筑的尾声阶段，时间范围在1938—1949年。其中在里分建筑的兴盛阶段又分为三个阶段，第一阶段是1911—1917年间，第二阶段是1917—1925年间，第三阶段是1930—1937年间。

2.分布规律

里分建筑主要分布于原英、俄、法、德租界以及当时的“模范区”内，也就是即今天的江汉区和江岸区范围内。整体里分建筑的分布呈现以中山大道为轴的带状分布，形成“沿江而置，华洋并处”的分布规律。本文在实地调研基础下，主要里分建筑研究地理范围是最为集中的江岸区，即南京路—大智路区域，车站路——一元路区域。

（二）物理空间演变

1.建筑总体布局与巷道布局

（1）布局类型

里分建筑的总体布局类型主要分为五种基本类型：行列式、周边式、组团式、沿街式和自由式。①在多数情况下，总体布局往往是多种类型的综合，运用常见的有“周边式十行列式”和“沿街式十行列式”布局。巷道布局类型主要分为四种基本类型：主巷型、主次巷型、环形和综合型。②在所有里分建筑的巷道布局中，主巷型和主次巷型的布局方式最多。

（2）演变过程

由表2分析来看，里分建筑的总体布局和巷道布局在时间推展进程下，其各个时期布局的特点也不相同，但又存在相同点。

表2　里分建筑总体布局与巷道的演变过程

类型	时间	主要特点	相同点
旧式里分建筑	约建于19世纪末20世纪初	布局规整，整体规模小，因地制宜，缺乏统一规划，不太注重朝向，沿袭传统居住形式；外部空间组织不完善，主巷和支巷区分不明显，更注重内部空间	三个时期的里分建筑的布局和巷道形式存在差异。但其共同点在于是三个时期的里分建筑的总体布局和巷道，基本上都采用了联排式的布局方式和路网结构形式
新式里分建筑	建于20世纪20年代前后	较旧式里分布局更加整齐，整体规模扩大，注重朝向与采光，统一规划，西方居住形式传入；各种巷道区分明显增宽，成为主要交通空间，人们交往空间开始变得频繁	
别墅型里分建筑	建于20世纪30年代以后	较旧式、新式里分建筑布局开放，整体规模大，受用地的制约也相对小，统一规划，具有居住社区性质；明确了主次巷的宽度与分工，交往空间丰富，各个空间组织参与	

2.建筑单元平面与天井布局

（1）单元平面

里分建筑的主要功能是住宅，部分为沿街底层商店型住宅，决定平面布局的主要因素为：住宅入口、起居空间、卧室空间、辅助用房（厨房、厕所、贮藏等）、天井或院子，当然还有基地大小、中国传统的居住方式、西方的生活方式等因素。③从里分建筑的平面布局的开间上来看，主要有三间式、二间式、二间半式、一间半式等平面形式，从入口来看，主要分为天井式里分、门斗式里分、西式里分。④

（2）天井布局

里分建筑的天井布局从位置来看，有前后两个天井式、前或后一个天井式、中间天井式、多个天井式、院子式等若干方式。天井布局的演变是循序渐进，不是以后出现的里分建筑代替之前的里分建筑的方式演变，有些里分建筑后期产生的天井空间仍然出现了里分建筑早期空间样式。从总的趋势来看，各时期天井布局模式是不断变化。本文暂把天井空间演变分为早期、中期和后期。综合来看，各个时期天

① 见孙震：《中国近代里式住宅比较研究——以上海、天津、汉口为中心》，武汉理工大学2007年硕士学位论文。

② 见蔡佳秀：《汉口原租界里分住区巷道空间研究——以原英租界为例》，华中科技大学2012年硕士学位论文。

③ 见陈玲：《武汉近代里分住宅保护与更新的研究》，武汉理工大学2002年硕士学位论文。

④ 见李百浩、徐宇甦、吴凌：《武汉近代里分建筑发展、类型及其特征研究（续）》，《华中建筑》2000年第4期。

井布局在住宅单体形态的总体布局下，在总体趋势上是随单体形态布局不断演变（图5）。

（3）演变过程

由表3分析来看，里分建筑的单元形态与天井空间在各个时期的发展下，其两者的演变过程整体上是趋于统一并且是相互依存、相互联系、相互作用。绝大多数单体形态的演变决定于天井空间模式的运用，天井空间模式的选择也是在单体形态的整体要求下进行演变的，两者互相统一；但不是所有的单体形态和天井布局都是呈现这种趋势，有个别的里分建筑可能因建造者的不同、业主的需求不同、建造方式不同等因素存在个别的差异性。

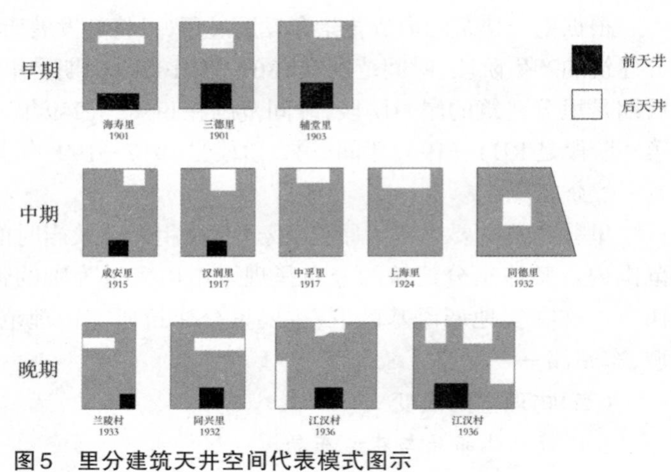

图5　里分建筑天井空间代表模式图示

表3　里分建筑单元形态与天井的演变过程

类型	时间	单元形态	天井布局
旧式里分建筑	约建于19世纪末20世纪初	这一时期多为一栋一户，有封闭天井，沿用传统居住的布局形式，中轴线对称形式，堂屋、厢房面向天井开敞，保留中国传统大家庭生活模式	住宅的天井脱胎于中国传统天井式民居，天井空间和传统民居的布局相似，有着横长的空间形态
新式里分建筑	建于20世纪20年代前后	这一时期出现了单元式住宅，这种住宅没有前天井，户门直接开向巷道。这是对中国社会的大家庭逐渐解体、核心家庭日渐增多的主动适应	住宅的天井不再局限于传统民居布局，注重现代居住要求。天井空间变化大，不如传统民居那样居于核心位置
别墅型里分建筑	建于20世纪30年代以后	这一时期有些沿袭左右对称的布局形式；有些为了节地的需要，将居住空间灵活组织，部分传统房间名称消失，房间功能专门化	住宅的天井开始按照新的居住模式来划分内部空间布局，天井空间不再仅仅是自然采光、形成过渡空间的作用

4.建筑门户空间

（1）门户装饰部位与构件

宅门入口即每户家庭的主要进出口、对外的门面、建筑装饰元素最集中的部位。早期里分建筑中的宅门设计相对简单，加入了传统中式装饰元素。后期在门楣处加入了较多西洋的装饰元素。20世纪20年代后期，宅门设计被单元入口的门斗形式所取代，整体入口为砖拱圈形式。主要由门框、门楣、门扇、壁柱组成，装饰图案趋于抽象、简洁。①大体可分为圆拱型、三角型、平直型和复合型。

弄口门楼是里分建筑的主出入口，门楼一般连接建筑山墙，因此，门套基本上嵌在建筑之间的通道中，其功能一是供街坊人群出入，二为区域划分的界碑。还有一些弄口门楼融合了过街楼的形式，使弄口门楼与住宅建筑融为一体，通常称为“牌楼”或“过街门楼”。弄口门楼通常由门框、门楣、牌匾、壁柱等组成。弄口门楼与宅门相比体量更大，大致也可分为圆拱型、三角型、平直型、复合型。

（2）门户空间演变过程

由表4分析来看，在门户的演变过程中，弄口门楼的封闭性逐渐降低，宅门封闭性逐渐升高，门户装饰纹样作为整体建筑的一个组成部分，从属于建筑的总体风格，其装饰形态的类别是丰富多样的，装饰元素来源自中式和欧式。无论是风格、结构，还是装饰元素、材质等方面，门户都经历了时间、审美、技术等多方面的演变，其主要功能不仅在于以形象反映门户中西合璧的性格特征，同时也是满足当时人们的审美需求和生活价值观的体现，进而发展为中西合璧的建筑艺术混合产物。但在演变过程中，又表现出不完全的“融合”、明显的“拼贴”和意外的“衍生”过程。

① 张念伟：《汉口里分建筑中门户的图像装饰研究》，《艺术教育》2017年第21期。

表4　里分建筑门户的演变过程

类型	时间	装饰纹样	空间特点
旧式里分建筑	约建于19世纪末20世纪初	在早期的里分建筑中门设计偏于简单，但具有中式装饰元素的介入；后期在门楣处加入了更多西洋的装饰，设计较为复杂	这一时期的弄口门楼、宅门都是出对传统居住住宅的沿袭。弄口门楼将外部空间与巷道空间具有很强的封闭性；宅门作为巷道空间与院落空间的边界，体现出较强的通透性
新式里分建筑	建于20世纪20年代前后	在20世纪20年代前后期的新式里分建筑中，其门的设计由单元入口的门斗形式所取代，整体装饰图案趋于抽象、简洁	这一时期的弄口门楼、宅门既表现出对旧式里分建筑的继承，又表现出新的变化。弄口门楼的封闭性降低，外部空间与巷道空间之间的不再是强烈的对立关系。与此同时，宅门的封闭性增加，将巷道空间与院落空间通过过渡空间的形式相互分隔
别墅型里分建筑	建于20世纪30年代以后	别墅型里分建筑的门门式设计强烈受到19世纪末西方装饰艺术风格（Art-Deco）的影响，门的装饰纹样逐渐演变为简洁的直线条	这一时期其传统门第观念已经逐渐消失，大部分别墅型里分建筑“墙的门”的形式也消失了。弄口门楼将外部空间与巷道空间通过过渡空间的形式分隔，但表现出较强的通透性

（三）日常生活空间演变

1.日常生活状态

里分建筑不仅是人们的日常居住空间，也是人们工作、娱乐、社交以及日常购物等各种行为之地。以主出入口为界，里分建筑里面的房子，是居民的私密的内部日常生活，里分建筑外面的马路上，则是里分建筑中日常生活的延伸。在里分建筑内部生活的居民，他们所进行的交往活动都是依托在里分建筑的各个空间所发生，其单体建筑、主次巷道、植物小景、周边环境等空间都是人们进行交往活动的场所，具有很强的集合性、日常性。

里分建筑内邻里之间亲密无间，平易真切的生活，人与人之间的交往变得频繁，也会多了些家长里短的“闲话”。见面免不了的几句寒暄、说些新鲜事，那种富有邻里感和具有人情味儿的浓郁气息弥漫在里分建筑里。人们的生活方式来源于里分建筑空间的布局形式，尤其是总巷与支巷的空间模式，提供了邻里之间相互交往的场所空间，久之形成一种标示性的地域文化形态。

2.居民结构表现

在早期，在住宅商品化的背景下，根据自己的经济水平、生活习惯、日常需求等因素选择符合自身的里分建筑。这时，住在同一个里分建筑的居民结构、生活水平、贫富差距等基本一致，所居住在哪个里分建筑，也成为一个人社会地位的重要标志。从当时武汉的社会结构整体来说，生活在里分建筑中的居民结构大致上可以归纳为社会中层，多为小业主、小资本家、教员、公司职员、医生，以及其他自由职业者。

到了后期，由于社会的进步，更多的人在经过自己的努力使自己的经济水平得到提高。在近代工业的发展下，武汉的许多工厂拥有大批量的工人。这时更多的不同阶级、职业等各色人等，按照自己的经济水平开始在选择旧式、新式、别墅型不同档次的里分建筑，其同一个里分建筑的社会结构发生了很大的差异变化。

3.居住装饰布置

在居住装饰方面，门的构件以及保留完好的壁炉，还有室内的打蜡地板，都体现着西方舶来品的印记。[①]随着武汉不断地开埠通商，西方文化的社会生活方式也开始传入中国，中国人由最开始的抵制到慢慢接受，形成了“西俗东渐”的现象。随着西方洋器洋货的大量输入，人们生活中充满了各式各样的洋式物件可以选择并装饰室内布局。

在居住布置方面，一方面因居住者的需求与审美情操而布置；另一方面，因时代风尚的变迁，从而注入新的居住文化与时代特征。这一时期居室布置主要是方便实用、追求新风的布局时尚，而在居室陈设与器物方面均因需而置。旧式里分建筑沿袭传统民居的布置方式，传统的布置元素居多，但也按照居住

① 见潘长学、桂宗瑜：《清末民国时期武汉民居形式研究》，《中外建筑》2013年第3期。

主人情趣和喜好而布置,形成规矩、对称、严谨的布置特征。新式里分建筑在布置上更加追求西方的生活方式,装修中讲究舒适便利,其外观光洁而趋于近代时尚。别墅型里分建筑在布置上主要是仿西式、人性化设计的特点,装修以舒适便利为主,整体上讲究实用与简洁。

四、结论

武汉近代里分建筑是由传统住宅适应近代城市生活需求,接受西方外来建筑文化影响而糅杂、转型的新居住住宅类型。其空间形态演变是复杂的,是在社会变革之中所产生发展的,从早期对装饰符号的模仿,到后来空间布局、功能组织的西方样式的模仿,反映了西方居住文化对中国传统居住文化的渗透。里分建筑是以中国传统住宅形式为基础,引进和吸收西方住宅文化的过程,不是完全外来式的住宅类型,也不是原封不动的传统民居,而是西方居住文化与中国传统居住文化进行中西合璧的本土演进。

海口近代骑楼街区的历史文化背景及其空间演变

清华大学　罗华龙

摘　要：海口骑楼老街，是海口市一处最具特色的街道景观，也是海口市的文化地标。其建筑不仅融合了中西建筑元素、南洋殖民风格和海南地域文化特征，具有与同时期其他中国近代建筑不同的气质和特点。从历史演变的角度分析，骑楼老街的演变是同步于海口城市的发展进程的，是海口城市肌理的重要组成部分和城市发展的历史印记。从地域文化的角度分析，骑楼老街区不仅在建筑本身具有相应的使用价值和美学价值，同时还承载着海南侨乡社会独特的文化内涵。近些年来，随着社会形态、经济模式的转型，从1849年到2022年，历经173年的海口骑楼老街区也经历了岁月的冲蚀，逐渐适应了国际旅游岛的新型战略定位，焕发了新的生机。

关键词：海口；骑楼老街；开埠殖民史；侨乡文化；历史街区复兴

自1849年第一座骑楼建筑在海口老城区的四牌楼附近修建，到2009年海口骑楼历史街区被评为全国十大历史文化名街之一，在这160年的时间变迁中，海口骑楼老街历经了晚清、民国、新中国这三个主要的历史时期，并且在不同的历史背景以及文化脉络的影响下，完成了从萌芽到繁盛，再到衰落，最后转型的全过程。虽然这三个历史时期对骑楼老街的发展会侧重于不同的方面，使得骑楼老街呈现出不同的特征，能够以侧面的形式反映出当时的社会生活、文化习俗以及建造技术等。但由于生长在同样的一片琼崖大地上，由同样的一批祖辈经营传承着，在更深层面，我们可以看到海口骑楼老街所一脉相承，不同于其他建筑和街区的、独特的海南地域文化。

作用于海口骑楼老街的历史文化因素复杂多元，如当地的地理位置、气候类型、商贸文化、侨乡文化、城市发展进程等。海口作为海南岛近代化的前沿和据点，推动其城市发展和城市建筑建造的三个主要原因为——海南近代开埠和殖民史、琼籍商人下南洋返乡建设潮和政府主导的城市改造运动。本文着重结合三个历史时期中的三个方面，探讨海口骑楼老街受历史文化影响下的演变过程、反映的时代特征、市民文化以及精神特质。

一、近代开埠殖民史下城市发展和骑楼街区的成型

（一）海口城市起源和骑楼的出现

海南岛在近代时期是一个以农业为主，经济不甚发达的小岛，长时间隶属于广州的管辖之下。海口市位于海南岛的北端，是中国与南洋航线上的一个要冲，是海南岛连接中国大陆的咽喉，故而航运与商贸业逐步在海口市发展起来，而海口市也逐步成为海南岛的政治文化经济中心。但从海口港的航运停泊条件上看，由于海口港开阔且港湾内淤积严重，其停泊船只的能力并不算优秀，且受热带季风气候的影响，台风会时常侵扰破坏，故而海口的发展只是在岛内领先而得不到长足的发展。

海口开埠的这段近代历史即海南的殖民史，对骑楼街区的诞生具有决定性的作用。综观海口城市的发展和城市建筑的建造过程，我们可以确定骑楼街区所在地理位置的原因和必然性。

首先海南岛在西汉时就已经并入中国版图。唐武德五年，海南设州，治所设在琼山，据考古发现州城面积不足1万平方米，仅作屯扎军队所用，更像是军事城堡，彼时海口作为港口的商业贸易价值尚未

被发掘。到了宋朝，海南的治所就搬迁到了至今海口位置，随后在宋元之交，海南岛第一大河南渡江入海口处形成了琼岛与大陆贸易的最大据点——海口浦，海口也因此得名。明洪武元年，朱元璋采取一系列措施加强了对海南岛的统治和管理，包括划分州县和实施卫所制度。洪武二十八年(1395)，为拱卫地方，防范海寇袭扰，在海南卫城北十里海口浦建千户所，称为海口所城。所城近似方形，“周围五百五十丈、高一丈七尺，广一丈五尺，雉堞六百五十二，窝铺十九，门四，各建敌楼东北”。海口所城全部用石头砌墙，只在四面城墙中间开门，城内有十字交叉的两条所路，交叉路中间为四牌楼。明弘治年间，随着所城向外的发展，十字街逐步发展为“五条街”的城市结构。海口所城东北外的水巷口码头更是成为繁华的渡口，也是如今骑楼老街的东边的起点，至此海口的城市形态初步确立。

清朝统一中国后，对过时的城墙建设模式不重视，海口延用前朝的城墙，仅作修补，不再修建新城。康熙二十三年(1684)，清政府撤销了康熙元年以来的出海禁令，第二年设置了海口关部总口，在政府的监管下，海口的商业贸易进一步繁荣，城市规模进一步发展。这时所城南北向的南门街和北门街渐成为主干道，旧时铺宇鳞次，街延店展，热闹非凡，初步确立了骑楼街区十字交错的街道肌理。

1858年《天津条约》签订之后，海口成为中国沿海十大通商口岸城市之一。西方各国纷纷在海口修建西洋风格的建筑，海口逐步发展成为面向南洋的商贸中心。1876年，琼海关在海口正式设立，位于如今中山路尾的南侧，随后各国的领事馆在骑楼街区内建设起来，同时大量具有立柱廊式结构的建筑如医院、教堂出现了。从1849年到1911年是海口骑楼的兴起期，骑楼这一建筑形式随着商船来到海口扎下根来。据考证，海口最早的骑楼建于道光二十九年(1849)，位于海口所城内的四牌楼街(今博爱路)。博爱路是海口最早的骑楼街，随着一座座骑楼在城内沿街建设起来，原本的土路变成了繁华的商业街道。这是因为当时海口刚开埠不久，市民仍然主要居住在所城内，城内也是经济的中心，新兴的骑楼自然先在此出现。

在晚清的这一时期，西方殖民主义大举进攻海南，通过商业贸易的资源掠夺大大伤害了海南岛的传统小农经济，生活窘迫的农民和手工业劳动者不得不另谋出路，一批批海南人在此时纷纷出洋避难。仅清光绪二年至二十四年间，就有24万余海南人出国，为后来民国初年返乡建设家乡和骑楼街区埋下了伏笔。

(二)海口城市变革和骑楼街区的繁荣

海口骑楼街区真正的繁荣始于民国建立前后，其标志为振东街的出现(1910)。振东街与水巷口相连接，彼时这里是海口最早的码头，桅樯林立，船艇穿梭，商人络绎不绝。故而振东街沿着港口水系展开，形成高密度的滨水建筑群，能够直接服务于港口的货物运输和交易，便于人工搬运和货物集散，降低成本。在这一阶段，海口的对外贸易迅速发展，新的骑楼建设活动由此发端，发展趋势由原有的所城中心十字放射，转变为从北边港口向南和西的街区发展。城墙外，西起海关大楼，东至水巷口，振兴路邻海甸溪一带已经初步形成了独具特殊的海口滨水历史界面。

图1　清末民初海口所城图

图2　海口所城复原模型

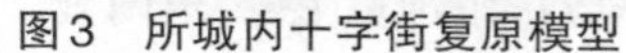

图3 所城内十字街复原模型

图4 所城外水巷口复原模型

随着海口人口的增加和经济的发展，城市原有的所城结构和狭窄街道特征不能满足人们的需求了。1920年，所城内南北街（博爱北路）就发生过特大火灾，原有的骑楼被烧毁殆尽，此时便有人提议拆街扩路。而后1921年军阀邓本殷收复琼崖，在五年的执掌时间内大兴土木，完善基础设施，修学校，筑堤岸，一时万象更新。

1924年，邓本殷下令拆除海口所城的城墙，扩大了海口的城市规模。原本的土路被修建成了石板路，所城内南北街改建为博爱路（长800米、宽12米），东西路改名为新民路，原城墙脚下的小路也改为大街，天妃庙前大街改名为中山路。城墙拆除后，城内外成为有机整体，拆下的砖石用来修筑长堤，就是现今的长堤路。拆除城墙后，政府吸收广州骑楼建设的经验，邀请海外华侨返乡开办企业，修筑各式骑楼。于是20世纪20年代，海口的骑楼街区商业进一步繁荣。东西走向的得胜沙路、中山路、长堤路和南北走向的博爱路、新华路连成一片，形成了以南洋风骑楼为主，兼有中式风格建筑的商业街区。

从城市肌理上看，这些骑楼街上的骑楼一字排开，但街道之间并非整齐平行排开，而是呈现回环交错蔓延生长的聚集形态。但整体来看，几条规划的清晰宽阔原生街道形成骨骼，内部派生的小街长成血肉，脉络清晰，主次分明。原因一是前期街道规划缺乏引导，同时骑楼大多由私人出资建造，大道路反而由两旁的骑楼限定。而骑楼的建造存在差异性和随机性，骑楼垂直于街道向内拓深，不同房屋之间在土地问题上发生矛盾、妥协，再蔓延的过程，最终呈现直中有曲，有主有次的街道形态。原因二是百年前此地濒临海岸，地形复杂，土地是河口泥土堆积形成的，水陆交错，经历数十年才逐渐修整填补完整的，这也极大地影响了骑楼街区的肌理。

1926年海口设市，城市道路体系日趋完善，海上贸易繁荣发展，骑楼街区成为海口的闹市区，人流如织，俨然一副小上海十里洋场的样子。据史料记载，两年内就有800余栋新式骑楼修建完成。到30年代。海口的城市规模就由原来的550丈，发展到1平方千米。

这一时期骑楼街区的繁荣主要受到三方面共同促进。首先是商业贸易带来的经济增长和对内需的拉动。其次是西洋文化、南洋文化和本土文化彼此碰撞结合，借由建设骑楼的方式在海口逐渐生根、本土化。此外民国政府也出台了一系列鼓励近代企业发展、吸引外资和规范骑楼建设的法律法规，给骑楼建设的大环境提供了保障。

总结来说，海口骑楼街区基础是明朝为防御海盗而建设的海口所城，初步兴起于所城的东西、南北十字街，在所城城墙拆除后，自码头向城内街区繁荣发展起来。海口骑楼街区的发展进程是与海口市的近代开埠殖民史同步的。海口骑楼街区紧邻海甸溪和白沙门港口，是商业贸易的交易场所，繁忙的船只往来和人流流动带来了经济发展和文化的本土化。近代殖民史在一定程度上对海口原本的小农经济造成了破坏，但在整体方面打开了海口的局面，使得海口成为海南岛的政治经济中心，为城市内部生长出骑楼街区的肌理提供了必要的物质条件基础。

二、侨乡文化带来的南洋风对骑楼街区的空间形态塑造

(一)多元文化产物海口骑楼的功能

何为“骑楼”,英文为“arcade”,闽南语称作“亭仔脚”,东南亚称“五脚基”。在《辞海》中的注释是:“南方多于炎热地区临街楼房的一种建筑形式,一般将建筑下层部分做成柱廊和人行通道,用以避雨、遮阳、通行,楼层部分跨建在人行道上,曰为骑楼。”因为乍看起来整栋楼都骑坐在一层上,故而以此为名。

骑楼的起源众说纷纭,一说这种骑楼建筑的初始原型是在公元前5世纪出现于地中海地区的,一种半敞廊式商、住一体的混合型建筑,既能满足商业和居住的需求,又能提供遮风避雨的场所。该骑楼原型进一步发展,在中世纪遍布欧洲各地,其中著名的比如法国巴黎的里沃利路骑楼街以及与意大利的古比奥街道等。这种建筑形式随着西方殖民者的脚步最早于18世纪经过马六甲海峡传入东南亚,在18世纪下半叶就首先在南亚和东南亚完成了初步的本土化,形成了独特的南洋风格。在19世纪再通过南海进入海南岛以及中国的沿海城市。

另一说骑楼起源于中国的传统建筑,是在早期南方干栏式建筑的基础上,吸收西式建筑元素发展而来的。早在明洪武二十八年海口所城初建的时候,在“外沙”一带就出现了能够防晒避雨的“排店屋”。这种形式的房屋吸收了西方的建筑技术和建筑形式形成了现在的骑楼。

但两种说法都肯定的是,海口骑楼是集西方、南洋、中式三种建筑风格于一体的多元产物,既具有中国古代传统建筑的骨架,又有对西方建筑的模仿,还有南洋文化的装饰风格。而其中南洋文化和侨乡文化对海口骑楼建筑的空间形态的塑造起到了决定性的作用。

骑楼建筑具有很强的地域适应性,海口为热带季风气候,降雨丰富同时日照也强烈,为应对这一问题,骑楼的一层彼此连接形成人行通道的柱廊,使得骑楼之间连成一个有机的整体,具有良好的遮阳荫蔽的作用。沿着街道立面一栋栋进深长进宽窄的坡屋顶楼房串联在一起,立面呈现出丰富的装饰元素和风格,一般骑楼建筑的一层作为商用,二层及以上用作民居。这种类型的建筑能够很好地应对当地炎热多雨的气候环境以及频繁的商业贸易活动。骑楼的英文又称“shop-house”,代表了骑楼与商业模式之间的紧密联系,能够为城市提供贸易场所,是农村向城市转型过程中的产物。

(二)多元文化产物海口骑楼的特征

在我国东南沿海地区骑楼建造的传播途径中,有学者分为三个核心圈,分别是广州为核心的珠江三角洲中心圈,以海口为核心的琼雷翼次传播圈,以及以台湾为代表的东翼次传播圈。海口的骑楼建筑与广州区域的骑楼建筑相比,在规模和层高方面有所不及。但海口的地理位置使得海口的骑楼建筑的传播更接近于上一层级——印度、马来西亚等地的南洋文化,更直接地反映了原文化输出地的特征。

晚清时期,海口作为全国对外开放的口岸之一,当时海运航线可到达曼谷、吉隆坡、新加坡,以及香港、厦门、台湾、广州、北海等,因而活跃于东南亚与大陆沿海区域的商户和劳工成为传播南洋文化的载体,也将各地的建筑风格和样式带到海口。但这时候骑楼街区的骑楼建设规模并不庞大,只是零星地在所城内建造,并未形成独特的风格。

海口骑楼老街的骑楼建筑的形态主要在民国时期成熟完善。据史料记录,自琼州开埠至1928年,海南出洋的人数在130万左右,海南岛总人数有三分之一是华侨及其后裔。海口是国内沿海城市中主要依靠侨资发展起来的重要城市,其中侨资的比例占到70%,大量资金流动及华侨进出人数的增加,为海口市发展提供了动力。

民国时期,先前在晚清离开海南的侨乡返乡投资建设骑楼的风潮,才是海口骑楼街区形态成熟完善的关键。20世纪20年代末,世界上发生了大型的经济危机动荡,在东南亚等地的海南侨胞纷纷向岛内输送银钱投资建设,进而完成“光宗耀祖”的传统观念的成就,或者省吃俭用将钱邮寄回岛内赡养家属,给他们以更好的生活。总之,在民国的这一时期,闯南洋的海南人纷纷回岛,在中山路、长堤路、博爱路等地建设起了进深3—4米,净高5—6米的,融合西方古典装饰风格,商住两用的多层骑楼建筑,海口的骑楼建设进入了黄金年代,并形成独特的风格。

海口的骑楼因为受外来文化影响更大更直接，装饰风格非常多元，按照琼北骑楼发展的阶段可分为早期仿殖民宗主国风格和晚期本土文化混合风格。不同的归国华侨将各自所处宗主国的建筑形式带回海口，齐聚在一条骑楼内，可以细分为仿伊斯兰式、仿哥特式、南洋式、仿巴洛克式、仿洛可可式、仿罗马式等。

从整体上看来，海口的骑楼建筑遵循三段式的原则——楼底柱廊、楼面、顶带，大多为双层，少数为三层以上。虽然风格各异，但高度、檐口、腰线等都保持在相仿的高度，大体上协调统一，细看各不相同。

在楼底柱廊部分，相比于两广地区骑楼的大开间，海口的骑楼的底柱装饰元素更多，常有雀替、莲花座等元素出现。在楼面部分，比起两广的大开间，往往用柱子分为三开间。无论是山花、窗户、廊板都极其华美，常常使用支提窗和券窗，甚至阳台。在楼顶部分，山花式的、栏杆式的女儿墙造型五花八门，多使用曲线元素，从街道上看去形成一条美丽的天际线。其中风洞墙式的女儿墙又为海口骑楼的特点，通过在檐口上开洞有效地减小台风对女儿墙的水平风压，保持其稳定不被吹毁。开洞的方式层出不穷，有栏杆式的、圆洞式的，甚至异形曲线的。

总结起来，海口的骑楼呈现出“奇、密、美”的特点，在如此小的街区内囊括了繁多的建筑形式和精彩的装饰元素，是其他地区的骑楼建筑所不能比拟的。

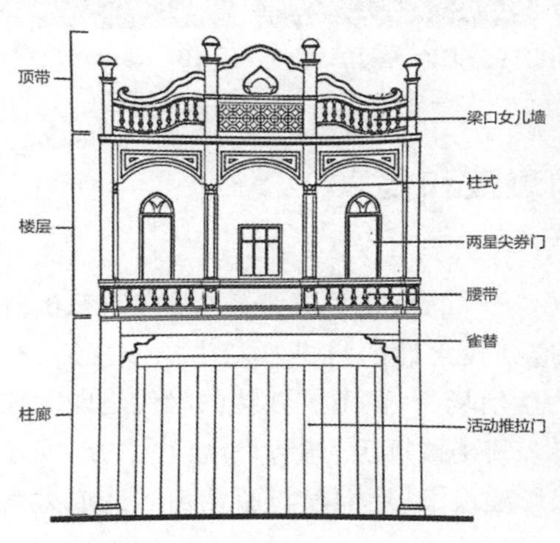

图5　骑楼立面基本格局

图6　水巷口街骑楼立面

(三)海口骑楼的本土化

外来的殖民文化在琼岛落地生根后，会与本土文化发生交流，逐步涵化，海口后期的混合型骑楼就是外来文化本土化的产物，集中体现在骑楼建筑的结构技术和装饰技艺这两点上。

在结构技术上，海口骑楼将东方传统的木结构和西方砖石结构融合起来，根据开间大小和花费程度选用不同的结构。一般可分为砖木结构和钢筋混凝土结构，但彼此之间没有严格的区分，往往混合使用。在材料的选择上，不论是水泥、混凝土等新型材料，还是木材、石灰、瓦片等本地材料都有使用。

在装饰技艺上，海口骑楼也融合东西两种不同的风格，主要是南洋的钢筋混凝土预制件技艺和海南传统的灰塑技艺。骑楼的女儿墙、檐口、栏杆等，多是事先将混凝土预制件做好运来现场进行组装的，有的甚至是从南洋进口的成品。海南传统民居常用的灰塑工艺也被移植到骑楼上去，材料和手法基本不变，都是在铁丝或竹片制成的骨架上用草筋灰塑型，最后用白灰粉饰。

在装饰风格上除了西方立体化的拱券、叠涩等，海口骑楼还融合了中国传统的图案化装饰，形成本土化特征鲜明的混合风格。中国传统元素的装饰符号，如雀替、莲花座、广曲云等，常常出现在基础柱头和柱身上，同时会简化叠柱的形式，比例形制也都不遵循欧洲传统。此外，以花鸟草木和传统吉祥符号为主题的灰塑装饰广泛出现在女儿墙、腰带、雀替等部件上，最常见的就是梅兰竹菊、龙凤呈祥等的祈福性装饰。在许多骑楼立面的装饰上我们可以看到鱼类、贝壳、海洋等装饰元素，这些都反映了海口独特的海洋文化和民族认同。

(四)多元产物海口骑楼的历史价值

海口骑楼作为历史的物质载体,在百余年间,沉积了丰富的文化内涵和集体记忆。以一些经典的骑楼建筑为例,我们得以从中窥见曾经海口的商贸盛景。

位于得胜沙路的海口大厦是彼时海口最高楼,因有五层又成为"五层楼"。它是在20世纪30年代初,由时任越南西贡市汇理银行董事长的文昌籍乡亲吴乾椿,用从南洋运回来的石料、木材修建起来的。作为当时海口最大最豪华的旅馆,它一度是海口的标志性建筑,并经营过大剧院、影院等娱乐场所,见证了当年的商业繁茂。

大亚酒店位于中山路70号,与"五层楼"和"泰昌隆"齐名,是海口当时最好的酒店。大亚酒店是彼时国际友人常去的地方,国际化水平高。建筑内设有大型天井,建筑空间价值高。

图7 本土化骑楼装饰风格

图8 灰塑装饰工艺

图9 旧时大亚酒店

图10 现今修复后的大亚酒店

三、新中国成立后骑楼老街的衰败和复兴

(一)骑楼老街衰败过程

据相关资料显示,海口自1926年建市到1988年建省的60余年间,城市发展滞缓,城区面积没有显著的扩张。1939年日军侵琼后,海上商贸中断,海口骑楼遭到毁灭性的打击。新中国成立后,社会主义改造使得华侨的资产国有化,骑楼街区由商业中心变为生活场所,留下了独特的时代烙印。该时期骑楼建设中断,且长期得不到有效的修缮和保护,甚至很多骑楼被拆除,建起尺度巨大的新式建筑。1988年海南建省后,房地产事业蓬勃发展,在老城区外兴起建设潮,反而没对骑楼街区造成太大的破坏。

以长堤路为例,或因经年累月台风暴雨破坏,或因民间随意拆建,原本连续的滨水骑楼界面现已十不存一,断壁残垣,花草丛生,跟面前车水马龙的柏油马路形成强烈的反差。

新中国成立后,传统的骑楼建筑已经不能满足现代化都市的需求,走向衰败是必经的过程。骑楼街区的居住环境日渐恶劣、建筑品质下降、交通拥挤、卫生污染等问题都得不到相应的改善。同时传统骑楼的门店空间太局促,效率低而活动量大,故而这些建筑逐渐失去了其原本的建筑功能价值。

(二)骑楼老街复兴和未来前景

骑楼老街区的价值再发现是在海南建省,提出建设国际旅游岛之后发生的。2009年,海口骑楼老街入选首批"中国十大历史文化名街",骑楼老街区所蕴含的建筑价值、文化价值、市民生活价值、历史价值引起各界的高度重视,政府决计以保护为出发点对骑楼街区进行了改造和整治。2010年,海口市政府正式启动骑楼街区保护和综合整治项目工程,标志着海口骑楼正式步入阶段。

改造前存留的海口骑楼街区主要有长堤路、得胜沙路、中山路、博爱路、新华路五条街,但各条街道的具体保存现状不一,有的已经荒芜,有的虽然生活气息浓厚但各式广告牌严重破坏了骑楼的风貌。骑楼老街覆盖面积约2平方千米,总长4.4千米,共有大大小小的骑楼建筑近60栋。

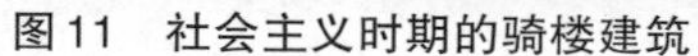

图11　社会主义时期的骑楼建筑

图12　现今海口骑楼街区卫星图

图13　中山路骑楼步行街街景

整治工作明确了延续街区的商业和居住功能，从改善基础设施、降低人口密度、引导业态发展等方法着手，在将海口的五条南洋风格骑楼老街民国建筑基本保留的基础上，发展为具有丰富文化价值和旅游价值的历史街区。

其中目前比较成熟的改造项目是中山路改造成的骑楼风情街。中山路呈东西走向，长207米，宽12米，拥有珍贵的六十多家老字号，是历史原貌保留最为完整的一条街。改造思路是在修正骑楼街道立面、改善建筑品质的基础上，引入小吃店、文化商店、创意旅店等，给骑楼老街注入新的活力，使其成为体验海口文化的重要旅游景点之一。同时以此为基点，向外辐射到其他骑楼街和文化遗迹，在长期内统筹整体街道区域完成产业转型的目标。

南京国民政府交通部民航局主导下的民用航空站规划建设研究*

中国民航大学　欧阳杰

摘　要：本文主要分析南京国民政府交通部民航局成立以来主导民用机场规划建设的历程和概况，翔实考证民航局场站处技术人员的专业背景及其主导的典型机场及其航站楼建筑作品，重点剖析抗战胜利后民用机场规划和航站楼建筑设计的总体特征。

关键词：民航局；场站处；机场规划；航站楼设计；航空站

一、导言

1947年1月20日南京国民政府交通部民用航空局的成立，标志着近代中国民用机场的规划建设和运营管理开始进入了正轨。此后在不足三年的时间内，民航局顺应了战后民航运输业快速发展的紧迫需求，依托抗战期间所积累的大量机场工程实践经验，并遵循国际民航组织（ICAO）机场技术标准和借鉴美国机场工程技术理论方法及其应用实例，取得了短暂而显著的机场工程建设业绩。研究国民政府民航行业主管机构主导机场规划建设的发展历程、技术路径和建筑特征及其技术官员群体，具有独特性的建筑艺术意义和行业文化价值。

二、国民政府民用航空局成立后的机场建设概况

抗战胜利后，以"接收运输""复员运输"及"还都运输"为主体的民用航空运输业发展迅速，航空公司的运力和运量均空前增长，这时期号称"空中霸王"的DC-4型、"空中行宫"的康维尔240型等美制大型运输机也开始投用，这些发展动向都对机场设施提出了更高的要求，但历经战后的机场却大都设施设备简陋，急需改造更新。为此南京国民政府于1947年1月20日成立了专门负责民航事业的规划、建设、经营与管理的民用航空局，并下设负责场站选勘、测绘和设计；场站修建和养护；场站管理考核等三方面事项的场站处。为了满足航空业务激增的需求，民航局将改善全国民航场站设施列为首要任务，仅1947年的机场建设投资便占到全民航建设费用的70%。①1948年1月，民航局提出了为期18个月的第一期工作计划，并提出21项急待修建的机场场站工程，具体包括：①续建上海、九江两座机场；②新建汉口、长沙、重庆等3座机场；③改建南京、天津、福州、厦门、广州、宜昌等6座机场；④养护贵阳、沈阳、成都、台北等10座机场。后期根据国内局势的变化以及国际民航组织会议要求②，民航局修建场站的初步计划重新调整如下：①在上海、天津、广州建设B级国际航站；②在厦门、台北建设国际备用航站；③在汕头、福州、海口建设国际辅助航站；④在南京、汉口建设B级国内航站；⑤在九江建设D级国内航站。并拟首先改建上海、南京、九江、武昌、福州、广州、天津和厦门等8个机场，这些航空站建设计划最终在新中国成立前基本完成。

---

* 国家自然科学基金面上资助项目：基于行业视野下的近代机场建筑形制研究（51778615）。

① 见戴安国：《民航局一年工作概况》，《外交部周报》1948年2月25日第3版。详见国民政府民航局局长戴安国在民航局成立周年年会上的讲话。

② 国际民航组织（ICAO）会议提出将上海龙华、广州白云列为国际机场；厦门高崎机场为预备机场；台北松山机场为紧急着陆场，要求上述四地机场于1948年5月1日前完成。

三、国民政府民航局主导的机场航站建筑工程实例和设计方案

国民政府民航局主导下的机场工程主要包括跑道工程和航站工程两大类，其中跑道工程多以改扩建为主，航站建筑则以新建为主。民航局先后建成了上海、广州、天津、九江及台北等地机场的航站建筑，并拟定了大规模改建南京土山机场和上海虹桥机场，以及新建汉口刘家棚机场和重庆大坪歇台子的机场总体规划方案，还设计了汉口航空站，台北松山机场等航站楼方案。这时期建设的上海龙华机场和广州白云机场两座航站大厦堪称中国近代机场航站楼的“双壁”，标志着中国近代机场建筑形制的成型与成熟。

（一）上海虹桥机场规划方案和龙华机场航站大厦

1. 上海虹桥机场规划方案

上海虹桥机场由国民政府空军划拨给民航局之后，暂由民航局技术人员训练所管理使用，未来拟扩建为国际机场，为此龙华航站工程处①绘制了“上海虹桥机场修建计划草图”，该草图规划有南北向、东西向、西南—东北向以及西北—东南向4对平行跑道，其中除两条东西向跑道长宽为7000×200英尺外，其他三对跑道的尺寸均为10000×300英尺。该方案为正南北中轴对称式布局，中轴线上的航站区核心位置布局航站大楼，以及空侧的停机坪和陆侧的停车场，其两侧对称设有飞机库及其停机坪（图1）。虹桥机场规划的理想原型是交通部技正戴志昂在《民用航空》杂志发文所介绍美国的第3个“V形航站之布置”图式（图2），参照的应用实例为芝加哥都市机场（今中途机场），该机场斜向交叉跑道的尺寸同为7000×200英尺。与其不同的虹桥机场方案为南北向平行跑道为主的矩形飞行场面，且该对主跑道的间距拉大，以满足现代飞机同时起降的需求。

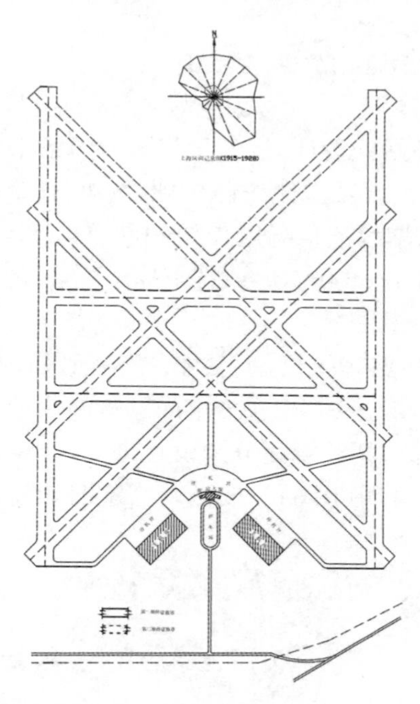

图1　龙华航站工程处编制的“上海虹桥机场修建计划草图”②

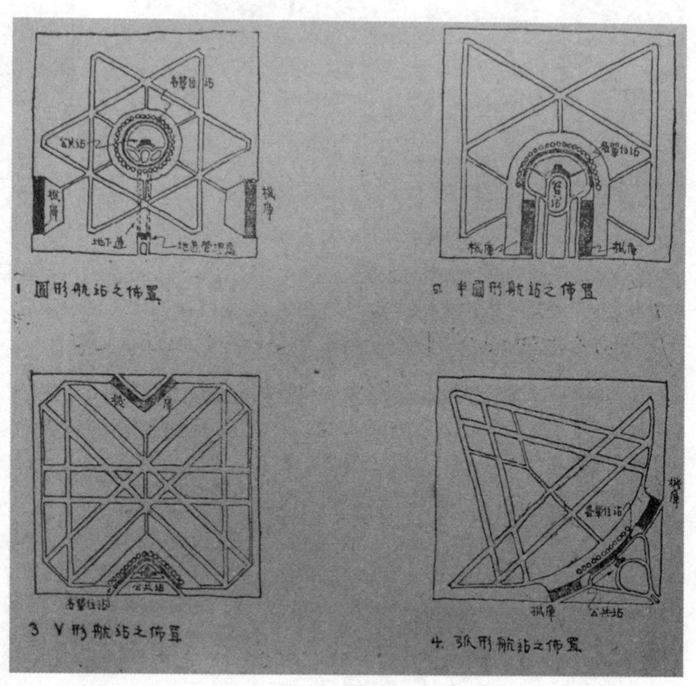

图2　国民政府交通部技正戴志昂撰文介绍的美国各式航站布置示意图③

2. 上海龙华机场航站大厦

龙华机场航站大厦是直接参照当时美国华盛顿国家机场航站大厦（500英尺长、100英尺宽）设计的，全楼尺寸调整为500英尺长、84英尺宽。其建筑平面呈弧形对称式布局，主楼为五层，该楼中央主体部分的底层和二层以旅客服务为主，底层的建筑面积为266平方英尺，设有包裹处、检查处、领取行李

① 1947年7月1日民航局龙华航空站成立后，“龙华机场修建工程处”奉命改称“交通部民用航空局上海龙华航站工程处”（简称“龙华航站工程处”）。

② 作者描绘自中国第二历史档案馆藏档案。

③ 戴志昂：《民用航空场站设计（上）》，《民用航空》1948年第3期。

处、行李输送处、行李储藏处、邮件处及办公室等；二层中央候机厅大厅内拟设有售票间、行李间、播音柜台和过磅台及酒吧间等，其四周环以办公室夹层；三层拟设为ATC工作室、气象站、电报房和管制处等业务部门；四层设为进近台工作室；顶层设有面积为700平方英尺的钢结构指挥塔台和塔台工作室。航站大厦两翼左右对称布局的二层式配楼各长72英尺、宽37英尺，左侧配楼的底层设有飞行员休息室、理发室、餐室、浴室及厨房，二层为供旅客休闲的酒吧和大餐厅等；右侧配楼的底层拟设为龙华航空站办公室，二层则设为特别候机室及办公室，右配楼的地下室专为整幢大厦提供冷暖气的锅炉间使用(图3)。该航站大厦最终建成的总建筑面积约7500平方米。

1947年6月24日，以南北向混凝土跑道为主体的上海龙华机场第一期工程建成启用；第二期工程包括修筑国际航空站大厦、沥青滑行道、混凝土停机坪、机场排水设备及整理场面等工程项目。至上海解放之际，二期工程尚未完工，直至1960年才由民航上海管理局续建完成候机楼大厅改造工程(图4)。总体来说，上海龙华机场航站大厦在建设规模、设计理念、流程组织以及设施配套等诸多方面均属当时远东地区机场的一流水平，堪称中国近代民用机场建筑发展史上的里程碑式建筑。

图3　上海龙华机场航站大厦模型(1948)①

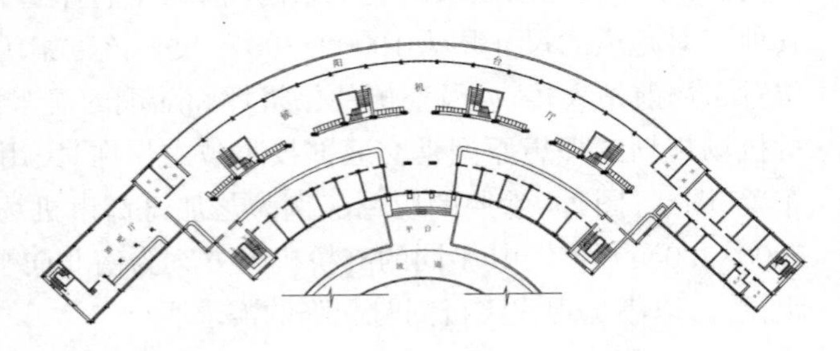

图4　上海龙华机场航站大厦二层平面图②

(二)广州白云机场航站大厦

1947年，民航局筹备对广州白云机场进行扩建，该工程项目由场站处设计，机场飞行区为两条主副交叉跑道及其平行滑行道系统，其跑道交叉处有滑行道直通以航站大厦及空侧的停机坪(约4000平方米，图5)。其主要工程包括加强跑道、新建航站大厦和水泥停机坪、增设通信导航设施和助航设备等。工程于1948年12月16日动工，至1949年3月15日主跑道工程(长宽厚1400×50×0.1米)竣工，分两期建设的航站大厦及停车场等工程于5月2日竣工。

该航站大厦的建筑面积为1860平方米，楼高五层，设施主要包括旅客候机室、餐厅、招待所及商店等，其中位于顶层中心位置的指挥塔台设有三层。建筑平面呈不对称布局，其中室内空间宽敞的候机大厅平面布局呈弧形，外设弧形的柱廊和横竖线条分格的大面积玻璃窗，其空侧面分别设置进港、出港两个出入口。白云机场航站大厦的设计手法现代新潮，航空建筑特征鲜明(图6)。该楼现已整旧如新地改造为南航文化传媒公司的办公楼。

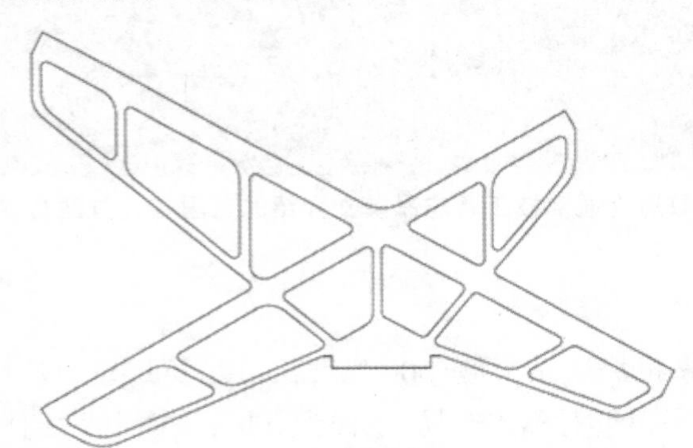

图5　广州白云机场的主副交叉跑道构型(1948)③

图6　广州白云机场航站大厦陆侧立面(1949)④

①《民用航空》1948年第2期。

②③ 作者描绘自中国第二历史档案馆藏档案。

④ 民航中南地区管理局史志办徐国基提供。

（三）天津张贵庄机场的民用航空站

国民政府民航局在接收天津张贵庄机场之后于1947年7月1日新近成立天津航空站，该航空站于1948年9月编制了《增修张贵庄机场计划书》，该机场规划方案由四条交叉跑道构成（主副跑道各两条，长宽各为2150×75米和1500×60米，图7）。张贵庄机场原有主跑道长为3600英尺，仅可供驱逐机及C-47型运输机使用，根据拟订的修建计划概算书，第一期修建计划按国际B级跑道标准拟延长主跑道，并修建航站建筑、滑行道、停机坪及整修场面等。

1948年底建成天津国际航空站建筑，该单层建筑的平立面呈对称布局，中间出入口的上沿位置镶嵌有“交通部民用航空局天津航空站”和“TIENSIN AIRPORT CAA”中英文字体及飞机图案，屋顶中央设有悬挂国旗的旗杆座（图8）。该建筑为国民政府民航局在全国仅有新建完成的五座航空站之一，但新中国成立后因机场扩建而拆除。

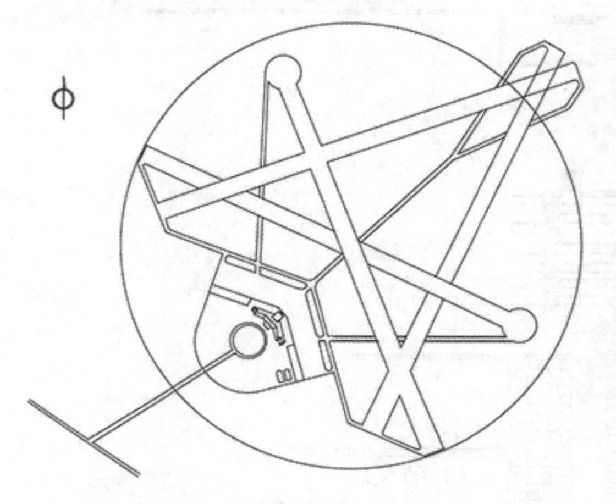

图7　天津航空站提出的张贵庄机场扩修计划图（1948）①

图8　1948年建成后的国民政府民用航空局天津航空站②

（四）九江十里铺机场的民用航空站

1947年5月，为满足国民政府官员到庐山避暑需求，民航局成立九江航站工程处，负责九江十里铺机场施工，包括兴建跑道、站屋、交通路及排水等工程，6月6日开始动工，年内完工。跑道工程包括1条沥青碎石跑道及其平行滑行道，跑道中部旁还建有14000平方米的混凝土停机坪和建筑面积615平方米的航空站及附属建筑。航站工程于1947年7月25日开工。九江航空站的建筑形制与建成的台北松山航空站类似，该建筑为对称布局的主辅楼构型，中央主体部分的陆侧面为三角形披檐，空侧面为二层的矩形指挥塔楼，其四坡顶的指挥塔建筑面积25平方米，建筑平面为狭长的矩形，采用石材砌筑墙体和木屋架。该航空站在新中国成立后曾用作九江航空运动学校办公楼，直至20世纪80年代拆除。

（五）台北松山机场的航站楼设计方案及实施方案

1947年台北松山机场划为军民共用机场后，民航局场站处便编制了机场南跑道修建计划，并在跑道西端布局航站区。三层式航站楼方案的建筑平面布局灵活，底层主要为旅客服务用房、办公室及技术设备用房，上下层贯通的大开间候机厅面向机坪侧，弧形墙面设有大面积的开敞门扇；二层为办公室及站长房、工友房等，并设有眺望阳台，局部三层为指挥塔台。建筑内部的行李流程和旅客流程分开，旅客步行出入口与乘车出入口分开，体现航空交通建筑内部布局特征（图9）。

① 项目组描绘自天津档案馆馆藏档案J0002-2-000843-049（略有修改）。

②《民用航空》1948年第9期。

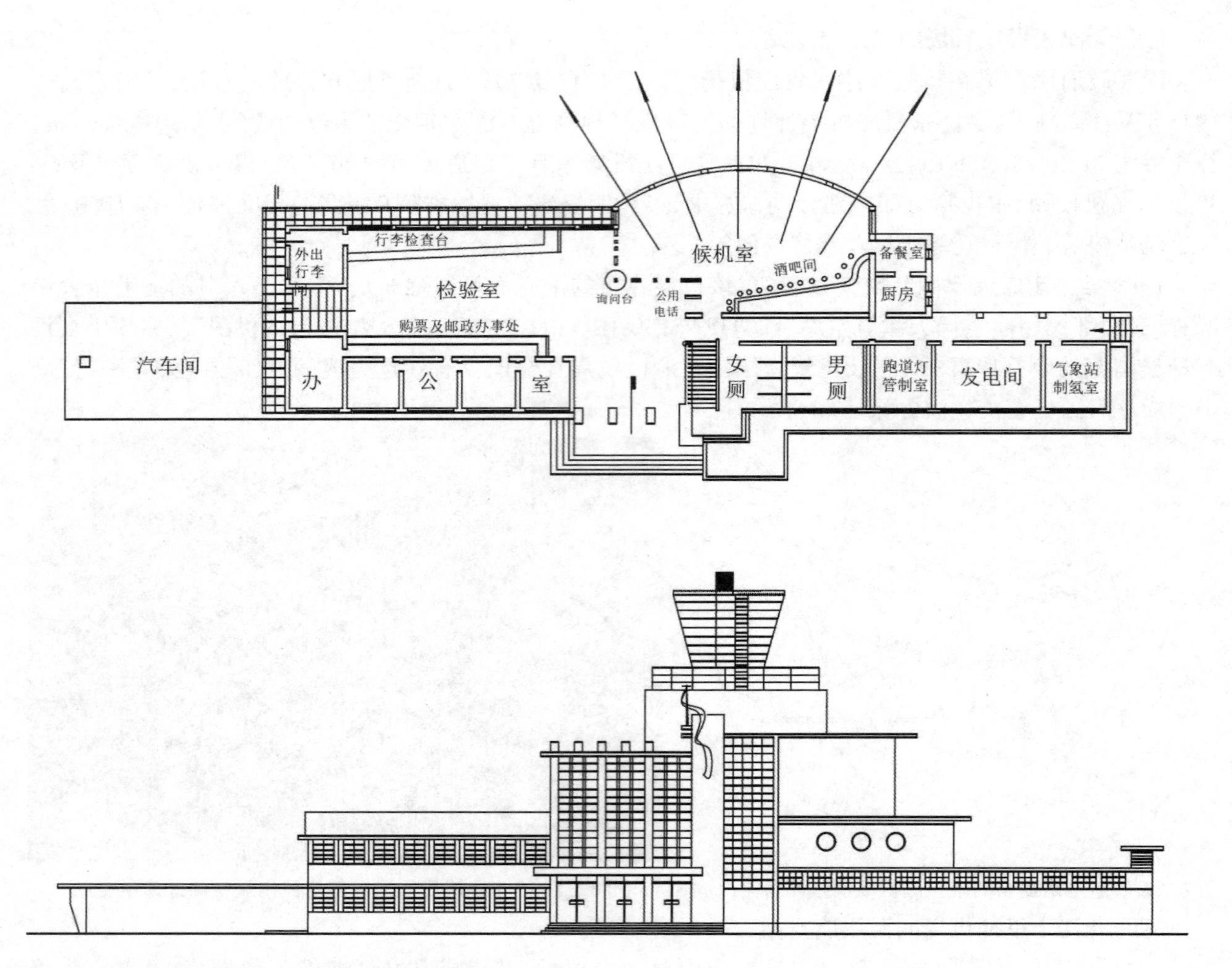

图9　台北松山机场航站楼设计方案的平面图及立面图(1947)①

受经费和工期等因素影响，最终民航局委托台湾省政府交通处牵头建成松山机场小型航站楼，建筑面积不到500平方米。该工程于1947年12月初动工，1948年7月15日完工。该单层四面坡式航站楼在中央位置设有二层式坡屋顶的候机大厅及其门厅，其正面采用竖向线条的带状长窗和墙面，而简洁的门廊则外凸。整个建筑实现了传统建筑风格和现代航空功能的统一(图10)。

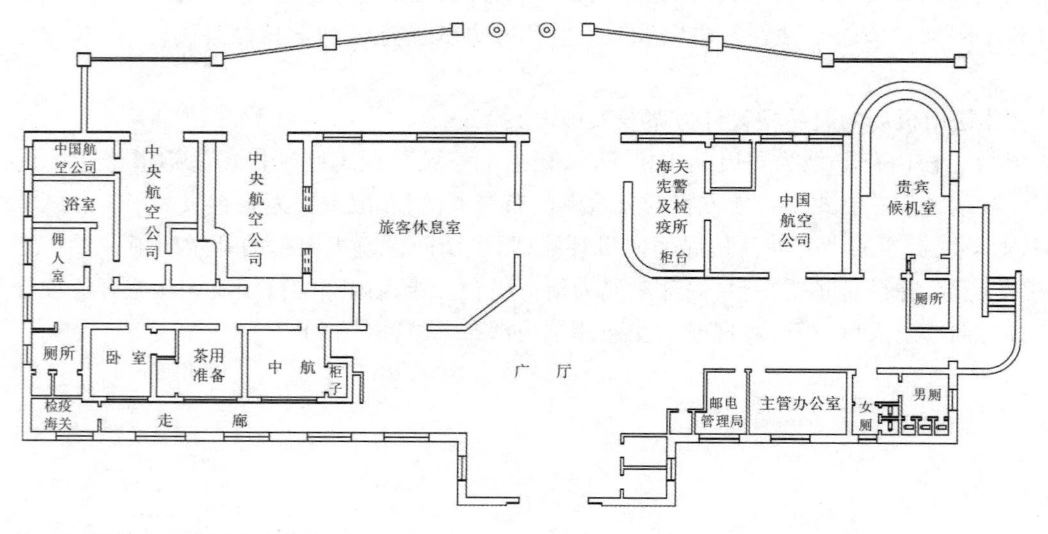

图10　台北松山机场航站楼的平面图(1948)②

①② 项目组描绘自中国第二历史档案馆馆藏档案。

(六)南京土山机场总体规划和航空站方案

因南京明故宫机场将作为国民政府中央政治区的用地,民航局计划将空军拨付的江宁土山镇机场改建为永久性的民用机场。1947年6月17日,明故宫机场跑道工程开工,翌年1月20日完工,可满足土山新机场投运前的两年需求。由场站处设计的土山镇机场改建规划方案计划将现状跑道由长宽厚为1800×200×0.15米改建为2150×75×0.5米,主、副跑道交叉处规划有半圆环形航站楼,该方案的设计原型为戴志昂专文所述的第2"半圆形航站之布置"图式。但土山镇机场仅于1947年9月完成了测量而未启动建设。

(七)汉口刘家庙新机场方案和汉口航空站方案

因武昌徐家棚机场具有跑道长度不足,且地势低洼、易积水等问题,民航局选定在汉口刘家庙以西、前日租界以东地区新建B级机场,建成后拟作为国内民航中心。1947年第1期《民用航空》杂志刊登的"拟定之汉口航空站"设计方案为方正规整、对称错层式的三层建筑,其现代机场建筑特征明显,如在一、二楼顶均设有眺望露天平台,可供迎送者及参观者观看飞机起降以及飞行表演(图11),该航空站的设计原型是1930年建成的美国华盛顿胡佛机场航空站,该国际式风格的建筑是由建筑师霍尔顿、斯托特和哈钦森合作设计的(Holden, Stott & Hutchinson,图12)。而1948年1月刊载在《场站建设》中的"汉口航站设计(鸟瞰图)"则采用了建筑规模更大的新方案,该航空站的主体为两层,中央顶部指挥塔台设为三层。仍采用矩形平面和水平带状长窗。中部候机大厅的陆侧突出部方正,空侧外凸处圆润。该航空站沿用了国际式风格,且现代机场建筑特征显著的设计潮流。

图11　国民政府民航局拟建的汉口航空站方案(1947)①

图12　美国华盛顿国家机场的前身——胡佛机场航空站(1930)②

四、国民政府交通部及民航局的主要机场技术官员构成及其专业背景分析

早在1944年11月南京国民政府便开始分批派遣大批人员赴美国、英国考察和见习民用航空业,如后任民航局局长的左纪彰曾率空军代表团赴美国堪萨斯城的环球航空公司学习民航管理知识等。抗战胜利后,国民政府又委派大批人员先后赴美国民航界进行短期的进修深造,再加上抗战期间大量的机场工程实践锻炼的历练,以国民政府交通部技正和民航局场站处,以及各航站工程处技术官员为核心的机场专业设计队伍基本成型,这些在政府机关部门中任职或兼职的建筑师、土木工程师在机场工程领域的应用实践和专业基础功底相对深厚,普遍具有以下两方面的专业技术背景:一是有着建筑学或土木工程等专业教育背景的专业人士,如国民政府交通部技师戴志昂、徐中、陈祖东等,其中交通部技正戴志昂对交通建筑领域尤其有着潜心的研究,曾在"公路车站设计""现代公路车站代表作"系列文中剖析了美国公路客运站的设计案例,还在《民用航空》杂志系列专文中介绍美国最新的纽约爱德华德机场(即现在的"约翰·肯尼迪机场")和芝加哥道格拉斯机场(即现在的"爱德华·奥黑尔机场")两大新建机场工程,他已敏锐地认识到这两大新建机场设计思想的创新之处,即均改用切线原理(Tangential Principle)设计,每条跑道与中心圆相切,跑道系统呈斜向放射状构型。这一新颖设计更适合于多数飞机目视盘旋时选择

①《民用航空》1947年第1期。

② Before National Airport, there was Washington Airport at Hoover Field – Greater Greater Washington (ggwash.org).

最适宜逆风着陆的跑道，但两者占地均较大①，最终上海虹桥、天津张贵庄等机场均采用传统的机场规划方案。另外，中央大学徐中先生的得意门生巫敬恒也是场站处的兼职建筑师，他于1947年3月至1948年6月期间受荐在民航局的工程设计组兼职，1947年至1948年上半年先后合作设计了九江航空站、上海龙华航空站、南京民航局办公大楼及民航局职员宿舍大楼②。值得一提的是巫敬恒与杨廷宝于1952年合作设计的北京王府井百货大楼，其顶部的观景小亭造型与机场指挥塔台神似（图13）。

二是参与过中美合作设计建造的西南地区军用机场群，抗战后期的大型军用机场普遍是以美国机场建设技术为参照的，如时任民航局场站处处长陈六琯拥有十多年的机场工程从业履历，曾于1941年担任中美合作的首座可起降"空中堡垒"飞机的新津机场中方技术负责人，且为当时现场视察的美国总统罗斯福顾问居里博士所称颂（表1）。另外，场站处设计科科长颜挹清、工程科科长李乾龙和监理科科长过永昌也具有土木工程等专业技术背景和丰富的机场工程实践经验。

场站处主导设计的代表性机场建筑作品为上海龙华机场航站大厦。根据1947年场站处编写的《场站建设》业务报告记载："为计划龙华航站房屋，九月成立龙华大厦工程设计组，绘图设计工作，历时二月，始告完成"。又据1948年8月2日《申报》报道："按设计此一航站大厦者，集有国内最有声望之机场建筑专家多人，其中包括战时建筑成都机场之技术人员在内云。"根据1948年《新闻报》报道，该工程设计组的核心成员有场站处处长陈六琯及技正许崇基③、秦志杰、巫敬桓和顾伯荣④，以及工程师颜挹清和费芳恒，另外上海办事处主任陈祖东等协同设计⑤。该报道还称"该航站大厦之建筑计划，系参照世界各国航站大厦之图案而设计者"。综合推测许崇基、戴志昂、巫敬桓和秦志杰等是龙华航站大厦主要设计师之一，徐中作为民航局场站处设计科的顾问参与设计，而颜挹清、费芳恒等则是负责龙华机场道面设计的混凝土专家（图14）。

图13　北京王府井百货大楼屋顶的小凉亭（1952）⑥

图14　巫敬桓与其合作同事在上海龙华航站大厦模型前的合影（1947）⑦

① 1948年7月1日通航的纽约爱德怀德机场占地约4800英亩；1942年至1943年建成的芝加哥道格拉斯机场占地约5600英亩。

② 巫敬桓的女儿巫加都撰文提及的"未建成的民航局办公楼"，应是指原国民政府交通部大楼东侧增建的三层式西式建筑风格的民航局办公楼，该建筑现为南京政治学院西院内。

③ 许崇基：中国建筑学会会员；1938年加入董大酉建筑师事务所，时任民航局场站处技正。

④《嘉定县志》记载顾伯荣1926年在嘉定县城（今嘉定区）开设木作铺，承接工程发包业务，兼营建材购销，推测其为龙华航站大厦的工程和建材承包商之一。

⑤ 见《龙华机场兴建上海航站大厦》，《新闻报》1948年4月27日。

⑥⑦ 巫加都编著：《建筑依然在歌唱：忆建筑师巫敬桓、张琦云》，中国建筑工业出版社，2016年。

表1　国民政府交通部及民航局从事机场建设的主要技术官员概况

序号	建筑师/工程师	籍贯和求学经历	工程领域的从业经历	学术领域的业绩
1	陈六琯（1901—？）	浙江慈溪人。1924年获美国伊利诺斯大学土木工程系硕士学位；1963年获香港大学博士学位	1925年10月任济青铁路管理局工务处工务员；1927年任南昌市政工程师。先后在交通大学和圣约翰大学担任工程学教授。后任大厦大学工程学院系主任。兼任"中国制油厂"经理（1930—1935）。后任职航空委员会，抗战时负责西南地区空军基地建设，1941年任新津机场项目总工程师。1947年任民航局场站处处长。后转任香港浸会书院土木工程系系主任。中国工程师学会会员和美国土木工程师学会会员	"我国机场建筑之演进及观感"《民用航空》1948年第2期；"Improvement of Civil Airports"《民用航空》.1948年第7期；香港大学博士论文"Analysis of indeterminate frames by method of influence moments"
2	戴志昂（1907—？）	四川成都人。1932年6月毕业于国立中央大学建筑工程系	1932—1939年留校任教，兼任南京陆军炮兵学校汤山炮兵场舍工程管理处技正（1935—1937.8）；1935年1月实业部登记建筑科工业技师，先后任交通部技士、荐任技正（1935.8—1941.12）；重庆市政府登记建筑师（1938—1945.1），加入中央工程司；1947年5月17日在南京申请建筑师开业证，设立戴志昂工程司；1948年交通部技正。1949年任唐山工学院建筑工程系教授，1951年10月，随该系调往天津大学；后任清华大学建筑系建筑设计教研室教授	"公共办公室习题：侧面图"，《中国建筑》1933年第2期；"洛阳白马寺记略"，《中国建筑》1933年第5期；"民用航空场站设计"（上、中、下）《民用航空》，1948年3—5期；"医疗建筑的设计问题"（清华大学建筑系第一次科学讨论会）；"谈《红楼梦》大观园花园"，《建筑师》1979年试刊
3	徐中（1912—1985）	江苏武进人。1935年7月中央大学建筑工程系毕业。1937年7月伊利诺伊大学建筑学硕士毕业	回国后任国民政府军政部城塞局任技士；1939年任中央大学建筑工程系讲师、教授，曾任重庆兴中工程司建筑师。1947年5月南京开业登记，并任交通部技正；1949—1950年任南京大学建筑学教授；1950年唐山工学院建筑系任教，次年调入天津大学担任首任系主任	"学生图案习题：税务稽征所"，《中国建筑》1934.2（4）等刊发4期；南京国立中央音乐学院校舍、馥园新村住宅等；对外经贸部办公楼（1950—1952）；天津大学教学楼系列（1952—1953）
4	颜挹清（生卒年不详）	学业不详；应有土木工程专业背景	1947年任民航局场站处设计科科长；设计"广州白云机场扩修计划图"（1947.8）	"上海龙华机场航站大厦建筑设计"，《民用航空》1948年第8期；"坎萨士州之低价路面"，《交通文摘》1941年第2期；"沥青拌和机"，《工程导报》1947年第2期
5	过永昌（生卒年不详）	江苏无锡人。1933年中法国立工学院土木工程系毕业	1947年任民航局场站处监理科科长；新中国成立后任职民航局，参与武汉南湖机场、兰州中川机场等工程	与陈六琯合写论文"机场道面厚度设计之检讨"，《民用航空》1948年第3期
6	陈祖东（1910—1968）	浙江省湖州人。1935年国立清华大学土木工程系毕业	先后任资源委员会（NRC）工程师及水利测量部主任；兵工署天门河水利工程总工程师、台湾省政府台中港工程主任以及交通部专门委员。1946年10月11日，兼任龙华机场修建工程处处长；1956年聘为清华大学水利系三级教授	"欧游通讯"（记录考察欧洲水利工程项目的系列文章），《国魂》，1938；陈祖东，孟觉："天门河水电站之设计完成"，《水利》1946年第3期
7	巫敬桓（1919—1977）	四川人。1945年毕业于国立中央大学建筑工程系	毕业后留校任教，兼职民航局场站处设计工作；新中国成立后在北京兴业投资公司建筑工程设计部任职，负责王府井百货大楼、参与和平宾馆和新侨饭店等项目设计；1954年随公司并入北京市建筑设计院，参与人民大会堂、毛主席纪念堂等重大工程项目设计	先后参与国民政府民航局宿舍楼、民航局办公楼、九江航空站、上海龙华航空站、广州白云航空站设计

续表

序号	建筑师/工程师	籍贯和求学经历	工程领域的从业经历	学术领域的业绩
8	秦志杰(1919—不详)	广西人。1942年重庆大学土木系建筑组毕业	早年从事建筑设计,参与上海龙华机场航站大厦设计;1949年应聘到东北财委基建处,1954年调任国家建工部规划处及工业设计院工程师,1961年调黑龙江建委,曾任省城市规划设计院总工程师兼副院长、省城市建设局总工程师、省建委总工程师。中国城市规划学会第二批资深会员	"城市规划设计工作中的几个问题"《城市建设》1956年第5期;"谈谈县镇总体规划中的几个问题"《城市规划》1978年第1期

五、结语

抗战胜利后,在陆路交通破损不堪、航空运输需求旺盛的背景下,南京国民政府新设立的民航局加强了全国民用航空站的规划建设,重点推动将军方移交的军用机场快速改扩建为民用机场。在沿用的机场工程实例和理论方法都"全盘美化"的背景下,交通部及民航局场站处相关的行政官员兼机场专业技术人员的双重身份也加快了民用机场的建设进程,从而使得战后的民用机场工程建设水平提升较快,实施了一系列跑道工程,并建成了现代机场建筑特征鲜明的5座航站建筑。后受时局变化、经费窘困等因素的影响,数量众多的民用机场重建计划大部分仅停留在方案设计和前期实施阶段上。

英国驻华领事馆历史及建筑研究

现任温州市文物保护考古所　黄培量

摘　要：英国在近代中国转型进程中施加的影响是很大的，作为外部的催化和约束条件，在华设立领事馆是一项重要内容。本文研究了1842—1958年英国在华领事馆的历史变迁，顺着英国在华设立领事馆的历史脉络，对近代英国在华设立领事馆的分期、特征和主导设计师做概括性的梳理分析。

关键词：英国；领事馆历史；工程办公室；建筑

英国是近代与中国交集最多的国家之一，两次鸦片战争打开了中国的门户。从1842年开始到新中国成立，英国也是在中国设立领事馆最多的国家，先后在中国各地设立了48个领事馆，时间跨度达到百年。英国在华设立领事馆大致分为两个时期。前期为1843年至1897年间，大多数领事馆都是在这一时期内开设，开设的特点是均凭借中英间签订的条约而在贸易开放的口岸建立。后期是在1900年到1930年间，这时期标志是美国提出在中国实行"门户开放"照会，英国在华领事馆的开设则是密切关注竞争国家的动向，争夺势力影响范围。这些领事馆中有的持续了整体时期，如上海领事馆，而有的只持续了几年，如沙市领事馆，从1896年到1901年，只存在了五年，安东的副领事馆更短，1908年开设，只维持了18个月。

为了给领事提供合适的居住和工作环境，英国政府本身需要从政府层面主导设计和建造大部分领事馆建筑。于是1867年英国政府在上海设立了一个小型专业的工程办公室，并派驻了负责设计的勘察工程师和建筑师来华在这一机构内工作。从1867年到1942年间，英国大部分在华领事馆的设计和建造工作，一直在这个工程办公室的指导下完成。

一、早期英国在华领事馆的设立（1842—1864）

清代实行闭关锁国政策，长期以来，只以广州为唯一的对外开放口岸，18世纪至19世纪，中国对外贸易的主体是英国的东印度公司。但是这种贸易是受到严格限制的，在广州，外商的贸易只能在十三行进行。随着英国发动第一次鸦片战争，中英《南京条约》后香港岛被割让，五口通商，并开始设立租界。时局的发展下，为确保英国在华利益，英国政府开始派领事来华，一为促进贸易，二为裁决争端，保护英商在华的利益。英国以香港为远东的重要基地，早期驻华的领事都要向香港的贸易主管报告工作。

通商五个口岸中最早设立领事馆的是广州，首先领事租用了十三行附近一座西式建筑作为领事馆办公。随后的1846年，在上海的第一任领事巴富尔则从地方政府手里租下了租界与苏州河间的15英亩土地开办领事馆，并于1849年建造完成。上海领事馆的设计和建造是在香港第二任测量师乔治·克莱弗利（George Cleverly）的指导下完成的，包括了一幢领事的住所和办公室，还有两座副领事房和一个小监狱。其他三个通商口岸贸易的发展则是长期徘徊，并未达到英国的预期。宁波是因为上海的虹吸效应，极大地分流了宁波的贸易量。福州贸易的大宗商品是武夷山的茶叶，但当时的闽浙总督封锁了茶叶外运的通道。厦门因为地处孤岛，腹地狭小，影响了贸易的发展。因为贸易不振，就不可能在建造领事馆建筑上花费巨额的支出。于是领事们只能租借民房或在船上办公。这一时期在中国的前85名领事中，约有三分之一以身殉职，另有三分之一因身体健康欠佳而被辞退，有的甚至因精神错乱而被解雇。在这些因故离职中，超过一半的人年龄小于四十岁。

第二次鸦片战争后，英国驻中国领事馆的总负责从香港贸易管理局转移到驻北京公使馆。驻广州领事帕克斯(Parkes)也于1858年从香港返回广州，他担任了广州欧洲人委员会的负责人，为营造安全和便捷的环境，开始了沙面的建设。工程花费了两年时间。从珠江中填出沙面岛，长875米，宽300米，有小河与广州旧城分隔。英法两国各自承担基础设施成本的80%和20%，所以沙面英法租界分配了相同的比例，英国在西端拥有大约44英亩土地，帕克斯将之划分为80个地块，大部分拍卖给了贸易公司，但在中间分配了六个地块，包括近2英亩的土地，给计划中的英国领事馆。乔治.克莱弗利监督了3座大型领事馆建筑的设计和建造，包括领事、副领事和三个助手的官邸、办公室、警察的住所和监狱。广州新的领事馆建筑于19世纪60年代初建成(图1)。

这一时期，英国在中国并没有大力建造领事馆建筑，而只是选择了贸易最重要的两大口岸城市广州和上海，进行了专门的领事馆建设。而在同期的其他签约开放城市则是利用购买和租用的方式解决领事馆运行。其中厦门英领事馆是1862年收购了泰特公司(Tait and Co.)在鼓浪屿西南部一处6.5英亩的土地，当时共有两幢海滩边的建筑。汕头英领事馆则是在1863年从美国领事手中购买磐石占地1英亩的土地，并把一座最近建造的房子改建为领事、助理使用的领事馆。两年后，汕头英领事馆另外建造了一幢警官的住所和监狱(图2)。

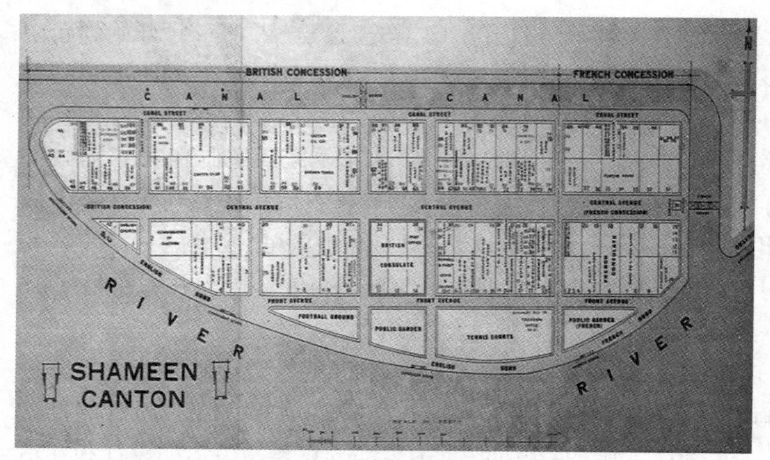

图1　帕克斯1861年规划的沙面租界平面图①

图2　汕头英国领事馆1863年买下的楼②

二、领事馆工程办公室的设立和克罗斯曼工作(1865—1869)

到1865年，英国政府开始意识到，单单靠租用和收购现成建筑，而不是专门设计建造领事馆，无法提供一个安全、健康、舒适的环境，也无法保障在中国的领事和家属的工作生活条件，这无疑会影响英国推进在华的话语权。即使专门建造领事馆花费非常巨大，但同政治影响力相比，也已经势在必行。为了开展和维持这些建设工作，英国政府只得为领事馆土地的购置和永久性建筑的建造提供专项的资金。英国财政部在19世纪60年代初开始将资金直接拨付给各个领事馆，让他们去获取房产。为了让议会通过有关的经费支出，财政部需要向议会介绍领事馆建筑的方案，这就使得领事馆的设计必须要规范化的操作。

1866年英国财政部派皇家工程师威廉·克罗斯曼(William Crossman)前往上海，并将远东地区所有领事馆建设纳入计划。第二年，一名助理测量师罗卜特·亨利·博伊斯(Robert Henry Boyce)加入，他曾是陆军土木部皇家工程系的一名职员。他们两人在中国来回奔波，共同建立了领事馆建设的示范性制度，以有效地规划、监督建设、预算控制和定期维护各个领事馆扩建计划。在上海，克罗斯曼建立了一个规模不大的工程办公室，直接向财政部汇报工作，这个上海工程办公室一直运行到第二次世界大战之后。

①② Mark Bertram, *Room for diplomacy*, Spire books ltd, 2011.

1869年，克罗斯曼离开中国，博伊斯接替他负责这个办事处。两年后，在伦敦的领事馆工程办事处克罗斯曼接管了财政部的职责。博伊斯一直负责上海工程办公室到1876年。英国在华设立的48个领事馆中，这个上海工程办公室主持建造了33处领事馆建筑，并对所有建筑进行维护。

克罗斯曼来华第一年走访了中国15个左右的领事馆，他和博伊斯通过走访，变得非常熟悉领事馆的需求。他向财政部汇报了他的发现和建议，财政部几乎全部接受了他的建议。他在调查中发现领事馆的人员配备虽然没有确切的定额，但通常都是由领事、助理、警员、口译员和几名中国职员构成。根据这些常规的人员组成结构，他首先考虑了必要的建筑方案，并拟定了概念性的设计。在领事馆选址上，他们认为在有租界的城市，领事馆设于租界内或接近租界处是有优势的。在其他地方，出于健康和安全的原因，选址一般应挑选高地或离当地城市有一点距离的居住地点。如果这些地点交通不便的话，则可以选择在靠近港口设施的位置。在领事馆建筑的具体类型上，设计有最常见的领事住所；领事的办公室；为助手和口译员提供的住所，包括一个小办公室和一个审判室；警员区，包括一个有四到六个牢房的监狱，用于拘留反抗者（最常见的醉酒水手）；办事员办公室；还要有一个高大的旗杆，用来向进港船只显示领事馆的位置。各地的领事馆都接受了领事馆工程办公室的计划，稳健和经济地开展建设，特别注重防止疾病的传播。因此，克罗斯曼主导下的领事馆建筑一般由砖建造，惯用英国在南亚殖民地特有的外廊式风格，保持宽畅的外廊和阳台。他也开创了楼梯间设于建筑的中央的惯例并一直沿用到19世纪末。

克罗斯曼在他的第一次巡访期间设计了几个领事馆。包括1868年新建的广州黄埔领事分馆、1868年改建自Dent仓库的天津领事馆、1869年完工的福州仓山领事馆。（图3）

最让克罗斯曼费心的是上海英国领事馆（图4）。1865年，已经有约四千英国人登记在上海生活居住，克罗斯曼1866年抵达上海后，提出建造英国在沪高等法院的要求，用以免除案件被送往香港审判的麻烦，并把法庭的建筑作为1849年建成的领事馆向北边的延伸部分。该项目还涉及把领事搬到原来两个副领事其中之一的馆舍，使腾出的空间可以作为领事馆和最高法院合署办公之用。这项重大工程于1869年完成。

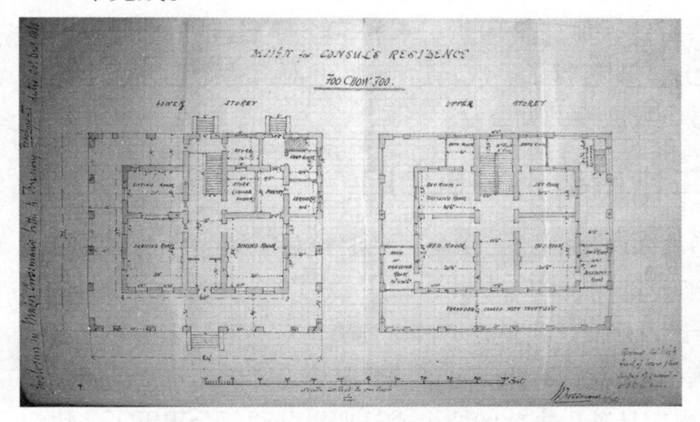

图3　克罗斯曼1867年设计的福州英国领事馆平面图①

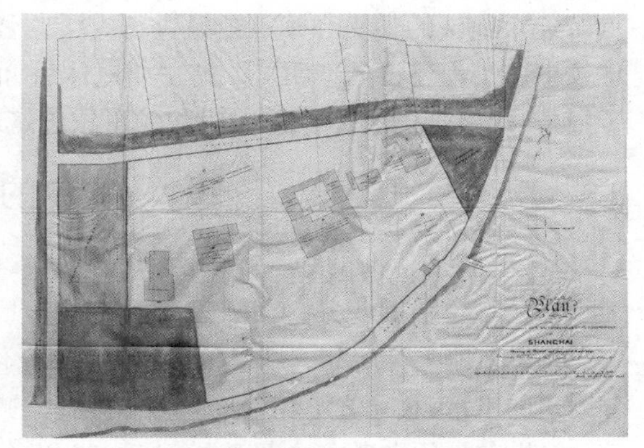

图4　上海英国领事馆1867年规划总平面②

三、博伊斯的工作（1870—1876）

1869年后，博伊斯接手了克罗斯曼的工作。1870年他设计建造了烟台领事馆。1872年设计建造了福州马尾领事分馆。

1861年帕克斯选定镇江的租界区，并由他划分为19个地块。帕克斯在租界区西南边的云台山山坡上为英国领事馆预留了一处2.75英亩土地，但镇江英国领事馆因缺乏经费，最初只是租用寺院办公。直到1871年，才获得资金用来建设永久性的领事馆建筑。博伊斯于1873年在帕克斯的选址上建造了一座两层的领事馆和一个警员宿舍。镇江领事馆（图5）场地的坡度较大，足以让生活区位于办公室上方，并在不同的水平面上有独立的入口。

①② Mark Bertram, *Room for diplomacy*, Spire books ltd, 2011.

牛庄位于辽河上游40英里处。1861年,在办理牛庄开埠及筹建牛庄领事馆事宜过程中,派驻牛庄的第一位领事托马斯·密迪乐(Thomas Meadows)发现牛庄港口河道淤塞,已经不具备作为港口和商埠的条件。他选择了辽河口的没沟营,也就是今天的营口作为开埠的地点,并沿河岸布置了九个地块和一个领事馆用地。但是因为河岸受到严重侵蚀,领事馆的选址在几年内就被河水冲走了。因此,密迪乐和他的继任们被迫租赁一座寺庙作为住所。克罗斯曼和博伊斯在19世纪60年代末分别访问了该住所,并指出这一规划选址的不足,博伊斯为新选址的领事馆建筑制定了计划。1873年领事馆从奈特公司(Knight and Co.)手中买下了罗马天主教布道点和华俄道胜银行之间的一块4英亩土地,还连同一座1863年建造的房子。博伊斯改扩建了房子,给助理和警员建造了住所,并把一些旧建筑改造成马厩和法庭。

淡水为台湾最早开埠的口岸,1858年《天津条约》中规定为通商口岸,1867年签订永久租约,租借西班牙、荷兰殖民时期留下的红毛城作为英国领事馆,英领事馆在淡水河口北岸悬崖上共占地2英亩。小堡本身就成了一个不错的警员的住所和监狱。它在1877被扩展为办公室,同时由博伊斯设计了一个领事分馆的建筑。这座平房在第二年进行了全面的重建,增加了一层楼。一楼西侧为客厅及书房,东侧为餐厅及配膳室,后侧为洗衣间及数间用人房,二楼有3间大卧室及贮藏室。

1844年11月,阿礼国成为驻厦门第二任领事。后来他在鼓浪屿鹿礁顶建了一座办公楼。1862年,阿礼国在漳州路临海崖建了一座两层公馆,但在1873年这座公馆遭受了严重的台风破坏。博伊斯拆除了上层建筑,在底层增加了几间卧室,并用实心砖封闭了他所说的“也许是中国最大、建造最差”的旧阳台。1869年领事馆购买了鼓浪屿码头附近的一块1.75英亩的土地,博伊斯于1872年在这里建造了单层办公室、两层法院和带牢房的警员宿舍。

博伊斯擅长于场地复杂的选址来设计领事馆建筑,像镇江、淡水的领事馆都是位于小山坡上,建筑间有不同的高程选择,他也没有固定地设定各建筑的朝向,因此领事馆建筑群在视觉上显得比较自由生长。在建筑单体平面上,博伊斯的设计更为复杂,有了更多的不对称设计,内廊的使用也更加普遍。博伊斯于1876年回到伦敦,成为领事馆工程办事处所有海外工程的首席建筑师,直到1899年退休。他一直对远东地区的外交和领事建筑进行直接监督、指导,因此,在19世纪末的30多年里,他可谓是英国在华领事馆工程建设的指明灯。博伊斯退休后,他还立即进行了一次长途巡视,并对每一个远东领事馆做了报告,这报告仍然是中国19世纪领事馆建筑最具权威性的调查材料。

四、马歇尔的工作(1876—1897)

1876年,博伊斯的助手弗朗西斯·朱利安·马歇尔(Francis Julian Marshall)接替了他担任上海领事馆工程办公室主任的职务。马歇尔一直任职二十年直到1897年退休。

马歇尔刚上任之初,《烟台条约》刚刚签订,但设计建造这些新开埠口岸领事馆对马歇尔来讲并不是十分紧迫的事情,相比之下,满足那些开办已久的领事馆的需求,并应对紧急情况更为紧要。打狗英国领事馆是马歇尔最优先考虑的事情之一。1877年,领事馆从陆氏家族的两个成员那里分两部分租下了一块约4英亩的鼓山山顶地基。同时,在山下埃利斯公司和海关之间租赁了一块面积约三分之二英亩的填海土地,但是因为边界的纠纷将最终签订土地契约的时间推迟到了1880年。这两个地点在平面图上是相邻的,有一条陡峭的小路相连,后来这条小路被改建成长长的多折阶梯。马歇尔在这两个地点上分别设计了单层建筑,山顶是一个住宅,设有高低不一的地下室,拥有监牢的功能,在填海地上有办公室和警员宿舍。随着安平的复兴,打狗逐渐失去了大部分贸易,到了世纪之交,这个领事馆变得在一年中只被使用几个月。

1864年,汉口4英亩的领事馆选址上建造了第一批领事馆建筑,但两年后就发现这些建筑因地势较低,易受长江涨水影响,到了1880年,由于持续的洪水,这批建筑已经无法使用。为此,整个堤岸的地面必须全部升高,以防江水上涨50英尺。马歇尔于1882年至1883年在提升后的地面上重建了一座两层的领事官邸、办公室、警员宿舍和监狱。

安平是1861年根据条约开放的港口,但直到19世纪80年代初,安平的贸易额还是很小。1885年,台湾道道台赠送了曾文溪边大约2英亩的土地。马歇尔于1889年在这里建了领事官邸和办公室。1889年2月,在镇江的英人殴打中国小贩,镇江数千人放火焚毁了博伊斯于1873年建造的两座领事馆楼房。之后，清政府赔偿白银4万两，由马歇尔于1890年重建了博伊斯的建筑，并进行了一些调整。

1876年的《烟台公约》开放了芜湖、宜昌、温州、北海四个对外贸易港口，因此需要设立四个新的领事馆。处理完上面几个紧急的任务后，马歇尔开始着手四个新成立的领事馆的建设工作。1886年在芜湖长江边的一座低山上，一个占地2英亩的地方，马歇尔设计了一个两层的领事馆，其中有办公室、警员宿舍和监狱，于1887年完工。在北海，1884年买下了一块约20英亩的土地，马歇尔在这片土地上建造了一座两层楼的住宅，在1887年再建有办公室和警员宿舍(图6)。

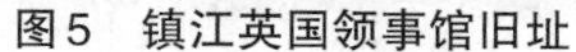

图5 镇江英国领事馆旧址

图6 北海英国领事馆旧址

在宜昌，首任领事法格斯，自费为自己造了一条船"金河"号，并把它用作自己的住所和办公室。直到1890年才永久租赁获得1英亩土地。马歇尔于1892年设计建造完成了一座两层的领事馆。位于温州的领事馆开始是租用在江心屿的浩然楼里，然后在1885年选新址租用了20年。马歇尔于1892年提出的初始设计方案是一栋两层楼的带办公室的住宅建筑，在1894年修改成为一个三层的方案。1895年，温州英国领事馆建成，随后建成警员的住所，并用围墙加以封闭。

甲午战争后签订的1895年《马关条约》规定，中国还增开沙市、重庆、苏州、杭州为商埠。1897年的《中英续议缅甸条约》规定，开放云南腾越、云南思茅、广西梧州三口通商。这是最后一个约定开放口岸设立领事馆的条约。

马歇尔是上海领事馆工程办公室任期最长的负责人，在他手里，领事馆建筑的设计又注入了新的内容，在后期一些作品中可以看到古典主义元素的运用，另外更注重使用当地的材料。

五、20世纪后驻华领事馆建设的动向

马歇尔于1897年退休后，上海领事馆工程办公室一直运行到1950年，之后搬到香港，直到20世纪80年代结束。上海办公室的规模一直保持着相当的稳定，主要人员构成是一名首席/建筑师、两名专业助理、几名工作人员和一名绘图员/书记员。

随后1900年至1930年间在中国开设的15个左右的领事馆，主要政治方面的考虑远多于商业需求，以密切关注别的竞争国家对手的活动和愿望。

其中最吸引人的是新疆的喀什，这里离中国内地数千千米之遥，但距离俄罗斯和印度边境很近，当时从北京出发至少要走四个月的路程。因为和俄罗斯竞争的关系，英国印度殖民政府于1891年在此建立领事馆。1913年，英印政府在总领事乔治·麦卡特尼官邸旧址上翻建了一座新的领事馆。

1906年在山东济南设立领事馆，主要是为了关注德国在山东的开拓计划。直到1917年，英国领事用14年的租约获得了他定居点东南角的一块3英亩的"四级土地"。在这里，布莱德利于1918年设计建成了一座两层的领事馆大楼(图7)。

根据1894年中英签订的《续议滇缅界务条款》，1899年在靠近缅甸边境的云南腾越(腾冲)设立英国领事馆。第一任英国驻腾冲领事杰弥逊(James William Jamieson)走马上任，杰氏呼吁在云南府开设领事馆，以向法国显示英国并未对云南无兴趣，而且要支持清政府对抗法国。他起初住在一个破旧的粮仓里，后来住在一个旧的衙门里，运行的一半费用由英印政府承担。博伊斯在1899年的巡视报告中说："在那里(腾冲)建造(领事馆)将是困难和昂贵的。"尽管如此，领事馆的用地还是陆续购入，最终成了一

块9.5英亩的场地。因为腾冲商贸活动仍处于较低水平，所以直到1921年才开始领事馆建筑的施工，并于1930年竣工。腾冲英国领事馆在滇缅战役中遭到严重破坏，1942年被废弃。

1910年，在东北，为了和俄国竞争，英国在哈尔滨设立了一个领事馆。1920年，从中东铁路公司租赁了三块相邻的土地63年的所有权，开始建造总领事馆。总领事馆共三层，底层为办公室，上面为住宅，直到1930年才完工。第二次世界大战后，这座大楼被用作中国长春铁路的总部。

马歇尔的继任威廉·考恩（William Cowen）1900年完成海口、重庆、梧州领事馆建筑的设计建造。1901年完成杭州领事馆的设计建造。

1906年，辛普森完成南京领事馆的设计建造。1910年，完成奉天领事馆的设计建造。1912年，他设计建造了长沙领事馆。

1921年，布拉德利主导重建了宜昌领事馆新的独立式单层办公室。

1927年3月，北伐军攻占南京时，南京英国领事馆被拆毁，不久就被用作医院。第二年，南京成为国民政府的首都，利用南京国民政府的全额赔偿，领事馆修复工作完成。由于英国驻华大使馆仍在北京，在接下来的7年里，领事馆经常接待从北京来的大使和工作人员。1929年，为密码和文书工作人员建造了两座临时平房。1936年英国驻华大使馆迁至南京时，总领事馆改为大使馆，总领事同时搬至副领事住处。抗日战争期间，中国空军征用了该院，直到抗战胜利，大使馆于1945年返回南京，一直运行到1950年。

腾越和哈尔滨的领事馆建筑是英国驻中国领事馆最后一批新建的建筑，它们大致与广州和上海这两个最古老和最大的领事馆的后期建筑工程同时进行。1915年，建于19世纪60年代的广州沙面领事馆建筑遭到珠江洪水的严重破坏，当时已升级为总领事馆的广州总领事馆建筑在1921年重建。领事助理宿舍在1921年的台风中倒塌，并重新安置在1924年竣工的一座新的办公室大楼。威廉·罗伯茨还设计了一座新的副领事馆，1925年6月，由于省港大罢工，工地进度中断，直到1927年才完工。因此，到了1928年，几乎整个广州英国领事馆建筑都被重建了。

20世纪的上海英国领事馆，1902年为工务测量员办公室建造了两座房屋；1903年，领事馆的一部分土地租给上海赛艇俱乐部；1909年，另一部分土地租给外侨委员会；在沪高等法院西面做了两个小扩建，以容纳新的法庭和办公室。1923年为海军情报部门建造了一座大楼。上海英国领事馆（图8）在1958年关闭，是英国在华最后一个关闭的领事馆。

图7　济南领事馆1920年花园前面[①]

图8　上海英国领事馆1934年鸟瞰[②]

① Mark Bertram, *Room for diplomacy*, Spire books ltd, 2011.

② Mark Bertram, *Room for diplomacy*, Spire books ltd, 2011.

六、结语

1927年中英两国政府签订协议，中国开始收回英租界，直到1943年，英国放弃了其剩余的天津、广州、上海和厦门的公共租界。但英国对在华领事馆土地和建筑的处理又花了30年时间。通过对租购土地等税收的推测，英国在华领事馆的总价值可能约为350万英镑。它们或出租给租户或传教士，或移交给盐务管理局或海关，由地方或国家政府征用，又或因战争或暴乱而损坏，无法再恢复。

英国驻华领事馆伴随了几乎整个中国近代历程。在中国的很多城市里，它们是最早出现的一批西式建筑，在这些领事馆中较早配备了诸如邮递、自来水、电话等先进的市政设施，奠定了所在城市近代化的基调。在整个历史时期中，很多英国驻华领事馆也历经了多轮的改建、重建。在大的历史背景下，探索设计师的思想和它们所体现的实际和象征的意义，仍有很多值得深入研究的内容。

近代中西方设计思想影响下的大学校园规划与建筑型制研究

北京林业大学园林学院　贾绿媛

摘　要：近代以来西方规划及建筑思潮的涌入，促进了中国传统规划与建构的革新，拉开了中国近代大学校园规划与建筑设计的序幕。受美国对称式、开放式布局影响设计的清华学校，与借鉴中国传统园林意境、融合大学功能需求而设计的燕京大学，在校园规划与建筑型制方面展现出了西方近代物质文明和中国本土精神文化的融合。通过查阅资料及实地调研，研究二者在近代时期选址、规划布局、建筑空间及单体设计等方面的特点，进而将二者与美国本土近代大学校园进行对比，总结西方校园建设模式在近代中国的"本色化"及"地域化"特征，并对其时代变迁中的发展演变及现状进行分析，归纳总结其现状成因，提出具体的保护发展建议。

关键词：近代大学；大学建筑；大学规划；墨菲；地域化

一、引言

长期以来，古代中国不同的教育模式，形成了以国子监为代表的官学体系（图1）和以书院形式为代表的私学体系①（图2）。二者在结构布局上均采用建筑组群为主体、南北中轴为统领的多进院落模式，同时，还可依据整体建筑数量形成中心主轴与两侧副轴的布局形式。

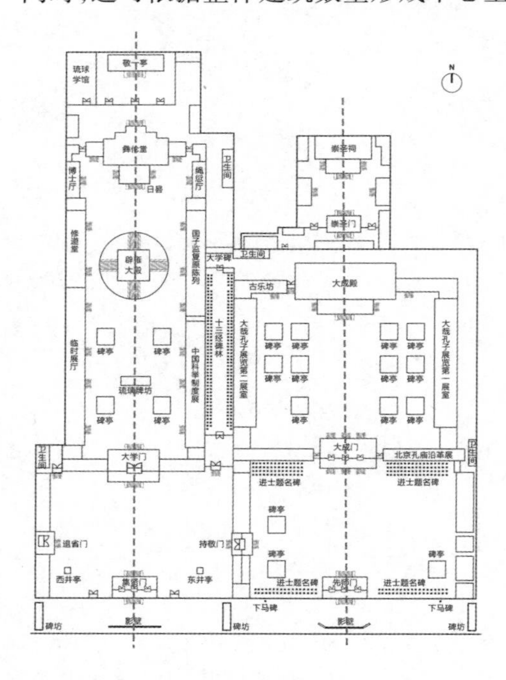

图1　国子监平面及结构分析

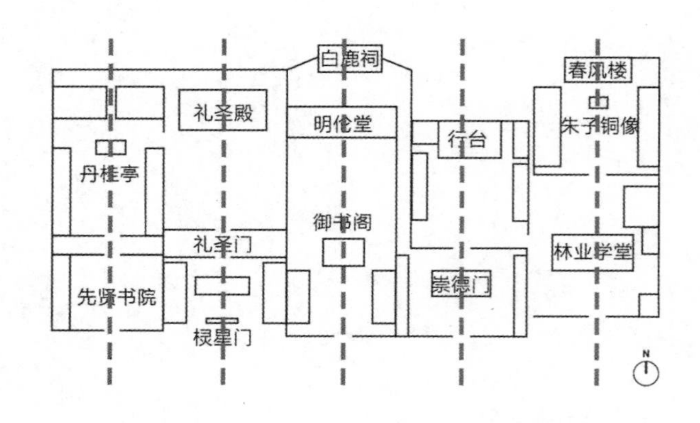

图2　白鹿洞书院平面及结构分析

① 王俊晓：《京津地区美国教会学校建筑研究》，北京建筑大学2019年硕士学位论文。

美国校园规划先后受英国修道院形式、法国古典复兴主义形式的影响，于18世纪末形成了其开放自由的独特风格。[①]校园以矩形开敞绿地为中心，短边向城市开放，其余三边由建筑围合。其中绿地短边建筑为多为图书馆等校园中心建筑，两侧长边的建筑在形式上保持相对一致，以强调中轴对称及中央的绿地空间。[②]校园中以一系列院落为原型，以各院落空间独立自由、彼此间相互联系的方式承担起校园中行政、教学、生活及公共活动等功能。1819年托马斯·杰弗逊（Thomas Jefferson）规划建设的美国弗吉尼亚大学（University of Virginia，图3）校园便是美国中轴开放式校园的典型代表。[③]

a　弗吉尼亚大学校园鸟瞰[④]

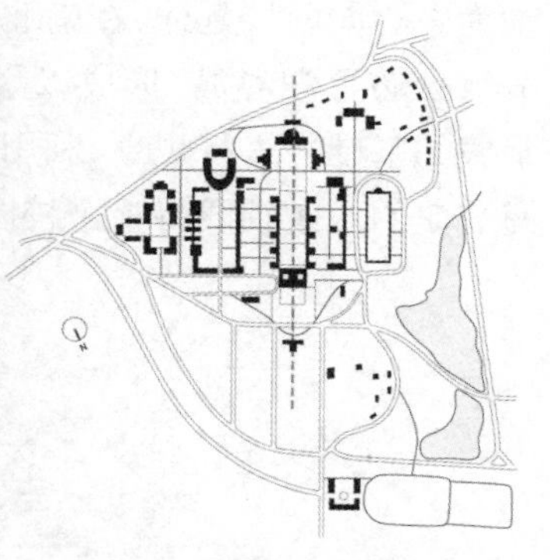

b　弗吉尼亚大学平面及结构分析[⑤]

图3　弗吉尼亚大学

近代以来，一方面受西方教育及规划建筑设计思潮的影响，另一方面，在中国国内洋务运动等一系列"西学东渐"思想的影响下，国内先后兴办了大量的新式学堂[⑥]，并开创了大学校园体系。美国建筑师亨利·基拉姆·墨菲（Henry Killam Murphy）以弗吉尼亚大学校园规划中"中轴贯穿"的理念为核心，在中国近代大学校园规划中不断实践。先后进行了雅礼大学、复旦大学、金陵女子大学、燕京大学等校园的整体规划及建筑群设计[⑦]，并完成了清华大学扩建规划及四大建筑设计[⑧]，从规划结构、功能组织、环境意象等方面提出了"校园中心区"的场所理念，强调中心以大型公共绿地为主体、中轴线统领、左右对称的规划布局，明确各建筑组团间的功能布局，实现各功能空间相互独立而又彼此紧密联系的总体格局，同时，还强调了建筑与环境的融合关系。

对近代校园规划和建筑设计思想本源及实践案例的研究，有助于对我国校园发展脉络的梳理研究，并对当今时代发展背景下校园扩建、调整等提供参考。因而，本文选取燕京大学（现北京大学校本部）与清华学校（现近春园遗址及清华早期建筑区）为研究对象，对二者在选址、规划布局、建筑空间及单体设计等方面进行归纳分析，研究近代中国大学与传统教育模式的差别，并对比西方的规划设计模式，探讨近代西方思潮影响下的中国校园的地域性发展。通过史料记载与当今现状比较，分析二者在扩建改革中的发展模式，并提出针对性的保护策略。

二、燕京大学

（一）选址

燕京大学选址于北京西郊园林遗址带，有着优美的风景环境且蕴含着丰厚的中国古典内涵。

① 见常俊丽：《中西方大学校园景观研究》，南京林业大学2013年博士学位论文。

② 见吕博：《中国近代大学传统复兴式校园形态研究》，天津大学2017年硕士学位论文。

③ 见刘建现：《基于文脉思想的美国高校校园景观文化研究》，重庆大学2012年硕士学位论文；虞刚：《建立"学术村"——探析美国弗吉尼亚大学校园的规划和设计》，《建筑与文化》2017年第6期。

④ ABC News. An aerial view of the central grounds on campus at the University of Virginia. http://abcnews.go.com/US/photos/photo-aerial-view-cen-tral-grounds-campus-university-virginia-25541597, 2013, 03.

⑤ 根据Richard Guy Wilson and Sara A. Butler University of Virginia中的1913年弗吉尼亚大学规划平面图，作者分析改绘。

⑥ 见陈晓恬：《中国大学校园形态演变》，同济大学2008年博士学位论文。

⑦ 见冯刚、吕博：《亨利·墨菲的传统复兴风格大学校园设计思想研究》，《建筑学报》2016年第7期。

⑧ 见方雪：《墨菲在近代中国的建筑活动》，清华大学2010年硕士学位论文。

（二）规划风格

美国建筑师亨利·墨菲在进行校园规划时考虑了校址的地域特色，延续中轴对称的中国传统合院式布局，利用从校园出入口至各建筑群及远处自然环境的长甬道，形成虚实结合的东西向主轴。依照中国古典园林中的"借景"手法，在东西轴轴线终点设计中国风格的玉泉塔，形成全园的景观控制点。在东西轴线两端设置男生体育馆和西校门，并在轴线节点处设置教堂，突出学校的宗教氛围。[①]同时，教堂与塔共同呼应了中国山水自然的传统样式，是教会大学"中国化"的典型象征。而校园的南北轴线也以教堂为中心向两端延伸，在南北两端设置女生体育馆和男生宿舍。另外，在第三条偏移的轴线与东西轴线节点处布置湖心岛，形成以景观为中心布置各功能建筑的布局。燕京大学校园（图4）在原有自然山水基底的基础上进行规划，利用园林中的丘陵、湖泊将教学区、生活区及风景区自然分隔，并采用东西向与南北向的两条轴线将整个校园及建筑空间串联，形成了人与自然和谐相融的景观序列。

图4　1919年底燕京大学最初规划[②]

因校舍面积扩张及部分建筑空间改造，1924年墨菲在原有校园格局的基础上进行规划调整（图5）。新版的规划突破原有南北轴线的限制，扩大原有水面并形成不规则的自然驳岸，使其更具有中国传统园林的景观意境。同时，男生体育馆顺应改造后湖岸线的自然形态进行偏移，与湖心岛一同构成了校园中的第三轴线，使得湖心岛位于这一轴线的节点。[③]湖面的扩张与形态的变化使得湖心岛偏于湖西北侧，更符合中国山水的构图形态，校园中的博雅塔也根据中国传统的园林意境进行了相应的位置调整，移至水面东岸山坡之上，更加凸显其点景的作用。这一调整，展现了西方古典思想与中国传统风格的碰撞与融合。

（三）校园规划

经历建筑师多次的方案调整及燕大师生的共同策划提议，1926年建成后的燕京大学校园有着西式的功能主义思想与中国园林的风景特色。大学校园规划布局顺应环境地势，结合原有的山形水系，形成以未名湖为中心，校舍建筑分组布局的方式。未名湖周边建筑散置，环绕水体，突出了湖心岛的景观地位。同时，校园中通过东西向、南北向及斜向的三条轴线进行有序串联。在交通便捷的西校门附近布置行政办公和教学建筑，南面布置燕大女校的办公、教学、宿舍及体育馆建筑，最南端为外籍老师住宅区。校园东侧布置有男生体育馆，北侧为男生宿舍区，形成了校内功能明确、格局完整的规划结构（图6）。

①③ 见方拥：《藏山蕴海——北大建筑与园林》（第二版），北京大学出版社，2013年。

② 改绘自 Jeffrey W. Cody, *Building in China: Henry K. Murphy's "Adaptive Architecture", 1914-1935*, HongKong: Chinese University Press, 2001。

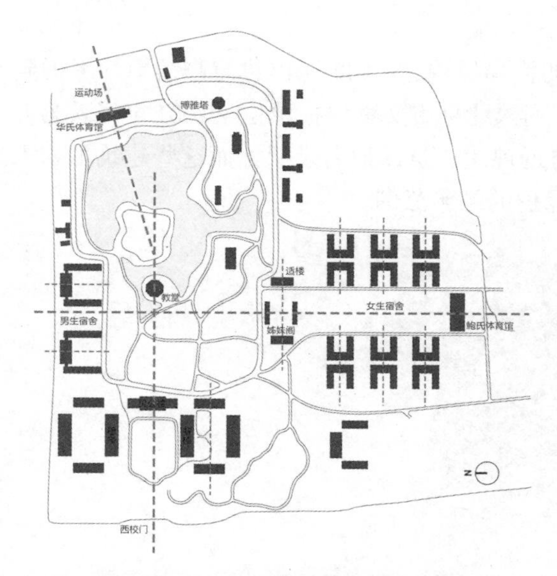

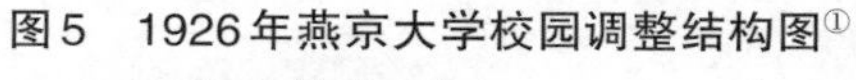
图5 1926年燕京大学校园调整结构图①

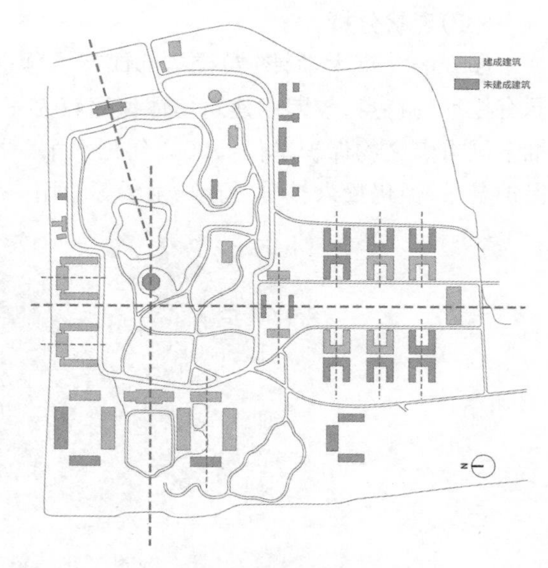

图6 1926年燕京大学规划实施情况②

（四）建筑布局

因校园整体环境条件影响，建筑院落呈整体分散、局部集中的布局方式。所有建筑均采用三合院布局，虽在院落形态、面积及围合程度上有所不同，但每一院落均形成了各自的院落轴线，与校园整体布局相互联系（图5）。

燕京大学校园建筑设计中追求以新技术、新材料对传统建筑形式的高度还原，融合西方建筑设计样式，并利用新的空间处理手法对建筑功能及空间进行优化，以创新的思路融合中西建造思想。在设计时以中国传统官式建筑形式为蓝本，借鉴中式建筑形体构成比例，建筑体量均采用二至三层的矩形空间，上覆完整的中式歇山、庑殿、攒尖灰瓦大屋顶③，而建筑采用钢筋混凝土、砖石框架或二者混合的新材料结构框架。建筑墙体为承重结构，墙面以白色为主，不加装饰，模仿西方柱子的排列形式在建筑立面配以划分开间的红色木柱，并引入中国传统建筑细部。窗棂采用红色中式传统图案样式，同时屋顶正脊、垂脊、斗拱、梁枋等装饰有中国造型及图案花纹，建筑整体呈现出鲜明的复古特征。灰色坡屋顶、白色墙壁、红色柱子及窗框，构成了建筑红白灰的基调色彩，而中国传统彩画便作为建筑的色彩装饰。

校园核心建筑群中，行政楼贝公楼位于燕大西门轴线正中，为歇山顶，左右两翼配有耳楼，庑殿顶。在这一组建筑中，屋顶的类型划分与中国传统建筑等级形制较为不符，传统古建中，建筑等级由高到低为庑殿顶、歇山顶、悬山顶、硬山顶，而贝公楼这一组建筑中进行了大胆的尝试，是近代时期西方建筑师对中国传统的思考及自身认知的体现。在贝公楼两侧，宁德楼和图书馆沿中轴线对称布置，均为单檐歇山顶。另外，中国传统建筑中展现地位等级的台基，在燕大校园建筑中也转化为了较低的功能形制，不再作为体现建筑等级的标志。

在"西校门—贝公楼—教堂"西轴的偏轴线方向的未名湖东端为华氏体育馆（男子体育馆），与湖心岛构成了校园三大轴线之一。体育馆建筑形制似贝公楼，与校园西轴建筑形成呼应。未名湖北的男生建筑群，四座建筑均为七开间单檐歇山顶建筑，同时，每两栋之间以食堂作为组团连接，构成了两个三合院的独立中轴的布局形式。另外，建筑朝向水面的一侧以骑楼和平台的做法虚化山墙并呼应未名湖水面。燕大南侧为女生宿舍组团，采用北方官式硬山顶组成三合院布局，中间为公共用房，两侧为宿舍楼，形成了统一的东西轴线。

---

①② 改绘自张复合：《北京近代建筑史》，清华大学出版社，2004年。

③ 见吕博：《中国近代大学传统复兴式校园形态研究》，天津大学，2017年。

(五)现状分析

如今的北京大学(图7)校本部保有了燕京大学最初的格局风貌,在不断地扩建与修缮中均考虑到原有校址的特点,校园中建筑单体保存较为完整。1990年列入北京市文物保护单位①,2001年列入第五批全国重点文物保护单位②,2007年列入第一批《北京优秀近现代建筑保护名录》③。而这些建筑虽列入保护名录,但仍投入教学、行政、生活等使用,是文物活化保护的经典范例。

a　北京大学现状平面分析④

b　北京大学近代建筑现状

图7　北京大学现状平面及部分建筑

三、清华学校

(一)选址

清华学校地处北京西北郊繁盛的园林区,于多处清代皇家园林遗址发展而来,校园主体为近春园和清华园。校园中有多处历史古迹,其中主要的古建筑群为工字殿、古月堂和怡春院。⑤

(二)校园规划

清华学校校园规划中考虑人文景观与自然环境的相互关系,强调整体环境的和谐统一,同时注重师生的使用便捷与交流互动,形成功能分区明确、布局分散统一的格局。1914年墨菲及丹纳制定的清华学校校园规划(图8),在原有山水形制的基础上,以平行轴主导院落群组,在一个校园中划分形成两个学校,一为东面的八年制留美预备学校,二为西面的四年制综合大学。⑥

东面的留美预备学校基本保持1911年清华学堂校园规模,仿效美国本土的lawn校园模式,形成了以轴线串联大学校门(今二校门),图书馆和大礼堂的南北中轴,尽端大礼堂及礼堂前大草坪为中心,教

---

① 北京市文物局:《北京市第四批市级文物保护单位》,http://wwj.beijing.gov.cn/bjww/362771/362780/bjsdspsjwwbhdw0/522118/index.html。

② 北京市文物局:《全国重点文物保护单位》,http://wwj.beijing.gov.cn/bjww/wwjzzcslm/1737418/1738088/1742737/523379/index.html。

③ 北京市规划和自然资源委员会:《北京优秀近现代建筑保护名录(第一批)》,http://ghzrzyw.beijing.gov.cn/zhengwuxinxi/ghcg/zxgh/201912/t20191213_1165427.html。

④ 改绘自Google地图。

⑤ 见周蝉跃:《北京高校历史景观保护研究初探》,北京林业大学,2008年。

⑥ 见方雪:《墨菲在近代中国的建筑活动》,清华大学,2010年。

学楼、学生宿舍、科学馆等建筑环绕的对称布局形式。[①]西面综合大学校园布局则更多地考虑中国传统南北轴发展的院落空间序列，并以包容的思想将校园与明清遗园相互协调，环湖及周边布置教学区、学生生活区、体育运动区、后勤服务区及教师宿舍区[②]，利用校园内南北向的河流明确了校园功能空间划分。

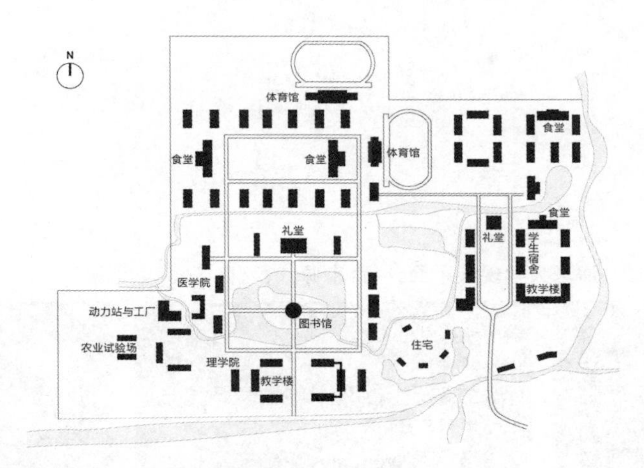

图8　1914年清华学校校园平面图[③]

(三)建筑布局

近代第一次校园规划中保留了1911年清华学堂中工字形建筑群样式，并形成了以大礼堂、科学馆、图书馆和体育馆四大建筑相互制约的轴线空间。建筑多沿用传统四合院、三合院的布局模式，建筑风格则是中西兼容，既有西方复古主义建筑形式，也有采用了中国古代的大屋顶建筑形式。[④]

(四)建筑单体

校园建筑样式继承了美式学院外形对称的建筑风格，使用砖混结构，以石板瓦坡屋顶、红砖墙身、圆拱窗、花岗石勒脚台阶为主要特征，形成比例端庄、三段划分、石柱点缀的建筑特征，是当时西方折中式的校园建筑风格的典型代表。清华大学原校门(现二校门)建于1911年，造型仿文艺复兴券柱式大门，采用西洋古典建筑风格。大礼堂作为校园中的规划布局中心，建成于1921年，建筑面积1843平方米，内部分上下两层，古罗马帕提农式(Pantheon)的穹顶和古希腊爱奥尼柱式构成的门廊相结合[⑤]，传递着浓重的学院人文气息。

(五)现状分析

清华大学在不断的发展变化中，一直注重对新建建筑体量、色彩、形式等的控制，并形成建筑体量及色彩层次变化的整体风貌。沿用墨菲规划的校园格局，继承发扬中西方融合风貌的同时，增加了校园建筑空间的层次性与丰富性。同时，旧有建筑的新馆建设，也遵从环境及固有建筑的形态特征，形成新旧呼应的统一整体。

如今，墨菲设计的四大建筑以及广场空间已成为清华的标志和象征。在校园不断扩建中，清华大学校园形成了以十字主干道为连通的空间格局。主楼前大草坪的设计仍沿用墨菲1914年大礼堂前广场开放布局的手法，以新的围合形式形成了新时代的校园风貌，延续了旧有的校园空间格局，对校园文脉进行延续与更新(图9)。

① 见林晓英:《大学文化景观表达方法研究》，东北农业大学，2009；程世卓:《美国Lawn式校园规划在近代中国的移植与转译》，《华中建筑》，2018年第36卷第10期。

② 见陈晓恬:《中国大学校园形态演变》，同济大学，2008年。

③ 改绘自雷蕾:《清华大学校园规划与建筑研究》，北京林业大学，2008年。

④ 见周蝉跃:《北京高校历史景观保护研究初探》，北京林业大学2008年。

⑤ 见雷蕾:《清华大学校园规划与建筑研究》，北京林业大学，2008年。

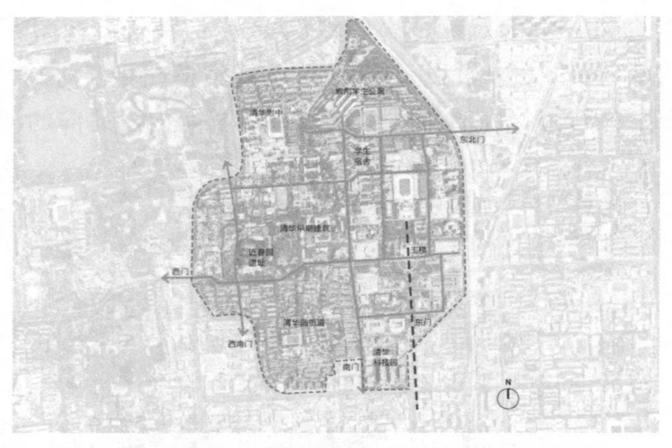

a. 清华大学现状平面分析(来源:改绘自Google地图)

b 清华大学现状

图9 清华大学现状平面及部分建筑

四、对比与思考

表1 近代燕京大学、清华学校规划布局与欧美近代大学学院派和中国传统书院式学堂对比

大学	欧美近代大学学院派	中国传统书院式学堂	燕京大学	清华学校
选址	大面积平地,周边氛围静谧、环境优美	城市空间	北京西郊园林遗址带	北京西北园林遗址区
规划风格	南北向轴线贯穿校园,整齐的道路系统	考虑城市空间形态,建筑南北中轴布局	以东西、南北向轴线为基础	轴线控制,布局分散统一
景观风格	规整的中央草坪	景观滞后,仅有院落间的种植及小水塘	自然山形水势,建筑隐退于其间的古典园林风格	保留勺园特色,形成“水木清华”景观
建筑群布局形式	轴线两侧为近乎对称的建筑群体,轴线节点、端点处布置建筑,形成空间序列。建筑组团为开敞的三合院式	南北中轴,建筑院落层层递进。建筑样式存在等级划分	轴线组织、院落围合,节点处设置教堂、湖心岛等,形成空间序列。有功能明确的五大区域划分。传统复兴式建筑设计	预备学校区以大礼堂为轴线尽端,建筑继承美式学院建筑风格;综合大学合理安排明清遗园与近代建筑之间的布局关系。四大建筑为“洋风”代表

(一)相似点

近代中国校园多选址于风景优美的区域,在规划中考虑建筑单体设计、布局与整体环境的关系。校园整体功能空间划分明确。在校园布局中有明确轴线,主轴统领校园空间,节点处串联校门、礼堂、教堂、图书馆等主体建筑,凸显校园文化氛围;主轴两侧建筑呈对称布局,并形成院落空间。单体建筑体量小,多掩映在周边环境之中。近代校园建筑多兼顾中西方的设计思想,采用钢筋混凝土、玻璃等西方新材料展现中国传统建筑形式,以功能性为首要要素并辅以建筑装饰。

(二)相异点

清华学校中近代代表性的四大建筑为当时的“洋风”代表,而燕京大学建筑风格则为“传统复兴式”的典型代表。在同一时期、同一设计师的规划下,形成了北京地区近代校园建筑中的两大潮流。

(三)讨论与分析

近代时期的校园规划多为西方设计师及海归中国设计师的探索实践,展现了时代风貌及历史变迁。建筑师墨菲在近代中国的建设活动,体现了西方建筑师的西式思想及在中国传统文化及美学影响下的融合特征。在时代发展及校园规模的变化中,应注重:①对风貌区肌理的保留与延续;②校园整体氛围的营建;③景观节点、视线控制点、景观序列的组织与营造;④新老校园肌理及新老建筑的对比及和谐统一;⑤建筑单体及建筑群的保护与更新。这使得现代校园中形成多元的风貌样式,展现校园的发展变迁,并对历史建筑进行活化改造,提升建筑内外功能性,据原始图纸、历史照片、文字记录等档案资料,对受损建筑进行修缮,并保持历史建筑的"原真性"。扩建的新校区校园肌理应遵从近代时期的规划布局,形成了校园中风貌相异,但协调统一的整体格局。

德租时期青岛半木构建筑样式

山东科技大学　王雅坤

青岛理工大学　徐飞鹏

提　要：欧洲建筑不仅仅是石头上的史诗，同样也有木头上的交响，我们惊叹于木质材料在建筑中的表现形式的同时，也希望借此进一步介绍德国在旧城及建筑保护再利用方面的做法及经验，以及青岛的半木构建筑与德国的关系与变化。本文以建筑实例来研究德租时期在青岛建造的半木构建筑与德国本土的同类建筑之间的内在关联，以及青岛建筑自身发展的特点，从保护历史文化遗产的角度，肯定其历史价值与艺术价值，使其所蕴含的多元价值能绵延永续。

关键词：德租时期；近代建筑；半木构样式；符号化

中国近代遭受西方先进国家的掠夺与强占殖民地，“政治上的是非和感情上的义愤，妨碍人们对西方文化的价值作出冷静的科学判断”[①]，中国近代在文化选择上陷于十分困难的境地。然而，中国近代出现的外国殖民地、租借地的文化与建筑是构成中国近代历史的一个部分，是中国近代城市发展的一个现实存在，是中国历史的一个阶段。

随着社会、经济快速发展，人们对自己历史上各类建筑文化传统的价值有了再认识，逐渐懂得珍惜自己的过去，对有价值的历史建筑赋予热情的科学分析与评价，弄清楚哪些应该保护，哪些应保护改造并加以利用。这样，保护与发展就能得到积极的平衡，而避免因一时期的偏激与无知而出现的大面积的拆除破坏，造成不可挽回的损失。

就欧洲来说，进入对历史建筑全面保护的认识时期也不是很早，约在1970年后开始颁布法规保护历史城镇与建筑遗存。这在现在的欧洲城市，这已是一股稳固的社会思想潮流与城市管理工作的重要组成部分。而作为历史建筑保护成就的典范，德国在欧洲做得最为突出。在一个个现代化的城市中，德意志民族传统的木构架建筑到处被维护得如此完整美丽，仍然焕发着青春的光彩，现代设施与历史风貌并存于城市之中。毋庸置疑，这是对人类建筑文化与环境文明的一个贡献与范例。

一、德国的半木构建筑

半木构样式，或称之为“乡村样式”，起源于中世纪早期的住宅。

欧洲城乡居民的住宅，按照日耳曼民族从北方带来的建造方法与传统，大都采用木构架建造房屋。[②]建筑的外形样式，即房屋木构架结构的梁、柱、龙骨及为加强木构架稳定的斜撑外露形成美丽的建筑立面。木构架即是房屋的结构体，房基用石或砖砌筑，木构架建立在房基上，在木构架的间框中留出门、窗户后封堵砖墙或再粉白灰，外露的半木构架涂上蓝色、赭石红或暗黑色，形成构图美丽的木构架形式的建筑立面，故称其为“半木构样式（Half timber style）”。

半木构建筑在欧洲广泛分布，并不是德国所独有的。半木结构建筑在欧洲大陆的森林地区很常见，例如法国、荷兰、比利时、捷克、瑞士以及英国等地。这类建筑在不同的国家也有不同的称呼，在法国半木

① 吴延嘉、沈大德：《中西文化冲突的性质及其根源》，《社会科学辑刊》1987年第5期。

② 见陈志华：《外国建筑史（19世纪末以前）》，中国建筑工业出版社，2010年。

构(图1)称为colombage,在德国叫作fachwerkhaus,由于青岛与德国特殊的关系,我们将视角定格在德国。

图1　法国迪塞地区的半木构建筑[①]

在今天的德国,尽管经历了第二次世界大战的巨大破坏,但仍然保留了多达250万余座半木构建筑,这显示了德国此类建筑的普遍性和代表性。德国旅游局还为德国的半木构建筑设计了一条特殊的旅游路线,称为Fachwerkstraße(木框架建筑街道)。从德国北部易北河的两岸到德国南部博登湖畔的迈尔斯堡,贯穿德国下萨克森州、萨克森-安哈尔特州、黑森州、图林根州、巴伐利亚州、巴登-符腾堡州等地区不完全统计有近100个城市独特的半木构建筑,连接不同形式风格的半木构建筑之路长达近3000千米。[②]德国旅游局称这条旅游路线上的半木构建筑在质量和数量上都是世界上绝无仅有的,可以说德国的半木构建筑,是世界上此类建筑最杰出的代表。对青岛总督官邸的解读中,斯多茨博士曾将半木质的部分描述为“家乡的风格”,由此见得这种建筑对德国人生活和情感的深刻影响。[③]

德意志传统建筑中最富有乡土气息的是自中世纪传承下来,经历代演变的半木构民居建筑,今天仍遍布在城乡的大街小巷。因为城区用地拥挤,房屋面阔小而进深大,楼层大多向外挑出。两坡顶以山墙临街,屋面高耸,内设阁楼。住宅的底层通常是商店或作坊。

半木构房屋自中世纪到普鲁士帝国时期(19—20世纪)的演变大致趋势是:中世纪时期的木构房屋多为3-4层自下而上到屋顶通体为木构架结构,上层向外出挑。构件截面大,墙面没有斜撑。立面简单而朴素,为方格构架构图。

文艺复兴时期(16—17世纪中叶),房屋结构同前,只是在木构架的边区格处加稳固斜撑。墙面装饰增多,局部有外凸的窗框装饰。

巴洛克、古典复兴时期(17世纪中叶—19世纪下半),底层多改为砖石墙体结构,上为木构架结构。层高增加,楼层不再出挑,木构架截面减小。墙面出现木作的人字形、斜十字撑、腰线、四分园券等装饰图案。

普鲁士帝国时期(19世纪下半叶—20世纪初),房屋底层砖石墙体结构,上部至屋顶为木构架结构。装饰构件与结构构架分离,装饰手法丰富多彩,如:小尖塔、老虎窗,凸窗、小阳台、山墙多彩绘。

“德国各州在修复传统民居方面做出巨大的努力,许多老木屋摇摇欲坠,但作为地区的历史标志,保护修复并继续使用。”[④]据《西欧的旧城保护》统计,德国列名保护的建筑文物有8万余处,其中很大一部分是传统半木构民居。

二、青岛近代半木构建筑

德租青岛时期的庭院式独栋建筑(功能为住宅或办公使用),都或多或少有“半木构装饰”,至少在临街的主立面的山花、顶层檐部设计有“半木构架”外露装饰。到1907年左右以后,青岛的半木构建筑样式就不多见了,原因来自德国本土建筑的新材料与技术的应用,以及流行的应与工业时代生产相协调的建筑时尚样式的思想潮流,加之用砖砌墙来得安全、经济和简单。

①② https://www.deutsche-fachwerkstrasse.de/Startseite.html.

③ 引自:2017年9月10日在青岛举办了第二届德华论坛,德国德累斯顿建筑文化协会主席塞巴斯蒂安·斯多茨博士(Sebastian Storz)的“德国人眼中的总督官邸”主题报告。

④ 黄天其:《联邦德国传统民居浅识》,《世界建筑》1986年第6期。

这时期的半木构建筑，从设计与样式上可分为两大类：一是房屋木构架结构外露的“半木构”建筑立面构图，简称“半木构”建筑样式；二是“半木构”符号化的建筑立面装饰。

（一）“半木构”建筑样式

青岛这时期流行的半木构建筑多表现在庭院式房屋上。由于城区规划采用了低密度用地布局，“非常像在柏林的郊区”①，在青岛欧人区大都是庭院式别墅建筑（或称洋楼），这些建筑不都是住宅，有些是公共建筑功能。这些建筑的设计及样式是当时德国普鲁士帝国流行样式的翻版。房屋多为带阁楼二层建筑，底层为砖石墙体结构，二层及屋顶层局部为木构架结构，屋顶的塔楼，山花是重点装饰的部位。

沂水路上有三座代表性的青岛半木构建筑（图2），从左至右分别是德国海军第三营长官官邸、棣德利街捷成洋行别墅、格尔皮克-柯尼希别墅。

1. 两座捷成洋行别墅

捷成洋行这两栋建筑体现出的不同，恰好反映了半木构建筑的发展走向。在建造时间上，沂水路的建筑是按郊外别墅样式设计的，同城区其他建筑一样，带花园独栋建筑。石基清水砖墙两层坡顶带阁楼建筑，临街立面设计了半木构乡村样式、石砌精致的凸窗、曲线盔顶塔楼，德意志民族传统风格浓厚地道。整个建筑木构造型简洁中还加入一点相对复杂的对称构图，“圣安德鲁十字”②在头和脚以及中间部分位置根据桁架结构和造型的需要进行重点装饰。托架和横条做了必要的造型装饰，总体还是体现了德国北方半木构的建筑风格（图3）。

改建后的的捷成洋行别墅外形改变很大，还好没有加层（图4）。建筑的塔楼、半木构在改建时拆除，西侧毗连扩建了房屋，半木结构的细部大大减少，西部扩建的部分做了相似的细部处理，使建筑整体较为和谐。

图2　沂水路上三座半木构建筑（来源：青岛市档案馆）

图3　棣德利街捷成洋行别墅立面图（来源：青岛市档案馆）

图4　今沂水路的捷成洋行别墅现状

2. 总督府屠宰场办公楼

建成于1906年的总督府屠宰场办公楼为墙面做石材与砖砌混水面、二层坡顶带阁楼建筑。局部山墙面二层外挑裸露半木构架装饰（图5）。设计师斯托塞尔在其设计中大量采用了中世纪风格的仿木架结构，办公室与公寓的山墙、勒脚等细部也进行了刻意的装饰。

3.“二提督楼”

建于20世纪初的“二提督楼”坐落在江苏路12号，这座住宅楼最初的住户据考证是德国总督的副官。外立面红橙相间、对比强烈，二层坡顶带阁楼建筑，清水红砖墙，山墙阁楼层外墙面做半木构与白色粉墙相间装饰，整体建筑精致而华丽。主入口的支撑雨篷的牛腿为橡树③叶雕刻。室内有舞厅、卧室、火墙，每个房间都有至少两个出口，东西设两个楼梯，窗棂为舰形图案。

---

① *Eine Reise durch die Deutschen Kolonien*, VI. Band Kiautschou Berlin, 1913. p.10.

② “圣安德鲁十字”（Cross of St. Andrew）是呈“X”形的十字符号，相传耶稣门徒安德鲁就是在此十字架上殉教。这里是指半木构架上的斜十字木架，是一加固结构稳定的构件。

③ 橡树是德国的国树。

4. 水师饭店

水师饭店（建筑师：George Gromsch等，1902）采用欧洲中世纪的新文艺复兴风格，高耸的塔楼效仿了中欧庄园古堡的形式，在视觉中心的阁楼层的山墙面、塔楼的檐部设计为外露木构架图案（图6）。该楼现已有所改变。

图5 局部山墙半木构架装饰

图6 水师饭店历史照片（来源：青岛市档案馆）

5. 总督官邸

青岛总督官邸（建筑师：Strasser，Mahlke，1907）（图7）为钢木砖石混合结构，建筑体块之间变化丰富，体量变化随内部空间自然生成，建筑师在局部设计了乡村风格的样式。北立面相对自由活泼，为与房基呼应，墙面的转角、窗套、檐口处均采用蘑菇石，右侧两片坡屋顶的山花是典型的德国民居风格，采用两种不同的形式：右侧折坡屋顶是带有红色竖向直线条的三角形半木构山花，开有拱形窗；左侧山花和烟囱连接在一起，其高度介于两种高度的屋顶之间，用蘑菇石做边缘装饰，开有装饰性的细长条形窗（图8）。二者既形成对比，又相互融合在整体建筑的风格样式中。

图7 总督官邸历史照片（来源：基尔市立档案馆）

图8 总督官邸北立面图（来源：青岛房产局）

6. 格尔皮克-科尼希别墅

位于沂水路3号的格尔皮克-科尼希别墅通体为木构架结构，临街立面在西南角斜45°贯入塔楼，半木构的山花几乎占据了东立面的二分之一，南立面上部分黄色粉墙上用垂直线的绿色半木构装饰，下部分为大面积的露台和木质敞廊，虚实相间。塔楼墙体采用相同处理手法，只是半木构线条加入了斜线的处理(图9)。这种结构亦是装饰的立面样式,在德租时期的建筑中,为数不多。建筑整体洋溢着浓厚的德意志中古时期的韵味。

图9　德租时期沂水路3号立面图(来源:青岛市城建档案馆)

7. 单威廉别墅

单威廉的别墅背山面海,位居高地,可俯瞰整个维多利亚海湾。别墅为石基粉墙坡顶二层建筑,面向东南,一层设计为外廊,二层为外廊与平台,中部外凸高起山墙,山面利用屋顶木构架形成构图中心。可以看出,单氏别墅平面方正,功能实用,外形简朴而不华丽。

(二)“半木构符号化”建筑样式

德租时期,有许多建筑上的半木构仅是符号化的构图图案,已没有结构作用。

同时时期的德国,半木构房屋已出现墙面木作装饰与木构结构分离出来的做法,构图不再强调结构的逻辑。这种装饰方法在青岛显得更普遍,大致分两种类型:一种是山墙面上镶嵌的纯装饰木构架图案;另一种是砖砌墙体的山墙面上用石材或砌筑线脚勾勒出“半木构”的装饰图案。

1. 海尔曼·伯恩尼克住宅

建于1905年,位于奥古斯特·维多利亚海岸的别墅区①,当时在伯恩尼克宅周边已有了总督的临时官邸、总督副官官邸、单威廉的住宅等建成。

伯恩尼克别墅(图10)在设计上最引人注目的是近60°的斜坡屋顶与塔楼、墙面的木构架图案。建筑的细部有许多中式传统的木雕刻,可以看出房屋主人对中华优秀传统文化的喜爱。局部的半木构架仅为装饰,传统的结构转变成符号图案,是种文化表达。

图10　伯恩尼克住宅现状

伯恩尼克住宅作为德国半木构建筑装饰艺术形式的代表,装饰元素则是中式的,这是德国建筑艺术的中式重构,是中西文化融合的生动体现,具有极高的建筑艺术的价值。

① 今汇泉湾畔八关山东坡。

2.青岛警察署

青岛警察署(建筑师:Stössel,1905)红瓦的屋顶高大陡直,带有典型的德国特色。花岗石与红砖清水墙纵横相间,配以粗石勒脚,传递出执法机构的威严与力量。东南角耸起六层钟表塔楼,塔顶为德国钢盔式,总高约30米,既可报时又能远眺。房顶坡度较大,形成高大陡直的尖顶,花岗石与红砖纵横相间,砌出巨大山墙的“半木构”图案,砌体高出山墙,呈方尖塔状,配以粗石勒脚,建筑外体由米黄色墙面和浮雕红砖组成。屋面变化丰富,西面折坡,东面为高直坡覆筒瓦(图11)。整个建筑比例尺度准确、精巧,是一幢德国新文艺复兴式风格的建筑。

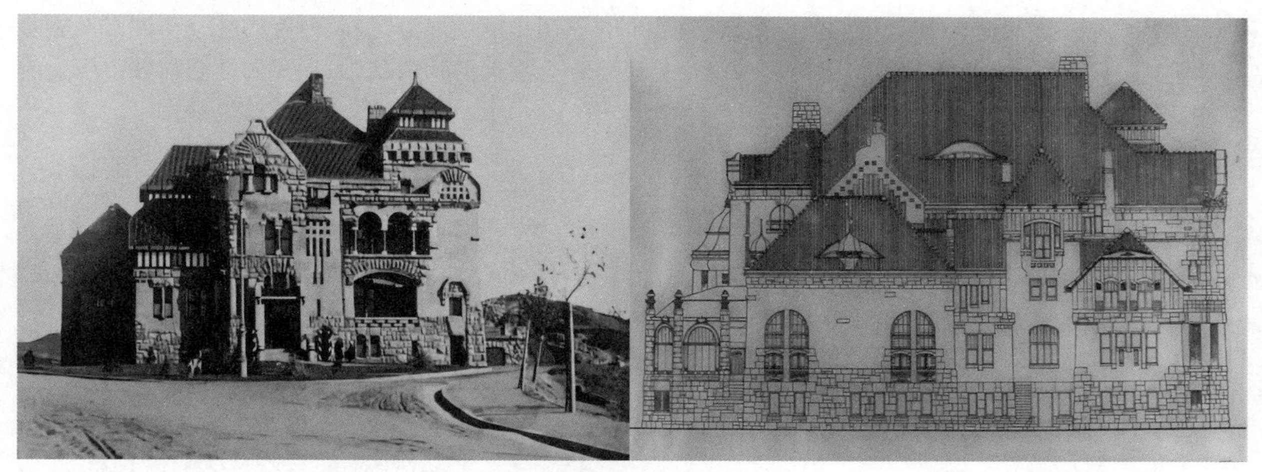

图11　警察公署山墙采用半结构符号设计(来源:青岛市城建档案馆)

3.广西路商业建筑

位于今广西路的这栋商业建筑,原德国集合住宅,约建于20世纪初。对称构图,比例匀称。建筑细部精致,多层檐口,线脚整齐,建筑物窗台花岗石垒砌,屋顶开老虎窗,带阁楼,适宜的水平及竖直分割很好的强调建筑的形体划分,中轴线上设计成白色线条构成的半木构图案山花。建筑上下关系明确,给人一种稳重又很轻盈的感觉(图12)。

图12　广西路商业建筑立面

4.海因里希亲王沙滩旅馆

海滨旅馆(又称沙滩旅馆),全称“海因里希亲王沙滩旅馆”。整个建筑以红砖清水墙白灰勾缝,两端局部山墙为混水墙,比例适当,简洁明快,在立面装饰上,将传统的木架结构运用其中,使之与建筑清水墙白线勾边的外立面相搭配,具有德国中世纪民居建筑的装饰手法。

三、结束语

综观欧洲建筑的悠久历史,半木结构建筑是不容忽视的。它体现了欧洲悠久的建筑传统,体现了居住人民的生活智慧,至今仍在很大程度上得到保留。它充满浓郁的中世纪气息和浪漫色彩,与石砌建筑共同构成了欧洲大陆深厚的建筑美学基础。

中世纪哥特教堂的骨架券与半木构架在建筑结构逻辑上是一致的,在建筑外形构图的方法上也是一致的。欧洲中世纪的哥特建筑(Gothic architecture),多用于教堂与公共建筑,其建筑外部的样式是其建筑骨架券结构的外部造型与雕刻的表达。骨架券结构最早的雏形可追溯到公元前1世纪古罗马时期的十字交叉拱券,后经中世纪罗马风建筑(Romanisqu architecture)的发展演变而成熟,形成十字交叉骨架券,将墙体、覆盖的屋顶与建筑的结构体分离开来,是一种完全的框架结构体系,与中世纪的半木构住宅,在建筑结构逻辑,建筑样式的美学思想是一致的。半木构筑是框架结构(Frame structure),建筑样式又是结构木骨架的造型。欧洲人认为哥特教堂的构架券结构是受到半木构住宅建筑的结构方法影响而发展起来的，“市民建筑的艺术经验曾经影响过哥特教堂风格的形成”[①]。

在青岛德租时期，教堂的哥特样式几乎没有流行，而乡村住宅的样式掺杂在青年风格派及其古典复兴样式的建筑中大肆盛行。在青岛德租时期的庭院式半木构洋房，不单纯是住宅，有些是公共建筑的功能。这些建筑的样式是当时德国本土流行样式的翻版，在建筑风格设计的表达上，更注重符号化的“半木构”装饰的标识性。因为殖民当局认识到古典的“半木构”传统民居风格更符合政治上的要求，即“半木构风格”更具有德意志民族文化的特征。

这些在近代殖民地时期遗留的历史建筑，是我们自己历史的一部分，记载着我们社会与城市发展阶段的足迹，不能忘记！这些建筑又是新中国诞生后经济社会发展的物质基础，是我们社会与城市历史信息的载体，应积极保护！

① 陈志华：《外国建筑史（19世纪末叶以前）》，中国建筑工业出版社，2010年，第125页。

胶海关办公楼建筑建造史与建筑特征研究*

清华大学　张啸

摘　要：青岛胶海关办公楼建筑始建于1913年，迄今仍保存完好并作为青岛城市海关博物馆，于1996年列入全国第四批重点文物保护单位。本文从建筑学视角对其所传达的历史信息进行梳理，以求用建筑语言解读建筑所记载的青岛城市创建伊始的状态，同时，也是对建筑本身文化遗产价值的进一步挖掘。

关键词：胶海关办公楼；建造史；建筑特征

今天的青岛海关博物馆建筑（图1）是全国第四批重点文物保护单位，它的历史可以追溯到1912年。时任胶海关关长的阿里文（Ernst Ohlmer）向胶澳总督府递交申请，希望办公楼可以从紧邻栈桥的位置搬往大港区，申请获得胶澳总督府的批准。胶海关办公楼于1913年底建成，1914年完成搬迁（图2），2016年开始作为海关博物馆使用。

图1　建筑现状

图2　建筑刚建成后

一、胶海关办公楼建造史

（一）建筑溯源

1912年，胶海关重新选址，定在青岛的港口区，远离青岛城市行政、商业中心，并不是因为改善办公环境、旧址设施陈旧等客观原因，而是胶澳总督府对青岛城市下一步发展的一次布局。①

1.青岛随着商业的繁荣，走私随之也愈发严重，尤其是鸦片和武器的走私，严重影响了城市正规商贸。参照同期香港和澳门，胶澳总督府并不想因为通过动用水警镇压走私活动，导致中德两国政府的关系变得恶化，从而产生把胶海关（中国人的海关）放到德国人港口区的想法。利用租借地的政治特殊性，增加走私活动的风险系数，进而达到减少走私的目的，并且可以降低政府因雇用水警打击走私活动产生的开支。

* 本研究受用友基金会“商的长城”项目（2020Y07）资助。

① Ohlmer, Ernst, *Tsingtau, sein Handel und sein Zoll-System: Ein Rückblick auf die Entwickelung des deutschen Schutzgebietes Kiautschou und seines Hinterlandes in dem Jahrzehnt von 1902 - 1911*, Berlin, Boston: De Gruyter, 2016.

2.海关设在城市边界和城市关卡位置[①]。远离城市欧人区,很多中国人在此居住生活,法律和政策他们都很熟悉。在此设置胶海关,会吸引中国商人在此附近定居,有利于培养更多的中国商人,进而形成中国人的商业区,用以弥补青岛仅有的欧人区商业的不足。两种模式的商业区共同推动城市商业发展。

3.胶海关搬迁至港口区后,更加便于海关日常的运营管理。随着青岛大港区各项基础设施建设完善,城市的客、货运脱离栈桥区,逐步沿胶济铁路向北蔓延,城市南部沿海一线完全成为城市景观和休闲区,所有一切共同促进了胶海关新址的选择。

(二)建筑公司和建筑师

胶海关办公楼建筑的设计和施工单位均为广包公司(F.H.Schmidt,Hamburg-Altona-Tsingau)设在青岛的分公司。

广包公司是德国殖民时期非常重要的一家建筑企业,由F.H.Schmidt先生创立于1845年,公司总部位于临近汉堡的阿尔托纳,从事建筑、铁路和桥梁施工等业务,公司项目遍布德国殖民世界[②],随着1897年德国占领青岛后,成立青岛分公司,最初取中文名为西米特洋行,1903年改为西米特公司,1905年更名为广包公司(图3)。

广包公司设立在中国的机构,除了青岛的分公司,还有在1910年,设立在天津的建筑办公室(Baubureau)[③]。1914年日本占领青岛后,广包公司也撤掉了在青岛的分公司,但是仍有一些曾经任职青岛分公司的德国员工留在中国,继续从事建筑设计和施工行业。

Schmidt, F. H.
Altona, Hamburg, Tsingtau.
西米特洋行 Si mi de/ yang hang. Telegr.-Adr. Rainschmidt. Teleph. No. 12. Bauunternehmung, Eisenkonstruktions- und Brückenbauanstalt, Holzbearbeitungsfabrik. Geschäftslokal: Ecke Kronprinzen- und Hamburgstr.

Schmidt, F. H.
Altona, Hamburg. Tsingtau.
西米特公司 Si mi dei kung sy. Telegr.-Adr. Rainschmidt Teleph. No. 12. Bauunternehmung. Eisenkonstruktions- und Brückenbauanstalt, Holzbearbeitungsfabrik. Geschäftslokal: Ecke Kronprinzen- und Hamburgerstr.

Schmidt, F. H. 廣包公司
Kwang bau kung se, Telegr. Adr. Rainschmidt, Code: A. B. C. 5th Ed. Staudt & Hundius. Teleph. No. 12. Bauunternehmung, Eisenkonstruktions- und Brückenbau-Anstalt Holzbearbeitungsfabrik. Altona Hamburg, Tsingtau. Bureau in Tsingtau: Kronprinzenstrasse. Leiter in Tsingtau:

图3 广包公司中文名称的变化

广包公司位于青岛的分公司从成立之初由工程师C.Sievertsen负责,很快变为双负责人管理制度,分别负责公司的经营和技术,一直持续到1914年分公司撤销。[④]

笔者通过整理广包公司青岛分支人员的花名册,发现公司人员结构非常稳定,在整个德租时期只发生过一次双负责人人员调整。1912年,技术负责由工程师变为建筑师汉斯(Hans Schaffrath),同时经营负责人由考哈德(M. Conrad)变更为布朗(A. Burau)。通过这次人员调整后,公司德国人员构成增加了建筑师所占比重,降低了粉刷工等各类施工工种人员所占比重。[⑤]笔者认为,广包青岛分公司也是在1912年由施工公司开始向建筑设计公司转型。尽管1908年的公司员工里已经有了第一位建筑师,但公司负责人始终都是负责施工的工程师。[⑥]因为经过10多年在中国市场的工程项目施工实践,通过100多个落地项目[⑦]已经培训了足够多且成熟的中国施工人员,聘用中国施工人员的成本远低于德国施工人员,所以,从公司长远发展角度,完全有理由让公司往建筑产业链上游转型,在建筑师极度匮乏的年代,通过建筑设计技术输出来占领更广阔的市场。

目前,青岛官方认为胶海关办公楼建筑为德国建筑师汉斯·费特考(Hans Fittkau)设计。但笔者查阅文献后,认为应该是汉斯,原因如下:

---

① 城市边界:指青岛的欧人区和华人区的交界处,因为青岛的城市规划受德国种族人口定居政策影响,城市里有很明确的欧人区和华人区;城市关卡:指紧邻海关新址便是胶济铁路必经的海关火车站,来自陆地和海上的货物在此交汇,新的胶海关办公楼刚好位于交汇点上,而且是进出大港码头区的必经之地。

② Itohan Osayimwese, *Colonialism and modern architecture in Germany*, University of Pittsburgh Press, 2017, pp.201–219.

③⑤⑥ Adress Buch des Deutschen Kiautschou-Gebiets, 1901–1914.

④ Wilhelm Matzat. Miss, Conrad(1871–1946), *Kaufmaennischer Direktor bei F.H.Schmidt*, WordPress.org, 2008.

⑦ 1912年,广包青岛分公司出版公司作品集,包括在中国的132个项目,分布在青岛、天津、北京、济南和汉口。其中,位于青岛的项目有90多个。Wilhelm Matzat.Miss, Conrad(1871–1946), Kaufmaennischer Direktor bei F. H. Schmidt, WordPress.org, 2008.

1. 汉斯·费特考于1913年才来到青岛并入职广包公司青岛分公司，但1914年7月的广包公司人员名册和官方统计在青岛居住德国人名单都没有了他的名字[①]。根据留存的设计图纸，按照图纸右下角落款，最早的概念方案完成时间为1912年（图4）。

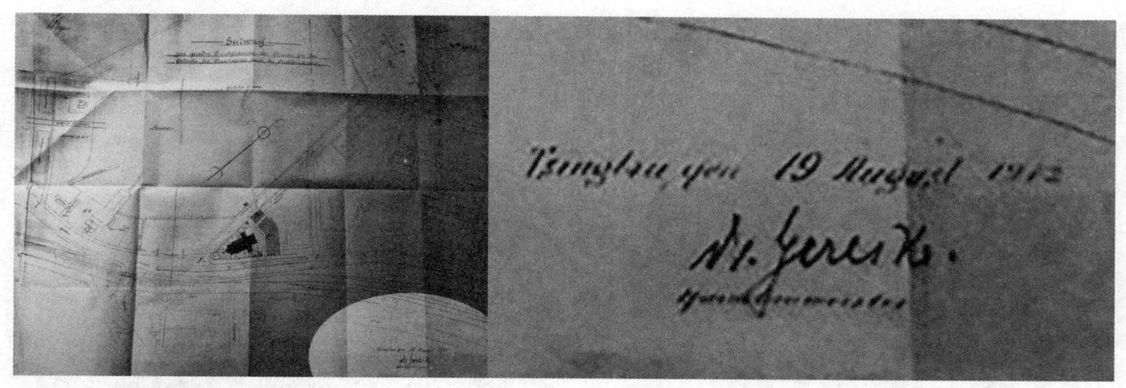

图4　胶海关建筑总平面图（1912）

2. 建筑师汉斯和汉斯·费特考同名不同姓，也有可能是前人弄混了。包括马维立先生的文章中所列出的在青岛德国人名录，可能Hans和Heinz的发音极为相似，马维立先生录入的是Heinz Schaffrath，根据1912—1914年的官方统计在青岛德国人名单，符合条件的只有汉斯。[②]

3.1913年的广包公司技术负责人就是建筑师出身的汉斯，而作为刚入职公司的建筑师汉斯·费特考，还很年轻，按照同期德国建筑师的培养模式，更像是学徒，接受"师傅"汉斯的指导并学习中国文化，包括完成一些建筑图纸的绘图工作。

4. 汉斯·费特考于1885年生于柏林，除了在青岛的广包公司学习建筑，后期还开设了建筑公司，在上海、南京、汉口、青岛、南宁、广州等地方设计建造了工厂、住宅等一些建筑。[③]笔者推测，也许是他在中国的作品不少，后人便把胶海关建筑也并入了其中。

（三）胶澳总督府的监管

胶澳总督府在1898年便出台了建筑法规（Baupolizei），以便对所辖区域内的所有建筑进行全周期监管。具体负责的行政部门为胶澳总督府建筑管理部下属的高层建筑管理部（Hochbauverwaltung）。[④]

以1913年胶海关建筑为例。按照建筑法规规定，广包公司完成设计后，需要将建筑方案提交胶澳总督府高层建筑管理部，由部门负责人Karl Strasser牵头组织审核建筑方案，审核内容包括：①建筑是否符合城市形象，满足交通便利、消防安全和城市卫生防疫的要求；②建筑施工图纸是否满足建筑法规规定的内容和深度。方案通过审核后，高层建筑管理部会给广包公司发放施工许可证。

胶海关办公楼在施工过程中，高层建筑管理部管辖的建筑警察则会卡着建筑施工节点到工地检查，包括基础验收、毛坯房验收和竣工以后实际使用情况验收。当所有验收均通过后，高层建筑管理部才会给胶海关建筑发放"建筑法定证明（Baupolizeiliche Genehmigung）"。这个证明文件非常重要，胶澳总督府下辖的所有建筑均必须持有该证明，算是当时的"建筑身份证"。

德占时期的青岛城市建筑建造，核心政策就是"建筑法定证明"制度，胶澳总督府通过这一制度对城市建筑进行全流程的监管，极大地保证了建筑的品质。

（四）胶海关关长阿里文

阿里文（Ohlmer Ernst）于1847年出生在德国的一个普通人家。1868年起，因会中文，得以受雇于中国海关。1872—1880年，作为中国海关总巡视员Robert Hart的私人秘书在北京工作。1887年，被指任广州海关关长，之后任职过很多城市的海关：北海、佛山、北京、澳门。1899—1914年，出任胶海关关长，之后退休。[⑤]

①② Adress Buch des Deutschen Kiautschou-Gebiets，1901-1914.

③ Report Title（与中国有关的西方人和接受西方教育的中国人名录），Universität Zürich Asien-Orient-Insitut。

④ 见张啸：《德占青岛初期城市区划及其建筑法规研究》，《中国文化遗产》2021年第2期。

⑤ Wilhelm Matzat.Ohlmer，Ernst（1847-1927），Seezolldirektor. [OL]. WordPress.org，2008.

阿里文虽然不是建筑师出身，但在建筑项目管理上极有天赋。据可查资料记载，阿里文作为建筑项目负责人完成过两个建筑的修建：1875—1879年的位于北京东交民巷的德国公使馆（Gesandtschaft Peking China，图5）①和1899年的位于青岛的胶海关关长府邸（图6），也就是他自己的住宅。

阿里文作为胶海关办公楼的业主方，本身之前也主持过一些建筑工程，对于1913年修建的胶海关办公楼，从筹措经费，选址拿地到场地规划，再到建筑内部功能布局，阿里文对胶海关办公楼的建成不可避免地起到了积极推动的作用，也是这个项目落地背后的实施者和总策划。

图5　北京德国公使馆

图6　阿里文旧宅

二、胶海关建筑设计特征

胶海关办公楼建筑外观造型体现了19世纪末到20世纪初期的威廉二世艺术风格②。同时，建筑设计通过很多细节处理，完美契合了彼时胶澳总督府管制下的胶海关多种功能需求，在国内众多近代办公建筑中显得非常独特。

（一）建筑主入口的选择

通常矩形平面的建筑，建筑主入口都会开在长边，但胶海关办公楼建筑是个例外，主入口设在短边。笔者认为，并不是仅仅受限于不规则的场地形状，而是另外两个更重要的方面：建筑可识别性和城市空间轴线关系。

建筑可识别性开篇就已提到的，胶海关搬到远离欧人区的中国人聚集区，很重要的一个原因就是通过德国人实际管理的海关，对城市的走私活动加以震慑和限制，所以建筑要有很强的识别性和建筑视野，能让来自海面和陆地的人都能很直接地看到胶海关办公楼建筑，德国海关执法人员在建筑内部可以监测港口区的码头、铁路和城市主干道。所以，面向城市核心区的建筑南立面尤为重要，成为彰显建筑形象的主立面（图7）。

图7　建筑视野和明显的可识别性

① Fülscher, Christiane. "Projektliste", *Deutsche Botschaften: Zwischen Anpassung und Abgrenzung*, Berlin, Boston: JOVIS Verlag GmbH, 2021, p. 434.

② 威廉二世风格的建筑和艺术，在德意志帝国历史上极具影响。从1890年到1918年的威廉二世在位期间，选择新巴洛克或新文艺复兴风格为主的建筑和雕塑作为国家的主流，而非同期德国"建筑之父"贝伦斯主推的现代主义建筑。德意志帝国海军部是威廉二世一手创建，胶澳总督府又受帝国海军部直接领导，因此，青岛的城市建设基本都采纳威廉二世风格的建筑。

笔者选择以1935年日本人绘制的青岛城市地图为底图，尝试用一条直线连接新、旧两个海关，意外发现这条线和建筑本身的中心线基本完全重合。这样可以理解为，位于胶海关办公建筑南出入口，正前方朝向胶海关旧址，也是德国人最初登陆青岛的位置。这种城市空间上的隐喻关系很巧妙，也很像是设计者刻意而为之。

建筑最终以矩形平面短边所对应的南立面为主出入口。大踏步台阶直达设在二层的海关大厅，以及建筑三层挑出的露台，笔者认为，以上除了体现建筑本身的宏伟，还有城市哨卡的作用，当海关管理者在二层大厅和三层阳台时，视野非常开阔，有利于观察周边情况，使得海关附近的走私者更加顾忌。这也可以用来解释为什么整个建筑一层就像地下室，真正的建筑空间在二层和三层。

（三）建筑外观造型

胶海关办公楼建筑按照德意志帝国皇帝威廉二世所倡导的文艺复兴风格设计，也是青岛最像教堂的办公建筑。

建筑主体部分东西宽约17米，南北长约35米。建筑总高度为22.5米，地上四层，其中第四层阁楼层建筑高度约10.5米。建筑东西立面基本完全对称，建筑主体部分的南北立面构图也基本一致。

建筑一层层高约3米，外立面完整地包裹了一圈粗糙的雕刻石材（Bossenstein），加之与大海一路之隔，使得建筑远观，犹如修建在"礁石之上"。通过对比完整的建筑立面和不含一层的建筑立面，笔者认为，建筑二层以上自成一体，使得整个建筑一层更像是地下或者是海边的礁石，尤其是位于东西立面的四根上下贯通的圆柱，到了二层地面后，就停滞在了空中。建筑的立面造型，使人无形中感觉建筑抬高了很多，进而建筑形象显得更加高大和醒目（图8）。

建筑二层和三层融为一体，构成了建筑屋身，统一粉刷，局部有浮雕。不同楼层的外窗设计完全相同，窗台用花岗岩建造，三层窗台的两端还有两块较小的粗糙石材浮雕。位于二层窗洞上部和三层窗台下方之间的外墙面，还建造有围裙状的一个突出墙面的浮雕（图9），丰富的建筑细部使建筑整体更显恢宏气派。

图8　两种立面对比

图9　外墙浮雕

建筑越往高处越精彩，也越能看出设计者的意图，尤其是阁楼层巨大的曼莎屋顶的屋脊线构成的清晰十字形平面，甚至在中轴线交叉点位置，设计的高出屋脊线2.5米的正四棱锥屋盖。此外，通过建筑东西向外墙凹凸变化，中厅凸出去的部分犹如耳堂（Transept），建筑平面也最终演变为十字巴西利卡这种西方教堂最常借鉴的建筑样式（图10）。

图10　圣瑟尔南教堂（Saint　Sernin）拉丁十字屋顶和胶海关办公楼屋顶对比

(三)建筑内部构造

胶海关办公楼建筑整体采用砖木混合结构。阁楼层迄今仍有保存相对完好的木屋架,建筑一层围绕一圈雕刻石材,其余楼层竖向承重构件的墙体和柱子均采用砖砌(图11)。

建筑最北面,东西两侧类似中国四合院的耳房部分,附加于建筑主体,且合理结合地形,极大地增加了建筑室内使用面积。建筑主体南北向共有两排上下贯通的砖柱,构成宽约4米的纵廊和两侧约6.5米的房间进深,建筑东西横向分为三段,中部是建筑核心,为边长约17米的方形办公大厅,办公大厅南北两端是各种辅助用房,办公大厅的高度也约为17米。也就是说,胶海关办公楼中央位置的办公大厅在空间上是一个正方体(图12)。

图11　建筑内部三种空间类型

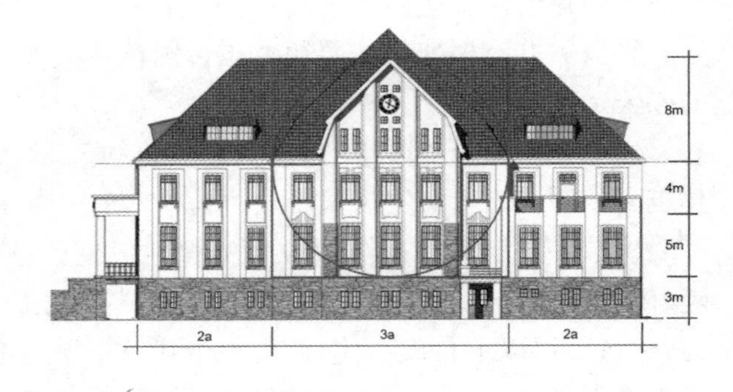

图12　建筑立面几何构图

建筑阁楼层面积约600平方米,东西宽约17米,南北长约36米。屋顶木框架高度约8米,中部最高尖顶位置高约10.5米,木结构形式是德国传统双檩条屋顶样式[①](Doppelt Stehender Pfettendach,图13)。此外,青岛市政府于2013年左右对建筑进行过结构勘察,鉴定结果是木结构阁楼层尽管历经百年之久,但不影响继续使用,且不存在安全隐患。[②]

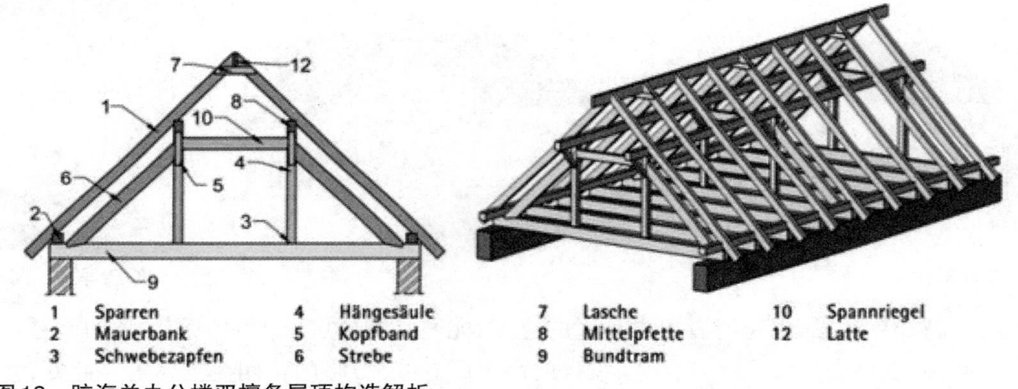

图13　胶海关办公楼双檩条屋顶构造解析

三、结语

胶海关从欧人区迁往港口区后,德国商人需要花费更多的时间和费用才能到海关做生意,为此胶澳总督府宁愿让德国公司在胶海关新址附近设立一个分店,也要完成搬迁。[③]胶澳总督府希望大港区围绕胶海关形成中国人商业区,也是青岛除了中山路欧洲人商业区以外的第二个商业中心。两个商业区遥相呼应,互为补充,共同促进城市的发展。很遗憾,1914年日本侵占青岛,这一计划也就此流产。

胶海关办公楼建筑是最像教堂的办公建筑。建筑设计和施工均来自同一家企业——广包公司青岛分公司。胶海关办公楼建筑和同期青岛的其他建筑一样,都沿用当时德意志帝国最高领导人威廉二世

①传统德式木结构屋顶分两大类:椽屋顶Sparrendach和檩条屋顶Pfettendach,双檩条屋顶是檩条屋顶的一种。Manfred Gerner, *Historische Häuser erhalten und instandsetzen*, München: Augustus Verlag. 1991. S.131-132.

② 见孙彦婷:《青岛胶海关旧址改造与再利用设计研究》,北京建筑大学,2018年。

③ Ohlmer, Ernst, *Tsingtau, sein Handel und sein Zoll-System: Ein Rückblick auf die Entwickelung des deutschen Schutzgebietes Kiautschou und seines Hinterlandes in dem Jahrzehnt von 1902—1911*, Berlin, Boston: De Gruyter, 2016.

所倡导的新文艺复兴风格，结合同期德国风靡盛行的青年风格进行设计。胶澳总督府为了把控建筑品质，制定并执行"建筑身份证"制度，通过政府城市建设管理部门对城市建筑建设运营进行全过程法定监管，使得建筑设计符合城市风貌定位，建筑施工质量保持较高水准。

西方城市规划里的城市中心节点通常是建造教堂或者市政厅。德占时期的青岛也不例外，在笔者看来，建筑造型极力在向教堂靠拢，尤其是建筑平面的几何构图和曼莎屋顶的造型，都在强调水平面纵横相交的两条建筑中心线所构成的"拉丁十字形"。这些设计手法和西方文艺复兴以来的教堂设计颇为相似。此外，胶海关办公楼建筑外立面也不像同期水兵俱乐部等其他公共建筑，只是简单粉刷，而是做了不少和青岛基督教堂、天主教堂一样的外立面雕刻石材以及浮雕。

笔者最后做一个推断，若按照德国人制定的城市规划，若干年后，城市港口区将成为繁荣的华人商业区，届时需要重新塑造城市区域中心节点，位于港口区区域中心位置的胶海关非常合适。教堂造型的胶海关办公楼早已成为城市印象，融入人们的生活中，抑或者胶海关办公楼早已改为教堂使用。

福建近代海关建筑研究*

清华大学　王诗剑

摘　要：近代开埠后，随着福建各地海关洋关的设立，相关的建筑活动也不断展开。其中包括近代厦门海关、闽海关和福海关所建的近代关署和税务司公馆等。本文分析相关外廊式建筑的历史背景，并对其中重点建筑外观特征和内部空间进行研究和归纳。在近代时期，海关建筑作为官方建筑成为传播西方建筑风格和思想的途径，同时也受本地化影响体现了中外建筑的交融尝试。

关键词：海关建筑；近代福建；外廊式建筑

清朝在1684年到1685年期间，设立了闽、粤、江、浙四处海关，标志着中国历史上正式成立海关的开端，而福建成为历史上最早设立海关的省份之一，史称闽海关。因福州为福建省会，而厦门作为海外贸易港口和控制台湾的军事要地，因此特别设立福州南台、厦门两个地方衙署形成最初的海关管理体系。厦门衙署署址设立于养元宫，而南台署址设立于福州台江中洲岛处。闽海关独特之处便在于分驻两地并皆派设监督，厦门与福州一并担负起开拓闽海关先河的历史重任。

1842年鸦片战争失败之后，中国被迫签订了第一个丧权辱国的不平等条约《南京条约》。由此，中国被迫开辟五个通商口岸，福州和厦门皆在其中，成为帝国主义列强进行经济侵略的门户。近代福建海关指鸦片战争后建立的闽海关、厦门关和福海关，其中1861年于福州宣告闽海关洋关成立，1862年于厦门设立厦门关，1889年清政府主动开放闽东三都澳港口通商，并于此设立福海关。

一、厦门关

（一）历史背景

1862年，厦门关税务司署正式成立，称“新关”或“洋关”。清朝于1684年设立的闽海关厦门正口，改称“常关”或“旧关”。①根据《天津条约》附约《通商章程善后条约》的规定，洋关管理洋船贸易，对外征收洋税，而常关则是负责管理民船贸易，向内征收贸税。

厦门海关建筑主要集中与英租界和鼓浪屿租界两地区。厦门英租界范围在今鹭江道中部，南起水仙码头，北至海后路邮局，东西向为升平路的横巷到磁巷。当厦门正式开辟后，外国列强进入并设立洋行船坞海关等，如所建的厦门关办公楼。②由于厦门本岛沿海地段环境缺乏整治，而景色优美的鼓浪屿更适合居住和娱乐，因此海关于鼓浪屿建造税务司公馆、大帮办楼、验货员公寓等海关附属建筑。

（二）厦门关建筑特征

在厦门英租界中，1870年，厦门关税务司署的办公楼建成，南侧为英商德记洋行，北面与美商旗昌洋行相对，西面则面朝大海。③整体建筑为两层西式砖石结构，面海的西侧立面是西式券形式的主廊。整体建筑两侧建有附属平房供报关检查和邮政业务使用，临海一侧建造码头与伸出海面的石道。

1909年，厦门洋关新署改建落成，位于今海后路34号。改建之后的办公楼为三层西式砖结构。整

* 本研究受用友基金会“商的长城”项目（2020Y07）资助。

① 见李苏豫：《近代厦门英租界的城市发展和西方建筑传播》，《南方建筑》2015年第6期。

② 见严昕：《厦门近代城市规划历史研究》，武汉理工大学2007年硕士学位论文。

③ 中华人民共和国厦门海关编著：《厦门海关志（1684—1989）》，科学出版社，1994年。

体建筑平面接近方形，并建有连续拱券式外廊，上方为西式四坡屋顶。总建筑面积2212.8平方米，其门额上方石镌“厦门新海关”，正面镶有德国制造的报时链钟，整体建筑仍为殖民式建筑风格(图1)。

图1 旧海关楼与新海关楼①

在鼓浪屿租界中，在1865年厦门关税务司公馆(图2)建成，又称吡吐庐(Beach House)，坐落于今鼓浪屿田尾路27号，地理位置高居山顶且临近海滩。税务司公馆占地面积约14868平方米，建筑面积1976.18平方米②。税务司公馆别墅为西式二层砖木结构，主立面为二层的券柱式外廊，主体由条石混凝土垒起，大致呈矩形。由于闽南地区多雨潮湿，地下一层供作隔潮层使用，并可储物。地上两层皆有宽大外廊。立面廊柱为白色，柱间链接处为红瓶状镂空栏杆。第一层为券拱形，第二层为平顶状且较为平缓。整体廊道宽窄适宜，感观自然。屋顶以中央二坡与四周四坡的相辅叠加，装饰上胭脂色红瓦，极具艺术造型与光泽美感。楼内设有九间厅房，大厅为宽敞亮丽，供会议宴会享乐之用。

图2 厦门关税务司公馆③

1865年12月，洋关从英商购入副税务司公馆，又称Hillcrest，位于鼓浪屿漳州路11号，处于鼓浪屿观海园之中。厦门海关副税务司公馆(图3、图4)为东西向二层西式砖混结构建筑。方形主体建筑加“L”形附属结构，形成两个自然的庭院空间。一条廊道贯通建筑主体，厅房大小共7间，为办公用途。西北角附属建筑为厨房、餐厅、勤杂人员居住。室内原有楠木家具、白色大理石等高级家具配套齐全。建筑立面洗练大方，轮廓线条极富造型、色彩和质感。清水红砖墙与带凹槽的装饰性砖柱插入雪白的檐口，立柱十分优雅、栏板颇具风格。隔壁建筑为大帮办楼。1923—1924年间改建，又称Hillview，位于今漳州路9号。建筑风格与副税务司公馆相一致，改建后的新楼为西式二层砖结构，大小6间厅房。④东南两面均有外廊廊柱，使用清水红砖柱用作转角柱，其余砼柱和栏杆一起喷漆白色，使建筑立面红白对比鲜明。

---

① Rev.Philip Wilson Pitcher, *In and about Amoy——some historical and other facts connected with one of the first open ports in China*, The Methodist Publishing House in China. Shanghai and Foochow, 1912.

②③ 中国海关博物馆编著:《中国近代海关建筑图释》，中国海关出版社，2017年。

④ 见中华人民共和国厦门海关编著:《厦门海关志(1684—1989)》，科学出版社，1994年。

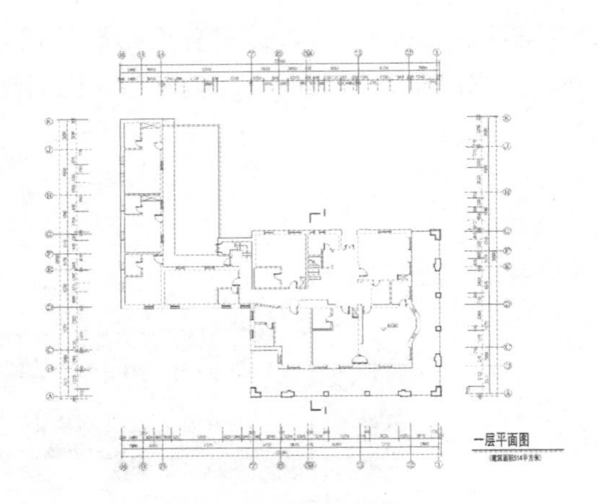

图3　厦门海关副税务司公馆

图4　副税务司公馆一层平面图[①]

1914年，理船厅公所（图5）重建，位于今鼓新路60号，原址为1883年购置的西式洋房。整体建筑为矩形主体附加小块结构，设地下防潮层，底层（图6）架空防潮为拱券，二层为梁柱，三层为券柱，拱券中部模仿券心石。四面回廊且门窗皆落地，加强了室内的视野和通风采光。落地窗的顶部增加二根砼梁，加强楼板承重。以红白两色为主调，转角处理为斜角。整幢建筑表现出强烈质感和几何美观。

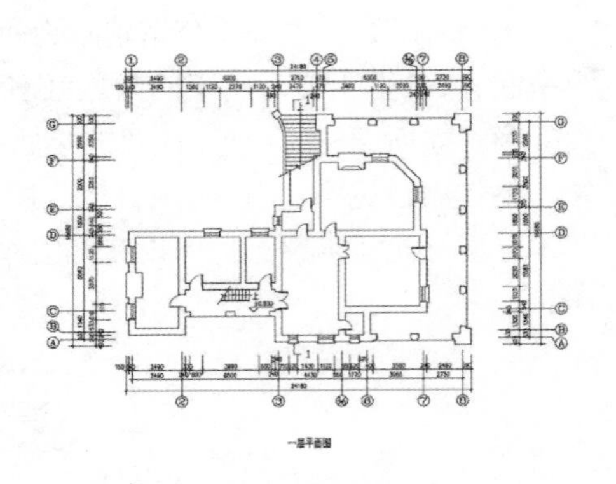

图5　厦门海关理船厅公所

图6　理船厅公所一层平面图[②]

1923年间，厦门海关英籍验货员公寓楼（图7）建成，坐落于现鼓浪屿中华路2号，民间称“五间楼”，又称“白鼠楼”。验货楼为西式二层砖木结构楼房，建筑面积1489平方米，具有西方折中式建筑风格。建筑东、西、南侧设有外廊，一层（图8）为平梁砖柱，二层为连续砖拱。独特砌法的红砖八角柱与房屋单元间砖柱采用深缝砌法，微差立体，叠加外凸。内部住宅分为5个跃层式单元，平面布局对称或重复，是一座两层五单元连排式集合住宅。

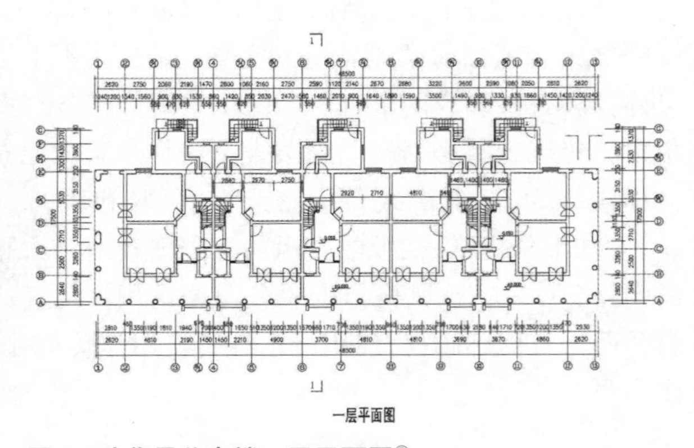

图7　厦门海关英籍验货员公寓楼

图8　验货员公寓楼一层平面图[③]

①②③ 由厦门市城市规划设计研究院提供。

(三)厦门关建筑风格

从厦、鼓地区的相关海关建筑分析，开埠初期，主要为19世纪末至20世纪初多以券柱式为主。而20世纪后，特别是钢筋混凝土结构传入，则以梁柱式为盛。主体建筑附加"L"形布置外廊的形式来面向主要的自然景观，此手法运用在理船厅公所、大帮办楼、副税务司公馆等。①(表1)

表1厦门海关大事记相关建筑统计表

年份	事件	涉及建筑
1684年	清政府开放海禁，闽海关设立，取代市舶机构。厦门为其正口，由户部委派满、汉两名监督分别驻福州南台与厦门	
1862年	3月30日根据1858年签订的《天津条约》附约《通商章程善后条约》的规定，厦门关税务司署设立，称"新关"或"洋关"，管理洋船贸易，征收洋税。署址设于新路头(今新路街)。总税务司任命华为士(W. W. Ward美籍)为厦门关首任税务司。1684年时设立并延续下来的闽海关厦门正口改成为"常关"或"旧关"，管理民船贸易，征收内贸税，从此，实行外籍税务司制度的厦门洋关与厦门常关并存	
1865年	7月1日购置鼓浪屿厦门关税务司公馆(今田尾路27号)，占地22.305亩。12月1日在鼓浪屿购置厦门关副税务司公馆(今漳州路9号)	税务司公馆、副税务司公馆
1867年	8月24日在海后滩英租借地(今海后路34号)向英商渣甸洋行购地产3.663亩起盖关署，于1870年1月落成，为西式砖石结构楼房，其左右两厢附建平房二座。建筑费用14490.36关两	厦门关税务司署
1868年	2月23日购置厦门关升旗站(今鼓浪屿升旗山顶)一部分地产。次年3月13日复购一部分，共0.293亩	升旗站
1870年	租用鼓浪屿大宫后院地两块(今中华路4号，田尾路28、30、32、34、36号)，计16.502亩。中华路4号后改作海关同人俱乐部(现为鼓浪屿中山图书馆)，田尾路28、30、32、34、36号于1923年添建为职工住宅(今中华路2号)。购置鼓浪屿厦门关"帮办楼"(今漳州路11号)	海关俱乐部、验货员公寓、帮办楼
1883年	在鼓浪屿三丘田内(今鼓新路60号)购置西式楼房一座，占地6.127亩，用作理船厅公所	理船厅公所
1888年	在鼓浪屿田尾内购地两块(今田尾路25号和54号)，分别占地5.257亩和4.960亩。田尾路25号作为缉私舰舰长宿舍，后改作顶塔管理员宿舍。在鼓浪屿购西式三层楼一座(今漳州路17号)，占地3.425亩，作为巡灯司公馆	缉私舰舰长宿舍、巡灯司公馆
1907年	7月总税务司批准并拨款就地改建关署。1909年竣工，为三层西式建筑。7月26日，厦门关迁入改建之关署(今海后路34号)办公	厦门关新关署
1909年	10月英国外交部同意于改建之新关署前填筑海滩起建验货厂。次年竣工并开始查验进出口货物	验货厂
1913年	3月 厦门关监督公署设立，直属财政部，署址设于番仔街(今东海大厦后门附近)	监督公署
1916年	11月27日厦门关监督公署迁至鼓浪屿鸡母山办公	监督公署
1921年	12月19日岛美路头验货厂落成，占地2. 029亩。次年11月10日开始查验货物。原海后滩验货厂改为出口验货厂	验货厂
1929年	位于岛美路头的进口验货厂因厦埠开辟马路拆卸。厦门堤工办事处海后滩港仔路头滩仔路头台湾银行(今工商银行)前第20号地区，面积78方丈、87方尺与之调换，作为重建验货厂之用。新验货厂(今海滨公园)将20号地区于原出口验货厂所处之19号地区打通合建，占地4642亩，于1935年竣工，并于9月29日开始查验进出口货物	验货厂
1931年	6月位于惠通巷的海关华员俱乐部失火，9月迁至中山路(今镇邦路与中山路交界处)	海关华员俱乐部
1937年	4月9日厦门关监督公署迁至虎园路6号办公，同年9月，监督公署奉命裁撤。11月，监督移驻税务司署办公，并将房屋地产等移交给税务司	监督公署
1938年	5月11日日军侵占厦门全岛。厦门关撤至鼓浪屿海关俱乐部(中华路2号)办公。9月1日迁回海后路原址办公	
1943年	1月 海关洋员逐年减少，华员俱乐部与洋员俱乐部合并，称厦门中国海关俱乐部	

① 见林申:《厦门近代城市与建筑初论》，华侨大学2001年硕士学位论文。

鼓浪屿旧海关建筑群以建筑造型简洁洗练，可以说是当时刚刚露出萌芽的现代主义、折中主义建筑风格的雏形。在环境艺术方面，庭院空间的绿化起到衬托建筑并形成有趣的外部空间双重作用，使建筑融于自然环境，建筑本体则具有亚热带风格。内部功能分区明确、紧凑，外观也没有烦琐的装饰，极具历史意义和建筑艺术特色。

新中国成立后，海关办公楼为军管会接管并沿用为现代厦门海关业务大楼。由于大楼局部基础下沉，其建筑结构或风化或朽坏，于1985年11月20日拆除并就地重建。税务司公馆多由部队、运输公司等处借用，历史上经历多次修缮扩建，最终于20世纪90年代被拆除。副税务司公馆、厦门海关理船厅公所、验货员公寓楼现存至今，且归入全国重点文物保护单位——鼓浪屿近代建筑群。

二、闽海关

（一）历史背景

1861年8月17日，西方列强掌握下的闽海关正式开关。福州南台岛的泛船浦被选为海关所在地，并在此建起西式办公楼作为闽海关关址，该地区也因此得名为“海关埕”。[①]此地先后建有闽海关办公楼、验货厂、洋员宿舍等建筑。此外，在仓山太平巷和烟台山顶也设有税务司公馆、副税务司公馆等附属建筑。[②]随着历任税务司的更替，闽海关的建筑不断扩展，从海关埕一直延伸至仓前山。与此同时，新建洋行大多跟着选址泛船浦，连原来散布闽江两岸的旧洋行逐渐迁回，这一带便成了洋人与买办的势力范围。[③]

（二）闽海关建筑特征

在泛船浦地带，1862年建成闽海关旧主楼，为两层西式砖木建筑，平面布局规则，墙体是由青砖砌成，屋顶为四坡木屋架铺青瓦。通廊贯通四周，立面为两层券廊，自下而上过渡为三段式，从底层敦实有力的基座过渡到中部主体的券廊，檐部有叠涩装饰。但此建筑于1949年被大火所毁。

而闽海关新办公楼最初建成于1934年，位于海关巷18号。为西式二层砖木结构券廊式，面阔7间、进深7间，三面外廊。整体平面接近方形，侧立面设方形窗洞，正立面两段开间和一层为拱形，二层却改为方形。当1949年旧办公楼失火后，闽海关便改成在此办公。

福州闽海关税务司公馆（图9）于1926年所建成，位于乐群路6号。为两层砖木结构建筑，并设有地下室。四周有外廊环绕，立面简洁，无过多线脚，较多屋檐出挑。正中央有条主道作为中轴线，房间由此布置于两侧。每侧皆有2间房间，并设楼梯与走道和外廊相连。与普通殖民地式建筑不同之处在于外廊皆为封闭式，不与相邻互通也与外界隔断，外廊也被分割成各个房间的附属阳台。

福州闽海关副税务司公馆（图10）由1907年从其他洋行购入，位于立新路5号。照例也为二层砖木西式结构。与主税务司公馆类似，四面环廊，通道中央，两侧对称，面宽与进深均为7间。木楼梯制作精美且附有装饰。正立面拱形廊洞下设瓶状栏杆，底部与二层窗洞为方形。底层窗洞上方有弧形线脚修饰，与正立面拱形廊洞形成呼应。

图9　福州闽海关税务司公馆

图10　福州闽海关副税务司公馆[④]

①③ 见黄国盛、李森林：《清代闽海关沿革》，《文史知识》1995年第4期。

② 见闫茂辉：《开埠后福州借据地建筑研究》，华侨大学2012年硕士学位论文。

④ 来源于福州老厦门百科 https://www.fzcuo.com/。

（三）闽海关建筑风格

当列强势力进入福州后，殖民地式外廊建筑总体平面皆为在简单的矩形四周，包上外廊或者一至三面，外廊的进深较大。中央以一通廊为对称轴，房间由此对称布置，最为突出的特色就是三面或四面环绕外廊。福州的近代海关建筑中，如闽海关税务司公馆和闽海关副税务司公馆等均为四面环廊的殖民地式建筑。殖民地式建筑皆为二层左右，加上坡度较缓西式的坡屋顶。早期的殖民地式建筑上下各层的外廊皆是透空且简洁，如泛船浦旧海关大楼。（表2）

表2　福州闽海关不动产的购置与变迁表

年份	事件	涉及建筑
1861年	福州建立海关以后，把持闽海关的帝国主义者便利用他们的势力，勾结地方官府敲诈百姓，在福州仓前山一带广置地产，大兴土木，并从国外直接进口建筑材料和一切设备家具，兴建了一幢又一幢的公馆、楼舍，共占地80余亩，购地耗资10余万两	
1862年	在泛船浦中心建筑了一座两层的西式办公楼，从那时起至1949年，这座两层楼房一直是闽海关的关址。该地因而得名，叫“海关埕”；闽海关东侧通往江边的小巷，也因而被叫作“海关巷”	闽海关办公楼
1863年	在办公楼的东北端建了一座验货厂，耗关平银2733.33两，占地4.15市亩。验货厂是一个长方形结构的平房，北面靠江的是验货场地，占了大部分空地，南边是验货办公室及与之相连的样品室和饭厅，在江边伸入江中的一块地方，建了一座海关码头	验货厂、码头
1877年	为新任的税务司在仓前山乐群路六号按年租每亩95元的租价租得空地3.003市亩（原始租金数目，其中英领事馆部分为70元，天安铺部分为15元），还购置了一些房屋暂用，耗关平银5133.33两。1926年重建，耗关平银20536.29两，为西式二层楼房（有地下室）。在对湖路七号，先后七次（最后一次在1897年4月）从七个人手中购得土地6.576市亩，建成一座装饰豪华，设备齐全的西式二层别墅，作为税务司宿舍。至此，海关在泛船浦的三个建筑已构成一个三角阵势，占据了泛船浦的东北角和中心区	闽海关税务司公馆
1878年	闽海关还以它的办公室为中心，对周围土地不断进行“蚕食”。1878年4月，1879年8月，1885年1月先后在办公楼西面江边购得空地7.814市亩，耗关平银23326两，建了一座西式二层楼房和二座单层私货仓，耗关平银10283.03两	
1891年	1891年又在东西溪河边购得一块3.516市亩的空地，1920年7月至1921年4月在这里建成一座西式二层楼房，耗关平银7201.55两，还建了一座木制单层平房。这时，闽海关在泛船浦一带的关产已星罗棋布，而且占据了地理位置重要的几个地方，与此同时，关产附近的一些洋行、进出口商的建筑物也不断增多，使泛船浦一带成了洋人和买办的势力范围	
1907年	闽海关的洋税务司们为扩展势力范围，用了几十年的时间来广置房屋，而且手越伸越长。进入20世纪，他们又把注意力转向南台其他地势较好的地方。1907年4月在麦园路后购得一块3.269市亩的空地和一座西式二层楼房，共耗关平银4666.67两，作为副税务司宿舍。1911年3月在同一地方又购得6.903亩空地用以建筑西式平房，耗关平银6666.67两	副税务司宿舍
1934年	1934年前后在泛船浦江边又购得两块土地，修建起一座西式二层楼房，作为闽海关新的办公楼，税务司办公室和秘书、会计、监察等课均设在这里。位于办公楼西侧的一块大约2000平方米的空地，后来被辟为闽海关运动场，大约购于1947年	闽海关新办公楼
1947年	由于原办公大楼面积不大，不能容纳日益增多的内外勤人员，1947年闽海关税务司在验货厂的北边，又向某商行买了一座大楼	
1949年	1949年2月原办公大楼失火，在一夜之间化为焦土，全体人员只得移到原商行大楼办公。以后在原大楼的废址上建了一座平房，供总务课对外办公用。1949年福州解放，军管会接管了闽海关。随着解放初期精简机构工作的开展，关产也发生了若干变化	
分关：1869年	1868年6月、1870年6月，1886年11月、1889年1月，闽海关在长乐县（今长乐市）的白兰潭（营前港出口处），先后从农民手里购得空地9.984市亩，耗关平银1772.67两。先建一座西式三层楼房，作为营前海关办公大楼；另建一座二层楼为监察长宿舍，共耗建筑费关平银12000两。1868年10月又购得空地3.303市亩，耗关平银760两，约1869年在此空地建成一幢西式平房作为港务长宿舍	营前海关办公大楼 监察长宿舍、港务长宿舍
1901年	1901年，在连江县琯头口，由八旗将军移来土地4.38分，耗费7231.67两关平银，于1920年1月建成琯头支关办公场所	

续表

年份	事件	涉及建筑
1906年	在罗源可门，以40关两购地0.35亩，耗资关平银106.67两，于1906年8月建屋，1942年出卖	
1919年	1919年在营前乡龙下(罗星塔)购得空地1.454市亩，建成一所西式平房，作为稽查员宿舍，共耗关平银22000两；1930年在同一地方又购得空地1.877市亩，建成一座西式平房，作为监察员宿舍，共耗关平银2323.33两	稽查员宿舍、监察员宿舍
1921年	在长乐的潭头，为潭头支关购地0.591亩，于1921年建成西式平房为办公场所	

但是，由于虽然通透的四面外廊能够适宜于福州炎热夏季，但冬季气候较东南亚国家温度更低，因此随后兴建的殖民地式建筑中，渐渐改进外廊，仅仅在最底层采用外廊透空，而二三层外廊基本加窗封闭来抵制寒冷，如闽海关副税务司公馆。也有些建筑直接两层外廊均为封闭式，并且互不相通。如闽海关税务司公馆。[①]

三、福海关

(一)历史背景

闽东的宁德市三澳港作为中国最优良的港口之一，港阔水深，为少有的天然良港。清廷为了“筹还洋款”，于三都澳自开的商埠并设立“福海关”，由此三都澳也由此步入了近代化进程。[②]于1899年，清政府开放其为对外贸易港口。同年5月8日，在三都岛上正式成立了福海关，成为继闽海关、厦门关后的福建省第三个海关，实际行政上受闽海关税务司署的领导。并指令三都澳作为福州的外部港口。由于当地政府无偿拨给土地，福海关于1907年建成办公楼、验货厂及修船厂，另于之后建成税务司宿舍及职员宿舍、帮办宿舍和外勤人员宿舍。[③]

(二)福海关建筑特征

1899年福海关税务司公馆(图11)建于宁德市三都镇西部的山岗上，与教堂、修道院等相邻。而福海关的关署位于三都澳外街，20世纪40年代已毁于日军的轰炸。[④]福海关税务司公馆为西洋风格，占地500平方米，建筑面积920平方米，砖木混凝土结构，整体平面为矩形。建筑为双层正方脊顶，上下层皆为连续券外廊。如今福海关税务司公馆已被列入福建省文物保护单位。

图11　福海关税务司公馆[⑤]

四、总结

自开埠以来，随着西方列强进行殖民贸易和设立租界，西方外廊式建筑便开始了传播，所带来的建筑类型和建筑形式，海关办公机构、公馆等在厦门英租界、鼓浪屿公共租界和福州泛船浦等区域内出现，并产生了诸多影响。

其中海关建筑特征大部分为平面布局简洁，外廊环绕，空间两侧对称布置，以楼梯连接外廊与通道。海关建筑无论是办公楼、公馆或宿舍，均为砖石木结构体系，券廊式的外立面，加上三段式的处理手法。木制梁板式楼梯、洋式门窗、木制四坡屋顶和木制瓶状栏杆皆具有一致性。拱形廊洞、柱头上方以及各层的分隔处均设有线脚修饰。由于海关建筑的规制等级较高，尤其是税务司公馆，所以大部分建筑都尽量建造得高大奢华，展露着西方列强的实力与野心。

由于地理条件的缘故，后期福州海关建筑的外廊逐渐封闭，形成独立的房间阳台。此处的改进并呈现本方化倾向，部分影响和酝酿着当地建筑的近代转型，同时逐步开启了中外建筑融合的初步尝试。

---

① 见吴麒：《开埠后福州商业街区及建筑研究》，华侨大学2007年硕士学位论文。

②④ 见郑正球、朱永春：《福建三都澳近代建筑遗存考察》，载张复合主编《中国近代建筑研究与保护(五)》，清华大学出版社，2006年。

③ 见中华人民共和国福州海关编：《福州海关志1861年—1989年》，鹭江出版社，1991年。

⑤ 中国海关博物馆编著：《中国近代海关建筑图释》，中国海关出版社，2017年。

晚清稿本《海盐徐园图》述考

内蒙古工业大学　李燕丽　段建强

摘　要：《海盐徐园图》(或简称《徐园图》)首次出版于1984年11月园林艺术学家陈从周所著的《说园》中英合辑本。此图描绘的是位于浙江省嘉兴市海盐县武原镇，清光绪年间军机大臣徐用仪的私家园林。据《海盐文史资料选辑》记载，徐园建成后，与北端百可园、西侧朱园形成三园鼎立的局面。抗日战争时期，这座园林被焚毁，现已不存。本文以《海盐徐园图》和相关诗文为依据，说明该图册的相关情况并考证其内容，探讨绘画与造园的关系，将《徐园图》划分为远景、全景、分景三类，以绘制同一景致的多幅册页为例，分析图册绘制与园林营造的思路。

关键词：《海盐徐园图》；园林图册；造园稿本

一、造园与绘画概述

山水画始于魏晋时期，经过隋唐时期的发展，逐渐与园林艺术趋近，在北宋达到写生的高潮，出现了分景式构图。而被赋予了设计、描绘、纪念等实用功能的园林画，在主流之外，可传达出园主的价值观。此后，绘画趋向写意和主观，以表达意趣，述志抒怀，并最终随着文人对造园活动的热衷，在明清达到顶峰。

科技工艺发展至成熟期，都会被诸多名家提高至理论层面，用以交流和借鉴，绘画艺术和造园艺术亦是如此。伴随着绘画艺术的发展，山水画论自魏晋起发展迅猛，各时期形成了不同的品评观。然而，园论的发展却远滞于画论，作为绘画"题材"的园林艺术，同一时期仅发展了概述植物配置的草木论，直至明代才出现论述宅院、别业营建原理和手法的园论著作。

追其原因，一种说法是"园有异宜，无成法，不可得而传也"[①]，另一种说法是"自来造园之役，虽全局或由主人规划，而实际操作者，则为山匠梓人，不着一字，其技未传"[②]。随着技艺的专业化，汇画、诗、园为一体的艺术家[③]愈来愈少，出现了独立的园主、造园家和匠人。对于造园这一工程，多方的协商交流过程如前所述，难以体现在单纯的文字记录上。但用于承接工程构思的图纸和模型上，存在反复的改易、修补痕迹，既可反映创作者的多重考量和精妙运思，又可作为园论匮乏情况下的实践经验资料补充，对于研究创作过程有着不可替代的作用。

明末造园家张涟关注画意，擅长叠山，营造朴雅自然的"真山"意境。据《清稗类钞》记载，张涟的手法为"经营粉本，高下浓淡，早有成法。初立土山，树木未添，岩壑已具，随皴随改，烟云渲染，补入无痕，即一花一竹，疏密欹斜，妙得俯仰"[④]。即将草图绘于工事前，经营地形高低、色彩浓淡和景致排布，并随时更改，用以指导造园。画稿充当做造园的"设计稿"，借画构园成为最基本的手段。

皇家园林的建设中，烫样模型是工程中最独特的一环，作为设计理念的表现，远比画稿更清晰直白。

---

① 郑元勋：《园冶·题词》。

② 童寯：《江南园林志》。

③ 最早见于唐代，如王维建辋川别业，撰《辋川集》，绘《辋川图》；白居易为履道坊宅园作《池上篇》，为庐山草堂撰《草堂记》；卢鸿一修嵩山别业，作《嵩山十志十首》，绘《草堂十志图》。

④ 徐珂：《清稗类钞·园林类》。

据研究，烫样有“样”有“说”，且分工明确，样式房踏勘，算房实地测量。[①]“说”文部分贴补了黄、红色贴签，前者标识原始设计，后者标识添改内容。巧合的是，在《海盐徐园图》中也发现了多处有明显边界的贴签痕迹，多数为说明性的文字，但也有少部分更改景观配置的文字，其作用尚不明晰，有待后续研究。

私家园林的建设中，流传至今的稿本远比正本稀少，由于是未成之作，一方面不受雇主重视，难入内府收藏；另一方面，不受鉴赏家重视，只能流散民间。《红楼梦》中讲述大观园绘图，道：“原先盖这园子，就有一张细致图样，虽是匠人描的，那地步方向是不错的。你和太太要了出来，也比着那纸大小，和凤丫头要一块重绢，叫相公矾了，叫他照着这图样删补着立了稿子，添了人物就是了。”[②]其中重点有二：一是宅院建造时，绘有地盘图一类的图样，与实际工程相接，艺术性偏低；二是绘山水图时，起稿为先，对应中国绘画史学家高居翰的观点：正式定稿前，匠人往往会与委托者有稿图上的对接。[③]作为“功能性”绘画，制作园图本身即是成熟系统的流程，通过招募诗人、画师、书法家，有序地题名、作诗、绘画，纪念这一重大工程，体现园主人淡泊名利、纵情山野的归隐之趣。

二、《徐园图》与《竹隐庐图》

“功能性”绘画的特征在徐园园诗、园记、园图的组织中均有体现。徐园中心为三开间的“竹隐庐”，以该主景为题，清光绪十七年(1891)园主徐用仪自撰《竹隐庐记》[④]，请奕䜣作《题徐筱云侍郎竹隐庐图》[⑤]、袁昶作《题少司空徐公竹隐庐图》[⑥]、张鸣珂作《徐筱云用仪次云用福昆季属题竹隐庐图》[⑦]、李慈铭作《题徐筱云侍郎用仪竹隐庐图》[⑧]等。时人所撰的题图诗词往往施以藻采，而内容空泛。如李慈铭云“三分环池水，半篱杂花木，烟月杖可携，风雨眠亦熟，”仅寥寥数语，尽管对于画面的勾现有限，但诗词营造的景色意蕴一致，且与《徐园图》相符。此外，多首题图诗都描述了造园缘由：侍郎徐用仪一路勤勤恳恳，历经官场沉浮，某日梦得异境，故而向往闲云野鹤，于是在家乡澉浦造一小园。《竹隐庐记》亦有详述：“一夕忽梦得一小印文曰：竹隐庐，醒而异之，遂号竹隐散人。”此处梦境更似是托词和幻想，以传达其痴竹之心。

由于多首题图诗在内容上表现出极强的一致性，可断定徐用仪在委托众人题诗时，介绍了造园来由，说辞相差无几。

需要指出的是，目前尚未发现《竹隐庐图》的相关图纸，无法断定题图诗词中提及的《竹隐庐图》与已出版的《徐园图》是何关系。但由于二者在创作内容上高度重合，推测为同一题材、不同性质的两套园图。

谈及《徐园图》的性质，因有大量冗笔和对山水、建筑、植物改易，且据后世回忆，改后的图景与园景基本相符，仅艺术手法上略有夸张，故判别《徐园图》为造园稿图。

根据考证：同治十二年(1873)徐用仪父母去世，返乡丁忧，期间编修《海盐县志》、校对《自得斋吟草》、重修蔚文书院，光绪二年(1876)服阕，《竹隐庐记》中有记载“丙子回京供职，亦遂不复措意”。于是“绘图征诗复遗书，次云鸠工而经营之”。结合前述题图诗，可知徐园建清光绪二年至光绪十七年间(1876—1891)。期间，徐用仪数次经历官位变动，一直供职于京城，无法直接参与造园，故联合身在海盐的胞弟徐用福和工匠一同进行设计。在朱逸平的描述性记载中，园林艺术学家陈从周曾言：“古代叠石造园，不比现在有尺寸精准的设计图，一般是工匠根据主人要求，画出大致示意图，再对照施工。建造徐园时，海盐工匠把造园示意图寄给供职北京的徐用仪审看，看了后不甚满意的地方做修改，再寄回。”道出了《徐园图》的由来。此段言论虽不能作为严肃的史学论据，就目前考证而言，观点基本属实。

---

① 见李越、赵波、刘畅：《故宫博物院藏“养心殿喜寿棚”烫样著录与勘误》，《故宫博物院院刊》2016年第3期。

② (清)曹雪芹：《红楼梦》第四十二回。

③ 见[美]高居翰：《画家生涯：传统中国画家的生活与工作》，杨宗贤等译，生活·读书·新知三联书店，2012年。

④ 收录于《海盐丰山徐氏重修家乘》。

⑤ 收录于《萃锦吟》。

⑥ 收录于《安般簃诗续钞》。

⑦ 收录于《寒松阁词》。

⑧ 收录于《荀学斋日记》。

在历史长河的洗礼下，几乎没有留下山水图画与园林营造活动本身直接相关的证据，故在造园前期，以全景、分景册页形式出现，用于规划交流的稿图实属罕见。《徐园图》虽是不加粉饰的稿本，但独特的是，它的背后联系着一座私家园林的兴造。

三、《徐园图》图册分析

《徐园图》为纸本水墨画，册页形式，共计三十二页。图面无款识题跋，出现多处草稿痕迹和修改痕迹，尺寸不详，佚名画家绘制。册页分远景、全景、分景，以相近的俯视视角绘制了徐园的周边环境和园内布置。笔法方面，风格统一。建筑小品用笔细致，墨色较淡；山石树木用笔略粗，墨色较重。简述图册情况如下：

（一）远景图

清末的武原镇，周遭环绕砖石城墙，外有护城河相围，陆路四座城门与外界相通。城内石桥众多，中心为新桥，纵跨盐平塘，南北弄巷相通，共计七十二条半弄。徐、朱、何、冯四大家族各踞一方，宅园遍布其间。计成言“相地合宜，构园得体”“巧于因借，精在体宜”。徐园选址为城市，位于崔衙弄底、尚书厅后，前宅后园。布局得当，东西短、南北长；顺应形势，筑墙环园一周，闹中取静。园中梅、兰、菊、竹点染相宜，亭、台、楼、阁随基安置，山水构筑，相互借资。

徐园西北建一高阁，《竹隐庐记》中言“登阁则南望澉浦秦驻诸山，东环大海，西峙镇海塔，北则雉堞遥对如列屏，俯视丛莽中池塘六七参错，其间四面各具形胜”，与册页“孤屿望秦、杰阁观涛、楼西塔影、城角含山”（图1）描绘一一对应，亦与城南秦山、城东杭州湾、城西天宁寺、城北近郊的现实情况相符，远山近水，尽收眼底。

四幅远景册页中，“孤屿望秦、杰阁观涛、楼西塔影”册页（图1-1、图1-2、图1-3）均有精致的小景描绘，且与其他册页相互印证。而“城角含山”册页（图1-4）绘制的徐园全景图中并未出现另外三页中的“孤屿、杰阁、书斋”等景物，与其余册页亦出入较大，推测为早期构想。

图1-1 “孤屿望秦”

图1-2 “杰阁观涛”

图1-3 “楼西塔影”

图1-4 “城角含山”

图1 《徐园图》远景图[①]

① 陈从周：《说园》，同济大学出版社，1984年。

(二)全景图

三十二册页中,全景式构图有二页:一页(图2-1)用笔简率,画面整体构图不均衡,北侧着墨少,勾勒出假山与竹林首尾相连,小桥一曲架于清池之上,山水衔接处有亭台轩榭一字排开,东北立一高阁俯瞰全景,与其他册页景致布置相呼应;南侧着墨多,山石堆砌错落有致,间隙填以木叶,构筑小景散布其间,与其他册页景致布置出入较大;西侧景致受限于图面,略显局促;东侧却留有大片空白,似是未成,判断为过程推敲的图稿。

一页(图2-2)线条肯定、画风细致,各处景致均有体现,展现了园林全貌。推测为分景图构思更改完毕后绘制,原因有二:一是该全景图空间结构完善、下笔精确,无改易痕迹,与分景图契合度极高,甚至可作为各个景致的索引;二是根据徐用仪的园记和后世张玉生的记忆描述,该全景图与建成后徐园的整体格局基本一致,该图也是目前最接近徐园原本面貌的全景册页。

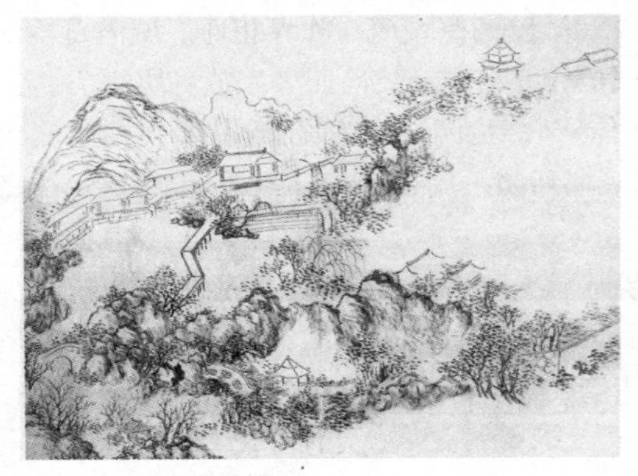

图2-1　过程版全景图

图2-2　完成版全景图

图2　《徐园图》全景图[①]

(三)分景图

分景式册页构图完整,每页描绘一景,可梳理出画面上角题写的景名,分别为楼西塔影、平林远翠、杰阁观涛、孤屿望秦、槿篱小憩、临波琴啸、藤桥渡月、半圃晚香、竹西清暑、亦隐居巢、梅林鹤守、小有洞天、方壶闻樨、吟榭听松、双山桐荫、平泉鱼乐、层峦坡影、灵岩宿雨、松坞流云、镜亭水月、枫亭夕照、古洞归云、城角含山。

由上可知,分景图三十页,而赋名景致仅二十三处,余下的七页均重复描绘了上述景致。即画师在反复修改、增补仍不满意的情况下,放弃重画了七张册页。七页中,三页题名重复,四页没有题名。原册页与重画的册页之间构图基本一致,局部略有区别,个别地段大幅修改,书写文字不尽相同,略有增删。此处以绘于不同册页的相同景致为例,分析其图面特征与绘制思路。

图3-1　“竹西清暑1”

图3-2　“竹西清暑2”

图3　《徐园图》“竹西清暑”分景图[②]

①② 陈从周:《说园》,同济大学出版社,1984年。

图4-1 “槿篱小憩1”

图4-2 “槿篱小憩2”

图4 《徐园图》“槿篱小憩”景致分景图①

图5-1 “半圃晚香”

图5-2 “槿篱小憩3”

图5 《徐园图》“半圃晚香”景致分景图②

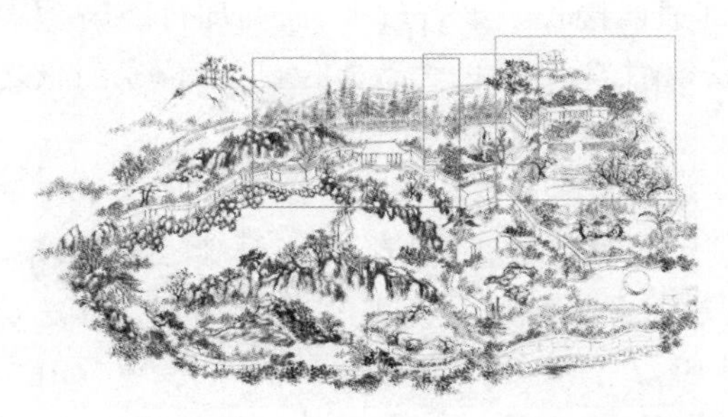

图6 全景图与分景图对应关系：从左至右为竹隐庐、孤嶂、望益亭③

1.题名重复的册页

题名重复的有“竹西清暑”出现两处、“槿篱小憩”出现三处。

“竹西清暑”描绘的是园中心景致“竹隐庐”。徐用仪视“竹”甚重，在小字意见中，多次可见对“竹”的修改，景致“槿篱小憩、双山桐荫、灵巌宿雨、临波琴啸”中均改动了竹的位置、数量、范围、显隐，其痴竹可见一斑。使得建成后的徐园以方竹取胜，从竹隐庐北环植于西侧长廊外，绵延于两座假山间。

对比“竹西清暑1”与“竹西清暑2”（图3-1、图3-2），前者简略，后者精细，主要区别在假山尺度、植物配置、屋舍样式和长廊走向上。对比后发现，全景图的“竹隐庐”部分（图6）与二者不尽相同，不仅结合了“竹西清暑1”与“竹西清暑2”的不同内容，而且在此基础上做了衔接处的修改。

对比“槿篱小憩1”与“槿篱小憩2”（图4-1、图4-2），同样前者简略，后者精细，所绘景色基本一致。“槿篱小憩1”三处题款，似乎是在思忖景名。“槿篱小憩2”出现了调整植物配置的意见，而在全景图的“孤嶂”部分（图6）确实依次进行了修改，最明显的是，按照“去桐”的意见删去了左侧的桐树。

①② 陈从周：《说园》，同济大学出版社，1984年。

③ 改绘自陈从周：《说园》，同济大学出版社，1984年。

对比“半圃晚香”与“槿篱小憩3”（图5-1、图5-2），同一处景致有两种题名，且均有大量修改意见，甚是独特。仔细对比后可发现，“槿篱小憩3”中的建筑玻璃分隔、篱门形式、植物配置等更接近全景图中“望益亭”之景（图6），“槿篱小憩3”依照了“半圃晚香”册页中“去城”“略露竹隐正厅”等意见，且“槿篱小憩3”中“纸若放大 还去加竹隐庐”一句，暗示了主人原先见过更大视野的图纸，即“半圃晚香”图。

此外，进一步推测册页顺序需参考图中文字。“竹西清暑2”（图3-2）的“此似竹隐正厅，目中无此页，后槿篱小憩一页改为竹东清暑，槿篱一页另起稿”这是一段描述性的文字，调整了景名和册页顺序，表明主人同时看到两页图，不满“槿篱一页”的命名，吩咐画师再起一稿。

根据图中暗示，主人看到的意欲“改为竹东清暑”的册页，应当是“槿篱小憩2”（图4-2）。对应“槿篱小憩2”中题字“观澜阁之下，东有平屋三间，南有槿篱一带颜曰即小憩屋外梅，槿篱小憩另起稿。此页改竹西清暑，槿篱改其左首之篱相接，篱后尽画竹，去桐”。此段文字改易再三，同样有调整顺序之意。删改部分为位置描述和册页易名，对语意理解影响不大。基本含义为主人原先畅想的槿篱之景是三间平屋外，编篱以为门，篱内栽花、篱外植梅，即“半圃晚香”与“槿篱小憩3”（图5-1、图5-2）所绘之景，与园记“入门则编槿种菊，有亭曰望益。左右廻廊数百尺，亚栏曲折”相应。而“廊外杂莳卉木与修篁相掩映，碧影参差自饶幽趣”即“槿篱小憩1”与“槿篱小憩2”（图4-1、4-2）所绘景致，此景仅此二页，是否易名未从得知。但可以确定的是，画师为满足主人所想，按要求另绘一稿“槿篱小憩3”作为真正的槿篱之景，而“半圃晚香”的景名很可能废弃不用。

至此可知，在造园绘图早期，各景名称与位置已有定数。可能是在绘制《徐园图》图册之前，徐用仪交由画师的委托信中已然概述了各景位置与要求，之后的交流主要凭借图纸，因此才会出现“此似竹隐正厅”之言。

上述册页均保证了单独景致的完整性，没有考虑景致边缘衔接的处理。实际上此举并不是为了强调主景，刻意忽视周边。《徐园图》的功能性远大于艺术性，画师无须绘不实之景。这几页图中，仅册页“槿篱小憩3”中，题小字“此处即通西接长”“纸若放大，通去加竹隐庐”方才联系邻景。可见在绘制分景景致之时，重点在于深入推敲景致细节，该景的大致方位已定，但景与景之间的距离和衔接尚未确定，直到绘制全景图时才得以明晰。

2. *未题名的册页*

未题名的分景图四页，分别对应景致“杰阁观涛、临波琴啸、平泉鱼乐、层峦坡影”，除无题名外，景致的场景内容几乎相同，为便于区别，此处称之为副本。巧合的是，“临波琴啸、平泉鱼乐、层峦坡影”的三页无题副本（图7-2、图9-2、图10-2）皆出现了藤桥局部的改易，甚至在分景册页中的“藤桥渡月”一页详细绘制了该景致，桥上一童抱琴西指，暗示藤桥与琴啸亭的位置关系。

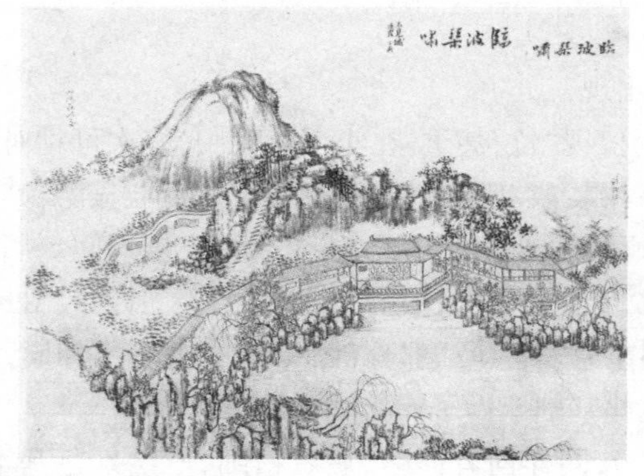

图7-1 “临波琴啸”

图7-2 “临波琴啸副本”

图7 《徐园图》“临波琴啸”景致分景图①

① 陈从周：《说园》，同济大学出版社，1984年。

图8 “临波琴啸”与“临波琴啸副本”分景图重叠[①]

图9-1 “平泉鱼乐”

图9-2 “平泉鱼乐副本”

图9 《徐园图》“平泉鱼乐”景致分景图[②]

图10-1 “层峦坡影”

图10-2 “层峦坡影副本”

图10 《徐园图》“层峦坡影”景致分景图[③]

根据园记“面对清池如临明镜，渡彴略而”，可知徐园建成后，确有小桥一曲。而多图印证原先的方案中没有藤桥，连接两岸的是延伸的陆地、假山和廊道，亦可理解为两岸并未断开，池塘被分割为东西两个部分。由此推断，“临波琴啸、平泉鱼乐、层峦坡影”的无题副本与“藤桥渡月”册页为同一时段所绘图纸，这次改易中，加入藤桥的同时，彻底打断陆地，使得水面更加完整。

得出此结论后，对比同一景致的两幅册页，不难发现绘制时间稍晚的无题副本相较题名册页显得更为简略粗糙，如“临波琴啸副本”（图7-2）画面中部的亭廊和山体（图8，二图相叠，甚至门窗格栅皆可重合）、“层峦坡影副本”（图10-2）画面左部的山间植被、“平泉鱼乐副本”（图9-2）画面右上角的曲廊均有不同程度的简化和省略，而这些部分的重合度又非常高，可知同一景致的两幅图为相互参照绘制。副本图是由已绘的分景图为底稿，一比一模拓、描摹修改而成。副本重点刻画的是改易的部分，而无须更改的重复绘制区域仅大致模拓一番，作简化处理，不必进行细节补充，从而达到局部修改的目的。足

① 改绘自陈从周：《说园》，同济大学出版社，1984年。

②③ 陈从周：《说园》，同济大学出版社，1984年。

可见画师的“偷懒”行为。画师在定稿之前常运用该手法推敲图纸，清代邹一桂“画求其工，未有不先定稿者也，定稿之法，先以朽墨布成小景，而后放之，有未妥处，即为更改，梓人画宫于堵，即此法也”[①]亦如是。

四、结语

《徐园图》三十二张册页的视点在景致上方，从相近的高空位置向下俯瞰，体现了极强的统一性。分景册页有独立的表现重点，似是从全景图中框选一处景致，放大进行精细绘制，而册页间的联系不大。对比全景与分景册页可发现，多页分景图只可大体呼应全景，却未处理或模糊处理景与景衔接的关系。这类情况见于分景图景致边缘出现的几间模式单一的房屋和大片留白（图3-1、图5-1），部分册页会补充一张该景致细节的深入刻画（图4-1）。即首先考虑细化景致，而后考虑景致衔接和整体的关系。梳理可知：《徐园图》整体上先绘远景，再绘分景，推敲细化后，绘成全景图，个别景致顺序可能有所不同。推测徐园设计的整体思路为：先有大局观，纳远景入园，突出此地绝佳的地理位置。此时“能主之人”胸中已有沟壑，构思好大致格局和零星突出的景致，而后分景推敲，精细化各个景致，加以修改落实。视情况运用近景斟酌景致相接处的景物配置。将所有景致了然于胸后，绘全景效果图，展现整体风貌。

总而言之，造园草图为园林推敲过程的分析提供了不可或缺的研究资料，由图面上的改易痕迹可窥知雇主的造园要求和期望表达的意境，后续结合园图正本和园林现状，将会有更全面完善的解读。

---

① 邹一桂：《小山画谱·定稿》。